www.kuhminsa.co.kr

한발 앞서는 출판사 구민사

KUH
MIN
SA

#604, Mullaebuk-ro 116, Yeongdeungpo-gu
Seoul, Republic of Korea

T. 02 701 7421
F. 02 3273 9642

Email kuhminsa@kuhminsa.co.kr

자격증 시험 접수부터 자격증 수령까지

필기원서 접수
큐넷 회원 가입 후
(www.q-net.or.kr)
인터넷 접수만 가능
사진 파일, 접수비
(인터넷 결제) 필요
응시자격 요건
반드시 확인할것

필기시험
입실 시간 미준수 시
시험 응시 불가
준비물 : 수험표,
신분증, 필기구 지참

필기 합격 확인
큐넷 사이트에서 확인
(www.q-net.or.kr)

실기원서 접수
큐넷 회원 가입 후
(www.q-net.or.kr)
응시 자격 서류는
실기시험 접수기간
(4일 내) 에 제출해야만
접수 가능

합격

한 발 앞서나가는 출판사
구민사에서 시작하세요!

실기시험
필답형과 작업형으로 분류 원서 접수 시 선택한 장소와 시간에 맞게 시험을 봅니다.
준비물 : 수험표, 신분증, 필기구 지참!

최종합격 확인
큐넷 사이트에서 확인
(www.q-net.or.kr)

자격증 신청
방문 or 인터넷 신청 가능. 방문 신청 시 신분증, 사진, 발급 수수료 지참

자격증 수령
방문 or 등기비용 지불 시 우편수령 가능

필기 & 실기 완벽대비!
기계공학
일반/건설/기계설계/공조냉동

온라인 동영상 강의 | PC & 스마트폰 수강 가능!

개강 일정

- 1회 시험 대비 | 동계방학과 동시 개강(매년 12월 셋째주 월요일)
- 2회 시험 대비 | 매년 3월 첫째주 월요일 개강
- 3·4회 시험 대비 | 하계방학과 동시 개강(매년 6월 셋째주 월요일)
- 실기대비는 필기시험이 끝나는 주중 또는 주말 개강

개강 안내

- 공기업 대비 특강 | 공기업 대비 전공 필기 완벽 대비!
- 역학 정규반 개강(매월 초 개강/순환식 강의)
  재료역학, 유체역학, 열역학, 기계설계학

특전
필기&실기 동시 등록 시 무료 반복 수강
동영상 필기 2개월, 실기 1개월 무료 수강
오토캐드 2개월 무료 수강

DS 서울덕성기술학원

1호선 대방역 3번 출구   Tel : (02) 2675-4000 | www.duck-sung.co.kr

CONTENTS

제1편 핵심요점 정리

- 제1장 재료역학 ... 3
- 제2장 기계열역학 ... 24
- 제3장 기계유체역학 ... 46
- 제4장 기계재료 및 유압기기 ... 67
- 제5장 기계제작 및 기계동력학 ... 97

제2편 과년도 문제해설

2010년 과년도문제해설
1. 2010년 3월 7일 기출문제 ... 153
2. 2010년 5월 9일 기출문제 ... 176
3. 2010년 9월 5일 기출문제 ... 200

2011년 과년도문제해설
1. 2011년 3월 20일 기출문제 ... 224
2. 2011년 6월 12일 기출문제 ... 248
3. 2011년 10월 2일 기출문제 ... 271

2012년 과년도문제해설
1. 2012년 3월 4일 기출문제 ... 295
2. 2012년 5월 20일 기출문제 ... 319
3. 2012년 9월 15일 기출문제 ... 343

2013년 과년도문제해설
1. 2013년 3월 10일 기출문제 ... 368
2. 2013년 6월 2일 기출문제 ... 392
3. 2013년 9월 28일 기출문제 ... 415

2014년 과년도문제해설
1. 2014년 3월 2일 기출문제 ... 441
2. 2014년 5월 25일 기출문제 ... 463
3. 2014년 9월 20일 기출문제 ... 489

2015년 과년도문제해설

1. 2015년 3월 8일 기출문제 ... 515
2. 2015년 5월 31일 기출문제 ... 539
3. 2015년 9월 19일 기출문제 ... 564

2016년 과년도문제해설

1. 2016년 3월 6일 기출문제 ... 590
2. 2016년 5월 8일 기출문제 ... 616
3. 2016년 10월 1일 기출문제 ... 642

2017년 과년도문제해설

1. 2017년 3월 5일 기출문제 ... 668
2. 2017년 5월 7일 기출문제 ... 694
3. 2017년 9월 23일 기출문제 ... 720

2018년 과년도문제해설

1. 2018년 3월 4일 기출문제 ... 746
2. 2018년 4월 28일 기출문제 ... 772
3. 2018년 8월 19일 기출문제 ... 798

2019년 과년도문제해설

1. 2019년 3월 3일 기출문제 ... 824
2. 2019년 4월 27일 기출문제 ... 853
3. 2019년 9월 21일 기출문제 ... 881

2020년 과년도문제해설

1. 2020년 6월 21일 1·2회 통합 기출문제 ... 907
2. 2020년 8월 23일 기출문제 ... 935
3. 2020년 9월 27일 기출문제 ... 961

2021년 과년도문제해설

1. 2021년 3월 7일 기출문제 ... 988
2. 2021년 5월 15일 기출문제 ... 1016
3. 2021년 9월 12일 기출문제 ... 1045

2022년 과년도문제해설

1. 2022년 3월 5일 기출문제 ... 1076
2. 2022년 4월 24일 기출문제 ... 1105

PREFACE

일반기계기사란 기계설계 및 설비, 중화학공업 그리고 고도의 기술 집약적 산업 등의 기계관련 산업분야에 종사할 전문기술인력을 양성하고자하여 제정된 국가기술자격증이다. 이 자격증은 4년제 3년 이상 수료자, 산업기사 취득 후 1년 이상의 경력자, 기능사 취득 후 3년 이상의 경력자. 실무 4년 이상의 경력자, 전문대 졸업 후 2년 이상의 경력자, 타 종목 기사 취득자이면 누구나 응시가 가능하다.

본 수험서는 일반기계기사 필기시험을 준비하는 수험생들을 위해 집필된 것으로 최근 출제된 과년도 문제들과 그 해설을 실어 수험생들이 짧은 기간에 출제문제를 분석하여 시험에 대비할 수 있도록 하였다. 또한 3역학의 요점정리 및 기타 과목의 핵심 내용을 실어 수험생들에게 도움이 되도록 하였다.

기계공학을 전공한 수험생이라면 큰 어려움 없이 본 교재를 소화할 수 있을 것으로 생각된다. 특히, 시험 준비를 꾸준히 해온 수험생들이라면 마지막 정리 단계에서 본인의 실력 점검과 함께 남은 기간 동안 본인이 무엇을 더 공부하여 마무리 할 것인가를 판단할 수 있는 수험서로 활용할 수 있을 것이다.

본서의 특징은 다음과 같다.

> Ⅰ. 3역학의 요점정리 및 기타 과목의 내용 중 핵심을 정리하여 수록하였다.
> Ⅱ. 최근 과년도 출제문제와 해설을 실어 혼자서도 공부하기에 충분하다.
> Ⅲ. 전체적인 내용을 단 기간에 독파할 수 있도록 구성하였다.

본인이 다년간 강의하면서 수험생들에게 늘 하는 말 중에 시험보기 마지막 일~이주가 중요하다고 강조한다. 이 기간 동안 과년도 문제를 풀어보면서 자기진단(自己診斷)을 충실히 하여 마무리를 한다면 반드시 합격할 수 있기 때문이다. 본 수험서로 시험을 준비하는 많은 분들도 그와 같은 방법으로 준비를 한다면 좋은 결과가 있을 것이라고 확신한다.

아무쪼록, 본 교재를 통하여 뜻한바 목적을 이루기를 바라며 내용 중 오류 및 잘못된 점이 있다면 수험생들의 기탄없는 충고를 받아들여 최고의 수험서가 될 수 있도록 최선을 다해 베스트 문제집이 될 수 있도록 할 것이다.

끝으로 이 책이 출간되기까지 애를 쓰신 도서출판 구민사 조규백 대표님과 직원 여러분께 감사드립니다.

저자 씀

출제기준

직무분야	기계	자격종목	일반기계기사

직무내용 : 재료역학, 기계열역학, 기계 유체역학, 기계재료 및 유압기기, 기계제작법 및 기계동력학 등 기계에 관한 지식을 활용하여 일반기계 및 구조물을 설계, 견적, 제작, 시공, 감리 등과 기능 인력에 대한 기술지도 감독 등을 하여 주어진 조건보다 더 능률적으로 실무를 완수 하도록 하는 직무 수행

필기검정방법	객관식	문제수	100	시험시간	2시간 30분

필기과목명	문제수	주요항목	
재료역학	20	1. 재료역학의 기본사항 3. 비틀림 5. 보 7. 평면응력의 응용	2. 응력과 변형률 4. 굽힘 및 전단 6. 응력과 변형률 해석 8. 기둥
기계열역학	20	1. 열역학의 기본사항 3. 일과 열 5. 각종 사이클	2. 순수물질의 성질 4. 열역학의 법칙 6. 열역학의 적용사례
기계유체역학	20	1. 유체의 기본개념 3. 유체역학의 기본 물리법칙 5. 차원해석 및 상사법칙 7. 물체 주위의 유동	2. 유체정역학 4. 유체운동학 6. 관내유동 8. 유체계측
기계재료 및 유압기기	20	1. 기계재료	2. 유압기기
기계제작법 및 기계동력학	20	1. 기계제작법	2. 기계동역학

PART 1

핵심 요점정리

CHAPTER 01   재료역학
CHAPTER 02   기계열역학
CHAPTER 03   기계유체역학
CHAPTER 04   기계재료 및 유압기기
CHAPTER 05   기계제작 및 기계동력학

CHAPTER 1

재료역학

1 응력과 변형률

1. 응력

단위면적당 하중의 세기

[N/m², Pa, kg/cm²]

① 수직응력 $\sigma = \dfrac{P}{A}$

② 전단응력 $\tau = \dfrac{P}{A}$

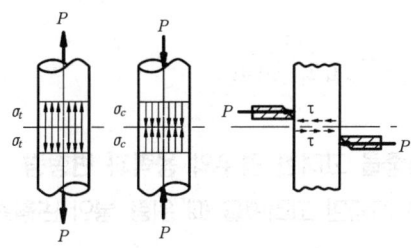

(a) 인장응력 (b) 압축응력 (c) 전단응력

[그림 1-1. 응력의 종류]

2. 변형률

변형량을 원래의 양으로 나눈값. 즉, 단위량에 대한 변형량[m, cm]

① 세로(종) 변형률

$\varepsilon = \dfrac{l' - l}{l} = \dfrac{\delta}{l}$

② 가로(횡) 변형률

$\varepsilon' = \dfrac{d' - d}{d} = \dfrac{\delta'}{d}$

③ 전단 변형률

$\gamma = \dfrac{\delta_s}{l} = \tan\gamma \approx \gamma \,(\text{rad})$

④ 프와송 비

$\mu = \dfrac{1}{m} = \dfrac{\varepsilon'}{\varepsilon}$

여기서, m : 프와송수

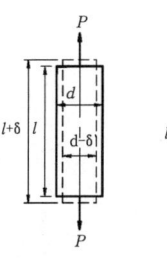 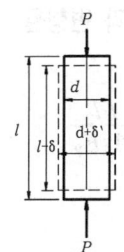 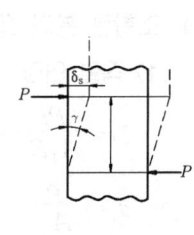

(a) 인장변형 (b) 압축변형 (c) 전단변형

[그림 1-2. 변형률의 종류]

3. 후크의 법칙(Hook's law)

① $\sigma = E \cdot \varepsilon$ ★★★★★

여기서, E : 종(세로, 영)탄성계수

[N/m², Pa, kg/cm²]

② $\tau = G \cdot \gamma$

여기서, G : 횡(전단, 가로)탄성계수

[N/m², Pa, kg/cm²]

③ $\sigma = K \cdot \varepsilon_v$

여기서, K : 체적 탄성계수
  [N/m^2, Pa, kg/cm^2]

④ 종(세로)변형량 : $\delta = \dfrac{Pl}{AE}$ ★★★

⑤ 횡(가로)변형량 : $\delta' = \dfrac{d\sigma}{mE}$

⑥ 면적변형률 : $\varepsilon_A = \dfrac{\Delta A}{A} = 2\mu\varepsilon$

⑦ 체적변형률 : $\varepsilon_v = \dfrac{\Delta V}{V} = \pm 3\varepsilon$ ★★★
  $= \varepsilon(1-2\mu)$

4. 횡탄성계수와 종탄성계수의 관계

$$G = \dfrac{E}{2(1+\mu)} = \dfrac{mE}{2(m+1)}$$

5. 체적 탄성계수와 종탄성계수의 관계

$$K = \dfrac{E}{3(1-2\mu)} = \dfrac{mE}{3(m-2)}$$

6. 안전율 $S = \dfrac{\text{최고응력(극한강도)}}{\text{허용응력}}$

2 인장, 압축, 전단 상태에서 응력과 변형률

1. 조합된 봉의 응력과 변형률

(1) 직렬 연결

$$\delta = \dfrac{Pl_1}{A_1 E_1} + \dfrac{Pl_2}{A_2 E_2}$$

$$\sigma_1 = \dfrac{P}{A_1}$$

$$\sigma_2 = \dfrac{P}{A_2}$$

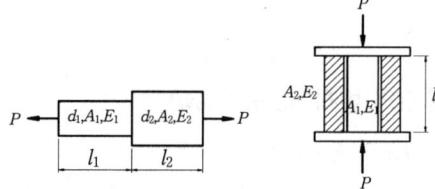

(a) 직렬 연결봉   (b) 병렬 연결봉

[그림 2-1. 조합된 직렬 연결봉과 병렬 연결봉]

(2) 병렬 연결

$$\delta = \dfrac{Pl}{A_1 E_1 + A_2 E_2}$$

$$\sigma_1 = \dfrac{PE_1}{A_1 E_1 + A_2 E_2}$$

$$\sigma_2 = \dfrac{PE_2}{A_1 E_1 + A_2 E_2}$$

2. 자중을 고려한 경우의 응력과 변형량

(1) 자중만 고려했을 때 원형 봉의 변형량

$$\delta = \dfrac{\gamma l^2}{2E}$$

여기서, γ : 비중량
  [N/m^3, kg_f/m^3]

(2) 자중만 고려했을 때 원뿔형 봉의 변형량

$$\delta = \dfrac{\gamma l^2}{6E}$$

(3) 균일 단면봉에서 자중과 하중을 둘 다 고려했을 경우 응력과 변형량

$$\sigma = \dfrac{P}{A} + \gamma l, \quad \delta = \dfrac{Pl}{AE} + \dfrac{\gamma l^2}{2E}$$

★★★

3. 열응력

① 변형률

$$\varepsilon = \alpha \cdot \Delta T$$

여기서, α : 선팽창계수[1/℃]

② 변형량

$$\delta = l\alpha \cdot \Delta T$$

③ 열응력

$$\sigma = E \cdot \varepsilon = E\alpha \cdot \Delta T = \frac{P}{A} \;\; \bigstar\bigstar\bigstar$$

④ 가열끼움에서 변형률

$$\varepsilon = \frac{d' - d}{d}$$

4. 탄성 에너지

$$U = \frac{1}{2} P\delta \;\; [\text{Nm, J, kg}_f \cdot \text{cm}]$$

$\bigstar\bigstar\bigstar\bigstar\bigstar$

(1) 인장하중 상태하에서 레질리언스 계수(최대탄성 에너지)

$$u = \frac{U}{V} = \frac{\sigma^2}{2E} \;\; [\text{N/m}^2, \text{Pa, kg/cm}^2]$$

$\bigstar\bigstar\bigstar$

(2) 전단하중 상태 하에서 레질리언스 계수(최대탄성 에너지)

$$u = \frac{\tau^2}{2G} \;\; [\text{N/m}^2, \text{Pa, kg/cm}^2]$$

(3) 비틀림하중 상태 하에서 레질리언스 계수(최대탄성 에너지)

$$u = \frac{\tau^2}{4G} \;\; [\text{N/m}^2, \text{Pa, kg/cm}^2]$$

(4) 단위 kg당 최대탄성 에너지

$$u^* = \frac{\sigma^2}{2E} \cdot \frac{1}{\gamma}$$

$[\text{kg} \cdot \text{cm/kg}, \text{N} \cdot \text{m/kg}_m]$

5. 충격응력과 변형량

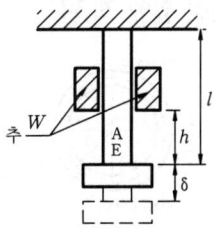

[그림 2-2. 충격하중에 의한 응력과 변형량]

$$\sigma_o = \frac{W}{A}, \;\; \delta_o = \frac{Wl}{AE}$$

(1) 충격 응력

$$\sigma = \sigma_o \left(1 + \sqrt{1 + \frac{2h}{\delta_o}} \right)$$

(2) 충격 변형량

$$\delta = \delta_o \left(1 + \sqrt{1 + \frac{2h}{\delta_o}} \right)$$

6. 내압을 받는 얇은 원통

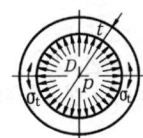 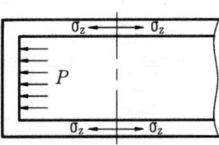

[그림 2-3. 내압을 받는 얇은 원통]

① 원주 응력(후프 응력 : hoop stress)

$$\sigma_t = \frac{PD}{2t} \;\; \bigstar\bigstar\bigstar$$

② 축응력

$$\sigma_z = \frac{PD}{4t}$$

7. 얇은 회전 원환에서 후프 응력
   [풀리, 플라이 휠에 적용]

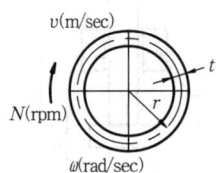

[그림 2-4. 얇은 회전 원환]

① $\sigma_t = \dfrac{\gamma V^2}{g}$ ★★★

② $V = R\omega = \dfrac{\pi DN}{60}$

③ $\gamma = \rho \cdot g = \dfrac{1}{v}$

여기서, γ : 비중량 $[N/m^3, kg/m^3]$
ρ : 밀도 $[kg_m/m^3]$

3 조합응력

1. 1축 응력(단축응력)

경사단면의 법선응력 및 전단응력

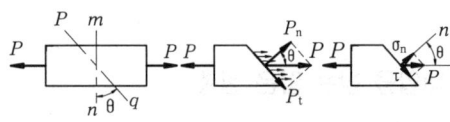

[그림 3-1. 1축 응력 상태하의 경사단면에서 법선응력과 전단응력]

(1) 법선응력

① $\sigma_x = \dfrac{P}{A} = \dfrac{4P}{\pi d^2}$

② $\sigma_n = \sigma_x \cdot \cos^2\theta$ ★★★

$(\sigma_n)_{max} = \sigma_x$, $(\sigma_n)_{min} = 0$

(2) 전단응력

① $\tau = \dfrac{\sigma_x}{2} \cdot \sin 2\theta$ ★★★

② $\tau_{max} = \dfrac{\sigma_x}{2}$

$\tau_{min} = -\dfrac{\sigma_x}{2}$

(3) 공액(칭)응력

서로 직교하는 단면상에 존재하는 응력

① $\sigma_n + \sigma_n{'} = \sigma_x$

② $\tau + \tau{'} = 0$

2. 구형 요소에 작용하는 2축 응력

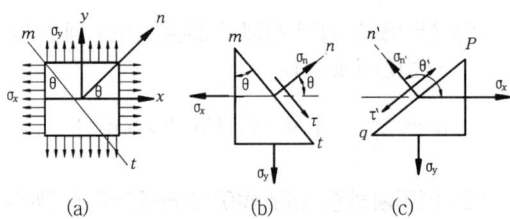

[그림 3-2. 2축 응력 상태에서 법선응력과 전단응력]

(1) 법선응력

① $\sigma_n = \dfrac{\sigma_x + \sigma_y}{2} + \dfrac{\sigma_x - \sigma_y}{2}\cos 2\theta$ ★★★

② $(\sigma_n)_{max} = \sigma_x$

$(\sigma_n)_{min} = \sigma_y$

(2) 전단응력

① $\tau = \dfrac{\sigma_x - \sigma_y}{2} \sin 2\theta$ ★★★

② $\tau_{max} = \dfrac{\sigma_x}{2}$

$\tau_{min} = -\dfrac{\sigma_x}{2}$

(3) Mohr의 응력원

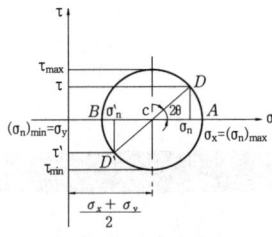

[그림 3-3. 2축 응력 상태하에서 Mohr의 응력원]

(4) 공칭응력

① $\sigma_n + \sigma_n' = \sigma_x + \sigma_y$

② $\tau + \tau' = 0$

(5) 주평면

전단응력이 작용하지 않고 수직응력만 존재하는 평면이다.

(6) 주응력

주평면상에 작용하는 수직응력을 주응력이라 한다.

① $\sigma_1 = (\sigma_n)_{max} = \sigma_x$

② $\sigma_2 = (\sigma_n)_{min} = \sigma_y$

(7) 3축응력 상태에서의 변형율

① $\varepsilon_x = \dfrac{1}{E}[\sigma_x - \mu(\sigma_y + \sigma_z)]$ ★★★

② $\varepsilon_y = \dfrac{1}{E}[\sigma_y - \mu(\sigma_x + \sigma_z)]$

③ $\varepsilon_z = \dfrac{1}{E}[\sigma_z - \mu(\sigma_x + \sigma_y)]$

(8) 순수전단 상태

① $\sigma_x = -\sigma_y$ 이고 $\theta = 45°$ 일 때

② $\tau = \sigma_1 = \sigma_x$

3. 구형 요소에 작용하는 평면응력

이축응력 상태에서 횡단면과 종단면에 전단응력이 작용하는 상태이다.

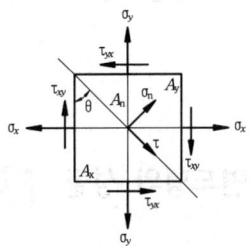

[그림 3-4. 구형 요소에 작용하는 평면응력]

(1) 경사면에 작용하는 법선응력

$\sigma_n = \dfrac{\sigma_x + \sigma_y}{2} + \dfrac{\sigma_x - \sigma_y}{2}\cos 2\theta - \tau_{xy}\sin 2\theta$

(2) 경사면에 작용하는 전단응력

$\tau = \dfrac{\sigma_x - \sigma_y}{2}\sin 2\theta + \tau_{xy}\cos 2\theta$

(3) 주응력이 발생하는 단면(주평면의 위치)

$\tan 2\theta = \dfrac{-2\tau_{xy}}{\sigma_x - \sigma_y}$

(4) 최대 · 최소 주응력

$\sigma_{1,2} = \dfrac{\sigma_x + \sigma_y}{2} \pm \sqrt{\left(\dfrac{\sigma_x - \sigma_y}{2}\right)^2 + \tau_{xy}^2}$ ★★★★★

(5) 최대 · 최소 전단응력

$\tau_{1,2} = \pm\sqrt{\left(\dfrac{\sigma_x - \sigma_y}{2}\right)^2 + \tau_{xy}^2}$ ★★★★★

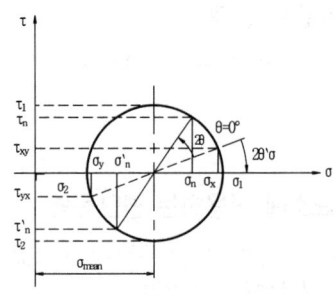

[그림 3-5. 평면응력 상태에서 Mohr 원]

(6) 최대 · 최소 종변형률
$$\varepsilon_{1,2} = \frac{\varepsilon_x + \varepsilon_y}{2} \pm \sqrt{\left(\frac{\varepsilon_x - \varepsilon_y}{2}\right)^2 + \left(\frac{\gamma_{xy}}{2}\right)^2}$$ ★★★

(7) 최대 · 최소 전단변형률
$$\gamma_{1,2} = \pm \sqrt{(\varepsilon_x - \varepsilon_y)^2 + \gamma_{xy}^2}$$ ★★★

4 평면도형의 성질

1. 단면1차 모멘트(면적 모멘트, 1차 관성 모멘트) [m³, cm³]

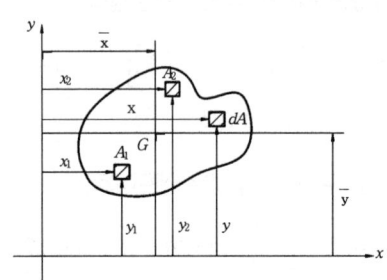

[그림 4-1. 단면1차 모멘트]

① $\bar{x} = \dfrac{\sum_{i=1}^{n} x_i A_i}{\sum_{i=1}^{n} A_i} = \dfrac{x_1 A_1 + x_2 A_2 + \ldots}{A_1 + A_2 + \ldots}$

② $\bar{y} = \dfrac{\sum_{i=1}^{n} y_i A_i}{\sum_{i=1}^{n} A_i} = \dfrac{y_1 A_1 + y_2 A_2 + \ldots}{A_1 + A_2 + \ldots}$

(1) x 축에 대한 단면1차 모멘트
$$G_x = \int_A y \, dA = \sum_{i=1}^{n} y_i A_i = A\bar{y}$$ ★★★

(2) y 축에 대한 단면1차 모멘트
$$G_y = \int_A x \, dA = \sum_{i=1}^{n} x_i A_i = A\bar{x}$$

(3) 도심의 위치($\bar{x}, \bar{y}$)
  도심이란 도형의 무게중심을 의미하는 것으로 도심을 지나는 축에 대한 단면 1차 모멘트는 0이다.

2. 단면 2차 모멘트(2차 관성 모멘트) [m⁴, cm⁴]

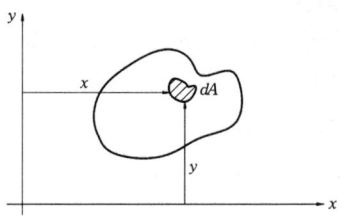

[그림 4-2. 단면 2차 모멘트]

(1) x 축에 대한 단면2차 모멘트
$$I_x = \int_A y^2 \, dA$$

(2) y축에 대한 단면2차 모멘트

$$I_y = \int_A x^2 dA$$

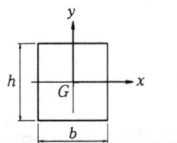 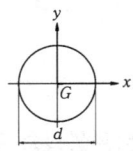 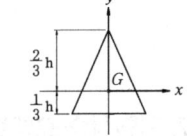

(a) 구형 단면   (b) 원형 단면   (c) 삼각형 단면

[그림 4-3. 구형 단면, 원형 단면, 삼각형 단면]

(3) 구형 단면에서 도심을 지나는 x축과 y축에 대한 단면 2차 모멘트

$$I_{Gx} = \frac{bh^3}{12} \;\star\star\star, \; I_{Gy} = \frac{b^3 h}{12}$$

(4) 원형 단면에서 도심을 지나는 x축과 y축에 대한 단면2차 모멘트

$$I_{Gx} = I_{Gy} = \frac{\pi d^4}{64} \;\star\star\star$$

(5) 3각형 단면에서 도심을 지나는 x축에 대한 단면2차 모멘트

$$I_{Gx} = \frac{bh^3}{36} \;\star\star\star$$

3. 평행축 이동 정리

도심을 지나는 중심 축에서 임의의 축(지점)까지 거리를 l이라 할 때, 그 축에서 단면 2차 모멘트를 구하는데 평행축 이동 정리를 적용한다.

$$I_{x'} = I_{Gx} + Al^2$$

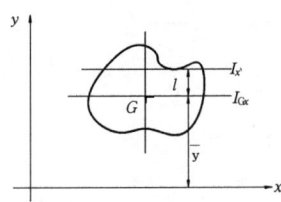

[그림 4-4. 평행축 이동 정리]

4. 극단면 2차 모멘트(2차 극관성 모멘트) [m⁴, cm⁴]

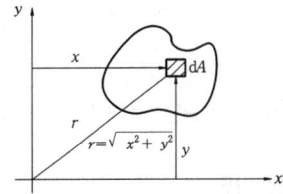

[그림 4-5. 극단면 2차 모멘트]

(1) 극단면 2차 모멘트

$$I_P = \int_A r^2 dA$$
$$= \int_A (x^2 + y^2) dA = I_x + I_y$$

(2) 구형 단면에서 도심을 지나는 x축과 y축에 대한 극단면 2차 모멘트

$$I_P = I_{Gx} + I_{Gy} = \frac{bh(b^2 + h^2)}{12}$$

(3) 원형 단면에서 도심을 지나는 x축과 y축에 대한 극단면 2차 모멘트

$$I_P = I_{Gx} + I_{Gy} = \frac{\pi d^4}{32} \;\star\star\star$$

5. 단면계수 및 극단면계수 [m³, cm³]

도형의 도심에서 끝단까지의 거리를 e로 놓고 x축을 기준으로 단면계수와 극단면계수를 정리한다.

(1) 단면계수

$$Z = \frac{I_{Gx}}{e}$$

(2) 극단면계수

$$Z_P = \frac{I_P}{e}$$

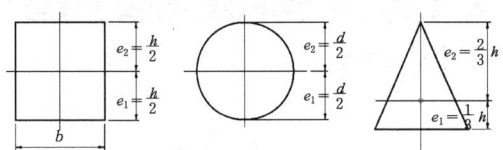

(a) 구형 단면   (b) 원형 단면   (c) 삼각형 단면
[그림 4-6. 구형 단면, 원형 단면, 삼각형 단면]

① 구형 단면
$$Z = \frac{bh^2}{6},\ Z_P = \frac{b(b^2+h^2)}{6}$$

② 원형 단면
$$Z = \frac{\pi d^3}{32}\ \bigstar\bigstar\bigstar,\ Z_P = \frac{\pi d^3}{16}\ \bigstar\bigstar\bigstar$$

③ 3각형 단면
$$Z_1 = \frac{bh^2}{24},\ Z_2 = \frac{bh^2}{12}$$

6. 회전반경[cm]

$$K = \sqrt{\frac{I}{A}}\ \bigstar\bigstar\bigstar$$

도심을 지나는 x축 단면 2차 모멘트를 이용하여 구형 단면과 원형 단면의 회전반경을 정리한다.

(1) 구형 단면
$$K = \frac{h}{2\sqrt{3}}$$

(2) 원형 단면
$$K = \frac{d}{4}$$

(3) 중공원형 단면의 성질 : 내경이 d_1이고 외경이 d_2인 중공원형 단면의 도형을 정리한다.

① $I_{Gx} = \dfrac{\pi(d_2^4 - d_1^4)}{64}\ \bigstar\bigstar\bigstar$

② $I_P = \dfrac{\pi(d_2^4 - d_1^4)}{32}\ \bigstar\bigstar\bigstar$

③ $Z = \dfrac{\pi d_2^3}{32}(1 - x^4),\ x = \dfrac{d_1}{d_2}\ \bigstar\bigstar\bigstar$

④ $Z_P = \dfrac{\pi d_2^3}{16}(1 - x^4)\ \bigstar\bigstar\bigstar$

7. 단면상승 모멘트(관성상승 모멘트) [m⁴, cm⁴]

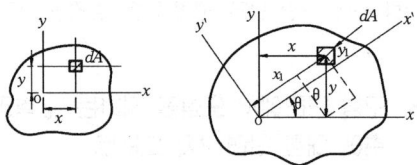

[그림 4-7. 단면상승 모멘트]

(1) 단면상승 모멘트
$$I_{xy} = \int_A xy\,dA = \overline{x}\,\overline{y}\,A$$

(2) 구형 단면의 관성상승 모멘트
$$I_{xy} = \frac{b^2 h^2}{4}$$

(3) 주축

관성상승 모멘트가 0이 되고 도심을 지나는 직교축으로 관성주축이라고도 한다.

5 비틀림(torsion)

1. 원형 단면 봉의 비틀림

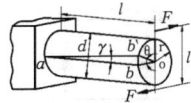 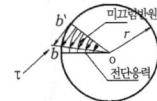

[그림 5-1. 원형 단면 봉의 비틀림]

(1) 봉의 비틀림 강도

$T = \tau \cdot Z_P$ ★★★★★

(2) 봉의 비틀림 각

$\theta = \dfrac{Tl}{GI_P} \dfrac{180°}{\pi}$ [deg] ★★★

2. 축의 비틀림

(1) 축의 강성도

단위길이당 비틀림각 $\dfrac{\theta}{l}$ 를 축의 강성도라 한다.

(2) 축의 전달 동력 ★★★★★

$T = 716.2 \dfrac{H_{ps}}{N}$

$\quad = 974 \dfrac{H_{kw}}{N}$ [kg$_f$·m]

$T = 716.2 \times 9.8 \dfrac{H_{ps}}{N}$

$\quad = 974 \times 9.8 \dfrac{H_{kw}}{N}$ [N·m, J]

(3) Bach의 축공식

축 지름 d [mm] 결정 [실축]
연강 축의 길이 1m에 대하여 비틀림각을 $\dfrac{1}{4}$°로 제한할 경우 축의 지름을 결정한다.

$d = 0.12 \sqrt[4]{\dfrac{H_{PS}}{N}} \quad d = 0.13 \sqrt[4]{\dfrac{H_{kw}}{N}}$

(4) 비틀림 하중에 의한 탄성 변형 에너지

$U = \dfrac{1}{2} T \cdot \theta$

$\quad = \dfrac{\tau^2}{4G} \cdot V$ [kg$_f$·m, N·m, J]

(5) 단위체적당 탄성 에너지(레질리언스 계수, 최대 탄성 에너지)

$u = \dfrac{\tau^2}{4G}$ [kg$_f$/cm^2, N/m^2, Pa]

3. 코일 스프링(coil spring)의 비틀림

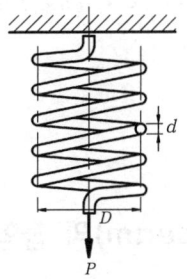

[그림 5-2. 코일 스프링]

(1) 비틀림 전단응력(와알의 수정계수 고려)

① $\tau_{max} = K \dfrac{16PR}{\pi d^3}$ ★★★★★

② $K = \dfrac{(4C-1)}{(4C-4)} + \dfrac{0.615}{C}$

③ $C = \dfrac{D}{d}$

여기서, K : 와알의 수정계수
C : 스프링 지수

(2) 소선의 총 길이

$l = 2\pi R \cdot n$

(3) 비틀림각

$\theta = \dfrac{64nPR^2}{Gd^4}$

(4) 처짐량

$\delta = R \times \theta = \dfrac{64nPR^3}{Gd^4}$ ★★★

여기서, n : 감김수
R : 스프링의 평균 반지름
d : 소선의 지름
P : 수직하중

(5) 후크의 법칙

k – 스프링 상수 [$kg_f/cm, N/m$]

$P = k\delta$

(6) 탄성변형 에너지

$U = \dfrac{1}{2}P\delta = \dfrac{32nP^2R^3}{Gd^4}$

(7) 합성 스프링 상수

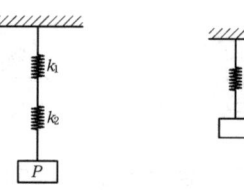

(a) 직렬 연결 (b) 병렬 연결
[그림 5-3. 스프링의 직렬 및 병렬 연결]

• 직렬 연결의 경우

$\dfrac{1}{k_e} = \dfrac{1}{k_1} + \dfrac{1}{k_2} + \ldots$

• 병렬 연결의 경우

$k_e = k_1 + k_2 + \ldots$

6 보(beam)의 굽힘

1. 보의 평형조건

반력 결정시 이용

① $\sum F = 0$
외력의 대수합은 0이다.

② $\sum M_o = 0$
힘의 모멘트의 합은 0이다.

2. 전단력선도(shearing force diagram)와 굽힘 모멘트 선도(bending moment diagram)

F와 M은 각 단계마다 상이한 값을 갖는다. 그러므로 그 크기와 변화의 상태를 표시하기 위하여 수직 방향에 F와 M의 값을 수평방향에 보의 단면의 위치를 취한 분포선도를 각각 SFD, BMD라 한다.

3. 외팔보의 SFD와 BMD
(1) 외팔보 자유단 집중하중

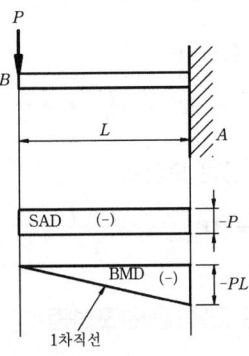

[그림 6-1. 외팔보 자유단 집중하중시 SFD와 BMD]

① 고정단 반력

$R_A = P$

② 최대 전단력

$F_A = -P = R_A$

③ 최대 굽힘 모멘트

$M_A = -P\ell = M_{\max}$

(2) 외팔보 균일 분포하중

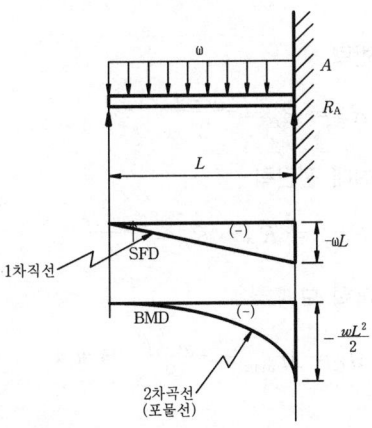

[그림 6-2. 외팔보 균일 분포하중시 SFD와 BMD]

① 고정단 반력

$R_A = \omega \cdot l$

② 최대 전단력

$F_A = -\omega \cdot l = R_A$

③ 최대 굽힘 모멘트

$M_A = -\dfrac{\omega \cdot l^2}{2} = M_{\max}$

(3) 외팔보 경사 분포하중(삼각 분포하중)

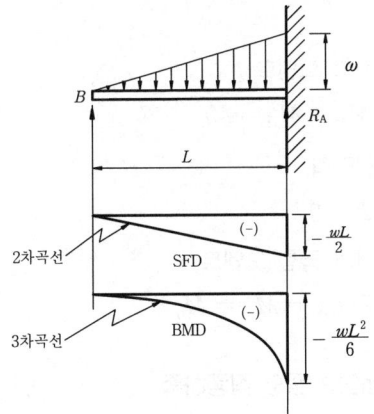

[그림 6-3. 외팔보 3각 분포하중시 SFD와 BMD]

① 고정단 반력

$R_A = \dfrac{\omega \cdot l}{2}$

② 최대 전단력

$F_A = -\dfrac{\omega \cdot l}{2} = R_A$

③ 최대 굽힘 모멘트

$M_A = -\dfrac{\omega \cdot l^2}{6} = M_{\max}$

(4) 외팔보 자유단 우력 모멘트

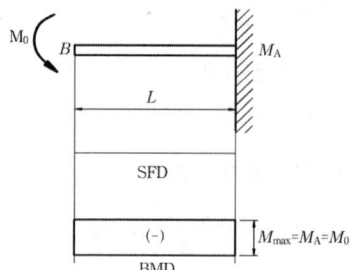

[그림 6-4. 외팔보 자유단에 우력 모멘트 작용시 SFD와 BMD]

① 저항 모멘트

$$M_R = M_A = M_0$$

② 전단력

$$F = 0$$

③ 최대 굽힘 모멘트

$$M_{max} = M_A = M_0$$

(5) 단순보 중앙 집중하중

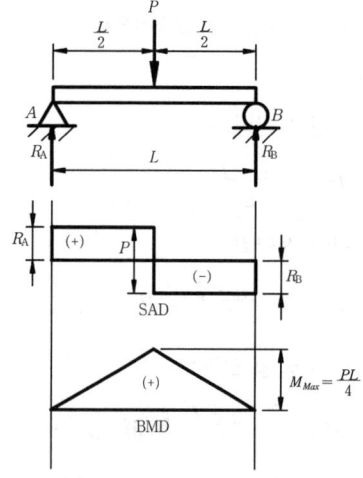

[그림 6-5. 단순보 중앙 집중하중 작용시 SFD와 BMD]

① 반력

$$R_A = R_B = \frac{P \cdot l}{2}$$

② 최대 전단력

$$F_{max} = R_A = \frac{P}{2} \ \star\star\star$$

③ 최대 굽힘 모멘트

$$M_C = M_{max} = \frac{P \cdot l}{4}$$

(6) 단순보 균일(등)분포하중

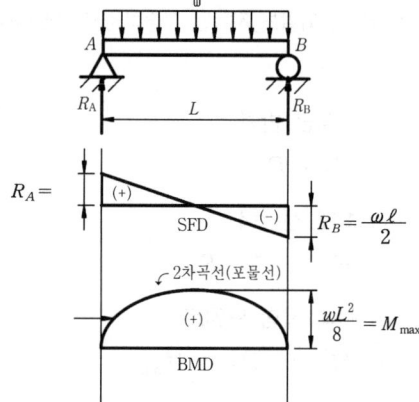

[그림 6-6. 단순보 균일 등분포하중 작용시 SFD와 BMD]

① 반력

$$R_A = R_B = \frac{\omega \cdot l}{2}$$

② 최대 전단력

$$F_{max} = R_A = R_B = \frac{\omega \cdot l}{2}$$

③ 굽힘 모멘트

$$M_C = M_{max} = \frac{\omega \cdot l^2}{8} \ \star\star\star$$

(7) 단순보 삼각 분포하중

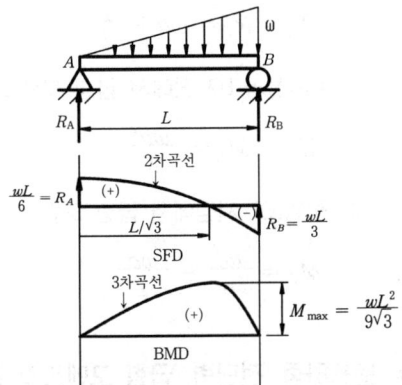

[그림 6-7. 단순보 3각 분포하중 작용시 SFD와 BMD]

① 반력

$$R_A = \frac{\omega \cdot l}{6}, \quad R_B = \frac{\omega \cdot l}{3}$$

② 최대 전단력

$$F_{max} = R_B = \frac{\omega \cdot l}{3}$$

③ 전단력이 0인 지점

$$x = \frac{l}{\sqrt{3}}$$

④ 최대 굽힘 모멘트

$$M_{max} = \frac{\omega \cdot l^2}{9\sqrt{3}} \;\; \bigstar\bigstar\bigstar$$

(8) 단순보 중앙에 우력 모멘트

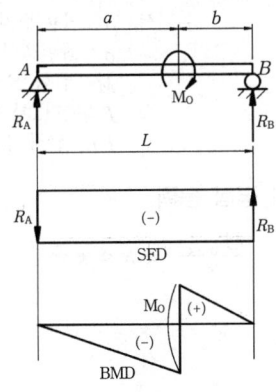

[그림 6-8. 단순보 중앙에 우력 모멘트 작용시 SFD와 BMD]

① 반력

$$R_A = -\frac{M_0}{l}, \quad R_B = \frac{M_0}{l}$$

② 최대 전단력

$$F_{max} = R_A = \frac{M_0}{l}$$

③ 중앙에서 굽힘 모멘트

$$M_C = \frac{M_0}{2}$$

(9) 돌출보(내다지보) 집중하중

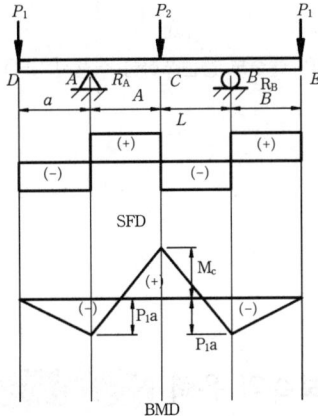

[그림 6-9. 돌출보 집중하중 작용시 SFD와 BMD]

① 반력

$$R_A = R_B = P_1 + \frac{P_2}{2}$$

② A지점과 B지점에서 굽힘 모멘트

$$M_A = M_B = P_1 a$$

③ 중앙(C) 지점에서 굽힘 모멘트

$$M_C = \frac{P_2 l}{4} - P_1 a$$

제1장 재료역학

(10) 돌출보(내다지보) 등분포하중

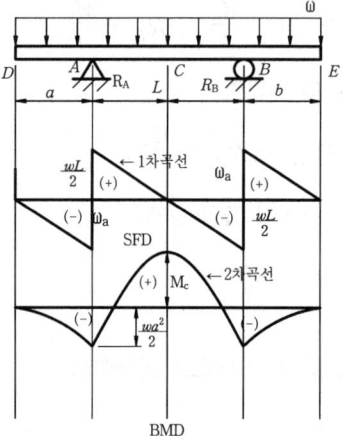

[그림 6-10. 돌출보 등분포하중 작용시 SFD와 BMD]

① 반력

$$R_A = R_B = \omega a + \frac{\omega l}{2}$$

② A지점과 B지점에서 굽힘 모멘트

$$M_A = M_B = \frac{\omega a^2}{2}$$

③ 중앙(C) 지점에서 굽힘 모멘트

$$M_C = \frac{\omega l^2}{8} - \frac{\omega a^2}{2}$$

4. 분포하중, 전단력, 굽힘 모멘트의 관계

$$\omega(x) = \frac{dF(x)}{dx}$$

$$F(x) = \frac{dM(x)}{dx}$$

$$\omega(x) = \frac{dF(x)}{dx} = \frac{d^2M(x)}{dx^2}$$

7. 보속의 응력

1. 보속의 굽힘응력

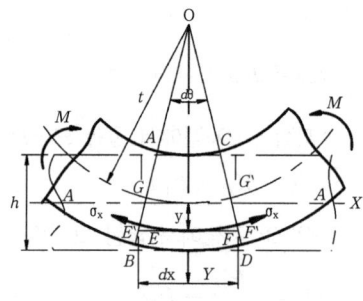

[그림 7-1. 보속의 굽힘응력]

(1) 굽힘응력, 굽힘 모멘트, 곡률과의 관계

$$\frac{E}{\rho} = \frac{\sigma}{y} = \frac{M}{I} \;\;\star\star\star$$

여기서, ρ : 곡률 반지름(곡률반경)
σ : 굽힘응력
M : 굽힘 모멘트
I : 단면2차 모멘트
EI : 굴곡 강성계수

(2) 최대 굽힘 응력

$$\sigma_b = \frac{M_{\max}}{Z} \;\;\star\star\star\star\star$$

2. 보속의 전단응력

$$\tau_{max} = \frac{FQ}{bI}$$

여기서, F : 전단력
I : 단면2차 모멘트
b : 도심을 지나는 폭
Q : 단면1차 모멘트

(1) 구형 단면의 도심에서 최대 전단응력

$$\tau_{max} = \frac{3}{2}\frac{F}{A} = \frac{3}{2}\tau_{mean} \ \star\star\star$$

(2) 원형 단면의 도심에서 최대 전단응력

$$\tau_{max} = \frac{4}{3}\frac{F}{A} = \frac{4}{3}\tau_{mean} \ \star\star\star$$

3. 굽힘과 비틀림을 동시에 받고 있을 때 축의 직경

(1) 상당 굽힘 모멘트

$$M_e = \frac{1}{2}(M + \sqrt{M^2 + T^2}) \ \star\star\star\star\star$$

(2) 상당 비틀림 모멘트

$$T_e = \sqrt{M^2 + T^2} \ \star\star\star\star\star$$

(3) 축의 지름(d) 계산

$$M_e = \sigma_{ba} \cdot Z = \sigma_{ba} \cdot \frac{\pi d^3}{32}$$

$$T_e = \tau_a \cdot Z_P = \tau_a \cdot \frac{\pi d^3}{16}$$

8 보의 처짐

1. 탄성곡선의 미분방정식

$$\frac{d^2 y}{dx^2} = -\frac{M(x)}{EI} \ \star\star\star$$

(1) 처짐 (δ)

$$EIy = -\int\int M(x)dx \cdot dx$$

(2) 처짐각 (θ)

$$EI\frac{dy}{dx} = -\int M(x)dx$$

(3) 굽힘 모멘트 (M)

$$EI\frac{d^2 y}{dx^2} = -\int\int \omega\, dx \cdot dx = -M$$

(4) 전단력 (F)

$$EI\frac{d^3 y}{dx^3} = -\frac{dM}{dx} = -F$$

(5) 하중 및 힘의 세기 (ω)

$$EIy^{(4)} = -\frac{d^2 M}{dx^2} = -\frac{dF}{dx} = -\omega$$

2. 면적 모멘트법

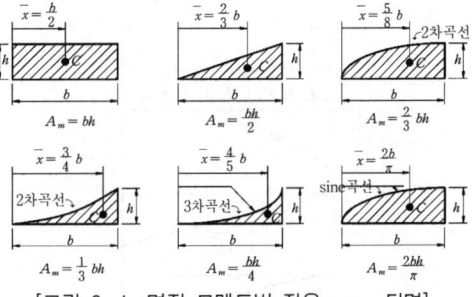

[그림 8-1. 면적 모멘트법 적용 A_m 단면]

① 처짐각 $\theta = \dfrac{A_m}{EI}$

여기서, A_m : 굽힘 모멘트 선도 (BMD) 상의 면적

② 처짐량 $\delta = \dfrac{A_m}{EI}\bar{x}$

(1) 외팔보에 집중하중 작용

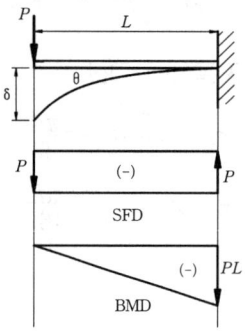

[그림 8-2. 외팔보에 집중하중 작용]

① 처짐각 $\theta = \dfrac{A_m}{EI} = \dfrac{Pl^2}{2EI}$ ★★★

② 처짐 $\delta = \theta \cdot \bar{x} = \dfrac{Pl^2}{2EI} \times \dfrac{2}{3}l = \dfrac{Pl^3}{3EI}$ ★★★

(2) 외팔보의 등분포하중

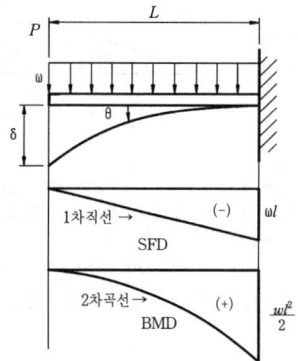

[그림 8-3. 외팔보의 등분포하중]

① 처짐각 $\theta = \dfrac{A_m}{EI} = \dfrac{\omega l^3}{6EI}$ ★★★

② 처짐 $\delta = \theta \cdot \bar{x} = \dfrac{\omega l^4}{8EI}$ ★★★

(3) 외팔보 자유단에서 우력 작용

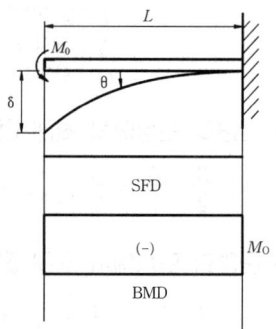

[그림 8-4. 외팔보 자유단에서 우력 작용]

① 처짐각 $\theta = \dfrac{A_m}{EI} = \dfrac{M_0 l}{EI}$

② 처짐 $\delta = \theta \cdot \bar{x} = \dfrac{M_0 l^2}{2EI}$

(4) 단순보에 중앙 집중하중

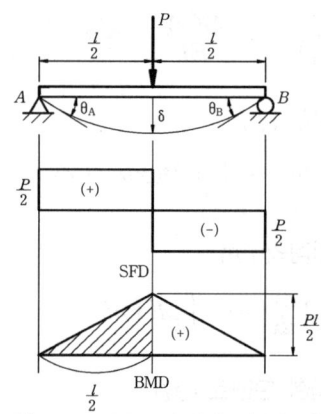

[그림 8-5. 단순보에 중앙 집중하중]

① 처짐각 $\theta = \dfrac{A_m}{EI} = \dfrac{Pl^2}{16EI}$ ★★★

② 처짐 $\delta = \theta \cdot \bar{x} = \dfrac{Pl^3}{48EI}$ ★★★

(5) 단순보에 등분포하중

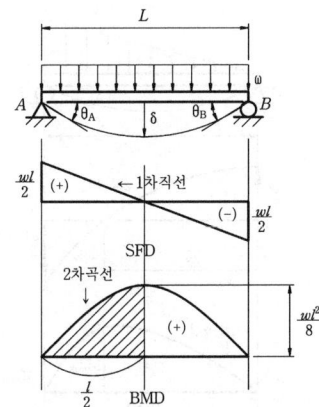

[그림 8-6. 단순보에 등분포하중]

① 처짐각 $\theta = \dfrac{A_m}{EI} = \dfrac{\omega l^3}{24EI}$ ★★★

② 처짐 $\delta = \theta \cdot \overline{x} = \dfrac{5\omega l^4}{384EI}$ ★★★

(6) 외팔보에 집중하중과 등분포하중이 함께 작용할 경우

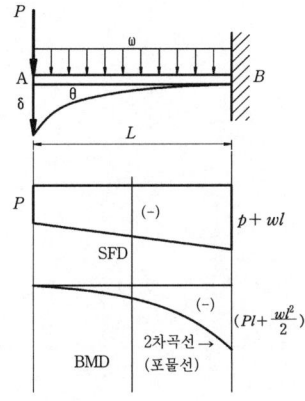

[그림 8-7. 외팔보에 집중하중과 등분포하중이 함께 작용할 경우]

① 처짐각 $\theta = \dfrac{Pl^2}{2EI} + \dfrac{\omega l^3}{6EI}$

② 처짐 $\delta = \dfrac{1}{EI}\left(\dfrac{Pl^3}{3} + \dfrac{\omega l^4}{8}\right)$

(7) 외팔보 중앙에 집중하중 작용시

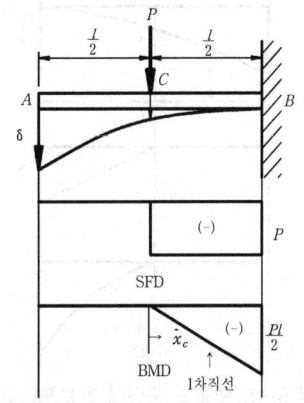

[그림 8-8. 외팔보 중앙에 집중하중 작용]

① 처짐각

$\theta = \dfrac{A_m}{EI} = \dfrac{Pl^2}{8EI}$

② 중앙에서 처짐

$\delta_C = \theta \cdot \overline{x}_c = \dfrac{Pl^3}{24EI}$

③ 자유단에서 최대 처짐

$\delta = \theta \cdot \overline{x} = \dfrac{5Pl^3}{48EI}$ ★★★

(8) 외팔보 중앙에서부터 고정단까지 등분포하중 작용

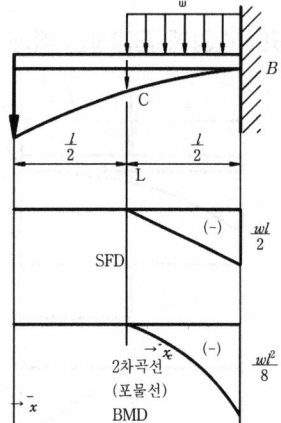

[그림 8-9. 외팔보 중앙에 등분포하중 작용]

① 처짐각

$$\theta = \frac{A_m}{EI} = \frac{\omega l^3}{48EI}$$

② 중앙에서 처짐

$$\delta_C = \theta \cdot \overline{x}_c = \frac{\omega l^4}{128EI}$$

③ 자유단에서 최대 처짐

$$\delta = \theta \cdot \overline{x} = \frac{7\omega l^4}{384EI}$$

(9) 단순보에 삼각 분포하중 작용

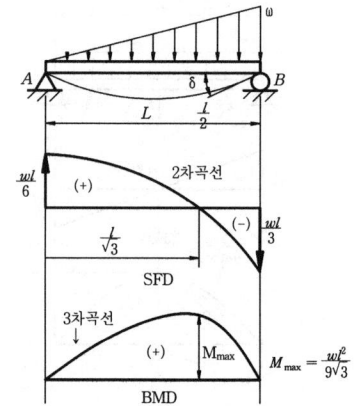

[그림 8-10. 외팔보 3각 분포하중 작용]

① 중앙에서 처짐

$$\delta = \frac{5\omega l^4}{384EI} \times \frac{1}{2} = \frac{5\omega l^4}{768EI}$$

9 부정정보

1. 일단고정 타단지지보
(1) 중앙집중하중

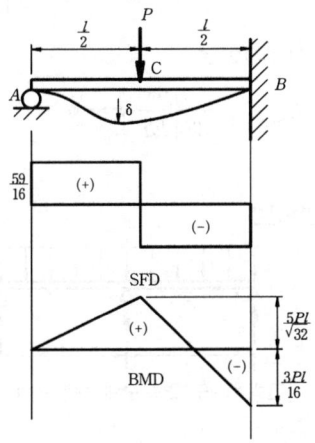

[그림 9-1. 일단고정 타단지지보 중앙집중하중]

① 반력
$$R_A = \frac{5P}{16},\ R_B = \frac{11P}{16}\ \bigstar\bigstar$$

② 고정단 저항 모멘트
$$M_B = \frac{3Pl}{16}$$

③ 굽힘 모멘트가 0인 지점
$$x = \frac{8l}{11}$$

④ 중앙에서 처짐
$$\delta_C = \frac{7Pl^3}{768EI}\ \bigstar\bigstar$$

(2) 균일분포하중을 받는 경우

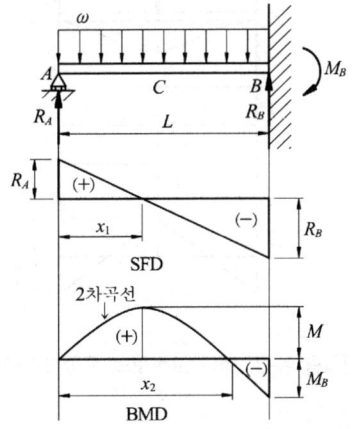

[그림 9-2. 일단고정 타단지지보 균일분포하중]

① 반력
$$R_A = \frac{3}{8}\omega l,\ R_B = \frac{5}{8}\omega l\ \bigstar\bigstar$$

② 고정단 저항 모멘트
$$M_B = \frac{\omega l^2}{8}$$

③ 전단력이 0인 지점
$$x_1 = \frac{3l}{8} \quad \frac{11P}{16}$$

④ 굽힘 모멘트가 0인 위치
$$x_2 = \frac{3l}{4}$$

⑤ 전단력이 0인 지점에서 굽힘 모멘트
$$M = \frac{9\omega l^2}{128}$$

⑥ 중앙점에서의 처짐
$$\delta = \frac{\omega l^4}{192EI}\ \bigstar\bigstar$$

2. 양단 고정보
(1) 중앙에 집중하중을 받는 경우

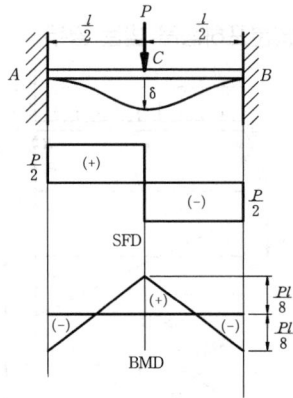

[그림 9-3. 양단 고정보의 중앙집중하중]

① 반력
$$R_A = R_B = \frac{P}{2}$$

② 최대처짐량
$$\delta_{max} = \frac{Pl^3}{192EI} \; \bigstar\bigstar\bigstar$$

③ 굽힘 모멘트
$$M_A = M_B = \frac{Pl}{8} \; \bigstar\bigstar$$

(2) 균일분포하중을 받는 경우

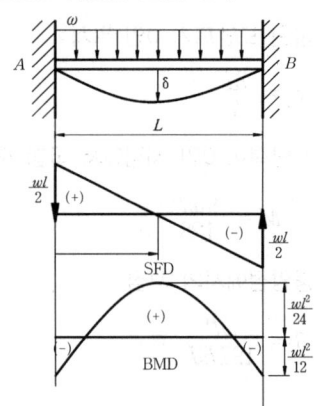

[그림 9-4. 양단 고정보의 균일분포하중]

① 반력
$$R_A = R_B = \frac{\omega l}{2}$$

② 굽힘 모멘트
$$M_C = \frac{\omega l^2}{24}, \; M_A = M_B = \frac{\omega l^2}{12} \; \bigstar\bigstar$$

③ 최대처짐량
$$\delta_{max} = \frac{\omega l^4}{384EI} \; \bigstar\bigstar\bigstar$$

(3) 연속보

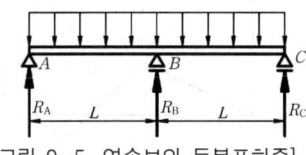

[그림 9-5. 연속보의 등분포하중]

① 반력
$$R_A = R_C = \frac{3\omega l}{8} \; \bigstar\bigstar\bigstar$$
$$R_B = \frac{5\omega l}{4}$$

② 굽힘 모멘트
$$M_{BA} = \frac{\omega l^2}{8} \; \bigstar\bigstar\bigstar$$
$$M_{BC} = -\frac{\omega l^2}{8}$$

10 기둥

1. 편심 하중을 받는 단주

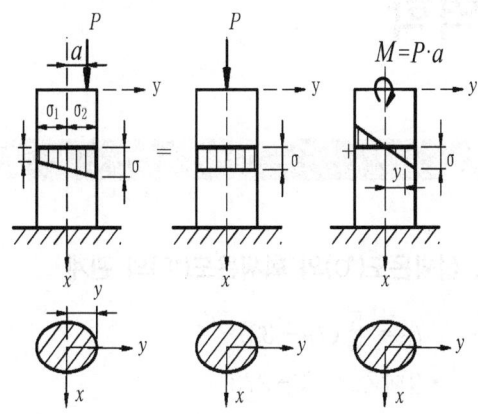

[그림 10-1. 편심하중을 받는 단주]

(1) 최대 압축응력

$$\sigma = \frac{P}{A} + \frac{M}{Z}$$ ★★★

(2) 굽힘 모멘트

$$M = Pa$$

(3) 핵심구간

인장응력이 발생하지 않고 압축응력만 존재하는 구간

① 구형 단면

$$-\frac{b}{6} \le e \le \frac{b}{6}$$

② 원형 단면

$$-\frac{d}{8} \le e \le \frac{d}{8}$$

2. 장주

기둥의 좌굴은 오일러의 식을 이용하여 계산한다.

(1) 세장비

$$\lambda = \frac{l}{K}$$ ★★

$$K = \sqrt{\frac{I}{A}}$$

(2) 임계하중(좌굴하중)

$$P_{cr} = \frac{n\pi^2 EI}{l^2}$$ ★★★

(3) 임계응력(좌굴응력)

$$\sigma_{cr} = \frac{P_{cr}}{A} = \frac{n\pi^2 E}{\lambda^2}$$ ★★★

여기서, n : 단말계수
(비례상수, 고정계수)

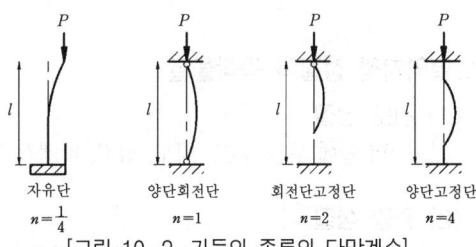

[그림 10-2. 기둥의 종류와 단말계수]

기계열역학

1 열역학

1. 계(system)의 종류
(1) 개방계(유동계)
  질량유동이 있으며 일과 열의 교환이 있는 계(예 : 펌프, 터빈)

(2) 밀폐계(비유동계)
  질량 유동이 없으며 일과 열의 교환이 있는 계(예 : 실린더)

(3) 절연계
  질량 유동이 없으며 일과 열의 교환이 없는 계

2. 열역학적 성질과 동작물질
(1) 강도 성질
  물질의 양에 무관, 온도, 밀도, 압력, 비체적 등

(2) 종량 성질
  물질의 양에 비례, 내부 에너지, 엔탈피, 엔트로피 등

(3) 동작물질(작업물질, 작업유체, 작동유체)
  열역학적 계에서 에너지를 저장하고 이동시키는 물질

3. 섭씨온도(℃)와 화씨온도(℉)의 관계
$$t_C = \frac{5}{9}(t_F - 32)$$
• 절대온도 : ℃ + 273

4. 열역학적 상태량
(1) 밀도(density)
  단위체적당 질량
  ① $\rho = \frac{m}{V}$ ★★★
  ② 단위 : $\mathrm{kg_m/m^3}$, $\mathrm{kg_f \, sec^2/m^4}$
  ③ 물의 밀도
  $\rho_w = 1000\,\mathrm{kg_m/m^3} = 102\,\mathrm{kg_f \, sec^2/m^4}$

(2) 비중량(specific weight)
  단위체적당 중량
  ① $\gamma = \frac{G}{V}$ ★★★
  ② 단위 : $\mathrm{N/m^3}$, $\mathrm{kg_f/m^3}$
  ③ 물의 밀도
  $\gamma_w = 9800\,\mathrm{N/m^3} = 1000\,\mathrm{kg_f/m^3}$

(3) 비체적(specific volume)

단위질량당 부피

① $v = \dfrac{V}{m} = \dfrac{1}{\rho}$

② 단위 : m^3/kg_m

③ 중력단위계 : 단위중량당 부피

$v_s = \dfrac{V}{G} = \dfrac{1}{\gamma}$ [m^3/kg_f]

(4) 비중(specific gravity)

$S = \dfrac{\rho}{\rho_w} = \dfrac{\gamma}{\gamma_w}$ ★★★

5. 압력(pressure)

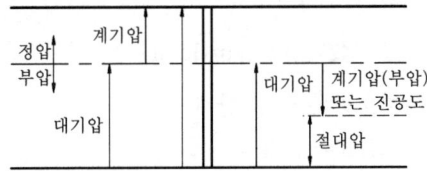

[그림 1-1. 대기압, 게이지압, 진공압의 관계]

(1) 표준 대기압

$1atm = 1.0332 kg/cm^2 = 760mmHg$
$\quad\quad = 10.33mAg = 14.7Psi$
$\quad\quad = 101325 Pa(N/m^2)$
$\quad\quad = 1.01325\ bar = 1013.25 mbar$

(2) 절대 압력

절대 압력=대기압+계기압=대기압-진공압

6. 열량, 일량, 동력

(1) 열량

$_1Q_2 = mC(t_2 - t_1)$ [kcal, kJ, J]

(2) 비열 (C)

어떤 물질 1kg을 1℃ 높이는데 필요한 열량
[kcal/kg℃, kJ/kg℃]

(3) 물의 비열

$C = 1 kcal/kg℃ \quad\quad C = 4.2 kJ/kg℃$

(4) 융해잠열

0℃얼음이 0℃ 물로 변화할 때 필요한 열량은 80kcal/kg이다.

(5) 기화잠열

100℃ 물이 100℃ 증기로 변화할 때 필요한 열량 539kcal/kg이다.

(6) 일량

$_1W_2 = P\Delta S = PV$

[$kg_f \cdot m, N \cdot m, J, kJ$]

(7) 동력★★★

$L = \dfrac{_1W_2}{\Delta T} = F \cdot V = T \cdot \omega$

[$kg_f m/sec, PS, kW$]

$1PS = 75 kg_f m/sec$
$\quad\quad = 632.2 kcal/hr = 0.735 kW$

$1kW = 102 kg_f m/sec$
$\quad\quad = 860 kcal/hr = 1.36 ps$

$1kcal = 427 kg_f m = 4.2 kJ$
$\quad\quad = 3.968 Btu = 2.205 Chu$

7. 열역학 제 0 법칙★★★
(온도 평형의 법칙, 열 평형 법칙)

어떤 물체가 다른 물체와 서로 열평형을 이루고 있으면 그 두 물체의 온도는 동일하게 된다. 이 때 열 수수의 합은 0이다. 즉, 빼앗긴 물체의 열량과 또 다른 물체가 얻은 열량은 같다.

8. 열효율(thermal efficiency)★★★

$\eta = \dfrac{L_o}{L_i}$

여기서, L_o : 출력, L_i : 입력

2 열역학적 열량과 일량

1. 열역학적 일과 열 비교
(1) 가역적으로 열은 일로, 일은 열로 전이 할 수 있다. : 열역학적 계가 상태 변화를 하는 과정에서 열과 일의 수수가 발생한다.
(2) 열량과 일량은 계의 경계에서만 결정되는 값이다.
(3) 열역학적 상태량은 점함수(완전미방)이고 열과 일은 도정 함수(경로 함수) 이며 불완전 미방이다.

2. 절대일과 공업일

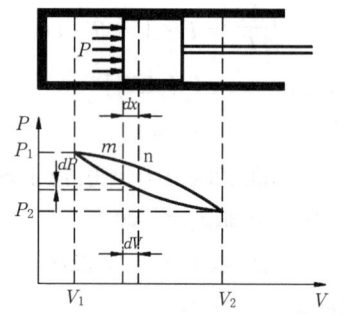

[그림 2-1. 열역학적 계에서 절대일과 공업일]

(1) 절대일(비유동일, 밀폐계일, 팽창일)
$$_1W_2 = \int_1^2 PdV \;★★$$

(2) 공업일(유동일, 개방계일, 압축일)
$$W_t = -\int_1^2 VdP \;★★$$

3. 열역학 제1법칙(에너지 보존 법칙)

열역학적 가역 사이클에서 열은 일로, 일은 열로 변환될 수 있다. 즉, 열역학적 에너지는 창조할 수도 소멸시킬 수 있는 것이 아니라, 단지 하나의 에너지 형태에서 다른 에너지 형태로 전환될 수 있는 것이다.

$$Q = W \;[\text{kcal}, \text{kg}_f\text{m}, \text{Nm}, \text{J}, \text{kJ}]$$

- 일의 열당량
$$A = \frac{1}{427} \;[\text{kcal}/\text{kg}_f\text{m}]$$

- 열의 일당량
$$J = 427 \;[\text{kg}_f\text{m}/\text{kcal}]$$

- 칼로리와 줄의 관계
$$1\text{kal} = 4.2\text{kJ}$$

(1) 계의 상태변화에 대한 열역학 제1법칙
$$\delta Q = dE + \delta W$$
여기서, δQ : 상태 변화시 수반되는 열량
δW : 상태 변화시 수반되는 열역학적 일량
dE : 상태 변화시 열량과 열역학적 일량의 차는 열역학적 상태량에 의해 결정되는 에너지

① 운동 에너지의 변화
$$\frac{1}{2}m(V_2^2 - V_1^2) , \;\frac{G}{2g}(V_2^2 - V_1^2)$$

② 위치 에너지의 변화
$$mg(Z_2 - Z_1) , \;G(Z_2 - Z_1)$$

③ 내부 에너지의 변화
$$\Delta U = U_2 - U_1$$

④ 유동 에너지의 변화
$$\Delta PV$$

(2) 밀폐계의 상태변화에 대한 열역학 제1법칙

① 종량성 상태량 개념 [kJ]

$$_1Q_2 = \Delta U + {_1W_2} \;\; \bigstar\bigstar\bigstar$$

② 강도성 상태량 개념 [kJ/kg]

$$_1q_2 = \Delta u + {_1w_2}$$

③ 미분식의 표현

$$\delta q = du + \delta w$$

(3) 개방계에서 열역학 1법칙

정상 유동에 대한 일반 에너지식

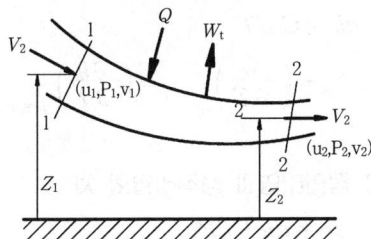

[그림 2-2. 개방계에서 동작물질의 유동]

① 종량성 상태량 개념 [kJ]

$$_1Q_2 = \Delta U + \Delta PV + \frac{m(V_2^2 - V_1^2)}{2} + mg(Z_2 - Z_1) + W_t \;\; \bigstar\bigstar\bigstar$$

② 강도성 상태량 개념 [kJ/kg]

$$_1q_2 = \Delta u + \Delta Pv + \frac{(V_2^2 - V_1^2)}{2} + g(Z_2 - Z_1) + w_t$$

③ 유동 에너지(ΔPV) 계산

㉠ $P = Const$, $P(V_2 - V_1)$

㉡ $V = Const$, $V(P_2 - P_1)$

㉢ $P \neq C$, $V \neq C$, $P_2V_2 - P_1V_1$

㉣ 한 상태점일 때, PV

(4) 엔탈피(Enthalpy)

① 엔탈피 정의
내부 에너지와 유동 에너지의 합

$$H = U + PV \;\; \bigstar\bigstar\bigstar$$

② 엔탈피 변화량 [kJ, J]

$$\Delta H = \Delta U + \Delta PV$$

③ 비엔탈피 변화량
비내부 에너지와 비유동 에너지의 합

[kJ/kg, J/kg]

$$\Delta h = \Delta u + \Delta Pv$$

④ 미분식으로 표현

$$dh = du + d(Pv)$$
$$= du + Pdv + vdP = \delta q + vdP$$
$$\delta q = du + Pdv = dh - vdP \;\; \bigstar\bigstar\bigstar\bigstar\bigstar$$

⑤ 개방계 열역학 제1법칙

$$_1q_2 = \Delta h + \frac{(V_2^2 - V_1^2)}{2} + g(Z_2 - Z_1) + w_t$$

⑥ 1종 영구기관
에너지(일)를 창조할 수 있는 기관으로 에너지 보존 법칙에 위배(열역학 제1법칙에 위배)된다.

3 완전가스(이상기체)

1. 이상기체 상태 방정식

(1) 기체상수와 일반기체상수

① 기체상수

R [$kg_f m/kgK$, J/kgK]

② 공기의 기체상수

$R = 29.27$ [$kg_f m/kgK$]
$= 287$ [J/kgK]

③ 일반 기체상수 ★★★

$\overline{R} = 848$ [$kg_f m/kmolK$]
$= 8314$ [$J/kmolK$]

(2) 상태 방정식

계산시 압력과 온도는 절대압력, 절대온도로 수정하여 계산하여야 한다.

① $Pv = RT$
② $PV = mRT$ ★★★★
③ $PV = m\left(\dfrac{\overline{R}}{M}\right)T = n\overline{R}T$
④ 분자량(M)
   산소(O_2)-32, 탄소(C)-12
   질소(N_2)-28, 이산화탄소(CO_2)-44
⑤ 몰수 : $n = \dfrac{m}{M}$ [mol, kmol]

2. 완전가스의 비열간의 관계식

비열은 온도만의 함수로 가정하여 온도가 변화하면 비열도 변화하지만, 저온에서 정압비열과 정적비열의 변화는 거의 일정한 것으로 본다.
[SI 단위로 정리]

(1) 정적비열 C_v

$\delta q = du + Pdv = C_v dT = Tds$
$du = C_v dT$
$C_v = \left(\dfrac{\partial q}{\partial T}\right)_v = \left(\dfrac{\partial u}{\partial T}\right)_v = T\left(\dfrac{\partial s}{\partial T}\right)_v$
★★

(2) 정압비열 C_p

$\delta q = dh - vdP = C_p dT = Tds$
$dh = C_p dT$
$C_p = \left(\dfrac{\partial q}{\partial T}\right)_{p=c} = \left(\dfrac{\partial h}{\partial T}\right)_{p=c} = T\left(\dfrac{\partial s}{\partial T}\right)_{p=c}$
★★

(3) 정압비열과 정적비열의 차

$dh = du + dPv$
$C_p dT = C_v dT - RdT$
$C_p - C_v = R$ ★★★

(4) 비열비 ★★★★

$k = \dfrac{C_p}{C_v}$, $C_p = \dfrac{kR}{k-1}$,
$C_v = \dfrac{R}{k-1}$

① 공기의 비열비 $k = 1.4$
② 공기의 정압비열
  $C_p = 0.24\,kcal/kg\,℃$
  $= 1.008\,kJ/kg\,℃$
③ 공기의 정적비열
  $C_v = 0.17\,kcal/kg\,℃$
  $= 0.714\,kJ/kg\,℃$

3. 완전가스의 상태변화

(1) 정압과정(등압과정)

① PVT 관계식 $\dfrac{T_2}{T_1} = \dfrac{V_2}{V_1}$

② 절대일
$$_1W_2 = \int PdV = P(V_2 - V_1)$$
$$= mR(T_2 - T_1)$$
③ 공업일 $W_t = \int VdP = 0$
④ 내부 에너지 변화
$$dU = mC_v dT$$
$$= mC_v(T_2 - T_1)$$
⑤ 엔탈피 변화
$$dH = mC_p dt = mC_p(T_2 - T_1)$$
⑥ 가열량
$$\delta Q = dH = mC_p(T_2 - T_1)$$

(2) 정적과정(등적과정)
① PVT 관계식 $\dfrac{T_2}{T_1} = \dfrac{P_2}{P_1}$
② 절대일 $_1W_2 = \int PdV = 0$
③ 공업일
$$W_t = \int VdP = V(P_2 - P_1)$$
$$= mR(T_2 - T_1)$$
④ 내부 에너지 변화
$$dU = mC_v dT = mC_v(T_2 - T_1)$$
⑤ 엔탈피 변화
$$dH = mC_p dt = mC_p(T_2 - T_1)$$
⑥ 가열량
$$\delta Q = dU = mC_v(T_2 - T_1)$$

(3) 등온과정(정온과정)
① PVT 관계식 $\dfrac{P_2}{P_1} = \dfrac{V_1}{V_2}$
② 절대일 $_1W_2 = P_1V_1 \ln \dfrac{V_2}{V_1}$
③ 공업일 $W_t = P_1V_1 \ln \dfrac{V_1}{V_2} = -{_1W_2}$
④ 내부 에너지 변화
$$dU = mC_v dT = mC_v(T_2 - T_1) = 0$$

⑤ 엔탈피 변화
$$dH = mC_p dt = mC_p(T_2 - T_1) = 0$$
⑥ 가열량
$$_1Q_2 = {_1W_2} = W_t$$

(4) 단열과정(등엔트로피 과정)
① PVT 관계식
$$PV^k = \text{const}$$
$$\dfrac{T_2}{T_1} = \left(\dfrac{V_1}{V_2}\right)^{k-1} = \left(\dfrac{P_2}{P_1}\right)^{\frac{k-1}{k}}$$
② 절대일
$$_1W_2 = \dfrac{1}{k-1}(P_1V_1 - P_2V_2)$$
③ 공업일
$$W_t = \dfrac{k}{k-1}(P_1V_1 - P_2V_2) = k\,_1W_2$$
④ 내부 에너지 변화
$$dU = mC_v dT = mC_v(T_2 - T_1)$$
⑤ 엔탈피 변화
$$dH = mC_p dt = mC_p(T_2 - T_1)$$
⑥ 가열량
$$_1Q_2 = 0$$

(5) 폴리트로프 과정
① PVT 관계식
$$PV^n = \text{const}$$
$$\dfrac{T_2}{T_1} = \left(\dfrac{V_1}{V_2}\right)^{n-1} = \left(\dfrac{P_2}{P_1}\right)^{\frac{n-1}{n}}$$
② 절대일
$$_1W_2 = \dfrac{1}{n-1}(P_1V_1 - P_2V_2)$$
③ 공업일
$$W_t = \dfrac{n}{n-1}(P_1V_1 - P_2V_2) = n\,_1W_2$$
④ 내부 에너지 변화
$$dU = mC_v dT = mC_v(T_2 - T_1)$$

⑤ 엔탈피 변화

$$dH = mC_p dt = mC_p(T_2 - T_1)$$

⑥ 가열량

$$_1Q_2 = mC_n(T_2 - T_1)$$
$$= mC_v \frac{n-k}{n-1}(T_2 - T_1)$$

4. 이상기체의 상태 변화 선도

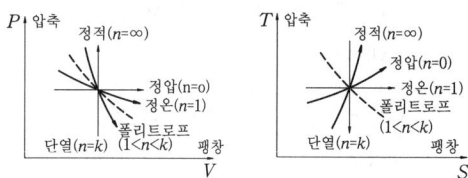

[그림 3-1. P-V 선도와 T-S 선도]

5. 이상기체의 상태 변화시 n와 C의 값

변화	n	C
정압변화	0	C_p
정적변화	∞	C_v
등온변화	1	∞
단열변화	k	0
폴리트로프 변화	1<n<k	C_n

6. 반완전가스의 상태 방정식

Van der waals 식

$$\left(P + \frac{a}{v^2}\right)(\overline{v} - P) = \overline{R}T$$

7. 가스의 혼합

(1) 달톤의 분압 법칙

$$P = \Sigma P_i = P_1 + P_2 + P_3 + P_4 + \cdots$$

(2) 혼합기체의 비열

$$C_m = \frac{\sum_{i=1}^{n} m_i C_i}{m}$$
$$= \frac{C_1 m_1 + C_2 m_2 + \ldots}{m_1 + m_2 + \ldots} \ \text{★★★}$$

(3) 혼합기체의 온도

$$T_m = \frac{\sum_{i=1}^{n} m_i C_i T_i}{\sum_{i=1}^{n} m_i C_i}$$
$$= \frac{m_1 C_1 T_1 + m_2 C_2 T_2 + \ldots}{m_1 C_1 + m_2 C_2 + \ldots}$$

(4) 혼합기체의 가스상수

$$R_m = \frac{\sum_{i=1}^{n} m_i R_i}{m}$$
$$= \frac{R_1 m_1 + R_2 m_2 + \ldots}{m_1 + m_2 + \ldots} \ \text{★★★}$$

4 열역학 제2법칙

1. 열역학 제2법칙
에너지 이동의 방향성과 비가역성에 대해 명시한 법칙이다.
(1) 열은 고온체에서 저온체로 이동한다.
(2) 열을 일로 변화시키기 위해서는 반드시 2개의 열원체(고온체와 저온체)가 있어야 한다.
(3) 제2종 영구기관 : 하나의 열원체에서 열이동이 가능하여 열을 전부 일로 전환할 수 있는 기관으로 열역학 제2법칙에 위배된다. 공급된 열을 전부 일로 바꾸는 기관이다.

2. 열효율 및 성능계수

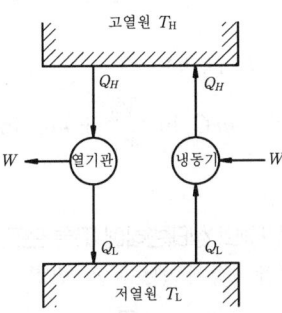

[그림 4-1. 열기관 및 냉동기]

- 열저장조 : 열량이 무한대 이어서 온도의 변화 없이 열을 받아들이거나 방출하는 물체
- 열기관 : 열을 일로 전환시킬 수 있는 기관
- 냉동기 : 저열원에서 고열원으로 열을 이동시키고자 할 때 사용한다.

(1) 열효율(thermal efficiency)

$$\eta = \frac{\text{出}}{\text{入}} = \frac{W}{Q_H}$$
$$= \frac{Q_H - Q_L}{Q_H} = 1 - \frac{Q_L}{Q_H} \; \bigstar\bigstar\bigstar\bigstar\bigstar$$

(2) 성능계수(coefficient of performance)
① 냉동기 성능계수
$$\varepsilon_R = \frac{Q_L}{W} = \frac{Q_L}{Q_H - Q_R} \; \bigstar\bigstar\bigstar\bigstar$$

② 열펌프 성능계수
$$\varepsilon_H = \frac{Q_H}{W} = \frac{Q_H}{Q_H - Q_R} \; \bigstar\bigstar\bigstar$$

③ 냉동기와 열펌프 성능계수의 관계
$$\varepsilon_H = \varepsilon_R + 1$$

3. 카르노 사이클(Carnots cycle)
이상적 가역 변화로 구성된 사이클로 현존하는 가역 사이클 중 열효율이 가장 높고, 두 개의 등온과정과 두 개의 단열변화로 이루어진 사이클이다.

(1) 카르노 사이클의 구성

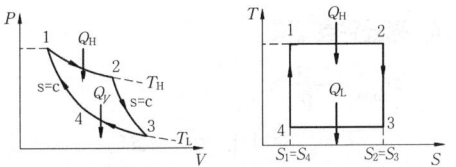

[그림 4-2. 카르노 사이클의 P-V선도 및 T-S선도]

① 1-2과정 : 등온가열과정 (Q_H)
② 2-3과정 : 단열팽창과정
③ 3-4과정 : 등온방열과정 (Q_L)
④ 4-1과정 : 단열압축과정

(2) 엔트로피(Entropy)의 정의
① 미분식의 표현
$$ds = \frac{\delta q}{T} \; [\text{kKJ/K, kcal/K}] \; \bigstar\bigstar\bigstar$$

② 차분식의 표현

$$\Delta s = s_2 - s_1 = {}_1q_2 / T$$

③ 물의 엔트로피 변화

$$\Delta S = mC \ln\left(\frac{T_2}{T_1}\right) \;\star\star$$

(3) 카르노 사이클의 열효율

① 실제일(유효일, 정미일)

$$W = Q_H - Q_L$$

② 가열과정과 방열과정에서 엔트로피 변화

$$\Delta S = S_2 - S_1 = \frac{Q_H}{T_H}$$

$$\Delta S = S_4 - S_1 = \frac{Q_L}{T_L}$$

$$\frac{Q_H}{T_H} = \frac{Q_L}{T_L}$$

③ 열효율

$$\eta = \frac{W}{Q_H} = 1 - \frac{Q_L}{Q_H} = 1 - \frac{T_L}{T_H} \;\star\star\star$$

(4) 평균유효압력

$$P_{mep} = \frac{W}{V_s}$$

여기서, W : 유효일
V_s : 행정체적

4. 엔트로피(Entropy)

- 엔트로피 : $S = \dfrac{Q}{T}$ [kcal/K, kJ/K]

- 비엔트로피 : $s = \dfrac{q}{T}$

[kcal/kg K, kJ/kg K]

(1) Clausius 적분

① 가역변화 : $\oint \dfrac{\delta Q}{T} = 0$

② 비가역변화 : $\oint \dfrac{\delta Q}{T} < 0$

③ 클라시우스 적분 : $\oint \dfrac{\delta Q}{T} \leq 0$ $\star\star\star$

(2) 엔트로피 증기의 원리

① 가역변화 : $S_2 - S_1 = 0$

② 비가역변화 : $S_2 - S_1 < \int_{비가역} \dfrac{\delta Q}{T}$
$\star\star\star$

가열계에서는 엔트로피의 변화가 항상 0이고, 비가역계에서는 항상 증가한다.

(3) 완전가스의 엔트로피

① $S = F(T, V)$

$$\Delta S = mC_v \ln \frac{T_2}{T_1} + mR \ln \frac{V_2}{V_1}$$
$\star\star\star\star$

② $S = F(T, P)$

$$\Delta S = mC_P \ln \frac{T_2}{T_1} - mR \ln \frac{P_2}{P_1}$$
$\star\star\star\star$

③ $S = F(P, V)$

$$\Delta S = mC_P \ln \frac{V_2}{V_1} + mC_v \ln \frac{P_2}{P_1}$$
$\star\star\star\star$

(4) 이상기체의 상태변화에 따른 엔트로피의 변화

① 정압과정시 엔트로피 변화

$$\Delta S = mC_P \ln \frac{T_2}{T_1}$$

② 정적과정시 엔트로피 변화

$$\Delta S = mC_v \ln \frac{T_2}{T_1}$$

③ 등온과정시 엔트로피 변화

$$\Delta S = mR \ln \frac{V_2}{V_1} = mR \ln \frac{P_1}{P_2}$$

④ 단열과정시 엔트로피 변화

$$\Delta S = 0$$

⑤ 폴리트로프 과정시 엔트로피 변화

$$\Delta S = mC_n \ln \frac{T_2}{T_1}$$

5. 유용 에너지와 무용 에너지

(1) 유용 에너지(유효 에너지)
가역 열기관에서 열이 일로 변환된 에너지로 유효일(실제일)을 의미한다.

$$E_a = W = Q_H - Q_L$$
$$= \eta Q_H = \Delta S(T_H - T_L) \; \star\star\star$$

(2) 무용 에너지(무효에너지)
가역 열역학적 시스템에서 방출된 열량으로 볼 수 있고, 유효일로 사용할 수 없는 에너지를 의미한다.

$$Q_L = Q_H - E_a = \Delta S T_L$$
$$= Q_H(1-\eta) = Q_H \frac{T_L}{T_H} \; \star\star\star$$

6. 헬름홀츠 함수와 깁스 함수

(1) 자유 에너지(헬름홀츠 함수 ; F)
비유동과정에서 동작물질의 최대 팽창을 발생시킬 수 있는 최대일

$$F = U - TS$$

(2) 자유 엔탈피(깁스 함수 ; G)
유동과정에서 압축기를 압축할 때 요구되는 최소일

$$G = H - TS$$

7. 교축(Throttling)과정
비가역 과정의 한 예로 좁은 유로를 가스가 통과함으로 주위와 열교환이 없는 것으로 가정하고 일을 하지 않는 단열유동 상태 변화로 취급한다. (h=일정, $\Delta p < 0$, $\Delta T < 0$)

8. 열역학 제3법칙
어떤 이상적인 방법으로도 어떤 열역학적 계를 절대 0도에 이르게 할 수 없다. 절대 온도가 0에 접근할수록 순수 물질의 엔트로피(S)는 0에 접근한다.

이상기체의 가역 변화에 대한 관계식

SI단위는 $A\left(\dfrac{1}{427}\text{kcal/kg}\cdot\text{m}\right)$을 빼고, G를 m으로 교체

※ 비열 C=Constant, PV=GRT(항상성립)

변화 →	정적변화 $V=C$ $dV=0$	정압변화 $P=C$ $dp=0$	등온변화 $T=C$ $dT=0$	단열변화 $PV^k=C$	폴리트로프 변화 $PV^n=C$
① P·V·T	$\dfrac{P_1}{T_1}=\dfrac{P_2}{T_2}$	$\dfrac{V_1}{T_1}=\dfrac{V_2}{T_2}$	$P_1V_1=P_2V_2$	$\dfrac{T_2}{T_1}=\left(\dfrac{P_2}{P_1}\right)^{\frac{k-1}{k}}=\left(\dfrac{V_1}{V_2}\right)^{k-1}$	$\dfrac{T_2}{T_1}=\left(\dfrac{P_2}{P_1}\right)^{\frac{n-1}{n}}=\left(\dfrac{V_1}{V_2}\right)^{n-1}$
② 절대일 $_1W_2=\int PdV$	0	$_1W_2=P(V_2-V_1)$ $=GR(T_2-T_1)$	$_1W_2=P_1V_1\ln\dfrac{V_2}{V_1}=P_1V_1\ln\dfrac{P_1}{P_2}$ $GRT\ln\dfrac{V_2}{V_1}=GRT\ln\dfrac{P_1}{P_2}$	$_1W_2=\dfrac{1}{k-1}(P_1V_1-P_2V_2)$ $=\dfrac{GRT_1}{k-1}\left[1-\dfrac{T_2}{T_1}\right]$ $=\dfrac{GRT_1}{k-1}\left[1-\left(\dfrac{V_1}{V_2}\right)^{k-1}\right]$ $=\dfrac{GRT_1}{k-1}\left[1-\left(\dfrac{P_2}{P_1}\right)^{\frac{k-1}{k}}\right]$ $=\dfrac{GR}{k-1}(T_1-T_2)=\dfrac{GC_k}{A}(T_1-T_2)$	$_1W_2=\dfrac{1}{n-1}(P_1V_1-P_2V_2)$ $=\dfrac{P_1V_1}{n-1}\left(1-\dfrac{T_2}{T_1}\right)$ $=\dfrac{GR}{n-1}(T_1-T_2)$
③ 공업일(압축일) $W_t=-\int Vdp$	$W_t=V(P_1-P_2)$ $=GR(T_1-T_2)$	0	$_1W_2$	$W_t=kW_2$	$W_t=nW_2$
④ 내부에너지변화 u_2-u_1	$GC_v(T_2-T_1)$ $=\dfrac{AGR}{k-1}(T_2-T_1)$ $=\dfrac{A}{k-1}V(P_2-P_1)$	$GC_v(T_2-T_1)$ $=\dfrac{k}{k-1}AP(V_2-V_1)$ $=k(U_2-U_1)$	0	$GC_v(T_2-T_1)=-AW_t$ $-\dfrac{k}{k-1}A_1W_2$	$\dfrac{n-1}{k-1}A_1W_2$
⑤ 엔탈피의 변화 H_2-H_1	$GC_p(T_2-T_1)$ $=\dfrac{k}{k-1}AP(V_2-V_1)$ $=\dfrac{k}{k-1}Av(P_2-P_1)$ $=K(U_2-U_1)$	H_2-H_1	0	$GC_p(T_2-T_1)=-AW_t$ $=-kA_1W_2$ $=k(U_2-U_1)$	$k(U_2-U_1)$
⑥ 열수량	U_2-U_1	H_2-H_1	$A_1W_2=AW_1$	0	$GC_n(T_2-T_1)$
⑦ n	∞	0	1	k	$-\infty \sim +\infty$
⑧ 비열 C	$C_v=\dfrac{AR}{k-1}$	$C_P=\dfrac{kAR}{k-1}$	∞	0	$C_n=C_v\dfrac{n-k}{n-1}$
⑨ 엔트로피의 변화 S_2-S_1	$GC_v\ln\dfrac{T_2}{T_1}=GC_v\ln\dfrac{P_2}{P_1}$	$GC_p\ln\dfrac{T_2}{T_1}=GC_p\ln\dfrac{V_2}{V_1}$	$GAR\ln\dfrac{V_2}{V_1}=GAR\ln\dfrac{P_1}{P_2}$	0	$GC_n\ln\dfrac{T_2}{T_1}=GC_v(n-k)\ln\dfrac{V_1}{V_2}=GC_v\dfrac{n-k}{n}\ln\dfrac{P_2}{P_1}$

5 열기관 사이클

1. 공기 표준 사이클(cycle)
공기를 이상기체로 가정하여 동작물질로 사용한 사이클이다. 그 기본 가정을 정리하면 다음과 같다.
  (1) 동작 물질은 이상기체로 고려되는 공기이며 비열이 일정
  (2) 폐 사이클을 이루며 고열원에서 열을 받아 저열원으로 열을 방출
  (3) 각 과정은 모두 가역 과정이다.

2. 오토 사이클(Otto cycle)
전기점화기관(가솔린 기관)의 이상 사이클로 두 개의 정적과정과 두 개의 단열과정으로 정적 사이클이라고도 한다.

(1) 오토 사이클의 구성 ★★★

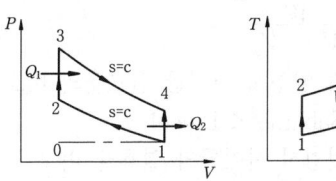

[그림 5-1. 오토 사이클의 P-V선도와 T-S선도]

① 1-2과정 : 단열압축과정
② 2-3과정 : 정적가열과정 (Q_1)
③ 3-4과정 : 단열팽창과정
④ 4-1과정 : 정적방열과정 (Q_2)

(2) 실제일(유효일)
$$W = Q_1 - Q_2$$

(3) 압축비
$$\varepsilon = \frac{V_1}{V_2}$$

(4) 이론 열효율
$$\eta = \frac{Q_1 - Q_2}{Q_1}$$
$$= \frac{mC_v[(T_3 - T_2) - (T_4 - T_1)]}{mC_v(T_3 - T_2)}$$
$$= 1 - \left(\frac{1}{\varepsilon}\right)^{k-1} ★★★$$

(5) 평균유효압력
행정체적에 대한 유효일로 구한다.
$$P_m = \frac{W}{V_1 - V_2}$$

3. 디젤 사이클(Diesel cycle)
압축착화기관(저속 디젤 기관)의 이상 사이클로 한 개의 정압과정, 한 개의 정적과정과 두 개의 단열과정으로 정압 사이클이라고도 한다.

(1) 디젤 사이클의 구성 ★★★

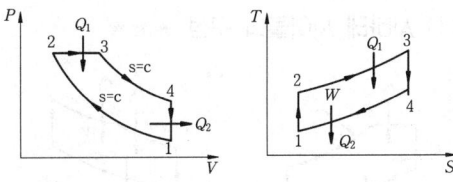

[그림 5-2. 디젤 사이클의 P-V선도와 T-S선도]

① 1-2과정 : 단열압축과정
② 2-3과정 : 정압가열과정 (Q_1)
③ 3-4과정 : 단열팽창과정
④ 4-1과정 : 정적방열과정 (Q_2)

(2) 실제

일(유효일)　$W = Q_1 - Q_2$

(3) 압축비(ε)와 연료 단절비(cut off ratio, 연료 체절비 ; σ)

$$\varepsilon = \frac{V_1}{V_2}, \quad \sigma = \frac{V_3}{V_2}$$

(4) 이론 열효율

$$\eta = \frac{Q_1 - Q_2}{Q_1} = 1 - \frac{Q_2}{Q_1}$$

$$= 1 - \frac{mC_v(T_4 - T_1)}{mC_P(T_3 - T_2)}$$

$$= 1 - \left(\frac{1}{\varepsilon}\right)^{k-1} \frac{\sigma^k - 1}{k(\sigma - 1)} \; \star\star$$

(5) 평균유효압력

행정체적에 대한 유효일로 구한다.

$$P_m = \frac{W}{V_1 - V_2}$$

4. 사바테 사이클(Sabathe cycle)

고속 디젤 기관의 이상 사이클로 한 개의 정압과정, 두 개의 정적과정과 두 개의 단열과정으로 구성되어 혼합(복합) 사이클, 또는 등적등압 사이클이라고도 한다.

(1) 사바테 사이클의 구성 ★★★

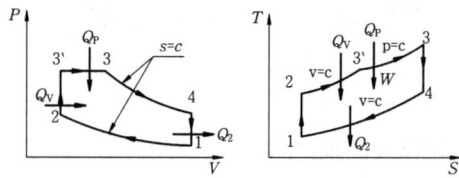

[그림 5-3. 사바테 사이클의 P-V선도와 T-S선도]

① 1-2과정 : 단열압축과정
② 2-3′ 과정 : 정적가열과정 (Q_v)
③ 3′-3과정 : 정압가열과정 (Q_P)
④ 3-4과정 : 단열팽창과정
⑤ 4-1과정 : 정적방열과정 (Q_2)

(2) 실제일(유효일)

$$W = Q_1 - Q_2 = [Q_v + Q_P] - Q_2$$

(3) 압축비(ε)와 연료 단절비(cut off ratio, 연료 체절비 ; σ), 폭발비(ρ)

$$\varepsilon = \frac{V_1}{V_2}$$

$$\sigma = \frac{V_3}{V'_3} = \frac{V_3}{V_2}$$

$$\rho = \frac{P'_3}{P_2}$$

(4) 이론 열효율

$$\eta = \frac{Q_1 - Q_2}{Q_1} = 1 - \frac{Q_2}{Q_1}$$

$$= 1 - \left(\frac{1}{\varepsilon}\right)^{k-1} \frac{\rho\sigma^k - 1}{(\rho - 1) + \rho k(\sigma - 1)} \; \star$$

(5) 평균유효압력

행정체적에 대한 유효일로 구한다.

$$P_m = \frac{W}{V_1 - V_2}$$

- 최고 압력 일정시 사이클 열효율의 비교
  Otto < Sabathe < Diesel ★★
- 압축비 일정시 사이클의 열효율 비교
  Otto > Sabathe > Diesel ★★

5. 브레이튼 사이클(Brayton cycle)

가스터빈 기관의 이상 사이클로 두 개의 정압과정과 두 개의 단열과정으로 이루어지며 등압연소 사이클 또는 줄(Joule) 사이클이라고도 한다. 제트엔진, 자동차, 발전소, 선박 등에 사용된다.

(1) 브레이튼 사이클의 구성 ★★★

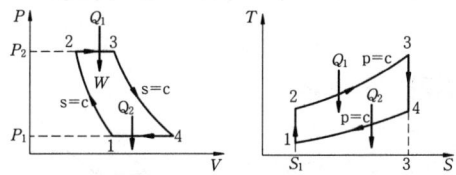

[그림 5-4. 브레이튼 사이클의 P-V선도와 T-S선도]

① 1-2과정 : 단열압축과정(압축기)
② 2-3과정 : 정압가열과정 (Q_1) (연소기)
③ 3-4과정 : 단열팽창과정(터빈)
④ 4-1과정 : 정압방열과정 (Q_2)

(2) 실제일(유효일)

$$W = Q_1 - Q_2$$

(3) 압력 상승비 (γ)

$$\gamma = \frac{P_2}{P_1} = \frac{P_3}{P_4}$$

(4) 이론 열효율

$$\eta = \frac{Q_1 - Q_2}{Q_1} = 1 - \frac{Q_2}{Q_1} = 1 - \left(\frac{1}{\gamma}\right)^{\frac{k-1}{k}}$$
★★★

(5) 단열효율

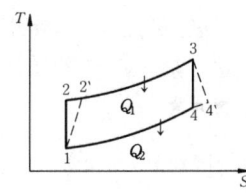

[그림 5-5. 실제 가스터빈 기관의 T-S선도]

① 터빈 단열효율 $\eta_T = \dfrac{T_3 - T_4'}{T_3 - T_4}$ ★★

② 압축기 단열효율 $\eta_C = \dfrac{T_2 - T_1}{T_2' - T_1}$ ★★

6. 기타 가스터빈 사이클

(1) 에릭슨 사이클(Ericsson cycle)
두 개의 등온과정과 두 개의 정압과정으로 이루어진 사이클이다.

(2) 스털링 사이클(Stirling cycle)
두 개의 등온과정과 두 개의 정적과정으로 이루어진 사이클이다.

(3) 아트킨슨 사이클(Atkinson cycle)
두 개의 단열과정과 한 개의 정적가열과정, 한 개의 정압방열과정으로 이루어진 정적 가스터빈 사이클이다.

(4) 르누아 사이클(Lenoir cycle)
한 개의 단열과정, 한 개의 정압, 정적과정으로 이루어진 사이클이다.

6 증기(vapour)

1. 물의 증발

일정한 압력상태에서 물을 가열하면 온도가 상승하면서 증발하여 다음과 같은 과정으로 변화여 간다.

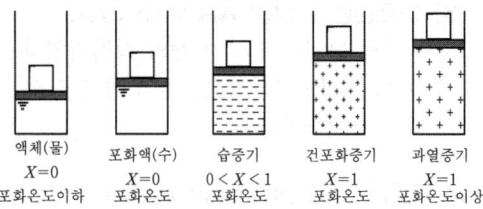

[그림 6-1. 일정한 압력 상태에서 물의 증발과정]

(1) 포화온도 (T_s)

증발이 시작되어 증발이 진행되는 동안 온도 변화 없이, 물이 전부 증발할 때까지의 온도이다.

(2) 증발잠열

포화수가 건포화증기로 변화하는 동안 소비되는 열량이다.

(3) 임계압력

어떤 압력에서도 기화가 일어나지 않는 압력을 가리키며, 이 때의 상태를 임계상태 또는 임계점이라 한다.

(4) 과열도

과열증기의 온도와 포화온도의 차이다.

2. 증기선도 ★★★

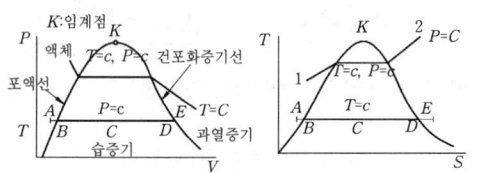

A : 과냉액   B : 포화액   C : 습증기
D : 건포화증기   E : 과열증기

[그림 6-2. 증기선도 : P-V선도와 T-S선도]

3. 습증기의 성질

(1) 건도(건조도 ; x)

습증기 구역에서 동작물질 전체 중량(질량)에 대한 증기의 중량(질량)이다.

(2) 습도(y)

습증기 구역에서 동작물질 전체 중량(질량)에 대한 액체의 중량(질량)이다.

(3) 건도와 습도의 합

$x + y = 1$ ★★

(4) 습증기 구역에서 비체적, 비내부 에너지, 비엔탈피, 비엔트로피의 변화는 다음 식으로 결정한다. v', u', h', s'는 포화액의 상태량값이고 v'', u'', h'', s''는 건포화증기의 상태량값이다. ★★★

$$v_x = v' + x(v'' - v')$$
$$u_x = u' + x(u'' - u')$$
$$h_x = h' + x(h'' - h') = u_x + Pv_x$$
$$s_x = s' + x(s'' - s')$$

4. 포화액의 열적 상태량

가열 초기 상태의 비체적을 v_0, 비내부 에너지를 u_0, 비엔탈피를 h_0, 비엔트로피를 s_0, 온도를 T_0 라 한다.

(1) 엔탈피 변화
$$h' - h_0 = \int_{T_0}^{T_s} CdT$$
$$= (u' - u_0) + P(v' - v_0)$$

(2) 가열량(액체열, 감열)
$$q_l = \Delta h = h' - h_0 = C(T_s - T_0) \;\star\star$$

(3) 엔트로피의 변화
$$s' - s_0 = \int_{T_0}^{T_s} C\frac{dT}{T} = C\ln\frac{T_s}{T_0} \;\star\star$$

5. 포화증기의 열적 상태량

(1) 증발열(증발잠열)
$$\gamma = h'' - h'$$
$$= (u'' - u') + P(v'' - v') = \rho + \phi$$
$\star\star\star\star$

① 내부증발잠열 $\rho = u'' - u'$
② 외부증발잠열 $\phi = P(v'' - v')$

(2) 엔트로피 변화
$$\Delta s = s'' - s' = \frac{\gamma}{T_s}$$

6. 과열증기의 열적 상태량

과열증기 상태의 비체적을 v, 비내부 에너지를 u, 비엔탈피를 h, 비엔트로피를 s, 온도를 T 라 한다.

① 내부 에너지의 변화
$$u - u'' = \int_{T_s}^{T} C_v dT = C_v(T - T_s)$$

② 엔탈피의 변화
$$h - h'' = \int_{T_s}^{T} C_P dT = C_P(T - T_s)$$

③ 과열열
$$q_s = h - h'' = \int_{T_s}^{T} C_P dT = C_P(T - T_s)$$
$\star\star\star$

④ 엔트로피의 변화
$$s - s'' = \int_{T_s}^{T} C_P \frac{dT}{T} = C_P \ln\frac{T}{T_s}$$

7. h-s선도와 P-h선도

(1) h-s 선도(mollier 선도)

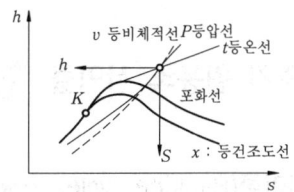

[그림 6-3. h-s선도(mollier 선도)]

(2) P-h 선도

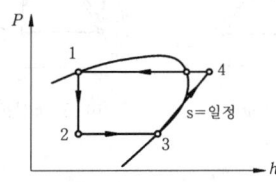

[그림 6-4. P-h선도]

① 1-2과정 : 팽창 밸브-등엔탈피 과정(교축팽창과정)
② 2-3과정 : 증발기-정압(등온)흡열과정-냉매를 흡입열을 이용하여 기화시킨다.
③ 3-4과정 : 압축기-단열압축과정(등엔트로피 과정)
④ 4-1과정 : 응축기-정압방열과정-냉매로부터 열을 빼앗아 증기를 액체로 만드는 과정이다.

8. 교축과정(등엔탈피 과정)

미소한 단면을 증기가 통과하면서 압력과 온도가 저하되고 외부에 일을 남기지 않으며 정상류 비가역과정으로 열전달도 없는 등엔탈피 과정이다.

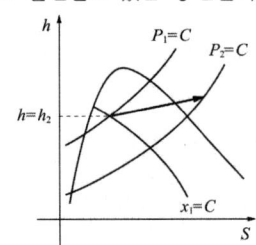

[그림 6-5. 증기의 교축변화]

$$h = h_1' + x_1 \gamma_1 = h_2$$
$$x_1 = \frac{(h_2 - h_1')}{\gamma_1}$$

7 증기 원동소 사이클

1. 랭킨 사이클(Rankine cycle) ★★★

증기 원동소의 이상 사이클이다.

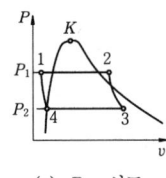
(a) $P-v$ 선도

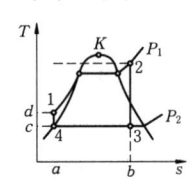
(b) $T-s$ 선도

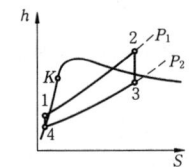
(c) $h-s$ 선도

[그림 7-1. 랭킨 사이클의 선도]

(1) 랭킨 사이클의 열효율(펌프일 무시)

$$\eta_R = \frac{h_2 - h_3}{h_2 - h_4} \;\; ★★★$$

(2) 증기 소비량

비엔탈피 h가 kcal/kg 일 때

① $SR = \dfrac{860}{h_2 - h_3}$ (kg/kWh) ★★

② $SR = \dfrac{632.3}{h_2 - h_3}$ (kg/PSh) ★★

③ $SR = \dfrac{3600}{h_2 - h_3}$ (kg/kWh) ★★

h : kJ/kg

(3) 열 소비율(kcal/kWh)

비엔탈피 h가 kcal/kg 일 때

① $HR = \dfrac{860(h_2 - h_4)}{(h_2 - h_3)} = \dfrac{860}{\eta_R}$ (kcal/kWh)

② $HR = \dfrac{632.3(h_2 - h_4)}{(h_2 - h_3)}$
$= \dfrac{632.3}{\eta_R}$ (kcal/PSh)

③ $HR = \dfrac{3400}{\eta_R}$ (kJ/kWh)

(4) 열효율을 증가시키는 방법
① 고온측의 온도를 높인다.
② 저온측의 온도를 낮춘다.
③ 저온측과 고온측의 온도차를 크게 한다.
④ 과열도를 크게 한다.
⑤ Carnot cycle에 가깝게 한다.

2. 재열 사이클
(1) 특징
① 높은 압력으로 열효율 증가
② 터빈의 단열팽창시 건도증가 - 주목적
③ 터빈일을 증가시켜 열효율 증가

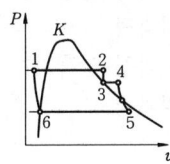
(a) $P-v$선도

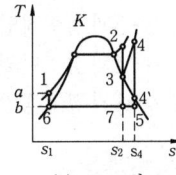
(b) $T-s$선도

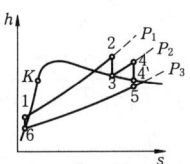
(c) $h-s$선도

[그림 7-2. 재열 사이클의 선도]

(2) 재열 사이클의 효율(펌프일 무시)
$$\eta = \frac{(h_2-h_3)+(h_4-h_5)}{(h_2-h_6)+(h_4-h_3)}$$

3. 재생 사이클
급수가열기를 이용 복수기 방열량을 감소시켜 열효율 증가가 목적이다.

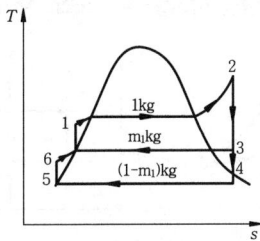

[그림 7-3. 재생 사이클의 $T-s$선도]

(1) 1단 재생 사이클의 열효율(펌프일 무시)
$$\eta \fallingdotseq \frac{h_2-h_3+(1-m)(h_3-h_4)}{h_2-h_6}$$

(2) 추출량
$$m_1 = \frac{h_6-h_5}{h_3-h_5}$$

8 냉동 사이클

1. 가역 이상 냉동 사이클(역 카르노 사이클) ★★★

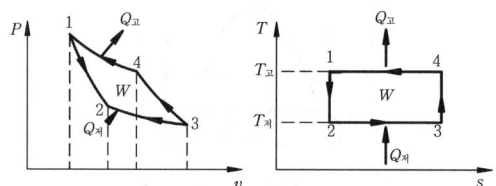

[그림 8-1. 가역 이상 냉동 사이클]

(1) 성적계수

① 냉동기 성능계수 = $\dfrac{\text{저온체에서의 흡수열}}{\text{공급일}}$

$$\varepsilon_R = \dfrac{Q_\text{저}}{W}$$

$$= \dfrac{Q_\text{저}}{Q_\text{고} - Q_\text{저}} = \dfrac{T_\text{저}}{T_\text{고} - T_\text{저}} \quad ★★★$$

② 열펌프 성능계수 = $\dfrac{\text{고온체에서의 방출열}}{\text{공급일}}$

$$\varepsilon_h = \dfrac{Q_\text{고}}{W}$$

$$= \dfrac{Q_\text{고}}{Q_\text{고} - Q_\text{저}} = \dfrac{T_\text{고}}{T_\text{고} - T_\text{저}} \quad ★★★$$

(2) 냉동능력 (kcal/h, kJ/sec, kW)
1시간 동안 냉동기가 흡수하는 열량이다.

(3) 냉동톤(RT)
0℃의 물 1ton을 24시간에 0℃의 얼음으로 냉동시킬 수 있는 능력이다.

$$1\text{RT} = 3320\text{kcal/h} = 3.8\text{kW}$$

(4) 냉동효과 (kcal/kg, kJ/kg)
냉매 1kg이 흡수하는 열량이다.

(5) 냉매의 종류
암모니아, 프레온12(CF_2Cl_2), 메틸클로라이드 (CH_2Cl), 아황산 가스(SO_2), 탄산가스(CO_2)

2. 공기 냉동 사이클(역 브레이튼 사이클) ★★★

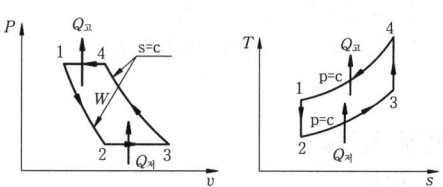

[그림 8-2. 공기 냉동 사이클의 $P-v$선도와 $T-s$선도]

(1) 사이클의 변화
① 1-2과정 : 단열팽창과정(팽창기)
② 2-3과정 : 정압흡열과정
③ 3-4과정 : 단열압축과정(압축기)
④ 4-1과정 : 정압방열과정

(2) 성능계수

① $\varepsilon_R = \dfrac{Q_\text{저}}{W} = \dfrac{Q_\text{저}}{Q_\text{고} - Q_\text{저}}$

$$= \dfrac{mC_P(T_3 - T_2)}{mC_P(T_4 - T_1) - mC_P(T_3 - T_2)}$$

② $\varepsilon_R = \dfrac{T_3}{T_4 - T_3} = \dfrac{T_2}{T_1 - T_2}$ ★★★

3. 증기 압축 냉동 사이클 ★★★

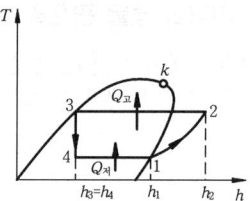

[그림 8-3. 증기 압축 냉동 사이클의 $P-h$선도]

(1) 사이클의 변화
  ① 1-2과정 : 단열압축과정-압축기
  ② 2-3과정 : 정압방열과정-응축기(냉매로부터 열을 방출시키는 과정)
  ③ 3-4과정 : 등엔탈피 과정-팽창 밸브(압력강하현상)
  ④ 4-1과정 : 정압흡열과정-증발기(냉매에 열을 공급하는 과정)

(2) 성능계수

$$\varepsilon_R = \frac{Q_저}{W} = \frac{h_1 - h_4}{h_2 - h_1} = \frac{h_1 - h_3}{h_2 - h_1}$$

9 기체 압축기

1. 압축기의 체적

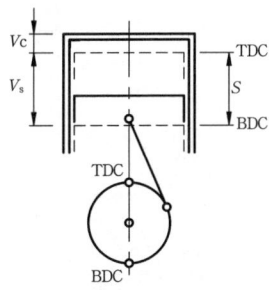

[그림 9-1. 실린더와 피스톤(압축기)]

(1) 행정(stroke)
  실린더 내부에서 피스톤의 이동 거리, S

(2) 통극 체적(극간 체적, 연소실 체적)
  실린더의 최소 부피, V_C

(3) 행정 체적
  실린더 내부에서 상사점과 하사점 사이의 공간에 해당하는 체적

$$V_S = \frac{\pi D^2}{4} S$$

(4) 실린더 체적
  통극 부피와 행정 체적의 합
  $V_t = V_C + V_S$

2. 통극비와 압축비

(1) 통극비
  행정 부피에 대한 통극 체적의 비
  $$\lambda = \frac{V_C}{V_S}$$

(2) 압축비
  통극 부피에 대한 실린더 체적의 비
  $$\varepsilon = \frac{V_S + V_C}{V_C} = \frac{V_t}{V_C} = 1 + \frac{1}{\lambda} \bigstar\bigstar\bigstar$$

제2장 기계열역학

3. 체적 효율과 단열효율

(1) 체적효율

이론 행정 부피에 대한 실제 흡입 체적의 비

$$\eta_v = 1 + \lambda - \lambda \left(\frac{P_2}{P_1}\right)^{\frac{1}{n}} \; \star\star\star$$

$$= 1 - \lambda \left[\left(\frac{P_2}{P_1}\right)^{\frac{1}{n}} - 1\right]$$

(2) 단열효율

$$\eta = \frac{T_2 - T_1}{T_2{'} - T_1}$$

4. 정상류 압축일

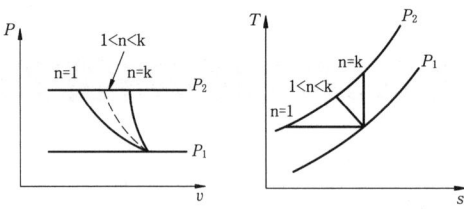

[그림 9-2. 정상류 압축일의 P-v 선도와 T-s 선도]

정적과정의 압축일 > 단열변화의 압축일 > 폴리트로프 변화의 압축일 > 등온변화의 압축일

(1) 정적과정 압축일 ($n = \infty$)

$$W_t = \int V dP$$
$$= V(P_2 - P_1) = mR(T_2 - T_1)$$

(2) 단열변화의 압축일 ($n = k$)

$$W_t = \frac{k}{k-1}(P_1 V_1 - P_2 V_2)$$

(3) 폴리트로프 변화의 압축일 ($0 \leq n \leq k$)

$$W_t = \frac{n}{n-1}(P_1 V_1 - P_2 V_2)$$

(4) 등온변화의 압축일 ($n = 1$)

$$W_t = P_1 V_1 \ln \frac{V_1}{V_2}$$

5. 다단 압축기

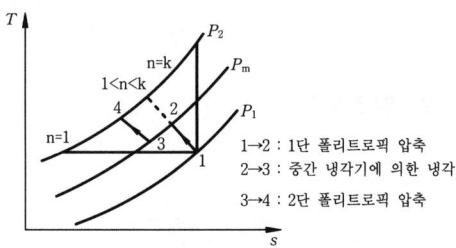

[그림 9-3. 2단 압축기의 T-s 선도]

- 다단 압축기에서 중간 압력

$$P_m = \sqrt[n]{P_1 \cdot P_2} \; \star\star\star$$

여기서, n은 단수이다.

10 가스 및 증기의 흐름

1. 노즐
고속의 유체 분류를 내어 압력 에너지를 감소시키고 운동 에너지를 증가시키는 요소

2. 디퓨저
속도를 감소시켜 유체의 정압력을 증가시키는 요소

3. 노즐 내의 유동
(1) 출구속도
$$V = \sqrt{2(h_1 - h_2)} \;\; ★★★★$$

(2) 음속
$$C = \sqrt{kRT} \;\; ★★★$$
h : J/kg , R : J/kgK

(3) 임계압력
$$P_c = P_1 \left(\frac{2}{k+1}\right)^{\frac{k}{k-1}} \;\; ★★★$$

11 열전달

1. 전도(conduction)
$$Q = -kA\frac{dT}{dx} \;\; ★★$$
여기서, k : 열전도 계수
[kcal/hm℃, kW/m℃]

2. 대류(convection)
$$Q = hA\varDelta T \;\; ★★$$
여기서, h : 열전달 계수
[kcal/m²h℃, kW/m²℃]

3. 복사(radiation)
$$\gamma + a + t = 1$$
$$E = \sigma T^4 \;\; ★★$$
여기서, γ : 반사율
a : 흡수율
t : 투과율
E : 복사력
[kcal/m²h, kW/m²]
T : 절대온도(k)
σ : 스테판-볼쯔만 상수

CHAPTER 3
기계유체역학

1 유체의 정의 및 성질

1. 유체의 정의
미소 전단력에도 연속적으로 변형하는 물질로 액체와 기체를 유체라 한다.

2. 유체의 2가지 특성
(1) 점성(viscosity)
유체 입자 층과 층 사이에서 유체 유동에 저항하는 성질
① 점성유동
점성을 고려한 유체의 흐름으로 실체유동이라 한다.
② 비점성유동
점성을 고려하지 않는 유체의 흐름이다.

(2) 압축성(compressibility)
유체를 압축할 수 있는 성질
① 비압축성 유동
압력의 변화에 대한 밀도 변화를 무시한 유체의 흐름이다. $\left(\dfrac{\partial \rho}{\partial P}=0\right)$
② 압축성 유동
압력의 변화에 대해 밀도 변화를 무시할 수 없는 유체의 흐름이다. $\left(\dfrac{\partial \rho}{\partial P}\neq 0\right)$

3. 유체의 종류
(1) 이상 유체
점성을 무시할 수 있는 비압축성 유체이다.

(2) 실제 유체
점성을 고려하는 유체이다.
① 비압축성 유체
압력의 변화에 따라 밀도 일정(액체)
② 압축성 유체
압력의 변화에 따라 밀도가 변하는 유체(기체)
③ 액체의 점성
온도가 증가하면 입자들의 응집성이 감소함으로 점성은 감소한다.
④ 기체의 점성
온도가 증가하면 입자들의 운동에너지 증가로 점성은 증가한다.

4. 단위 및 차원
(1) 단위(units)
물리량의 정량적 표현법이다.
① 절대단위계
질량(mass), 길이(length), 시간(time)을 기본 물리량으로 한 단위계이다.

㉠ C·G·S단위계 : 기본 물리량의 기본 단위로 길이는 cm, 질량은 g_r, 시간은 sec를 사용하여 물리량을 표현하는 단위계이다.
- 뉴턴의 운동 제2법칙에 의한 힘의 표현

$F = ma$

$1 dyne = 1 g_r \times 1 cm/sec^2$

㉡ M·K·S단위계 : 기본 물리량의 기본 단위로 길이는 m, 질량은 kg_m, 시간은 sec를 사용하여 물리량을 표현하는 단위계이다.

$1N = 1 kg_m \times 1 m/sec^2$
$= 10^3 g_r \times 10^2 cm/sec^2$
$= 10^5 dyne$

② 공학(중력)단위계

중력장 내에서 사용할 수 있도록 표준 중력가속도 $g = 9.8 m/sec^2$을 고려하여, 기본 물리량의 기본 단위로 길이는 m, 중량은 kg_f, 시간은 sec를 사용하여 물리량을 표현하는 단위계이다.

- 중력장 내에서 중량의 표현 : $W = mg$

$1 kg_f = 1 kg_m \times 9.8 m/sec^2 = 9.8N$

③ 국제 표준 단위계(SI단위계)
절대단위계의 M·K·S단위계이다.

(2) 차원(dimension)

물리량의 정성적 표현 방법으로 기본 물리량의 질량은 M, 길이는 L, 시간은 T로 힘은 F로 표현하여 MLT 차원계와 FLT 차원계로 분류한다.

- 힘 : $[F] = [MLT^{-2}]$

5. 유체의 성질(상태량 ; property)

(1) 밀도(density)

단위체적당 유체의 질량

$\rho = \dfrac{m}{V}$ ★★★

① SI단위 : kg_m/m^3
② 중력단위 : $kg_f \cdot sec^2/m^4$
③ 차원 : $[ML^{-3}] = [FL^{-4}T^2]$
④ 물의 밀도

$\rho_w = 1000 kg_m/m^3$
$= 102 kg_f \cdot sec^2/m^4$

(2) 비중량(specific weight)

단위체적당 유체의 중량

$\gamma = \dfrac{G}{V} = \rho g$ ★★★

① SI단위 : N/m^3
② 중력단위 : kg_f/m^3
③ 차원 : $[ML^{-2}T^{-2}] = [FL^{-3}]$
④ 물의 밀도

$\gamma_w = 9800 N/m^3 = 1000 kg_f/m^3$

(3) 비체적(specific volume)

단위질량당 체적

$v = \dfrac{V}{m} = \dfrac{1}{\rho}$ ★★★

① SI단위 : m^3/kg_m
② 중력단위 : 단위중량당 체적

$v_s = \dfrac{v}{G} = \dfrac{1}{\gamma}$ $[m^3/kg_f]$

③ 차원 : $[M^{-1}L^3]$

(4) 비중(specific gravity)

표준 대기압의 4℃ 물을 기준으로 정의

$S = \dfrac{\rho}{\rho_w} = \dfrac{\gamma}{\gamma_w}$ ★★★

6. 뉴턴(Newton)의 점성법칙

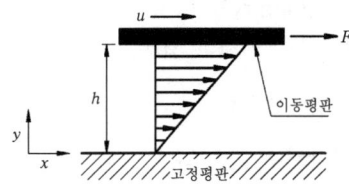

[그림 1-1. 뉴턴의 점성법칙]

$$\tau = \frac{F}{A} = \mu \frac{du}{dy} \, [\text{kg}_f/\text{m}^2, \text{Pa}] \;\bigstar\bigstar\bigstar\bigstar\bigstar$$

여기서, μ : 점성계수

$\frac{du}{dy}$: 각변형률

(전단변형률, 속도구배)

(1) 뉴턴 유체

Newton의 점성법칙을 만족하는 유체를 뉴턴 유체이고 만족하지 않는 유체가 비뉴턴 유체이다.

(2) 점성계수

① SI단위 : $N \cdot \sec/m^2 = Pa \cdot \sec$

② 중력단위 : $\text{kg}_f \cdot \sec/m^2$

③ C·G·S 단위

$1 \text{dyne} \cdot \sec/\text{cm}^2 = 1\text{poise}$

$1\text{poise} = 10^{-1} N \cdot \sec/m^2$

$\qquad = \frac{1}{98} \text{kg}_f \cdot \sec/m^2$

④ 차원 : $[FL^{-2}T] = [ML^{-1}T^{-1}]$

(3) 동점성계수

$\nu = \frac{\mu}{\rho}$ ★★★

① 단위 : $m^2/\sec$

② C·G·S단위

$1[\text{stoke}] = 1[\text{cm}^2/\sec]$

$\qquad\quad = 10^{-4}[m^2/\sec]$

③ 차원 : $[L^2 T^{-1}]$

7. 기본 물리량의 정의

(1) 압력(pressure)

단위면적당 작용하는 수직방향의 힘

$$P = \frac{F}{A}$$

• SI단위

$1 N/m^2 = Pa$

$1 \text{bar} = 10^5 Pa = 1000 \text{mbar}$

• 중력단위

$1 \text{kg}_f/\text{cm}^2 = 1 \times 10^4 \text{kg}_f/m^2$

• 차원 : $[FL^{-2}] = [ML^{-1}T^{-2}]$

① 대기압 (P_o)

㉠ 표준대기압

$1 \text{atm} = 1.0332 \text{kg}_f/\text{cm}^2$

$\qquad = 10332 \text{kg}_f/m^2 = 10.33 \text{mAq}$

$\qquad = 760 \text{mmHg} = 14.7 \text{psi}$

$1 \text{atm} = 101325 Pa = 1.01325 \text{bar}$

② 게이지압 (P_g)

㉠ 정압(+) : 대기압 이상에서 측정한 압력

㉡ 부압(진공압, −) : 대기압 이하에서 측정한 압력

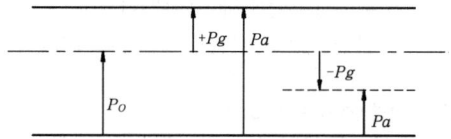

[그림 1-2. 절대압력과 게이지 압력의 관계]

③ 절대압력 (P_a)

$P_a = P_o \pm P_g$ ★★

• 공학기압 : $1 \text{at} = 1 \text{kg}_f/\text{cm}^2$

(2) 동력(power)

$$H = F \cdot V = T \cdot \omega$$

$$T = 716.2 \frac{HP}{N} = 974 \frac{H_{kW}}{N} \; [\text{kg}_f \cdot \text{m}]$$

★★★★★

$$1\text{PS} = 75\text{kg}_f \cdot \text{m/sec}$$
$$= 0.735\text{kW} = 632.3\text{kcal/h}$$
$$1\text{kW} = 102\text{kg}_f \cdot \text{m/sec}$$
$$= 1.36\text{PS} = 860\text{kcal/h}$$

(3) 기체상수(가스상수)

이상기체(완전가스) 방정식

$$PV = mRT$$ ★★★

- 공기의 기체상수

$$R = 29.27\,\text{kg}_f \cdot \text{m/kgK} = 287\text{J/kgK}$$

(4) 체적탄성계수와 압축률

① 체적탄성계수

체적 변화률에 대한 압력 변화량으로 정의한다.

$$K = \frac{\Delta P}{-\Delta V/V}$$ ★★★

㉠ SI 단위 : $1\text{N/m}^2 = \text{Pa}$
㉡ 중력단위 : $1\text{kg}_f/\text{cm}^2$
㉢ 차원 : $[FL^{-2}] = [ML^{-1}T^{-2}]$

② 압축률

체적탄성계수의 역수

$$\beta = 1/K$$
㉠ 등온변화 → $K = P$
㉡ 단열변화 → $K = kP$

(5) 음속

압력파의 전파속도 – 가역 단열변화 하에서 기체(공기)의 음속

$$C = \sqrt{\frac{dP}{d\rho}} = \sqrt{\frac{K}{\rho}} = \sqrt{kRT}$$ ★★★

8. 표면장력

액체의 자유표면이 응집력에 의해서 수축하려는 힘

$$\sigma = \frac{F}{L}$$

- 빗방울 또는 물방울 등의 표면장력

$$\sigma = \frac{PD}{4}$$ ★★★

① SI 단위 : N/m
② 중력단위 : kg_f/m
③ 차원 : $[FL^{-1}] = [MT^{-2}]$

9. 모세관 현상

응집력과 부착력에 의하여 자유표면 보다 액주의 높이가 높거나 낮게 되는 현상이다.

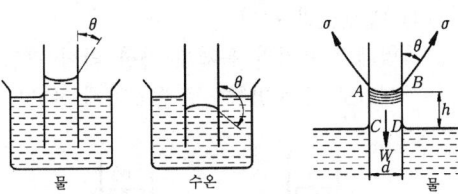

[그림 1-3. 모세관 현상]

- 모세관 속의 액체의 높이

$$h = \frac{4\sigma\cos\theta}{\gamma d}$$ ★★

여기서, θ : 접촉각(deg)

2 유체의 정역학

1. 정적인상태
유체가 정지해 있거나 등속도로 움직이는 경우에 유체 입자 층과 층사이의 상대접촉은 무시하고, 단지 압력 변화만 받고 있는 상태

2. 정지유체의 특징
(1) 정지 유체 속에서 압력은 모든 방향에 대해 수직으로 작용한다.
(2) 정지 유체 속에서 한 점에 작용하는 압력은 모든 방향에서 같다.
(3) 정지 유체 속에서 자유 표면으로부터 같은 깊이에 있는 임의의 두 점에 작용하는 압력의 크기는 동일하다.
(4) Pascal의 원리
    밀폐된 용기의 유체에 가한 압력은 같은 세기로 모든 방향으로 동일하게 전달된다.

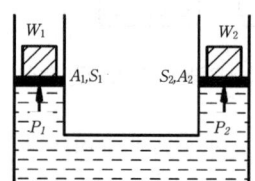

[그림 2-1. 파스칼의 원리]

$$P_1 = P_2 \; ; \; \frac{W_1}{A_1} = \frac{W_2}{A_2}$$

$$A_1 S_1 = A_2 S_2$$

3. 정지 액체 속의 압력

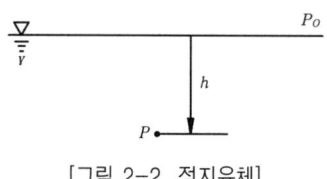

[그림 2-2. 정지유체]

$$P = \frac{F}{A} = \frac{\gamma h A}{A} = \gamma h = 1000 Sh \; \bigstar\bigstar\bigstar$$

① 미분형: $dP = -\gamma dz$
② 액체 표면에 P_0의 압력이 작용하면
$$P = P_0 + \gamma h$$

4. 액주계
액주의 높이를 측정하여 압력을 결정

(1) 피에조 미터
측정하고자하는 압력의 유체와 액주계 속의 유체가 동일한 경우에 사용하는 액주계

(2) 시차 액주계
측정하고자 하는 압력의 유체와 액주계 속의 압력이 다른 경우 사용하는 액주계

① case 1
$$P_A = \gamma_2 h_2 - \gamma_1 h_1$$

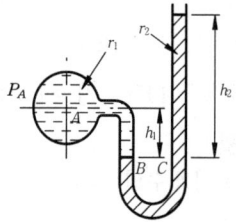

[그림 2-3. 피에조 미터]

② case 2
$$P_B - P_A = \gamma_3 h_3 - \gamma_2 h_2 - \gamma_1 h_1$$

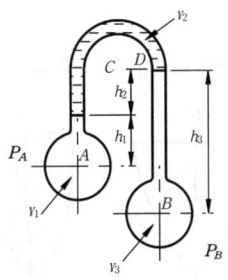

[그림 2-4. 시차 액주계 A]

③ case 3

$$P_A - P_B = \gamma_3 h_3 + \gamma_2 h_2 - \gamma_1 h_1$$

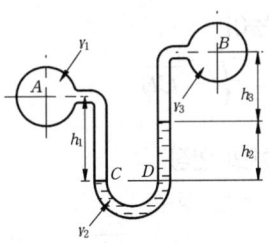

[그림 2-5. 시차 액주계 B]

④ case 4

$$P_A - P_B = (\gamma_s - \gamma)h$$

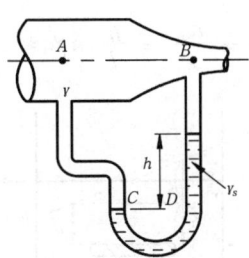

[그림 2-6. 시차 액주계 C]

5. 평면에 작용하는 힘(전압력)

(1) 수평면에 작용하는 힘

$$F = PA = \gamma \overline{h} A \quad [\text{kg}_f, \text{N}] \; ★★★$$

여기서, $\overline{h}$: 유체의 자유표면에서 물체의 중심까지 수직 깊이

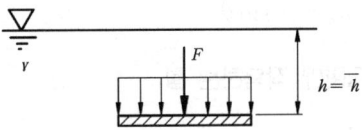

[그림 2-7. 수평면에 작용하는 힘]

(2) 수직 평판에 작용하는 힘

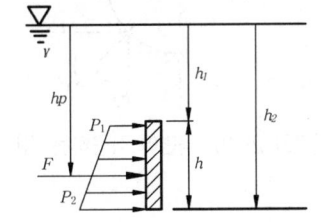

[그림 2-8. 수직 평판에 작용하는 힘]

① 전압력 : $F = \gamma \overline{h} A$

② 전압력의 위치 : $h_p = \overline{h} + \dfrac{I_G}{A\overline{h}}$ ★★★

여기서, I_G : 도심에서 단면2차 모멘트[cm⁴, m⁴]

(3) 경사면에 작용하는 힘

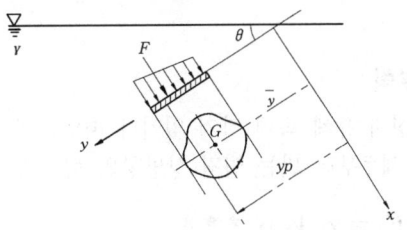

[그림 2-9. 경사면에 작용하는 힘]

① 전압력

$$F = \gamma \bar{h} A = \gamma \bar{y} \sin\theta A\ \star\star\star$$

여기서, θ : 경사각(deg)

② 전압력의 위치(압력 프리즘의 중심)

$$y_P = \bar{y} + \frac{I_G}{A\bar{y}}\ \star\star\star$$

$$h_p = y_p \sin\theta$$

(4) 곡면에 작용하는 힘

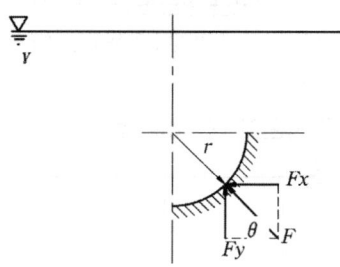

[그림 2-10. 곡면에 작용하는 힘]

① 수평분력 (F_x)

곡면의 수평 투영면적에 작용하는 힘으로 결정

$$F_x = \gamma \bar{h} A\ \star\star\star$$

② 수직분력 (F_y)

곡면의 연직 상방향에 있는 유체의 무게로 결정

$$F_y = \gamma V\ \star\star\star$$

6. 부력

정지 유체 속에 잠겨 있거나 떠있는 물체가 유체로부터 받는 연직 상방향의 힘

$$F_B = \gamma_{유} V_{잠체}\ \star\star\star$$

여기서, $\gamma_{유}$: 유체의 비중량
$V_{잠체}$: 유체속에 잠긴 물체의 체적

7. 부양체

이 유체 사이에 떠있는 물체

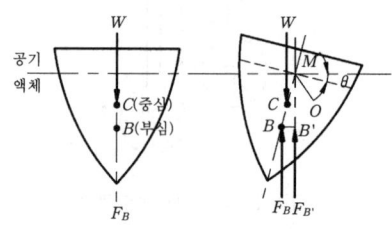

[그림 2-11. 부양체의 안정]

(1) 경심

부심의 작용선과 부양축과의 교점 M

(2) 경심높이

$$\overline{MC} = \frac{I}{V} - \overline{CB}$$

(3) 부양체의 안정

$\overline{MC} > 0$ 일 경우

$\overline{MC} = 0$ - 중립, $\overline{MC} < 0$ - 불안정

8. 상대평형

유체가 고체와 같이 하나의 덩어리로 움직일 때

(1) 수평등가속도를 받는 유체

$$\tan\theta = \frac{a_x}{g} = \frac{h}{l}\ \star\star\star$$

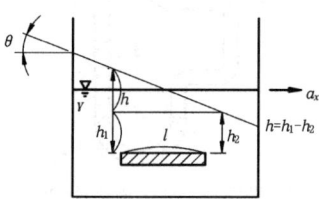

[그림 2-12. 수평등가속도를 받는 유체]

(2) 연직 상방향 등가속도를 받는 유체

$$\Delta p = \gamma h \left(1 + \frac{a_y}{g}\right)$$

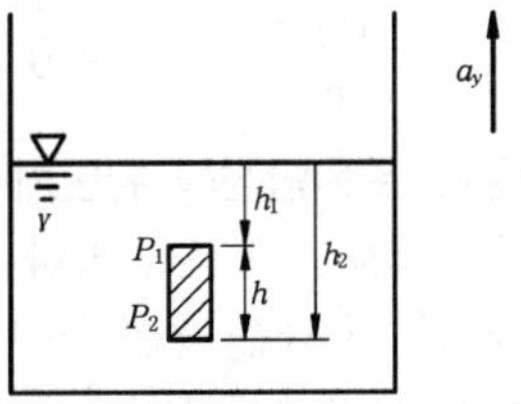

[그림 2-13. 연직 상방향 등가속도를 받는 유체]

(3) 등속 원운동을 받는 유체

$$h = \frac{V^2}{2g} = \frac{(R\omega)^2}{2g} \;\star\star\star$$

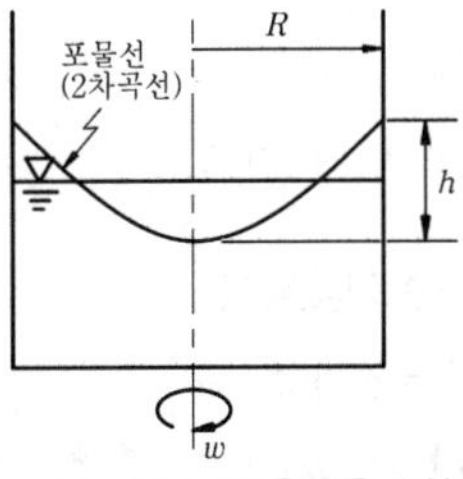

[그림 2-14. 등속 원운동을 받는 유체]

3 유체의 운동학

1. 정상류와 비정상류

(1) 정상류

시간 변화에 대한 유체의 특성이 일정한 유체의 흐름

$$\frac{\partial V}{\partial t} = 0 \;\star\star, \quad \frac{\partial P}{\partial t} = 0, \quad \frac{\partial T}{\partial t} = 0$$

(2) 비정상류

시간 변화에 대한 유체의 특성이 변화는 흐름

$$\frac{\partial V}{\partial t} \neq 0 \;\star\star, \quad \frac{\partial P}{\partial t} \neq 0, \quad \frac{\partial T}{\partial t} \neq 0$$

2. 등속류와 비등속류

(1) 등속류＝등류＝균속도 유동(uniform flow)

거리에 따라 속도 변화가 없는 유동

$$\frac{\partial V}{\partial S} = 0 \;\star\star$$

(2) 비등속류＝비등류＝비균속도 유동(nonuniform flow)

거리의 변화에 따라 속도 변화가 존재하는 유동 : $\frac{\partial V}{\partial S} \neq 0$

3. 유선, 유적선, 유맥선, 유관

(1) 유선

유체 흐름에서 어느 순간에 각 점에서의 속도 방향과 접선방향이 일치하는 연속적인 가상곡선으로 정의한다.

• 유선의 방정식

$$\vec{V} \times \vec{ds} = 0 \;\star\star\star$$

$$\frac{dx}{u} = \frac{dy}{v} = \frac{dz}{w} \;\star\star\star$$

(2) 유적선

한 유체 입자가 유선을 따라 흘러간 경로(자취, 흔적)

(3) 유맥선

공간 내의 한 점을 통과한 모든 유체 입자의 순간궤적

제3장 기계유체역학

(4) 유관

　유선으로 둘러싸인 관

4. 연속방정식

　질량보존의 법칙 만족

(1) 1차원 연속방정식

$$\rho A V = \text{const}$$
$$\rho_1 A_1 V_1 = \rho_2 A_2 V_2 \ \bigstar\bigstar$$

① 미분형

$$d(\rho A V) = 0 \ \bigstar\bigstar$$
$$\frac{d\rho}{\rho} + \frac{dA}{A} + \frac{dV}{V} = 0 \ \bigstar\bigstar$$

② 질량유량

$$\dot{m} = \rho A V \ [\text{kg}_m/\text{sec}] \ \bigstar\bigstar\bigstar$$

③ 중량유량

$$\dot{G} = \gamma A V \ [\text{kg}_f/\text{sec}, \text{N}/\text{sec}]$$

④ 체적유량

$$\dot{Q} = A V \ [\text{m}^3/\text{sec}] \ \bigstar\bigstar\bigstar\bigstar\bigstar$$

(2) 3차원 연속방정식

① 3차원 비정상류 압축성 연속방정식

$$\nabla \cdot (\rho \vec{V}) = -\frac{\partial \rho}{\partial t} \ \bigstar\bigstar$$

• 구배연산자(gradient operator)

$$\nabla = \frac{\partial}{\partial x}\hat{i} + \frac{\partial}{\partial y}\hat{j} + \frac{\partial}{\partial z}\hat{k}$$

② 3차원 정상류 압축성 유체의 연속방정식

$$\nabla \cdot (\rho \vec{V}) = 0 \ \bigstar\bigstar$$

③ 3차원 정상류 비압축성 유체의 연속방정식

$$\nabla \cdot \vec{V} = 0 \ \bigstar\bigstar\bigstar, \ div\vec{V} = 0$$
$$\frac{\partial u}{\partial x} + \frac{\partial v}{\partial y} + \frac{\partial w}{\partial z} = 0$$

④ 2차원 정상류 비압축성 연속방정식

$$\frac{\partial u}{\partial x} + \frac{\partial v}{\partial y} = 0 \ \bigstar\bigstar\bigstar\bigstar$$

5. 오일러(Euler) 운동방정식

$$\frac{dP}{\rho} + VdV + gdZ = 0$$
$$\frac{dP}{\gamma} + \frac{VdV}{g} + dZ = 0$$

(1) 오일러 운동방정식 유도시 기본 가정

① 유체입자는 유선을 따라 흐른다.
② 유체의 흐름은 정상류이다.
③ 비점성(마찰 무시) 유체의 흐름이다.

6. 베르누이(Bernoulli) 방정식

$$\frac{P}{\gamma} + \frac{V^2}{2g} + Z = \text{Const}$$

(1) 베르누이 방정식 유도시 기본 가정

① 유체입자는 유선을 따라 흐른다.
② 유체의 흐름은 정상류이다.
③ 비점성(마찰무시) 유체의 흐름이다.
④ 비압축성 유체이다.

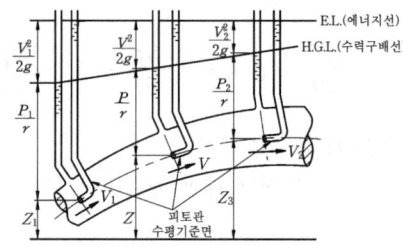

[그림 3-1. 베루누이 방정식의 전수두]

(2) 전수두

$$H = \frac{P}{\gamma} + \frac{V^2}{2g} + Z \ \bigstar\bigstar\bigstar\bigstar$$

전수두 = 압력수두 + 속도수두 + 위치수두

① 전수두 : H [m]

② 압력수두 : $\frac{P}{\gamma}$ [m]

③ 속도수두 : $\frac{V^2}{2g}$ [m]

④ 위치수두 : Z [m]

(3) 수력구배선(HGL)
   압력수두 + 위치수두

(4) 에너지선(EL)
   수력구배선 + 속도수두 = 전수두

(5) 손실수두를 고려할 경우
   손실수두 - h_l
   $$\frac{P_1}{\gamma} + \frac{V_1^2}{2g} + Z_1 = \frac{P_2}{\gamma} + \frac{V_2^2}{2g} + Z_2 + h_l$$
   ★★★★★

(6) 펌프를 고려할 경우
   펌프 수두 - h_P
   $$\frac{P_1}{\gamma} + \frac{V_1^2}{2g} + Z_1 + h_P = \frac{P_2}{\gamma} + \frac{V_2^2}{2g} + Z_2 + h_l$$
   ★★★

(7) 터빈을 고려할 경우
   터빈수두 - h_T
   $$\frac{P_1}{\gamma} + \frac{V_1^2}{2g} + Z_1 = \frac{P_2}{\gamma} + \frac{V_2^2}{2g} + Z_2 + h_T + h_l$$

7. 수동력

$L = \gamma Q H$ [$kg_f \cdot m/sec$, PS, kW] ★★★★
여기서, H : 전수두

- 펌프 동력 : $L_P = \gamma Q h_P$

8. 베르누이 방정식의 응용

(1) 오리피스
   $V = \sqrt{2gh}$ ★★★

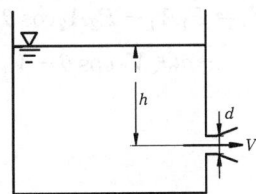

[그림 3-2. 오리피스]

(2) 피토 정압관
$$V = \sqrt{2gh\left(\frac{\gamma_s}{\gamma} - 1\right)}$$ ★★★★

$$\Delta P = h\left(\frac{\gamma_s}{\gamma} - 1\right)$$

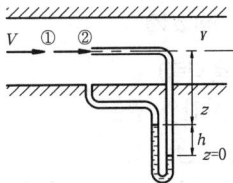

[그림 3-3. 피토 정압관]

(1) 전압(총압, 정체압 ; stagnation pressure)

$$P_2 = P_1 + \frac{\rho V^2}{2}$$ ★★★

① 전압(stagnation pressure) : P_2

② 정압(static Pressure) : P_1

③ 동압(dynamic Pressure) : $\frac{\rho V^2}{2}$

(3) 벤튜리관
$$V = \sqrt{\frac{2gh\left(\frac{\gamma_s}{\gamma} - 1\right)}{1 - \left(\frac{d_2}{d_1}\right)^4}}$$ ★★★★

$Q = A_1 V_1 = A_2 V_2$

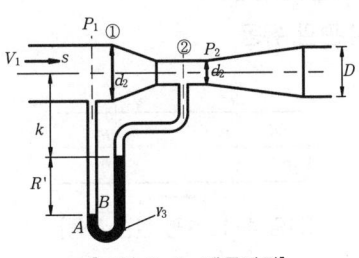

[그림 3-4. 벤튜리관]

4 운동량 방정식

1. 유체의 운동량 방정식
(1) 역적과 운동량

$$Fdt = m(dV)$$

① 역적(충격량)

힘과 시간의 곱

$$I = F \cdot \Delta t$$

$[N \cdot \sec, kg_f \cdot \sec], [MLT^{-1}] = [FT]$

② 운동량

질량과 속도의 적

$$G = m(V_2 - V_1)$$

$[kg_m \cdot m/\sec], [MLT^{-1}] = [FT]$

(2) 운동량 방정식

$$\sum \vec{F} = \rho Q(\vec{V_2} - \vec{V_1}) \;\bigstar\bigstar\bigstar\bigstar\bigstar$$

2. 절대속도와 상대속도
(1) 절대속도

물체가 움직이는 실제속도

(2) 상대속도

움직이는 물체와 관측자의 움직임을 고려한 속도

3. 내부유동(관유동)
(1) 수평관 유동

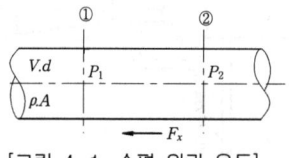

[그림 4-1. 수평 원관 유동]

• 유동시 유체가 수평 관에 미치는 힘 F_x

$$\sum F_x = \rho Q(V_{2x} - V_{1x})$$
$$F_x = (P_1 - P_2)A \quad [N, kg_f]$$

(2) 점차 축소관 유동

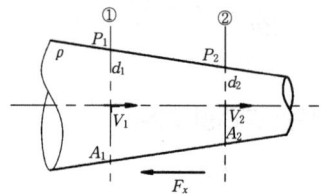

[그림 4-2. 점차 축소관 유동]

• 유동시 유체가 수평 관에 미치는 힘 F_x

$$\sum F_x = \rho Q(V_{2x} - V_{1x})$$
$$F_x = (P_1 A_1 + \rho Q V_1) - (P_2 A_2 + \rho Q V_2)$$
$$[N, kg_f]$$

(3) 곡관 유동

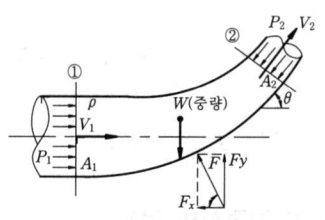

[그림 4-3. 곡관 유동]

① 유체가 곡관의 x방향으로 미치는 힘

$$F_x = P_1 A_1 - P_2 A_2 \cos\theta \;\bigstar\bigstar\bigstar$$
$$- \rho Q(V_2 \cos\theta - V_1) \quad [N, kg_f]$$

② 유체가 곡관의 y방향으로 미치는 힘
$$F_y = W + P_2 A_2 \sin\theta + \rho Q V_2 \sin\theta$$
$$[\text{N}, \text{kg}_f] \bigstar\bigstar\bigstar$$

③ 유체가 곡관에 미치는 힘과 방향
$$F = \sqrt{F_x^2 + F_y^2}, \quad \tan\alpha = \frac{F_y}{F_x}$$

4. 외부 유동(평판 유동, 날개 유동)

(1) 외부 유동의 기본 성질
① 대기압 상태에서 유체 분류 유동
② 마찰이 무시된 유동
③ 입·출구의 위치 차를 무시한 유동
④ 유동 단면적은 노즐면적과 같은 유동

(2) 고정 및 이동 평판 유동

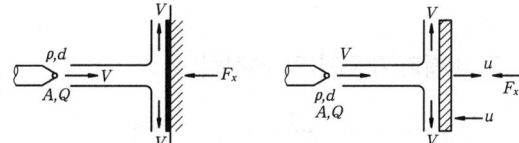

(a) 고정 평판　　　　(b) 이동 평판
[그림 4-4. 고정 및 이동 평판 유동]

① 유체 분류가 x방향으로 미치는 힘
$$F_x = \rho Q V = \rho A V^2 \bigstar\bigstar\bigstar$$

② 평판 x방향 우측으로 이동하는 경우 유체 분류가 평판에 미치는 힘
$$F_x = \rho A (V - u)^2 \bigstar\bigstar\bigstar$$

③ 평판 x방향 좌측으로 이동하는 경우 유체 분류가 평판에 미치는 힘
$$F_x = \rho A (V + u)^2$$

(3) 경사 분류 유동

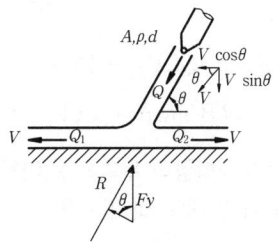

[그림 4-5. 고정 평판에 유체 분류가 경사 충돌할 때 평판에 미치는 힘]

① 평판에 충돌 후 좌측으로 흘러가는 유량
$$Q_1 = \frac{Q}{2}(1 + \cos\theta)$$

② 평판에 충돌 후 우측으로 흘러가는 유량
$$Q_2 = \frac{Q}{2}(1 - \cos\theta)$$

③ 유체 분류가 평판의 y방향으로 미치는 힘
$$F_y = \rho Q V \sin\theta \bigstar\bigstar\bigstar$$

④ 유체 분류 방향으로 평판에 미치는 힘
$$R = \rho Q V \sin^2\theta$$

(4) 고정 및 이동 날개 유동

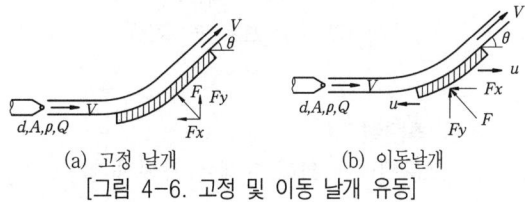

(a) 고정 날개　　　　(b) 이동날개
[그림 4-6. 고정 및 이동 날개 유동]

① 유체 분류가 고정 날개의 x방향으로 미치는 힘
$$\sum F_x = \rho Q (V_{2x} - V_{1x})$$
$$F_x = \rho Q V (1 - \cos\theta) \bigstar\bigstar\bigstar\bigstar$$
$$= \rho A V^2 (1 - \cos\theta)$$

② 유체 분류가 고정 날개의 y방향으로 미치는 힘

$$\sum F_y = \rho Q(V_{2y} - V_{1y})$$

$$F_y = \rho QV\sin\theta = \rho AV^2\sin\theta \;\bigstar\bigstar\bigstar\bigstar$$

③ 날개가 x방향의 우측으로 이동할 때 유체 분류가 날개에 미치는 힘

$$F_x = \rho A(V-u)^2(1-\cos\theta) \;\bigstar\bigstar\bigstar$$

④ 날개가 x방향의 좌측으로 이동할 때 유체 분류가 날개에 미치는 힘

$$F_x = \rho A(V+u)^2(1-\cos\theta)$$

⑤ 유체 분류가 평판에 미치는 합력과 방향

$$F = \sqrt{F_x^2 + F_y^2}$$

$$\tan\alpha = \frac{F_y}{F_x}$$

5. 프로펠러 유동

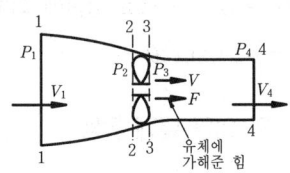

[그림 4-7. 프로펠러 유동]

(1) 추진력

프로펠러에 의해 유체에 가해진 힘

$$F = \rho Q(V_4 - V_1) = A(P_3 - P_2) \;\bigstar\bigstar\bigstar\bigstar$$

(2) 프로펠러 통과 속도

$$V = \frac{V_1 + V_4}{2} \;\bigstar\bigstar\bigstar$$

(3) 프로펠러 효율 $\left(\dfrac{출력}{입력}\right)$

① 입력 : $L_i = FV$

② 출력 : $L_o = FV_1$

③ 효율 : $\eta = \dfrac{L_o}{L_i} = \dfrac{V_1}{V} \;\bigstar\bigstar$

6. 유체 분류에 의한 추진

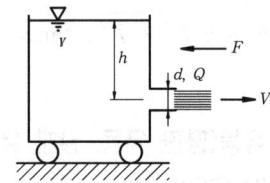

[그림 4-8. 유체 분류에 의한 추진]

(1) 유체 분류 속도 $v = \sqrt{2gh}$

(2) 추진력

$$F = \rho QV = 2\gamma Ah \;\bigstar\bigstar\bigstar$$

7. 비행기(제트기)의 추진력

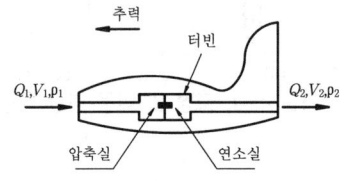

[그림 4-9. 비행기의 추진]

$$F = \rho_2 Q_2 V_2 - \rho_1 Q_1 V_1$$
$$= \dot{m}_2 V_2 - \dot{m}_1 V_1 \;\bigstar\bigstar$$

8. 로켓의 추진력

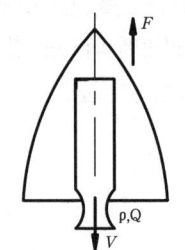

[그림 4-10. 로켓의 추진]

$$F = \dot{m}V = \rho QV = \rho AV^2 \;\star\star$$

9. 수정계수

(1) 운동 에너지 수정계수

$$\alpha = \frac{1}{A} \int \left(\frac{u}{V}\right)^3 dA \;\star\star$$

(2) 운동량 수정계수

$$\beta = \frac{1}{A} \int \left(\frac{u}{V}\right)^2 dA \;\star\star$$

5 실제유동(점성유동)

1. 층류와 난류

(1) 층류

유체 입자들이 층을 이루면서 규칙 정연하게 흐르는 유동

$$\tau = \mu \frac{du}{dy}$$

(2) 난류

유체 입자들이 극히 불규칙한 경로를 따라 회전하면서 흐르는 유동

$$\tau = \eta \frac{du}{dy}$$

(3) 레이놀즈 수

층류와 난류의 구분 척도

$$\text{레이놀즈 수}(Re) = \frac{\text{관성력}}{\text{점성력}}$$

2. 원관 유동에서 레이놀즈 수

$$Re = \frac{Vd}{\nu} = \frac{\rho Vd}{\mu} \;\star\star\star\star\star$$

(1) 상임계 레이놀즈 수 : 4000
(2) 하임계 레이놀즈 수 : 2100
 ① 층류 : $Re < 2100$
 ② 난류 : $Re > 4000$
 ③ 천이유동 : $2100 < Re < 4000$

3. 수평 원관 속에서 층류 유동

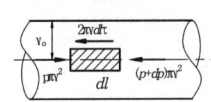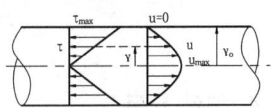

[그림 5-1. 수평 원관 속에서 층류 유동]

(1) 전단응력

관벽에서 최대, 관 중심에서 최소

$$\tau = -\frac{r}{2}\frac{dP}{dl} \;\star\star\star$$

① $r = 0$ 이면 $\tau = 0$
② $r = r_0$ 이면 $\tau_{max} = -\frac{r_0}{2}\frac{dP}{dl}$

(2) 유속

관벽에서 최소, 관 중심에서 최대

$$u(r) = -\frac{1}{4\mu}\frac{dP}{dl}(r_0^2 - r^2) \;\star\star\star$$

① $r = 0$ 이면 $u_{max} = -\frac{r_0^2}{4\mu}\frac{dP}{dl}$
② $r = r_0$ 이면 $u(r) = 0$
③ $\dfrac{u(r)}{u_{max}} = 1 - \left(\dfrac{r}{r_0}\right)^2$

(3) 유량

하겐-포아젤 방정식

$$Q = \frac{\Delta P \pi d^4}{128 \mu l} \star\star\star\star\star$$

(4) 평균속도

$$u_{mean} = \frac{\Delta P d^2}{32 \mu l}$$

$$u_{max} = 2 u_{mean} \star\star\star$$

- 평행평판 유동: $u_{max} = 1.5 u_{mean}$

(5) 손실 수두

$$h_l = \frac{\Delta P}{\gamma} = \frac{128 \mu l Q}{\gamma \pi d^4}$$

4. 평판 유동

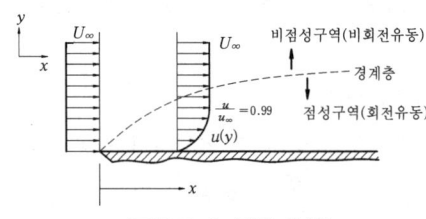

[그림 5-2. 평판 유동]

(1) 레이놀즈 수

$$Re = \frac{U_\infty x}{\nu} \star\star\star\star$$

여기서, x : 선단으로부터 거리

① 임계 레이놀즈 수: 5×10^5
② 층류 유동: $Re < 5 \times 10^5$
③ 난류 유동: $Re > 5 \times 10^5$

(2) 유체의 경계층

물체의 표면으로부터 점성의 영향이 더 이상 미치지 않는 곳까지 얇은 층

$$\frac{u(y)}{u_\infty} = 0.99 \star\star\star$$

(3) 완전 발달 유동

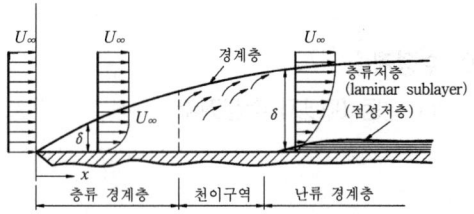

[그림 5-3. 무한 평판 유동]

(4) 경계층 두께

① 층류: $\delta = 5x Re^{-1/2}$ ★★★
② 난류: $\delta = 0.16x Re^{-1/7}$ ★★★

5. 물체 주위의 유동

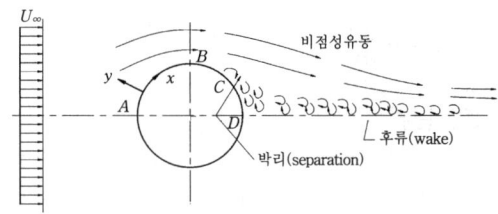

[그림 5-4. 물체 주위의 유동]

(1) 역압력 구배

경계층의 한 계면에서 유속은 감소하는 반면에 압력은 증가하여 발생

(2) 박리(separation)

유체 입자들이 물체 뒷부분에서 속도감소와 압력 증가(역압력 구배)에 의해 유선을 이탈하는 현상, 이때 이탈이 시작되는 점을 박리점 $\left(\frac{dV}{dy} = 0\right)$ 이라 한다.

(3) 후류(wake)

박리 현상이 하류로 연장되어 흐르는 유동으로 하류에서 큰 속도 구배의 영향으로 발생한다.

(4) 압력항력

물체 전·후방의 압력차로 인하여 물체가 유동 방향으로 유체로부터 받는 힘이다.

6. 항력과 양력

(1) 항력
유체 속에 잠긴 물체가 받는 유동 방향 성분의 힘을 항력이라 한다.

$$D = C_D A \frac{\rho V^2}{2} \; \star\star\star$$

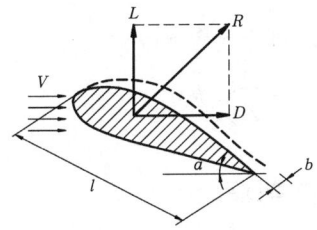

[그림 5-5. 항력과 양력]

(2) 양력
유동 방향에 수직한 방향으로 발생하는 힘을 양력이라 한다.

$$L = C_L A \frac{\rho V^2}{2} \; \star\star\star$$

(3) 스톡스 법칙(Stokes's law)
저 레이놀즈 수 유동(빗방울, 비누방울)

$$D = 3\pi\mu dV \; \star\star\star$$

6 관속에서 유체 흐름

1. 원관에서 손실

(1) 달시 방정식
수평·수직 원관에서 손실수두

$$h_l = f \frac{L}{d} \frac{V^2}{2g} \; \star\star\star\star\star$$

(2) 관마찰계수
레이놀즈 수와 상대조도의 함수

① 층류 유동
층류 유동에서 관마찰계수는 레이놀즈 수만의 함수

$$f = \frac{64}{Re} \; \star\star\star\star\star$$

② 난류 유동
난류 유동에서 관마찰계수는 매끈한 관이면 레이놀즈 수만의 함수이고, 거친관이면 상대조도만의 함수이다.

$$f = 0.3164 Re^{-1/4} \; \star\star\star\star$$
$$3000 < Re < 10^5$$

③ 천이구역
관마찰계수는 레이놀즈 수와 상대조도의 함수이다.

④ 무디선도
레이놀즈 수와 상대조도를 가지고 관마찰계수를 결정할 수 있는 선도

2. 비원형관에서 손실

(1) 수력반경

$$R_h = \frac{A}{P} \; \star\star\star$$

여기서, A : 유동단면적
P : 접수길이

(2) 원형관에서 수력반경

$$R_h = \frac{A}{P} = \frac{d}{4}, \; d = 4R_h \; \star\star\star$$

(3) 레이놀즈 수

$$Re = \frac{V4R_h}{\nu}$$

(4) 상대조도

$$\frac{e}{4R_h}$$

(5) 손실수두

$$h_l = f\frac{l}{4R_h}\frac{V^2}{2g}$$

3. 부착적 손실

(1) 돌연확대관

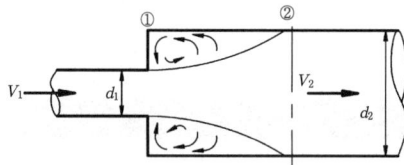

[그림 6-1. 돌연 확대관]

① 손실수두

$$h_l = \frac{(V_1 - V_2)^2}{2g} = K\frac{V_1^2}{2g} \;\star\star\star$$

② 손실계수

$$K = \left[1 - \left(\frac{d_1}{d_2}\right)^2\right]^2$$

(2) 돌연 축소관

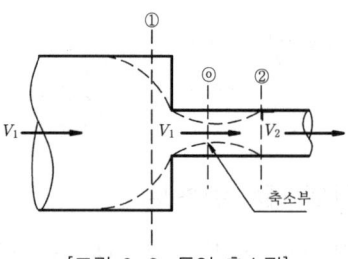

[그림 6-2. 돌연 축소관]

① 손실수두

$$h_l = \frac{(V_0 - V_2)^2}{2g} = K\frac{V_2^2}{2g} \;\star\star\star$$

② 손실계수

$$K = \left[\frac{1}{C_c} - 1\right]^2$$

③ 축소계수(수축계수)

$$C_c = \frac{A_0}{A_2} \;\star\star$$

(3) 점차 확대관

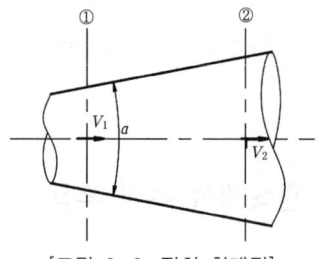

[그림 6-3. 점차 확대관]

① 손실계수

$$h_l = K\frac{(V_1 - V_2)^2}{2g}$$

② 손실계수는 확대각 6~7°에서 최소이고 62~65°에서 최대이다.

(4) 관의 상당길이

$$l_e = \frac{Kd}{f}$$

(5) 병렬 분기관

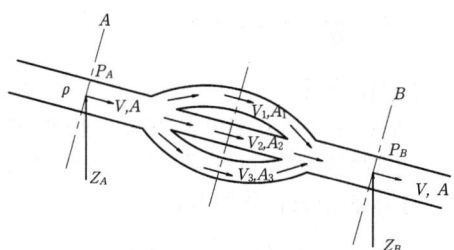

[그림 6-4. 병렬 분기관]

① 유량
$$Q = Q_1 + Q_2 + Q_3 \\ = A_1V_1 + A_2V_2 + A_3V_3 \text{★★}$$

② 손실수두
$$h_l = \frac{(P_A - P_B)}{\gamma} + (Z_A - Z_B) \\ = h_{l1} = h_{l2} = h_{l3} \text{★★}$$

7 차원해석과 상사법칙

1. 차원해석

(1) 동차성의 원리
물리적 관계를 나타내는 방정식의 좌변과 우변의 차원은 같다.

2. 파이 정리
무차원수 π, 물리량의 수 n, 기본 차원수 m 이라 할 때
$\pi = n - m$ ★★★

3. 역학적 상사

(1) 레이놀즈 수
① 물리적 의미
$$\text{레이놀즈 수} = \frac{\text{관성력}}{\text{점성력}} \text{★★★}$$

② 수식적 표현
$$Re = \frac{VL}{\nu}$$

(2) 프루우드 수
① 물리적 표현
$$\text{프루우드 수} = \frac{\text{관성력}}{\text{중력}} \text{★★★}$$

② 수식적 표현
$$F_r = \frac{V}{\sqrt{Lg}}$$

(3) 오일러 수
① 물리적 의미
$$\text{오일러 수} = \frac{\text{압축력}}{\text{관성력}}$$

② 수식적 표현
$$E_u = \frac{P}{\rho V^2}$$

8 개수로 유동

1. 개수로
유체의 자유표면이 대기와 접하며 흐르는 유동

2. 레이놀즈 수
$Re = \dfrac{VR_h}{\nu}$ ★★★

(1) 임계 레이놀즈 수 : $Re = 500$
① 층류 유동 : $Re < 500$
② 난류 유동 : $Re > 500$

3. 최량수력 단면(최대효율단면)

주어진 유량에 대하여 최소접수길이 또는 최대수력반경을 갖는 단면

(1) 사각형 단면의 개수로

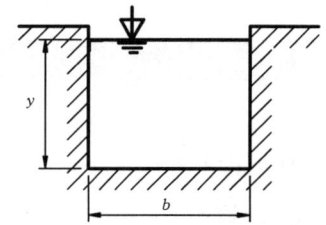

[그림 8-1. 사각형 단면의 개수로]

• 최량수력 단면의 조건
$$b = 2y, \quad P = 4y \ \star\star$$

(2) 사다리꼴 단면의 개수로

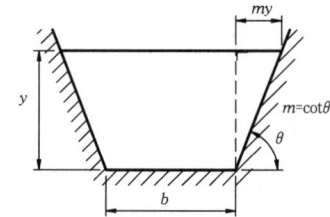

[그림 8-2. 사다리꼴 단면의 개수로]

• 최량수력 단면의 조건
$$b = \frac{2}{\sqrt{3}} y, \quad P = 3b = 2\sqrt{3}\, y \ \star\star$$

4. 비에너지와 임계깊이

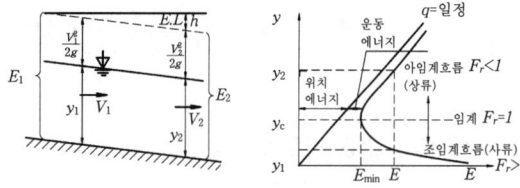

[그림 8-3. 비등류 개수로 유동 및 비에너지 선도]

(1) 비에너지

수로 바닥면에서 에너지선까지의 높이
$$E = y + \frac{V^2}{2g} \ \star\star$$

(2) 임계깊이

비에너지가 최소가 되는 위치
$$y_c = \left(\frac{q^2}{g}\right)^{\frac{1}{3}}$$

① 최소비 에너지
$$E_{\min} = E(y_c) = \frac{3}{2} y_c \ \star\star$$

② 임계속도
$$V_c = \sqrt{g y_c}$$

5. 수력도약

유체의 흐름 속도가 감소할 때 수면이 상승하는 현상

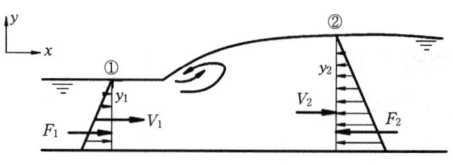

[그림 8-4. 수력도약]

(1) 수력도약 후의 깊이
$$y_2 = \frac{y_1}{2}\left(-1 + \sqrt{1 + \frac{8 V_1^2}{y_1 g}}\right) \ \star\star$$

(2) 손실수두
$$h_l = \frac{(y_2 - y_1)^3}{4 y_1 y_2} \ \star\star$$

(3) 수력도약이 일어날 조건
$$\frac{V_1^2}{y_1 g} > 1$$

9 압축성 유동

1. 정상유동에서 에너지 방정식

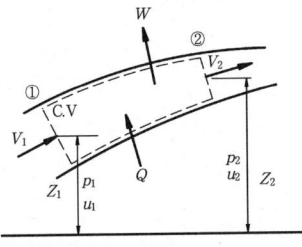

[그림 9-1. 압축성 유동]

$$\dot{Q} + \left(\frac{P_1}{\rho} + gz_1 + \frac{V_1^2}{2} + u_1\right)\rho_1 A_1 V_1$$

$$= \tilde{W}_t + \left(\frac{P_2}{\rho} + gz_2 + \frac{V_2^2}{2} + u_2\right)\rho_2 A_2 V_2$$

$$q + \left(\frac{P_1}{\rho} + gz_1 + \frac{V_1^2}{2} + u_1\right)$$

$$= w_t + \left(\frac{P_2}{\rho} + gz_2 + \frac{V_2^2}{2} + u_2\right)$$

$$q + \left(h_1 + gz_1 + \frac{V_1^2}{2}\right)$$

$$= w_t + \left(h_2 + gz_2 + \frac{V_2^2}{2}\right)$$

2. 마하수와 마하각

(1) 마하수

① 음속

$$C = \sqrt{\frac{dP}{d\rho}} = \sqrt{\frac{K}{\rho}} = \sqrt{kRT} \ \star\star\star$$

② 마하수

$$M = \frac{V}{C} \ \star\star$$

$M < 1$: 아음속 흐름
$M > 1$: 초음속 흐름
$M = 1$: 음속 흐름

(2) 마하각

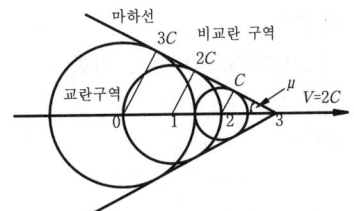

[그림 9-2. 초음속 유동시 물체의 속도와 음속의 관계]

$$\mu = \sin^{-1}\frac{C}{V}$$

3. 축소

확대 노즐에서 아음속 흐름과 초음속 흐름

$$\frac{dA}{dV} = \frac{A}{V}\left(\frac{V^2}{C^2} - 1\right) = \frac{A}{V}(M^2 - 1)$$

(1) 아음속 유동

$$M < 1, \quad \frac{dA}{dV} < 0$$

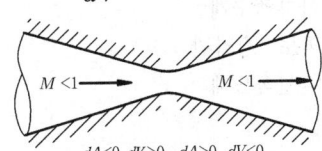

[그림 9-3. 축소-확대관에서 아음속 유동]

(2) 초음속 유동

$$M > 1, \quad \frac{dA}{dV} > 0$$

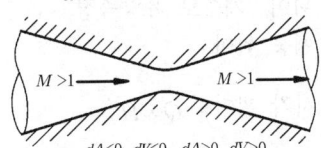

[그림 9-4. 축소-확대관에서 초음속 유동]

10 유체계측

1. 비중량의 계측 방법
(1) 비중병
(2) 아르키메데스의 원리 이용
(3) 비중계
(4) U자관

2. 점성계수의 계측 방법
(1) 낙구식 점도계 : Stokes 법칙 이용
(2) Ostwald 점도계 : 하겐-포아젤 법칙 이용
(3) 세이볼트 점도계
(4) 회전식 점도계

3. 정압측정
(1) 피에조미터
(2) 정압관

4. 유속측정
(1) 피토관
(2) 시차액주계
(3) 피토-정압관
(4) 열선속도계

5. 유량측정
(1) 벤튜리미터
(2) 유동 노즐
(3) 오리피스
(4) 위어 : 개수로 유량측정
 ① 예봉 위어
 ② 사각 위어 : $Q \propto H^{\frac{3}{2}}$
 ③ V-노치 위어(삼각 위어) : $Q \propto H^{\frac{5}{2}}$
 ④ 광봉 위어

CHAPTER 4. 기기재료 및 유압기기

Section 01 _ 기계재료

1 기계재료의 조직 및 시험

1 기계재료의 특성

1. 기계재료의 재질적 분류

(1) 금속재료
  ① 철강재료
      ㉠ 순철 : 전해철-전기가 잘 통하는 금속
      ㉡ 강 : 탄소강, 합금강, 주강
      ㉢ 주철 : 보통 주철, 특수주철
  ② 비철금속재료
      ㉠ 알루미늄과 그 합금
      ㉡ 구리와 그 합금
      ㉢ 마그네슘과 그 합금
      ㉣ 티탄과 그 합금
      ㉤ 니켈과 그 합금
      ㉥ 아연, 납, 주석과 그 합금
      ㉦ 귀금속

(2) 비금속재료
  ① 무기질 재료
      유리, 시멘트, 석재 등
  ② 유기질 재료
      플라스틱, 목재, 고무, 피혁, 직물 등

2. 금속 특징 ★★

(1) 실온에서 수은(Hg) 외에 고체이다.
(2) 전성과 연성이 풍부하다.
(3) 전기와 열의 전달이 우수한 양도체이다.
(4) 특유의 광체를 갖고 있다.-빛을 반사한다.
(5) 비중이 비교적 크다.

① 경금속의 종류
  비중 4.5 이하인 금속이 경금속
  알루미늄(Al=2.7) 마그네슘(Mg=1.74)
  나트륨(Na=0.91) 리튬(Li=0.53)

② 중금속의 종류
  비중 4.5 이상인 금속이 중금속
  철(Fe=7.87)   구리(Cu=8.96)
  니켈(Ni=8.85)   금(Au=19.32)
  은(Ag=10.5)   주석(Sn=7.3)
  납(Pb=11.34)   이리듐(Ir=22.5)

(6) 소성 변형이 가능하다.
(7) 경도 및 용융점이 높다.

3. 준금속과 비금속

(1) 준금속(아금속)

완전한 금속의 특징을 갖고 있지 못한 금속이다.

규소(Si), 붕소(B), 게르마늄(Ge) 등

(2) 비금속

산소(O_2), 수소(H_2), 탄소(C) 등

4. 합금(alloy)의 특징 ★★

합금은 어떤 한 금속에 다른 금속 또는 비금속을 혼합시켜 만든 물질이다.
(1) 경도 및 강도 증가
(2) 주조성, 내식성, 내열성(내화성) 증가
(3) 가단성, 전연성 저하
(4) 열 및 전기 전도도 저하
(5) 용융점 온도 저하
(6) 광택은 첨가되는 성분 금속의 비율에 따라 변화한다.

5. 금속재료의 물리적 성질 ★★★

(1) 비중

① 단조, 압연, 인발 등의 소성 가공된 금속이 주조한 것 보다 비중이 크다.
② 최소 비중의 금속 : Li=0.53
③ 최대 비중의 금속 : Ir=22.5

(2) 용융점

고체가 녹아 액체로 되는 온도점

① 철(Fe)-1538℃, 구리(Cu)-1083℃, 알루미늄(Al)-660℃, 마그네슘(Mg)-650℃, 니켈(Ni)-1455℃
② 최소 용융점의 금속 : 수은(Hg)
    → -38.89℃
③ 최대 용융점의 금속 : 텅스텐(W)
    → 3400℃

(3) 비열

(4) 열팽창

선팽창 계수-온도가 1℃ 올라감에 따라 길이가 늘어나는 비율

아연(Zn) > 납(Pb) > 마그네슘(Mg) > 몰리브덴(Mo)

(5) 열 및 전기 전도율

순서 : Ag-Cu-Au(Pt)-Al-Mg-Zn-Ni-Fe-Pb-Sb

(6) 융해 잠열

(7) 자성

자기를 띠어 자석으로 되는 성질

① 상자성체 : 자기장과 같은 방향으로 자성을 띠는 물질(Cr, Pt, Mn, Al)
② 반자성체 : 자기장과 반대 방향으로 자화되는 물질(Bi, Sb, Au, Hg, Cu)
③ 강자성체 : 자기장에 의하여 강하게 자화되어 자기장을 없애도 자화가 남아 있는 성질(Fe, Ni, Co)

6. 금속재료의 기계적 성질 ★★★

강도(strength), 경도(hardness), 인성(toughness) ↔ 메짐성(취성 : shortness), 피로(fatigue), 연성, 전성, 크리프 한도, 가단성, 주조성, 연신율, 항복점 등이 기계적 성질이다.

(1) 연성

가느다랗게 늘일 수 있는 성질
Au-Ag-Al-Cu-Pt-Pb-Zn-Fe-Ni

(2) 전성

얇은 판으로 넓게 펼 수 있는 성질
Au-Ag- Pt- Al-Fe-Ni-Cu-Zn

(3) 피로한도
반복적으로 하중을 재료에 가하면 파괴되는데 이러한 현상을 피로라 한다.
- S-N 곡선 : 응력과 반복횟수를 나타내어 피로한도를 구할 수 있는 곡선이다.

(4) 크리프 한도
고온 상태에서 일정 하중을 계속해서 가하면 재료는 시간의 경과에 따라 변형이 증가하게 되는 현상이다.

(5) 마멸
마찰에 의하여 마찰 표면이 조금씩 부서져 떨어져 나가게 되는 현상이다.

(6) 연신율

(7) 취성
① 청열취성(blue shortness) ★★★
200~300℃에서 연강은 상온에서보다 연신율은 낮아지고 강도와 경도 높아진다. 그러나 부서지기 쉬운 성질을 갖는다.

② 저온취성(low tempering shortness)
재료의 온도가 상온보다 낮아지면 경도나 인장강도는 증가하지만 연신율이나 충격값 등은 감소하여 부서지기 쉽다.

③ 상온취성(cold shortness) ★★★
인(P)이 원인이 되어 충격값 및 인성이 저하하는 현상이다.

④ 적열취성(red shortness) ★★★
황(S)이 원인이 되어 950℃에서 인성이 저하하는 현상으로 Mn을 가하여 방지할 수 있다.

7. 화학적 성질

(1) 부식
금속이 물 또는 공기 중에서 화학적 작용에 의하여 금속 표면이 변화하는 현상이다.

(2) 침식
화학적인 작용뿐만 아니라 기계적 작용도 수반되어 일어나는 부식 현상이다.

(3) 이온화 경향
금속 원자가 전자를 잃고 양이온으로 되는 현상으로 이온화 경향이 큰 금속은 산화되기 쉽다.

(4) 내식성
금속의 부식에 대한 저항력, 부식이 되기 쉬운 금속은 이온화 경향이 큰 금속이다.
- 구리와 니켈 및 크롬을 함유(스테인레스강)한 금속은 내식성이 우수하다.

❷ 금속재료의 변태와 상태도

1. 금속의 응고와 결정

(1) 금속의 응고
① 냉각속도에 따른 결정립의 크기 ★★
㉠ 냉각속도가 빠르면 결정 입자의 수가 많아져 결정입자는 미세화 된다.
㉡ 냉각속도가 느리면 결정 입자의 수가 적어져 결정입자는 조대화 된다.

② 금속의 결정 순서
용융 금속 → 결정핵 발생 → 결정의 성장 → 결정 경계 형성

(2) 금속의 결정
① 결정구조 ★★★
㉠ 체심입방격자(BCC) : 정육면체의 각 모서리와 입방체 중심에 한 개의 원자가 배열된 결정 구조
- 융점이 높고 강도가 크다.
- 소속 원자수 2개, 배위수 8개로 구성
- Cr, W, Mo, V, Li, Na, Te, K, α-Fe, δ-Fe

㉡ 면심입방격자(FCC) : 정육면체의 각 모서리와 면의 중심에 각 각 한 개씩

의 원자가 배열된 결정 구조
- 전·연성과 전기전도율은 높고 가공성이 우수하다.
- 소속 원자수 4개, 배위수 12개로 구성
- Al, Ag, Au, Cu, Ni, Pb, Ca, γ-Fe

ⓒ 조밀육방격자(HCP) : 정육각기둥의 모서리점과 상하면의 중심과 정육각기둥을 형성하고 있는 6개의 정삼각 기둥 중 1개거른 삼각기둥의 중심에 한 개씩 원자가 존재하는 결정 구조
- 전·연성, 접착성, 가공성 등이 불량하다.
- 소속 원자수 2개, 배위수 12개로 구성
- Mg, Zn, Cd, Ti, Be, Zr, Co

(3) 금속의 변태(transformation) ★★★★
물질의 상이 변화하는 것.

① 동소변태

온도 변화에 의하여 고체상태에서 원자배열의 결정구조가 변화하는 것으로 격자변태라고도 한다.

ⓐ 동소체(allotropy) : 순철
→ α고용체, γ고용체, δ고용체

ⓑ 예
Fe(A_3=912℃, A_4=1400℃),
Co(480℃), Ti(883℃), Sn(18℃)

② 자기변태(magnetic transformation)
금속의 자기의 크기가 변화할 때 발생
ⓐ 강자성체가 상자성체로 변화
ⓑ 예
Fe(A_2=768℃), Ni(360℃),
Co(1120℃)

③ 변태점 측정법
열분석법, 시차열분석법, 비열법, 전기저항법, 열팽창법, 자기분석법, X선분석법

2. 합금(alloy)
하나의 금속에 다른 금속 또는 비금속이 결합된 것으로 하나의 상으로 존재하는 것(단상합금 : 고용체와 금속간 화합물)과 두 가지 이상의 상이 공존하는 것(다상합금) 등이 있다.

(1) 고용체 ★★
어떤 한 금속에 다른 금속 또는 비금속이 섞여 만들어낸 합금

① 침입형 고용체

어떤 성분의 금속결정격자 중에 다른 원자가 침입된 형태로 금속에 수소(H), 탄소(C), 질소(N) 등의 비금속 원소가 소량 함유된 경우 발생한다.(Fe-C)

② 치환형 고용체

어떤 성분의 금속의 원자가 다른 성분 금속의 결정격자의 원자와 위치가 바뀌는 형태의 고용체이다.(Ag-Cu, Cu-Zn)

③ 규칙 격자형

양 금속의 원자 배열이 규칙성을 갖고 있는 형태로 혼합된 원자를 물리적인 방법으로 분리할 수 없는 것이 특징인 고용체이다. (Ni_3-Fe, Cu_3-Au, Fe_3-Al)

(2) 금속간 화합물 ★★
두 물질이 화학적으로 결합하면 각 성분 금속과는 다른 독립된 화합물질이 형성되는데 이것을 금속간 화합물이라 한다. 경도가 커서 절삭공구 재료로 널리 사용된다.

① 탄소강과 주철의 합금명 : Fe_3C
② 청동 합금명 : Cu_4Sn, Cu_3Sn
③ 알루미늄 합금명 : $CuAl_2$
④ 마그네슘 합금명 : Mg_2Si, $MgZn_2$
⑤ 텅스텐의 탄화물 : WC-초경공구의 주재료로 내마멸성이 큰 효과가 있다.

3. 상률과 상태도

(1) 상률

① 상률(phase rule) ★

몇 개의 상으로 이루어진 물질의 상 사이

의 열적 평형 관계를 정리한 것이다. 즉, 물질계 상의 열적 평형을 유지하기 위한 자유도를 규정하는 법칙을 상률이라 한다.

$$F = n + 2 - p$$

여기서, F : 자유도
n : 성분
p : 상의 수

㉠ 물, 얼음 및 수증기 각 각에 대한 자유도
$$F = 1 + 2 - 1 = 2$$
㉡ 물과 수증기, 물과 얼음 및 얼음과 수증기의 2상이 공존하는 경우 자유도
$$F = 1 + 2 - 2 = 1$$
㉢ 얼음과 물 그리고 수증기가 함께 공존하는 경우 자유도
$$F = 1 + 2 - 3 = 0$$

(2) 합금되는 금속의 반응
① 공정반응 : 액체 ↔ 고체A+고체B
② 포정반응 : 고체A+액체 ↔ 고체B
③ 편정반응 : 고체+액체A ↔ 액체B

③ 금속의 소성변형

1. 금속의 소성변형

(1) 탄성변형
금속에 외력을 가했을 때 발생된 변형이 외력을 제거하면 원상태로 회복될 수 있는 변형

(2) 소성변형
금속에 외력을 가했을 때 발생된 변형이 외력을 제거해도 원상태로 회복되지 않는 변형

① 미끄럼(slip)변형
결정내의 일정면의 원자가 원자면을 따라 미끄럼을 일으키는 변형이다. 원자 밀도가 최대인 격자면에서 잘 일어난다.

② 쌍정(twin)변형
어떤 면을 경계로 하여 서로 대칭 형태의 원자배열을 갖고 일어나는 변형 이다.

③ 전위(dislocation)변형
결정내 원자배열 중 불완전한 부분이나 결함이 있는 부분에서 먼저 일어나는 국부적인 격자 배열의 결함이다.

2. 소성가공

(1) 재결정(recrystallization) ★★★
가공경화된 재료를 가열시 결정핵이 성장하여 발생하는 새로운 결정, 이때의 온도를 재결정 온도라 한다. 이 재결정 온도에 따라 냉간가공과 열간가공으로 구분한다.

원 소	재결정 온도(℃)
Fe	350~450
Ni	600
Cu	200
Ag	200
W	1200
Al	150
Pt	450
Au	200
Mg	150

(2) 열간가공과 냉간가공
① 냉간가공의 특징 : 재결정 온도 이하에서 가공
㉠ 강도 및 경도 증가 및 연신율 감소
㉡ 제품의 치수가 정확하고 가공면이 아름답다.
㉢ 가공 방향에 따라 강도가 다르다.(섬유조직)
㉣ 인성이 감소하여 자주 풀림 처리를 해야 한다.
② 열간가공의 특징 : 재결정 온도 이상에서 가공
㉠ 작은 동력으로 큰 변형을 줌으로 경제적이다.

ⓒ 균일한 재질을 얻는다.
ⓒ 성형하기 쉽다.
ⓔ 대량 생산이 가능하다.
ⓜ 대형 제품 생산도 가능하다.
ⓗ 피니싱 온도(finishing temperature) : 열간 가공을 끝맺는 온도
③ 가열온도가 높아짐에 따라 입자는 커지며, 가공도가 커지면 결정입자는 미세하게 된다.

(3) 가공 경화 ★★★
재료에 외력을 가하여 변형시키면 굳어져 경도 및 강도는 증가하고 연신율 및 단면 수축률은 감소하는 현상

(4) 시효 경화 ★★★
가공 후 시간의 경과와 더불어 자연히 경화되어 가는 현상

(5) 인공 시효 ★★
인공적(가열하여)으로 시효 경화를 촉진시켜 주는 것

4 재료의 시험과 검사

1. 기계재료의 조직 검사와 기계적 시험법

(1) 금속 현미경 조직 관찰
① 검사순서 : 시료 채취 → 연마가공 → 부식 → 세척 → 현미경 검사
② 연마제 : 제2산화철(Fe_2O_3), 알루미나(Al_2O_3), 마그네시아(MgO) 사용, 철강-산화 크롬(Cr_2O_3)
③ 부식액 ★★
 ⓐ 철강용(주철용) 부식제-질산+알콜, 피크린산+가성소다(탄화철용), 크롬산+물
 ⓑ 동 및 동 합금용 부식제 : 염화제2철 용액
 ⓒ 니켈 및 니켈 합금 부식제 : 염산+질산(초산용액)
 ⓓ 알루미늄 및 알루미늄 합금용 부식제 : 불화(플루오르화) 수소 용액, NaOH 용액

(2) 재료시험 ★★
① 파괴시험
 ⓐ 정적시험 : 인장, 압축, 굽힘, 비틀림, 전단강도, 경도, 크리프 시험 등
 ⓑ 동적시험 : 충격시험, 피로시험
② 비파괴시험
자기탐상법(자분탐상법), 형광시험법(침투탐상법), 초음파시험법, X선시험법, γ선 시험법(방사선탐상법), 외관시험법, 타진법

(3) 기계적 시험
① 인장시험(암슬러형 만능 재료시험기)
 ⓐ 항복점, 탄성한도, 인장강도, 연신율 등 측정(응력-변형선도)
 ⓑ 연신율 $\varepsilon = \dfrac{L'-L}{L} \times 100\,(\%)$
 ⓒ 단면수축율
  $\mu = \dfrac{S'-S}{S} \times 100\,(\%)$
② 경도 시험
마모 및 절삭성 등에 대한 저항으로 측정
 ⓐ 브리넬 경도 : 가공하기 전 재료의 경도를 시험
 ⓑ 비커즈 경도 : 경화된 강이나 정밀 가공 부품 박판 등의 경도를 시험, 꼭지각이 136° 되는 사각뿔형(피라미드형)인 다이아몬드 압입자 사용
 ⓒ 로크웰 경도
  • B스케일-100kg의 하중에서 1/16in 강구사용
  • C스케일-150kg의 하중에서 다이아몬드 원뿔을 사용
 ⓓ 쇼어 경도 : 시험한 재료에 아무런 흔적도 남기지 않고 일정한 높이에서 시험편 위에 낙하 시켰을 때 반발하여 올라간 높이로 경도를 측정
③ 충격 시험
인성과 메짐성을 위한 시험

④ 피로시험

크랭크축, 차축, 스프링 등과 같이 인장과 압축을 되풀이해 작용시켰을 때 재료가 파괴되는 현상(S-N 곡선으로 표시)

⑤ 크리프 시험

재료에 일정한 응력을 가할 때 생기는 변형량의 시간적 변화

2 탄소강의 특성과 용도 및 열처리

1. 철과 강

(1) 철의 분류

① 선철

철광석을 용광로에 용해시켜 제조(탄소함유량이 0.03% 이하)-전기재료, 용접에 사용

② 강 ★★★

제강로를 이용하여 제조
㉠ 탄소강 : 선철 속의 탄소함유량이 0.03~2% 이하-기계재료로 사용
㉡ 합금강(특수강) : 탄소강+다른 금속 (Mn, Cr, Ni, Mo, W)

③ 주철

탄소함유량이 2.0~6.68% 이하-주물재료로 사용

(2) 탄소 함유량에 따른 강의 분류 ★★

① 아공석강

0.025~0.77% C-페라이트+펄라이트 조직

② 공석강

0.77% C-펄라이트 조직

③ 과공석강

0.77~2.0% C-펄라이트+시멘타이트 조직

(3) 탄소 함유량에 따른 주철의 분류 ★★

① 아공정 주철

2.0~4.3% C-오스테나이트+레데뷰라이트 조직

② 공정 주철

4.3% C-레데뷰라이트 조직

③ 과공정 주철

4.3~6.68% C-레데뷰라이트+시멘타이트 조직

2. 순철

(1) 순철의 성질 ★★

① 항자력이 낮고, 투자율이 높아 전기재료(변압기 및 발전기용 박판)로 사용된다.
② 단접성, 용접성 양호하다.
③ 유동성 및 열처리성이 불량하고 상온에서 전연성이 풍부하다.
④ 항복점, 인장강도가 낮고 연신율, 단면수축율, 충격값, 인성은 높다.
⑤ 비중은 7.87, 용융점은 1538℃이다.
⑥ 항복강도 σ_B=18~25kg/mm², 경도 H_B=60~70kg/mm² 이다.
⑦ 순철의 종류로는 암코철, 전해철, 카보닐철 등이 있다.

(2) 변태 ★★★★

① A_0 변태 : 210℃–시멘타이트의 자기 변태점
② A_1 변태 : 723℃–순철에는 없고 강에서만 나타나는 변태
③ A_2 변태 : 768℃–자기변태점
④ A_3 변태 : 912℃–동소변태점
⑤ A_4 변태 : 1400℃–동소변태점

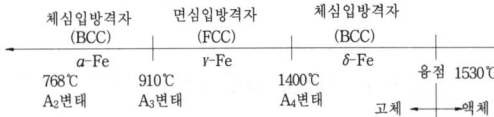

(3) 탄소강의 표준조직(normal structure) ★★★

① 페라이트(ferrite)
 ㉠ 탄소(C)함량이 0.025% 이하인 α 고용체, 파면은 백색이다.
 ㉡ 극히 연하여 연성과 전성이 大, 인장강도 小
 ㉢ 상온에서 강자성체
 ㉣ 경도 H_B=80, 연신율 40%, 인장강도 35kg/mm²
 ㉤ 최대 연신율을 갖는 조직
 ㉥ α 고용체 : α-ferrite 조직의 체심입방격자(BCC)

② 펄라이트(perarlite)
 ㉠ 탄소(C)함량이 0.85%의 α 고용체+탄화철(Fe₃C)
 ㉡ 연하지만 강도는 큼
 ㉢ 오스테나이트가 페라이트와 시멘타이트 층(공석점)으로 변화된 조직
 ㉣ 경도 H_B=200, 연신율 10%, 인장강도 90kg/mm²
 ㉤ 최대 인장강도를 갖는 조직
 ㉥ α 고용체+탄화철(Fe₃C) : perarlite 조직의 기계적 혼합물

③ 시멘타이트(cementite)
 ㉠ 탄소(C)함량이 6.68%의 탄화철(Fe₃C)로 백색이다.
 ㉡ 경도와 취성(메짐성)이 크(大)고, 상온에서 강자성체이다.
 ㉢ 경도 H_B=800, 연신율 0%, 인장강도 35kg/mm² 이하
 ㉣ 강의 표준 조직 중 경도가 최대–담금질을 해도 경화 不
 ㉤ 탄화철(Fe₃C) : cementite 조직의 금속간 혼합물

④ 오스테나이트(austenite)
 ㉠ A_1 변태점에서 안정된 조직의 γ 고용체
 ㉡ 인성이 크(大)고, 상자성체이다.
 ㉢ 경도 H_B=155
 ㉣ γ 고용체 : austenite의 면심입방격자(FCC)

⑤ 레데뷰라이트(ledeburite)
 ㉠ 상온에선 불안정한 γ 고용체+탄화철(Fe₃C)
 ㉡ 오스테나이트와 시멘타이트가 층으로 된 조직
 ㉢ 탄화철이 흑연과 γ–철로 분해
 ㉣ γ 고용체+탄화철(Fe₃C) : ledeburite 조직의 기계적 혼합물

(4) 철-탄소(Fe-C)의 평형 상태도 ★★★★★

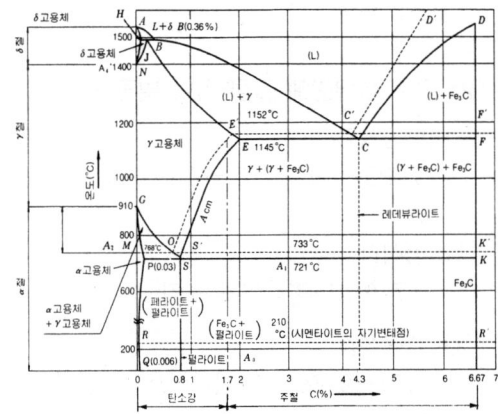

① AB–δ 고용체 : δ–ferrite 조직의 체심입방격자(BCC)

② HJB-포정선(1492℃) : 융액+δ고용체↔γ고용체, 포정점 : 1492℃, 0.18%C 지점
③ N-순철의 A_4 변태점(1400℃) : δ고용체↔γ고용체
④ C-공정점 : 1147℃, 4.3%C 지점
⑤ ECF-공정선 : 융액↔γ고용체+Fe_3C
⑥ G-순철의 A_3 변태점(910℃) : γ고용체↔α고용체
⑦ M-순철의 A_2 변태점(768℃)
⑧ MO-강의 A_2 변태점(768℃)
⑨ S-공석점 : 723℃, 0.77%C 지점

3. 탄소강의 성질

(1) 물리적 · 화학적 성질 ★★★
① 탄소량 증가에 따라 비중, 열팽창계수, 열전도도 등은 감소
② 탄소량 증가에 따라 비열, 전기저항, 항자력 등은 증가
③ 탄소량 증가에 따라 내식성은 감소 ⇒ 소량의 Cu를 첨가하면 내식성 증가

(2) 기계적 성질 ★★★
① 아공석강
 탄소량의 증가에 따라 인장강도, 경도, 항복점 등은 증가, 열처리성 양호, 연성 및 인성 감소, 용접성 불량
② 공석강
 탄소량의 증가에 따라 인장강도, 경도 등은 최대로 증가, 연신율 및 단면수축률 등은 감소
③ 과공석강
 탄소량의 증가에 인장강도는 감소, 경도는 증가

(3) 온도에 따른 기계적 성질
① 탄소강의 온도상승에 따라 탄성계수, 탄성한도, 항복점 등은 감소
② 인장강도가 최대가 되는 점에서 연신율과 단면수축률은 최소가 되고 그 이후에는 온도상승에 따라 점차 증가한다.

(4) 탄소강의 온도에 따른 취성(메짐성) ★★★
강을 여리게(연하게) 만듦
① 청열취성
 200~300℃에서 청색의 산화피막 발생, 강도 증가(인장강도 최대), 연신율 감소 현상
② 적열취성
 다량의 황(S) 때문에 고온(900℃)에서 발생, 망간과 결합(MnS)하여 적열취성 방지
③ 상온취성
 상온에서 인(P) 때문에 발생
④ 고온취성
 0.2% 이상의 구리(Cu)를 함유한 상태의 고온에서 발생
⑤ 냉간취성
 상온 이하의 저온에서 인(P) 때문에 발생

4. 탄소강 중 탄소 이외의 원소가 미치는 영향 ★★★

(1) 규소(Si)
경도, 탄성한계, 인장강도 등을 증가, 연신율, 충격값 등은 감소, 유동성 양호

(2) 망간(Mn)
적열취성 방지, 강도, 경도, 인성 등을 증가, 주조성을 좋게, 담금질 효과 크게, 고온 가공을 용이하게 한다.

(3) 인(P)
경도, 강도 등을 증가, 절삭성이 양호, 편석 및 균열의 원인

(4) 황(S)
절삭성이 양호, 인장강도, 연신율, 충격값 등은 감소, 용접성 저하, 유동성 저하

(5) 구리(Cu)

인장강도, 탄성한도 등은 증가, 내식성 증가, 압연시 균열의 원인

(6) 산소(O_2)

적열 메짐성의 원인

(7) 수소(H_2)

백점, 헤어 크랙의 원인, 철을 여리게, 알칼리에 약하다.

(8) 질소(N_2)

경도와 강도 증가

5. 탄소강의 열처리 및 표면경화 처리

(1) 강의 열처리

① 열처리 방법
  ㉠ 일반 열처리 : 담금질, 뜨임, 불림, 풀림
  ㉡ 항온열처리
  ㉢ 표면경화 열처리법
  ㉣ 금속 침투법(시멘테이션에 의한 방법)

② 열처리 작업을 지배하는 요인
  ㉠ 열처리 온도 구간
  ㉡ 일정온도의 유지시간
  ㉢ 냉각속도
  ㉣ 냉각능력

(2) 일반 열처리 ★★★

① 담금질(quenching ; 소입)

재료를 고온으로 가열했다가 급랭시켜 재질을 경화시켜 강도 및 경도 증가

- 아공석강 : A_3 변태점 보다 30~50℃ 높게 가열 급냉
- 과공석강 : A_1 변태점 보다 30~50℃ 높게 가열 급냉
- 냉각 속도에 따른 변화 : 염욕(소금물) > 수냉 > 유냉 > 공냉 > 노냉
- 냉각능 : 열처리시 냉각제의 냉각속도(大-소금물, 식염수, NaOH 용액, 황산액 등)

노냉	노중 냉각	펄라이트
공냉	공기중	소르바이트
유냉	유중	트루스타이트
수냉	수중	마텐자이트

㉠ 급냉시키는 목적 : 강의 변태를 멈추게 하고 마텐자이트 조직을 얻기 위한 방법
㉡ 오스테나이트 : 고탄소강을 수냉시켰을 때 나타나는 조직
㉢ 소르바이트 : 트루스타이트 보다 냉각 속도(공기중 냉각)가 느릴 때 발생-마텐자이트+펄라이트 조직
㉣ 트루스타이트 : 마텐자이트 보다 냉각 속도(기름냉각)가 느릴 때 발생
㉤ 마텐자이트 : 강을 물 속에 급랭시켰을 때 발생
㉥ 경한 순서 : 오스테나이트(A)<마텐자이트(M)>트루스타이트(T)>소르바이트(S)>펄라이트(P)
㉦ 심냉처리 : 담금질 직후 잔류 오스테나이트를 마텐자이트화하기 위하여 0℃ 이하로 처리
㉧ 질량 효과 : 재료의 크기에 따라 냉각 속도가 내부와 외부가 다르므로 경도 차이가 발생

② 뜨임(tempering ; 소려)

담금질 후 인성을 개선시키고 내부응력 제거를 위해 A_1 변태점 이하로 재가열하여 냉각하는 것

㉠ 뜨임 처리시 조직의 변화 : 오스테나이트 → 마텐자이트 → 트루스타이트 → 소르바이트 → 펄라이트
㉡ 저온뜨임 : 경도만 요구시 150℃ 부근에서 가열 후 냉각(A→M ; Ar″ 변태), 마텐자이트를 약 400℃로 뜨임하면 트루스타이트 조직으로 됨((A→P ; Ar′ 변태)
㉢ 고온뜨임 : 강인한 조직을 얻기 위해 500~600℃에서 이루어진 뜨임(T→S)

③ 풀림(annealing ; 소둔)
내부응력 제거와 경화된 재료의 연화(가공 경화 제거)를 위해 가열 후 서냉한 열처리
㉠ 풀림의 목적
- 기계적 성질 개선 : 담금질 효과를 향상, 내부 응력 제거, 인성의 향상
- 피절삭성 개선
- 재료의 불균일을 제거시키고 조직을 개선

④ 불림(normalizing ; 소준)
㉠ 거칠어진 조직 미세화, 편석이나 잔류 응력 제거, 재질의 표준화를 위한 열처리
㉡ A_3 변태점 보다 30~50℃ 높게 가열 공기 중 냉각
㉢ 결정입자는 조직이 미세하게 되고, 강도 및 경도 크게 증가, 연신율과 인성도 조금 증가

(3) 항온 열처리 ★★★

① 강의 항온 냉각 변태곡선
- 항온 변태 : 오스테나이트로 A_1 이하의 항온까지 급냉하고 그대로 항온 유지시켰을 때 발생하는 변태

② 항온 열처리
강을 가열하여 염욕 중에서 냉각 도중 특정 온도에서 정지 후 변태시켜 담금질 변형 및 균열을 방지 할 수 있는 열처리

③ 항온 변태 곡선(TTT 곡선 ; 온도, 시간, 변태의 관계)
연속 냉각 변태 곡선-S곡선

④ 항온 담금질
㉠ 오스템퍼 : Ar′와 Ar″ 중간 염욕 중에 항온변태 후 상온까지 냉각
하부-베이나이트 조직, 뜨임 처리할 필요가 없고, 강인성이 크다. 균열이나 변형이 적다. 베이나이트 조직은 마텐자이트와 트루스타이트의 중간 조직

㉡ 마템퍼 : Ar″ 구역 중에서 M_s와 M_f간의 염욕 중에서 항온변태 후 공냉 베이나이트와 마텐자이트의 혼합조직, 경도가 증가하고 충격값이 큰 조직

㉢ 마퀜칭 : 오스테나이트 구역에서 M_s점 보다 약간 높은 온도에서 염욕에 담금질하여 항온유지 후 급냉
마텐자이트 조직, 고속도강, 베어링강, 게이지강 등의 담금질 처리, 퀜칭 후 뜨임하여 사용

㉣ MS퀜칭 : 담금질 온도로 가열한 상태로 M_s점보다 약간 낮은 온도의 염욕에 넣어 강의 내·외부가 동일 온도가 될 때까지 냉각

(4) 화학적 표면 경화법 ★★★

① 침탄법
0.2% 이하의 저탄소강을 침탄제와 침탄 상자에 넣어 탄소를 침투시켜 노에서 가열하여 0.5~2mm의 침탄층을 생성시켜 담금질 처리하여 경화시키는 방법

㉠ 고체 침탄법 : 침탄제(목탄, 코크스, 골탄 등)와 침탄 촉진제(탄산 바륨 $BaCO_3$, 탄산소다 Na_2CO_3, 염화 나트륨 NaCl 등)를 재료와 함께 900~950℃로 4시간 이상 유지시켜 침탄층을 만듦

㉡ 액체 침탄법 : 침탄제에 염화물과 탄화염을 40~50% 첨가하고 600~900℃에서 용해하여 C와 N이 동시에 소재의 표면에 침투하게 하여 표면을 경화시키는 방법으로 청화법(시안화법, 침탄 질화법)이라고도 한다.

- 침탄제 : 시안화 나트륨 NaCN, 시안화 칼륨 KCN, 페로시안 칼륨 $K_4Fe(CN)_6$, 페로시안 나트륨 $Na_4Fe(CN)_6$
- 촉진제 : 염화물-염화 나트륨 NaCl, 염화 칼륨 KCl, 염화 칼슘 CaCl
- 탄화염 : 탄산 나트륨 Na_2CO_3, 탄산 칼륨 K_2CO_3

ⓒ 가스 침탄법 : 고온의 탄화수소계(CO_2, CO, CH_4, C_2H_8)의 가스를 표면에 접촉시켜 활성 탄소를 석출시키는 방법

② 질화법

암모니아 가스(NH_3)를 고온에서 철 또는 강에 침투 질화철을 형성시켜 마모저항 및 경도를 증가시키고 취성이 생기는 표면처리

[침탄법과 질화법의 특징 비교]

침 탄 법	질 화 법
경도 小	경도 大
침탄 후 열처리 要	질화 후 열처리 不要
침탄 후 수정 可	질화 후 수정 不可
짧은 시간에 표면경화 可	표면경화 시간 長
변형 發生	변형 小
침탄층 硬	질화층 不硬

(5) 물리적 표면 경화법

① 화염 경화법

산소-아세틸렌의 화염으로 표면만 가열 냉각하여 경화시키는 방법

② 고주파 경화법

고주파 전류를 이용여 담금질 시간이 짧고 복잡한 형상에 이용

(6) 금속 침탄법

① 세라다이징

Zn 침투-표면경화

② 크로마이징

Cr 침투-내열, 내식, 내마모성, 줄의 표면경화

③ 칼로라이징

Al 침투-고온산화성 大

④ 실리콘 나이징

Si 침투-내산성 증가

⑤ 브론나이징

B 침투-경도 증가

6. 강괴 ★★

용융된 강을 재틀에 옮긴 후 주철제와 주형에 주입하여 냉각한 것

(1) 림드 강

(페로 망간) 편석이 되기 쉽다.

(2) 킬드강

(페로 실리콘, 알루미늄) (완전 탈산) 편석이 적으며, 불순물이 적고, 균질(기계적 성질이 양호)

(3) 세미 킬드강

약간 탈산

탈산제 : 페로 망간, 페로 실리콘, 알루미늄

(cf) 헤어 크랙 : H_2 가스에 머리카락 모양으로 미세하게 균열이 생기는 것(박점)이다.

(4) 캡트 강

Fe-Mn으로 가볍게 탈산

7. 강재의 KS규격 ★★★

SM30C	기계 구조용 탄소강	C : 0.25~0.35%
SS41	일반 구조용 탄소강	최저인장강도 400MPa
SC360	탄소강 주조품	최저인장강도 360MPa
SF360	탄소강 단조품	최저인장강도 360MPa
SWS500	용접 구조용 압연 강제	최저인장강도 500MPa
STC1	탄소 공구강	

SM30C	기계 구조용 탄소강	C : 0.25~0.35%
STS1	합금 공구강	
SKH2	고속도강	
SHP	열간 압연 강판	
GC200	회주철품	최저인장강도 200MPa

3 특수강의 특성 및 용도

1. 합금의 원소
(1) 강도·경도 증가 : Ni, Cr, V, Co, Si
(2) 탄화를 쉽게 생성 : Cr, Ti

Ni Mn Cr	결정입자 미세, 강도·경도 증가(↑) 자경성 탄화물 쉽게 만듦, 강도·경도↑, 내식·내열성↑, 내마멸성 ↑
W Mo	고온, 강도·경도↑, 내마멸성·내열성↑ 담금질 깊이를 크게 하고 내식성↑, 뜨임 메짐을 방지
Si Co	고온, 강도·경도↑ 입자 사이에 부식에 대한 저항을 증가 탄화물을 쉽게 만든다.

2. 구조용 탄소강
(1) 일반 구조용 압연강
특별한 기계적 성질을 요구하지 않는다.
(2) 기계 구조용 탄소강(0.1~0.5C+Si·Mn)
① 평로, 전기로에서 제강한 킬드강 사용
② 0.08~0.6% 다양하게 사용
③ 기계 부품에는 열처리를 하여 사용

3. 구조용 합금강
(1) Ni
질량 효과가 적고, 자경성이 있다.

(2) Cr
담금질성, 뜨임 효과로 기계적 성질을 개선한 강

(3) Ni-Cr ★★
① 연신율 및 충격값의 감소가 적다.
② 경도가 크다.
③ 열처리 효과가 크다.
④ 열처리 : 담금질(800~850℃), 뜨임(550℃~600℃) ⇒ 소르바이트 조직

(4) Ni-Cr-Mo강 ★★★
구조용강에서 가장 우수한 강
① 뜨임 취성을 방지할 수 있다.
② 뜨임에 의한 연화 저항이 크다. ⇒고온 뜨임으로 인성 증가

(5) Cr-Mo강
담금질이 쉽고 뜨임 메짐이 작아 Ni-Cr과 같이 많이 쓰인다.
① 연삭 가공 다듬질 표면이 아름답다.
② 용접성이 좋고 고온 강도가 크다.

(6) Cr-Mo-Si강
(7) Cr-Mn강
(8) 고력 강도강(Mn) ★★★
① 듀콜강(저 망간강)-펄라이트 조직 : 인

장강도↑, 용접성 우수, 내식성↑
② 하드 필드강(고 망간강) - 오스테나이트 조직 : 인장강도, 점성계수 우수, 용도 : 광산 기계용

(9) 표면 경화용 강
① 침탄용강
② 질화용강 : Al-Cr-Mo 함유

(10) 쾌삭강 ★★
① S : 정밀 나사용 0.6%
② Pb : 자동차 중요부품 0.1~0.3%
③ 흑연

4. 공구용 합금강

(1) 공구강의 종류 ★★★
① 탄소 공구강(0.6~1.5%C) : 줄·정·끌·쇠톱날에 사용
② 합금 공구강(Cr, W, Ni, V 첨가)
  ㉠ 담금질 효과 좋고, 결정입자 미세화 ; 경도 및 내마멸성 증가
  ㉡ 고온 경도 유지 : 절삭 공구, 형 단조용 공구로 사용
③ 고속도강 : 500℃~600℃에서도 경도가 저하되지 않고, 내마멸성도 커서 고속절삭이 가능
  ㉠ 표준 고속도강
    W18%+Cr4%+V1%
  ㉡ 열처리
    • 예열 : 800~900℃
    • 담금질 : 1250~1300℃에서 2분 ⇒ 300℃ 서냉 ⇒ 공기 중 서냉
    • 뜨임 : 500~580℃에서 20~30분
  (cf) 250~3000℃에서 팽창율이 크고, 2차 경화로 강인한 소르바이트 조직을 형성
④ 주조 경질 합금
  주조한 상태에서 연삭 성형시킨 것으로 대표적인 것은 스텔라이트(Co-Cr-W-C)이다.

⑤ 초경 합금(WC)
  ㉠ S종
  ㉡ G종 : 주물용, 주철용
⑥ 세라믹
  알루미나(Al_2O_3) 주성분
⑦ 게이지 강
  0.1 이하 C+Mn, Cr, W, Ni 합성

5. 내식·내열 합금강

(1) 내열강
① 고온에서 기계적·화학적 성질 양호
② 내열성 : Cr, Al(Al_2O_3)
③ Si-Cr : 내연기관의 밸브 재료

(2) 스테인리스강 ★★★
탄소강+Ni, Cr 첨가
① 대기·수중 녹이 쓸지 않는다.
② 황산·염산 같은 크롬 산화막에는 침식, 내식성을 잃는다.
  ㉠ 크롬계 스테인리스강(Cr 13%)
    • 마텐자이트계
    • 페라이트계
  ㉡ 크롬-니켈계 스테인리스강
    • 오스테나이트계 : Cr 18%+Ni 8%

(3) 스프링강 ★★
탄성 한도가 높아 스프링을 만드는데 사용
① 특성
  ㉠ 탄성한도, 피로 한도, 인성·진동이 심한 하중에 사용
  ㉡ 반복 하중에 견디어야 한다.
  ㉢ 탄성한도가 증가, Si 첨가
  ㉣ 탈탄 방지로 Mn 첨가
② 종류
  Cr-V : 소형 스프링, 피로한도 증가, 탈탄 적게

6. 특수 용도용 합금강

(1) 베어링강
높은 강도·경도·내구성·탄성 한계 피로한도 요구

(2) 자석강
■ 특성
① 전류 자기 보자력 및 항자력이 크다.
② 진동, 충격 등에 자성이 쉽게 변하지 않는다.
③ 강한 영구자석 재료는 결정 입자, 미세한 결정 입자가 많은 것이 좋다.
④ 종류 : KS강, 신 KS강, MT강, OP강, 알루니코

(3) 비자성강
투자율 전기 저항 크고, 보자력이 적다.
① 규소 강
   Fe+Si 탈산 작용
② 센더트
   S 5~11%, Al 3~8% 함유
   ⊙ 풀림 상태에서 우수한 자성을 나타낸다.

③ 퍼멀로이
   Ni 70~90%, Co 0.5%, C 0.005% 나머지 Fe 성분
• 용도 : 해저 전선용. 고주파 철심에 이용

④ 불변강 ★★★
⊙ 주위 온도가 변화하여도 선팽창 계수나 탄성율이 변하지 않는 강 ⇒ Ni 26% 이상의 고니켈강으로 비자성체이며 강력한 내식성을 갖는다.
ⓒ 종류
• 인바강 : Ni 36% Mn 0.4% 800℃ 이하-선팽창계수는 현저히 높다. 용도 : 바이메탈
• 엘린바 : Ni 36% Cr 13% 탄성율은 온도 변화에 의해서도 거의 변화하지 않는다.
• 초불변강 : Ni 30~32%, Co 4~6%,
• 코엘린바 : Ni 16%, Cr 11%, Co 26~58% 탄성율 변화는 작다. 공기·물에서도 부식이 안 된다.
• 플래티나이트 : Ni : 42~46% 팽창계수 9.2×10^{-6} 전구의 도입선과 같은 금속의 봉착 재료로 사용된다.

4 주철 특성 및 용도

1. 주철의 특성
① 메짐성(취성)이 크다.
② 탄소강에 비해 인장강도가 작다.
③ 고온 소성변형이 쉽지 않다.

(1) 주철의 성질 ★★
① 주조성 우수하여 복잡한 물체의 제작이 가능하다.
② 단위 무게당의 가격이 제일 저렴한 금속이다.
③ 주조품(주물)의 표면이 단단하고 녹이 슬지 않는다.
④ 칠(도색)이 잘 된다.
⑤ 마찰 저항이 커 절삭 가공 쉽다
⑥ 인장 강도, 굽힘 강도, 충격값은 작고 압축 강도는 크다.

(2) 주철의 조직
유리탄소(흑연)+화합 탄소

① 보통주철 ★★

㉠ 회주철 : 유리 탄소의 함유량이 많아 흑색의 연한 주철이다.
㉡ 백주철 : 화합 탄소의 함유량이 많아 백색의 단단한 주철이다.
㉢ 반주철 : 회주철과 백주철의 혼합주철이다.

② 주철 중 흑연의 모양
편상흑연 → 구상흑연(강도가 크다.)

③ 마우러 조직도 ★★
탄소와 규소 및 냉각 속도에 따른 주철의 조직도

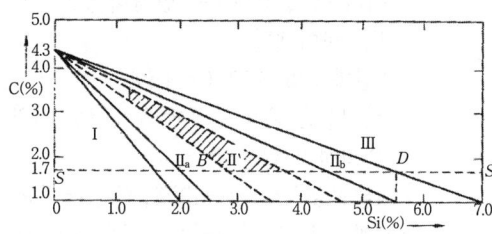

㉠ Ⅰ 백주철 : P+C
㉡ Ⅱa 반주철 : P+C+흑연
㉢ Ⅱ 회주철 : P+흑연
㉣ Ⅱb 회주철 : P+F(페라이트)+흑연
㉤ Ⅲ 회주철 : F+흑연

2. 주철의 종류

(1) 보통주철(회주철) ★★
① GC 1~3종
② 인장강도 10~20kg/mm²
③ 편상흑연+페라이트 조직
㉠ 성질 : 흑연 모양·분포에 따라 좌우 강인성 작다.
 • 단조 작업이 불가능하다.
 • 용융점 낮다.
 • 유동성이 크다.
㉡ 용도 : 주물 및 일반 기계부품 농기구, 공작기계의 베드 프레임 및 기계구조물의 몸체로 사용된다.

(2) 고급주철
① 인장강도 25kg/mm² 이상
② 펄라이트+미세한 흑연 조직
㉠ 용도 : 강도를 요하는 부품에 사용
㉡ 고급 주철 제조법
 • 렌쯔법
 • 에멜법
 • 코살리법
 • 피보와르스키법
 • 미한법 : Fe-Si, Ca-Si 첨가·흑연 핵의 생성을 촉진시키는 방법
㉢ 미한나이트 주철 ★
 • 흑연을 미세화하여 강도를 증가시킨 주철이다.
 • 접종을 이용하여 과냉화처리를 하였다.
 • 인장강도 35~45kg/mm²(펄라이트+흑연 조직)의 고강도이다.
 • 내마멸성, 내열성, 내식성이 큰 주철이다.
 • 공작 기계의 안내면, 내연기관의 실린더 피스톤 등에 사용된다.

(3) 합금주철(특수주철) ★★★
① Al : 강력한 흑연화, 저항성 향상, 내열성 증대
② Cr : 흑연화 방지, 탄화물을 안정화
③ Mo : 내마모성 증가, 두꺼운 주물의 조직을 균일
④ Ni : 흑연화 촉진, 내열성, 내산성, 내알칼리성, 내마모성 증가
⑤ Cu : 경도, 내마모성, 내식성 향상
⑥ Si : 내열성 향상
⑦ Ti : 소량일 때 흑연화 촉진, 다량일 때 흑연화 방지
⑧ V : 강력한 흑연화 방지

(4) 냉경주철(칠드 주철)
① 칠 : 냉경 주물
② 주철 표면은 백주철, 내부는 연한 회주철이다.

(5) 구상흑연주철 ★★★
① 페라이트 주철
② 주철의 구상화(Mg, Ca, Ce)
㉠ 구상 흑연의 특성
- 내마멸성, 내열성, 내산성 등이 우수
- 소형 자동차의 크랭크축, 캠축, 브레이크 드럼 등의 자동차 주물 재료로 사용
- 주조 처리시 인장강도가 50~70kg$_f$/mm^2, 풀림 열처리 상태시 인강강도 45~55kg$_f$/mm^2

(6) 가단주철 ★★★
주철의 취약성을 개량하기 위하여 백주철을 열처리하여 강인성을 부여시킨 주철

① 백심가단주철
주로 화합탄소 성분, 탈탄이 주목적

② 흑심가단주철
저탄소, 저규소의 백주철을 풀림 처리하여 Fe_3C로 분해 흑연을 입상으로 석출시킨 것.

③ 펄라이트 가단주철
흑심가단주철의 흑연화를 완전히 하지 않고 제2의 흑연화시킨 것.

5 구리(Cu)·알루미늄(Al) 및 그 합금의 특성과 용도

1. 구리와 그 합금

(1) 구리의 제조
적동강, 황동강, 휘동강으로부터 제조

(2) 구리의 성질 ★★
① 비중 8.96, 용융점 1083℃
② 양도체, 비자성체
③ 아름다운 색을 갖고 있으며, 합금하면 귀금속인 성질을 얻는다.
④ 유연성, 전연성 좋고 가공이 쉽다.
⑤ 내식성이 크다.

2. 황동

(1) 황동 : 구리(Cu)+아연(Zn) ★★★
① 주조성. 가공성, 내식성, 기계적 성질 등이 좋다.
② 압연·단조가 쉽다.

(2) 실용 황동의 종류 ★★★
① 톰백 : 아연(Zn)이 5~20%인 합금
② 70Cu-30Zn : 대표적인 가공용 황동
③ 60Cu-40Zn
㉠ 내식성이 작고, 탈아연 부식이 크며 전연성 또한 작다.
㉡ 강도가 크고 강력하므로 기계부품으로 사용된다.

(3) 특수 황동
① 주석 황동 : 주석(Sn)이 함유 ★★
㉠ 어드미럴티 메탈 : 7-3 황동(70Cu-30Zn)+주석
㉡ 네이벌 브래스 : 6-4 황동(60Cu-40Zn)+주석
② 납(Pb) 황동 : 하아드 브레스
③ 알루미늄 황동 : Al+7-3 황동

④ 규소 황동 : Si(0~16%)+Zn(실진 브론즈)-선박 부품 등의 주물로 사용
⑤ 고강도 황동 : 6-4 황동+Fe, Mn, Ni, Al 첨가-강도, 내식성, 내취성 증가

3. 청동 : 구리(Cu)+주석(Sn) ★★★

(1) 청동의 특성
① 내식성이 크다.
② 해수 부식에 대한 저항력이 크다.
③ 인장강도가 크고 연신율이 작다.
④ 황동보다 주조하기 쉽다

(2) 청동의 종류
① 포금
주석(Sn) 10%를 포함한 청동
㉠ 강도가 크고 연신율이 작으며, 내마성·내식성이 우수하다.
㉡ 주조성(Zn : 2~5%)과 절삭성(Pb : 3% 이하)이 양호하다.

② 인 청동 ★★
㉠ 내마모성과 내식성이 우수하다.
㉡ 얇은 주물의 재료로 사용된다.

③ Al 청동
황·청동에 비해 기계적 특성과 내식성, 내마모성이 우수하다.

④ 구리+니켈 : Cu+Ni(15~25%)
가장 전연성 풍부하고 열간 가공이 쉽다.

⑤ 망간(Mn) 청동
기계적 성질 및 내식성이 양호하다.

4. 알루미늄과 그 합금

(1) 알루미늄(Al) 특징
① 주조성 용이하고 다른 금속과 친화력이 좋다.
② 내식성이 좋고, 전기 및 열의 양도체이다.

(2) 주조용 알루미늄 합금 ★★★
① 일반용 : Al-Cu, Al-Si, Al-Zn
② 내열용 : Al-Cu-Ni, Al-Si-Ni
③ 내식용 : Al-Mg-Si

(3) 다이캐스팅용 Al 합금의 특성
① 유통성이 좋은 것
② 응고 주축에 대한 용탕, 보급성이 좋은 것
③ 열간 메짐성이 적은 것
④ 금형에 잘 부착되지 않을 것

(4) 내식성 Al 합금 ★★
① Al-Mn 합금 : 가공성과 용접성이 좋다.
② Al-Mn-Mg : 강하고 냉간 가공 상태의 내력은 고강도 합금과 비슷하다.
③ Al-Mg : 내해수성, 피로 강도의 온도에 따른 변화가 적고 용접도 가능
④ Al-Mg-Si : 강도·인성·내식성

(5) 고강도 Al 합금(강력합금)
① 듀랄루민
㉠ Al(4)+Cu(0.5)+Mg(0.5)+Mn
㉡ 강도가 크고 성형성도 좋다.
② 초듀랄루민 ★★★
㉠ Al+Cu(4.5)+Mg(1.5)+Mn(0.6)
㉡ 강도 및 내력이 크며, 연신율은 작으며, 인장강도는 50kg/mm^2 이상이다.
㉢ 항공기주재료로 사용
③ Al-Zn-Mg계
초강 듀랄루민으로 인장강도는 54kg/mm^2 이상이다.

6. 기타 비철금속의 특성과 용도

1. 니켈의 성질
① 백색의 인성이 있는 금속이다.
② 부식이 되지 않는다.
③ 열간 및 냉간 가공이 용이 하다.
④ 해수에 강하다.
⑤ 면심입방격자이다.
⑥ 자기 변태점은 353℃이다.

2. Ni-Fe의 실용 합금 ★★★
① 인바강 : 36%Ni, 0.2%C, 0.4%Mn
② 슈퍼인바강 : 20℃에서 팽창 계수는 0에 가깝다.
③ 엘린바
④ 플래티 나이트 : 42~48%Ni-전구의 봉입선에 사용
⑤ 니켈로이, 퍼말로이, 퍼민바 등

3. Ni-Cr
① 고온 산화에 견디고 고온 강도가 높다. 고온용 발열체로써 분리 이용된다.
② Ni-Cr-Fe : Ni-Cr 내산화성이 낮으므로 저온용으로 이용

4. 마그네슘(Mg)의 성질 ★★★
① 비중 1.74 : 실용 금속 중 가장 가볍다.
② 항공기용
③ 주물용 : Mg+Pb+Mn-엘릭트론

Section 02 _ 유압기기

1 유압기기의 개요

1. 유압장치의 구성요소 ★★★

유압장치란 유압유에 압력 에너지를 주어, 그 압력 에너지로 하여금 기계적 일을 하도록 한 시스템

(1) power unit(동력장치) : 동력원
펌프, 기름 탱크, 여과기, 전동기로 구성

(2) 제어 밸브류
압력 에너지를 전달·조정
① 압력제어 밸브 : 힘의 크기 제어
② 유량제어 밸브 : 속도제어
③ 방향제어 밸브 : 방향제어

(3) 액츄에이터(작동기)
압력 에너지를 기계적 에너지로 변환시킴 : 유압 실린더, 유압 모터

(4) 파이프류
위의 장치들을 연결시키고 작동유를 수송 : 동관, 고무 호스, 알루미늄관

(5) 기타 부속품
압력 게이지, 축압기(accumulator), 필터, 여과기

2. 유체전동기구 ★★★

토크 컨버터 : 입력 축과 출력 축의 토크를 변화시키기 위하여 펌프 회전차와 터빈 회전차와 터빈 회전차 중간에 스테이터를 설치한 유체전동기구로 구성요소는 다음과 같다.
① 입력축에 펌프(임펠러) 회전차
② 출력축에 터빈(런너)
③ 안내 깃(스테이터)

3. 유압장치의 장점 ★★★★★

① 동작속도를 자유로이 바꿀 수 있다.
② 커다란 조작력을 간단히 얻으며 그 조절도 용이하다.
③ 전기적 조작과 조합이 간단하게 된다.
④ 원격조작(remote control)이 된다.
⑤ 과부하에 대해서 안전장치로 만드는 것이 용이하다.
⑥ 입력에 대한 출력의 응답이 빠르다.
⑦ 무단변속이 가능하다.
⑧ 충격이나 진동을 용이하게 감쇄시킨다.
⑨ 공기압에 비하여 조작이 안전하고 응답이 빠르다.

4. 파스칼의 원리 ★★★★

정지된 유체 내의 압력은 모든 방향으로 똑같이 전달된다. 유압 프레스 및 유압 잭의 원리에 적용된다.

(1) $P_1 = P_2$
(동일 수평상의 임의의 두 점의 압력 동일)
$$P_1 = \frac{F_1}{A_1}, \quad P_2 = \frac{F_2}{A_2}$$

(2) $V = A_1 S_1 = A_2 S_2$

2 유압 작동유

1. 유압유의 구비조건 ★★★★★
① 동력을 확실히 전달시키기 위하여 비압축성
② 동력 손실을 최소화하기 위하여 장치의 오일 온도 범위에서 회로 내를 유연하게 유동 할 수 있는 점도가 유지되어야 한다.
③ 운동부의 마모를 방지하고 실(seal) 부분에서의 오일 누설을 방지할 수 있는 정도의 점도를 가져야 한다.
④ 장시간 사용하여도 화학적으로 안정
⑤ 녹이나 부식 등의 발생을 방지하여야 한다.
⑥ 외부로부터 침입한 먼지나 오일 속에 혼입한 공기 등의 분리를 신속히 할 수 있어야 한다.
⑦ 증기압을 낮추어야 한다.
⑧ 비열, 열전달이 클 것
⑨ 내화성이 클 것
⑩ 체적탄성계수와 비등점이 높을 것

2. 작동유에 공기가 혼입된 경우 ★★★
① 압축성 증대 : 유압기기의 작동이 불규칙적으로 움직인다.
② 캐비테이션(cavitation)이 발생한다.
③ 윤활작용이 저하
④ 산화촉진 증가

> **캐비테이션이란 ★★★**
> 유압유에 공기 혼합시 유압회로 내에 압력변화가 생겨 저압부에서 기포가 포화상태로 되어 기름 속에 공동부가 생기는 현상

3. 유압유의 종류
(1) 석유계 유압유
① 파라핀계 원유를 정제한 윤활유 : 화재의 위험이 크다.
② 산업기계용 : 내마모성 작동유
③ 차량용, 건설기계용 : 가솔린 엔진유, 디젤 엔진

(2) 난연성 작동유
① 내화성 작동유
② W/O형(유중수형 유화액) : 기름속에 물을 넣는 경우
③ O/W형(수중유형 유화액) : 물속에 기름을 넣는 경우

> **인산 에스테르계 유압유 장점**
> ① 유동성 우수
> ② 윤활성이 나쁘다.
> ③ 저온에서 변화가 적고, 고온에서 변화가 크다.
> ④ 항착화성이 우수

4. 작동유 첨가제 ★★★
(1) 산화방지제
황화합물, 인산화합물, 아민 및 페놀 화합물

(2) 방청제
유기산 에스테르, 지방산염, 유기린 화합물, 아민 화합물 : 부식방지제

(3) 소포제
실리콘유, 실리콘의 유기화합물 : 거품 없애는 첨가제

(4) 점도지수향상제
고분자 중합체의 탄화수소
• 고분자화합물 : 기름의 유동성을 유지하는 작용

(5) 유성향상제
유기린 화합물이나 유기 에스테르와 같은 극성화합물 : 마찰방지제

(6) 청정제

(7) 유동점 강하제

5. 작동유의 물리적 성질

(1) 점도 ★★★
작동유는 작동 부품 사이를 적당히 차폐(seal)하는데 충분한 점도를 가져야 하며, 점도가 너무 크면 효율의 저하, 소음발생, 유동저항을 초래하고 밸브의 응답속도가 늦어진다.

> **점도가 작을 때**
> ① 내부·외부 기름 누출 증대
> ② 마모의 증대와 압력유지 곤란
> ③ 펌프의 용적효율 저하

① 낮은 온도에서도 점도가 증가하여 펌프의 시동이 곤란
② 펌프 흡입쪽에서 공동현상 발생
③ 마찰 손실에 대한 압력 손실이 크다.

(2) 유동점
유동점은 동계 운전에서 고려하여야 하며, 원유의 종류, 정제법, 첨가제의 유무에 따라 차이가 있다. ⇒ 유압유를 냉각하였을 때 고체가 석출 또는 분리되기 시작하는 온도

6. 점도지수(VI : viscosity index) ★★★
온도 변화에 대한 점도 변화의 정도를 표시

$$VI = \frac{L-U}{L-H} \times 100$$

여기서, U : oil의 100°F에서 세이볼트 점도
L : VI=0인 오일의 100°F에서 세이볼트 점도
H : VI=100인 오일의 100°F에서 세이볼트 점도

• 점도지수가 작을수록 온도 변화에 대한 점도 변화가 크다. 이것이 미치는 영향은 다음과 같다. 유압유를 선택할 때는 점도지수가 될수록 높은 것을 선택하여야 한다.

3 유압장치의 구성

1. 배관
에너지를 저장하고 있는 작동 유체를 수송하는 역할

(1) 관로의 종류 ★★
① 주관로
   흡입관로, 압력관로 및 배기관로를 포함하는 주가되는 관로

② 파일럿 관로
   파일럿 방식에서 작동시키기 위한 작동유를 유도하는 관로

③ 플렉시블 관로
   고무 호스와 같이 유연성이 있는 관로

④ 바이패스 관로
   필요에 따라서 작동유체의 전량 또는 그 일부를 갈라져 나가게 하는 통로

(2) 고무 호스를 사용하는 목적 ★★
① 금속관으로는 배관이 곤란한 곳의 연결
② 두 금속관의 중심선이 일치하지 않을 때의 관 연결
③ 이동하는 배관과 고정 배관과의 연결
④ 진동을 흡수하여 진동체와 격리하고자 할 경우
⑤ 유압회로의 서지압력 흡수

> **서지 압력**
> 과도적으로 상승한 압력의 최대값

(3) 관이음 ★★
① 플레어 이음(flare fitting) : 본체, 너트, 슬리브로 구성
② 플레어리스 이음(flareless fitting)
③ 용접이음 : 영구이음
④ 나사이음 : 소형 관이음
⑤ 플랜지 이음 : 여러 개의 볼트 사용, 대형 관 이음

2. 실(seal)
기름의 누설과 외부에서의 이 물질 침입을 방지하기 위한 기구

① 가스킷(gasket) ★★★
   고정부분에 사용하는 실

② 패킹(packing) ★★★
   운동부분에 사용하는 실

(1) 실(seal)의 구비조건(packing의 구비조건)
① 양호한 유연성
② 내유성
③ 내열·내한성
④ 기계적 강도
⑤ 유체에 대한 저항이 커야 한다.

(2) 실(seal)의 재료
① 마·무명, 피혁, 천연고무
② 합성고무, 합성수지 : 고압, 고온, 특수 유압유
③ 연강, 스테인리스강, 세라믹, 카본

(3) 실의 종류 ★★★
① O링
② 성형 패킹 : V형, L형, J형, U형
③ 메카니칼 실(mechanical seal)
④ 오일 실(oil seal)

3. 유압 파워 유닛(동력원)

(1) 압유 탱크

(2) 여과기 - 압유청정

① 필터(filter) ★★★
미세한 불순물 제거

② 스트레이너(strainer) ★★★
비교적 큰 불순물 제거

(3) 필터의 종류 ★

① 표면식 필터
다공질의 종이나 직물을 고온에서 성형, 주로 바이패스 회로에 사용

② 적층식 필터
얇은 여과면을 다수 겹쳐서 사용(철망, 종이, 금속 등의 원판), 주로 고압용에 사용

③ 다공체식 필터
스테인레스, 청동 등의 미립자를 다공질로 소결

④ 흡착식 필터
활성백토, 알루미나를 흡착제로 사용 - 고무질, 아교질 등의 산화 주성분을 여과 가능

⑤ 자기식 필터
영구자석을 이용, 철분, 자성체 불순물로 여과

(4) 축압기(accumlator) ★★★

① 용도
㉠ 압력 에너지의 축적
㉡ 맥동·충격의 제거
㉢ 액체 수송

② 종류
㉠ 중량식
㉡ 스프링식
㉢ 공기압식
㉣ 실린더식
㉤ 블래더식

③ 용량선정
압력 에너지 축적용 $P_0 V_0 = PV$

• 축압기 내에서 압유가 압축되었을 때 체적의 변화량을 구하라.

$$\Delta V = V_2 - V_1 = P_0 v_0 \left(\frac{1}{P_2} - \frac{1}{P_1} \right) \text{★★★★}$$

④ 축압기 장착과 취급에 관한 주의 사항 ★★★
㉠ 진동이 심한 곳에서는 충분한 지지구로 고정할 것
㉡ 축압기에 용접 가공, 구멍 뚫기 등은 절대 금물
㉢ 펌프와 축압기 사이에는 역지 밸브를 설치하여 압유가 펌프쪽으로 흐르지 않도록 함

4 유압 펌프

1. 동력과 효율

(1) 펌프 동력 ★★★★★
실제 펌프 토출 출력

$L_p = FV = PAV = PQ$ [kg-m/sec]

$Q = Q_{th} - \Delta Q$

여기서, P : 송출압력
Q_{th} : 이론유량
Q : 송출량
ΔQ : 손실량

$L_p = \dfrac{PQ}{75}$ [PS] $= \dfrac{PQ}{102}$ [kW]

(2) 펌프 축동력
펌프가 갖고 있는 이론 소요동력

$L_s = \dfrac{L_p}{\eta}$

여기서, η : 펌프 효율

(3) 체적 효율 ★★★
이론 송출량(Q_i)에 대한 실제송출량(Q_o)

$\eta_V = \dfrac{Q_o}{Q_i} = \dfrac{Q_i - \Delta Q}{Q_i}$

$= 1 - \dfrac{\Delta Q}{Q_i} = \dfrac{Q}{q \cdot N}$

• 고속회전으로 체적 효율 저하

(4) 토크(torque) 효율 ★★

$\eta_t = \dfrac{T_{th}}{T_{th} + \Delta T}$

(5) 전효율

$\eta = \eta_V \times \eta_t$

(6) 동력 & 토크(torque) ★★★

$L = PQ = PqN$

여기서, q : 회전당 토출량(cc/rev)

$L = T\omega = T2\pi N$

$T = \dfrac{Pq}{2\pi}$

2. 펌프의 종류 및 운전 조건
원동기로부터 공급 받은 회전 에너지를 압력을 가진 유체 에너지로 변환하는 기기

(1) 유압 펌프의 종류
① 토출량에 따른 분류 ★★
  ㉠ 정용량형 펌프 - 토출량의 변화 無(일정량 토출)
  ㉡ 가변용량형 펌프 - 토출량의 변화 존재

② 기구에 따른 분류(용적형 펌프)
  ㉠ 회전형
    • 기어 펌프 : 내접 기어형, 외접 기어형
    • 베인 펌프 : 압력 평형형 펌프, 압력 불평형형 펌프
  ㉡ 왕복형
    • 피스톤형 펌프 : 액셜(axial)형, 레이디얼(radial)형

(2) 유압 펌프의 연속 운전조건 ★

펌프의 종류		압력 [kg/cm²]	송출량 [ℓ/sec]	회전수[rpm]
플런저 펌프	축류	70~350	2~1500	600~6000
	반경류	50~250	2~800	600~1800
기어 펌프		35~175	5~400	1200~5000
베인 펌프		35~210	2.5~950	1000~2000
가변 용량형 베인 펌프		17.5~70	5~110	1000~2000

(3) 기어 펌프
① 기어의 특징 ★★
- ㉠ 구조가 간단, 운전 및 보수 용이
- ㉡ 가격이 싸고, 신뢰도가 높다.
- ㉢ 산업용 유압 펌프로 이용
- ㉣ 정용량형 펌프로 가능, 가변용량형 불가능
- ㉤ 누설량이 많으며, 효율이 낮고 소음이 크다.

• 내접 기어는 외접 기어 펌프에 비해 진동이 작고 이의 마찰도 낮으며 고속회전, 저토크에 적합하다.

② 용량
- ㉠ 토출량

$$Q_i = 2\pi m^2 bNZ \text{ ★★}$$

여기서, m : 모듈
b : 치폭
Z : 치수

- ㉡ 실제토출량

$$Q_o = Q - \Delta Q = qN - \Delta Q$$

여기서, ΔQ : 손실유량
q : 회전당 토출량(cc/rev)

③ 폐입현상
토출측까지 운반된 오일의 일부는 기어의 맞물림에 의해 두 기어의 틈새에 폐쇄되어 다시 원래의 흡입측으로 되돌려지는 현상

(4) 베인 펌프
① 베인 펌프의 특징 ★★
- ㉠ 압력 로터, 캠링을 사용함으로 송출 압력에 비해 맥동이 작다.
- ㉡ 구조가 간단하며 형상이 작다.
- ㉢ 고장이 작고, 수리 및 관리가 용이
- ㉣ 깃의 마모에 의한 압력 저하가 발생하지 않으므로 기밀이 유지된다.
- ㉤ 오일의 점성을 유지하기 위한 청결도에 주의를 요한다.
- ㉥ 높은 공작정밀도를 요구한다.

② 토출량
- ㉠ 두께가 없는 경우

$$Q_o = 2\pi DebNZ \text{ ★★}$$

여기서, e : 편심량
b : 로터의 폭
Z : 잇수

- ㉡ 두께가 있는 경우

$$Q_o = 2beN(\pi D - zt) \text{ ★★}$$

여기서, t : 베인의 두께(cc/rev)

③ 베인 펌프의 종류 및 특징
- ㉠ 1단(단단) 베인 펌프(single-stage vane pump)
  • 베인 펌프의 기본형
  • 최고토출압력이 35~70kg/cm², 최고토출유량 300 ℓ/min
  • 카트리지 : 2장의 부시, 캠링, 로터, 베인으로 구성
  • 수명이 길다. : 축과 베이링에 편심하중이 걸리지 않는다.
- ㉡ 2단베인 펌프(two-stage vane pump)
  • 최고압력이 140~210kg/cm²
  • 부하분배 밸브(load dividing valve)가 부착
  • 1개의 본체 내부에 2개의 카트리지를 직렬로 연결하여 2배의 압력을 낼 수 있는 펌프
- ㉢ 이중(이연)베인 펌프(double vane pump)
  • 설비비 저렴
  • 1개의 펌프 유닛을 가지고 2개의 유압 펌프를 얻을 수 있다.
  • 1개의 본체내의 2개의 카트리지를 병렬로 연결하여 1개의 원동기로 구동되는 펌프

(5) 피스톤 펌프(piston pump)
① 피스톤 펌프의 특징 ★★★
- ㉠ 가변용량형 펌프로 많이 사용

ⓒ 구조가 복잡하고 가격이 비싸다.
　　ⓓ 흡입능력이 가장 낮다.
　　ⓔ 고속, 고압의 유압장치에 적합하다.
　　ⓕ 다른 유압 펌프에 비해 효율이 좋다.
② 피스톤 펌프의 종류 및 특징
　ⓐ 축방향 피스톤 펌프(axial piston pump)
　　• 사축식 : 실린더 블록축과 구동축의 각도를 바꾸는 방식
　　• 사판식 : 실린더 블록 축과 구동축을 동일 축상에 배치하고 경사판의 각도를 바꾸어서 피스톤의 행정을 조정하는 방식
　　• 특징
　　　- 구조가 간단하다.
　　　- 유동저항이 작다.
　　　- 진동에 대한 안전성이 좋다.
　ⓑ 반경방향 피스톤 펌프(radial piston pump)
　　• 회전 캠형(고정 실린더식) : 실린더는 고정되고 편심 캠링의 회전에 의해 피스톤(4~8개)이 방사상으로 왕복운동을 하여 펌프 작용을 하는 것이 정용량형 펌프이다.
　　• 회전 피스톤형(실린더) : 중앙부에 고정한 핀틀에 4개의 구멍이 있고, 상·하부에 흡입구 및 토출구가 있다. 편심된 실린더가 회전하면 바깥 하우징 안쪽의 피스톤이 회전하면서 왕복운동하여 펌프 작용을 한다. 이것은 가변용량형 펌프이다.

(6) 펌프 소음의 원인 ★★★
① 펌프의 상부 커버(top cover)를 고정시킬 볼트가 헐겁다.
② 원동기와 펌프의 center 축이 맞지 않다.
③ 공기가 유입되어 있다.
④ 회전이 너무 빠르거나 점도가 큰 경우

5 유압제어 밸브

1. 유압제어 밸브의 종류 ★★★★

(1) 압력제어 밸브
압력에 의한 힘을 이용하여 일의 크기를 결정 ($F=PA$)

(2) 유량제어 밸브
단면적 가감으로 유속을 적절하게 조절 ($Q=AV$)

(3) 방향제어 밸브
흐름의 정지, 변환을 조절

2. 압력제어 밸브 (pressure control valve) ★★★★★

(1) 릴리프 밸브(relief valve)
유체압력이 설정값을 초과할 때 배기시켜 회로 내의 유체 압력을 설정값 이하로 일정하게 유지시킨다.

> **크래킹 압력(cracking pressure)**
> 릴리프 밸브가 열리는 순간의 압력으로 이때부터 배출구를 통하여 오일이 흐르기 시작한다.
> ① 직동형
> ② 내부 파일럿형
> ③ 외부 파일럿형

(2) 감압 밸브(reducing valve)
고압의 압축 유체를 감압시켜 사용조건이 변동되어도 설정 공급압력을 일정하게 유지시킨다.

(3) 시퀀스 밸브(sequence valve)
순차적으로 작동할 때 작동순서를 회로의 압력에 의해 제어하는 밸브이다.

(4) 카운터 밸런스 밸브(counter balance valve)
부하가 급격히 제거되었을 때 그 자중이나 관성력 때문에 소정의 제어를 못하게 되거나 램의 자유낙하를 방지하거나 귀환유의 유량에 관계없이 일정한 배압을 걸어주는 역할을 한다. 주로 배압 제어용으로 사용된다.

(5) 무부하 밸브(unloading valve)
작동압이 규정압력 이상으로 달했을 때 무부하 운전을 하여 배출하고 이하가 되면 밸브를 닫고 다시 작동하게 된다. 열화방지 및 동력절감 효과를 갖게 된다.

(6) 기타
① 안전 밸브
② 압력 스위치
회로의 압력이 설정값에 도달하면 내부에 있는 마이크로 스위치가 작동하여 전기회로를 열거나 닫게 하는 기기이다.
㉠ 다이어프램형   ㉡ 벨로즈형
㉢ 부르동관형   ㉣ 피스톤형

3. 유량제어 밸브

(1) 교축 밸브(throttle valve)
유로의 단면적을 교축하여 유량을 제어하는 밸브-연료와 공기의 혼합량 조절

(2) 속도제어 밸브

6 액츄에이터

1. 액츄에이터(actuator) ★★★
유체의 압력 에너지를 이용하여 기계적인 에너지로 변환하는 유압기기로 유압 실린더와 유압 모터 등이 있다.

2. 유압 실린더
(1) 유압 실린더의 구조
① 실린더 동
② 피스톤과 피스톤 로드
피스톤 패킹 : V 패킹, U 패킹, 컵 실, O-링, 피스톤 링 등이 사용
③ 엔드 캡
실린더 덮개의 종류
㉠ 나사고정방식
㉡ 타이로드 방식
㉢ 실린더 링 고정방식
④ 유출입구 및 실(seal)

(2) 유압 실린더의 분류
① 단동형 실린더
피스톤의 한쪽에만 압유를 공급하여 작동, 복귀행정은 중력이나 기계적 스프링으로 가능
② 복동형 실린더
일반적 유압 실린더이며, 편로드형, 양로드형, 이중 피스톤형이 있다.
③ 다단형 실린더
초기 동작에 큰 힘이 필요하고 행정의 진행에 따라서 점점 필요한 힘이 감소하는 형식-엘리베이터나 덤프 카 등에 사용

3. 유압 모터
압유가 가진 압력을 출력축의 회전력으로 변환하는 기기-유압 펌프의 역

(1) 이론 토크
$$T_{th} = \frac{Pq}{2\pi} = \frac{PQ}{2\pi N}$$ ★★

여기서, T_{th} : 이론 토크[kg$_f$-m]
P : 압력차[kg$_f$/m^2]
Q : 유량[m^3/sec]
q : 모터 1회 전당 배제용량 [m^3/rev]
N : 회전수[rps, rpm]

(2) 동력과 효율
$$L_m = \frac{PQ}{102}[kW] = \frac{PQ}{75}[PS]$$ ★★

$$\eta = \frac{L_s}{L_m}$$

여기서, L_m : 모터의 유동력
P : 모터의 공급유와 배유의 압력차 [kg$_f$/m^2]
Q : 모터에 공급되는 유량[m^3/s]
η : 모터 효율
L_s : 축동력

(3) 체적효율
$$\eta_v = \frac{이론유량(Q)}{실제유량(Q+\Delta Q)}$$ ★★

(4) 기계효율
회전자가 받는 동력과 축동력과의 비
$$\eta_m = \frac{L_s}{PQ_e}$$

여기서, P : 모터의 입·출구 사이의 압력차[kgf/m^2]
Q_e : 유효유량 (이론유량) [m^3/sec]

(5) 토크 효율 ★★

$$\eta_T = \frac{\text{실제 토크}(T-\Delta T)}{\text{이론 토크}(T)}$$

$$\eta_T = \eta_m$$

여기서, η_T : 토크 효율

$$\eta = \eta_T \eta_v = \eta_m \eta_v$$

여기서, η : 전효율

7 유압회로 및 응용

1. 조합회로(최대압력제한회로)

릴리프 밸브 2개를 사용하여 다른 2종류의 회로 압력을 설정하는 회로로 동력의 소비 및 유온의 상승이 적고 기기의 보수 유리-프레스 등에 사용

2. 미터 인 회로(meter in circuit) ★★★★★

실린더의 입구측에 장치하여 유입 유량을 조정하여 실린더의 속도를 제어

3. 미터 아웃 회로 ★★★★★

실린더 출구측에 설치한 회로로 실린더로부터 유출되는 유량을 제어

4. 카운터 밸런스 회로 ★★★

부하가 급격히 감소되더라도 피스톤이 급진되지 않도록 제어하는 회로

CHAPTER 5

기계제작 및 기계동력학

Section 01 _ 기계제작

1 주조(casting)

1. 주물 작업공정 및 제조공정 ★
주조 방안 결정 → 모형(목형)제작 → 주형제작 → 용융금속 → 주입 → 주물제품

2. 목재의 건조법
부패, 충해의 방지, 강도의 증대, 중량을 경감

(1) 자연 건조법
야적법(원목 건조), 가옥적법(판재나 할재 건조)

(2) 인공 건조법
증재법, 침재법, 자재법, 훈재법, 열기건조법, 진공건조법

• 목형의 수축 원인 중 가장 큰 영향을 주는 것은 수분이다.

3. 목재 방부법
부패방지 목적

(1) 도포법
크레졸 주입, 페인트 도포

(2) 자비법
방부제 침투

(3) 침투법
염화아연, 유산동 침투

(4) 충진법
구멍을 뚫어 방부제 침투

4. 목형 종류

(1) 현형 ★★★
제품 치수에 가공여유, 수축여유, 테이퍼 등을 고려하여 실제 제품과 동일 형태
① 단체목형 : 단순한 주물-레버, 뚜껑
② 분할목형 : 복잡한 주물
③ 조립목형 : 분할목형 보다 복잡한 주물-상수도관용 밸브 제작

(2) 부분목형 ★★
대칭이 되는 대형 주물-대형 기어, 프로펠러, 톱니바퀴

(3) 회전목형
회전체 모양의 소량 주물 생산-벨트 풀리, 단차

(4) 고르게목형(긁기형목형)
단면이 일정하며 가늘고 굽은 파이프 제작

(5) 골격목형 ★★
구조가 간단하며 골격만 목재로 대형 주물 생산-대형 파이프, 큰 곡관 제작

(6) 코어 목형
속이 빈 중공 주물 제작-파이프, 수도꼭지

(7) 매치 플레이트(match plate) ★★
소형 주물을 대량 생산하고자 할 때 사용-여러 개의 주형을 동시 제작 가능

5. 목형 제작시 유의사항

(1) 수축여유
수축 보정량

① 주물자 ★★★★★
  금속의 수축을 고려하여 만든 자-주물의 재료로 결정

② 1m 주물자의 실제길이
  ㉠ 주철 : 1008mm
  ㉡ 주강 : 1020mm
  ㉢ 황동 : 1014mm, 청동 : 1012mm
  ㉣ 알루미늄 : 1010mm

(2) 가공여유
주물의 표면의 다듬질 가공을 위한 여유
① 거치른 다듬질 : 1~5mm
② 중간 다듬질 : 3~5mm
③ 정밀 다듬질 : 5~10mm

(3) 목형 구배(slope) ★★
목형을 쉽게 빼내기 위해
① 1m 길이에 대해 6~10mm 정도 구배
② 1m에 대해 1~2° 정도 구배

(4) 라운딩
목형의 모서리를 둥글게-응고시 취약해지므로

(5) 덧붙임
두께가 일정하지 않으면 응고시 변형이 발생함으로 이것을 방지하기 위한 보강대

(6) 코어 프린트 ★★
코어 고정 및 코어에서 발생되는 가스 배출을 위해 목형에 덧붙인 돌기부

> **목형의 도장**
> 래커, 니스, 알루미늄 분말 등을 사용하여 도장함으로서 수분으로 인한 목형의 변형을 방지하고 주물사와 잘 분리되도록 할 수 있다.

6. 주물금속의 중량 계산식 ★★

$$\frac{W_m}{W_p} = \frac{S_m}{S_p}$$

여기서, W_m, S_m : 주물의 중량 및 비중
W_P, S_P : 목형의 중량 및 비중

7. 주물사 구비조건 ★★★★★
(1) 성형성이 양호할 것
(2) 적당한 강도가 있을 것
(3) 내화성이 클 것
(4) 화학적 변화가 없을 것
(5) 통기성이 양호 할 것
(6) 보온성이 있을 것
(7) 아름답고 매끈한 주물 표면을 얻을 것

8. 주물사(모래)의 주성분 ★★★★
석영, 장석, 운모, 점토

강철용 주물사의 주성분
SiO_2 – 내열성 증가

(1) 주철용 주물사
  ① 신사(생사 : green sand)
    산이나 바다 모래
  ② 건조사(dry sand)
    신사+톱밥, 코크스, 흑연, 하천 모래 혼합 ; 신사보다 통기성 증가, 대형 주물 및 고급 주물에 사용

(2) 주강용 주물사
  규사(SiO_2 ; 건조사)+점토(점결제) – 내화성이 크고 통기성 양호

(3) 비철 합금용
  내화성, 통기성 보다는 성형성이 좋다.
  ① 일반 주물 – 주물사+소금
  ② 대형 주물 – 신사+점토

(4) 표면사
  주물과 접촉하는 부분에 사용하는 모래로 주물 표면을 깨끗하게 해준다.

(5) 분리사
  주형상자의 분리를 원활하게 하기 위해, 위·아래 주형상자 사이에 점토분이 없는 건조된 새모래를 뿌려 준다. 이것을 분리사라 한다.

9. 배합제

(1) 당밀, 유지, 인조수지
  모래의 강도와 통기성 증가

(2) 톱밥, 볏짚, 왕겨, 수모, 마분
  균열 방지, 통기성 향상

(3) 흑연, 석탄, 코크스
  주물 표면을 깨끗하게

(4) 점토
  성형성 및 점결성 향상

10. 통기도

$$K = \frac{Qh}{PAt} \ [cm/min] \ \bigstar\bigstar$$

여기서, Q : 시험편을 통과한 공기량(2000cc)
  h : 시험편 높이(cm)
  P : 공기압력(수주의 높이 : cmAq)
  A : 시험편의 단면적(cm^2)
  t : 통과 시간(min)

(1) 통기도를 높이기 위한 방법
  ① 주형을 건조
  ② 가급적 다짐 정도를 작게 한다.
  ③ 점토의 량을 줄여 본다.

11. 입도

메시(mesh) – 길이 1inch 내에 있는 체의 눈 수 → 입도를 나타내는 척도

12. 주형상자에 따른 분류

(1) 바닥주형법
  주형 공장 바닥에 있는 모래에 목형을 집어 넣고 다져 주형을 제작하는 방법

(2) 조립주형법
  주형 도마 위에 주형상자를 2개 또는 3개를 겹쳐 올려놓고 주형을 제작하는 방법

(3) 혼성주형법
  바닥주형법과 조립주형법의 혼합형으로 주형을 제작하는 방법

13. 주형상자를 이용한 주형제작법

(1) 졸트법
주형상자에 모래를 넣고 압축 공기를 이용하여 상하로 진동시켜 제작

(2) 스퀴즈법
주형 상자 속의 모래에 압력을 가하여 상하 압축시켜 제작

(3) 슬링거법
회전 임펠러(impeller)에 의해 주형 상자에 모래를 고르게 뿌리며 다져 제작

(4) 블로워법
코어를 만들 때 이용하는 방법

(5) 스트립법
주형상자에서 모형을 뽑기 위해 주형상자를 위로 밀어 올리는 방법

(6) 드로우법
주형 상자에서 모형을 위로 뽑아 올려 꺼내는 방법-스트립법의 반대

14. 탕구계
쇳물을 주형에 주입하기 위해 만든 통로로 주조 방안 결정시 중요한 설계 사항

(1) 구성요소
쇳물받이, 탕구, 탕도, 주입구

(2) 탕구비

$$탕구비 = \frac{탕구봉\ 단면적}{탕도(쇳물통로)\ 단면적}$$

(3) 주입시간
$t = S\sqrt{W}$

(4) 응고시간
$t = \left(\dfrac{V}{S}\right)^2$

여기서, S : 주물의 표면적
V : 주물의 부피

15. 덧쇳물(압탕 : feeder or riser) ★★★
쇳물의 부족한 양을 보급

(1) 주형 내의 공기 및 가스 제거
(2) 금속 응고시 쇳물의 부족 양을 보충
(3) 주형 내 쇳물에 압력을 가해 줌
(4) 주형 내의 불순물과 용재의 제거

16. 플로 오프(flow off) ★★
주형내 쇳물을 관찰하기 위한 구멍으로 피이너나 가스빼기 역할

17. 중추 ★★
주물의 압력으로 윗 상자가 뜨는 것을 방지하기 위한 것

(1) 압상력의 3배가 중추의 무게
(2) 쇳물의 압상력 $P = AH\gamma$ [kg]
(3) 코어를 포함하고 있는 경우

$$P = AH\gamma + \frac{3}{4}V\gamma\ [\text{kg}]$$

여기서, P : 압상력
A : 주물을 위에서 본 면적
H : 주물의 표면에서 주입구 표면까지 높이
γ : 주입금속의 비중량
V : 코어의 체적

18. 금속의 용해로

(1) 용광로
철광석을 용해하여 선철, 용량-ton/day

(2) 큐폴러(cupola : 용선로) ★★★
주철 용해, 용량-ton/hr
• 주철 : 탄소(C) + 규소(Si) 성분

(3) 도가니로 : 경합금, 동합금, 합금강 용해 ★★★
　① 용량
　　1회 용해할 수 있는 구리의 중량-ton/rev
　② 도가니로의 규격
　　1회 용해할 수 있는 구리의 중량을 번호로 표시

(4) 전기로
　제강, 특수 주철 용해, 용량-ton/rev

(5) 평로
　선철, 고철 용해, 용량-ton/rev

(6) 전로
　주강 용해, 용량-ton/rev

(7) 반사로
　가단주철 용해, 용량-ton/rev(rev : 1회 장입량)

19. 특수 주조법

(1) 원심 주조법 ★★★
　주형을 고속 회전(300~3000rpm)을 시켜 원심력을 이용 중공 주물 생산
　• 주물 : 파이프, 피스톤 링, 실린더 라이너 등

(2) 셸(몰드) 주조법
　주형을 규소(Si) 모래, 열 경화성의 합성수지를 배합한 분말을 가열된 금형에 뿌려서 만듦
　• 특징
　① 주물 표면이 깨끗하다.
　② 정밀도가 높다.
　③ 기계가공이 필요치 않음
　④ 주형을 신속히 대량 생산 가능

(3) 인베스트먼트 주조법
　　(investment casting) ★★★
　① 모형재료
　　왁스, 파라핀-가열하여 녹여서 제거

② 특징
　㉠ 주물 치수가 매우 정확하다.-정밀 주조법에 해당
　㉡ 주물 표면이 깨끗하다.
　㉢ 모형 재료의 특성상 복잡한 형상의 제품도 만들기 쉽다.

(4) 이산화 탄소법
　탄산가스를 주형 내에 불어넣어 주형을 경화시키는 방법

(5) 진공 주조법 ★★
　금속을 진공 중에서 용해하고 주조하는 방법

(6) 칠드(chilled) 주조법(냉간 주조법) ★★★
　사형, 열도전율이 큰 급냉으로 주형을 완성하여 주조한다. 특별한 기계적 성질을 가진 주철 주물을 얻고자 할 때 사용한다. 주물 표면은 경도가 높고 내부는 경도가 낮은 주조법이다.

(7) 다이 캐스팅(die casting) ★★★★
　용해 금속을 금형에 고압으로 주입시켜 주조하는 방법
　① 특징
　　㉠ 주물 표면이 깨끗하다.
　　㉡ 정밀도가 높다.
　　㉢ 기계가공이 필요치 않음
　　㉣ 단시간 내 대량 생산 가능
　② 아연, 알루미늄, 구리 등의 합금-다이 캐스팅이 가능한 금속
　③ 기화기, 광학기계 등의 주조품 생산
　④ 다이 분할면에 슬릿을 마련해 두어 공기를 배제한다.
　• 슬릿 : 공기제거 홈, 폭 25~38mm, 깊이 0.08~0.13mm

20. 주물의 결함

(1) 수축공(shrinkage hole)
수축으로 인해 쇳물이 부족하게 되어 공간이 생기는 결함
- 방지법 : 쇳물 아궁이를 크게 만들고, 덧쇳물을 붓는다.

(2) 기공(blow hole) ★★★
가스가 외부로 배출되지 못해 생기는 결함
- 방지법
  ① 통기성 양호하게
  ② 쇳물 아궁이 크게
  ③ 쇳물 주입 온도를 적당하게
  ④ 주형의 수분을 제거

(3) 편석 : 용융 금속에 불순물이 있을 때 ★★★
① 성분편석
  주물의 부분적 위치에 따라 성분의 차가 있는 것

② 중력편석
  비중차에 의하여 불균일한 합금이 되는 것 – 청동 주조를 위하여 주입할 때 두드러지게 나타나는 편석

③ 정상편석
  응고 방향에 따라 용질이 액체 중에 이동하여 그 결과 주물의 중심부에 용질이 모이게 되며 응고 시간이 길수록 성분 함량이 많게 되는 편석이다.

(4) 균열 ★★★
불균일한 수축으로 인하여 응력이 발생하고, 이 응력에 의하여 주물에 균열이 발생
- 방지법
  ① 각부의 온도차를 줄일 것
  ② 주물을 급랭시키지 말 것
  ③ 주물의 두께 차를 두지 말 것
  ④ 각이진 모서리는 둥글게 할 것

(5) 핀(fin)
주형을 만들 때 상형과 하형의 밀착부족으로 인하여 발생하는 결함

2 소성가공(plastic working)

1. 소성 변형
외력을 제거해도 영구 변형되는 현상

탄성 변형
외력을 제거하면 원래 상태로 돌아오는 현상

(1) 소성가공에 이용되는 성질
  가단성, 가소성, 접합성, 연성

(2) 소성가공의 특징 ★★
  ① 주물에 비하여 치수가 정확하다.
  ② 금속의 조직이 치밀해 진다.
  ③ 복잡한 형상 가공은 어렵다.
  ④ 다량생산으로 균일한 제품을 얻는다.
  ⑤ 경도와 강도는 커진다.

2. 가공경화와 재결정
(1) 가공경화 ★★★
  재료에 외력을 가하여 변형시키면 원래의 재료보다 강해지는 현상
  ① 강도, 경도 증가
  ② 연신율, 단면 수축률 감소
  ③ 내부응력 증가

바우싱거 효과(Bauschinger effect)
금속재료가 먼저 받은 것과 반대방향에 대하여는 탄성한도나 항복점이 현저히 저하되는 현상이다.

(2) 재결정온도 ★★★
  가열된 금속이 새로운 결정입자의 조직을 형성시키는 것, 이 때의 온도를 재결정온도라 한다.

원 소	재결정 온도(℃)
Fe	350~450
Ni	600
Cu	200
Ag	200
W	1200
Al	150
Pt	450
Au	200
Mg	150

(3) 열간가공과 냉간가공 ★★
  ① 냉간가공의 특징
    재결정 온도 이하에서 가공-상온가공
    ㉠ 강도증가 및 연신율 감소
    ㉡ 제품의 치수가 정확하고 가공면이 아름답다.
    ㉢ 가공 방향에 따라 강도가 다르다.(섬유조직)

  ② 열간가공의 특징
    재결정 온도 이상에서 가공-고온가공
    ㉠ 작은 동력으로 큰 변형을 발생시킨다.
    ㉡ 균일한 재질을 얻는다.

(4) 소성가공의 종류 ★★★★
  ① 단조
    해머로 두들겨 성형시키는 가공

  ② 압연
    회전하는 롤러 사이에 재료를 통과시켜 두께는 감소시키고 길이와 폭은 증가시키는 가공

③ 압출
　실린더 모양의 컨테이너에 빌렛을 넣고 한쪽에서 압력을 가하여 가공

④ 인발
　봉, 관을 다이에 넣고 축 방향으로 통과시켜 지름은 감소하고 길이방향을 증가시키는 가공

⑤ 전조가공
　압연가공과 유사한 방법으로 수나사, 볼, 기어 등을 가공

⑥ 판금가공
　판재를 형에 맞추어 해머로 두드려 각종 용기, 장식품 등을 가공

3. 단조작업

(1) 단조 방법에 따른 종류 ★
① 자유단조(free forging)
　금형이 필요 없고, 단조 후 절삭 가공하여 완성품을 얻는다.

② 형 단조
　금형을 사용하고, 정밀도가 높고, 소형 제품의 대량생산에 적합하며, 가격이 저렴하다.
• 예비가공형-블로커(blocker)

(2) 온도에 따른 분류
① 열간단조 ★
　해머 단조, 프레스 단조, 업셋 단조, 압연 단조(롤단조)

② 냉간단조 ★★★
　㉠ 콜드 헤딩(cold heading) : 볼트, 리벳 머리 제작
　㉡ 코이닝(coining, 압인가공) : 주화, 메달 제작
　㉢ 스웨이징(swaging) : 재료를 길이 방향으로 압축하여 그 일부 또는 전체의 단면을 크게 함-봉재, 관재의 지름을 축소하거나 또는 테이퍼 제작이 가능

(3) 단조온도 ★★★
① 최고 단조 온도
　용융시작 온도에 100℃ 이내로 접근
• 강의 최고 단조 온도 : 1200℃

② 단조 완료 온도(최저 온도)
　㉠ 재결정 온도 근처
　㉡ 단조 완료온도가 높으면 결정립이 조대화 된다.
　㉢ 재질이 다르면 고온에서 최적 단조 온도가 다르게 된다.
　㉣ 단조 온도를 단조 최고 온도보다 높게 하면 산화가 심하다.
• 강의 단조 완료 온도 : 800℃
• 주철은 단조가공이 불가(不可)

(4) 유압 프레스의 용량
단조 프레스의 용량

$$Q = \frac{A \cdot \sigma_e}{\eta} ★$$

여기서, A : 단조물의 유효 단면적
　　　　σ_e : 단조재료의 변형 저항
　　　　η : 프레스 효율

(5) 단조 해머의 효율

$$\eta = \frac{W_2}{W_1 + W_2} ★$$

여기서, W_1 : 해머의 중량(질량)
　　　　W_2 : 단조물 및 앤빌 등의 타격을 받는 부분의 전체 중량(질량)

(6) 해머의 타격속도

$$E = \frac{WV^2\eta}{2g} ★$$

여기서, E : 단조 에너지
　　　　η : 해머효율
　　　　W : 해머의 무게

(7) 자유 단조 작업의 종류
① 절단(cutting off) 작업
판재 및 봉재 절단

② 늘이기(drawing) 작업
재료를 앤빌과 램 사이에 넣고 타격하여 단면을 좁히고 길이를 늘리는 작업

③ 눌러 붙이기(up-setting) 작업 ★★★
압축하여 길이를 줄이고 단면을 확대하는 작업

④ 굽히기(bending) 작업

⑤ 단짓기(setting down) 작업 ★★★
소재의 어느 한 단면을 경계로 하여 늘리기 작업

⑥ 구멍뚫기(punching) 작업

4. 압연가공

(1) 압연 롤러의 구성 요소 ★★★
몸체(body), 네크(neck), 웨블러(webbler)
• 압연 롤러에 주로 사용하는 것 : 칠드 주철
 − 칠드 롤(chilled roll)

(2) 압연의 원리
① 압하율
$$\frac{H_0 - H_1}{H_0} \times 100\,[\%]$$
여기서, H_0 : 롤러 통과 전 두께
H_1 : 롤러 통과 후 두께

② 압하율을 증가시키는 방법
㉠ 지름이 큰 롤러 사용한다.
㉡ 롤러의 회전 속도를 느리게 한다.
㉢ 압연재를 뒤에서 밀어 준다.
 − 인장력을 가해 압연압력을 크게 한다.

③ 자력압연 조건
$$\mu \geqq \tan\theta$$
여기서, μ : 마찰계수
θ : 접촉각

$$\cos\theta = \frac{(R-t)}{R}$$
여기서, t : 압연시 변화 두께
R : 롤러의 반지름

(3) 압연의 종류
① 분괴압연
강괴에서 제품의 중간재를 만듦
㉠ 블룸(bloom) : 조강
㉡ 슬랩(slab) : 후강
㉢ 시트바(sheet bar) : 박강판
㉣ 빌릿(billet) : 강편

② 판재압연
후판, 박판을 만듦

③ 형재압연(형강압연)
봉재, 평재, 형재, 레일 등을 제조

(4) 압연 롤러의 절손 ★
① 롤러의 목(neck) 절손
② 목과 동체 경계 절손(목과 롤러 몸체의 경계)
③ 동체 절손(롤러몸체)
④ 롤러의 표면 거칠기 정도에 따른 절손

• 압연가공시 발생하는 내부응력 때문에 열간 압연된 H형강이나 I형강에는 잔류응력이 존재한다.

5. 압출가공

(1) 압출가공의 종류 ★★★
① 직접압출(전방압출)
램의 진행 방향으로 빌릿이 압출되어 나옴

② 간접압출(후방압출, 역식압출)
램의 반대 방향으로 빌릿이 압출되어 나옴

③ 충격압출
㉠ 재료 : Zn, Pb, Al, Cu 등 순금속 및 일부 합금

ⓒ 용도 : 치약 튜브, 화장품, 약품 등의 용기, 아연 건전지 케이스 등에 사용

> **압출가공 종류에 따른 비교**
> ① 직접압출보다 간접압출에서 마찰력이 적다.
> ② 직접압출보다 간접압출에서 소요동력이 작다.
> ③ 직접압출보다 간접압출에서 압출 종료시 컨테이너에 남는 소재량이 적다.

(2) 압출 가공 인자 ★★
압출 가공에 필요한 압출력을 좌우하는 중요한 조건
① 압출 방법
② 압출비
③ 압출 온도
④ 변형 속도
⑤ 다이와 용기의 마찰

(3) 압출비 ★★★

$$압출비 = \frac{빌릿의\ 초기\ 단면적}{압출\ 후의\ 단면적}$$

6. 인발
봉이나 선재를 만드는 방법

(1) 인발가공의 종류
① 봉재 인발
② 선재 인발
  지름 5mm 이하의 선재를 압연가공 후 인발 가공
③ 관재 인발
  소정의 심봉(mandrel)을 넣어 다이를 통과하는 인발가공

(2) 인발에 영향을 주는 인자
인발가공의 조건
① 인발력 : 인발력에 영향을 주는 인자-다이마찰, 단면감소율, 재료의 유동성
② 인발재의 재질
③ 단면 감소율
④ 다이의 각
⑤ 윤활법
⑥ 인발속도
⑦ 역장력

> **역장력 작용시 나타나는 현상**
> ① 와이어 구멍의 확대 변형이 적다.
> ② 다이 수명이 길어진다.
> ③ 인발력이 증가한다.-후방 장력을 주는 목적
> ④ 제품 정도가 좋아진다.

(3) 윤활제
흑연, 석회, 비누, 그리스

(4) 단면감소율과 가공도
① 단면감소율

$$단면감소율 = \frac{A_0 - A_1}{A_0} \times 100[\%]$$

여기서, A_0 : 가공전 단면적
A_1 : 가공 후 단면적

② 가공도

$$S = \frac{A_1}{A_0} \times 100[\%]$$

7. 전조

(1) 나사전조
나사와 산형 및 피치 등이 파져 있는 전조 다이를 써서 나사를 가공

(2) 기어전조
랙형 다이, 피니언형 다이, 호브형을 사용한 기어 가공

8. 제관법

(1) 용접관
① 맞대기 단접관
② 겹치기 단접관
③ 전기저항 용접관

(2) 심리스 파이프(seamless pipe) ★★★
이음매 없는 파이프

① 천공법
  ㉠ 만네스만(mannesmann) 압연 천공법
  ㉡ 압출법
  ㉢ 에르하르트(ehrhardt) 천공법
  ㉣ 스티펠(stifel) 천공법

② 커핑 방법(cupping process ; 오므리기법)

9. 프레스 가공

(1) 프레스 가공의 분류

① 전단가공
블랭킹(blanking), 구멍뚫기(punching), 전단(shearing), 트리밍(trimming), 셰이빙(shaving), 브로칭(broaching), 노칭(notching), 분단(parting)

② 성형가공
굽힘(bending), 비딩(beading), 디프 드로잉(deep drawing), 커링(curing), 시밍(seaming), 벌징(bulging), 스피닝(spinning)

③ 압축가공
압인(coining), 엠보싱(embossing), 스웨이징(swaging), 버니싱(burnishing), 충격압출(impact extrusion)

> **판금가공 전단기계**
> 스퀘어 전단기, 곡선 전단기, 갱슬리터

> **전개도**
> 판금 작업시 이용하는 도면으로 각 부분은 실제 길이로 표시

(2) 전단가공

① 블랭킹(blanking)
판재에서 펀치로서 소요의 형상을 뽑는 작업

② 구멍뚫기(punching)
판재에서 구멍을 만들거나 원형편을 제작하는 작업

③ 전단(shearing)
판재를 잘라내는 작업

④ 트리밍(trimming)
판재를 드로잉 가공 후 삐져 나와 있는 부분을 둥글게 자르는 작업

⑤ 셰이빙(shaving)
펀칭을 한 다음 절단면을 깨끗하게 다듬질하는 작업

⑥ 브로칭(broaching)
브로치 공구를 사용하여 다양한 구멍뚫기 작업

⑦ 노칭(notching)
노치 모양으로 가공하는 작업

⑧ 분단(parting)
부분 절단 작업

> **시어각(shear angle)**
> ① 전단가공시 펀치나 다이면을 기울이는 각-4°
> ② 전단하중을 줄이기 위하여 둔다.
> ③ 펀치와 다이 사이의 간격(틈새 ; Clearance)

> **전단응력과 소요동력 ★★**
> ① 전단응력
> $$\tau = \frac{P}{A}$$
> 여기서, P : 전단하중, A : 전단면적
> ② 소요동력
> $$HP = \frac{PV}{75\eta}$$
> 여기서, V : 슬라이드 속도, η : 기계효율

(3) 성형가공
① 굽힘(bending)
　㉠ 스프링 백(Spring back) 현상 ★★ :
　　굽힘가공에서 굽힘 힘을 제거하면 판의 탄성 때문에 소성변형된 부분일지라도 다소 원상태로 돌아가 굽힘 각도나 굽힘 반지름이 열려 벌어지는 현상이다.
　㉡ 스프링 백 현상은 탄성한계, 경도, 구부림 반지름이 클수록, 두께가 얇을수록, 구부림 각도가 작을수록 커진다.

② 비딩(beading)
　장식 또는 보강 목적으로 돌기부를 만드는 작업

③ 디프 드로잉(deep drawing) ★★★
　판재를 다이 구멍에 밀어 넣어 밑이 있는 용기를 만드는 가공
　㉠ 드로잉율
　　$$m = \frac{d_p}{D_0} \times 100$$
　　여기서, d_p : 펀치의 지름
　　　　　 D_0 : 소재의 지름
　㉡ 드로잉비
　　$$Z = \frac{D_0}{d_p}$$
　㉢ 소재의 크기(가공 제품의 모양과 블랭크의 지름)
　　$$d_0 = \sqrt{d^2 + 4dh}$$ ★★
　　여기서, d : 용기 밑부분의 지름
　　　　　 h : 제품의 높이

④ 커링(curling)
　제품의 테두리를 모양을 내거나 안전을 목적으로 한 끝말기 가공법

⑤ 시밍(seaming)
　여러 겹으로 구부려 두 장의 판을 연결시키는 가공

⑥ 벌징(bulging)
　밑 부분을 볼록하게 만드는 작업-금속의 Die 사용

⑦ 스피닝(spinning)
　선반을 이용하여 회전하는 축에 원형을 고정, 그 뒤에 소재를 끼워 넣고 소재에 외력을 가하여 원형과 같은 모양의 제품을 성형하는 방법

(4) 특수 드로잉(drawing) 가공
용기의 입구보다 중앙 부분이 넓은 용기를 만드는 가공

① 마폼법
　다이로 고무를 사용하고 소품종 소량 생산에 적합

② 하이드로폼법
　고무 대신 고무 막으로 격리시킨 내부에 액체를 넣어 다이로 사용 함

(5) 압축가공
① 압인(coining) ★★
　주화, 메달, 장식품에 이용. 상하형이 서로 관계없는 요철을 가지고 있으며, 재료를 압축함으로써 상하면 위에는 다른 모양의 각인이 되는 가공법이다.

② 엠보싱(embossing) ★★
　소재에 두께의 변화가 없는 상하 반대 모양의 요철 가공

③ 스웨이징(swaging)
　재료의 두께를 감소시키는 작업

④ 버니싱(burnishing)
　구멍의 안지름 보다 약간 큰 버니시를 압입하여 내면을 다듬는 작업

3 용접(welding)

1. 금속 및 비금속을 접합하는 방법
(1) 기계적 접합 방법
① 나사(screw)-볼트 체결
② 키(key)
③ 핀(pin)
④ 코터(cotter)
⑤ 리벳(rivet)

(2) 야금학적 접합 방법-용접(welding) ★★★
① 융접
    접합부를 가열 용융시키고, 용접봉(용가제)을 이용하여 접합하는 방법
② 압접
    접합부를 냉간 상태 또는 적당한 온도로 가열 후 국부적으로 압력을 주어 접합하는 방법
③ 납땜
    저 용융점의 합금(납)을 녹여서 접합시키는 방법

2. 용접의 특징
(1) 기밀, 수밀성을 유지할 수 있다.
(2) 용접부의 결함 검사가 곤란
(3) 10~15% 정도의 재료 절약이 가능
(4) 응력 집중 현상이 발생한다.(잔류응력이 발생)
(5) 이음 효율이 양호하다.
(6) 용접사의 양심에 따라 제품의 품질 향상
(7) 작업속도 증가-리벳 조인트 보다 공정수가 적다.
(8) 제품의 성능 및 수명 향상
(9) 탄소강 용접시 탄소 함유량이 증가하면 급냉시 경화 현상이 심해진다.

> **잔류 응력 제거 목적**
> 용접가공시 발생된 열영향부(HAZ)는 반드시 풀림 처리나 피닝 처리를 해준다.

3. 용접의 종류
(1) 융접
① 가스 용접
    가연성가스와 조연성가스(산소)를 혼합 연소하여 그 열로 용가제와 모재를 녹여서 접합하는 방법, 전기용접에 비해 열손실이 크고 변형이 많이 생긴다.
    ㉠ 산소-아세틸렌 용접
    ㉡ 공기-아세틸렌 용접
    ㉢ 산소-수소 용접
    ㉣ 산소-프로판 용접

② 아크 용접
    모재와 전극 사이에서 아크 열을 발생시켜, 이 열로 용접봉과 모재를 녹여 접합하는 방법
    ㉠ 피복 아크 용접 : 피복제가 심선을 둘러싸고 있는 용접봉을 사용한 아크 용접
    ㉡ 불활성 가스 아크 용접 ★★★ : Ar, Ne, He 의 불활성가스를 방출시켜 그 속에서 모재와 전극 사이에 아크를 발생시켜 열을 공급해 용접
    ㉢ CO_2 가스 아크 용접 : 불활성가스 대신 탄산가스를 노즐에서 분출시켜 아크 열로 접합하는 방법-주로 연강 용접
    ㉣ 서브머지드 용접 ★★ (잠호용접, 유니온 벨트) : 분말용재 속에 용접 심선을 공급해 심선과 모재 사이에서 아크를 발생시켜 용접하는 방법-자동 아크 용접

의 한 종류-링컨(Lincoin)용접
　　ⓜ 원자수소용접
　　ⓗ 스터드 용접 : 볼트나 환봉 등의 선단과 모재 사이에 아크를 발생하여 접합하는 방법

> **특수 아크 용접**
> 불활성가스, 서브머지드, CO_2 가스 아크 용접

③ 특수용접
　ⓐ 테르밋 용접 ★★★ : 알루미늄 분말과 산화철분말의 혼합반응으로 발생하는 열로 접합하는 방법
　　• 금속 산화물이 알루미늄에 의하여 산소를 빼앗기는 화학반응을 이용한 용접
　　• 용도 : 운반 이송이 곤란한 대형 구조물의 수리 제작시 사용
　ⓑ 일렉트로 슬래그 용접 : 와이어와 용융 슬래그 사이에 통전된 전류의 저항 열로 접합하는 방법
　　• 전극 와이어의 지름 : 2.5~3mm
　ⓒ 전자 빔 용접 : 진공 중에서 고속의 전자빔을 형성하여 그 전류를 이용하여 접합하는 방법

(2) 압접
　① 전기 저항용접
　　재료에 전기로 용해 저항 열로서 용융 가압시켜 접합하는 방법
　② 가스 압접
　　접합부를 가스불꽃으로 가열시킨 후 압력을 가해 접합하는 방법
　③ 단접
　　용접물을 가열하여 해머 등으로 타격을 가하여 압접하는 방법, 탄소 강재를 단접할 때 용제(flux)로 붕사 등을 사용한다.

　④ 마찰용접
　　선반과 유사한 구조의 용접기로 접합면에 압력을 가한 상태로 상대적인 회전을 시키는 방법

(3) 납땜
　① 연납땜
　② 경납땜

4. 가스 용접

(1) 아세틸렌 발생기
　① 주수식 발생기
　　용기에 카바이드를 넣고 필요량의 물을 넣어 아세틸렌을 발생
　② 투입식 발생기
　　용기에 물을 넣고 필요량의 카바이드를 넣어 아세틸렌을 발생
　③ 침지식 발생기
　　용기에 물을 넣고 카바이드를 천에 싸서 필요시 물에 담가서 아세틸렌을 발생
　　• 침지식 발생기가 가장 간단하지만 충격에 의한 폭발 위험이 크다.

(2) 불꽃의 종류
　불꽃심에서 2~3mm 떨어져 용접
　① 표준 불꽃(중성 불꽃)
　　산소와 아세틸렌의 비가 1 : 1
　　$C_2H_2 + O_2 = 2CO + H_2$
　　• 연강, 주철, 구리, 알루미늄 용접
　② 탄화 불꽃(아세틸렌 과잉 불꽃)
　　산소보다 아세틸렌을 많이 사용하는 방법
　　• 경강, 스테인레스강, 스텔라이트, 모넬메탈 등 용접
　③ 산화 불꽃(산소 과잉 불꽃)
　　아세틸렌 보다 산소를 많이 사용하는 방법

- 황동 용접

(3) 청정기
아세틸렌 발생기에서 불순물인 인화수소, 황화수소, 암모니아 등을 제거하기 위한 것

(4) 안전기
발생기로 산소가 역류되거나 또는 역화되는 것을 방지하기 위한 것
① 수봉식 안전기 : 저압용에 사용
② 스프링식 안전기 : 고압용에 사용

(5) 토치 팁의 능력
① 프랑스식 ★★
표준 불꽃으로 1시간동안 용접시 아세틸렌 가스의 소비량[L]으로 나타낸다.
- 예 : 팁 100-1시간 동안 표준 불꽃으로 용접할 때 아세틸렌 소비량이 100[L]라는 뜻

② 독일식
용접할 연강판 두께로 나타낸다.
- 예 : 1번 팁-연강판의 두께 1[mm]의 용접에 적당하다.

> **산소-아세틸렌 가스 절단**
> ① 가장 잘 절단할 수 있는 금속 : 연강, 주철
> ② 잘 안되는 재질 : 구리

5. 아크 용접

(1) 용접기 종류
① 직류 용접기
전동 발전형과 정류기형이 있다.
㉠ 직류 정극성 용접 ★★ : 모재 (+)전류와 용접봉 (-)전류 상태의 용접
㉡ 직류 역극성 용접 ★★ : 모재 (-)전류와 용접봉 (+)전류 상태의 용접

② 교류 용접기
일종의 변압기-직류용접기에 비해 안전성은 떨어지나 가격은 저렴하다.
㉠ 가동 철심형 용접기
㉡ 가동 코일형 용접기
㉢ 가포화 리액터형 용접기 : 원격 조정이 가능한 용접기
㉣ 탭전환형

③ 고주파 아크 용접기
고주파 아크를 50000~200000Hz의 고주파 전류로 전환시키므로 아크 와 전류는 안전성이 높으며 5~10A 범위의 작은 전류에도 쉽게 작업 가능

④ 교류 용접기의 효율과 역률
㉠ 효율=(아크 출력/소비전력)×100
㉡ 역률=(소비전력/전원입력)×100

(2) 아크 용접봉
① 심선
심선의 지름은 3.2~6.0[mm]가 가장 많이 사용된다.

② 피복제의 역할 ★★★
㉠ 대기중의 산소와 질소의 침입을 방지하고 용융 금속을 보호한다.
㉡ 용착 금속의 기계적 성질을 개선한다.
㉢ 용융 금속의 응고와 냉각 속도를 지연시켜 준다.

③ 연강용 피복 용접봉의 표시방법

E　43　△　□
㉠　㉡　㉢　㉣

㉠ Electric arc welding의 첫글자
㉡ 용착 금속의 최소 인장강도
㉢ 용접자세
㉣ 피복제의 종류

> **아크 길이가 일정할 때 전압과 전류의 관계**
> 전압은 전류가 증가에 따라 지수 곡선 모양으로 변화한다.

(3) 아크 용접부의 결함
① 오버랩(overlap)
용착 금속이 모재 위에 겹쳐서 쌓인 결함
  ㉠ 용접봉이 굵을 때
  ㉡ 용접 전류가 약할 때
  ㉢ 운봉의 불량

② 기공 ★★
용착 금속 속에 가스가 남아 있어 생긴 구멍 결함
  ㉠ 모재에 불순물이 함유되어 있을 때
  ㉡ 용접봉에 습기가 있을 때
  ㉢ 용접 전류가 과대할 때
  ㉣ 가스 용접시 과열되었을 때

③ 슬래그 섞임
용착 금속 속에 피복제가 섞여 굳어서 생긴 결함
  ㉠ 운봉의 불량
  ㉡ 용접전류 속도의 부적당
  ㉢ 피복제의 조성 불량

④ 언더컷 ★★
용접부 테두리가 파이는 결함
  ㉠ 운봉의 불량
  ㉡ 용접전류 속도의 부적당
  ㉢ 용접전류의 과대

⑤ 용입부족
접합부의 끝의 홈 밑바닥 부분까지 충분히 용착금속이 형성되지 못해 생긴 결함
  ㉠ 부적합한 용접봉 사용
  ㉡ 용접 속도가 너무 빠를 때
  ㉢ 모재에 황 함유량이 많을 때

⑥ 피시아이(fisheye)
용착 금속의 인장 또는 굽힘 시험편의 파단면 또는 중심부의 공간에 홈 등의 결함이 나타나는 현상

6. 불활성 가스 아크 용접
(1) 불활성 가스를 사용하는 이유
산소와 공기의 접촉으로 생길 수 있는 기공이나 산화를 막을 수 있다.

(2) 불활성 가스 아크 용접의 종류 ★★★
① TIG 용접
텅스텐 전극(용접봉)을 사용
② MIG 용접
금속 비 피복봉을 사용-직류 역극성 용접

(3) 용접 가능 금속
① 특수강 : 내식강, 내열강 등
② 구리, 동합금, 이종(異種) 금속
③ 경합금 : 알루미늄, 마그네슘 합금 등

(4) 불활성가스 아크 용접의 특징
① 전자세 용접이 용이하고 고능률적이다.
② 청정작용이 있다.
③ 아크가 극히 안정되고 스패터가 적다.

7. 전기 저항 용접 ★★
(1) 겹치기 용접
① 점 용접(spot welding)
두 모재를 겹쳐서 전극 사이에 끼워 넣고 전기저항열에 의하여 접합 하는 방법 -6[mm]이하의 판재를 접합, 자동차, 항공기 분야에 널리 사용

② 심 용접(seam welding)
점 용접을 연속적으로 하는 방법으로 롤러 형태의 전극을 이용하여 용접함으로 기밀, 수밀이 필요한 이음부에 사용-얇은 용접관에 사용

③ 프로젝션 용접(projection welding ; 돌기용접 ; 판금용접)
모재의 표면에 한쪽 또는 양쪽에 돌기를 만들고 이 부분에 대전류와 압력을 가해 접합하는 방법 → 판금 공작물 접합에 적당

(2) 맞대기 용접

① 플래시 용접(flash welding)
두 재료를 천천히 가까이 접촉시키면 접촉면에 단락 대전류가 흘러 예열되고 이를 반복하여 접촉면이 적당한 온도에 도달하면 강한 압력을 주어 압접하는 방법

② 업셋 용접(up-set welding)
용접재를 세게 맞대어 놓고 대전류를 통하여 이음부 부근에서 발생하는 접촉 저항열에 의해 접촉면이 적당한 온도에 도달하면 축 방향으로 강한 압력을 주어 압접하는 방법

③ 퍼커션 용접(percussion welding; 방전 충격 용접; 충돌 용접)
극히 짧은지름의 용접물을 접합하는데 사용되며 피용접물을 두 전극사이에 끼운 후에 전류를 통하며 빠른 속도로 피용접물을 충돌하면서 용접하는 방법

전기저항 용접의 3대 요소
① 전류의 세기
② 전류를 통하는 시간
③ 가압력

고주파 저항 용접의 특징
① 용접부 조직이 우수
② 연강, 스테인리스강 및 비철금속 등의 재료에 용접이 가능
③ 열 영향을 적게 받는다.
④ 용접재 표면의 정도에 지장을 주지 않는다.

8. 가스 압접
접합부분 재결정 온도 이상으로 가열 ⇒ 축 방향으로 압축력을 가하여 압접

9. 단접
용접을 가열 해머 등으로 타격을 가하여 압접

10. 마찰용접
모재를 한쪽에 고정 다른쪽은 고속회전에 의한 마찰열로 압접

11. 초음파 용접
모재에 초음파(18kHz 이상) 횡진동을 주어 진동에너지에 의해 접촉부의 원자가 서로 확산되어 접합하는 방법 – 비금속 플라스틱 용접, 비철금속의 용접에 사용
① 접촉면 사이의 원자간의 인력이 작용하여 용접이 된다.
② 용접 가능한 판두께가 매우 얇다.
③ 가압력이 필요하다.
④ 서로 다른 금속간의 용접에 극히 유용하다.

12. 냉간 압접
상온에서 가압 만의 조작으로 상호간에 확산을 일으켜 압접

13. 폭발 용접
순간적인 충격 및 압력으로 금속을 압접

14. 납땜

(1) 연납땜 ★★★
주석(Sn), 납(Pb) – 연납 땜의 주성분

(2) 경납땜
연납 보다 큰 강도를 요할 때 사용

① 황동납
Cu 30~50%, Zn 50~70%의 합금으로 융점은 800~1000℃ – 구리합금, 강철 등 사용

② 은납
Cu, Zn, Ag의 합금으로 용융점은 600~900℃이며 은세공에 사용

③ 양은납
Cu, Zn의 합금에 Ni 배합-양은, Ni, 합금 등의 땜에 사용

4   강의 열처리

1. 강의 열처리
(1) 열처리 방법
① 일반 열처리 : 담금질, 뜨임, 불림, 풀림
② 항온열처리
③ 표면경화 열처리법
④ 금속 침투법(시멘테이션에 의한 방법)

(2) 열처리 작업을 지배하는 요인
① 열처리 온도 구간
② 일정온도의 유지시간
③ 냉각속도
④ 냉각능력

2. 일반 열처리

(1) 담금질(quenching ; 소입) ★★★
재료를 고온으로 가열했다가 급랭시켜 재질을 경화시켜 강도 및 경도 증가, 두께가 얇고 철판 모양의 물체가 담금질 효과가 크다.
• 아공석강 : A_3 변태점 보다 30~50℃ 높게 가열 급냉
• 과공석강 : A_1 변태점 보다 30~50℃ 높게 가열 급냉

노냉	노중 냉각	펄라이트
공냉	공기중	소르바이트
유냉	유중	트루스타이트
수냉	수중	마텐자이트

• 냉각 속도에 따른 변화 : 염욕(소금물) > 수냉 > 유냉 > 공냉 > 노냉
• 냉각능 : 열처리시 냉각제의 냉각속도

담금질 냉각제의 냉각능력
NaOH 용액 > Nacl > 물 > 기름

① 급냉시키는 목적
강의 변태를 정지시키고 마텐자이트 조직을 얻는 방법

② 오스테나이트
전기 저항은 크나 경도가 작고, 강도에 비해 연신율이 크다. → 탄소가 감마철 중에 고용 또는 용해되어 있는 조직

③ 소르바이트
트루스타이트보다 냉각속도를 늦게 한다. - 마텐자이트 + 펄라이트 조직

④ 트루스타이트
오스테나이트를 점점 냉각할 때, 마텐자이트를 거쳐 탄화철이 큰 입자로 나타나는 조직으로 α-Fe이 혼합된 급냉조직이다.

⑤ 마텐자이트
부식에 대한 저항이 크며 강자성체, 경도와 강도는 크나 여린 성질이 있고 연성이 작다.

⑥ 경한 순서
오스테나이트(A) < 마텐자이트(M) > 트루스타이트(T) > 소르바이트(S) > 펄라이트(P)

⑦ 심냉처리(sub zero treatment)
담금질 직후 잔류 오스테나이트를 마텐자이트화 하기 위하여 0℃ 이하로 처리

⑧ 질량 효과
냉각속도가 내부와 외부가 다르므로 경도차이가 생기는 것을 말한다.

⑨ 강의 경화능
담금질성(급냉 경화된 깊이) 향상 - 결정 입도를 조대화 한다. (B, Mn, Mo, Cr)

구상화처리★★
A_1 변태점 근방에서 일정시간 유지 후 서냉하면 시멘타이트는 미세하게 분리되면서 계면 장력에 따라 구상화된다. 탄소 공구강을 담금질하기 전에 필히 구상화 처리를 한다.

• 강철을 서냉시켰을 때 상온에서 볼 수 있는 조직은 페라이트(α-Fe), 펄라이트(α+Fe$_3$C), 시멘타이트(Fe$_3$C) 등 이다.

(2) 뜨임(tempering ; 소려)
담금질 후 인성을 개선시키고 내부응력 제거를 위해 A_1 변태점 이하로 재가열하여 냉각하는 것

① 뜨임처리시 조직의 변화
오스테나이트 → 마텐자이트 → 트루스타이트 → 소르바이트 → 펄라이트

② 저온뜨임
경도만 요구시 150℃ 부근에서 가열 후 냉각(A → M)

③ 마텐자이트를 약 400℃로 뜨임하면 트루스타이트 조직이 된다.

④ 고온뜨임
강인한 조직을 얻기 위해 500~600℃에서 뜨임(T → S)

⑤ 블루잉
탄성 한계를 향상하기 위해

> **저온 뜨임 취성 ★★**
> 뜨임 온도가 200℃ 가량 증가하나 250~300℃에 있어서는 낮은 값이 나타나는 현상으로서 C의 함유량이 0.2~0.4%인 구조용강에서 볼 수 있다.

(3) 풀림(annealing ; 소둔)
내부응력 제거와 경화된 재료의 연화(가공경화 제거)를 위해 가열 후 서냉한다.

① 풀림의 목적 ★★★
  ㉠ 기계적 성질 개선 : 담금질 효과를 향상, 내부 응력 제거, 인성의 향상
  ㉡ 피절삭성 개선
  ㉢ 재료의 불균일 제거시키고 조직을 개선

② 저온 풀림
  A_1 변태 이하에서 열처리

③ 고온 풀림
  A_{321} 이상에서 열처리

> **주철의 내부응력 제거**
> 500~600℃에서 6~10시간 풀림 처리한다.

(4) 불림(normalizing ; 소준)
① 거칠어진 조직 미세화, 편석이나 잔류응력 제거, 재질의 표준화를 위한 열처리
② A_3 변태점 보다 30~50℃ 높게 가열 공기 중 냉각
③ 결정입자는 조직이 미세하게 되고, 강도 및 경도 크게 증가, 연신율과 인성도 조금 증가

3. 항온 열처리

(1) 강의 항온 냉각 변태곡선

① 항온 변태
  오스테나이트로 A_1 이하의 항온까지 급냉하고 그대로 항온 유지했을 때 일어나는 변태

(2) 항온 열처리
강을 가열하여 염욕 중에서 냉각 도중 특정 온도에서 정지 후 변태시켜 담금질 변형 및 균열을 방지 할 수 있는 열처리

(3) 항온 변태 곡선(TTT 곡선 ; 온도, 시간, 변태의 관계) ★★★
연속 냉각 변태 곡선-S 곡선

> **항온 열처리 요소**
> 온도, 시간, 변태

(4) 항온 풀림
풀림 온도로 가열한 강재를 펄라이트 변태가 진행되는 온도(600~700℃)

(5) 항온 담금질

① 오스템퍼 ★★
  A_r' 와 A_r'' 중간 염욕 중에 항온변태 후 상온까지 냉각 : 하부-베이나이트 조직, 뜨임 처리할 필요가 없고, 강인성이 크다. 균열이나 변형이 적다. 베나이트 조직은 마텐자이트와 트루스타이트의 중간 조직

② 마아템퍼
  A_r'' 구역 중에서 M_s와 M_f 간의 염욕 중에서 항온변태 후 공냉 : 베이나이트와 마텐자이트의 혼합조직, 경도가 증가하고 충격값이 큰 조직

③ 마퀜칭
  오스테나이트 구역에서 M_s 점보다 약간 높은 온도에서 염욕에 담금질하여 항온유지 후 급냉 : 마텐자이트 조직, 고속도강, 베어링강, 게이지강 등의 담금질 처리, 퀜칭 후 뜨임하여 사용

④ MS 퀜칭
  담금질 온도로 가열한 상태로 M_s 점보다 약간 낮은 온도의 열욕에 넣어 강의 내·외부가 동일 온도가 될 때까지 냉각

> **파텐팅**
> 일정한 온도를 유지 후 염욕로에서 소르바이트 조직을 얻는 방법

(6) 항온뜨임
뜨임 온도에서 M_s(250℃)부근의 열욕에 넣어 항온 유지시켜 오차 베이나이트가 생기도록 한다.

4. 화학적 표면 경화법
강철의 표면 경화법 종류

(1) 침탄법 ★★
0.2% 이하의 저탄소강을 침탄제와 침탄상자에 넣어 탄소를 침투시켜 노에서 가열 0.5~2mm의 침탄층 생성시켜 담금질 처리

① 고체 침탄법
침탄제인 목탄이나 코크스 분말과 침탄촉진제($BaCO_3$, 적혈염, 소금 등)를 재료와 함께 900~950℃로 3~4시간 가열

② 액체 침탄법 ★★★
침탄제(NaCN, KCN)에 염화물(NaCl, KCl, $CaCl_2$ 등)과 탄화염(Na_2CO_3, K_2CO_3 등)을 40~50% 첨가하고 600~900℃에서 용해하여 C와 N이 동시에 소재의 표면에 침투하게 하여 표면을 경화시키는 방법으로 청화법 또는 시안화법이라 한다.

③ 가스 침탄법
고온의 탄화수소계(CO_2, CO, CH_4, C_2H_6, C_3H_8)의 가스를 표면에 접촉시켜 활성 탄소를 석출시키는 방법
• 경화층의 두께는 침탄법이 깊다.

(2) 질화법 ★★
암모니아 가스(NH_3)를 고온에서 철 또는 강에 침투시켜 질화철을 형성하는 것으로서 마모저항 및 경도가 크나 취성이 있다. 600℃ 이하에서는 경도가 감소되지 않고 산화도 일어나지 않는다. 크랭크축, 캠축 등에 사용한다. 질화강은 담금질할 필요가 없다.

(3) 청화법(시안화법) ★★★
액체 침탄법으로 C와 N를 동시에 침투시키는 방법으로 매우 짧은 시간에 표면경화가 가능하다. KCN과 NaCN를 청화제로 사용

침 탄 법	질 화 법
경도 증가	경도가 크고 취성이 있다.
침탄 후 열처리 필요	질화 후 열처리 필요 없다.
침탄 후 수정 가능	질화 후 수정 불가능하다.
단시간내의 표면경화 가능	표면경화 시간이 길다.
변형이 생긴다.	변형이 적다.
침탄층은 단단하다.	질화층은 여리다.

5. 물리적 표면 경화법

(1) 화염 경화법
산소-아세틸렌의 화염으로 표면만 가열 냉각하여 표면만 경화 → 선반 주축 표면 경화에 주로 사용

(2) 고주파 경화법
고주파 전류를 이용여 담금질 시간이 짧고 복잡한 형상에 이용

6. 금속 침탄법 ★

(1) 세라다이징
Zn

(2) 크로마이징
Cr-내열, 내식, 내마모성, 줄의 표면 경화

(3) 칼로라이징
　　Al-고온산화성이 큼

(4) 실리콘나이징
　　Si-내산성 증가

(5) 브로나이징
　　B-경도 증가, 내마모성 증가

7. 기타
　(1) 방전 경화법
　　표면에 2~3μm 정도의 경화층 생성-공구 수명 연장

(2) 하드 페이싱 ★★
　　용접 아크에 의한 표면 경화법

(3) 메탈 스프레이
　　마멸된 부분에 특수 금속봉을 용사하여 표면을 경화-차축, 롤러 등 마멸된 부분의 표면 경화에 쓰인다.

> 케이스 하드닝(Case Hardening)★★
> 침탄 후의 열처리 작업

5 수기가공(손다듬질)

1. 금긋기 작업
　(1) 금긋기 공구
　　① 금긋기 바늘
　　　금을 그을 때 사용
　　② 서피스 게이지
　　　금긋기 및 선반에서 중심 맞추기

2. 쇠톱 작업
　(1) 재질
　　탄소 공구강, 고속도강
　(2) 크기
　　양단 구멍 중심에서 중심까지의 길이로 표시

3. 정 작업
　(1) 정의 종류
　　① **평정** : 평면가공과 절단 작업
　　② **홈정** : 기름 홈 가공
　　③ **캡정** : 넓은 면 또는 키 홈 가공

　(2) 정의 날끝각
　　경한 재질일수록 각도가 큰 것을 사용
　　① **연강** : 45~55°
　　② **주철** : 55~60°
　　③ **경강** : 60~70°
　　• 펀치의 끝각은 90°

　(3) 바이스의 크기 ★★★
　　바이스 조(jaw)의 최대 폭

4. 줄 작업

(1) 날의 종류 및 줄 눈의 형상에 따른 분류

① **홑줄날(홑눈줄 ; 단목)**
한쪽 방향으로만 날이 있는 줄
㉠ Pb, Sn, Al 절삭
㉡ 얇은 판의 가장자리 절삭

② **두줄날(겹눈줄 ; 복목)**
두 개의 상·하 날이 있는 줄로 상날은 절삭용, 하부날은 칩배출용
㉠ 강과 주철, 연한금속 절삭

③ **라스프날(귀목)**
목재, 가죽 등의 비금속재료 절삭용

④ **곡선날(파목)**
납, Al, 플라스틱, 목재 등의 절삭용

(2) 줄 눈의 크기에 따른 분류
대황목(아주 거친눈)줄, 황목줄, 중목(중간눈)줄, 세목(가는눈)줄, 유목줄 등

(3) 단면형에 의한 분류
삼각형, 평형, 반원형, 원형, 각형 등

(4) 줄의 재질 ★★
탄소 공구강(STC)

(5) 줄 눈의 크기
1인치에 대한 눈금 수 → 줄 눈을 메운 칩은 줄 날 방향으로 브러시를 움직여서 칩을 제거

(6) 줄 작업 종류 ★★
① **직진법** : 최종 다듬질(정삭)
② **사진법** : 거친 절삭(황삭), 모따기
③ **횡진법(병진법 ; 상하전진법)** : 길이가 길고 폭이 좁은 공작물에 적당

5. 스크레이퍼 작업
보통은 줄 작업 후 정밀한 곡면 또는 평면 다듬질을 위한 가공법이다.

(1) 재질
고속도강(SKH), 초경합금

(2) 종류
곡면형, 삼각형, 조립형, 평형

6. 리머 작업
드릴로 구멍을 뚫고 구멍 내부를 정밀하게 다듬질하는 작업으로 사용하는 공구가 리머이다.

(1) 리머 작업시 유의사항
① 리머를 뺄 때 역회전 금지
② 칩이 잘 배출 되도록 기름을 충분히 칠한다.
③ 날의 간격을 다르게 하여 떨림을 방지한다.(채터링 방지)
④ 드릴보다 이송 속도는 빠르게 절삭속도는 느리게 한다.

7. 탭과 다이스 작업

(1) 탭 작업
암나사를 손으로 가공하는 작업

① **핸드 탭 ★★★**
1조가 3개의 탭으로 구성, 1번 탭 : 55%, 2번 탭 : 25%, 3번 탭 : 20% 의 가공률

② **기계 탭**
기계장치를 이용하여 나사를 내는 탭으로 작업 효율을 높일 수 있다.

③ **탭 구멍의 지름**
미터나사 : $d = D - p$ ★★
여기서, d : 탭 구멍의 지름(mm)
D : 나사의 바깥지름(mm)
p : 나사의 피치(mm)

> **탭의 종류**
> ① 스파이럴 탭 : 강인한 재료에 사용
> ② 건 탭 : 고속절삭용-비틀림 홈을 갖고 있다.
> ③ 마스터 탭 : 다이스나 체이서 등을 만드는 탭

(2) 다이스 작업 : 수나사 가공
 ① 분할 다이스
 ② 단체 다이스
 ③ 솔리드 다이스
 ④ 조정 다이스(split dies)

6 측정기

1. 측정 방법

(1) 직접측정 ★
 실물의 치수를 직접 측정
 • 종류 : 버니어캘리퍼스, 마이크로미터, 측장기, 각도자, 하이트 게이지

(2) 비교측정 ★
 표준편의 양과 차를 실물의 치수와 비교해 측정 → 측정범위가 좁다.
 • 종류 : 다이얼 게이지, 미니미터, 옵티미터, 공기 마이크로미터, 전기 마이크로미터, 컴비네이션 세트, 표준 게이지

(3) 간접측정
 기하학적으로 측정하기 힘든 경우, 예를 들어 나사, 기어 등과 같이 형태가 복잡한 것을 기하학적 계산에 의하여 결정하는 측정

> **측정기 선택 기준**
> 공차의 크기, 공작물의 수량, 측정 방법 등 고려

2. 측정 오차의 종류

(1) 고유 오차
 측정기의 취급과 구조에서 오는 오차

(2) 개인 오차
 측정자의 부주의, 숙련도, 버릇 등에서 오는 오차

(3) 환경에 의한 오차
 측정기 사용 장소의 온도, 압력, 빛(조명), 진동 등에서 오는 오차

(4) 우연오차 ★
 측정 장소에서 예기치 못한 원인에 의하여 발생하는 오차-반복 측정하여 평균값을 구해 우연오차를 없앴다.

3. 아베의 원리(Abbe's principle) ★★
 표준자와 피측정물은 동일 축 선상(일직선 위에 배치)에 위치하여야 한다.

(1) 아베의 원리를 만족시키지 않을 때 나타나는 오차
 측정 오차

(2) 아베의 원리를 만족시키는 측정기
 외경(외측) 마이크로미터, 측장기

(3) 아베의 원리를 위배하는 측정기
 하이트 게이지, 버니어캘리퍼스, 다이얼 게이지, 블록 게이지

4. 측정기 사용상 분류

(1) 길이 측정기
 강철자, 직각자, 콤퍼스, 디바이더, 마이크로미터, 버니어캘리퍼스, 하이트 게이지, 다이

얼 게이지, 스냅 게이지, 표준 게이지, 리밋 게이지, 광학측정기

(2) 각도 측정기
각도 게이지, 직각자, 분도기, 컴비네이션, 베벨, 사인바, 테이퍼 게이지, 만능각도기, 분할대

(3) 평면 측정기
수준기, 직각자, 서피스 게이지, 정반, 옵티컬 플랫, 조도계, 스트레이트 에지

(4) 안지름 측정기
구멍용 한계 게이지, 내경 지침 측미기, 플러그 게이지

(5) 나사 측정기
나사 마이크로미터

(6) 기어 측정기
기어 시험기

> **진직도 측정**
> 직선자, 수준기, 나이프 에지, 오토콜리미터, 정반과 인디게이터

5. 직접 측정기

(1) 버니어캘리퍼스
일감의 외경, 내경, 깊이, 두께, 폭 등을 측정

① 미터식 종류
 1/20[mm], 1/50[mm]

② M형
 1/20[mm]까지 측정, CB형, CM형 : 1/50[mm]까지 측정

③ M_1형
 1/20[mm]까지 측정,
 M_2형 : 1/50[mm]까지 측정

• 버니어캘리퍼스로 읽을 수 있는 최소 눈금 치수

$C = \dfrac{s}{n}$ ★★★

여기서, n : 등분수
 s : 어미자의 1눈금 치수(본척의 눈금)

> **1/20mm 버니어캘리퍼스란?**
> 본척의 눈금이 1mm, 부척의 1눈금은 19mm를 20 등분한 것(최소 측정값이 $\dfrac{1}{20}$ mm 이다.)

(2) 마이크로미터
외경, 내경 및 깊이 측정에 사용하며 나사의 원리를 이용한 측정기이다. 0.01mm까지 측정할 수 있는 마이크로미터는 삼각나사의 피치가 0.5mm에 딤블의 원주를 50등분한다.

$$\left(\text{최소측정} = \dfrac{\text{피치}}{\text{딤블 원주 등분 수}}\right)$$

• 마이크로미터의 크기
 0~25[mm], 25~50[mm], 50~75[mm], 75~100[mm]

> **마이크로미터 특징** ★★
> ① 나사 마이크로미터는 나사의 유효지름, 골지름, 바깥지름을 측정할 수 있으며 앤빌의 중심 위치가 V형으로 되어있다.
> ② 나사축의 회전으로 전진과 후퇴되어 거리를 측정하게 되어 있다.
> ③ 마이크로미터의 부척의 원리는 버니어캘리퍼스의 원리와 같다.
> ④ 미터식은 피치가 0.5mm이므로 스핀들이 1mm 이동하기 위해 2회전이 필요하다.

(3) 하이트 게이지
공작물의 높이 측정 및 검사와 평행선을 그을 때도 사용, 블록 게이지와 마이크로미터를 조합한 측정기로서 μm 단위의 높이를 설정하거나 또는 비교측정에서의 기준 게이지로 사용된다.

• 종류 : HM형, HB형, HT형(0점 조정 가능)

(4) 측장기

내경, 작은 구멍, 암나사, 테이퍼 측정이 가능한 정밀 게이지이고 공구 검사용으로도 사용된다.

6. 비교 측정기

(1) 다이얼 게이지 ★★

평면 또는 원통형의 평면도(평활도), 원통의 진원도, 축의 흔들림 등의 검사나 측정, 길이 측정 등이 가능한 기어 원리의 측정기
- 진원도 측정 방법 : 지름법, 반지름법, 삼점법

다이얼 게이지의 눈금 이동량

① 테이퍼값(기울기) $T = \dfrac{D-d}{L}$

② 눈금이동량 $x = \dfrac{D-d}{2}$

(2) 공기 마이크로미터 ★★

공기의 흐름으로 확대기구를 움직여 길이를 측정하는 방법, 압축공기원으로 콤프레서를 이용한다.
- 외경, 내경, 직각도, 진원도, 평면도, 테이퍼, 타원 등 측정

(3) 전기 마이크로미터 ★★

측정자의 기계적 변위를 전기량으로 변환하여 지시계의 지침을 측정하는 방법
① 자동선별, 자동치수, 디지털 표시 등에 이용하기가 쉽다.
② 응답속도가 빠르다.
③ 고속 측정이 가능하다.

(4) 옵티 미터 ★★

광학적으로 길이의 미소 범위를 확대하여 측정하는 방법 → 광학 확대 장치를 이용하여 측정

(5) 미니 미터 ★★

레버의 확대기구를 이용하여 수백, 수천 배 확대시켜서 측정하는 방법

7. 단면 측정기(단도기)

(1) 표준 게이지

① 블록 게이지 ★★★

각 면의 치수가 다른 육면체로 게이지 중 가장 정밀도가 높고 건식 래핑에 의해 다듬질 정도를 얻는다. 사용할 때는 목재 테이블이나 천 또는 가죽 위에서 사용한다.
㉠ 103, 76, 47, 32, 27, 8개가 한 세트로 구성
㉡ 정밀도에 따른 종류

등 급	용 도	검사 주기
AA(00급)	연구소용 (참고용)	3년
A(0급)	표준용	2년
B(1급)	검사용	1년
C(2급)	공작용 (일감용)	6개월

② 표준 테이퍼 게이지

테이퍼 측정 게이지로 다음과 같은 측정에 사용된다.
㉠ 모스 테이퍼 : 1/20
㉡ 브라운 샤프 테이퍼 : 1/24
㉢ 자노 테이퍼 : 1/20
㉣ 내셔널 테이퍼 : 7/24

(2) 한계 게이지

- 테일러의 원리 : 한 쪽은 통과측으로 모든 치수 또는 결정량이 동시에 검사되고 다른 정지측에는 각 치수를 검사하도록 한 것이다. 특히 구멍의 요철과 축의 휨 등을 검사토록 한다.

① 구멍용 한계 게이지
   ㉠ 플러그 게이지 : 비교적 작은 구멍 검사
   ㉡ 평 게이지 : 비교적 큰 구멍 검사
   ㉢ 봉 게이지 : 250mm를 초과하는 구멍 검사
② 축용 한계 게이지
   ㉠ 링 게이지 : 지름이 작거나 얇은 두께의 공작물 검사
   ㉡ 스냅 게이지 : 축 지름 검사
③ 나사용 한계 게이지
   ㉠ 플러그 나사 게이지 : 너트 유효지름 검사
   ㉡ 링 나사 게이지 : 볼트 유효지름 검사

> **주**
> 통과 나사 게이지의 통과쪽이 무리 없이 통과하고 정지 나사 게이지는 2회전 이상 돌려지지 않아야 한다.

(3) 기타 게이지
① 반지름 게이지(radius gauge)
   일감의 라운딩 부분 측정
② 센터 게이지
   선반 작업의 나사 절삭시 바이트의 위치나 바이트의 각도를 검사
③ 틈새 게이지(thickness gauge)
   부품 사이의 틈새 또는 좁은 홈의 폭을 검사
④ 피치 게이지
   나사 산의 피치를 측정
⑤ 와이어 게이지
   와이어의 지름 및 박강판의 두께 측정
⑥ 드릴 게이지
   드릴의 지름을 측정

8. 각도 측정기
(1) 각도 게이지
   ① 요한슨식 각도 게이지
   ② NPL식 각도 게이지

(2) 사인 바 ★★★
요한슨형(직사각형) 블록 게이지를 사용하여 삼각 함수를 이용 간접적으로 각도 측정

$$\sin\alpha = \frac{\triangle H}{L}$$

여기서, $\triangle H$: 높이 차
L : 사인 바의 길이

① 양 롤러는 직각자의 측정면에 평행이고 롤러 중심 사이의 거리가 일정하다.
② 윗면의 평면도, 롤러의 치수 및 진원도가 정확해야 한다.
③ 직각자의 양끝을 지지하는 같은 크기의 원통 롤러로 구성되어 있다.
④ 직각삼각형에 삼각함수의 원리를 적용시켜 각도를 구하는 방법이다.
⑤ 각도 측정시 45°를 넘게 되면 오차가 커진다.
⑥ 2개의 원주 핀이 블록과 더불어 사용된다.
⑦ 블록을 올려놓기 위한 정반도 함께 사용된다.

(3) 수준기
수평, 수직(직각도)을 측정하는 기구

(4) 기타
① 만능 각도 측정기
② 컴비네이션 세트 : 강철자, 직각자 및 각도기 등을 조합 → 각도 측정
③ 탄젠트 바

9. 면의 측정기

(1) 평면도 측정
① 광선정반(옵티컬 플랫 ; optical flat) ★★
광파 간섭 현상을 이용하여 평면도 측정, 마이크로미터 측정면의 평면도 검사

② 스트레이트 에지
③ 수준기
④ 오토콜리미터
미소각을 측정하는 측정기로

(2) 표면 거칠기 측정
① 표준편과 비교
② 촉침법
③ 광절단법
④ 광파간섭법

> **표면 거칠기의 종류**
> ① 최대 높이 거칠기
> ② 10점 평균 거칠기
> ③ 중심선 평균 거칠기

10. 기타 측정기

(1) 내경 측정기
내경 마이크로미터, 실린더 게이지, 텔리스코핑 게이지

(2) 나사 측정
① 유효지름 측정 ★★★
나사 마이크로미터, 삼침법(삼선법), 공구현미경, 투영기

② 피치의 측정
피치 게이지, 공구현미경, 투영기

③ 나사산의 각도
만능 투영 검사기

> **가장 정밀도가 높은 측정법 ★★**
> 삼침법

> **공구현미경**
> 정밀도는 0.01~0.001mm까지 나사의 각도, 피치, 바이트 각도 등을 측정

(3) 평행 광선 정반
평행도 검사 및 마이크로미터의 종합 정도 검사

(4) 기어의 측정
① 기어 시험기
피측정 기어, 표준 기어를 맞물려서 회전한다.

② 치형 버니어 캘리퍼스
이 두께 자 와 이 높이 자가 일체로 되어있는 버니어캘리퍼스-피치원주상의 날줄 이 두께를 측정한다.

③ 기어의 이두께 측정법 ★★
현 이두께법, 걸치기 이두께법, 오버핀법

> **기어 측정**
> ① 치형의 정확도, 이 두께, 피치, 편심오차를 측정하고 검사
> ② 상대 기어와 물려서 운자시 마멸과 소음 등 시험
> ③ 기어 시험기로서 이 홈의 흔들림, 치형 오차, 압력각 오차, 피치 오차 등을 종합적으로 측정

(5) 열전대
온도 측정
① Cu-콘스탄탄 : 600℃ 이하
② Fe-콘스탄탄 : 900℃ 이하
③ 알루멜-크로멜 : 1200℃ 이하
④ 백금-백금, 로듐 : 1600℃ 이하

측정 방법
① 편위법 : 눈금의 기존과 지침의 위치를 비교하여 측정량의 크기를 재는 방법
② 영위법 : 측정량을 가감할 수 있는 기지량과 균형시켜 그 때의 균형량의 크기로부터 측정량을 측정하는 방법
③ 보상법 : 계기류로 측정해야 할 값과 표준값을 비교해서 양자의 근소한 차이를 정밀하게 측정하는 것

7 절삭 이론

1. 절삭가공
(1) 절삭 공구에 의한 가공
① 선반 : 선삭가공
② 밀링
③ 셰이퍼 형삭가공, 플레이너평삭가공
④ 드릴링 머신, 보링 머신

(2) 연삭공구에 의한 가공
① 연삭(grinding)
② 호닝(horning)
③ 슈퍼 피니싱(super-finishing)
④ 래핑(lapping)

2. 공작 기계의 기본 운동
(1) 절삭 운동
　절삭할 때 칩의 길이 방향으로 절삭 공구가 움직이는 운동
① 공구 : 밀링, 셰이퍼, 슬로터, 드릴링머신, 브로우칭 머신
② 일감 : 선반, 플레이너
③ 공구와 일감 : 원통연삭기, 호빙머신, 래핑머신

(2) 이송 운동
　절삭 공구 또는 가공물을 절삭 방향으로 이송하는 운동

(3) 위치 조정운동 또는 조정운동
　공작물과 공구간의 절삭 조건에 따른 절삭 깊이 조정 및 일감, 공구의 설치 또는 제거

3. 칩의 생성과 구성 인자
(1) 칩의 종류 ★★★
① 유동형칩
　공구의 경사면 위를 칩이 연속적으로 빠져 나와 절삭작업이 쉽다. → 가장 바람직한 절삭칩, 연강 절삭 작업시 발생
㉠ 연성 재료를 고속 절삭할 때 발생
㉡ 절삭 깊이가 적을 때 발생
㉢ 공구의 경사각이 클 때 발생
㉣ 절삭유를 사용할 때 발생
㉤ 가공면이 깨끗하다.
• 칩 브레이커 : 연속적인 칩을 짧게 끊어주는 장치 - 안전장치의 역할

② 전단형칩
　칩이 일정 간격으로 전단되어 연속적으로 공구의 경사각 위를 빠져 나옴

㉠ 연성 재료를 저속 절삭할 때 발생
㉡ 공구의 경사각이 작을 때 발생
㉢ 절삭 깊이가 클 때 발생
㉣ 절삭 공구와 접촉시 진동 발생

③ 경작형칩(열단형칩)
공구의 날끝 앞쪽에서 균열이 발생
㉠ 공작물에 점성이 있을 때 발생
㉡ 절삭저항의 변동이 심해 진동이 발생
㉢ 연강, 알루미늄 합금 등의 절삭시

④ 균열형칩
균열이 공구의 날 끝에서부터 공작물의 표면까지 발생
㉠ 취성재료(주철)을 저속으로 절삭할 때 발생
㉡ 가공 표면이 거칠다.

• 칩(chip)의 형성과 관련이 가장 깊은 피삭재 내의 변형 양식은 전단 변형이다.

(2) 구성인선 ★★★
연한 재료의 절삭시 칩과 공구의 경사면 사이에 고온, 고압과 절삭열에 의한 마찰에 의하여 공구의 절삭날 부근에 칩이 압착, 용착되어 절삭에 나쁜 영향을 미치는 현상을 구성인선(built-up edge)이라 한다.

① 구성인선의 영향
㉠ 가공 면을 불량하게 만든다.
㉡ 공구의 마멸이 증가되어 수명을 단축시킨다.
㉢ 공구의 날 끝에 달라붙은 칩이 절삭을 한다.

② 방지책
㉠ 공구의 경사각을 크게 한다.
㉡ 고속 절삭을 한다.
㉢ 절삭깊이를 적게 한다.
㉣ 윤활성이 있는 절삭제를 사용한다.

(3) silver white cutting method - SWC 바이트
절삭저항을 감소시키고 공구 수명이 길어지는 이점이 있어 구성인선을 이용한 절삭 가공이다.

4. 절삭조건 ★★
(1) 절삭저항
공구가 공작물로부터 받는 저항

① 주분력
절삭방향과 평행한 분력

② 배분력
절삭공구의 역방향으로 발생하는 분력 - 가공 정밀도에 영향을 주는 힘

③ 횡분력(이송분력)
이송방향과 평행한 분력

④ 3분력의 크기순서
주분력 > 배분력 > 횡분력

(2) 절삭저항에 영향을 주는 인자
① 절삭속도
② 절삭 공구 날 끝의 형상
③ 공작물의 재질
④ 절삭깊이
⑤ 절삭제

(3) 절삭속도 ★★★
$$V = \frac{\pi DN}{1000} \ [\text{m/min}]$$
여기서, D: 가공물의 지름(mm)
N: 회전수(rpm)
V: 절삭속도(m/min)

(4) 이송속도
선반(선삭)에서는 주축의 1회전당 이송량 mm/rev로 표시

(5) 절삭공구의 수명에서 피절삭성에 영향을 미치는 인자

① 공구(tool)
절삭속도, 공구수명, 공구재료의 성분, 공구마모, 이송, 절삭깊이, 치수효과, 공구형상 및 각도, 공구의 열처리

② 일감(work)
일감의 재질, 경도, 현미경 조직

③ 작업조건(working condition)
일감의 표면조도, 작업조건(중절삭, 경절삭, 절삭속도), 절삭제, 절삭저항, 칩의 형상, 절삭온도, 칩의 색깔, 칩의 유동 상태

(6) 절삭시간 ★★

$$T = \frac{L}{ns} \text{ [min]}$$

여기서, L : 공작물의 가공부분 길이
n : 회전수[rpm]
s : 이송속도[mm/rev]

5. 절삭공구의 수명 및 마멸

(1) 공구의 수명
절삭을 시작하여 최초의 공구 재연삭을 해야 할 때까지의 시간

(2) 테일러의 공구 수명식 ★★

$$VT^n = C$$

여기서, V : 절삭속도(m/min)
T : 공구수명(min)
n : n은 상수
C : 공구, 공작물, 절삭조건에 따른 상수

(3) 공구의 수명 판정 방법 ★★
① 절삭가공 후 가공 면에 광택이 있는 무늬 또는 점이 있을 때
② 가공하여 완성된 제품에 일정량의 치수 변화가 생겼을 때
③ 공구 날에 일정량의 마멸이 생겼을 때

(4) 절삭공구의 수명에 영향을 주는 순서
절삭속도 → 절삭깊이 → 이송속도

(5) 공구의 마멸
① 크레이터 마멸 ★★
공구의 윗면이 칩에 의해 움푹 파여지는 현상

② 플랭크 마모
공구의 측면이 절삭면에 평행하게 마멸되는 현상

③ 치핑
날 끝의 일부가 파괴되어 탈락하는 현상

(6) 절삭온도 측정법
① 칩의 빛깔에 의한 방법
② 서머 컬러(thermo-color)에 의한 방법
③ 칼로미터(calorimeter)에 의한 방법
④ 삽입된 열전대에 의한 방법
⑤ 복사 고온계에 의한 방법
⑥ 공구와 공작물을 열전대를 이용하는 측정

6. 절삭공구의 재료

(1) 절삭공구 재료의 구비 조건 ★★
① 가공 재료보다 강인성이 클 것.
② 고온 경도, 인장 강도와 내마멸성이 클 것.
③ 성형성이 용이 할 것
④ 마찰이 적고 가격은 저렴할 것

(2) 절삭공구 재료의 종류
① 탄소 공구강(STC) ★★
㉠ 탄소(C) 함유량 0.6~1.5%의 고탄소강, 300~350℃에서는 경도 및 강도 저하
㉡ 저속도의 경절삭용에 사용
㉢ 줄, 정, 쇠톱날, 펀치 등에 사용

② 합금 공구강(STS) ★★
㉠ 0.75~1.5%의 탄소강에 W, Cr, Ni, V 등을 첨가한 강
㉡ 450℃에서는 경도 및 강도 저하

ⓒ W-Cr 강 : 고온 경도 및 강도, 내마모성 증가
　　ⓓ Cr-V 강 : 내 충격용 공구강, 내마멸성 향상, 내부 인성 증가

③ 고속도강(SKH) ★★★
　0.7~1.5% C의 고탄소강에 Cr, Mo, W, V 등을 첨가하여 용융 시작 온도 바로 전에서 담금질 후 550~600℃에서 뜨임 처리한 금속이다.
　ⓐ 600℃에서도 고온 경도가 크다.
　ⓑ 표준고속도강 : 0.18% C+18% W+4% Cr+1% V이 함유된 금속
　ⓒ 표준고속도강+4.5~17% Co를 첨가한 금속 : 고속 중 절삭, 난삭재 절삭에 적당

④ 주조합금 ★★
　금속 주형으로 주조 후 연마한 금속
　ⓐ 열처리가 불가능하고 경도가 매우 크다. 그러나 상온에서는 고속도강보다 약하다.
　ⓑ 스텔라이트 : W-Cr-Co-C 등의 주조 합금으로 Co가 주성분이며 고온 경도 및 내마모성이 크다.
　ⓒ 600℃ 이상에서는 고속도강보다 경하지만 취성이 커진다.

⑤ 소결초경합금 ★
　일반적으로 널리 사용되고 있는 금속
　ⓐ W, Ti, Ta, Mo, Zr 등의 탄화물에 Co, Ni 등의 분말을 수소 기류에서 소결시켜 만든 분말 야금법에 의한 합금이다.
　ⓑ 1100~1200℃에서 경도 및 강도가 저하
　ⓒ 고온 강도가 크나 취성이 있다.
　ⓓ 고속 정밀 절삭에 적당하다.

⑥ 세라믹 공구 ★★
　ⓐ Al_2O_3를 주성분으로 여기에 산화물(Si, Mg)이나 탄화물(Ti)을 소량 첨가하여 소결시킨 합금
　ⓑ 고온 경도가 크고 충격에 약하다.
　ⓒ 절삭유를 사용하지 않는다.
　ⓓ 1500℃에서 경도 및 강도가 급격히 저하

⑦ 서멧 공구
　ⓐ TiCN이 주성분으로 만든 합금

⑧ 다이아몬드 공구
　ⓐ 비철금속 및 비금속 재료의 정밀 절삭에 사용
　ⓑ 오랜 시간동안 고속 연속 절삭이 가능

7. 절삭제

(1) 절삭제의 사용 목적 ★★★

① 냉각작용
　공구와 공작물의 온도 증가 방지

② 윤활작용
　공구와 공작물의 마찰에 의한 마모 방지

③ 세척작용
　칩을 씻어버리는 작용으로 절삭작용을 좋게 한다.
・주철 절삭시 절삭유를 사용하지 않는다.

(2) 절삭유의 구비조건
① 냉각성, 윤활성, 유동성이 좋아야 한다.
② 발화점(착화점), 인화점이 높아야 한다.
③ 마찰계수가 적어야 한다.
④ 유막은 높은 내 압력에 견디어야 한다.

(3) 절삭유 종류
① 수용성 절삭유(유화유)
　선반, 밀링, 드릴링, 연삭 작업 사용, 윤활 작용 보다 냉각작용의 효과가 크다. 고속 절삭 및 연삭작업에 적당하다.
　ⓐ 에멀션유 : 광유에 비눗물 혼합 (1 : 20)
　ⓑ 솔류불형 : 고속도작업 또는 연삭작업

ⓒ 솔류션형 : 연삭 작업
② 불수용성 절삭유
ⓐ 광물성유 : 점성이 낮고 경절삭용에 적당, 석유, 기계유, 석유+기계유 등이 있다.
ⓑ 지방질유 : 동물성유, 식물성유, 어유

- 동물성유(돈유) – 저속절삭, 다듬질 가공
- 식물성유 : 점성이 높고 중절삭용, 윤활성 양호, 냉각작용 불량, 구성인선 발생 감소, 나사 깎기, 기어 가공, 다듬질 절삭, 저속절삭시 사용

8 선반가공

1. 선반가공의 종류
외경절삭, 끝면절삭, 정면절삭, 절단, 테이퍼절삭, 곡면절삭, 구멍뚫기, 보링, 너링, 나사절삭

2. 선반의 종류
(1) 보통선반
(2) 탁상선반(소형 선반)
  계기, 시계 등의 부품 절삭
(3) 터릿 선반 ★★★
  여러 개의 공구를 사용하여 순차적으로 절삭가공을 할 수 있는 선반 → 심압대 대신 회전공구 대 사용, 대량생산이 목적
(4) 자동선반
(5) 모방선반
  형판을 사용하고 형판을 본떠 절삭할 수 있는 선반
(6) 수직선반
  주축이 수직으로 설치되어 공구의 길이 방향으로 이송운동을 하는 선반
(7) 정면선반
  면판을 사용하고, 길이가 짧고 지름이 큰 공작물
(8) 다인선반
  공구대에 여러개의 바이트가 부착되어 이 바이트 전부 또는 일부가 동시에 절삭가공하는 선반
(9) 차륜선반
(10) 차축선반
  철도차량용 차축가공에 사용
(11) 크랭크축 선반
(12) 캠축 선반
(13) 롤선반

3. 선반의 크기 ★★★
(1) 베드 위의 스윙
(2) 양 센터 사이의 최대 거리
(3) 왕복대상의 스윙

4. 보통선반의 구조 ★
(1) 주축대
  주축 구동방식에는 기어식과 단차식이 있다.
(2) 심압대
  구멍뚫기 작업 가능
(3) 왕복대
  새들, 에이프런, 공구대로 구성

- 복식 공구대 : 새들 위에 고정하고 테이퍼 가공에 사용

(4) 베드

주축대, 심압대, 왕복대지지

5. 선반의 부속장치

(1) 센터(center)

자루는 모스 테이퍼 $\left(\dfrac{1}{20}\right)$ 로 되어 있고, 선단각은 60° 이다.

① 회전 센터 : 주축에 끼우는 센터
② 정지 센터 : 심압축에 고정
③ 하프 센터 : 끝면 깎기에 사용
④ 베어링 센터 : 고속회전 절삭에 사용

(2) 척(chuck) ★★★

공작물을 지지 및 회전시키는 요소

① 단동척

복잡한 공작물을 고정할 수 있도록 조(jaw)가 4개이고 조는 각각 따로 움직인다.

② 연동척

원형, 삼각형 등의 공작물을 고정할 수 있고 3개의 조가 동시에 움직인다. → 6각형 단면 고정 가능

③ 복동척

단동척과 연동척의 기능을 갖고 있는 척

④ 공기척

압축 공기로 조를 움직일 수 있는 척

⑤ 유압척

유압으로 조를 움직일 수 있는 척

⑥ 콜릿척

봉재 가공시 자동선반이나 터릿선반 등에서 사용

⑦ 마그네틱 척(자기 척)

두께가 얇은 공작물을 고정할 때 사용

(3) 돌림판과 돌리개

① 돌림판

주축에 고정하여 돌리개와 연결

② 돌리개

돌림판에 의하여 돌리개가 회전하면서 공작물을 회전시킨다.

- 양 센터 작업에 필요한 부속장치 : 회전 센터, 정지 센터, 돌림판, 돌리개

(4) 심봉(mandrel)

중공제품 가공시 필요

① 고정심봉
② 팽창심봉 : 다소 지름 조절이 가능
③ 조립심봉 : 지름이 큰 관 가공시 사용

(5) 방진구(work rest)

지름에 비해 길이가 긴 공작물 가공시

① 고정방진구

베드 위에서 조(jaw) 3개로 공작물을 잡아 주면서 깊은 구멍 가공시 사용

② 이동방진구

왕복대의 새들에 고정, 조 2개를 이용하여 긴 축가공시 사용

6. 선반작업

(1) 테이퍼 절삭 작업

① 복식 공구대를 회전시키는 방법
② 심압대를 편위시키는 방법
③ 테이퍼 절삭장치에 의한 방법
④ 가로이송과 세로이송을 동시에 작업하는 방법
⑤ 총형 바이트에 의한 방법

7. 잇수비(속도비) ★★

$$i = \dfrac{\text{공작물의 피치}}{\text{리드 스크루의 피치(어미나사의 피치)}} = \dfrac{A}{B}$$

A : 주축 기어의 잇수
B : 리드스크류 기어의 잇수

9 드릴링 머신과 보링 머신 가공

1. 드릴링 머신

(1) 드릴링 머신에 의한 가공 ★★★

① 드릴링(drilling)
구멍을 뚫는 작업

② 리밍(reaming)
드릴구멍을 다듬는 작업

③ 태핑(tapping)
암나사를 내는 작업

④ 보링(boring)
이미 뚫린 구멍을 정밀한 치수로 넓히는 작업

⑤ 스폿 페이싱(spot facing)
볼트나 너트 부분이 닿는 부분을 평평하게 자리를 만드는 작업

⑥ 카운터 보링(counter boring)
볼트의 머리부가 공작물에 묻히게 자리의 단을 만드는 작업

⑦ 카운터 싱킹(counter sinking)
접시 머리 볼트의 머리부를 묻는 자리를 만드는 작업

(2) 드릴링 머신의 종류

① 레이디얼 드릴링 머신
대형 공작물 가공에 적합

② 다축 드릴링 머신
다수의 구멍을 동시에 가공이 가능

③ 심공 드릴링 머신
깊은 구멍 가공시

④ 직립 드릴링 머신
주축이 수직 방향이고 가장 일반적으로 사용

⑤ 탁상 드릴링 머신
소형 드릴링 머신

⑥ 다두 드릴링 머신
제품의 대량생산

(3) 절삭 드릴의 구조

① 드릴의 표준 날끝각 : 118° ★★★
② 날 여유각 : 10~15°
③ 비틀림각 : 20~35°
④ 드릴 자루 : 곧은 자루-지름이 13mm 이하, 모스 테이퍼 자루-지름이 13mm 이상
⑤ 시닝(thinning) ★★ : 웨브의 두께를 적게 하여 절삭력을 증가(절삭저항 감소)시키는 것
→ 절삭저항을 감소시키기 위하여 웨브(web) 두께를 얇게 연삭하는 것이다.
→ 치즐 에지(chisel edge)를 연삭

2. 보링 머신

(1) 보링 머신의 종류

① 수평식 보링 머신
가장 보편적으로 사용되며, 테이블형, 블로워형, 플레이너형 등이 있다.

② 정밀 보링 머신
진원도, 진직도가 높은 고속 정밀 보링 작업

③ 지그 보링 머신 ★★
구멍을 매우 정확하게 위치를 잡아 주어 정밀한 구멍가공이 가능하다.

(2) 보링 공구 구조

① 보링 바 : 보링 바이트 고정
② 보링 바이트
③ 보링 헤드 : 보링 바에 고정하여 바이트를 설치

10 셰이퍼, 슬로터, 플레이너 가공

1. 셰이퍼(shaper)
(1) 셰이퍼의 가공 분류 ★★
① 평면, 수직, 측면 절삭
② 넓은 홈절삭
③ 각도절삭
④ 곡면절삭
⑤ 홈절삭

(2) 셰이퍼의 크기
① 램의 최대행정
② 테이블의 크기
③ 테이블의 최대 이동 거리

(3) 셰이퍼의 종류
① **수평형 셰이퍼**
② **수직형 셰이퍼** : 슬로터-램이 수직 왕복 운동
③ **직주식 셰이퍼** : 테이블 이동
④ **횡행식 셰이퍼** : 램 이동

(4) 램의 급속 귀환 기구 ★★★
퀵 리턴 운동-절삭속도가 공구의 귀환속도 보다 느리다.
① 크랭크 기어와 로커 암 구조
② 랙과 피니언
③ 유압기구

2. 슬로터(slotter)
(1) 슬로터의 가공 분류 ★★
① 키 홈 가공
② 평면 가공
③ 곡면의 절삭 가공
④ 내면 가공
⑤ 스플라인, 세레이션 홈 가공
⑥ 내접 기어 가공

(2) 슬로터의 크기
① 램의 최대 행정
② 회전 테이블의 직경

3. 플레이너(planer)
(1) 플레이너의 가공 분류
① 셰이퍼로 가공할 수 없는 큰 공작물의 평면 가공
② 수평면, 수직면, 경사면, 홈곡면 등을 가공

(2) 플레이너의 크기
① 테이블의 최대 행정
② 공작물의 최대 폭 및 높이

(3) 급속귀환장치 ★★★
벨트와 유압장치, 랙과 피니언, 웜과 웜기어

(4) 플레이너의 종류
① 쌍주식 플레이너
② 단주식 플레이너 : 쌍주식 보다 폭이 넓은 공작물 가공이 가능하다.
③ 피트 플레이너
④ 에지 플레이너

11 밀링 머신 가공

1. 밀링 가공의 분류
(1) 평면 절삭
(2) 키 홈 절삭
(3) 절단 작업
(4) 각 홈 절삭
(5) 정면 절삭
(6) 곡면 절삭
(7) 기어 절삭
(8) 총형 절삭
(9) 나사 절삭

2. 밀링 머신의 종류
(1) 니형 밀링 머신
  ① 수평식 밀링 머신
  ② 수직식 밀링 머신
  ③ 만능 밀링 머신 : 비틀림 홈, 나선 홈, 헬리컬 기어

(2) 생산형 밀링 머신
  동일 부품의 다량 생산 가능

(3) 특수 밀링 머신
  금형 제작에 사용

(4) 나사 밀링 머신
  나사 가공에 사용

3. 밀링 머신의 크기 ★★
(1) 테이블의 이동거리(좌우×전후×상하)
테이블의 이동거리를 번호로 표시
  ① 번호 : 0, 1, 2, 3, 4, 5
  ② 1번(No.1)의 크기 : 좌우×전후×상하면
    =550×200×400
(2) 테이블의 크기(길이×폭)
(3) 주축 중심에서 테이블면까지의 최대거리

4. 밀링 커터의 종류 ★★
(1) 플레인 커터 : 평면 절삭-수평 밀링 머신
(2) 측면 커터
(3) 메탈 소 : 측면가공 및 절단 작업
(4) 엔드밀 : 홈 가공
(5) T홈 커터 : T홈 가공
(6) 정면 커터 : 넓은 평면 가공-수직 밀링 머신
(7) 각 커터(앵글 커터) : 더브테일 홈 가공
(8) 총형 커터 : 임의의 형상을 갖고 있는 면을 가공, 기어, 나사 등의 가공

5. 밀링 머신의 부속장치 ★★
(1) 아버
  밀링 커터를 지지하는 봉-밀링 커터 설치

(2) 아버 컬러
  커터의 위치를 조정

(3) 어댑터와 콜릿
  엔드밀(자루가 있는 밀링 커터)을 고정

(4) 오버 암

> **밀링 머신의 주요부분**
> 칼럼, 오버 암, 주축, 니, 새들, 테이블, 베이스 등

6. 상향절삭과 하향절삭 작업 ★★★
(1) 상향절삭
  밀링 커터의 회전방향과 공작물의 이송 방향이 반대인 절삭 작업
  ① 절삭이 순조롭고 칩이 절삭날의 진행을 방해하지 않는다.
  ② 공작물을 확실히 고정해야 한다.

③ 커터와 테이블의 진행 방향이 반대이어서 백래시 발생이 없다.

(2) 하향절삭
밀링 커터의 회전방향과 공작물의 이송 방향이 동일 방향인 절삭 작업
① 공작물 고정이 쉽고, 커터날의 마모가 적어 절삭면이 깨끗하다.
② 아버가 휘기 쉽고 칩이 절삭을 방해한다.

7. 이송속도 ★★★
아버가 휘는 것을 방지

$$f = nf_r = f_z Zn$$

여기서, f : 1분간 이송량[mm/min]
f_r : 매회전당 이송[mm/rev]
f_z : 1개의 날당 피드[mm]
Z : 커터날의 수[mm]

8. 분할판 ★★
브라운 샤프형

$$n = \frac{40}{N}$$

여기서, N : 일감의 등분 분할 수

12 연삭작업

1. 연삭가공의 분류
연삭 숫돌바퀴로 고속회전시켜 공작물의 표면을 깎아 내는 방법
(1) 원통 외면, 내면 연삭
(2) 평면 연삭
(3) 나사 연삭
(4) 공구 연삭
(5) 기어 연삭

2. 연삭기의 종류
(1) 원통 연삭기
　① 테이블 왕복형
　② 숫돌대 왕복형
　③ 숫돌대 가로이송형
　④ 테이퍼 연삭
　⑤ 끝면 연삭

(2) 내면 연삭기
　① 공작물 회전형
　　공작물을 회전시키며 숫돌축을 자체 회전시켜 연삭하는 방식
　② 공작물 고정형
　　숫돌축에 자체 회전운동을 주고 공작물을 고정한 연삭 방식

(3) 평면 연삭기
공작물의 평면 연삭

(4) 센터리스 연삭기 ★★★
조정숫돌을 사용하여 공작물에 회전과 이송을 주어 연삭
① 작은 지름의 공작물을 대량 생산
② 센터나 척을 이용하지 않는다.
③ 공작물의 이송 방법에는 통과 이송법, 전후 이송법, 단 이송법 등이 있다.

이송속도(S)
① 세로이송(thrufeed)-조정숫돌 이송
② 가로이송(infeed)-플런지 컷, 총형연삭과 유사한 이송
③ 끝이송(endfeed)-테이퍼 가공
$S = \pi DN \sin \alpha$ (m/min)
여기서, S : 이송속도(센터리스 연삭기)
D : 숫돌의 바깥지름
N : 회전수[rpm]
α : 경사각[Deg]

(5) 만능 연삭기
① 단면, 테이퍼 등의 연삭 가능
② 연삭숫돌대, 주축대, 테이블 등이 각각 회전이 가능

(6) 특수 연삭기
나사, 크랭크, 캠 연삭 등

(7) 공구 연삭기
바이트, 드릴, 호브, 리머, 밀링 커터 등을 연삭

3. 만능 연삭기의 크기 표시
(1) 스윙과 양 센터간의 최대거리
(2) 숫돌바퀴의 크기

4. 연삭숫돌
(1) 자생작용
① 연삭시 숫돌의 마모된 입자가 탈락되고 새로운 입자가 나타나는 현상
② 숫돌입자의 마멸 → 파쇄 → 탈락 → 생성의 과정을 되풀이하는 현상

(2) 연삭숫돌의 3요소 ★★
① 숫돌입자
절삭 날의 역할 → 숫돌입자의 연삭 깊이 : 숫돌의 원주속도에 반비례한다.
② 결합제
숫돌입자를 성형
③ 기공
연삭 미세 입자를 피하며 자생작용을 돕는 역할

(3) 연삭숫돌의 구성 요소
① 숫돌입자

Al_2O_3(알루미나)		SiC(탄화규소)	
암갈색	A 입자 (일반강재 연삭)	암자색	C 입자 주철, 자석강, 비철금속 등 연삭
백색	WA 입자 (열처리강 연삭)	녹색	GC 입자 초경합금 연삭

② 입도
숫돌입자의 크기를 번호로 표시

호칭	입도	용도
황목(조립)	10, 12, 14, 16, 20, 24	거친연삭
중목(중립)	30, 36, 46, 54, 60	다듬질연삭
세목(세립)	70, 80, 90, 100, 120, 150, 180, 220	경질연삭
극세목 (극세립)	240, 280, 320, 400, 500, 600, 700, 800	초정밀 가공 래핑

③ 결합도
숫돌결합의 단단한 정도

결합도 기호	결합도 호칭
E, F, G	극연(극히 무르다.)
H, I, J, K	연(무르다.)
L, M, N, O	중(중간)
P, Q, R, S	경(굳다.)
T, U, V, W, X, Y, Z	극경(극히 무르다.)

④ 조직
숫돌 내부의 입자 밀도

입자의 밀도	조직 기호
밀(C)	0, 1, 2, 3
중(M)	4, 5, 6
조(W)	7, 8, 9, 10, 11, 12

⑤ 결합제
입자를 결합시키는 것

종류		기호	재질
비트리파이드		V	점토와 장석
실리케이트		S	규산 나트륨
탄성숫돌	고무	R	생고무, 인조고무
	레지노이드	B	합성수지
	셀락	E	천연 셀락
	비닐	PVA	폴리비닐 알콜
금속		M	다이아몬드

고무
절단용 숫돌 및 센터리스 연삭기의 조정 숫돌 결합제

(4) 연삭숫돌 바퀴 표시 ★★★

입자 _ 입도 _ 결합도 _ 조직 _ 결합제
 A   54   J   6   V

바깥지름 _ 두께 _ 구멍지름
  300   25   100

5. 연삭숫돌 수정 ★★★

(1) 글레이징(무딤)
마모된 숫돌 바퀴의 입자가 탈락되지 않고 마멸에 의해 납작해진 현상

(2) 로딩(눈메움)
숫돌입자의 표면이나 기공에 칩이 끼여 있는 현상

(3) 드레싱
눈메움 또는 무딤 발생시 숫돌 표면을 드레서라는 공구를 이용하여 숫돌 날을 생성시키는 작업

(4) 트루잉(모양고치기)
연삭면을 숫돌과 축에 대하여 평행 또는 일정한 형태로 성형시키는 작업 → 나사 가공을 위해 나사 모양의 연삭 숫돌을 만드는 것이 트루잉 작업의 좋은 예가 된다.

---

13 가공법

1. 공작물 고정법

(1) 공작물 고정
클램프, 바이스, 지그
• 지그 - 신속하고 정확한 가공을 하고 대량생산에 이용한다.

(2) 치공구 기능

① 복제 제품을 정밀하고 호환성 있게 가공하는데 사용되는 생산용 특수공구
② 기능
 ㉠ 생산 제품의 정도 향상되고 호환성
 ㉡ 검사 시간, 방법 간단
 ㉢ 불량 감소
 ㉣ 생산 등을 향상

(3) 지그의 종류 ★★★

① 템플릿 지그
가장 단순하게 사용되는 지그

② 플레이트 지그
단순하게 생산속도를 증가 목적의 지그
→ 구멍을 똑바로 뚫는데 사용되는 지그

③ 샌드위치 지그
상하 플레이트를 이용하여 고정하는 지그

④ 앵글 플레이트 지그
위치결정면에 직각으로 유지시키는 지그

⑤ 리프 지그
장착 및 장탈이 용이한 지그 → 클램핑력
이 약하여 소형 공작물 가공에 적당한 구조

⑥ 박스 지그
개방형, 밀폐형, 조립형 : 공작물의 두 개
이상의 면에 구멍을 뚫을 때 또는 기준 면
을 잡을 때 사용하는 지그

⑦ 채널 지그
공작물의 두 면에 지그를 설치하여 단순
한 가공을 할 때 사용

⑧ 분할 지그
부품 주위에 정확한 간격으로 구멍을 뚫
을 때 사용

⑨ 트러니언 지그
대형 공작물이나 불규칙한 형상의 공작물
가공시

2. 기어 가공 방법

(1) 기어 절삭법

① 형판에 의한 법(모방 절삭법)-형판법
② 총형 공구에 의한 절삭법(밀링 커터)-총형법
③ 창성법 ★★★
인벌류트 곡선을 그리는 성질을 응용하여
기어를 깎는 방법 → 기어 가공시 가장 많
이 사용되는 곡선

㉠ 호브 이용 방법 : 호빙 머신
㉡ 랙 커터 이용 방법 : 마그식 기어 셰이
퍼 → 헬리컬 기어 가공 가능, 베벨 기
어와 웜기어는 가공할 수 없음
㉢ 피니언 커터 이용 방법 : 펠로즈식 기
어 셰이퍼 → 내접 기어 가공

④ 전조에 의한 방법
소형 기어 가공

(2) 호빙 머신 ★★★
나사 모양인 토크를 돌리며 기어 소재에 대
응하는 회전이송은 기어 소재에 주어 창성법
으로 기어의 이를 절삭하는 기어 절삭 등 전
용 공작기계 이다.

① 용도
기어가공

② 종류
수직형-대형 기어, 수평형-작은 기어

③ 크기
최대 피치원의 지름과 기어폭, 최대 모듈

④ 호브
스파이럴에 직각이 되도록 축 방향으로
여러 개의 홈을 파서 절삭날 형성

⑤ 호빙 머신의 차동 기어의 변속 기어 잇수비

$$i = K \frac{\sin \beta}{\pi m n}$$

여기서, K : 기계상수
m : 모듈
n : 잇수
β : 비틀림 각

(3) 기어 셰이빙
브로치 공구사용-일감의 표면, 내면을 필요
한 형상으로 가공 → 대량 생산시 절삭속도 5
~20m/min, 15~40m/min

3. 브로우칭 가공

(1) 브로우칭 구조
① 자루부
② 절삭부
③ 평행부
④ 후단부

(2) 브로우칭 작업
복잡한 형상의 구멍을 가공할 때
① 내면 : 둥근 구멍에 키홈, 스플라인 구멍, 다각형 구멍 등
② 외면 : 특수한 모양의 면을 가공

(3) 브로우칭의 피치와 날수
피치는 공작물의 길이에 따라 결정된다.
$$P = K\sqrt{L}$$
여기서, P : 피치(mm)
L : 절삭부 길이(mm)
K : 정수 1.5~2

14 정밀 입자 및 특수가공

1. 정밀입자 가공

(1) 호닝 가공 ★★★
회전운동과 직선 왕복 운동을 하는 혼(hone)이라는 공구를 이용한 원통 내면의 정밀 다듬질

① 호닝 속도
㉠ 회전운동 속도 : 40~70[m/min]
㉡ 왕복운동 속도 : 회전속도의 1/2~1/3

② 호닝 압력
10~30[kg/cm²]

③ 연삭액
㉠ 주철 : 등유, 광유
㉡ 청동 : 라드유
㉢ 경강 : 경유와 유황 합유물

④ 표면 정밀도
1~4[μ]

⑤ 연삭입자
㉠ WA 입자 : 강, 주강 연삭
㉡ 다이아몬드 : 주철, 초경합금 연삭
㉢ GC 입자 : 주철, 비금속 연삭

> **호닝 가공의 특징★★★**
> ① 표면 정밀도 향상
> ② 크기를 정확히 조절할 수 있다.
> ③ 최소의 발열과 변형으로 신속하고 경제적인 정밀가공을 할 수 있다.
> ④ 호닝에 의하여 구멍의 위치를 변경시킬 수 없다.

(2) 액체 호닝
공작액과 미세입자를 함께 가공물 표면에 고속 분사하여 요철부를 없애 매끈한 다듬질면을 얻고자하는 가공

(3) 슈퍼 피니싱 ★★★
회전하고 있는 가공물의 표면에 미세 입자로 된 숫돌을 접촉시켜 가로, 세로 방향으로 진동을 주어 가공하는 방법이다.
① 원통내면, 외면, 평면 등의 초정밀 가공
② 숫돌 압력 : 0.2~1.5[kg/cm²]
③ 연삭액
㉠ 석유
㉡ 스핀들유와 기계유의 혼압유
④ 표면 정밀도 : 0.1[μ]

⑤ 연삭입자
  ㉠ WA 입자 : 탄소강, 합금강 연삭
  ㉡ GC 입자 : 주철, 알루미늄, 동합금 연삭
• 슈퍼 피니싱의 특징은 숫돌을 사용한 방향성이 없는 가공이라는 것이다.

(4) 래핑 ★★★
가공물을 랩 공구에 밀착시켜 그 사이에 랩제를 넣고 가공물을 누르며 상대운동을 시켜 매끈한 다듬질 면을 얻는 가공 방법이다.

① 종류
  ㉠ 습식 : 래핑유를 사용한 거친 래핑 작업
  ㉡ 건식 : 래핑유를 사용하지 않는 정밀 래핑 작업, 습식 래핑 보다 표면의 정도가 높다.

② 랩의 재료
  주철, 연강, 구리, 동합금 등 사용

③ 랩제의 종류
  ㉠ 탄화규소(SiC), 알루미나(Al_2O_3)
  ㉡ C 입자 : 거친 래핑
  ㉢ A 입자 : 다듬질 래핑
  ㉣ 산화 크롬 : 마무리 다듬질, 정밀 다듬질, 유리 래핑
  ㉤ 산화철 : 연성 금속 래핑

④ 랩 액의 종류
  ㉠ 경유 : 습식 래핑에 주로 사용
  ㉡ 스핀들유+경유, 머신유+경유 : 다듬질 면을 매끈하게
  ㉢ 물 : 유리, 수정 등에 사용

2. 방전가공 ★★★★★
가공액 속에 잠긴 공작물과 전극 사이에 공작물에 +전류, 전극에 −전류를 흘려보내며 간격을 좁혀주면 아크열이 발생하여 공작물은 가공액의 기화 폭발 작용으로 미소량씩 용해 비산시켜 구멍뚫기, 절단, 연마 가공 등의 작업이 가능한 가공이다. 내마모성, 내부식성이 높은 표면을 얻을 수 있다.

(1) 전극재료
흑연, 텅스텐, 구리합금, 동

(2) 가공재료
보석류, 경화강, 내열강 등의 난삭성 재료

(3) 가공액
변압기유, 석유, 물, 비눗물

(4) 방전회로
① RC회로 : 방전회로의 기본-콘덴서 방전회로
② TR회로
③ RC+TR회로

(5) 방전가공기의 형식
콘덴서형, 크리스탈형, 다이오드형

3. 초음파 가공 ★★★
가공액 속에 공작물을 넣고 공구를 근접시킨 상태에서 공구에 16~30Hz/sec의 초음파를 주어 상하 진동시켜 공작물 표면을 다듬질하는 방법이다.

(1) 작업
구멍뚫기, 절단, 평면가공, 표면가공

(2) 공구(혼)의 재료
황동, 연강, 공구강, 모넬메탈, 피아노선재 등

(3) 연삭입자
알루미나, 탄화규소, 탄화붕소 등

(4) 가공재료
취성 큰 재료-초경합금, 세라믹, 유리, 강철, 보석류(다이아몬드, 루비, 사파이어, 수정), 도자기 등

4. 전해연마 ★★

전기 화학적인 방법으로 가공물의 표면을 다듬질하는 방법이다.
(1) 치수 정밀도 보다 표면의 광택이 중요할 때
(2) 드릴의 홈, 주사침, 반사경 등을 얻는다.
(3) 구리, 동합금, 알루미늄, 알루미늄 합금 등 연마 가능
(4) 주철은 연마 불가능
(5) 전해액 : 과염소산, 황산, 인산, 질산 등

> **전해연마**
> 가공물 표면 전기 분해되어 매끈한 면을 얻을 수 있는 방법

> **전해연삭**
> 전해연마에서 나타난 양극 생성물을 연삭 작업으로 갈아내는 가공법

> **화학연마**
> 산으로 씻는 것과 유사한 조작으로 적당한 약물 중에 침지시키고 열에너지를 주어 화학반응을 촉진시켜 매끄럽고 광택이 있는 표면을 만드는 작업

5. 버니싱(burnishing)

구멍이 있는 공작물의 내면을 다듬질하기 위해 그 구멍의 안지름 보다 다소 큰 지름의 버니시를 압입시켜 통과시키는 일종의 소성가공이다.

> **버니싱**
> 표면에 소성변형을 일으키게 하여 평활한 정도가 높은 면을 얻는 가공법

6. 버핑(buffing)

직물 등의 부드러운 재료로 된 원반에 미세한 입자를 부착시켜, 고속 회전시키며 공작물과 접촉시켜 마찰에 의한 표면의 녹 제거나 광택내기 등의 가공 방법이다.

7. 폴리싱(polishing)

연삭숫돌 등을 이용한 마찰작용으로 버핑하기 전에 선행되는 가공물 표면을 다듬질하는 방법이다.

8. 배럴(barrel) 가공 ★★★

배럴이라고 하는 상자 속에 공작물, 숫돌 입자, 공작액, 컴파운드 등을 함께 넣고 회전운동을 시키면 상자 속에서 상호 상대 접촉이 이루어져 매끈한 가공면을 얻을 수 있는 방법이다.

(1) 입자(media)
  ① 거친 다듬질
    숫돌입자, 석영, 석괴, 모래 등
  ② 공택내기
    나무, 톱밥

(2) 컴파운드
    스케일 및 녹 제거

(3) 공작액
    물-다듬질량을 크게 하려면 적게, 광택내기가 목적이면 많게 공급

9. 숏 피닝(shot peening) ★★★★★

숏이라고 하는 금속제(주철, 주강) 입자를 압축 공기와 함께 고속으로 가공물의 표면에 분사시켜 금속 표면의 강도, 경도를 증가시키고, 피로한도, 탄성한도를 높일 수 있는 방법이다.

(1) 기어, 피스톤 링, 크랭크축, 커넥팅 로드, 로커 암 등의 표면경화 작업에 적합하다.
(2) 스프링(spring)과 같이 반복하중을 받는 기계부품의 완성가공에 이용

Section 02 _ 기계동력학

1 질점의 운동학

1. 직선운동

(1) 가변운동 ($a \neq \text{const}$)

① 속도 $\quad v = \dfrac{ds}{dt}$

② 가속도 $\quad a = \dfrac{dv}{dt}$

③ 속도, 가속도 및 변위 관계식

$\quad v\,dv = a\,ds$

(2) 등가속도운동 ($a = \text{const}$) ★★★★★

① 속도 $\quad v = v_0 + at$

② 거리 $\quad s = v_0 t + \dfrac{1}{2} at^2$

③ 속도와 변위 관계식 $v^2 - v_0^2 = 2as$

(3) 자유낙하운동 ($v_0 = 0, a = g$)

① $v = gt$

② $h = \dfrac{1}{2} gt^2$

③ $v^2 = 2gh$

④ $t = \sqrt{\dfrac{2h}{g}}$

(4) 하강운동 ($v_0 > 0, a = g$)

① $v = v_0 + gh$

② $h = v_0 t + \dfrac{1}{2} gt^2$

③ $v^2 - v_0^2 = 2gh$

2. 곡선운동

(1) 운동이 수직 및 수평 성분으로 나누어질 때 ★★★

상승운동(던저 올리기 운동, 포물선 운동) : 수평방향으로는 등속도 운동이므로 수직방향 운동만 고려

① 속도 $v = v_0 - gt$

② 수직높이 $h = v_0 t - \dfrac{1}{2} gt^2$

③ 속도와 높이의 관계 $v^2 - v_0^2 = -2gh$

④ 최고점 도달 시간 $t_t = \dfrac{v_0}{g}$

⑤ 최고점 높이 $h = \dfrac{v_0^2}{2g}$

⑥ 출발점에서 다시 지면으로 떨어지는 시간

$\quad t_b = \dfrac{2v_0}{g}$

⑦ 지면 도달속도 $v = -v_0$

⑧ 최대 수평 도달거리 $R = \dfrac{v_0^2}{g} \sin 2\theta$

($\theta = 45°$일 때)

(2) 접선 방향과 법선 방향 성분 ★★★★★

경로를 따라 운동이 이루어질 때

① 접선 가속도 $a_t = \dfrac{dv}{dt}$

② 법선 가속도 $a_n = \dfrac{v^2}{\rho}$

$\therefore \vec{a} = a_t \widehat{e_t} + a_n \widehat{e_n}$

■ 원운동 : 고정축에 대한 물체의 회전운동

① 각속도 $\omega = \dot{\theta} = \dfrac{d\theta}{dt}$

② 선속도 $v = r\omega = r \dfrac{d\theta}{dt}$

③ 회전수 N이 주어졌을 때

$\omega = \dfrac{2\pi N}{60}, \quad v = \dfrac{\pi DN}{60}$

④ $T = \dfrac{2\pi}{\omega} = \dfrac{1}{N} = \dfrac{1}{f}$

여기서, N : 회전수(rpm)
T : 주기(sec/cycle)
f : 진동수(cps, Hz)

⑤ 구심가속도 $a = \dfrac{v^2}{r}$

⑥ 각가속도 $\alpha = \dfrac{d\omega}{dt} = \dfrac{d^2\theta}{dt^2}$

⑦ 각가속도 α가 일정할 때 각속도

$\omega = \omega_0 + \alpha t$

⑧ 각속도 α가 일정할 때 각변위

$\theta = \omega_0 t + \dfrac{1}{2}\alpha t^2$

⑨ 각속도 α가 일정할 때 각속도와 각변위의 관계

$\omega^2 - \omega_0^2 = 2\alpha\theta$

(3) 반경 방향과 횡 방향 성분

① 반경 방향속도 $v_r = \dfrac{dr}{dt}$

② 횡 방향속도 $v_\theta = r\omega$

$\vec{v} = v_r \widehat{e_r} + v_\theta \widehat{e_\theta}$

③ 반경 방향 가속도 ★★ $a_r = \ddot{r} - r\dot{\theta}^2$

④ 횡 방향 가속도 ★★

$a_\theta = r\ddot{\theta} + 2\dot{r}\dot{\theta}$

$\vec{a} = a_r \widehat{e_r} + a_\theta \widehat{e_\theta}$

3. 상대운동

두 질점 A, B가 존재할 때 질점 A에 대한 B의 위치, 속도, 가속도 변화는 다음과 같다.

(1) 상대위치 $\vec{r}_{B/A} = \vec{r}_B - \vec{r}_A$

(2) 상대속도 $\vec{v}_{B/A} = \vec{v}_B - \vec{v}_A$

(3) 상대 가속도 $\vec{a}_{B/A} = \vec{a}_B - \vec{a}_A$

2 질점의 운동역학

1. 운동 방정식

운동을 일으키는 힘이나 질점의 가속도를 풀 때 적용한다.

$\vec{\Sigma F} = m\vec{a}$

(1) 직각 성분

$\Sigma F_x = ma_x,\ \Sigma F_y = ma_y,\ \Sigma F_z = ma_z$

$\vec{\Sigma F} = \Sigma F_x \hat{i} + \Sigma F_y \hat{j} + \Sigma F_z \hat{k}$

(2) 접선 방향과 법선 방향 성분

$\Sigma F_t = ma_t = m\dfrac{dv}{dt}$

$\Sigma F_n = ma_n = m\dfrac{v^2}{\rho}$

$\vec{\Sigma F} = \Sigma F_t \widehat{e_t} + \Sigma F_n \widehat{e_n}$

① 원운동 ★★★

고정축에 대한 물체의 회전운동

$F = ma = m \cdot \dfrac{v^2}{r} = mr^2\omega$

여기서, F : 구심력
a : 구심 가속도(법선 가속도)

② 원추진자운동 ★★★

줄 끝에 매달린 진자의 원운동

$F = ma_n = \dfrac{W}{g} \cdot r\omega^2 = \dfrac{r}{h}\omega$

$h = \dfrac{g}{\omega^2}$

여기서, F' : 원심력
W : 중력
h : 고정축에서 중심까지 거리

(3) 반경 방향과 횡 방향 성분

$$\Sigma F_r = ma_r = m(\ddot{r} - r\dot{\theta}^2)$$
$$\Sigma F_\theta = ma_\theta = m(r\ddot{\theta} + 2\dot{r}\dot{\theta})$$
$$\vec{\Sigma F} = \Sigma F_r \widehat{e_r} + \Sigma F_\theta \widehat{e_\theta}$$

2. 마찰

(1) 정마찰 $f \leq \mu R$
(2) 동마찰 $f = \mu' R$

3. 일과 에너지 ★★★★★

힘, 속도, 변위를 포함한 문제를 풀 때 적용한다.

(1) 일

$$U = \vec{F} \cdot \vec{r} = F \cdot r\cos\theta$$

① 무게가 하는 일

$$U_{1 \to 2} = -W(y_2 - y_1)$$

② 스프링이 하는 일

$$U = \frac{k}{2}(s_2^2 - s_1^2)$$

$$U_{물체} = -U_{스프링} = -\frac{k}{2}(s_2^2 - s_1^2)$$

(2) 일과 운동 에너지 원리

$$U_{1 \to 2} = \Delta T = T_2 - T_1$$
$$= \frac{1}{2}m(v_2^2 - v_1^2)$$

여기서, T : 운동 에너지

(3) 포텐셜 에너지

① 탄성 포텐셜 에너지

$$U_{1 \to 2} = -\Delta V_e = -\frac{1}{2}k(s_2^2 - s_1^2)$$

여기서, V_e : 탄성 포텐셜 에너지
$U_{1 \to 2}$: 스프링의 힘이 하는 일

② 중력 포텐셜 에너지

$$U_{1 \to 2} = -\Delta V_g = -mg(y_2 - y_1)$$

여기서, V_g : 중력 포텐셜 에너지
$U_{1 \to 2}$: 중력이 하는 일

③ 포텐셜 에너지

$$V = V_e + V_g$$

(4) 에너지 보전 법칙

$$U_{1 \to 2} = -\Delta V = \Delta T$$
$$E = T_1 + V_1 = T_2 + V_2 = Const(일정)$$

(5) 일률(공률, 동력)

$$P = \frac{dU}{dt} = \vec{F} \cdot \vec{v}$$

4. 선역적과 선운동량의 원리

힘, 속도, 시간을 포함한 문제에 적용한다.

$$\vec{I_L} = \vec{G_f} - \vec{G_i}$$
$$\vec{I_L} = \int_{t_i}^{t_f} \vec{F} dt \text{ : 선역적}$$
$$\vec{G} = m\vec{v} \text{ : 선운동량}$$

5. 선운동량의 보존 ★★★

외력에 대한 역적이 존재하지 않고 내력에 의한 역적은 크기가 같고 방향이 반대이기 때문에 사라진다. 즉, 충돌전 운동량과 충돌 후 운동량은 동일하다.

$$m_A(v_A)_i + m_B(v_B)_i$$
$$= m_A(v_A)_f + m_B(v_B)_f$$

6. 반발계수 ★★★

$$e = -\frac{v'_{A/B}}{v_{A/B}}, \left(\frac{충돌후 상대속도}{충돌전 상대속도}\right)$$

$e = 1$: 완전 탄성 충돌
$e = 0$: 완전 비탄성 충돌
$0 < e < 1$: 불완전 탄성 충돌

3 강체의 평면 운동학

1. 강체의 병진운동
물체 내의 모든 점은 동일한 운동을 한다.
$$v_A = v_B, \ a_A = a_B$$

2. 강체의 회전운동 ★★★
고정축에 대한 점 P의 회전운동

(1) 속도
$$\vec{v_p} = \vec{\omega} \times \vec{r}$$

(2) 가속도
$$\vec{a_p} = \vec{a_t} + \vec{a_n}$$
$$\vec{a_t} = \vec{\alpha} \times \vec{r}, \ \vec{a_n} = \vec{\omega} \times (\vec{\omega} \times \vec{r})$$

(3) 스칼라식의 표현
$$v = \omega r, \ a_t = \alpha r, \ a_n = \omega^2 r$$

3. 강체의 평면운동 ★★
병진운동과 회전운동이 동시에 수반되는 운동

(1) 상대속도
$$\vec{v}_{B/A} = \vec{\omega} \times \vec{r}_{B/A} = \vec{v_B} - \vec{v_A}$$

(2) 상대가속도
$$\vec{a}_{B/A} = \vec{\alpha} \times \vec{r}_{B/A} + \vec{\omega} \times (\vec{\omega} \times \vec{r}_{B/A})$$
$$= \vec{a_B} - \vec{a_A}$$

4. 회전 좌표축에 대한 상대운동
코리올리(Coriolis) 가속도
$$2\vec{\omega} \times \vec{v}_{B/A}$$

4 강체의 운동역학

1. 강체의 병진운동

$$\Sigma \vec{F} = m \vec{a}_G$$
$$\Sigma \vec{M}_G = 0$$

2. 강체의 회전운동

(1) 운동평면에 대해 대칭인 물체의 운동 ★★★

① 힘의 합력

$$\Sigma F_x = ma_{Gx} = -mr_G\omega^2$$
$$\Sigma F_y = ma_{Gy} = mr_G\alpha$$
$$\Sigma F = \Sigma F_x + \Sigma F_y$$

② 모멘트

$$\Sigma M_{oz} = J_{oz}\alpha = qmr_G\alpha$$

③ 강체의 회전 중심에서 충격 중심까지 거리 : q

$$q = \frac{k_G^2}{r_G} + r_G$$

여기서, k_G : 회전반경 $\left(k_G = \sqrt{\frac{I_G}{m}}\right)$

3. 강체의 평면운동 ★★★

운동 평면에 대하여 대칭인 물체

$$\Sigma F_x = ma_{Gx}$$
$$\Sigma F_y = ma_{Gy}$$
$$\Sigma M_{oz} = J_{Gz}\alpha \; ★★★★★$$

4. 일과 에너지

(1) 우력

서로 크기가 같고 방향이 반대이며 작용선이 일치하지 않는 한 쌍의 힘

① 병진운동

$$\vec{F_1} = -\vec{F_2}, \quad U_{1 \to 2} = 0$$

② 회전 운동

$$U_{1 \to 2} = M \cdot \Delta\theta \; ★★★★$$

(2) 평면운동을 하는 강체의 운동 에너지

① 속도

$$\vec{v} = \vec{R} + \vec{r} = \vec{R} + \vec{\omega} \times \vec{r}$$

② 질량 중심에서 운동 에너지 ★★★★

$$T = \frac{1}{2}mv_G^2 + \frac{1}{2}J_{Gz}\omega^2$$

㉠ 병진 운동

$$T = \frac{1}{2}mv^2 \, (\omega = 0)$$

㉡ 회전 운동

$$T = \frac{1}{2}J_{Gz}\omega^2 \, (\dot{R} = v = 0)$$

(3) 일과 운동 에너지 원리 ★★★★★

$$U_{1 \to 2} = \Delta T = T_2 - T_1$$

① 병진운동

$$U_{1 \to 2} = \frac{1}{2}m(v_2^2 - v_1^2)$$

② 회전운동

$$U_{1 \to 2} = \frac{1}{2}J_{Gz}(\omega_2^2 - \omega_1^2)$$

③ 평면운동

$$U_{1 \to 2} = \frac{1}{2}m(v_2^2 - v_1^2) + \frac{1}{2}J_{Gz}(\omega_2^2 - \omega_1^2)$$

5 기계 진동

1. 진동(vibration)
질량을 갖고 있는 물체가 시간의 변화에 따라 평형상태에 도달할 때까지의 주기적 반복운동으로 자유진동과 강제진동이 있다.

(1) 자유진동
중력 또는 탄성 복원력에 의해 발생되는 단진자 운동, 탄성봉의 진동 등

(2) 강제진동
주기적 또는 간헐적인 외력이 계에 작용될 때 발생

(3) 진동의 형태
비감쇠 진동과 감쇠진동

① 비감쇠진동
마찰을 무시하여 진동이 계속적으로 진행되는 운동

② 감쇠진동
마찰을 무시하지 않는 모든 진동체의 운동

2. 자유도(degree of friction)
어떤 진동체의 운동을 나타내는 데 필요한 최소 독립좌표(공간좌표) 수

① 1자유도
1개의 공간좌표수로 물체의 운동을 나타낼 수 있는 것으로 단진자의 운동을 들 수 있다.

② 다자유도
2개 이상의 공간 좌표수로 물체의 운동을 나타낼 수 있는 것

3. 진동계의 운동방정식

(1) 직선계 운동방정식(스프링 진자운동) ★★★

$$\sum F = m\ddot{x}$$

① 단순조화운동
sin과 cos 함수를 나타내 듯 반복운동을 시간에 따라 되풀이되는 운동

$$m\ddot{x} + kx = 0$$

㉠ 단순조화운동의 일반식

$$x = X \sin \phi$$

여기서, X : 최대진폭
ϕ : 위상각

㉡ 주기 : 조화운동이 되풀이 될 때 1cycle 당 소요되는 시간

$$T = \frac{2\pi}{\omega} \text{ [sec/cycle]}$$

㉢ 진폭 : sin과 cos 함수로 조화운동을 할 때 나타내는 변위

$$x = \sin \omega t$$

㉣ 고유진동수(특성값, 고유값) : 주기 T의 역수

$$f = \frac{1}{T} = \frac{\omega}{2\pi} \text{ [cycle/sec]}$$

$$1 Hz = 1 \text{ cycle/sec}$$
$$= 2\pi \text{ rad/sec}$$

② 단순조화운동의 변위와 속도 및 가속도 관계

$$x = A \sin \omega t$$
$$V = \dot{x} = A\omega \cos \omega t$$
$$a = \dot{V} = \ddot{x} = -A\omega^2 \sin \omega t$$
$$\ddot{x} + \omega^2 x = 0, \quad \omega = \sqrt{\frac{k}{m}}$$
$$f = \frac{\omega}{2\pi} = \frac{1}{2\pi}\sqrt{\frac{k}{m}}$$

③ 등가 스프링 상수

$$\delta = \frac{W\ell^3}{3EI} = \frac{mg\ell^3}{3EI} \text{ -외팔보 자유단집중하중}$$

$$m\ddot{x} + kx = 0$$

$$\omega = \sqrt{\frac{k}{m}} = \sqrt{\frac{g}{\delta}} = \sqrt{\frac{3EI}{m\ell^3}}$$

$$f = \frac{\omega}{2\pi} = \frac{1}{2\pi}\sqrt{\frac{3EI}{m\ell^3}} = \frac{1}{2\pi}\sqrt{\frac{g}{\delta}}$$

④ 울림현상 ★★

조화운동 x_1과 x_2가 합성되어 일어나는 맥돌이 현상

$$x = x_1 + x_2$$
$$= X_1 \sin(\omega t + \alpha_1) + X_2 \sin(\omega t + \alpha_2)$$
$$x = X\sin(\omega t + \alpha)$$
$$X = \sqrt{X_1^2 + X_2^2 + 2X_1 X_2 \cos\alpha}$$
$$\alpha = \tan^{-1}\frac{X_2 \sin\alpha_2}{X_1 + X_1 \cos\alpha_1}$$

• 진동수

$$f_b = f_1 - f_2 = \frac{1}{2\pi}(\omega_1 - \omega_2)$$

(2) 회전계 운동방정식 ★★★

$$J\ddot{\theta} + K_t \theta = 0, \quad \omega = \sqrt{\frac{K_t}{J}}$$

여기서, J : 질량 관성 모멘트
K_t : 비틀림 스프링 상수[kgf-m/rad]

$$T = K_t \theta$$

여기서, T : 비틀림 모멘트

$$K = \sqrt{\frac{J}{m}}$$

여기서, K : 질량계 회전반경

• 얇은 회전 원판

$$J = \frac{1}{2}mR^2 = \frac{1}{2}\frac{W}{g}\left(\frac{D}{2}\right)^2 = \frac{WD^2}{8g}$$

$$f = \frac{1}{2\pi}\sqrt{\frac{\pi g d^4}{4WD^2 \ell}}$$

(3) 진동계 운동방정식

① 단진자운동 ★★★

$$m\ell\ddot{\theta} + mg\theta = 0$$
$$\omega = \sqrt{\frac{g}{\ell}}$$
$$f = \frac{1}{2\pi}\sqrt{\frac{g}{\ell}}$$
$$T = 2\pi\sqrt{\frac{\ell}{g}}$$

② 막대진자운동 ★★★

$$J = \frac{1}{3}m\ell^2$$
$$\ddot{\theta} + \frac{3}{2\ell}g\theta = 0$$
$$\omega = \sqrt{\frac{3g}{2\ell}}$$
$$f = \frac{\omega}{2\pi} = \frac{1}{2}\sqrt{\frac{3g}{2\ell}}$$
$$T = \frac{2\pi}{\omega} = 2\pi\sqrt{\frac{2\ell}{3g}}$$

(4) 에너지 보존 법칙과 Rayleigh 법칙

① 에너지 보존 법칙 ★★★★★

$$\Delta T = -\Delta V$$
$$\Delta T = \frac{1}{2}m(V_2^2 - V_1^2) \text{ -운동 에너지의 변화}$$
$$\Delta V = mg(y_2 - y_1) + \frac{1}{2}k(x_2^2 - x_1^2)$$

포텐셜 에너지의 변화=중력 포텐셜 에너지 변화+탄성 포텐셜 에너지 변화

$$\ddot{a} + kx = 0$$
$$\frac{1}{2}mV^2 + \frac{1}{2}kx^2 = C$$
$$T + V = C$$

② Rayleigh 법칙

운동 에너지의 최대값과 위치 에너지의 최대값은 같다.

제5장 기계제작 및 기계동력학 147

$$x = X\sin\omega t$$
$$V = \dot{x} = X\omega\cos\omega t$$
$$a = \dot{V} = \ddot{x} = -X\omega^2\sin\omega t$$
$$\Delta T = \frac{1}{4}mx^2\omega^2$$
$$\Delta V = \frac{1}{4}kx^2$$
$$\Delta T = \Delta V, \quad \frac{1}{4}mx^2\omega^2 = \frac{1}{4}kx^2$$
$$\omega = \sqrt{\frac{k}{m}}$$

4. 비감쇠 진동

(1) 1자유도계 비감쇠 진동

$$\sum F_x = ma_x$$

① 2계미분방정식

$$m\ddot{x} + kx = 0$$

② 단순조화 운동으로 가정

$$x = A\sin\omega t + B\cos\omega t$$
$$\dot{x} = V = A\omega\cos\omega t - B\omega\sin\omega t$$
$$\ddot{x} = \dot{V} = a = -A\omega^2\sin\omega t - B\omega^2\cos\omega t$$

③ 진폭과 위상각

$$X = \sqrt{A^2 + B^2}$$
$$\Phi = \tan^{-1}\frac{B}{A}$$

5. 감쇠 자유진동

운동의 저항, 즉 마찰에 의하여 진동의 진폭이 점차적으로 감소되는 운동

(1) 감쇠의 형태

① 점성감쇠

점성 저항에 의한 감쇠로 감쇠력은 저속 상대 운동에서 속도에 비례

$$F = -CA = -C\dot{x} \quad \bigstar\bigstar\bigstar$$

여기서, F : 감쇠력[kg$_f$, N]
C : 감쇠계수[kg$_f$-sec/m]

② 쿨롱 감쇠

고체면 사이에 마찰력에 의한 감쇠

③ 고체감쇠

구조 감괴 또는 히스테리 감쇠라고도 함

(2) 감쇠 자유진동의 운동방정식

$$\sum F = ma$$

① 2계 제차 미분방정식

$$m\ddot{x} + C\dot{x} + kx = 0$$

② 일반해

$$x = \exp(\lambda t), \quad \dot{x} = \lambda\exp(\lambda t)$$
$$\ddot{x} = \lambda^2\exp(\lambda t)$$
$$\lambda_1 = -\frac{C}{2m} + \sqrt{\left(\frac{C}{2m}\right)^2 - \frac{k}{m}}$$
$$\lambda_2 = -\frac{C}{2m} - \sqrt{\left(\frac{C}{2m}\right)^2 - \frac{k}{m}}$$

③ 임계감쇠계수 C_c

근호의 값이 0이 되게 하는 C의 값

$$\sqrt{\left(\frac{C_c}{2m}\right)^2 - \frac{k}{m}} = 0, \quad C_c = 2\frac{k}{\omega}$$

④ 감쇠비

$$\Psi = \frac{C}{C_c}$$

$\Psi = 1$: 임계감쇠
$\Psi > 1$: 과도감쇠
$\Psi < 1$: 부족감쇠

⑤ 감쇠 고유 진동수

$$\omega_d = \omega\sqrt{1 - \Psi^2}$$

(3) 대수 감쇠율(logarithmic decrement : δ) : 진폭의 대수 관계 ★★★

$$\delta = \frac{C}{2m}t = \frac{C}{2m} \times \left(\frac{2\pi}{\omega_d}\right) = \frac{2\pi\Psi}{\sqrt{1 - \Psi^2}}$$

Ψ가 아주 작으면 $\Psi^2 \approx 0$에 접근하므로

$$\delta = 2\pi\Psi$$

6. 비감쇠 강제진동

(1) 운동방정식

$$m\ddot{x} + kx = f\sin\omega t$$

- 일반해 = 보조해 + 특별해 (x_p)

$$x = C\cos\omega_n t + D\sin\omega_n t + \frac{f}{m}\frac{\sin\omega t}{\omega_n^2 - \omega^2}$$

$$x_p = \frac{f}{m}\frac{\sin\omega t}{\omega_n^2 - \omega^2}, \quad \omega_n^2 = \frac{k}{m}$$

$$x_p = \frac{f}{k}\frac{1}{1 - \frac{\omega^2}{\omega_n^2}}\sin\omega t$$

$$= x_{st}\frac{1}{1 - \frac{\omega^2}{\omega_n^2}}\sin\omega t$$

$x_{st} = \frac{f}{k}$: 힘 f가 작용할 때 스프링의 정적 처짐

$$\frac{x_p}{x_{st}} = \frac{1}{1 - \left(\frac{\omega}{\omega_n}\right)^2}\sin\omega t$$

$$\eta = \frac{1}{1 - \left(\frac{\omega}{\omega_n}\right)^2} \quad ★★$$

① $\frac{\omega}{\omega_n} \to 1$ 이면 $\eta \to \infty$, 이런 현상을 공진(resonance)이라 한다.

② $\eta \Rightarrow +(正)$: 강제진동의 위상이 가진력과 동위상

③ $\eta \Rightarrow -(負)$: 반대위상

7. 감쇠강제진동

(1) 운동방정식

속도에 비례하는 점성감쇠가 있는 경우 (가진력 : $f\sin\omega t$)

$$\frac{d^2x}{dt^2} + 2\varepsilon\frac{dx}{dt} + \omega_n^2 x = \frac{f}{m}\sin\omega t$$

$$[\, m\ddot{x} + c\dot{x} + kx = F(t) \,]$$

① 확대계수(magnification factor)

$$\omega_n = \varepsilon$$

$$A = \frac{\frac{f}{k}}{\sqrt{\left(1 - \frac{m\omega^2}{k}\right)^2 + \left(\frac{C\omega}{k}\right)^2}}$$

$$\tan\phi = \frac{\frac{C\omega}{k}}{1 - \frac{m\omega^2}{k}}$$

$\omega_n = \sqrt{\frac{k}{m}}$ [rad/sec] - 비감쇠 고유진동수

$\zeta = \frac{C}{C_c}$ - 감쇠비율

$C_c = 2m\omega_n$ - 한계감쇠계수

$A_0 = \frac{f}{k}$ - 질량계의 진동수가 0일 때 휨량

$$\frac{A}{A_0} = \frac{1}{\sqrt{\left\{1 - \left(\frac{\omega}{\omega_n}\right)^2\right\}^2 + \left(2\zeta\frac{\omega}{\omega_n}\right)^2}} \quad ★★$$

$$\tan\phi = \frac{2\zeta\frac{\omega}{\omega_n}}{1 - \left(\frac{\omega}{\omega_n}\right)^2}$$

여기서, $\frac{A}{A_0}$: 확대계수(magnification factor)

② 진동수비 $\frac{\omega}{\omega_n}$ 와 감쇠비율 ζ 만의 함수

③ 힘의 평형

관성력 + 감쇠력 + 용수철 힘 + 가진력 = 0

㉠ $\omega/\omega_n \ll 1.0$: 관성항과 감쇠항은 小, 위상각 小, 가진력의 크기는 거의 용수철의 힘의 크기와 같다.

㉡ $\omega/\omega_n = 1.0$: 위상각 90°, 관성력이 커지면 용수철 힘과 가진력은 감쇠력보다 커진다.

- 공진시 진폭 $A = \frac{f}{C\omega_n} = \frac{A_o}{2\zeta}$

㉢ $\omega/\omega_n \gg 1.0$: 위상각 180°에 근접, 가진력의 대부분은 큰 관성력을 이기기 위해 소모된다.

PART 2

과년도 문제해설

2010 기출문제
3월 7일 시행

1과목 재료역학

01 폭 20cm, 높이 30cm의 직사각형 단면을 가진 길이 300cm의 외팔보는 자유단에 최대 몇 kN의 하중을 가할 수 있는가? (단, 허용 굽힘응력은 σ_a=15MPa 이다.)

㉮ 12
㉯ 15
㉰ 30
㉱ 90

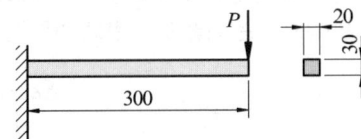

| 해설 | $\sigma_a = \dfrac{M}{Z} = \dfrac{6P \cdot L}{b \cdot h^2}$, $15 \times 10^6 = \dfrac{6 \times P \times 3}{0.2 \times 0.3^2}$, $P = 15000\,\text{N} = 15\,\text{kN}$

02 다음 중 기둥의 좌굴에 대한 설명으로 옳은 것은?

㉮ 좌굴이란 기둥이 압축하중을 받아 길이 방향으로 변위되는 현상을 말한다.
㉯ 도심에 압축하중이 작용하는 기둥의 좌굴은 안정성과 관련되어 있다.
㉰ 좌굴에 대한 임계하중은 길이가 긴 기둥일수록 커진다.
㉱ 편심 압축하중을 받는 기둥에서는 하중이 커져도 길이 방향 변위만 발생한다.

03 등분포 하중을 받고 있는 단순보와 양단 고정보의 중앙점에서의 최대 처짐량의 비는? (단, 보의 굽힘강성 EI는 일정하다.)

㉮ 3 : 1
㉯ 5 : 1
㉰ 24 : 1
㉱ 48 : 1

| 해설 | ㉮ 단순보 $\delta = \dfrac{5\omega L^4}{384EI}$ ㉯ 양단고정보 $\delta = \dfrac{\omega L^4}{384EI}$

04 주응력에 대한 설명 중 틀린 것은?

㉮ 주응력 상태에서 전단응력은 0이다.
㉯ 주응력은 전단응력이다.
㉰ 최대 전단응력은 주응력의 최대, 최소값의 평균치이다.
㉱ 평면응력에서 주응력은 2개이다.

1.㉯ 2.㉯ 3.㉯ 4.㉯ ■ Answer

05 지름 3mm의 철사로 평균지름 75mm의 압축코일 스프링을 만들고 하중 10N에 대하여 3cm의 처짐량을 생기게 하려면 감은 회수(n)는 대략 얼마로 해야 하는가? (단, 전단 탄성계수 G=88GPa)

㉮ $n=8.9$ ㉯ $n=8.5$
㉰ $n=5.2$ ㉱ $n=6.3$

| 해설 | $\delta = \dfrac{64nP \cdot R^3}{Gd^4}$, $0.03 = \dfrac{64 \times n \times 10 \times \left(\dfrac{0.075}{2}\right)^3}{88 \times 0.003^4 \times 10^9}$, $n=6.34$

06 길이가 L이고 단면적이 A인 봉의 단면에 수직 하중이 작용하고, 작용하중 방향으로 변형률 ε이 발생하였다면 이 봉에 저장된 탄성에너지 U는 어떻게 표현되는가? (단, 봉의 탄성계수는 E이다.)

㉮ $E\varepsilon AL$ ㉯ $\dfrac{E\varepsilon^2 AL}{2}$
㉰ $\dfrac{E\varepsilon AL}{2}$ ㉱ $\dfrac{E\varepsilon AL}{4}$

| 해설 | $U = \dfrac{\sigma^2}{2E} A \cdot L = \dfrac{E\varepsilon^2 \cdot A \cdot L}{2}$

07 길이 15m, 지름 10mm의 강봉에 8kN의 인장 하중을 걸었더니 탄성 변형이 생겼다. 이 때 늘어난 길이는? (단, 이 강재의 탄성계수 E= 210GPa 이다.)

㉮ 7.3mm ㉯ 7.3cm
㉰ 0.73mm ㉱ 0.073mm

| 해설 | $\delta = \dfrac{P \cdot L}{AE} = \dfrac{4 \times 8 \times 10^3 \times 15 \times 10^3}{\pi \times 0.01^2 \times 210 \times 10^9} = 7.28$mm

08 지름 d의 축에 암(arm)을 달고, 그림과 같이 하중 P를 가할 때 축에 발생되는 최대 비틀림 전단응력은?

㉮ $\dfrac{124}{\pi d^2} P$
㉯ $\dfrac{256}{\pi d^2} P$
㉰ $\dfrac{212}{\pi d^2} P$
㉱ $\dfrac{128}{\pi d^2} P$

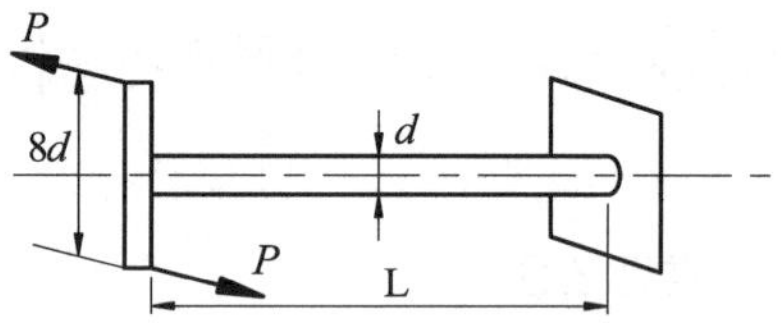

| 해설 | $\tau = \dfrac{T}{Z_p} = \dfrac{16 \times P \times 8d}{\pi \times d^3} = \dfrac{128P}{\pi d^2}$

Answer ■ 5.㉱ 6.㉯ 7.㉮ 8.㉱

09 단면적이 같은 원형과 정사각형의 단면 계수의 비는?

㉮ 1 : 0.509
㉯ 1 : 1.18
㉰ 1 : 2.36
㉱ 1 : 4.68

|해설| $\frac{\pi d^2}{4} = a^2$, $a = \frac{\sqrt{\pi} d}{2}$

$\frac{Z_{정}}{Z_{원}} = \frac{32 \times \pi \sqrt{\pi} d^3}{\pi d^3 \times 6 \times 2^3} = 1.18$, $Z_{정} : Z_{원} = 1.18 : 1$

10 그림과 같은 돌출보가 있다. $\omega L = P$일 때 이 보의 중앙점에서 굽힘 모멘트가 0이 되기 위한 길이의 비 a/L는? (단, 보의 자중은 무시한다.)

㉮ $\frac{1}{4}$
㉯ $\frac{1}{8}$
㉰ $\frac{1}{16}$
㉱ $\frac{1}{24}$

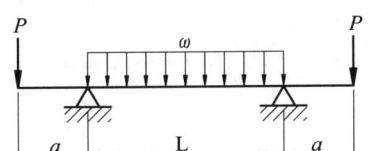

|해설| $M_c = R_A \cdot \frac{L}{2} - P(a + \frac{L}{2}) - \frac{\omega L^2}{8} = (P + \frac{\omega L}{2}) \cdot \frac{L}{2} - P \cdot a - \frac{P \cdot L}{2} - \frac{\omega L^2}{8}$

$= \frac{\omega L^2}{8} - P \cdot a = \frac{P \cdot L}{8} - P \cdot a = 0$, $\frac{L}{8} = a$, $a/L = \frac{1}{8}$

11 그림과 같이 전체 길이가 3L인 외팔보에 하중 P가 B점과 C점에 작용할 때 자유단 B에서의 처짐량은? (단, 보의 굽힘강성 EI는 일정하고, 자중은 무시한다.)

㉮ $\frac{35}{3} \frac{PL^3}{EI}$
㉯ $\frac{37}{3} \frac{PL^3}{EI}$
㉰ $\frac{41}{3} \frac{PL^3}{EI}$
㉱ $\frac{44}{3} \frac{PL^3}{EI}$

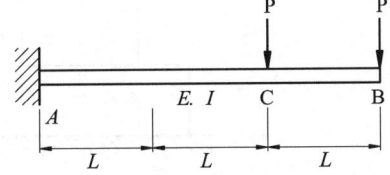

|해설| ㉮ C점에 하중 P가 작용할 때 $\delta_B = \frac{2P \cdot L^2}{EI} \times (L + \frac{4}{3} L) = \frac{14 PL^3}{3EI}$

㉯ B점에 하중 P가 작용할 때 $\delta_B = \frac{P \cdot (3L)^3}{3EI} = \frac{27 P \cdot L^3}{3EI}$

㉰ C점과 B점에 하중 P가 작용할 때 $\delta_B = \frac{14 P \cdot L^3}{3EI} + \frac{27 P \cdot L^3}{3EI} = \frac{41 P \cdot L^3}{3EI}$

9.㉯ 10.㉯ 11.㉰ ■ Answer

12 지름 7mm, 길이 250mm인 연강 시험편으로 비틀림 실험을 하여 얻은 결과, 토크 4.08N·m에서 비틀림 각이 8°로 기록되었다. 이 재료의 전단 탄성계수는 약 몇 GPa인가?

㉮ 64   ㉯ 53
㉰ 41   ㉱ 31

| 해설 | $\theta = \dfrac{T \cdot L}{G \cdot I_p}$, $8 \times \dfrac{\pi}{180} = \dfrac{32 \times 4.08 \times 0.25}{G \times \pi \times 0.007^4}$, $G = 31 \times 10^9 \text{Pa} = 31\text{GPa}$

13 최대 사용강도(σ_{max}) = 240MPa, 지름 1.5m, 두께 3mm의 강재 원통형 용기가 견딜 수 있는 최대 압력은 몇 kPa인가? (단, 안전계수(SF)는 2이다.)

㉮ 240   ㉯ 480
㉰ 960   ㉱ 1920

| 해설 | $\sigma_t = \dfrac{P \cdot d}{2t}$, $240 \times 10^3 = \dfrac{P \times 1.5}{2 \times 0.003}$, $P = 960\text{kPa}$

14 단면은 폭 5cm × 높이 3cm, 길이가 1m의 단순 지지보가 중앙에 집중하중 4kN을 받을 때 발생하는 최대 굽힘응력은 약 몇 MPa인가?

㉮ 133   ㉯ 155   ㉰ 143   ㉱ 125

| 해설 | $\sigma_b = \dfrac{M_{max}}{Z} = \dfrac{6 \times P \times L}{b \cdot h^2 \times 4} = \dfrac{6 \times 4 \times 10^3 \times 1 \times 10^{-6}}{4 \times 0.05 \times 0.03^2} = 133.33\text{MPa}$

15 그림과 같이 길이가 동일한 2개의 기둥 상단에 중심 압축하중 2500N이 작용할 경우 전체 수축량은 약 몇 mm인가? (단, 단면적 A_1 = 1000mm², A_2 = 2000mm², 길이 L = 300mm, 재료의 탄성계수 E = 90GPa 이다.)

㉮ 0.625
㉯ 0.0625
㉰ 0.00625
㉱ 0.000625

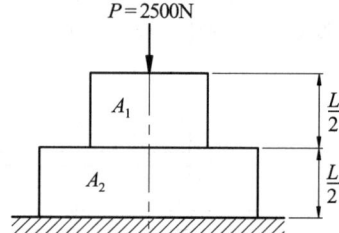

| 해설 | $\delta = \dfrac{P \cdot L_1}{A_1 E} + \dfrac{P \cdot L_2}{A_2 E} = \dfrac{2500}{90 \times 10^9} \times \left(\dfrac{150 \times 10^3}{1000} + \dfrac{150 \times 10^3}{2000} \right) = 0.00625\text{mm}$

16 연강 1cm³의 무게는 0.0785N이다. 길이 15m의 둥근 봉을 매달 때 봉의 상단 고정부에 발생하는 인장응력은 몇 kPa인가?

㉮ 0.118   ㉯ 1177.5
㉰ 117.8   ㉱ 11890

| 해설 | $\gamma_{max} = \gamma \cdot L = 0.0785 \times 10^6 \times 15 \times 10^{-3} = 1177.5\text{kPa}$

Answer ■ 12.㉱ 13.㉰ 14.㉮ 15.㉰ 16.㉯

17 직사각형 단면(폭 × 높이)이 4cm × 8cm이고 길이 1m의 외팔보의 전 길이에 6kN/m의 등분포하중이 작용할 때 보의 최대 처짐각은? (단, 탄성계수 $E = 210\text{GPa}$이고 보의 자중은 무시한다.)

㉮ 0.0028rad ㉯ 0.0028°
㉰ 0.0008rad ㉱ 0.0008°

| 해설 | $\theta = \dfrac{\omega L^3}{6EI} = \dfrac{12 \times 6 \times 10^3 \times 1^3}{6 \times 210 \times 10^9 \times 0.04 \times 0.08^3} = 0.0028\text{rad}$

18 그림과 같은 구조물에 1000N의 물체가 매달려 있을 때 두 개의 강선 AB와 AC에 작용하는 힘의 크기는 약 몇 N인가?

㉮ AB=707, AC=500
㉯ AB=732, AC=897
㉰ AB=500, AC=707
㉱ AB=897, AC=732

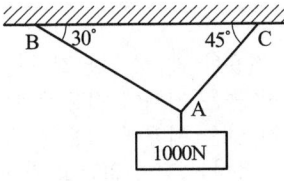

| 해설 | $\dfrac{1000}{\sin 105} = \dfrac{AB}{\sin 135} = \dfrac{AC}{\sin 120}$, AB=732.05N, AC=896.58N

19 반지름인 r인 원형 단면의 단순보에 전단력 F가 가해졌다면, 이 때 단순보에 발생하는 최대 전단응력은?

㉮ $\dfrac{3F}{2\pi r^2}$ ㉯ $\dfrac{2F}{3\pi r^2}$

㉰ $\dfrac{4F}{3\pi r^2}$ ㉱ $\dfrac{5F}{3\pi r^2}$

| 해설 | $\tau_{max} = \dfrac{4}{3} \dfrac{F}{\pi r^2} = \dfrac{4}{3} \dfrac{F}{A} = \dfrac{4}{3} \tau_{mean}$

20 어떤 탄성재료의 탄성계수 E와 전단 탄성계수 G사이에 성립하는 관계식으로 맞는 것은? (단, ν는 재료의 포아송(Poisson) 비이다.)

㉮ $E = 2(1+\nu)G$ ㉯ $G = 2(1+\nu)E$

㉰ $E = \dfrac{2G}{1+\nu}$ ㉱ $G = \dfrac{2E}{1+\nu}$

| 해설 | $G = \dfrac{E}{2(1+\nu)} = \dfrac{mE}{2(m+1)}$, $\nu = \dfrac{1}{m}$

17.㉮ 18.㉯ 19.㉰ 20.㉮ ■ Answer

2과목 기계열역학

21 보일러 입구의 압력이 9800kN/m²이고, 복수기의 압력이 4900N/m²일 때 펌프 일은 약 몇 kJ/kg인가? (단, 물의 비체적은 0.001m³/kg이다.)

㉮ – 9.79 ㉯ – 15.17
㉰ – 87.25 ㉱ – 180.52

| 해설 | $W_p = V(P_보 - P_복) = 0.001 \times (9800 - 4.9) = 9.8 \text{kJ/kg}$

22 단순압축성 물질의 압력 – 체적 – 온도 사이의 관계식을 나타내는 상태방정식 Pv = RT에 대한 다음 설명 중 잘못된 것은?

㉮ 이상 기체에 적용할 때 정확한 결과를 얻는다.
㉯ 압력이 충분히 높은 기체에 적용할 때 정확한 결과를 얻는다.
㉰ 밀도가 충분히 낮은 기체에 적용할 때 정확한 결과를 얻는다.
㉱ 분자 사이에 작용하는 힘이 없다고 가정할 수 있는 기체에 적용할 때 정확한 결과를 얻는다.

| 해설 | 압축성 계수 $Z = \dfrac{Pv}{RT}$
㉮ $Z = 1$이면 $Pv = RT$이다. 즉, 이상기체이다.
㉯ 압력이 낮고 비체적이 크며 온도가 높으면 Z는 1에 근접해 간다.

23 잘 단열된 노즐에서 공기가 0.45MPa에서 0.15MPa로 팽창한다. 노즐 입구에서 공기의 속도는 50m/s, 온도는 150℃이며 출구에서의 온도는 45℃이다. 출구에서의 공기의 속도는? (단, 공기의 정압비열과 정적비열은 1.0035kJ/kg·K, 0.7165kJ/kg·K이다.)

㉮ 약 350m/s ㉯ 약 363m/s
㉰ 약 455m/s ㉱ 약 462m/s

| 해설 | $-\Delta h = \dfrac{V_2^2 - V_1^2}{2}$, $C_p(T_1 - T_2) = \dfrac{V_2^2 - V_1^2}{2}$
$1.0035 \times (150 - 45) \times 10^3 = \dfrac{V_2^2 - 50^2}{2}$, $V_2 = 461.77 \text{ m/sec}$

24 500W의 전열기로 4kg의 물을 20℃에서 90℃까지 가열하는데 몇 분이 소요되는가? (단, 전열기에서 열은 전부 온도 상승에 사용된다. 물의 비열은 4180J/kg·K이다.)

㉮ 16 ㉯ 27
㉰ 39 ㉱ 45

| 해설 | $L = \dfrac{mc(t_2 - t_1)}{\triangle T}$
$500 \times 10^{-3} = \dfrac{4 \times 4.18 \times (90 - 20)}{\triangle T}$
$\triangle T = 39.01 \text{min}$

Answer ■ 21.㉮ 22.㉯ 23.㉱ 24.㉰

25 다음 그림은 열교환기를 흐름 배열(flow arrangement)에 따라 분류한 것이다. 맞는 것은?

㉮ 평행류
㉯ 대향류
㉰ 병행류
㉱ 직교류

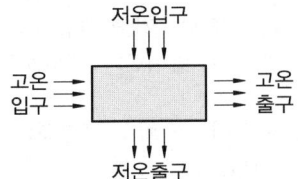

| 해설 | 열교환기(heat exchanger)
　㉮ 병류(parallel flow) : 고온 및 저온의 유체가 같은 쪽으로 들어가서, 같은 방향으로 흐르고, 같은 쪽으로 나온다.
　㉯ 향류(counter flow) : 유체들이 반대쪽으로 들어가서, 반대방향으로 흐르고, 서로 반대 방향으로 나온다.
　㉰ 교류(cross flow) : 유체가 서로 직각으로 흐른다.

26 고온열원(T_1)과 저온열원(T_2) 사이에서 역카르노 사이클에 의한 열펌프(heat pump)의 성능계수는?

㉮ $(T_1-T_2)/T_1$　　㉯ $T_2/(T_1-T_2)$
㉰ $T_1/(T_1-T_2)$　　㉱ $(T_1-T_2)/T_2$

| 해설 | $\varepsilon_h = \dfrac{T_H}{T_H - T_L} = \dfrac{T_1}{T_1 - T_2}$

27 상온의 감자를 가열하여 뜨거운 감자로 요리하였다. 감자의 에너지 변동 중 맞는 것은?

㉮ 위치에너지 증가　　㉯ 엔탈피 감소
㉰ 운동에너지 감소　　㉱ 내부에너지가 증가

| 해설 | 가열로 인하여 감자입자들의 팽창으로 내부에너지가 증가한다.

28 체적이 0.1m³인 튼튼한 밀폐 용기에 물이 50kg 들어 있으며 그 압력이 100kPa이다. 이 포화상태의 물을 가열할 경우 일어나는 변화로 알맞은 것은? (단, 물의 임계점에서의 비체적은 0.003155m³/kg이고, 100kPa에서의 포화수 및 포화증기의 비체적은 각각 0.001043m³/kg, 1.694m³/kg이다.)

㉮ 기화가 일어나 수증기로 바뀌면서 압력과 온도가 올라간다.
㉯ 응축이 일어나 액체 상태로 바뀌면서 압력과 온도가 올라간다.
㉰ 액체와 증기의 비율이 그대로 유지된 채로 압력과 온도가 올라간다.
㉱ 기화가 일어나 수증기로 바뀌면서 압력과 온도는 그대로 유지된다.

| 해설 | 밀폐된 용기이므로 정적 상태하에서 물을 가열할 경우 압력과 온도가 상승한다. P–V 선도상에서 보면 액체상태로 응축됨을 알 수 있다.

29 흑체의 온도가 20℃에서 80℃로 되었다면 방사하는 복사에너지는 약 몇 배가 되는가?

㉮ 1.2　　㉯ 2.1
㉰ 4.0　　㉱ 5.0

| 해설 | $\dot{Q}_1 \propto (20+273)^4$, $\dot{Q}_2 \propto (80+273)^4$, $\dfrac{\dot{Q}_1}{\dot{Q}_2}=0.475$, $\dfrac{\dot{Q}_2}{\dot{Q}_1}=2.1$

25.㉱　26.㉰　27.㉱　28.㉯　29.㉯　■ Answer

30 그림은 압력 – 온도선도이다. 다음 설명 중 틀린 것은?

㉮ (A)는 고체, (B)는 액체, (C)는 기체이다.
㉯ (D)는 삼중점으로 물의 경우 압력은 대기압보다 낮다.
㉰ (E)는 임계점이다.
㉱ 융해곡선으로 물은 파선 F에, 그 밖의 대부분의 물질은 실선 G에 해당한다.

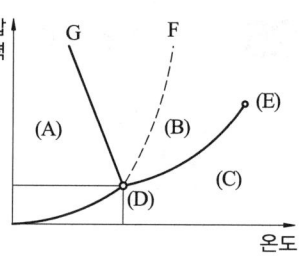

| 해설 | ㉮ DG가 물의 융해곡선   ㉱ DF가 보통물질의 융해곡선

31 압력 250kPa, 체적 0.35m³의 공기가 일정 압력 하에서 팽창하여, 체적이 0.5m³로 되었다. 이때의 내부에너지의 증가가 93.9kJ이었다면, 팽창에 필요한 열량은 약 몇 kJ인가?

㉮ 43.8   ㉯ 56.4
㉰ 131.4   ㉱ 175.2

| 해설 | $_1Q_2 = \triangle U + P(V_2 - V_1) = 93.9 + 250 \times (0.5 - 0.35) = 131.4 \text{ kJ}$

32 어느 열기관이 33kW의 일을 발생할 때 1시간 동안의 일을 열량으로 환산하면 약 얼마인가?

㉮ 83600kJ   ㉯ 104500kJ
㉰ 118800kJ   ㉱ 988780kJ

| 해설 | $_1Q_2 = L \cdot \Delta T = 33 \times 3600 = 118,800 \text{ kJ}$

33 내부에너지가 40kJ, 절대압력이 200kPa, 체적이 0.1m³, 절대온도가 300K인 계의 엔탈피는 약 몇 kJ인가?

㉮ 42   ㉯ 60
㉰ 80   ㉱ 240

| 해설 | $H = U + P \cdot V = 40 + 200 \times 0.1 = 60 \text{ kJ}$

34 다음의 열역학 상태량 중 종량적 상태량은?

㉮ 압력   ㉯ 체적
㉰ 온도   ㉱ 밀도

| 해설 | 종량적 상태량 : 질량에 비례하는 상태량으로 체적, 내부에너지, 엔탈피, 엔트로피 등이 있다.

35 고체에 에너지를 전달하여 온도를 높이는 여러 가지 방법들 중에서 전달되는 에너지가 일이 아닌 것은?

㉮ 프레스로 소성 변형시킨다.
㉯ 전원을 연결하여 전류를 통과시킨다.
㉰ 자기장을 가하여 자화시킨다.
㉱ 강력한 빛을 쪼인다.

Answer ■ 30.㉱ 31.㉰ 32.㉰ 33.㉯ 34.㉯ 35.㉱

36 분자량이 29이고, 정압비열이 1005J/kg·K인 기체의 기체상수는 약 몇 J/kg·K인가? (단, 일반기체상수는 8314.5J/kmol·K이다.)

㉮ 976
㉯ 287
㉰ 34.7
㉱ 29.3

| 해설 | $R = \dfrac{\overline{R}}{M} = \dfrac{8314.5}{29} = 286.71 \text{J/kg} \cdot \text{K}$

37 절대압력 100kPa, 온도 100℃인 상태에 있는 수소의 비체적(m^3/kg)은? (단, 수소의 분자량은 2이고, 일반기체상수는 8.3145kJ/kmol·K이다.)

㉮ 약 15.5
㉯ 약 0.42
㉰ 약 3.16
㉱ 약 0.84

| 해설 | $pv = \dfrac{\overline{R}}{M} T$, $100 \times v = \dfrac{8.3145}{2} \times (100+273)$, $v = 15.51 \text{m}^3/\text{kg}$

38 다음과 같은 온도범위에서 작동하는 카르노(Carnot) 사이클 열기관이 있다. 이 중에서 효율이 가장 좋은 것은?

㉮ 0℃와 100℃
㉯ 100℃와 200℃
㉰ 200℃와 300℃
㉱ 300℃와 400℃

| 해설 | $\eta_c = 1 - \dfrac{T_L}{T_H}$

㉮ $\eta_c = 1 - \dfrac{273}{373} = 0.27$ ㉯ $\eta_c = 1 - \dfrac{(100+273)}{(200+273)} = 0.21$

㉰ $\eta_c = 1 - \dfrac{473}{573} = 0.17$ ㉱ $\eta_c = 1 - \dfrac{573}{673} = 0.15$

39 이상기체 1kg이 가역등온 과정에 따라 P_1 = 2kPa, V_1 = 0.1m^3로부터 V_2 = 0.3m^3로 변화했을 때 기체가 한 일은 몇 주울(J)인가?

㉮ 9540
㉯ 2200
㉰ 954
㉱ 220

| 해설 | $_1W_2 = P_1 \cdot V_1 \cdot \ell_n\left(\dfrac{V_2}{V_1}\right) = 2 \times 0.1 \times \ell_n\left(\dfrac{0.3}{0.1}\right) = 0.22 \text{ kJ}$

36.㉯ 37.㉮ 38.㉮ 39.㉱ ■ Answer

40 반데발스(Van der Waals)의 상태 방정식은 $(P+\frac{a}{v^2})(v-b)=RT$로 표시된다. 이 식에서 $\frac{a}{v^2}$, b 는 각각 무엇을 고려하는 상수인가?

㉮ 분자간의 작용 인력, 분자간의 거리
㉯ 분자간의 작용 인력, 분자 자체의 부피
㉰ 분자 자체의 중량, 분자간의 거리
㉱ 분자 자체의 중량, 분자 자체의 부피

3과목 기계유체역학

41 유량 5m³/min, 속도 9m/s, 비중 1인 물 제트가 고정된 평면 판에 수직으로 충돌하고 있는 경우 평면 판에 작용하는 힘은 몇 N인가?

㉮ 45　　　　　　　　　㉯ 450
㉰ 750　　　　　　　　㉱ 7500

| 해설 | $F=PQV=1000\times\frac{5}{60}\times 9=750\mathrm{N}$

42 에너지선(Energy Line)에 관한 설명으로 옳지 않은 것은?

㉮ 위치수두 + 정압수두 + 동압수두를 연결한 선이다.
㉯ 에너지선의 높이는 피토관을 사용하여 정체압을 측정함으로써 얻을 수 있다.
㉰ 수력기울기선보다 정압수두 만큼 크다.
㉱ 관로를 따라서 위치에 따른 전체 수두를 시각적으로 볼 수 있다.

| 해설 | EL은 H·G·L에서 속도수두만큼 크다.

43 안지름 0.1m의 관로에서 관 벽의 마찰 손실수두가 속도수두와 같다면 그 관로의 길이는 몇 m인가? (단, 관마찰계수 $f=0.03$ 이다.)

㉮ 1.58　　　　　　　　㉯ 2.54
㉰ 3.33　　　　　　　　㉱ 4.52

| 해설 | $h_L=f\cdot\frac{L}{d}\cdot\frac{V^2}{2g}=\frac{V^2}{2g}$, $f\cdot\frac{L}{d}=0.03\times\frac{L}{0.1}=1$, $L=3.33\mathrm{m}$

44 다음 중 무차원 항이 아닌 것은?

㉮ Reynolds 수　　　　㉯ 양력계수
㉰ 비중　　　　　　　　㉱ 음속

| 해설 | 음속은 속도의 차원 $[LT^{-1}]$과 같다.

Answer ■ 40.㉯　41.㉰　42.㉰　43.㉰　44.㉱

45 유체 속에 잠겨있는 경사진 판의 윗면에 작용하는 압력 힘의 작용점에 대한 설명 중 맞는 것은?

㉮ 판의 도심보다 위에 있다.   ㉯ 판의 도심에 있다.
㉰ 판의 도심보다 아래에 있다.   ㉱ 판의 도심과는 관계가 없다.

46 원심 펌프로 기름을 압송한다. 이 펌프의 회전수는 1000rpm이고, 기름의 동점성계수는 7×10^{-4} m²/s이다. 이 펌프의 모형을 만들어서 1.56×10^{-4} m²/s의 동점성계수를 갖는 공기를 이용하여 모형 실험을 하려고 한다. 모형 펌프의 지름을 원형 펌프의 3배로 하였을 때 모형 펌프의 회전수는 약 몇 rpm인가?

㉮ 20   ㉯ 25
㉰ 30   ㉱ 35

|해설| $\left(\dfrac{V \cdot L}{\nu}\right)_p = \left(\dfrac{V \cdot L}{\nu}\right)_m$, $\left(\dfrac{V \times 1}{7 \times 10^{-4}}\right)_p = \left(\dfrac{V \times 3}{1.56 \times 10^{-4}}\right)_m$

$V_m = 0.0743 V_p$, $(L \cdot N)_m = 0.0743 (L \cdot N)_p$, $N_m = 0.0743 \times \dfrac{1}{3} \times 1000 = 24.77$ rpm

47 그림과 같은 단면적 1m²인 탱크에 설치된 노즐이 수두 1m에서의 유량 Q를 2배로 하기 위해서는 수면 상에 몇 kg 정도의 피스톤을 놓아야 하는가?

㉮ 1000
㉯ 2000
㉰ 3000
㉱ 4000

|해설| $\dfrac{P}{\gamma} + Z_1 = \dfrac{V^2}{2g} + Z_2$

$P = \dfrac{\rho V^2}{2} + (Z_2 - Z_1) \times \gamma = \dfrac{1000 \times (2 \times \sqrt{2 \times 98})^2}{2} - 1 \times 9800 = 29361.25$ N/m²

$W = P \cdot A = \dfrac{29361.25 \times 1}{9.8} = 2996.05$ kg

48 지름이 1cm인 원통 관에 0℃의 물이 흐르고 있다. 평균 속도가 1.2m/s이고, 0℃ 물의 동점성계수가 1.788×10^{-6} m²/s일 때, 이 흐름의 레이놀즈 수는?

㉮ 2356   ㉯ 4282
㉰ 6711   ㉱ 7801

|해설| $Re = \dfrac{V \cdot d}{\nu} = \dfrac{1.2 \times 0.01}{1.788 \times 10^{-6}} = 6711.41$

49 에너지의 차원을 옳게 표시한 것은? (단, F : 힘, M : 질량, L : 거리, T : 시간)

㉮ [ML]   ㉯ [FLT^{-1}]
㉰ [ML²T^{-2}]   ㉱ [MLT^{-2}]

|해설| 에너지의 차원 : [F · L] = [ML²T^{-2}]

45.㉰ 46.㉯ 47.㉰ 48.㉰ 49.㉰ ■ Answer

50 지름 8cm의 구가 공기 중을 20m/s의 속도로 운동할 때 항력은 약 몇 N인가? (단, 공기 밀도는 1.2kg/m³, 항력계수는 C_D는 0.6이다.)

㉮ 0.724 ㉯ 7.24
㉰ 72.4 ㉱ 0.0724

| 해설 | $D = C_D \cdot A \cdot \dfrac{\rho \cdot V^2}{2} = 0.6 \times \dfrac{\pi \times 0.08^2}{4} \times \dfrac{1.2 \times 20^2}{2} = 0.724 \text{N}$

51 내경 30cm의 원 관 속에 절대압력 0.32MPa, 온도 27℃인 공기가 4kg/s로 흐를 때 이 원 관속을 흐르는 공기의 평균 속도는 약 몇 m/s인가? (단, 공기의 기체상수 R=287J/kg·K이다.)

㉮ 15.2 ㉯ 20.3
㉰ 25.2 ㉱ 32.5

| 해설 | $\dot{m} = \rho A V = \dfrac{P}{R \cdot T} \cdot A \cdot V$, $4 = \dfrac{0.32 \times 10^6}{287 \times (27+273)} \times \dfrac{\pi \times 0.3^2}{4} \times V$, $V = 15.23 \text{m/sec}$

52 그림과 같이 속도의 크기 U로 x축과 임의의 각도 α를 가지고 흐르는 균일 직선유동에 대한 유동함수 (stream function) ψ를 극좌표, r, θ로 나타낸 것은?

㉮ $\psi = Ur \sin(\theta - \alpha)$
㉯ $\psi = Ur \sin(\alpha - \theta)$
㉰ $\psi = Ur \cos(\theta - \alpha)$
㉱ $\psi = Ur \cos(\alpha - \theta)$

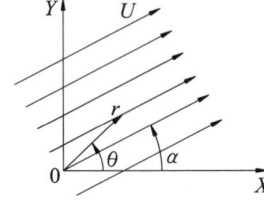

| 해설 | $\vec{U} = \vec{V_r} + \vec{V_\theta}$

$V_r = U \cdot \cos(\theta - \alpha) = \dfrac{1}{r}\dfrac{\partial \psi}{\partial \theta}$

$V_\theta = -U \cdot \sin(\theta - \alpha) = -\dfrac{\partial \psi}{\partial r}$

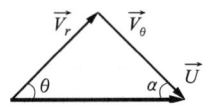

53 절대압력을 정하는데 기준(영점)이 되는 것은?

㉮ 게이지압력 ㉯ 표준대기압
㉰ 국소대기압 ㉱ 완전진공

54 어떤 액체의 밀도가 액체 표면으로부터 깊이(h)에 따라 선형으로 변화할 때 ($\rho = \rho_o + Kh$, ρ_o = 액체표면에서의 밀도, K = 상수) 깊이에 따른 압력을 식으로 표현하면?

㉮ $\rho_o gh$ ㉯ $(\rho_o + Kh)gh$
㉰ $(\rho_o - Kh)gh$ ㉱ $(\rho_o + \dfrac{K}{2}h)gh$

| 해설 | $P = \int_o^h r \cdot dh = \int_o^h (\rho_o + k \cdot h) \cdot g dh = g \cdot \left(\rho_o h + \dfrac{k}{2}h^2\right) = gh\left(\rho_o + \dfrac{k}{2}h\right)$

Answer ■ 50.㉮ 51.㉮ 52.㉮ 53.㉱ 54.㉱

55 다음의 속도장 중에서 연속방정식을 만족시키는 유체의 흐름은 어느 것인가? (단, u는 x방향의 속도성분, v는 y방향의 속도성분)

㉮ $u=2x^2-y^2$, $v=-2xy$
㉯ $u=x^2-y^2$, $v=-4xy$
㉰ $u=x^2-y^2$, $v=2xy$
㉱ $u=x^2-y^2$, $v=-2xy$

|해설| $\frac{\partial u}{\partial x}+\frac{\partial v}{\partial y}=0$을 만족하는 것을 고른다.

56 평판을 지나는 경계층 유동에서 속도 분포가 경계층 바깥에서는 균일 속도, 경계층 내에서는 벽으로부터의 거리의 1차함수라고 가정하면 배제두께(displacement thickness) δ^*와 경계층 두께 δ의 관계는?

㉮ $\delta^*=\frac{\delta}{4}$
㉯ $\delta^*=\frac{\delta}{3}$
㉰ $\delta^*=\frac{\delta}{2}$
㉱ $\delta^*=\frac{2\delta}{3}$

|해설| 평판유동에서 경계층 두께와 배제두께 $\frac{u}{v}=\frac{y}{\delta}$일 때

㉮ 경계층 두께 $\delta=2\sqrt{3}xRe_x^{-\frac{1}{2}}$ ㉯ 배제두께 $\delta^*=1.73xRe_x^{-\frac{1}{2}}$ ㉰ $\delta^*=\frac{1}{2}\delta$

57 그림과 같이 관로에 액주계가 설치되어 있을 때 공기의 속도는 약 몇 m/s인가? (단, 공기의 밀도는 1.23kg/m³ 이다.)

㉮ 1.4
㉯ 28.2
㉰ 39.9
㉱ 44.3

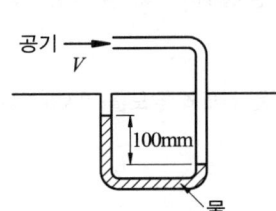

|해설| $V=\sqrt{2gh\left(\frac{\gamma_s}{\gamma}-1\right)}$
$=\sqrt{2\times9.8\times0.1\times\left(\frac{1000}{1.23}-1\right)}$
$=39.9\text{m/sec}$

58 나란한 두 개의 평판 사이의 층류 유동에서 속도 분포는 포물선 형태를 보인다. 평균 속도(V_{mean})와 중심에서의 최대 속도(V_{max})의 관계는?

㉮ $V_{mean}=\frac{1}{2}V_{max}$
㉯ $V_{mean}=\frac{2}{3}V_{max}$
㉰ $V_{mean}=\frac{3}{4}V_{max}$
㉱ $V_{mean}=\frac{\pi}{4}V_{max}$

55.㉱ 56.㉰ 57.㉰ 58.㉯ ■ Answer

59 어떤 기름의 점성계수가 $1.6 \times 10^{-2} N \cdot s/m^2$이고 밀도는 $800 kg/m^3$이다. 이 기름의 동점성계수는 몇 m^2/s인가?

㉮ 2.0×10^{-2} ㉯ 2.0×10^{-3}
㉰ 2.0×10^{-4} ㉱ 2.0×10^{-5}

|해설| $V = \dfrac{\mu}{\rho} = \dfrac{1.6 \times 10^{-2}}{800} = 2.0 \times 10^{-5} m^2/\sec$

60 밀도가 $500 kg/m^3$인 원기둥이 1/3만큼 액체면 위로 나온 상태로 떠 있다. 이 액체의 비중은?

㉮ 0.33 ㉯ 0.5
㉰ 0.75 ㉱ 1.5

|해설| $F_B = W$, $S \cdot \gamma_W \cdot \dfrac{2V}{3} = 500 \times 9.8 \times V$, $S = \dfrac{3 \times 500 \times 9.8}{2 \times 9800} = 0.75$

4과목 기계재료 및 유압기기

61 단조 작업한 강철 재료를 풀림하는 목적으로서 적합하지 않은 것은?

㉮ 내부 응력 제거 ㉯ 경화된 재료의 연화
㉰ 결정조직을 균일하게 조절 ㉱ 석출된 성분의 고정

|해설| 석출: 하나의 고체가 온도변화에 의해 다른 금속의 결정체로 되는 것.

62 구리합금 중에서 가장 높은 경도와 강도를 가지며, 피로한도가 우수하여 고급스프링 등에 쓰이는 것은?

㉮ Cu – Be 합금 ㉯ Cu – Cd 합금
㉰ Cu – Si 합금 ㉱ Cu – Ag 합금

|해설| 베릴륨 청동
 ㉮ 2~3%의 베릴륨을 첨가한 구리합금
 ㉯ 구리합금 중 가장 높은 강도와 경도를 가지며 뜨임 시효경화성이 있어서 내식성, 내열성 등이 양호하다.
 ㉰ 베어링, 기어, 고급스프링, 공업용 전극 등에 사용된다.

63 강의 표면경화처리에서 질화법의 특징을 설명한 것 중 틀린 것은?

㉮ 내마모성, 내식성이 크다.
㉯ 경화층이 얇다.
㉰ 경도는 침탄한 것보다 높다.
㉱ 침탄법보다 처리시간이 짧다.

|해설| 고온의 암모니아 가스에서 분해된 질소를 철 또는 강에 침투시켜 질화철을 형성한 열처리로 침탄법보다 오래 걸린다.

Answer ■ 59.㉱ 60.㉰ 61.㉱ 62.㉮ 63.㉱

64 탄소강에 미치는 인(P)의 영향에 대하여 가장 올바르게 표현한 것은?
㉮ 강도와 경도는 증가시키나 고온취성이 있어 가공이 곤란하다.
㉯ 인성과 내식성을 주는 효과는 있으나 청열취성을 준다.
㉰ 경화능이 감소하는 것 이외에는 기계적 성질에 해로운 원소이다.
㉱ 강도와 경도를 증가시키고 연신율을 감소시키며 상온취성을 일으킨다.

65 회주철의 탄소당량(Carbon equivalent)이 상태도의 공정점 이하의 값을 갖는다면, 회주철 제품생산 시 탄소당량의 변화에 따른 설명으로 틀린 것은?
㉮ 탄소당량이 감소할수록 흑연크기는 작아진다.
㉯ 탄소당량이 감소할수록 유동성은 감소한다.
㉰ 탄소당량이 감소할수록 응고개시 온도는 감소한다.
㉱ 탄소당량이 증가할수록 유리 페라이트는 증가한다.

| 해설 | 탄소당량 $= C(\%) + \frac{1}{3} S_i(\%)$

66 강력하고 인성이 있는 기계주철 주물을 얻으려고 할 때 주철 중의 탄소를 어떤 상태로 하는 것이 가장 적합한가?
㉮ 구상 흑연　　　　　　　　㉯ 유리의 편상 흑연
㉰ 탄화물(Fe_3C)의 상태　　　㉱ 입상 또는 괴상흑연

| 해설 | **구상흑연주철** : 편상 흑연주철에 비하여 강도가 커 탄소강에 유사한 주철이다.

67 금속의 소성변형에서 열간가공의 효과가 아닌 것은?
㉮ 조직의 치밀화
㉯ 성형이 쉽고 대량생산이 가능하다.
㉰ 조직의 균일화
㉱ 연신율 및 단면 수축률의 감소

| 해설 | 열간가공보다는 냉간가공시 가공경화가 우수하다.

68 강에서 열처리 조직으로 경도가 가장 큰 것은?
㉮ 오스테나이트　　　　　　㉯ 마텐자이트
㉰ 페라이트　　　　　　　　㉱ 펄라이트

| 해설 | A < M > T > S > P

69 공석강의 탄소함유량으로 가장 적합한 것은?
㉮ 약 0.08%　　　　　　　　㉯ 약 0.2%
㉰ 약 0.2%　　　　　　　　　㉱ 약 0.8%

| 해설 | 공석점 : 723℃의 0.8%C

64.㉱　65.㉰　66.㉮　67.㉱　68.㉯　69.㉱　■ Answer

70 지름 15mm의 연강 봉에 5000kgf의 인장하중이 작용할 때 생기는 응력은 약 몇 kgf/mm² 인가?

㉮ 10　　　　　　　　　　㉯ 18
㉰ 24　　　　　　　　　　㉱ 28

| 해설 | $\sigma_t = \dfrac{W}{A} = \dfrac{4W}{\pi d^2} = \dfrac{4 \times 5000}{\pi \times 15^2} = 28.29 \text{kg/mm}^2$

71 구조가 간단하며 값이 싸고 유압유 중의 이물질에 의한 고장이 생기기 어렵고 가혹한 조건에 잘 견디는 유압모터로 가장 적합한 것은?

㉮ 베인 모터　　　　　　　㉯ 기어 모터
㉰ 액시얼 피스톤 모터　　　㉱ 레이디얼 피스톤 모터

| 해설 | ㉮ 베인 모터 : 일정 토크 특성을 가지며 역전이 가능한 무단변속모터이다.
　　　㉯ 피스톤 모터 : 다른 모터보다 높은 효율을 가지며 고속·고압에서 유효하게 운전된다.

72 그림과 같은 유압 회로도에서 릴리프 밸브는?

㉮ ⓐ
㉯ ⓑ
㉰ ⓒ
㉱ ⓓ

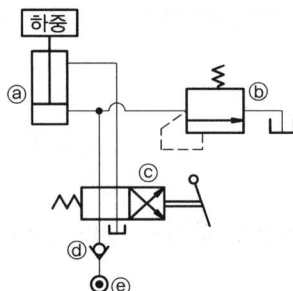

73 1회전 당의 유량이 40cc인 베인모터가 있다. 공급 유압을 600N/cm², 유량을 30L/min으로 할 때 발생할 수 있는 최대 토크(torque)는 약 몇 N·m인가?

㉮ 28.2　　　　　　　　　㉯ 38.2
㉰ 48.2　　　　　　　　　㉱ 58.2

| 해설 | $T = \dfrac{p \cdot q}{2\pi} = \dfrac{600 \times 10^4 \times 40 \times 10^{-6}}{2\pi} = 38.2 \text{N} \cdot \text{m}$

74 그림과 같은 유압·공기압기호의 명칭은?

㉮ 유압전도장치
㉯ 정용량형 펌프·모터
㉰ 차동실린더
㉱ 가변용량형 펌프·모터

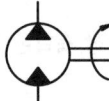

Answer ■ 70.㉱　71.㉯　72.㉯　73.㉯　74.㉯

75 관(튜브)의 끝을 넓히지 않고 관과 슬리브의 먹힘, 또는 마찰에 의하여 관을 유지하는 관 이음쇠는?
㉮ 플랜지 관 이음쇠　　㉯ 스위블 이음쇠
㉰ 플레어드 관 이음쇠　㉱ 플레어리스 관 이음쇠

| 해설 | 플레어 이음 : 관의 선단부를 원추형의 펀치로 나팔형으로 펴는 작업이 수반된 관이음방법

76 유압 작동유가 구비하여야 할 조건 설명으로 틀린 것은?
㉮ 넓은 온도 변화에 대하여 점도 변화가 작을 것
㉯ 적합한 유막 강도가 있고 윤활성이 좋을 것
㉰ 열을 잘 방출할 수 있을 것
㉱ 공기의 용해도가 많을 것

| 해설 | 유압유는 외부로부터 침입한 먼지나 오일 속에 혼합한 공기 등의 분리를 신속히 할 수 있어야 한다.

77 점성계수(coefficient of viscosity)는 기름의 중요 성질이다. 점성이 지나치게 클 경우 유압기기에 나타나는 현상이 아닌 것은?
㉮ 유동 저항이 지나치게 커진다.
㉯ 마찰에 의한 동력손실이 증대된다.
㉰ 밸브나 파이프를 통과할 때 압력 손실이 커진다.
㉱ 부품 사이에 윤활 작용을 하지 못한다.

| 해설 | 점성이 작을 때 유압유는 누출이 증가하게 되며 윤활이 감소하게 된다.

78 유압기기 중 오일의 점성을 이용한 기계, 유속을 이용한 기계, 팽창 수축을 이용한 기계로 분류할 때, 점성을 이용한 기계로 가장 적합한 것은?
㉮ 토크 컨버터(torque converter)
㉯ 쇼크 업소버(shock absorber)
㉰ 압력계(pressure gage)
㉱ 진공 개폐 밸브(vacuum open – closed valve)

| 해설 | 쇼크 업소버(shock absorber) : 스프링, 고무, 공기압, 유압 등을 이용하여 우농에너지를 흡수하는 기계적 충격을 완화시키는 장치로 차량, 항공기 등에 장착된다.

79 다음 중 유압이 140kgf/cm² 이고, 토출량이 200L/min 이상의 고압 대유량에 사용하기에 가장 적당한 펌프는?
㉮ 회전 피스톤 펌프　㉯ 기어 펌프
㉰ 왕복동 펌프　　　㉱ 베인 펌프

75.㉱　76.㉱　77.㉱　78.㉯　79.㉮　■ Answer

80 압력 제어 밸브들로만 구성되어 있는 것은?

㉮ 릴리프 밸브, 무부하 밸브, 스로틀 밸브
㉯ 무부하 밸브, 체크 밸브, 감압 밸브
㉰ 셔틀 밸브, 릴리프 밸브, 시퀀스 밸브
㉱ 카운터 밸런스 밸브, 시퀀스 밸브, 릴리프 밸브

| 해설 | 압력제어밸브의 종류 : 릴리프 밸브, 언로드 밸브, 시퀀스 밸브, 카운터밸런스 밸브, 감압 밸브 등이 있다.

5과목 기계제작법 및 기계동력학

81 다음 중 구멍의 내면을 가장 정밀하게 가공하는 방법은?

㉮ 드릴링(drilling)   ㉯ 소잉(sawing)
㉰ 펀칭(punching)   ㉱ 호닝(honing)

| 해설 | 호닝 : 원통 내면의 정밀 다듬질을 위한 가공으로 진원도, 진직도 및 표면조도를 향상시키기 위한 작업이다.

82 최소 측정값이 1/20mm 인 버니어캘리퍼스에 대한 설명으로 옳은 것은?

㉮ 본척의 최소 눈금이 1mm, 부척의 1눈금은 12mm를 25등분한 것
㉯ 본척의 최소 눈금이 1mm, 부척의 1눈금은 19mm를 20등분한 것
㉰ 본척의 최소 눈금이 0.5mm, 부척의 1눈금은 19mm를 25등분한 것
㉱ 본척의 최소 눈금이 0.5mm, 부척의 1눈금은 24mm를 20등분한 것

| 해설 | 최소측정값 $\frac{1}{20}(0.05)$mm
㉮ 어미자 최소눈금 1mm
㉯ 어미자 눈금 19mm 또는 39mm를 20등분한 아들자로 되어 있다.

83 강의 표면 경화법에 해당되지 않는 것은?

㉮ 화염경화법   ㉯ 탈탄법
㉰ 질화법   ㉱ 청화법(시안화법)

| 해설 | 강의 표면 경화법의 종류
㉮ 물리적인 표면 경화법 : 화염경화법, 고주파경화법
㉯ 화학적인 표면 경화법 : 침탄법, 질화법, 청화법

84 용접부의 결함을 검사하는 방법 중 파괴시험법에 속하는 것은?

㉮ 외관시험   ㉯ 초음파 탐상시험
㉰ 피로시험   ㉱ 음향시험

Answer ■ 80.㉱ 81.㉱ 82.㉯ 83.㉯ 84.㉰

85 머시닝센터의 프로그램시 테이블 이송과 관련이 가장 적은 것은?

㉮ G00   ㉯ G01
㉰ G03   ㉱ G04

| 해설 | • G00 : 위치 결정   • G01 : 직선보간
• G02 : 시계 방향 원호보간   • G03 : 반시계 방향 원호보간   • G04 : 일시정지

86 M6 × 1.0의 나사에서 탭(tap)을 가공하고자 할 때 가장 적당한 드릴의 지름은?

㉮ 7mm   ㉯ 6mm
㉰ 5mm   ㉱ 4mm

| 해설 | $d = D - p = 6 - 1 = 5\text{mm}$

87 공구연삭기에 A60N5V의 연삭숫돌을 고정하였다. 숫돌의 지름 300mm, 회전수가 1800rpm일 때 숫돌의 원주속도는 몇 m/min 정도인가?

㉮ 약 1321.2   ㉯ 약 1450.3
㉰ 약 1625.5   ㉱ 약 1696.5

| 해설 | $V = \dfrac{\pi dN}{1000} = \dfrac{\pi \times 300 \times 1800}{1000} = 1696.46 \text{m/min}$

88 주조품 제조 시 사용되는 모형(pattern)의 분류 방법 중 구조에 따라 분류할 때 이에 속하지 않는 것은?

㉮ 목형(wood pattern)   ㉯ 골조 모형(skeleton pattern)
㉰ 코어 모형(core pattern)   ㉱ 현형(solid pattern)

89 분괴압연 작업에서 만들어진 강편으로서 4각형 또는 정방형 단면의 소재로서 250mm × 250mm에서 450mm × 450mm 정도의 크기를 갖는 비교적 큰 재료의 명칭은?

㉮ 블룸(bloom)   ㉯ 슬래브(slab)
㉰ 빌릿(billet)   ㉱ 플랫(flat)

| 해설 | ㉯ 슬래브(slab) : 직사각형 단면, 두께 50~150mm, 폭 600~1600mm
㉰ 빌릿(billet) : 강편, 40mm × 40mm에서 120mm × 120mm

85.㉱ 86.㉰ 87.㉱ 88.㉮ 89.㉮ ■ Answer

90 만네스만 압연기와 유사한 방법으로 파이프의 지름을 확대하는데 많이 이용하는 그림과 같은 구조로 되어 있는 것은?

㉮ 플러그밀(Plug mill)
㉯ 필거 압연기(Pilger mill)
㉰ 스티펠 천공기(Stiefel piercer)
㉱ 마관기(Reeling machine)

| 해설 | 이음매 없는 관(seamless pipe) 제작법으로는 천공법과 커핑 방법이 있다. 천공법으로 만네스만압연천공법, 압출법, 에르하르트 천공법, 스티펠법 등이 있다.

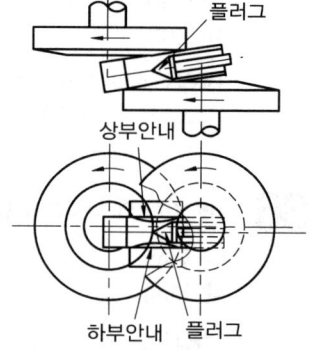

91 열차(A)는 108km/h의 일정한 속력으로 건널목 C의 900m 전방을 달리고 있다. 72km/h의 속력으로 달리던 자동차(B)는 건널목 전방 1000m 지점에서부터 가속 페달을 밟아 일정한 가속도로 주행한다. 자동차가 열차보다 3초 먼저 건널목을 통과하기 위하여 필요한 자동차의 가속도는 약 몇 m/s² 인가?

㉮ 1.14
㉯ 1.26
㉰ 1.34
㉱ 1.126

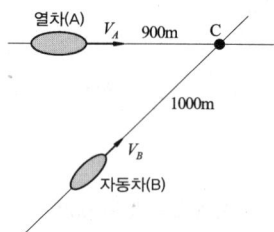

| 해설 | $V_A = \dfrac{\overline{AC}}{\Delta t}$, $\Delta t = \dfrac{900 \times 3600}{108 \times 10^3} = 30 \sec$

$\overline{BC} = V_B \cdot t + \dfrac{1}{2} a \cdot t^2$

$1000 = \dfrac{72 \times 10^3 \times 27}{3600} + \dfrac{1}{2} \times a \times 27^2$

$a = 1.26 \text{m/sec}^2$

92 90kg의 질량을 가진 기계가 스프링 상수 3600kN/m인 스프링과 감쇠기 위에 받쳐 있고 조화 가진력 $F_o \sin \omega t$가 작용한다면 공진 진폭은 몇 cm인가? (단, F_0는 50N이고, 점성 감쇠계수 c는 5N·s/m이다.)

㉮ 5 ㉯ 7
㉰ 1 ㉱ 1.5

| 해설 | $\omega_n = \sqrt{\dfrac{k}{m}} = \sqrt{\dfrac{3600 \times 20^3}{90}} = 200$, $A = \dfrac{F_o}{c \cdot \omega_n} = \dfrac{50}{5 \times 200} = 0.05 \text{m} = 5 \text{cm}$

Answer ■ 90.㉰ 91.㉯ 92.㉮

93 지구 중심을 중심으로 원 궤도를 그리며 비행하기 위한 인공위성의 속력은 약 몇 km/s인가? (단, 인공위성은 지표면으로부터 고도 300km로 비행하며 지구의 반경 R=6371km 이다.)

㉮ 5.73　　　　　　　　　　㉯ 6.73
㉰ 7.73　　　　　　　　　　㉱ 8.21

|해설| $V = \sqrt{\dfrac{g \cdot R^2}{(R+L)}} = \sqrt{\dfrac{9.8 \times (6371 \times 10^3)^2}{(6371+300) \times 10^3}} = 7721.92 \text{m/sec} = 7.72192 \text{km/sec}$

94 다음 1자유도계에서 t = 1s 일 때 변위는 약 몇 mm인가?

㉮ 0.10
㉯ 0.15
㉰ 3.03
㉱ 5.07

$k = 8\text{KN/m}$, $c = 130 \text{N} \cdot \text{S/m}$, $m = 20\text{kg}$, $x(0) = 0$, $\dot{x}(0) = 100 \text{mm/s}$

|해설| $x = X \cdot e^{-(c/2m)t} \cdot \sin qt$

$\dot{x} = X \cdot \left\{-\dfrac{c}{2m}\right\} \cdot e^{-(c/2m)t} \cdot \sin qt + X \cdot e^{-\left(\frac{c}{2m}\right)t} \cdot q \cdot \cos qt$

$\dot{x}(o) = X \cdot q = X \cdot \sqrt{\dfrac{k}{m} - \left(\dfrac{c}{2m}\right)^2} = X \times 19.73 = 100$

$X = 5.07 \text{mm}$

$x = 5.07 \times e^{-\left(\frac{130}{2 \times 20}\right)} \times \sin\left(19.73 \times \dfrac{180}{\pi}\right) = 5.07 \times 0.039 \times 0.771 = 0.152 \text{mm}$

$q^2 = \dfrac{k}{m} - \left(\dfrac{c}{2m}\right)^2$, $q = 19.73$

95 질량 1000kg인 자동차에서 엔진으로부터 바퀴까지의 동력 전달효율은 $\varepsilon = 0.63$ 이다. 자동차가 일정한 속도 mV=60m/s로 달릴 때 바람의 저항력이 F_D = 80N이라면, 동력이 네 바퀴에 모두 전달된다고 가정하고 엔진에 의하여 공급되는 동력은 약 몇 kW인가? (단, 도로와 바퀴간의 마찰계수는 0.25이다.)

㉮ 7.31　　　　　　　　　　㉯ 7.62
㉰ 7.89　　　　　　　　　　㉱ 8.24

|해설| $L = F_D \cdot V/\varepsilon = \dfrac{80 \times 60}{0.63 \times 1000} = 7.62 \text{ kW}$

96 승용차와 트럭이 동일한 속도로 마주보며 주행하다가 정면으로 충돌하였다. 이때 일반적으로 승용차의 운전자가 더 큰 충격을 받게 되는데 그 이유로 가장 타당한 설명은?

㉮ 승용차의 크기가 작기 때문이다.
㉯ 승용차가 트럭에 비해 가볍기 때문이다.
㉰ 충돌시 트럭에 작용하는 충격력이 더 크기 때문이다.
㉱ 충돌시 승용차에 작용하는 충격력이 더 크기 때문이다.

93.㉰　94.㉯　95.㉯　96.㉯　■ Answer

97 길이가 1m이고 질량이 5kg인 균일한 막대가 그림과 같이 지지되어 있다. A점은 힌지로 되어 있어 B점에 연결된 줄이 갑자기 끊어졌을 때 막대는 자유로이 회전한다. 막대가 수직 위치에 도달한 순간 각속도는 약 몇 rad/s인가?

㉮ 3.12
㉯ 3.43
㉰ 3.91
㉱ 5.42

| 해설 | ㉮ $\omega = \dfrac{d\theta}{dt}$, $dt = \dfrac{d\theta}{\omega}$

㉯ $\alpha = \dfrac{d\omega}{dt} = \dfrac{\omega \cdot d\omega}{d\theta}$

㉰ $\alpha = \dfrac{3g}{2\ell}\sin\theta$, $\int_0^{90°}\dfrac{3g}{2L}\sin\theta \cdot d\theta = \int_0^\omega \omega \cdot d\omega$, $\dfrac{3g}{2\ell} = \dfrac{\omega^2}{2}$, $\omega = \sqrt{3\times 9.8} = 5.42\,\text{rad/sec}$

98 그림과 같이 일단이 수직으로 매달려서 진자와 같이 한 평면 내에서 진동하는 가늘고 긴 막대의 고유 주기는? (단, 막대의 질량은 m이고, 길이는 L이다.)

㉮ $2\pi\sqrt{\dfrac{L}{3g}}$

㉯ $2\pi\sqrt{\dfrac{2L}{3g}}$

㉰ $2\pi\sqrt{\dfrac{L}{g}}$

㉱ $2\pi\sqrt{\dfrac{L}{2g}}$

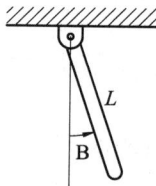

| 해설 | 막대전자운동

㉮ 각 진동수 $\omega = \sqrt{\dfrac{3g}{2\ell}}$

㉯ 고유주기 $\tau = \dfrac{2\pi}{\omega}$

99 $x(t) = X\sin(\omega t + \phi)$의 진동을 하고 있는 경우 맞는 것은?

㉮ 진폭은 X이고, 위상각은 ϕ이며, 고유진동수는 ωt인 진동이다.
㉯ 진폭은 $X/2$이고, 위상각이 ϕ인 진동이다.
㉰ 각진동수가 ω이며, 위상각은 ωt인 진동이다.
㉱ 진폭이 X이고, 각 진동수가 ω인 진동이다.

| 해설 | ϕ : 초기 위상각

Answer ■ 97.㉱ 98.㉯ 99.㉱

100 그림과 같은 질량 3kg인 원판의 반지름이 0.2m일 때, x – x′ 축에 대한 질량 관성모멘트의 크기는 몇 kg·m²인가?

㉮ 0.03
㉯ 0.04
㉰ 0.05
㉱ 0.06

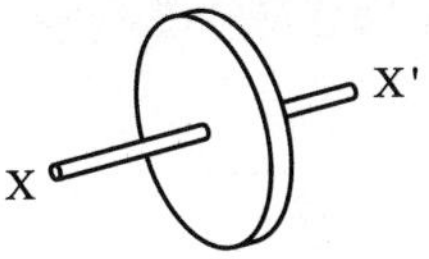

|해설| $\tau = \frac{1}{2}mr^2 = \frac{3 \times 0.2^2}{2} = 0.06 \text{kg} \cdot \text{m}^2$

100.㉱ ■ Answer

2010 기출문제
5월 9일 시행

1과목 재료역학

01 밀도가 일정한 정육면체형 물체의 각 변의 길이가 처음의 3배로 되었을 때 이 정육면체의 바닥면에 발생되는 자중에 의한 수직 응력의 크기는 처음의 몇 배가 되겠는가?

㉮ 1 ㉯ 3
㉰ 9 ㉱ 27

| 해설 | $\sigma = \dfrac{W}{A} = \dfrac{\rho g \cdot A \cdot L}{A} = \rho g \cdot L$, $\sigma' = \dfrac{W'}{A'} = \dfrac{\rho g \cdot A' \cdot L'}{A'} = \rho g L' = \rho g (3L)$ ∴ $\sigma' = 3\sigma$

02 균일분포하중 ω를 받고 있는 길이가 L인 단순보의 처짐을 δ로 제한한다면 균일 분포하중의 크기는 어떻게 표현되겠는가? (단, 보의 단면은 폭이 b이고 높이가 h인 직사각형이고 탄성계수는 E이다.)

㉮ $\dfrac{32Ebh^3\delta}{5L^4}$ ㉯ $\dfrac{32Ebh^3\delta}{7L^4}$

㉰ $\dfrac{16Ebh^3\delta}{5L^4}$ ㉱ $\dfrac{8Ebh^3\delta}{7L^4}$

| 해설 | $\delta = \dfrac{5\omega L^4}{384EI} = \dfrac{12 \times 5 \cdot \omega L^4}{384E \cdot bh^3}$ $\omega = \dfrac{32Ebh^3 \cdot \delta}{5 \cdot L^4}$

03 코일 스프링의 소선의 지름을 d, 코일의 평균 지름을 D, 코일 전체 길이가 L인 경우 인장하중 W를 작용시킬 때 전체의 처짐량(δ)을 나타내는 식은? (단, G는 전단 탄성계수이고, n은 코일의 감김 수이다.)

㉮ $\delta = \dfrac{8nD^3W}{Gd^4}$ ㉯ $\delta = \dfrac{16nD^3W}{Gd^4}$

㉰ $\delta = \dfrac{64nD^3W}{Gd^4}$ ㉱ $\delta = \dfrac{4nD^3W}{Gd^4}$

| 해설 | $\delta = \dfrac{64nW \cdot R^3}{Gd^4} = \dfrac{8nW \cdot D^3}{Gd^4}$

Answer ■ 1.㉯ 2.㉮ 3.㉮

04 아래 그림에서 모멘트의 최대값은 몇 kN·m인가? (단, B점은 고정이다.)

㉮ 10
㉯ 16
㉰ 26
㉱ 40

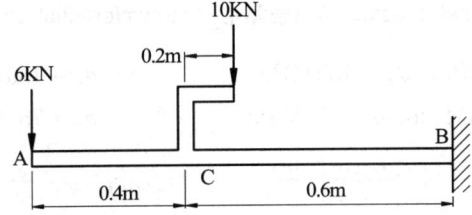

| 해설 | $M_B = 6 \times 1 + 10 \times (0.6 - 0.2) = 10 \text{kN} \cdot \text{m}$

05 길이가 2m인 환봉에 인장하중을 가하였더니 길이 변화량이 0.14cm였다. 이 때의 변형률은?

㉮ 70×10^{-6}　　　　　　　　㉯ 700×10^{-6}
㉰ 70　　　　　　　　　　　　　　㉱ 700

| 해설 | $\varepsilon = \dfrac{\delta}{L} = \dfrac{0.14}{200} = 700 \times 10^{-6}$

06 지름 d인 원형단면 봉이 비틀림 모멘트 T를 받을 때, 발생되는 최대 전단응력 τ를 나타내는 식은? (단, I_P는 단면의 극단면 2차 모멘트이다.)

㉮ $\dfrac{T \cdot d}{2 \cdot I_P}$　　　　　　　　㉯ $\dfrac{I_P \cdot d}{2 \cdot T}$

㉰ $\dfrac{T \cdot I_P}{2 \cdot d}$　　　　　　　　㉱ $\dfrac{2 \cdot T}{I_P \cdot d}$

| 해설 | $\tau = \dfrac{T}{Z_P} = \dfrac{T}{I_P / \dfrac{d}{2}} = \dfrac{T \cdot d}{2 \cdot I_P}$

07 그림과 같은 균일 원형단면을 갖는 양단 고정봉의 C점에 비틀림 모멘트 T = 98N·m를 작용시킬 때, 하중점 (C점)에서의 비틀림 각은 몇 rad인가? (단, 전단탄성계수 G = 78.4GPa, 극관성모멘트 I_P = 600cm⁴ 이다.)

㉮ 4×10^{-4}
㉯ 4×10^{-5}
㉰ 5×10^{-4}
㉱ 5×10^{-5}

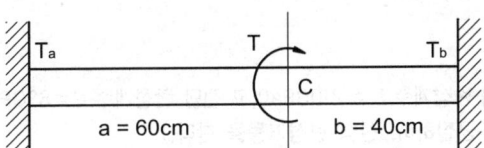

| 해설 | $T_a = \dfrac{98 \times 40}{100} = 39.2 \text{N} \cdot \text{m}$

$\theta = \dfrac{T_a \cdot a}{G \cdot I_P} = \dfrac{39.2 \times 0.6}{78.4 \times 10^9 \times 600 \times 10^{-8}} = 0.00005 \text{rad}$

4.㉮　5.㉯　6.㉮　7.㉱ ■ Answer

08 내부 반지름 1.25m, 압력 1200kPa, 두께 10mm인 원형 단면의 실린더형 압력 용기에서의 축방향 응력 (σ_t : longitudinal stress)과 후프응력(σ_z : circumferential stress)를 구하면?

㉮ $\sigma_t = 75$MPa, $\sigma_z = 150$MPa
㉯ $\sigma_t = 150$MPa, $\sigma_z = 75$MPa
㉰ $\sigma_t = 37.5$MPa, $\sigma_z = 75$MPa
㉱ $\sigma_t = 75$MPa, $\sigma_z = 37.5$MPa

|해설| $\sigma_z = \dfrac{p \cdot d}{2t} = \dfrac{1200 \times (2 \times 1.25)}{2 \times 0.01} \times 10^{-3} = 150$MPa, $\sigma_t = \dfrac{\sigma_z}{2} = 75$MPa

09 그림과 같은 복합 막대가 각각 단면적 $A_{AB} = 100$mm², $A_{BC} = 200$mm²을 갖는 두 부분 AB와 BC로 되어 있다. 막대가 100kN의 인장하중을 받을 때 총 신장량을 구하면 몇 mm인가? (단, 재료의 탄성계수(E)는 200GPa이다.)

㉮ 2
㉯ 4
㉰ 6
㉱ 8

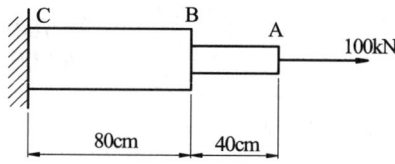

|해설| $\delta = \dfrac{P \cdot L_1}{A_1 \cdot E} + \dfrac{P \cdot L_2}{A_2 \cdot E}$

$= \dfrac{100 \times 10^3}{200 \times 10^9} \times \left(\dfrac{0.4}{100 \times 10^{-6}} + \dfrac{0.8}{200 \times 10^{-6}} \right) = 0.004m= 4$mm

10 그림과 같은 균일 단면의 돌출보(overhanging beam)에서 반력 R_A는? (단, 보의 자중은 무시한다.)

㉮ ωL
㉯ $\dfrac{\omega L}{4}$
㉰ $\dfrac{\omega L}{3}$
㉱ $\dfrac{\omega L}{2}$

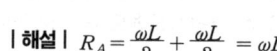

|해설| $R_A = \dfrac{\omega L}{2} + \dfrac{\omega L}{2} = \omega L$

11 어떤 재료의 탄성계수 E = 210GPa이고 전단 탄성계수 G = 83GPa이라면 이 재료의 포아송 비는? (단, 재료는 균일 및 균질하며, 선형 탄성거동을 한다.)

㉮ 0.265
㉯ 0.115
㉰ 1.0
㉱ 0.435

|해설| $G = \dfrac{E}{2(1+\mu)}$, $83 = \dfrac{210}{2 \times (1+\mu)}$, $\mu = 0.265$

Answer ▪ 8.㉮ 9.㉯ 10.㉮ 11.㉮

12 탄성계수 $E=200\text{GPa}$, 좌굴응력 $\sigma_B=320\text{MPa}$인 강재 기둥에 오일러(Euler) 공식을 적용할 수 있는 한계 세장비는? (단, n은 양단 지지 상태에 따른 좌굴 계수이다.)

㉮ $62.5\sqrt{n}$ ㉯ $78.5\sqrt{n}$
㉰ $85.5\sqrt{n}$ ㉱ $90.5\sqrt{n}$

|해설| $\sigma_B = \dfrac{n\pi^2 E}{\lambda^2}$, $320 = \dfrac{n\times\pi^2\times 200\times 10^3}{\lambda^2}$, $\lambda = 78.5\sqrt{n}$

13 그림과 같이 균일 분포하중(ω)을 받는 균일 단면 외팔보의 자유단 B에서의 처짐량은? (단, 보의 굽힘 강성 EI는 일정하고, 자중은 무시한다.)

㉮ $\dfrac{\omega L^4}{3EI}$

㉯ $\dfrac{\omega L^4}{8EI}$

㉰ $\dfrac{\omega L^4}{48EI}$

㉱ $\dfrac{5\omega L^4}{38EI}$

14 지름 6mm인 곧은 강선을 지름 1.2m의 원통에 감았을 때 강선에 생기는 최대 굽힘 응력은 약 몇 MPa인가? (단, 탄성계수 $E=200\text{GPa}$ 이다.)

㉮ 500 ㉯ 800
㉰ 900 ㉱ 1000

|해설| $\dfrac{E}{\rho}=\dfrac{\sigma}{y}$, $\dfrac{200\times 10^9}{1.2+0.006}=\dfrac{\sigma_b}{0.006}$, $\sigma_b=995.02\times 10^6\text{Pa}$

15 그림과 같은 보는 균일단면 부정정보이다. 반력 R_B를 구하는 데 필요한 조건은?

㉮ 지점 B에서의 반력에 의한 처짐
㉯ 지점 A에서의 굽힘모멘트의 방향
㉰ 하중 작용점 P에서의 처짐
㉱ 하중 작용점 P에서의 굽힘응력

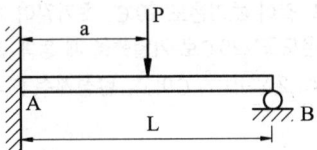

|해설| 2개의 외팔보의 조합으로 변형하여 B점의 처짐을 0으로 놓고 정리한다.

12.㉯ 13.㉯ 14.㉱ 15.㉮ ■ Answer

16 5cm × 10cm 단면의 3개의 목재를 목재용 접착재로 접착하여 그림과 같은 10cm × 15cm의 시각 단면을 갖는 합성보를 만들었다. 접착부에 발생하는 전단응력은 약 몇 kPa인가? (단, 이 보의 길이는 2m이고, 양단은 단순지지이며 중앙에 $P=800N$의 집중하중을 받는다.)

㉮ 77.6
㉯ 35.5
㉰ 8
㉱ 160

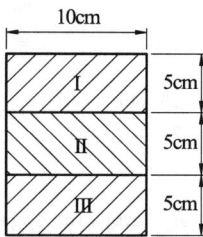

| 해설 | $b=10cm$, $I_G=\frac{10\times15^3}{12}=2812.5cm^4$
$F=400N$, $Q=10\times5\times5=250cm^3$
$\tau=\frac{F\cdot Q}{b\cdot I_G}=\frac{400\times250}{10\times2812.5}\times10=35.56kPa$

17 다음 그림과 같이 단면적인 A인 강봉의 축선을 따라 하중 P가 작용할 때, 임의의 경사 단면에서 전단응력이 최대가 될 때의 면의 각(α)과 이 경우에 해당하는 전단응력(τ_{max})은 얼마인가?

㉮ $\alpha=45°$, $\tau_{max}=\frac{P}{A}$

㉯ $\alpha=45°$, $\tau_{max}=\frac{P}{2A}$

㉰ $\alpha=90°$, $\tau_{max}=\frac{P}{A}$

㉱ $\alpha=90°$, $\tau_{max}=\frac{P}{2A}$

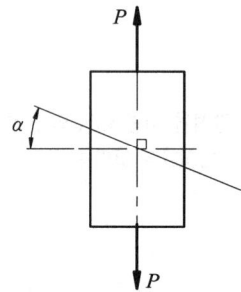

| 해설 | $\tau=\frac{\sigma_x}{2}\sin2\alpha$, $\alpha=45°$, $\tau_{max}=\frac{P}{2\times A}$

18 그림과 같이 초기온도 20℃, 초기길이 19.95cm, 지붕 5cm인 봉을 간격이 20cm인 두 벽면 사이에 넣고 봉의 온도를 220℃로 가열했을 때 봉에 발생되는 응력은 몇 MPa인가? (단, 균일 단면을 갖는 봉의 선팽창계수 $a=1.2\times10^{-5}$/℃이고, 탄성계수 $E=210GPa$ 이다.)

㉮ 0
㉯ 25.2
㉰ 257
㉱ 504

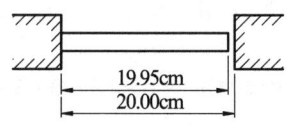

| 해설 | $\varepsilon=a\cdot\Delta t=\frac{\delta}{L}$, $\delta=1.2\times10^{-5}\times(220-20)\times19.95=0.048cm$
0.05cm보다 작으므로 봉은 구속되지 않는다. 그러므로 응력은 발생하지 않는다.

Answer ■ 16.㉯ 17.㉯ 18.㉮

19 내부 반지름 Ri, 외부 반지름 Ro인 속이 빈 원형 단면의 극(polar)관성 모멘트는?

㉮ $\frac{\pi}{2}(Ro^3 - Ri^3)$ ㉯ $\frac{\pi}{2}(Ro^4 - Ri^4)$

㉰ $\frac{\pi}{4}(Ro^3 - Ri^3)$ ㉱ $\frac{\pi}{4}(Ro^4 - Ri^4)$

|해설| $I_P = \frac{\pi}{32}(d_o^4 - d_i^4) = \frac{\pi}{2}(R_o^4 - R_i^4)$

20 그림에서 블록 A를 뽑아내는 데 필요한 힘 P는 몇 N이상인가? (단, 블록과 접촉면과의 마찰 계수 $u=0.4$이다.)

㉮ 4
㉯ 8
㉰ 10
㉱ 12

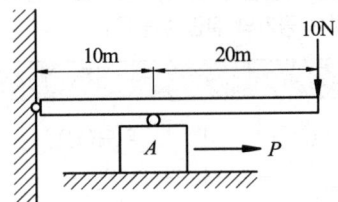

|해설| ① R_A만 작용할 때 A점의 처짐

$$\delta_A = \frac{A_m}{E \cdot I}\bar{x} = \frac{100R_A}{2EI} \times \left(\frac{2}{3} \times 10\right) = \frac{1000R_A}{3EI}$$

② 10N만 작용할 때 A점의 처짐

$$\delta = \frac{P}{3EI}\left(\frac{x^3}{2} - \frac{3L^2}{2}x + L^3\right), \quad \delta_A = \frac{10}{3EI}\left(\frac{20^3}{2} - \frac{3 \times 30^2}{2} \times 20 + 30^3\right) = \frac{40000}{3EI}$$

③ $\delta_A = 0$, $\frac{1000R_A}{3EI} = \frac{40000}{3EI}$, $R_A = 40N$

④ 블록 A를 뽑는데 필요한 힘 $P = \mu(R_A - 10) = 0.4 \times (40-10) = 12N$

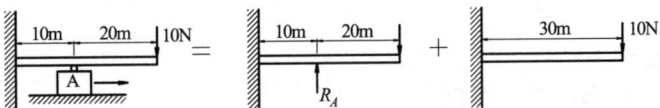

21 다음 T-S 선도에서 과정 1-2가 가역일 때 빗금 친 부분은 무엇을 나타내는가?

㉮ 엔탈피
㉯ 엔트로피
㉰ 열량
㉱ 일량

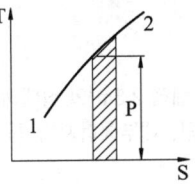

|해설| T-S 선도는 열량, P-V선도는 일량을 나타낸다.

19.㉯ 20.㉱ 21.㉰ ■ Answer

22 다음 사항은 기계열역학에서 일과 열(熱)에 대한 설명이다. 이 중 틀린 것은?

㉮ 일과 열은 전달되는 에너지이지 열역학적 상태량은 아니다.
㉯ 일의 기본단위는 J(joule)이다.
㉰ 일(work)의 크기는 무게(힘)와 힘이 작용하여 이동한 거리를 곱한 값이다.
㉱ 일과 열은 점함수이다.

|해설| 열과 일은 도정함수로 불완전미분이며 상태량(성질)이 아니다.

23 냉동시스템의 증발기(열교환기)에 냉매 R – 134a가 온도 5℃, 엔탈피 380kJ/kg, 질량 유량 0.1kg/s로 유입되어 포화증기로 유출된다. 공기는 25℃로 유입되어 10℃로 나온다. 공기의 비열은 1.004kJ/kg·℃이다. 증발기를 통과하는 공기의 질량 유량은?

R – 134a의 상태량표			
압력(kPa)	온도(℃)	엔탈피(kJ/kg)	
		포화액체	포화증기
350.9	5	206.75	401.32

㉮ 0.142kg/s ㉯ 0.270kg/s
㉰ 0.851kg/s ㉱ 1.15kg/s

|해설| $\dot{m}\cdot\Delta h = \dot{m}_a \cdot C_a \cdot \Delta t$, $0.1\times(401.32-380) = \dot{m}_a\times 1.004\times(25-10)$, $\dot{m}_a = 0.142$kg/s

24 비가역 단열변화에 있어서 엔트로피 변화량은 어떻게 되는가?

㉮ 증가한다.
㉯ 감소한다.
㉰ 변화량은 없다.
㉱ 증가할 수도 감소할 수도 있다.

|해설| ㉮ 가역단열변화
㉯ 비가역 단열 팽창
㉰ 비가역 단열 압축
㉱ 비가역 단열변화시 엔트로피 변화량은 증가한다.

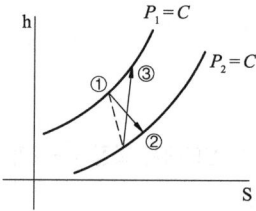

25 1kg의 기체가 압력 50kPa, 체적 2.5m³의 상태에서 압력 1.2MPa, 체적 2.5m³의 상태로 변하였다. 엔탈피의 변화량은 약 몇 kJ인가? (단, 내부에너지의 증가 $U_2 - U_1 = 0$ 이다.)

㉮ 306 ㉯ 206
㉰ 155 ㉱ 115

|해설| $\Delta H = \Delta U + \Delta PV = 1.2\times 10^3\times 0.2 - 50\times 2.5 = 115$kJ

Answer ■ 22.㉱ 23.㉮ 24.㉮ 25.㉱

26 다음 열역학 성질(상태량) 중 종량적 성질인 것은?
㉮ 질량
㉯ 온도
㉰ 압력
㉱ 비체적

27 증기동력시스템에서 이상적인 사이클로 카르노사이클을 택하지 않고 랭킨사이클을 택한 주된 이유로 가장 적합한 것은?
㉮ 이론적으로 카르노사이클을 구성하는 것이 불가능하다.
㉯ 랭킨사이클의 효율이, 동일한 작동 온도를 갖는 카르노사이클의 효율보다 높다.
㉰ 수증기와 액체가 혼합된 습증기를 효율적으로 압축하는 펌프를 제작하는 것이 어렵다.
㉱ 보일러에서 과열 과정을 정압 과정으로 가정하는 것이 타당하지 않다.

28 다음 P – h 선도를 이용하여 증기압축 냉동기의 성능계수를 구하면 얼마인가?
㉮ 3.5
㉯ 4.5
㉰ 5.5
㉱ 6.5

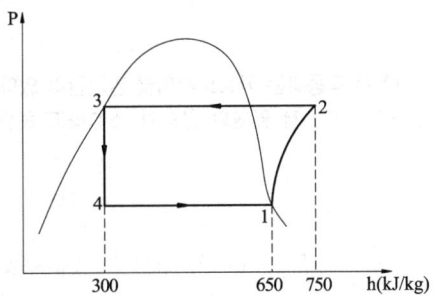

| 해설 | $\varepsilon_R = \dfrac{h_1 - h_4}{h_2 - h_1} = \dfrac{650 - 300}{750 - 650} = 3.5$

29 피스톤 – 실린더 장치 안에 300kPa, 100℃의 이산화탄소 2kg이 들어있다. 이 가스를 $PV^{1.2}$ = constant인 관계를 만족하도록 피스톤 위에 추를 더해가며 온도가 200℃가 될 때까지 압축하였다. 이 과정 동안의 열전달량은 약 몇 kJ인가? (단, 이산화탄소의 정적비열(C_v) = 0.653kJ/kg·K이고 정압비열(C_p)=0.842kJ/kg·K이며, 각각 일정하다.)
㉮ –189
㉯ –58
㉰ –20
㉱ 130

| 해설 | $k = \dfrac{C_p}{C_v} = \dfrac{0.842}{0.653} = 1.29$

$_1Q_2 = m \cdot c_n \cdot \varDelta t = m \cdot c_v \cdot \dfrac{n-k}{n-1} \cdot \varDelta t = 2 \times 0.653 \times \dfrac{1.2 - 1.29}{1.2 - 1} \times (200 - 100) = -58.77 \text{kJ}$

26.㉮ 27.㉰ 28.㉮ 29.㉯ ■ Answer

30 증기터빈에서 증기의 상태변화로서 가장 이상적인 것은?

㉮ 폴리트로픽 변화($n = 1.3$)
㉯ 폴리트로픽 변화($n = 1.5$)
㉰ 가역단열변화
㉱ 비가역단열변화

|해설| 이상적인 것에서 가역 변화임을 알 수 있고, 증기 터빈, 가스 터빈 등은 가역 단열 팽창으로 가정하며 압축기는 가역 단열압축으로 가정한다.

31 냉동용량이 35kW인 어느 냉동기의 성능계수기 4.8이라면 이 냉동기를 작동하는 데 필요한 동력은?

㉮ 약 9.2kW
㉯ 약 8.3kW
㉰ 약 7.3kW
㉱ 약 6.5kW

|해설| $\varepsilon_R = \dfrac{\dot{Q}}{\dot{W}}$, $\dot{W} = \dfrac{35}{4.8} = 7.29 \, \text{kW}$

32 고열원과 저열원 사이에서 작동하는 카르노사이클 열기관이 있다. 이 열기관에서 60kJ의 일을 얻기 위하여 100kJ의 열을 공급하고 있다. 저 열원의 온도가 15℃라고 하면 고 열원의 온도는?

㉮ 128℃
㉯ 288℃
㉰ 447℃
㉱ 720℃

|해설| $\eta_c = \dfrac{W}{Q_1} = 1 - \dfrac{T_L}{T_H}$, $\dfrac{60}{100} = 1 - \dfrac{(15 + 273)}{T_H}$, $T_H = 720\text{K}$

33 온도가 350K인 공기의 절대압력이 0.3MPa, 체적이 0.3m³, 엔탈피가 100kJ이다. 이 공기의 내부에너지는?

㉮ 1kJ
㉯ 10kJ
㉰ 15kJ
㉱ 100kJ

|해설| $H = U + PV$, $U = 100 - 0.3 \times 10^3 \times 0.3 = 10 \, \text{kJ}$

34 움직이고 있는 중량 5ton의 차에 브레이크를 걸었더니 42.7m 미끄러진 후에 완전히 정지하였다. 노면과 바퀴 사이의 마찰계수를 0.2라 하면, 제동 중에 발생된 열량은 약 몇 kJ인가?

㉮ 49
㉯ 419
㉰ 837
㉱ 17800

|해설| $_1Q_2 = 0.2 \times 5 \times 10^3 \times 9.8 \times 42.7 \times 10^{-3} = 418.46 \, \text{kJ}$

Answer ■ 30.㉰ 31.㉰ 32.㉱ 33.㉯ 34.㉯

35 다음 기체 중 기체상수가 가장 큰 것은?

㉮ 수소   ㉯ 산소
㉰ 공기   ㉱ 질소

|해설| ㉮ H_2 : $R = \dfrac{8314}{2} = 4157 J/kg \cdot K$
㉯ O_2 : $R = \dfrac{8314}{32} = 259.81 J/kg \cdot K$
㉰ $R_{a \cdot r} = 287 J/kg \cdot K$
㉱ N_2 : $R = \dfrac{8314}{28} = 296.93 J/kg \cdot K$

36 이상적인 시스템에 하루 2200kcal를 공급한다고 한다. 이 시스템에서 발생하는 평균 동력은 약 얼마인가? (단, 1kcal은 4180J이다.)

㉮ 63W   ㉯ 88W
㉰ 98W   ㉱ 106W

|해설| $\dot{W} = \dfrac{2200 \times 4180}{1 \times 24 \times 3600} = 106 W$

37 정상상태 정상유동 과정의 팽창밸브가 있다. 입구에 액체가 유입되며, 이 과정을 스로틀로 간주할 수 있다. 입구상태를 1, 출구상태를 2로 각각 나타낼 때, 다음 중 어느 관계식이 가장 정확한가?

㉮ $u_1 = u_2$ (내부에너지)   ㉯ $h_1 = h_2$ (엔탈피)
㉰ $s_1 = s_2$ (엔트로피)   ㉱ $v_1 = v_2$ (비체적)

|해설| 팽창밸브는 등엔탈피변화이다.

38 포화증기를 단열 압축시키면 일반적으로 어떻게 되겠는가?

㉮ 압력이 높아지고 습도가 증가한다.
㉯ 압력은 높아지나 온도는 일정하다.
㉰ 압력과 온도가 높아져 과열증기가 된다.
㉱ 압력은 높아지나 온도는 낮아진다.

39 물 10kg을 1 기압 하에서 20℃로부터 60℃까지 가열할 때 엔트로피의 증가량은 약 몇 kJ/K인가? (단, 물의 정압비열은 4.18kJ/kg·K이다.)

㉮ 9.78   ㉯ 5.35
㉰ 8.32   ㉱ 41.8

|해설| $\Delta S = m \cdot c_p \cdot L_n\left(\dfrac{T_2}{T_1}\right) = 10 \times 4.18 \times \ell_n\left(\dfrac{60+273}{20+273}\right) = 5.35 kJ/K$

35.㉮   36.㉱   37.㉯   38.㉰   39.㉯   ■ Answer

40 상태 1에서 상태 2로의 열역학 과정 중 운동에너지와 위치에너지의 변화를 무시할 때 일을 $W_{1-2} = -\int_1^2 VdP$로 계산할 수 있는 경우는? (단, P는 압력, V는 체적이다.)

㉮ 가역 정상상태 정상유동 과정
㉯ 비가역 정상상태 정상유동 과정
㉰ 가역 밀폐 시스템의 과정
㉱ 비가역 밀폐 시스템의 과정

|해설| 개방계에서 주위에 남기는 일을 구할 때 유동을 정상상태, 가역과정으로 취급하여 일을 구한다.

3과목 기계유체역학

41 그림과 같이 단면적이 A인 관으로 밀도가 ρ인 비압축성 유체가 V의 유속으로 들어와 지름이 절반인 노즐로 분출되고 있다. 제트에 의해서 평판에 작용하는 힘은?

㉮ $\rho V^2 A$
㉯ $2\rho V^2 A$
㉰ $4\rho V^2 A$
㉱ $16\rho V^2 A$

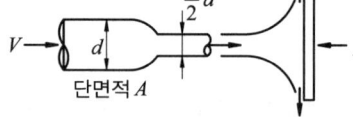

|해설| ㉮ 분출속도 $V' = 4V$
㉯ 평판에 작용하는 힘 $F = \rho A' V'^2 = \rho A V V' = 4\rho A V^2$

42 실형의 1/25인 기하학적으로 상사한 모형 댐이 있다. 모형 댐의 상봉에서 유속이 1m/s일 때 실형의 대응점에서 유속은 몇 m/s인가?

㉮ 0.04   ㉯ 0.2
㉰ 5   ㉱ 25

|해설| $\left(\dfrac{V^2}{L \cdot g}\right)_p = \left(\dfrac{V^2}{Lg}\right)_m$, $\dfrac{V_p^2}{25} = 1$, $V_p = 5$m/sec

43 일정 간격의 두 평판사이로 흐르는 완전 발달된 비압축성 정상유동에서 x는 유동방향, y는 직교방향의 좌표를 나타낼 때 압력강하와 마찰손실의 관계가 될 수 있는 것은? (단, P는 압력, τ는 전단응력, μ는 점성계수이다.)

㉮ $\dfrac{dP}{dy} = \mu \dfrac{d\tau}{dx}$ ㉯ $\dfrac{dP}{dx} = \dfrac{d\tau}{dy}$

㉰ $\dfrac{dP}{dy} = \dfrac{d\tau}{dx}$ ㉱ $\dfrac{dP}{dx} = \dfrac{1}{\mu} \dfrac{d\tau}{dy}$

Answer ■ 40.㉮ 41.㉰ 42.㉰ 43.㉯

| 해설 | $F_x = 0$
$P \cdot 2dy - (P+dP) \cdot 2dy - d\tau \cdot 2dx = 0$
$-\dfrac{dP}{dx} = \dfrac{d\tau}{dy}$: x 방향에 대한 압력강하량

44
직경이 10cm인 수평 원 관으로 3km 떨어진 곳에 원유(점성계수 $\mu=0.02$Pa·s, 비중 s = 0.86)를 0.2m³/min의 유량으로 수송하기 위해서 필요한 동력은 약 몇 W인가?

㉮ 127   ㉯ 271
㉰ 712   ㉱ 1270

| 해설 | $L = P \cdot Q = \dfrac{128\mu \cdot L \cdot Q^2}{\pi d^4}$, $L = \dfrac{128 \times 0.02 \times 3000 \times \left(\dfrac{0.2}{60}\right)^2}{\pi \times 0.1^4} = 271.62$W

45
경계층의 속도분포가 $u = 10y(1+0.05y^3)$이고 y 방향의 속도성분 $v=0$일 때 벽면으로부터 수직거리 $y=1$m 지점에서의 와도(vorticity)는?

㉮ -6s^{-1} ㉯ -10.5s^{-1}
㉰ -12s^{-1} ㉱ -24s^{-1}

| 해설 | $\omega_z = \dfrac{1}{2}\left(\dfrac{\partial v}{\partial x} - \dfrac{\partial u}{\partial y}\right) = -\dfrac{1}{2}\dfrac{\partial u}{2y}$
$\zeta = 2w_z = -\dfrac{\partial u}{2y}\bigg|_{y=1}$, $\zeta = -(10+10\times 0.05\times 4\times y^3)|_{y=1} = -12 \sec^{-1}$

46
경계층에 대한 설명으로 가장 적절한 것은?

㉮ 점성유동 영역과 비점성 유동 영역의 경계를 이루는 층
㉯ 층류영역과 난류영역의 경계를 이루는 층
㉰ 정상유동과 비정상유동의 경계를 이루는 층
㉱ 아음속 유동과 초음속 유동사이의 변화에 의하여 발생하는 층

47
탱크 속의 액면이 점선의 위치에서 현 액면위치 D까지 서서히 내려왔다. 액면의 속도를 무시할 때 파이프를 출구 C에서의 유출 속도 V_C는 약 몇 m/s인가? (단, 관에서의 마찰은 무시한다.)

㉮ 3.1
㉯ 6.2
㉰ 7.7
㉱ 9.9

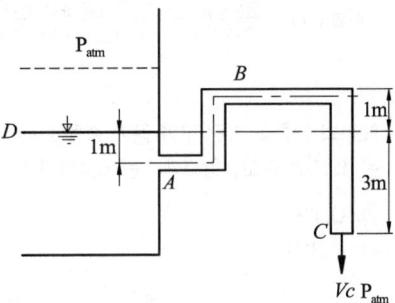

| 해설 | $\dfrac{P_D}{r} + \dfrac{V_D^2}{2g} + Z_D = \dfrac{P_C}{r} + \dfrac{V_C^2}{2g} + Z_C$
$Z_D - Z_C = \dfrac{V_C^2}{2g}$, $V_C = \sqrt{2\times 9.8 \times 3} = 7.67$m/sec

44.㉯   45.㉰   46.㉮   47.㉰   ■ Answer

48 펌프로 물을 양수할 때 흡입측에서의 압력이 진공 압력계로 75mmHg이다. 이 압력은 절대 압력으로 약 몇 kPa인가? (단, 수은은 비중은 13.6이고, 대기압은 760mmHg이다.)

㉮ 91.3 ㉯ 10.0
㉰ 100.0 ㉱ 9.1

|해설| $P_a = P_o \pm P_g = 760 - 75 = 685 \times \dfrac{101.325}{760} = 91.33 \text{kPa}$

49 주철관을 통하여 유량 $0.2 \text{m}^3/\text{s}$로 기름을 운반하려 한다. 마찰계수는 0.019로 가정하고 관의 길이 1000m에서 손실 수두가 8m로 되는 관의 지름 약 몇 cm인가?

㉮ 3.8 ㉯ 7.6
㉰ 38 ㉱ 76

|해설| $h_L = f \cdot \dfrac{L}{d} \cdot \dfrac{V_2}{2g} = f \cdot \dfrac{L}{d} \cdot \dfrac{Q^2}{2g \cdot A^2}$

$8 = 0.019 \times \dfrac{1000}{d} \times \dfrac{0.2^2}{2 \times 9.8 \times \left(\dfrac{\pi d^2}{4}\right)^2}$, $d = 0.379 \text{m} = 37.9 \text{cm}$

50 흐르는 물의 유속을 측정하기 위하여 삽입한 피토 정압관에 비중이 3인 액체를 사용하는 마노미터를 연결하여 측정한 결과 액주의 높이 차이가 10cm로 나타났다면 유속은 약 몇 m/s인가?

㉮ 0.99 ㉯ 1.40
㉰ 1.98 ㉱ 2.43

|해설| $V = \sqrt{2gh\left(\dfrac{r_s}{r} - 1\right)} = \sqrt{2 \times 9.8 \times 0.1 \times (3-1)} = 1.98 \text{m/sec}$

51 지름 2cm인 수평 원관으로 점성계수가 1×10^{-3} Pa·s인 물이 층류로 흐른다. 1m 흐를 때마다 100Pa의 압력강하가 일어난다면 유량은 몇 m^3/s인가?

㉮ 6.25×10^{-5} ㉯ 1.25×10^{-4}
㉰ 1.97×10^{-4} ㉱ 3.93×10^{-4}

|해설| $Q = \dfrac{\Delta P \cdot \pi \cdot d^4}{128 \mu L} = \dfrac{100 \times \pi \times 0.02^4}{128 \times 1 \times 10^{-3} \times 1} = 3.93 \times 10^{-4} \text{m}^3/\text{sec}$

52 5cm의 지름을 가진 구가 공기 속을 20m/s의 속도로 날고 있다. 이 때 항력은 몇 N인가? (단, 공기의 비중량은 12N/m^3이고, 항력계수는 0.4이다.)

㉮ 0.192 ㉯ 0.214
㉰ 0.321 ㉱ 0.428

|해설| $D = C_D \cdot A \cdot \dfrac{\rho \cdot V^2}{2} = 0.4 \times \dfrac{\pi \times 0.05^2}{4} \times \dfrac{12 \times 20^2}{2 \times 9.8} = 0.192 \text{N}$

Answer ■ 48.㉮ 49.㉰ 50.㉰ 51.㉱ 52.㉮

53 관마찰계수가 거의 상대조도(relative roughness)에만 의존하는 경우는?

㉮ 층류유동 ㉯ 임계유동
㉰ 천이유동 ㉱ 완전난류유동

|해설| ㉮ 층류유동 : 관마찰계수는 레이놀즈만의 함수
㉯ 천이유동 : 관마찰계수는 레이놀즈수와 상대조도만의 함수
㉰ 난류유동 : 매끄러운 관의 경우는 레이놀즈수만의 함수이고 거친관의 경우는 상대조도만의 함수이다.

54 직경이 30mm이고, 틈새가 0.2mm인 슬라이딩 베어링이 1800rpm으로 회전할 때 윤활유에 작용하는 전단응력은 약 몇 Pa인가? (단, 윤활유의 점성계수 = 0.38N·s/m² 이다.)

㉮ 5372 ㉯ 8550
㉰ 10744 ㉱ 17100

|해설| $\tau = \mu \cdot \dfrac{du}{dy} = \dfrac{0.38}{0.2 \times 10^{-3}} \times \left(\dfrac{\pi \times 30 \times 1800}{60 \times 1000}\right) = 5372.12 \text{N/m}^2$

55 그림과 같이 입구속도 U_o의 비압축성 유체의 유동이 평판 위를 지나 출구에서의 속도분포가 $U_o \dfrac{y}{\delta}$가 된다. 경사체적을 ABCD로 취한다면 단면 CD를 통과하는 유량은? (단, 그림에서 경사체적의 두께는 δ, 평판의 폭은 b이다.)

㉮ $\dfrac{U_o b \delta}{2}$

㉯ $U_o b \delta$

㉰ $\dfrac{U_o b \delta}{4}$

㉱ $\dfrac{U_o b \delta}{8}$

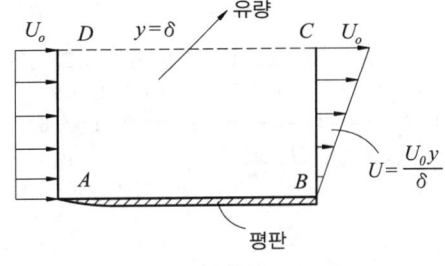

|해설| $dQ = u \cdot dA = u_o \cdot \dfrac{y}{\delta} \cdot b \cdot dy$, $Q = \int_0^\delta \dfrac{u_o \cdot b}{\delta} y dy = \dfrac{u_o \cdot b}{2\delta} \cdot y^2 \Big|_0^\delta = \dfrac{u_o \cdot b \cdot \delta}{2}$

56 지름의 비가 1:2인 2개의 모세관을 물속에 수직으로 세울 때 모세관현상으로 물이 관속으로 올라가는 높이의 비는?

㉮ 1:4 ㉯ 1:2
㉰ 2:1 ㉱ 4:1

|해설| $h_1 = \dfrac{4\sigma \cdot \cos\beta}{r \cdot d}$, $h_2 = \dfrac{4\sigma \cdot \cos\beta}{r \cdot (2d)} = \dfrac{h_1}{2}$, $h_1 : h_2 = 2 : 1$

53.㉱ 54.㉮ 55.㉮ 56.㉰ ■ Answer

57 표면장력의 차원으로 맞는 것은? (단, M : 질량, L : 길이, T : 시간)

㉮ MLT^{-2} 　　㉯ ML^2T^{-1}
㉰ $ML^{-1}T^{-2}$ 　　㉱ MT^{-2}

|해설| $\sigma = \dfrac{F}{L}$ [N/m], $[F \cdot L^{-1}] = [MT^{-2}]$

58 밀폐된 탱크 내에 비중이 0.9인 오일이 들어 있고 윗부분의 공간에 절대 압력이 5000Pa인 공기가 차 있다. 공기와 오일의 경계면에서 2m 아래의 절대 압력은 약 몇 kPa인가? (단, 물의 비중량은 9790N/m³ 이다.)

㉮ 1.7 　　㉯ 6.7
㉰ 17.6 　　㉱ 22.6

|해설| $P_a = 5000 + 0.9 \times 9790 \times 2 = 22622\text{Pa} \fallingdotseq 22.6\text{kPa}$

59 밀도 ρ, 중력가속도 g, 유속 V, 힘 F에서 얻을 수 있는 무차원수는?

㉮ $\dfrac{Fg}{\rho V}$ 　　㉯ $\dfrac{F^2 V^2}{\rho^2 g}$
㉰ $\dfrac{F^2 \rho}{gV}$ 　　㉱ $\dfrac{Fg^2}{\rho V^6}$

|해설| $\rho^a \cdot g^b \cdot V^c \cdot F = [M \cdot L^{-3}]^a \cdot [LT^{-2}]^b \cdot [LT^{-1}]^c \cdot [MLT^{-2}]$
$M^{a+1} \cdot L^{-3a+b+c+1} \cdot T^{-2b-c-2} = M^0 \cdot L^0 \cdot T^0$
$a = -1, \ b+c = -4, \ 2b+c = -2, \ b = 2, \ c = -6$
$\rho^{-1} \cdot g^2 \cdot V^{-6} \cdot F = \dfrac{F \cdot g^2}{\rho \cdot V^6}$

60 정상 유동(steady flow)은 어떤 유동인가? (단, P, V는 임의 점의 압력, 속도이다.)

㉮ $\dfrac{\partial P}{\partial t} = const$ 인 유동
㉯ $\dfrac{\partial V}{\partial t} = const$ 인 유동
㉰ 유동장 내의 임의 점에서 흐름의 특성이 시간에 따라 변하지 않는 유동
㉱ 유동장 내에서 속도가 균일한 유동

Answer ■ 57.㉱ 58.㉱ 59.㉱ 60.㉰

4과목 기계재료 및 유압기기

61 다음 중 서브제로(sub-Zero)처리에 대한 설명으로 틀린 것은?

㉮ 잔류오스테나이트를 마텐자이트화 한다.
㉯ 공구강의 경도증가와 성능을 향상시킨다.
㉰ 스테인리스강에는 우수한 기계적 성질을 부여한다.
㉱ 충격값을 증가시키고 시효에 의한 치수변화가 생긴다.

| 해설 | 심냉처리(sub zero treatment) : 게이지류나 측정공구를 만들 때 치수변화를 없애기 위해 담금질환 강재를 실온까지 냉각한 후 계속해서 0℃ 이하의 온도로 냉각하여 잔류 오스테나이트를 적게하는 열처리법이다.

62 다음 주강품에 대한 설명 중 틀린 것은?

㉮ 주조한 것은 내부응력이 있다.
㉯ 주조 후는 일반적으로 풀림(Annealing)을 한다.
㉰ 평균 주조 수축율은 약 2%이다.
㉱ 중탄소 주강은 0.1~0.2%C 범위이다.

| 해설 | ㉮ 주강품 : 주조 방법에 의하여 용강을 주형에 주입하여 만든 제품
　　　㉯ 저탄소주강 : 탄소 0.2% 이하
　　　㉰ 중탄소주강 : 탄소 0.2~0.5%
　　　㉱ 고탄소주강 : 탄소 0.5% 이상

63 게이지강이 갖추어야 할 조건으로 틀린 것은?

㉮ 내마모성이 크고, HRC55 이상의 경도를 가질 것
㉯ 담금질에 의한 변형 및 균열이 적을 것
㉰ 오랜 시간 경과하여도 치수의 변화가 적을 것
㉱ 열팽창계수는 구리와 유사하며 취성이 좋을 것

| 해설 | 열팽창계수는 강과 유사하며 내식성이 좋을 것

64 다음 중 스프링 강의 기호를 나타내는 것은?

㉮ SCM4　　　　　　　㉯ SNCM8
㉰ SPS9　　　　　　　㉱ STS3

| 해설 | ㉮ SCM4 : 크롬 – 몰리브덴 강재
　　　㉯ SNCM8 : 니켈 – 크롬 – 몰리브덴 강재
　　　㉱ STS3 : 합금 공구강

61.㉱　62.㉱　63.㉱　64.㉰　■ Answer

65 주조할 때 주물표면을 금속형 등으로 급냉하여 백선화시켜서 경도를 높이고 내마모성, 내압성을 향상시킨 주철은?

㉮ 구상흑연주철   ㉯ 칠드주철
㉰ 가단주철   ㉱ 규소주철

| 해설 | 칠드주철 : 표면은 백색의 경한 백주철이고 내부는 회색의 연한 회주철로 구성된다.

66 쾌삭강(Free cutting street)에 절삭속도를 크게 하기 위하여 첨가하는 주된 원소는?

㉮ Ni   ㉯ Mn
㉰ W   ㉱ S

| 해설 | 쾌삭강 : 강의 가공능률을 향상시키기 위하여 S, Pb, 흑연을 첨가시킨 강.

67 Fe-Fe₃C 평형 상태도의 732℃(A_1)에서 일어나는 변태로부터 나타나는 조직은?

㉮ 마텐자이트   ㉯ 오스테나이트
㉰ 펄라이트   ㉱ 베이나이트

| 해설 | A_1변태 : 순철에는 없고 강에서만 나타나는 변태.

68 다음 중 가단주철을 설명한 것으로 가장 적합한 것은?

㉮ 기계적 특성과 내식성, 내열성을 향상시키기 위해 Mn, Si, Ni, Cr, Mo, V, Al, Cu 등의 합금 원소를 첨가한 것이다.
㉯ 탄소량 2.5% 이상의 주철을 주형에 주입한 그 상태로 흑연을 구상화한 것이다.
㉰ 표면을 칠(chill)상에서 경화시키고 내부조직은 펄라이트와 흑연인 회주철로 해서 전체적으로 인성을 확보한 것이다.
㉱ 백주철을 고온도로 장시간 풀림해서 시멘타이트를 분해 또는 감소시키고 인성이나 연성을 증가시킨 것이다.

| 해설 | 가단주철 : 백주철을 풀림 열처리하여 페라이트(백색)와 흑연탄소(흑색)로 만들어 연성을 갖게 한 주철

69 40~50% Ni을 함유한 합금이며, 전기저항이 크고 저항온도 계수가 작으므로 전기저항선이나 열전쌍의 재료로 많이 쓰이는 Ni-Cu 합금은?

㉮ 엘린바   ㉯ 라우탈
㉰ 콘스탄탄   ㉱ 인바

Answer ■ 65.㉯ 66.㉱ 67.㉰ 68.㉱ 69.㉰

70 탄소강을 풀림(Annealing)하는 목적과 관계없는 것은?

㉮ 결정입도 조절
㉯ 상온가공에서 생긴 내부응력 제거
㉰ 오스테나이트에서 탄소를 유리시킴
㉱ 재료에 취성과 경도부여

71 베인펌프의 특징에 해당하지 않는 것은?

㉮ 송출압력의 맥동이 적다.
㉯ 고장이 적고 보수가 용이하다.
㉰ 압력 저하가 적어서 최고 토출 압력이 $210 \text{kg}_f/\text{cm}^2$ 이상 높게 설정할 수 있다.
㉱ 펌프의 유동력에 비하여 형상치수가 적다.

| 해설 | 토출압력이 $210\text{kg}/\text{cm}^2$ 이상되는 펌프는 피스톤(플런저) 펌프 뿐이다.

72 수개의 볼트에 의하여 조임이 분할되기 때문에 조임이 용이하여 대형관의 이음에 편리한 관이음 방식은?

㉮ 나사 이음 ㉯ 플랜지 이음
㉰ 플레어 이음 ㉱ 바이트형 이음

| 해설 | ㉮ 나사이음 : 소형관 이음에 주로 사용한다.
㉰ 플레어이음 : 관의 선단을 원추형의 펀치로 나팔형으로 펴서 관을 연결하는 방법이다.

73 그림과 같은 실린더를 사용하여 F=3kN의 힘을 발생시키는데 최소한 몇 MPa의 유압(P)이 필요한가? (단, 실린더의 내경은 45mm이다.)

㉮ 1.89
㉯ 2.14
㉰ 3.88
㉱ 4.14

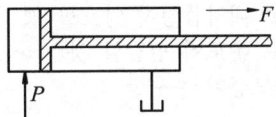

| 해설 | $P = \dfrac{F}{A} = \dfrac{3 \times 10^{-3}}{\dfrac{\pi}{4} \times 0.045^2} = 1.89 \text{MPa}$

74 슬라이드 밸브 등에서 밸브가 중립점에 있을 때, 이미 포트가 열리고, 유체가 흐르도록 중복된 상태를 의미하는 용어는?

㉮ 제로 랩 ㉯ 오버 랩
㉰ 언더 랩 ㉱ 랜드 랩

70.㉱ 71.㉰ 72.㉯ 73.㉮ 74.㉰ ■ Answer

75 그림과 같은 기호의 명칭으로 옳은 것은?

㉮ 시퀀스 밸브
㉯ 카운터 밸런스 밸브
㉰ 일정비율 감압 밸브
㉱ 부부하 밸브

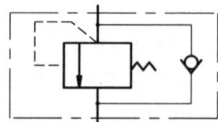

76 유입관로의 유량이 25L/min일 때 내경이 10.9mm라면 관내 유속은 약 몇 m/s인가?

㉮ 4.47
㉯ 14.62
㉰ 6.32
㉱ 10.27

| 해설 | $Q = A \cdot V$, $\dfrac{25 \times 10^{-3}}{60} = \dfrac{\pi \times 0.0109^2}{4} \times V$, $V = 4.47 \text{m/sec}$

77 그림의 유압 회로는 펌프 출구 직후에 릴리프 밸브를 설치하여 최대압력을 제한하려는 것이다. 이에 맞는 회로의 명칭은?

㉮ 카운터 밸런스 회로
㉯ 압력설정회로
㉰ 시퀀스회로
㉱ 감압회로

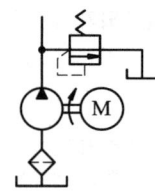

78 유압기기에서 실(seal)의 요구 조건과 관계가 먼 것은?

㉮ 압축 복원성이 좋고 압축변형이 적을 것
㉯ 체적변화가 적고 내약품성이 양호할 것
㉰ 마찰저항이 크고 온도에 민감할 것
㉱ 내구성 및 내마모성이 우수할 것

| 해설 | 유체에 대한 저항이 크고 내열성이 좋아야 한다.

79 카운터 밸런스 밸브에 관한 설명 중 맞는 것은?

㉮ 두 개 이상의 분기 회로를 가질 때 각 유압 실린더를 일정한 순서로 순차 작동시킨다.
㉯ 유압 실린더가 중력에 의하여 자유 낙하하는 것을 방지해 준다.
㉰ 회로 내의 최고 압력을 설정해 준다.
㉱ 펌프를 무부하 운전시켜 동력을 절감시킨다.

80 유압유의 점도가 낮을 때 유압 장치에 미치는 영향에 대한 설명으로 거리가 먼 것은?

㉮ 내부 및 외부의 기름 누출 증대
㉯ 마모의 증대와 압력 유지 곤란
㉰ 펌프의 용적 효율 저하
㉱ 기계 효율의 저하(동력 손실 증가)

| 해설 | 점도가 높을 때 유동 저항이 증가하여 유압 펌프의 동력 손실이 증가한다.

5과목 기계제작법 및 기계동력학

81 원동 연삭작업에서 연삭 숫돌의 원주속도 V = 1800m/min, 연삭력 147.15N, 연삭효율이 η = 80%일 때 연삭동력은 몇 kW인가?

㉮ 1.47　　　　　　　　　㉯ 3.68
㉰ 5.52　　　　　　　　　㉱ 7.36

| 해설 | $L = \dfrac{F \cdot V}{102\eta} = \dfrac{147.15 \times 1800}{102 \times 60 \times 9.8 \times 0.8} = 5.52 \text{kW}$

82 일명 잠호 용접이라 하며, 입상의 미세한 용제를 용접부에 산포하고, 그 속에 전극 와이어을 연속적으로 공급하여 용제 속에서 모재와 와이어 사이에 아크를 발생시켜 용접하는 것은?

㉮ 서브머지드 아크 용접　　㉯ 불활성 가스 아크 용접
㉰ 원자 수소 용접　　　　　㉱ 프로젝션 용접

| 해설 | 프로젝션용접 : 점용접과 같은 것으로 모재의 한쪽 또는 양쪽에 돌기를 만들어 이 부분에 대전류와 압력을 가해 압접하는 방법

83 공작물을 신속히 교환할 수 있도록 되어 있으며, 고정력이 작용력에 비해 매우 큰 클램프는?

㉮ 쐐기형 클램프　　　　　㉯ 캠 클램프
㉰ 토글 클램프　　　　　　㉱ 나사 클램프

| 해설 | 클램프(clamp) : 절삭 작업 등에서 체결볼트로 직접 공작물을 고정시키는 체결구이다.

84 방전가공(Electro Discharge Machining)에 의한 금속, 비금속가공 시 전극재료의 구비조건이 아닌 것은?

㉮ 기계가공이 쉬울 것　　　㉯ 전극소모량이 많을 것
㉰ 가공 정밀도가 높을 것　　㉱ 구하기 쉽고 값이 저렴할 것

80.㉱　81.㉰　82.㉮　83.㉰　84.㉯　■ Answer

85 두께 1.5mm인 연질 탄소강판에 지름 4mm의 구멍을 펀칭할 때 전단력은 약 몇 N인가? (단, 전단 저항력 τ = 300[N/mm^2] 이다.)

㉮ 2365　　　　　　　　　　　㉯ 3465
㉰ 4755　　　　　　　　　　　㉱ 5655

| 해설 | $F = \tau \cdot A = 300 \times \pi \times 4 \times 1.5 = 5654.87 N$

86 절삭온도를 측정하는 방법으로 틀린 것은?

㉮ 칩의 색에 의한 방법　　　　㉯ 시온도료에 의한 방법
㉰ 열전대에 의한 방법　　　　　㉱ 공구동력계를 사용하는 방법

| 해설 | 절삭온도의 측정방법
　㉮ 칩의 빛깔에 의한 방법　　㉯ 서머 컬러에 의한 방법　　㉰ 칼로리미터에 의한 방법
　㉱ 삽입된 열전대에 의한 방법　⑤ 복사 고온계에 의한 방법　⑥ 공구와 공작물을 열전대로 하는 측정

87 판재가 5mm 이상인 보일러에서 리벳 이음을 한 후 리벳머리를 때려서 기밀 유지하도록 하는 작업은?

㉮ 코킹(caulking)　　　　　　　㉯ 패킹(packing)
㉰ 척킹(chucking)　　　　　　　㉱ 피팅(fitting)

88 침탄법에 비하여 경화층은 얇으나, 경도가 크다. 담금질이 필요 없고, 내식성 및 내마모성이 크나, 처리시간이 길고 생산비가 많이 드는 표면경화법은?

㉮ 마퀜칭　　　　　　　　　　㉯ 화염 경화법
㉰ 고주파 경화법　　　　　　　㉱ 질화법

| 해설 | 질화법 : 암모니아 가스(NH_3)를 이용한 표면경화법으로 질소는 고온에서 철 또는 강철에 작용하여 질화철을 형성하는 것으로서 마모저항 및 경도가 크나 취성이 있다.

89 잔형(Loose piece)에 대한 설명으로 맞는 것은?

㉮ 제품과 동일한 형상으로 만드는 목형
㉯ 목형을 뽑기 곤란한 부분만을 별도로 조립된 주형을 만들고 주형을 빼낼 때에는 분리해서 빼내는 형
㉰ 속이 빈 중공(中空) 주물을 제작할 때 사용하는 목형
㉱ 제품의 수량이 적고 형상이 클 때 주요부의 골격만 만들어 주는 것

Answer ■ 85.㉱　86.㉱　87.㉮　88.㉱　89.㉯

90 금속재료를 회전하는 롤러(Roller) 사이에 넣어 가압함으로써 단면적을 감소시켜 길이 방향으로 늘리는 작업은?

㉮ 압연 ㉯ 압출
㉰ 인발 ㉱ 단조

| 해설 | ㉯ 압출 : 재료를 실린더 모양의 컨테이너에 넣고 한 쪽에 압력을 가하여 다이의 구멍으로 통과시켜 원하는 단면의 모양을 얻는 가공법이다.
㉰ 인발 : 봉이나 관을 다이에 넣고 축방향으로 통과시켜 일감을 잡아 당겨 바깥지름을 줄이고 길이방향으로 늘리는 가공법이다.
㉱ 단조 : 재료를 단조기계나 해머로 두들겨 성형하는 가공방법이다.

91 반경이 0.25m인 원판이 지면 위를 미끄럼 없이 구르고 있을 때, 원판 중심의 속도는 1.5m/s, 가속도는 = 2.5m/s 이다. 원판의 꼭대기에 있는 점의 속도는 몇 m/s인가?

㉮ 0.75 ㉯ 1.5
㉰ 3.0   ㉱ 4.5

| 해설 | $w = \dfrac{V_0}{r} = \dfrac{1.5}{0.25} = 6\,\text{rad/sec}$, $v = 2r \cdot w = 2 \times 0.25 \times 6 = 3\,\text{m/sec}$

92 도르래와 모터를 이용하여 무게가 mg인 물체를 그림과 같이 끌어올리고자 한다 도르래의 질량은 무시할 수 있을 정도로 작다. 모터기 줄을 v의 속도 및 a의 가속도로 그림과 같이 끌어 올릴 때 모터에 의해 전달되는 일률은?

㉮ $\dfrac{mgv}{2}$

㉯ $\dfrac{m(a+2g)v}{2}$

㉰ $\dfrac{m(a+2g)v}{4}$

㉱ $\dfrac{m(2a+g)v}{2}$

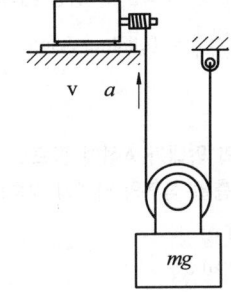

| 해설 | $T\uparrow \boxed{mg} \uparrow T \uparrow \dfrac{a}{2}$, $2\tau - mg = \dfrac{m \cdot a}{2}$, $\tau = \dfrac{m(a+2g)}{4} = F$, $L = F \cdot V = \dfrac{m(a+2g)}{4}V$

93 두 질점의 완전소성충돌에 대한 설명 중 틀린 것은?

㉮ 반발계수가 영이다.
㉯ 두 질점의 전체에너지가 보존된다.
㉰ 두 질점의 전체운동량은 보존된다.
㉱ 충돌 후, 두 질점의 속도는 서로 같다.

94. 그림에 나타난 반경 0.125m인 실린더는 두 개의 움직이는 판 D와 E 사이에서 미끄럼 없이 구른다. 실린더 중심 C의 속도와 방향은? (단, 위 판의 속도는 0.25m/s(→)이고 아래 판의 속도는 0.4m/s(←)이다.)

㉮ 0.075m/s(←)
㉯ 0.075m/s(→)
㉰ 0.15m/s(←)
㉱ 0.15m/s(→)

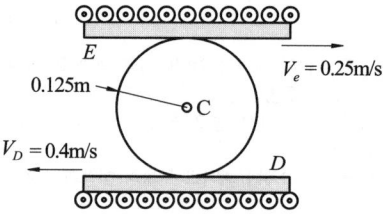

|해설| $\omega_D = \dfrac{0.4}{0.125 \times 2} = 1.6 \text{rad/sec}$, $\omega_E = \dfrac{0.25}{0.125 \times 2} = 1.0 \text{rad/sec}$
$V_c = r(\omega_D - \omega_E) = 0.125 \times (1.6 - 1.0) = 0.075 \text{m/s}(\leftarrow)$

95. 가속도계로 어떤 진동체의 최대 가속도를 측정하였더니 중력가속도의 80배였다. 이때 진동체의 주파수가 20Hz였다면 진동체의 진폭은 약 몇 cm인가?

㉮ 3   ㉯ 5
㉰ 7   ㉱ 9

|해설| $a_{\max} = 80g$, $f = \dfrac{w}{2\pi} = 20\text{Hz}$
$w = 125.66 \text{rad/sec}$, $x = X\cos wt$
$\dot{x} = v = -Xw\sin wt$, $\ddot{x} = a = -Xw^2\cos wt$
$x = \dfrac{a_{\max}}{\omega^2} = \dfrac{80 \times 9.8}{125.66} = 0.05\text{m} = 5\text{cm}$

96. 길이 1.0m, 질량 10kg의 막대가 A점에 핀으로 연결되어 정지하고 있다. 1kg의 공이 수평속도 10m/s로 막대의 중심을 때릴 때, 충돌 직후의 막대의 각속도를 구하면? (단, 공과 막대 사이의 반발계수는 0.4 이다.)

㉮ 1.95rad/s, 반시계방향
㉯ 0.86rad/s, 반시계방향
㉰ 0.68rad/s, 반시계방향
㉱ 0.86rad/s, 시계방향

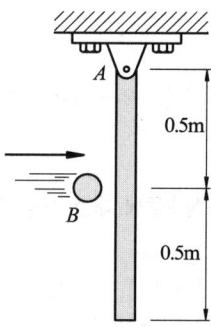

Answer ■ 94.㉮ 95.㉯ 96.㉮

| 해설 | $e = \dfrac{-(V_{A'} - V_{B'})}{V_A - V_B} = \dfrac{V_{A'} - V_{B'}}{10} = 0.4$

$V_{A'} - V_{B'} = 4\text{m/sec},\ m_A \cdot v_A + m_B \cdot v_B = m_A \cdot v_{A'} + m_B \cdot v_{B'}$

$10 = 10v_{A'} + v_{B'} = 10v_{A'} + (v_{A'} - 4)$

$11v_{A'} = 14,\ v_{A'} = 1.27\text{m/sec},\ V_{B'} = -2.73\text{m/s}$

$F \cdot t = m_B(V_{B'} - V_B) = 1 \times (-2.73 - 10) = -12.73\text{N} \cdot \text{sec}$

$\Sigma M = J_A \cdot \alpha = F \cdot \dfrac{\ell}{2},\ \dfrac{m_A \ell^2}{3} \cdot \alpha \cdot t = F \cdot t \cdot \dfrac{\ell}{2}$

$\alpha \cdot t = -1.91\text{rad/sec},\ \omega = \omega_o + \alpha \cdot t = -1.91\text{rad/sec},$ ⊖ 부호는 반시계 방향

97 중량이 42N, 스프링 상수가 28N/cm, 감쇠계수(C)가 0.3N·s/cm일 때 이 계의 감쇠비(ζ)는 얼마인가?

㉮ 0.323　　　　　　　　　㉯ 0.215
㉰ 0.137　　　　　　　　　㉱ 0.174

| 해설 | $w = \sqrt{\dfrac{k}{m}} = \sqrt{\dfrac{9.8 \times 28 \times 10^2}{42}} = 25.56\text{rad/sec}$

$c_c = \dfrac{2k}{w} = \dfrac{2 \times 28 \times 10^2}{25.56} = 219.09\text{N} \cdot \text{sec/m} = 2.191\text{N} \cdot \text{sec/cm},\ \zeta = \dfrac{c}{c_c} = \dfrac{0.3}{2.191} = 0.137$

98 고유 주기 T가 1s인 단진자의 길이는 약 몇 cm인가?

㉮ 20　　　　　　　　　㉯ 25
㉰ 30　　　　　　　　　㉱ 35

| 해설 | $T = \dfrac{2\pi}{w} = 2\pi\sqrt{\dfrac{L}{g}},\ L = 0.248\text{m} = 24.8\text{cm}$

99 무게 1kN의 기계가 스프링상수 $k=50$kN/m인 스프링 위에 지지되어 있다. 크기가 50N인 조회 가진력이 기계에 작용하고 있다면 공진 진동수와 공진 진폭은 얼마인가? (단, 점성 감쇠계수 c=6kN·s/m 이다.)

㉮ 1.5Hz, 0.019cm　　　　　　㉯ 1.5Hz, 0.038cm
㉰ 3.5Hz, 0.019cm　　　　　　㉱ 3.5Hz, 0.038cm

| 해설 | $w = \sqrt{\dfrac{k}{m}} = \sqrt{\dfrac{9.8 \times 50 \times 10^3}{1 \times 10^3}} = 22.14\text{rad/sec}$

$f = \dfrac{w}{2\pi} = \dfrac{22.14}{2\pi} = 3.5\text{Hz},\ A = \dfrac{F}{c \cdot w_n} = \dfrac{50}{6 \times 10^3 \times 22.14} = 0.000376\text{m} = 0.0376\text{cm}$

100 인공위성이 반경이 R인 지구 주위를 0.1R의 고도를 유지하며 원형궤도를 돌기 위한 속도 V는?

㉮ $\sqrt{\dfrac{gR}{1.1}}$　　　　　　　　㉯ $\sqrt{\dfrac{gR}{0.1}}$
㉰ $\sqrt{0.1gR}$　　　　　　　　㉱ $\sqrt{1.1gR}$

| 해설 | $V = \sqrt{\dfrac{g \cdot R^2}{(R+L)}} = \sqrt{\dfrac{g \cdot R^2}{R + 0.1R}} = \sqrt{\dfrac{g \cdot R}{1.1}}$

97.㉰　98.㉯　99.㉱　100.㉮　■ Answer

2010 기출문제 — 9월 5일 시행

1과목 재료역학

01 지름 200mm인 축이 120rpm으로 회전하고 있다. 2m 떨어진 두 단면에서 측정한 비틀림 각이 1/15rad이었다면 이 축에 작용하고 있는 비틀림 모멘트는 약 몇 kN·m인가? (단, 전단 탄성계수는 80GPa이다.)

㉮ 418.9 ㉯ 356.6
㉰ 305.7 ㉱ 286.8

| 해설 | $\theta = \dfrac{T \cdot L}{G \cdot I_P}$, $\dfrac{1}{15} = \dfrac{32 \times T \times 2}{80 \times 10^9 \times \pi \times 0.2^4}$, $T = 418.88\text{kJ}$

02 그림과 같은 트러스에서 부재 AB가 받고 있는 힘의 크기는 몇 N 정도인가?

㉮ 781
㉯ 894
㉰ 972
㉱ 1081

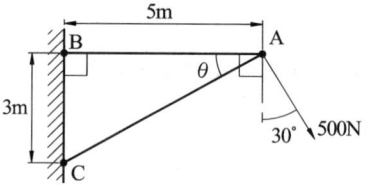

| 해설 | $\theta = tan^{-1}\left(\dfrac{3}{5}\right) = 30.96°$

$\dfrac{500}{\sin 30.96°} = \dfrac{F_{AB}}{\sin(120 - 30.96)}$, $F_{AB} = 971.8\text{N}$

03 단면적이 4cm²인 강봉에 그림과 같이 하중이 작용할 때 이 봉은 약 몇 cm 늘어나는가? (단, 탄성계수 E = 210GPa 이다.)

㉮ 0.24
㉯ 0.002
㉰ 0.80
㉱ 0.015

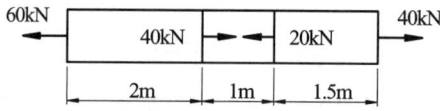

| 해설 | $\delta = \dfrac{(60 \times 2 + 20 \times 1 + 40 \times 1.5)}{AE} = \dfrac{(60 \times 2 + 20 \times 1 + 40 \times 1.5)}{4 \times 10^{-4} \times 210 \times 10^6} = 0.00238\text{m} = 0.238\text{cm}$

Answer ■ 1.㉮ 2.㉰ 3.㉮

04
그림과 같은 삼각형 단면의 꼭지점과 밑변의 굽힘응력의 비 $|\sigma_c|/|\sigma_t|$는 얼마인가?

㉮ 2
㉯ 3
㉰ 4
㉱ 1/3

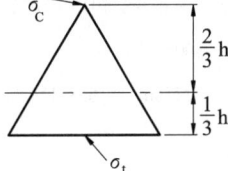

|해설| $\dfrac{E}{\rho} = \dfrac{\sigma}{y}$

$\dfrac{\sigma_c}{\frac{2}{3}h} = \dfrac{\sigma_h}{\frac{1}{3}h}$, $\dfrac{\sigma_c}{\sigma_t} = 2$

05
그림과 같은 외팔보의 자유단에서 우력 M=Ph가 작용할 때 자유단에서의 경사각(θ_B)과 처짐(y_B)은? (단, E : 탄성계수, I는 단면 2차 모멘트이다.)

㉮ $\theta_B = \dfrac{PhL}{EI}$, $y_B = \dfrac{PhL^2}{2EI}$

㉯ $\theta_B = \dfrac{PhL^2}{EI}$, $y_B = \dfrac{PhL^3}{2EI}$

㉰ $\theta_B = \dfrac{PhL^2}{EI}$, $y_B = \dfrac{PhL^3}{4EI}$

㉱ $\theta_B = \dfrac{PhL}{2EI}$, $y_B = \dfrac{PhL^2}{4EI}$

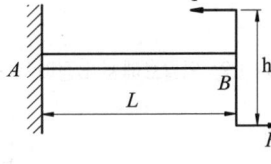

|해설| $\theta = \dfrac{A_m}{E \cdot I} = \dfrac{M \cdot L}{E \cdot I}$
$= \dfrac{ph \cdot L}{E \cdot I}$

$\delta = \theta \cdot \bar{x} = \dfrac{phL^2}{2EI}$

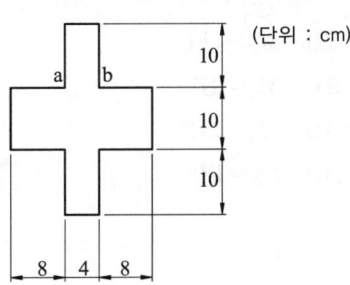

06
그림과 같은 단면을 가진 외팔보가 있다. 그 단면에 전단력 F=40kN이 발생하였다면 a−b 위에 발생하는 전단응력은 약 몇 MPa인가?

㉮ 2.87
㉯ 3.09
㉰ 3.88
㉱ 4.26

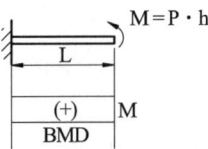

4.㉮　5.㉮　6.㉰ ■ Answer

| 해설 | $\tau = \dfrac{F \cdot Q}{b \cdot I}$

$I = \dfrac{20 \times 30^3}{12} - 4 \times \left(\dfrac{8 \times 10^3}{12} + 10^2 \times 8 \times 10\right) = 10333.33 \text{cm}^4$

$Q = A \cdot \bar{y} = 4 \times 10 \times 10 = 400 \text{cm}^3$

$\tau = \dfrac{40 \times 10^3 \times 400}{4 \times 10333.33} = 387.1 \text{N/cm}^2 = 3.871 \text{MPa}$

07 재료의 인장시험에 관련된 다음의 설명 중 틀린 것은?

㉮ 인성 계수(modulus of toughness)는 시편이 끊어질 때까지 단위체적의 재료가 흡수한 에너지를 뜻한다.
㉯ 레질리언스 계수(modulus of resilience)는 비례한도까지 단위체적의 재료가 흡수한 에너지를 뜻한다.
㉰ 네킹(necking)이 발생하기 전까지는 시편의 단면적이 균일하게 감소한다.
㉱ 극한 인장응력(ultimate tensile stress)은 인장시험에서 항복이 발생하는 응력값을 뜻한다.

| 해설 | 극한강도 : 인장시험의 공칭응력선도에서 최대 인장응력값을 뜻한다.

08 전체 길이가 L인 외팔보에서 B점에서 모멘트 M_B가 작용할 때, B점에서의 반력의 크기는?

㉮ $\dfrac{2M_B}{3L}$

㉯ $\dfrac{3M_B}{2L}$

㉰ $\dfrac{4M_B}{3L}$

㉱ $\dfrac{5M_B}{4L}$

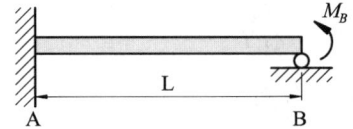

| 해설 | $\delta_B = -\dfrac{M_B \cdot L^2}{2EI} + \dfrac{R_B \cdot L^3}{3EI}$

$= 0 \quad \therefore R_B = \dfrac{3M_B}{2L}$

09 그림과 같은 돌출보에서 B, C점의 모멘트 M_B, M_C는 각각 몇 N·m인가?

㉮ $M_B = 500$, $M_C = 1300$
㉯ $M_B = 500$, $M_C = 180$
㉰ $M_B = 800$, $M_C = 1300$
㉱ $M_B = 800$, $M_C = 180$

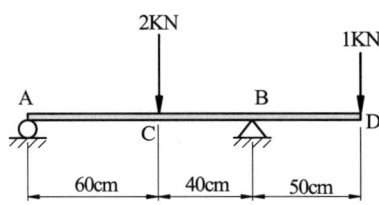

Answer ■ 7.㉱ 8.㉯ 9.㉯

| 해설 | $R_A = \dfrac{2 \times 40 - 1 \times 50}{100} = 0.3\text{kN}$

$R_B = 3 - 0.3 = 2.7\text{kN}$

$M_B = 1 \times 10^3 \times 0.5 = 500\text{N} \cdot \text{m}, \quad M_C = 0.3 \times 10^3 \times 0.6 = 180\text{N} \cdot \text{m}$

10 다음 그림과 같이 3개의 풀리가 동력을 전달하고 있다. 250kW의 동력을 받아 150kW를 중간 풀리가 소비하고 좌측 끝의 풀리가 나머지 100kW를 소비한다. 각 풀리 사이의 축에 발생하는 전단응력을 같게 하기 위해서는 지름의 비 $d_1 : d_2$는 얼마로 하면 되는가?

㉮ $\sqrt[3]{5} : \sqrt[3]{3}$
㉯ $\sqrt[3]{5} : \sqrt[3]{2}$
㉰ $\sqrt[3]{4} : \sqrt[3]{3}$
㉱ $\sqrt[3]{3} : \sqrt[3]{2}$

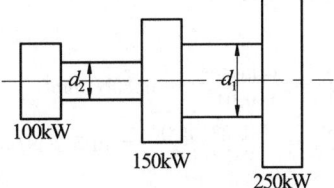

| 해설 | $T_1 = 974 \times \dfrac{250}{N} = \tau \cdot \dfrac{\pi \times d_1^3}{16}$

$T_2 = 974 \times \dfrac{150}{N} = \tau \cdot \dfrac{\pi \times d_2^3}{16}$

$\dfrac{T_1}{T_2} = \dfrac{25}{10} = \dfrac{d_1^3}{d_2^3} = \dfrac{5}{2}, \quad d_1 : d_2 = \sqrt[3]{5} : \sqrt[3]{2}$

11 원형단면의 단순보가 그림과 같이 등분포하중 $\omega = 10\text{N/m}$를 받고 허용응력이 800Pa일 때 단면의 지름은 최소 몇 mm가 되어야 되는가?

㉮ 330
㉯ 430
㉰ 550
㉱ 650

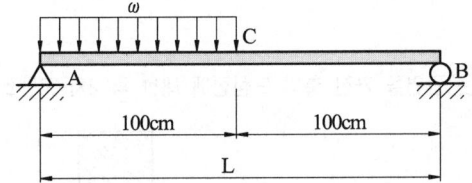

| 해설 | $R_A = \dfrac{10 \times 1 \times 150}{200} = 7.5\text{N}$

$F_x = R_A - \omega \cdot x = 0, \quad x = \dfrac{7.5}{10} = 0.75\text{m}$

$M_{\max} = R_A \cdot x - \dfrac{\omega \cdot x^2}{2} = 7.5 \times 0.75 - \dfrac{10 \times 0.75^2}{2} = 2.8125\text{N} \cdot \text{m}$

$\sigma_b = \dfrac{M_{\max}}{z}, \quad 800 = \dfrac{32 \times 2.8125}{\pi \times d^3}, \quad d = 0.33\text{m} = 330\text{mm}$

12 직사각형($b \times h$) 단면을 가진 보의 곡률($\dfrac{1}{\rho}$)에 관한 설명으로 옳은 것은?

㉮ 폭(b)의 2승에 반비례한다.
㉯ 폭(b)의 3승에 반비례한다.
㉰ 높이(h)의 2승에 반비례한다.
㉱ 높이(h)의 3승에 반비례한다.

10.㉯ 11.㉮ 12.㉱ ■ Answer

| 해설 | $\dfrac{E}{\rho} = \dfrac{M}{I} = \dfrac{12M}{b \cdot h^3}$

㉮ 곡률($\dfrac{1}{\rho}$)은 b에 반비례, h^3 반비례한다.

㉯ 곡률반경은 b에 비례, h^3에 비례한다.

13 40kN의 인장하중을 받는 지름 40mm의 알루미늄 봉의 단위 체적당의 탄성에너지는 약 몇 $N \cdot m/m^3$ 인가? (단, 알루미늄의 탄성계수는 72GPa이다.)

㉮ 17020   ㉯ 6515
㉰ 1702   ㉱ 7036

| 해설 | $\sigma = \dfrac{P}{A} = \dfrac{4 \times 40 \times 10^3}{\pi \times 0.04^2} = 31.83 \, N/mm^2$

$u = \dfrac{\sigma^2}{2E} = \dfrac{(31.83 \times 10^6)^2}{2 \times 72 \times 10^9} = 7035.76 \, N/m^2$

14 포와송 비를 ν, 전단 탄성계수를 G라 할 때, 탄성계수 E를 나타내는 식은?

㉮ $\dfrac{2G(1-\nu)}{\nu}$ ㉯ $2G(1-\nu)$

㉰ $\dfrac{2G(1+\nu)}{\nu}$ ㉱ $2G(1+\nu)$

| 해설 | $G = \dfrac{E}{2(1+\mu)}$, $E = 2G(1+\mu) = 2G(1+\nu)$, $\mu = \nu$: 포와송비

15 그림과 같은 단면을 가진 축의 도심점에 대한 극 2차 모멘트는 약 몇 cm^4 인가?

㉮ 253
㉯ 273
㉰ 303
㉱ 323

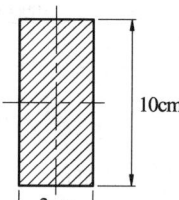

| 해설 | $I_P = I_{Gx} + I_{Gy}$

$= \dfrac{b \cdot h}{12}(b^2 + h^2)$

$= \dfrac{3 \times 10}{12} \times (3^2 + 10^2)$

$= 272.5 \, cm^4$

16 직경이 1.2m, 두께가 10mm인 구형 압력용기가 있다. 용기 재질의 허용 인장응력이 42MPa일 때 적정 사용 내압은 몇 MPa인가?

㉮ 1.1 ㉯ 1.4
㉰ 1.7 ㉱ 2.1

| 해설 | $\sigma_t = \dfrac{P \cdot d}{2t}$

$42 = \dfrac{P \times 1.2 \times 10^3}{2 \times 10}$, $P = 0.7\text{MPa}$, $\sigma_z = \dfrac{\sigma_t}{2}$, $P = 0.7 \times 2 = 1.4\text{MPa}$

17 그림과 같은 10mm × 10mm의 정사각형 단면을 가진 강봉이 축압축력 P=60kN을 받고 있을 때 사각형 요소 A가 30° 경사되었을 때 그 표면에 발생하는 수직 응력은 약 몇 MPa인가?

㉮ −120
㉯ −150
㉰ −300
㉱ −450

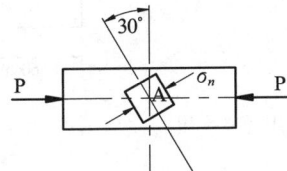

| 해설 | $\sigma_n = \sigma_x \cdot \cos^2\theta$

$= \dfrac{60 \times 10^3}{0.01 \times 0.01} \times (\cos 30°)^2$

$= 450\text{MPa}$

18 400rpm으로 회전하는 바깥지름 60mm, 안지름 40mm인 중공 단면축이 10kW의 동력을 전달할 때 비틀림 각도는 얼마 정도인가? (단, 전단 탄성계수 G = 80GPa, 축 길이 L=3m)

㉮ 0.2° ㉯ 0.5°
㉰ 0.7° ㉱ 1°

| 해설 | $\theta = \dfrac{T \cdot L}{G \cdot I_P} = \dfrac{32 \times 974 \times 9.8 \times \frac{10}{400} \times 3}{80 \times 10^9 \times (0.06^4 - 0.04^4) \times \pi} \times \dfrac{180°}{\pi} = 0.502°$

19 그림과 같이 지름 d인 강철봉이 안지름 d, 바깥지름 D인 동관에 끼워져서 두 강체 평판 사이에서 압축되고 있다. 강철봉 및 동관에 생기는 응력을 각각 σ_s, σ_c라고 하면 응력의 비(σ_s/σ_c)의 값은? (단, 강철 및 동의 탄성계수는 각각 Es=200GPa, Ec=120GPa 이다.)

㉮ $\dfrac{5}{3}$

㉯ $\dfrac{3}{5}$

㉰ $\dfrac{4}{5}$

㉱ $\dfrac{5}{4}$

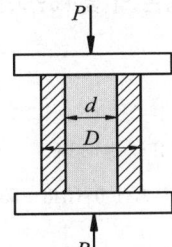

16.㉯ 17.㉱ 18.㉯ 19.㉮ ■ Answer

| 해설 | $\sigma_S = \dfrac{P \cdot E_S}{A_S E_S + A_C E_C}$

$\sigma_C = \dfrac{P \cdot E_C}{A_S E_S + A_C E_C}$, $\dfrac{\sigma_S}{\sigma_C} = \dfrac{E_S}{E_C} = \dfrac{200}{120} = \dfrac{5}{3}$

20 그림과 같은 단주에서 편심거리 e에 압축하중 $P = 80kN$이 작용할 때 단면에 인장응력이 생기지 않기 위한 e의 한계는 몇 cm인가?

㉮ 8
㉯ 10
㉰ 12
㉱ 14

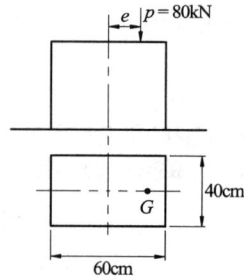

| 해설 | $-\dfrac{h}{6} \leq e \leq \dfrac{h}{6}$, $-10 \leq e \leq 10$

2과목 기계열역학

21 1kW의 전기히터를 이용하여 101kPa, 15℃의 공기로 차 있는 100m³의 공간을 난방하려고 한다. 이 공간은 견고하고 밀폐되어 있으며 단열되었다고 가정한다. 히터를 10분 동안 작동시킨 후 이 공간의 온도는 약 몇 도인가? (단, 공기의 정적 비열은 0.718kJ/kg·K이고, 기체 상수는 0.287kJ/kg·K이다.)

㉮ 20℃ ㉯ 22℃
㉰ 24℃ ㉱ 26℃

| 해설 | $L = \dfrac{{}_1W_2}{\varDelta T}$, ${}_1W_2 = \dfrac{mR(T_2 - T_1)}{k-1} = \dfrac{P_1 \cdot V_1}{T_1} \cdot \dfrac{(T_2 - T_1)}{k-1}$

$1 \times 10 \times 60 = \dfrac{101 \times 100}{(15 + 273)} \times \dfrac{(T_2 - 15)}{0.4}$, $T_2 = 21.84℃$

22 계 내에 임의의 이상기체 1kg이 채워져 있다. 이상 기체의 정압비열은 1.0kJ/kg·K이고, 기체 상수는 0.3kJ/kg·K이다. 압력 100kPa 온도 50℃의 초기 상태에서 체적이 두 배로 증가할 때까지 기체를 정압과정으로 팽창시킬 경우, 필요한 열량은 약 몇 kJ인가? (단, 비열비 = 1.43 이다.)

㉮ 226 ㉯ 323
㉰ 96   ㉱ 419

| 해설 | $T_2 = T_1 \left(\dfrac{V_2}{V_1} \right) = (50 + 273) \times 2 = 646K$

${}_1Q_2 = m \cdot C_p (T_2 - T_1) = 1 \times 1.0 \times (646 - 50 - 273) = 323kJ$

Answer ■ 20.㉯ 21.㉯ 22.㉯

23 어느 발명가가 바닷물로부터 매시간 1800kJ의 열량을 공급받아 0.5kW 출력의 열기관을 만들었다고 주장한다면, 이 사실은 열역학 제 몇 법칙에 위반되겠는가?

㉮ 제 0법칙 ㉯ 제 1법칙
㉰ 제 2법칙 ㉱ 제 3법칙

| 해설 | 열역학 제2법칙에 의하며 하나의 열원으로부터 취한 열을 전부 일로 변환시킬 수는 없다. 문제의 조건으로 보면 시간당 공급받은 열을 전부 출력으로 변환된 것으로 주어졌기 때문에 열역학 제2법칙에 위배된다.

24 가역열기관이 1000℃의 열원과 300K의 대기 사이에 작동한다. 이 열기관이 사이클 당 100kJ의 일을 할 경우 사이클 당 1000℃의 열원으로부터 받은 열량은?

㉮ 70.0kJ ㉯ 76.4kJ
㉰ 130.8kJ ㉱ 142.9kJ

| 해설 | $\eta_c = 1 - \frac{Q_2}{Q_1} = 1 - \frac{T_2}{T_1} = \frac{W}{Q_1}$, $1 - \frac{300}{(1000+273)} = \frac{100}{Q_1}$, $Q_1 = 130.8\text{kJ}$

25 냉매로서 갖추어야 될 요구 조건으로 적합하지 않은 것은?

㉮ 불활성이고 안정하며 비가연성이어야 한다.
㉯ 비체적이 커야 한다.
㉰ 증발 온도에서 높은 잠열을 가져야 한다.
㉱ 열전도율이 커야 한다.

26 어떤 이상기체가 진공 중으로 단열 상태에서 자유팽창을 하여 최종부피는 처음부피의 2배로 되었다. 다음 중 틀린 설명은?

㉮ 한 일은 없다. ㉯ 온도의 변화가 없다.
㉰ 엔트로피의 변화가 없다. ㉱ 내부에너지의 변화가 없다.

27 밀폐시스템에서 초기 상태가 300K, 0.5m³ 인 공기를 등온과정으로 150kPa에서 600kPa까지 천천히 압축하였다. 이 과정에서 공기를 압축하는데 필요한 일은 약 몇 kJ인가?

㉮ 104 ㉯ 208
㉰ 304 ㉱ 612

| 해설 | $W_C = P_1 \cdot V_1 \cdot \ell n\left(\frac{P_1}{P_2}\right) = 150 \times 0.5 \times \ell n\left(\frac{150}{600}\right) = -103.97\text{kJ}$

23.㉰ 24.㉰ 25.㉯ 26.㉰ 27.㉮ ■ Answer

28 30℃에서 비체적(specific volume)이 0.001m³/kg인 물을 100kPa의 압력에서 800kPa의 압력으로 압축한다. 비체적이 일정하다고 할 때, 이 펌프가 하는 일을 구하면?

㉮ 167J/kg
㉯ 602J/kg
㉰ 700J/kg
㉱ 1400J/kg

|해설| $W_P = V \cdot (P_2 - P_1) = 0.001 \times (800 - 100) \times 10^3 = 700 \text{J/kg}$

29 공기 표준 Brayton 사이클로 작동하는 이상적인 가스터빈이 있다. 이 터빈의 압축기로 0.1MPa, 300K의 공기가 들어가서 0.5MPa로 압축된다. 이 과정에서 175kJ/kg의 일이 소요된다. 열교환기를 통해 627kJ/kg의 열이 들어가 공기를 1100K로 가열한다. 이 공기가 터빈을 통과하면서 406kJ/kg의 일을 얻는다. 이 시스템의 열효율은?

㉮ 0.28
㉯ 0.37
㉰ 0.50
㉱ 0.65

|해설| $\eta_B = \dfrac{W_t - W_c}{Q_1} = \dfrac{(406 - 175)}{627} \times 100 = 36.84\%$

30 저온실로부터 46.4kW의 열을 흡수할 때 10kW의 동력을 필요로 하는 냉동기가 있다면, 이 냉동기의 성능계수?

㉮ 4.64
㉯ 5.65
㉰ 56.5
㉱ 46.4

|해설| $\varepsilon_R = \dfrac{Q_2}{W} = \dfrac{46.4}{10} = 4.64$

31 그림과 같은 카르노사이클의 1, 2, 3, 4점에서의 온도를 T_1, T_2, T_3, T_4라 할 때 이 사이클의 효율은 어떻게 표시되겠는가?

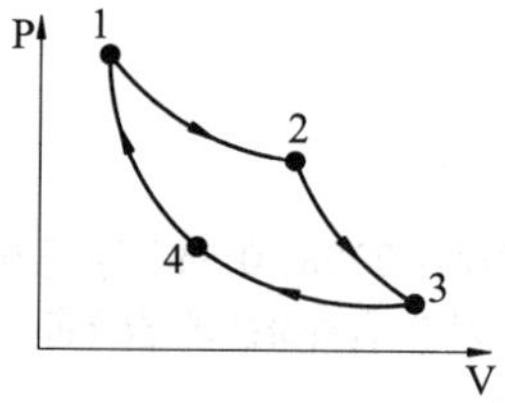

㉮ $1 - \dfrac{T_2}{T_1}$
㉯ $1 - \dfrac{T_4}{T_1}$
㉰ $1 - \dfrac{T_4}{T_3}$
㉱ $1 - \dfrac{T_3}{T_4}$

|해설| $\eta_c = 1 - \dfrac{T_4}{T_1} = 1 - \dfrac{T_3}{T_2} = 1 - \dfrac{T_3}{T_1} = 1 - \dfrac{T_4}{T_2}$

Answer ■ 28.㉰ 29.㉯ 30.㉮ 31.㉯

32 밀폐계가 가역정압 변화를 할 때 계가 받은 열량은?

㉮ 계의 엔탈피 증가량과 같다.
㉯ 계의 내부에너지 증가량과 같다.
㉰ 계의 내부에너지 감소량과 같다.
㉱ 계가 주위에 대해 한 일과 같다.

| 해설 | $p = c : \delta q = dh - vdp = dh$

33 400℃와 20℃ 사이에 작동하는 카르노 사이클 열기관의 열효율은 얼마인가?

㉮ 76% ㉯ 66%
㉰ 56% ㉱ 44%

| 해설 | $\eta_c = 1 - \dfrac{T_L}{T_H} = \left(1 - \dfrac{20+273}{400+273}\right) \times 100 = 56.46\%$

34 다음 중 열역학 제0법칙에 대한 설명으로 옳은 것은?

㉮ 질량 보존의 법칙이다.
㉯ 에너지 보존의 법칙이다.
㉰ 엔트로피 증가에 관한 법칙이다.
㉱ 열평형에 관한 법칙이다.

35 열역학 제2법칙에 대한 설명으로 옳은 것은?

㉮ 과정(process)의 방향성을 제시한다.
㉯ 에너지의 양을 결정한다.
㉰ 에너지의 종류를 판단할 수 있다.
㉱ 공학적 장치의 크기를 알 수 있다.

36 어느 이상기체 2kg이 압력 200kPa, 온도 30℃의 상태에서 체적 0.8m³를 차지한다. 이 기체의 기체상수는 약 몇 kJ/kg·K인가?

㉮ 0.264 ㉯ 0.528
㉰ 2.67 ㉱ 3.53

| 해설 | $PV = mRT$, $200 \times 0.8 = 2 \times R \times (30+273)$, $R = 0.264$ kJ/kg·K

32.㉮ 33.㉰ 34.㉱ 35.㉮ 36.㉮ ■ Answer

37 체적이 0.1m³로 일정한 단열 용기가 격막으로 나뉘어 있다. 용기의 왼쪽 절반은 압력이 200kPa, 온도가 20℃, 이상기체상수가 8.314kJ/kmole·K인 공기(이상기체로 가정함)로 채워져 있으며, 오른쪽 절반은 진공을 유지하고 있다. 격막의 갑작스런 파손으로 인해 공기가 전체적으로 퍼져 나갔다. 이 과정의 엔트로피 변화량은?

㉮ 12.3J/K ㉯ 23.7J/K
㉰ 35.2J/K ㉱ 47.5J/K

| 해설 | $m = \dfrac{P \cdot V}{R \cdot T} = \dfrac{200 \times 0.05}{0.287 \times 293} = 0.12\text{kg}$

$\Delta S = m \cdot R \cdot \ln\left(\dfrac{V_2}{V_1}\right) = 0.12 \times 0.287 \times \ln(2) = 0.02387\text{kJ/K}$

38 시스템의 온도가 가열과정에서 10℃에서 30℃로 상승하였다. 이 과정에서 절대온도는 얼마나 상승하였는가?

㉮ 11K ㉯ 20K
㉰ 293K ㉱ 303K

| 해설 | $\Delta T = T_2 - T_1 = 20\text{K}$

39 어떤 유체의 밀도가 741kg/m³이다. 이 유체의 비체적은 약 몇 m³/kg 인가?

㉮ 0.78×10^{-3} ㉯ 1.35×10^{-3}
㉰ 2.35×10^{-3} ㉱ 2.98×10^{-3}

| 해설 | $V = \dfrac{1}{\rho} = \dfrac{1}{741} = 0.00135\text{m}^3/\text{kg}$

40 열역학 과정을 비가역으로 만드는 인자가 아닌 것은?

㉮ 마찰 ㉯ 열의 일당량
㉰ 유한한 온도 차에 의한 열전달 ㉱ 두 개의 서로 다른 물질의 혼합

3과목 기계유체역학

41 비중이 0.8인 액체를 10m/s 속도로 수직방향으로 분사하였을 때, 도달할 수 있는 최고 높이는 약 몇 m인가?

㉮ 3.1 ㉯ 5.1
㉰ 7.4 ㉱ 10.2

| 해설 | $V^2 - V_0^2 = -2gh$, $h = \dfrac{V_0^2}{2g} = \dfrac{10^2}{2 \times 9.8} = 5.1\text{m}$

Answer ■ 37.㉯ 38.㉯ 39.㉯ 40.㉯ 41.㉯

42 다음 중 2차원 정상 비압축성 유동의 x, y 방향 속도 성분 u, v로 가능한 것은?

㉮ $u=4xy+y^2$, $v=6xy+3x$
㉯ $u=6xy+3x$, $v=4xy+y^2$
㉰ $u=2x^2+y^2$, $v=-4xy$
㉱ $u=-4xy$, $v=2x^2+y^2$

|해설| $\dfrac{\partial u}{\partial x}+\dfrac{\partial v}{\partial y}=0$을 만족하는 것을 찾을 것.

43 직경이 10cm인 관에 공기가 층류 상태로 흐를 수 있는 평균 속도의 최대값은 약 몇 m/s인가? (단, 공기의 동점성계수 $\nu=25.90\times10^{-6}$m^2/s, 임계 레이놀즈수는 2100이다.)

㉮ 1.08 ㉯ 1.63
㉰ 0.54 ㉱ 0.85

|해설| $R_e=\dfrac{V\cdot d}{\nu}$, $2100=\dfrac{V\times 0.1}{25.9\times 10^{-6}}$, $V=0.54$m/sec

44 그림과 같은 두 개의 고정된 평판 사이에 얇은 판이 있다. 얇은 판 상부에는 점성계수가 0.05N·s/m^{2}인 유체가 있고 하부에는 점성계수가 0.1N·s/m^{2}인 유체가 있다. 이 판을 일정속도 0.5m/s로 끌 때, 끄는 힘이 최소가 되는 y는? (단, 고정 평판 사이의 폭은 h(m), 평판들 사이의 속도분포는 선형이라고 가정한다.)

㉮ 0.293h
㉯ 0.5h
㉰ 0.586h
㉱ 0.879h

|해설| $F_2=A\cdot\mu_2\cdot\dfrac{V}{y}$, $F_1=A\cdot\mu_1\cdot\dfrac{V}{(h-y)}$

$\dfrac{dF_2}{dy}=\dfrac{-A\cdot\mu_2\cdot V}{y^2}$, $\dfrac{dF_1}{dy}=\dfrac{-A\cdot\mu_1\cdot V}{(h-y)^2}$

$\dfrac{dF_2}{dy}=\dfrac{dF_1}{dy}$: 끄는 힘이 최소가 되는 조건

$\dfrac{\mu_2}{y^2}=\dfrac{\mu_1}{h^2-2hy+y^2}$, $(\mu_2-\mu_1)y^2-2\mu_2\cdot hy+\mu_2\cdot h^2=0$, $0.05y^2-0.2hy+0.1h^2=0$

$y=\dfrac{0.2h\pm\sqrt{0.04h^2-0.02h^2}}{2\times 0.05}$, $y_1=3.414$h, $y_2=0.586$h $\therefore y=0.586$h

45 점성계수의 차원은? (단, F는 힘, M은 질량, L은 길이, T는 시간의 차원이다.)

㉮ [FL^{2}T] ㉯ [ML^{-1}T^{-1}]
㉰ [L^{2}T^2] ㉱ [L^{2}T^{-1}]

|해설| $\mu=$[FL^{-2}T]=[ML^{-1}T^{-1}]

42.㉰ 43.㉰ 44.㉰ 45.㉯ ■ Answer

46 다음 그림과 같은 상태에서 관로를 흐르는 물의 속도는 약 몇 m/s인가?

㉮ 3.4
㉯ 34
㉰ 0.43
㉱ 4.3

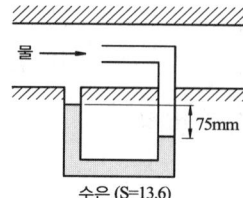

| 해설 | $V = \sqrt{2gh\left(\dfrac{r_s}{r} - 1\right)} = \sqrt{2 \times 9.8 \times 0.075 \times 12.6} = 4.3 \text{m/sec}$

47 경계층(boundary layer)에 관한 설명 중 틀린 것은?

㉮ 경계층 바깥의 흐름은 포텐셜 흐름에 가깝다.
㉯ 균일 속도가 크고, 유체의 점성이 클수록 경계층의 두께는 얇아진다.
㉰ 경계층 내에서는 점성의 영향이 크다.
㉱ 경계층은 평판 선단으로부터 하류로 갈수록 두꺼워진다.

| 해설 | 경계층이란 점성의 영향과 비점성의 영향을 구분짓는 경계선이다.

48 바람에 수직하게 놓인 지름 40cm의 원판(disk)이 받는 항력은 0.4N이었다. 공기 밀도가 1.2kg/m³이고 항력 계수가 1.1이라면 풍속은 약 몇 m/s인가?

㉮ 0.8   ㉯ 1.1
㉰ 1.6   ㉱ 2.2

| 해설 | $D = C_D \cdot A \cdot \dfrac{\rho \cdot V^2}{2}$, $0.4 = 1.1 \times \dfrac{\pi \times 0.4^2}{4} \times \dfrac{1.2 \times V^2}{2}$, $V = 2.2 \text{m/sec}$

49 위가 열린 큰 탱크(tank) 속에 비중량이 γ인 액체가 들어 있다. 이 액체의 자유 표면에서 h되는 위치에 있는 단면적 A인 노즐(nozzle)을 통하여 액체가 대기 중으로 분출될 때 탱크가 받는 추력(thrust)은? (단, 유량계수는 1로 가정하며, 마찰손실은 무시한다.)

㉮ γAh ㉯ $\gamma A\sqrt{2gh}$
㉰ $2\gamma Ah$ ㉱ $\dfrac{\gamma Ah}{2}$

| 해설 | $F = \rho A V^2 = \rho A (2gh) = 2\gamma Ah$

50 지름이 0.4m인 관속을 유량 3m³/s로 흐를 때 평균속도는 약 몇 m/s인가?

㉮ 13.9   ㉯ 23.9
㉰ 33.9   ㉱ 43.9

| 해설 | $Q = A \cdot V$, $3 = \dfrac{\pi \times 0.4^2}{4} \times V$, $V = 23.87 \text{m/sec}$

Answer ■ 46.㉱ 47.㉯ 48.㉱ 49.㉰ 50.㉯

51 그림과 같은 수문에서 멈춤 장치 A가 받는 힘은 약 몇 kN인가? (단, 수문의 폭은 3m이고, 수은의 비중은 13.6이다.)

㉮ 37
㉯ 510
㉰ 586
㉱ 879

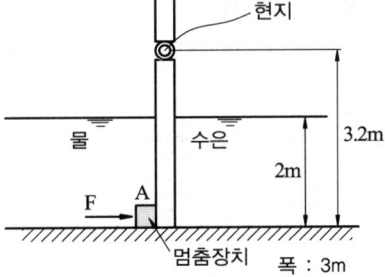

| 해설 | $F_w = \gamma_w \cdot A \cdot \bar{h} = 9800 \times (2 \times 3) \times 1 = 58800\text{N}$
$F_s = \gamma_s \cdot A \cdot \bar{h} = 13.6 \times 9800 \times (2 \times 3) \times 1 = 799680\text{N}$
$\Sigma M_o = F \times 3.2 + F_w \times 2.53 - F_s \times 2.53 = 0, \quad F = 585.76\text{kN}$

52 중력가속도 g, 체적유량 Q, 길이 L로 얻을 수 있는 무차원수는?

㉮ $\dfrac{Q}{\sqrt{gL}}$
㉯ $\dfrac{Q}{\sqrt{gL^3}}$
㉰ $\dfrac{Q}{\sqrt{gL^5}}$
㉱ $Q\sqrt{gL^3}$

| 해설 | $\pi = g^a \cdot L^b \cdot Q = (L \cdot T^{-2})^a \cdot L^b \cdot (L^3 T^{-1}) = L^0 T^0, \quad \pi = L^{a+b+3} \cdot T^{-2a-1} = L^0 \cdot T^0$
$a+b+3=0, \quad -2a-1=0, \quad a=-\dfrac{1}{2}, \quad b=-3-a=-3+\dfrac{1}{2}=-\dfrac{5}{2} \quad \therefore \pi = \dfrac{Q}{\sqrt{g \cdot L^5}}$

53 부차적 손실계수 값이 5인 밸브를 Darcy의 관마찰계수가 0.025이고 지름이 2cm인 관으로 환산한다면 관의 등가 길이는 몇 m인가?

㉮ 4
㉯ 0.4
㉰ 2.5
㉱ 0.25

| 해설 | $L_c = \dfrac{k \cdot d}{f} = \dfrac{5 \times 0.02}{0.025} = 4\text{m}$

54 동쪽을 x축 (+)방향, 북쪽을 y축 (+)방향으로 하는 2차원 직각 좌표계에서 2m/s의 일정한 속도로 불어오는 남동풍에 대응하는 속도 포텐셜은? (단, 속도포텐셜 ϕ는 $\vec{V} \equiv \nabla \phi = grad\phi$로 정의된다.)

㉮ $\phi = \sqrt{2}x + \sqrt{2}y + $ 상수
㉯ $\phi = -\sqrt{2}x + \sqrt{2}y + $ 상수
㉰ $\phi = 2x - 2y + $ 상수
㉱ $\phi = 2x + 2y + $ 상수

| 해설 | $\vec{V} = u\hat{i} + u\hat{j} = -\sqrt{2}\hat{i} + \sqrt{2}\hat{j}, \quad u = \dfrac{\partial \phi}{\partial x} = -\sqrt{2}, \quad v = \dfrac{\partial \phi}{\partial y} = \sqrt{2} \quad \left(d\phi = \dfrac{\partial \phi}{\partial x}dx + \dfrac{\partial \phi}{\partial y}dy = 0 \right)$

51.㉰ 52.㉰ 53.㉮ 54.㉯ ■ Answer

55 항구의 모형을 400 : 1로 축소 제작하려고 한다. 조수간만의 주기가 12시간이면 모형 항구의 조수 간만의 주기는 몇 시간이 되어야 하는가?

㉮ 0.05 ㉯ 0.1
㉰ 0.4 ㉱ 0.6

| 해설 | ㉮ 스트라홀수 $= \dfrac{진동}{평균속도}$, $S_t = \dfrac{\omega \cdot L}{V}$

㉯ 프루우드수 $= \dfrac{관성력}{중력}$, $F_r = \dfrac{V}{\sqrt{L \cdot g}}$

㉰ 주기 $T = \dfrac{2\pi}{w}$

정리하면 $\dfrac{T_m}{T_p} = \dfrac{L_m \cdot \sqrt{L_p}}{L_p \cdot \sqrt{L_m}}$, $T_m = 12 \times \dfrac{20}{400} = 0.6\mathrm{hr}$

56 비중 S인 액체의 자유표면으로부터 깊이가 hm인 곳의 계기 압력은 수은주의 높이로 몇 mm인가? (단, 수은의 비중은 13.6이다.)

㉮ 13600 Sh ㉯ 13.6 Sh
㉰ $\dfrac{1000\,Sh}{13.6}$ ㉱ $\dfrac{Sh}{13.6}$

| 해설 | $P = 1000Sh = 1000 \times 13.6 h_s$, $h_s = \dfrac{Sh}{13.6}\,\mathrm{m} = \dfrac{1000Sh}{13.6}\,\mathrm{mm}$

57 그림의 양수펌프에서 입구관 내의 유속은 3m/s, 출구관 내의 유속은 5m/s, 압력계 1의 압력은 300mmHg (진공), 압력계 2의 게이지 압력은 3bar, 송출 유량은 0.5m³/s 이다. 이때 펌프의 출력은 약 몇 kW인가? (단, 모든 손실은 무시한다.)

㉮ 15
㉯ 165
㉰ 189
㉱ 377

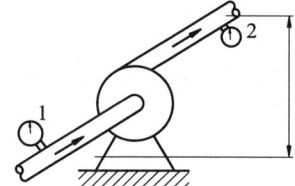

| 해설 | $\dfrac{P_1}{\gamma} + \dfrac{V_1^2}{2g} + z_1 + h_p = \dfrac{P_2}{\gamma} + \dfrac{V_2^2}{2g} + Z_2$

$h_p = \dfrac{\left(3 \times 10^5 + \dfrac{300}{760} \times 101325\right)}{9800} + \dfrac{(5^2 - 3^2)}{2 \times 9.8} + 3 = 38.51\mathrm{m}$

$L_P = \gamma \cdot Q \cdot h_p = 9.8 \times 0.5 \times 38.51 = 188.7\mathrm{kW}$

58 직경 2.5cm의 수평 원관(circular pipe)을 흐르는 물의 유동이 길이 5m 당 4kPa의 압력손실을 갖는다. 관의 벽면 전단응력(wall shear stress)은 몇 Pa인가?

㉮ 2 ㉯ 3
㉰ 4 ㉱ 5

| 해설 | $\tau = -\dfrac{r}{2}\dfrac{dP}{dL} = \dfrac{0.025}{2 \times 2} \times \dfrac{4 \times 10^3}{5} = 5\mathrm{Pa}$

Answer ■ 55.㉱ 56.㉰ 57.㉰ 58.㉱

59 밀도가 1000kg/m³이고 체적탄성계수가 2GPa인 액체 내에서 음속은 약 몇 m/s인가?

㉮ 340　　　　　　　　　　㉯ 1000
㉰ 1414　　　　　　　　　　㉱ 2000

|해설| $a = \sqrt{\dfrac{K}{\rho}} = \sqrt{\dfrac{2 \times 10^9}{1000}} = 1414.21 \text{m/sec}$

60 부력(buoyant force)을 가장 적합하게 설명한 것은?

㉮ 부양체에 작용하는 합력
㉯ 부양체의 무게에서 배제 체적 무게를 뺀 힘
㉰ 정지 유체 속에 있는 물체표면에 작용하는 표면력의 합력
㉱ 물체에 의해 배제된 체적에 해당하는 물체의 무게

4과목 기계재료 및 유압기기

61 철강재료의 열처리에서 많이 이용되는 S곡선이란 어떤 것을 의미하는가?

㉮ T.T.L 곡선　　　　　　㉯ S.C.C 곡선
㉰ T.T.T 곡선　　　　　　㉱ S.T.S 곡선

|해설| 항온변태곡선 = T·T·T곡선 = S곡선

62 다음 중 경화된 재료에 인성을 부여하기 위해서 A_1 변태점 이하로 재가열하여 행하는 열처리는?

㉮ 침탄법　　　　　　　　㉯ 담금질
㉰ 뜨임　　　　　　　　　㉱ 질화법

|해설| ㉮ 담금질 : 강도·경도 증가 목적
　　　㉯ 뜨임 : 인성 부여 목적
　　　㉰ 침탄법 : 탄소 침투로 표면 경화 목적
　　　㉱ 질화법 : 질소 침투로 표면 경화 목적

63 탄소강에 함유되어 있는 원소 중 많이 함유되면 적열취성의 원인이 되는 것은?

㉮ 인　　　　　　　　　　㉯ 규소
㉰ 구리　　　　　　　　　㉱ 황

|해설| 적열취성이란 : 황을 포함하고 있는 탄소강이 900℃ 온도범위에서 인성이 감소하며 여려지는 현상이다.

59.㉰　60.㉰　61.㉰　62.㉰　63.㉱　■ **Answer**

64 자경성(self-hardening)이 가장 우수한 합금원소는?
㉮ Ni ㉯ Cr
㉰ Mn ㉱ Mo

| 해설 | 자경성 : Ni, Cr, Mn 등을 포함하는 강은 고온도에서 공기중에 방치하는 것만으로 담금질과 같이 경도를 증가시키는 성질

65 금속의 냉각속도가 빠르면 조직은 어떻게 변하는가?
㉮ 결정입자가 미세해진다.
㉯ 냉각속도와 금속의 조직과는 관계가 없다.
㉰ 금속의 조직이 조대해 진다.
㉱ 소수의 핵이 성장해서 응고 된다.

| 해설 | 금속의 냉각속도가 빠르면 결정입자의 수가 많아져 절정입자는 미세화된다.

66 실용금속 중 비중이 가장 작아 항공기 부품이나 전자 및 전기용 제품의 케이스 용도로 사용되고 있는 합금재료는?
㉮ Ni 합금 ㉯ Cu 합금
㉰ Pb 합금 ㉱ Mg 합금

| 해설 | Mg은 비중이 1.74로 실용금속 중 가장 가벼워 항공기 재료로 사용되고 있다.

67 스테인리스강의 주요 합금 성분에 해당되는 것은?
㉮ 크롬과 니켈 ㉯ 니켈과 텅스텐
㉰ 크롬과 망간 ㉱ 크롬과 텅스텐

68 배빗메탈(babbit metal)에 관한 설명으로 옳은 것은?
㉮ Sn - Sb - Cu계 합금으로서 베어링 재료로 사용된다.
㉯ Al - Cu - Mg계 합금으로서 상온시효 경화시키면 기계적 성질이 개선된다.
㉰ Cu - Ni - Si계 합금으로서 도전율이 좋으므로 강력도전 재료로 이용된다.
㉱ Zn - Cu - Ti계 합금으로서 강도가 현저히 개선된 경화형 합금이다.

| 해설 | 배빗메탈 : Sn - Sb - Cu계 합금으로 경도가 크고 충격과 진동에 잘 견딘다.

69 합금 중 톱날이나 줄의 재료로 가장 적합한 재료는?
㉮ 구리 ㉯ 저탄소강
㉰ 고탄소강 ㉱ 구상흑연주철

Answer ■ 64.㉯ 65.㉮ 66.㉱ 67.㉮ 68.㉮ 69.㉰

70 S 성분이 적은 선철을 용해로, 전기로에서 용해한 후 주형에 주입 전 마그네슘, 세륨, 칼슘 등을 첨가시켜 흑연을 구상화 한 것은?

㉮ 합금주철 ㉯ 구상흑연주철
㉰ 칠드주철 ㉱ 가단주철

71 체크 밸브, 릴리프 밸브 등에서 압력이 상승하고 밸브가 열리기 시작하여 어느 일정한 흐름의 양이 확인되는 압력을 의미하는 용어는?

㉮ 서지 압력 ㉯ 게이지 압력
㉰ 크래킹 압력 ㉱ 리시트 압력

| 해설 | ㉮ 서지압력 : 과도적으로 상승한 압력
㉰ 크래킹압력 : 릴리프벨브가 열리기 시작하는 압력

72 실린더 안을 왕복 운동하면서, 유체의 압력과 힘의 주고 받음을 하기 위한 지름에 비하여 길이가 긴 기계 부품은?

㉮ spool ㉯ land
㉰ port ㉱ plunger

| 해설 | ㉮ 스풀(spool) : 원통 모양의 밸브 ㉰ 포트(port) : 작동 유체 통로의 열린 부분

73 그림과 같은 유압회로의 명칭으로 가장 적합한 것은?

㉮ 감속회로
㉯ 감압회로
㉰ 언로드 회로
㉱ 로크 회로

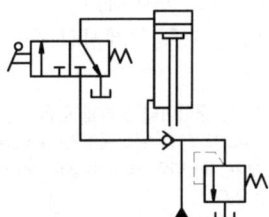

| 해설 | 로킹회로 : 실린더 행정 중 임의의 위치에서 또는 행정단에 실린더를 고정시켜 놓을 필요가 있을 때라 할지라도 부하가 클 때 또는 장치내의 압력 저하에 의하여 실린더의 피스톤이 이동되는 경우가 발생할 때, 이 피스톤의 이동을 방지하는 회로이다.

74 다음 그림은 유압 기호에서 무엇을 나타내는 것인가?

㉮ 감압 밸브
㉯ 바이패스형 유량조정 밸브
㉰ 집류 밸브
㉱ 릴리프 밸브

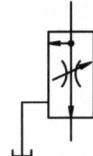

70.㉯ 71.㉰ 72.㉱ 73.㉱ 74.㉯ ■ Answer

75 보기와 같은 유압 잭에서 지름(D)이 $D_2 = 2D_1$일 때 누르는 힘 F_1과 F_2의 관계를 나타낸 식으로 올바른 것은?

㉮ $F_2 = F_1$
㉯ $F_2 = 2F_1$
㉰ $F_2 = 4F_1$
㉱ $F_2 = (1/4)F_1$

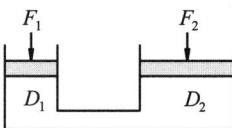

| 해설 | $P_1 = P_2$, $\dfrac{4F_1}{\pi D_1^2} = \dfrac{4F_2}{\pi D_2^2}$, $D_2 = 2D_1$, $F_2 = 4F_1$

76 압력 6.85MPa, 토출량 60L/min, 회전수가 1200rpm인 유압 펌프가 소요동력이 8kW일 때 펌프의 전효율은 약 몇 %인가?

㉮ 75%
㉯ 82%
㉰ 86%
㉱ 90%

| 해설 | $\eta = \dfrac{P \cdot Q}{L_s} = \dfrac{6.86 \times 10^3 \times 60 \times 10^{-3}}{8 \times 60} \times 100 = 85.75\%$

77 가변 용량형 베인펌프에 대한 설명으로 틀린 것은?

㉮ 로터와 링 사이의 편심량을 조절하여 토출량을 변화시킨다.
㉯ 유압회로에 의하여 필요한 만큼의 유량을 토출할 수 있다.
㉰ 펌프의 수명이 길고 소음이 적은 편이다.
㉱ 토출량 변화를 통하여 온도 상승을 억제시킬 수 있다.

| 해설 | 가변용량형 베인펌프
㉮ 부하의 변화에 따라 로터의 회전중심이나 캠링을 이동시켜 편심량을 변화시켜 토출량을 변화시키는 펌프
㉯ 불필요한 유량을 토출하지 않으므로 릴리프 밸브가 필요없다.
㉰ 무부하 밸브없이 무부하운전이 가능하여 동력 손실이 줄어든다.
㉱ 기름의 온도상승을 줄일 수 있다.

78 부하의 낙하를 방지하기 위해서 배압을 유지하는 압력 제어 밸브는?

㉮ 카운터 밸런스 밸브(counter balance valve)
㉯ 감압 밸브(pressure-reducing valve)
㉰ 시퀀스 밸브(sequence valve)
㉱ 언로딩 밸브(unloading valve)

Answer ■ 75.㉰ 76.㉰ 77.㉰ 78.㉮

79 유압 실린더의 속도 제어 회로가 아닌 것은?

㉮ 로크 회로 ㉯ 미터인 회로
㉰ 미터아웃 회로 ㉱ 블리드 오프 회로

| 해설 | 속도회로의 종류 : 미터인 회로, 미터아웃 회로, 블러드오프 회로, 차동회로 등이 있다.

80 어큐물레이터는 고압 용기이므로 장착과 취급에 각별한 주의가 요망된다. 이에 관련된 설명으로 틀린 것은?

㉮ 점검 및 보수가 편리한 장소에 설치한다.
㉯ 어큐물레이터에 용접, 가공, 구멍뚫기 등은 금지한다.
㉰ 충격 완충용으로 사용할 경우는 가급적 충격이 발생하는 곳으로부터 멀리 설치한다.
㉱ 펌프와 어큐물레이터와의 사이에는 체크 밸브를 설치하여 유압유가 펌프 쪽으로 역류하는 것을 방지한다.

| 해설 | 축압기 장착과 취급에 관한 사항
㉮ 진동이 심한 곳에서는 충분한 지지구로 고정해야 한다.
㉯ 축압기에 용접, 가공, 구멍뚫기 등은 절대금물이다.
㉰ 펌프와 축압기 사이에는 역지밸브를 설치하여 압유가 펌프쪽으로 흐르지 않도록 한다.

5과목 기계제작법 및 기계동력학

81 주조용 목형에 구배를 만드는 가장 중요한 이유는?

㉮ 쇳물의 주입이 잘되게 하기 위하여
㉯ 주형에서 목형을 쉽게 뽑기 위하여
㉰ 목형을 튼튼히 하기 위하여
㉱ 목형을 지지하기 위하여

| 해설 | 목형구배 : 목형을 빼기 쉽게 하기 위하여 1m 길이에 6~10mm 정도의 구배를 준다.

82 다음 가공법 중 연삭 입자를 사용하지 않는 것은?

㉮ 방전가공 ㉯ 초음파가공
㉰ 액체호닝 ㉱ 래핑

| 해설 | 방전가공은 흑연, 텅스텐, 구리합금 등의 전극재료와 백등유, 경유, 스핀들유 등의 가공액을 사용한다.

83 각도 측정게이지에 해당되지 않는 것은?

㉮ 하이트 게이지(height gauge) ㉯ 오토콜리메이터(auto-collimator)
㉰ 수준기(precision level) ㉱ 사인 바(sine bar)

| 해설 | 하이트게이지 : 공작물에 평행선을 긋거나 공작물의 높이 측정에 사용된다.

79.㉮ 80.㉰ 81.㉯ 82.㉮ 83.㉮ ■ Answer

84 200mm의 사인바로 게이지 블록 42mm를 사용하여 피측정의 경사면이 정반과 평행을 이루었을 때 피측정물 경기의 각도 a는?

㉮ 약 30.05° ㉯ 약 21.21°
㉰ 약 12.12° ㉱ 약 25.25°

| 해설 | $a = \sin^{-1}\left(\dfrac{42}{200}\right) = 12.12°$

85 강을 임계온도 이상의 상태로부터 물 또는 기름과 같은 냉각제 중에 급냉시켜서 강을 경화시키는 작업은?

㉮ 풀림 ㉯ 불림
㉰ 담금질 ㉱ 뜨임

| 해설 | ㉮ 담금질 : 가열시켰다가 급랭시켜 강도·경도를 증가시키는 열처리
　　　㉯ 뜨임 : 담금질한 강에 인성을 부여하는 열처리
　　　㉰ 풀림 : 강을 연화시키는 열처리
　　　㉱ 불림 : 강의 균일화, 미세화, 표준화를 위한 열처리

86 불활성 가스 아크용접의 특징이 아닌 것은?

㉮ 산화, 질화를 방지할 수 있다.
㉯ 청정효과를 위해 용제를 사용한다.
㉰ 열의 집중이 좋아 용접능률이 좋다.
㉱ 철금속 뿐만 아니라 비철금속까지 용접이 가능하다.

| 해설 | 불활성가스 용접시 He, Ne, Ar 등의 가스를 뿌리면서 용접한다.

87 선반에 이용되는 가공물 고정기구가 아닌 것은?

㉮ 척(chuck) ㉯ 면판(face plate)
㉰ 바이스(vise) ㉱ 심봉(mandrel)

| 해설 | 바이스는 밀링머신, 드릴링머신 등에서 사용하는 고정구이다.

88 구성인선(built-up edge)이 생기는 것을 방지하기 위한 대책은?

㉮ 마찰계수가 큰 공구를 사용한다. ㉯ 절삭속도를 작게 한다.
㉰ 윤활성이 작은 윤활유를 사용한다. ㉱ 절삭 깊이를 작게 한다.

| 해설 | 구성인선의 방지책
　　　㉮ 고속절삭 ㉯ 윗면 경사각을 크게
　　　㉰ 절삭깊이를 작게 ㉱ 절삭유를 공급

Answer ▪ 84.㉰ 85.㉰ 86.㉯ 87.㉰ 88.㉱

89 딥 드로잉(deep drawing)에서 제품(용기)의 높이가 40mm, 용기 밑부분의 지름이 30mm인 제품을 가공하려고 한다. 필요한 소재의 지름은 약 몇 mm이어야 하는가? (단, 제품과 소재의 두께는 고려하지 않는다.)

㉮ 55mm ㉯ 65mm
㉰ 75mm ㉱ 85mm

|해설| $D = \sqrt{d^2 + 4dh} = \sqrt{30^2 + 4 \times 30 \times 40} = 75.5\text{mm}$

90 특수 드로잉 가공에서 다이 대신 고무를 사용하는 성형가공법은 어느 것인가?

㉮ 액압성형법(hydroforming)   ㉯ 마폼법(marforming)
㉰ 벌징법(bulging)   ㉱ 폭발성형법(explosive forming)

|해설| 마포옴법 : 다이로 금속을 사용하지 않고 고무를 사용하여 가공하는 방법으로 소량, 소품제작에 사용한다.

91 무게 10kN의 해머(hammer)를 10m의 높이에서 자유 낙하시켜서 무게 300N의 말뚝을 50cm 박았다. 충돌한 직후에 해머와 말뚝은 일체가 된다. 이때의 속도는 몇 m/s인가?

㉮ 50.4   ㉯ 20.4
㉰ 13.6   ㉱ 6.7

|해설| $\frac{1}{2}(V^2 - V_o^2) = mg(h - \Delta h)$, $V = \sqrt{2g(h - \Delta h)} = \sqrt{2 \times 9.8 \times (10 - 0.5)} = 13.65\text{m/sec}$

92 강제진동에서 정상상태의 진폭이나 위상과 전혀 관계가 없는 것은?

㉮ 기진력의 진동수   ㉯ 감쇠계수
㉰ 초기조건   ㉱ 기진력의 진폭

93 일률(power)에 대한 설명 중 틀린 것은?

㉮ 단위시간당 행해진 일의 양이다.
㉯ 힘과 속도의 내적(inner product)이다.
㉰ 토크(torque)와 각속도의 내적(inner product)이다.
㉱ 단위는 $\text{N} \cdot \text{m/s}^2$이다.

94 조화 가진되는 점성 감쇠 1 자유도계에서 한 사이클 당 손실되는 에너지는 얼마인가? (단, 정상 상태의 변위는 $x = X\sin(\omega t - \phi)$이고, 감쇠력은 $F_d = cx$이다.)

㉮ $\pi c X$ ㉯ $\pi c \omega X$
㉰ $\pi c X^2$ ㉱ $\pi c \omega X^2$

89.㉰ 90.㉯ 91.㉰ 92.㉰ 93.㉱ 94.㉱ ■ Answer

|해설| $U_{cf} = \int_0^{\frac{2\pi}{\omega}} F_d \cdot \dot{x} dt = \int_0^{\frac{2\pi}{\omega}} c \cdot \dot{x}^2 dt$

$x = X \cdot \sin(\omega t - \phi), \quad \dot{x} = \omega \cdot X \cdot \cos(\omega t - \phi)$

$U_{cf} = c \cdot x^2 \cdot \omega^2 \cdot \int_0^{\frac{2\pi}{\omega}} \cos^2(\omega t - \phi) dt = c \cdot X^2 \cdot \omega^2 \cdot \frac{\pi}{\omega} = c \cdot X^2 \cdot \omega \cdot \pi$

95
가속도 a로 움직이는 프레임 B에 대한 슬라이더 A의 상대가속도는 얼마인가? (단, 슬라이더는 프레임 내부의 막대를 따라 움직이며 모든 마찰은 무시한다.)

㉮ $g\sin\theta - a\cos\theta$
㉯ $g\cos\theta - a\sin\theta$
㉰ $g\sin\theta + a\cos\theta$
㉱ $g\cos\theta + a\sin\theta$

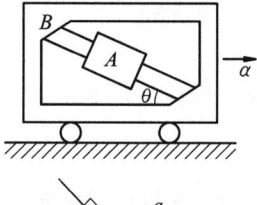

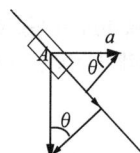

|해설| $a_{A/B} = a_A - a_B = g \cdot \sin\theta - a \cdot \cos\theta$

96
지표면으로부터 500km 상공에 있는 인공위성의 지구의 중력에 의한 가속도는 약 몇 m/s²인가? (단, 지구의 반경은 6371km이다.)

㉮ 7.81 ㉯ 8.43
㉰ 8.81 ㉱ 9.81

|해설| $g' = \frac{R^2}{(R+L)^2} g = \frac{6371^2}{(6371+500)^2} \times 9.8 = 8.43 \text{m/sec}^2$

97
질량 1300kg의 자동차가 정지 상태에서 출발하여 5초 후 속력이 36km/h이었다. 5초 동안 가해진 힘의 평균은 몇 N인가?

㉮ 1300 ㉯ 1560
㉰ 1950 ㉱ 2600

|해설| $F = m \cdot a = \frac{m \cdot \Delta V}{\Delta t} = \frac{1300 \times 36 \times 10^3}{5 \times 3600} = 2600\text{N}$

98
스프링으로 매단 물체가 수직 상하 방향으로 매초 20회 최고 위치에 도달하며 진동할 고유 각진동수 ω는 약 몇 rad/s인가?

㉮ 12   ㉯ 5
㉰ 126 ㉱ 250

|해설| $f = \frac{\omega}{2\pi}, \quad \omega = 2\pi f = 2\pi \times 20 = 125.66 \text{rad/sec}$

Answer ■ 95.㉮ 96.㉯ 97.㉱ 98.㉰

99 어떤 진동체의 진동수가 360rpm이고 최대 가속도가 8m/s²이면 변위의 진폭은 약 몇 cm인가?

㉮ 0.28
㉯ 0.56
㉰ 2.25
㉱ 22.2

| 해설 | $a = X \cdot \omega^2$, $8 = X \times \left(\dfrac{2\pi \times 360}{60}\right)^2$, $X = 0.56$cm

100 크랭크 암(crank arm) AB가 A점을 중심으로 각속도 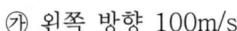$= 100\sqrt{2}\,\vec{k}$rad/s로 회전한다. 그림의 위치에서 피스톤 핀 P의 속도는? (단, $\overline{AB}=1$m, $\overline{BP}$(connecting rod)$=1$m)

㉮ 왼쪽 방향 100m/s
㉯ 왼쪽 방향 200m/s
㉰ 오른쪽 방향 300m/s
㉱ 왼쪽 방향 400m/s

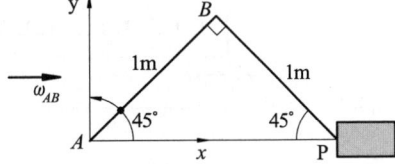

| 해설 | $V_B = r \cdot \omega_{AB} = 100\sqrt{2}$m/sec

$\omega_{BP} = \dfrac{V_B}{r} = 100\sqrt{2}$rad/sec ↶, $V_P = r_P \cdot \omega_{BP} = \sqrt{2} \times 100\sqrt{2} = 200$m/sec (←)

99.㉯ 100.㉯ ■ Answer

2011 기출문제 3월 20일 시행

1과목 재료역학

01 그림과 같은 보의 최대 처짐을 나타내는 식은?(단, 보의 굽힘 강성 EI는 일정하고, 보의 자중은 무시한다.)

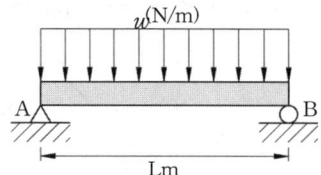

㉮ $\dfrac{wL^4}{8EI}$ ㉯ $\dfrac{7wL^4}{192EI}$ ㉰ $\dfrac{5wL^4}{384EI}$ ㉱ $\dfrac{wL^4}{48EI}$

02 표점길이가 400mm, 지름이 24mm인 강재 시편에 10kN의 인장력을 작용하였더니 변형률이 0.0001이었다. 탄성계수는 약 몇 GPa인가?(단, 시편은 선형 탄성거동을 한다고 가정한다.)

㉮ 2.21   ㉯ 22.1   ㉰ 221   ㉱ 2210

| 해설 | $\sigma = E \cdot \varepsilon = \dfrac{P}{A}$

$E \times 0.0001 = \dfrac{4 \times 10 \times 10^3}{\pi \times 24^2}$

$E = 221.16 \, \text{GPa}$

03 그림과 같은 단순 지지보가 집중하중 P를 받을 때 굽힘 모멘트 선도는 아래 그림과 같다. A, C점에서 처짐 선상에 그은 접선이 만나는 각 θ는?(단, 보의 굽힘강성 EI는 일정하고 자중은 무시한다.)

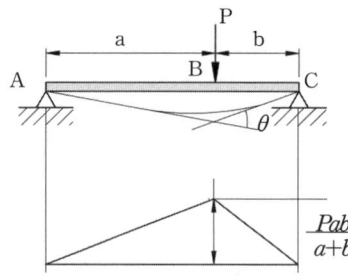

㉮ $\theta = \dfrac{Pab}{2}$ ㉯ $\theta = \dfrac{Pab}{2EI}$ ㉰ $\theta = \dfrac{Pab}{4}$ ㉱ $\theta = \dfrac{Pab}{8EI}$

| 해설 | $\theta_A = \dfrac{a \cdot Pab}{2(a+b)E \cdot I}$

Answer ■ 1.㉰ 2.㉰ 3.㉯

$$\theta_B = \frac{b \cdot Pab}{2(a+b)E \cdot I}$$
$$\theta = \theta_A + \theta_b = \frac{P \cdot a \cdot b}{2 \cdot E \cdot I}$$

04 단순보 위의 전 길이에 걸쳐 균일 분포하중이 작용할 때, 굽힘 모멘트 선도를 그리면 굽힘 모멘트 선도의 형태는 어떻게 되는가?

㉮ 3차 곡선 ㉯ 직선
㉰ 사인곡선 ㉱ 포물선

│해설│ 단순보의 등분포하중이 작용하면 전단력선도는 1차직선 굽힘 모멘트 선도는 2차곡선(포물선)의 형태를 갖는다.

05 그림과 같이 한 끝이 고정된 축에 두 개의 토크가 작용하고 있다. 고정단에서 축에 작용하는 토크는 몇 kN·m인가?

㉮ 10
㉯ 20
㉰ 30
㉱ 40

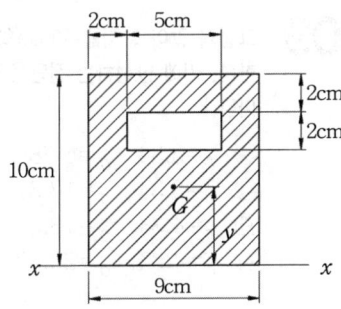

│해설│ $T = 50 - 30 = 20\,\text{kJ}$

06 다음과 같이 구멍이 뚫린 단면에서 도심위치 $\overline{y}$와 $x-x$축에 대한 단면2차모멘트 I_{xx}로 옳은 것은?

㉮ $\overline{y}=2.54\,\text{cm}$, $I_{xx}=3582\,\text{cm}^4$
㉯ $\overline{y}=5\,\text{cm}$, $I_{xx}=2250\,\text{cm}^4$
㉰ $\overline{y}=4.75\,\text{cm}$, $I_{xx}=2506\,\text{cm}^4$
㉱ $\overline{y}=3.56\,\text{cm}$, $I_{xx}=3582\,\text{cm}^4$

│해설│ ㉮ $\overline{y} = \dfrac{10\times 9\times 5 - 2\times 5\times 7}{10\times 9 - 2\times 5} = 4.75\,\text{cm}$

㉯ $I_G = \dfrac{9\times 10^3}{12} - \left(\dfrac{5\times 2^3}{12} + 2.25^2 \times 5\times 2\right) = 696.04\,\text{cm}^4$

$I_{xx} = 696.04 + 4.75^2 \times (10\times 9 - 5\times 2) = 2501.04\,\text{cm}^4$

07 그림과 같이 길이 l=4m의 단순보에 균일 분포하중 w가 작용하고 있으며 보의 최대 굽힘응력 σ_{max}=85N/cm² 일 때 최대 전단응력은 약 몇 kPa인가?(단, 보의 횡단면적 b×h=8cm×12cm이다.)

㉮ 2.7
㉯ 17.6
㉰ 25.5
㉱ 35.4

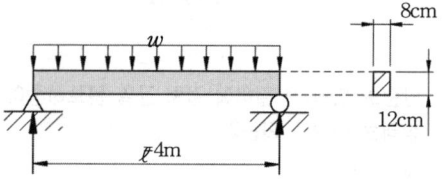

| 해설 | $\sigma_{max} = \dfrac{6 \times wl^2}{bh^2 \times 8}$

$85 = \dfrac{6 \times w \times 400^2}{8 \times 12^2 \times 8}$, w=0.816N/cm

$\tau_{max} = \dfrac{3}{2} \times \dfrac{0.816 \times 400}{12 \times 8 \times 2} = 2.55$N/cm²
$= 2.55 \times 10^4 \times 10^{-3} = 25.5$kPa

08 지름 12mm, 표점거리 200mm의 연강재 시험편에 대한 인장시험을 수행하였다. 시험편의 표점거리가 250mm로 늘어났을 때, 이 연강재의 신장율[%]은?

㉮ 10% ㉯ 20%
㉰ 25% ㉱ 50%

| 해설 | $l = \dfrac{250-200}{200} \times 100 = 25\%$

09 그림과 같이 축지름 50mm의 축에 고정된 풀리에 1750rpm, 7.35kW의 모터를 벨트로 연결하여 구동하려고 한다. 키에 발생하는 전단응력(τ)과 압축응력(σ)은 몇 MPa인가?(단, 키의 치수(mm)는 b×h×L=8×4×60 이다.)

㉮ τ=3.34, σ=6.68
㉯ τ=3.34, σ=13.37
㉰ τ=4.34, σ=13.37
㉱ τ=4.34, σ=23.37

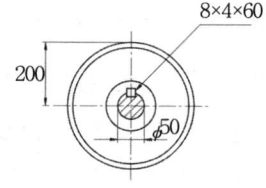

| 해설 | $\tau = \dfrac{2T}{bld} = \dfrac{2 \times 974000 \times 9.8 \times \dfrac{7.35}{1750}}{8 \times 60 \times 50} = 3.34$MPa

$\sigma_c = \dfrac{4T}{hld} = \dfrac{4 \times 974000 \times 9.8 \times 7.35}{4 \times 60 \times 50 \times 1750} = 13.36$MPa

Answer ■ 7.㉰ 8.㉰ 9.㉯

10 반지름 r인 원형축의 양단에 비틀림 모멘트 M_t가 작용될 경우 축의 양단 사이의 최대 비틀림각은?(단, 축의 길이는 L이고, 전단 탄성계수는 G이다.)

㉮ $\dfrac{2M_t L^2}{3\pi^2 G r^2}$ ㉯ $\dfrac{3M_t L^2}{4\pi G r^4}$

㉰ $\dfrac{M_t L}{\pi^2 G r^2}$ ㉱ $\dfrac{2M_t L}{\pi^2 G r^4}$

| 해설 | $\theta = \dfrac{M_t \cdot L}{G \cdot I_p} = \dfrac{M_t \cdot L}{G \times \dfrac{\pi(2r)^4}{32}} = \dfrac{2M_t \cdot L}{G \cdot \pi \cdot r^4}$

11 그림과 같은 삼각형 분포하중을 받는 단순보에서 최대 굽힘 모멘트는?

㉮ $\dfrac{wL^2}{3\sqrt{3}}$

㉯ $\dfrac{wL^2}{9\sqrt{3}}$

㉰ $\dfrac{wL^3}{3\sqrt{3}}$

㉱ $\dfrac{wL^3}{9\sqrt{3}}$

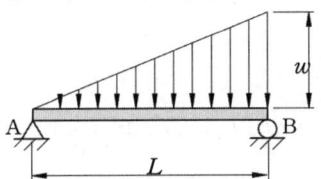

12 다음 그림에서 단순보의 최대 처짐량(δ_1)과 양단고정보의 최대 처짐량(δ_2)의 비(δ_2/δ_1)은 얼마인가?(단, 보의 굽힘 강성 EI는 일정하고 자중은 무시한다.

㉮ $\dfrac{1}{4}$

㉯ $\dfrac{1}{2}$

㉰ $\dfrac{3}{4}$

㉱ 1

| 해설 | $\delta_1 = \dfrac{P \cdot l^3}{48EI}$, $\delta_2 = \dfrac{P \cdot l^3}{192EI}$

$\dfrac{\delta_2}{\delta_1} = \dfrac{48}{192} = \dfrac{1}{4}$

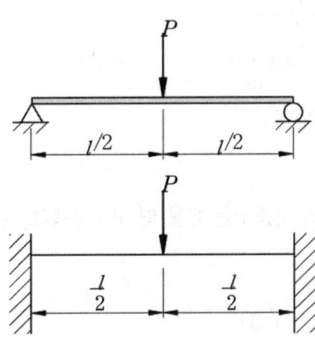

10.㉱ 11.㉯ 12.㉮ ■ Answer

13 순수굽힘을 받는 선형탄성균일단면보의 곡률과 굽힘 모멘트에 대한 설명 중 옳은 것은?

㉮ 보의 중립면에서 곡률반경은 굽힘 모멘트에 비례한다.
㉯ 보의 굽힘 응력은 굽힘 모멘트에 반비례한다.
㉰ 보의 중립면에서 곡률은 중립축에 관한 단면2차모멘트에 반비례한다.
㉱ 보의 중립면에서 곡률은 굽힘강성(flexural rigidity)에 비례한다.

| 해설 | $\dfrac{E}{\rho} = \dfrac{\sigma}{y} = \dfrac{M}{I}$
㉮ 곡률반경은 굽힘모멘트에 반비례한다.
㉯ 굽힘응력은 굽힘모멘트에 비례한다.
㉱ 곡률은 굽힘강성에 비례한다.

14 지름이 2cm이고 길이가 1m인 원통형 중실 기둥의 좌굴에 관한 임계하중을 오일러 공식으로 구하면 약 몇 kN인가?(단, 기둥의 양단은 고정되어 있고, 탄성계수는 E=200GPa이다.)

㉮ 62.1 ㉯ 124.1
㉰ 157.1 ㉱ 186.1

| 해설 | $P_{cr} = \dfrac{n\pi^2 E \cdot I}{l^2} = \dfrac{4 \times \pi^2 \times 200 \times \pi \times 0.02 \times 10^6}{1^2 \times 64} = 61.92 \text{kN}$

15 중공 원형 축에 비틀림 모멘트 T=140N·m가 작용할 때, 안지름이 20mm 바깥지름이 25mm라면 최대전단응력은 약 몇 MPa인가?

㉮ 4.83 ㉯ 9.66
㉰ 77.3 ㉱ 154.6

| 해설 | $T = \tau \times \dfrac{\pi d_2^3}{16}(1 - x^4)$

$140 = \tau \times \dfrac{\pi \times 0.025^3}{16} \times \left\{1 - \left(\dfrac{20}{25}\right)^4\right\}$

$\tau = 77.33 \times 10^6 \text{Pa}$

16 그림의 구조물이 하중 P를 받을 때 구조물속에 저장되는 탄성 에너지는?(단, 단면적 A, 탄성계수 E는 모두 같다.)

㉮ $\dfrac{P^2 h}{4AE}(1 + \sqrt{3})$

㉯ $\dfrac{\sqrt{3} P^2 h}{2AE}$

㉰ $\dfrac{P^2 h}{4AE}$

㉱ $\dfrac{\sqrt{3} P^2 h}{4AE}$

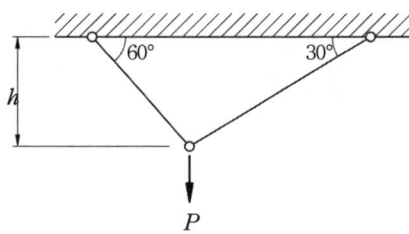

Answer ■ 13.㉰ 14.㉮ 15.㉰ 16.㉮

| 해설 | $\dfrac{P}{\sin 90°} = \dfrac{F_1}{\sin 120°} = \dfrac{F_2}{\sin 150°}$

$F_1 = \dfrac{\sqrt{3}P}{2}$, $F_2 = \dfrac{P}{2}$

$l_1 = \dfrac{2h}{\sqrt{3}}$, $l_2 = 2h$

$\delta_1 = \dfrac{F_1 \cdot l_1}{AE} \sin 60°$, $\delta_2 = \dfrac{F_2 \cdot l_2}{AE} \sin 30°$

$\delta_1 = \dfrac{\sqrt{3}Ph}{2AE}$, $\delta_2 = \dfrac{P \cdot h}{2AE}$

$U = \dfrac{1}{2} P\delta = \dfrac{1}{2} P(\delta_1 + \delta_2) = \dfrac{P^2 h(1+\sqrt{3})}{4AE}$

17 그림과 같이 단면적이 2cm²인 AB 및 CD 막대의 B점과 C점이 1cm 만큼 떨어져 있다. 두 막대의 인장력을 가하여 늘인 후 B점과 C점에 판을 끼워 두 막대를 연결하려고 한다. 연결 후 두 막대에 작용하는 인장력은 약 몇 kN인가?(단, 재료의 탄성계수는 50GPa이다.)

㉮ 3.3
㉯ 13.3
㉰ 23.3
㉱ 33.3

| 해설 | $\varepsilon_{AB} = \varepsilon_{CD}$, $\dfrac{\delta_{AB}}{2} = \delta_{CD} - ㉮$

$\delta_{AB} + \delta_{CD} = 0.01 - ㉯$

식㉮과 식㉯에서

$\delta_{AB} = 6.67 \times 10^{-3}$m

$\delta_{CD} = 3.33 \times 10^{-3}$m

∴ $P_{CD} = A \cdot E \cdot \varepsilon_{CD}$
$= 0.0002 \times 50 \times 10^6 \times 3.33 \times 10^{-3}$
$= 33.3$kN

18 그림과 같은 평면응력상태인 모어원에서 $\sigma_x = -\sigma_y > 0$인 경우 최대 전단응력은?

㉮ $\dfrac{1}{2}\sigma_x$

㉯ $\tau_x - \tau_y$

㉰ $\dfrac{1}{2}(\sigma_x + \sigma_y)$

㉱ σ_x

| 해설 | $\tau_{max} = \dfrac{\sigma_x - \sigma_y}{2} = \dfrac{2\sigma_x}{2} = \sigma_x$
— 순수전단상태

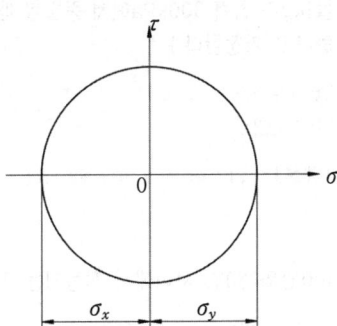

17.㉱ 18.㉱ ■ Answer

19 단면적이 2cm²이고 길이가 4m인 환봉에 10kN의 축 방향하중을 가하였다. 이 때 환봉에 발생한 응력은 얼마인가?

㉮ 5000N/m^2 ㉯ 2500N/m^2
㉰ $5 \times 10^7 \text{N/m}^2$ ㉱ $5 \times 10^5 \text{N/m}^2$

| 해설 | $\sigma = \dfrac{10 \times 10^3}{2 \times 10^{-4}} = 5.0 \times 10^7 \text{N/m}^2$

20 판 두께 3mm를 사용하여 내압 20kN/cm²을 받을 수 있는 구형(spherical) 내압용기를 만들려고 할 때 이 재료의 허용 인장응력을 σ_w=900kN/cm²으로 하여 이 용기의 최대 안전내경 d를 구하면 몇 cm인가?

㉮ 54   ㉯ 108   ㉰ 27   ㉱ 78

| 해설 | $\sigma_w = \dfrac{P \cdot d}{4t}$

$900 \times 10^3 = \dfrac{20 \times 10^3 \times d}{4 \times 0.3}$, $d = 54\text{cm}$

2과목 기계열역학

21 27kPa의 압력차는 수은주로 어느 정도 높이가 되겠는가?(단, 수은의 밀도는 13590kg/m³이다.)

㉮ 약 158mm   ㉯ 약 203mm
㉰ 약 265mm   ㉱ 약 557mm

| 해설 | $P = \rho g h$

$h = \dfrac{27 \times 10^3}{13590 \times 9.8} = 0.203\text{m} = 203\text{mm}$

22 물 1kg이 압력 300kPa에서 증발할 때 증가한 체적이 0.80m³이었다면, 이때의 외부 일은?(단, 온도는 일정하다고 가정한다.)

㉮ 140kJ   ㉯ 240kJ
㉰ 320kJ   ㉱ 420kJ

| 해설 | $_1W_2 = P \cdot \triangle V = 300 \times 0.8 = 240\text{kJ}$

23 100℃와 50℃ 사이에서 작동되는 가역열기관의 최대 열효율은 약 얼마인가?

㉮ 55.0%   ㉯ 16.7%
㉰ 13.4%   ㉱ 8.3%

| 해설 | $\eta = \left(1 - \dfrac{323}{373}\right) \times 100 = 13.4\%$

Answer ■ 19.㉰   20.㉮   21.㉯   22.㉯   23.㉰

24 -3℃에서 열을 흡수하여 27℃에 방열하는 냉동기의 최대성능계수는?

㉮ 9.0 ㉯ 10.0
㉰ 11.3 ㉱ 15.3

|해설| $\varepsilon_R = \dfrac{-3+273}{27+3} = 9.0$

25 냉매 R-134a를 사용하는 증기-압축 냉동사이클에서 냉매의 엔트로피가 감소하는 구간은 어디인가?

㉮ 증발구간 ㉯ 압축구간
㉰ 팽창구간 ㉱ 응축구간

|해설| 정압 방열과정인 응축기에서는 열손실에 의한 엔트로피가 감소한다.

26 열역학 제1법칙은 다음의 어떤 과정에서 성립하는가?

㉮ 가역 과정에서만 성립한다.
㉯ 비가역 과정에서만 성립한다.
㉰ 가역 등온 과정에서만 성립한다.
㉱ 가역이나 비가역 과정을 막론하고 성립한다.

27 계(系)가 한 상태에서 다른 상태로 변할 때 엔트로피의 변화는?

㉮ 증가하거나 불변이다.
㉯ 항상 증가한다.
㉰ 감소하거나 불변이다.
㉱ 증가, 감소할 수도 있으며 불변일 경우도 있다.

28 10^5Pa, 15℃의 공기가 n=1.3인 폴리트로픽 과정(Polytropic process)으로 변화하여 7×10^5Pa로 압축되었다. 압축 후의 온도는 약 몇 ℃인가?

㉮ 187℃ ㉯ 193℃
㉰ 165℃ ㉱ 178℃

|해설| $\dfrac{T_2}{T_1} = \left(\dfrac{P_2}{P_1}\right)^{\frac{n-1}{n}}$

$T_2 = (15+273) \times \left(\dfrac{7 \times 10^5}{10^5}\right)^{\frac{1.3-1}{1.3}}$
  $= 451.25K = 178.25℃$

24.㉮ 25.㉱ 26.㉱ 27.㉱ 28.㉱ ■ Answer

29 온도 15℃, 압력 100kPa 상태의 체적이 일정한 용기 안에 어떤 이상 기체 5kg이 들어 있다. 이 기체가 50℃가 될 때까지 가열되었다. 이 과정 동안의 엔트로피 변화는 약 얼마인가?(단, 이 기체의 정압비열과 정적비열은 1.001kJ/kg·K, 0.717kJ/kg·K이다.)

㉮ 0.411kJ/K 증가 ㉯ 0.411kJ/K 감소
㉰ 0.575kJ/K 증가 ㉱ 0.575kJ/K 감소

| 해설 | $P_2 = \dfrac{(50+273)}{(15+273)} \times 100 = 112.15 \, kPa$

$\triangle S = 5 \times 1.001 \times \ln\left(\dfrac{50+273}{15+273}\right) - 5 \times (1.001 - 0.7171) \times \ln\left(\dfrac{112.15}{100}\right)$
$= 0.411 \, kJ/K$ 증가

30 증기터빈으로 질량 유량 1kg/s, 엔탈피 h_1=350kJ/kg의 수증기가 들어온다. 중간 단에서 h_2=3100kJ/kg의 수증기가 추출되며 나머지는 계속 팽창하여 h_3=2500kJ/kg 상태로 출구에서 나온다면, 중간 단에서 추출되는 수증기의 질량 유량은?(단, 열손실은 없으며, 위치 에너지 및 운동 에너지의 변화가 없고, 총 터빈 출력은 900kW이다.)

㉮ 0.167kg/s ㉯ 0.323kg/s
㉰ 0.714kg/s ㉱ 0.886kg/s

| 해설 | $L_T = (3500 - 3100) + (1 - x) \cdot (3100 - 2500) = 900$
$x = 0.167 \, kg/sec$

31 이상적인 가역과정에서 열량 $\triangle Q$가 전달될 때, 온도 T가 일정하면 엔트로피의 변화 $\triangle S$는?

㉮ $\triangle S = 1 - \dfrac{\triangle Q}{T}$ ㉯ $\triangle S = 1 - \dfrac{T}{\triangle Q}$
㉰ $\triangle S = \dfrac{\triangle Q}{T}$ ㉱ $\triangle S = \dfrac{T}{\triangle Q}$

| 해설 | $dS = \dfrac{\delta Q}{T}$ 적분하면 $\triangle S = \dfrac{_1Q_2}{T}$ 로 표현됨

32 Carnot 냉동기로 25℃의 실내로부터 총 4kW의 열을 온도 36℃인 주위로 방출하여야 한다. 최소동력은 얼마인가?

㉮ 0.148kW ㉯ 1.44kW
㉰ 2.81kW ㉱ 4.00kW

| 해설 | $\varepsilon_H = \dfrac{36 + 273}{36 - 25} = \dfrac{4}{W}$
$W = 0.142 \, kW$
-열펌프 성능계수를 이용하여 계산

Answer ■ 29.㉮ 30.㉮ 31.㉰ 32.㉮

33 P-V 선도에서 그림과 같은 사이클 변화를 갖는 이상기체가 한 사이클 동안 행한 일은?

㉮ $P_2(V_2-V_1)$
㉯ $P_1(V_2-V_1)$
㉰ $\dfrac{(P_2+P_1)(V_2-V_1)}{2}$
㉱ $\dfrac{(P_2-P_1)(V_2-V_1)}{2}$

| 해설 | $W_{cycle} = \dfrac{1}{2}(P_2-P_1)\cdot(V_2-V_1)$
－삼각형의 면적을 계산

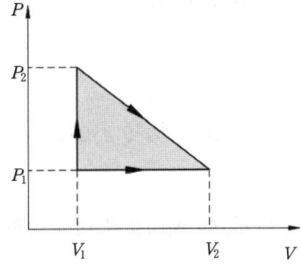

34 500℃의 고온부와 50℃의 저온부 사이에서 작동하는 Carnot 사이클 열기관의 열효율은 얼마인가?

㉮ 10% ㉯ 42%
㉰ 58% ㉱ 90%

| 해설 | $\eta_c = \left(1 - \dfrac{50+273}{500+273}\right) \times 100 = 58.21\%$

35 8℃의 이상기체를 가역단열 압축하여 그 체적을 1/5로 하였을 때 기체의 온도는 몇 ℃로 되겠는가?(단, k=1.4 이다.)

㉮ -125℃ ㉯ 294℃
㉰ 222℃   ㉱ 262℃

| 해설 | $T_2 = (8+273) \times 5^{0.4} = 534.93K$
     $= 261.93℃$

36 열병합발전시스템에 대한 설명으로 올바른 것은?

㉮ 증기 동력 시스템에서 전기와 함께 공정용 또는 난방용 스팀을 생산하는 시스템이다.
㉯ 증기 동력 사이클 상부에 고온에서 작동하는 수은 동력 사이클을 결합한 시스템이다.
㉰ 가스 터빈에서 방출되는 폐열을 증기 동력 사이클의 열원으로 사용하는 시스템이다.
㉱ 한 단의 재열 사이클과 여러 단의 재생사이클을 복합한 시스템이다.

| 해설 | 열병합 발전시스템 : 화력발전소에서 버려져 왔던 막대한 양의 배열을 회수 활용하고 송전 손실을 줄임으로써 전체 에너지 이용률을 높이려는 시스템이다.

37 수은주에 의해 측정된 대기압이 753mmHg일 때 진공도 90%의 절대압력은?(단, 수은의 밀도는 13600kg/m³, 중력가속도는 9.8m/s이다.)

㉮ 약 200.08kPa ㉯ 약 190.08kPa
㉰ 약 100.04kPa ㉱ 약 10.04kPa

| 해설 | $P_a = 753 + (-753 \times 0.9) = 75.3\text{mmHg} = 75.3 \times 10^{-3} \times 13600 \times 9.8 = 10035.98\text{Pa} \fallingdotseq 10.04\text{kPa}$

33.㉱ 34.㉰ 35.㉱ 36.㉮ 37.㉱ ■ Answer

38 200m의 높이로부터 250kg의 물체가 땅으로 떨어질 경우 일을 열량으로 환산하면 약 몇 kJ인가?(단, 중력가속도는 9.8m/s이다.)

㉮ 79
㉯ 117
㉰ 203
㉱ 490

| 해설 | $Q = mgh = 250 \times 9.8 \times 200 = 490 \times 10^3$ J

39 다음 중 Rankine 사이클에 대한 설명으로 틀린 것은?

㉮ Carnot 사이클을 현실화한 사이클이다.
㉯ 증기의 최고온도는 터빈 재료의 내열특성에 의하여 제한된다.
㉰ 팽창일에 비하여 압축일이 적은 편이다.
㉱ 터빈 출구에서 건도가 낮을수록 유지관리에 유리하다.

| 해설 | 터빈 출구에서 건도가 낮으면 터빈의 부식으로 효율이 저하된다.

40 이상오토사이클의 열효율이 56.5%라면 압축비는 약 얼마인가?(단, 작동 유체의 비열비는 1.4로 일정하다.)

㉮ 7.5
㉯ 8.0
㉰ 9.0
㉱ 9.5

| 해설 | $\eta_o = 1 - \left(\dfrac{1}{\varepsilon}\right)^{k-1}$
$\varepsilon = 8.01$

3과목 기계유체역학

41 안지름 1cm의 원관 내를 유동하는 0℃의 물의 층류임계속도는 약 몇 cm/s인가?(단, 0℃인 물의 동점성계수는 0.01794cm²/s이며, 임계레이놀즈 수는 2100으로 한다.)

㉮ 0.38
㉯ 3.8
㉰ 38
㉱ 380

| 해설 | $Re = \dfrac{V \cdot d}{\nu}$
$V = \dfrac{2100 \times 0.01794}{1} = 37.64$ cm/sec

Answer ■ 38.㉱ 39.㉱ 40.㉯ 41.㉰

42 그림과 같이 용기 안에 물(밀도 ρ_w=1000kg/m³), 기름(밀도 ρ_{oil}=800kg/m³), 공기(압력 P_a=200kPa)가 들어있다. 점 A에서의 압력은 약 몇 kPa인가?

㉮ 218
㉯ 292
㉰ 408
㉱ 382

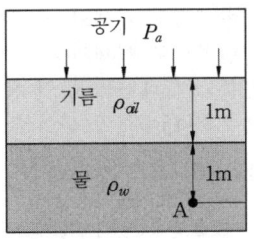

| 해설 | P_A=200+0.8×1×9.8+1×9.8×1=217.64kPa

43 다음 중 물리적 의미가 틀린 무차원 수는?

㉮ 프루드수 (F_r) = $\dfrac{관성력}{중력}$
㉯ 웨버수 (W_e) = $\dfrac{관성력}{표면장력}$
㉰ 오일러수 (E_u) = $\dfrac{탄성력}{관성력}$
㉱ 레이놀즈수 (R_e) = $\dfrac{관성력}{점성력}$

| 해설 | 오일러수 (E_u) = $\dfrac{압축력}{관성력}$ = $\dfrac{\rho \cdot V^2}{P}$

44 그림과 같이 수조의 하부에 연결된 작은 관을 통하여 대기 중으로 물이 분출되고 있다. 수면과 출구의 높이 차이는 3m이고, 그 사이에서 발생하는 총 손실수두가 0.5m일 때 유체의 분출속도는 약 몇 m/s인가?(단, 수조의 직경은 관에 비해 무한히 크다고 가정한다.)

㉮ 6.8
㉯ 7.0
㉰ 7.7
㉱ 8.3

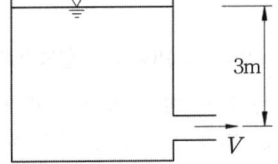

| 해설 | $Z_1 - Z_2 = \dfrac{V^2}{2g} + h_l$
$V = \sqrt{2 \times 9.8 \times 2.5}$ =7m/sec

45 수도꼭지로부터 흘러내리는 물줄기가 밑으로 갈수록 가늘게 되는 이유를 설명하는데 가장 적합한 두 가지 원리는?

㉮ 연속방정식, 운동량방정식
㉯ 연속방정식, 베르누이방정식
㉰ 베르누이방정식, 운동량방정식
㉱ 운동량방정식, 에너지방정식

| 해설 | 단위시간당 질량은 보존되야 하며 위치수두의 감소로 속도수두는 증가하게 되어 물줄기는 밑으로 내려올수록 가늘게 된다.

46 고속도로 톨게이트의 폭이 도로에 비하여 넓게 만들어진 이유를 가장 적절하게 설명해 줄 수 있는 것은?

㉮ 연속방정식
㉯ 에너지방정식
㉰ 베르누이방정식
㉱ 열역학 제2법칙

42.㉮ 43.㉰ 44.㉯ 45.㉯ 46.㉮ ■ Answer

47 점성계수와 동점성계수에 관한 다음 설명 중 옳은 것은?

㉮ 일반적으로 기체의 온도가 상승하면 점성계수가 감소한다.
㉯ 일반적으로 액체의 온도가 상승하면 점성계수가 증가한다.
㉰ 표준 상태에서의 물의 동점성계수는 공기보다 작다.
㉱ 표준 상태에서의 물의 점성계수는 공기보다 작다.

| 해설 | ㉮ 물의 밀도 $1000kg/m^3$
㉯ 공기의 밀도 $1.2kg/m^3$
㉰ 물보다 공기의 점성계수가 크므로 동점성계수는 공기보다 물이 크다.

48 다음 그림과 같은 조건에서 이등변삼각형 수문(그림에서 AB)에 작용하는 합력 F_{AB}(resultant force)을 구한 것은?(단, 삼각형 수문의 꼭짓점은 A이며, 일변이 1.25m, 높이가 2m이다.)

㉮ 23.8kN
㉯ 43.8kN
㉰ 13.8kN
㉱ 53.8kN

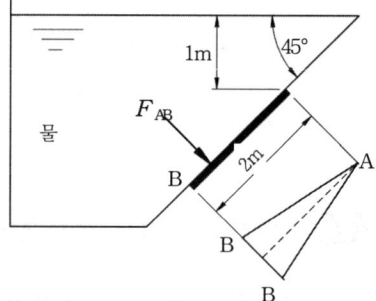

| 해설 | $F_{AB} = 9.8 \times (1 + \frac{2}{3} \times 2 \times \sin 45°) \times \frac{1.25 \times 2}{2}$
$= 23.8kN$

49 부력(buoyant force)에 대한 설명으로 틀린 것은?

㉮ 부력은 액체 속에 잠긴 물체가 액체에 의하여 수직 상방으로 받는 힘을 말한다.
㉯ 부력은 액체에 잠긴 물체의 체적에 해당하는 액체의 무게와 같다.
㉰ 같은 물체인 경우 깊은 곳에 잠겨 있을 때의 부력은 얕은 곳에 잠겨 있을 때의 부력보다 더 크다.
㉱ 같은 물체에 작용하는 부력은 액체의 비중량에 따라 다르다.

| 해설 | 동일 물체·동일 유체라면 깊고 얕은 것에 관계없이 같다.

50 속이 찬 물방울 내부압력이 대기압보다 700Pa 만큼 높다. 물방울의 표면장력이 $8.75 \times 10^{-2} N/m$라면 이 때의 물방울의 지름은 몇 cm인가?

㉮ 0.05   ㉯ 0.1
㉰ 5   ㉱ 0.005

| 해설 | $\sigma = \frac{P \cdot d}{4}$
$8.75 \times 10^{-2} = \frac{700 \times d}{4}$, d=0.05cm

Answer ■ 47.㉰ 48.㉮ 49.㉰ 50.㉮

51 그림과 같이 180° 베인이 지름 5cm, 속도 30m/s의 물분류를 받으며 15m/s의 속도로 오른쪽으로 운동하는 경우, 이 베인이 받는 동력은 약 몇 kW인가?

㉮ 13.3
㉯ 14.7
㉰ 18.1
㉱ 19.6

| 해설 | $L = 2 \times \dfrac{\pi \times 0.05^2}{4} \times (30-15)^2 \times 15 = 13.25$ kW

52 무차원 속도 포텐셜이 $\phi = 2\ln r$ 일 때 r=2 에서의 반경방향 무차원 속도의 크기는?

㉮ 1/2　　㉯ 1
㉰ 2　　㉱ 4

| 해설 | $V_r = \dfrac{\partial \phi}{\partial r} = \dfrac{2}{r}\bigg|_{r=2} = 1.0$

53 다음 중 차원이 잘못 표시된 것은?(단, M: 질량, L: 길이, T: 시간)

㉮ 압력(pressure) : MLT^{-2}
㉯ 일(work) : ML^2T^{-2}
㉰ 동력(power) : ML^2T^{-3}
㉱ 동점성계수(kinematic viscosity) : L^2T^{-1}

| 해설 | $P = FL^{-2} = ML^{-1}T^{-2}$

54 비중이 0.7인 오일을 직경이 20cm인 수평 원관을 통하여 2km 떨어진 곳까지 수송하려고 한다. 질량 유량이 20kg/s, 동점성계수가 2×10⁻⁴m²/s라면 원관 2km에서의 손실수두는 약 몇 m인가?(단, 물의 밀도는 1000 kg/m³이다.)

㉮ 59.2
㉯ 29.6
㉰ 2.96
㉱ 5.92

| 해설 | $h_l = \dfrac{\nu \cdot 64}{V \cdot d} \cdot \dfrac{l}{d} \cdot \dfrac{V^2}{2g} = \dfrac{32\nu \cdot l \cdot \dot{m}}{g \cdot d^2 \cdot \rho \cdot A} = \dfrac{4 \times 32 \times 2 \times 10^{-4} \times 2000 \times 20}{9.8 \times 0.2^2 \times 0.7 \times 1000 \times \pi \times 0.2^2} = 29.7$m

55 2차원 직각좌표계(x, y)상에서 x 방향의 속도를 u, y방향의 속도를 v라고 한다. 어떤 이상유체의 2차원 정상 유동에서 $u = Ax$일 때 다음 중 y방향의 속도 v가 될 수 있는 것은?(단, A는 상수(A>0)이다.)

㉮ A
㉯ $-A$
㉰ Ay
㉱ $-Ay$

| 해설 | $\dfrac{du}{dx} + \dfrac{dv}{dy} = 0$
$dv = -Ady$
$v = -Ay + C$

51.㉮　52.㉯　53.㉮　54.㉯　55.㉱　■ Answer

56 표준 대기압에서 온도 20℃인 공기가 평판 위를 20m/s의 속도로 흐르고 있다. 선단으로부터 5cm 떨어진 곳에서의 경계층의 두께는 약 몇 mm인가?(단, 공기의 동점성계수는 15.68×10⁻⁶m²/s이다.)

㉮ 0.99 ㉯ 0.74
㉰ 0.13 ㉱ 0.06

|해설| $Re_x = \dfrac{20 \times 0.05}{15.68 \times 10^{-6}} = 63775.51$

$\delta_x = 5.0 x Re_x^{-\frac{1}{2}} = 5 \times 0.05 \times 63775.51^{-\frac{1}{2}} \times 1000 = 0.99\,mm$

57 지름 1m, 높이 40m인 원통 굴뚝에 바람이 14m/s의 속도로 불고 있다. 이 때 바람에 의해 굴뚝 바닥에 걸리는 모멘트는 약 몇 N·m인가?(단, 공기의 밀도는 1.23kg/m³, 점성계수는 1.78×10⁻⁵ kg/m·s, 원통에 대한 항력계수는 0.35이다.)

㉮ 168.8
㉯ 337.6
㉰ 1688
㉱ 33760

|해설| $D = 0.35 \times (1 \times 40) \times \dfrac{1.23 \times 14^2}{2} = 1687.56\,N$

$M = 1687.56 \times 20 = 33751.2\,N\cdot m$

58 길이 100m인 배가 10m/s의 속도로 항해한다. 길이 2m인 모형 배를 만들어 조파저항을 측정한 후 원형 배의 조파저항을 구하고자 동일한 조건의 해수에서 실험할 경우 모형 배의 속도를 약 몇 m/s로 하면 되겠는가?

㉮ 0.27 ㉯ 1.41
㉰ 2.54 ㉱ 3.42

|해설| $\dfrac{10^2}{100} = \dfrac{V_m^2}{2}$, $V_m = 1.41\,m/sec$

59 다음에서 하겐-포아젤(Hagen-Poiseuille)법칙을 이용한 세관식 점도계는?

㉮ 세이볼트(saybolt) 점도계
㉯ 낙구식 점도계
㉰ 스토머(Stomer) 점도계
㉱ 맥미셸(MacMichael) 점도계

Answer ■ 56.㉮ 57.㉱ 58.㉯ 59.㉮

60 그림과 같이 단면적이 급격히 넓어지는 급확대 흐름에서 1번 위치에서의 압력은 대기압이고, 속도는 2m/s이다. 단면적 비 A_1/A_2=0.3일 때 유동 손실수두를 계산하면 약 몇 m인가?

㉮ 0.1
㉯ 0.15
㉰ 0.2
㉱ 0.25

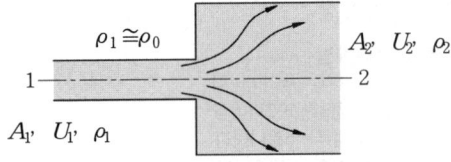

| 해설 | $h_l = (1-0.3)^2 \times \dfrac{2^2}{2 \times 9.8} = 0.1m$

4과목 기계재료 및 유압기기

61 강철을 생산하는 제강로를 염기성과 산성으로 구분하는데 이것은 무엇으로 구분하는가?

㉮ 사용되는 철광석으로
㉯ 노내의 내화물로
㉰ 주입하는 용제의 성질로
㉱ 발생하는 가스의 성질로

| 해설 | 노내의 내화벽돌의 성질로 구분

62 아래 괄호 ( )안에 알맞은 것은?

> 페라이트계 Stainless강은 내식성을 높이기 위하여 탄소함유량을 낮게 하고 ( )함유량을 높이며, 몰리브덴 등을 첨가하여 개선한다.

㉮ Cr   ㉯ Mn
㉰ P   ㉱ S

| 해설 | 페라이트계 스테인리스강은 크롬(Cr)계 스테인리스강이다.

63 다음 중 ESD(Extra Super Duralumin) 합금계는?

㉮ Al-Cu-Zn-Ni-Mg-Co   ㉯ Al-Cu-Zn-Ti-Mn-Co
㉰ Al-Cu-Sn-Si-Mn-Cr   ㉱ Al-Cu-Zn-Mg-Mn-Cr

| 해설 | 초강두랄리민(ESD ; extra super duralumin)
= Al+1.6%Cu+5.6%Zn+2.5%Mn+0.3%Cr

64 다음 특수강의 목적 중 틀린 것은?

㉮ 내마멸성, 내식성 개선   ㉯ 고온강도 저하
㉰ 절삭성 개선   ㉱ 담금질성 향상

| 해설 | 특수강은 기계 재료에 필요한 강인성, 경도, 내열성, 내식성, 내산성, 열처리성, 고온강도 등의 우수한 성질을 얻을 수 있다.

60.㉮   61.㉯   62.㉮   63.㉱   64.㉯   ■ Answer

65 금속침투법 중 Zn을 강 표면에 침투 확산시키는 표면처리법은?

㉮ 크로마이징　　㉯ 세리다이징
㉰ 칼로라이징　　㉱ 보로나이징

| 해설 | 금속침투법
　㉮ Zn 침투−세라다이징
　㉯ Cr 침투−크로마이징
　㉰ Al 침투−칼로나이징
　㉱ Si 침투−실리콘나이징
　⑤ B 침투−브로나이징

66 표점거리가 100mm, 시험편의 평행부 지름 14mm인 시험편을 최대하중 6400kg$_f$로 인장한 후 표점거리가 120mm로 변화되었다. 이 때 인장강도는 약 몇 kg$_f$/mm²인가?

㉮ 10.4　　㉯ 32.7
㉰ 41.6　　㉱ 61.4

| 해설 | $\sigma_t = \dfrac{4 \times 6400}{\pi \times 14^2} = 41.6 \text{kg/mm}^2$

67 다음 중 Ni-Fe계 합금인 인바(invar)를 바르게 설명한 것은?

㉮ Ni 35~36%, C 0.1~0.3%, Mn 0.4%와 Fe의 합금으로 내식성이 우수하고 상온부근에서 열팽창계수가 매우 작아 길이측정용 표준자, 시계의 추, 바이메탈 등에 사용된다.
㉯ Ni 50%, Fe 50% 합금으로 초투자율, 포화 자기, 전기 저항이 크므로 저출력 변성기, 저주파 변성기 등의 자심으로 널리 사용된다.
㉰ Ni에 Cr 13~21%, Fe 6.5%를 함유한 강으로 내식성, 내열성 우수하여 다이얼게이지, 유량계 등에 사용된다.
㉱ Ni-Mo-Cr-Si 등을 함유한 합금으로 내식성이 우수하다.

68 공정주철(eutectic cast iron)의 탄소함량으로 적합한 것은?

㉮ 4.3%　　㉯ 4.3% 이상
㉰ 2.0~4.3%　　㉱ 0.86% 이하

| 해설 | 공정점 : 4.3%C, 1147℃

69 일반적으로 순금속의 결정구조를 이루는 결정격자가 아닌 것은?

㉮ 단순입방격자　　㉯ 체심입방격자
㉰ 면심입방격자　　㉱ 조밀입방격자

Answer ■ 65.㉯　66.㉰　67.㉮　68.㉮　69.㉮

70 강으로 만든 부품, 특히 공구가의 표면에 TiN이나 TiC를 증착시키는 표면 경화법은?

㉮ 침탄법   ㉯ 질화법
㉰ 금속침투법   ㉱ PCVD

| 해설 | 청화법 : 탄소와 질소를 동시에 침투시켜 표면을 경화시키는 방법

71 유압회로에 감압밸브, 체크밸브, 릴리프밸브 등에서 밸브시트를 두드려 비교적 높은 음을 내는 일종의 자력 진동 현상은?

㉮ 서징(Surging) 현상   ㉯ 트램핑(tramping) 현상
㉰ 챔버링(Chamberimg) 현상   ㉱ 채터링(Chattering) 현상

72 실린더의 부하 변동에 상관없이 임의의 위치에 고정시킬 수 있는 회로는?

㉮ 로킹 회로   ㉯ 바이패스 회로
㉰ 크래킹 회로   ㉱ 카운터 밸런스 회로

| 해설 | 카운터 밸런스회로 ; 부하가 급격히 감소되더라도 피스톤이 급진되지 않도록 제어하는 회로이다.

73 상온에서의 수은의 비중이 13.55일 때 수은의 밀도는 몇 kg/m³인가?

㉮ 13550   ㉯ 1338
㉰ 1383   ㉱ 183.3

| 해설 | 수은의 밀도 = 수은의 비중 × 물의 밀도
= 13.55 × 1000 = 13550kg/m³

74 3위치 4방향 밸브(three position four way valve)에서 일명 센터 바이 패스형이라고도 하며, 중립위치에서 A, B포트가 모두 닫히면 실린더는 임의의 위치에서 고정되고, 또 P 포트와 T 포트가 서로 통하게 되므로 펌프를 무부하 시킬 수 있는 형식은?

㉮ 클로즈드 센터형   ㉯ 펌프 클로즈드 센터형
㉰ 탠덤 센터형   ㉱ 오픈 센터형

75 유압장치의 운동부분에 사용되는 실(seal)의 일반적인 명칭은?

㉮ 패킹(packing)   ㉯ 개스킷(gasket)
㉰ 심레스(seamless)   ㉱ 필터(filter)

| 해설 | 실장치로는 패킹과 개스킷이 있고 운동부분에 사용하는 실은 패킹이고 고정된 부분에 사용하는 것은 개스킷이다.

70.㉱ 71.㉱ 72.㉮ 73.㉮ 74.㉰ 75.㉮ ■ Answer

76 유압 용어를 설명한 것으로 올바른 것은?

㉮ 서지압력 : 계통 내 흐름의 과도적인 변동으로 인해 발생하는 압력
㉯ 오리피스 : 길이가 단면 치수에 비해서 비교적 긴 쵬구
㉰ 초크 : 길이가 단면 치수에 비해서 비교적 짧은 쵬구
㉱ 크래킹 압력 : 체크 밸브, 릴리프 밸브 등의 입구 쪽 압력이 강하하고, 밸브가 닫히기 시작하여 밸브의 누설량이 어느 정도 규정의 양까지 감소했을 때의 압력

| 해설 | ㉮ 오리피스 : 교축통로
　　　 ㉯ 크래킹 압력 : 릴리프 밸브가 열리기 시작하는 압력
　　　 ㉰ 초크 : 면적을 감소시킨 통로에서, 그 길이가 단면치수에 비해 비교적 긴 경우의 흐름의 스로틀링이다.

77 유압펌프에서 펌프가 축을 통하여 받은 에너지를 얼마만큼 유용한 에너지로 전환시켰는가의 정도를 나타내는 척도로서 펌프 동력의 축 동력에 대한 비를 무엇이라 하는가?

㉮ 용적효율　　　　　　　㉯ 기계적효율
㉰ 전체효율　　　　　　　㉱ 유압효율

| 해설 | 전효율(펌프 효율) = $\dfrac{펌프동력}{축동력(소요동력)}$

78 내경이 50mm인 유압실린더를 이용하여 1t의 물체를 50mm/s의 속도로 밀어 올리려고 한다. 가장 적합한 유압펌프의 동력은?(단, 유압 시스템의 모든 손실은 무시한다.)

㉮ 0.1kW　　　　　　　㉯ 0.5kW
㉰ 1kW　　　　　　　　㉱ 2kW

| 해설 | $L_p = \dfrac{1000 \times 50 \times 10^{-3}}{102} = 0.49\text{kW}$

79 기어 펌프에서 발생하는 폐입 현상을 방지하기 위한 방법으로 가장 적절한 것은?

㉮ 오일을 보충한다.　　　　　　㉯ 베어링을 교환한다.
㉰ 릴리프 홈이 적용된 기어를 사용한다.　㉱ 베인을 교환한다.

| 해설 | 폐입현상 : 기어펌프에서 토출측까지 운반된 오일의 일부는 기어의 맞물림에 의해 두 기어의 틈새에 폐쇄되어 다시 원래의 흡입측으로 되돌려지는 현상.

80 유압 회로내의 압력이 설정 값에 달하면 자동적으로 펌프송출량을 기름 탱크로 복귀시켜 무부하 운전을 하는 압력제어밸브는?

㉮ 언로드 밸브　　　　　　㉯ 감압 밸브
㉰ 시퀀스 밸브　　　　　　㉱ 체크 밸브

Answer ■ 76.㉮　77.㉰　78.㉯　79.㉰　80.㉮

5과목 기계제작법 및 기계동력학

81 그림과 같은 고정구에 의하여 테이퍼 1/30의 검사를 할 때 A로부터 B까지 다이얼 게이지를 이동시키면 다이얼 게이지의 지시눈금의 차는 얼마인가?

㉮ 3.0mm
㉯ 3.5mm
㉰ 5.0mm
㉱ 2.5mm

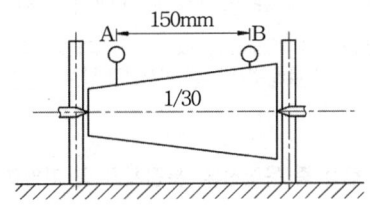

| 해설 | 다이얼게이지의 지시눈금의 차 = $\dfrac{D-d}{2} = x$

$x = \dfrac{150}{2 \times 30} = 2.5mm$

82 사인바에 대한 설명 중 틀린 것은?

㉮ 45°를 초과하여 측정할 때, 오차가 급격히 커진다.
㉯ 사인바를 삼각함수를 이용하여 각도 측정을 한다.
㉰ 하이트 게이지와 함께 사용해 오차를 보정할 수 있다.
㉱ 호칭치수는 양 롤러간의 중심거리로 나타낸다.

| 해설 | 하이트게이지 : 대형부품, 복잡한 모양의 부품등을 정반위에 올려놓고 정반면을 기준으로 하여 높이를 측정하거나 스크라이버(scriber)끝으로 금긋기 작업을 하는데 이용된다.

83 심냉 처리(sub-zero treatment)를 가장 올바르게 설명한 것은?

㉮ 강철을 담금질하기 전에 표면에 붙은 불순물을 화학적으로 제거시키는 것
㉯ 처음에 기름으로 냉각한 다음 계속하여 물속에 담그고 냉각하는 것
㉰ 담금질 후 0℃ 이하의 온도까지 냉각시켜 잔류 오스테나이트를 마텐자이트화 하는 것
㉱ 담금질 직후 바로 템퍼링 하기 전에 얼마 동안 0℃에 두었다가 템퍼링 하는 것

84 주조에서 도가니로의 규격으로 옳은 것은?

㉮ 1시간에 용해할 수 있는 구리의 중량으로 표시하며, N번(#N)이라 한다.
㉯ 1회에 용해할 수 있는 구리의 중량으로 표시하며, N번(#N)이라 한다.
㉰ 1시간에 용해할 수 있는 주철의 중량으로 표시하며, N번(#N)이라 한다.
㉱ 1회에 용해할 수 있는 주철의 중량으로 표시하며, N번(#N)이라 한다.

81.㉱ 82.㉰ 83.㉰ 84.㉯ ■ Answer

85 굽힘 가공 시 발생할 수 있는 스프링 백에 대한 설명으로 틀린 것은?

㉮ 탄성한계가 클수록 스프링 백의 양은 커진다.
㉯ 동일한 판 두께에 대해서는 굽힘 반지름이 클수록 스프링 백의 양은 커진다.
㉰ 같은 두께의 판재에서 다이의 어깨 나비가 작아질수록 스프링 백의 양은 커진다.
㉱ 동일한 굽힘 반지름에 대해서는 판 두께가 클수록 스프링 백의 양은 커진다.

| 해설 | 스프링 백(spring back) : 굽힘가공을 할 때 굽힘 힘을 제거하면 판의 탄성 때문에 탄성변형부분이 원상태로 돌아가 굽힘각도나 굽힘반지름이 열려 커지는 현상이다.

86 다음 용접 중 용접전류, 통전시간 및 가압력이 중요한 용접 조건이 되는 것은?

㉮ 테르밋 용접(thermit welding)   ㉯ 스폿 용접(spot welding)
㉰ 가스 용접(gas welding)   ㉱ 아크 용접(arc welding)

| 해설 | ㉮ 전기저항용접의 3대 요소 : 전류세기, 통전시간, 가압력
㉯ 전기저항용접의 종류 : 겹치기 이음 – 점용접, 시임용접, 프로젝션용접
맞대기 이음 – 플래시 용접, 업셋용접, 충돌용접

87 밀링작업에 있어서 지름 50mm, 날수 15개인 평면커터로 주축회전수 200rpm, 테이블 이송속도 1500mm/min으로 가공할 때 커터날 당 이송량(m/tooth)은?

㉮ 0.3   ㉯ 0.5
㉰ 0.7   ㉱ 0.9

| 해설 | $f = f_z \cdot Z \cdot N$
$f_z = \dfrac{1500}{15 \times 200} = 0.5$mm/tooth

88 금속을 소성가공할 때 열간가공과 냉간가공의 구별은 어떤 온도를 기준으로 하는가?

㉮ 담금질 온도   ㉯ 변태 온도
㉰ 재결정 온도   ㉱ 단조 온도

89 공작기계에 사용되는 속도열 중 일반적으로 가장 많이 사용되고 있는 속도열은 다음 중 어느 것인가?

㉮ 등비급수 속도열   ㉯ 등차급수 속도열
㉰ 조화급수 속도열   ㉱ 대수급수 속도열

| 해설 | 공작기계의 속도변환 : 등비급수 속도열 사용
공비 $\phi = \sqrt[n-1]{\dfrac{N_{max}}{N_{min}}}$, n:단수

Answer ■ 85.㉱ 86.㉯ 87.㉯ 88.㉰ 89.㉮

90 방전가공에서 전극 재료의 구비조건으로 거리가 먼 것은?
㉮ 구하기 쉽고 가격이 저렴해야 한다.　㉯ 기계가공이 쉬어야 한다.
㉰ 가공 전극의 소모가 커야 한다.　㉱ 방전이 안전하고 가공속도가 커야 한다.

|해설| 전극재료의 조건
　㉮ 방전이 안전하고 가공속도가 클 것.
　㉯ 가공정밀도가 높을 것.
　㉰ 기계가공이 쉬울 것.
　㉱ 가공전극의 소모가 작을 것.
　㉲ 구하기 쉽고 값이 저렴할 것.

91 어떤 물체가 정지 상태로부터 다음 그래프와 같은 가속도로 가속된다. 20초 경과 후의 속도는 몇 m/s인가?

㉮ 1　　㉯ 2　　㉰ 3　　㉱ 4

|해설| ㉮ 0~10sec까지
$V = V_o + at = 0.4 \times 10 = 4\,\text{m/sec}$
㉯ 10sec상태에서 가속도가 0.4에서 $-0.1\,\text{m/sec}^2$까지 떨어질 때 속도는 4m/sec이다.
㉰ 10~20sec까지
$V' = V_o + at = 4 - 0.1 \times 10 = 3\,\text{m/sec}$

92 전달율이 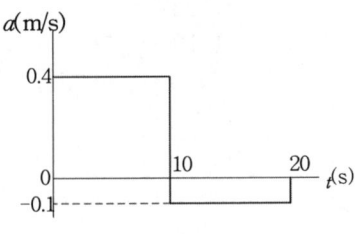 로 표시될 때 전달률이 1보다 큰 값을 갖는 범위는?

㉮ $w < \sqrt{2}$　　㉯ $\dfrac{w_n}{w} > 1$

㉰ $w < \sqrt{2}\, w_n$　　㉱ $\dfrac{w}{w_n} > 1$

|해설| 전달률은 진동수 비가 $\dfrac{w}{w_n} > \sqrt{2}$때 1.0보다 작아진다.

93 회전운동만을 하고 있는 원판의 반지름이 50cm이고 원주속도가 10m/s일 때, 이 원판의 각속도는 몇 rad/s인가?
㉮ 20　　㉯ 0.2
㉰ 500　㉱ 5

|해설| $V = 0.5 \times w = 10$
$w = 20\,\text{rad/sec}$

90.㉰　91.㉰　92.㉱　93.㉮　■ Answer

94 무게 w인 물체가 h의 높이에서 자유 낙하한다. 공기저항을 무시할 때, 이 물체가 도달할 수 있는 최대속력은?

㉮ $\sqrt{wgh}$ ㉯ $\sqrt{wh}$
㉰ $\sqrt{gh}$ ㉱ $\sqrt{2gh}$

|해설| $\triangle T = \triangle V_g$
$\dfrac{1}{2}mV^2 = mgh$
$V = \sqrt{2gh}$

95 1자유도 비감쇠계가 자유진동을 하고 있다. 진동수가 20Hz이고 변위 진폭이 0.15mm임이 측정되었다. 이 시스템의 가속도 최대진폭은 약 몇 mm/s²인가?

㉮ 2370   ㉯ 237
㉰ 190   ㉱ 19

|해설| $f = \dfrac{w}{2\pi}$, $w = 2\pi \times 20 = 40\pi$
$x = X \cdot \cos wt$
$a = \ddot{x} = -Xw^2 \cdot \cos wt$
가속도의 최대진폭 = 2366.30 mm/sec²

96 $x(t) = \dfrac{1}{\sqrt{3}} e^{-t} \sin\sqrt{3}\, t$로 표현되는 감쇠 자유진동에서 감쇠비($\zeta$)는?

㉮ $\dfrac{1}{\sqrt{3}}$ ㉯ $\dfrac{1}{3}$ ㉰ $\dfrac{1}{2}$ ㉱ $\dfrac{1}{9}$

|해설| 감쇠 자유진동의 경감쇠계의 해
$x(t) = xe^{-\zeta \omega_n t} \cdot \sin(\sqrt{1-\zeta^2}\,\omega_n t + \phi)$
$\zeta \cdot \omega_n = 1$
$\omega_n \cdot \sqrt{1-\zeta^2} = \sqrt{3}$, ∴ $\zeta = \dfrac{1}{2}$

97 질량이 10kg이고 균질한 상자에 40N의 힘을 가하여 미끄러지게 한다. 상자와 바닥사이의 마찰계수가 0.2라면 상자를 넘어뜨리지 않고 미끄러지게 할 수 있는 최대 높이 x는 몇 m인가?

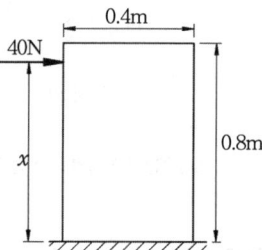

㉮ 0.47
㉯ 0.52
㉰ 0.69
㉱ 0.80

|해설| 하단우측 모서리를 기준으로 모멘트 평형식을 세우면
$40 \times x - (40 - 0.2 \times 10 \times 9.8) \times 0.4 - 10 \times 9.8 \times 0.2 = 0$
$x = 0.694$ m

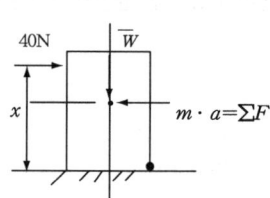

Answer ■ 94.㉱ 95.㉮ 96.㉰ 97.㉰

98 2000kg의 자동차가 90km/h의 속력으로 경사 없는 평면을 달리다가 전방의 물체를 보고 브레이크를 밟아 4초 이내에 자동차가 정지하기 위하여 필요한 브레이크의 제동력은 몇 N인가?

㉮ 12000　　　　　　　　　　㉯ 12500
㉰ 45000　　　　　　　　　　㉱ 50000

|해설| $a = \dfrac{90 \times 10^3}{3600 \times 4} = 6.25$ 감속
　　　$F = 2000 \times 6.25 = 12500\text{N}$

99 길이가 40cm이고 질량이 0.2kg인 막대가 수직면상에서 한쪽 끝을 중심으로 회전진동을 할 때 고유진동수는 약 몇 Hz인가?(단, 중력가속도는 9.8m/s²이다.)

㉮ 0.44　　　　　　　　　　㉯ 0.96
㉰ 1.4　　　　　　　　　　　㉱ 1.9

|해설| $f = \dfrac{1}{2\pi} \times \sqrt{\dfrac{3 \times 9.8}{2 \times 0.4}} = 0.965\text{Hz}, \quad w = \sqrt{\dfrac{3g}{2\ell}}$

100 질량 1000kg인 엘리베이터가 0.2g의 가속도로 내려오고 있다. 10m 내려오는 동안에 엘리베이터에 작용한 힘이 한 일의 합은 몇 kJ인가?(단, 중력가속도는 10m/s²으로 한다.)

㉮ 100　　　　　　　　　　㉯ 80
㉰ 50　　　　　　　　　　　㉱ 20

|해설| $\sum F = m \cdot a = 1000 \times 0.2 \times 10 = 2000\,\text{N}$
　　　$U_{1 \to 2} = \sum F \times h = 2000 \times 10 = 20\,\text{kJ}$

98.㉯　99.㉯　100.㉱ ■ Answer

2011 기출문제
6월 12일 시행

1과목 재료역학

01 그림과 같이 길이 100cm의 외팔보에 2개의 집중하중이 작용할 때 C점에서의 굽힘모멘트는 몇 N·m인가?

㉮ 250
㉯ 500
㉰ 750
㉱ 1000

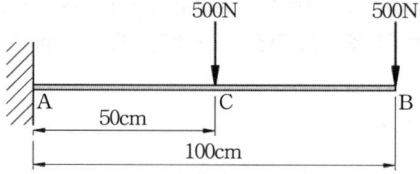

| 해설 | $M_c = 500 \times 0.5 = 250 \text{N} \cdot \text{m}$

02 그림에서 A는 고압 증기 터빈, B는 저압 증기 터빈이고 내경 60cm, 외경 65cm인 파이프로 연결되어 있다. 20℃에서 연결하고 운전 중 300℃ 증기가 중공측 내에 흐른다. 이 때 파이프에 발생하는 평균 열응력은 약 몇 MPa인가?(단, E=200GPa, $\alpha = 1.2 \times 10^{-5}$/℃, A, B는 이동되지 않음)

㉮ 205
㉯ 230
㉰ 354
㉱ 672

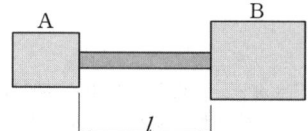

| 해설 | $\sigma = 200 \times 10^3 \times 1.2 \times 10^{-5} \times 280 = 672 \text{MPa}$
$= E \cdot \alpha \cdot \triangle t$

03 그림과 같이 길이 $2l$인 보에 균일분포 하중 w가 작용할 때 중앙 지지점을 δ만큼 낮추면 중앙점에서의 반력은?(단, 보의 굽힘강성 EI은 일정하다.)

㉮ $\dfrac{10wl}{8} - \dfrac{6\delta EI}{l^3}$

㉯ $\dfrac{10w^2 l}{8} - \dfrac{6\delta EI}{l^3}$

㉰ $\dfrac{10wl}{8} - \dfrac{6\delta EI}{l^2}$

㉱ $\dfrac{10wl^2}{8} - \dfrac{6\delta EI}{l^3}$

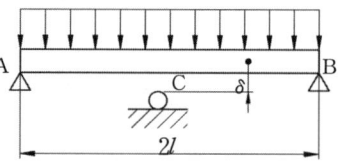

Answer ■ 1.㉮ 2.㉱ 3.㉮

| 해설 | $\delta_{max} = \dfrac{5 \cdot w \cdot (2l)^4}{384 E \cdot I} = \dfrac{5 \cdot w \cdot l^4}{24EI}$

$\delta_{max} - \delta = \dfrac{R_C(2l)^3}{48 E \cdot I} = \dfrac{R_B \cdot l^3}{6EI}$

$R_B = \dfrac{5wl}{4} - \dfrac{6EI \cdot \delta}{l^3} = \dfrac{10wl}{8} - \dfrac{6EI \cdot \delta}{l^3}$

$R_C = \dfrac{5wl}{4} - \dfrac{6E \cdot I \cdot \delta}{l^3} = \dfrac{10w \cdot l}{8} - \dfrac{6E \cdot I \cdot \delta}{l^3}$

04 보의 자중을 무시할 때 그림과 같이 자유단 C에 집중하중 P가 작용할 때 B점에서 처짐 곡선의 기울기각 θ을 탄성계수 E, 단면 2차모멘트 I로 나타내면?

㉮ $\dfrac{5}{9} \dfrac{Pl^2}{EI}$

㉯ $\dfrac{5}{18} \dfrac{Pl^2}{EI}$

㉰ $\dfrac{5}{27} \dfrac{Pl^2}{EI}$

㉱ $\dfrac{5}{36} \dfrac{Pl^2}{EI}$

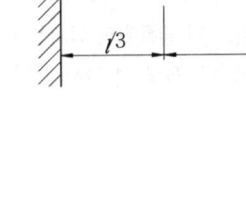

| 해설 | $\dfrac{d^2y}{dx^2} = -\dfrac{M_x}{EI} = \dfrac{P \cdot x}{EI}$

$\dfrac{dy}{dx} = \dfrac{P \cdot x^2}{2EI} + C_1, \quad C_1 = -\dfrac{P \cdot l^2}{2EI}$

$\theta_x = \dfrac{P}{2EI}(x^2 - l^2)$

$x = \dfrac{2l}{3},$

$\theta_x = \dfrac{P}{2EI}\left(\dfrac{4l^2}{9} - l^2\right) = -\dfrac{5P \cdot l^2}{18EI}$

05 원형 단면의 길이가 2m인 장주가 양단 회전으로 지지되고 25kN의 압축하중을 받을 때 좌굴에 대한 안전계수를 5로 하면 기둥의 직경은 몇 cm로 해야 되겠는가?(단, Euler 공식을 적용하고, 탄성계수는 10GPa이다.)

㉮ 10.08   ㉯ 8.08
㉰ 12.08   ㉱ 14.08

| 해설 | $Pcr = 5 \times 25 \times 10^3 = \dfrac{1 \times \pi^2 \times 10 \times 10^9 \times \pi d^4}{2^2 \times 64}$

$d = 10.08 cm$

4.㉯   5.㉮ ■ Answer

06 다음 그림에서 A지점의 반력 R_A는?

㉮ $\dfrac{wl_2(l_2+3l_3)}{6(l_1+l_2+l_3)}$

㉯ $\dfrac{wl_2(l_2+3l_3)}{3(l_1+l_2+l_3)}$

㉰ $\dfrac{wl_2(l_2+l_3)}{6(l_1+l_2+l_3)}$

㉱ $\dfrac{wl_2(l_2+l_3)}{3(l_1+l_2+l_3)}$

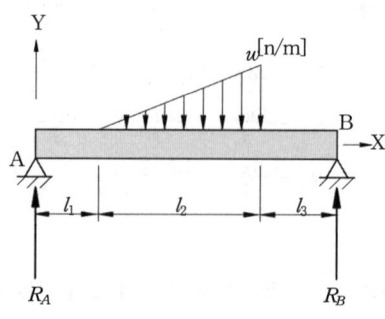

|해설| $R_A = \dfrac{w \cdot l_2 \times \left(\dfrac{1}{3}l_2 + l_3\right)}{2(l_1+l_2+l_3)} = \dfrac{w \cdot l_2 \cdot (l_2+3l_3)}{6(l_1+l_2+l_3)}$

07 길이가 L이고 반경이 r_o인 원통형의 나사를 끼워 넣을 때 나사의 단위 길이 당 t_o의 토크가 필요하다. 나사 재질의 전단 탄성 계수가 G일 때 나사 끝단 간의 비틀림 회전량은 얼마인가?

㉮ $\dfrac{t_0 L^2}{\pi r_o^4 G}$ ㉯ $\dfrac{t_0^2}{\pi r_o^4 GL}$

㉰ $\dfrac{t_0^2 r_o^4}{\pi L}$ ㉱ $\dfrac{4L}{\pi r_o^2 t_o}$

|해설| $\theta = \dfrac{T \cdot l}{G \cdot Ip} = \dfrac{t_o \cdot l^2}{G \cdot \dfrac{\pi \cdot (2 \cdot r_o)^4}{32}}$

$= \dfrac{2 \cdot t_o \cdot l^2}{\pi \cdot G \cdot r_o^4}$

∴ 나사 끝단 간의 비틀림 회전량 $\dfrac{\theta}{2} = \dfrac{t_o \cdot l^2}{\pi \cdot G \cdot r_o^4}$

08 지름 d=3cm의 환봉이 P=25kN의 전단하중을 받아서 0.00075의 전단 변형률을 발생시켰다. 이 때 재료의 전단탄성계수는 약 몇 GPa인가?

㉮ 87.7   ㉯ 97.7
㉰ 47.2   ㉱ 57.2

|해설| $\tau = G \cdot \gamma = \dfrac{P}{A}$

$G = \dfrac{4 \times 25 \times 10^{-6}}{\pi \times 0.03^2 \times 0.00075} = 47.18$ GPa

Answer ■ 6.㉮ 7.㉮ 8.㉰

09 폭이 2cm이고 높이가 3cm인 단면을 가진 길이 50cm의 외팔보의 고정단에서 40cm 되는 곳에 800N의 집중하중을 작용시킬 때 자유단의 처짐은 약 몇 mm인가?(단, 탄성계수는 E=2.1×10⁷N/cm²이다.)

㉮ 5.5
㉯ 4.5
㉰ 3.5
㉱ 2.5

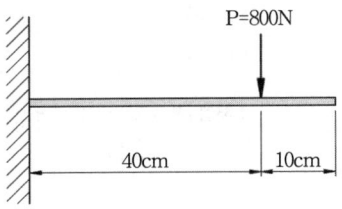

| 해설 | $\delta = \frac{800 \times 40^2}{2EI} \times \left(10 + \frac{2}{3} \times 40\right)$

$= \frac{12 \times 800 \times 40^2}{2 \times 2.1 \times 10^7 \times 2 \times 3^3} \times \left(10 + \frac{80}{3}\right) = 0.248 cm = 2.48 mm$

10 원형 단면에 전단력 V가 그림과 같이 작용할 때 원주상에 작용하는 전단응력이 0이 되는 지점은?

㉮ A, B
㉯ A, B, C, D
㉰ A, C
㉱ B, D

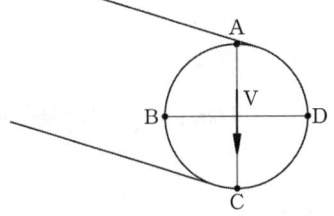

| 해설 | 전단력이 원형 단면의 접선방향으로 작용하고 있을 때 전단력 작용방향 축의 도형의 끝단에서는 전단응력이 0이고 도심에서는 최대값을 갖는다.

11 폭 90mm, 두께 18mm 강판에 세로(종) 방향으로 50kN 전단력이 작용할 때, 전단 탄성계수가 G=80GPa이면 전단 변형률은?

㉮ 1.9×10^{-4} ㉯ 2.6×10^{-4}
㉰ 3.8×10^{-4} ㉱ 4.8×10^{-4}

| 해설 | $\tau = G \cdot \gamma = \frac{P}{A}$

$\gamma = \frac{50 \times 10^3}{0.09 \times 0.018 \times 80 \times 10^9} = 3.86 \times 10^{-4}$

12 바깥지름 40cm, 안지름 20cm의 속이 빈 축은 동일한 단면적을 가지며, 같은 재질의 원형축에 비하여 약 몇 배의 비틀림 모멘트에 견딜 수 있는가?

㉮ 0.9배 ㉯ 1.2배 ㉰ 1.4배 ㉱ 1.6배

| 해설 | $T_1 = \tau_a \cdot Z_{P_1} = \tau_a \cdot \frac{\pi d^3}{16} = \tau_a \cdot \frac{d \cdot A}{4}$

$\frac{\pi d^2}{4} = \frac{\pi d_2^2}{4}(1-x^2)$
$d^2 = 40^2 \times (1-0.5^2) = 1200$
$d \fallingdotseq 34.64 cm$

$T_2 = \tau_a \cdot \frac{\pi d_2^3}{16}(1-x^4) = \tau_a \cdot \frac{d_2 \cdot A}{4}(1+x^2)$

$\frac{T_1}{T_2} = \frac{34.64}{(1+x^2) \times 40} = 0.6928$
$T_2 = 1.44 T_1$

9.㉱ 10.㉰ 11.㉰ 12.㉰ ■ Answer

13 지름 3cm인 강축이 회전수 1590rpm으로 26.5kW의 동력을 전달하고 있다. 이 축에 발생하는 최대 전단응력은 약 몇 MPa인가?

㉮ 30   ㉯ 40
㉰ 50   ㉱ 60

|해설| $974000 \times 9.8 \times \dfrac{26.5}{1590} = \tau \times \dfrac{\pi \times 30^3}{16}$
$\tau = 30.02 \text{MPa}$

14 평면 응력상태의 한 요소에 σ_x=100MPa, σ_y=50MPa, τ_{xy}=0을 받는 평판에서 평면 내에서 발생하는 최대 전단응력은 몇 MPa인가?

㉮ 25   ㉯ 50
㉰ 75   ㉱ 0

|해설| $\tau_{max} = \dfrac{100-50}{2} = \dfrac{50}{2} = 25 \text{MPa}$

15 그림과 같이 W=200N의 강구가 판 사이에 끼여 있을 때, 접촉점 A에서의 반력 R_A는 약 몇 N인가?(단, 접촉면에서의 마찰은 무시한다.)

㉮ 231
㉯ 323
㉰ 415
㉱ 502

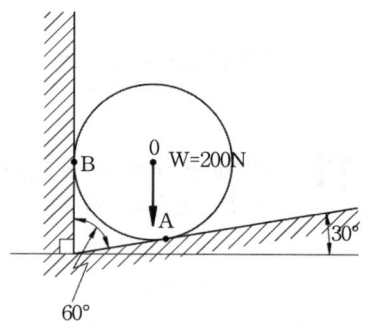

|해설| $R_A = \dfrac{200}{\sin 120°} = 230.94 \text{N}$

16 그림과 같은 단면의 중립축에 대한 단면 2차모멘트는?

㉮ $21.76 \times 10^6 \text{mm}^4$
㉯ $35.76 \times 10^6 \text{mm}^4$
㉰ $217.6 \times 10^6 \text{mm}^4$
㉱ $357.6 \times 10^6 \text{mm}^4$

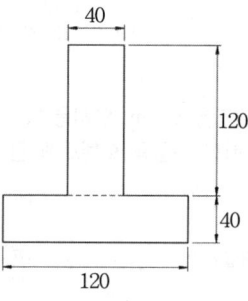

|해설| $\bar{y} = \dfrac{(120 \times 40 \times 20) + (40 \times 120 \times 100)}{(120 \times 40) + (40 \times 120)} = 60 \text{mm}$
$I_G = (\dfrac{120 \times 40^3}{12} + 40^2 \times 120 \times 40) + (\dfrac{40 \times 120^3}{12} + 40^2 \times 120 \times 40) = 21.76 \times 10^6 \text{mm}^4$

Answer ▪ 13.㉮ 14.㉮ 15.㉮ 16.㉮

17 그림과 같은 외팔보에서 허용 굽힘응력 σ_a=50kN/cm²이라 할 때, 최대 하중 P는 약 몇 kN인가?(단, 보는 단면은 10cm×10cm이다.)

㉮ 110.5
㉯ 100.0
㉰ 95.6
㉱ 83.3

| 해설 | $50 = \dfrac{6 \times P \times 100}{10^3}$
$P = 83.33\text{kN}$

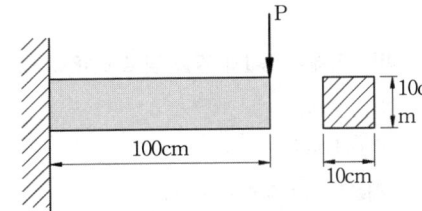

18 그림과 같이 단붙이 봉에 인장하중 P가 작용할 때, 축의 지름을 $d_1 : d_2 = 3:2$로 하면 d_1 부분에 발생하는 응력 σ_1과 d_2 부분에 발생하는 응력 σ_2의 비는?

㉮ $\sigma_1 : \sigma_2 = 3 : 2$
㉯ $\sigma_1 : \sigma_2 = 2 : 3$
㉰ $\sigma_1 : \sigma_2 = 9 : 4$
㉱ $\sigma_1 : \sigma_2 = 4 : 9$

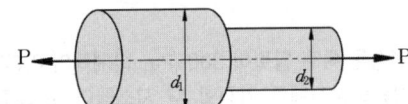

| 해설 | $\dfrac{\sigma_2}{\sigma_1} = \dfrac{3^2}{2^2} = \dfrac{9}{4}$
$\sigma_1 : \sigma_2 = 4 : 9$

19 반경 r, 압력 P, 두께 t인 실린더형 압축용기에서 발생되는 절대 최대 전단응력(3차원 응력 상태에서의 최대 전단응력)의 크기는?

㉮ $\dfrac{Pr}{2t}$ ㉯ $\dfrac{Pr}{t}$ ㉰ $\dfrac{Pr}{4t}$ ㉱ $\dfrac{2Pr}{t}$

| 해설 | 내부 반지름 r이고, 두께가 t인 얇은 벽의 구가 내부압력을 P를 받고 있을 때 주응력
$\sigma_r = 0, \ \sigma_\theta = \sigma_\phi = \dfrac{Pr}{2t}$
내부 반지름이 r이고, 두께가 t인 양 끝이 막혀 압력을 받고 있는 얇은 실린더 벽의 주응력성분
$\sigma_r = 0, \ \sigma_\theta = \dfrac{Pr}{t}, \ \sigma_x = \dfrac{P \cdot r}{2t}$

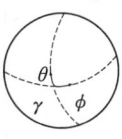

20 다음 그림에서 2kN의 힘을 전달하는 키(15×10×60mm)가 있다. 이 키(key)에 생기는 전단응력은 약 몇 MPa인가?

㉮ 66.7
㉯ 44.4
㉰ 22.2
㉱ 12.3

| 해설 | $\tau_k = \dfrac{2 \times 2 \times 10^3 \times 250}{15 \times 60 \times 50} = 22.2\text{MPa}$

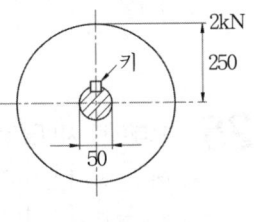

17.㉱ 18.㉱ 19.㉮ 20.㉰ ■ **Answer**

2과목 기계열역학

21 어떤 기체가 5kJ의 열을 받고 0.18kN·m의 일을 하였다. 이때의 내부에너지의 변화량은?

㉮ 3.24kJ ㉯ 4.82kJ
㉰ 5.18kJ ㉱ 6.14kJ

|해설| $\triangle U = 5 - 0.18 = 4.82 \text{kJ}$

22 다음 중 냉동기의 성능계수를 높이는 것으로 틀린 것은?

㉮ 증발기의 온도를 높인다.   ㉯ 증발기의 온도를 낮춘다.
㉰ 압축기의 효율을 높인다.   ㉱ 증발기와 응축기에서 마찰압력손실을 줄인다.

|해설| 증발기의 온도를 낮추면 냉동효과가 감소하고 압축일이 증가하여 성능계수는 감소하게 된다.

23 공기가 등온과정을 통해 압력이 200kPa, 비체적이 0.02m³/kg인 상태에서 압력이 100kPa인 상태로 팽창하였다. 공기를 이상기체로 가정할 때 시스템이 이 과정에서 한 단위 질량 당 일은 약 얼마인가?

㉮ 1.4kJ/kg ㉯ 2.0kJ/kg
㉰ 2.8kJ/kg ㉱ 8.0kJ/kg

|해설| $V_2 = 0.02 \times \frac{200}{100} = 0.04 \text{m}^3/\text{kg}$

$W = 200 \times 0.02 \times \ln\left(\frac{200}{100}\right) = 2.77 \text{kJ/kg}$

24 T-S선도에서 어느 가역 상태 변화를 표시하는 곡선과 S축 사이의 면적은 무엇을 표시하는가?

㉮ 힘
㉯ 열량
㉰ 압력
㉱ 비체적

|해설| T-S 선도의 면적은 열량을 P-V선도의 면적은 일량을 나타낸다.

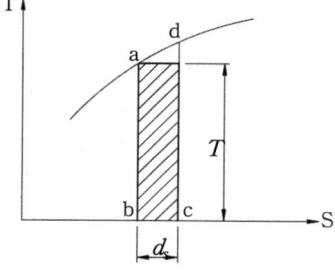

25 브레이턴 사이클(Brayton Cycle)은 다음 무슨 사이클에 가장 가까운가?

㉮ 정적연소사이클   ㉯ 정압연소사이클
㉰ 등온연소사이클   ㉱ 합성연소사이클

Answer ■ 21.㉯ 22.㉯ 23.㉰ 24.㉯ 25.㉯

26 압력이 일정할 때 공기 5kg을 0℃에서 100℃까지 가열하는데 필요한 열량은 약 몇 kJ인가?(단, 공기비열은 Cp(kJ/kg·℃)=1.01+0.000079t(℃)이다.)

㉮ 102 ㉯ 476
㉰ 490 ㉱ 507

|해설| $_1Q_2 = \int_1^2 mc_p dt$

$= 5 \times \left(1.01t + \dfrac{0.000079t^2}{2}\right)\Big|_0^{100} = 506.98 kJ$

27 10℃에서 160℃까지의 공기의 평균 정적비열은 0.7315kJ/kg·K이다. 이 온도변화에서 공기 1kg의 내부에너지 변화는?

㉮ 109.7kJ ㉯ 120.6kJ
㉰ 107.1kJ ㉱ 121.7kJ

|해설| $\triangle u = m \cdot C_v \cdot \triangle t = 0.7315 \times (160-10) = 109.73 kJ/kg$

28 비열이 0.475kJ/kg·K인 철 10kg을 20℃에서 80℃로 올리는데 필요한 열량은 약 몇 kJ인가?

㉮ 222 ㉯ 232
㉰ 285 ㉱ 315

|해설| $Q_2 = 10 \times 0.475 \times (80-20) = 285 kJ$

29 피스톤-실린더로 구성된 용기 안에 들어 있는 100kPa, 20℃ 상태의 질소 기체를 가역 단열압축하여 압력이 500kPa이 되었다. 질소의 정적 비열은 0.745kJ/kg·K이고, 비열비는 1.4이다. 질소 1kg당 필요한 압축일은 약 얼마인가?

㉮ 102.7kJ/kg ㉯ 127.5kJ/kg
㉰ 171.8kJ/kg ㉱ 240.5kJ/kg

|해설| $\dfrac{T_2}{T_1} = \left(\dfrac{P_2}{P_1}\right)^{\frac{k-1}{k}}$, $T_2 = 293 \times 5^{\frac{0.4}{1.4}} = 464.06 K$

$W_t = \dfrac{k(P_1V_1 - P_2V_2)}{k-1} = \dfrac{k \cdot m \cdot R \cdot (T_1-T_2)}{k-1} = \dfrac{1.4 \times 1 \times 0.4 \times 0.745 \times (293-464.06)}{0.4} = -178.42 kJ/kg$

$_1W_2 = \dfrac{m \cdot R \cdot (T_1-T_2)}{k-1} = mC_v \cdot (T_1-T_2) = 0.745 \times (293-464.06) = -127.44 kJ/kg$

30 0.5MPa, 375℃의 수증기의 정압 비열(kJ/kg·K)은?(단, 0.5MPa, 350℃에서 엔탈피 h=3167.7kJ/kg·k이고 0.5MPa, 400℃에서 엔탈피 h=3271.9kJ/kg·K이다. 수증기는 이상기체로 가정한다.)

㉮ 1.042 ㉯ 2.084 ㉰ 4.168 ㉱ 8.742

|해설| $\triangle h = C_p \cdot \triangle t$, $C_p = \text{const}$

$C_P = \dfrac{3271.9 - 3167.7}{400 - 350} = 2.084 kJ/kg \cdot K$

26.㉱ 27.㉮ 28.㉰ 29.㉯ 30.㉯ ■ Answer

31 어떤 냉동사이클의 T-s 선도에 대한 설명으로 틀린 것은?

㉮ 1-2 과정 : 가역단열압축
㉯ 2-3 과정 : 등온흡열
㉰ 3-4 과정 : 교축과정
㉱ 4-1 과정 : 증발기에서 과정

| 해설 | 2-3과정은 등온방열과정이다.

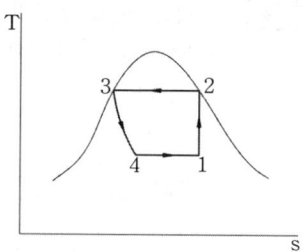

32 -10℃와 30℃ 사이에서 작동되는 냉동기의 최대 성능계수로 적합한 것은?

㉮ 8.8   ㉯ 6.6
㉰ 3.3   ㉱ 13.2

| 해설 | $\varepsilon_R = \dfrac{-10+273}{30+10} = 6.58$

33 열역학 제2법칙은 여러 가지로 서술될 수 있다. 열역학 제2법칙에 대한 설명 중 잘못된 것은?

㉮ 열을 일로 변환하는 것은 불가능하다.
㉯ 열효율이 100%인 열기관을 만들 수 없다.
㉰ 열은 저온 물체로부터 고온 물체로 자연적으로 전달되지 않는다.
㉱ 입력되는 일 없이 작동하는 냉동기를 만들 수 없다.

34 용기 안에서 있는 유체의 초기 내부에너지는 700kJ이다. 냉각과정 동안 250kJ의 열을 잃고, 용기 내에 설치된 회전날개로 유체에 100kJ의 일을 한다. 최종상태의 유체의 내부에너지는 얼마인가?

㉮ 350kJ   ㉯ 450kJ
㉰ 550kJ   ㉱ 650kJ

| 해설 | $U_2 = 700+100-250 = 550$ kJ

35 순수 물질이 기체-액체 평형상태(포화 상태)에 있다. 다음 설명 중 일반적으로 성립하지 않는 것은?

㉮ 각 상의 온도가 같다.   ㉯ 각 상의 압력이 같다.
㉰ 각 상의 비체적이 다르다. ㉱ 각 상의 엔탈피가 같다.

36 다음 중 이상기체의 교축(스로틀)과정에 대한 사항으로서 틀린 것은?

㉮ 엔탈피 변화가 없다.   ㉯ 온도의 변화가 없다.
㉰ 엔트로피의 변화가 없다. ㉱ 비가역 단열과정이다.

Answer ■ 31.㉯ 32.㉯ 33.㉮ 34.㉰ 35.㉱ 36.㉰

37 용기에 부착된 차압계로 읽은 압력이 150kPa이고 기압계로 읽은 대기압이 100kPa이다. 용기 안의 절대압력은?

㉮ 250kPa ㉯ 150kPa
㉰ 100kPa ㉱ 50kPa

| 해설 | $P_a = 100 + 150 = 250$ kPa

38 압축비가 7.5이고, 비열비가 k=1.4인 오토(Otto) 사이클의 열효율은?

㉮ 48.7% ㉯ 51.2%
㉰ 55.3% ㉱ 57.6%

| 해설 | $\eta_o = \left(1 - \dfrac{1}{7.5^{0.4}}\right) \times 100 = 55.33\%$

39 대형 Brayton 사이클 가스 터빈 동력 발전소의 압축기 입구에서 온도가 300K, 압력은 100kPa이고 압축기 압력비는 10 : 1이다. 공기의 비열은 1.004kJ/kg·K 비열비는 1.400이다. 압축기 일은 약 얼마인가?

㉮ 280.3kJ/kg ㉯ 299.7kJ/kg
㉰ 350.1kJ/kg ㉱ 370.5kJ/kg

| 해설 | $T_2 = 300 \times 10^{\frac{0.4}{1.4}} = 579.21$ K

$W_c = \dfrac{k \cdot R(T_1 - T_2)}{k-1} = C_P \cdot (T_1 - T_2) = 1.004 \times (300 - 579.21) = -280.33$ kJ/kg

40 폴리트로픽 변화의 관계식 "PV^n=일정"에 있어서 n이 무한대로 되면 어느 과정이 되는가?

㉮ 정압과정 ㉯ 등온과정
㉰ 정적과정 ㉱ 단열과정

| 해설 | ㉮ $n=1$ 이면 등온변화
㉯ $n=0$ 이면 정압변화
㉰ $n=k$ 이면 단열변화

3과목 기계유체역학

41 다음 중 관내 유동에서 마찰계수 또는 Darcy 마찰계수라고 불리는 무차원량을 표현한 식은?

㉮ $(\dfrac{D}{L})(\dfrac{V^2}{2g})$ ㉯ $(\dfrac{D}{L})(\dfrac{\rho V^2}{2})$
㉰ $\triangle P(\dfrac{D}{L})(\dfrac{V^2}{2g})$ ㉱ $\triangle P(\dfrac{D}{L})/(\dfrac{\rho V^2}{2})$

| 해설 | $h_l = f \cdot \dfrac{l}{d} \cdot \dfrac{V^2}{2g} = \dfrac{\triangle P}{r}$

$f = \triangle P \cdot \dfrac{d}{l} \cdot \dfrac{2g}{r \cdot V^2} = \triangle P \cdot \dfrac{d}{l} \cdot \dfrac{2}{\rho \cdot V^2}$

37.㉮ 38.㉰ 39.㉮ 40.㉰ 41.㉱ ■ Answer

42 그림과 같은 관로에 물이 흐를 때 관로 ACD와 관로 ABD 사이에서 발생하는 손실수두는?

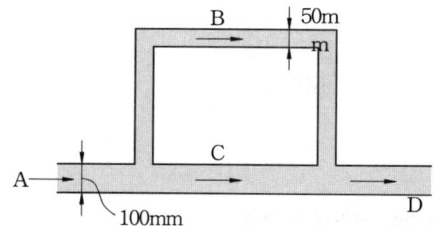

㉮ 관로 ACD와 ABD사이에 생기는 수두손실은 같다.
㉯ ACD에서 생기는 수두손실이 ABD에서 보다 2배 크다.
㉰ ACD에서 생기는 수두손실이 ABD에서 보다 4배 크다.
㉱ ABD에서 생기는 수두손실이 ACD에서 보다 2배 크다.

|해설| B로 흘러가는 유체나 C로 흘러가는 유체는 A 단면을 통과해서 D단면으로 통과하므로 A-D단면을 입·출구로 놓고 베르누이 방정식을 적용시키면 손실수두는 동일하다.

43 지름이 0.1m인 매우 긴 관의 중앙 부분에서 점성계수 0.001N·s/m², 밀도 1000kg/m³인 물이 0.1m/s의 속도로 흐를 때 이 부분에서의 유동과 관련하여 맞는 것은?

㉮ 층류 유동   ㉯ 난류 유동
㉰ 천이 유동   ㉱ 위 조건으로는 알 수 없다.

|해설| $R_e = \dfrac{1000 \times 0.1 \times 0.1}{0.001} = 10000$, 난류유동

44 그림과 같은 수조에서 파이프를 통하여 흐르는 유량(Q)은 약 몇 m³/s인가?(단, 마찰손실 무시)

㉮ 9.39×10^{-3}
㉯ 1.25×10^{-3}
㉰ 0.939
㉱ 0.125

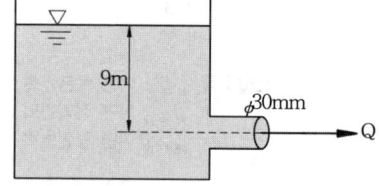

|해설| $Q = \dfrac{\pi \times 0.03^2}{4} \times \sqrt{2 \times 9.8 \times 9} = 9.38 \times 10^{-3} \text{m}^3/\text{sec}$

45 $\dfrac{1}{10}$로 축소한 수력 발전 댐과 역학적으로 상사한 실제 댐이 생성할 수 있는 동력의 비는?

㉮ 1 : 3160   ㉯ 1 : 316
㉰ 1 : 31.6   ㉱ 1 : 3.16

|해설| ① 프루우드 수: $V_P = \sqrt{10}\, V_m$ ② 항력계수: $D_P = 10^3 D_m$
③ $\dfrac{L_m}{L_P} = \dfrac{D_m \cdot V_m}{D_P \cdot V_P} = \dfrac{1}{3,162.28}$
$L_P = 3162.28 L_m$

Answer ■ 42.㉮ 43.㉯ 44.㉮ 45.㉮

46 지름 5cm이고 내압이 100Pa(계기압력)일 때, 비눗방울의 표면장력은 몇 N/m인가?

㉮ 2.50　　㉯ 1.25　　㉰ 0.625　　㉱ 0.25

|해설| $\sigma = \dfrac{100 \times 0.05}{8} = 0.625 \text{N/m}$

47 유선(stream line)에 대한 설명으로 옳은 것은?

㉮ 유체입자의 운동 경로를 유선이라 한다.
㉯ 유동장에서 속도벡터의 방향과 일치하도록 그려진 연속적인 선이다.
㉰ $\dfrac{d\rho}{\rho} + \dfrac{dA}{A} + \dfrac{dv}{v} = 0$는 유선의 방정식이다.
㉱ 항상 [유선=유적선=유맥선]인 관계가 성립한다.

|해설| 유선의 방정식
㉮ $\vec{V} \times d\vec{S} = 0$
㉯ $\dfrac{dx}{u} = \dfrac{dy}{u} = \dfrac{dz}{w}$

48 동점성계수가 $1 \times 10^{-6} \text{m}^2/\text{s}$인 유체가 지름 2cm의 원관 속을 흐르고 있다. 원관 내 유체의 평균속도가 5cm/s라면 마찰계수는 얼마인가?

㉮ 0.064　　㉯ 0.64　　㉰ 0.032　　㉱ 0.32

|해설| $f = \dfrac{1 \times 10^{-6} \times 64}{0.02 \times 0.05} = 0.064$

49 다음 중 포텐셜 유동 이론을 적용시킬 수 있는 경우는 어느 것인가?

㉮ 비회전 유동　　㉯ 포아제(Poiseuille) 유동
㉰ 경계층 유동　　㉱ 점성 유동

|해설| 포텐셜유동이란 비점성·비회전유동이다.

50 경계층 내의 속도분포가 $\dfrac{u}{U_\infty} = 2\left(\dfrac{y}{\delta}\right) - \left(\dfrac{y}{\delta}\right)^2$으로 주어졌을 때 경계층의 배제두께($\delta_t$)와 경계층 두께($\delta$)의 관계로 올바른 것은?

㉮ $\delta_t = \delta$　　㉯ $\delta_t = \dfrac{\delta}{2}$　　㉰ $\delta_t = \dfrac{\delta}{3}$　　㉱ $\delta_t = \dfrac{\delta}{4}$

|해설| $\delta^* = \int_0^\delta \left(1 - \dfrac{u}{V}\right) dy$

$\delta^* = \int_0^\delta \left(1 - \dfrac{2y}{\delta} + \dfrac{y^2}{\delta^2}\right) dy$

$= \left(y - \dfrac{y^2}{\delta} + \dfrac{y^3}{3\delta^2}\right)\Big|_0^\delta = \dfrac{\delta}{3}$

46.㉰　47.㉯　48.㉮　49.㉮　50.㉰　■ Answer

51 출력이 450kW인 터빈을 통과하는 물이 초당 0.6m³이다. 이 때 터빈의 수두는 약 몇 m인가?(단, 터빈의 효율은 87%이다.)

㉮ 88　　　　　　　　　　　　㉯ 78
㉰ 67　　　　　　　　　　　　㉱ 11

|해설| $H = \dfrac{450 \times 10^3}{9.8 \times 0.6 \times 1000 \times 0.87} = 88\text{m}$

52 물속에 피토관을 삽입하여 압력을 측정하였더니 정체압이 128kPa, 정압이 120kPa이었다. 이 위치에서의 유속의 몇 m/s인가?(단, 물의 밀도는 1000kg/m³이다.)

㉮ 1　　　　㉯ 2　　　　㉰ 4　　　　㉱ 8

|해설| $\dfrac{P}{r} + \dfrac{V^2}{2g} = \dfrac{P_t}{r}$

$P_t = P + \dfrac{rV^2}{2g} = P + \dfrac{\rho \cdot V^2}{2}$

$\dfrac{\rho \cdot V^2}{2} = 8000,\ V = 4$

53 어떤 물체의 속도가 원래 속도의 2배가 되었을 때 항력계수가 1/2로 줄었다면 이 물체가 받는 저항은 원래 저항의 몇 배인가?

㉮ 1/2배　　　　　　　　　　㉯ 4배
㉰ 1.414배　　　　　　　　　㉱ 2배

|해설| $D_1 = C_D \cdot A \cdot \dfrac{\rho \cdot V^2}{2}$

$D_2 = \dfrac{1}{2} C_D \cdot A \cdot \dfrac{\rho \times 4V^2}{2} = 2C_D \cdot A \cdot \dfrac{\rho \cdot V^2}{2} = 2 \cdot D_1$

54 물속에서 체적이 0.02m³인 물체의 무게를 측정하였을 때 120N이었다. 이 물체의 공기 중에서의 무게는 몇 N인가?

㉮ 120　　　　　　　　　　　㉯ 196
㉰ 294　　　　　　　　　　　㉱ 316

|해설| $W = 9800 \times 0.02 + 120 = 316\text{N}$

55 지름이 각각 10cm와 20cm인 관이 서로 연결되어 있다. 비압축성 유동이라 가정하면 20cm 관속의 평균유속이 2.4m/s일 때 10cm 관내의 평균속도는 약 몇 m/s인가?

㉮ 0.96　　　　　　　　　　　㉯ 9.6
㉰ 0.7　　　　　　　　　　　 ㉱ 7.2

|해설| $V = \dfrac{20^2 \times 2.4}{10^2} = 9.6\text{m/sec}$

Answer ■ 51.㉮　52.㉰　53.㉱　54.㉱　55.㉯

56 액체 속에 잠겨진 곡면에 작용하는 액체의 압력에 의한 수평력은 어느 것과 같은가?

㉮ 곡면에 작용하는 힘과 같다.
㉯ 곡면의 상부에 채워진 유체의 무게와 같다.
㉰ 곡면을 수직 평판에 투상시켰을 때 생기는 투상면에 작용하는 힘과 같다.
㉱ 곡면을 수평 평판에 투상시켰을 때 생기는 투상면에 작용하는 힘과 같다.

57 바닷속 100m까지 잠수한 잠수함이 받는 게이지 압력은 몇 kPa인가?(단, 바닷물의 비중은 1.03이다.)

㉮ 101　　　　　　　　　　㉯ 404
㉰ 1010　　　　　　　　　　㉱ 4040

|해설| P=1.03×9800×100×10⁻³=1009.4kPa

58 그림의 날개가 제트의 방향을 180° 바꾼다고 했을 때 제트에 의해서 날개에 작용하는 힘의 크기는 약 몇 N인가?(단, 마찰은 무시한다.)

㉮ 2010
㉯ 4020
㉰ 8040
㉱ 6200

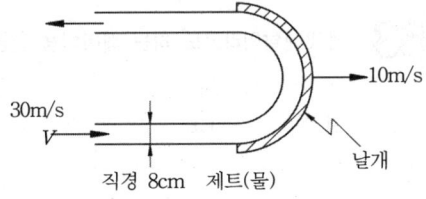

|해설| $F = 1000 \times \frac{\pi \times 0.08^2}{4} \times (30-10)^2 \times 2$
　　　　＝4019.2N

59 점성계수가 0.2kg/m·s인 유체가 지면과 수평으로 놓인 평판 위를 흐른다. 평판 근방의 속도분포가 $u=4.0-100(0.2-y)^2$일 때 평판면에서의 전단응력은 얼마인가?(단, y[m]는 평판면에서 수직방향의 좌표이고, u[m/s]는 평판 근방에서 유체가 흐르는 방향의 속도이다.)

㉮ 80Pa　　　　　　　　　　㉯ 40Pa
㉰ 4Pa　　　　　　　　　　　㉱ 8Pa

|해설| $\tau = \mu \cdot \frac{du}{dy}\Big|_{y=0} = 0.2 \times (200 \times 0.2) = 8N/m^2$

60 다음 중 유체를 연속체(continuum)로 보기가 가장 어려운 경우는?

㉮ 대동맥 내 혈액　　　　　　㉯ 매우 높은 고도에서의 대기층
㉰ 헬리콥터 날개 주위의 공기　㉱ 자동차 라디에이터 내 냉각수

56.㉰　57.㉰　58.㉯　59.㉱　60.㉯　■ Answer

4과목 기계재료 및 유압기기

61 저 망간강으로 항복점과 인장강도가 큰 것을 무엇이라 하는가?
㉮ 하드필드강 ㉯ 쾌삭강
㉰ 불변강 ㉱ 듀콜강

| 해설 | 고망간강 : 히드필드강, 수인강

62 다음 중 KS 기호가 STD로 표기되는 강재는?
㉮ 탄소공구강 ㉯ 초경공구강
㉰ 다이스강 ㉱ 고속도강

| 해설 | ㉮ 탄소공구강 : STC
㉱ 고속도공구강 : SKH

63 배빗메탈이라고도 하는 베어링용 합금인 화이트 메탈의 주요성분으로 옳은 것은?
㉮ Pb-W-Sn ㉯ Fe-Sn-Cu
㉰ Sn-Sb-Cu ㉱ Zn-Sn-Cr

64 탄소강에서 템퍼링(tempering)을 하는 주된 목적으로 가장 적합한 것은?
㉮ 조직을 조대화하기 위해서 행한다.
㉯ 편석을 없애기 위해서 행한다.
㉰ 경도를 높이기 위해서 행한다.
㉱ 스트레인(strain)을 감소시키기 위해서 행한다.

| 해설 | 뜨임(tempering) : 담금질 후 인성을 개선시키고 내부응력 제거를 위해 A_1 변태점 이하로 재가열후 냉가시키는 열처리이다.

65 하나의 액체에서 고체와 다른 종류의 액체를 동시에 형성하는 반응은?
㉮ 초정반응 ㉯ 포정반응
㉰ 공정반응 ㉱ 편정반응

| 해설 | ㉮ 공정반응 = 액체↔고체A+고체B
㉯ 포정반응 = 고체A+액체↔고체B
㉰ 편정반응 = 고체+액체A↔액체B

Answer ■ 61.㉱ 62.㉰ 63.㉰ 64.㉱ 65.㉱

66 켈밋 합금(kelmet alloy)에 대한 사항 중 옳은 것은?

㉮ Pb-Sn 합금, 저속 중하중용 베어링합금
㉯ Cu-Pb 합금, 고속 고하중용 베어링합금
㉰ Sn-Sb 합금, 인쇄용 활자합금
㉱ Zn-Al-Cu 합금, 다이캐스팅용 합금

| 해설 | Cu계 베어링합금으로 자동차·항공기등에 사용한다.

67 합금 주철에서 강한 탈산제인 동시에 흑연화를 촉진하며 주철의 성장을 저지하고 내마모성을 향상시키는 원소는?

㉮ 니켈
㉯ 티탄
㉰ 몰리브덴
㉱ 바나듐

| 해설 | ㉮ Mo : 흑연의 미세화, 내마모성 증가
㉯ Ni : 흑연화 촉진, 내식성 향상, 내마모성 증가
㉱ V : 흑연화 방지

68 선철의 파면 색깔이 백색을 나타낸 경우 함유된 탄소의 상태는?

㉮ 대부분이 흑연상태로 존재
㉯ 대부분이 산화탄소로 존재
㉰ 탄소함유량이 0.02% 이하로 존재
㉱ 대부분이 Fe_3C 금속간 화합물로 존재

69 일반적으로 합금의 석출 경화와 관계가 없는 것은?

㉮ 냉각 속도
㉯ 석출 온도
㉰ 과냉도
㉱ 회복

70 심냉(sub-zero)처리의 목적을 바르게 설명한 것은?

㉮ 자경강에 인성을 부여하기 위함
㉯ 담금질 후 시효변형을 방지하기 위해 잔류오스테나이트를 마텐자이트 조직으로 얻기 위함
㉰ 항온 담금질하여 베이나이트 조직을 얻기 위함
㉱ 급열·급냉시 온도 이력현상을 관찰하기 위함

66.㉯ 67.㉯ 68.㉱ 69.㉱ 70.㉯ ■ Answer

71 그림과 같은 유압 기호가 나타내는 명칭은?

㉮ 리밋 스위치　　　　㉯ 전자 변환기
㉰ 압력 스위치　　　　㉱ 아날로그 변환기

72 공기압 장치와 비교하여 유압장치의 일반적인 특징에 대한 설명 중 틀린 것은?

㉮ 작은 장치로 큰 힘을 얻을 수 있다.
㉯ 압력에 대한 출력의 응답이 빠르다.
㉰ 인화에 따른 폭발의 위험이 적다.
㉱ 방청과 윤활이 자동적으로 이루어진다.

| 해설 | 공기의 특징
　　㉮ 압축성의 크기 때문에 탄성체로 간주한다.
　　㉯ 유량의 변화가 곤란하다.
　　㉰ 고압시 폭발위험이 있다.
　　㉱ 취급이 간편하며, 해가 없고 따로 귀환 배관이 필요 없다.

73 다음 중 실린더에 배압이 걸리므로 끌어당기는 힘이 작용해도 자주(自走)할 염려가 없어서 밀링이나 보링머신 등에 사용하는 회로는?

㉮ 싱크로나이즈 회로　　　　㉯ 어큐뮬레이터 회로
㉰ 미터 인 회로　　　　　　 ㉱ 미터 아웃 회로

| 해설 | ㉮ 미터 아웃회로 : 실린더 출구측에 설치한 회로로 실린더로부터 유출되는 유량을 제어한다.
　　　 ㉯ 미터 인 회로 : 실린더 입구측에 장치하여 유압유량을 조정하여 실린더의 속도를 제어한다.

74 밸브 몸체의 위치에 대한 용어 중 조작력이 작용하지 않는 때의 밸브 몸체의 위치를 나타내는 용어는?

㉮ 초기 위치　　　　㉯ 과도 위치
㉰ 노멀 위치　　　　㉱ 플로트 위치

75 유압 회로에서 파이프 내에 발생하는 에너지 손실을 줄일 수 있는 방법이 아닌 것은?

㉮ 관의 길이를 길게 한다.
㉯ 관 내부의 표면을 매끄럽게 한다.
㉰ 작동유의 흐름 속도를 줄인다.
㉱ 관의 지름을 크게 한다.

| 해설 | 관의 길이가 길면 마찰손실이 증가하게 된다.

Answer ■ 71.㉮　72.㉰　73.㉱　74.㉰　75.㉮

76 열 교환기에서 유온을 항상 적당한 온도로 유지하기 위하여 사용되는 오일쿨러(oil cooler) 중 수냉식의 특징 설명으로 틀린 것은?

㉮ 증류로는 흡입형과 토출형이 있다.
㉯ 소형으로 냉각 능력이 크다.
㉰ 10℃ 전후의 온도가 낮은 물이 사용될 수 있어야 한다.
㉱ 기름 중에 물이 혼입할 우려가 있다.

| 해설 | 오일쿨러(oil cooler) : 윤활 등에 사용되어 온도가 상승한 오일을 물 또는 공기로 냉각시키는 윤활유냉각장치이다.

77 어큐뮬레이터의 종류 중 피스톤 형의 특징에 해당하지 않는 것은?

㉮ 형상이 간단하고 구성품이 적다.
㉯ 대형도 제작이 용이하다.
㉰ 축유량을 크게 잡을 수 있다.
㉱ 유실에 가스 침입의 염려가 없다.

78 일정한 유량(Q) 및 유속(V)으로 유체가 흐르고 있는 관의 지름 D를 5배로 크게 하면 유속은 어떻게 변화하는가?

㉮ $\frac{1}{5}V$로 줄어든다.   ㉯ $25V$로 늘어난다.
㉰ $5V$로 늘어난다.   ㉱ $\frac{1}{25}V$로 줄어든다.

| 해설 | $Q = A_1 \cdot V_1 = A_2 \cdot V_2$
$D_1^2 \cdot V_1 = (5D_1)^2 \cdot V_2$
$V_2 = \frac{1}{25} V_1 = \frac{V}{25}$

79 토출압력이 6.86MPa, 토출량은 $4.5 \times 10^4 cm^3/min$, 회전수가 1000rpm인 유압 펌프의 소비 동력이 7.5kW 일 때, 펌프의 전효율은 약 몇 %인가?

㉮ 58   ㉯ 69
㉰ 78   ㉱ 89

| 해설 | $\eta = \frac{6.86 \times 10^6 \times 4.5 \times 10^{-6} \times 10^4}{9.8 \times 60 \times 102 \times 75} \times 100 = 68.63\%$

80 유압모터의 종류가 아닌 것은?

㉮ 기어 모터   ㉯ 베인 모터
㉰ 회전피스톤 모터   ㉱ 나사 모터

76.㉮ 77.㉱ 78.㉱ 79.㉯ 80.㉱ ■ Answer

5과목 기계제작법 및 기계동력학

81 노즈 반지름이 있는 바이트로 선삭할 때 가공 면의 이론적 표면 거칠기를 나타내는 식은?(단, f는 이송, R은 공구의 날 끝 반지름이다.)

㉮ $\dfrac{f}{8R^2}$ ㉯ $\dfrac{f^2}{8R}$
㉰ $\dfrac{f}{8R}$ ㉱ $\dfrac{f}{4R}$

| 해설 | 가공면의 거칠기 : 바이트의 끝모양과 이송이 표면거칠기에 미치는 영향 중 다듬질 표면 거칠기를 구하는 공식
$H = \dfrac{f^2}{8R}$

82 구성인선(built-up edge)의 방지책에 대한 설명으로 틀린 것은?

㉮ 경사각(rake angle)을 크게 한다.
㉯ 절삭 깊이를 크게 한다.
㉰ 윤활성이 좋은 절삭유를 사용한다.
㉱ 절삭속도를 크게 한다.

| 해설 | 절삭깊이를 작게하여 절삭저항을 줄인다.

83 담금질한 강을 상온 이하의 적당한 온도로 냉각시켜 잔류오스테나이트를 마텐자이트 조직으로 변화시키는 것을 목적으로 하는 열처리 방법은?

㉮ 심냉 처리 ㉯ 가공 경화법 처리
㉰ 가스 침탄법 처리 ㉱ 석출 경화법 처리

84 만네스만(Mannesmann) 제관법은 다음 중 어느 제관법에 속하는가?

㉮ 단접관법 ㉯ 용접관법
㉰ 천공법 ㉱ 오므리기법

| 해설 | 시임리스 파이프(seamless pipe) 제관법으로 만네스만(Mannesman process) 천공법이 있다.

85 두께 1.5mm인 연질 탄소 강판에 ϕ3.2mm의 구멍을 펀칭할 때 전단력은 약 몇 N인가?(단, 전단저항력 τ=250N/mm²이다.)

㉮ 3770 ㉯ 4852
㉰ 2893 ㉱ 6568

| 해설 | $F = 250 \times \pi \times 3.2 \times 1.5 = 3768N$

Answer ■ 81.㉯ 82.㉯ 83.㉮ 84.㉰ 85.㉮

86 다음 중 박스 지그(box jig)를 사용해야 하는 경우로 가장 가까운 것은?

㉮ 밀링머신에서 헬리컬기어를 가공하는 경우
㉯ 선반에서 테이퍼를 가공하는 경우
㉰ 드릴링에서 대량 생산하는 경우
㉱ 내연 연삭가공을 하는 경우

| 해설 | 박스지그(Box jig) : 공작물의 두 개 이상의 면에 구멍을 뚫을 때 또는 기준면을 잡을 때 사용하는 기구로 개방형, 밀폐형, 조립형 등의 종류가 있다.

87 가스 용접에서 용제를 사용하는 이유는?

㉮ 침탄이나 질화 작용을 촉진시키기 위하여
㉯ 용접 중 산화물 등의 유해물의 제거를 위하여
㉰ 용접부의 기공을 확대하여 조직을 치밀히 하기 위하여
㉱ 용접 과정에서의 슬래그 발생을 방지하기 위하여

| 해설 | 용제(flux) : 용접 중 고온에서 공기와 접촉하기 때문에 산화가 일어나는데 산화물 제거시 사용한다.

88 "WA 46H 8 V"라고 표시된 연삭숫돌에서 H는 무엇을 나타내는가?

㉮ 숫돌입자의 재질　　　　　㉯ 조직
㉰ 결합도　　　　　　　　　㉱ 입도

| 해설 |
㉮ WA : 숫돌 입자 – 열처리강연삭
㉯ 46 : 입도
㉰ H : 결합도
㉱ 8 : 조직
⑤ V : 결합제

89 열간가공에 대한 설명으로 가장 적합한 것은?

㉮ 재결정온도 이상에서 가공하는 것　　㉯ 용융온도 이상에서 가공하는 것
㉰ 템퍼링온도 이상에서 가공하는 것　　㉱ 어닐링온도 이상에서 가공하는 것

90 측정기의 구조상에서 일어나는 오차로서 눈금 또는 피치의 불균일이나 마찰, 측정압 등의 변화 등에 의해 발생하는 오차는?

㉮ 불합리 오차　　　　　　㉯ 기기 오차
㉰ 개인 오차　　　　　　　㉱ 우연 오차

| 해설 |
㉮ 개인오차 : 측정자의 버릇, 부주의, 숙련도에서 발생하는 오차를 말한다.
㉯ 우연오차 : 기계에서 발생하는 소음이나 진동 등과 같은 주위 환경에서 오는 오차 또는 자연현상의 급변 등으로 생기는 오차이다.

86.㉰　87.㉯　88.㉰　89.㉮　90.㉯　■ Answer

91 그림과 같이 길이가 L이고 질량을 무시할 수 있는 강체로 된 보 AB의 A점은 마찰없는 힌지(HINGE)로 지지되고 있고 B점에는 질량 m이 붙어 있다. 보의 가운데 점 C에 스프링상수 k_1인 스프링이 달려 있을 때 이 진동계의 운동 방정식을 $m\ddot{x}+kx=0$라고 놓으면 k의 값은?

㉮ $k=k_1$
㉯ $k=2k_1$
㉰ $k=k_1/2$
㉱ $k=k_1/4$

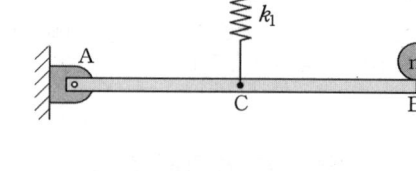

| 해설 | $\dfrac{d}{dt}(T+V)=0$

$\dfrac{d}{dt}\left(\dfrac{1}{2}m\dot{x}^2+\dfrac{1}{2}k_1\left(\dfrac{x}{2}\right)^2\right)=0$

$\dfrac{1}{2}m(2\dot{x}\ddot{x})+\dfrac{1}{2}\cdot k_1\cdot\dfrac{2x\cdot\dot{x}}{4}=0,\quad m\ddot{x}+\dfrac{k_1}{4}x=0$

92 다음 그림과 같이 질량과 바닥면 사이에 건마찰력(dry-friction force)에 의한 감쇠가 작용하는 시스템이 있다. 질량을 중립 위치에서 조금 당겼다가 가만히 놓아주고 그 운동을 관찰하였다. 틀리게 설명된 것은?

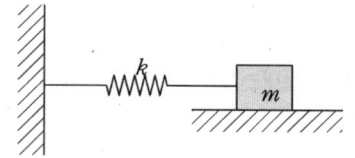

㉮ 쿨롬(Coulomb)감쇠라고도 하며 점성감쇠의 경우와는 달리 운동방정식은 비선형이다.
㉯ 마찰력이 없어도 시스템의 고유진동수는 변하지 않는다.
㉰ 유한한 시간 내에 질량은 정지하게 되며, 항상 처음의 중립위치에서 정지한다.
㉱ 진폭은 시간이 지남에 따라 선형적으로 감소한다.

93 1단 로켓이 지표면에서 정지 상태로부터 수직으로 발사되었다. 로켓의 초기 전체질량은 5000kg이고 적재 연료량은 3600kg이며, 연료의 연소율(b=60kg/s)과 로켓에 대한 연료의 분사속도(v=100m/s)는 일정하다. 발사 10초 후의 로켓의 속도는 약 몇 m/s인가?(단, 중력 및 공기저항 효과는 무시한다.)

㉮ 98.1   ㉯ 127.8   ㉰ 136.6   ㉱ 157.8

| 해설 | 추진력 $F=\dot{m}V=60\times100=6000\,\text{N}$
역적과 운동량의 원리 $\sum F\cdot t=m_2V_2-m_1V_1$
$6000\times10=(5000-600)\times V_2-5000\times100$
$V_2=127.27\,\text{m/sec}$

94 감쇠비 ζ가 일정할 때 전달률을 1보다 작게 하려면 진동수비는 얼마의 크기를 가지고 있어야 하는가?

㉮ 0   ㉯ 1보다 작아야 한다.
㉰ 1   ㉱ $\sqrt{2}$보다 커야 한다.

| 해설 | 전달률이 1보다 작으면 진동수비 $\dfrac{w}{w_n}>\sqrt{2}$이어야 한다.

Answer ■ 91.㉱ 92.㉰ 93.㉯ 94.㉱

95 전체 무게가 3000N인 자동차가 60km/h의 속도로 평지를 달리고 있을 때 브레이크를 밟았다. 이 자동차가 정지하는데 소요되는 시간은 약 몇 초인가?(단, 브레이크의 제동력은 500N이다.)

㉮ 18.5 ㉯ 30.4
㉰ 6.3   ㉱ 10.2

| 해설 | $a = \dfrac{500 \times 9.8}{3000} = 1.633 \text{m/sec}^2$ 감속

$t = \dfrac{600 \times 1000}{3600 \times 1.633} = 10.22 \text{sec}$

96 그림과 같이 막대 AB가 양쪽 벽면을 따라 움직인다. A가 8m/s의 일정한 속도로 오른쪽으로 2m 이동하여 C점에 도달한 순간, B의 가속도의 크기는?

㉮ 10.3m/s²
㉯ 12.4m/s²
㉰ 14.7m/s²
㉱ 16.6m/s²

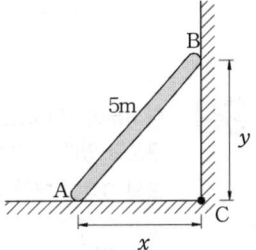

| 해설 | $x^2 + y^2 = r^2$

$2x \cdot \dfrac{dx}{dt} + 2y \cdot \dfrac{dy}{dt} = 2r \cdot \dfrac{dr}{dt} = 0$

$x \cdot V_A + y \cdot V_B = 0$

$V_A^2 + x \cdot a_A + V_B^2 + y \cdot a_B = 0$, $y = \sqrt{5^2 - 2^2} = 4.58\text{m}$

$V_B = \dfrac{2 \times 8}{4.58} = 3.5 \text{m/sec}$, $a_A = 0$

$a_B = \dfrac{8^2 + 3.5^2}{4.58} = 16.65 \text{m/sec}^2$

97 물체의 위치 x가 $x = 6t^2 - t^3$[m]로 주어졌을 때 최대 속도의 크기는 몇 m/s인가?(단, 시간의 단위는 초이다.)

㉮ 10 ㉯ 12
㉰ 14 ㉱ 16

| 해설 | $x = 6t^2 - t^3$

$\dfrac{dx}{dt} = 12t - 3t^2$,

$\dfrac{d^2x}{dt^2} = 12 - 6t = 0$, $t = 2$, $V_{\max} = 12 \times 2 - 3 \times 4 = 12 \text{m/sec}$

95.㉱ 96.㉱ 97.㉯ ■ Answer

98 10kg의 상자가 초기속도 15m/s로 30°의 경사면 위로 올라간다. 상자와 경사면 사이의 운동 마찰계수가 0.15일 때 상자가 올라갈 수 있는 최대거리 x는 몇 m인가?

㉮ 13.7
㉯ 15.7
㉰ 18.2
㉱ 21.8

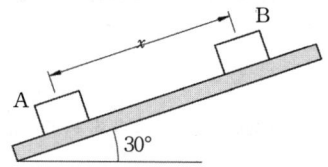

| 해설 | $\frac{1}{2} \times 10 \times (0-15)^2 = -10 \times 9.8 \times \sin 30° \times x - 0.15 \times 10 \times 9.8 \cos 30° \times x$
$x = 18.22$m
일과 운동에너지의 원리를 적용

99 반지름이 a인 디스크가 고정되어 있는 수평한 평면 위를 미끄럼 없이 구르고 있다. 질량중심인 G는 디스크의 기하학적 중심에 위치하며 디스크의 G점에 대한 질량관성 모멘트는 $ma^2/2$이다. 총 운동에너지는?

㉮ $\frac{mv^2}{2}$
㉯ mv^2
㉰ $\frac{3}{2} mv^2$
㉱ $\frac{3}{4} mv^2$

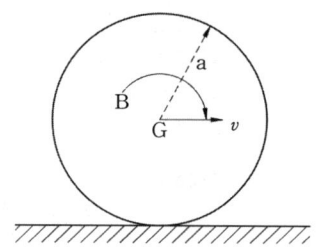

| 해설 | $T = \frac{1}{2} mv^2 + \frac{1}{2} J \cdot w^2 = \frac{1}{2} mv^2 + \frac{1}{2} \times \frac{ma^2}{2} \times \frac{V^2}{a^2} = \frac{3}{4} mv^2$

100 조회운동을 하고 있는 어느 기계부품의 최대 변위는 0.2cm, 최대 가속도는 1.8cm/s²이라고 한다. 이 기계부품의 주기는?

㉮ 0.33s
㉯ 2.09s
㉰ 3.00s
㉱ 18.8s

| 해설 | $a = x \cdot w^2$, $w = \sqrt{\frac{1.8}{0.2}} = 3$rad/sec
$T = \frac{2\pi}{w} = \frac{2\pi}{3} = 2.09$sec

Answer ■ 98.㉰ 99.㉱ 100.㉯

2011 기출문제 10월 2일 시행

1과목 재료역학

01 다음과 같이 길이 L인 일단고정, 타단지지 보에 등분포하중 w가 작용할 때, 전단력이 0이 되는 곳은 고정단 A으로부터 얼마나 되는 곳인가?

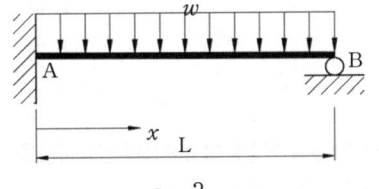

㉮ $\dfrac{3}{8}L$　　㉯ $\dfrac{5}{8}L$　　㉰ $\dfrac{3}{4}L$　　㉱ $\dfrac{2}{3}L$

| 해설 | ㉮ A점의 반력 $R_A = \dfrac{5wl}{8}$
㉯ $F=0$인 지점, $R_A - w \cdot x = 0$
$\dfrac{5wl}{8} = w \cdot x$, $x = \dfrac{5l}{8}$

02 두께가 1cm, 지름 50cm의 원통형 보일러에 내압이 작용하고 있을 때, 면내 최대 전단응력이 $\tau_{max}=$ −62.5MPa이었다면 내압 P는 몇 MPa인가?

㉮ 5　　㉯ 10　　㉰ 15　　㉱ 20

| 해설 | $\tau_{max} = \dfrac{1}{2}\left(\dfrac{pd}{2t} - \dfrac{pd}{4t}\right) = \dfrac{pd}{8t}$
$62.5 = \dfrac{P \times 500}{8 \times 10}$, $P = 10$MPa

03 길이가 3m이고 지름이 16mm인 원형 단면봉에 30kN의 축하중을 작용시켰을 때 탄성 신장량 2.2mm가 생겼다면 이 재료의 탄성계수는 몇 GPa인가?

㉮ 2.03　　㉯ 203
㉰ 1.36　　㉱ 136

| 해설 | $\dfrac{4 \times 30 \times 10^3}{\pi \times 0.016^2} = E \times \dfrac{2.2 \times 10^{-3}}{3}$
$E = 203.57 \times 10^9 \text{Pa} = 203.57 \text{GPa}$

1.㉯　2.㉯　3.㉯　■ Answer

04 회전수 250rpm으로 동력 30kW를 전달할 수 있는 전동축의 최소 지름을 구하면 몇 cm인가?(단, 허용 전단응력은 30MPa이다.)

㉮ 5.0   ㉯ 5.8
㉰ 6.1   ㉱ 6.7

| 해설 | $974000 \times \dfrac{30}{250} \times 9.8 = 30 \times \dfrac{\pi d^3}{16}$
$d = 57.94\text{mm} \fallingdotseq 5.8\text{cm}$

05 강재의 인장시험 후 얻어진 응력-변형률 선도로부터 구할 수 없는 것은?

㉮ 안전계수   ㉯ 탄성계수
㉰ 인장강도   ㉱ 비례한도

06 지름 20mm, 길이 1000mm의 연강봉이 30kN의 인장하중을 받을 때 발생하는 신장량의 크기는 약 몇 mm인가?(단, 탄성계수 E=210GPa이다.)

㉮ 0.455   ㉯ 4.55
㉰ 0.0455   ㉱ 0.00455

| 해설 | $\dfrac{4 \times 30 \times 10^3}{\pi \times 0.02^2} = 210 \times 10^9 \times \dfrac{\delta}{1}$
$\delta = 0.455\text{mm}$

07 그림과 같이 단순지지보의 중앙에 집중하중 P가 작용하고 있을 때 최대처짐 δ_{max}는?(단, 보의 굽힘 강성 EI는 일정하고, 자중은 무시한다.)

㉮ $\dfrac{Pl^3}{48EI}$

㉯ $\dfrac{5Pl^3}{384EI}$

㉰ $\dfrac{5Pl^4}{384EI}$

㉱ $\dfrac{Pl^3}{3EI}$

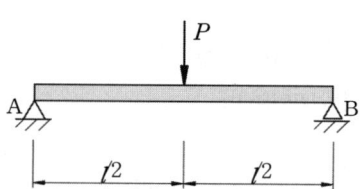

Answer ■ 4.㉯ 5.㉮ 6.㉮ 7.㉮

08 원형 단면보의 임의 단면에 걸리는 전체 전단력이 V일 때, 단면에 생기는 최대 전단응력은?(단, A는 원형단면의 면적이다.)

㉮ $\dfrac{1}{2}\dfrac{V}{A}$

㉯ $\dfrac{1}{3}\dfrac{V}{A}$

㉰ $\dfrac{4}{3}\dfrac{V}{A}$

㉱ $\dfrac{3}{2}\dfrac{V}{A}$

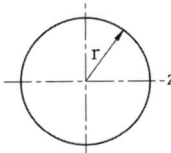

09 반경이 r이고 길이가 L인 균일한 단면의 직선축이 전체 길이에 걸쳐 토크 t_0를 받을 때, 최대 전단응력은?

㉮ $\dfrac{2t_0 L}{\pi r^3}$ ㉯ $\dfrac{4t_0 L}{\pi r^3}$

㉰ $\dfrac{16t_0 L}{\pi r^3}$ ㉱ $\dfrac{32t_0 L}{\pi r^3}$

| 해설 | $t_o \cdot L = \tau \times \dfrac{\pi \cdot r^3}{2}$

$\tau = \dfrac{2t_o \cdot L}{\pi r^3}$

10 다음의 선형 탄성 균일단면 돌출보에 발생하는 최대 굽힘 모멘트는 몇 kN·m인가?

㉮ 3
㉯ 6
㉰ 7.2
㉱ 9.6

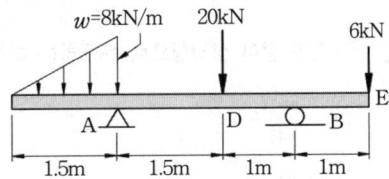

| 해설 | $R_B = \dfrac{6 \times 3.5 + 20 \times 1.5 - 6 \times \dfrac{1.5}{3}}{2.5} = 19.2 \text{kN}$

$M_D = 6 \times 2 - 19.2 \times 1 = -7.2 \text{kN} \cdot \text{m}$

∴ $M_{max} = M_D = 7.2 \text{kN} \cdot \text{m}$

11 안지름 80mm, 바깥지름이 90mm이고 길이가 4m인 좌굴 하중을 받는 파이프 압축 부재의 세장비는 얼마 정도인가?

㉮ 93   ㉯ 103
㉰ 123   ㉱ 133

| 해설 | $K = \sqrt{\dfrac{4 \times \pi (d_2^4 - d_1^4)}{\pi (d_2^2 - d_1^2) \times 64}} = 30.104 \text{mm}$

$\lambda = \dfrac{l}{k} = \dfrac{4000}{30.104} = 132.87$

8.㉰ 9.㉮ 10.㉰ 11.㉱ ■ Answer

12 그림과 같은 직사각형 단면에서 $y_1 = \dfrac{h}{2}$의 위쪽 면적(빗금부분)의 중립축에 대한 단면 1차모멘트 Q는?

㉮ $\dfrac{3}{8}bh^3$

㉯ $\dfrac{3}{8}bh^2$

㉰ $\dfrac{1}{2}bh^3$

㉱ $\dfrac{1}{2}bh^2$

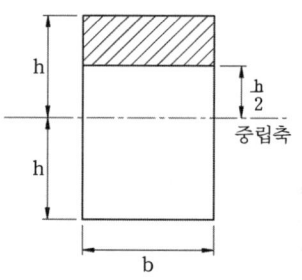

| 해설 | $G = \dfrac{b \times h}{2} \times \dfrac{3h}{4} = \dfrac{3bh^2}{8}$

13 그림과 같이 반지름이 5cm인 원형 단면을 갖는 ㄱ자 프레임의 A점 단면의 수직응력은 약 몇 MPa인가?

㉮ 75.5
㉯ 85.5
㉰ 95.5
㉱ 105.5

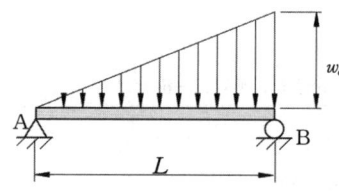

| 해설 | $\sigma_1 = \dfrac{4 \times 50 \times 10^3}{\pi \times 0.1^2} - \dfrac{32 \times 50000 \times 0.2}{\pi \times 0.1^3} = -95.54 \text{MPa}(인장응력)$

$\sigma_2 = \dfrac{4 \times 50 \times 10^3}{\pi \times 0.1^2} + \dfrac{32 \times 50000 \times 0.2}{\pi \times 0.1^3} = 108.28 \text{MPa}(압축응력)$

14 그림과 같이 삼각형으로 분포하는 하중을 받고 있는 단순보에서 지점 B의 반력은 얼마인가?

㉮ $\dfrac{w_o L}{6}$

㉯ $\dfrac{w_o L}{3}$

㉰ $\dfrac{w_o L}{2}$

㉱ $w_o L$

Answer ■ 12.㉯ 13.㉰ 14.㉯

15 보의 자유단에 하중 P가 작용할 때, 점 B에서의 기울기를 구하면?(단, 보의 굽힘 강성 EI는 일정하고, 자중은 무시한다.)

㉮ $\dfrac{PL^2}{2EI}$

㉯ $\dfrac{PL^2}{3EI}$

㉰ $\dfrac{3PL^2}{16EI}$

㉱ $\dfrac{5PL^2}{48EI}$

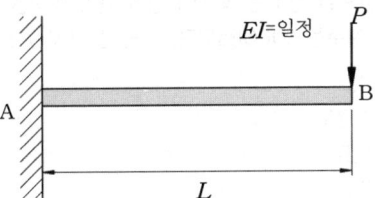

16 단면적이 5cm², 길이가 60cm인 연강봉을 천장에 매달고 20℃에서 0℃로 냉각시킬 때 길이의 변화를 없게 하려면 봉의 끝에 몇 kN의 추를 달아 주어야 하는가?(단, 탄성계수 E=200GPa, 열팽창계수 α=12×10⁻⁶/℃ 봉의 자중은 무시한다.)

㉮ 60 ㉯ 36
㉰ 30 ㉱ 24

| 해설 | $200 \times 10^9 \times 12 \times 10^{-6} \times 20 = \dfrac{P}{5 \times 10^{-4}}$

$P = 24000N = 24kN$

17 그림과 같이 직사각형 단면을 갖는 외팔보에 발생하는 최대 굽힘응력 σ_b는?

㉮ $\dfrac{bh^2}{6Pl}$

㉯ $\dfrac{6Pl}{b^2h}$

㉰ $\dfrac{6Pl}{bh^2}$

㉱ $\dfrac{b^2h}{6Pl}$

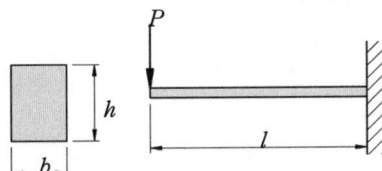

18 지름 4cm, 길이 3m인 선형 탄성 원형 축이 600rpm으로 3.7kW를 전달할 때, 비틀림 각은 약 몇 도(degree)인가?(단, 전단 탄성계수는 84GPa이다.)

㉮ 0.0085° ㉯ 0.48°
㉰ 1.02°   ㉱ 5.08°

| 해설 | $\theta = \dfrac{32 \times 974 \times 9.8 \times 3.7 \times 3}{84 \times 10^9 \times \pi \times 0.04^4 \times 600} \times \dfrac{180°}{\pi} \fallingdotseq 0.48°$

15.㉮ 16.㉱ 17.㉰ 18.㉯ ■ Answer

19 그림과 같이 양단이 고정된 단면적 1cm², 길이 2m의 케이블을 B점에서 아래로 5mm만큼 잡아당기는 데 필요한 힘 P는 약 몇 N인가?(단, 케이블 재료의 탄성계수는 200GPa이며, 자중은 무시한다.)

㉮ 0.5
㉯ 1.25
㉰ 2.5
㉱ 5.0

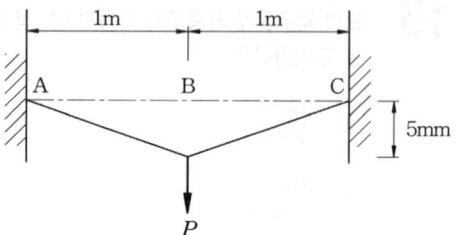

| 해설 | ㉮ 늘어난 길이 $\delta = \sqrt{1000^2 + 5^2} - 1000 = 0.0125mm$
㉯ δ의 작용력 F
$F = 100 \times 200 \times 10^3 \times \dfrac{0.0125}{1000} = 250N$
㉰ $\dfrac{P}{\sin(179.427)} = \dfrac{250}{\sin(90.286)}$
$P = 2.5N$

20 그림과 같은 막대가 있다. 그 길이는 2.5m이고 힘은 지면에 평행으로 150N만큼 주어졌을 때 o점에 작용하는 힘과 모멘트는?

㉮ $F_{ox}=0$, $F_{oy}=150N$, $M_z=150N \cdot m$
㉯ $F_{ox}=150N$, $F_{oy}=0$, $M_z=187.5N \cdot m$
㉰ $F_{ox}=150N$, $F_{oy}=150N$, $M_z=150N \cdot m$
㉱ $F_{ox}=0$, $F_{oy}=0$, $M_z=187.5N \cdot m$

| 해설 | $M_z = 150 \times 2.5 \times \sin 30° = 187.5N \cdot m$

2과목 기계열역학

21 증기 터빈에서의 상태 변화 중 가장 이상적인 과정은?

㉮ 가역정압과정 ㉯ 가역단열과정
㉰ 가역정적과정 ㉱ 가역등온과정

22 강성용기 안에 임계 상태의 물 1kg이 들어있다. 온도를 370℃로 낮추면 건도는 약 얼마가 되는가?(단, 임계점 근처의 비체적에 관한 값은 표와 같다.)

온도 (℃)	압력 (kPa)	비체적(m³/kg)	
		포화액체(V_f)	포화증기(V_g)
370	21.03	0.002213	0.004925
374.14	22.09	0.003155	0.03155

Answer ▪ 19.㉰ 20.㉯ 21.㉯ 22.㉰

㉮ 0.17 　　　　　　　　　　㉯ 0.28
㉰ 0.35 　　　　　　　　　　㉱ 0.54

| 해설 | $x = \dfrac{(0.003155 - 0.002213)}{(0.004925 - 0.002213)} = 0.35$, $v_x = v' + x(v'' - v')$

23
효율이 85%인 터빈에 들어갈 때의 증기의 엔탈피가 3390kJ/kg이고, 가역 단열 과정에 의해 팽창할 경우에 출구에서의 엔탈피가 2135kJ/kg이 된다고 한다. 운동에너지의 변화를 무시할 경우 이 터빈의 실제 일은 몇 kJ/kg인가?

㉮ 1476 　　　　　　　　　　㉯ 1255
㉰ 1067 　　　　　　　　　　㉱ 906

| 해설 | 실제일=0.85×(3390-2135)=1066.75kJ/kg

24
단열된 용기 안에 두 개의 구리 블록이 있다. 블록 A는 10kg, 온도 300K이고, 블록 B는 10kg, 900K이다. 구리의 비열은 0.4kJ/kg·K일 때, 두 블록을 접촉시켜 열교환이 가능하게 하고 장시간 놓아두어 최종 상태에서 두 구리 블록의 온도가 같아졌다. 이 과정 동안 시스템의 엔트로피 증가량(kJ/K)은?

㉮ 1.15 　　　　　　　　　　㉯ 2.04
㉰ 2.77 　　　　　　　　　　㉱ 4.82

| 해설 | $10 \times 0.4 \times (t_m - 300) = 10 \times 0.4 \times (900 - t_m)$
　　　　$t_m = 600K$
　　　　$\triangle S = 10 \times 0.4 \times (\ln\dfrac{600}{300} + \ln\dfrac{600}{900}) = 1.15$kJ/K

25
카르노(Carnot) 사이클은 열역학적으로 가장 효율이 높은 이상적인 사이클이다. 다음 중 카르노 사이클에서 이루어질 수 없는 과정은 무엇인가?

㉮ 등온팽창 　　　　　　　　㉯ 교축팽창
㉰ 등온압축 　　　　　　　　㉱ 단열압축

26
실린더에 밀폐된 8kg의 공기가 그림과 같이 P_1=800kPa, 체적 V_1=0.27m³에서 P_2=350kPa, 체적 V_2=0.80m³으로 직선 변화 하였다. 이 과정에서 공기가 한 일은 약 몇 kJ인가?

㉮ 254
㉯ 305
㉰ 382
㉱ 390

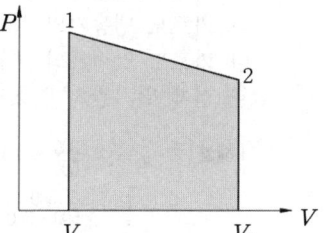

| 해설 | $_1\overline{W}_2 = \dfrac{1}{2} \times (800 - 350) \times (0.8 - 0.27) + 350 \times (0.8 - 0.27) = 304.75$ kJ

23.㉰　24.㉮　25.㉯　26.㉯　■ Answer

27 다음 중 압력의 SI 단위로 맞는 것은?
㉮ bar   ㉯ Pa
㉰ atm   ㉱ torr

|해설| 1torr=1mmHg

28 냉동기의 효율은 성능 계수로 나타낸다. 냉동기의 성능 계수에 대한 설명 중 잘못된 것은?
㉮ 성능 계수는 증발기에서 흡수된 열량과 압축기에 공급된 일량의 비로 정의된다.
㉯ 성능 계수는 1보다 클 수 없다.
㉰ 냉동기의 작동 온도에 따라 성능 계수는 변한다.
㉱ 동일한 작동 온도에서 운전되는 냉동기라도 사용되는 냉매에 따라 성능 계수는 달라질 수 있다.

29 완전가스의 내부 에너지(u)는 어떤 함수인가?
㉮ 압력과 온도의 함수이다.   ㉯ 압력만의 함수이다.
㉰ 체적과 압력의 함수이다.   ㉱ 온도만의 함수이다.

30 100kPa의 포화수 1kg과 100kPa의 포화 수증기 1kg을 각각 500kPa까지 정상류 가역단열압축 하는데 필요한 일을 비교하면?
㉮ 서로 같다.
㉯ 비슷하다.
㉰ 포화수를 압축하는 일이 훨씬 크다.
㉱ 포화 증기를 압축하는데 필요한 일이 훨씬 크다.

31 다음 중 온도가 각각 500K, 300K인 두 개의 열저장조 사이에서 작동하는 열기관 또는 냉동기, 열펌프 등에 관한 설명으로 옳은 것은?
㉮ 카르노(Carnot) 열기관의 열효율은 25%이다.
㉯ 카르노 냉동기의 성능계수(COP)는 2이다.
㉰ 카르노 열펌프의 성능계수(COP)는 3이다.
㉱ 실제 열기관의 열효율이 15%이 될 수 있다.

|해설| ㉮ $\eta_c = 1 - \dfrac{300}{500} = 0.4$
㉯ $COP_R = \dfrac{300}{500-300} = 0.4$ {1.5}
㉰ $COP_H = \dfrac{500}{500-300} = 2.5$
㉱ 실제 열기관의 열효율은 40% 이하일 것이다.

Answer ■ 27.㉯ 28.㉯ 29.㉱ 30.㉱ 31.㉱

32 실제 증기 압축식 냉동 시스템에서 고려해야 할 사항 중 잘못된 것은?

㉮ 압축기 입구의 냉매를 약간 과열된 상태로 만든다.
㉯ 냉매가 교축밸브로 들어가기 전에 약간 과냉각시킨다.
㉰ 압축과정 동안 비가역성과 열전달이 존재한다.
㉱ 교축밸브는 증발기에서 멀리 떨어진 곳에 위치시킨다.

33 아래 그림에서 T_1=561K, T_2=1010K, T_3=690K, T_4=383K인 공기를 작동 유체로 하는 브레이톤 사이클(Brayton cycle)의 이론 열효율은?

㉮ 0.388
㉯ 0.425
㉰ 0.316
㉱ 0.412

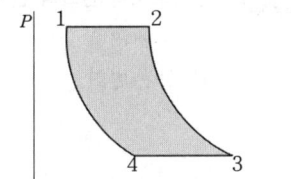

| 해설 | $\eta_B = 1 - \left(\dfrac{1}{r}\right)^{-\frac{k-1}{k}} = 1 - \dfrac{T_4}{T_1} = \left(1 - \dfrac{383}{561}\right) = 0.317$

34 다음 열역학 제1법칙에 관한 설명 중 틀린 것은?

㉮ 밀폐계가 임의의 사이클을 이룰 때 전달되는 열량의 총합은 행하여진 일량의 총합과 같다.
㉯ 열역학 기초법칙으로 에너지 보존법칙이 성립한다.
㉰ 열은 본질상 에너지의 일종이며 열과 일은 서로 전환이 가능하고, 이 때 열과 일 사이에는 일정한 비례관계가 성립한다.
㉱ 어떤 열원에서 에너지를 받아 계속적으로 일로 바꾸고, 외부에 아무런 흔적을 남기지 않는 기관은 실현 불가능하다.

35 공기가 20m/s의 속도로 풍차 속으로 유입되고, 6m/s의 속도로 유출된다. 공기 1kg 당 풍차에 한 일은?(단, 입구와 출구의 높이와 온도는 같다고 가정한다.)

㉮ 182J/kg ㉯ 224J/kg
㉰ 241J/kg ㉱ 340J/kg

| 해설 | 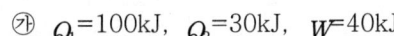 $U_{1-2} = \dfrac{1}{2} m(V_2^2 - V_1^2) = \dfrac{1}{2} \times 1 \times (20^2 - 6^2) = 182 J/kg$

36 다음 냉동사이클의 에너지 전달량으로 적당한 것은?

㉮ Q_1=100kJ, Q_3=30kJ, W=40kJ
㉯ Q_1=100kJ, Q_3=30kJ, W=30kJ
㉰ Q_1=80kJ, Q_3=40kJ, W=10kJ
㉱ Q_1=90kJ, Q_3=40kJ, W=10kJ

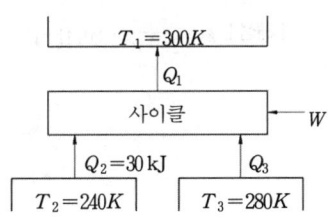

32.㉱ 33.㉰ 34.㉱ 35.㉮ 36.㉮ ■ Answer

37 500℃와 20℃의 두 열원 사이에 설치되는 열기관이 가질 수 있는 최대의 이론 열효율은 약 %인가?
㉮ 4 ㉯ 38
㉰ 62 ㉱ 96

|해설| $\eta_o = (1 - \frac{20+273}{500+273}) \times 100 = 62..1\%$

38 폴리트로픽 변화의 관계식 $PV^n = C$에서 n=0이면 다음 중 무슨 변화가 되는가?
㉮ 정적변화 ㉯ 정압변화
㉰ 등온변화 ㉱ 단열변화

39 다음 중 증기압축 냉동사이클의 구성품이 아닌 것은?
㉮ 응축기 ㉯ 증발기
㉰ 팽창밸브 ㉱ 터빈

40 전동기에 브레이크를 설치하여 출력 시험을 하는 경우를 생각하자, 축 출력 10kW의 상태에서 1시간 운전을 하고, 이때 마찰열을 20℃의 주위에 전할 때 주위의 엔트로피는 어느 정도 증가하는가?
㉮ 123kJ/K ㉯ 133kJ/K
㉰ 143kJ/K ㉱ 153kJ/K

|해설| $\triangle S = \int \frac{\delta Q}{T} = \frac{10 \times 3600}{20+273} = 122.87$ kJ/K

3과목 기계유체역학

41 연직 상방으로 향한 노즐로부터 물이 분출하고 있다. 노즐 출구에서 물의 속도가 20m/s라면 물의 최고상승 높이는 약 몇 m인가?(단, 마찰손실은 무시한다.)
㉮ 20.4 ㉯ 24.9
㉰ 26.4 ㉱ 29.8

|해설| $h = \frac{20^2}{2 \times 9.8} = 20.41$ m

Answer ■ 37.㉰ 38.㉯ 39.㉱ 40.㉮ 41.㉮

42 그림과 같은 용기에 수심 2m로 물이 채워져 있다. 이 용기가 연직 상방향으로 9.8m/s²로 가속할 때, B점과 A점의 압력차 $P_B - P_A$는 약 몇 kPa인가?

㉮ 39.2
㉯ 19.6
㉰ 9.8
㉱ 78.4

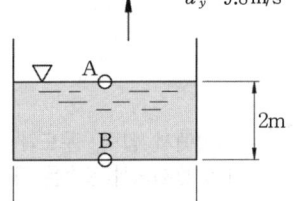

|해설| $P_B - P_A = 9.8 \times 2 \times (1 + \frac{9.8}{9.8}) = 39.2$ kPa

43 2차원 유동에서 x, y 방향의 속도를 각각 u, v라 하면 그 유체의 와도(Vorticity)는?

㉮ $\frac{\partial u}{\partial x} + \frac{\partial v}{\partial y}$
㉯ $\frac{\partial v}{\partial x} + \frac{\partial u}{\partial y}$
㉰ $\frac{\partial u}{\partial x} - \frac{\partial v}{\partial y}$
㉱ $\frac{\partial v}{\partial x} - \frac{\partial u}{\partial y}$

|해설| $\omega_z = \frac{1}{2}\left(\frac{\partial u}{\partial x} - \frac{\partial u}{\partial y}\right)$

44 관경이 10mm인 파이프의 엘보(elbow), 밸브(valve) 등 부차적 손실(minor loss) 계수들의 합이 20이고 파이프의 마찰계수가 0.02일 때 부차적 손실에 상당하는 관의 등가 길이는 몇 m인가?

㉮ 0.4
㉯ 1
㉰ 10
㉱ 100

|해설| $l_e = \frac{20 \times 0.01}{0.02} = 10$m

45 기체의 점성에 가장 크게 영향을 미치는 것은?

㉮ 기체 분자간의 충돌시 에너지 손실
㉯ 기체 분자간의 충돌시 운동량 교환
㉰ 기체 분자간에 작용하는 인력
㉱ 기체 분자의 브라운 운동 속도의 구배

46 그림과 같은 밀폐된 탱크 안에 비중이 0.7, 1.0인 액체가 채워져 있고, 점 A의 압력이 점 B의 압력보다 6.8kPa 크다면, 경사관의 각도 θ는 약 몇 도인가?

㉮ 12°
㉯ 19.3°
㉰ 22.5°
㉱ 34.5°

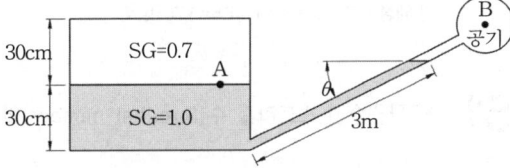

42.㉮ 43.㉱ 44.㉰ 45.㉯ 46.㉯ ■ Answer

| 해설 | $0.3 \times 9.8 \times (0.7+1.0)$
$= (0.3 \times 9.8 \times 0.7 - 6.8) + 3 \times \sin\theta \times 1 \times 9.8$
$\theta = 19.3°$

47
지상에서 압력, 온도가 각각 P=100kPa, T=300K일 때 음속이 347m/s이다. 고도 10km(P=26kPa, T=223K)에서 음속은 약 몇 m/s인가?

㉮ 258   ㉯ 300   ㉰ 347   ㉱ 402

| 해설 | $k \cdot R = \dfrac{347^2}{300} = 401.363$
$C = \sqrt{kR \cdot T} = \sqrt{401.363 \times 223} = 299.17 \text{m/sec}$
$C = \sqrt{1.4 \times 287 \times 223} = 299.33 \text{m/sec}$

48
속도와 압력을 같이 측정할 수 있는 장치는?

㉮ 피토정압관(Pitot-static tube)   ㉯ LDV
㉰ Hot Wire   ㉱ 피에조미터

49
10℃의 물이 내경 20mm인 원관 속을 흐를 때 평균 속도가 약 몇 m/s 이하일 때 층류인가?(단, 임계 레이놀즈수는 2320이고, 물의 동점성 계수는 0.013×10^{-4} m²/s이다.)

㉮ 0.015   ㉯ 0.15
㉰ 0.3   ㉱ 1.24

| 해설 | $R_e = \dfrac{0.02 \times V}{0.013 \times 10^{-4}} = 2320$
$V = 0.1508 \text{m/sec}$

50
그림과 같은 높이가 4m인 사각형 수문이 있다. 폭을 1.5m라 할 때 수문에 작용하는 힘의 합은 절대값으로 약 몇 kN인가?(단, 수면에서 수문 중심까지의 수직거리는 3m이다.)

㉮ 18
㉯ 9
㉰ 96.6
㉱ 176.4

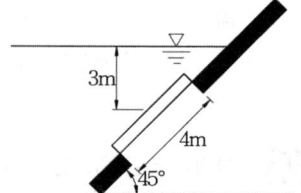

| 해설 | $F = 9.8 \times 3 \times 4 \times 1.5 = 176.4 \text{kN}$

51
무차원수인 스트라홀 수(Strouhal number)와 가장 관련없는 것은?

㉮ 속도   ㉯ 진동수
㉰ 관 지름이나 길이   ㉱ 압력

| 해설 | 스트라홀수 $= \dfrac{진동}{평균속도} = \dfrac{w \cdot L}{V}$

Answer ■ 47.㉯   48.㉮   49.㉯   50.㉱   51.㉱

52 물을 사용하는 원심 펌프의 설계점에서의 전 양정이 30m이고 유량은 1.2m³/min이다. 이 펌프의 전효율이 80%라면 이 펌프를 설계점에서 운전할 때 필요한 축동력은 몇 kW인가?

㉮ 3.6   ㉯ 4.9
㉰ 5.88   ㉱ 7.35

| 해설 | $L_s = \dfrac{1000 \times 1.2 \times 30}{0.8 \times 102 \times 60} = 7.35 kW$

53 안지름 2.5cm인 관이 안지름 7.5cm인 관에 직접 연결되어 있다. 이 관속을 비압축성 유체가 정상적으로 유동할 때, 2.5cm 관내의 평균유속이 V라면 7.5cm 관내의 평균유속은?

㉮ $3V$ ㉯ $\dfrac{V}{3}$
㉰ $\dfrac{V}{9}$ ㉱ $\dfrac{V}{27}$

| 해설 | $Q = \dfrac{\pi \times 2.5^2}{4} \times V = \dfrac{\pi \times 7.5^2}{4} \times V'$

$V' = \dfrac{V}{9}$

54 비압축성, 정상유동인 유동장에서 속도성분이 다음과 같이 주어져 있다.

$u = x^2 + y^2 + z^2, \quad v = xy + yz + z$

이때 z방향의 속도성분 w는 어떻게 되는가?

㉮ $w = -3x - z$
㉯ $w = 3x + z$
㉰ $w = -3xz - \dfrac{z^2}{2} + f(x, y)$
㉱ $w = 3xz + \dfrac{z^2}{2} + f(x, y)$

| 해설 | $\dfrac{\partial u}{\partial x} + \dfrac{\partial v}{\partial y} + \dfrac{\partial w}{\partial z} = 0$를 만족하는 것을 찾아라.

55 지름이 70mm인 소방노즐에서 물제트가 50m/s의 속도로 건물 벽에 수직으로 충돌하고 있다. 벽이 받는 힘은 약 몇 kN인가?(단, 물의 밀도는 1000kg/m³이다.)

㉮ 21.2   ㉯ 5.50
㉰ 7.42   ㉱ 9.62

| 해설 | $F = 1000 \times \dfrac{\pi \times 0.07^2}{4} \times 50^2 \times 10^{-3} = 9.62 \, kN$

52.㉱ 53.㉰ 54.㉰ 55.㉱ ■ Answer

56 두 평행평판 사이를 점성 유체가 층류로 흐를 때 완전 발달되어 평균 속도가 1.5m/s이면 최대 속도는 몇 m/s인가?

㉮ 1.0   ㉯ 1.25
㉰ 2.0   ㉱ 2.25

| 해설 | $U_{max} = 1.5 \times 1.5 = 2.2 \, m/sec$

57 길이 100m, 속도 18m/s인 선박의 모형실험을 길이 5m인 모형선으로 프루드(Froude) 상사가 성립되게 실험하려면 모형선의 속도는 몇 m/s로 해야 하는가?

㉮ 1.80   ㉯ 4.02
㉰ 0.36   ㉱ 36

| 해설 | $\dfrac{18^2}{100} = \dfrac{V^2}{5}$, $V = 4.02 \, m/sec$

58 지름 0.015m의 구가 공기 속을 28m/s의 속도로 날아가는 경우 항력은 몇 N인가?(단, 공기의 밀도는 1.23kg/m³, 동점성계수는 0.15cm²/s, 항력계수는 C_D=0.50이다.)

㉮ 3.56×10^{-4} ㉯ 2.25×10^{-3}
㉰ 4.26×10^{-2} ㉱ 5.64×10^{-4}

| 해설 | $D = 0.5 \times \dfrac{\pi \times 0.015^2}{4} \times \dfrac{1.23 \times 28^2}{2} = 0.0426 \, N$

59 동점성계수가 $15.68 \times 10^{-6} \, m^2/s$인 유체가 평판 위를 1.5m/s의 속도로 흐르고 있다. 평판의 선단으로부터 0.3m되는 곳에서의 레이놀즈수는?

㉮ 28700   ㉯ 25400
㉰ 22400   ㉱ 20400

| 해설 | $R_e = \dfrac{1.5 \times 0.3}{15.68 \times 10^{-6}} = 28698.98$

60 점성계수가 0.7posie이고 비중이 0.7인 유체의 동점성계수는 몇 stokes인가?

㉮ 0.7   ㉯ 1.0
㉰ 1.4   ㉱ 2.0

| 해설 | $\nu = \dfrac{0.7 \times 10^{-4}}{0.7 \times 1000} = 1 \times 10^{-4} \, m^2/sec = 1 \, cm^2/sec = 1 \, stokes$

Answer ■ 56.㉱   57.㉯   58.㉰   59.㉮   60.㉯

4과목 기계재료 및 유압기기

61 5~20%의 Zn의 황동을 말하며, 강도는 낮으나 전연성이 좋고 색깔이 금색에 가까우므로, 모조 금이나 판 및 선 등에 사용되는 구리합금은?

㉮ 톰백 ㉯ 7 : 3 황동
㉰ 6 : 4 황동 ㉱ 니켈 황동

| 해설 | ㉯ 7 : 3 황동 = Cu 70%+Zn 30%
㉰ 6 : 4 황동 = Cu 60%+Zn 40%
㉱ 니켈 황동 = 양은, 양백

62 철-탄소계 평형 상태도에서 탄소함유량이 약 6.68%를 함유하고 있는 조직은?

㉮ 시멘타이트 ㉯ 오스테나이트
㉰ 펄라이트 ㉱ 페라이트

| 해설 | ㉮ 페라이트 : 탄소 함량이 0.025% 이하
㉯ 펄라이트 : 탄소 함량이 0.85% 이하
㉰ 시멘타이트 : 탄소 함량이 6.68% 이하

63 18-8 스테인리스 강에서 입계부식의 원인은?

㉮ 인화물 석출 ㉯ 질화물 석출
㉰ 탄화물 석출 ㉱ 규화물 석출

| 해설 | 18-8 스테인리스강의 입계부식 : 600~800℃에서 단시간 내에서 탄화물이 결정립계에 석출되기 때문에 입계부근의 내식성이 저하되어 점진적으로 부식이 되는 현상이다.

64 다음 중 서브제로(sub-zero)처리에 대한 설명으로 틀린 것은?

㉮ 잔류오스테나이트를 마텐자이트화 한다.
㉯ 공구강의 경도증가와 성능을 향상시킨다.
㉰ 스테인리스강에는 우수한 기계적 성질을 부여한다.
㉱ 충격값을 증가시키고 시효에 의한 치수변화가 생긴다.

| 해설 | 치수의 정확을 요하는 게이지, 볼베어링 등을 만들 때에는 심랭처리를 하는 것이 좋다.

65 강을 오스템퍼링 처리하면 얻어지는 조직으로서 열처리변형이 적고 탄성이 증가하는 조직은?

㉮ 펄라이트 ㉯ 마텐자이트
㉰ 베이나이트 ㉱ 시멘타이트

| 해설 | 베이나이트 조직은 항온 열처리를 했을 때 나타나는 조직이다.

61.㉮ 62.㉮ 63.㉰ 64.㉱ 65.㉰ ■ Answer

66 다음 중 가공성이 가장 우수한 결정격자는?

㉮ 면심입방격자 ㉯ 체심입방격자
㉰ 정방격자 ㉱ 조밀육방격자

| 해설 | ㉮ 체심입방격자 : 융점이 높고 강도가 크다.
㉯ 면심입방격자 : 전·연성과 전기전도율은 높고 가공성이 우수하다.
㉰ 조밀육방격자 : 전성, 연성, 가공성 등이 불량하다.

67 고속도강(SKH51)의 담금질 온도(quenching temperature)로 가장 적당한 것은?

㉮ 720℃ ㉯ 910℃
㉰ 1250℃ ㉱ 1590℃

| 해설 | 고속도강 열처리 : 800~900℃에서 예열을 하고 1250~1300℃에서 2분간 담금질을 한 후 300℃ 정도로 공기 중 서냉을 한다.

68 강의 특수원소 중 뜨임 취성(Temper brittleness)을 현저히 감소시키며 열처리 효과를 더욱 크게 하여 질량 효과를 감소시키는 특성을 갖는 원소는?

㉮ Ni ㉯ Cr
㉰ Mo ㉱ W

69 다음 중 기계재료를 석출경화 시키기 위해서는 어떠한 예비처리가 가장 필요한가?

㉮ 노멀라이징 ㉯ 패텐팅
㉰ 마퀜칭 ㉱ 용체화 처리

| 해설 | 강의 합금성분을 고용체로 용해하는 온도 이상으로 가열하고 충분한 시간동안 유지한 다음 급랭시켜 함금성분의 석출을 저해함으로써 상온에서 고용체의 조직을 얻는 조작을 용체화처리 또는 고용화 열처리라 한다.

70 탄소강의 탄소함유량(%)을 올바르게 나타낸 것은?

㉮ 0.02~2.04% ㉯ 2.05~2.43%
㉰ 2.67~4.20% ㉱ 4.30~6.67%

Answer ■ 66.㉮ 67.㉰ 68.㉰ 69.㉱ 70.㉮

71 그림과 같은 회로도는 크기가 같은 실린더로 동조하는 회로이다. 이 동조회로 명칭으로 가장 적합한 것은?

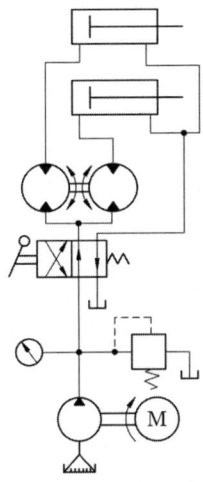

㉮ 2개의 릴리프 밸브를 사용한 동조회로
㉯ 2개의 유량제어 밸브를 사용한 동조회로
㉰ 2개의 유압모터를 사용한 동조회로
㉱ 래크와 피니언을 사용한 동조회로

|해설| 릴리프 밸브 1개, 레버방식 4포트 2위치
방향전환밸브 1개, 작동기로 유압실린더 2개, 유압모터 2개를 사용한 회로

72 다음은 유압 변위단계 선도(도표)이다. 이 선도에서 시스템의 동작순서가 옳은 것은?(단, + : 실린더의 전진, - : 실린더의 후진을 나타낸다.)

㉮ $A^+B^+B^-A^-$
㉯ $A^-B^-B^+A^+$
㉰ $B^+A^+A^-B^-$
㉱ $B^-A^-A^+B^+$

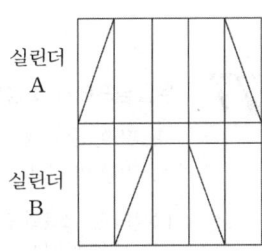

73 크래킹 압력(Cracking Pressure)의 설명으로 가장 적합한 것은?

㉮ 압력 제어 밸브 등에서 조절되는 압력
㉯ 체크 밸브, 릴리프 밸브 등에서 압력이 상승하고 밸브가 열리기 시작하여 어느 일정한 흐름의 양이 인정되는 압력
㉰ 체크 밸브, 릴리프 밸브 등의 입구 쪽 압력이 강하하고, 밸브가 닫히기 시작하여 밸브의 누설량이 어느 규정의 양까지 감소했을 때의 압력
㉱ 파일럿 관로에 작용시키는 압력

|해설| 크래킹 압력(cracking pressure) : 릴리프 밸브가 열리기 시작하는 압력

71.㉰ 72.㉮ 73.㉯ ■ Answer

74 다음 공유압 기호의 명칭은 무엇인가?

㉮ 배기구
㉯ 공기구멍
㉰ 회전이음
㉱ 급속이음

75 구조상 마모에 대해 압력 저하가 적어 수명이 긴 펌프는?

㉮ 기어 펌프   ㉯ 스크루 펌프
㉰ 베인 펌프   ㉱ 회전 피스톤 펌프

76 그림과 같은 중장비의 버킷이 자유 낙하되는 현상이 나타났을 때, 이를 해결할 수 있는 방법으로 적합한 것은?

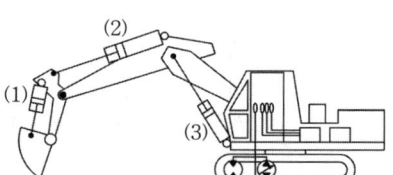

㉮ (1)번 실린더에 카운터 밸런스 밸브를 설치한다.
㉯ (1)번 실린더에 시퀀스 밸브를 설치한다.
㉰ (2)번 실린더에 무부하 밸브를 설치한다.
㉱ (3)번 실린더에 감압 밸브를 설치한다.

| **해설** | 카운터 밸런스 밸브 : 추의 낙하를 방지하기 위한 밸브로서 유압을 가하여 하강시킬 경우에도 열리며 유압을 제거하면 폐쇄된다.

77 유압펌프에서 소음이 발생하는 원인으로 가장 옳은 것은?

㉮ 펌프 출구에서 공기의 유입   ㉯ 유압유의 점도가 지나치게 낮음
㉰ 펌프의 속도가 지나치게 느림   ㉱ 입구 관로의 연결이 헐겁거나 손상되었음

| **해설** | 펌프소음의 원인
㉮ 펌프의 상부커버를 고정시킬 볼트가 헐겁다.
㉯ 원동기와 펌프의 센터 축이 맞지 않다.
㉰ 공기가 유입되어 있다.
㉱ 회전이 너무 빠르거나 점도가 큰 경우 소음이 발생한다.

78 관(튜브)의 끝을 넓히지 않고 관과 슬리브의 먹힘, 또는 마찰에 의하여 관을 유지하는 관 이음쇠는?

㉮ 플랜지 관 이음쇠   ㉯ 스위블 이음쇠
㉰ 플레어드 관 이음쇠   ㉱ 플레어리스 관 이음쇠

| **해설** | 플레어 작업 : 관의 선단부를 원추형의 펀치로 나팔형으로 펴는 작업

Answer ■ 74.㉯ 75.㉰ 76.㉮ 77.㉱ 78.㉱

79 모듈이 10, 잇수가 30개, 이의 폭이 50mm일 때, 회전수가 600rpm, 체적 효율은 80%인 기어펌프의 송출 유량은 약 몇 m³/min인가?

㉮ 0.45　　　　　　　　　㉯ 0.27
㉰ 0.64　　　　　　　　　㉱ 0.77

| 해설 | $Q = 2 \times \pi \times 10^2 \times 50 \times 600 \times 30 \times 10^{-9} \times 0.8 = 0.45 \, m^3/min$

80 그림과 같은 실린더에서 로드에는 부하가 없는 것으로 가정한다. A측에서 3MPa의 압력으로 기름을 보낼 때 B측 출구를 막으면 B측에 발생하는 압력 P_B는 몇 MPa인가?(단, 실린더 안지름은 50mm, 로드 지름은 25mm이다.)

㉮ 4.0
㉯ 3.0
㉰ 6.0
㉱ 1.5

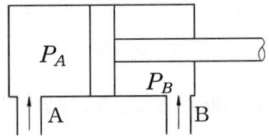

| 해설 | $3 \times 50^2 = P_B \times (50^2 - 25^2)$
$P_B = 4.0 \, MPa$

5과목 기계제작법 및 기계동력학

81 두께 3mm인 연강판에 지름 40mm 블랭킹할 때, 소요되는 펀칭력은 약 몇 kN인가?(단, 강판의 전단저항은 300N/mm²이고, 펀칭력은 이론값에 마찰저항을 가산한다. 마찰저항은 이론값의 5% 정도이다.)

㉮ 113.0　　　　　　　　　㉯ 118.8
㉰ 116.7　　　　　　　　　㉱ 102.2

| 해설 | $P = 300 \times \pi \times 3 \times 40 \times \dfrac{1}{0.95} \times 10^{-3} = 118.99 \, kN$

| 별해 | $P = (300 \times \pi \times 3 \times 40 \times 10^{-3}) + (300 \times \pi \times 3 \times 40 \times 10^{-3} \times 0.05) = 118.69 \, kN$

82 용접(welding)시에 발생한 잔류응력을 제거하려면 어떤 처리를 하는 것이 좋은가?

㉮ 담금질　　　　　　　　㉯ 뜨임
㉰ 파텐팅　　　　　　　　㉱ 풀림

| 해설 | 잔류응력을 제거하기 위해서는 풀림 또는 피닝 처리를 해야 한다.

79.㉮　80.㉮　81.㉯　82.㉱　■ Answer

83 로스트 왁스 주형법(Lost wax process)이라고도 하며, 제작하려는 제품과 동형의 모형을 양초 또는 합성수지로 만들고, 이 모형의 둘레에 유동성이 있는 조형재를 흘려서 모형은 그 속에 매몰한 다음, 건조가열로 주형을 굳히고, 양초나 합성수지는 용해시켜 주형 밖으로 흘려 배출하여 주형을 완성하는 방법은?

㉮ 다이캐스팅법　　　　㉯ 셸 몰드법
㉰ 인베스트먼트법　　　㉱ 진공 주조법

| 해설 | 인베스트먼트법 : 모형을 왁스나 파라핀과 같은 재료로 만들고, 주물의 치수가 매우 정확한 정밀주조법이다.

84 1차로 가공된 가공물의 안지름보다 다소 큰 강구를 압입 통과시켜 가공물의 표면을 소성변형시켜 표면거칠기가 우수하고 정밀도를 높이는 가공법은?

㉮ 슈퍼피니싱　　　　　㉯ 호닝
㉰ 버니싱　　　　　　　㉱ 래핑

| 해설 | 호닝, 슈퍼피니싱, 래핑은 정밀입자 가공법이다.

85 다음 중 물리적인 표면 경화법에 해당하지 않는 것은?

㉮ 화염 경화법　　　　　㉯ 고주파 경화법
㉰ 금속 침투법　　　　　㉱ 숏 피닝법

| 해설 | 금속침투법 : 강철표면에 타금속(Cr, Al, Ti, Co, Si)를 스며들게 하여 그 표면에 합금층 및 금속피복을 만드는 방법이다.

86 CNC 공작기계에서 서부기구의 형식 중 모터에 내장된 타코 제너레이터에서 속도를 검출하고 엔코더에서 위치를 검출하여 피드백 하는 제어방식은?

㉮ 개방회로 방식　　　　㉯ 반 폐쇄회로 방식
㉰ 폐쇄회로 방식　　　　㉱ 디코더 방식

| 해설 | ㉮ 개방회로방식은 검출기를 사용하지 않는다.
　　　　㉯ 폐쇄회로방식은 속도검출은 서브모터, 위치검출은 NC테이블에서 한다.
　　　　㉰ 하이브리드 서브방식은 속도검출은 서브모터에서 위출 검출은 서부모터와 NC테이블에서 한다.

87 버니어캘리퍼스에서 어미자 49mm를 50 등분한 경우 최소읽기 값은?(단, 어미자의 최소눈금은 1.0m이다.)

㉮ $\frac{1}{50}$ mm　　　　　㉯ $\frac{1}{25}$ mm
㉰ $\frac{1}{24.5}$ mm　　　　㉱ $\frac{1}{20}$ mm

| 해설 | $C = \frac{어미자의 1눈금간격}{등분수} = \frac{1}{50}$ mm

Answer ■ 83.㉰　84.㉰　85.㉰　86.㉯　87.㉮

88 선반에서 사용하는 칩 브레이커 중 연삭형 칩 브레이커의 단점에 해당하지 않는 것은?

㉮ 절삭 시 이송범위가 한정된다.
㉯ 연삭에 따른 시간 및 숫돌 소모가 많다.
㉰ 칩 브레이커 연삭시 절삭날의 일부가 손실된다.
㉱ 크레이터 마모를 촉진시킨다.

| 해설 | 크레이터 마모 : 절삭도중 공구 표면층의 일부가 움푹하게 파여지는 현상

89 일반적인 판금 작업 순서로 옳은 것은?

㉮ 재료 선정 → 전개도 작성 → 판뜨기 → 굽히기 → 자르기 → 접합하기 → 검사
㉯ 재료 선정 → 전개도 작성 → 판뜨기 → 자르기 → 굽히기 → 접합하기 → 검사
㉰ 재료 선정 → 전개도 작성 → 판뜨기 → 자르기 → 접합하기 → 굽히기 → 검사
㉱ 재료 선정 → 전개도 작성 → 판뜨기 → 접합하기 → 굽히기 → 자르기 → 검사

90 그림과 같이 삼침을 이용하여 미터나사의 유효지름(d_2)을 구하고자 한다. 다음 중 올바른 식은?(단, α : 나사산의 각도, P : 나사의 피치, d : 삼침의 지름, M : 삼침을 넣고 마이크로미터로 측정한 치수)

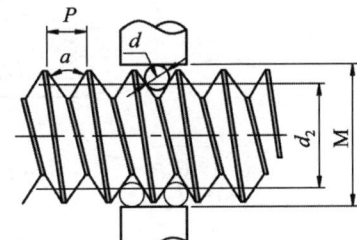

㉮ $d_2 = M + d + 0.866025P$
㉯ $d_2 = M - d + 0.866025P$
㉰ $d_2 = M - 2d + 0.866025P$
㉱ $d_2 = M - 3d + 0.866025P$

91 한쪽이 고정된 스프링에 매달린 추가 1초에 5회의 상하 수직 주기운동을 하며, 초기 진폭이 10mm이고 2초 후의 진폭이 5mm인 경우에 스프링의 감쇠비는 얼마인가?(단, 대수감소는 $2\pi\zeta$로 가정한다.)

㉮ $\zeta = (\frac{1}{20\pi})\ln 2$
㉯ $\zeta = (\frac{1}{10\pi})\ln 2$
㉰ $\zeta = (\frac{1}{20\pi})\ln(\frac{1}{2})$
㉱ $\zeta = (\frac{1}{10\pi})\ln(\frac{1}{2})$

| 해설 | $\delta = 2\pi\zeta = \frac{1}{n}\ln(\frac{x_o}{x_n}) = \frac{1}{2 \times 5} \times \ln(\frac{10}{5})$

$\zeta = \frac{1}{20\pi}\ln 2$

92 정원의 호스가 그림과 같이 1m 높이에서 13m/s의 일정한 속도로 물을 뿜어내고 있다. H의 최대치는 약 몇 m인가?(단, 물은 수평한 지면과 30°의 각도로 뿜어져 나간다.)

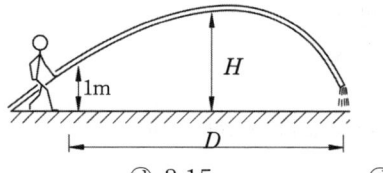

㉮ 3.32　　㉯ 3.15　　㉰ 3.00　　㉱ 2.85

|해설| $V = V_o + at$

$t = \dfrac{13 \times \sin 30°}{9.8} = 0.66 \text{sec}$

$H = H_o + V_o \cdot \sin\theta t - \dfrac{1}{2} gt^2 = 1 + 13 \times \sin 30° \times 0.66 - \dfrac{1}{2} \times 9.8 \times 0.66^2 = 3.16 \text{ m}$

93 그림과 같이 O점에서 핀으로 지지된 1 자유도 회전진동계의 고유 각진동수(w_n)를 나타내는 식으로 맞는 것은?(단, k=스프링상수, I_o=O점에 관한 막대의 질량 관성모멘트)

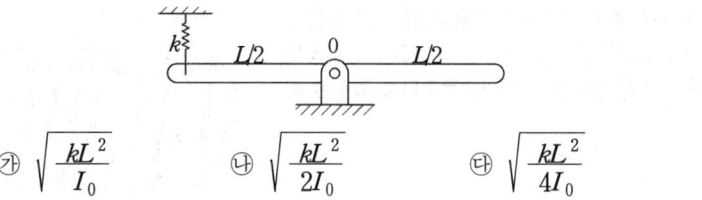

㉮ $\sqrt{\dfrac{kL^2}{I_0}}$　　㉯ $\sqrt{\dfrac{kL^2}{2I_0}}$　　㉰ $\sqrt{\dfrac{kL^2}{4I_0}}$　　㉱ $\sqrt{\dfrac{kL^2}{8I_0}}$

|해설| $\sum M = I_0 \cdot \ddot{\theta} = -k\left(\dfrac{\ell}{2} \cdot \theta\right)\dfrac{\ell}{2}$

$\ddot{\theta} + \dfrac{k \cdot \ell^2}{4 \cdot I_0} \theta = 0$

$w = \sqrt{\dfrac{k \cdot \ell^2}{4 \cdot I_0}}$

94 질량 m, 길이 L의 균일하고 가는 막대 AB가 A점을 중심으로 회전한다. $\theta=60°$에서 정지 상태인 막대를 놓는 순간 막대 AB의 각가속도(α)는 얼마인가?

㉮ $\alpha = \dfrac{3}{2}\dfrac{g}{L}$

㉯ $\alpha = \dfrac{3}{4}\dfrac{g}{L}$

㉰ $\alpha = \dfrac{3}{2}\dfrac{g}{L^2}$

㉱ $\alpha = \dfrac{3}{4}\dfrac{g}{L^2}$

|해설| $M = \alpha \cdot J_z$

$W \times \sin\theta \times \dfrac{L}{2} = \alpha \times \dfrac{1}{3} mL^2$

$mg \times \sin\theta \times \dfrac{L}{2} = \alpha \times \dfrac{mL^2}{3}$

$\alpha = \dfrac{3g}{2L} \times \sin 30° = \dfrac{3g}{4L}$

Answer ■ 92.㉯　93.㉰　94.㉯

95 스프링상수 k=1000N/m인 스프링에 질량 10kg인 물체가 마찰이 없는 수평면 상에서 1m/s의 속도로 미끄러져서 부딪쳤다면, 스프링의 최대 변형량은 약 몇 m인가?(단, 스프링의 질량은 고려하지 않음)

㉮ 0.1　　　　　　　　　㉯ 0.2
㉰ 0.4　　　　　　　　　㉱ 0.8

| 해설 | $\frac{1}{2}mv^2 = \frac{1}{2}k \cdot s^2$
$10 \times 1^2 = 1000 \times s^2, \quad s = 0.1\text{m}$

96 무게가 500N, 반지름이 10cm인 균일한 원판형상의 회전체가 있다. 이 회전체의 중심에 대한 질량 관성모멘트는 몇 kg·m²인가?

㉮ 25.5　　　　　　　　　㉯ 0.255
㉰ 2.55　　　　　　　　　㉱ 50

| 해설 | $J = \frac{500 \times 0.1^2}{2 \times 9.8} = 0.255 \text{ kg} \cdot \text{m}^2$

97 그림과 같이 자동차 A가 25km/h의 일정한 속도로 동쪽방향으로 달리고 있다. 자동차 A가 교차로를 지나는 순간 자동차 B가 교차로의 북쪽 30m 지점에서 남쪽을 향해 1.2m/s²의 가속도로 달리기 시작한다. A가 교차로를 지난 5초 후에 A에 대한 B의 상대속도의 크기는 몇 m/s인가?

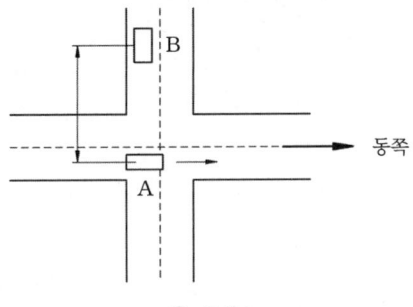

㉮ 6.07　　　　　　　　　㉯ 6.94
㉰ 8.57　　　　　　　　　㉱ 9.18

| 해설 | ㉮ x방향 상대속도　$V_x = -V_A = -6.94 \text{ m/sec}$
　　　㉯ y방향 상대속도　$V_y = V_B = 6 \text{ m/sec}$
　　　㉰ 상대속도　$V = \sqrt{(-6.94)^2 + 6^2} = 9.17 \text{ m/sec}$

98 진폭 2mm, 진동수 25Hz로 진동하고 있는 물체의 최대가속도는 몇 m/s²인가?

㉮ 12.3　　　　　　　　　㉯ 24.7
㉰ 37.0　　　　　　　　　㉱ 49.3

| 해설 | $f = \frac{w}{2\pi}, \quad w = 2\pi \times 25 = 157$
$a = X \cdot w^2 = 0.002 \times 157^2 = 49.3 \text{ m/sec}^2$

95.㉮　96.㉯　97.㉱　98.㉱　■ Answer

99 다음 그림과 같은 진동 측정기의 고유진동수가 측정대상의 진동수에 비해 매우 낮다면 이 측정기에 의해 기록되는 수직방향의 크기는 근사적으로 무엇을 나타내는가?

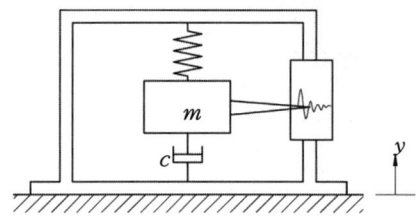

㉮ 바닥의 변위 크기
㉯ 바닥의 속도 크기
㉰ 바닥의 가속도 크기
㉱ 바닥의 힘 크기

100 15000kg의 화물 열차가 우측 1.5m/s의 속도로 움직여서 좌측으로 1.0m/s로 움직이는 12000kg의 탱크차와 서로 결합한다. 화물 열차와 탱크차가 연결 직후에 두 차량의 속도는 얼마인가?

㉮ 우측으로 0.39m/s ㉯ 우측으로 0.50m/s
㉰ 우측으로 0.70m/s ㉱ 우측으로 1.04m/s

해설 $15000 \times 1.5 - 12000 \times 1.0 = (15000+12000)V$
$V = 0.39 \text{m/sec} (\rightarrow)$

Answer ■ 99.㉮ 100.㉮

2012 기출문제
3월 4일 시행

1과목 재료역학

01 그림과 같이 원형단면을 갖는 연강봉이 100 kN의 인장하중을 받을 때 이 봉의 신장량은? (단, 탄성계수 E = 200 GPa이다.)

㉮ 0.054 cm
㉯ 0.162 cm
㉰ 0.236 cm
㉱ 0.302 cm

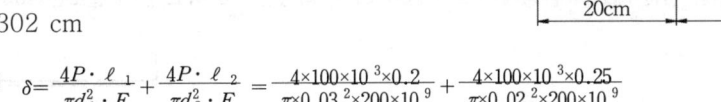

| 해설 | $\delta = \dfrac{4P \cdot \ell_1}{\pi d_1^2 \cdot E} + \dfrac{4P \cdot \ell_2}{\pi d_2^2 \cdot E} = \dfrac{4 \times 100 \times 10^3 \times 0.2}{\pi \times 0.03^2 \times 200 \times 10^9} + \dfrac{4 \times 100 \times 10^3 \times 0.25}{\pi \times 0.02^2 \times 200 \times 10^9}$
$= 0.054 \times 10^{-2} m = 0.054 cm$

02 단면이 가로 100mm, 세로 150mm인 사각 단면보가 그림과 같이 하중(P)을 받고 있다. 허용 전단응력이 τ_a = 20 MPa일 때 전단응력에 의한 설계에서 허용하중은 P는 몇 kN 인가?

㉮ 10
㉯ 20
㉰ 100
㉱ 200

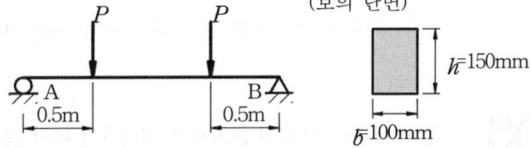

| 해설 | $\tau_{max} = \dfrac{3}{2} \cdot \dfrac{F_{max}}{b \cdot h} = \dfrac{3P}{2bh} \leq \tau_a$
$20 \times 10^6 = \dfrac{3 \times P}{2 \times 0.1 \times 0.15}$, $P = 200 kN$

03 양단이 고정단이고 길이가 직경의 10배인 주철 재질의 원주가 있다. 이 기둥의 임계응력을 오일러 식을 이용해 구하면 얼마인가? (단, 재료의 탄성계수는 E 이다.)

㉮ 0.266E
㉯ 0.0247E
㉰ 0.00547E
㉱ 0.00146E

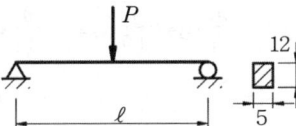

| 해설 | $\sigma_{cr} = \dfrac{n\pi^2 E}{\lambda^2} = \dfrac{4 \times \pi^2 \times E}{\left(\dfrac{4 \times 10d}{d}\right)^2} = 0.0247E$

1. ㉮ 2. ㉱ 3. ㉯ ■ Answer

04 그림과 같은 단순 지지보에서 길이는 5 m, 중앙에서 집중하중 P가 작용할 때 최대 처짐은 약 몇 mm 인가? (단, 보의 단면(폭 × 높이 = b × h)은 5 cm×12 cm, 탄성계수 E = 210 GPa, P = 25 kN으로 한다.)

㉮ 83
㉯ 43
㉰ 28
㉱ 65

| 해설 | $\delta = \dfrac{P \cdot \ell^3}{48EI} = \dfrac{12 \times 25 \times 10^3 \times 5^3}{48 \times 210 \times 10^9 \times 0.05 \times 0.12^3} = 0.043\text{m} = 43\text{mm}$

05 그림과 같이 두께가 20 mm, 외경이 200 mm인 원관을 고정벽으로부터 수평으로 돌출시켜 원관에 물을 충만시켜서 자유단으로부터 물을 방출시킨다. 이 때 자유단의 처짐이 5 mm라면 원관의 길이 ℓ는 약 몇 cm 인가? (단, 원관 재료의 탄성계수 E = 200 GPa, 비중은 7.8 이고 물의 밀도는 1000 kg/m³ 이다.)

㉮ 130
㉯ 230
㉰ 330
㉱ 430

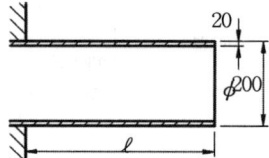

| 해설 | $\delta = \dfrac{w \cdot \ell^4}{8EI} = \dfrac{64 \times (864.8 + 196.94) \times \ell^4}{8 \times 200 \times 10^9 \times \pi(0.2^4 - 0.16^4)} = 5 \times 10^{-3}$

$\ell = 432.36 \text{ cm}$

① 원관 $w = 7.8 \times 10^3 \times 9.8 \times \dfrac{\pi}{4}(0.2^2 - 0.16^2) = 864.08 \text{N/m}$

② 물 $w = 10^3 \times 9.8 \times \dfrac{\pi}{4} \times 0.16^2 = 196.94 \text{N/m}$

06 외경이 내경의 1.5배인 중공축과 재질과 길이가 같고 지름이 중공축의 외경과 같은 중실축이 동일 회전수에 동일 동력을 전달한다면, 이 때 중실축에 대한 중공축의 비틀림각의 비는?

㉮ 1.25 ㉯ 1.50
㉰ 1.75 ㉱ 2.00

| 해설 | $x = \dfrac{1}{1.5}$

$\theta = \dfrac{\tau \cdot \ell}{GI_p}$, $\dfrac{\theta_2}{\theta_1} = \dfrac{d_2^4(1-x^4)}{d^4}$

$\dfrac{\theta_2}{\theta_1} = 1 - (\dfrac{1}{1.5})^4 = 0.8$, $\dfrac{\theta_1}{\theta_2} = 1.25$

Answer ▪ 4. ㉯ 5. ㉱ 6. ㉮

07 그림과 같은 직사각형 단면의 보에 P=4 kN의 하중이 10° 경사진 방향으로 작용한다. A점에서의 길이 방향의 수직응력을 구하면 몇 MPa인가?

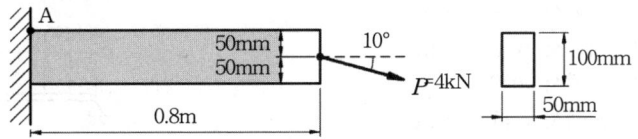

㉮ 5.89 (압축)　　　　　　　　㉯ 6.67 (압축)
㉰ 0.79 (인장)　　　　　　　　㉱ 7.46 (인장)

| 해설 |　$\sigma_1 = \dfrac{P \cdot \cos 10°}{A} = 0.79 \, \text{MPa}$

　　　　$\sigma_2 = \dfrac{M}{Z} = \dfrac{6P \cdot \sin 10° \cdot \ell}{bh^2} = 6.67 \, \text{MP}$

　　　　$\sigma_{max} = \sigma_1 + \sigma_2 = 7.46 \, \text{MPa}$

08 길이가 L인 양단 고정보의 중앙점에 집중하중 P가 작용할 때 중앙점의 최대 처짐은?
(단, 보의 굽힘강성 EI는 일정하다.)

㉮ $\dfrac{PL^3}{384EI}$　　　　　　　　㉯ $\dfrac{PL^3}{48EI}$

㉰ $\dfrac{PL^3}{96EI}$　　　　　　　　㉱ $\dfrac{PL^3}{192EI}$

| 해설 | 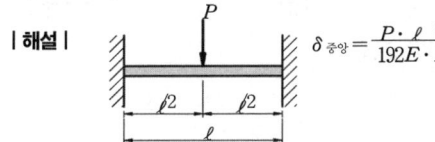　$\delta_{중앙} = \dfrac{P \cdot \ell^3}{192E \cdot I}$

09 철도용 레일의 양단을 고정한 후 온도가 30℃에서 15℃로 내려가면 발생하는 열응력은 몇 MPa 인가? (단, 레일재료의 열팽창계수 $\alpha = 0.000012/℃$ 이고, 균일한 온도 변화를 가지며, 탄성계수 E = 210 GPa이다.)

㉮ 50.4　　　　　　　　㉯ 37.8
㉰ 31.2　　　　　　　　㉱ 28.0

| 해설 |　$\sigma = E \alpha \Delta t = 210 \times 10^3 \times 0.000012 \times (30-15) = 37.8 \, \text{MPa}$

7. ㉱　8. ㉱　9. ㉯　■ Answer

10 길이 1m인 단순보가 아래 그림처럼 q = 5 kN/m의 균일 분포하중과 P = 1 kN의 집중하중을 받고 있을 때 최대 굽힘 모멘트는 얼마이며 그 발생되는 지점은 A점에서 얼마되는 곳인가?

㉮ 48 cm에서 241 N·m
㉯ 58 cm에서 620 N·m
㉰ 48 cm에서 800 N·m
㉱ 58 cm에서 841 N·m

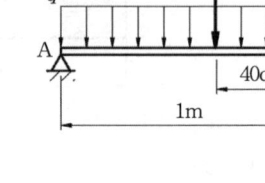

|해설| $R_A = \dfrac{5 \times 0.5 + 1 \times 0.4}{1} = 2.9 \text{kN}$

$F_x = R_A - q \cdot x = 0$

$x = \dfrac{2.9}{5} = 0.58 \text{m} = 58 \text{cm}$

$M_x = R_A \cdot x - \dfrac{q \cdot x^2}{2} = (2.9 \times 0.58 - \dfrac{5 \times 0.58^2}{2}) \times 1000 = 841 \text{kN} \cdot \text{m}$

11 다음과 같은 압력 기구에 안전 밸브가 장치되어 있다. 이때 스프링 상수가 k = 100 kN/m이고 자연상태에서의 길이는 240 mm라 한다. 몇 kN/m²의 압력에 밸브가 열리겠는가?

㉮ $\dfrac{16}{\pi} \times 10^4$
㉯ $\pi \times 10^4$
㉰ $\pi \times 10^2$
㉱ $\dfrac{16}{\pi} \times 10^2$

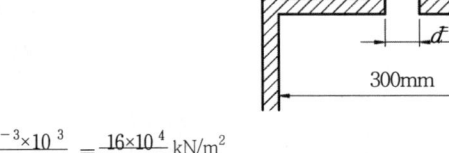

|해설| $P = \dfrac{F}{A} = \dfrac{100 \times 10^3 \times 40 \times 10^{-3} \times 10^3}{\dfrac{\pi}{4} \times 10^2} = \dfrac{16 \times 10^4}{\pi} \text{kN/m}^2$

12 그림과 같은 집중하중을 받는 단순 지지보의 최대 굽힘 모멘트는? (단, 보의 굽힘강성 EI는 일정하다.)

㉮ $\dfrac{1}{8} WL$
㉯ $\dfrac{1}{6} WL$
㉰ $\dfrac{1}{24} WL$
㉱ $\dfrac{1}{12} WL$

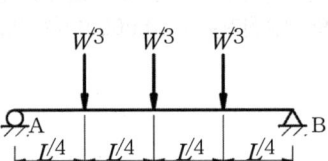

|해설| $M_{max} = \dfrac{W}{2} \cdot \dfrac{L}{2} - \dfrac{W}{3} \cdot \dfrac{L}{4} = \dfrac{W \cdot L}{6} = M_c$

Answer ■ 10. ㉱ 11. ㉮ 12. ㉯

13 지름 d인 환봉을 처짐이 최소가 되도록 직사각형 단면의 보를 만들 경우 단면의 폭 b와 높이 h의 비(h/b)는?

㉮ 1
㉯ $\sqrt{2}$
㉰ $\sqrt{3}$
㉱ $\sqrt{5}$

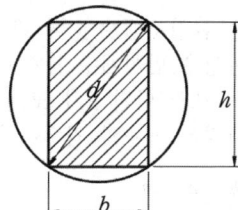

| 해설 | $d^2 = b^2 + h^2$,

$\dfrac{dI}{db} = \dfrac{d^2}{12} - \dfrac{4b^2}{12} = 0,\ d^2 = 4b^2 = \dfrac{4}{3}h^2$

14 코일스프링에서 가하는 힘 P 코일 반지름 R 소선의 지름 d 전단탄성계수 G라면 코일 스프링에 한번 감길때마다 소선의 비틀림각 ϕ를 나타내는 식은?

㉮ $\dfrac{32PR}{Gd^2}$ ㉯ $\dfrac{32PR^2}{Gd^2}$

㉰ $\dfrac{64PR}{Gd^4}$ ㉱ $\dfrac{64PR^2}{Gd^4}$

| 해설 | $\phi = \dfrac{\delta}{R} = \dfrac{64nPR^2}{Gd^4}$

n=1, $\phi = \dfrac{64PR^2}{Gd^4}$

15 그림과 같은 1축 응력(응력치 : σ, σ는 y축 방향)상태에서 재료의 Z-Z 단면 (x축과 45° 반시계 방향 경사)에 생기는 수직응력 σ_n, 전단응력 τ_n의 값은?

㉮ $\sigma_n = \sigma,\ \tau_n = \sigma$
㉯ $\sigma_n = \sigma,\ \tau_n = \sigma/2$
㉰ $\sigma_n = \sigma/2,\ \tau_n = \sigma$
㉱ $\sigma_n = \sigma/2,\ \tau_n = \sigma/2$

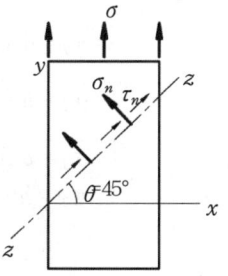

| 해설 | $\sigma_n = \sigma \cdot \cos^2\theta = \dfrac{\sigma}{2}$

$\tau_n = \dfrac{\sigma}{2}\sin 2\theta = \dfrac{\sigma}{2}$

16 짧은 주철재 실린더가 축방향 압축 응력과 반경 방향의 압축 응력을 각각 40 MPa과 10 MPa를 받는다. 탄성계수 E = 100 Gpa, 포아송 비 ν = 0.25, 직경 d = 120 mm, 길이 L = 200 mm 일 때 지름의 변화량은 약 몇 mm 인가?

㉮ 0.001   ㉯ 0.002
㉰ 0.003   ㉱ 0.004

| 해설 | $\varepsilon_r = \dfrac{\delta}{d} = \dfrac{\sigma_r}{E} - \nu\dfrac{\sigma_t}{E} - \nu\dfrac{\sigma_r}{E} = 0.25 \times \dfrac{10}{100 \times 10^3} = 2.5 \times 10^{-5},\ \delta = 0.003^{mm}$

13. ㉰   14. ㉱   15. ㉱   16. ㉰   ■ Answer

17 굽힘하중을 받고 있는 선형 탄성 균일단면 보의 곡률 및 곡률반경에 대한 설명으로 틀린 것은?

㉮ 곡률은 굽힘모멘트 M에 반비례한다.
㉯ 곡률반경은 탄성계수 E에 비례한다.
㉰ 곡률은 보의 단면 2차 모멘트 I에 반비례한다.
㉱ 곡률반경은 곡률의 역수이다.

| 해설 | $\dfrac{E}{\rho} = \dfrac{\sigma}{y} = \dfrac{M}{I}$

ρ : 곡률반경, $\dfrac{1}{\rho}$: 곡률

18 양단이 고정된 축을 그림과 같이 m-n 단면에서 비틀면 고정단에서 생기는 저항 비틀림 모멘트의 비 T_B/T_A는?

㉮ ab
㉯ b / a
㉰ a / b
㉱ ab^2

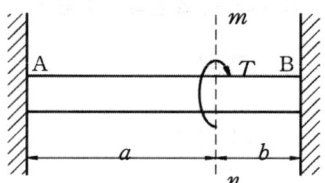

| 해설 | $T_A = \dfrac{T \cdot b}{\ell}$, $T_B = \dfrac{T \cdot a}{\ell}$

$\dfrac{T_B}{T_A} = \dfrac{a}{b}$

19 진변형률(ε_T)과 진응력(σ_T)을 공칭 응력(σ_n)과 공칭변형률(ε_n)로 나타낼 때 옳은 것은?

㉮ $\sigma_T = \sigma_n(1+\varepsilon_n)$, $\varepsilon_T = \ln(1+\varepsilon_n)$
㉯ $\sigma_T = \ln(1+\sigma_n)$, $\varepsilon_T = \ln\left(\dfrac{\sigma_T}{\sigma_n}\right)$
㉰ $\sigma_T = \sigma_n \ln(1+\varepsilon_n)$, $\varepsilon_T = \varepsilon_n \ln(1+\sigma_n)$
㉱ $\sigma_T = \ln(1+\varepsilon_n)$, $\varepsilon_T = \ln(1+\sigma_n)$

20 그림에서 W_1과 W_2가 어느 한쪽도 내려가지 않게 하기 위한 $W_1 : W_2$의 크기의 l는 어느 것인가? (단, 경사면의 마찰은 무시한다.)

㉮ $W_1 : W_2 = \sin30° : \sin45°$
㉯ $W_1 : W_2 = \sin45° : \sin30°$
㉰ $W_1 : W_2 = \cos45° : \cos30°$
㉱ $W_1 : W_2 = \cos30° : \cos45°$

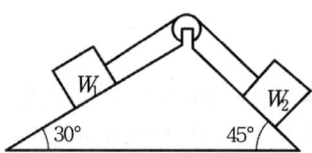

| 해설 | $\overline{W_1} \cdot \sin30° = \overline{W_2} \cdot \sin45°$ 일 때 평형
$\overline{W_1} : \overline{W_2} = \sin45° : \sin30°$

Answer ■ 17. ㉮ 18. ㉰ 19. ㉮ 20. ㉯

2과목 기계열역학

21 실린더안에 0.8 kg의 기체를 넣고 이것을 압축하기 위해서는 13 kJ의 일이 필요하며, 또 이 때 실린더를 냉각하기 위해서 10 kJ의 열을 빼앗아야 한다면 이 기체의 비내부에너지 변화량은?

㉮ 3.75 kJ/kg의 증가 ㉯ 28.8 kJ/kg의 증가
㉰ 3.75 kJ/kg의 감소 ㉱ 28.8 kJ/kg의 감소

| 해설 | $Q_2 = \triangle u + {}_1\overline{W}_2$, $-10 = 0.8 \times \triangle U - 13$, $\triangle U = 3.75$ kJ/kg 증가

22 에어컨을 이용하여 실내의 열을 외부로 방출하려한다. 실외 35℃, 실내 20℃인 조건에서 실내로부터 3 kW의 열을 방출하려 할 때 필요한 에어컨의 동력은 얼마인가? (단, Carnot cycle을 가정한다.)

㉮ 0.154 kW ㉯ 1.54 kW
㉰ 15.4 kW ㉱ 154 kW

| 해설 | $E_R = \dfrac{Q_2}{W} = \dfrac{T_t}{T_H - t_t}$

$\dfrac{3}{W} = \dfrac{(20+273)}{35-20}$, $\overline{W} = 0.154$ kW

23 두께 1 cm 면적 0.5 m²의 석고판의 뒤에 가열 판이 부착되어 1000 W의 열을 전달한다. 가열 판의 뒤는 완전히 단열되어 열은 앞면으로만 전달된다. 석고판 앞면의 온도는 100℃이다. 석고의 열전도율이 k = 0.79 W/m·k일 때 가열 판에 접하는 석고 면의 온도는 약 몇 ℃ 인가?

㉮ 110 ㉯ 125
㉰ 150 ㉱ 212

| 해설 | $Q = K \cdot A \cdot \dfrac{\triangle T}{\triangle t}$

$1000 = 0.79 \times 0.5 \times \dfrac{(T-100)}{0.01}$

T = 125.32℃

24 다음 냉동 시스템의 설명 중 틀린 것은?

㉮ 왕복동 압축기는 냉매가 낮은 비체적과 높은 압력일 때 적합하며 원심 압축기는 높은 비체적과 낮은 압력일 때 적합하다.
㉯ R-22와 같이 수소를 포함하는 HCFC는 대기 중의 수명이 비교적 짧으므로 성층권에 도달하여 분해되는 양이 적다.
㉰ 냉동 사이클은 동력 사이클의 터빈을 밸브나 긴 모세관 등의 스로틀 기기로 대치하여 작동유체가 고압에서 저압으로 스로틀 팽창하도록 한다.
㉱ 흡수식 시스템은 액체를 가압하므로 소요되는 입력 일이 매우 크다.

21. ㉮ 22. ㉮ 23. ㉯ 24. ㉱ ■ Answer

25 29℃와 227℃ 사이에서 작동하는 카르노(Carnot)사이클 열기관의 열효율은?

㉮ 60.4%   ㉯ 39.6%
㉰ 0.604%   ㉱ 0.396%

| 해설 | $\eta = 1 - \frac{29+273}{227+273} = 0.396$

26 고속주행 시 타이어의 온도는 매우 많이 상승한다. 온도 20℃에서 계기압력이 0.813MPa의 타이어가 고속주행으로 온도 80℃로 상승할 때 압력 상승한 양(kPa)은? (단, 타이어의 체적은 변하지 않고, 타이어 내의 공기는 이상기체로 가정한다. 대기압은 101.3 kPa이다.)

㉮ 약 37 kPa   ㉯ 약 58 kPa
㉰ 약 286 kPa   ㉱ 약 345 kPa

| 해설 | $\frac{T_2}{T_1} = \frac{P_2}{P_1}$

$\frac{80+273}{20+273} = \frac{P_2}{(0.183 \times 10^3 + 101.3)}$

$P_2 = 342.52 \text{kPa}$

$\triangle P = P_2 - P_1 = 58.22 \text{kPa}$

27 어떤 냉장고에서 질량유량 80 kg/hr 의 냉매가 17 kJ/kg의 엔탈피로 증발기에 들어가 엔탈피 36 kJ/kg가 되어 나온다. 이 냉장고의 냉동능력은?

㉮ 1220 kJ/hr   ㉯ 1800 kJ/hr
㉰ 1520 kJ/hr   ㉱ 2000 kJ/hr

| 해설 | $Q = 80 \times (36-17) = 1520 \text{kJ/hr}$

28 오토사이클(Otto Cycle)의 이론적 열효율 η_{th}를 나타내는 식은? (단, ε는 압축비, k는 비열비이다.)

㉮ $\eta_{th} = 1 - (\frac{1}{\varepsilon})^{\frac{k}{k-1}}$ ㉯ $\eta_{th} = 1 - (\frac{k-1}{k})^\varepsilon$
㉰ $\eta_{th} = 1 - (\frac{1}{\varepsilon})^{k-1}$ ㉱ $\eta_{th} = 1 - (\frac{1}{k})^\varepsilon$

29 다음 사항 중 옳은 것은?

㉮ 엔트로피는 상태량이 아니다.
㉯ 엔트로피를 구하는 적분 경로는 반드시 가역변화라야 한다.
㉰ 비가역 사이클에서 클라우지우스(Clausius) 적분은 영이다.
㉱ 가역, 비가역을 포함하는 모든 이상기체의 등온변화에서 압력이 저하하면 엔트로피도 저하한다.

Answer ■ 25. ㉯ 26. ㉯ 27. ㉰ 28. ㉰ 29. ㉯

30 성능계수(COP)가 0.8인 냉동기로서 7200 kJ/h로 냉동하려면, 이에 필요한 동력은?

㉮ 약 0.9 kW ㉯ 약 1.6 kW
㉰ 약 2.5 kW ㉱ 약 2.0 kW

|해설| $\varepsilon = \dfrac{Q}{W}$

$\overline{W} = \dfrac{7200}{0.8 \times 3600} = 2.5 \text{ kW}$

31 다음 중 열역학적 상태량이 아닌 것은?

㉮ 기체상수 ㉯ 정압비열
㉰ 엔트로피 ㉱ 압력

32 물질의 상태에 관한 설명으로 옳은 것은?

㉮ 압력이 포화압력보다 높으면 과열증기 상태다
㉯ 온도가 포화온도보다 높으면 압축액체이다.
㉰ 임계압력 이하의 액체를 가열하면 증발현상을 거치지 않는다.
㉱ 포화상태에서 압력과 온도는 종속관계에 있다.

33 100 kPa, 20℃의 물을 매시간 3000kg씩 500 kPa로 공급하기 위하여 소요되는 펌프의 동력은 약 몇 kW인가? (단, 펌프의 효율은 70%로 물의 비체적은 0.001m³/kg으로 본다.)

㉮ 0.33
㉯ 0.48
㉰ 1.32
㉱ 2.48

|해설| $\overline{W_p} = \dfrac{\dot{m} \cdot v \cdot (P_2 - P_1)}{\eta} = \dfrac{3000 \times 0.001 \times (500-100)}{0.7 \times 3600} = 0.48 \text{ kW}$

34 다음 열기관 사이클의 에너지 전달량으로 적절한 것은?

㉮ $Q_2 = 20$ kJ, $Q_3 = 30$ kJ, $W = 50$
㉯ $Q_2 = 20$ kJ, $Q_3 = 50$ kJ, $W = 30$
㉰ $Q_2 = 30$ kJ, $Q_3 = 30$ kJ, $W = 50$
㉱ $Q_2 = 30$ kJ, $Q_3 = 20$ kJ, $W = 50$ kJ

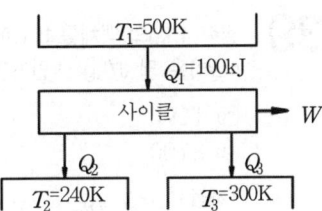

|해설| ㉮ $\overline{W} = Q_1 - (Q_2 + Q_3)$

35 질량 m = 100 kg인 물체에 a = 2.5 m/s²의 가속도를 주기 위해 가해야 할 힘(F)은 약 몇 N 인가?

㉮ 102 ㉯ 205
㉰ 225 ㉱ 250

| 해설 | F=100×2.5=250N

36 그림과 같은 증기압축 냉동사이클이 있다. 1,2,3 상태의 엔탈피가 다음과 같을 때 냉매의 단위 질량당 소요 동력과 냉각량은 얼마인가? (단, h_1 = 178.16, h_2 = 210.38, h_3 = 74.53, 단위 : kJ/kg)

㉮ 32.22 kJ/kg , 103.63 kJ/kg
㉯ 32.22 kJ/kg , 136.85 kJ/kg
㉰ 103.63 kJ/kg , 32.22 kJ/kg
㉱ 136.85 kJ/kg , 32.22 kJ/kg

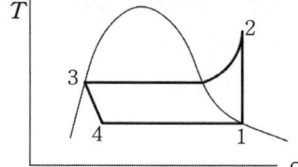

| 해설 | $\overline{W}=h_2-h_1=210.38-178.16=32.22$ kJ/kg
$_2Q=h_1-h_3=h_1-h_4=178.16-74.53=103.63$ kJ/kg

37 대기압하에서 20℃의 물 1kg을 가열하여 같은 압력의 150℃의 과열 증기로 만들었다면, 이때 물이 흡수한 열량은 20℃와 150℃에서 어떠한 양의 차이로 표시되겠는가?

㉮ 내부에너지 ㉯ 엔탈피
㉰ 엔트로피 ㉱ 일

| 해설 | p=const, $\delta q = dh - vdp = dh$

38 두 정지 계가 서로 열 교환을 하는 경우에 한쪽 계는 수열에 의한 엔트로피 증가가 있고, 다른 계는 방열에 의한 엔트로피 감소가 있다. 이들 두 계를 합하여 한계로 생각하면 단열된 계가 된다. 이 합성계가 비가역 단열변화를 하면 이 합성계의 엔트로피 변화 dS는?

㉮ dS < 0 ㉯ dS > 0
㉰ dS = 0 ㉱ dS ≠ 0

39 질량 4 kg의 액체를 15℃에서 100℃까지 가열하기 위해 714 kJ의 열을 공급하였다면 액체의 비열(specific heat)은 몇 J/kg·k인가?

㉮ 1100 ㉯ 2100
㉰ 3100 ㉱ 4100

| 해설 | $_1Q_2 = m \cdot c \cdot \triangle t$
714=4×c×(100-15)
c=2.1kJ/kgK

Answer ■ 35. ㉱ 36. ㉮ 37. ㉯ 38. ㉯ 39. ㉯

40 800 kPa, 350°C의 수증기를 200 kPa로 교축한다. 이 과정에 대하여 운동 에너지의 변화를 무시할 수 있다고 할 때 이 수증기의 Joule-Thomson 계수는? (단, 교축 후의 온도는 344°C이다.)

㉮ 0.005 K/kPa ㉯ 0.01 K/kPa
㉰ 0.02 K/kPa ㉱ 0.03 K/kPa

| 해설 | $\mu_{JT} = \dfrac{\partial T}{\partial P}\bigg|_{h=c} = \dfrac{(350-344)}{(800-200)} = 0.01 \text{K/kPa}$

3과목 기계유체역학

41 다음 중 Moody선도에 대하여 잘못 설명한 것은?

㉮ J.Nikuradse에 의하여 얻어진 자료를 기초로 하였다.
㉯ 압축성 영역의 유동에도 적용이 가능하다.
㉰ 마찰계수와 레이놀즈수와의 관계를 보인다.
㉱ 마찰계수와 상대조도와의 관계를 보인다.

42 직경이 5 mm인 원형 직선관 내를 0.2 L/min의 유량으로 물이 흐르고 있다. 유량을 두 배로 하기 위해서는 몇 배의 압력을 가해 주어야 하는가? (단, 물의 동점성계수는 약 $10^{-5} \text{m}^2/\text{s}$ 이다.)

㉮ 0.71배 ㉯ 1.41배
㉰ 2배 ㉱ 4배

| 해설 | $Q = \dfrac{\triangle P \pi d^4}{128 \mu \cdot \ell} = \dfrac{\triangle P \pi \times 0.005^4}{128 \cdot P \cdot \nu \cdot \ell}$
$2 \times \dfrac{0.2 \times 10^{-3}}{60} = \dfrac{\triangle P \times \pi \times 0.005^4}{128 \times 1000 \times 10^{-6} \times \ell}$
$\triangle P_2 = 2 \cdot \triangle P_1,\ Q_2 = 2 \cdot Q_1$

43 온도 25°C인 공기의 압력이 200 kPa(abs)일 때 동점성계수는 0.12 cm²/s이다. 이 온도와 압력에서 공기의 점성계수는 약 몇 kg/m·s 인가? (단, 공기의 기체상수는 287 J/kg·k이다.)

㉮ 2.338 ㉯ 27.87
㉰ 2.8×10^{-5} ㉱ 0.12×10^{-4}

| 해설 | $Pv = RT,\ \rho = \dfrac{P}{RT} = \dfrac{200 \times 10^3}{287 \times (25+273)} = 2.34 \text{kg/m}^3$
$\mu = \rho \times \nu = 2.34 \times 0.12 \times 10^{-4} = 2.808 \times 10^{-5} \text{N} \cdot \text{sec}^2/\text{m}$

40. ㉯ 41. ㉯ 42. ㉰ 43. ㉰ ■ Answer

44 x, y좌표계의 비회전 2차원 유동장에서 속도 포텐셜(potential) ∅는 ∅ = $2x^2y$로 주어진다. 점(3, 2)인 곳에서 속도 벡터는? (단, 속도포텐셜 ∅는 $\vec{V}$= ▽∅= grad ∅로 정의된다.)

㉮ $24\vec{i}+18\vec{j}$ ㉯ $-24\vec{i}+18\vec{i}$
㉰ $12\vec{i}+9\vec{i}$ ㉱ $-12\vec{i}+9\vec{i}$

|해설| $u=\dfrac{\partial \varnothing}{\partial x}$ =4xy=4×3×2=24m/s
$u=\dfrac{\partial \varnothing}{\partial y}$ =$2x^2$=2×3^2=18m/s
$\vec{V}=u\hat{i}+v\hat{j}=24\hat{i}+18\hat{j}$

45 모세관 현상에 대한 설명으로 틀린 것은?

㉮ 액체가 관을 적실 때(wet) 액체 기둥은 원래의 표면보다 상승한다.
㉯ 접촉각이 90° 보다 작을 때 관의 직경이 가늘수록 액체는 더 높이 상승한다.
㉰ 접촉각이 90° 보다 클 때 액체 기둥은 원래의 표면보다 상승한다.
㉱ 동일한 조건에서 표면장력만 2배가 되면, 액체 기둥의 상승 높이는 2배가 된다.

46 그림과 같이 고정된 노즐로부터 밀도가 ρ 인 액체의 제트가 속도 V로 분출하여 평판에 충돌하고 있다. 이때 제트의 단면적이 A이고 평판이 u인 속도로 분류 방향으로 운동할 때 평판에 작용하는 힘 F는?

㉮ F = ρA(V+u)
㉯ F = ρA(V+u)^2
㉰ F = ρA(V−u)
㉱ F = ρA(V−u)^2

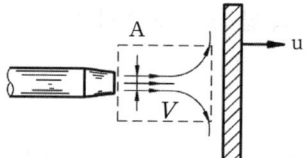

47 정압이 100 kPa인 물(밀도 1000 kg/m^3)이 20 m/s로 흐르고 있을 때 정체압은 몇 kPa 인가?

㉮ 150   ㉯ 103
㉰ 200   ㉱ 300

|해설| $P_t=P+\dfrac{\rho V^2}{2}$ =100+$\dfrac{1000\times 20^2}{2}$×$10^{-3}$=300kPa

48 프란틀의 혼합거리(mixing length)에 대한 설명 중 옳은 것은?

㉮ 전단응력과 무관하다.
㉯ 벽에서 0 이다.
㉰ 항상 일정하다.
㉱ 층류 유동문제를 계산하는데 유용하다.

Answer ■ 44. ㉮   45. ㉰   46. ㉱   47. ㉱   48. ㉯

49 지름 D = 4 cm, 무게 W = 0.4 N 인 골프공이 60 m/s의 속도로 날아가고 있을 때, 골프공이 받는 항력과 항력에 의한 가속도의 크기는 중력가속도의 몇 배인가? (단, 골프공의 항력계수 C_D = 0.25 이고, 공기의 밀도는 1.2 kg/m³ 이다.)

㉮ 6.78 N, 1.7 배 ㉯ 6.78 N, 0.7 배
㉰ 0.678 N, 1.7 배 ㉱ 0.678 N, 0.7 배

| 해설 | $D = C_D \cdot A \cdot \dfrac{\rho V^2}{2} = 0.25 \times \dfrac{\pi \times 0.04^2}{4} \times \dfrac{1.2 \times 60^2}{2} = 0.678 N$

$a = \dfrac{D}{W} = \dfrac{0.678}{0.4} = 1.7$

50 내경 10 cm의 원관 속을 0.1 m³/s의 물이 흐를 때 관속의 평균 유속은 약 몇 m/s 인가?

㉮ 0.127 ㉯ 1.27
㉰ 12.7 ㉱ 127

| 해설 | $Q = A \cdot V$

$V = \dfrac{4 \times 0.1}{\pi \times 0.1^2} = 12.74 \text{m/s}$

51 중력과 관성력의 비로 정의되는 무차원수는? (단, ρ : 밀도, V : 속도, l : 특성 길이, μ : 점성계수, P : 압력, g : 중력가속도, c : 소리의 속도)

㉮ $\dfrac{\rho Vl}{\mu}$ ㉯ $\dfrac{V}{\sqrt{g \cdot \ell}}$

㉰ $\dfrac{P}{\rho V^2}$ ㉱ $\dfrac{V}{c}$

| 해설 | $F_r = \dfrac{\text{관성력}}{\text{중력}} = \dfrac{\rho \cdot L^2 \cdot V^2}{\rho \cdot L^3 \cdot g} = \dfrac{V^2}{L \cdot g}$

52 물을 사용하는 원심 펌프의 설계점에서의 전양정이 30 m 이고 유량은 1.2 m³/min 이다. 이 펌프를 설계점에서 운전할 때 필요한 축 동력이 7.35 kW라면 이 펌프의 전 효율은?

㉮ 70% ㉯ 80%
㉰ 90% ㉱ 100%

| 해설 | $\eta = \dfrac{L_p}{L_s} = \dfrac{10^3 \times 9.8 \times 1.2 \times 30 \times 10^{-3}}{7.35 \times 60} = 0.8$

49. ㉰ 50. ㉰ 51. ㉯ 52. ㉯ ■ Answer

53
원통형의 면 ABC에 수평방향으로 작용하는 힘은 약 몇 kN 인가? (단, 유체의 비중은 1 이다.)

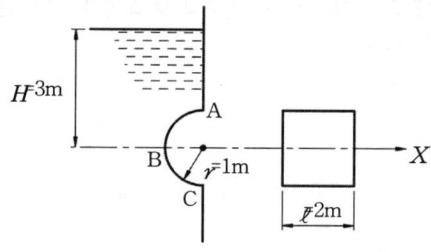

㉮ 117.6
㉯ 307.9
㉰ 122
㉱ 3

|해설| $F_x = 9.8 \times 3 \times 2 \times 2 = 117.6 \text{kN}$

54
파이프 유동에 대한 다음 설명 중 틀린 것은?

㉮ 레이놀즈수가 1500일 때 관마찰계수는 약 0.043 이다.
㉯ 수력반경은 유동의 단면적과 접수 길이에 의하여 결정된다.
㉰ 원형관 속의 손실 수두는 점성유체에서 발생한다.
㉱ 부차적 손실은 관의 거칠기에 의해 주로 발생한다.

|해설| ㉮ $f = \dfrac{64}{Re} = \dfrac{64}{1500} = 0.043$

㉯ $R_h = \dfrac{A}{P}$

㉰ $h_\ell = k \cdot \dfrac{V^2}{2g}$, k: 손실계수

55
그림에서 h = 50 cm이다. 액체의 비중이 1.90일 때 A점의 계기압력은 몇 Pa 인가?

㉮ 9500
㉯ 950
㉰ 93200
㉱ 9310

|해설| $P = 1.9 \times 9800 \times 0.5 = 9310 \text{N/m}^2$

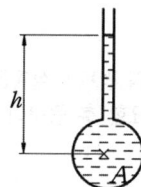

Answer ▪ 53. ㉮ 54. ㉱ 55. ㉱

56 피스톤 A_2의 반지름은 A_1 반지름의 2배이며 A_1과 A_2에 작용하는 압력을 각각 P_1, P_2 라 하면 P_1과 P_2사이의 관계는? (단, 두 피스톤은 같은 높이에 위치하고 있다.)

㉮ $P_1 = 2P_2$　　㉯ $P_2 = 4P_1$
㉰ $P_1 = P_2$　　㉱ $P_2 = 2P_1$

|해설| Pascal의 원리

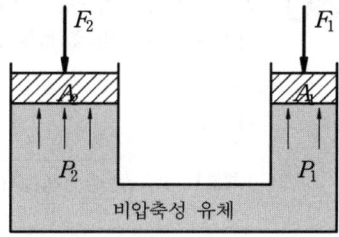

비압축성 유체

57 공기 중을 10 m/s로 움직이는 소형 비행선의 항력을 구하려고 1/5 축척의 모형을 물속에서 실험하려고 할 때 모형의 속도는 몇 m/s 로 해야 하는가? (단, 밀도 : 물 1000 kg/m³, 공기 1 kg/m³, 점성계수 : 물 1.8×10^{-3} N·s/m², 공기 1×10^{-5} N·s/m²)

㉮ 10　　㉯ 2
㉰ 50　　㉱ 9

|해설| $\left(\dfrac{V \cdot L}{\nu}\right)_p = \left(\dfrac{V \cdot L}{\nu}\right)_m$
$\left(\dfrac{1 \times 10 \times 5}{1 \times 10^{-5}}\right) = \dfrac{1000 \times V_m \times 1}{1.8 \times 10^{-3}}$
$V_m = 9 \text{m/sec}$

58 유량이 10 m³/s로 일정하고 수심이 1 m로 일정한 강의 폭이 매 10 m 마다 1 m 씩 좁아진다. 강 폭이 5 m인 곳에서 강물의 가속도는 몇 m/s²인가? (단, 흐름 방향으로만 속도성분이 있다고 가정한다.)

㉮ 0　　㉯ 0.02
㉰ 0.04　　㉱ 0.08

|해설|

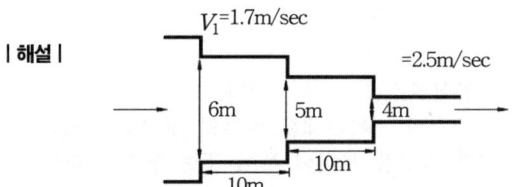

$V_2^2 - V_1^2 = 2aS$
$2.5^2 - 1.7^2 = 2 \times a \times 20$
$a = 0.084 \text{ m/sec}^2$

59 다음 중 밀도가 가장 큰 액체는?

㉮ 1 g/cm³　　㉯ 1200 kg/m³
㉰ 비중 1.5　　㉱ 비중량 8000 N/m³

|해설| ㉮ 1g/cm³=1000kg/m³
㉰ 1.5×1000=1500kg/m³
㉱ $\dfrac{8000}{9.8}$=816.33kg/m³

56. ㉰　57. ㉱　58. ㉱　59. ㉰　■ Answer

60 공기의 유속을 측정하기 위하여 피토관을 사용했다. 물을 담은 U자관의 수주의 높이의 차가 10 cm라면 공기의 유속은 약 몇 m/s 인가? (단, 공기의 밀도는 1.25 kg/m³ 이다.)

㉮ 9.8 ㉯ 19.8
㉰ 29.6 ㉱ 39.6

|해설| $V = \sqrt{2 \times 9.8 \times 0.1 \times (\frac{1000}{1.2} - 1)} = 39.57 \text{m/sec}$

4과목 기계재료 및 유압기기

61 항온열처리를 하여 마텐자이트와 베이나이트의 혼합조직을 얻는 열처리는?

㉮ 담금질 ㉯ 오스템퍼링
㉰ 패턴팅 ㉱ 마템퍼링

|해설| ㉮ 담금질 : 마텐자이트, 트루스타이트, 소르바이트 조직을 얻음
㉯ 오스템퍼링 : 베이나이트조직

62 다음 중 강재의 화학 조성을 변화시키지 않으며 행하는 경화법은?

㉮ 쇼트 피이닝 ㉯ 금속 침투법
㉰ 질화법 ㉱ 침탄 질화법

|해설| 쇼트피닝 : 주철조각을 압축공기와 함께 분사하여 가공물 표면을 경화시키고 요철들을 제거하는 작업

63 다음 주철에 관한 설명 중 틀린 것은?

㉮ 주철 중에 전 탄소량은 유리탄소와 화합탄소를 합한 것이다.
㉯ 탄소(C)와 규소(Si)의 함량에 따른 주철의 조직관계를 마우러 조직도라 한다.
㉰ 주강은 일반적으로 전기로에서 용해한 용강을 주형에 부어 풀림 열처리 한다.
㉱ C, P양이 적고 냉각이 빠를수록 흑연화하기 쉽다.

|해설| 흑연은 냉각속도가 늦을수록 또는 Si의 양이 많을수록 많아진다.

64 베어링에 사용되는 구리합금인 켈밋의 주성분은?

㉮ 구리 – 주석 ㉯ 구리 – 납
㉰ 구리 – 알루미늄 ㉱ 구리 – 니켈

|해설| 켈밋 : 구리-납 합금을 주성분으로 한 구리계 베어링 합금

Answer ■ 60. ㉱ 61. ㉱ 62. ㉮ 63. ㉱ 64. ㉯

65 다음 금속 중 재결정 온도가 가장 높은 것은?

㉮ Zn ㉯ Sn
㉰ Au ㉱ Pb

|해설| ㉮ Zn : 5~25℃
㉯ Sn : −7~25℃
㉰ Au : 200℃
㉱ Pb : −3℃

66 강의 담금질(quenching) 조직 중에서 경도가 가장 높은 것은?

㉮ 펄라이트 ㉯ 오스테나이트
㉰ 페라이트 ㉱ 마텐자이트

|해설| A<M>T>S>P

67 탄소강에서 인(P)의 영향으로 맞는 것은?

㉮ 결정립을 조대화 시킨다. ㉯ 연신율, 충격치를 증가시킨다.
㉰ 적열취성을 일으킨다. ㉱ 강도, 경도를 감소시킨다.

|해설| 탄소강에서 인(P)의 영향
㉮ 강도·경도 증가
㉯ 가공시 균열 발생
㉰ 상온메짐의 원인

68 강력하고 인성이 있는 기계주철 주물을 얻으려고 할 때 주철 중의 탄소를 어떠한 상태로 하는 것이 가장 적합한가?

㉮ 구상 흑연 ㉯ 유리의 편상 흑연
㉰ 탄화물(Fe_3C)의 상태 ㉱ 입상 또는 괴상 흑연

69 다음 중 불변강의 종류가 아닌 것은?

㉮ 인바 ㉯ 코엘린바
㉰ 쾌스테르바 ㉱ 엘린바

70 다음 중 전기전도도가 좋은 순으로 나열된 것은?

㉮ Cu > Al > Ag ㉯ Al > Cu > Ag
㉰ Fe > Ag > Al ㉱ Ag > Cu > Al

65. ㉰ 66. ㉱ 67. ㉮ 68. ㉮ 69. ㉰ 70. ㉱ ■ Answer

71 그림과 같은 유압기호는 무슨 밸브의 기호인가?
㉮ 카운터 밸런스 밸브
㉯ 무부하 밸브
㉰ 시퀀스 밸브
㉱ 릴리프 밸브

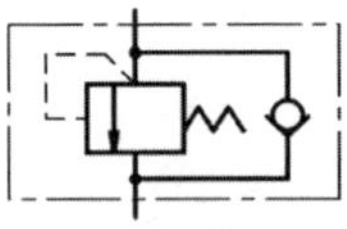

72 피스톤 부하가 급격히 제거되었을 때 피스톤이 급진하는 것을 방지하는 등의 속도제어회로로 가장 적합한 것은?
㉮ 카운터 밸런스 회로
㉯ 시퀀스 회로
㉰ 언로드 회로
㉱ 증압 회로

73 어큐물레이터(accumulator)의 주요 용도가 아닌 것은?
㉮ 유압 에너지의 축적
㉯ 펌프의 맥동 흡수
㉰ 충격 압력의 완충
㉱ 유압 장치의 대형화

74 슬라이드 밸브 등에서 밸브가 중립점에 있을 때, 이미 포트가 열리고, 유체가 흐르도록 중복된 상태를 의미하는 용어는?
㉮ 제로 랩
㉯ 오버 랩
㉰ 언더 랩
㉱ 랜드 랩

75 안지름이 10 mm인 파이프에 2×10^4 cm³/min의 유량을 통과시키기 위한 유체의 속도는 약 몇 m/s 인가?
㉮ 4.2
㉯ 5.2
㉰ 6.2
㉱ 7.2

| 해설 | $Q = A \cdot V$
$2 \times 10^4 \times 10^{-6} = \frac{\pi}{4} \times 0.01^2 \times V \times 60$
$V = 4.25 \, m/s$

76 1개의 유압 실린더에서 전진 및 후진 단에 각각의 리밋 스위치를 부착하는 이유로 가장 적합한 것은?
㉮ 실린더의 위치를 검출하여 제어에 사용하기 위하여
㉯ 실린더 내의 온도를 제어하기 위하여
㉰ 실린더의 속도를 제어하기 위하여
㉱ 실린더 내의 압력을 계측하여 이를 제어하기 위하여

| 해설 | 리밋스위치는 기계장치 등에서 동작이 일정한 한계 위치에 달하면 접점이 전환되는 스위치

Answer ▪ 71. ㉮ 72. ㉮ 73. ㉱ 74. ㉰ 75. ㉮ 76. ㉮

77 유압펌프의 소음발생 원인으로 거리가 먼 것은?

㉮ 회전수가 규정치를 초과한 경우
㉯ 릴리프 밸브가 닫힌 경우
㉰ 펌프의 흡입이 불량한 경우
㉱ 작동유의 점성이 너무 높은 경우

| 해설 | 펌프 소음의 원인
　　　㉮ 펌프 프레임의 볼트가 헐거울 때
　　　㉯ 펌프 회전축과 모터축의 중심이 일치하지 않을 때
　　　㉰ 점성이 필요이상 클 때

78 유압 속도제어 회로 중 미터 아웃 회로의 설치 목적과 관계없는 것은?

㉮ 피스톤이 자주(自走)할 염려를 제거한다.
㉯ 실린더에 배압을 형성한다.
㉰ 실린더의 용량을 변화시킨다.
㉱ 실린더에 유출되는 유량을 제어하여 피스톤 속도를 제어한다.

79 유압 작동유에 요구되는 성질이 아닌 것은?

㉮ 비 인화성일 것
㉯ 오염물 제거 능력이 클 것
㉰ 체적 탄성계수가 작을 것
㉱ 캐비테이션에 대한 저항이 클 것

| 해설 | 액체는 기체에 비해 체적탄성 계수가 크다.

80 다음 유압회로의 명칭으로 옳은 것은?

㉮ 로크 회로
㉯ 증압 회로
㉰ 무부하 회로
㉱ 축압 회로

| 해설 | 로크 회로는 실린더의 작동이 멈췄을 때 부하에 의해 피스톤의 움직임을 정지시키고자하는 회로이다.

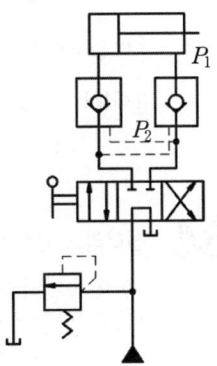

77. ㉯ 78. ㉰ 79. ㉰ 80. ㉮ ■ Answer

5과목 기계제작법 및 기계동력학

81 200mm 사인바로 10° 각을 만들려면 사인바 양단의 게이지블록의 높이차는 약 몇 mm 이어야 하는가? (단, 경사면과 측정면이 일치한다.)

㉮ 34.73 mm
㉯ 39.70 mm
㉰ 44.76 mm
㉱ 49.10 mm

| 해설 | $\sin a = \dfrac{\Delta H}{L}$

$\Delta H = 200 \times \sin 10° = 34.73 \text{mm}$

82 최소 측정값이 1/20 mm 인 버니어캘리퍼스에 대한 설명으로 옳은 것은?

㉮ 본척의 최소 눈금이 1 mm, 부척의 1눈금은 12 mm를 25 등분한 것
㉯ 본척의 최소 눈금이 1 mm, 부척의 1눈금은 19 mm를 20 등분한 것
㉰ 본척의 최소 눈금이 0.5 mm, 부척의 1눈금은 19 mm를 25 등분한 것
㉱ 본척의 최소 눈금이 0.5 mm, 부척의 1눈금은 24 mm를 20 등분한 것

| 해설 | $C = \dfrac{1}{20}$ mm

어미자 1눈금 간격이 1mm이고 아들자 1눈금은 19mm를 20등분.

83 주조시 탕구의 높이와 유속과의 관계가 옳은 식은? (단, v: 유속(cm/s), h : 탕구의 높이(쇳물이 채워진 높이, cm), g : 중력 가속도(cm/s²), C : 유량계수이다.)

㉮ $v = \dfrac{2gh}{C}$
㉯ $v = C\sqrt{2gh}$
㉰ $v = C(2gh)^2$
㉱ $v = h\sqrt{2Cg}$

| 해설 | $\dfrac{1}{2}mv^2 = mgh$

$V = \sqrt{2gh}$

84 센터리스 연삭의 특징에 대한 설명으로 틀린 것은?

㉮ 연속작업을 할 수 있어 대량 생산이 용이하다.
㉯ 축 방향의 추력이 있으므로 연삭 여유가 커야한다.
㉰ 높은 숙련도를 요구하지 않는다.
㉱ 키 홈과 같은 긴 홈이 있는 가공물은 연삭이 어렵다.

Answer ■ 81. ㉮ 82. ㉯ 83. ㉯ 84. ㉯

85 두께 2 mm의 연강판에 지름 20 mm의 구멍을 펀칭하는 데 소요되는 동력은 약 몇 kW 인가? (단, 프레스 평균전단속도는 5 m/min, 판의 전단응력은 275MPa, 기계효율은 60% 이다.)

㉮ 3.2
㉯ 3.9
㉰ 4.8
㉱ 5.4

|해설| $H_{kW} = \dfrac{275 \times \pi \times 20 \times 2 \times 5}{102 \times 9.8 \times 60 \times 0.6} = 4.8 kW$

86 구성인선(Built-up edge)의 방지대책으로 틀린 것은?

㉮ 칩의 두께를 크게 한다.
㉯ 경사각(rake angle)을 크게 한다.
㉰ 절삭속도를 크게 한다.
㉱ 절삭공구의 인선을 예리하게 한다.

87 지름 4 mm의 가는 봉재를 선재인발(wire drawing)하여 3.5 mm가 되었다면 단면 감소율은?

㉮ 23.4%
㉯ 14.2%
㉰ 12.5%
㉱ 5.7%

|해설| $\varepsilon_A = \dfrac{4^2 - 3.5^2}{4^2} \times 100 = 23.44\%$

88 일반적으로 기계가공한 강제품을 열처리하는 목적이 아닌 것은?

㉮ 표면을 경화시키기 위한 것이다.
㉯ 조직을 안정화시키기 위한 것이다.
㉰ 조직을 조대화하여 편석을 발생시키기 위한 것이다.
㉱ 경도 및 강도를 증가시키기 위한 것이다.

89 용접의 분류에서 아크 용접이 아닌 것은?

㉮ MIG 용접
㉯ TIG 용접
㉰ 테르밋 용접
㉱ 스터드 용접

|해설| 테르밋 용접 : 알루미늄 분말과 산화철 분말의 혼합 반응열을 이용한 특수용접이다.

90 다음 중 정밀입자에 의한 가공이 아닌 것은?

㉮ 호닝
㉯ 래핑
㉰ 버핑
㉱ 버니싱

|해설| 버니싱 : 구멍을 갖고 있는 가공물의 구멍 내면을 강구를 통과시켜 요철들을 제거하는 일종의 소성가공이다.

85. ㉰ 86. ㉮ 87. ㉮ 88. ㉰ 89. ㉰ 90. ㉱ ■ Answer

91 2개의 조화운동 $x_1 = 3\sin wt$와 $x_2 = 4\cos wt$의 합성운동을 나타내는 식은?

㉮ $5\sin(wt+0.869)$ ㉯ $25\cos(wt-0.869)$
㉰ $5\sin(wt+0.927)$ ㉱ $25\cos(wt-0.927)$

|해설| $X=\sqrt{3^2+4^2}=5$
$\tan\emptyset=\dfrac{4}{3}$, $\emptyset=0.927\text{rad}$
$x=x_1+x_2=X\sin(wt+\emptyset)$

92 운동방정식이 $m\ddot{x}+c\dot{x}+kx=0$ 인 감쇠 진동계에서 감쇠비(damping ratio) ζ를 나타내는 식이 아닌 것은?

㉮ $\dfrac{c}{2mv_n}$ ㉯ $\dfrac{ck}{2w_n}$

㉰ $\dfrac{cw_n}{2k}$ ㉱ $\dfrac{c}{2\sqrt{mk}}$

|해설| $\zeta=\dfrac{c}{c_c}$, $c_c=\dfrac{2k}{w_n}=2\sqrt{mk}$

93 네 개의 가는 막대로 구성된 정사각 프레임이 있다. 막대 각각의 질량과 길이는 m과 b이고, 프레임은 w의 각속도로 회전하고 질량 중심 G는 v 의 속도로 병진운동하고 있다. 프레임의 병진운동에너지와 회전운동에너지가 같아질 때 질량중심 G의 속도는 얼마인가?

㉮ $\dfrac{bw}{\sqrt{2}}$

㉯ $\dfrac{bw}{\sqrt{3}}$

㉰ $\dfrac{bw}{2}$

㉱ $\dfrac{bw}{\sqrt{5}}$

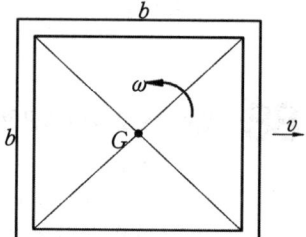

|해설| $\dfrac{1}{2}mv^2=\dfrac{1}{2}J\cdot w^2=\dfrac{1}{2}\cdot(4\times\dfrac{m\cdot b^2}{12})\cdot w^2$
$V=\dfrac{b\cdot w}{\sqrt{3}}$

Answer ■ 91. ㉰ 92. ㉯ 93. ㉯

94 어느 진동계의 운동방정식이 $3\ddot{x}+75x=0$ 으로 주어졌다. 여기에서 시간의 단위는 초이다. 이 진동계의 고유진동수 f는 약 몇 Hz 인가?

㉮ 4 ㉯ 0.8
㉰ 12 ㉱ 36

| 해설 | $f=\dfrac{w}{2\pi}=\dfrac{\sqrt{\dfrac{75}{3}}}{2\pi}=0.796$Hz

95 그림과 같이 원판에서 원주에 있는 점 A의 속도가 12 m/s일 때 원판의 각속도는 몇 rad/s 인가? (단, 원판의 반지름 r은 0.3m 이다.)

㉮ 10
㉯ 20
㉰ 30
㉱ 40

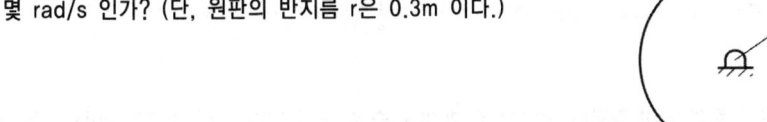

| 해설 | $w=\dfrac{12}{0.3}=40$m/s

96 어떤 사람이 정지 상태에서 출발하여 직선 방향으로 등가속도 운동을 하여 5초 만에 10 m/s의 속도가 되었다. 출발하여 5초 동안 이동한 거리는 몇 m 인가?

㉮ 5 ㉯ 10
㉰ 25 ㉱ 50

| 해설 | $v = v_0+at$, $a=\dfrac{10}{5}=2$m/s^2
$10^2=2\times2\times S$, $S=25$m

97 자동차가 일정한 속력으로 언덕을 넘어가고 있다. 언덕의 정점에서의 곡률반경은 ρ 이다. 중력가속도를 g라 할 때, 이 위치에서 자동차가 지면으로부터 떨어지지 않고 달릴 수 있는 최대속력은 얼마인가?

㉮ ρg ㉯ $\dfrac{g}{\rho^2}$
㉰ $\rho^2 g$ ㉱ $\sqrt{\rho g}$

| 해설 | $F=\overline{W}$, $m\dfrac{v^2}{\rho}=mg$
$v=\sqrt{\rho\cdot g}$

94. ㉯ 95. ㉱ 96. ㉰ 97. ㉱ ■ Answer

98 그림과 같이 5 kg의 칼러(Collar)가 수직막대의 위를 마찰이 없이 미끄러진다. 칼러에 붙여진 스프링은 변형되지 않았을 때 길이가 10 cm이고 스프링 상수는 500 N/m이다. 칼러가 위치 1에서 정지 상태에 놓여 있다가 수직 아래로 위치 2까지 20 cm를 움직인다. 탄성에너지 변화는 몇 J 인가?

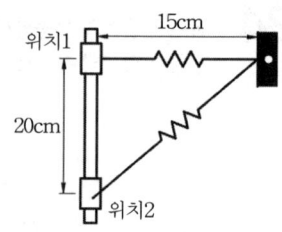

㉮ 7.5
㉯ 5.0
㉰ 2.5
㉱ 10.0

| 해설 | $\Delta V = \Delta Vg + \Delta Ve = 5 \times 9.8 \times (-0.2) + \frac{1}{2} \times 500 \times (0.15^2 - 0.05^2) = -4.8 \text{N} \cdot \text{m}$

99 다음 그림과 같이 질량이 동일한 두 개의 구슬 A, B가 있다. A의 속도는 v이고 B는 정지되어 있다. 충돌 후 A와 B의 속도에 관한 설명으로 옳은 것은? (단, 두 구슬 사이의 반발계수는 e=1 이다.)

㉮ A와 B 모두 정지한다.
㉯ A는 정지하고 B는 v의 속도를 가진다.
㉰ A와 B 모두 v의 속도를 가진다.
㉱ A와 B 모두 v/2의 속도를 가진다.

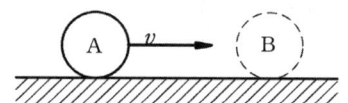

| 해설 | $e = \frac{-(V'_A - V'_B)}{V_A - A_B} = \frac{-(V'_A - V'_B)}{V} = 1$

$V_A = V'_A + V'_B = V, \ V'_B - V'_A = V$
$V'_A = 0$ 이면, $V'_B = V$ 이다.

100 감쇠비가 ζ인 그림과 같은 1자유도 시스템에서, 질량이 외력에 의하여 조화진동을 하고 있다. 질량 m의 변위진폭을 가장 크게 하는 고유 각진동수는? (단, 감쇠기가 없을 때의 고유진동수는 w_n 이다.)

㉮ w_n
㉯ $w_n \sqrt{1-\zeta^2}$
㉰ $w_n \sqrt{1-2\zeta^2}$
㉱ $w_n \sqrt{1-3\zeta^2}$

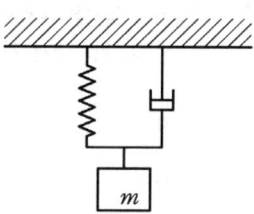

2012 기출문제 — 5월 20일 시행

1과목 재료역학

01 길이 3m의 부재가 하중을 받아 1.2mm 늘어났다. 이때 선형 탄성 거동을 갖는 부재의 변형률은?

㉮ 3.6×10^{-4} ㉯ 3.6×10^{-3}
㉰ 4×10^{-4} ㉱ 4×10^{-3}

| 해설 | $\varepsilon = \dfrac{\delta}{\ell} = 4 \times 10^{-4}$

02 길이 3m의 직사각형 단면을 가진 외팔보에 단위 길이당 w의 등분포하중이 작용하여 최대 굽힘응력이 50MPa이 발생할 경우 최대 전단응력은 약 몇 MPa인가? (단, 단면의 치수 폭×높이(b×h)=6cm×10cm이다.)

㉮ 0.83   ㉯ 1.25
㉰ 0.63   ㉱ 1.45

| 해설 | $\sigma_b = \dfrac{6 \cdot w\ell}{bh^2}$

$50 = \dfrac{6 \times w \times 3000^2}{60 \times 100^2 \times 2}$, $w = 1.11$ N/mm

$\tau = \dfrac{3}{2}\dfrac{F}{A} = \dfrac{3 \times 1.11 \times 3000}{2 \times 60 \times 100} = 0.83$ MPa

03 그림과 같은 보가 집중하중 P를 받고 있다. 최대 굽힘 모멘트의 크기는?

㉮ PL
㉯ $\dfrac{PL}{2}$
㉰ $\dfrac{PL}{4}$
㉱ $\dfrac{PL}{8}$

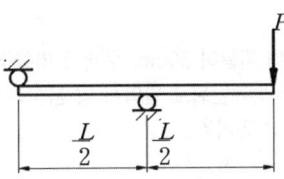

| 해설 | $M_{max} = P \times \dfrac{\ell}{2} = \dfrac{\cdot \ell}{2}$

1. ㉰   2. ㉮   3. ㉯   ■ Answer

04
그림과 같이 재료와 단면적이 같고 길이가 서로 다른 강봉에 지지되어 있는 보에 하중을 가해 수평으로 유지하기 위한 비 a/b는?

㉮ $\dfrac{\ell_1}{\ell_2}$

㉯ $\dfrac{\ell_2}{\ell_1}$

㉰ $\dfrac{\ell_1}{(\ell_1+\ell_2)}$

㉱ $\dfrac{\ell_2}{(\ell_1+\ell_2)}$

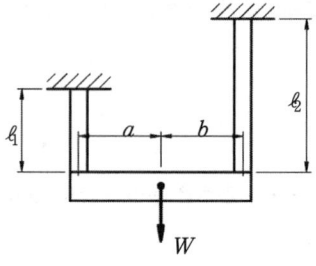

| 해설 | $\overline{W_1}\cdot a=\overline{W_2}\cdot b$

$E=\dfrac{\sigma_1}{\varepsilon_1}=\dfrac{\sigma_2}{\varepsilon_2}, \quad \delta_1=\delta_2=\delta$

$\dfrac{\ell_1\cdot\overline{W_1}}{\delta\cdot A}=\dfrac{\ell_2\cdot\overline{W_2}}{\delta\cdot A}$

$\dfrac{\overline{W_2}}{\overline{W_1}}=\dfrac{a}{b}=\dfrac{\ell_1}{\ell_2}$

05
길이가 L이고 직경이 d인 축과 동일 재료로 만든 길이 $3L$인 축이 같은 크기의 비틀림모멘트를 받았을 때, 같은 각도만큼 비틀어지게 하려면 직경은 얼마가 되어야 하는가?

㉮ $\sqrt{2}d$　　　　㉯ $\sqrt[4]{2}d$

㉰ $\sqrt{3}d$　　　　㉱ $\sqrt[4]{3}d$

| 해설 | $\theta=\dfrac{T\cdot\ell_1}{G\cdot Ip_1}=\dfrac{T\cdot\ell_2}{G\cdot Ip_2}$

$\dfrac{\ell}{d^4}=\dfrac{3\cdot\ell}{d_2^4}$

$d_2=\sqrt[4]{3}\cdot d$

06
그림에서와 같이 지름이 50cm, 무게가 100N의 잔디밭용 롤러를 높이 5cm의 계단위로 밀어서 막 움직이게 하는데 필요한 힘 F는 몇 N 인가?

㉮ 200
㉯ 87
㉰ 125
㉱ 153

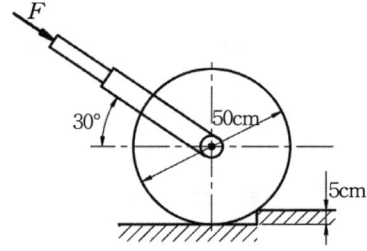

| 해설 | $100\times15-F\cdot\cos30°\cdot(20+25\cdot\sin30°)+F\cdot\sin30°\cdot(15+25\cos30°)=0$
　　　　∴ F=152.74N

Answer ■ 4. ㉮　5. ㉱　6. ㉱

7 중앙에 집중 모멘트 M_0(kN·m)가 작용하는 길이 L의 단순 지지보 내의 최대 굽힘응력은? (단, 보의 단면은 직경이 2a인 원이다.)

㉮ $\dfrac{M_0}{2\pi a^3}$ ㉯ $\dfrac{M_0}{\pi a^3}$

㉰ $\dfrac{2M_0}{\pi a^3}$ ㉱ $\dfrac{4M_0}{\pi a^3}$

| 해설 | $\sigma_b = \dfrac{M}{Z} = \dfrac{32(\frac{M_0}{2})}{\pi d^3} = \dfrac{32 \cdot M_0}{\pi \cdot (2a)^3 \times 2} = \dfrac{2M_0}{\pi \cdot a^3}$

8 그림에서 클램프(clamp)의 압축력이 P=5kN일 때 m-n 단면의 최소 두께 h를 구하면 몇 cm인가? (단, 직사각형 단면의 폭 b=10mm, 편심거리 e=50mm, 재료의 허용응력 σ_w=150MPa이다.)

㉮ 1.34
㉯ 2.34
㉰ 3.34
㉱ 4.34

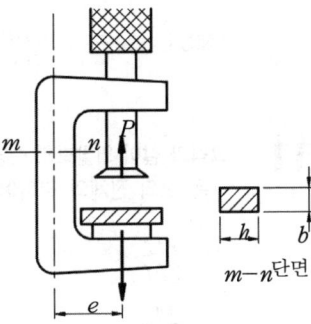

m-n단면

| 해설 | $\sigma_w = \dfrac{P}{b \cdot h} + \dfrac{6 \cdot P \cdot e}{b \cdot h^2}$
$150 \times 10 \times h^2 = 5 \times 10^3 \, h + 6 \times 5 \times 10^3 \times 50$
$h^2 - 3.33h - 1000 = 0$
$h = \dfrac{-b \pm \sqrt{b^2 - 4ac}}{2a}$
∴ h = 33.33mm = 3.33cm

9 그림과 같이 10cm×10cm의 단면적을 갖고 양단이 회전단으로 된 부재가 중심축 방향으로 압축력 P가 작용하고 있을 때 장주의 길이가 2m라면 세장비는?

㉮ 890
㉯ 69
㉰ 49
㉱ 29

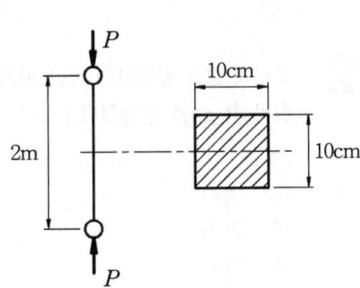

| 해설 | $\lambda = \dfrac{\ell}{k} = \dfrac{2\sqrt{3} \cdot \ell}{a} = \dfrac{2\sqrt{3} \times 2}{0.1} = 69.28$

7. ㉰ 8. ㉰ 9. ㉯ ■ Answer

10 다음과 같이 부재에 축 하중 P=15kN이 가해졌을 때, x의 방향의 길이는 0.003mm 증가하고 z 방향의 길이는 0.0002mm 감소하였다면 이 선형 탄성 재료의 포아송의 비는?

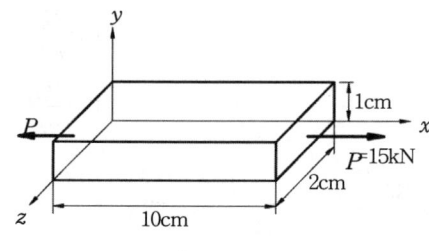

㉮ 0.28 ㉯ 0.30
㉰ 0.33 ㉱ 0.35

|해설| $\mu = \dfrac{\varepsilon'}{\varepsilon} = \dfrac{0.0002 \times 100}{20 \times 0.003} = 0.33$

11 그림과 같이 외팔보의 중앙에 집중 하중 P가 작용하면 자유단의 처짐은? (단, 보의 굽힘강성 EI는 일정하고, L은 보의 전체의 길이이다.)

㉮ $\dfrac{PL^3}{3EI}$

㉯ $\dfrac{PL^3}{24EI}$

㉰ $\dfrac{PL^3}{8EI}$

㉱ $\dfrac{5PL^3}{48EI}$

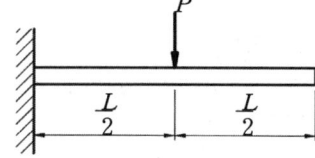

|해설| $\delta = \dfrac{A_m}{EI} \cdot \bar{x} = \dfrac{P \cdot \ell^2}{8 \cdot EI} \cdot \left(\dfrac{\ell}{2} + \dfrac{\ell}{3}\right) = \dfrac{5P \cdot \ell^3}{48EI}$

12 그림과 같은 일단고정 타단 지지보에서 B점에서의 모멘트 M_B는 몇 kN·m인가? (단, 균일단면보이며, 굽힘강성(EI)은 일정하다.)

㉮ 800
㉯ 2000
㉰ 3200
㉱ 4000

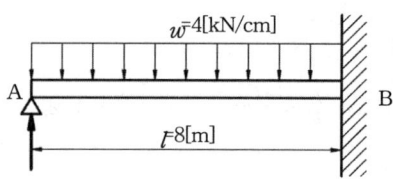

|해설| $M_B = \dfrac{w\ell^2}{8} = \dfrac{4 \times 800 \times 8}{8} = 3200 \text{kN} \cdot \text{m}$

Answer ▪ 10. ㉰ 11. ㉱ 12. ㉰

13 지름 d인 원형 단면봉이 비틀림 모멘트 T를 받을 때, 봉의 표면에 발생하는 최대 전단응력은? (단, G는 전단 탄성계수, θ는 봉의 단위 길이마다의 비틀림 각이다.)

㉮ $\dfrac{1}{2}G^2\theta d$ ㉯ $\dfrac{1}{2}G\theta^2 d$

㉰ $\dfrac{1}{2}G\theta d^2$ ㉱ $\dfrac{1}{2}G\theta d$

| 해설 | $\theta = \dfrac{\tau \cdot \dfrac{\pi d^3}{16}}{G \cdot \dfrac{\pi d^4}{32}}$

$\tau = \dfrac{1}{2}G \cdot \theta \cdot d$

14 그림과 같이 노치가 있는 둥근봉이 인장력 P=10kN을 받고 있다. 노치의 응력 집중계수가 a=2.5라면, 노치부의 최대응력은 약 MPa인가?

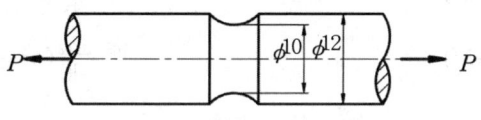

㉮ 3180 ㉯ 51
㉰ 221   ㉱ 318

| 해설 | $a = \dfrac{\sigma_{max}}{\sigma_{mean}}$

$\sigma_{max} = 2.5 \times \dfrac{10 \times 10^3}{\dfrac{\pi}{4} \times 10^2} = 318.47 \text{MPa}$

15 그림과 같이 평면응력 조건하에서 600kPa의 인장응력과 400kPa의 압축응력이 작용할 때 인장응력이 작용하는 면과 30°의 각도를 이루는 경사면에 생기는 수직응력은 몇 kPa인가?

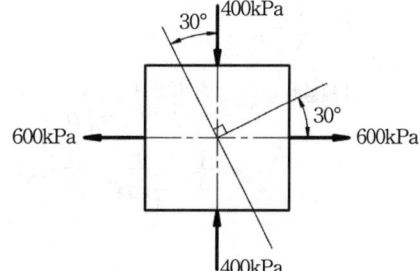

㉮ 150
㉯ 250
㉰ 350
㉱ 450

| 해설 | $\sigma_x + \sigma_y = \sigma_n + \sigma_n'$

$\sigma_n = \dfrac{\sigma_x + \sigma_y}{2} + \dfrac{\sigma_x - \sigma_y}{2}\cos 2\theta = \dfrac{600-400}{2} + \dfrac{600+400}{2} \cdot \cos 60° = 350\text{kPa}$

$\sigma_n' = 600 - 400 - 350 = -150\text{kPa}$

13. ㉱　14. ㉱　15. ㉰　■ Answer

16 단면적이 일정한 강봉이 인장하중 W를 받아 탄성 한계내에서 인장응력이 σ가 발생하고, 이 때의 변형률이 ε이었다. 이 강봉이 단위체적 속에 저장되는 탄성에너지 U를 나타내는 식은? (단, 강봉의 탄성계수는 E 이다.)

㉮ $U = \dfrac{1}{2} E\sigma^2$ ㉯ $U = \dfrac{1}{2}\sigma\varepsilon^2$

㉰ $U = \dfrac{1}{2} E\varepsilon^2$ ㉱ $U = \dfrac{1}{2} E\varepsilon$

|해설| $U = \dfrac{1}{2} W \cdot \delta = \dfrac{1}{2}\sigma \cdot A \cdot \ell \cdot \varepsilon = \dfrac{1}{2} E \cdot \varepsilon^2 \cdot V$

$\dfrac{U}{V} = u = \dfrac{1}{2} E \cdot e^2$

17 두변의 길이가 각각 b, h인 직사각형의 한 모서리 점에 관한 극관성 모멘트는?

㉮ $\dfrac{bh}{3}(b^2+h^2)$ ㉯ $\dfrac{bh}{6}(b^2+h^2)$

㉰ $\dfrac{bh}{12}(b^2+h^2)$ ㉱ $\dfrac{bh}{16}(b^2+h^2)$

|해설| $I_x = I_G + \bar{y}^2 \cdot A = \dfrac{bh^3}{12} + \dfrac{bh^3}{4} = \dfrac{4bh^3}{12}$

$I_y = I_{Gy} + \bar{x}^2 \cdot A = \dfrac{4b^3h}{12}$

$I_P = I_x + I_y = \dfrac{4}{12}bh(b^2+h^2) = \dfrac{bh}{3}(b^2+h^2)$

18 동일한 전단력이 작용할 때 원형 단면 보의 지름 D를 3D로 크게 하면 최대 전단응력 τ_{max}는 어떻게 되는가?

㉮ $9\tau_{max}$ ㉯ $3\tau_{max}$

㉰ $\dfrac{1}{3}\tau_{max}$ ㉱ $\dfrac{1}{9}\tau_{max}$

|해설| $\tau_{max1} = \dfrac{4}{3}\dfrac{F}{A} = \dfrac{4}{3} \cdot \dfrac{F}{\dfrac{\pi}{4}D^2}$

$\tau_{max2} = \dfrac{4}{3} \cdot \dfrac{F}{\dfrac{\pi}{4}(3D)^2} = \dfrac{1}{9}\tau_{max1}$

Answer ■ 16. ㉰ 17. ㉮ 18. ㉱

19 그림과 같이 지름 6mm 강선의 상단을 고정하고 하단에 지름 d_1=100mm 의 추를 달고 접선방향에 F=10N의 힘을 작용시켜 비틀면 강선이 ∅=6.2°로 비틀어졌다. 이 때 강선의 길이가 ℓ =2m라면 이 강선의 전단 탄성 계수는 약 몇 GPa인가?

㉮ 12
㉯ 84
㉰ 18
㉱ 73

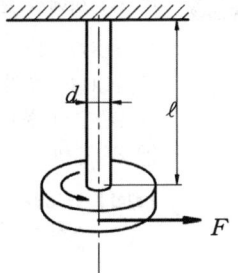

|해설| $\varnothing = \dfrac{T \cdot \ell}{G \cdot I_P}$

$6.2 \times \dfrac{\pi}{180} = \dfrac{32 \times 10 \times 50 \times 2000}{G \times \pi \times 6^4} \times 10^{-3}$

G=72.71 GPa

20 순수굽힘을 받는 선형 탄성 균일단면보의 전단력 F와 굽힘모멘트 M 및 분포하중 ω[N/m]사이에 옳은 관계식은?

㉮ $\omega = \dfrac{d^2 F}{dx^2}$ ㉯ $\omega = \dfrac{dM}{dx}$

㉰ $F = \dfrac{d^2 x}{dM^2}$ ㉱ $\omega = \dfrac{dF}{dx}$

|해설| $w = \dfrac{dF}{dx} = \dfrac{d^2 M}{dx^2}$

2과목 기계열역학

21 정압비열 209.5J/kg·K이고, 정적비열 159.6J/kg·K인 이상기체의 기체상수는?

㉮ 11.7J/kg·K ㉯ 27.4J/kg·K
㉰ 32.6J/kg·K ㉱ 49.9J/kg·K

|해설| $C_p - C_v = R$
R=209.5−159.6=49.9J/kgK

22 증기압축 냉동기에서 냉매가 순환되는 경로를 올바르게 나타낸 것은?

㉮ 증발기 → 압축기 → 응축기 → 수액기 → 팽창밸브
㉯ 증발기 → 응축기 → 수액기 → 팽창밸브 → 압축기
㉰ 압축기 → 수액기 → 응축기 → 증발기 → 팽창밸브
㉱ 압축기 → 증발기 → 팽창밸브 → 수액기 → 응축기

19. ㉱ 20. ㉱ 21. ㉱ 22. ㉮ ■ Answer

23 대기압 하에서 물질의 질량이 같을 때 엔탈피의 변화가 가장 큰 경우는?

㉮ 100℃ 물이 100℃ 수증기로 변화
㉯ 100℃ 공기가 200℃ 공기로 변화
㉰ 90℃의 물이 91℃ 물로 변화
㉱ 80℃의 공기가 82℃ 공기로 변화

|해설| 액상에서 기상, 또는 기상에서 액상으로 변화할 때 잠열이 요구되는데, 보기의 경우에서는 ①번이 가장 큰 엔탈피차가 발생한다.

24 A, B 두 종류의 기체가 한 용기 안에서 박막으로 분리되어 있다. A의 체적은 $0.1m^3$, 질량은 2kg이고, B의 체적은 $0.4m^3$, 밀도는 $1kg/m^3$이다. 박막이 파열되고 난 후에 평형에 도달하였을 때 기체 혼합물의 밀도는?

㉮ $4.8kg/m^3$ ㉯ $6.0kg/m^3$
㉰ $7.2kg/m^3$ ㉱ $8.4kg/m^3$

|해설| $V = V_1 + V_2 = 0.1 + 0.4 = 0.5m^3$
$m = m_1 + m_2 = 2 + 0.4 \times 1 = 2.4m^3$
$\rho = \dfrac{m}{V} = \dfrac{2.4}{0.5} = 4.8kg/m^3$

25 증기를 가역 단열과정을 거쳐 팽창시키면 증기의 엔트로피는?

㉮ 증가한다. ㉯ 감소한다.
㉰ 변하지 않는다. ㉱ 경우에 따라 증가도 하고, 감소도 한다.

26 체적이 일정하고 단열된 용기 내에 80℃, 320kPa의 헬륨 2kg이 들어 있다. 용기 내에 있는 회전날개가 20W의 동력으로 30분 동안 회전한다. 최종 온도는? (단, 헬륨의 정적비열(C_V)=3.12kJ/kg·K 이다.)

㉮ 76.2℃ ㉯ 80.3℃
㉰ 82.9℃ ㉱ 85.8℃

|해설| $L = \dfrac{일량}{시간변화}$

$20 \times 10^{-3} = \dfrac{2 \times 3.12 \times (T_2 - 80)}{30 \times 60}$

$T_2 = 85.77℃$

27 해수면 아래 20m에 있는 수중다이버에게 작용하는 절대압력은 약 얼마인가? (단, 대기압은 101kPa이고, 해수의 비중은 1.03이다.)

㉮ 202kPa ㉯ 303kPa
㉰ 101kPa ㉱ 504kPa

|해설| $P = 101 + (1.03 \times 20 \times 10^{-3} \times 9.8 \times 10^3) = 302.88kPa$

Answer ■ 23. ㉮ 24. ㉮ 25. ㉰ 26. ㉱ 27. ㉯

28 압력 200kPa, 체적 0.4m³인 공기가 정압 하에서 체적이 0.6m³로 팽창 하였다. 이 팽창 중에 내부에너지가 100kJ만큼 증가하였으면 팽창에 필요한 열량은?

㉮ 40kJ ㉯ 60kJ
㉰ 140kJ ㉱ 160kJ

| 해설 | $_1Q_2 = \Delta U + _1\overline{W_2}$
$= 100 + 200 \times (0.6 - 0.4) = 140 \text{kJ}$

29 밀폐계(closed system)의 가역정압과정에서 열전달량은?

㉮ 내부에너지의 변화와 같다. ㉯ 엔탈피의 변화와 같다.
㉰ 엔트로피의 변화와 같다. ㉱ 일과 같다.

| 해설 | $\delta q = dh - vdp = dh$

30 실린더 내의 이상기체 1kg이 온도를 27°C로 일정하게 유지하면서 200kPa에서 100kPa까지 팽창하였다. 기체가 한 일은? (단, 이 기체의 기체상수는 1kJ/kg·K이다.)

㉮ 27kJ ㉯ 208kJ
㉰ 300kJ ㉱ 433kJ

| 해설 | $_1W_2 = mRT\ell n\left(\frac{P_1}{P_2}\right) = 1 \times 1 \times (27 + 273) \times \ell n\left(\frac{200}{100}\right) = 207.94 \text{kJ}$

31 어떤 발명가가 태양열 집열판에서 나오는 77°C의 온수에서 1kW의 열을 받아 동력을 생성하는 열기관을 고안하였다고 주장한다. 이러한 열기관이 생성할 수 있는 최대 출력은? (단, 주위 공기의 온도는 27°C라고 가정한다.)

㉮ 1000W ㉯ 649W
㉰ 333W ㉱ 143W

| 해설 | $\eta = \frac{\overline{W}}{Q} = 1 - \frac{T_L}{T_H}$
$\overline{W} = 1 \times 10^3 \times (1 - \frac{27 + 273}{77 + 273}) = 142.86 \overline{W}$

32 열펌프를 난방에 이용하려 한다. 실내 온도는 18°C이고, 실외 온도는 -15°C이며 벽을 통한 열손실은 12kW이다. 열펌프를 구동하기 위해 필요한 최소 일률(동력)은?

㉮ 0.65kW ㉯ 0.74kW
㉰ 1.36kW ㉱ 1.53kW

| 해설 | $\varepsilon_h = \frac{Q_1}{W} = \frac{T_H}{T_H - T_L}$
$\overline{W} = \frac{12 \times (18 + 15)}{(18 + 273)} = 1.36 \text{ kW}$

28. ㉰ 29. ㉯ 30. ㉯ 31. ㉱ 32. ㉰   ■ Answer

33 카르노사이클로 작동되는 열기관이 600K에서 800kJ의 열을 받아 300K에서 방출한다면 일은 약 몇 kJ인가?

㉮ 200 ㉯ 400
㉰ 500 ㉱ 900

| 해설 | $\overline{W} = 800 \times (1 - \frac{300}{600}) = 400 kJ$

34 출력이 50kW인 동력 기관이 한 시간에 13kg의 연료를 소모한다. 연료의 발열량이 45000kJ/kg이라면, 이 기관의 열효율은 약 얼마인가?

㉮ 25% ㉯ 28%
㉰ 31% ㉱ 36%

| 해설 | $\eta = \frac{50 \times 3600}{13 \times 45000} \times 100 = 30.77\%$

35 랭킨사이클(Rankine cycle)에 관한 설명 중 틀린 것은?

㉮ 보일러에서 수증기를 과열하면 열효율이 증가한다.
㉯ 응축기 압력이 낮아지면 열효율이 증가한다.
㉰ 보일러에서 수증기를 과열하면 터빈 출구에서 건도가 감소한다.
㉱ 응축기 압력이 낮아지면 터빈 날개가 부식될 가능성이 높아진다.

36 523℃의 고열원으로부터 1MW의 열을 받아서 300K의 대기로 600kW의 열을 방출하는 열기관이 있다. 이 열기관의 효율은 약 몇 %인가?

㉮ 40 ㉯ 45
㉰ 60 ㉱ 65

| 해설 | $\eta = \frac{\overline{W}}{Q_1} = \frac{400}{1000} = 0.4$

37 초기 온도와 압력이 50℃, 600kPa인 질소가 100kPa까지 가역 단열팽창 하였다. 이 때 온도는 약 몇 K인가? (단, 비열비 k=1.4이다.)

㉮ 194 ㉯ 294
㉰ 467 ㉱ 539

| 해설 | $\frac{T_2}{T_1} = (\frac{P_2}{P_1})^{\frac{k-1}{k}}$

$T_2 = (50+273) \times (\frac{100}{600})^{\frac{0.4}{1.4}} = 193.59k$

Answer ■ 33. ㉯ 34. ㉰ 35. ㉰ 36. ㉮ 37. ㉮

38 난방용 열펌프가 저온 물체에서 1500kJ/h로 열을 흡수하여 고온 물체에 2100kJ/h로 방출한다. 이 열펌프의 성능계수는?

㉮ 2.0   ㉯ 2.5
㉰ 3.0   ㉱ 3.5

| 해설 | $\varepsilon_h = \dfrac{2100}{2100-1500} = 3.5$

39 압력 1000kPa, 온도 300℃ 상태의 수증기[엔탈피(h)=3051.15kJ/kg, 엔트로피(s)=7.1228kJ/kg·K]가 증기 터빈으로 들어가서 100kPa 상태로 나온다. 터빈의 출력일은 370kJ/kg이다. 수증기표를 이용하여 터빈 효율을 구하면 약 얼마인가?

수증기의 포화 상태표			
압력=100kPa,		온도=99.62℃	
엔탈피(kJ/kg)		엔트로피(kJ/kg·K)	
포화액체	포화증기	포화액체	포화증기
417.44	2675.46	1.3025	7.3593

㉮ 0.156   ㉯ 0.332
㉰ 0.668   ㉱ 0.798

| 해설 | $x = \dfrac{7.1228-1.3025}{7.3593-1.3025} = 0.9613$
$h_x = 2587.29$ kJ/K, $\eta = \dfrac{370}{3051.15-h_x} = 0.798$

40 어느 내연기관에서 피스톤의 흡기과정으로 실린더 속에 0.2kg의 기체가 들어 왔다. 이것을 압축할 때 15kJ의 일이 필요하였고, 10kJ의 열을 방출하였다고 한다면, 이 기체 1kg당 내부에너지의 증가량은?

㉮ 10kJ   ㉯ 25kJ
㉰ 35kJ   ㉱ 50kJ

| 해설 | $_1Q_2 = \Delta U + {_1W_2} = \Delta H - \overline{W_t}$, $\Delta U = -10+15 = 5$kJ, $\Delta u = \dfrac{5}{0.2} = 25$kJ/kg

3과목 기계유체역학

41 원관 내의 유동이 완전 발달된 유동일 경우, 수두손실의 설명으로 옳은 것은?

㉮ 벽면 전단응력에 비례한다.
㉯ 벽면 전단응력의 제곱에 비례한다.
㉰ 벽면 전단응력의 제곱근에 비례한다.
㉱ 벽면 전단응력과 무관하다.

38. ㉱   39. ㉱   40. ㉯   41. ㉮   ■ Answer

42 체적이 30m³인 어느 기름의 무게가 247kN이었다면 비중은?

㉮ 0.80 ㉯ 0.82
㉰ 0.84 ㉱ 0.86

| 해설 | $S = \dfrac{247 \times 10^3}{9800 \times 30} = 0.84$

43 수평으로 놓인 파이프에 면적이 10cm²인 오리피스가 설치되어 있고 물이 5kg/s만큼 흐른다. 오리피스 전후의 압력차이가 8kPa이면 이 오리피스의 유량계수는?

㉮ 0.63 ㉯ 0.72
㉰ 0.88 ㉱ 1.25

| 해설 | $Q = \dfrac{5}{1000} = 0.005 \text{m}^3/\text{sec}$

$P_1 - P_2 = \dfrac{\rho}{2}(V_2^2 - V_1^2), \quad V_2 \gg V_1$

$V_2 = \sqrt{\dfrac{8 \times 1000}{1000 \times 2}} = 4\text{m/sec}$

$Q_{th} = A \cdot V_2 = 10 \times 10^{-4} \times 4 = 0.004 \text{m}^3/\text{sec}$

44 계기 압력(gauge pressure)이란 무엇인가?

㉮ 측정위치에서의 대기압을 기준으로 하는 압력
㉯ 표준 대기압을 기준으로 하는 압력
㉰ 절대압력 0(영)을 기준으로 하여 측정하는 압력
㉱ 임의의 압력을 기준으로 하는 압력

45 수력기울기선(Hydraulic Grade Line)의 설명으로 가장 적당한 것은?

㉮ 에너지선보다 위에 있어야 한다.
㉯ 항상 수평이 된다.
㉰ 위치 수두와 속도 수두의 합을 나타낸다.
㉱ 위치 수두와 압력 수두의 합을 나타낸다.

46 길이가 50m인 배가 8m/s의 속도로 진행하는 경우를 모형 배로써 조파저항에 관한 실험하고자 한다. 모형 배의 길이가 2m이면 모형 배의 속도는 약 몇 m/s로 하여야 하는가?

㉮ 1.60 ㉯ 1.82
㉰ 2.14 ㉱ 2.30

| 해설 | $\dfrac{8^2}{50} = \dfrac{V_m^2}{2}, \quad V_m = 1.6 \text{m/sec}$

Answer ■ 42. ㉰ 43. ㉱ 44. ㉮ 45. ㉱ 46. ㉮

47 10m 입방체의 개방된 탱크에 비중 0.85의 기름이 가득 차있을 때 탱크 밑면이 받는 압력은 계기압력으로 몇 kPa인가?

㉮ 8330 ㉯ 833
㉰ 83.3 ㉱ 0.833

|해설| $P = \dfrac{W}{A} = \dfrac{0.85 \times 9800 \times 10 \times 10 \times 10}{10 \times 10} = 83300 \text{N/m}^2 = 83.3 \text{kPa}$

48 간격 h_0만큼 떨어진 두 평판사이의 유동에서 아래평판으로부터 높이 h인 곳의 속도분포가 다음과 같이 주어졌다. 기준 간격이 =50mm, 최대속도가 V_{max}=0.3m/s일 때, 유동의 평균속도는 몇 m/s인가?

$$\dfrac{V}{V_{max}} = 4\dfrac{h}{h_o}\left(1 - \dfrac{h}{h_o}\right)$$

㉮ 0.1 ㉯ 0.2
㉰ 0.25 ㉱ 0.4

|해설| $dq = V \cdot dh = 4 \cdot V_{max} \cdot \dfrac{h}{h_0}\left(1 - \dfrac{h}{h_0}\right)dh$

$q = \int_0^{h_0} 4V_{max} \cdot \left(\dfrac{h}{h_0} - \dfrac{h^2}{h_0^2}\right)dh = 4 \cdot V_{max} \cdot \left(\dfrac{h^2}{2h_0} - \dfrac{h^3}{3h_0^2}\right)h_0 = \dfrac{4}{6} V_{max} \cdot h_0$

$V_{mean} = \dfrac{4}{6} V_{max} = \dfrac{4}{6} \times 0.3 = 0.2 \text{m/sec}$

49 그림과 같은 관로 내를 흐르는 물의 유량은 몇 m³/s인가? (단, 관 벽에서는 마찰이 없다고 가정한다.)

㉮ 0.0175
㉯ 0.0045
㉰ 0.0017
㉱ 0.014

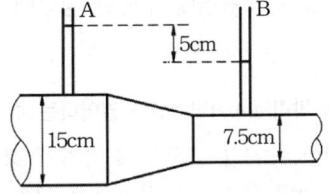

|해설| $\dfrac{P_1 - P_2}{\gamma} = h = \dfrac{V_2^2}{2g}\left(1 - \dfrac{d_2^4}{d_1^4}\right)$

$V_2 = \sqrt{\dfrac{2 \times 9.8 \times 0.05}{\left(1 - \dfrac{7.5^4}{15^4}\right)}} = 1.02 \text{m/sec}$

$Q = A_2 \cdot V_2 = \dfrac{\pi \times 0.075^2}{4} \times 1.02 = 0.0045 \text{m}^3/\text{s}$

50 지름 0.2m, 길이 10m인 파이프에 기름(비중 0.8, 동점성계수 $1.2 \times 10^{-4} \text{m}^2/\text{s}$)이 0.0188m³/s의 유량으로 흐른다. 마찰손실 수두는 몇 m인가?

㉮ 0.013 ㉯ 0.029
㉰ 0.035 ㉱ 0.059

|해설| $h_\ell = \dfrac{\Delta P}{\gamma} = \dfrac{128 \mu \ell \cdot Q}{\pi d^4 \cdot \rho \cdot g}$

$= \dfrac{128 \times 1.2 \times 10^{-4} \times 0.8 \times 1000 \times 10 \times 0.0188}{\pi \times 0.2^4 \times 0.8 \times 1000 \times 9.8} = 0.059 \text{m}$

47. ㉰ 48. ㉯ 49. ㉯ 50. ㉱ ■ Answer

51 온도 27℃, 절대압력 380kPa인 이산화탄소가 1.5m/s로 지름 5cm인 관속을 흐르고 있을 때 유동상태는? (단, 기체상수 R=187.8N·m/kg·K, 점성계수 μ=1.77×10^{-5}kg/m·s, 상임계 레이놀즈수는 4000, 하임계 레이놀즈수는 2130이라 한다.)

㉮ 층류   ㉯ 난류
㉰ 천이구역   ㉱ 층류저층

| 해설 | $\rho = \dfrac{P}{R \cdot T} = \dfrac{380 \times 10^3}{187.8 \times (27+273)} = 6.745 \text{kg/m}^3$

$R_e = \dfrac{\rho V d}{\mu} = \dfrac{6.745 \times 1.5 \times 0.05}{1.77 \times 10^{-5}} = 28579.51 > 4000$; 난류

52 어떤 오일의 동점성계수가 2×10^{-4}m^2/s 이고 비중이 0.9라면 점성계수는 몇 kg/(m·s)인가? (단, 물의 밀도는 1000kg/m^{3}이다.)

㉮ 0.2   ㉯ 2.0
㉰ 0.18   ㉱ 1.8

| 해설 | $\mu = 2 \times 10^{-4} \times 0.9 \times 1000 = 0.18 \text{N} \cdot \text{sec/m}^2$

53 액체 속에 잠겨있는 곡면에 작용하는 힘의 수평분력에 대한 설명으로 알맞은 것은?

㉮ 곡면의 수직방향으로 위쪽에 있는 액체의 무게
㉯ 곡면에 의하여 떠받치고 있는 액체의 무게
㉰ 곡면의 도심에서의 압력과 면적과의 곱
㉱ 곡면을 수직평면에 투영한 평면에 작용하는 힘

54 경계층의 박리(separation)가 일어나는 주 원인은?

㉮ 압력이 증기압 이하로 떨어지기 때문
㉯ 압력 구배가 0으로 감소하기 때문
㉰ 경계층의 두께가 0으로 감소하기 때문
㉱ 역압력 구배 때문

55 체적 탄성 계수의 단위는?

㉮ 압력 단위와 같다.
㉯ 체적 단위와 같다.
㉰ 압력 단위의 역수이다.
㉱ 체적 단위의 역수이다.

Answer ■ 51. ㉯   52. ㉰   53. ㉱   54. ㉱   55. ㉮

56 경계층의 속도분포가 $u=10y(1+0.05y^3)$이고 y방향의 속도 성분 $v=0$일 때 벽면으로부터 수직거리 y=1m 지점에서의 와도(vorticity)는?

㉮ $-6s^{-1}$
㉯ $-10.5s^{-1}$
㉰ $-12s^{-1}$
㉱ $-24s^{-1}$

| 해설 | $u=10y+0.5y^4$

$\dfrac{\partial u}{\partial y}=10+2y^3$

$W_z=\dfrac{1}{2}(\dfrac{\partial u}{\partial x}-\dfrac{\partial u}{\partial y})=-\dfrac{1}{2}\dfrac{\partial u}{\partial y}$

$\zeta=2\cdot W_z=-\dfrac{\partial u}{\partial y}\Big|_{y=1}=-12(\text{rad/sec})$

57 그림과 같이 단면적은 A_1은 $0.4m^2$, 단면적은 A_2는 $0.1m^2$인 동일 평면상의 관로에서 물의 유량이 1000L/s일 때 관을 고정시키는 데 필요한 X방향의 힘 F_x의 크기는? (단, 단면 1과 2의 높이차는 1.5m이고, 단면 2에서 물은 대기로 방출되며, 곡관의 자체 중량, 곡관 내부물의 중량 및 곡관에서의 마찰손실은 무시한다.)

㉮ 10159N
㉯ 15358N
㉰ 20370N
㉱ 24018N

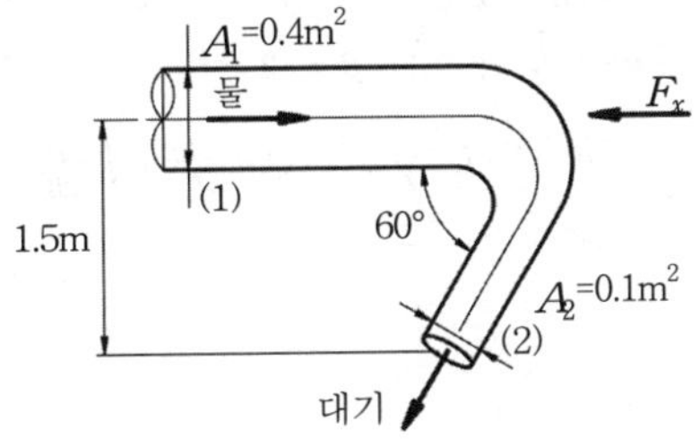

| 해설 | $Q=A_1\cdot V_1=A_2 V_2$
$1=0.4\times V_1=0.1\times V_2$
$V_1=2.5m/sec,\ V_2=10m/sec$

$\dfrac{P_1}{\gamma}+\dfrac{V_1^2}{2g}+Z_1=\dfrac{V_2^2}{2g}+Z_2$

$P_1=\dfrac{9800}{2\times 9.8}\times(10^2-2.5^2)+(-1.5)\times 9800=32175Pa$

$\sum F_x=\rho Q(V_{2x}-V_{1x})$
$P_1\cdot A_1-F_x=\rho Q(-V_2\cdot\cos 60°-V_1)$
$F_x=32175\times 0.4+1000\times 1\times(10\times\cos 60°+2.5)=20370N$

58 공기의 속도 24m/s인 풍동내에서 익현길이 1m, 익의 폭 5m인 날개에 작용하는 양력은 몇 N인가? (단, 공기의 밀도는 $1.2kg/m^3$, 양력계수는 0.455이다.)

㉮ 1572
㉯ 786
㉰ 393
㉱ 91

| 해설 | $L=C_L\cdot A\cdot\dfrac{\rho V^2}{2}=0.455\times(1\times 5)\times\dfrac{1.2\times 24^2}{2}=786.24N$

56. ㉰ 57. ㉰ 58. ㉯ ■ Answer

59 다음 설명 중 틀린 것은?

㉮ 유선위의 어떤 점에서의 접선방향은 그 점에서의 속도 벡터의 방향과 일치한다.
㉯ 유적선은 유선의 유동 특성이 변하지 않는 선이다.
㉰ 두 점 사이를 지나는 유량은 그 두 점의 유동함수 값의 차이에 비례한다.
㉱ 연속 방정식이란 질량의 보존법칙을 의미한다.

60 다음 $\Delta P, L, Q, \rho$를 결합했을 때 무차원항은? (단, ΔP : 압력차, ρ : 밀도, L : 길이, Q : 유량)

㉮ $\dfrac{\rho \cdot Q}{\Delta P \cdot L^2}$
㉯ $\dfrac{\rho \cdot L}{\Delta P \cdot Q^2}$
㉰ $\dfrac{\Delta P \cdot L \cdot Q}{\rho}$
㉱ $\dfrac{Q}{L^2}\sqrt{\dfrac{\rho}{\Delta P}}$

| 해설 | $\pi = n - m = 4 - 3 = 1$
$\pi = \Delta P^\alpha \cdot L^\beta \cdot \rho^\gamma \cdot Q = (ML^{-1}T^{-2})^\alpha \cdot L^\beta \cdot (M \cdot L^{-3})^\gamma \cdot L^3 \cdot T^{-1}$
$= M^{\alpha+\gamma} L^{-\alpha+\beta-3\gamma+3} T^{-2\alpha-1} = M^0 \cdot L^0 \cdot T^0, \quad \alpha+\gamma=0, \quad -\alpha+\beta-3\gamma+3=0, \quad -2\alpha-1=0$
$\alpha = -\dfrac{1}{2}, \quad \gamma = \dfrac{1}{2}, \quad \beta = -2$
$\therefore \Delta P^{-\frac{1}{2}} \cdot L^{-2} \cdot \rho^{\frac{1}{2}} \cdot Q = \dfrac{Q}{L^2} \cdot \sqrt{\dfrac{\rho}{\Delta P}}$

4과목 기계재료 및 유압기기

61 고속도강의 제조에 사용되지 않는 원소는?

㉮ 텅스텐(W)
㉯ 바나듐(V)
㉰ 알루미늄(Al)
㉱ 크롬(Cr)

| 해설 | ㉮ W계 고속도강 : W 18%+Cr 4%+V 1%
㉯ Co계 고속도강
㉰ Mo계 고속도강 : Mo 5~8%

62 다음 재료 중 고강도 합금으로써 항공기용 재료에 사용되는 것은?

㉮ Naval brass
㉯ 알루미늄 청동
㉰ 베릴륨 동
㉱ Extra Super Duralumin(ESD)

| 해설 | 초강두랄루민(extra super duralumin)=Al-Zn-Mg계 합금, 주항공기재료로 사용

63 탄소공구강 재료의 구비 조건으로 틀린 것은?

㉮ 상온 및 고온경도가 클 것
㉯ 내마모성이 작을 것
㉰ 가공 및 열처리성이 양호할 것
㉱ 강인성 및 내충격성이 우수할 것

| 해설 | 공구강 구비조건
　　　㉮ 내충격성, 내마열성 등이 클 것
　　　㉯ 고온경도가 높을 것
　　　㉰ 강인성이 우수하며 성형성이 좋을 것

64 금형의 표면과 중심부 또는 얇은부분과 두꺼운부분 등에서 담금질할 때 균열이 발생하는 가장 큰 이유는?

㉮ 마텐자이트 변태 발생 시간이 다르기 때문에
㉯ 오스테나이트 변태 발생 시간이 다르기 때문에
㉰ 트루스타이트 변태 발생 시간이 늦기 때문에
㉱ 솔바이트 변태 발생 시간이 빠르기 때문에

| 해설 | 냉각속도의 차가 발생하면 조직이 균일하지 않게 된다. 얇은 부분은 급냉시 마텐자이트 조직을 갖게 될 것이며 그렇지 않은 부분은 마텐자이트 조직보다 연한 조직을 갖게 될 수 있다.

65 주철의 성장을 방지하는 일반적인 방법이 아닌 것은?

㉮ 흑연을 미세하게 하여 조직을 치밀하게 한다.
㉯ C, Si량을 감소시킨다.
㉰ 탄화물 안정원소인 Cr, Mn, Mo, V 등을 첨가한다.
㉱ 주철을 720℃ 정도에서 가열, 냉각시킨다.

| 해설 | 주철의 성장 : 고온의 주철을 쓰면 부피가 크게 되어 불어나고 변형이나 균열이 일어나 강도나 수명을 저하시키는 현상

66 구상흑연 주철에서 흑연을 구상으로 만드는데 사용하는 원소는?

㉮ Ni
㉯ Ti
㉰ Mg
㉱ Cu

| 해설 | 흑연을 구상화하는 사용되는 원소로는 Mg, Ce, Ca 등이 있다.

67 담금질 조직 중 가장 경도가 높은 것은?

㉮ 펄라이트
㉯ 마텐자이트
㉰ 솔바이트
㉱ 트루스타이트

| 해설 | A<M>T>S>P

63. ㉯　64. ㉮　65. ㉱　66. ㉰　67. ㉯　■ Answer

68 노 안에서 페로실리콘(Fe-Si), 알루미늄 등의 강력한 탈산제를 첨가하여 충분히 탈산시킨 강괴는?
㉮ 세미킬드 강괴   ㉯ 림드 강괴
㉰ 캡드 강괴   ㉱ 킬드 강괴

|해설| ㉮ 킬드강 : 페로실리콘, 알루미늄
㉯ 세미킬드강 : 탈산을 적당히 한 것
㉰ 캡트강 : 페로망간으로 가볍게 탈산
㉱ 림드강 : 페로망간

69 강의 쾌삭성을 증가시키기 위하여 첨가하는 원소는?
㉮ Pb, S   ㉯ Mo, Ni
㉰ Cr, W   ㉱ Si, Mn

|해설| 쾌삭강 : Pb, S, 흑연

70 순철(pure iron)에 없는 변태는?
㉮ A_1 ㉯ A_2
㉰ A_3 ㉱ A_4

|해설| 순철의 변태 : A_2, A_3, A_4

71 액추에이터의 공급 쪽 관로에 설정된 바이패스 관로의 흐름을 제어함으로써 속도를 제어하는 회로는?
㉮ 미터 인 회로   ㉯ 미터 아웃 회로
㉰ 블리드 오프 회로   ㉱ 클램프 회로

|해설| 블리드 오프 회로 : 유압펌프에서 공급되는 유압유 중 필요분만 유압실린더 입구쪽으로 보내 속도를 제어하는 회로

72 수 개의 볼트에 의하여 조임이 분할되기 때문에 조임이 용이하여 대형관의 이음에 편리한 관이음 방식은?
㉮ 나사 이음   ㉯ 플랜지 이음
㉰ 플레어 이음   ㉱ 바이트 이음

Answer ■ 68. ㉱   69. ㉮   70. ㉮   71. ㉰   72. ㉯

73 그림과 같이 유체가 단면적이 다른 파이프 통과할 때 단면적 A_2 지점에서의 유속은 몇 m/s인가? (단, 단면적 A_1에서의 유속 v_1=4 m/s이고, 각각의 단면적은 A_1=0.2 cm^2, A_2=0.008 cm^2이며, 연속의 법칙을 만족한다.)

㉮ 100
㉯ 50
㉰ 25
㉱ 12.5

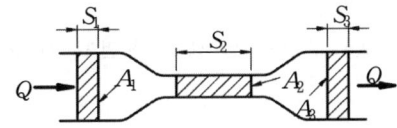

| 해설 | $A_1V_1 = A_2V_2$
$V_2 = \dfrac{0.2 \times 4}{0.008} = 100 \text{m/s}$

74 유압 시스템에서 조작단이 일을 하지 않을 때 작동유를 탱크로 귀환시켜 펌프를 무부하로 만드는 회로를 구성할 때의 장점이 아닌 것은?

㉮ 펌프의 구동력 절약
㉯ 유압유의 노화 방지
㉰ 유온 상승을 통한 효율 증대
㉱ 펌프 수명 연장

75 어큐물레이터(accumulator)의 역할에 해당하지 않는 것은?

㉮ 유압 회로 중 오일 누설 등에 의한 압력강하를 보상하여 준다.
㉯ 갑작스런 충격압력을 막아 주는 역할을 한다.
㉰ 유압 펌프에서 발생하는 맥동을 흡수하여 진동이나 소음을 방지한다.
㉱ 축적된 유압에너지의 방출 사이클 시간을 연장한다.

76 릴리프 밸브(Relief valve)와 리듀싱 밸브(Reducing valve)는 다음 중 어떤 밸브에 속하는가?

㉮ 방향 제어 밸브
㉯ 압력 제어 밸브
㉰ 유량 제어 밸브
㉱ 유압 서보 밸브

77 베인 펌프의 일반적인 특징에 해당하지 않는 것은?

㉮ 송출 압력의 맥동이 적다.
㉯ 고장이 적고 보수가 용이하다.
㉰ 압력 저하가 적어서 최고 토출 압력이 210kgf/cm² 이상 높게 설정할 수 있다.
㉱ 펌프의 유동력에 비하여 형상치수가 적다.

73. ㉮ 74. ㉰ 75. ㉱ 76. ㉯ 77. ㉰ ■ Answer

78 구조가 간단하며 값이 싸고 유압유 중의 이물질에 의한 고장이 생기기 어렵고 가혹한 조건에 잘 견디는 유압 모터로 가장 적합한 것은?

㉮ 베인 모터 ㉯ 기어 모터
㉰ 액시얼 피스톤 모터 ㉱ 레이디얼 피스톤 모터

|해설| $210kg/cm^2$ 이상의 압력에 적당한 펌프는 피스톤 펌프이다.

79 유압 장치를 새로 설치하거나 작동유를 교환할 때 관내의 이물질 제거 목적으로 실시하는 파이프 내의 청정 작업은?

㉮ 플러싱 ㉯ 블랭킹
㉰ 커미싱 ㉱ 엠보싱

80 유압 펌프에서 유동하고 있는 작동유의 압력이 국부적으로 저하되어, 증기나 함유 기체를 포함하는 기포가 발생하는 현상은?

㉮ 폐입 현상 ㉯ 숨돌리기 현상
㉰ 캐비테이션 현상 ㉱ 유압유의 열화 촉진 현상

5과목 기계제작법 및 기계동력학

81 Al_2O_3 분말에 약 70%의 TiC 또는 TiN 분말을 30% 정도 혼합하여 수소 분위기 속에서 소결하여 제작한 절삭 공구는?

㉮ 서멧(cermet) ㉯ 입방정 질화붕소(CBN)
㉰ 세라믹(ceramic) ㉱ 스텔라이트(stellite)

|해설| 서멧(cermet) : 탄질화티탄(TiCN)이 주성분인 공구강재이다.

82 일반적으로 초경합금 공구를 원통 연삭할 때 어떤 숫돌 입자를 선택하는 것이 좋은가?

㉮ A ㉯ WA
㉰ C ㉱ GC

|해설| ㉮ A : 일반 강재, 합금강, 스테인레스강
㉯ WA : 담금질강
㉰ C : 주철, 비금속

Answer ▪ 78. ㉯ 79. ㉮ 80. ㉰ 81. ㉮ 82. ㉱

83 주로 내경측정에 이용되는 측정기는?
㉮ 실린더 게이지   ㉯ 하이트 게이지
㉰ 측장기   ㉱ 게이지 블록

|해설| 내경측정기 : 내경 마이크로미터, 실린더게이지, 델리스크우핑 게이지, 스몰홀게이지 등.

84 공구의 재료적 결함이나 미세한 균열이 잠재적 원인이 되며 공구 인선의 일부가 미세하게 파괴되어 탈락하는 현상은?
㉮ 크레이터 마모(crater wear)   ㉯ 플랭크 마모(flank wear)
㉰ 치핑(chipping)   ㉱ 온도파손(temperature failure)

85 아래 그림에서 굽힘가공에 필요한 판재의 길이를 구하는 식으로 맞는 것은? (단, L은 판재의 전체 길이, a, b는 직선 부분 길이, R은 원호의 안쪽 반지름, θ는 원호의 굽힘각도(°), t는 판재의 두께이다.)

㉮ $L = a + b + \dfrac{\pi\theta}{360}(R+t)$

㉯ $L = a + b + \dfrac{\pi\theta}{360}(2R+t)$

㉰ $L = a + b + \dfrac{2\pi\theta}{360}(R+t)$

㉱ $L = a + b + \dfrac{2\pi\theta}{360}(2R+t)$

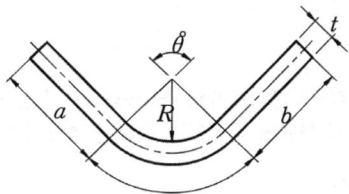

86 용접을 압접(壓接)과 융접(融接)으로 분류할 때, 압접에 속하는 것은?
㉮ 불활성 가스 아크 용접   ㉯ 산소 아세틸렌 가스 용접
㉰ 플래시 용접   ㉱ 테르밋 용접

|해설| 플래시 용접은 전기저항 용접 중 맞대기 용접의 종류이다.

87 인베스트먼트 주조법과 비교한 셸 몰드법(shell molding process)에 대한 설명으로 틀린 것은?
㉮ 셸 몰드법은 얇은 셸을 사용하므로 조형재가 소량으로 사용된다.
㉯ 주물 온도가 높은 강이나 스텔라이트의 주조에 적합하다.
㉰ 조형 제작방법이 간단해서 고가의 기계설비가 필요 없고 생산성이 높다.
㉱ 이 조형법을 발명한 사람의 이름을 따서 크로닝법(Croning process)이라고도 한다.

83. ㉮   84. ㉰   85. ㉯   86. ㉰   87. ㉯   ■ Answer

88 강재의 경화처리 방법 중 표면 경화법에 해당하지 않는 것은?

㉮ 고주파 경화법　　㉯ 가스 침탄법
㉰ 시멘테이션　　㉱ 파텐팅

|해설| 파텐팅은 항온 열처리 분류에 포함된다.

89 외측 마이크로미터 측정면의 평면도 검사에 필요한 기기는?

㉮ 다이얼 게이지　　㉯ 옵티컬 플랫
㉰ 컴비네이션 세트　　㉱ 플러그 게이지

90 금속재료를 회전하는 롤러(Roller)사이에 넣어 가압함으로써 단면적을 감소시켜 길이 방향으로 늘리는 작업은?

㉮ 압연　　㉯ 압출
㉰ 인발　　㉱ 단조

91 20t의 철도차량이 0.5m/s의 속력으로 직선 운동하여 정지되어 있는 30t의 화물차량과 결합한다. 결합하는 과정에서 차량에 공급되는 동력은 없으며 브레이크도 풀려 있다. 결합 직후의 속력은 몇 m/s인가?

㉮ 0.25　　㉯ 0.20
㉰ 0.15　　㉱ 0.10

|해설| $20 \times 0.5 = (20+30) \times V$
　　　$V = 0.2 \text{m/s}$

92 질량 100kg의 상자가 15° 경사면에서 미끄러져 내려간다. 점 B에서의 속도가 4m/s였다면, 점 A에서의 속도는? (단, 중력가속도는 9.81m/s², 운동마찰계수는 0.3이다.)

㉮ 2m/s
㉯ 3.15m/s
㉰ 4.7m/s
㉱ 9m/s

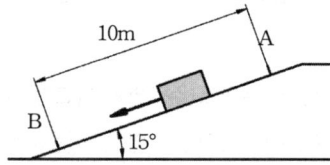

|해설| $\frac{1}{2}m(V_B^2 - V_A^2) = mg(y_B - y_A) - \mu \overline{W} \cdot \Delta S$
　　　$\frac{1}{2} \times 100 \times (4^2 - V_A^2) = 100 \times 9.8 \times 10 \times \sin15° - 0.3 \times 100 \times 9.8 \times 10$
　　　$V_A = 4.91 \text{m/s}$

Answer ■ 88. ㉱　89. ㉯　90. ㉮　91. ㉯　92. ㉰

93 길이가 1m이고 질량 5kg인 균일한 막대가 그림과 같이 지지되어 있다. C점은 힌지로 되어 있어, B점에 연결된 줄이 갑자기 끊어졌을 때 막대는 자유로이 회전한다. 줄이 끊어지는 순간 C점에 작용하는 반력은 몇 N인가?

㉮ 49
㉯ 28
㉰ 21
㉱ 14

| 해설 | $F_B = \dfrac{(\frac{5 \times 9.8}{4} \times \frac{0.25}{2}) + (\frac{3 \times 5 \times 9.8}{4} \times \frac{0.75}{2})}{0.75} = 20.42\text{N}$

$R_C = 5 \times 9.8 - 20.42 = 28.58\text{N}$

94 그림과 같이 스프링상수 10N/mm인 3개의 스프링이 조립되어 그 끝에 무게 50N인 추가 달려있다. 스프링의 처짐량은 몇 mm인가?

㉮ 1.67
㉯ 3.33
㉰ 7.5
㉱ 2.5

| 해설 | $\dfrac{1}{K_e} = \dfrac{1}{10} + \dfrac{1}{20}$

$K_e = 6.67\text{N/mm}$

$\delta = \dfrac{50}{6.67} = 7.5\text{mm}$

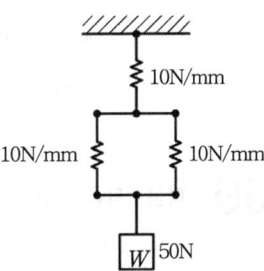

95 두 개의 조화운동 $x_1 = 4\sin 10t$와 $x_2 = 4\sin 10.2t$를 합성하면 맥놀이(beat)현상이 발생하는데 이 때 맥놀이 진동수(Hz)는? (단, t의 단위는 s이다.)

㉮ 0.0159　　　　　　　　　㉯ 0.0318
㉰ 31.4　　　　　　　　　　㉱ 62.8

| 해설 | $f = \dfrac{1}{2\pi}(w_2 - w_1) = \dfrac{10.2 - 10}{2\pi} = 0.0318\text{Hz}$

96 질량 0.25kg의 물체가 스프링상수 0.1533N/mm인 한쪽이 고정된 스프링에 매달려 있을 때 고유진동수(Hz)와 정적 처짐(mm)을 각각 구한 것은? (단, 스프링의 질량은 무시한다.)

㉮ 3.94, 6　　　　　　　　　㉯ 3.94, 16
㉰ 0.99, 6　　　　　　　　　㉱ 0.99, 6

| 해설 | $f = \dfrac{w}{2\pi} = \dfrac{1}{2\pi}\sqrt{\dfrac{K}{m}} = \dfrac{1}{2\pi} \times \sqrt{\dfrac{0.1533 \times 10^3}{0.25}} = 3.94\text{Hz}$

$\delta = \dfrac{mg}{K} = \dfrac{0.25 \times 9.8}{0.1533 \times 10^3} \times 10^3 = 15.98\text{mm}$

93. ㉯　94. ㉰　95. ㉯　96. ㉯　■ Answer

97 다음 중 물리량에 대한 차원 표시가 틀린 것은? (단, M : 질량, L : 길이, T : 시간)

㉮ 각가속도 : T^{-2}
㉯ 에너지 : ML^2T^{-1}
㉰ 선형운동량 : MLT^{-1}
㉱ 힘 : MLT^{-2}

98 경주용 자동차가 달리는 트랙의 반경은 180m이다. 속도 30m/s로 달리기 위한 수평면과 노면의 최적의 경사각은 몇 도인가?

㉮ 12°
㉯ 18°
㉰ 27°
㉱ 36°

|해설| $\sum F_z = 0, \ mg - R \cdot \cos\theta = 0$
$\sum F_n = 0, \ Rz\sin\theta = m\dfrac{V^2}{g}$
$\tan\theta = \dfrac{V^2}{\rho \cdot g}$
$\theta = \tan^{-1}\left(\dfrac{30^2}{180 \times 9.8}\right) = 27.03°$

99 다음 1자유도 감쇠 진동계의 감쇠비는?

㉮ 0.16
㉯ 0.33
㉰ 0.49
㉱ 0.65

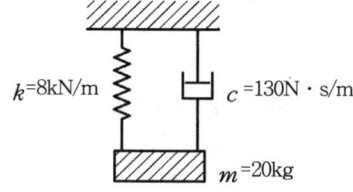

|해설| $C_C = 2\sqrt{mK}$
$\zeta = \dfrac{C}{C_C} = \dfrac{130}{2\sqrt{20 \times 8 \times 10^3}} = 0.16$

100 원판 A와 B는 중심점이 각각 고정되어 있고, 이 고정점을 중심으로 회전운동을 한다. 원판 A가 정지하고 있다가 일정한 각가속도 $\alpha_A = 2\text{rad/s}^2$으로 회전한다. 원판 A는 원판 B와 접촉하고 있으며, 두 원판 사이의 미끄럼은 없다. 원판 A가 10회전 하고 난 직후의 원판 B의 각속도는 몇 rad/s인가? (단, 원판 A의 반경은 20cm, 원판 B의 반경은 15cm이다.)

㉮ 15.9
㉯ 21.1
㉰ 31.4
㉱ 62.8

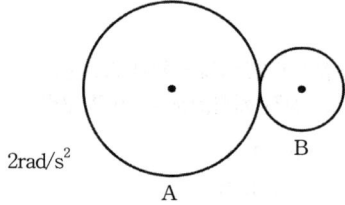

|해설| $W_A^2 = 2\alpha_A \cdot \theta = 2 \times 2 \times 10 \times 2\pi$
$W_A = 15.85 \text{rad/sec}$
$\dfrac{W_B}{W_A} = \dfrac{R_A}{R_B}$
$W_B = 15.85 \times \dfrac{20}{15} = 21.13 \text{rad/sec}$

Answer ▪ 97. ㉯ 98. ㉰ 99. ㉮ 100. ㉯

2012 기출문제
9월 15일 시행

1과목 재료역학

01 직경이 2 cm인 원통형 막대에 2 kN의 인장하중이 작용하여 균일하게 신장되었을 때, 단면적의 감소량은 약 몇 cm² 인가? (단, 탄성계수는 30 GPa이고, 포아송 비는 0.3 이다.)

㉮ 0.004
㉯ 0.0004
㉰ 0.002
㉱ 0.0002

| 해설 | $E_A = \dfrac{\Delta A}{A} = 2\mu\varepsilon$

$\Delta A = \dfrac{\pi \times 0.02^2}{4} \times 2 \times 0.3 \times \dfrac{4 \times 2 \times 10^3}{30 \times 10^9 \times \pi \times 0.02^2} = 4 \times 10^{-8} m^2 = 4 \times 10^{-4} cm^2$

02 집중 모멘트 M을 받고 이는 길이(L) 1 m인 외팔보의 최대 처짐량을 1 cm로 제한하려면, 최대 집중 모멘트 M은 몇 N·m인가? (단, 단면은 한 변이 10 cm인 정사각형이고, 탄성계수(E)는 235 GPa 이다.)

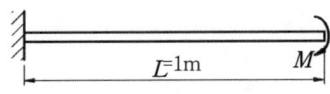

㉮ 24516
㉯ 29419
㉰ 34323
㉱ 39166

| 해설 | $\delta = \dfrac{M\ell^2}{2E \cdot I}$

$0.01 = \dfrac{12 \times M \times 1^2}{2 \times 235 \times 10^9 \times 0.1^4}$

M=39166.67N·m

03 그림과 같이 변의 길이가 b인 정방형 물체를 P인 힘으로 당겨서 C축 주위로 회전시키고자 한다. 물체의 무게가 200 N이면(무게가 체적에 균일하게 분포된 것으로 가정) 회전시킬 수 있는 최소의 힘 P와 경사각 α 로 옳은 것은? (단, 물체와 지면과의 정지마찰 계수는 1/3보다 크다.)

㉮ $\alpha=60°$, $P=200N$
㉯ $\alpha=30°$, $P=100N$
㉰ $\alpha=45°$, $P=50\sqrt{2}N$
㉱ $\alpha=0°$, $P=200N$

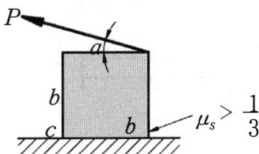

| 해설 | C점을 축으로 P의 하중을 가하는 점에서 최대거리를 갖도록 하는 α는 45° 이다.

1. ㉯ 2. ㉱ 3. ㉰ ■ Answer

$$P \cdot \sqrt{2}b = \overline{W} \times \frac{b}{2}$$
$$P = \frac{\overline{W}}{2\sqrt{2}} = \frac{200 \times \sqrt{2}}{2 \times 2} = 50\sqrt{2}\,\text{N}$$

04 그림과 같은 양단 고정보에서 최대 굽힘모멘트와 최대 처짐으로 맞는 것은? (단, 보의 굽힘강성 EI 는 일정하다.)

㉮ $M_{max} = \dfrac{P\ell}{8}$, $\delta_{max} = \dfrac{P\ell^3}{192EI}$

㉯ $M_{max} = \dfrac{P\ell^2}{8}$, $\delta_{max} = \dfrac{P\ell^3}{48EI}$

㉰ $M_{max} = \dfrac{P\ell}{4}$, $\delta_{max} = \dfrac{P\ell^3}{3EI}$

㉱ $M_{max} = \dfrac{P\ell}{2}$, $\delta_{max} = \dfrac{P\ell^3}{8EI}$

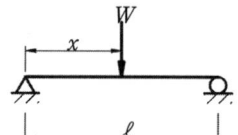

|해설| 양단 고정보 중앙 집중하중

　㉮ 최대굽힘모멘트 $M = \dfrac{P \cdot \ell}{8}$

　㉯ 최대 처짐 $\delta_c = \dfrac{P \cdot \ell^3}{192E \cdot I}$

05 그림과 같이 길이 ℓ 인 단순 지지된 보 위를 하중 W가 이동하고 있다. 최대 굽힘모멘트를 발생시키는 위치 x는?

㉮ $\dfrac{\ell}{8}$　　㉯ $\dfrac{\ell}{4}$

㉰ $\dfrac{\ell}{3}$　　㉱ $\dfrac{\ell}{2}$

06 그림과 같은 외팔보에 대한 전단력 선도는?

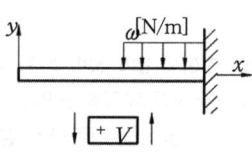

Answer ▪ 4. ㉮ 5. ㉰ 6. ㉮

|해설|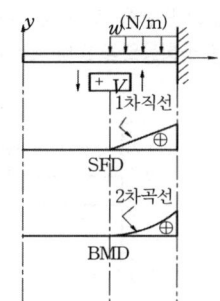

07 지름 10 cm, 길이 1.5 m의 둥근 막대의 일단을 고정하고 자유단을 10° 비틀었다고 하면, 막대에 생기는 최대 전단응력은 약 몇 MPa인가? (단, 전단 탄성계수 G = 8.4 GPa이다.)

㉮ 69　　　　　　　　　　㉯ 59
㉰ 49　　　　　　　　　　㉱ 39

|해설| $\theta = \dfrac{\tau \cdot Z_p \cdot \ell}{G \cdot I_p} = \dfrac{\tau \cdot \ell}{G \cdot \dfrac{d}{2}}$

$10 \times \dfrac{\pi}{180} = \dfrac{\tau \times 1.5}{8.4 \times 10^9 \times 0.05}$

$\tau = 48.84 \text{MPa}$

08 다음 중 응력에 대한 일반적인 설명으로 틀린 것은?

㉮ 내력의 세기(intensity)를 응력으로 나타낼 수 있다.
㉯ 압력도 일종의 응력이다.
㉰ 마찰력에 의해 발생되는 응력은 전단응력이다.
㉱ 인장시험 도중 하중을 제거하여 응력이 0이 되면 변형률도 항상 0이 된다.

09 공칭응력(normal stress : σ_n)과 진응력(true stree : σ_t)사이의 관계식으로 옳은 것은? (단, ε_n은 공칭변형율(nominal strain), ε_t는 진변형율(true strain)이다.)

㉮ $\sigma_t = \sigma_n(1+\varepsilon_t)$ 　　　　㉯ $\sigma_t = \sigma_n(1+\varepsilon_n)$
㉰ $\sigma_t = \ln(1+\sigma_n)$ 　　　　㉱ $\sigma_t = \ln(\sigma_n+\varepsilon_n)$

10 지름이 1.5 m인 두께가 얇은 원통용기에 1.6 MPa의 압력을 갖는 가스를 넣으려고 한다. 필요한 벽 두께는 최소 몇 cm 인가? (단, 허용응력은 80 MPa이다.)

㉮ 3.3　　　　　　　　　　㉯ 6.67
㉰ 1.5　　　　　　　　　　㉱ 0.75

|해설| $\sigma_a = \dfrac{P \cdot d}{2t}$

$80 \times 10^6 = \dfrac{1.6 \times 10^6 \times 1.5}{2 \times t}$, $t = 0.015\text{m}$

7. ㉰　8. ㉱　9. ㉯　10. ㉰　■ Answer

11 그림과 같이 한쪽 끝을 지지하고 다른쪽을 고정한 보에서 보의 단면을 직경 10 cm의 원형으로 하고 보의 길이 2 m의 중앙에 집중하중 P가 작용하고 있다. 재료의 허용 굽힘응력을 8 MPa로 하면 몇 N의 집중하중을 가할 수 있는가?

㉮ 1510 ㉯ 2090
㉰ 5300 ㉱ 6200

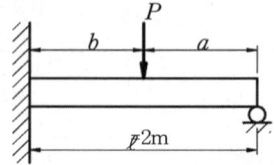

| 해설 | $\sigma = \dfrac{M}{Z}$

㉮ $M_{max} = \dfrac{3Pl}{16}$, ㉯ $Z = \dfrac{\pi d^3}{32}$

12 단면의 면적이 500 mm 인 강봉이 그림과 같은 힘을 받을 때 강봉의 변형량은 몇 mm 인가? (단, 탄성계수는 E = 200 GPa이다.)

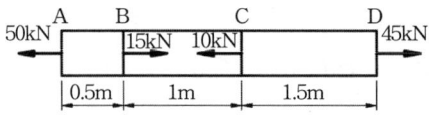

㉮ 1.125 ㉯ 1.275
㉰ 1.55   ㉱ 0.675

| 해설 | $\sigma_{AB} = \dfrac{50 \times 10^3}{500} = 100 \text{N/mm}^2$

$\sigma_{BC} = \dfrac{35 \times 10^3}{500} = 70 \text{N/mm}^2$

$\sigma_{CD} = \dfrac{45 \times 10^3}{500} = 90 \text{N/mm}^2$

$\delta = \dfrac{100 \times 0.5 \times 10^3 + 70 \times 1000 + 90 \times 1.5 \times 10^3}{200 \times 10^3} = 1.275 \text{mm}$

13 그림과 같은 단순보(단면 8 cm × 6 cm)에 작용하는 최대 전단응력은 약 몇 kPa 인가?

㉮ 620
㉯ 1930
㉰ 1620
㉱ 1758

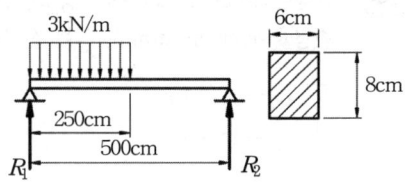

| 해설 | $R_1 = \dfrac{3 \times 10^3 \times 2.5 \times 500 \times \dfrac{3}{4}}{500} = 5625 \text{N}$

$\tau_{max} = \dfrac{3}{2} \dfrac{5625}{0.06 \times 0.08} = 1757.81 \text{kPa}$

Answer ■ 11. ㉯ 12. ㉯ 13. ㉱

14 그림과 같이 A, B의 원형 단면봉은 길이가 같고, 지름이 다르며, 양단에서 같은 압축하중 P를 받고 있다. 응력은 각 단면에서 균일하게 분포된다고 할 때 저장되는 탄성 변형 에너지의 비 $\dfrac{U_B}{U_A}$는 얼마가 되겠는가?

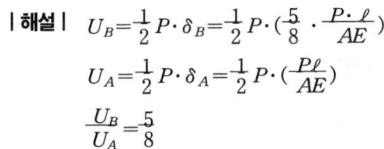
㉮ $\dfrac{1}{2}$ ㉯ $\dfrac{5}{8}$
㉰ $\dfrac{8}{5}$ ㉱ 2

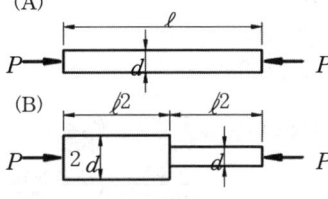

| 해설 | $U_B = \dfrac{1}{2} P \cdot \delta_B = \dfrac{1}{2} P \cdot (\dfrac{5}{8} \cdot \dfrac{P \cdot \ell}{AE})$
$U_A = \dfrac{1}{2} P \cdot \delta_A = \dfrac{1}{2} P \cdot (\dfrac{P\ell}{AE})$
$\dfrac{U_B}{U_A} = \dfrac{5}{8}$

15 양단이 고정된 직경 40 mm이며 길이가 6 m인 중실축에서 그림과 같이 비틀림모멘트 0.75 kN·m이 작용할 때 모멘트 작용점에서의 비틀림 각을 구하면 약 몇 rad인가? (단, 봉재의 전단탄성계수 G = 82 GPa이다.)

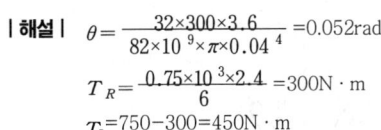
㉮ $\theta = 0.052$
㉯ $\theta = 0.077$
㉰ $\theta = 0.087$
㉱ $\theta = 0.097$

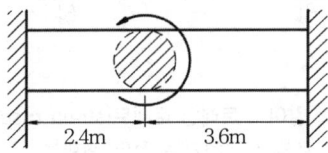

| 해설 | $\theta = \dfrac{32 \times 300 \times 3.6}{82 \times 10^9 \times \pi \times 0.04^4} = 0.052 \text{rad}$
$T_R = \dfrac{0.75 \times 10^3 \times 2.4}{6} = 300 \text{N} \cdot \text{m}$
$T_L = 750 - 300 = 450 \text{N} \cdot \text{m}$

16 그림과 같은 치차 전동 장치에서 A 치차로부터 D 치차로 동력을 전달한다. B와 C 치차의 피치원의 직경의 비는 $\dfrac{D_B}{D_C} = \dfrac{1}{8}$일 때, 두 축의 최대 전단응력을 같게 하는 직경의 비 $\dfrac{d_2}{d_1}$은 얼마인가?

㉮ $(\dfrac{1}{8})^{\frac{1}{3}}$

㉯ $\dfrac{1}{8}$

㉰ 2

㉱ 8

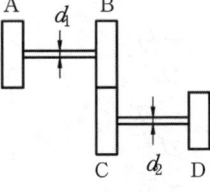

| 해설 | $\tau = \dfrac{T}{Z_P}$, $\dfrac{H/W_1}{\dfrac{\pi d_1^3}{16}} = \dfrac{H/W_2}{\dfrac{\pi d_2^3}{16}}$
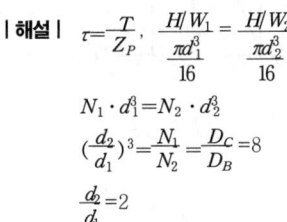
$N_1 \cdot d_1^3 = N_2 \cdot d_2^3$
$(\dfrac{d_2}{d_1})^3 = \dfrac{N_1}{N_2} = \dfrac{D_C}{D_B} = 8$
$\dfrac{d_2}{d_1} = 2$

14. ㉯   15. ㉮   16. ㉰   ■ Answer

17 다음과 같이 집중하중과 등분포하중을 받는 보의 중앙점 C에서의 처짐의 크기는 약 몇 mm인가? (단, 굽힘 강성 EI = 10 MN·m²이다.)

㉮ 13.3
㉯ 18.6
㉰ 23.4
㉱ 28.6

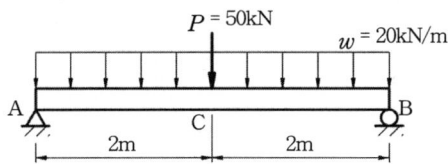

| 해설 | $\delta_c = \dfrac{5w\ell^4}{384E \cdot I} + \dfrac{P \cdot \ell^3}{48EI}$

$= \dfrac{4^3}{10 \times 10^6} \times \left(\dfrac{5 \times 20 \times 10^3 \times 4}{384} + \dfrac{50 \times 10^3}{48}\right) = 13.33\text{mm}$

18 그림과 같이 직경이 d 인 원형단면에서 밑변(X' - X')에 대한 단면 2차모멘트는?

㉮ $\dfrac{\pi d^4}{64}$ ㉯ $\dfrac{5\pi d^4}{64}$

㉰ $\dfrac{9\pi d^4}{64}$ ㉱ $\dfrac{17\pi d^4}{64}$

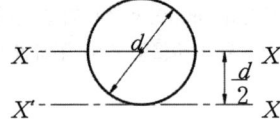

19 그림과 같이 스트레인 로제트(strain rosette)를 60°로 배열한 경우 각 스트레인 게이지에 나타나는 스트레인량으로부터 구해지는 전단 변형율 γ_{xy}는?

㉮ $\dfrac{2}{\sqrt{3}}(\varepsilon_a - \varepsilon_b)$ ㉯ $\dfrac{2}{\sqrt{3}}(\varepsilon_b - \varepsilon_c)$

㉰ $\dfrac{2}{\sqrt{3}}(\varepsilon_a - \varepsilon_c)$ ㉱ $\dfrac{2}{\sqrt{3}}(\varepsilon_c - \varepsilon_a)$

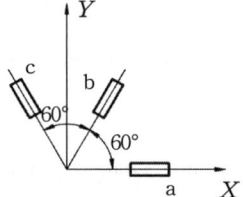

20 단면치수에 비해 길이가 큰 길이 L 인 기둥 AB가 그림과 같이 한쪽 끝 A에서 고정되고, B의 도심에 작용하는 압축하중 P를 받을 때 오일러식에 의한 임계하중(Pcr)은? (단, E는 탄성계수, I는 단면 2차 모멘트이다.)

㉮ $Pcr = \dfrac{\pi^2 EI}{4L^2}$

㉯ $Pcr = \dfrac{\pi^2 EI}{2L^2}$

㉰ $Pcr = \dfrac{\pi^2 EI}{8L^2}$

㉱ $Pcr = \dfrac{\pi^2 EI}{12L^2}$

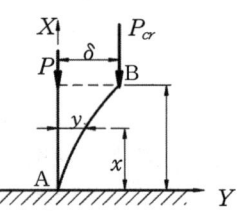

| 해설 | $P_{cr} = \dfrac{7\pi^2 E \cdot I}{\ell^2} = \dfrac{\pi^2 \cdot E \cdot I}{4\ell^2}$

Answer ■ 17. ㉮ 18. ㉯ 19. ㉯ 20. ㉮

2과목 기계열역학

21 1 kg의 공기가 100℃를 유지하면서 가역등온 팽창하여 외부에 500kJ의 일을 하였다. 엔트로피는 얼마만큼 증가하였는가?

㉮ 1.665 kJ/K ㉯ 1.895 kJ/K
㉰ 1.340 kJ/K ㉱ 1.467 kJ/K

|해설| $\Delta S = mR \ln\left(\dfrac{V_2}{V_1}\right) = \dfrac{{}_1\overline{W_2}}{T} = \dfrac{500}{(100+273)} = 1.34 \text{kJ/K}$

22 300 K에서 400 K 까지의 온도 구간에서 공기의 평균 정적 비열은 0.721 kJ/kg·K 이다. 이 온도 범위에서 공기의 내부에너지 변화량은?

㉮ 0.721 kJ/kg ㉯ 7.21 kJ/kg
㉰ 72.1 kJ/kg   ㉱ 721 kJ/kg

|해설| $\Delta u = C_v(T_2 - T_1) = 0.721 \times (400-300) = 72.1 \text{kJ/kg}$

23 랭킨(Rankine) 사이클의 각 점에서 엔탈피가 (보기)와 같을 때 사이클의 이론 열효율은 약 몇 % 인가?

(보기)
- 보일러 입구 : 58.6 kJ/kg
- 보일러 출구 : 810.3 kJ/kg
- 응축기 입구 : 614.2 kJ/kg
- 응축기 출구 : 57.4 kJ/kg

㉮ 32 ㉯ 30
㉰ 28 ㉱ 26

|해설| $\eta_R = \dfrac{810.3 - 614.2}{810.3 - 58.6} \times 100 = 26.09\%$

24 다음 중 가용에너지(유효에너지)가 가장 큰 것은?

㉮ 25℃의 포화수   ㉯ 25℃의 포화수증기
㉰ 100℃의 포화수   ㉱ 100℃의 포화수증기

|해설| 가용에너지(유효에너지)란 가역열기관에서 공급한 열에너지 중 유효일로 전환할 수 있는 열에너지이다.

21. ㉰ 22. ㉰ 23. ㉱ 24. ㉮ ■ Answer

25 이상냉동사이클에서 응축기 온도가 40℃, 증발기 온도가 -10℃이면 성능 계수는?

㉮ 5.26　　　　　　　　　㉯ 4.26
㉰ 2.56　　　　　　　　　㉱ 6.26

| 해설 |　$\varepsilon_R = \dfrac{-10+273}{40-(-10)} = 5.26$

26 대기 압력이 0.099MPa 일 때 용기 내 기체의 게이지 압력이 1 MPa이었다. 기체의 절대압력은 몇 MPa인가?

㉮ 0.901　　　　　　　　㉯ 1.099
㉰ 1.135　　　　　　　　㉱ 1.275

| 해설 |　$P_a = 0.099 + 1 = 1.099$MPa

27 800℃의 고열원과 200℃의 저열원 사이에서 작동하는 열기관 사이클의 최대 효율은 얼마인가?

㉮ 0.33　　　　　　　　　㉯ 0.44
㉰ 0.56　　　　　　　　　㉱ 0.66

| 해설 |　$\eta = 1 - \left(\dfrac{200+273}{800+273}\right) = 0.56$

28 증기터빈에서 증기의 상태변화로서 가장 이상적인 것은?

㉮ 폴리트로픽 변화($n=1.3$)　　㉯ 폴리트로픽 변화($n=1.5$)
㉰ 가역단열변화　　　　　　　㉱ 비가역단열변화

| 해설 | 터빈, 압축기 등의 이상적 상태 변화는 등엔트로피 변화이다.

29 압력 P_1 및 P_2 사이에서 작용하는 카르노 공기 냉동기의 성능계수는 약 얼마인가? (단, $P_1 > P_2$, $P_2/P_1 = 0.5$, k = 1.4 이다.)

㉮ 1.22　　　　　　　　　㉯ 3.32
㉰ 4.57　　　　　　　　　㉱ 5.57

| 해설 |　$\varepsilon_R = \dfrac{T_L}{T_H - T_L} = \dfrac{1}{\left(\dfrac{T_H}{T_L}\right)-1} = \dfrac{1}{\left\{\left(\dfrac{P_1}{P_2}\right)^{\frac{K-1}{K}}-1\right\}} = \dfrac{1}{2^{\frac{0.4}{1.4}}-1} = 4.57$

Answer ■ 25. ㉮　26. ㉯　27. ㉰　28. ㉰　29. ㉰

30 t = 20℃, P = 100 kPa의 공기 1 kg을 정압과정으로 가열 팽창시켜 체적을 5배로 할 때 몇 도(℃)의 온도상승이 필요한가?

㉮ 1172℃ ㉯ 1192℃
㉰ 1312℃ ㉱ 1445℃

| 해설 | $\dfrac{T_2}{20+273}=5$, $T_2=1465K=1192℃$
$\varDelta T=1192-20=1172℃$

31 완전 단열된 축전기를 전압 12 V, 전류 3 A로 1시간 동안 충전한다. 축전지를 시스템으로 삼아 1시간 동안 행한일과 열은 약 얼마인가?

㉮ 일 = 36 kJ, 열 = 0 kJ   ㉯ 일 = 0 kJ, 열 = 36 kJ
㉰ 일 = 129.6 kJ, 열 = 0 kJ ㉱ 일 = 0 kJ, 열 = 129.6 kJ

| 해설 | $\overline{W}=L\cdot\varDelta T=V\cdot I\cdot\varDelta T=12\times3\times3600=129.6kJ$

32 냉동기 냉매의 일반적인 구비조건으로서 적합하지 않은 사항은?

㉮ 임계 온도가 높고, 응고 온도가 낮을 것
㉯ 증발열이 적고, 증기의 비체적이 클 것
㉰ 증기 및 액체의 점성이 작을 것
㉱ 부식성이 없고, 안전성이 있을 것

33 온도 20℃의 공기 5 kg을 정적 과정으로 상태 변화시켜 엔트로피가 3 kJ/K 증가했다. 이때 변화 후 온도는 몇 K 인가?(단, Cv=0.72 kJ/kg·K 이다.)

㉮ 674 ㉯ 774
㉰ 874 ㉱ 974

| 해설 | $\varDelta S=mC_v\cdot\ln(\dfrac{T_2}{T_1})$
$3=5\times0.72\times\ln(\dfrac{T_2}{20+273})$
$T_2=674.19K$

34 30℃에서 비체적(specific volume)이 0.001 m³/kg인 물을 100 kPa의 압력에서 800 kPa의 압력으로 압축한다. 비체적이 일정하다고 할 때, 이 펌프가 하는 일은?

㉮ 167 J/kg   ㉯ 602 J/kg
㉰ 700 J/kg   ㉱ 1400 J/kg

| 해설 | $\overline{W_P}=0.001\times(800-100)\times1000=700J/kg$

30. ㉮ 31. ㉰ 32. ㉯ 33. ㉮ 34. ㉰ ■ Answer

35 다음 과정중 카르노 사이클에 포함되는 것은?

㉮ 가역정압과정 ㉯ 가역등온과정
㉰ 가역정적과정 ㉱ 비가역과정

36 실린더 내부의 기체를 일종의 시스템으로 가정한다. 초기압력이 150 kPa이며, 체적은 0.05 m³ 이다. 압력을 일정하게 유지하면서 기체의 체적을 0.1 m³까지 증가시킬 때 시스템이 한 일은?

㉮ 1.5 kJ ㉯ 15 kJ
㉰ 7.5 kJ ㉱ 75 kJ

| 해설 | $_1W_2 = P\varDelta V = 150 \times (0.1 - 0.05) = 7.5 kJ$

37 물 2 L를 1 kW의 전열기로 20℃로부터 100℃까지 가열하는 데 소요되는 시간은? (단, 전열기 열량의 50%가 물을 가열하는데 유효하게 사용되고, 물은 증발하지 않는 것으로 가정한다. 물의 비열은 4.18 kJ/kg·K 이다.)

㉮ 22분3초 ㉯ 27분6초
㉰ 35분4초 ㉱ 44분6초

| 해설 | $\varDelta T = \dfrac{2 \times 4 \times 8 \times (100 - 20)}{1 \times 0.5} = 22분\ 29초$

38 다음 중 이상기체에 대한 성질로 맞는 것은?

㉮ 압력이 증가하면 체적은 증가
㉯ 온도가 증가하면 밀도는 증가
㉰ 온도가 증가하면 기체상수는 감소
㉱ 근사적으로 일반기체상수 값은 8.31 J/mol·K 이다.

| 해설 | ㉮ $\overline{R} = 8314 J/kmolK$
㉯ $P \cdot v = RT = \dfrac{P}{\rho}$

39 고열원 500℃와 저열원 35℃ 사이에 열기관을 설치하였을 때, 사이클당 10 MJ의 공급열량에 대해서 7 MJ의 일을 하였다고 주장 한다면 이 주장은?

㉮ 타당함 ㉯ 가역기관이라면 타당함
㉰ 마찰이 없다면 타당함 ㉱ 타당하지 않음

| 해설 | ㉮ $\eta_1 = 1 - \dfrac{35 + 273}{500 + 273} = 0.6$
㉯ $\eta_2 = \dfrac{7}{10} = 0.7$

Answer ■ 35. ㉯ 36. ㉰ 37. ㉮ 38. ㉱ 39. ㉱

40 유리창을 통해 실내에서 실외로 열전달이 일어난다. 이 때의 열전달율은 얼마인가? (단, 대류열전달계수 = 50 W/m²K, 유리창 표면온도 = 25℃, 외기온도 = 10℃, 유리창면적 = 2 m² 이다.)

㉮ 15 W ㉯ 150 W
㉰ 1500 W ㉱ 15000 W

| 해설 | $\dot{Q} = 50 \times 2 \times (25-10) = 1500 W$

3과목 기계유체역학

41 어떤 호수의 최대 깊이는 100 m이고, 평균 대기압은 93 kPa이다. 이 호수의 최대 깊이에서의 절대압력은 몇 kPa인가? (단, 물의 밀도는 1000 kg/m³ 이다.)

㉮ 980 ㉯ 1073
㉰ 98 ㉱ 107

| 해설 | $P_a = 93 + 1000 \times 9.8 \times 100 \times 10^{-3} = 1073 \, kPa$

42 Stokes Flow(스토크스 유동)의 특징은 무엇인가?

㉮ 압축성 유동 ㉯ 비점성 유동
㉰ 저속 유동 ㉱ 고속 유동

43 다음과 같이 갑자기 확대된 관에서 생기는 손실 수두는?

㉮ $\dfrac{V_1^2 - V_2^2}{2g}$

㉯ $\dfrac{V_1 - V_2}{2g}$

㉰ $\dfrac{(V_1 - V_2)^2}{2g}$

㉱ $\dfrac{V_1^2}{2g}$

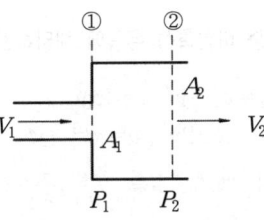

40. ㉰ 41. ㉯ 42. ㉰ 43. ㉰ ■ Answer

44 그림과 같은 피스톤 운동에서 윤활유의 동점성계수가 3×10^{-5} m²/s, 비중량이 9025 N/m³, 피스톤의 평균 속도를 6 m/s라 할 때 마찰에 의해 소비되는 동력은 약 몇 kW 인가?

㉮ 0.8
㉯ 1.4
㉰ 1.9
㉱ 23.8

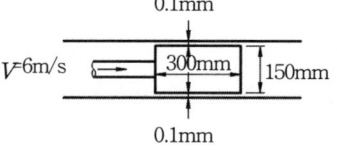

|해설| $F = \tau \cdot A = \mu \cdot \dfrac{du}{dy} \cdot A$

$L = F \cdot V = \nu \cdot \dfrac{\gamma}{g} \cdot \dfrac{V^2}{\Delta h} \cdot \pi d \cdot \ell$

$= 3 \times 10^{-5} \times \dfrac{9025}{9.8} \times \dfrac{6^2 \times \pi \times 0.15 \times 0.3}{0.1 \times 10^{-3}} = 1.41 \text{kW}$

45 다음 중 에너지의 차원을 옳게 표시한 것은? (단, F : 힘, M : 질량, L : 거리, T : 시간)

㉮ [ML]
㉯ [FLT⁻¹]
㉰ [ML²T⁻²]
㉱ [MLT⁻²]

|해설| 에너지 차원
$[F \cdot L] = [ML^2 T^{-2}]$

46 아주 긴 수평 원관 내에 물이 층류로 흐르고 있을 때 평균속도가 10 m/s라면 최대속도는 몇 m/s 인가?

㉮ 10
㉯ 15
㉰ 20
㉱ 40

|해설| $U_{max} = 2 \cdot V_{mean}$

47 다음 중 비압축성 유동에 해당하는 것은? (단, u, v는 x, y방향의 속도 성분이다.)

㉮ $u = x^2 - y^2$, $v = 2xy$
㉯ $u = 2xy - x^2$, $v = xy - y^2$
㉰ $u = xt + 2y^2$, $v = xt^3 - yt$
㉱ $u = (x+y)xt$, $v = (2x-y)yt$

|해설| 비압축성 유동 : $\dfrac{\partial u}{\partial x} + \dfrac{\partial u}{\partial y} = 0$

㉮ $2x + 2y$
㉯ $2y + (x - 2y)$
㉰ $t + (-t) = 0$
㉱ $2xt + xt + 2xt - 2yt$

Answer ■ 44. ㉯ 45. ㉰ 46. ㉰ 47. ㉰

48 안지름이 1 cm인 파이프에 물이 평균속도 15 cm/s로 흐를 때, 관마찰계수는 얼마 정도인가? (단, 물의 동점성계수는 10^{-6} m²/s이다.)

㉮ 0.021 ㉯ 0.043
㉰ 0.085 ㉱ 알 수 없음

|해설| $f = \dfrac{\nu 64}{V \cdot d} = \dfrac{10^{-6} \times 64}{0.15 \times 0.01} = 0.043$

49 바다 속에서 속도 9 km/h로 운항하는 잠수함이 직경이 280 mm인 구형의 음파탐지기를 끌면서 움직일 때 음파탐지기에 작용하는 항력을 풍동실험을 통해 예측하려고 한다. 풍동실험에서 Reynolds 수는 얼마로 맞추어야 하는가? (단, 바닷물의 평균 밀도는 1025 kg/m³이며, 동점성계수는 1.4×10^{-6} m²/s 이다.)

㉮ 5.0×10^5 ㉯ 5.0×10^6
㉰ 5.125×10^8 ㉱ 1.8×10^9

|해설| $R_e = \dfrac{9 \times 10^3 \times 0.28}{1.4 \times 10^{-6} \times 3600} = 5.0 \times 10^5$

50 비누방울의 반지름이 R, 외부 압력이 P_o이다. 비누막의 두께를 무시하면 비누방울의 내부 압력 P는 얼마인가?

㉮ $P = P_o + \dfrac{4\sigma}{R}$ ㉯ $P = P_o + \dfrac{2\sigma}{R}$
㉰ $P = P_o + \dfrac{4\pi\sigma}{R}$ ㉱ $P = P_o + \dfrac{2\pi\sigma}{R}$

|해설| $\sigma = \dfrac{\Delta P \cdot d}{8} = \dfrac{(P - P_0) \cdot R}{4}$
$P = P_0 + \dfrac{4 \cdot \sigma}{R}$

51 그림과 같이 노즐로부터의 수직 방향으로 분사되는 물의 분류와 무게 600 N의 추가 평형을 유지할 수 있는 분류속도 V는 약 몇 m/s 인가? (단, 물의 무게는 무시한다.)

㉮ 3.5
㉯ 8.7
㉰ 13.1
㉱ 63.7

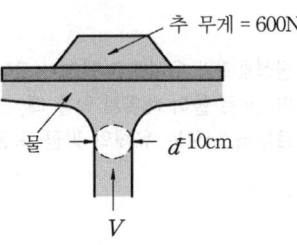

|해설| $F = \rho A V^2$
$600 = 1000 \times \dfrac{\pi \times 0.1^2}{4} \times V^2$, $V = 8.74$ m/s

52 유효 낙차가 100 m인 댐의 유량이 10 m³/s일 때 효율 90%인 수력터빈의 출력은 약 몇 MW 인가?

㉮ 8.83　　　　　　㉯ 9.81
㉰ 10.0　　　　　　㉱ 10.9

|해설| $\eta = \dfrac{L}{L_{th}}$, $L = 0.9 \times 9.8 \times 10 \times 100 = 8820\,kW$

53 비점성, 비압축성 유체가 그림과 같이 작은 구멍을 향해 쐐기모양의 벽면 사이를 흐른다. 이 유동을 근사적으로 표현하는 속도 포텐셜이 ∅=−2lnr일 때, 작은 구멍으로 흐르는 단위 깊이 체적유량은 몇 m²/s인가? (단, $\overline{V} = \nabla \varnothing = \ulcorner \varnothing$로 정의하고, 음의 부호는 유량의 방향이 구멍을 향한다는 것을 의미한다.)

㉮ $-\pi$
㉯ $-\dfrac{\pi}{2}$
㉰ $-\dfrac{\pi}{3}$
㉱ $-\dfrac{\pi}{4}$

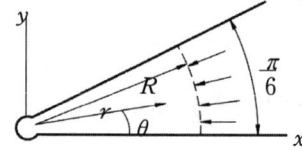

|해설| $\varnothing = -2\ell n\gamma$
$V_\gamma = \dfrac{\partial \varnothing}{\partial \gamma} = -\dfrac{2}{\gamma}$
$q = (\gamma \cdot \dfrac{\pi}{6}) \cdot V_\gamma = -\dfrac{\pi}{3}$

54 국소 대기압이 1atm이라고 할 때, 다음 중 가장 높은 압력은?

㉮ 1.1atm　　　　　㉯ 0.13atm(gage)
㉰ 115kPa　　　　　㉱ 11mH₂O

|해설| ㉰ $\dfrac{115 \times 1.0}{101325 \times 10^{-3}} = 1.135\,atm$
㉱ $\dfrac{11}{10.33} \times 1.0 = 1.065\,atm$

55 점성효과가 무시되고 탱크가 크다고 하면 비중이 1.2인 유체 위에 깊이 2m로 물이 채워져 있을 때, 그림과 같이 직경 10cm의 탱크 출구로부터 나오는 유체의 평균 속도는 약 몇 m/s인가?

㉮ 3
㉯ 3.9
㉰ 7.2
㉱ 7.7

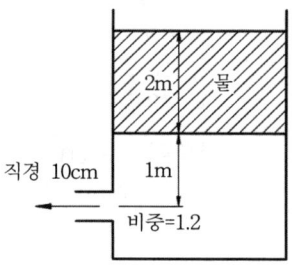

|해설| $V = \sqrt{2 \times 9.8 \times (1 + 2/1.2)} = 7.23\,m/sec$

Answer ■ 52. ㉮　53. ㉰　54. ㉰　55. ㉰

56 그림과 같이 물속에 수직으로 잠겨 있는 삼각형 판재 ABC의 한쪽 면에 작용하는 힘은 얼마인가?

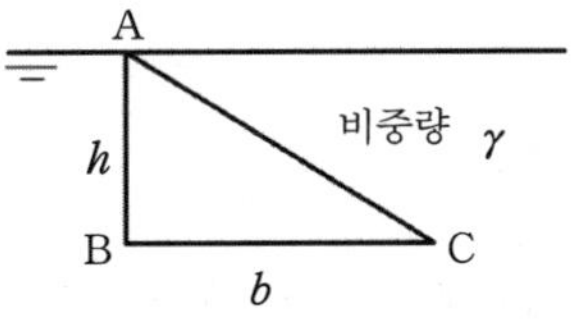

㉮ $\dfrac{2\gamma bh^2}{3}$

㉯ $\dfrac{\gamma bh^2}{2}$

㉰ $\dfrac{\gamma bh^2}{3}$

㉱ $\dfrac{\gamma bh^2}{4}$

| 해설 | $F = \gamma \bar{h} \cdot A = \gamma \cdot \dfrac{2}{3}h \cdot \dfrac{b \cdot h}{2} = \dfrac{\gamma \cdot b \cdot h^2}{3}$

57 기하학적으로 상사(相似)한 두 물체가 동일 액체 내에서 운동할 때 물체 둘레를 흐르는 유체가 역학적으로 상사를 이루려면 다음 중 무엇이 같아야 하는가?

㉮ 프루드 수
㉯ 관성력에 대한 압력의 비
㉰ 점성력에 대한 압력의 비
㉱ 레이놀즈 수

58 석유를 매분 150 L의 비율로 내경 90mm인 파이프를 통하여 25m 떨어진 곳으로 수송할 때 관내의 평균 유속은 약 몇 m/s인가?

㉮ 0.4 ㉯ 0.8
㉰ 2.5 ㉱ 3.1

| 해설 | $Q = A \cdot V$
$\dfrac{150}{1000 \times 60} = \dfrac{\pi}{4} \times 0.09^2 \times V$
$V = 0.4 \text{m/sec}$

59 유체 유동 속에 잠겨있는 물체에 작용하는 양력은?

㉮ 항상 중력의 방향과 반대 방향이다.
㉯ 물체에 작용하는 유체력의 합력이다.
㉰ 접근속도에 직각방향으로 물체에 작용하는 동력학적 유체력의 성분이다.
㉱ 부력이 원인이다.

56. ㉰   57. ㉱   58. ㉮   59. ㉰   ■ Answer

60 피토정압관을 이용하여 흐르는 물의 속도를 측정하려고 한다. 액주계에는 비중 13.6인 수은이 들어있고 액주계에서 수은의 높이 차이가 28cm일 때 흐르는 물의 속도는 약 몇 m/s인가? (단, 피토 정압관의 보정계수 C=0.96이다.)

㉮ 7.98 ㉯ 7.54
㉰ 6.87 ㉱ 5.74

| 해설 | $V = C \cdot \sqrt{2gh(\frac{\gamma_s}{\gamma} - 1)} = 0.96 \times \sqrt{2 \times 9.8 \times 0.28 \times (13.6 - 1)} = 7.98 \text{m/sec}$

4과목 기계재료 및 유압기기

61 탄소강에 함유된 인(P)의 영향을 바르게 설명한 것은?

㉮ 강도와 경도를 감소시킨다.
㉯ 결정립을 미세화시킨다.
㉰ 연신율을 증가시킨다.
㉱ 상온 취성의 원인이 된다.

| 해설 | 탄소강에 함유된 인(P)의 영향
㉮ 상온 취성의 원인이 된다.
㉯ 가공시 균열을 발생시킨다.
㉰ 강도·경도를 증가시킨다.

62 압연용 롤, 분쇄기 롤, 철도차량 등 내마멸성이 필요한 기계부품에 사용되는 가장 적합한 주철은?

㉮ 칠드주철 ㉯ 구상흑연주철
㉰ 회주철   ㉱ 펄라이트주철

| 해설 | 내마멸성이 요구되는 부품의 재료로는 외부는 경한 백주철, 내부는 연한 회주철로 되어 있는 칠드주철이 사용된다.

63 Fe-C 평형상태도에서 나타나는 철강의 기본조직이 아닌 것은?

㉮ 페라이트   ㉯ 펄라이트
㉰ 시멘타이트 ㉱ 마텐자이트

| 해설 | ㉮ 탄소강의 기본 조직으로는 페라이트, 오스테나이트, 시멘타이트, 펄라이트, 레데뷰라이트 조직이 있다.
㉯ 마텐자이트는 담금질조직이다.

Answer ■ 60. ㉮ 61. ㉱ 62. ㉮ 63. ㉱

64. 다음 중 인청동의 특징이 아닌 것은?

㉮ 내식성이 좋다. ㉯ 연성이 좋다.
㉰ 탄성이 좋다. ㉱ 내마멸성이 좋다.

| 해설 | 인청동의 특징
㉮ 탈산제로 사용될 수 있다.
㉯ 유동성 양호
㉰ 강도·경도 및 탄성률 등의 기계적 성질 개선
㉱ 내식성·내마멸성 증가

65. 크롬이 특수강의 재질에 미치는 가장 중요한 영향은?

㉮ 결정립의 성장을 저해 ㉯ 내식성을 증가
㉰ 저온취성 촉진 ㉱ 내마모성 저하

| 해설 | 크롬이 특수강에 미치는 영향
㉮ 내식성·내열성 증가
㉯ 자경성을 크게 증가
㉰ 내마멸성 증가

66. 특수강에서 특수원소를 첨가하는 이유로 적당치 않은 것은?

㉮ 임계냉각속도를 크게 하려고 ㉯ 경화능력을 증가
㉰ 질량효과의 감소 ㉱ 기계적 성질을 개선

| 해설 | 공석강을 오스테나이트 상태로부터 냉각속도가 빨라지면 펄라이트변태는 일어나지 않고 강도와 경도가 높은 마텐자이트 조직으로 변태하게 된다. 이와 같은 마텐자이트 변태가 일어나는 냉각속도를 임계냉각속도라고 한다.

67. 상온에서 탄소강의 현미경 조직으로 탄소가 약 0.8%인 강의 조직은?

㉮ 오스테나이트 ㉯ 펄라이트
㉰ 레데뷰라이트 ㉱ 시멘타이트

| 해설 | ㉮ 페라이트 : α철에 탄소가 최대 0.02% 고용
㉯ 오스테나이트 : γ철에 탄소가 최대 2.11% 고용
㉰ 시멘타이트 : 철에 탄소가 6.68% 화합
㉱ 펄라이트 : 0.77% 탄소 함유
㉲ 레데뷰라이트 : 4.3% 탄소의 용융철이 1148℃ 이하로 냉각될 때

64. ㉯ 65. ㉯ 66. ㉮ 67. ㉯ ■ Answer

68 시계나 정밀계측기 등에 사용되는 스프링을 만드는 재료로 가장 적합한 것은?

㉮ 인청동 ㉯ 미하나이트
㉰ 엘린바 ㉱ 애드미럴티

| 해설 | ㉮ 스프링 인청동 : 통신기기, 계기류 등의 고급스프링 재료
㉯ 미하나이트 : 피스톤 링, 공작기계의 안내면, 내연기관 실린더 등
㉱ 애드미럴티 황동 : 선박의 응축기 튜브와 용접용 재료로 사용

69 초경합금 공구강을 구성하는 탄화물이 아닌 것은?

㉮ WC ㉯ TiC
㉰ TaC ㉱ Fe_3C

| 해설 | Fe_3C : 시멘타이트의 탄화철

70 일반적으로 금속의 가공성이 가장 좋은 격자는?

㉮ 체심입방격자 ㉯ 조밀육방격자
㉰ 면심입방격자 ㉱ 정방격자

| 해설 | ㉮ 체심입방격자(BCC) : 강도가 크다.
㉰ 면심입방격자(FCC) : 전성과 연성이 좋다.
㉯ 조밀육방격자(HCP) : 연성이 부족하다.

71 그림과 같은 유압 기호의 명칭은?

㉮ 어큐뮬레이터
㉯ 정용량형 펌프・모터
㉰ 차동실린더
㉱ 가변용량형 펌프・모터

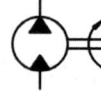

72 유압작동유의 구비조건으로 부적당한 것은?

㉮ 비압축성일 것
㉯ 큰 점도를 가질 것
㉰ 온도에 대한 점도변화가 작을 것
㉱ 열전달율이 높을 것

| 해설 | 유압유는 실링, 윤활 등을 고려하여 적당한 점도를 가질 것.

Answer ■ 68. ㉰ 69. ㉱ 70. ㉰ 71. ㉯ 72. ㉯

73 유압실린더에서 피스톤 로드가 부하를 미는 힘이 50kN 피스톤 속도가 3.8m/min인 경우 실린더 내경이 8cm이라면 소요동력은 약 몇 kW인가? (단, 편로드형 실린더이다.)

㉮ 2.45 ㉯ 3.17
㉰ 4.32 ㉱ 5.89

| 해설 | $L_s = 50 \times \dfrac{3.8}{60} = 3.17 \,\mathrm{kW}$

74 주로 오일 탱크 안에서 흡입관과 복귀관 사이에 설치되는 것으로 유압 작동유가 탱크의 벽면을 타고 흐르도록 하여 유압 작동유에 혼입되어 있는 기포와 수분을 제거하는 역할을 하는 것은?

㉮ 배플(baffle)   ㉯ 스트레이너(strainer)
㉰ 블래더(bladder) ㉱ 드레인 플러그(drain plug)

| 해설 | ㉯ 스트레이너 : 비교적 큰 불순물을 제거하는 여과 장치
　　　㉰ 블래더 : 축압기 내의 기체 주머니로 부풀려서 유압유를 축압기 밖으로 내보내는 역할을 함.

75 유압 시스템의 배관계통과 시스템 구성에 사용되는 유압기기의 이물질을 제거하는 작업으로 유압기계를 처음 설치하였을 때나 오랫동안 사용하지 않던 설비의 운전을 설치하였을 때나 오랫동안 사용하지 않던 설비의 운전을 다시 시작하였을 때 하는 작업은?

㉮ 클리닝(cleaning)   ㉯ 플러싱(flushing)
㉰ 스위핑(sweeping) ㉱ 크래킹(cracking)

76 다음 유압회로는 어떤 회로에 속하는가?

㉮ 미터 아웃 회로
㉯ 동조 회로
㉰ 로크 회로
㉱ 무부하 회로

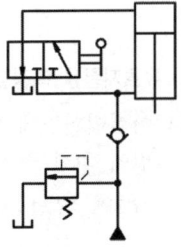

| 해설 | 피스톤 정지시 피스톤 자유낙하를 방지한 방향제어 회로

77 그림과 같이 액추에이터의 공급 쪽 관로 내의 흐름을 제어함으로써 속도를 제어하는 회로는?

㉮ 인터로크 회로
㉯ 미터 인 회로
㉰ 시퀀스 회로
㉱ 미터 아웃 회로

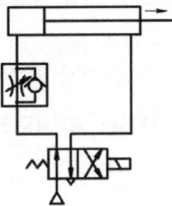

78 다음 중 일반적으로 가장 높은 압력을 생성할 수 있는 펌프는?

㉮ 베인 펌프 ㉯ 기어 펌프
㉰ 스크루 펌프 ㉱ 피스톤 펌프

| 해설 | 초고압 펌프는 피스톤펌프

79 다음 중 점성계수의 차원으로 옳은 것은? (단, M은 질량, L은 길이, T는 시간이다.)

㉮ $ML^{-1}T^{-1}$ ㉯ $ML^{-2}T^{-1}$
㉰ MNT^{-2} ㉱ $M^{-2}T^{-2}$

| 해설 | $\tau = \mu \cdot \dfrac{du}{dy}$
㉮ μ의 단위 : $N \cdot sec/m^2$
㉯ 차원 : $FL^{-2}T = ML^{-1}T^{-1}$

80 자중에 의한 낙하, 운동 물체의 관성에 의한 액추에이터의 자중 등을 방지하기 위해 배압을 생기게 하고, 다른 방향의 흐름이 자유롭게 흐르도록 한 밸브는?

㉮ 카운터 밸런스 밸브 ㉯ 감압 밸브
㉰ 릴리프 밸브 ㉱ 스로틀 밸브

5과목 기계제작법 및 기계동력학

81 나사의 유효지름을 측정할 때, 다음 중 가장 정밀도가 높은 측정법은?

㉮ 버니어캘리퍼스에 의한 측정 ㉯ 측장기에 의한 측정
㉰ 삼침법에 의한 측정 ㉱ 투영기에 의한 측정

| 해설 | 유효지름 측정법 : 나사 마이크로미터, 삼침법, 공구현미경, 만능투영기

82 전기저항을 용접을 겹치기 용접과 맞대기 용접으로 분류할 때 맞대기 용접에 해당하는 것은?

㉮ 점 용접 ㉯ 심 용접
㉰ 플래시 용접 ㉱ 프로젝션 용접

| 해설 | 전기저항 용접
㉮ 겹치기 용접 : 점 용접, 심 용접, 프로젝션 용접
㉯ 맞대기 용접 : 플래시 용접, 업셋 용접, 충돌 용접

Answer ■ 78. ㉱ 79. ㉮ 80. ㉮ 81. ㉰ 82. ㉰

83 절삭 가공시 발생하는 구성인선(built up edge)에 관한 설명으로 옳은 것은?

㉮ 공구 윗면 경사각이 작을수록 구성인선은 감소한다.
㉯ 고속으로 절삭할수록 구성인선은 감소한다.
㉰ 마찰계수가 큰 절삭공구를 사용하면, 칩의 흐름에 대한 저항을 감소시킬 수 있어 구성인선을 감소시킬 수 있다.
㉱ 칩의 두께를 증가시키면 구성인선을 감소시킬 수 있다.

| 해설 | 구성인선 방지법
㉮ 고속 절삭
㉯ 절삭 깊이 작게
㉰ 윗변 경사각 크게
㉱ 절삭유 공급

84 수기(手技) 가공에서 수나사를 가공할 수 있는 공구는?

㉮ 탭(tap)　　　　　　　　㉯ 다이스(dies)
㉰ 펀치(punch)　　　　　　㉱ 바이트(bite)

| 해설 | ㉮ 암나사 가공 : 탭
㉯ 수나사 가공 : 다이스

85 용접봉의 용융점이 모재의 용융점보다 낮거나 용입이 얕아서 비드가 정상적으로 형성되지 못하고 위로 겹쳐지는 현상은?

㉮ 스패터링　　　　　　　㉯ 언더컷
㉰ 오버랩　　　　　　　　㉱ 크레이터

| 해설 | 언더컷 : 전류가 너무 높고, 아크 길이가 너무 길며, 용접속도가 너무 빠를 때 용접선 끝에 생기는 작은 홈

86 다음 중 고속회전 및 정밀한 이송기구를 갖추고 있으며, 다이아몬드 또는 초경합금의 절삭공구로 가공하는 보링 머신으로 정밀도가 높고 표면거칠기가 우수한 내연기관 실린더나 베어링 면을 가공하기에 가장 적합한 것은?

㉮ 보통 보링 머신　　　　㉯ 코어 보링 머신
㉰ 정밀 보링 머신　　　　㉱ 드릴 보링 머신

| 해설 | 보링 머신의 종류 : 수평 보링 머신, 정밀 보링 머신, 지그 보링 머신

83. ㉯　84. ㉯　85. ㉰　86. ㉰　■ Answer

87 방전가공에 대한 설명으로 틀린 것은?

㉮ 경도가 높은 재료는 가공이 곤란하다.
㉯ 가공물과 전극사이에 발생하는 아크(arc) 열을 이용한다.
㉰ 가공정도는 전극의 정밀도에 따라 영향을 받는다.
㉱ 가공 전극은 동, 흑연 등이 쓰인다.

| 해설 | 방전 가공 : 경질합금, 담금질된 고속도강, 내열강, 스테인리스강, 다이아몬드, 수정 등 각종 재질의 절단, 천공 (구멍뚫기), 연마에 이용된다.

88 다음 빈칸에 들어갈 숫자로 옳게 짝지어 진 것은?

> 지름 100mm의 소재를 드로잉하여 지름 60mm의 원통을 가공할 때 드로잉률은 (A)이다. 또한, 이 60mm의 용기를 재드로잉률 0.8로 드로잉하면 용기의 지름은 (B) mm가 된다.

㉮ A : 0.60, B : 48
㉯ A : 0.36, B : 48
㉰ A : 0.60, B : 75
㉱ A : 0.36, B : 75

| 해설 | ㉮ 드로잉률 $m = \dfrac{d_1}{d_0} = \dfrac{60}{100} = 0.6$

㉯ 재드로잉률 $0.8 = \dfrac{d_2}{d_1} = \dfrac{d_2}{60}$

$d_2 = 48$

89 수나사의 바깥지름(호칭지름), 골지름, 유효지름, 나사산의 각도, 피치를 모두 측정할 수 있는 측정기는?

㉮ 나사 마이크로미터
㉯ 피치 게이지
㉰ 나사 게이지
㉱ 투영기

90 점결제로 열경화성 수지를 사용하여 주형을 제작하는 주조법은?

㉮ 다이캐스팅
㉯ 원심 주조법
㉰ 진공 주조법
㉱ 셀 몰드법

91 다음 1 자유도 진동계의 임계 감쇠는 몇 N·s/m인가?

㉮ 80
㉯ 400
㉰ 800
㉱ 2000

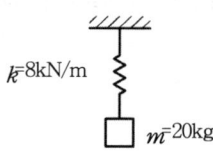

| 해설 | 1자유도 감쇠 자유진동의 임계감쇠계수

$C_c = \dfrac{2k}{W} = 2\sqrt{m \cdot k} = 2 \times \sqrt{20 \times 8000} = 800\text{N} \cdot \text{sec/m}$

Answer ■ 87. ㉯ 88. ㉮ 89. ㉱ 90. ㉱ 91. ㉰

92 그림과 같은 진동계의 정적 처짐(static deflection)을 측정하니 0.075m이고 물체 B를 제거한 후의 정적 처짐을 측정하니 0.05m이었다. 물체 B의 질량이 3kg일 때 물체 A의 질량은 몇 kg인가?

㉮ 9
㉯ 6
㉰ 3
㉱ 1.5

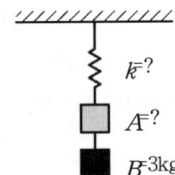

|해설| $\overline{W_A} + \overline{W_B} = K \cdot \delta = 0.075K$
$\overline{W_A} = 0.05K, \ K = 20\overline{W_A}$
$\overline{W_A} + 3 = 0.075 \times 20\overline{W_A}$
$\overline{W_A} = \dfrac{3}{(0.075 \times 20 - 1)} = 6\text{kg}$

93 타격연습용 투구기가 지상 1.5m 높이에서 수평으로 공을 발사한다. 공이 수평거리 16m를 날아가 땅에 떨어진다면, 공의 발사속도의 크기는 약 몇 m/s인가?

㉮ 11　　　㉯ 16
㉰ 21　　　㉱ 29

|해설| $h = V_{0y} \cdot t + \dfrac{1}{2}gt^2 = \dfrac{1}{2}gt^2$
$t = \sqrt{\dfrac{2h}{g}} = \sqrt{\dfrac{2 \times 1.5}{9.8}} = 0.55\text{sec}$
$x = V_{0x} \cdot t + \dfrac{1}{2}a_x \cdot t^2 = V_{0x} \cdot t$
$V_{0x} = \dfrac{x}{t} = \dfrac{16}{0.55} = 29.09\text{m/sec}$

94 그림은 가속도계의 내부를 1자유도 시스템으로 단순화시킨 모델이며 고유진동수는 $w_n(=\sqrt{\dfrac{k}{m}})$이다. 이 가속도계를 w의 주파수로 진동하고 있는 물체에 부착하여 가속도의 양을 직접적으로 측정하고자 할 경우 w와 w_n은 어떤 관계에 있어야 하는가?

㉮ $w \ll w_n$
㉯ $w \simeq w_n$
㉰ $w \gg w_n$
㉱ 아무 상관 없다.

|해설| $w \simeq w_n$이면 공진 현상으로 1차적인 위험한 순간을 맞게 된다. 그러므로 안전하려면 $w_n > w$한다.

92. ㉯　93. ㉱　94. ㉮　■ Answer

95 블록 A와 B의 질량은 각각 11kg과 5kg이다. 두 블록 모두 지상으로부터 2m 높이에 정지해 있는 상태에서 놓았다. 블록 A가 바닥에 부딪히기 직전의 속도가 3m/s였다면 풀리의 마찰에 의해 손실된 에너지는 몇 J인가?

㉮ 35.7 ㉯ 45.7
㉰ 55.7 ㉱ 65.7

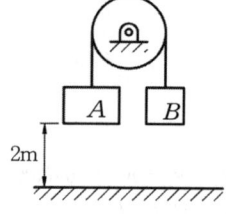

| 해설 | 일과 운동에너지 원리 적용

$$U_{1 \to 2} = \Delta T$$
$$U_{중력} - U_{마찰} = \Delta T$$
$$(11 \times 9.8 \times 2) - (5 \times 9.8 \times 2) - U_{마찰} = \frac{1}{2} \times 16 \times 3^2$$
$$U_{마찰} = 45.6 \text{N} \cdot \text{m}$$

96 반지름이 0.5m인 바퀴가 미끄러짐이 없이 굴러간다. $V_0 = 20$ m/s이고, $a_0 = 5$ m/s²일 때 지면과 접촉하고 있는 바퀴의 하단점 A의 가속도는 몇 m/s²인가? (단, i, j는 x,y축 각각의 단위 벡터를 나타낸다.)

㉮ 0 ㉯ $10i + 800j$
㉰ $800j$ ㉱ $10i - 800j$

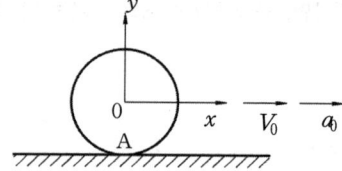

| 해설 |
$$\vec{a}_{A0} = \vec{a}_A - \vec{a}_0$$
$$= \vec{\alpha} \times \vec{\gamma}_{A/0} + \vec{W} \times (\vec{W} \times \vec{\gamma}_{A/0})$$
$$\vec{a}_A = \vec{a}_0 + \vec{\alpha} \times \vec{\gamma}_{A/0} + \vec{W} \times (\vec{W} \times \vec{\gamma}_{A/0})$$
$$5\hat{i} + (10\hat{k} \times 0.5\hat{j}) + 40\hat{k} \times (40\hat{k} \times 0.5\hat{j}) = 10\hat{i} + 800\hat{j}$$

97 같은 차종인 자동차 B, C가 브레이크가 풀린 채 정지하고 있다. 이 때 같은 차종의 자동차 A가 1.5m/s의 속력으로 B와 충돌하면, 이후 B와 C가 다시 충돌하게 되어 결국 3대의 자동차가 연쇄 충돌하게 된다. 이 때, B와 C가 충돌한 직후의 자동차 C의 속도는 약 몇 m/s 인가? (단, 범퍼사이의 반발계수는 $e = 0.75$이다.)

㉮ 0.16 ㉯ 0.19
㉰ 1.15 ㉱ 1.31

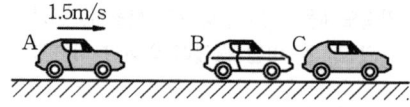

| 해설 |
$$m_A v_A + m_B v_B = m_A v_A' + m_B v_B'$$
$$1.5 m_A = m_A \cdot v_A' + m_B \cdot v_B'$$
$$e = \frac{-(v_A' - v_B')}{v_A - v_B} = 0.75$$
$$v_A' = v_B' - 0.75 v_A$$
$$1.5 m_A = m_A \cdot (v_B' - 0.75 v_A) + m_B \cdot v_B'$$
$$(1.5 + 0.75 \times 1.5) m_A = (m_A + m_B) v_B'$$
$$v_B' = \frac{2.625 m_A}{m_A + m_B} = 1.3125 \text{m/sec}$$
$$m_B \cdot v_B' + m_C \cdot v_C = m_B \cdot v_B'' + m_C \cdot v_C'$$
$$v_B' = v_B'' + v_C' = 1.3125$$
$$e = \frac{-(v_B'' - v_C')}{v_B' - v_C} = 0.75$$
$$v_B'' = v_C' - 0.75 \times v_B'$$
$$v_C' = 1.3125 - (v_C' - 0.75 \times 1.3125)$$
$$v_C' = 1.15 \text{m/sec}$$

Answer ▪ 95. ㉯ 96. ㉯ 97. ㉰

98 단진자의 원리를 이용한 추 시계를 가지고 엘리베이터에 탔다. 이 시계가 더 빠르게 가는 순간은?

㉠ 엘리베이터가 위로 출발하는 순간
㉡ 엘리베이터가 아래로 출발하는 순간
㉢ 올라가던 엘리베이터가 정지하는 순간
㉣ 내려가던 엘리베이터가 정지하는 순간

㉮ ㉠과 ㉢   ㉯ ㉠과 ㉣
㉰ ㉡과 ㉢   ㉱ ㉡과 ㉣

| 해설 | 엘리베이터에 가해지는 힘이 순간적으로 상방향을 향할 때

99 크랭크 암(crank arm) AB가 A점을 중심으로 각속도 $w_{AB} = 100\sqrt{2}\vec{k}$ rad/s 로 회전한다. 그림의 위치에서 피스톤 핀 P의 속도는? (단, $\overline{AB}$=1m, $\overline{BP}$(connecting rod)=1m)

㉮ 왼쪽 방향 100m/s
㉯ 왼쪽 방향 200m/s
㉰ 오른쪽 방향 300m/s
㉱ 왼쪽 방향 400m/s

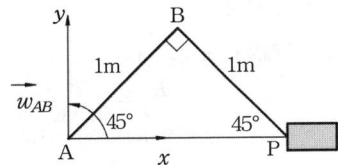

| 해설 | $V_P = \sqrt{2} \times 100\sqrt{2} = 200$m/sec(왼쪽)

100 곡선 경로에서의 질점의 운동을 기술한 것 중 맞는 것은?

㉮ 속도의 크기는 일정하면 전체 가속도의 방향은 항상 접선 방향이다.
㉯ 속도의 크기와 상관없이 전체 가속도의 방향은 항상 접선 방향이다.
㉰ 속도의 크기가 일정하면 전체 가속도의 방향은 항상 법선 방향이다.
㉱ 속도의 크기와 상관없이 전체 가속도의 방향은 항상 법선 방향이다.

98. ㉯   99. ㉯   100. ㉰   ■ Answer

2013 기출문제 — 3월 10일 시행

1과목 재료역학

01 두 개의 목재 판재를 못으로 조립하여, 그림과 같은 단면을 갖는 목재 조립 보를 제작하였다. 이 보에 전단력이 작용하여, 두 판재의 접촉면에 보의 길이방향으로 균일하게 200kPa의 전단응력이 작용하고 있다. 못 하나의 허용 전단력이 2kN이라 할 때 못의 최소 허용간격은?

㉮ 0.1m
㉯ 0.15m
㉰ 0.2m
㉱ 0.25m

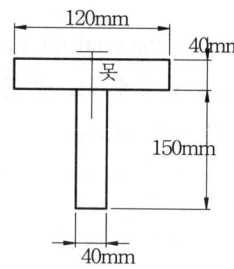

| 해설 | $F = \tau \cdot A = \tau \cdot b \cdot l$

$l = \dfrac{F}{\tau \cdot b} = \dfrac{2 \times 10^3}{200 \times 10^3 \times 0.04} = 0.25 \text{m}$

못과 못사이에 전단파괴가 일어날 때를 기준으로 계산할 것.

02 직육면체가 일반적인 3축응력 σ_x, σ_y, σ_z를 받고 있을 때 체적 변형률 ε_v는 대략 어떻게 표현되는가?

㉮ $\varepsilon_v = \dfrac{1}{3}(\varepsilon_x + \varepsilon_y + \varepsilon_z)$
㉯ $\varepsilon_v = \varepsilon_x + \varepsilon_y + \varepsilon_z$
㉰ $\varepsilon_v = \varepsilon_x \varepsilon_y + \varepsilon_y \varepsilon_z + \varepsilon_z \varepsilon_x$
㉱ $\varepsilon_v = \dfrac{1}{3}(\varepsilon_x \varepsilon_y + \varepsilon_y \varepsilon_z + \varepsilon_z \varepsilon_x)$

03 지름 4cm의 둥근 강봉에 60kN의 인장하중을 작용시키면 지름은 약 몇 mm만큼 감소하는가? (단, 탄성계수 E=200GPa, 포아송 비 ν=0.33이라 한다.)

㉮ 0.00513   ㉯ 0.00315   ㉰ 0.00596   ㉱ 0.000596

| 해설 | $\delta = \dfrac{d\sigma}{mE} = \dfrac{d \cdot P}{mEA} = \dfrac{\nu \cdot d \cdot P}{AE}$

$= \dfrac{4 \times 0.33 \times 0.04 \times 60 \times 10^3}{\pi \times 0.04^2 \times 200 \times 10^9} \times 1000$

$= 0.00315 \text{ mm}$

Answer ■ 1 ㉱   2 ㉯   3 ㉯

04 지름 8cm인 차축의 비틀림 각이 1.5m에 대해 1°를 넘지 않게 하기 위한 최대 비틀림 응력은 몇 MPa인가? (단, 전단 탄성계수 $G=80$GPa이다.)

㉮ 37.2 ㉯ 50.2 ㉰ 42.2 ㉱ 30.5

|해설| $\theta = \dfrac{\tau \cdot Z_P \cdot l}{G \cdot I_p}$

$1 \times \dfrac{\pi}{180} = \dfrac{32 \times \tau \times \pi \times 0.08^3 \times 1.5}{80 \times 10^9 \times \pi \times 0.08^4 \times 16}$

$\tau = 37.21$MPa

05 그림과 같이 양단이 고정된 단면이 균일한 원형단면 봉의 C점 단면에 비틀림 모멘트 T가 작용하고 있다. AC구간봉의 비틀림 각을 구하는 미분 방정식은? (단, A, B 고정단에 생기는 고정 비틀림 모멘트는 각각 T_A, $T_B (T_A + T_B = T)$이고, 이 봉의 비틀림 강성은 GI_p이다. 또 이 문제에 관한한 비틀림 각 θ의 부호는 무시한다.)

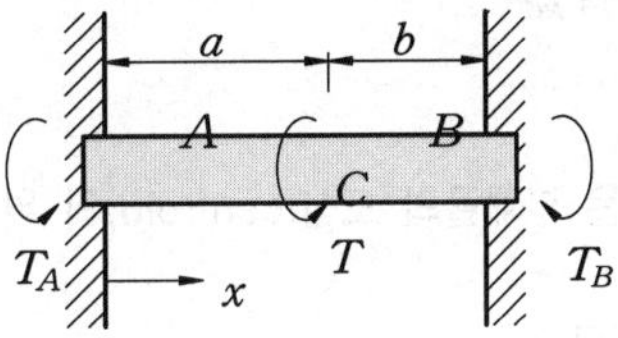

㉮ $\dfrac{d\theta}{dx} = \dfrac{T}{GI_p}$

㉯ $\dfrac{d\theta}{dx} = \dfrac{T_A}{GI_p}$

㉰ $\dfrac{d\theta}{dx} = \dfrac{T_B}{GI_p}$

㉱ $\dfrac{d\theta}{dx} = \dfrac{T \cdot x}{GI_p}$

|해설| $\theta = \dfrac{T_A \cdot a}{GI_p}$

$d\theta = \dfrac{T_A}{G \cdot I_p} da = \dfrac{T_A}{GI_p} dx$: 임의의 거리 x에서 미소각 $d\theta$

$\dfrac{d\theta}{dx} = \dfrac{T_A}{G \cdot I_p}$

06 양단 힌지로 지지된 목재의 장주가 200mm×200mm의 정사각형 단면을 가질 때 좌굴 하중은 약 몇 kN인가? (단, 길이 $L=5$m, 탄성계수 $E=10$GPa, 오일러공식을 적용한다.)

㉮ 330 ㉯ 430 ㉰ 530 ㉱ 630

|해설| $P_{cr} = \dfrac{n\pi^2 EI}{l^2}$

$= \dfrac{1 \times \pi^2 \times 10 \times 10^9 \times (0.2 \times 0.2^3)}{5^2 \times 12}$

$= 525.85$kN

4 ㉮　5 ㉯　6 ㉰　■ Answer

07 일단은 고정, 타단(B지점)은 스프링(스프링상수 k)으로 지지하고, 이 B점에 하중 P를 작용할 때 B지점의 반력은? (단, 보의 굽힘강성 EI는 일정하다.)

㉮ P
㉯ 0
㉰ $\dfrac{Pl^3}{kEI}$
㉱ $\dfrac{kPL^3}{3EI+kL^3}$

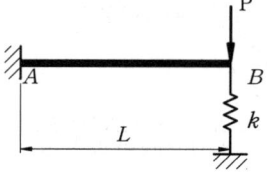

|해설| B점의 처짐 $\delta = \dfrac{Pl^3}{3EI} - \dfrac{R_B \cdot l^3}{3EI}$

$R_B = k\delta = \dfrac{kPl^3}{3EI} - \dfrac{kR_B \cdot l^3}{3EI}$

$R_B \cdot (3EI + kL^3) = kPl^3$

$R_B = \dfrac{kPl^3}{3EI + kl^3}$

08 다음 그림과 같은 부채꼴의 도심(centroid)의 위치 $\bar{x}$는?

㉮ $\bar{x} = \dfrac{2R}{3\alpha}\sin\alpha$
㉯ $\bar{x} = \dfrac{2}{3}R$
㉰ $\bar{x} = \dfrac{3}{4}R$
㉱ $\bar{x} = \dfrac{3}{4}R\sin\alpha$

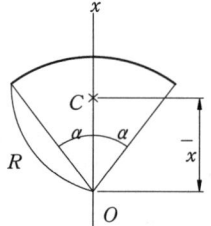

|해설| 반원의 도심 $\bar{x} = \dfrac{4R}{3\pi}$ 이다. 부채꼴의 도심을 구하는 공식에 $\alpha=90°$ 를 대입하면 반원의 도심을 구하는 표현식이 된다. 부채꼴의 도심 $\bar{x} = \dfrac{2R}{3\alpha}\cdot\sin\alpha$

09 지름이 d이고 길이가 L인 강봉에 인장하중 P가 작용하고 있다. 강봉의 탄성계수가 E라 하면 강봉의 전체 탄성에너지 U는 얼마인가?

㉮ $\dfrac{P^2L}{2\pi Ed^2}$ ㉯ $\dfrac{P^2L}{\pi Ed^2}$
㉰ $\dfrac{2P^2L}{\pi Ed^2}$ ㉱ $\dfrac{4PL}{\pi Ed^2}$

|해설| $U = \dfrac{1}{2}P\cdot\delta = \dfrac{P^2l}{2AE} = \dfrac{2\cdot P^2\cdot l}{\pi d^2\cdot E}$

Answer ■ 7 ㉱ 8 ㉮ 9 ㉰

10 그림과 같이 균일분포 하중을 받는 보의 지점 B에서의 굽힘모멘트는 몇 kN·m인가?

㉮ 16
㉯ 8
㉰ 10
㉱ 1.6

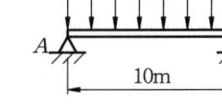

| 해설 | $M_B = \dfrac{w \cdot a^2}{2} = \dfrac{2 \times 4^2}{2} = 16\text{kJ}$

11 그림과 같이 집중 하중 P가 외팔보의 중앙 및 끝단에서 각각 작용할 때, 최대 처짐량은? (단, 보의 굽힘 강성 EI는 일정하고, 자중은 무시한다.)

㉮ $\dfrac{5}{48} \dfrac{PL^3}{EI}$
㉯ $\dfrac{11}{48} \dfrac{PL^3}{EI}$
㉰ $\dfrac{16}{48} \dfrac{PL^3}{EI}$
㉱ $\dfrac{21}{48} \dfrac{PL^3}{EI}$

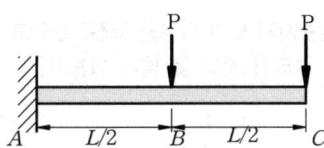

| 해설 | 중첩법으로 계산하면
① 자유단 집중하중 : $\delta_1 = \dfrac{P \cdot l^3}{3EI}$
② 중앙집중하중 : $\delta_2 = \dfrac{5Pl^3}{48EI}$
$\delta = \delta_1 + \delta_2 = \dfrac{(16+5)Pl^3}{48EI}$

12 보의 전 길이 (L)에 걸쳐 균일 분포하중이 작용하고 있는 단순보와 양단이 고정된 양단 고정보의 중앙 ($L/2$)에서 발생하는 처짐량의 비는?

㉮ 2:1 ㉯ 3:1 ㉰ 4:1 ㉱ 5:1

| 해설 | $\delta_1 : \delta_2 = \dfrac{5wl^4}{384EI} : \dfrac{wl^4}{384EI} = 5:1$

13 보가 굽었을 때 곡률 반지름에 대한 설명으로 맞는 것은?

㉮ 단면 2차 모멘트에 반비례한다.
㉯ 굽힘 모멘트에 반비례한다.
㉰ 탄성계수에 반비례한다.
㉱ 하중에 비례한다.

| 해설 | $\dfrac{E}{\rho} = \dfrac{\sigma}{y} = \dfrac{M}{I}$: 곡률 반경은 굽힘 모멘트에 반비례한다.

10 ㉮ 11 ㉱ 12 ㉱ 13 ㉯ ■ Answer

14 그림에서 784.8N과 평형을 유지하기 위한 힘 F_1과 F_2는?

㉮ F_1=395.2N, F_2=632.4N
㉯ F_1=632.4N, F_2=395.2N
㉰ F_1=790.4N, F_2=632.4N
㉱ F_1=790.4N, F_2=395.2N

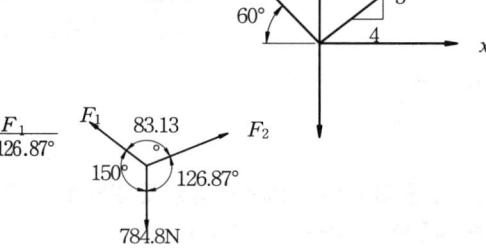

| 해설 | $\dfrac{784.8}{\sin 83.13°}=\dfrac{F_2}{\sin 150°}=\dfrac{F_1}{\sin 126.87°}$
F_1=632.38N
F_2=395.23N

15 원형단면을 가진 단순지지 보의 직경을 3배로 늘리고 같은 전단력이 작용한다고 하면, 그 단면에서의 최대 전단응력은 직경을 늘리기 전의 몇 배가 되는가?

㉮ $\dfrac{1}{3}$ ㉯ $\dfrac{1}{9}$ ㉰ $\dfrac{1}{36}$ ㉱ $\dfrac{1}{81}$

| 해설 | $\tau_{max1}=\dfrac{4}{3}\dfrac{F_1}{A_1}$
$\tau_{max2}=\dfrac{4}{3}\dfrac{F_1}{9A_1}=\dfrac{\tau_{max1}}{9}$

16 지름이 2m이고 1000kPa 내압이 작용하는 원통형 압력용기의 최대 사용응력이 200MPa이다. 용기의 두께는 약 몇 mm인가? (단, 안전계수는 2이다.)

㉮ 5 ㉯ 7.5 ㉰ 10 ㉱ 12.5

| 해설 | $t=\dfrac{P\cdot d\cdot s}{2\sigma_a}=\dfrac{(10^3\times 10^{-3})\times 2\times 2}{2\times 200}=10$ mm

17 그림과 같이 지름 50mm의 축이 인장하중 P=120kN과 토크 T=2.4kN·m를 받고 있다. 최대 주응력은 약 몇 MPa인가?

㉮ 61.1
㉯ 97.8
㉰ 133.0
㉱ 158.9

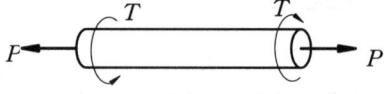

| 해설 | $\sigma_t=\dfrac{P}{A}=\dfrac{4\times 120\times 10^{-3}}{\pi\times 0.05^2}=61.15$ MPa
$\tau=\dfrac{T}{Z_p}=\dfrac{2.4\times 10^{-3}\times 16}{\pi\times 0.05^3}=97.83$ MPa
$\sigma_1=\dfrac{\sigma_t}{2}+\sqrt{(\dfrac{\sigma_t}{2})^2+\tau^2}$
  =133.07MPa

Answer ■ 14 ㉯ 15 ㉯ 16 ㉰ 17 ㉰

18 그림에서 A지점에서의 반력 R_A를 구하면 약 몇 N인가?

㉮ 107
㉯ 127
㉰ 136
㉱ 139

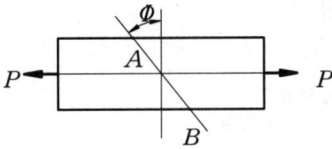

| 해설 | $R_A = \dfrac{(34 \times 4) \times 16 + (40 \times 4) \times 2}{18} = 138.67 \text{ N}$

19 다음 그림과 같이 인장력 P가 작용하는 봉의 경사 단면 A-B에서 발생하는 법선응력과 전단응력이 각각 σ_n=10MPa, τ=6MPa일 때, 경사각 ϕ는 약 몇 도인가?

㉮ 25°
㉯ 31°
㉰ 35°
㉱ 41°

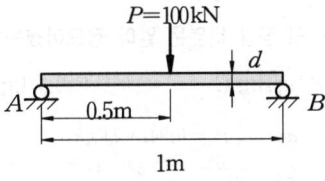

| 해설 | $\dfrac{\sigma_n}{\tau} = \dfrac{\sigma \cdot \cos^2\theta}{\dfrac{\sigma}{2}\sin 2\theta} = \dfrac{\cos^2\theta}{\sin\theta \cdot \cos\theta} = \dfrac{1}{\tan\theta}$

$\tan\theta = (\dfrac{6}{10})$, $\theta = 30.96°$

20 그림과 같이 단순화한 길이 1m의 차축 중심에 집중하중 100kN이 작용하고, 100rpm으로 400kW의 동력을 전달할 때 필요한 차축의 지름은 최소 몇 cm인가? (단, 축의 허용 굽힘응력은 85MPa로 한다.)

㉮ 4.1
㉯ 8.1
㉰ 12.3
㉱ 16.3

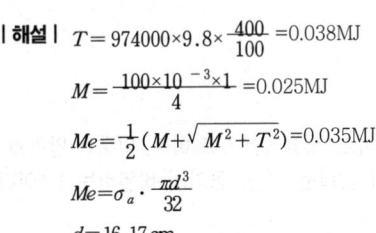

| 해설 | $T = 974000 \times 9.8 \times \dfrac{400}{100} = 0.038 \text{MJ}$

$M = \dfrac{100 \times 10^{-3} \times 1}{4} = 0.025 \text{MJ}$

$Me = \dfrac{1}{2}(M + \sqrt{M^2 + T^2}) = 0.035 \text{MJ}$

$Me = \sigma_a \cdot \dfrac{\pi d^3}{32}$

$d = 16.17 \text{cm}$

18 ㉱   19 ㉯   20 ㉱   ■ Answer

2과목 기계열역학

21 기체가 0.3MPa로 일정한 압력 하에 8m³에서 4m³까지 마찰 없이 압축되면서 동시에 500kJ의 열을 외부에 방출하였다면, 내부에너지(kJ)의 변화는 얼마나 되겠는가?

㉮ 약 700 ㉯ 약 1700 ㉰ 약 1200 ㉱ 약 1300

| 해설 | $-500 = \Delta U - 0.3 \times 10^3 \times (8-4)$
$\Delta U = 700$ kJ

22 이상기체의 가역단열 변화에서는 압력 P, 체적 V, 절대온도 T 사이에 어떤 관계가 성립하는가? (단, 비열비 $k = C_p/C_v$이다.)

㉮ $PV =$ 일정 ㉯ $PV^{k-1} =$ 일정
㉰ $PT^k =$ 일정 ㉱ $TV^{k-1} =$ 일정

| 해설 | ① $PV^k =$ 일정
② $T \cdot V^{k-1} =$ 일정
③ $\dfrac{T_2}{T_1} = \left(\dfrac{V_1}{V_2}\right)^{k-1} = \left(\dfrac{P_2}{P_1}\right)^{\frac{k-1}{k}}$

23 어떤 가스의 비내부에너지 u(kJ/kg), 온도 t(℃), 압력 P(kPa), 비체적 v(m³/kg) 사이에는 다음의 관계식이 성립한다.

$u = 0.28\,t + 532$

$Pv = 0.560(t + 380)$

이 가스의 정압 비열은 얼마 정도이겠는가?

㉮ 0.84kJ/kg℃ ㉯ 0.68kJ/kg℃ ㉰ 0.50kJ/kg℃ ㉱ 0.28kJ/kg℃

| 해설 | $h = u + Pv = 0.84t + 744.8$
$C_p = \dfrac{\partial h}{\partial T}\bigg|_{p=\text{일정}} = 0.84$ kJ/kg℃

24 공기표준 Carnot 열기관 사이클에서 최저 온도는 280K이고, 열효율은 60%이다. 압축전 압력과 열을 방출한 후 압력은 100kPa이다. 열을 공급하기 전의 온도와 압력은? (단, 공기의 비열비는 1.4이다.)

㉮ 700K, 2470kPa ㉯ 700K, 2200kPa
㉰ 600K, 2470kPa ㉱ 600K, 2200kPa

| 해설 | $\eta_c = 1 - \dfrac{T_L}{T_H}$

$T_H = \dfrac{T_L}{(1-\eta_c)} = \dfrac{280}{(1-0.6)} = 700$ K

Answer ▪ 21 ㉮ 22 ㉱ 23 ㉮ 24 ㉮

$$\frac{T_H}{T_L} = \left(\frac{P_2}{P_1}\right)^{\frac{K-1}{K}}, \quad \frac{700}{280} = \left(\frac{P_2}{100}\right)^{\frac{0.4}{1.4}}$$

$P_2 = 2470.53 \,\text{kPa}$

25 가역단열펌프에 100kPa, 50℃의 물이 2kg/s로 들어가 4MPa로 압축된다. 이 펌프의 소요 동력은? (단, 50℃에서 포화액체(saturated liquid)의 비체적은 0.001m³/kg이다.)

㉮ 3.9kW ㉯ 4.0kW
㉰ 7.8kW ㉱ 8.0kW

|해설| $L_p = \dot{m}v(P_2 - P_1)$
$= 2 \times 0.001 \times (4 \times 10^3 - 100)$
$= 7.8\,\text{kW}$

26 증기터빈 발전소에서 터빈 입출구의 엔탈피 차이는 130kJ/kg이고, 터빈에서의 열손실은 10kJ/kg이었다. 이 터빈에서 얻을 수 있는 최대 일은 얼마인가?

㉮ 10kJ/kg ㉯ 120kJ/kg
㉰ 130kJ/kg ㉱ 140kJ/kg

|해설| $_1Q_2 = \Delta h + W$
$W = -10 + 130 = 120\,\text{kJ/kg}$
터빈 통과시 엔탈피는 감소한다.

27 이상기체 1kg이 가역등온 과정에 따라 P_1=2kPa, V_1=0.1m³로부터 V_2=0.3m³로 변화했을 때 기체가 한 일은 몇 주울(J)인가?

㉮ 9540 ㉯ 2200
㉰ 954   ㉱ 220

|해설| $_1W_2 = P_1 \cdot V_1 \cdot ln\left(\frac{V_2}{V_1}\right)$
$= 2000 \times 0.1 \times ln\left(\frac{0.3}{0.1}\right)$
$= 219.72\,\text{J}$

28 400K의 물 1.0kg/s와 350K의 물 0.5kg/s가 정상과정으로 혼합되어 나온다. 이 과정 중에 300kJ/s의 열손실이 있다. 출구에서 물의 온도는 약 얼마인가? (단, 물의 비열은 4.18kJ/kg·K이다.)

㉮ 369.2 K ㉯ 350.1K
㉰ 335.5K   ㉱ 320.3K

|해설| $\Sigma Q = -300$
$1.0 \times 4.18 \times (t_m - 400) + 0.5 \times 4.18 \times (t_m - 350) = -300$
$t_m = 335.47\,\text{K}$

25 ㉰ 26 ㉯ 27 ㉱ 28 ㉰ ■ Answer

29 잘 단열된 노즐에서 공기가 0.45MPa에서 0.15MPa로 팽창한다. 노즐 입구에서 공기의 속도는 50m/s, 온도는 150℃이며 출구에서의 온도는 45℃이다. 출구에서의 공기 속도는? (단, 공기의 정압비열과 정적비열은 1.0035kJ/kg·K, 0.7165kJ/kg·K이다.)

㉮ 약 350m/s ㉯ 약 363m/s ㉰ 약 445m/s ㉱ 약 462m/s

| 해설 | $-\Delta h = \frac{1}{2}(V_2^2 - V_1^2)$

$1.0035 \times (150-45) = \frac{1}{2} \times (V_2^2 - 50^2) \times 10^{-3}$

$V_2 = 461.77 \text{m/sec}$

30 어떤 냉장고의 소비전력이 200W이다. 이 냉장고가 부엌으로 배출하는 열이 500W라면, 이때 냉장고의 성능계수는 얼마인가?

㉮ 1 ㉯ 2 ㉰ 0.5 ㉱ 1.5

| 해설 | $\varepsilon_R = \frac{Q_1}{W} = \frac{500-200}{200} = 1.5$

31 증기동력 사이클에 대한 다음의 언급 중 옳은 것은?

㉮ 이상적인 보일러에서는 등온 가열 과정이 진행된다.
㉯ 재열 사이클은 주로 사이클 효율을 낮추기 위해 적용한다.
㉰ 터빈의 토출 압력을 낮추면 사이클 효율도 낮아진다.
㉱ 최고 압력을 높이면 사이클 효율이 높아진다.

32 압력 5kPa, 체적이 0.3m³인 기체가 일정한 압력 하에서 압축되어 0.2m³로 되었을 때 이 기체가 한 일은? (단, +는 외부로 기체가 일을 한 경우이고, -는 기체가 외부로부터 일을 받은 경우)

㉮ 500J ㉯ -500J ㉰ 1000J ㉱ -1000J

| 해설 | $W = P(V_2 - V_1)$
$= 5 \times 10^3 \times (0.2 - 0.3)$
$= -500 \text{J}$

33 시스템의 온도가 가열과정에서 10℃에서 30℃로 상승하였다. 이 과정에서 절대온도는 얼마나 상승하였는가?

㉮ 11K ㉯ 20K ㉰ 293K ㉱ 303K

| 해설 | $\Delta T = (30+273) - (10+273) = 20\text{K}$

Answer ■ 29 ㉱ 30 ㉱ 31 ㉱ 32 ㉯ 33 ㉯

34 공기 10kg이 압력 200kPa, 체적 5m³인 상태에서 압력 400kPa, 온도 300℃인 상태로 변했다면 체적의 변화는? (단, 공기의 기체상수 R=0.287kJ/kg·K이다.)

㉮ 약 +0.6m³ ㉯ 약 +0.9m³
㉰ 약 -0.6m³ ㉱ 약 -0.9m³

|해설| $V_2 = \dfrac{10 \times 287 \times (300+273)}{400 \times 10^3} = 4.11 \text{m}^3$
$\Delta V = V_2 - V_1 = 4.11 - 5 = -0.89 \text{m}^3$

35 다음 사항은 기계열역학에서 일과 열(熱)에 대한 설명이다. 이 중 틀린 것은?

㉮ 일과 열은 전달되는 에너지이지 열역학적 상태량은 아니다.
㉯ 일의 단위는 J(joule)이다.
㉰ 일(work)의 크기는 힘과 그 힘이 작용하여 이동한 거리를 곱한 값이다.
㉱ 일과 열은 점함수이다.

36 다음 그림은 오토사이클의 P-V선도이다. 그림에서 3-4가 나타내는 과정은?

㉮ 단열 압축과정
㉯ 단열 팽창과정
㉰ 정적 가열과정
㉱ 정적 방열과정

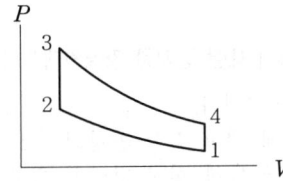

37 열펌프의 성능계수를 높이는 방법이 아닌 것은?

㉮ 응축 온도를 낮춘다.
㉯ 증발 온도를 낮춘다.
㉰ 손실 일을 줄인다.
㉱ 생성엔트로피를 줄인다.

38 매시간 20kg의 연료를 소비하는 100PS인 가솔린 기관의 열효율은 약 얼마인가? (단, 1PS=750W이고, 가솔린의 저위발열량은 43470kJ/kg이다.)

㉮ 18% ㉯ 22% ㉰ 31% ㉱ 43%

|해설| $\eta = \dfrac{3600 \times 100 \times 0.75}{20 \times 43470} \times 100 = 31\%$

34 ㉱ 35 ㉱ 36 ㉯ 37 ㉯ 38 ㉰ ■ Answer

39 10kg의 증기가 온도 50℃, 압력 38kPa, 체적 7.5m³일 때 총 내부에너지는 6700kJ이다. 이와 같은 상태의 증기가 가지고 있는 엔탈피(enthalpy)는 몇 kJ인가?

㉮ 1606   ㉯ 1794   ㉰ 2305   ㉱ 6985

|해설| $h = U + P \cdot V$
$= 6700 + 38 \times 7.5 = 6985 \text{kJ}$

40 227℃의 증기가 500kJ/kg의 열을 받으면서 가역등온 팽창한다. 이때 증기의 엔트로피 변화는 약 얼마인가?

㉮ 1.0kJ/kg·K   ㉯ 1.5kJ/kg·K
㉰ 2.5kJ/kg·K   ㉱ 2.8kJ/kg·K

|해설| $\Delta S = \dfrac{500}{227 + 273} = 1.0 \text{ kJ/kg} \cdot \text{K}$

3과목 기계유체역학

41 정상상태인 포텐셜 유동에 대한 정지한 경계면에서의 경계조건은?

㉮ 경계면에서 속도가 0이다.
㉯ 경계면에서 그 면에 대한 직각 방향의 속도성분이 0이다.
㉰ 경계면에서 그 면에 대한 접선 방향의 속도성분이 0이다.
㉱ 정지한 경계면이 등 포텐셜선이어야 한다.

42 다음 중에서 차원이 다른 물리량은?

㉮ 압력   ㉯ 전단응력   ㉰ 동력   ㉱ 체적탄성계수

43 그림과 같이 수두 Hm에서 오리피스의 유출속도가 Vm/s이라면 유출속도를 $2V$로 하기 위해서는 H를 얼마로 해야 하는가?

㉮ $2H$
㉯ $3H$
㉰ $4H$
㉱ $6H$

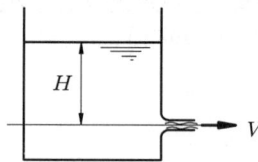

|해설| $h = \dfrac{V^2}{2g} = \dfrac{4v^2}{2g} = 4H$

Answer ■ 39 ㉱ 40 ㉮ 41 ㉯ 42 ㉰ 43 ㉰

44 수평 파이프의 직경이 입구 D에서 출구 $\frac{1}{2}D$로 감소되었을 때 비압축성 유체의 입구 유속 V에 대한 출구 유속으로 맞는 것은?

㉮ $\frac{1}{2}V$ ㉯ $\frac{1}{4}V$ ㉰ $2V$ ㉱ $4V$

|해설| $Q = A_1 V_1 = A_2 V_2$

$V_2 = \dfrac{D^2 \cdot V_1}{\frac{1}{4}D^2} = 4V_1$

45 그림과 같이 아주 큰 저수조의 하부에 연결된 터빈이 있다. 직경 $D=10\text{cm}$인 노즐로부터 대기 중으로 분출되는 유량은 $0.08\text{m}^3/\text{s}$이고 터빈 출력이 15kW일 때 수면 높이 H는 약 몇 m인가? (단, 터빈의 효율은 100%이고, 수면으로부터 출구 사이의 손실은 무시하며, 수면은 일정하게 유지된다고 가정한다.)

㉮ 17.2
㉯ 21.7
㉰ 24.4
㉱ 29.

|해설| $V = \dfrac{4 \times 0.08}{\pi \times 0.1^2} = 10.19\text{m/sec}$

$h_t = \dfrac{L_t}{r \cdot Q} = \dfrac{15}{9.8 \times 0.08} = 19.13\text{m}$

$H = \dfrac{V^2}{2g} + h_t = \dfrac{10.19^2}{2 \times 9.8} + 19.13 = 24.43\text{m}$

46 국소 대기압이 700mmHg일 때 절대압력은 40kPa이다. 이는 게이지 압력으로 얼마인가?

㉮ 47.7kPa 진공   ㉯ 45.3kPa 진공
㉰ 40.0kPa 진공   ㉱ 53.3kPa 진공

|해설| $P_g = (40 \times 10^3 - \dfrac{700}{760} \times 101325) \times 10^{-3}$
$= -53.33\text{kPa}$

47 그림과 같은 관에 유리관 A, B를 세우고 물을 흐르게 했을 때 유리관 B의 상승높이 h_2는 약 몇 cm인가?

㉮ 34.4
㉯ 10
㉰ 15.6
㉱ 12.5

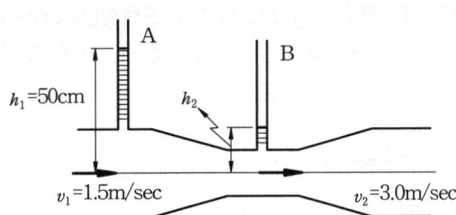

|해설| $0.5 + \dfrac{1.5^2}{2 \times 9.8} = h_2 + \dfrac{3.0^2}{2 \times 9.8}$
$h_2 = 15.56\text{cm}$

48 그림과 같이 수조에 안지름이 균일한 관을 연결하고 관의 한 점의 정압을 측정할 수 있도록 액주계를 설치하였다. 액주계의 높이 H가 나타내는 것은?

㉮ 관의 길이 L에서 생긴 손실수두와 같다.
㉯ 수조 내의 액체가 갖는 단위 중량당의 총 에너지를 나타낸다.
㉰ 관에 흐르는 액체의 전압과 같다.
㉱ 관에 흐르는 액체의 동압을 나타낸다.

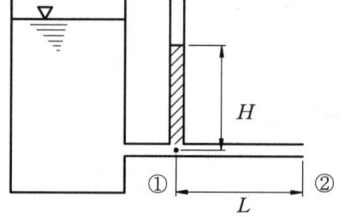

|해설| $H = h_l$

49 평행한 평판 사이의 층류 흐름을 해석하기 위해서 필요한 무차원수와 그 의미를 바르게 나타낸 것은?

㉮ 레이놀즈 수 = 관성력 / 점성력
㉯ 레이놀즈 수 = 관성력 / 탄성력
㉰ 프루드 수 = 중력 / 관성력
㉱ 프루드 수 = 관성력 / 점성력

50 물을 이용한 기압계는 왜 실제적이지 못한가?

㉮ 대기압이 물기둥을 지탱할 수 없다.
㉯ 물기둥의 높이가 너무 높다.
㉰ 표면장력의 영향이 너무 크다.
㉱ 정수역학의 방정식을 적용할 수 없다.

|해설| 1atm=760mmHg=10332mmAg

51 내경이 50mm인 180° 곡관(bend)을 통하여 물이 5m/s의 속도와 0의 계기압력으로 흐르고 있다. 물이 곡관에 작용하는 힘은 약 몇 N인가?

㉮ 0　　㉯ 24.5　　㉰ 49.1　　㉱ 98.2

|해설| $F = 2\rho QV = 2\rho AV^2$
$= 2 \times 1000 \times \dfrac{\pi \times 0.05^2}{4} \times 5^2$
$= 98.125 N$

52 2차원 직각 좌표계 (x, y)상에서 속도 포텐셜(velocity potential)이 $\phi = -3x^2y + y^3$으로 주어지는 어떤 이상유체에 대한 유동장이 있다. 점(-1, 2)에서의 유속의 방향이 x축과 이루는 각도(degree)는?

㉮ 36.9°　　㉯ 51.5°　　㉰ 62.7°　　㉱ 71.6°

|해설| $U = \dfrac{d\phi}{dx} = -6xy = 12$
$v = \dfrac{d\phi}{dy} = -3x^2 + 3y^2 = 9$
$\tan\theta = \dfrac{v}{u}$, $\theta = \tan^{-1}\left(\dfrac{9}{12}\right) = 36.87°$

Answer ■ 48 ㉮　49 ㉮　50 ㉯　51 ㉱　52 ㉮

53 $\frac{1}{10}$ 크기의 모형 잠수함을 해수 밀도의 $\frac{1}{2}$, 해수 점성계수의 $\frac{1}{2}$인 액체 중에서 실험한다. 실제 잠수함을 2m/s로 운전하려면 모형 잠수함은 몇 m/s의 속도로 실험해야 하는가?

㉮ 20　　㉯ 1　　㉰ 0.5　　㉱ 4

| 해설 | $(\frac{\rho V d}{\mu})_p = (\frac{\rho V d}{\mu})_m$
$2 \times 10 = V_m = 20\text{m/sec}$

54 난류에서 평균 전단응력과 평균 속도구배의 비를 나타내는 점성계수는?

㉮ 유동의 혼합길이와 평균 속도구배의 함수로 나타낼 수 있다.
㉯ 유체의 성질이므로 온도가 주어지면 일정한 상수이다.
㉰ 뉴턴의 점성법칙으로 구한다.
㉱ 임계 레이놀즈수를 이용하여 결정한다.

| 해설 | $\tau_t = \rho \cdot \ell^2 \cdot (\frac{d\bar{u}}{dy})^2 = \eta \cdot \frac{d\bar{u}}{dy}$, $\eta = \rho \cdot \ell^2 (\frac{d\bar{u}}{dy})$

55 원관 내 완전히 발달된 난류 속도분포 $\frac{u}{u_0} = (1-\frac{r}{R})^{1/7}$ [R : 반지름]에 대한 단면 평균속도는 중심속도 u_0의 몇 배인가?

㉮ 0.5　　㉯ 0.571　　㉰ 0.667　　㉱ 0.817

| 해설 | $dQ = u \cdot dA = u \cdot 2\pi r dr$
$= u_0 (1-\frac{r}{R})^{\frac{1}{7}} \cdot 2\pi r dr$
$Q = \int_0^R 2\pi u_0 \cdot r(1-\frac{r}{R})^{\frac{1}{7}} dr = A \cdot V_{mean}$
$V_{mean} = 0.817 u_0$

56 아래 그림과 같이 폭이 3m이고, 높이가 4m인 수문의 상단이 수면 아래 1m에 놓여 있다. 이 수문에 작용하는 물에 의한 전압력의 작용점은 수면 아래로 몇 m인가?

㉮ 3.77
㉯ 3.44
㉰ 3.00
㉱ 2.36

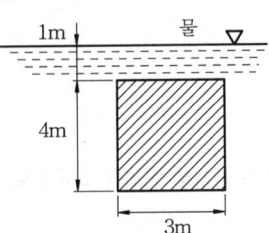

| 해설 | $h_p = 3 + \frac{3 \times 4^3}{3 \times 4 \times 3 \times 12} = 3.44\text{m}$

57 다음 중 음속의 표현식이 아닌 것은? (단, k=비열비, P=절대압력, ρ=밀도, T=절대온도, E=체적탄성계수, R=기체상수)

㉮ $\sqrt{\dfrac{P}{\rho^k}}$ ㉯ $\sqrt{\dfrac{E}{\rho}}$ ㉰ $\sqrt{kRT}$ ㉱ $\sqrt{\dfrac{\partial P}{\partial \rho}}$

58 아주 긴 원관에서 유체가 완전 발달된 층류(laminar flow)로 흐를 때 전단응력은 반경 방향으로 어떻게 변화하는가?

㉮ 전단응력은 일정하다.
㉯ 관 벽에서 0이고, 중심까지 포물선 형태로 증가한다.
㉰ 관 중심에서 0이고, 관 벽까지 선형적으로 증가한다.
㉱ 관 벽에서 0이고, 중심까지 선형적으로 증가한다.

59 몸무게가 750N인 조종사가 지름 5.5m의 낙하산을 타고 비행기에서 탈출하고 있다. 항력계수가 1.0이고, 낙하산의 무게를 무시한다면 조종사의 최대 종속도는 약 몇 m/s가 되는가? (단, 공기의 밀도는 1.2kg/m³이다.)

㉮ 7.25   ㉯ 8   ㉰ 5.26   ㉱ 10

|해설| $D = C_D \cdot A \cdot \dfrac{\rho V^2}{2}$

$750 = 1.0 \times \dfrac{\pi \times 5.5^2}{4} \times \dfrac{1.2 \times V^2}{2}$

$V = 7.25 \text{m/sec}$

60 12mm의 간격을 가진 평행한 평판 사이에 점성계수가 0.4N·s/m²인 기름이 가득 차 있다. 아래쪽 판을 고정하고 윗판을 3m/s인 속도로 움직일 때 발생하는 전단응력은 몇 N/m²인가?

㉮ 100   ㉯ 200   ㉰ 300   ㉱ 400

|해설| $\tau = \mu \cdot \dfrac{du}{dy}$

$= 0.4 \times \dfrac{3}{0.012} = 100 \text{N/m}^2$

4과목 기계재료 및 유압기기

61 특수청동 중 열전대 및 뜨임시효 경화성 합금으로 사용되는 것은?

㉮ 인청동   ㉯ 알루미늄청동
㉰ 베릴륨청동   ㉱ 니켈청동

|해설| 니켈청동으로 콘스탄탄(constantan)이 있다. Cu+Ni 45[%]합금이며 열전대용, 전기저항선등에 사용된다.

Answer ■ 57 ㉮ 58 ㉰ 59 ㉮ 60 ㉮ 61 ㉱

62 다음은 특수강 제조용 첨가원소의 영향들 중에서 고속도강이 고온에서 기계적 성질을 계속 유지하는 것과 가장 관련이 많은 것은?

㉮ 경화능 상승　　㉯ 고용경화　　㉰ 탄화물 형성　　㉱ 내식성 상승

| 해설 | 탄화물(Carbide) : 단단한 백색의 결정체, 고속도강은 고온강도가 우수한 재질로 절삭공구의 재료로 사용된다.

63 다음 중 공석강의 탄소함유량으로 가장 적절한 것은?

㉮ 약 0.08%　　㉯ 약 0.02%　　㉰ 약 0.2%　　㉱ 약 0.8%

| 해설 | 공석점 : 탄소 0.8%, 723℃상태

64 다음 금속 중 비중이 가장 큰 것은?

㉮ Fe　　㉯ Al　　㉰ Pb　　㉱ Cu

| 해설 | ㉮ Fe : 7.87　㉯ Pb : 11.34　㉰ Al : 2.7　㉱ Cu : 8.96

65 다음 중 구상흑연 주철을 설명한 것으로 틀린 것은?

㉮ 용선에 마그네슘(Mg)을 첨가함으로써 구상흑연조직을 얻는다.
㉯ 세륨(Ce)을 첨가하여도 구상흑연 조직을 얻는다.
㉰ 구상흑연 주철은 흑연에 의한 노치(notch)작용이 적기 때문에 강인하다.
㉱ 구상흑연 주철은 편상흑연 주철 보다 연성이 낮다.

| 해설 | 구상흑연주철 : 주조상태에서 Mg, Ca, Ce 등을 첨가하여 흑연을 구상화한 주철

66 담금질 균열의 원인이 아닌 것은?

㉮ 담금질온도가 너무 높다.
㉯ 냉각속도가 너무 빠르다.
㉰ 가열이 불균일하다.
㉱ 담금질하기 전에 노멀라이징을 충분히 했다.

| 해설 | (1) 담금질 균열
　　　재료를 경화하기 위하여 급속히 냉각하면 재료내외의 온도차에 의한 열응력과 변태응력으로 인하여 내부 변형 또는 균열이 일어난다. 이것을 담금질 균열이라고 한다.
　　(2) 방지책
　　　㉮ 급속한 급냉을 피하여 일정한 속도로 냉각한다.
　　　㉯ 물보다 기름에 냉각한다.
　　　㉰ 재료 표면의 스케일을 제거하여 냉각물질의 접촉이 잘 되게 한다.
　　　㉱ 부분 단면을 줄인다.
　　　㉲ 물체의 직각부분을 되도록 적게 한다.

62 ㉰　63 ㉱　64 ㉰　65 ㉱　66 ㉱　　■ Answer

67 구리에 65~70% Ni을 첨가한 것으로 내열·내식성이 우수하므로 터빈 날개, 펌프 임펠러 등의 재료로 사용되는 합금은?

㉮ 콘스탄탄 ㉯ 모넬메탈 ㉰ Y 합금 ㉱ 문쯔메탈

| 해설 | 모넬메탈(monel metal)
Cu+Ni 60~70%, Fe 1~3%을 첨가한 것으로 강도가 크고 내식성이 양호하며 화학공업용 재료로 널리 사용된다.

68 다음 STC에 관한 설명이 잘못된 것은?

㉮ STC는 탄소 공구강이다.
㉯ 인(P)과 황(S)의 양이 적은 것이 양질이다.
㉰ 주로 림드강으로 만들어 진다.
㉱ 탄소의 함량이 0.6~1.5% 정도이다.

| 해설 | 림드강으로 만든 것으로 일반구조용 강재 중에서 저탄소강 SS34가 있다.

69 주철 중에 함유되어 있는 유리탄소는 무엇인가?

㉮ Fe_3C ㉯ 화합탄소 ㉰ 전탄소 ㉱ 흑연

70 특수강의 질량효과(mass effect)와 경화능에 관한 다음 설명 중 옳은 것은?

㉮ 질량효과가 큰 편이 경화능을 높이고 Mn, Cr 등은 질량효과를 크게 한다.
㉯ 질량효과가 큰 편이 경화능을 높이고 Mn, Cr 등은 질량효과를 작게 한다.
㉰ 질량효과가 작은 편이 경화능을 높이고 Mn, Cr 등은 질량효과를 크게 한다.
㉱ 질량효과가 작은 편이 경화능을 높이고 Mn, Cr 등은 질량효과를 작게 한다.

| 해설 | 질량효과를 작게하면 열처리가 쉽고 경화능이란 담금질성이라고도 하며 급랭경화된 깊이를 나타낸다. B, Mn, Mo, Cr 등이 담금질성을 향상시키는 합금원소이다.

71 단단 베인 펌프 2개를 1개의 본체 내에 직렬로 연결시킨 베인 펌프를 무엇이라 하는가?

㉮ 2단 베인 펌프(two stage vane pump)
㉯ 2중 베인 펌프(double type vane pump)
㉰ 복합 베인 펌프(combination vane pump)
㉱ 가변 용량형 베인 펌프(variable delivery vane pump)

| 해설 | ㉮ 2단 베인펌프 : 한 개의 축에 두개의 베인펌프를 직렬로 연결한 것.
㉯ 이중(이연)베인펌프 : 한 개의 축에 두개의 베인펌프를 병렬로 연결한 것.

Answer ■ 67 ㉯ 68 ㉰ 69 ㉱ 70 ㉱ 71 ㉮

72 피스톤 펌프의 일반적인 특징을 설명한 것으로 틀린 것은?

㉮ 가변 용량형 펌프로 제작이 가능하다.
㉯ 피스톤의 배열에 따라 외접식과 내접식으로 나눈다.
㉰ 누설이 작아 체적효율이 좋은 편이다.
㉱ 부품수가 많고 구조가 복잡한 편이다.

|해설| 외접식과 내접식으로 분류하는 펌프는 기어펌프이다.

73 속도 제어 회로 방식 중 미터-인 회로와 미터-아웃 회로를 비교하는 설명으로 틀린 것은?

㉮ 미터-인 회로는 피스톤 측에만 압력이 형성되나 미터-아웃 회로는 피스톤 측과 피스톤 로드 측 모두 압력이 형성된다.
㉯ 미터-인 회로는 단면적이 넓은 부분을 제어하므로 상대적으로 유리하나, 미터-아웃 회로는 단면적이 좁은 부분을 제어하므로 상대적으로 불리하다.
㉰ 미터-인 회로는 인장력이 작용할 때 속도조절이 불가능하나, 미터-아웃 회로는 부하의 방향에 관계없이 속도조절이 가능하다.
㉱ 미터-인 회로는 탱크로 드레인되는 유압 작동유에 열이 발생하나, 미터-아웃 회로는 실린더로 공급되는 유압 작동유에 열이 발생한다.

|해설| 미터-인 회로는 작동기의 입구쪽에서 작동기의 속도제어, 미터-아웃회로는 작동기의 출구쪽에서 속도를 제어하는 회로이다.

74 밸브 몸체의 위치 중 주관로의 압력이 걸리고 나서, 조작력에 의하여 예정 운전 사이클이 시작되기 전의 밸브 몸체 위치에, 해당하는 용어는?

㉮ 초기 위치(Initial position)   ㉯ 중앙 위치(Middle position)
㉰ 중간 위치(Intermediate position)   ㉱ 과도 위치(Transient position)

75 유압 작동유 선정 시 고려되어야 할 사항으로 거리가 먼 것은?

㉮ 화학적으로 안정될 것   ㉯ 점도 지수가 작을 것
㉰ 체적 탄성계수가 클 것   ㉱ 방열성이 클 것

|해설| 점도지수가 작으면 온도변화에 따른 점도의 변화가 크므로 점도지수가 큰 것이 좋다.

76 밸브의 전환 도중에서 과도적으로 생기는 밸브 포트 사이의 흐름을 의미하는 용어는?

㉮ 컷오프(cut-off)   ㉯ 인터플로(Interflow)
㉰ 배압(back pressure)   ㉱ 서지압(surge pressure)

72 ㉯   73 ㉱   74 ㉮   75 ㉯   76 ㉯   ■ Answer

77 축압기(어큐뮬레이터)의 용량이 10L, 기체의 봉입압력이 3.5MPa일 때 작동유압이 5.9MPa에서 3.9MPa까지 변화할 때 가스 방출량은 약 몇 L인가?

㉮ 3.0　　　㉯ 4.5　　　㉰ 1.2　　　㉱ 2.3

| 해설 |　$\Delta V = P_0 \cdot V_0 \cdot (\frac{1}{P_2} - \frac{1}{P_1})$
　　　　$= 3.5 \times 10 \times (\frac{1}{3.9} - \frac{1}{5.9})$
　　　　$= 3.0 \ell$

78 채터링(chattering)현상에 대한 설명으로 옳은 것은?

㉮ 유량제어밸브의 개폐가 연속적으로 반복되어 심한 진동에 의한 밸브 포트에서의 누설 현상
㉯ 유동하고 있는 액체의 압력이 국부적으로 저하되어 증기나 함유 기체를 포함하는 기체가 발생하는 현상
㉰ 감압밸브, 체크밸브, 릴리프밸브 등에서 밸브시트를 두드려 비교적 높은 소음을 내는 자려 진동 현상
㉱ 슬라이드 밸브 등에서 밸브가 중립점에서 조금 변위하여 포트가 열릴 때, 발생하는 압력증가 현상

79 방향전환 밸브 중 탠덤 센터형으로 실린더의 임의의 위치에서 고정시킬 수 있고, 펌프를 무부하 운전시킬 수 있는 밸브는?

㉮ 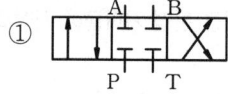　　　㉯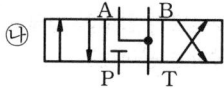

㉰ 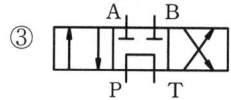　　　㉱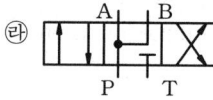

80 다음 유압 작동유 중 난연성 작동유에 해당하지 않는 것은?

㉮ 물-글리콜형 작동유　　　㉯ 인산 에스테르형 작동유
㉰ 수중 유형 유화유　　　㉱ R&O 형 작동유

| 해설 | 난연성 작동유의 정류
　　㉮ 합성형 유압유 : 인산에스테르계, 염화탄화수소, 지방산에스테르계
　　㉯ 수성형유압유 : 물-글리콜계, W/O(유중수형유화액), O/W(수중유형유화액)

Answer ■ 77 ㉮　78 ㉰　79 ㉰　80 ㉱

5과목 기계제작법 및 기계동력학

81 절삭과정에 공구에 열전대를 삽입하기 위한 가공방법으로 다음 중 가장 적합한 것은?
㉮ 화학 연마 ㉯ 전해 연마
㉰ 방전 가공 ㉱ 버핑 가공

|해설| 화학연마, 전해연마, 버핑가공은 가공물의 표면을 반질반질하게 광택이 나는 다듬질 가공이다. 열전대를 삽입하는 홈 가공 등이 가능한 가공은 보기에서 방전가공으로 볼 수 있다.

82 테일러의 절삭공구 수명식($VT^n=C$)에서 T와 V의 좌표 관계를 모눈종이에 표시하면 기울기는 어떻게 그려지는가? (단, 여기서 T는 공구수명, V는 절삭속도, C는 상수이다.)
㉮ 직선 ㉯ 포물선 ㉰ 지수곡선 ㉱ 쌍곡선

83 수퍼피니싱(super finishing)의 특징이 아닌 것은?
㉮ 다듬질 면은 평활하고, 방향성이 없다.
㉯ 원통형의 가공물 외면, 내면의 정밀다듬질이 가능하다.
㉰ 가공에 의한 표면변질 층이 극히 미세하다.
㉱ 입도가 비교적 크며, 경한 숫돌에 큰 압력으로 가압한다.

84 프로젝션 용접(projection welding)에 대한 설명이 틀린 것은?
㉮ 돌기부는 모재의 두께가 서로 다를 경우, 얇은 판재에 만든다.
㉯ 돌기부는 모재가 서로 다른 금속일 때, 열전도율이 큰 쪽에 만든다.
㉰ 판의 두께나 열용량이 서로 다른 것을 쉽게 용접할 수 있다.
㉱ 용접속도가 빠르고, 돌기부에 전류와 가압력이 균일해 용접의 신뢰도가 높다.

85 두께 3mm인 강판을 장변 50mm, 단변 30mm의 치수로 블랭킹하는데 필요한 펀치력은 얼마인가? (단, 강판의 전단 저항을 45N/mm²로 한다.)
㉮ 약 8.9kN ㉯ 약 9.8kN ㉰ 약 21.6kN ㉱ 약 19kN

|해설| $F = \tau \cdot A$
$= 45 \times (3 \times 50 + 3 \times 30) \times 2$
$= 21600N = 21.6kN$

Answer 81 ㉰ 82 ㉮ 83 ㉱ 84 ㉮ 85 ㉰

86 H형강을 압연하기 위하여 특별히 구조한 압연기다. 동일 평면에 상하 수평롤러와 좌우 수직롤러의 축심이 있는 압연기는?

㉮ 유니버셜 압연기　　　　　㉯ 플러그 압연기
㉰ 로터리 압연기　　　　　　㉱ 릴링 압연기

87 주조작업에서 원형 제작시 고려해야 할 사항이 아닌 것은?

㉮ 수축여유　　　　　　　　㉯ 가공 여유
㉰ 구배량(draft)　　　　　　㉱ 스프링 백(spring back)

| 해설 | 스프링백은 소성가공의 굽힘가공시 나타나는 현상이다.

88 구성인선(built up edge)을 감소시키는 다음 방법 중 옳은 것은?

㉮ 절삭속도를 크게 한다.　　㉯ 윗면 경사각을 작게 한다.
㉰ 절삭 깊이를 깊게 한다.　　㉱ 마찰 저항이 큰 공구를 사용한다.

89 선반가공에서 가공시간과 관련성을 가지는 것은?

㉮ 절삭깊이 × 이송　　　　　㉯ 절삭율 × 절삭원가
㉰ 이송 × 분당회전수　　　　㉱ 절삭속도 × 이송 × 절삭깊이

| 해설 | 가공시간 $T(min) = \dfrac{\ell}{N \cdot S}$
　　　　ℓ : 공작물 길이(mm)
　　　　N : 분당 회전수(rpm)
　　　　S : 이송량(mm/rev)

90 열처리 곡선에서 TTT곡선과 관계있는 것은?

㉮ 탄성-소성 곡선　　　　　㉯ 항온-변태 곡선
㉰ 인장-변형 곡선　　　　　㉱ Fe-C 곡선

91 다음 그림에 나타낸 위치에서 질량 m인 균일한 봉이 병진 운동을 할 때 필요한 힘 P를 구하면? (단, 마찰력은 무시한다.)

㉮ $\dfrac{1}{4} mg$　　　　　㉯ $\dfrac{2}{4} mg$
㉰ $\dfrac{3}{4} mg$　　　　　㉱ mg

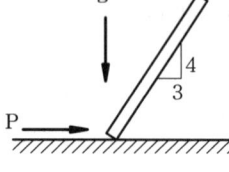

| 해설 | $\tan\theta = \dfrac{3}{4} = \dfrac{P}{mg}$
　　　　$P = \dfrac{3}{4} mg$

Answer ■ 86 ㉮　87 ㉱　88 ㉮　89 ㉰　90 ㉯　91 ㉰

92 평면상에서 운동하고 있는 로봇 팔의 끝단 P점의 위치를 극좌표계로 나타내면 다음과 같다.

거리 $r(t) = 2 - \sin(\pi t)$,

각 $\theta(t) = 1 - 0.5\cos(2\pi t)$,

$t=1$일 때 P점의 가속도의 크기로서 맞는 것은?

㉮ π^2 ㉯ $2\pi^2$ ㉰ $3\pi^2$ ㉱ $4\pi^2$

|해설|
$r(t) = 2 - \sin(\pi t) = 2$
$\dot{r}(t) = -\pi\cos(\pi t) = \pi$
$\ddot{r}(t) = \pi^2 \sin\pi t = 0$
$\theta(t) = 1 - 0.5\cos(2\pi t) = 0.5 = \frac{1}{2}$
$\dot{\theta}(t) = \pi\sin(2\pi t) = 0$
$\ddot{\theta}(t) = 2\pi^2\cos(2\pi t) = 2\pi^2$
$a_r = \ddot{r} - r\dot{\theta}^2 = 0$
$a_\theta = r\ddot{\theta} + 2\dot{r}\dot{\theta} = 4\pi^2$
$\therefore a = 4\pi^2$

93 질량이 50kg인 바퀴의 질량관성모멘트가 8kg·m²이라면 이 바퀴의 회전반경은 몇 m인가?

㉮ 0.2 ㉯ 0.3 ㉰ 0.4 ㉱ 0.5

|해설| $k = \sqrt{\dfrac{J}{m}} = \sqrt{\dfrac{8}{50}} = 0.4\text{m}$

94 10m/s의 속도로 움직이는 10kg인 물체가 정지하고 있는 5kg의 물체에 정면 중심 충돌한다면 충돌 후 질량 5kg인 물체의 속도는 몇 m/s인가? (단, 반발계수는 0.8이다)

㉮ 4 ㉯ 8 ㉰ 10 ㉱ 12

|해설|
$m_1 \cdot v_1 + m_2 \cdot v_2 = m_1 v'_1 + m_2 v'_2$
$10 \times 10 + 5 \times 0 = 10 \times v'_1 + 5 \times v'_2$
$e = \dfrac{-(v'_1 - v'_2)}{v_1 - v_2} = \dfrac{-(v'_1 - v'_2)}{v_1}$
$0.8 = \dfrac{-v'_1 + v'_2}{10}$
$v'_1 = v'_2 - 8$
$100 = 10(v'_2 - 8) + 5v'_2$
$180 = 15v'_2, \quad v'_2 = 12\text{m/sec}$

92 ㉱ 93 ㉰ 94 ㉱ ■ Answer

95 지표면에서 공을 초기속도 v_0로 수직 상방으로 던졌다. 공이 제자리로 돌아올 때까지 걸린 시간은? (단, 공기저항은 무시한다.)

㉮ $t = \dfrac{v_0}{g}$ ㉯ $t = \dfrac{2v_0}{g}$

㉰ $t = \dfrac{3v_0}{g}$ ㉱ $t = \dfrac{4v_0}{g}$

|해설| 연직상방향운동시

$v = v_0 - gt$ $t = \dfrac{v_0}{g}$

내려올때 시간도 동일하므로

∴ $t = \dfrac{2v_0}{g}$

96 자유도(Degree of Freedom)에 대한 설명 중 옳은 것은?

㉮ 한 주기 동안에 완성된 조화운동
㉯ 단위시간 동안 이루어진 운동의 사이클 수
㉰ 운동을 기술하는데 필요한 최소 좌표의 수
㉱ 운동자체를 반복하는데 필요한 시간

97 그림과 같이 줄의 길이 L, 질량 m인 공을 1의 위치에서 놓을 때, 2의 위치까지 공이 오려면 최초의 위치각 a는 몇 도이면 되는가? (단, 마찰력, 공기저항, 줄의 질량은 무시한다.)

㉮ 30도
㉯ 45도
㉰ 60도
㉱ 90도

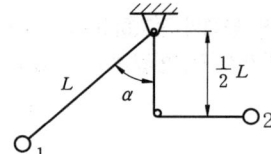

|해설| $U = mg \triangle y = mg(L - L \cdot \cos a) = mg \cdot \dfrac{L}{2}$, $\cos a = \dfrac{1}{2}$, $a = 60°$

98 감쇠진동계의 조화가진에서 공진이 발생할 때 외력과 변위의 위상각은 서로 몇 도 차이가 나는가?

㉮ 0° ㉯ 30° ㉰ 60° ㉱ 90°

Answer ■ 95 ㉯ 96 ㉰ 97 ㉰ 98 ㉱

99 그림의 진동계를 자유 진동시킬 때 변위 $x(t)$는 $x(t) = Ae^{-\zeta w_n t}\sin(\omega_d t - \phi)$로 표시된다. 여기서 감쇠계수 $\zeta = \dfrac{c}{2\sqrt{km}}$, 비감쇠 진동수 $w_n = \sqrt{\dfrac{k}{m}}$, 감쇠진동수 ω_d 사이에 성립되는 관계식은?

㉮ $\omega_n = \sqrt{1-\zeta^2}\,\omega_d$
㉯ $\omega_n = (1-\zeta^2)\omega_d$
㉰ $\omega_d = \sqrt{1-\zeta^2}\,\omega_n$
㉱ $\omega_d = \sqrt{\zeta-1}\,\omega_n$

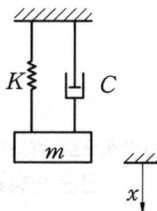

100 무게 468N인 큰 기계가 스프링으로 탄성 지지되어 있다. 이 스프링의 정적 변위(정적 수축량)가 0.24cm일 때 비감쇠 고유진동수는 약 몇 Hz인가?

㉮ 6.5　　㉯ 10.2　　㉰ 8.3　　㉱ 7.4

| 해설 | $kx = m \cdot g = W$
$k = \dfrac{468}{0.24 \times 10^{-2}} = 195000 \text{N/m}$
$w_n = \sqrt{\dfrac{k}{m}} = \sqrt{\dfrac{9.8 \times 195000}{468}} = 63.9$
$f = \dfrac{w}{2\pi} = \dfrac{63.9}{2\pi} = 10.2 \text{Hz}$

99 ㉰　100 ㉯　■ Answer

2013 기출문제 — 6월 2일 시행

1과목 재료역학

01 재료가 순수 전단력을 받아 선형 탄성적으로 거동할 때 변형 에너지밀도를 구하는 식이 아닌 것은? (단, τ: 전단응력, G: 전단 탄성계수, γ: 전단 변형률)

㉮ $\dfrac{1}{2}\tau\gamma$ ㉯ $\dfrac{\tau^2}{2G}$ ㉰ $\dfrac{1}{2}G\gamma^2$ ㉱ $\dfrac{1}{2}\tau^2\gamma$

| 해설 | $u = \dfrac{U}{V} = \dfrac{\tau^2}{2G} = \dfrac{G\cdot\gamma^2}{2} = \dfrac{\tau\cdot\gamma}{2}$

02 피로 한도(fatigue limit)와 가장 관계가 깊은 하중은?

㉮ 충격 하중 ㉯ 정 하중 ㉰ 반복 하중 ㉱ 수직 하중

| 해설 | 피로하중이란 인장과 압축하중을 번갈아 반복적으로 가하는 하중으로 생각할 수 있다. 피로 한도는 피로 하중에 의한 극한적인 응력값이다.

03 평면 변형률 상태에서 변형률 ε_x, ε_y 그리고 γ_{xy}가 주어졌다면 이 때 주변형률 ε_1과 ε_2는 어떻게 주어지는가?

㉮ $\varepsilon_{1,2} = \dfrac{\varepsilon_x+\varepsilon_y}{2} \pm \sqrt{\left(\dfrac{\varepsilon_x-\varepsilon_y}{2}\right)^2 + \left(\dfrac{\gamma_{xy}}{2}\right)^2}$

㉯ $\varepsilon_{1,2} = \dfrac{\varepsilon_x-\varepsilon_y}{2} \pm \sqrt{\left(\dfrac{\varepsilon_x+\varepsilon_y}{2}\right)^2 + \left(\dfrac{\gamma_{xy}}{2}\right)^2}$

㉰ $\varepsilon_{1,2} = \dfrac{\varepsilon_x+\varepsilon_y}{2} \pm \sqrt{\left(\dfrac{\varepsilon_x-\varepsilon_y}{2}\right)^2 + (\gamma_{xy})^2}$

㉱ $\varepsilon_{1,2} = \dfrac{\varepsilon_x-\varepsilon_y}{2} \pm \sqrt{\left(\dfrac{\varepsilon_x+\varepsilon_y}{2}\right)^2 + (\gamma_{xy})^2}$

04 그림과 같은 직사각형 단면을 갖는 기둥이 단면의 도심에 길이 방향의 압축하중을 받고 있다. $x-x$축 중심의 좌굴과 $y-y$축 중심의 좌굴에 대한 임계하중의 비는? (단, 두 경우에 있어서의 지지조건은 동일하다.)

㉮ 0.09 ㉯ 0.21 ㉰ 0.18 ㉱ 0.36

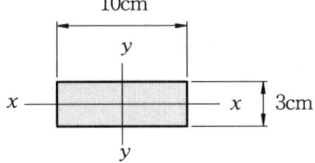

| 해설 | $\dfrac{P_{cr_x}}{P_{cr_y}} = \dfrac{I_{G_x}}{I_{G_y}} = \dfrac{h^2}{b^2} = \dfrac{3^2}{10^2} = 0.09$

Answer ■ 1 ㉱ 2 ㉰ 3 ㉮ 4 ㉮

05 100rpm으로 30kW를 전달시키는 길이 1m, 지름 7cm인 둥근 축단의 비틀림각은 약 몇 rad인가? (단, 전단 탄성계수 G=83GPa이다.)

㉮ 0.26 ㉯ 0.30 ㉰ 0.015 ㉱ 0.009

| 해설 | $\theta = \dfrac{T \cdot \ell}{GI_p} = \dfrac{32 \times 974 \times 9.8 \times 30 \times 1}{83 \times 10^9 \times \pi \times 0.07^4 \times 100} = 0.015\text{rad}$

06 길이가 L인 외팔보 AB가 오른쪽 끝 B가 고정되고 전 길이에 ω의 균일분포하중이 작용할 때 이 보의 최대 처짐은? (단, 보의 굽힘 강성 EI는 일정하고, 자중은 무시한다.)

㉮ $\dfrac{\omega L^4}{4EI}$

㉯ $\dfrac{2\omega L^4}{5EI}$

㉰ $\dfrac{\omega L^4}{8EI}$

㉱ $\dfrac{5\omega L^4}{2EI}$

| 해설 | $\delta = \dfrac{A_m \bar{x}}{EI} = \dfrac{\omega \cdot \ell^4}{8EI}$

07 바깥지름 do=40cm, 안지름 di=20cm의 중공축은 동일 단면적을 가진 중실축보다 몇 배의 토크를 견디는가?

㉮ 1.24
㉯ 1.44
㉰ 1.64
㉱ 1.84

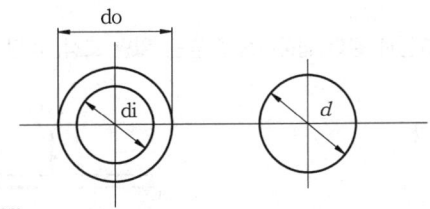

| 해설 | $A = \dfrac{\pi \cdot (40^2 - 20^2)}{4} = \dfrac{\pi d^2}{4}$, $d = 34.64\text{cm}$

$T_1 = \tau \cdot \dfrac{\pi d_2^3}{16}(1 - x^4) = \tau \cdot \dfrac{\pi \times 40^3}{16} \times (1 - 0.5^4)$

$T_2 = \tau \cdot \dfrac{\pi d^3}{16} = \tau \cdot \dfrac{\pi \times 34.64^3}{16}$

$\dfrac{T_1}{T_2} = 1.44$

5 ㉰ 6 ㉰ 7 ㉯ ■ Answer

08 그림과 같은 평면 트러스에서 절점 A에 단일하중 P=80kN이 작용할 때, 부재 AB에 발생하는 부재력의 크기 및 방향을 구하면?

㉮ 60kN, 압축
㉯ 100kN, 압축
㉰ 60kN, 인장
㉱ 100kN, 인장

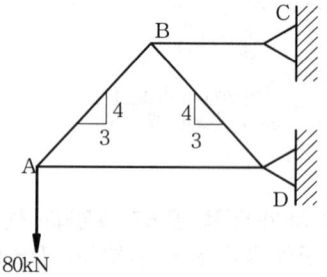

| 해설 | $F_{AB} \cdot \sin\alpha = 80$
$F_{AB} = 80 \times \dfrac{5}{4} = 100\text{kN}$

09 회전반경 K, 단면 2차 모멘트 I, 단면적을 A라고 할 때 다음 중 맞는 것은?

㉮ $K = \dfrac{A}{I}$ ㉯ $K = \sqrt{\dfrac{A}{I}}$ ㉰ $K = \dfrac{I}{A}$ ㉱ $K = \sqrt{\dfrac{I}{A}}$

10 지름 D인 두께가 얇은 링(ring)을 수평면 내에서 회전 시킬 때, 링에 생기는 인장응력을 나타내는 식은? (단, 링의 단위 길이에 대한 무게를 W, 링의 원주속도를 V, 링의 단면적을 A, 중력 가속도를 g로 한다.)

㉮ $\dfrac{WV^2}{DAg}$ ㉯ $\dfrac{WV^2}{Ag}$ ㉰ $\dfrac{WDV^2}{Ag}$ ㉱ $\dfrac{WV^2}{Dg}$

| 해설 | $\sigma = \dfrac{\gamma \cdot V^2}{g} = \dfrac{W \cdot V^2}{g \cdot A}$

11 다음 그림과 같이 집중하중을 받는 일단 고정, 타단 지지된 보에서 고정단에서의 모멘트는?

㉮ 0
㉯ $\dfrac{PL}{2}$
㉰ $\dfrac{3PL}{8}$
㉱ $\dfrac{3PL}{16}$

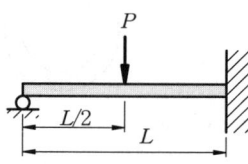

| 해설 | $\dfrac{5PL}{16} - \dfrac{P \cdot L}{2} + M = 0$
$M = \dfrac{3P \cdot L}{16}$

Answer ■ 8 ㉱   9 ㉱   10 ㉯   11 ㉱

12 그림과 같이 두 외팔보가 롤러(Roller)를 사이에 두고 접촉되어 있을 때, 이 접촉점 C에서의 반력은? (단, 두 보의 굽힘강성 EI는 같다.)

㉮ $\dfrac{P}{6}$

㉯ $\dfrac{P}{24}$

㉰ $\dfrac{5}{16}\dfrac{P\ell^3}{(L^3+\ell^3)}$

㉱ $\dfrac{5}{32}\dfrac{P\ell^3}{(L^3+\ell^3)}$

| 해설 | $\dfrac{5P\cdot\ell^3}{48EI}-\dfrac{R\cdot\ell^3}{3EI}=\dfrac{R\cdot L^3}{3EI}$

$\dfrac{5P\cdot\ell^3}{48EI}=\dfrac{R(\ell^3+L^3)}{3EI}$

$R=\dfrac{5P\cdot\ell^3}{16(\ell^3+L^3)}$

13 그림과 같은 구조물에서 단면 $m-n$상에 발생하는 최대 수직응력의 크기는 몇 MPa인가?

㉮ 10
㉯ 90
㉰ 100
㉱ 110

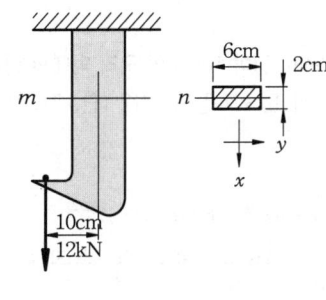

| 해설 | $\sigma=\dfrac{P}{A}+\dfrac{P\cdot a}{Z}$

$=\left(\dfrac{12\times10^3}{0.02\times0.06}+\dfrac{6\times12\times10^3\times0.1}{0.02\times0.06^2}\right)\times10^{-6}$

$=110\text{MPa}$

14 길이 $L=2$m이고 지름 $\phi25$mm인 원형단면의 단순지지보의 중앙에 집중하중 400kN이 작용할 때 최대 굽힘응력은 약 몇 kN/mm²인가?

㉮ 65   ㉯ 100   ㉰ 130   ㉱ 200

| 해설 | $\sigma=\dfrac{32\times P\cdot\ell}{\pi d^3\times 4}$

$=\dfrac{32\times400\times10^3\times2}{4\times\pi\times0.025^3}\times10^{-9}$

$=130.45\text{GPa}(\text{kN/mm}^2)$

12 ㉰   13 ㉱   14 ㉰   ■ Answer

15 단면이 정사각형인 외팔보에서 그림과 같은 하중을 받고 있을 때 허용응력이 σ_w이면 정사각형 단면의 한변의 길이 b는 얼마 이상이어야 하는가?

㉮ $b = \left[\dfrac{3\omega\ell_2(2\ell_1+\ell_2)}{\sigma_w}\right]^{\frac{1}{3}}$

㉯ $b = \left[\dfrac{8\omega\ell_2(2\ell_1+\ell_2)}{\sigma_w}\right]^{\frac{1}{3}}$

㉰ $b = \left[\dfrac{12\omega\ell_2(2\ell_1+\ell_2)}{\sigma_w}\right]^{\frac{1}{3}}$

㉱ $b = \left[\dfrac{18\omega\ell_2(2\ell_1+\ell_2)}{\sigma_w}\right]^{\frac{1}{3}}$

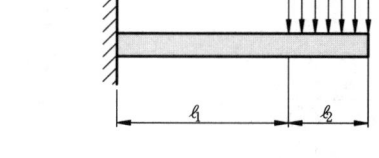

|해설| $M_{max} = \omega \cdot \ell_2 \cdot \left(\ell_1 + \dfrac{\ell_2}{2}\right)$, $z = \dfrac{b^3}{6}$

$\sigma_w = \dfrac{6 \cdot \omega\ell_2 \cdot \left(\ell_1 + \dfrac{\ell_2}{2}\right)}{b^3}$

$b = \left\{\dfrac{3 \cdot \omega \cdot \ell_2 \cdot (2\ell_1+\ell_2)}{\sigma_w}\right\}^{\frac{1}{3}}$

16 직경 20mm, 길이 50mm의 구리 막대의 양단을 고정하고 막대를 가열하여 40℃ 상승했을 때 고정단을 누르는 힘은 약 몇 kN 정도인가? (단, 구리의 선팽창계수 $\alpha = 0.16 \times 10^{-4}$/℃, 탄성계수 E=110GPa이다.)

㉮ 52 ㉯ 25 ㉰ 30 ㉱ 22

|해설| $P = \sigma \cdot A = E \cdot \alpha \cdot \Delta t \cdot \dfrac{\pi d^2}{4}$

$= \dfrac{110 \times 10^9 \times 0.16 \times 10^{-4} \times 40 \times \pi \times 0.02^2}{4} \times 10^{-3}$

$= 22.11\text{kN}$

17 길이 1m, 지름 50mm, 전단탄성계수 G=75GPa인 환봉축에 800N·m의 토크가 작용될 때 비틀림각은 약 몇도인가?

㉮ 1° ㉯ 2° ㉰ 3° ㉱ 4°

|해설| $\theta = T \cdot \dfrac{\ell}{G \cdot I_p} = \dfrac{32 \times 800 \times 1}{75 \times 10^9 \times \pi \times 0.05^4} \times \dfrac{180}{\pi} = 1°$

Answer ▪ 15 ㉮ 16 ㉱ 17 ㉮

18 원형단면 보의 지름 D를 $2D$로 2배 크게 하면, 동일한 전단력이 작용하는 경우 그 단면에서의 최대전단응력(τ_{max})는 어떻게 되는가?

㉮ $\frac{1}{2}\tau_{max}$ ㉯ $\frac{1}{4}\tau_{max}$ ㉰ $\frac{1}{6}\tau_{max}$ ㉱ $\frac{1}{8}\tau_{max}$

|해설| $\tau_{max1}=\frac{4}{3}\frac{F}{A_1}$, $A_2=4A_1$
$\tau_{max2}=\frac{4}{3}\frac{F}{A_2}=\frac{1}{4}\tau_{max1}$

19 두께 2mm, 폭 6mm, 길이 60m인 강대(steel band)가 매달려 있을 때 자중에 의해서 몇 cm가 늘어나는가? (단, 강대의 탄성계수 E=210GPa, 단위체적당 무게 γ=78kN/m³이다.)

㉮ 0.067   ㉯ 0.093   ㉰ 0.104   ㉱ 0.127

|해설| $\delta=\frac{\gamma\cdot\ell^2}{2E}=\frac{78\times10^3\times60^2}{2\times210\times10^9}\times100=0.067$ cm

20 그림과 같이 균일 분포하중을 받고 있는 돌출보의 굽힘 모멘트 선도(BMD)는?

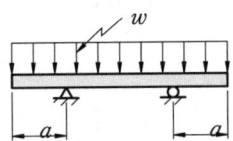

◆ Solution

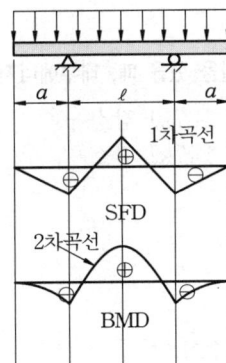

18 ㉯ 19 ㉮ 20 ㉯ ■ Answer

2과목 기계열역학

21 이상기체를 단열팽창시키면 온도는 어떻게 되는가?
㉮ 내려간다. ㉯ 올라간다.
㉰ 변화하지 않는다. ㉱ 알 수 없다.

22 전류 25A, 전압 13V를 가하여 축전지를 충전하고 있다. 충전하는 동안 축전지로부터 15W의 열손실이 있다. 축전지의 내부에너지는 어떤 비율로 변화는가?
㉮ +310J/s ㉯ −310J/s
㉰ +340J/s ㉱ −340J/s

| 해설 | $_1Q_2 = \Delta U + _1W_2 = \Delta U + VI$
$-15 = \Delta U - (13 \times 25)$
$\Delta U = 310W$

23 온도가 127℃, 압력이 0.5MPa, 비체적이 0.4m³/kg인 이상기체가 같은 압력 하에서 비체적이 0.3m³/kg으로 되었다면 온도는 약 몇 ℃인가?
㉮ 16 ㉯ 27 ㉰ 96 ㉱ 300

| 해설 | $R = \dfrac{P_1 \cdot V_1}{T_1} = \dfrac{P_2 \cdot V_2}{T_2}$
$T_2 = \dfrac{(127+273) \times 0.3}{0.4}$
$= 300K = 27℃$

24 표준 대기압, 온도 100℃하에서 포화액체 물 1kg이 포화증기로 변하는데 열 2255kJ이 필요하였다. 이 증발과정에서 엔트로피(entropy)의 증가량은 얼마인가?
㉮ 18.6kJ/kg·K ㉯ 14.4kJ/kg·K ㉰ 10.2kJ/kg·K ㉱ 6.0kJ/kg·K

| 해설 | $\Delta S = \dfrac{2255}{(100+273)} = 6.05 kJ/K$

25 기체가 167kJ의 열을 흡수하고 동시에 외부로 20kJ의 일을 했을 때, 내부에너지의 변화는?
㉮ 약 187kJ 증가 ㉯ 약 187kJ 감소
㉰ 약 147kJ 증가 ㉱ 약 147kJ 감소

| 해설 | $_1Q_2 = \Delta U + _1W_2$
$\Delta U = 167 - 20 = 147kJ$

26 흡수식 냉동기에서 고온의 열을 필요로 하는 곳은?
㉮ 응축기 ㉯ 흡수기
㉰ 재생기 ㉱ 증발기

Answer ■ 21 ㉮ 22 ㉮ 23 ㉯ 24 ㉱ 25 ㉰ 26 ㉰

27 출력 10000kW의 터빈 플랜트의 매시 연료소비량이 5000kg/hr이다. 이 플랜트의 열효율은? (단, 연료의 발열량은 33440 kJ/kg이다.)

㉮ 25% ㉯ 21.5% ㉰ 10.9% ㉱ 40%

|해설| $\eta = \dfrac{3600 \times 10000}{5000 \times 33440} \times 100 = 21.53\%$

28 어떤 사람이 만든 열기관을 대기압 하에서 물의 빙점과 비등점 사이에서 운전할 때 열효율이 28.6%였다고 한다. 다음에서 옳은 것은?

㉮ 이론적으로 판단할 수 없다. ㉯ 경우에 따라 있을 수 있다.
㉰ 이론적으로 있을 수 있다. ㉱ 이론적으로 있을 수 없다.

|해설| 가역열기관이면
$\eta = 1 - \dfrac{273}{373} = 26.81\%$
이론적으로 있을 수 없는 열기관이다.

29 다음 중 이상적인 오토사이클의 효율을 증가시키는 방안으로 맞는 것은?

㉮ 최고온도 증가, 압축비 증가, 비열비 증가
㉯ 최고온도 증가, 압축비 감소, 비열비 증가
㉰ 최고온도 증가, 압축비 증가, 비열비 감소
㉱ 최고온도 감소, 압축비 증가, 비열비 감소

|해설| $\eta = 1 - \dfrac{T_4 - T_1}{T_3 - T_2} = 1 - \left(\dfrac{1}{\varepsilon}\right)^{k-1}$

㉮ T_3가 증가하면 열효율 증가
㉯ ε이 증가하면 열효율 증가
㉰ k가 증가하면 열효율 증가

30 초기에 온도 T, 압력 P 상태의 기체의 질량 m이 들어있는 견고한 용기에 같은 기체를 추가로 주입하여 질량 $3m$이 온도 $2T$ 상태로 들어있게 되었다. 최종 상태에서 압력은? (단, 기체는 이상기체이다.)

㉮ $6P$ ㉯ $3P$ ㉰ $2P$ ㉱ $3P/2$

|해설| $R = \dfrac{P_1 \cdot V_1}{m_1 T_1} = \dfrac{P_2 \cdot V_2}{m_2 \cdot T_2}$

$\dfrac{P \cdot V}{m \cdot T} = \dfrac{P_2 \cdot V}{3m \cdot 2T} = \dfrac{P_2 \cdot V}{6mT}$

$P_2 = 6P$

27 ㉯ 28 ㉱ 29 ㉮ 30 ㉮ ■ Answer

31 다음의 기본 랭킨 사이클의 보일러에서 가하는 열량을 엔탈피의 값으로 표시하였을 때 올바른 것은? (단, h는 엔탈피이다.)

㉮ h_5-h_1
㉯ h_4-h_5
㉰ h_4-h_2
㉱ h_2-h_1

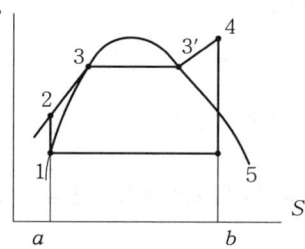

| 해설 | Q=보일러 출구의 엔탈피-보일러 입구엔탈피
            = h_4-h_2

32 4kg의 공기를 온도 15℃에서 일정 체적으로 가열하여 엔트로피가 3.35kJ/K 증가하였다. 가열 후 온도는 어느 것에 가장 가까운가? (단, 공기의 정적 비열은 0.717kJ/kg℃이다.)

㉮ 927K ㉯ 337K ㉰ 535K ㉱ 483K

| 해설 | $\Delta S = m \cdot C_v \cdot \ln(\frac{T_2}{T_1})$
$3.35 = 4 \times 0.717 \times \ln(\frac{T_2}{15+273})$
$T_2 = 926.14K$

33 25℃, 0.01MPa 압력의 물 1kg을 5MPa 압력의 보일러로 공급할 때 펌프가 가역단열 과정으로 작용한다면 펌프에 필요한 일의 양에 가장 가까운 값은? (단, 물의 비체적은 0.001m³/kg이다.)

㉮ 2.58kJ ㉯ 4.99kJ ㉰ 20.10kJ ㉱ 40.20kJ

| 해설 | $W_p = 0.001 \times (5-0.01) \times 10^3$
= 4.99kJ

34 온도 5℃와 35℃사이에서 작동되는 냉동기의 최대 성능계수는?

㉮ 10.3 ㉯ 5.3 ㉰ 7.3 ㉱ 9.3

| 해설 | $\varepsilon_r = \frac{(5+273)}{35-5} = 9.27$

35 1kg의 공기가 압력 P_1=100kPa, 온도 t_1=20℃의 상태로부터 P_2=200kPa, 온도 t_2=100℃의 상태로 변화하였다면 체적은 약 몇 배로 되는가?

㉮ 0.64 ㉯ 1.57 ㉰ 3.64 ㉱ 4.57

| 해설 | $\frac{P_1 \cdot V_1}{T_1} = \frac{P_2 \cdot V_2}{T_2}$
$\frac{100 \times V_1}{20+273} = \frac{200 \times V_2}{100+273}$
$V_2 = 0.64 V_1$

Answer ■ 31 ㉰ 32 ㉮ 33 ㉯ 34 ㉱ 35 ㉮

36 성능계수가 3.2인 냉동기가 시간당 20MJ의 열을 흡수한다. 이 냉동기를 작동하기 위한 동력은 몇 kW인가?

㉮ 2.25　　㉯ 1.74　　㉰ 2.85　　㉱ 1.45

|해설| $\varepsilon_r = \dfrac{Q}{W}$

$W = \dfrac{20 \times 10^3}{3600 \times 3.2} = 1.74$

37 포화상태량 표를 참조하여 온도 -42.5℃, 압력 100kPa 상태의 암모니아 엔탈피를 구하면?

암모니아의 포화상태량 표		
온도(℃)	압력(kPa)	포화액체엔탈피(kJ/kg)
-45	54.5	-21.94
-40	71.7	0
-35	93.2	22.06
-30	119.5	44.26

㉮ -10.97kJ/kg　　㉯ 11.03kJ/kg　　㉰ 27.80kJ/kg　　㉱ 33.16kJ/kg

|해설| $\dfrac{(-45+40)}{(-21.94-0)} = \dfrac{(-42.5+40)}{(h-0)}$

$h = -10.97 \text{kJ/kg}$

38 밀폐시스템에서 초기 상태가 300K, 0.5m³인 공기를 등온과정으로 150kPa에서 600kPa까지 천천히 압축하였다. 이 과정에서 공기를 압축하는데 필요한 일은 약 몇 kJ인가?

㉮ 104　　㉯ 208　　㉰ 304　　㉱ 612

|해설| $W_C = 150 \times 0.5 \times \ell n\left(\dfrac{600}{150}\right)$

$= 103.97 \text{kJ}$

39 가정용 냉장고를 이용하여 겨울에 난방을 할 수 있다고 주장하였다면 이 주장은 이론적으로 열역학 법칙과 어떠한 관계를 갖겠는가?

㉮ 열역학 1법칙에 위배된다.
㉯ 열역학 2법칙에 위배된다.
㉰ 열역학 1, 2법칙에 위배된다.
㉱ 열역학 1, 2법칙에 위배되지 않는다.

40 다음 정상유동 기기에 대한 설명으로 맞는 것은?

㉮ 압축기의 가역 단열 공기(이상기체)유동에서 압력이 증가하면 온도는 감소한다.
㉯ 일차원 정상유동 노즐 내 작동 유체의 출구 속도는 가역 단열과정이 비가역 과정보다 빠르다.
㉰ 스로틀(throttle)은 유체의 급격한 압력증가를 위한 장치이다.
㉱ 디퓨저(diffuser)는 저속의 유체를 가속시키는 기기로 압축기 내 과정과 반대이다.

36 ㉯　37 ㉮　38 ㉮　39 ㉱　40 ㉯　■ Answer

3과목 기계유체역학

41 공기가 평판 위를 3m/s의 속도로 흐르고 있다. 선단에서 50cm 떨어진 곳에서의 경계층 두께는? (단, 공기의 동점성계수 $\nu = 16 \times 10^{-6}$ m^2/s이다.)

㉮ 0.08 ㉯ 0.82 ㉰ 8.2 ㉱ 82mm

| 해설 | $Re = \dfrac{V \cdot x}{\nu} = 3 \times \dfrac{0.5}{16 \times 10^{-6}} = 93750$

$\delta = 5.0 x Re^{-\frac{1}{2}} = 5.0 \times 500 \times (93750)^{-\frac{1}{2}}$
$= 8.2$mm

42 그림과 같이 비중이 0.83인 기름이 12m/s의 속도로 수직 고정평판에 직각으로 부딪치고 있다. 판에 작용되는 힘 F는 몇 N인가?

㉮ 23.5
㉯ 28.9
㉰ 288.6
㉱ 234.7

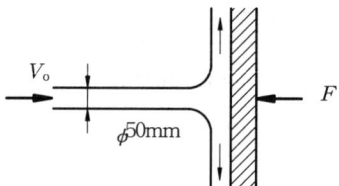

| 해설 | $F = \rho Q V = \rho A V^2$
$= 0.83 \times 1000 \times \dfrac{\pi \times 0.05^2}{4} \times 12^2$
$= 234.56$N

43 지름이 일정하고 수평으로 놓여진 원관 내의 유동이 완전 발달된 층류 유동일 경우 압력은 유동의 진행 방향으로 어떻게 변화하는가?

㉮ 선형으로 감소한다. ㉯ 선형으로 증가한다.
㉰ 포물선형으로 증가한다. ㉱ 포물선형으로 감소한다.

44 밸브(지름 0.3m)에 연결된 수평원관(지름 0.3m)에 물(동점성계수 $\nu = 1.0 \times 10^{-6}$ m^2/s, 밀도 $\rho = 997.4$kg/m^3)이 유속 2.0m/s로 유동할 때 손실 동력이 5kW이었다. 이것을 공기($\nu = 1.5 \times 10^{-5}$m^2/s, $\rho = 1.177$kg/m^3)로 완전히 상사한 조건에서 지름 0.15m인 수평원관에서 실험한다면 손실동력은 약 몇 kW인가?

㉮ 6.0 ㉯ 39.8 ㉰ 51.4 ㉱ 159.0

| 해설 | $\left(\dfrac{V \cdot d}{\nu}\right)_p = \left(\dfrac{V \cdot d}{\nu}\right)_m = Re$

$V_m = 60$m/sec

$Re = \left(\dfrac{d}{\nu}\right)_p \cdot \left(\dfrac{L}{\rho A V}\right)_p^{\frac{1}{2}} = \left(\dfrac{d}{\nu}\right)_m \cdot \left(\dfrac{L}{\rho A V}\right)_m^{\frac{1}{2}}$

$\left(\dfrac{0.3}{1.0 \times 10^{-6}}\right) \times \left(\dfrac{5}{997.4 \times 0.3^2 \times 2.0}\right)^{\frac{1}{2}} = \left(\dfrac{0.15}{1.5 \times 10^{-6}}\right) \times \left(\dfrac{L_m}{1.177 \times 0.15^2 \times 60}\right)^{\frac{1}{2}}$

$L_m = 39.83$kW

Answer ▪ 41 ㉰ 42 ㉱ 43 ㉮ 44 ㉯

45 그림에서 입구 A에서 공기의 압력은 3×10^5Pa(절대압력), 온도 20℃, 속도 5m/s이다. 그리고 출구 B에서 공기의 압력은 2×10^5Pa(절대압력), 온도 20℃이면 출구 B에서의 속도는 몇 m/s인가? (단, 공기는 이상기체로 가정한다.)

㉮ 13.3
㉯ 25.2
㉰ 30
㉱ 36

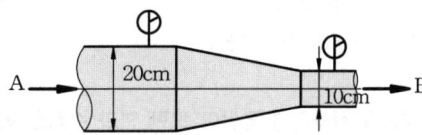

|해설| 압축성유체이므로 연속방정식을 적용시켜 푼다.

$$\rho_1 = \frac{P_1}{RT_1} = \frac{3 \times 10^5}{287 \times (20+273)}$$
$$= 3.57 \text{kg/m}^3$$

$$\rho_2 = \frac{P_2}{RT_2} = \frac{2 \times 10^5}{287 \times (20+273)}$$
$$= 2.38 \text{kg/m}^3$$

$\rho_1 \cdot A_1 \cdot V_1 = \rho_2 A_2 V_2$

$3.57 \times \frac{\pi}{4} \times 0.2^2 \times 5 = 2.38 \times \frac{\pi \times 0.1^2}{4} \times V_2$

$V_2 = 30 \text{m/sec}$

46 위가 열린 원불형 용기에 그림과 같이 물이 채워져 있을 때 아래면(반지름 0.5m)에 작용하는 정수력은 약 몇 kN인가?

㉮ 0.77
㉯ 2.28
㉰ 3.08
㉱ 3.84

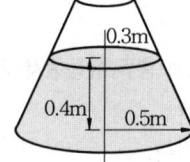

|해설| $F = P \cdot A = 9800 \times 0.4 \times \pi \times 0.5^2 \times 10^{-3} = 3.08 \text{kN}$

47 지름이 5cm인 비누풍선 속의 내부 초과 압력은 2.08Pa이다. 이 비누막의 표면 장력은 몇 N/m인가?

㉮ 1.3×10^{-3} ㉯ 5.2×10^{-3}
㉰ 5.2×10^{-2} ㉱ 1.3×10^{-2}

|해설| $\sigma = \frac{p \cdot d}{8} = \frac{2.08 \times 0.05}{8} = 1.3 \times 10^{-2} \text{N/m}$

45 ㉰   46 ㉰   47 ㉱   ■ Answer

48 부르돈관 압력계(bourdon gauge)에서 압력에 대한 설명으로 가장 올바른 것은?

㉮ 액주의 중량과 평형을 이룬다.
㉯ 탄성력과 평형을 이룬다.
㉰ 마찰력과 평형을 이룬다.
㉱ 게이지압력과 평형을 이룬다.

49 가로 5m, 세로 4m의 직사각형 평판이 평판 면과 수직한 방향으로 정지된 공기 속에서 10m/s로 운동할 때 필요한 동력은 약 몇 kW인가? (단, 공기의 밀도는 1.23kg/m³, 정면도 항력계수는 1.10이다.)

㉮ 1.3　　㉯ 13.5　　㉰ 18.1　　㉱ 324.1

| 해설 | $L = D \cdot V = C_D \cdot A \cdot \dfrac{\rho \cdot V^2}{2} \cdot V$

$= 1.1 \times 5 \times 4 \times \dfrac{1.23 \times 10^3}{2}$

$= 13530 \text{W} = 13.530 \text{kW}$

50 다음 중 물리량의 차원이 틀리게 표시된 것은? (단, F : 힘, M : 질량, L : 길이, T : 시간을 의미한다.)

㉮ 선운동량 : MLT^{-1}　　㉯ 각운동량 : ML^2T^{-1}
㉰ 동력 : FLT^{-1}　　㉱ 에너지 : MLT^{-1}

| Solution | $E = F \cdot L = ML^2T^{-2}$

51 수평 원관 속을 흐르는 유체의 층류 유동에서 관마찰계수는?

㉮ 상대조도만의 함수이다.　　㉯ 마하수만의 함수이다.
㉰ 레이놀즈수만의 함수이다.　　㉱ 프루드수만의 함수이다.

52 다음의 그림과 같이 밑면이 2m×2m인 탱크에 비중 0.8인 기름이 떠 있을 때 밑면이 받는 계기압력(게이지 압력)은 몇 kPa인가? (단, 물의 밀도는 1000kg/m³이고, 중력가속도는 9.8m/s²이다.)

㉮ 22.1
㉯ 19.6
㉰ 17.64
㉱ 15.68

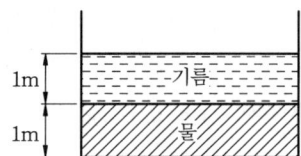

| 해설 | $p = (0.8 \times 9800 \times 1 + 9800 \times 1) \times 10^{-3} = 17.64 \text{kPa}$

Answer ▪ 48 ㉯　49 ㉯　50 ㉱　51 ㉰　52 ㉰

53 물을 사용하는 원심 펌프의 설계점에서의 전 양정이 30m이고 유량은 1.2m³/min이다. 이 펌프의 전효율이 80%라면 이 펌프를 1200rpm의 설계점에서 운전할 때 필요한 축동력을 공급하기 위한 토크는 몇 N·m인가?

㉮ 46.7 ㉯ 58.5 ㉰ 467 ㉱ 585

|해설| $L_s = \dfrac{9800 \times 1.2 \times 30 \times 10^{-3}}{0.8 \times 60} = 7.35\text{kW}$

$T = 974 \times 9.8 \times \dfrac{7.35}{1200} = 58.46\text{N·m}$

54 다음의 그림과 같이 반지름 R인 한 쌍의 평행 원판으로 구성된 점도측정기(parallel plate viscometer)를 사용하여 액체시료의 점성계수를 측정하는 장치가 있다. 위쪽의 원판은 아래쪽 원판과 높이 h를 유지하고 각속도 ω로 회전하고 있으며 갭 사이를 채운 유체의 점도는 위 평판을 정상적으로 돌리는데 필요한 토크를 측정하여 계산한다. 갭 사이의 속도 분포는 선형적이며, Newton 유체일 때, 다음 중 회전하는 원판의 밑면에 작용하는 전단응력의 크기에 대한 설명으로 맞는 것은?

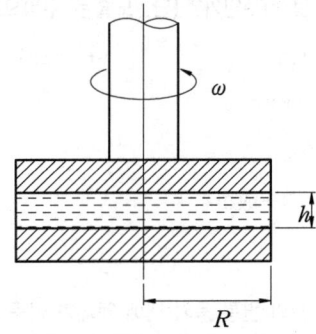

㉮ 중심축으로부터의 거리에 관계없이 일정하다.
㉯ 중심축으로부터의 거리에 비례하여 선형적으로 증가한다.
㉰ 중심축으로부터의 거리의 제곱으로 증가한다.
㉱ 중심축으로부터의 거리에 반비례하여 감소한다.

55 어느 장치에서의 유량 Qm³/s는 지름 Dcm, 높이 Hm, 중력가속도 gm/s², 동점성계수 ν m²/s와 관계가 있다. 차원해석(파이정리)을 하여 무차원수 사이의 관계식으로 나타내고자 할 때 최소한 필요한 무차원수는 몇 개인가?

㉮ 2 ㉯ 3 ㉰ 4 ㉱ 5

|해설| $\pi = n - m = 5 - 2 = 3$

56 두 유선 사이의 유동함수 차이 값과 가장 관련이 있는 것은?

㉮ 질량유량 ㉯ 유량 ㉰ 압력수두 ㉱ 속도수두

53 ㉯ 54 ㉯ 55 ㉯ 56 ㉯ ■ Answer

57 안지름이 30mm, 길이 1.5m인 파이프 안을 유체가 층류상태로 유동하여 압력손실이 14715Pa로 나타났다. 관벽에 나타나는 전단응력은 약 몇 Pa인가?

㉮ 7.35×10^{-3} ㉯ 73.5
㉰ 7.35×10^{-5} ㉱ 7350

| 해설 | $\tau = \dfrac{r}{2} \cdot \dfrac{dp}{d\ell}$
$= \dfrac{0.015}{2} \times \dfrac{14715}{1.5} = 73.58 \text{N/m}^2$

58 유체입자가 일정한 기간 내에 이동한 경로를 이은 선은?

㉮ 유선 ㉯ 유맥선 ㉰ 유적선 ㉱ 시간선

59 입구 단면적이 20cm²이고 출구 단면적이 10cm²인 노즐에서 물의 입구 속도가 1m/s일 때, 입구와 출구의 압력차이 $P_{입구} - P_{출구}$는 약 몇 kPa인가? (단, 노즐은 수평으로 놓여있고 손실은 무시할 수 있다.)

㉮ -1.5 ㉯ 1.5 ㉰ -2.0 ㉱ 2.0

| 해설 | $20 \times 1 = 10 \times V_2$, $V_2 = 2\text{m/sec}$
$P_1 - P_2 = r \cdot \dfrac{(V_2^2 - V_1^2)}{2g}$
$= \dfrac{1000}{2} \times (2^2 - 1^2) = 1500\text{Pa}$
$= 1.5\text{kPa}$

60 그림과 같이 지름 D와 깊이 H의 원통 용기 내에 액체가 가득 차 있다. 수평방향으로의 등가속도 (가속도 $= a$) 운동을 하여 내부의 물의 35%가 흘러 넘쳤다면 가속도 a와 중력가속도 g의 관계로 올바른 것은? (단, $D = 1.2H$이다.)

㉮ $a = 1.2g$
㉯ $a = 0.8g$
㉰ $a = 0.58g$
㉱ $a = 1.42g$

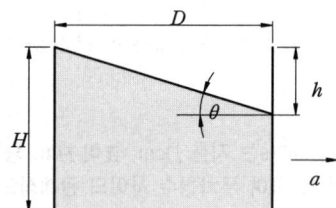

| 해설 | $V = \dfrac{\pi}{4} \cdot D^2 \cdot H = \dfrac{\pi}{4} \times (1.2H)^2 \times H = 1.1304H^3$
$V' = \dfrac{\pi}{4} \cdot D^2 \cdot \left(H - \dfrac{h}{2}\right) = \dfrac{\pi}{4} \times (1.2H)^2 \cdot \left(H - \dfrac{h}{2}\right)$
$= 1.1304H^3 - 0.5652h \cdot H^2 = 0.73476H^3$
$0.39564H^3 = 0.5652H^2 \cdot h$
$h = 0.7H$
$\tan\theta = \dfrac{h}{D} = \dfrac{h}{1.2H} = \dfrac{0.7H}{1.2H} = \dfrac{a_x}{g}$
$a_x = 0.58g$

Answer ▪ 57 ㉯ 58 ㉰ 59 ㉯ 60 ㉰

4과목 기계재료 및 유압기기

61 금속을 소성가공 할 때에 냉간가공과 열간가공을 구분하는 온도는?
㉮ 담금질온도　㉯ 변태온도　㉰ 재결정온도　㉱ 단조온도

|해설| 재결정온도 : 소성 변형을 일으킨 결정이 가열로 재결정을 하기 시작하는 온도

62 순철의 자기변태와 동소변태를 설명한 것으로 틀린 것은?
㉮ 동소변태란 결정격자가 변하는 변태를 말한다.
㉯ 자기변태도 결정격자가 변하는 변태이다.
㉰ 동소변태점은 A_3점과 A_4점이 있다.
㉱ 자기변태점은 약 768℃정도이며 일명 큐리(curie)점이라 한다.

|해설| 자기변태 : 온도변화에 따른 자성의 변화

63 탄소강을 풀림(Annealing)하는 목적과 관계없는 것은?
㉮ 결정입도 조절
㉯ 상온가공에서 생긴 내부응력 제거
㉰ 오스테나이트에서 탄소를 유리시킴
㉱ 재료에 취성과 경도부여

64 베이나이트(bainite)조직을 얻기 위한 항온열처리 조작으로 가장 적합한 것은?
㉮ 오스포밍　㉯ 마아퀜칭　㉰ 오스템퍼링　㉱ 마템퍼링

65 다음의 탄소강 조직 중 일반적으로 경도가 가장 낮은 것은?
㉮ 페라이트　㉯ 트루스타이트　㉰ 마텐자이트　㉱ 시멘타이트

66 주철에서 쇳물의 유동성을 감소시키는 가장 주된 원소는?
㉮ P　㉯ Mn　㉰ S　㉱ Si

|해설| 황의 특성
　㉮ 절삭성이 양호
　㉯ 인장강도, 연신율, 충격값 등은 감소
　㉰ 용접성 저하
　㉱ 유동성 저하

67 경도가 대단히 높아 압연이나 단조작업을 할 수 없는 조직은?
㉮ 시멘타이트(cementite)　㉯ 오스테나이트(austenite)
㉰ 페라이트(ferrite)　㉱ 펄라이트(pearlite)

61 ㉰　62 ㉯　63 ㉱　64 ㉰　65 ㉮　66 ㉰　67 ㉮　■ Answer

68 같은 조건하에서 금속의 냉각속도가 빠르면 조직은 어떻게 변하는가?

㉮ 결정입자가 미세해진다.
㉯ 냉각속도와 금속의 조직과는 관계가 없다.
㉰ 금속의 조직이 조대해 진다.
㉱ 소수의 핵이 성장해서 응고 된다.

69 황(S) 성분이 적은 선철을 용해로, 전기로에서 용해한 후 주형에 주입 전 마그네슘, 세륨, 칼슘 등을 첨가시켜 흑연을 구상화한 것은?

㉮ 합금주철　　　　　　　　㉯ 구상흑연주철
㉰ 칠드주철　　　　　　　　㉱ 가단주철

70 특수강에 포함된 Ni원소의 영향이다. 틀린 것은?

㉮ Martensite조직을 안정화시킨다.
㉯ 담금질성이 증대된다.
㉰ 저온 취성을 방지한다.
㉱ 내식성이 증가한다.

|해설| Ni의 특성
　　㉮ 결정입자 미세화
　　㉯ 강도·경도 증가
　　㉰ 인성 및 내마멸성 증가
　　㉱ 내식성 및 내산성 증가

71 유압 펌프에서 토출되는 최대 유량이 50L/min일 때 펌프 흡입측의 배관 안지름으로 가장 적합한 것은? (단, 펌프 흡입측 유속은 0.6m/s이다.)

㉮ 22mm　　　㉯ 42mm　　　㉰ 62mm　　　㉱ 82mm

|해설| $\dfrac{50 \times 10^{-3}}{60} = \dfrac{\pi d^2}{4} \times 0.6$
$d = 0.042m = 42mm$

72 유압기기에 사용되는 개스킷(gasket)의 용어 설명으로 다음 중 가장 적합한 것은?

㉮ 고정부분에 사용되는 실(seal)
㉯ 운동부분에 사용되는 실(seal)
㉰ 대기로 개방되어 있는 구멍
㉱ 흐름의 단면적을 감소시켜 관로 내 저항을 갖게 하는 기구

|해설| 운동부분에 사용하는 실장치는 패킹이다.

Answer ■ 68 ㉮　69 ㉯　70 ㉮　71 ㉯　72 ㉮

73 유압유의 점도가 낮을 때 유압 장치에 미치는 영향에 대한 설명으로 거리가 먼 것은?

㉮ 내부 및 외부의 기름 누출 증대
㉯ 마모의 증대와 압력 유지 곤란
㉰ 펌프의 용적 효율 저하
㉱ 마찰 증가에 따른 기계 효율의 저하

| 해설 | 점성이 낮으면 윤활, 실링이 불량해지고 누설이 많으므로 체적효율이 감소한다.

74 그림과 같은 유압회로의 명칭으로 옳은 것은?

㉮ 임의 위치 로크 회로
㉯ 증강 회로
㉰ 독립 작동 시퀀스 회로
㉱ 미터 아웃 회로

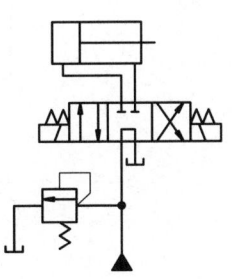

75 그림과 같은 유압기호의 명칭은?

㉮ 필터
㉯ 드레인 배출기
㉰ 가열기
㉱ 온도 조절기

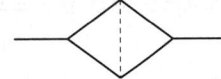

76 유압 기본회로 중 미터인 회로에 대한 설명으로 틀린 것은?

㉮ 유량제어 밸브는 실린더 입구 측에 설치한다.
㉯ 펌프의 송출압은 릴리프밸브 설정압으로 정해진다.
㉰ 유량 여분이 필요치 않아 동력손실이 거의 없다.
㉱ 속도제어 회로로 체크밸브에 의하여 한 방향만의 속도가 제어된다.

77 부하의 낙하를 방지하기 위하여 배압(back pressure)을 부여하는 밸브는?

㉮ 카운터 밸런스 밸브(counter balance valve)
㉯ 릴리프 밸브(relief valve)
㉰ 무부하 밸브(unloading valve)
㉱ 시퀀스 밸브(sequence valve)

73 ㉱ 74 ㉮ 75 ㉮ 76 ㉰ 77 ㉮ ■ Answer

78 그림의 유압회로는 시퀀스 밸브를 이용한 시퀀스 회로이다. 그림의 상태에서 2위치 4포트 밸브를 조작하여 두 실린더를 작동시킨 후 2위치 4포트 밸브를 반대방향으로 조작하여 두 실린더를 다시 작동시켰을 때 두 실린더의 작동순서(①~④)로 올바른 것은? (단, ①, ②는 A 실린더의 운동방향이고, ③, ④는 B 실린더의 운동방향이다.)

㉮ ㉮ → ㉯ → ㉰ → ④
㉯ ㉯ → ㉱ → ㉮ → ③
㉰ ㉰ → ㉮ → ㉯ → ④
㉱ ㉮ → ㉰ → ㉱ → ㉯

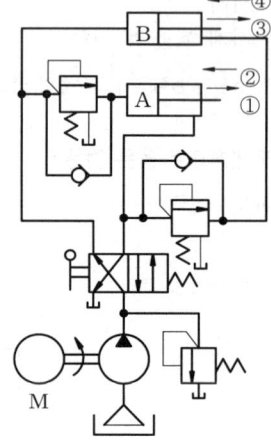

79 유압밸브의 전환 도중에서 과도적으로 생긴 밸브 포트 사이의 흐름을 의미하는 유압 용어는?
㉮ 랩(lap)　　　　　　　　㉯ 풀 컷 오프(pull cut-off)
㉰ 서지 압(surge pressure)　　㉱ 인터 플로(inter-flow)

80 어큐뮬레이터는 고압 용기이므로 장착과 취급에 각별한 주의가 요망된다. 이에 관련된 설명으로 틀린 것은?
㉮ 점검 및 보수가 편리한 장소에 설치한다.
㉯ 어큐뮬레이터에 용접, 가공, 구멍뚫기 등은 금지한다.
㉰ 충격 완충용으로 사용할 경우는 가급적 충격이 발생하는 곳으로부터 멀리 설치한다.
㉱ 펌프와 어큐뮬레이터와의 사이에는 체크밸브를 설치하여 유압유가 펌프 쪽으로 역류하는 것을 방지한다.

5과목 기계제작법 및 기계동력학

81 가공액은 물이나 경유를 사용하며 세라믹에 구멍을 가공할 수 있는 것은?
㉮ 래핑 가공　　　　　　　㉯ 전주 가공
㉰ 전해 가공　　　　　　　㉱ 초음파 가공

|해설| 세라믹의 특성은 취성이 크고 경하므로 초음파가공이 적당하다.

Answer ■ 78 ㉰　79 ㉱　80 ㉰　81 ㉱

82 구성인선(built-up edge)의 방지 대책으로 옳은 것은?
㉮ 절삭깊이를 많게 한다.
㉯ 절삭속도를 느리게 한다.
㉰ 절삭공구 경사각을 작게 한다.
㉱ 절삭공구의 인선을 예리하게 한다.

83 금속의 표면을 단단하게 하기 위한 물리적인 표면 경화법은?
㉮ 청화법 ㉯ 질화법 ㉰ 침탄법 ㉱ 화염 경화법

| 해설 | 물리적 표면경화법으로는 화염경화법과 고주파경화법이 있다.

84 밀링작업의 단식 분할법으로 이(tooth)수 가 28개인 스퍼기어를 가공할 때 브라운샤프형 분할판 No2 21구멍 열에서 분할 크랭크의 회전수와 구멍수는?
㉮ 0회전시키고 6구멍씩 전진
㉯ 0회전시키고 9구멍씩 전진
㉰ 1회전시키고 6구멍씩 전진
㉱ 1회전시키고 9구멍씩 전진

| 해설 | $\frac{40}{N} = \frac{40}{28} = \frac{20}{14} = \frac{10}{7} = \frac{30}{21}$

85 CNC 프로그래밍에서 G 기능이란?
㉮ 보조기능 ㉯ 이송기능 ㉰ 주축기능 ㉱ 준비기능

| 해설 | ① 보조기능 : M
② 이송기능 : F
③ 주축기능 : S

86 초음파가공에서 나타나는 현상 및 작용에 대한 설명 중 틀린 것은?
㉮ 공구의 해머링 작용에 의한 가공물의 미세한 파쇄
㉯ 혼의 재료는 황동, 연강, 공구강 등을 사용
㉰ 가공물 표면에서의 증발현상
㉱ 가속된 연삭입자의 충격작용

87 납, 주석, 알루미늄 등의 연한 금속이나 얇은 판금의 가장자리를 다듬질 작업할 때 사용하는 줄눈의 모양은?
㉮ 귀목 ㉯ 단목 ㉰ 복목 ㉱ 파목

88 다음 중 나사의 각도, 피치, 호칭지름의 측정이 가능한 측정기는?

㉮ 사인바　　　　　　　　　　㉯ 정밀수준기
㉰ 공구현미경　　　　　　　　㉱ 버니어캘리퍼스

89 표면이 서로 다른 모양으로 조각된 1쌍의 다이를 이용하여 메달, 주화 등을 가공하는 방법은?

㉮ 벌징(bulging)　　　　　　　㉯ 코이닝(coining)
㉰ 스피닝(spinning)　　　　　　㉱ 엠보싱(embossing)

90 프레스 가공의 보조장치 중 판금재료 바깥둘레의 변형을 방지하기 위하여 사용하는 것은?

㉮ 다이 세트　　㉯ 다이 홀더　　㉰ 판 누르게　　㉱ 금형 가이드

91 반지름이 R인 구가 수평한 평면 위를 그림과 같이 미끄러짐 없이 구르고 있다. 중심점 0의 속도가 V일 때 A점 속도의 크기는?

㉮ V　　　　　　　　　　㉯ $V+\dfrac{R\cdot V}{L}$

㉰ $\dfrac{R\cdot V}{L}$　　　　　　　㉱ $\dfrac{L\cdot V}{R}$

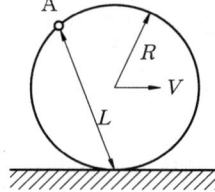

| 해설 | $V_A = L\cdot W = L\cdot \dfrac{V}{R}$

92 높이 $2h$인 창문에서 질량 m인 물체를 떨어뜨렸는데 지상에 있는 사람이 이 물체를 받았을 경우 이 사람이 받은 충격량은 얼마인가?

㉮ mg　　　㉯ $2m\sqrt{gh}$　　　㉰ $m\sqrt{2gh}$　　　㉱ $\dfrac{1}{2}mgh$

| 해설 | $L = G = m\cdot \varDelta V = m\cdot \sqrt{2g(2h)} = 2m\sqrt{gh}$

93 운동방정식 $m\ddot{x} + c\dot{x} + kx = F\sin\omega t$에서의 변위에 대한 식이

$$x = Xe^{-\zeta\omega_n t}\sin(\sqrt{1-\zeta^2}\,\omega_n t + \phi_1) + X_0\sin(\omega t - \phi_2)$$

로 표시될 때 초기조건에 의해 결정되어야 할 임의상수는?

㉮ X와 X_0　　㉯ X와 ϕ_1　　㉰ X_0와 ϕ_1　　㉱ X_0와 ϕ_2

| 해설 | 초기조건은 $t=0$일 때 보조해의 진폭과 초기 위상각이 주어져야 한다.

Answer ■ 88 ㉰　89 ㉯　90 ㉰　91 ㉱　92 ㉯　93 ㉮

94 스프링 상수가 1N/cm인 스프링의 양끝을 고정시키고 스프링의 중앙점에 질량 1kg의 질점을 붙였다. 이 시스템의 주기는?

㉮ 0.314s
㉯ 0.628s
㉰ 1.257s
㉱ 1.571s

| 해설 | $-2kx = m\ddot{x}$
$\ddot{x} + \frac{2k}{m}x = 0$, k : 합성스프링상수
$w = \sqrt{\frac{2 \cdot k}{m}} = \sqrt{\frac{2 \times 2 \times 100}{1}} = 20\text{rad/s}$
$T = \frac{2\pi}{w}$ (sec)

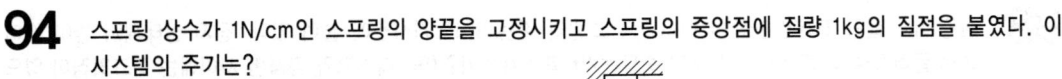

95 그림과 같이 길이 L, 질량 m인 일정 단면의 가늘고 긴 봉에서 봉의 한 끝을 지나고 봉에 수직인 축에 대한 질량관성모멘트 I_y는?

㉮ $\frac{1}{3}mL^2$ ㉯ $\frac{1}{6}mL^2$
㉰ $\frac{1}{12}mL^2$ ㉱ $\frac{1}{24}mL^2$

| 해설 | $I_y = \frac{m\ell^2}{12} + \frac{m\ell^2}{4} = \frac{m \cdot \ell^2}{3}$

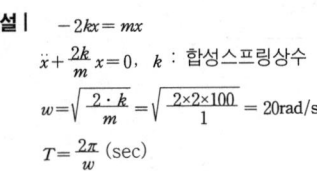

96 질량이 m인 공이 그림과 같이 속력이 v, 각도가 α로 질량이 큰 금속판에 사출되었다. 만일 공과 금속판 사이의 반발계수가 0.8이고, 공과 금속판 사이의 마찰이 무시된다면 입사각 α와 출사각 β의 관계는?

㉮ $\beta = 0$
㉯ $\alpha > \beta$
㉰ $\alpha = \beta$
㉱ $\alpha < \beta$

| 해설 | $e = \frac{V_1'}{V_1} = 0.8$
$mV_{1x} = mV_{1x}'$
$V_1 \cdot \sin\alpha = V_1' \cdot \sin\beta = 0.8 \cdot V_1 \cdot \sin\beta$
$\sin\alpha = 0.8\sin\beta$, $\alpha < \beta$

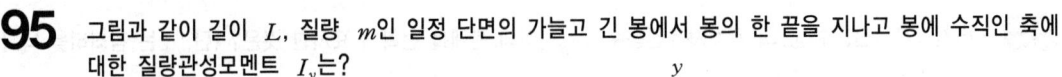

97 최대가속도가 720cm/sec²이고, 매분 480사이클의 진동수로 조화운동을 하고 있는 물체의 진동 진폭은?

㉮ 2.85mm   ㉯ 5.71mm   ㉰ 11.42mm   ㉱ 28.52mm

| 해설 | $f = \frac{\omega}{2\pi} = \frac{480}{60}$, $\omega = 50.24\text{rad/sec}$
$a = x \cdot \omega^2$, $x = \frac{7.2 \times 1000}{50.24} = 2.85\text{mm}$

94 ㉮ 95 ㉮ 96 ㉱ 97 ㉮   ■ Answer

98 반경 1m, 질량 2kg인 균일한 디스크가 그림과 같은 30도 경사면에 놓여 있다. 정지 상태에서 놓아 주어 10m 굴러갔을 때 디스크 중심부의 속도는 약 몇 m/s인가? (단, 디스크와 경사면 사이에는 미끄러짐이 없으며 중력가속도는 10m/s² 으로 계산한다.)

㉮ 4.1
㉯ 6.2
㉰ 8.2
㉱ 10.4

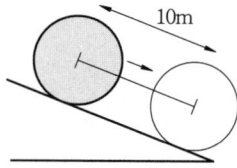

|해설| $mgz_1 = \frac{1}{2}mV_2^2 + \frac{1}{2}J \cdot \omega_2^2$

$2 \times 10 \times 10 \sin 30° = \frac{1}{2}V^2 \cdot \left(2 + \frac{2 \times 1^2}{2 \times 1^2}\right)$

$V = 8.16$m/sec

99 비감쇠자유진동수 ω_n와 감쇠자유진동수 ω_d사이의 관계를 정확히 표시한 것은? (단, ζ는 감쇠비를 나타낸다.)

㉮ $\omega_d = \omega_n\sqrt{1-\zeta^2}$　　㉯ $\omega_n = \omega_d\sqrt{1-\zeta}$
㉰ $\omega_d = \omega_n(1-\zeta^2)$　　㉱ $\omega_n = \omega_d(1-\zeta)$

100 그림에서 자전거 선수는 2m/s² 의 일정 가속도로 달리고 있다. 만약 정지상태에서 출발하였다면 5초 후의 위치는? (단, 지면과 자전거의 마찰은 무시한다.)

㉮ 10m
㉯ 12.5m
㉰ 20m
㉱ 25m

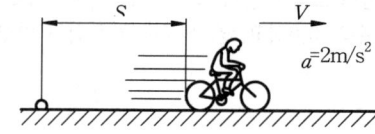

|해설| $V = 2 \times 5 = 10$m/sec

$S = \frac{1}{2} \times 2 \times 5^2 = 25$m

Answer ■ 98 ㉰　99 ㉮　100 ㉱

2013 기출문제 — 9월 28일 시행

1과목 재료역학

01 단면적이 1cm², 탄성계수가 200GPa, 길이가 10m인 케이블이 장력을 받아 길이가 1mm만큼 늘어났다. 장력의 크기는 몇 N인가?

㉮ 1000 ㉯ 2000 ㉰ 3000 ㉱ 4000

| 해설 | $\dfrac{P}{A} = E \cdot \dfrac{\delta}{\ell}$

$\dfrac{P}{1 \times 10^{-4}} = 200 \times 10^9 \times \dfrac{0.001}{10}$

$P = 2000\text{N}$

02 한변의 길이가 10mm인 정사각형 단면의 막대가 있다. 온도를 60℃ 상승시켜서 길이가 늘어나지 않게 하기 위해 8kN의 힘이 필요하다. 막대의 선팽창계수(a)는? (단, 탄성계수 $E = 200$GPa이다.)

㉮ $\dfrac{5}{3} \times 10^{-6}$ ㉯ $\dfrac{10}{3} \times 10^{-6}$ ㉰ $\dfrac{15}{3} \times 10^{-6}$ ㉱ $\dfrac{20}{3} \times 10^{-6}$

| 해설 | $\dfrac{P}{A} = E \cdot a \cdot \Delta t$

$\dfrac{8 \times 10^3}{0.01^2} = 200 \times 10^9 \times a \times 60$

$a = 6.67 \times 10^{-6}/℃$

03 그림과 같이 직선적으로 변하는 불균일 분포하중을 받고 있는 단순보의 전단력선도는?

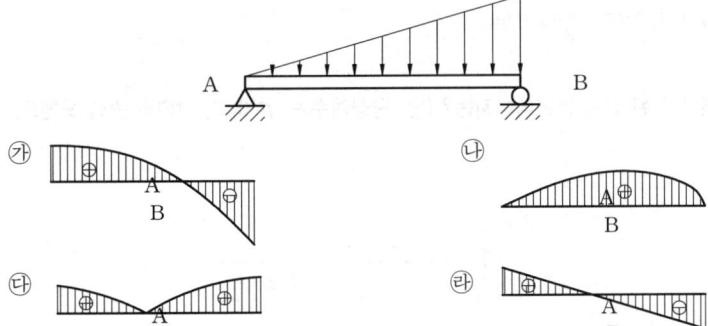

Answer
1 ㉯ 2 ㉱ 3 ㉮

04 그림과 같이 단순지지보가 B점에서 반시계 방향의 모멘트를 받고 있다. 이때 최대의 처짐이 발생하는 곳은 A점으로부터 얼마나 떨어진 거리인가?

㉮ $\dfrac{L}{2}$ ㉯ $\dfrac{L}{\sqrt{2}}$

㉰ $L\left(1-\dfrac{1}{\sqrt{3}}\right)$ ㉱ $\dfrac{L}{\sqrt{3}}$

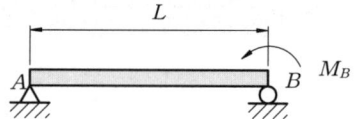

| 해설 | $R_A = \dfrac{M_B}{\ell}$, $M_x = R_A \cdot x = \dfrac{M_B}{\ell} x$

$\dfrac{\partial^2 y}{\partial x^2} = -\dfrac{M_B \cdot x}{E \cdot I \cdot \ell}$

$\dfrac{\partial y}{\partial x} = -\dfrac{M_B \cdot x^2}{2EI \cdot \ell} + c_1$

$y = -\dfrac{M_B \cdot x^3}{6EI \cdot \ell} + C_1 x + C_2$

$x=0$일 때 $C_2 = 0$

$x=\ell$일 때 $C_1 = \dfrac{M_B \cdot \ell}{6EI}$

$\dfrac{M_B \cdot \ell}{6EI} = \dfrac{M_B \cdot x^2}{2EI \cdot \ell}$

$x = \dfrac{\ell}{\sqrt{3}}$

05 상단이 고정된 원추 형체의 단위체적에 대한 중량을 γ라 하고 원추의 밑면의 지름이 d, 높이가 ℓ 일때 이 재료의 최대 인장응력을 나타낸 식은?

㉮ $\sigma_{max} = \gamma \ell$

㉯ $\sigma_{max} = \dfrac{1}{2}\gamma\ell$

㉰ $\sigma_{max} = \dfrac{1}{3}\gamma\ell$

㉱ $\sigma_{max} = \dfrac{1}{4}\gamma\ell$

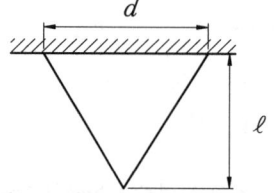

| 해설 | 직경 d, 길이 ℓ 인 둥근봉의 $\dfrac{1}{3}$에 해당

06 그림과 같은 외팔보에 저장된 굽힘 변형에너지는? (단, 탄성계수는 E 이고, 단면의 관성 모멘트는 I 이다.)

㉮ $\dfrac{P^2 L^3}{8EI}$

㉯ $\dfrac{P^2 L^3}{12EI}$

㉰ $\dfrac{P^2 L^3}{24EI}$

㉱ $\dfrac{P^2 L^3}{48EI}$

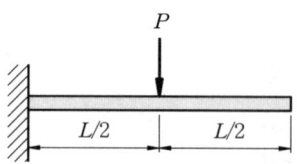

| 해설 | $U = \dfrac{1}{2} P \cdot \delta_c = \dfrac{1}{2} P \cdot \dfrac{P\ell^3}{24EI} = \dfrac{P^2 \cdot \ell^3}{48EI}$

Answer ■ 4 ㉱ 5 ㉰ 6 ㉱

07
다음 그림과 같이 연속보가 균일 분포하중(q)을 받고 있을 때, A점의 반력은?

㉮ $\frac{1}{8}q\ell$ ㉯ $\frac{1}{4}q\ell$

㉰ $\frac{3}{8}q\ell$ ㉱ $\frac{1}{2}q\ell$

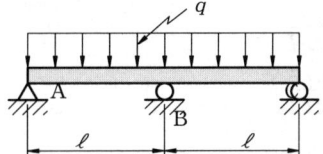

| 해설 | $\frac{5 \cdot q \cdot (2\ell)^4}{384EI} = \frac{R_C(2\ell)^3}{48EI}$

$R_C = \frac{5}{4}q \cdot \ell$

$2q \cdot \ell = 2R_A + R_C$

$R_A = \frac{3}{8}q \cdot \ell$

08
단면 계수에 대한 설명으로 틀린 것은?

㉮ 차원(dimension)은 길이의 3승이다.
㉯ 대칭 도형의 단면 계수 값은 하나밖에 없다.
㉰ 도형의 도심축에 대한 단면 2차 모멘트와 면적을 서로 곱한 것을 말한다.
㉱ 단면 계수를 크게 설계하면 보가 강해진다.

| 해설 | $z = \frac{I_G}{e}$

단면계수는 도형의 도심축에 대한 단면2차 모멘트를 도심축에서 도형의 끝단까지 거리로 나눈값이다.

09
길이가 ℓ인 외팔보에서 그림과 같이 삼각형 분포하중을 받고 있을 때 최대 전단력과 최대 굽힘모멘트는?

㉮ $\frac{w\ell}{2}$, $\frac{w\ell^2}{6}$

㉯ $w\ell$, $\frac{w\ell^2}{3}$

㉰ $\frac{w\ell}{2}$, $\frac{w\ell^2}{3}$

㉱ $\frac{w\ell^2}{2}$, $\frac{w\ell}{6}$

| 해설 | $F_{max} = \frac{w\ell}{2}$: 분포하중의 면적

$M_{max} = \frac{w\ell}{2} \times \frac{\ell}{3} = \frac{w \cdot \ell^2}{6}$

7 ㉰ 8 ㉰ 9 ㉮ ■ Answer

10 그림에 표시한 단순지지보에서의 최대 처짐량은? (단, 보의 굽힘 강성 EI는 일정하고, 자중은 무시한다.)

㉮ $\dfrac{w\ell^3}{48EI}$

㉯ $\dfrac{w\ell^4}{24EI}$

㉰ $\dfrac{5w\ell^3}{253EI}$

㉱ $\dfrac{5w\ell^4}{384EI}$

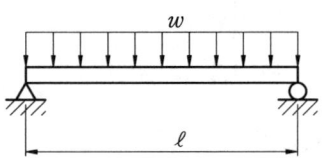

11 그림과 같이 6cm×12cm 단면의 직사각형보가 단순 지지되어 B단면에 집중하중 5000N을 받고 있다. B단면에서의 최대굽힘응력은 약 몇 MPa인가?

㉮ 400   ㉯ 0.463
㉰ 2.78   ㉱ 57600

|해설| $R_\ell = \dfrac{500 \times 10}{50} = 1000\text{N}$

$M_B = R_\ell \times 40 = 1000 \times 40 \times 10^{-2} 400\text{N}\cdot\text{m}$

$\sigma_B = \dfrac{M_B}{Z} = \dfrac{6 \times 400 \times 10^{-6}}{0.06 \times 0.12^2} = 2.78\text{MPa}$

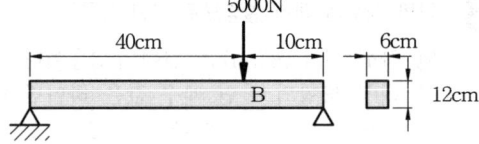

12 바깥지름 50cm, 안지름 30cm의 속이 빈 축은 동일한 단면적을 가지며 같은 재질의 원형축에 비하여 약 몇배의 비틀림 모멘트에 견딜 수 있는가?

㉮ 1.7배   ㉯ 1.4배   ㉰ 1.2배   ㉱ 0.9배

|해설| $A = \dfrac{\pi(0.5^2 - 0.3^2)}{4} = \dfrac{\pi d^2}{4}$, $d = 40\text{cm}$

$\tau_a = \dfrac{T_1}{\dfrac{\pi}{16}d_2^3(1-x^4)} = \dfrac{T_2}{\dfrac{\pi}{16}d^3}$

$T_1 = \dfrac{50^3 \times (1-0.6^4)}{40^3} T_2$

$ = 1.7\, T_2$

13 평균 지름 d=60cm, 두께 t=3mm인 강관이 P=2.1MPa의 내압을 받고 있다. 이 관 속에 발생하는 원환응력으로 인한 지름의 증가량은 약 몇 mm인가? (단, 탄성 계수 E=210GPa이다.)

㉮ 0.3   ㉯ 0.6   ㉰ 1.2   ㉱ 6

|해설| $\sigma = \dfrac{P\cdot d}{2t} = E \cdot \dfrac{\pi(d'-d)}{\pi d}$

$\dfrac{2.1 \times 10^6 \times 0.6}{2 \times 0.003} = 210 \times 10^9 \times \dfrac{(d'-0.6)}{0.6}$

$d' = 0.6006\text{m} \times 10^3 = 600.6\text{mm}$

$\Delta d = 0.6\text{mm}$

Answer ■ 10 ㉱   11 ㉰   12 ㉮   13 ㉯

14 지름 30mm의 환봉 시험편에서 표점거리를 10mm로 하고 스트레인 게이지를 부착하여 신장을 측정한 결과 인장하중 25kN에서 신장 0.0418mm가 측정되었다. 이때의 지름은 29.97mm이었다. 이 재료의 포아송 비 (ν)는?

㉮ 0.239 ㉯ 0.287 ㉰ 0.0239 ㉱ 0.0287

|해설| $\nu = \dfrac{\varepsilon'}{\varepsilon} = \dfrac{\ell \cdot \Delta d}{\Delta \ell \cdot d} = \dfrac{10 \times (30 - 29.97)}{0.0418 \times 30} = 0.239$

15 직사각형 단면(가로 3m, 세로 2m)의 단주에 150kN하중이 중심에서 1m만큼 편심되어 작용할 때 이 부재 AC에서 생기는 최대 인장응력은 몇 kPa인가?

㉮ 25
㉯ 50
㉰ 87.5
㉱ 100

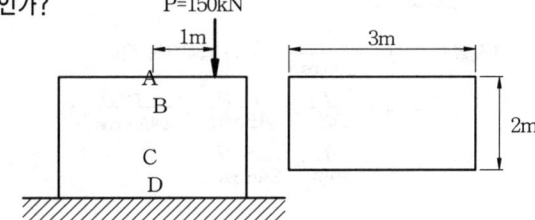

|해설| $\sigma_{tmax} = \dfrac{P}{A} - \dfrac{M}{Z}$

$= \dfrac{150}{3 \times 2} - \dfrac{6 \times 150 \times 1}{2 \times 3^2} = -25 \text{ kPa}$

16 그림과 같이 길이가 동일한 2개의 기둥 상단에 중심 압축 하중 2500N이 작용할 경우 전체 수축량은 약 몇 mm인가? (단, 단면적 A_1=1000mm², A_2=2000mm², 길이 L=300mm, 재료의 탄성계수 E=90GPa이다.)

㉮ 0.625
㉯ 0.0625
㉰ 0.00625
㉱ 0.000625

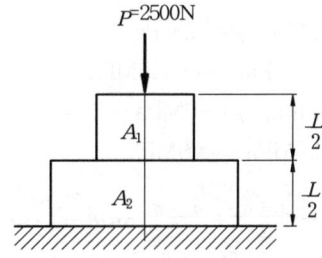

|해설| $\delta = \dfrac{P \cdot \left(\dfrac{\ell}{2}\right)}{A_1 E} + \dfrac{P \cdot \left(\dfrac{\ell}{2}\right)}{A_2 \cdot E}$

$= \dfrac{2500 \times 150}{90 \times 10^3} \times \left(\dfrac{1}{1000} + \dfrac{1}{2000}\right)$

$= 6.25 \times 10^{-3} \text{mm}$

14 ㉮ 15 ㉮ 16 ㉰   ■ Answer

17 단면적 A, 탄성계수(Young's Modulus) E, 길이 L_1인 봉재가 그림과 같이 천정에 매달려 있다. 이 부재의 B점에 하중 P가 작용될 때 B점의 하중방향 변위는?

㉮ $\dfrac{P^2H}{4EA\cos^2\beta}$

㉯ $\dfrac{P^2H}{4EA\cos^3\beta}$

㉰ $\dfrac{PH}{2EA\cos^2\beta}$

㉱ $\dfrac{PH}{2EA\cos^3\beta}$

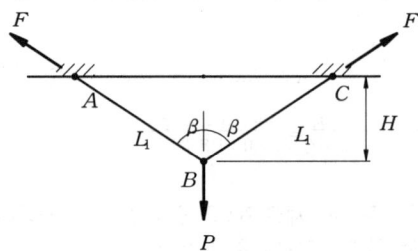

|해설| ① $F=\dfrac{P}{2\cdot\cos\beta}$: sine 법칙으로 정리

② $\delta=\dfrac{F\cdot L_1}{AE}=\dfrac{F\cdot H}{AE\cos\beta}=\dfrac{F\cdot H}{2AE\cdot\cos^2\beta}$

③ $\delta_y=\dfrac{\delta}{\cos\beta}=\dfrac{P\cdot H}{2AE\cos^3\beta}$

18 비틀림 모멘트 T를 받고 봉의 길이 L인 부재에 발생하는 순수전단(pure shear) 상태에서의 비틀림 변형에너지 U는? (단, 비틀림 강성은 GJ이다.)

㉮ $\dfrac{TL}{2GJ}$ ㉯ $\dfrac{T^2L}{2GJ}$ ㉰ $\dfrac{TL^2}{2GJ}$ ㉱ $\dfrac{T^2L^2}{2GJ}$

|해설| $U=\dfrac{1}{2}T\theta=\dfrac{1}{2}T\cdot\dfrac{T\cdot L}{G\cdot J}=\dfrac{T^2\cdot L}{2GJ}$

19 하중을 받고 있는 기계요소의 응력 상태는 아래와 같다. 선분 (a-a)에서 수직응력(σ_n)과 전단응력(τ)은?

㉮ $\sigma_n=10$MPa, $\tau=7.5$MPa
㉯ $\sigma_n=-3.5$MPa, $\tau=-7.5$MPa
㉰ $\sigma_n=10$MPa, $\tau=-6$MPa
㉱ $\sigma_n=-3.5$MPa, $\tau=6$MPa

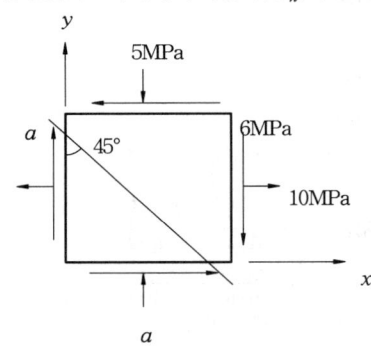

|해설| $\sigma_n=\dfrac{\sigma_x+\sigma_y}{2}+\dfrac{\sigma_x-\sigma_y}{2}\cos2\theta-\tau_{xy}\cdot\sin2\theta$

$=\dfrac{(10-5)}{2}+\dfrac{(10+5)}{2}\cos90°-6\sin90°$

$=2.5-6=-3.5$MPa

$\tau=\dfrac{\sigma_x-\sigma_y}{2}\sin2\theta+\tau_{xy}\cdot\cos2\theta$

$=\dfrac{(10+5)}{2}\sin90°+6\cdot\cos90°$

$=7.5$MPa

Answer ■ 17 ㉱ 18 ㉯ 19 ㉯

20 그림과 같은 풀리에 장력이 작용하고 있을 때 풀리의 회전수가 100rpm이라면 전달 동력은 몇 kW인가?

㉮ 2.14
㉯ 16.55
㉰ 8.32
㉱ 4.19

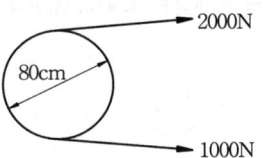

|해설| $H_{kW} = \dfrac{F \cdot V}{102} = \dfrac{(2000-1000) \times \pi \times 80 \times 100}{102 \times 60 \times 100 \times 9.8} = 4.19 \, kW$

2과목 기계열역학

21 터빈의 효율에 대한 정의로 맞는 것은?

㉮ 실제 과정의 일 ÷ 등엔트로피 과정의 일
㉯ 등엔트로피 과정의 일 ÷ 실제 과정의 일
㉰ 실제 과정의 일 × 등엔트로피 과정의 일
㉱ (등엔트로피 과정의 일 ÷ 실제 과정의 일)^2

|해설| $\eta_T = \dfrac{\text{비가역등엔트로피 과정의 일}}{\text{가역등엔트로피 과정의 일}}$

22 흑체의 온도가 20℃에서 80℃로 되었다면 방사하는 복사에너지는 약 몇 배가 되는가?

㉮ 1.2   ㉯ 2.1   ㉰ 4.0   ㉱ 5.0

|해설| $\dfrac{E_1}{E_2} = \dfrac{T_1^4}{T_2^4} = \dfrac{(20+273)^4}{(80+273)^4}$
$E_1 = 0.475 E_2, \; E_2 = 2.11 E_1$

23 냉동용량 23kW인 냉동기의 성능계수가 3이다. 이 때 필요한 동력은 몇 kW인가?

㉮ 4.4   ㉯ 5.7   ㉰ 6.7   ㉱ 7.7

|해설| $W = \dfrac{Q}{\varepsilon_R} = \dfrac{23}{3} = 7.7 \, kW$

24 이상기체 1kg을 300K, 100kPa에서 500K까지 "$PV^{지수}=$일정"의 과정(n=1.2)을 따라 변화시켰다. 기체의 비열비는 1.3, 기체상수는 0.287kJ/kg·K라고 가정한다면 이 기체의 엔트로피 변화량은 약 몇 kJ/K인가?

㉮ -0.244   ㉯ -0.287   ㉰ -0.344   ㉱ -0.373

|해설| $\Delta S = m \cdot c_n \cdot \ell n \left(\dfrac{T_2}{T_1}\right)$
$= 1 \times \dfrac{0.287}{(1.3-1)} \times \dfrac{(1.2-1.3)}{(1.2-1)} \times \ell n \left(\dfrac{500}{300}\right)$
$= -0.244 \, kJ/K$

20 ㉱   21 ㉮   22 ㉯   23 ㉱   24 ㉮   ■ Answer

25 어떤 냉동기에서 0℃의 물로 0℃의 얼음 2ton을 만드는데 180MJ의 일이 소요된다면 이 냉동기의 성능계수는? (단, 물의 융해열은 334kJ/kg이다.)

㉮ 2.05　　　㉯ 2.32　　　㉰ 2.65　　　㉱ 3.71

| 해설 | $\varepsilon_R = \dfrac{2 \times 10^3 \times 334 \times 10^3}{180 \times 10^6} = 3.71$

26 증기압축 냉동사이클에 대한 설명 중 맞는 것은?

㉮ 팽창밸브를 통한 과정은 등엔트로피 과정이다.
㉯ 압축기 단열효율은 100%보다 클 수 있다.
㉰ 응축 온도는 주위 온도보다 낮을 수 있다.
㉱ 성능계수는 1보다 클 수 있다.

| 해설 | 팽창밸브 : 등엔탈피과정

27 다음 열과 일에 대한 설명 중 맞는 것은?

㉮ 과정에서 열과 일은 모두 경로에 무관하다.
㉯ Watt(W)는 열의 단위이다.
㉰ 열역학 제1법칙은 열과 일의 방향성을 제시한다.
㉱ 사이클에서 시스템의 열전달 양은 곧 시스템이 수행한 일과 같다.

| 해설 | 열과 일은 전이현상이다.

28 33kW의 동력을 내는 열기관이 1시간 동안 하는 일은 약 얼마인가?

㉮ 83600kJ　　㉯ 104500kJ　　㉰ 118800kJ　　㉱ 988780kJ

| 해설 | W=33×3600=118800kJ

29 이상랭킨(Rankine)사이클에서 정적단열과정이 진행되는 곳은?

㉮ 보일러　　㉯ 펌프　　㉰ 터빈　　㉱ 응축기

| 해설 | ㉮ 보일러 : 정압흡열
　　　　㉰ 터빈 : 단열압축
　　　　㉱ 응축기 : 정압방열 또는 등온방열

30 다음의 설명 중 틀린 것은?

㉮ 엔트로피는 종량적 상태량이다.
㉯ 과정이 비가역으로 되는 요인에는 마찰, 불구속 팽창, 유한 온도차에 의한 열전달 등이 있다.
㉰ Carnot cycle은 비가역이므로 모든 과정을 역으로 운전할 수 없다.
㉱ 시스템의 가역과정은 한번 진행된 과정이 역으로 진행 될 수 있으며, 그 때 시스템이나 주위에 아무런 변화를 남기지 않는 과정이다.

Answer ■ 25 ㉱　26 ㉱　27 ㉱　28 ㉰　29 ㉯　30 ㉰

31 질소의 압축성 인자(계수)에 대한 설명으로 맞는 것은?

㉮ 상온 및 상압인 300K, 1기압 상태에서 압축성 인자는 거의 1에 가까워 이상기체의 거동을 보인다.
㉯ 온도에 관계없이 압력이 0에 가까워지면 압축성 인자도 0에 접근한다.
㉰ 압력이 30MPa이상인 초고밀도 영역에서 압축성 인자는 항상 1보다 작다.
㉱ 상온 및 상압인 300K, 1기압 상태에서 온도가 증가하면 압축성 인자는 감소한다.

| 해설 | $Z = \dfrac{P \cdot v}{RT}$

∴ 압력이 낮고 온도가 높을수록 Z는 1에 가까워진다. Z가 1에 가까워질수록 이상기체에 가까워진다.

32 마찰이 없는 피스톤과 실린더로 구성된 밀폐계에 분자량이 25인 이상기체가 2kg있다. 기체의 압력이 100kPa로 일정할 때 체적이 1m³에서 2m³로 변화한다면 이 과정 중 열 전달량은? (단, 정압비열은 1.0kJ/kg·K이다.)

㉮ 약 150kJ　　㉯ 약 202kJ　　㉰ 약 268kJ　　㉱ 약 300kJ

| 해설 | $_1Q_2 = mC_p \cdot (T_2 - T_1) = m \cdot \dfrac{k \cdot R}{k-1}(T_2 - T_1)$

$C_p = \dfrac{kR}{k-1} = \dfrac{k}{k-1} \cdot \dfrac{\overline{R}}{M}$

$1.0 = \dfrac{k}{k-1} \times \dfrac{8.314}{25}$, $k = 1.498$

$_1Q_2 = \dfrac{k}{k-1} P(V_2 - V_1)$

$= \dfrac{1.498}{0.498} \times 100 \times (2-1) = 300.80 \text{ kJ}$

33 임계점 및 삼중점에 대한 설명으로 옳은 것은?

㉮ 헬륨이 상온에서 기체로 존재하는 이유는 임계 온도가 상온보다 훨씬 높기 때문이다.
㉯ 초임계 압력에서는 두 개의 상이 존재한다.
㉰ 물의 삼중점 온도는 임계 온도보다 높다.
㉱ 임계점에서는 포화액체와 포화증기의 상태가 동일하다.

34 한 시간에 3600kg의 석탄을 소비하여 6050kW를 발생하는 증기터빈을 사용하는 화력발전소가 있다면, 이 발전소의 열효율은? (단, 석탄의 발열량은 29900kJ/kg이다.)

㉮ 약 20%　　㉯ 약 30%　　㉰ 약 40%　　㉱ 약 50%

| 해설 | $\eta = \dfrac{6050 \times 3600}{3600 \times 29900} \times 100 = 20.23\%$

35 상온의 감자를 가열하여 뜨거운 감자로 요리하였다. 감자의 에너지 변동 중 맞는 것은?

㉮ 위치에너지가 증가　　㉯ 엔탈피 감소
㉰ 운동에너지 감소　　㉱ 내부에너지 증가

31 ㉮　32 ㉱　33 ㉱　34 ㉮　35 ㉱　■ Answer

36 다음 열역학 성질(상태량)에 대한 설명 중 맞는 것은?

㉮ 엔탈피는 점함수이다.
㉯ 엔트로피는 비가역과정에 대해서 경로함수이다.
㉰ 시스템 내 기체의 열평형은 압력이 시간에 따라 변하지 않을 때를 말한다.
㉱ 비체적은 종량적 상태량이다.

37 이상기체가 정압 하에서 엔탈피 증가가 939.4kJ, 내부에너지 증가는 512.4kJ이었으며, 체적은 0.5m³ 증가하였다. 이 기체의 압력은?

㉮ 665kPa ㉯ 754kPa ㉰ 854kPa ㉱ 786kPa

| 해설 | $\Delta H = \Delta U + P \cdot \Delta V$
$P = \dfrac{939.4 - 512.4}{0.5} = 854 \, kPa$

38 증기터빈에서 질량유량이 1.5kg/s이고, 열손실율이 8.5kW이다. 터빈으로 출입하는 수증기에 대하여 그림에 표시한 바와 같은 데이터가 주어진다면 터빈의 출력은? (단, 중력 가속도 g=9.8m/s²이다.)

㉮ 약 273kW
㉯ 약 656kW
㉰ 약 1357kW
㉱ 약 2616kW

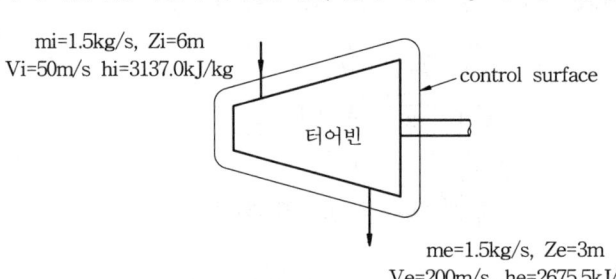

| 해설 | $_1Q_2 = m(h_2 - h_1) + \dfrac{1}{2} m(V_2^2 - V_1^2) + mg \cdot (Z_2 - Z_1) + W_t$

$-8.5 = 1.5 \times (2675.5 - 3137.0) + \dfrac{1}{2} \times 1.5 \times (200^2 - 50^2) \times 10^{-3} + 1.5 \times 9.8 \times (3-6) \times 10^{-3} + W_t$

$W_t = 655.67 \, kW$

Answer ■ 36 ㉮ 37 ㉰ 38 ㉯

39 피스톤-실린더 내에 공기 3kg이 있다. 공기가 200kPa, 10℃인 상태에서 600kPa이 될 때까지] "PV$^{1.3}$=일정"인 과정으로 압축된다. 이 과정에서 공기가 한 일은 약 몇 kJ인가? (단, 공기의 기체상수는 0.287kJ/kg·K이다.)

㉮ −285　　㉯ −235　　㉰ 13　　㉱ 125

| 해설 | $\dfrac{T_2}{T_1} = \left(\dfrac{P_2}{P_1}\right)^{\frac{n-1}{n}}$

$T_2 = (10+273) \times \left(\dfrac{600}{200}\right)^{\frac{0.3}{1.3}}$, $T_2 = 364.66$K

$\overline{W_t} = \dfrac{n}{n-1}(P_1V_1 - P_2V_2) = \dfrac{n}{n-1}mR(T_1 - T_2)$

$= \dfrac{1.3}{0.3} \times 3 \times 0.287 \times (283 - 364.66)$

$= -304.67$ kJ

$_1W_2 = \dfrac{W_t}{n} = \dfrac{-304.67}{1.3} = -234.36$ kJ

40 600kPa, 300K 상태의 아르곤(argon) 기체 1kmol이 엔탈피가 일정한 과정을 거쳐 압력이 원래의 1/3배가 되었다. 일반기체상수 $\overline{R}$=8.31451kJ/kmol·K이다. 이 과정 동안 아르곤(이상기체)의 엔트로피 변화량은?

㉮ 0.782kJ/K　　㉯ 8.31kJ/K　　㉰ 9.13kJ/K　　㉱ 60.0kJ/K

| 해설 | h=일정, $P_2 = \dfrac{1}{3}P_1$

$\Delta S = -mR \cdot \ell n\left(\dfrac{P_2}{P_1}\right) = -n\overline{R} \cdot \ell n\left(\dfrac{P_2}{P_1}\right)$

$= 1 \times 8.31451 \times \ell n(3) = 9.13$ kJ/k

3과목 기계유체역학

41 그림과 같이 지름 0.1m인 구멍이 뚫린 철판을 지름 0.2m, 유속 10m/s인 분류가 완벽하게 균형이 잡힌 정지 상태로 떠받치고 있다. 이 철판의 질량은 약 몇 kg인가?

㉮ 240
㉯ 320
㉰ 400
㉱ 800

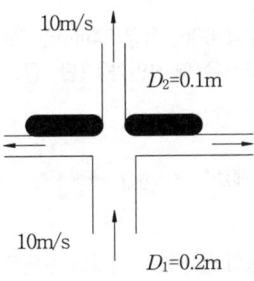

| 해설 | $F = \rho A_1 V^2 = mg + \rho A_2 V^2$

$1000 \times \dfrac{\pi}{4} \times 0.2^2 \times 10^2 = m \times 9.8 + 1000 \times \dfrac{\pi}{4} \times 0.1^2 \times 10^2$

$m = 240.31$kg

39 ㉯　40 ㉰　41 ㉮　■ Answer

42 유체의 밀도 ρ, 속도 V, 압력강하 ΔP의 조합으로 얻어지는 무차원 수는?

㉮ $\sqrt{\dfrac{\Delta P}{\rho V}}$ ㉯ $\rho\sqrt{\dfrac{V}{\Delta P}}$ ㉰ $V\sqrt{\dfrac{\rho}{\Delta P}}$ ㉱ $\Delta P\sqrt{\dfrac{V}{\rho}}$

| 해설 | $\pi = \rho^\alpha \cdot \Delta P^\beta \cdot V = (ML^{-3})^\alpha \cdot (ML^{-1}T^{-2})^\beta \cdot (LT^{-1})$
$= M^{\alpha+\beta} \cdot L^{-3\alpha-\beta+1} \cdot T^{-2\beta-1} = M^\circ \cdot L^\circ \cdot T^\circ$
$\alpha + \beta = 0, \quad -3\alpha - \beta + 1 = 0, \quad -2\beta - 1 = 0$
$\alpha = \dfrac{1}{2}, \quad \beta = -\dfrac{1}{2}$
$\pi = \rho^{-\frac{1}{2}} \cdot \Delta P^{-\frac{1}{2}} \cdot V = V \cdot \sqrt{\dfrac{\rho}{\Delta P}}$

43 그림과 같은 원통형 축 틈새에 점성계수 μ=0.51Pa·s인 윤활유가 채워져 있을 때, 축을 1800rpm으로 회전시키기 위해서 필요한 동력은 몇 W인가? (단, 틈새에서의 유동은 Couette 유동이라고 간주한다.)

㉮ 45.3
㉯ 128
㉰ 4807
㉱ 13610

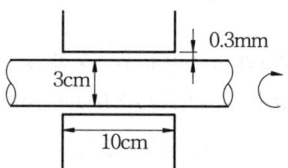

| 해설 | $L = F \cdot V = \tau \cdot A \cdot V = \mu \cdot \dfrac{du}{dy} \cdot A \cdot V$
$= 0.51 \times \dfrac{\pi \times (30 \times 10^{-3}) \times 0.1}{0.3 \times 10^{-3}} \times \left(\dfrac{\pi \times 0.03 \times 1800}{60}\right)^2$
$= 127.89\text{W}$

44 수력기울기선(Hydraulic Grade Line : HGL)이 관보다 아래에 있는 곳에서의 압력은?

㉮ 완전 진공이다. ㉯ 대기압보다 낮다.
㉰ 대기압과 같다. ㉱ 대기압보다 높다.

45 질량 60g, 직경 64mm인 테니스공이 25m/s의 속도로 회전하며 날아갈 때, 이 공에 작용하는 공기 역학적 양력은 몇 N인가? (단, 공기의 밀도는 1.23kg/m³, 양력계수는 0.3이다.)

㉮ 0.37 ㉯ 0.45 ㉰ 1.50 ㉱ 3.63

| 해설 | $L = 0.3 \times \dfrac{\pi \times 0.064^2}{4} \times \dfrac{1.23 \times 25^2}{2} = 0.37\text{ N}$

46 물이 들어있는 탱크에 수면으로부터 20m 깊이에 지름 5cm의 노즐이 있다. 이 노즐의 송출계수(discharge coefficient)가 0.9일 때 노즐에서의 유속은 몇 m/s인가?

㉮ 392 ㉯ 36.4 ㉰ 17.8 ㉱ 22.0

| 해설 | $V = 0.9 \times \sqrt{2 \times 9.8 \times 20} = 17.82 \text{ m/sec}$

Answer ▪ 42 ㉰ 43 ㉯ 44 ㉯ 45 ㉮ 46 ㉰

47 그림과 같은 반지름 R인 원관 내의 층류유동 속도분포는 $u(r)=U\left(1-\dfrac{r^2}{R^2}\right)$으로 나타내어진다. 여기서 원관 내 전체가 아닌 $0\le r\le \dfrac{R}{2}$인 원형 단면을 흐르는 체적유량 Q를 구하면?

㉮ $Q=\dfrac{5\pi UR^2}{16}$ ㉯ $Q=\dfrac{7\pi UR^2}{16}$

㉰ $Q=\dfrac{5\pi UR^2}{32}$ ㉱ $Q=\dfrac{7\pi UR^2}{32}$

| 해설 | $Q=\int_0^{\frac{R}{2}} 2\pi U\left(r-\dfrac{r^3}{R^2}\right)dr$

$=2\pi U\left(\dfrac{r^2}{2}-\dfrac{r^4}{4R^2}\right)\Big|_0^{\frac{R}{2}}$

$=2\pi U\left(\dfrac{R^2}{8}-\dfrac{R^2}{64}\right)=\dfrac{7\pi UR^2}{32}$

48 그림과 같은 지름이 2m인 원형수문의 상단이 수면으로부터 6m 깊이에 놓여 있다. 이 수문에 작용하는 힘과 힘의 작용점의 수면으로부터의 깊이는?

㉮ 188kN, 6.036m
㉯ 216kN, 6.036m
㉰ 216kN, 7.036m
㉱ 188kN, 7.036m

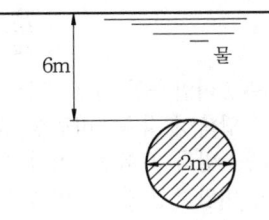

| 해설 | $F=9.8\times 7\times\dfrac{\pi\times 2^2}{4}=215.40\,\text{kN}$

$h_p=7+\dfrac{\pi\times 2^4}{\pi\times 1^2\times 7\times 64}=7.036\,\text{m}$

49 그림과 같이 지름이 D인 물방울을 지름 d인 N개의 작은 물방울로 나누려고 할 때 요구되는 에너지양은? (단, $D\gg d$이고, 표면장력을 σ이다.)

㉮ $4\pi D^2\left(\dfrac{D}{d}-1\right)\sigma$

㉯ $2\pi D^2\left(\dfrac{D}{d}-1\right)\sigma$

㉰ $\pi D^2\left(\dfrac{D}{d}-1\right)\sigma$

㉱ $2\pi D^2\left[\left(\dfrac{D}{d}\right)^2-1\right]\sigma$

| 해설 | $\dfrac{\pi\cdot D^2}{4}=\dfrac{\pi d^2}{4}\cdot N,\ N=\left(\dfrac{D}{d}\right)^2$

$\triangle U=F\cdot\triangle=\sigma\cdot\pi\cdot D(dN-D),\ \triangle$: 특성길이변화량

$=\sigma\cdot\pi D^2\left(\dfrac{D}{d}-1\right)$

47 ㉱   48 ㉰   49 ㉰   ■ Answer

50 길이가 5mm이고 발사속도가 400m/s인 탄환의 항력을 10배 큰 모형을 사용하여 측정하려고 한다. 모형을 물에서 실험하려면 발사속도는 몇 m/s이어야 하는가? (단, 공기의 점성계수는 2×10^{-5}kg/m·s, 밀도는 1.2kg/m³이고 물의 점성계수는 0.001kg/m·s라고 한다.)

㉮ 2.0 ㉯ 2.4 ㉰ 4.8 ㉱ 9.6

| 해설 | $(Re)_P = (Re)_m$

$$\frac{1.2 \times 400 \times 0.005}{2\times 10^{-5}} = \frac{1000 \times V_m \times (10\times 0.005)}{0.001}$$

$V_m = 2.4$ m/sec

51 경계층(boundary layer)에 관한 설명 중 틀린 것은?

㉮ 경계층 바깥의 흐름은 포텐셜 흐름에 가깝다.
㉯ 균일 속도가 크고, 유체의 점성이 클수록 경계층의 두께는 얇아진다.
㉰ 경계층 내에서는 점성의 영향이 크다.
㉱ 경계층은 평판 선단으로부터 하류로 갈수록 두꺼워진다.

52 다음 중 아래의 베르누이 방정식을 적용시킬 수 있는 조건으로만 나열된 것은?

$$\frac{P_1}{\rho g} + \frac{V_1}{2g} + z_1 = \frac{P_2}{\rho g} + \frac{V_2}{2g} + z_2$$

㉮ 비정상 유동, 비압축성 유동, 점성 유동
㉯ 정상 유동, 압축성 유동, 비점성 유동
㉰ 비정상 유동, 압축성 유동, 점성 유동
㉱ 정상 유동, 비압축성 유동, 비점성 유동

| 해설 | 베르누이 방정식의 가정
① 정상유동
② 비점성유동
③ 유체입자는 유선을 따라 흐른다.
④ 비압축성유동

53 이상기체 유동에서 원통주위의 순환(circulation)이 없을 때 양력과 항력은 각각 얼마인가? (단, ρ : 밀도, V : 상류 속도, D : 원통의 지름)

㉮ 양력= $\rho V^2 D$ 항력= $\frac{1}{2}\rho V^2 D$
㉯ 양력=0 항력= $\frac{1}{4}\rho V^2 D$
㉰ 양력= $\rho V^2 D$ 항력= $\rho V^2 D$
㉱ 양력=0, 항력=0

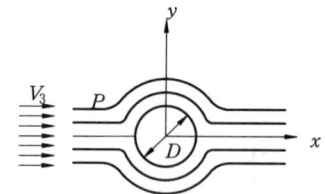

| 해설 | 이상유체는 비점성, 비압축성유체로 점성이 무시된 비회전유동에서 항력과 양력은 Zero이다.

54 다음 중 차원이 잘못 표시된 것은? (단, M: 질량, L: 길이, T: 시간)

㉮ 압력(pressure) : MLT^{-2}
㉯ 일(work) : ML^2T^{-2}
㉰ 동력(power) : ML^2T^{-3}
㉱ 동점성계수(kinematic viscosity) : L^2T^{-1}

|해설| 압력의 차원 : $FL^{-2}=ML^{-1}T^{-2}$

55 그림과 같이 입구속도 U_o의 비압축성 유체의 유동이 평판위를 지나 출구에서의 속도분포가 $U_o\frac{y}{\delta}$가 된다. 검사체적을 ABCD로 취한다면 단면 CD를 통과하는 유량은? (단, 그림에서 검사체적의 두께는 δ 평판의 폭은 b이다.)

㉮ $\frac{U_o b\delta}{2}$ ㉯ $U_o b\delta$
㉰ $\frac{U_o b\delta}{4}$ ㉱ $\frac{U_o b\delta}{8}$

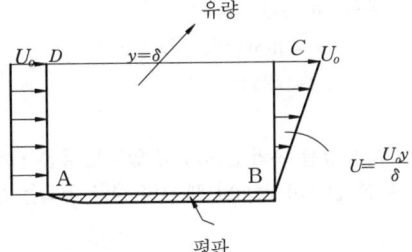

|해설| $Q=\int_0^\delta b\cdot\frac{U_0\cdot y}{\delta}dy=\frac{bU_0 y^2}{2\delta}\Big|_0^\delta$
$=\frac{b\cdot U_0\cdot \delta}{2}$

56 그림과 같이 15℃인 물(밀도는 998.6kg/m³)이 200kg/min의 유량으로 안지름이 5cm인 관 속을 흐르고 있다. 이 때 관마찰계수 f는? (단, 액주계에 들어있는 액체의 비중(S)는 3.2이다.)

㉮ 0.02
㉯ 0.04
㉰ 0.07
㉱ 0.09

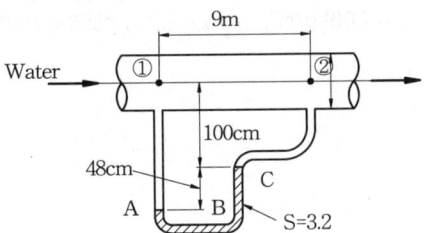

|해설| $\dot m=\rho AV$, $\frac{200}{60}=998.6\times\frac{\pi}{4}\times 0.05^2\times V$
$V=1.7$ m/sec
$\Delta P=0.48\times(3.2\times 998.6\times 9.8 - 998.6\times 9.8)$
$=10334.31$ N/m²
$h_\ell=\frac{\Delta P}{\gamma}=f\cdot\frac{\ell}{d}\cdot\frac{V^2}{2g}$
$\frac{10334.31}{998.6\times 9.8}=f\times\frac{9}{0.05}\times\frac{1.7^2}{2\times 9.8}$
$f=0.04$

54 ㉮ 55 ㉮ 56 ㉯ ■ Answer

57 안지름 40cm인 관속을 동점성계수 $1.2 \times 10^{-3} m^2/s$의 유체가 흐를 때 임계 레이놀즈 수(Reynolds number)가 2300이면 임계속도는 몇 m/s인가?

㉮ 1.1　　㉯ 2.3　　㉰ 4.7　　㉱ 6.9

|해설| $Re = \dfrac{V \cdot d}{\nu}$

$2300 = \dfrac{V \times 0.4}{1.2 \times 10^{-3}}$, $V = 6.9 m/sec$

58 직경이 6cm이고 속도가 23m/s인 수평방향 물제트가 고정된 수직평판에 수직으로 충돌한 후 평판면의 주위로 유출된다. 물제트의 유동에 대항하여 평판을 현재의 위치에 유지시키는데 필요한 힘은 약 몇 N인가?

㉮ 1200　　㉯ 1300　　㉰ 1400　　㉱ 1500

|해설| $F = \rho Q V = \rho A V^2$

$= 1000 \times \dfrac{\pi}{4} \times 0.06^2 \times 23^2$

$\fallingdotseq 1494.95 N$

59 2차원 흐름 속의 한 점 A에 있어서 유선 간격은 4cm이고 평균 유속은 12m/s이다. 다른 한 점 B에 있어서의 유선 간격이 2cm일 때 B의 평균 유속은 얼마인가? (단, 유체의 흐름은 비압축성 유동이다.)

㉮ 24m/s　　㉯ 12m/s　　㉰ 6m/s　　㉱ 3m/s

|해설| $Q = A_1 V_1 = A_2 V_2$

$4 \times 12 = 2 \times V_2$, $V_2 = 24 m/sec$

60 그림과 같이 동일한 단면의 U자관에서 상호간 혼합되지 않고 화학작용도 하지 않는 두 종류의 액체가 담겨져 있다. $\rho_A = 1000 kg/m^3$, $\ell_A = 50cm$, $\rho_B = 500 kg/m^3$일 때 ℓ_B는 몇 cm인가?

㉮ 100
㉯ 50
㉰ 75
㉱ 25

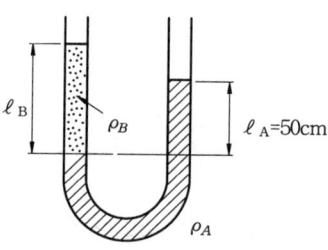

|해설| $\rho_B \cdot g \cdot \ell_B = \rho_A \cdot g \cdot \ell_A$

$500 \times \ell_B = 1000 \times 50$, $\ell_B = 100 cm$

Answer ■ 57 ㉱　58 ㉱　59 ㉮　60 ㉮

4과목 기계재료 및 유압기기

61 C와 Si의 함량에 따른 주철의 조직을 나타낸 조직 분포도는?
- ㉮ Gueiner, Klingenstein 조직도
- ㉯ 마우러(Maurer) 조직도
- ㉰ Fe-C 복평형 상태도
- ㉱ Guilet 조직도

62 강에 적당한 원소를 첨가하면 기계적 성질을 개선하는데 특히 강인성, 저온 충격 저항을 증가시키기 위하여 어떤 원소를 첨가하는 것이 가장 좋은가?
- ㉮ W
- ㉯ Ag
- ㉰ S
- ㉱ Ni

|해설| Ni의 특성
  ㉮ 결정입자 미세화
  ㉯ 강도·경도 증가
  ㉰ 인성 및 내마멸성 증가
  ㉱ 내식성 및 내산성 증가

63 강의 표면에 탄소를 침투시켜 표면을 경화시키는 방법은?
- ㉮ 질화법
- ㉯ 크로마이징
- ㉰ 침탄법
- ㉱ 담금질

64 금형부품용도로 사용되고 있는 스프링강의 설명 중 틀린 것은?
- ㉮ 탄성한도가 높고 피로에 대한 저항이 크다.
- ㉯ 솔바이트조직으로 비교적 경도가 높다.
- ㉰ 정밀한 고급 스프링재료에는 Cr-V강을 사용한다.
- ㉱ 탄소강에 납(Pb), 황(S)을 많이 첨가시킨 강이다.

65 탄소강에서 탄소량이 증가하면 일반적으로 감소하는 성질은?
- ㉮ 전기저항
- ㉯ 열팽창계수
- ㉰ 항자력
- ㉱ 비열

|해설| ㉮ 탄소량 증가에 따라 비중, 열팽창계수 열전도도 등은 감소한다.
　　　 ㉯ 탄소량 증가에 따라 비열, 전기저항, 항자력 등은 증가한다.

61 ㉯ 62 ㉱ 63 ㉰ 64 ㉱ 65 ㉯ ■ Answer

2013년 9월 28일 기출문제

66 금속원자의 결정면은 밀러지수(Miller index)의 기호를 사용하여 표시할 수 있다. 다음 그림에서 빗금으로 표시한 입방격자면의 밀러지수는?

㉮ (100)
㉯ (010)
㉰ (110)
㉱ (111)

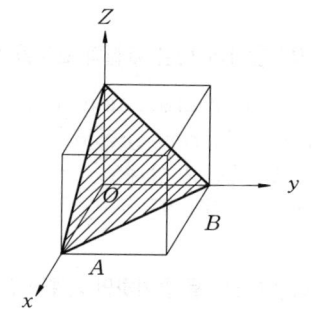

| 해설 | 밀러지수(Miller index)
금속 원자의 결정면이나 방향을 표시하는 방법이다.
<밀러 지수에 의한 결정면의 수>

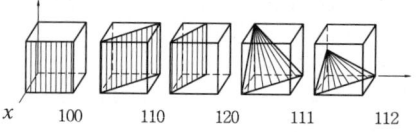

67 과냉 오스테나이트 상태에서 소성가공을 하고 그 후 냉각 중에 메텐자이트화하는 항온열처리 방법을 무엇이라고 하는가?

㉮ 크로마이징   ㉯ 오스포밍   ㉰ 인덕션하드닝   ㉱ 오스템퍼링

68 일반적인 합성수지의 공통적인 성질을 설명한 것으로 잘못된 것은?

㉮ 가공성이 크고 성형이 간단하다.
㉯ 열에 강하고 산, 알칼리, 기름, 약품 등에 강하다.
㉰ 투명한 것이 많고, 착색이 용이하다.
㉱ 전기 절연성이 좋다.

| 해설 | 합성수지의 일반적 성질
　　㉮ 비중은 1~1.5로 가볍고 단단하나 열에 취약하다.
　　㉯ 가소성이 양호하여 성형이 쉽다.
　　㉰ 상당수는 투명하여 착색이 자유롭다.
　　㉱ 전기 절연성이 양호하다.
　　㉲ 보온성과 내식성이 양호하다.
　　㉳ 대량생산이 가능하여 가격이 싸다.

69 실용금속 중 비중이 가장 작아 항공기 부품이나 전자 및 전기용 제품의 케이스 용도로 사용되고 있는 합금재료는?

㉮ Ni합금   ㉯ Cu합금   ㉰ Pb합금   ㉱ Mg합금

Answer ■ 66 ㉱　67 ㉯　68 ㉯　69 ㉱

70 흑심가단주철은 풀림온도를 850~950℃와 680~730℃의 2단계로 나누어 각 온도에서 30~40시간 유지시키는데 제2단계 풀림의 목적으로 가장 알맞은 것은?

㉮ 펄라이트 중의 시멘타이트의 흑연화
㉯ 유리 시멘타이트의 흑연화
㉰ 흑연의 구상화
㉱ 흑연의 치밀화

71 배관 내에서의 유체의 흐름을 결정하는 레이놀즈 수(Reynold's Number)가 나타내는 의미는?

㉮ 점성력과 관성력의 비   ㉯ 점성력과 중력의 비
㉰ 관성력과 중력의 비   ㉱ 압력힘과 점성력의 비

72 액추에이터의 공급 쪽 관로에 설정된 바이패스 관로의 흐름을 제어함으로써 속도를 제어하는 회로는?

㉮ 미터 인 회로   ㉯ 블리드 오프 회로
㉰ 배압 회로   ㉱ 플립 플롭 회로

> **Solution** 속도제어회로에서는 미터 인 회로, 미터 아웃 회로, 블리드 오프 회로, 차동회로 등이 있다.

73 유압 실린더의 마운팅(mounting) 구조 중 실린더 튜브에 축과 직각방향으로 피벗(pivot)을 만들어 실린더가 그것을 중심으로 회전할 수 있는 구조는?

㉮ 풋 형(foot mounting type)
㉯ 트러니언 형(trunnion mounting type)
㉰ 플랜지 형(flange mounting type)
㉱ 클레비스 형(clevis mounting type)

74 그림과 같은 4/3-way 솔레노이드 밸브에서 중립위치의 형식 중 플로트 센터 위치(float center position)에 대한 설명으로 옳은 것은?

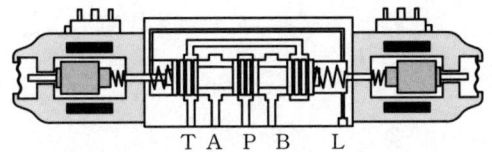

㉮ 밸브의 중립위치에서 모든 연결구가 닫혀있다.
㉯ 밸브의 중립위치는 공급라인 P가 두개의 작업라인 A, B와 연결되어 있고, 드레인 라인은 막혀있는 상태이다.
㉰ 밸브의 중립위치는 두 개의 작업라인은 막혀있고, 공급라인과 드레인 라인이 연결되어 있다.
㉱ 밸브의 중립위치에서 공급라인 P는 막혀있고, 두 개의 작업라인은 모두 드레인 라인과 연결되어 있는 형태이다.

70 ㉮ 71 ㉮ 72 ㉯ 73 ㉯ 74 ㉱ ■ Answer

75 유압장치에서 펌프의 무부하 운전 시 특징으로 틀린 것은?
㉮ 펌프의 수명 연장
㉯ 유온 상승 방지
㉰ 유압유 노화 촉진
㉱ 유압장치의 가열 방지

76 작동유를 장시간 사용한 후 육안으로 검사한 결과 흑갈색으로 변화하여 있었다면 작동유는 어떤 상태로 추정되는가?
㉮ 양호한 상태이다.
㉯ 산화에 의한 열화가 진행되어 있다.
㉰ 수분에 의한 오염이 발생되었다.
㉱ 공기에 의한 오염이 발생되었다.

77 1회전 당의 유량의 40cc인 베인모터가 있다. 공급 유압을 600N/cm², 유량을 30L/min으로 할 때 발생할 수 있는 최대 토크(torque)는 약 몇 N·m인가?
㉮ 28.2 ㉯ 38.2 ㉰ 48.2 ㉱ 58.2

|해설| $T = \dfrac{P \cdot q}{2\pi} = \dfrac{600 \times 40}{2\pi \times 100} = 38.22 \text{N} \cdot \text{m}$

78 유압기기에서 실(seal)의 요구 조건과 관계가 먼 것은?
㉮ 압축 복원성이 좋고 압축변형이 적을 것
㉯ 체적변화가 적고 내약품성이 양호할 것
㉰ 마찰저항이 크고 온도에 민감할 것
㉱ 내구성 및 내마모성이 우수할 것

79 그림과 같이 파일럿 조작 체크밸브를 사용한 회로는 어떤 회로인가?
㉮ 동조 회로
㉯ 시퀀스 회로
㉰ 완전 로크 회로
㉱ 미터 인 회로

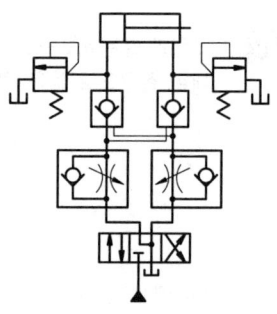

|해설| 완전 로크 회로 : 큰 외력에 대항하여 정지위치를 확실히 유지하기 위하여 사용한 회로이다. 파일롯조작체크밸브를 사용하거나 체크밸브를 내장한 유량제어밸브를 파일롯조작 체크밸브와 함께 사용한다.

Answer ■ 75 ㉰ 76 ㉯ 77 ㉯ 78 ㉰ 79 ㉰

80 그림과 같은 유압기호의 설명으로 틀린 것은?

㉮ 유압 펌프를 의미한다.
㉯ 1방향 유동을 나타낸다.
㉰ 가변 용량형 구조이다.
㉱ 외부 드레인을 가졌다.

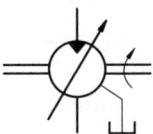

| 해설 | 그림은 가변 용량형 유압모터회로이다.

5과목 기계제작법 및 기계동력학

81 방전가공의 설명으로 잘못된 것은?

㉮ 전극 재료는 전기 전도도가 높아야 한다.
㉯ 방전가공은 가공 변질층이 깊고 가공면에 방향성이 있다.
㉰ 초경공구, 담금질강, 특수강 등도 가공할 수 있다.
㉱ 경도가 높은 공작물의 가공이 용이하다.

| 해설 | 방전가공은 범용공작기계로 가공할 수 없는 난삭성 재료들을 가공하는 특수가공이다.

82 용접작업을 할 때 금속의 녹는 온도가 가장 낮은 것은?

㉮ 연강   ㉯ 주철   ㉰ 동   ㉱ 알루미늄

| 해설 | 용융점온도
  ㉮ 연강 : 순철의 용융점 1538℃보다 다소 낮다.
  ㉯ 주철 : 1150℃정도이다.
  ㉰ 동 : 1083℃
  ㉱ 알루미늄 : 660.2℃

83 수정 또는 유리로 만들어진 것으로 광파 간섭 현상을 이용한 측정기는?

㉮ 공구 현미경   ㉯ 실린더 게이지
㉰ 옵티컬 플랫   ㉱ 요한슨식 각도게이지

84 두께 F=1.5mm, 탄소 C=0.2%의 경질탄소 강판에 지름 25mm의 구멍을 펀치로 뚫을 때 전단하중 P=4500N이었다. 이 때의 전단강도는?

㉮ 약 19.1N/mm^2 ㉯ 약 31.2N/mm^2
㉰ 약 38.2N/mm^2 ㉱ 약 62.4N/mm^2

| 해설 | $\tau = \dfrac{4500}{\pi \times 25 \times 1.5} = 38.22 \text{N/mm}^2$

80 ㉮   81 ㉯   82 ㉱   83 ㉰   84 ㉰   ■ Answer

85 전해연마의 특징 설명 중 틀린 것은?
  ㉮ 복잡한 형상도 연마가 가능하다.
  ㉯ 가공 면에 방향성이 없다.
  ㉰ 탄소량이 많은 강일수록 연마가 용이하다.
  ㉱ 가공변질 층이 나타나지 않으므로 평활한 면을 얻을 수 있다.

  |해설| 일반적으로 탄소함량이 높을수록 단단하므로 연마는 어려워진다.

86 구성인선(built-up edge)이 생기는 것을 방지하기 위한 대책으로 틀린 것은?
  ㉮ 바이트 윗면 경사각을 크게 한다.
  ㉯ 절삭 속도를 크게 한다.
  ㉰ 윤활성이 좋은 절삭유를 준다.
  ㉱ 절삭 깊이를 크게 한다.

87 지름 10mm의 드릴로 연강판에 구멍을 뚫을 때 절삭속도가 62.8m/min이라면 드릴의 회전수는 약 얼마인가?
  ㉮ 1000rpm   ㉯ 2000rpm
  ㉰ 3000rpm   ㉱ 4000rpm

  |해설| $V = \dfrac{\pi d N}{1000}$
  $62.8 = \dfrac{\pi \times 10 \times N}{1000}$
  $N = 2000 \text{rpm}$

88 엠보싱(embossing)은 프레스가공 분류 중 어떤 가공에 해당되는가?
  ㉮ 전단가공(shearing)   ㉯ 압축가공(squeezing)
  ㉰ 드로잉가공(drawing)   ㉱ 절삭가공(cutting)

89 다음 특수가공 중 화학적 가공의 특징에 대한 설명으로 틀린 것은?
  ㉮ 재료의 강도나 경도에 관계없이 가공할 수 있다.
  ㉯ 변형이나 거스러미가 발생하지 않는다.
  ㉰ 가공경화 또는 표면변질 층이 발생한다.
  ㉱ 표면 전체를 한번에 가공할 수 있다.

Answer ▪ 85 ㉰ 86 ㉱ 87 ㉯ 88 ㉯ 89 ㉰

90 피스톤링, 실린더 라이너 등의 주물을 주조하는데 쓰이는 적합한 주조법은?

㉮ 셸 주조법 ㉯ 탄산가스 주조법
㉰ 원심 주조법 ㉱ 인베스트먼트 주조법

91 자동차가 경사진 30도 비탈길에 주차되어 있다. 미끄러지지 않기 위해서는 노면과 바퀴와의 마찰계수 값이 얼마 이상이어야 하는가?

㉮ 0.500 ㉯ 0.578
㉰ 0.366 ㉱ 0.122

| 해설 | $\mu = \tan\rho = \tan 30 = 0.58$

92 그림과 같은 진동계에서 임계감쇠치(C_{cr})는? (단, 막대의 질량은 무시한다.)

㉮ $\frac{1}{2}\sqrt{mk}$
㉯ $\sqrt{mk}$
㉰ $2\sqrt{mk}$
㉱ $\sqrt{4mk}$

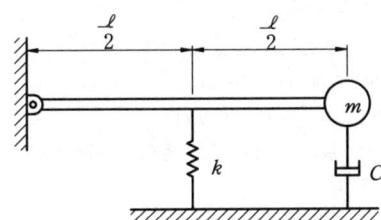

| 해설 | $J = \int l^2 dm = l^2 \cdot m$

$\sum M = J \cdot \alpha$

$-\frac{k \cdot l^2}{4}\theta - cl^2\dot{\theta} = ml^2 \cdot \ddot{\theta}$

$\ddot{\theta} + \frac{c}{m}\dot{\theta} + \frac{k}{4m}\theta = 0$

선형 2계 재차 미분 방정식의 일반해를 이용하면

$\lambda^2 + \frac{c}{m}\lambda + \frac{k}{4m} = 0$

$\lambda = -\frac{c}{2m} \pm \sqrt{\left(\frac{c}{2m}\right)^2 - \frac{k}{4m}}, \qquad c_c = 2m \cdot \sqrt{\frac{k}{4m}} = \sqrt{mk}$

90 ㉰   91 ㉯   92 ㉯   ■ Answer

93. 스프링과 질량으로 구성된 계에서 스프링상수를 k, 스프링의 질량을 m_s, 질량을 M이라 할 때 고유진동수는?

㉮ $\dfrac{1}{2\pi}\sqrt{k/(M+m_s)}$

㉯ $\dfrac{1}{2\pi}\sqrt{k/(M+\dfrac{1}{2}m_s)}$

㉰ $\dfrac{1}{2\pi}\sqrt{k/(M+\dfrac{1}{3}m_s)}$

㉱ $\dfrac{1}{2\pi}\sqrt{k/(M+\dfrac{1}{4}m_s)}$

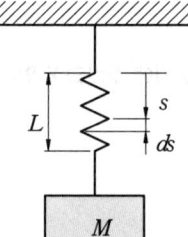

해설 • 스프링 하단의 최대변위를 X라 하면 고정단으로부터 S인 거리에 있는 점의 변위와 속도는 다음과 같다.

$x = \dfrac{S}{L} X \sin wt$

$\dot{x} = V = \dfrac{S}{L} X \cdot w \cdot \cos wt$

• 미소운동에너지의 최대값

$dT_{s,\max} = \dfrac{1}{2} mdS \cdot \left(\dfrac{S}{L} wX\right)^2$

여기서, m은 스프링의 단위 길이당 질량이다.

$m_s = mL$

$T_{s,\max} = \dfrac{m}{2}\left(\dfrac{w \cdot X}{L}\right)^2 \cdot \int_0^L S^2 dS$

$= \dfrac{1}{2} \cdot \left(\dfrac{mL}{3}\right) \cdot w^2 X^2$

$= \dfrac{1}{2} \cdot \dfrac{m_s}{3} \cdot w^2 X^2$

• 질량체의 운동에너지 최대값

$T_m = \dfrac{1}{2} M w^2 X^2$

• 전체운동에너지의 최대값

$T_{\max} = T_{s,\max} + T_m = \dfrac{1}{2}\left(M + \dfrac{m_s}{3}\right) w^2 \cdot X^2$

• 포텐셜에너지의 최대값

$V_{\max} = \dfrac{1}{2} kX^2$

• Rayleigh의 에너지법

$T_{\max} = V_{\max}$

$\dfrac{1}{2}\left(M + \dfrac{m_s}{3}\right) w^2 \cdot X^2 = \dfrac{1}{2} kX^2$

$w^2 = \dfrac{K}{M + \dfrac{m_s}{3}}$, $w = \sqrt{\dfrac{K}{M + \dfrac{m_s}{3}}}$

$f = \dfrac{w}{2\pi} = \dfrac{1}{2\pi}\sqrt{\dfrac{K}{M + \dfrac{m_s}{3}}}$

Answer ■ 93 ㉰

94 질량 m=10kg인 질점이 그림의 위치를 지날 때의 속력 v_1=1m/s이다. 질점이 경사면을 5m만큼 내려가 스프링과 충돌한다. 스프링의 최대변형 x_{max}는? (단, 경사면의 동마찰계수 μ_k=0.3, 스프링 상수 k=1000N/m이다.)

㉮ 0.576m
㉯ 0.754m
㉰ 0.875m
㉱ 0.973m

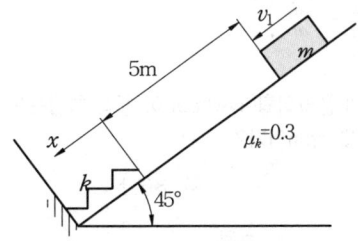

|해설| $U_{중력} = -mg(x+s)\sin 45°$
$U_{스프링} = \frac{1}{2}kx^2$
$U_{마찰} = \mu_k mg\cos 45°(x+s)$
$U_{1-2} = \Delta T$
$-U_{중력} - U_{스프링} - U_{마찰} = \Delta T$
$mg(x+s)\sin 45° - \frac{1}{2}kx^2 - \mu_k mg\cos 45°(x+s) = \frac{1}{2}m(V_2^2 - V_1^2)$
$-\frac{1}{2}kx^2 + (mg\sin 45° - \mu_k mg\cos 45° \cdot s)x = -\frac{1}{2}mV_1^2$
$-500x^2 + 48.51x + 242.54 = -5$
$-500x^2 + 48.51x + 242.54 = 0$
근의 공식에 대입하여 x를 결정하면 x=0.754m이다.

95 질량이 100kg이고 반지름이 1m인 구의 중심에 420N의 힘이 그림과 같이 작용하여 수평면 위에서 미끄러짐 없이 구르고 있다. 바퀴의 각가속도는 몇 rad/s²인가?

㉮ 2.2
㉯ 2.8
㉰ 3
㉱ 3.2

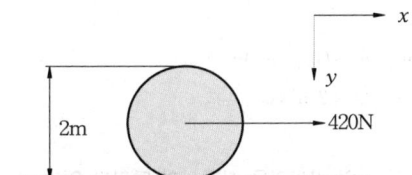

|해설| $\Sigma M = J \cdot \alpha$
$420 \times 1 = \left(\frac{100}{2}r^2 + 100r^2\right)\alpha$
$= \frac{3}{2} \times 100 \times 1^2 \times \alpha$
$\alpha = 2.8$

96 질량 20kg의 기계가 스프링상수 10kN/m인 스프링 위에 지지되어 있다. 크기 100N의 조화 가진력이 기계에 작용할 때 공진 진폭은 약 몇 cm인가? (단, 감쇠계수는 6kN·s/m이다.)

㉮ 0.75　　㉯ 7.5　　㉰ 0.0075　　㉱ 0.075

|해설| $w = \sqrt{\frac{k}{m}} = \sqrt{\frac{10000}{20}} = 22.36$
$A = \frac{F}{C \cdot w} = \frac{100 \times 100}{6 \times 10^3 \times 22.36} = 0.075$cm

94 ㉯　95 ㉯　96 ㉱　■ Answer

97 다음은 진동수(f), 주기(T), 각 진동수(w)의 관계를 표시한 식으로 옳은 것은?

㉮ $f = \dfrac{1}{T} = \dfrac{\omega}{2\pi}$
㉯ $f = T = \dfrac{\omega}{2\pi}$
㉰ $f = \dfrac{1}{T} = \dfrac{2\pi}{\omega}$
㉱ $f = \dfrac{2\pi}{T} = \omega$

98 지름 1m의 플라이휠(flywheel)이 등속 회전운동을 하고 있다. 플라이휠 외측의 접선속도가 4m/s일 때, 회전수는 약 몇 rpm인가?

㉮ 76.4   ㉯ 86.4   ㉰ 96.4   ㉱ 106.4

| 해설 | $V = r \cdot w = \dfrac{\pi dN}{60}$

$4 = \dfrac{\pi \times 1.0 \times N}{60}$, $N = 76.43\,\text{rpm}$

99 그림과 같이 평면상에서 원운동하는 물체가 있다. 물체의 질량(m)은 1kg이고, 속력(v_0)은 3m/s이며, 반경(R)은 1m이다. 이 물체가 운동하는 중에 질량 0.5kg의 정지하고 있던 진흙덩어리와 달라붙어 같은 반경으로 원운동하게 되었다. 합체된 물체의 속력은 몇 m/s인가?

㉮ 4
㉯ 3
㉰ 2
㉱ 1

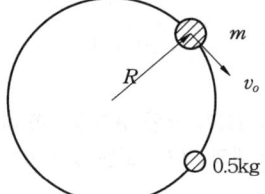

| 해설 | $m_1 \cdot v_0 = (m_1 + m_2)v$

$v = \dfrac{3}{1.5} = 2\,\text{m/sec}$

100 곡률 반경이 ρ인 커브길을 자동차가 달리고 있다. 자동차의 법선방향(횡방향) 가속도가 0.5g를 넘지 않도록 하면서 달릴 수 있는 최대속도는? (여기서 g는 중력가속도이다.)

㉮ $\sqrt{0.1\rho g}$ ㉯ $\sqrt{2\rho g}$ ㉰ $\sqrt{\rho g}$ ㉱ $\sqrt{0.5\rho g}$

| 해설 | $a_n = \dfrac{v^2}{\rho} = 0.5g$, $v = \sqrt{0.5g \cdot \rho}$

Answer ■ 97 ㉮ 98 ㉮ 99 ㉰ 100 ㉱

2014 기출문제 3월 2일 시행

1과목 재료역학

01 그림과 같은 외팔보에서 집중하중 $P=50$kN이 작용할 때 자유단의 처짐은 약 몇 cm 인가? (단, 탄성계수 $E=200$GPa, 단면2차모멘트 I=105cm4이다.)

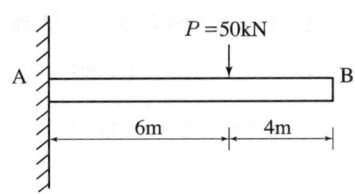

① 2.4   ② 3.6   ③ 4.8   ④ 6.42

| 해설 | $\delta = \dfrac{A_m}{EI}\bar{x} = \dfrac{50\times10^3\times6^2\times(4+\dfrac{2}{3}\times6)}{200\times10^9\times10^5\times10^{-8}\times2} = 0.036\text{m} = 3.6\text{cm}$

02 무게가 100N의 강철 구가 그림과 같이 매끄러운 경사면과 유연한 케이블에 의해 매달려 있다. 케이블에 작용하는 응력은 몇 MPa인가? (단, 케이블의 단면적은 2cm²이다.)

① 0.436
② 4.36
③ 5.12
④ 51.2

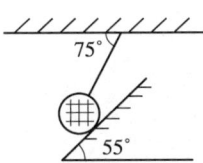

| 해설 |

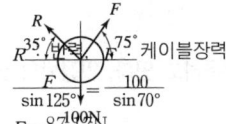

$\dfrac{F}{\sin 125°} = \dfrac{100}{\sin 70°}$

$F = 87.17$N

$\sigma = \dfrac{F}{A} = \dfrac{87.17}{2\times 10^{-4}} = 0.436 \times 10^6 \text{Pa}$

∴ $\sigma = 0.436$ MPa

1 ② 2 ① • Answer

03 폭 b=3cm, 높이 h=4cm의 직사각형 단면을 갖는 외팔보가 자유단에 그림에서와 같이 집중하중을 받을 때 보 속에 발생하는 최대전단응력은 몇 N/cm²인가?

① 12.5
② 13.5
③ 14.5
④ 15.5

| 해설 | $\tau_{max} = \frac{3}{2}\tau_{mean} = \frac{3}{2}\frac{F_{max}}{A} = \frac{3}{2} \times \frac{100}{0.03 \times 0.04} \times 10^{-4} = 12.5 \text{ N/cm}^2$

04 지름 d인 강봉의 지름을 2배로 했을 때 비틀림 강도는 몇 배가 되는가?

① 2배   ② 4배   ③ 8배   ④ 16배

| 해설 | $T_1 = \tau_a \times \frac{\pi d^3}{16}$, $T_2 = \tau_a \times \frac{\pi}{16}(2d)^3 = \tau_a \times \frac{\pi}{16} \times 8d^3 = 8T_1$

05 강재 중공축이 25kN·m의 토크를 전달한다. 중공축의 길이가 3m이고, 허용전단응력이 90MPa이며, 축의 비틀림각이 2.5°를 넘지 않아야 할 때 축의 최소 외경과 내경을 구하면 각각 약 몇 mm인가? (단, 전단탄성계수는 85GPa 이다.)

① 146, 124   ② 136, 114   ③ 140, 132   ④ 133, 112

| 해설 | $I_p = \frac{d_2}{2} \cdot Z_p = \frac{d_2}{2} \cdot \frac{T}{\tau_a}$

$\theta = \frac{T \cdot \ell}{G \cdot I_p} = \frac{T \cdot \ell}{G \cdot \frac{d_2}{2} \cdot \frac{T}{\tau_a}} = \frac{2 \cdot \tau_a \cdot \ell}{G \cdot d_2}$

$2.5 \times \frac{\pi}{180} = \frac{2 \times 90 \times 10^6 \times 3}{85 \times 10^9 \times d_2}$

$d_2 = 0.146\text{m} = 146\text{mm}$

$T = \tau_a \cdot \frac{\pi d_2^3}{16}(1 - x^4)$

$25 \times 10^3 = 90 \times 10^6 \times \frac{\pi \times 0.146^3}{16} \times (1 - x^4)$

$x = 0.86$

$d_1 = x d_2 = 0.86 \times 146 = 125.56 \text{ mm}$

06 축방향 단면적 A인 임의의 재료를 인장하여 균일한 인장 응력이 작용하고 있다. 인장방향 변형률이 ε, 포아송의 비를 ν라 하면 단면적의 변화량은 약 얼마인가?

① $\nu\varepsilon A$ ② $2\nu\varepsilon A$ ③ $3\nu\varepsilon A$ ④ $4\nu\varepsilon A$

| 해설 | $\varepsilon_A = \frac{\triangle A}{A} = 3\mu\varepsilon$

$\triangle A = 2\mu\varepsilon \cdot A = 2\nu \cdot \varepsilon \cdot A$

Answer ■ 3 ①   4 ③   5 ①   6 ②

07 지름 7mm, 길이 250mm인 연강 시험편으로 비틀림 시험을 하여 얻은 결과, 토크 4.08N·m에서 비틀림각이 8°로 기록되었다. 이 재료의 전단탄성계수는 약 몇 GPa인가?

① 64 ② 53 ③ 41 ④ 31

|해설| $\theta = \dfrac{T \cdot \ell}{G \cdot I_p}$

$8 \times \dfrac{\pi}{180} = \dfrac{32 \times 4.08 \times 0.25}{G \times \pi \times 0.007^4}$

$G = 31.02 \, \text{GPa}$

08 선형 탄성 재질의 정사각형 단면봉에 500kN의 압축력이 작용할 때 80MPa의 압축응력이 생기도록 하려면 한 변의 길이를 몇 cm로 해야 하는가?

① 3.9 ② 5.9 ③ 7.9 ④ 9.9

|해설| $\sigma = \dfrac{P}{A} = \dfrac{P}{a^2}$

$80 \times 10^6 = \dfrac{500 \times 10^3}{a^2}$

$a = 7.9 \, \text{cm}$

09 단면적이 4cm²인 강봉에 그림과 같이 하중이 작용할 때 이 봉은 약 몇 cm 늘어나는가? (단, 탄성계수 E =210GPa 이다.)

① 0.24
② 0.0028
③ 0.80
④ 0.015

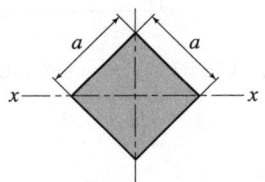

|해설| $\delta = \sigma_1 \dfrac{a}{E} + \sigma_2 \dfrac{b}{E} + \sigma_3 \dfrac{c}{E} = \dfrac{(60 \times 2 + 20 \times 1 + 40 \times 1.5) \times 10^3}{4 \times 10^{-4} \times 210 \times 10^9} = 0.24 \, \text{cm}$

10 그림과 같은 단면의 $x-x$축에 대한 단면 2차 모멘트는?

① $\dfrac{a^4}{8}$ ② $\dfrac{a^4}{24}$ ③ $\dfrac{a^4}{32}$ ④ $\dfrac{a^4}{12}$

|해설| 정사각형의 도심을 통과하는 축에 대한 단면 2차 모멘트 $I_{Gx} = I_{Gy} = I_{Gz} = \dfrac{a^4}{12}$

7 ④   8 ③   9 ①   10 ④   ■ Answer

11 그림과 같이 부정정보의 전 길이에 균일 분포하중이 작용할 때 전단력이 0이 되고 최대 굽힘 모멘트가 작용하는 단면은 B단에서 얼마나 떨어져 있는가?

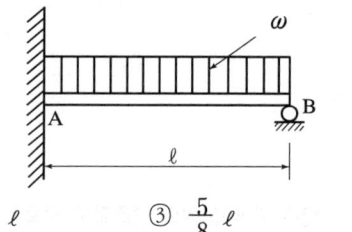

① $\dfrac{2}{3}\ell$ ② $\dfrac{3}{8}\ell$ ③ $\dfrac{5}{8}\ell$ ④ $\dfrac{3}{4}\ell$

| 해설 | 일단 고정 타단지지보의 양단 고정보이다.
$R_B = \dfrac{3\omega\ell}{8}$ 이고, 전단력이 0이 되는 위치의 전단력을 구하는 일반식
$F_x = R_B - \omega \cdot x = 0$
$\dfrac{3\omega\ell}{8} = \omega \cdot x$
$x = \dfrac{3}{8}\ell$

12 그림과 같은 단면을 가진 A, B, C 의 보가 있다. 이 보들이 동일한 굽힘모멘트를 받을 때 최대 굽힘응력의 비로 옳은 것은?

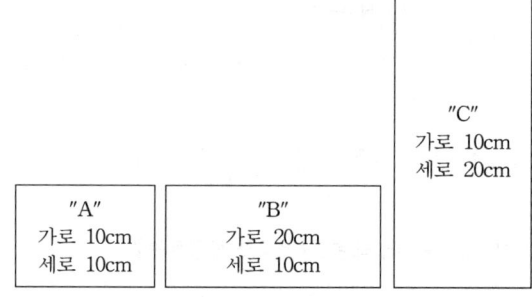

① A:B:C=3:2:1   ② A:B:C=4:2:1   ③ A:B:C=16:4:1   ④ A:B:C=9:3:1

| 해설 | $Z_A = \dfrac{10 \times 10^2}{6} = \dfrac{10^3}{6}$ cm^3

$Z_B = \dfrac{20 \times 10^2}{6} = \dfrac{2 \times 10^3}{6}$ cm^3

$Z_C = \dfrac{10 \times 20^2}{6} = \dfrac{4 \times 10^3}{6}$ cm^3

$\sigma_A = \dfrac{M_{max}}{Z_A}$, $\sigma_B = \dfrac{M_{max}}{Z_B}$, $\sigma_C = \dfrac{M_{max}}{Z_C}$

$\sigma_A : \sigma_B : \sigma_C = 4 : 2 : 1$

Answer ▪ 11 ②   12 ②

13 보의 임의의 점에서 처짐을 평가할 수 있는 방법이 아닌 것은?

① 변형에너지법(Strain energy method) 사용 ② 불연속 함수(Discontinuity function) 사용
③ 중첩법(Method of superposition) 사용 ④ 시컨트 공식(Secant fomula) 사용

14 그림과 같은 보가 분포하중과 집중하중을 받고 있다. 지점 B에서의 반력의 크기를 구하면 몇 kN인가?

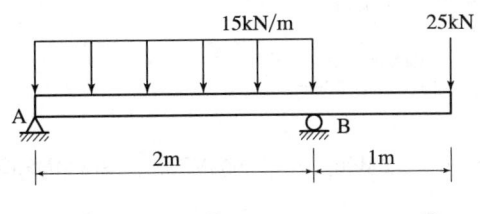

① 28.5 ② 40.0 ③ 52.5 ④ 55.0

|해설| $\sum M_A = 0$
$R_B \times 2 = (15 \times 10^3 \times 2 \times 1) + (25 \times 10^3 \times 3)$
$R_B = 52.5 \, kN$

15 강재 나사봉을 기온이 27°C일 때에 24MPa의 인장 응력을 발생시켜 놓고 양단을 고정하였다. 기온이 7°C로 되었을 때의 응력은 약 몇 MPa 인가? (단, 탄성계수 $E = 210 GPa$, 선팽창계수 $\alpha = 11.3 \times 10^{-6}$/°C 이다.)

① 47.46 ② 23.46 ③ 71.46 ④ 65.46

|해설| 열응력 $\sigma = E \cdot \alpha \cdot \triangle t = 210 \times 10^3 \times 11.3 \times 10^{-6} \times 20 = 47.46 \, MPa$
나사봉이 받는 전체응력
$\sigma_t = 24 + 47.46 = 71.46 \, MPa$

16 그림과 같이 삼각형 단면을 갖는 단주에서 선 A-A를 따라 수직 압축 하중이 작용할 때 단면에 인장응력이 발생하지 않도록 하는 하중 작용점의 범위(d)를 구하면? (단, 그림에서 길이 단위는 mm이다.)

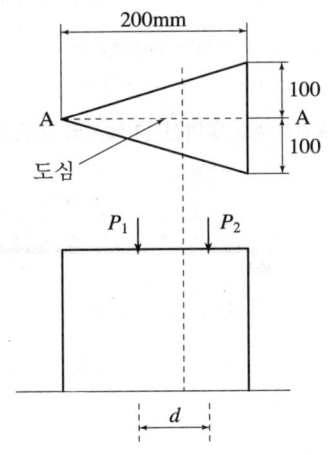

① 25mm ② 50mm ③ 75mm ④ 100mm

13 ④ 14 ③ 15 ③ 16 ② • **Answer**

| 해설 | 편심거리 $a \leq \pm \dfrac{K^2}{y}$

① $K^2 = \dfrac{I_{Gx}}{A} = \dfrac{\frac{0.2 \times 0.2^3}{36}}{\frac{1}{2} \times 0.2 \times 0.2} = 2.22 \times 10^{-3} \, m^2$

$a_1 = \dfrac{2.22 \times 10^{-3}}{\frac{2}{3} \times 0.2} = 0.01665 \, m$

② $a_2 = \dfrac{2.22 \times 10^{-3}}{\frac{1}{3} \times 0.2} = 0.033 \, m$

③ $d = a_1 + a_2 = 0.04995 \, m$
　　　$= 49.95mm \fallingdotseq 50mm$

17 평면응력 상태에서 $\sigma_x = 300 \, MPa$, $\sigma_y = -900 \, MPa$, $\tau_{xy} = 450 \, MPa$일 때 최대 주응력은 σ_1은 몇 MPa인가?

① 1150　　② 300　　③ 450　　④ 750

| 해설 | $\sigma_1 = \dfrac{\sigma_x + \sigma_y}{2} + \sqrt{(\dfrac{\sigma_x - \sigma_y}{2})^2 + \tau_{xy}^2} = \dfrac{(300-900)}{2} + \sqrt{(\dfrac{300+900}{2})^2 + 450^2} = 450 \, MPa$

18 그림과 같은 외팔보에서 고정부에서의 굽힘모멘트를 구하면 약 몇 kN·m 인가?

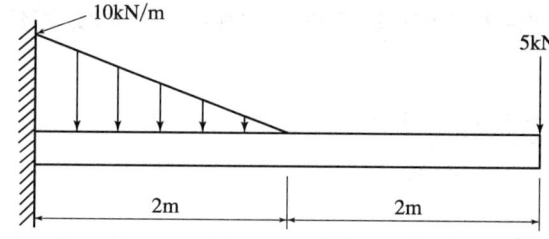

① 26.7(반시계방향)　　② 26.7(시계방향)
③ 46.7(반시계방향)　　④ 46.7(시계방향)

| 해설 | $M = (5 \times 4) + (\dfrac{10 \times 2}{2} \times \dfrac{1}{3} \times 2) = 26.67 kN \cdot m$ (반시계)

19 아래와 같은 보에서 C점(A에서 4m 떨어진 점)에서의 굽힘모멘트 값은?

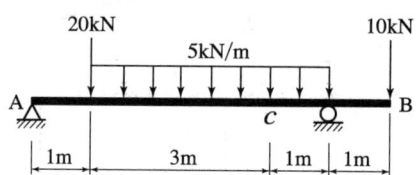

① 5.5kN·m　　② 11kN·m　　③ 13kN·m　　④ 22kN·m

| 해설 | $R_A \times 5 + 10 \times 1 = 20 \times 4 + (5 \times 4 \times 2)$
$R_A = 22 \, kN$
$M_C = R_A \times 4 - 20 \times 3 - (5 \times 3 \times 1.5) = 5.5 \, kN \cdot m$

Answer ■ 17 ③　18 ①　19 ①

20 그림과 같이 지름 50mm의 연강봉의 일단을 벽에 고정하고, 자유단에는 50cm 길이의 레버 끝에 600N의 하중을 작용시킬 때 연강봉에 발생하는 최대주응력과 최대전단응력은 각각 몇 MPa인가?

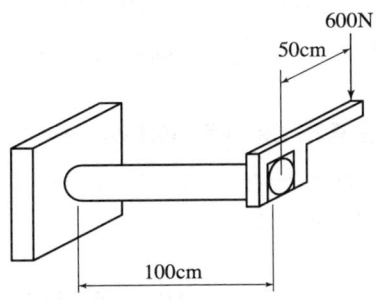

① 최대 주응력 : 51.8 최대전단응력 : 27.3
② 최대 주응력 : 27.3 최대전단응력 : 51.8
③ 최대 주응력 : 41.8 최대전단응력 : 27.3
④ 최대 주응력 : 27.3 최대전단응력 : 41.8

|해설|
$M = 600 \times 1 = 600 \text{N} \cdot \text{m}$
$T = 600 \times 0.5 = 300 \text{N} \cdot \text{m}$
$T_e = \sqrt{M^2 + T^2} = 670.82 \text{N} \cdot \text{m}$
$M_e = \frac{1}{2}(M + T_e) = \frac{1}{2} \times (600 + 670.82) = 635.41$
$\tau_1 = \frac{T_e}{Z_p} = \frac{16 \times 670.82}{\pi \times 0.05^3} = 27.35 \text{MPa}$
$\sigma_1 = \frac{M_e}{Z} = \frac{32 \times 635.41}{\pi \times 0.05^3} = 51.8 \text{MPa}$

2과목 기계열역학

21 저온실로부터 46.4kW의 열을 흡수할 때 10kW의 동력을 필요로 하는 냉동기가 있다면 이 냉동기의 성능계수는?

① 4.64 ② 5.65 ③ 56.5 ④ 46.4

|해설| $\varepsilon_R = \frac{46.4}{10} = 4.64$

22 교축과정(throttling process)에서 처음 상태와 최종 상태의 엔탈피는 어떻게 되는가?

① 처음 상태가 크다. ② 최종 상태가 크다.
③ 같다. ④ 경우에 따라 다르다.

|해설| 교축과정=줄톰슨현상
: 엔탈피가 일정한 과정으로 실체기체가 좁은 유로를 통과할 때 자유팽창에 의한 압력강하, 온도강하가 일어나는 현상

23 500W의 전열기로 4kg의 물을 20℃에서 90℃까지 가열하는데 몇 분이 소요되는가? (단, 전열기에서 열은 전부 온도 상승에 사용되고 물의 비열은 4180J/kg·K이다.)

① 16 ② 27 ③ 39 ④ 45

|해설| $500 \times 10^{-3} \times \triangle \text{Time} = 4 \times 4.18 \times 70$
$\triangle \text{Time} = 2340.8 \text{sec}$
$= 39.01 \text{min}$

24 두께 10mm, 열전도율 15W/m·℃인 금속판의 두 면의 온도가 각각 70℃와 50℃일 때 전열면 1m²당 1분 동안에 전달되는 열량은 몇 kJ인가?

① 1800 ② 14000 ③ 92000 ④ 162000

|해설| $\dot{Q} = -K \cdot A \cdot \frac{\Delta T}{\Delta x} = -0.15 \times 1 \times \frac{(50-70)}{0.01} \times 60 = 18,000 \text{ kJ/min}$

25 냉매 R-134a를 사용하는 증기-압축 냉동 사이클에서 냉매의 엔트로피가 감소하는 구간은 어디인가?

① 증발구간 ② 압축구간 ③ 팽창구간 ④ 응축구간

|해설| 열을 방출하는 구간은 응축기이다.

26 절대온도 T_1 및 T_2의 두 물체가 있다. T_1에서 T_2로 열량 Q가 이동할 때 이 두 물체가 이루는 계의 엔트로피 변화를 나타내는 식은? (단, $T_1 > T_2$ 이다.)

① $\frac{T_1 - T_2}{Q(T_1 \times T_2)}$ ② $\frac{Q(T_1 + T_2)}{T_1 \times T_2}$ ③ $\frac{Q(T_1 - T_2)}{T_1 \times T_2}$ ④ $\frac{T_1 + T_2}{Q(T_1 \times T_2)}$

27 카르노 열기관에서 열공급은 다음 중 어느 가역과정에서 이루어지는가?

① 등온팽창 ② 등온압축 ③ 단열팽창 ④ 단열압축

|해설| Carnot cycle : 등온흡열→단열팽창→등온방열→단열압축
① 등온흡열=등온팽창
② 등온방열=등온압축

28 밀폐된 실린더 내의 기체를 피스톤으로 압축하는 동안 300kJ의 열이 방출되었다. 압축일의 양이 400kJ이라면 내부에너지 증가는?

① 100kJ ② 300kJ ③ 400kJ ④ 700kJ

29 어떤 시스템이 100kJ의 열을 받고, 150kJ의 일을 하였다면 이 시스템의 엔트로피는?

① 증가했다.
② 감소했다.
③ 변하지 않았다.
④ 시스템의 온도에 따라 증가할 수 있고 감소할 수도 있다.

30 1kg의 공기를 압력 2MPa, 온도 20℃의 상태로부터 4MPa, 온도 100℃의 상태로 변화하였다면 최종체적은 초기체적의 약 몇 배인가?

① 0.125 ② 0.637 ③ 3.86 ④ 5.25

|해설| $V_1 = \frac{1 \times 287 \times (20+273)}{2 \times 10^6} = 0.042 \text{ m}^3$

$V_2 = \frac{1 \times 287 \times (100+273)}{4 \times 10^6} = 0.0268 \text{ m}^3$

$V_1 : V_2 = 0.042 : 0.0268$
$V_2 = 0.638 V_1$

Answer ■ 24 ① 25 ④ 26 ③ 27 ① 28 ① 29 ① 30 ②

31 서로 같은 단위를 사용할 수 없는 것으로 나타낸 것은?

① 열과 일
② 비내부에너지와 비엔탈피
③ 비엔탈피와 비엔트로피
④ 비열과 비엔트로피

32 질량(質量) 50kg인 계(系)의 내부에너지(u)가 100kJ/kg이며, 계의 속도는 100m/s이고, 중력장(重力場)의 기준면으로부터 50m의 위치에 있다고 할 때, 계에 저장된 에너지(E)는?

① 3254.2kJ ② 4827.7kJ ③ 5274.5kJ ④ 6251.4kJ

|해설| $E = U + \frac{1}{2}mV^2 + mgZ = 50 \times 100 + \frac{50}{2} \times 100^2 \times 10^{-3} + 50 \times 9.8 \times 50 \times 10^{-3} = 5274.5$ kJ

33 온도가 -23℃인 냉동실로부터 기온이 27℃인 대기 중으로 열을 뽑아내는 가역냉동기가 있다. 이 냉동기의 성능 계수는?

① 3 ② 4 ③ 5 ④ 6

|해설| $\varepsilon_R = \frac{-23+273}{27-(-23)} = 5$

34 온도 300k, 압력 100kPa 상태의 공기 0.2kg의 완전히 단열된 강체 용기 안에 있다. 패들(paddle)에 의하여 외부에서 공기에 5kJ의 일이 행해진다. 최종 온도는 얼마인가? (단, 공기의 정압비열과 정적비열은 1.0035kJ/kg·K, 0.7165kJ/kg·K이다.)

① 약 325K ② 약 275K ③ 약 335K ④ 약 265K

|해설| $_1W_2 = \frac{m \cdot R \cdot (T_1 - T_2)}{k-1}$, $-5 = \frac{0.2 \times 0.287 \times (300 - T_2)}{1.4 - 1}$
$T_2 = 334.84K$

35 공기 1kg를 1MPa, 250℃의 상태로부터 압력 0.2MPa까지 등온변화한 경우 외부에 대하여 한 일량은 약 몇 kJ인가? (단, 공기의 기체상수는 0.287kJ/kg·K,이다.)

① 157 ② 242 ③ 313 ④ 465

|해설| $_1W_2 = mRT \ln(\frac{P_1}{P_2}) = 1 \times 0.287 \times (250+273) \times \ln(\frac{1}{0.2}) = 241.58$ kJ

36 다음 중 열전달률을 증가시키는 방법이 아닌 것은?

① 2중 유리창을 설치한다.
② 엔진실린더의 표면 면적을 증가시킨다.
③ 팬의 풍량을 증가시킨다.
④ 냉각수 펌프의 유량을 증가시킨다.

31 ③ 32 ③ 33 ③ 34 ③ 35 ② 36 ① • Answer

37 이상기체의 마찰이 없는 정압과정에서 열량 Q는? (단, C_v는 정적비열, C_p는 정압비열, k는 비열비, dT는 임의의 점의 온도변화이다.)

① $Q=C_v dT$ ② $Q=k^2 C_v dT$ ③ $Q=C_p dT$ ④ $Q=kC_p dT$

38 그림과 같은 공기표준 브레이튼(Brayton) 사이클에서 작동유체 1kg 당 터빈 일은 얼마인가? (단, T_1=300K, T_2=475.1K, T_3=1100K, T_4=694.5K이고, 공기의 정압비열과 정적비열은 각각 1.0035kJ/kg·K, 0.7165kJ/kg·K이다.)

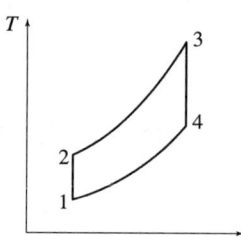

① 406.9kJ/kg ② 290.6kJ/kg ③ 627.2kJ/kg ④ 448.3kJ/kg

| 해설 | $W_t = \dfrac{K \cdot m \cdot R \cdot (T_3 - T_4)}{k-1} = \dfrac{1.4 \times 1 \times 0.287 \times (1100 - 694.5)}{1.4 - 1} = 407.32 \, kJ/kg$

39 준평형 과정으로 실린더 안의 공기를 100kPa, 300K 상태에서 400kPa까지 압축하는 과정 동안 압력과 체적의 관계는 "PV^n=일정(n=1.3)"이며, 공기의 정적비열은 C_v=0.717kJ/kg·K, 기체상수(R)=0.287kJ/kg·K이다. 단위질량당 일과 열의 전달량은?

① 일 = -108.2kJ/kg, 열 = -27.11kJ/kg
② 일 = -108.2kJ/kg, 열 = -189.3kJ/kg
③ 일 = -125.4kJ/kg, 열 = -27.11kJ/kg
④ 일 = -125.4kJ/kg, 열 = -189.3kJ/kg

| 해설 | $W_t = \dfrac{R \cdot (T_1 - T_2)}{n-1} = \dfrac{0.287 \times (300 - 413.1)}{1.3-1} = -108.2 \, kJ/kg$

$T_2 = T_1 \cdot \left(\dfrac{P_2}{P_1}\right)^{\frac{n-1}{n}} = 300 \times \left(\dfrac{400}{100}\right)^{\frac{0.3}{1.3}} = 413.1K$

$_1Q_2 = m \cdot C_v \cdot \dfrac{n-k}{n-1}(T_2 - T_1) = 0.717 \times \dfrac{1.3 - 1.4}{1.3 - 1} \times (413.1 - 300) = -27.03 \, kJ/kg$

40 공기는 압력이 일정할 때 그 정압비열이 C_p=1.0053+0.000079t kJ/kg·℃라고 하면 공기 5kg을 0℃에서 100℃까지 일정한 압력하에서 가열하는데 필요한 열량은 약 얼마인가? (단, t=℃이다.)

① 100.5kJ ② 100.9kJ ③ 502.7kJ ④ 504.6kJ

| 해설 | $_1Q_2 = m\int_{t_1}^{t_2}(1.0053 + 0.000079t)dt = 5 \times \left(1.0053t + \dfrac{0.000079t^2}{2}\right)\Big|_0^{100} = 504.63 \, kJ$

Answer ■ 37 ③ 38 ① 39 ① 40 ④

3과목 기계유체역학

41 포텐셜 유동 중 2차원 자유와류(free vortex)의 속도 포텐셜은 $\emptyset = K\theta$로 주어지고, K는 상수이다. 중심에서의 거리 γ=10m에서의 속도가 20m/s이라면 γ=5m에서의 계기압력은 몇 Pa인가? (단, 중심에서 멀리 떨어진 곳에서의 압력은 대기압이며 이 유체의 밀도는 1.2kg/m³이다.)

① -60   ② -240   ③ -960   ④ 240

| 해설 | 중심에서 멀리 떨어진 곳에서 압력이 대기압이면 중심으로 들어오면서는 압력이 대기압보다 낮아진다.

$\emptyset = K\theta$

$V_\theta = \dfrac{1}{r}\dfrac{\partial \emptyset}{\partial \theta}$

① $20 = \dfrac{1}{10} \times K$, $K = 200$

② $V_\theta = \dfrac{1}{r}K = \dfrac{1}{5} \times 200 = 40 \text{ m/sec}$

$P_g = \dfrac{\rho \cdot V_\theta^2}{2} = \dfrac{r \cdot V_\theta^2}{2g} = \dfrac{1.2 \times 40^2}{2} = 960 \text{ N/m}^2 \ominus$

42 점도가 0.101N·s/m², 비중이 0.85인 기름이 내경 300mm, 길이 3km의 주철관 내부를 흐르며, 유량은 0.0444m³/s이다. 이 관을 흐르는 동안 기름 유동이 겪은 수두손실은 약 몇 m인가?

① 7.14   ② 8.12   ③ 7.76   ④ 8.44

| 해설 | $V = \dfrac{Q}{A} = \dfrac{4 \times 0.0444}{\pi \times 0.3^2} = 0.63 \text{ m/sec}$

$R_e = \dfrac{\rho V \cdot d}{\mu} = \dfrac{0.85 \times 1000 \times 0.63 \times 0.3}{0.101}$
$= 1590.59 < 2100 \text{(층류)}$

$h_\ell = f \cdot \dfrac{\ell}{d} \cdot \dfrac{V^2}{2g}$

$= \dfrac{64}{1590.59} \times \dfrac{3000}{0.3} \times \dfrac{0.63^2}{2 \times 9.8} = 8.15 \text{ m}$

43 지름 5cm의 구가 공기 중에서 매초 40m의 속도로 날아갈 때 항력은 약 몇 N인가? (단, 공기의 밀도는 1.23kg/m³이고, 항력계수는 0.6이다.)

① 1.16   ② 3.22   ③ 6.35   ④ 9.23

| 해설 | $D = C_D \cdot A \cdot \dfrac{\rho \cdot V^2}{2} = 0.6 \times \dfrac{\pi \times 0.05^2}{4} \times \dfrac{1.23 \times 40^2}{2} = 1.16 \text{ N}$

44 다음 중 유선의 방정식은 어느 것인가? (단, ρ : 밀도, A : 단면적, V : 평균속도, u, v, w는 각각 x, y, z 방향의 속도이다.)

① $\dfrac{d\rho}{\rho} + \dfrac{dA}{A} + \dfrac{dV}{V} = 0$ ② $\dfrac{\partial u}{\partial x} + \dfrac{\partial v}{\partial y} + \dfrac{\partial w}{\partial z} = 0$

③ $\dfrac{dx}{u} = \dfrac{dy}{v} = \dfrac{dz}{w}$ ④ $d\left(\dfrac{v^2}{2} + \dfrac{P}{\rho} + gy\right) = 0$

| 해설 | 유선의 방정식
① $\vec{V} \cdot \vec{dS} = 0$
② $\dfrac{dx}{u} = \dfrac{dy}{v} = \dfrac{dz}{w} = 0$

41 ③   42 ②   43 ①   44 ③   • Answer

45 수면차가 15m인 두 물탱크를 지름 300mm, 길이 1500m인 원관으로 연결하고 있다. 관로의 도중에 곡관이 4개 연결되어 있을 때 관로를 흐르는 유량은 몇 L/s 인가? (단, 관마찰계수는 0.032, 입구 손실계수는 0.45, 출구 손실계수는 1, 곡관의 손실계수는 0.17이다.)

① 89.6　　② 92.3　　③ 95.2　　④ 98.5

|해설| $\Delta H = h_\ell = (f \cdot \dfrac{\ell}{d} + K_i + K_o + 4K)\dfrac{V^2}{2g}$

$15 = (0.032 \times \dfrac{1500}{0.3} + 0.45 + 1 + 4 \times 0.17) \times \dfrac{V^2}{2 \times 9.8}$

$V = 1.35 \, \text{m/sec}$

$Q = A \cdot V = \dfrac{\pi \times 0.3^2}{4} \times 1.35 \times 1000 = 95.38 \, \ell/\text{sec}$

46 한 변이 2m인 위가 열려있는 정육면체 통에 물을 가득 담아 수평방향으로 9.8m/s^2의 가속도로 잡아 끌 때 통에 남아 있는 물의 양은 얼마인가?

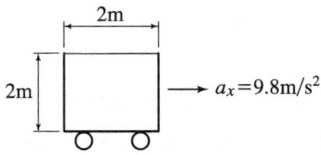

① 8m^3　　② 4m^3　　③ 2m^3　　④ 1m^3

|해설| $V = \dfrac{2 \times 2 \times 2}{2} = 4\text{m}^3$

47 길이 150m의 배가 8m/s의 속도로 항해한다. 배가 받는 조파 저항을 연구하는 경우, 길이 1.5m의 기하학적으로 닮은 모형의 속도는 몇 m/s인가?

① 12　　② 80　　③ 1　　④ 0.8

|해설| $\left(\dfrac{V^2}{\ell \cdot g}\right)_m = \left(\dfrac{V^2}{\ell g}\right)_p$

$\dfrac{8^2}{150} = \dfrac{V_p^2}{1.5}$

$V_p = 0.8$

48 점성계수 $\mu = 1.1 \times 10^{-3} \text{N} \cdot \text{s/m}^2$인 물이 직경 2cm인 수평 원관 내를 층류로 흐를 때, 관의 길이가 1000m, 압력 강하는 8800Pa이면 유량 Q는 약 몇 m^3/s인가?

① 3.14×10^{-5}　　② 3.14×10^{-2}　　③ 3.14　　④ 314

|해설| $Q = \dfrac{\Delta p \pi d^4}{128 \mu \ell} = \dfrac{8800 \times \pi \times 0.02^4}{128 \times 1.1 \times 10^{-3} \times 1000} = 3.14 \times 10^{-5} \, \text{m}^3/\text{sec}$

49 동점성계수의 차원을 $[M]^a[L]^b[T]^c$로 나타낼 때 a+b+c의 값은?

① -1　　② 0　　③ 1　　④ 3

|해설| $\nu = \dfrac{\mu}{\rho} [L^2 T^{-1}]$

$a = 0, b = 2, c = -1$

$a + b + c = 1$

Answer ■ 45 ③　46 ②　47 ④　48 ①　49 ③

50 100m 높이에 있는 물의 낙차를 이용하여 20MW의 발전을 하기 위해서 필요한 유량은 약 m³/s인가? (단, 터빈의 효율은 90%이고, 모든 마찰손실은 무시한다.)

① 18.4　　② 22.7　　③ 180　　④ 222

| 해설 | $Q = \dfrac{20 \times 10^6}{9800 \times 100 \times 0.9} = 22.68 \, \text{m}^3/\text{s}$

51 기온이 27℃인 여름날 공기 속에서의 음속은 −3℃인 겨울날에 비해 몇 배나 빠른가? (단, 공기의 비열비의 변화는 무시한다.)

① 1.00　　② 1.05　　③ 1.11　　④ 1.23

| 해설 | ① $C_1 = \sqrt{1.4 \times 287 \times (27 + 273)} = 347.19 \, \text{m/sec}$
② $C_2 = \sqrt{1.4 \times 287 \times (-3 + 273)} = 329.37 \, \text{m/sec}$
③ $C_1 : C_2 = 347.19 : 329.37$
$C_1 = 1.05 \, C_2$

52 시속 800km의 속도로 비행하는 제트기가 400m/s의 상대속도로 배기가스를 노즐에서 분출할 때의 추진력은? (단, 이때 흡기량은 25kg/s이고, 배기되는 연소가스는 흡기량에 비해 2.5% 증가하는 것으로 본다.)

① 3920N　　② 4694N　　③ 4870N　　④ 7340N

| 해설 | $F = \dot{m}_2 V_2 - \dot{m}_1 V_1 = (25 \times 1.025 \times 400) - (25 \times \dfrac{800 \times 10^3}{3600}) = 4694.44 \, \text{N}$

53 2h 떨어진 두 개의 평행 평판 사이에 뉴턴 유체의 속도 분포가 $u = u_0[1-(y/h)^2]$와 같을 때 밑판에 작용하는 전단응력은? (단, μ는 점성계수이고, y=0은 두 평판의 중앙이다.)

① $\dfrac{2\mu u_0}{h}$　　② $\dfrac{\mu u_0}{h}$　　③ $2\mu u_0 h$　　④ $\mu u_0 h$

| 해설 | $\tau = \mu \cdot \dfrac{du}{dy} \Big|_{y=-h} = \mu \cdot \left(-u_0 \cdot \dfrac{2y}{h^2}\right)_{y=-h} = \dfrac{2\mu u_0}{h}$

54 절대압력 700kPa의 공기를 담고 있고 체적은 0.1m³, 온도는 20℃인 탱크가 있다. 순간적으로 공기는 밸브를 통해 바깥으로 단면적 75mm²를 통해 방출되기 시작한다. 이 공기의 유속은 310m/s이고, 밀도는 6kg/m³이며 탱크내의 모든 물성치는 균일한 분포를 갖는다고 가정한다. 방출하기 시작하는 시각에 탱크 내 밀도의 시간에 따른 변화율은 몇 kg/(m³·s)인가?

① -12.338　　② -2.582　　③ -20.381　　④ -1.395

| 해설 | $\dot{m} = \rho A V \, (\text{kg/sec})$
$pv = RT = \dfrac{p}{\rho}$
$\rho = \dfrac{P}{RT}$
$\dot{\rho} = \dfrac{\dot{m}}{V} = \dfrac{6 \times 75 \times 10^{-6} \times 310}{0.1} = 1.395 \, \text{kg/m}^3 \cdot \text{s}$

50 ②　51 ②　52 ②　53 ①　54 ④　• Answer

55 다음 중 유량 측정과 직접적인 관련이 없는 것은?

① 오리피스(Orifice)
② 벤투리(Venturi)
③ 노즐(Nozzle)
④ 부르돈관(Bourdon tube)

56 비중 0.85인 기름의 자유표면으로부터 10m 아래에서의 계기압력은 약 몇 kPa 인가?

① 83　　② 830　　③ 98　　④ 980

|해설| $p = r \cdot h = 0.85 \times 9.8 \times 10 = 83.3 \, kPa$

57 점성력에 대한 관성력의 비로 나타내는 무차원 수의 명칭은?

① 레이놀즈 수　② 코우시 수　③ 푸루드 수　④ 웨버 수

|해설|　① 레이놀즈수 $= \dfrac{관성력}{점성력}$

　　　② 코우시수 $= \dfrac{관성력}{탄성력}$

　　　③ 푸루드수 $= \dfrac{관성력}{중력}$

　　　④ 웨버 수 $= \dfrac{관성력}{표면장력}$

58 관내의 층류 유동에서 관마찰계수 f는?

① 조도만의 함수이다.
② 오일러수의 함수이다.
③ 상대조도와 레이놀즈수의 함수이다.
④ 레이놀즈수만의 함수이다.

|해설|　(1) 층류 : 관마찰계수는 레이놀즈수만의 함수
　　　(2) 난류
　　　　① 매끈한 관 : 레이놀즈수만의 함수
　　　　② 거친 관 : 상대조도만의 함수

59 다음 후류(wake)에 관한 설명 중 옳은 것은?

① 표면마찰이 주원인이다.
② (dp/dx)〈0인 영역에서 일어난다.
③ 박리점 후방에서 생긴다.
④ 압력이 높은 구역이다.

|해설| 물체 뒤쪽의 압력손실 때문에 박리역이 하류로 연장되어 흘러가는 현상이다.

Answer ■ 55 ④　56 ①　57 ①　58 ④　59 ③

60 분수에서 분출되는 물줄기 높이를 2배로 올리려면 노즐로 공급되는 게이지 압력을 몇 배로 올려야 하는가? (단, 이곳에서의 동압은 무시한다.)

① 1.414 ② 2 ③ 2.828 ④ 4

|해설| $h = \dfrac{P}{r}$, $P = r \cdot h$

$h' = 2h$, $P' = 2rh = 2P$

4과목 기계재료 및 유압기기

61 게이지강이 갖추어야 할 조건으로 틀린 것은?
① 내마모성이 크고, HRC55 이상의 경도를 가질 것
② 담금질에 의한 변형 및 균열이 적을 것
③ 오랜 시간 경과하여도 치수의 변화가 적을 것
④ 열팽창계수는 구리와 유사하며 취성이 좋을 것

|해설| 게이지강 : 치수변화를 방지하기 위해 담금질 후 시효처리 또는 심랭처리를 한다.

62 미하나이트 주철(Meehanite cast iron)의 바탕조직은?
① 오스테나이트 ② 펄라이트 ③ 시멘타이트 ④ 페라이트

|해설| 미하나이트주철 : 펄라이트+흑연조직

63 내열성과 인성이 좋고 강한 충격이 가해지는 곳에 적합한 스프링강계는?
① 고탄소 ② 망간-크롬 ③ 규소-크롬 ④ 크롬-바나듐

|해설| Cr-V강 : 소형스프링, 피로한도 증가, 탈탄을 적게한 정밀한 고급 스프링 재료로 사용된다.

64 마그네슘(Mg)을 설명한 것 중 틀린 것은?
① 마그네슘(Mg)의 비중은 알루미늄의 약 2/3 정도이다.
② 구상흑연주철의 첨가제로도 사용한다.
③ 용융점은 약 930℃로 산화가 잘된다.
④ 전기전도도는 알루미늄보다 낮으나 절삭성은 좋다.

|해설| 마그네슘의 용융점 : 650℃

65 다음 중 일반적으로 담금질에서 요구되지 않는 것은?
① 담금질 경도가 높을 것
② 경화 깊이가 깊을 것
③ 담금질 균열의 발생이 없을 것
④ 담금질 연화가 잘 될 것

|해설| 담금질 목적 : 경도 및 강도 증가

Answer 60 ② 61 ④ 62 ② 63 ④ 64 ③ 65 ④

66 담금질에 의한 변형에 관한 설명 중 틀린 것은?

① 열응력으로 생김　　　　② 경화 상태의 불균일로 생김
③ 탄소함유량 변화　　　　④ 변태 응력으로 생김

| 해설 | 담금질 변형 : 재료를 경화시키기 위하여 급속히 냉각시키면 재료 내외의 온도차에 의한 열응력과 변태응력으로 인하여 내부변형 또는 균열이 발생한다.

67 다음 중 가단주철을 설명한 것으로 가장 적합한 것은?

① 기계적 특성과 내식성, 내열성을 향상시키기 위해 Mn, Si, Ni, Cr, Mo, V, Al, Cu 등의 합금원소를 첨가한 것이다.
② 탄소량 2.5% 이상의 주철을 주형에 주입한 그 상태로 흑연을 구상화한 것이다.
③ 표면을 칠(chill)상에서 경화시키고 내부조직은 펄라이트와 흑연인 회주철로 해서 전체적으로 인성을 확보한 것이다.
④ 백주철을 고온도로 장시간 풀림해서 시멘타이트를 분해 또는 감소시키고 인성이나 연성을 증가시킨 것이다.

| 해설 | 가단주철 : 백주철을 풀림 열처리하여 페라이트와 흑연 탄소를 만들어 연성을 갖게 한 주철

68 순철에서 온도변화에 따라 원자배열의 변화가 일어나는 것은?

① 소성변형　　② 동소변태　　③ 자기변태　　④ 황온변태

| 해설 | ① 동소변태 : 온도변화에 따른 결정격자 구조가 변하는 현상
　　　② 자기변태 : 온도변화에 따라 자성의 크기가 변화하는 현상

69 다음 중 Mn 26.3%, Al 13% 나머지가 구리인 합금으로 강자성체인 것은?

① 스테인리스강　　② 고망간강　　③ 포금　　④ 호이슬러 합금

70 다음 중 플라스틱 재료 중에서 내충격성이 가장 좋은 것은?

① 폴리스틸렌　　② 폴리카보네이트　　③ 폴리에틸렌　　④ 폴리프로필렌

| 해설 | 폴리카보네이트 : 열가소성 플라스틱의 일종으로 내충격성, 내열성, 투명성 등의 특징이 있다.

71 그림에서 표기하고 있는 밸브의 명칭은 무엇인가?

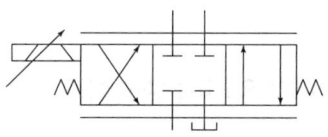

① 셔틀밸브　　② 파일럿밸브　　③ 서보밸브　　④ 교축전환밸브

| 해설 | 서브밸브 : 입력신호에 따라 유체의 유량과 압력을 제어하는 밸브이다.

Answer ■ 66 ③　67 ④　68 ②　69 ④　70 ②　71 ③

72 일반적으로 지점도유를 사용하며 유압시스템의 온도도 60~80℃ 정도로 높은 상태에서 운전하여 유압시스템 구성기기의 이물질을 제거하는 작업은?

① 엠보싱　　② 블랭킹　　③ 커미싱　　④ 플러싱

73 방향전환 밸브에서 밸브와 관로가 접속되는 통로의 수를 무엇이라고 하는가?

① 방수(number of way)　　② 포트수(number of port)
③ 스풀수(number of spool)　　④ 위치수(number of position)

74 유압호스에 관한 설명으로 옳지 않은 것은?

① 진동을 흡수한다.
② 유압회로의 서지 압력을 흡수한다.
③ 고압 회로로 변환하기 위해 사용한다.
④ 결합부의 상대 위치가 변하는 경우 사용한다.

75 유압장치에 사용되는 밸브를 압력제어밸브, 방향제어밸브, 유량제어밸브 등으로 분류하였다면, 이는 어떤 기준에 의해 분류한 것인가?

① 기능상의 분류　　② 조작 방식상의 분류
③ 구조상의 분류　　④ 접속 형식상의 분류

76 유압회로의 엑추에이터(actuator)에 걸리는 부하의 변동, 회로압의 변화, 기타의 조작에 관계없이 유압 실린더를 필요한 위치에 고정하고 자유운동이 일어나지 못하도록 방지하기 위한 회로는?

① 증압회로　　② 로크회로　　③ 감압회로　　④ 무부하회로

77 다음 중 오일의 점성을 이용한 유압응용장치는?

① 압력계　　② 토크 컨버터　　③ 진동개폐밸브　　④ 쇼크 업소버

| 해설 | 쇼크업소버 : 스프링, 고무, 공기압, 유압 등을 이용하여 운동에너지를 흡수하는 기계적 충격을 완화시키는 장치로 차량, 항공기 등에 장착된다.

78 유압장치의 특징으로 옳지 않은 것은?

① 자동제어가 가능하다.
② 공기압보다 작동속도가 빠르다.
③ 소형장치로 큰 출력을 얻을 수 있다.
④ 유온의 변화에 따라 출력 효율이 변화된다.

72 ④　73 ②　74 ③　75 ①　76 ②　77 ④　78 ②　•Answer

79 기어펌프에서 발생하는 폐입현상을 방지하기 위한 방법으로 가장 적절한 것은?

① 오일을 보충한다.
② 베인을 교환한다.
③ 베어링을 교환한다.
④ 릴리프 홈이 적용된 기어를 사용한다.

| 해설 | 폐입현상 : 토출측까지 운반된 오일의 일부는 기어의 맞물림에 의해 두 기어의 틈새에 폐쇄되어 다시 원래의 흡입측으로 되돌려지는 현상

80 작동유의 압력이 700N/cm²이고, 유량이 30 ℓ/min인 유압모터의 출력토크는 약 몇 N·m인가? (단, 1회전 당 배출유량은 25cc/rev 이다.)

① 28   ② 42   ③ 56   ④ 74

| 해설 | $T = \dfrac{P \cdot q}{2\pi} = \dfrac{700 \times 10^4 \times 25 \times 10^{-6}}{2\pi} = 27.87 \, \text{N} \cdot \text{m}$

5과목 기계제작법 및 기계동력학

81 CNC선반에서 프로그램으로 사용할 수 없는 기능은?

① 이송속도의 선정
② 절삭속도와 주축회전수의 선정
③ 공구의 교환
④ 가공물의 장착, 제거

| 해설 | 수동프로그램의 어드레스 기능
　　　① 준비기능(G)
　　　② 이송기능(F) : 이송속도제어
　　　③ 주축기능(S) : 주축속도 및 회전수제어
　　　④ 공구기능(T) : 공구선택 및 공구보정 기능

82 딥 드로잉(deep drawing) 가공의 특징이 아닌 것은?

① 큰 단면감소율을 얻을 수 있다.
② 복잡한 형상에서도 금속의 유동이 잘 된다.
③ 중간에 어닐링(annealing)이 필요 없다.
④ 압판압력을 정확히 조정할 필요가 없다.

| 해설 | 딥드로잉 가공 : 판재를 다이 구멍에 밀어 넣어 밑이 있는 용기를 만드는 가공

83 평면도를 측정할 때, 가장 관계가 적은 측정기는?

① 수준기   ② 광선정반   ③ 오토콜리메이터   ④ 공구현미경

| 해설 | 공구현미경 : 나사의 각도, 피치, 바이트의 각도 등 측정할 수 있으며 0.01~0.001mm까지 측정 가능하다.

Answer ■ 79 ④   80 ①   81 ④   82 ④   83 ④

84 선반에서 절삭비(cutting ratio, r)의 표현식으로 옳은 것은? (단, $\emptyset$는 전단각, α는 공구 윗면 경사각이다.)

① $r = \dfrac{\cos(\emptyset - \alpha)}{\sin \emptyset}$ ② $r = \dfrac{\sin(\emptyset - \alpha)}{\cos \emptyset}$

③ $r = \dfrac{\cos \emptyset}{\sin(\emptyset - \alpha)}$ ④ $r = \dfrac{\sin \emptyset}{\cos(\emptyset - \alpha)}$

85 방전가공의 특징 설명으로 틀린 것은?
① 전극의 형상대로 정미하게 가공할 수 있다.
② 숙련된 전문 기술자만 할 수 있다.
③ 전극 및 가공물에 큰 힘이 가해지지 않는다.
④ 가공물의 경도와 관계없이 가공이 가능하다.

| 해설 | 방전가공 : 가공액 속의 일감과 전극 사이에 ⊕, ⊖ 전류를 흘려보내며 간격을 좁혀주면 아크열이 발생하여 일감은 가공액의 기화작용으로 미소량씩 용해 비산하여 작업이 가능한 가공방법이다.

86 압연공정에서 압연하기 전 원재료의 두께를 40mm, 압연 후 재료를 두께를 20mm로 한다면 압하율(draft percent)은 얼마인가?

① 20%   ② 30%   ③ 40%   ④ 50%

| 해설 | 압하율 $= \dfrac{H_0 - H_1}{H_0} = \dfrac{40-20}{40} \times 100 = 50\%$

87 방전가공의 전극 재질로 적합한 것은?
① 아연   ② 구리   ③ 연강   ④ 다이아몬드

| 해설 | 방전가공시 전극재료로는 흑연, 텅스텐, 구리 및 구리합금 등이 사용된다.

88 목형에 라카나 니스 등의 도료를 칠하는 이유로 가장 적합한 이유는?
① 건조가 잘 되게 하기 위하여
② 습기를 방지하고 모래의 분리를 쉽게 하기 위하여
③ 보기 좋게 하기 위하여
④ 주물사의 강도에 잘 견디게 하기 위하여

| 해설 | 목형의 도장 : 래커, 니스, 알루미늄 분말 등을 사용하여 도장함으로써 수분으로 인한 목형의 변형을 방지하고 주물사와 잘 분리되도록 하는 것이 목적이다.

89 절삭가공을 할 때 발생하는 가공변질층에 관한 설명 중 틀린 것은?
① 가공변질층은 절삭저항의 크기에는 관계가 없다.
② 가공변질층은 내식성과 내마모성이 좋지 않다.
③ 가공변질층은 흔히 잔류응력이 남는다.
④ 절삭온도는 가공변질층에 영향을 미친다.

| 해설 | 금속표면의 절삭 또는 연삭에 의해 생긴 모재와 제특성이 서로 다른 마무리 표층을 가공변질층이라하며 소성변형, 가공연화, 잔류응력 등이 발생한다.

84 ④ 85 ② 86 ④ 87 ② 88 ② 89 ①   • Answer

90 용접의 종류 중 불활성가스 분위기 내에서 모재와 동일 또는 유사한 금속을 전극으로 하여 모재와의 사이에 아크를 발생시켜 용접하는 것은?

① 피복아크용접　　② MIG 용접　　③ 서브머지드 용접　　④ CO_2 가스 용접

|해설| Ar, Ne, He 등을 불활성가스라 하며 MIG 용접과 TIG 용접 두 가지가 있다.

91 두 파동 $x_1 = \sin \omega t$, $x_2 = \cos \omega t$를 합성하였을 때, 진폭과 위상각으로 옳은 것은?

① 진폭은 $\sqrt{2}$, 위상각은 $90°$　　② 진폭은 2, 위상각은 $45°$
③ 진폭은 $\sqrt{2}$, 위상각은 $60°$　　④ 진폭은 $\sqrt{2}$, 위상각은 $45°$

|해설| $x = x_1 + x_2 = \sin \omega t + \cos \omega t = X \sin(wt + \emptyset) = X(\sin \omega t \cdot \cos \emptyset + \cos \omega t \cdot \sin \emptyset)$
$X \cdot \cos \emptyset = 1$
$X \cdot \sin \emptyset = 1$
$X^2 \cos^2 \emptyset + X^2 \cdot \sin^2 \emptyset = 2$
$X^2 = 2$, $X = \sqrt{2}$
$\dfrac{\sin \emptyset}{\cos \emptyset} = 1 = \tan \emptyset$
$\emptyset = \tan^{-1}(1) = 45°$

92 반경 r인 균일한 원판이 평면위에서 미끄럼 없이 각속도 ω, 각가속도 α로 굴러가고 있다. 이 원판 중심점의 수평방향의 가속도 성분의 크기는?

① $r\alpha$　　② $r\omega$　　③ ω^2/r　　④ α^2/r

|해설|
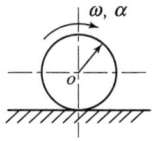
① $V_o = r \cdot w$
② $a_o = r \cdot \alpha$

93 질량 0.6kg인 강철 블록이 오른쪽으로 4m/s의 속도로 이동하고, 질량 0.9kg인 강철 블록이 왼쪽으로 2m/s의 속도로 이동하다가 정면으로 충돌하였다. 반발계수가 0.75일 때 충돌하는 동안 손실된 에너지는 약 몇 J 인가?

① 2.8　　② 3.8　　③ 6.6　　④ 10.4

|해설| $m_1 V_1 - m_2 V_2 = m_1 V_1' + m_2 V_2'$
$0.6 \times 4 - 0.9 \times 2 = 0.6 V_1' + 0.9 V_2'$
$0.6 V_1' + 0.9 V_2' = 0.6 - ①$
$e = \dfrac{-(V_1' - V_2')}{V_1 - V_2} = \dfrac{-(V_1' - V_2')}{4 + 2} = 0.75$
$V_2' - V_2' = 4.5 - ②$
$0.6 V_1' + 0.9(4.5 + V_1') = 0.6$
$V_1' = -2.3 \text{m/sec}$
$V_2' = 2.2 \text{m/sec}$
③ 충돌 전 운동에너지 합
$\dfrac{1}{2} m_1 V_1^2 + \dfrac{1}{2} m_2 V_2^2 = \dfrac{1}{2} \times 0.6 \times 4^2 + \dfrac{1}{2} \times 0.9 \times 2^2 = 6.6 \text{N} \cdot \text{m}$

Answer ■ 90 ②　91 ④　92 ①　93 ①

④ 충돌 후 운동에너지 합
$\frac{1}{2}m_1V_1'^2 + \frac{1}{2}m_2V_2'^2 = \frac{1}{2}\times 0.6\times 2.3^2 + \frac{1}{2}\times 0.9\times 2.2^2 = 3.765\,\text{N}\cdot\text{m}$
⑤ 에너지 손실 = 3.765 − 6.6 = −2.835 N·m

94 중량 2400N, 회전수 1500rpm인 공기 압축기가 있다. 스프링으로 균등하게 6개소를 지지시켜 진동수비를 2.4로 할 때, 스프링 1개의 스프링 상수를 구하면 약 몇 kN/m 인가? (단, 감쇠비는 무시한다.)

① 175 ② 165 ③ 194 ④ 125

| 해설 |
$\omega = \frac{2\pi N}{60} = \frac{2\pi \times 1500}{60} = 157\,\text{rad/sec}$
$\omega_n = \frac{157}{2.4} = 65.42$
$\omega_n = \sqrt{\frac{K}{m}}$
$K = M\omega_n^2 = \frac{2400 \times 65.42^2}{6 \times 9.8} \times 10^{-3} = 174.68\,\text{kN/m}$

95 질량 관성모멘트가 20kg·m²인 플라이 휠(filwheel)을 정지 상태로부터 10초 후 3600rpm으로 회전시키기 위해 일정한 비율로 가속하였다. 이때 필요한 토크는 약 몇 N·m 인가?

① 654 ② 754 ③ 854 ④ 954

| 해설 | $T = J\cdot \alpha = 20 \times \left(\frac{2\pi \times 3600}{10 \times 60}\right) = 753.6\,\text{N}\cdot\text{m}$

96 그림과 같이 한 개의 움직 도르래와 한 개의 고정 도르래로 연결된 시스템의 고유 각진동수는? (단, 도르래의 질량은 무시한다.)

① $\sqrt{\frac{k}{m}}$
② $\sqrt{\frac{2k}{m}}$
③ $\sqrt{\frac{3k}{m}}$
④ $\sqrt{\frac{4k}{m}}$

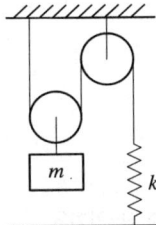

| 해설 |
$x = X\sin\omega t$
$\dot{x} = X\cdot\omega\cdot\cos\omega t$
$T_{max} = V_{max}$
$\frac{1}{2}mX^2\cdot\omega^2 = \frac{1}{2}K(2X)^2$
$m\omega^2 = 4K$
$\omega^2 = \frac{4K}{m},\ \omega = \sqrt{\frac{4K}{m}}$

97 회전하는 원판 위의 점 P에서 접선 가속도가 10m/s². 법선 가속도가 5m/s²일 때, 이 점 P에서의 가속도의 크기는 몇 m/s²인가?

① 2.2 ② 3.9 ③ 7.1 ④ 11.2

| 해설 | $a_p = \sqrt{a_t^2 + a_n^2} = \sqrt{10^2 + 5^2} = 11.18\,\text{m/sec}^2$

94 ① 95 ② 96 ④ 97 ④ • **Answer**

98 무게 10kN의 구를 위치 A에서 정지 상태로 놓았을 때, 구가 위치 B를 통과할 때의 속도는 약 몇 cm/s인가?

① 102
② 105
③ 107
④ 110

| 해설 | $\sum F = m \cdot a_\theta$
$mg \cdot \sin\theta = m\ell \cdot \alpha$
$\alpha = \dfrac{g \cdot \sin\theta}{\ell}$
$\alpha = \dfrac{d\omega}{dt} = \dfrac{d\omega}{d\theta} \cdot \dfrac{d\theta}{dt} = \omega \cdot \dfrac{d\omega}{d\theta}$
$\alpha \cdot d\theta = \omega \cdot d\omega$
$\int_0^{45°} \dfrac{g \cdot \sin\theta}{\ell} d\theta = \int_{\omega_0}^{\omega} \omega d\omega$
$-\dfrac{g}{\ell}\cos\theta \Big|_0^{45°} = \dfrac{\omega^2}{2}$
$\omega^2 = -\dfrac{2g}{\ell}(\cos 45° - \cos 0°)$
$\omega = 5.36\, \text{rad/sec}$
$V_B = \ell \cdot \omega = 20 \times 5.36 = 107.2\, \text{cm/sec}$

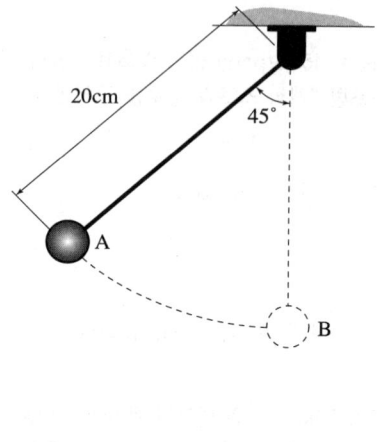

99 질량이 2500kg인 화물차가 수평면에서 견인되고 있다. 정지 상태로부터 일정한 가속도로 견인되어 150m를 움직였을 때, 속도가 8m/s이었다면, 화물차에 가해진 수평견인력의 크기는 약 몇 N 인가?

① 443   ② 533   ③ 622   ④ 712

| 해설 | $V^2 - V_0^2 = 2as$
$a = \dfrac{8^2}{2 \times 150} = 0.213\, \text{m/sec}$
$F = ma = 2500 \times 0.213 = 532.5\, \text{N}$

100 다음 1자유도계의 감쇠 고유 진동수는 몇 Hz인가?

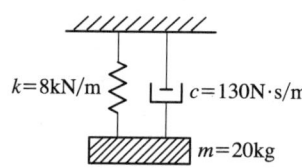

① 1.14   ② 2.14   ③ 3.14   ④ 4.14

| 해설 | $\zeta = \dfrac{C}{2\sqrt{km}} = \dfrac{130}{2\sqrt{8 \times 10^3 \times 20}} = 0.1625$
$\omega_n = \sqrt{\dfrac{k}{m}} = \sqrt{\dfrac{8 \times 10^3}{20}} = 20\, \text{rad/sec}$
$\omega_d = \sqrt{1-\zeta^2}\,\omega_n = \sqrt{1-0.1625^2} \times 20 = 19.73\, \text{rad/sec}$
$f_d = \dfrac{W_d}{2\pi} = 3.14\, \text{Hz}$

Answer ■ 98 ③   99 ②   100 ③

2014 기출문제 — 5월 25일 시행

1과목 재료역학

01 그림과 같은 보에서 균일 분포하중(ω)과 집중하중(P)이 동시에 작용할 때 굽힘 모멘트의 최대값은?

① $\ell(P-\omega\ell)$
② $\dfrac{\ell}{2}(P-\omega\ell)$
③ $\ell(P+\omega\ell)$
④ $\dfrac{\ell}{2}(P+\omega\ell)$

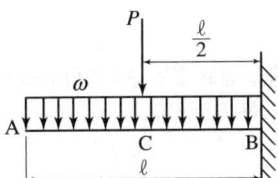

| 해설 | $M_{max} = \dfrac{P\ell}{2} + \dfrac{\omega\ell^2}{2} = \dfrac{\ell}{2}(P+\omega\ell)$

02 길이가 3m이고, 지름이 16mm인 원형 단면봉에 30kN의 축하중을 작용시켰을 때 탄성 신장량 2.2mm가 생겼다. 이 재료의 탄성계수는 약 몇 GPa인가?

① 203   ② 20.3   ③ 136   ④ 13.7

| 해설 | $E = \dfrac{\sigma}{\varepsilon} = \dfrac{P \cdot \ell}{A \cdot \delta} = \dfrac{4 \times 30 \times 10^3 \times 3}{\pi \times 0.016^2 \times 0.0022} = 203.57\,\text{GPa}$

03 단면계수가 0.01m³인 사각형 단면의 양단 고정보가 2m의 길이를 가지고 있다. 중앙에 최대 몇 kN의 집중하중을 가할 수 있는가? (단, 재료의 허용 굽힘응력은 80MPa이다.)

① 800   ② 1600   ③ 2400   ④ 3200

| 해설 | $\sigma_a = \dfrac{M_{max}}{Z} = \dfrac{P \cdot \ell}{Z \times 8}$
$80 \times 10^6 = \dfrac{P \times 2}{0.01 \times 8}$
$P = 3200\,\text{kN}$

Answer 1 ④   2 ①   3 ④

04 다음과 같은 단면에 대한 2차 모멘트 I_z는?

① $18.6 \times 10^6 \text{mm}^4$
② $21.6 \times 10^6 \text{mm}^4$
③ $24.6 \times 10^6 \text{mm}^4$
④ $27.6 \times 10^6 \text{mm}^4$

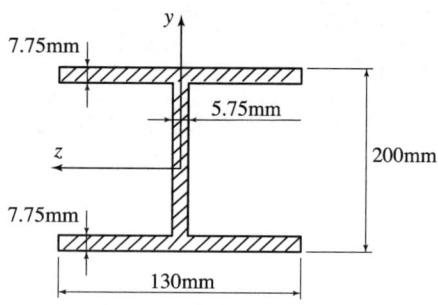

| 해설 | $I_Z = \dfrac{130 \times 200^3}{12} - \dfrac{(130-5.75) \times (200-7.75 \times 2)^3}{12} = 21.64 \times 10^6 \text{ mm}^4$

05 그림과 같이 비틀림 하중을 받고 있는 중공축의 a-a 단면에서 비틀림 모멘트에 의한 최대 전단응력은? (단, 축의 외경은 10cm, 내경은 6cm이다.)

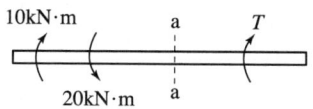

① 25.5MPa ② 36.5MPa ③ 47.5MPa ④ 58.5MPa

| 해설 | $\tau_{\max} = \dfrac{T}{Z_P} = \dfrac{16T}{\pi d_2^3 (1-x^4)} = \dfrac{16 \times (20-10) \times 10^3}{\pi \times 0.1^3 \left\{ 1 - \left(\dfrac{6}{10}\right)^4 \right\}} = 58.54 \text{ MPa}$

06 지름이 10mm이고, 길이가 3m인 원형 축이 716rpm으로 회전하고 있다. 이 축의 허용 전단응력이 160MPa인 경우 전달할 수 있는 최대 동력은 약 몇 kW인가?

① 2.36 ② 3.15 ③ 6.28 ④ 9.42

| 해설 | $T = 974 \dfrac{H_{kW}}{N} = \tau_a \cdot Z_P$

$974 \times 9.8 \times \dfrac{H_{kW}}{716} = 160 \times 10^6 \times \dfrac{\pi \times 0.01^3}{16}$

$H_{kW} = 2.36 \text{ kW}$

Answer ■ 4 ② 5 ④ 6 ①

07 다음 그림과 같은 구조물에서 비틀림각 θ는 약 몇 rad인가? (단, 봉의 전단탄성계수 G=120GPa이다.)

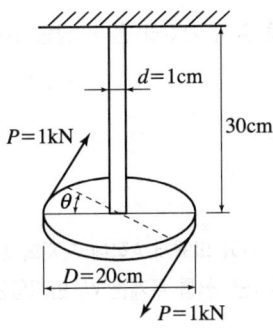

① 0.12 ② 0.5 ③ 0.05 ④ 0.032

| 해설 | $\theta = \dfrac{T \cdot \ell}{G \cdot T_P} = \dfrac{32 \times 1 \times 10^3 \times 0.20 \times 0.3}{120 \times 10^9 \times \pi \times 0.01^4} = 0.51$ rad

08 다음과 같은 외팔보에 집중하중과 모멘트가 자유단 B에 작용할 때 B점의 처짐은 몇 mm인가? (단, 굽힘강성 EI=10MN·m²이고, 처짐 δ의 부호가 +이면 위로, −이면 아래로 처짐을 의미한다.)

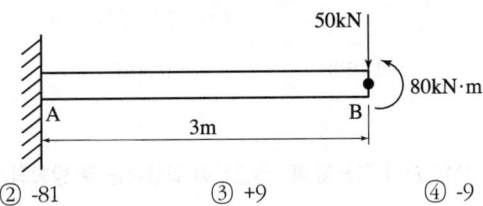

① +81 ② -81 ③ +9 ④ -9

| 해설 | $\delta_1 = \dfrac{50 \times 10^3 \times 3^3}{3 \times 10 \times 10^6} = 0.045$ m ⊖

$\delta_2 = \dfrac{M\ell^2}{2EI} = \dfrac{80 \times 10^3 \times 3^2}{2 \times 10 \times 10^6} = 0.036$ m ⊕

$\delta = \delta_1 + \delta_2 = -9 \times 10 - 3$m $= -9$mm

09 단면적이 2cm²이고 길이가 4m인 환봉에 10kN의 축 방향하중을 가하였다. 이때 환봉에 발생한 응력은?

① 5000N/m² ② 2500N/m² ③ 5×10^7N/m² ④ 5×10^5N/m²

| 해설 | $\sigma = \dfrac{10 \times 10^3}{2 \times 10^{-4}} = 5 \times 10^7$ N/m²

7 ② 8 ④ 9 ③ ■ Answer

10 길이 L, 단면 2차 모멘트 I, 탄성 계수 E인 긴 기둥의 좌굴 하중 공식은 $\dfrac{\pi^2 EI}{(kL)^2}$ 이다. 여기서 k의 값은 기둥의 지지 조건에 따른 유효 길이 계수라 한다. 양단 고정일 때 k의 값은?

① 2 ② 1 ③ 0.7 ④ 0.5

| 해설 | $n = \dfrac{1}{k^2} = 4$, $k = 0.5$

11 일정한 두께를 갖는 반원통이 핀에 의해서 A점에 지지되고 있다. 이때 B점에서 마찰이 존재하지 않는다고 가정할 때 A점에서의 반력은? (단, 원통 무게는 W, 반지름은 r이며, A, O, B점은 지구중심방향으로 일직선에 놓여있다.)

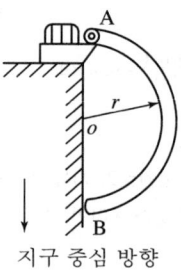

① 1.80W ② 1.05W ③ 0.80W ④ 0.50W

12 원통형 압력용기에 내압 P가 작용할 때, 원통부에 발생하는 축 방향의 변형률 ε_x 및 원주 방향 변형률 ε_y는? (단, 강판의 두께 t는 원통의 지름 D에 비하여 충분히 작고, 강판 재료의 탄성계수 및 포아송 비는 각각 E, ν이다.)

① $\varepsilon_x = \dfrac{PD}{4tE}(1-2\nu),\ \varepsilon_y = \dfrac{PD}{4tE}(1-\nu)$
② $\varepsilon_x = \dfrac{PD}{4tE}(1-2\nu),\ \varepsilon_y = \dfrac{PD}{4tE}(2-\nu)$
③ $\varepsilon_x = \dfrac{PD}{4tE}(2-\nu),\ \varepsilon_y = \dfrac{PD}{4tE}(1-\nu)$
④ $\varepsilon_x = \dfrac{PD}{4tE}(1-\nu),\ \varepsilon_y = \dfrac{PD}{4tE}(2-\nu)$

| 해설 | $\varepsilon_x = \dfrac{\sigma_x}{E} - \nu\dfrac{\sigma_y}{E} = \dfrac{P \cdot D}{E \times 4t} - \nu\dfrac{P \cdot D}{E \times 2t} = \dfrac{P \cdot D}{4tE}(1-2\nu)$

$\varepsilon_y = \dfrac{\sigma_y}{E} - \nu\dfrac{\sigma_x}{E} = \dfrac{P \cdot D}{4tE}(2-\nu)$

Answer ■ 10 ④ 11 ② 12 ②

13 다음 중 금속재료의 거동에 대한 일반적인 설명으로 틀린 것은?

① 재료에 가해지는 응력이 일정하더라도 오랜 시간이 경과하면 변형률이 증가할 수 있다.
② 재료의 거동이 탄성한도로 국한된다고 하더라도 반복하중이 작용하면 재료의 강도가 저하될 수 있다.
③ 일반적으로 크리프는 고온보다 저온상태에서 더 잘 발생한다.
④ 응력-변형률 곡선에서 하중을 가할 때와 제거할 때의 경로가 다르게 되는 현상을 히스테리시스라 한다.

14 그림과 같은 형태로 분포하중을 받고 있는 단순지지보가 있다. 지지점 A에서의 반력 R_A는 얼마인가? (단, 분포하중 $\omega(x) = \omega_o \sin \frac{\pi x}{L}$)

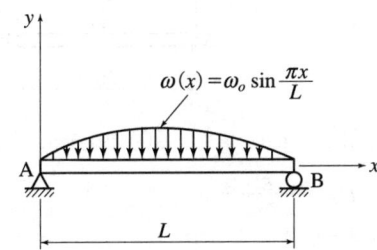

① $\dfrac{2\omega_o L}{\pi}$ ② $\dfrac{\omega_o L}{\pi}$ ③ $\dfrac{\omega_o L}{2\pi}$ ④ $\dfrac{\omega_o L}{2}$

| 해설 | $\int_0^\ell \omega(x)dx = \int_0^\ell \omega_o \cdot \sin\left(\frac{\pi x}{\ell}\right)dx = -\omega_o \cdot \frac{\ell}{\pi} \cdot \cos\left(\frac{\pi x}{\ell}\right)\Big|_0^\ell = \frac{\omega_o \cdot \ell}{\pi} + \frac{\omega_o \ell}{\pi} = \frac{2\omega_o \cdot \ell}{\pi}$

$R_A = R_B = \dfrac{\omega_o \cdot \ell}{\pi}$

15 평면응력 상태에 있는 어떤 재료가 2축 방향에 응력 $\sigma_x > \sigma_y > 0$가 작용하고 있을 때 임의의 경사 단면에 발생하는 법선 응력 σ_n은?

① $\sigma_x \cos 2\theta + \sigma_x \sin 2\theta$
② $\sigma_x \sin 2\theta + \sigma_x \cos 2\theta$
③ $\sigma_x \cos \theta + \sigma_x \sin \theta$
④ $\sigma_x \cos^2 \theta + \sigma_x \sin^2 \theta$

| 해설 |

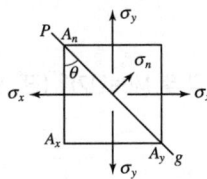

$\sum F_n = 0$

$\sigma_n \cdot A_n - \sigma_x \cdot A_x \cdot \cos\theta - \sigma_y \cdot A_y \cdot \sin\theta = 0$

$A_x = A_n \cdot \cos\theta, \quad A_y = A_n \cdot \sin\theta$

$\sigma_n = \sigma_x \cdot \cos^2\theta + \sigma_y \sin^2\theta$

13 ③ 14 ② 15 ④   • Answer

16 그림과 같이 서로 다른 2개의 봉에 의하여 AB봉이 수평으로 있다. AB봉을 수평으로 유지하기 위한 하중 P의 작용점의 위치 x의 값은? (단, A단에 연결된 봉의 세로탄성계수는 210GPa, 길이는 3m, 단면적은 2cm²이고, B단에 연결된 봉의 세로탄성계수는 70GPa, 길이는 1.5m, 단면적은 4cm²이며, 봉의 자중은 무시한다.)

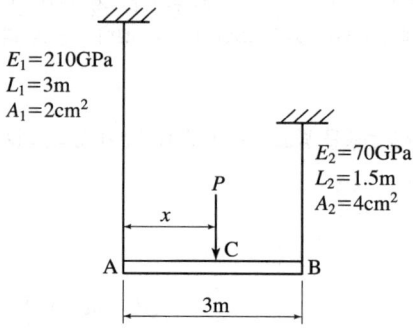

① 144.6cm ② 171.4cm ③ 191.5cm ④ 213.2cm

| 해설 | $P_1 = \dfrac{A_1 \cdot E_1 \cdot \delta_1}{\ell_1}$, $P_2 = \dfrac{A_2 \cdot E_2 \cdot \delta_2}{\ell_2}$

$P_1 \cdot x = P_2 \cdot (3-x)$, $\delta_1 = \delta_2 = \delta$

$(P_1 + P_2)x = 3P_2$

$\left(\dfrac{A_1 \cdot E_1}{\ell_1} + \dfrac{A_2 \cdot E_2}{\ell_2}\right) x \cdot \delta = 3 \cdot \dfrac{A_2 E_2}{\ell_2} \cdot \delta$

$\left(\dfrac{2 \times 210}{3} + \dfrac{4 \times 70}{1.5}\right) x = \dfrac{3 \times 4 \times 70}{1.5}$

$x = 1.714 \text{ m} = 171.4 \text{cm}$

17 길이가 L이고 직경이 d인 강봉을 벽 사이에 고정하였다. 그리고 온도를 $\triangle T$만큼 상승시켰다면 이때 벽에 작용하는 힘은 어떻게 표현되나? (단, 강봉의 탄성계수는 E이고, 선팽창계수는 α이다.)

① $\dfrac{\pi E \alpha \triangle T d^2}{2}$ ② $\dfrac{\pi E \alpha \triangle T d^2}{4}$ ③ $\dfrac{\pi E \alpha \triangle T d^2 L}{8}$ ④ $\dfrac{\pi E \alpha \triangle T d^2 L}{16}$

| 해설 | $\sigma = E \cdot \varepsilon = E \cdot \alpha \cdot \triangle t = \dfrac{P}{A}$

$P = E \cdot \alpha \cdot \triangle t \cdot A = \dfrac{E \alpha \triangle t \cdot \pi d^2}{4}$

18 그림과 같이 사각형 단면을 가진 단순보에서 최대 굽힘응력은 약 몇 MPa인가? (단, 보의 굽힘강성은 EI는 일정하다.)

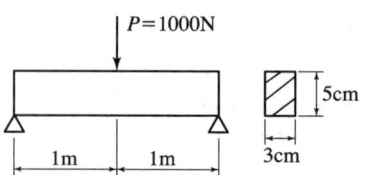

① 80 ② 74.5 ③ 60 ④ 40

| 해설 | $\sigma_{max} = \dfrac{M_{max}}{Z} = \dfrac{6 \times 1000 \times 2}{0.03 \times 0.05^2 \times 4} \times 10^{-6} = 40 \text{ MPa}$

Answer ▪ 16 ② 17 ② 18 ④

19 재료의 허용 전단응력이 150N/mm²인 보에 굽힘 하중이 작용하여 전단력이 발생한다. 이 보의 단면은 정사각형으로 가로, 세로의 길이가 각각 5mm이다. 단면에 발생하는 최대 전단응력이 허용 전단응력보다 작게 되기 위한 전단력의 최대치는 몇 N인가?

① 2500 ② 3000 ③ 3750 ④ 5625

| 해설 | $\tau_{max} = \dfrac{3}{2}\dfrac{F}{A}$

$150 \times 10^6 = \dfrac{3}{2} \times \dfrac{F}{0.005^2}$

$F = 2500$ N

20 그림과 같이 등분포하중 w가 가해지고 B점에서 지지되어 있는 고정 지지보가 있다 A점에 존재하는 반력 중 모멘트는?

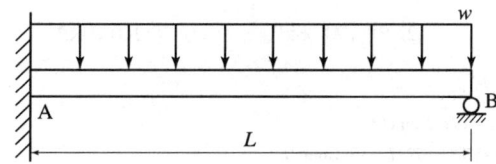

① $\dfrac{1}{8}wL^2$ (시계방향)   ② $\dfrac{1}{8}wL^2$ (반시계방향)

③ $\dfrac{7}{8}wL^2$ (시계방향)   ④ $\dfrac{7}{8}wL^2$ (반시계방향)

| 해설 | $M_A = \dfrac{w\ell^2}{2} - \dfrac{3w\ell^2}{8} = \dfrac{w\ell^2}{8}$ (반시계방향)

2과목 기계열역학

21 열병합발전시스템에 대한 설명으로 옳은 것은?

① 증기 동력 시스템에서 전기와 함께 공정용 또는 난방용 스팀을 생산하는 시스템이다.
② 증기 동력 사이클 상부에 고온에서 작동하는 수은 동력 사이클을 결합한 시스템이다.
③ 가스 터빈에서 방출되는 폐열을 증기 동력 사이클의 열원으로 사용하는 시스템이다.
④ 한 단의 재열사이클과 여러 단의 재생사이클의 복합 시스템이다.

| 해설 | 열병합발전시스템 : 가스, 석유 등의 연료를 에너지원으로 하여 증기 터빈 또는 엔진을 구동시켜서 발전하고 터빈의 배기를 이용해서 지역 난방을 하므로 에너지 절약성이 높아 최근 보급률이 높은 시스템이다.

22 27℃의 물 1kg과 87℃의 물 1kg이 열의 손실없이 직접 혼합될 때 생기는 엔트로피의 차는 다음 중 어느 것에 가장 가까운가? (단, 물의 비열은 4.18kJ/kg·K로 한다.)

① 0.035kJ/K ② 1.36kJ/K ③ 4.22kJ/K ④ 5.02kJ/K

| 해설 | $m_1 C_{w1} \cdot (T_m - 27) = m_2 C_{w2}(87 - T_m)$

$2T_m = 87 + 27$, $T_m = 57$℃

$\triangle S = m_1 C_{w1} \cdot \ell_n\left(\dfrac{T_m}{T_1}\right) + m_2 C_{w2} \cdot \ell_n\left(\dfrac{T_m}{T_2}\right) = 1 \times 4.18 \times \left\{\ell_n\left(\dfrac{57+273}{27+273}\right) + \ell_n\left(\dfrac{57+273}{87+273}\right)\right\} = 0.035$ kJ/K

19 ① 20 ② 21 ① 22 ①   • Answer

23 압력이 일정할 때 공기 5kg을 0℃에서 100℃까지 가열하는데 필요한 열량은 약 몇 kJ인가? (단, 공기비열 Cp(kJ/kg ℃)=1.01+0.000079t(℃)이다.)

① 102　　　② 476　　　③ 490　　　④ 507

|해설| $_1Q_2 = m \int_1^2 (1.01 + 0.000079t) dt$

$= m \left(1.01t + \frac{0.000079 t^2}{2} \right) \Big|_0^{100}$

$= 5 \times \left(1.01 \times 100 + \frac{0.000079 \times 100^2}{2} \right)$

$= 507 \text{ kJ}$

24 수은주에 의해 측정된 대기압이 753mmHg일 때 진공도 90%의 절대압력은? (단, 수온의 밀도는 13600kg/m^3, 중력가속도는 9.8m/s^{2}이다.)

① 약 200.08kPa　② 약 190.08kPa　③ 약 100.04kPa　④ 약 10.04kPa

|해설| 진공도 $= \frac{\text{진공압}}{\text{대기압}}$

$P_g = 0.9 \times 753 = 677.7 \text{ mmHg}$

$P_a = P_o - P_g = 753 - 677.7 = 75.3 \text{ mmHg}$

$= 75.3 \times \frac{101325}{760} \times 10^{-3}$

$= 10.04 \text{ KPa}$

25 실린더 내의 유체가 68kJ/kg의 일을 받고 주위에 36kJ/kg의 열을 방출하였다. 내부에너지의 변화는?

① 32kJ/kg 증가　② 32kJ/kg 감소　③ 104kJ/kg 증가　④ 104kJ/kg 감소

|해설| $_1Q_2 = \triangle u + W$

$\triangle u = -36 + 68 = 32 \text{kJ/kg} \uparrow$

26 완전히 단열된 실린더 안의 공기가 피스톤을 밀어 외부로 일을 하였다. 이때 일의 양은? (단, 절대량을 기준으로 한다.)

① 공기의 내부에너지 차　　② 공기의 엔탈피 차
③ 공기의 엔트로피 차　　　④ 단열되었으므로 일의 수행은 없다.

|해설| $_1Q_2 = \triangle u + W = 0$

$W = -\triangle u$

27 어떤 가솔린기관의 실린더 내경이 6.8cm, 행정이 8cm일 때 평균유효압력 1200kPa이다. 이 기관의 1행정 당 출력(kJ)은?

① 0.04　　　② 0.14　　　③ 0.35　　　④ 0.44

|해설| $P_m = \frac{W}{V_S}$

$W = 1200 \times \frac{\pi \times 0.068^2}{4} \times 0.08 = 0.35 \text{ kJ}$

Answer ■　23 ④　24 ④　25 ①　26 ①　27 ③

28 시간당 380000kg의 물을 공급하여 수증기를 생산하는 보일러가 있다. 이 보일러에 공급하는 물의 엔탈피는 830kJ/kg이고, 생산되는 수증기의 엔탈피는 3230kJ/kg이라고 할 때, 발열량이 32000kJ/kg인 석탄을 시간당 34000kg 씩 보일러에 공급한다면 이 보일러의 효율은 얼마인가?

① 22.6% ② 39.5% ③ 72.3% ④ 83.8%

|해설| $\eta = \dfrac{380000 \times (3230 - 830)}{34000 \times 32000} \times 100 = 83.82\%$

29 200m의 높이로부터 250kg의 물체가 땅으로 떨어질 경우 일을 열량으로 환산하면 약 몇 kJ인가? (단, 중력 가속도는 $9.8m/s^2$이다.)

① 79 ② 117 ③ 203 ④ 490

|해설| $Q = W = mgh$
$= 250 \times 9.8 \times 200 \times 10^{-3} = 490 \, kJ$

30 일반적으로 증기압축식 냉동기에서 사용되지 않는 것은?

① 응축기 ② 압축기 ③ 터빈 ④ 팽창밸브

|해설| 증기압축식 냉동기 구성
① 압축기 : 가역단열압축과정
② 응축기 : 정압방열과정
③ 팽창밸브 : 등엔탈피과정
④ 증발기 : 정압(등온)흡열과정

31 경로 함수(path function)인 것은?

① 엔탈피 ② 열 ③ 압력 ④ 엔트로피

|해설| 경로함수(도정함수) : 일과 열
점함수 : 상태량(성질)

32 피스톤이 끼워진 실린더 내에 들어있는 기체가 계로 있다. 이 계에 열이 전달되는 동안 "$PV^{1.3}$=일정" 하게 압력과 체적의 관계가 유지될 경우 기체의 최초압력 및 체적이 200kPa 및 $0.04m^3$이였다면 체적이 $0.1m^3$로 되었을 때 계가 한 일(kJ)은?

① 약 4.35 ② 약 6.41 ③ 약 10.56 ④ 약 12.37

|해설| $\dfrac{T_2}{T_1} = \left(\dfrac{V_1}{V_2}\right)^{n-1} = \left(\dfrac{P_2}{P_1}\right)^{\frac{n-1}{n}}$

$P_2 = 200 \times \left(\dfrac{0.04}{0.1}\right)^{1.3} = 60.77 \, kPa$

$_1W_2 = \dfrac{P_1V_1 - P_2V_2}{n-1} = \dfrac{200 \times 0.04 - 60.77 \times 0.1}{1.3 - 1} = 6.41 \, kJ$

28 ④ 29 ④ 30 ③ 31 ② 32 ② • Answer

33 이상적인 냉동사이클을 따르는 증기압축 냉동장치에서 증발기를 지나는 냉매의 물리적 변화로 옳은 것은?

① 압력이 증가한다.
② 엔트로피가 감소한다.
③ 엔탈피가 증가한다.
④ 비체적이 감소한다.

| 해설 |

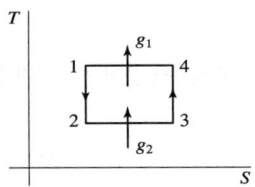 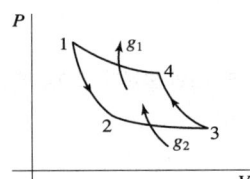

1-2 과정 : 팽창기
2-3 과정 : 증발기
3-4 과정 : 압축기
4-1 과정 : 응축기

34 10℃에서 160℃까지의 공기의 평균 정적비율은 0.7315kJ/kg℃이다. 이 온도변화에서 공기 1kg의 내부에너지 변화는?

① 107.1kJ ② 109.7kJ ③ 120.6kJ ④ 121.7kJ

| 해설 | $\triangle u = mC_V \cdot \triangle T$
$= 1 \times 0.7315 \times (160 - 10) = 109.725$ kJ

35 카르노 열기관의 열효율(η)식으로 옳은 것은? (단, 공급열량은 Q_1, 방열량은 Q_2)

① $\eta = 1 - \frac{Q_2}{Q_1}$ ② $\eta = 1 + \frac{Q_2}{Q_1}$ ③ $\eta = 1 - \frac{Q_1}{Q_2}$ ④ $\eta = 1 + \frac{Q_1}{Q_2}$

| 해설 | $\eta_c = \frac{W}{Q_1} = \frac{Q_1 - Q_2}{Q_1} = 1 - \frac{Q_2}{Q_1} = 1 - \frac{T_L}{T_H}$

36 아래 보기 중 가장 큰 에너지는?

① 100kW 출력의 엔진이 10시간 동안 한 일
② 발열량 10000kJ/kg의 연료를 100kg 연소시켜 나오는 열량
③ 대기압 하에서 10℃ 물 10m³를 90℃로 가열하는데 필요한 열량(물의 비열은 4.2kJ/kg℃이다.)
④ 시속 100km로 주행하는 총 질량 2000kg인 자동차의 운동에너지

| 해설 | ① $W = 100 \times 10 \times 3600 = 3.6$MJ
② $Q = 10000 \times 100 = 1$MJ
③ $Q = 1000 \times 10 \times 4.2 \times (90 - 10) = 3.36$MJ
④ $KE = \frac{1}{2} \times 2000 \times \left(\frac{100 \times 10^3}{3600}\right)^2 = 0.772$ MJ

Answer ■ 33 ③ 34 ② 35 ① 36 ①

37 이상기체의 내부에너지 및 엔탈피는?

① 압력만의 함수이다.　　② 체적만의 함수이다.
③ 온도만의 함수이다.　　④ 온도 및 압력의 함수이다.

38 액체 상태 물 2kg을 30℃에서 80℃로 가열하였다. 이 과정 동안 물의 엔트로피 변화량을 구하면? (단, 액체 상태 물의 비열은 4.184kJ/kgK로 일정하다.)

① 0.6391kJ/K　　② 1.278kJ/K　　③ 4.100kJ/K　　④ 8.208kJ/K

| 해설 | $\Delta S = m \cdot C_w \cdot \ell n \dfrac{T_2}{T_1} = 2 \times 4.184 \times \ell n \left(\dfrac{80+273}{30+273} \right) = 1.278 \text{ kJ/K}$

39 이상기체의 비열에 대한 설명으로 옳은 것은?

① 정적비열과 정압비열의 절대값의 차이가 엔탈피이다.
② 비열비는 기체의 종류에 관계없이 일정하다.
③ 정압비열은 정작비열보다 크다.
④ 일반적으로 압력은 비열보다 온도의 변화에 민감하다.

40 과열과 과냉이 없는 증기 압축 냉동 사이클에서 응축온도가 일정할 때 증발온도가 높을수록 성능계수는?

① 증가한다.
② 감소한다.
③ 증가할 수도 있고, 감소할 수도 있다.
④ 증발온도는 성능계수와 관계없다.

| 해설 |

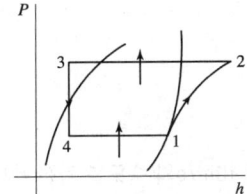

4-1 과정이 증발기로 증발기 온도가 증가하면 냉동효과의 증가와 압축기 일량의 감소로 성능계수는 증가한다.

3과목 기계유체역학

41 안지름이 250mm인 원형관 속을 평균속도 1.2m/s로 유체가 흐르고 있다. 흐름 상태가 완전 발달된 층류라면 단면 최대유속은 몇 m/s인가?

① 1.2 ② 2.4 ③ 1.8 ④ 3.6

| 해설 | $U_{max} = 2U_{mean} = 2 \times 1.2 = 2.4\,\text{m/sec}$

42 어떤 온도의 공기가 50m/s의 속도로 흐르는 곳에서 정압(static pressure)이 120kPa이고, 정체압(stagnation pressure)이 121kPa일 때, 이곳을 흐르는 공기의 온도는 약 몇 ℃인가? (단, 공기의 기체상수는 287J/kg·K이다.)

① 249 ② 278 ③ 522 ④ 556

| 해설 | $P_t = P + \dfrac{\rho V^2}{2}$

$\rho = \dfrac{(121-120) \times 10^3 \times 2}{50^2} = 0.8\,\text{kg/m}^3$

$\dfrac{R}{\rho} = RT$

$T = \dfrac{120 \times 10^3}{0.8 \times 287} - 273 = 249.65\,℃$

43 2차원 공간에서 속도장이 $\vec{V} = 2xt\,\vec{i} - 4y\,\vec{j}$로 주어질 때, 가속도 $\vec{a}$는 어떻게 나타나는가? (여기서, t는 시간을 나타낸다.)

① $4xt\,\vec{i} - 16y\,\vec{j}$　　② $4xt\,\vec{i} + 16y\,\vec{j}$
③ $2x(1+2t^2)\,\vec{i} - 16y\,\vec{j}$　　④ $2x(1+2t^2)\,\vec{i} + 16y\,\vec{j}$

| 해설 | $\vec{a} = \dfrac{\partial V}{\partial t} + u\dfrac{\partial V}{\partial x} + v\dfrac{\partial V}{\partial x}$

$= 2x\,\hat{i} + (2xt)\cdot(2t)\,\hat{i} + (-4y)\cdot(-4\hat{j})$

$= 2x(1+2t^2)\,\hat{i} + 16y\,\hat{j}$

44 속도 3m/s로 움직이는 평판에 이것과 같은 방향으로 수직하게 10m/s의 속도를 가진 제트가 충돌한다. 이 제트가 평판에 미치는 힘 F는 얼마인가? (단, 유체의 밀도를 ρ라 하고 제트의 단면적을 A라 한다.)

① F=10 ρA ② F=100 ρA ③ F=49 ρA ④ F=7 ρA

| 해설 | $F_x = \rho A(V-u)^2 = \rho A(10-3)^2 = 49\rho A$

Answer ■ 41 ②　42 ①　43 ④　44 ③

45 그림과 같이 안지름이 2m인 원관의 하단에 0.4m/s의 평균 속도로 물이 흐를 때, 체적유량은 약 몇 m³/s인가? (그림에서 θ는 120° 이다.)

① 0.25
② 0.36
③ 0.61
④ 0.83

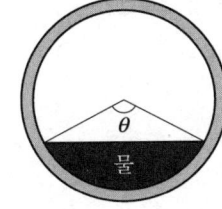

| 해설 | ① 부채꼴면적 $= \frac{1}{2} r^2 \theta$

② 이등변삼각형면적 $= \frac{1}{2} r^2 \sin\theta$

③ $A = \frac{1}{2} r^2 (\theta - \sin\theta)$

$Q = AV = \frac{1}{2} \times 1^2 \times (120 \times \frac{\pi}{180} - \sin 120°) \times 0.4 = 0.25 \, \text{m}^3/\text{sec}$

46 길이 100m인 배가 10m/s의 속도로 항해한다. 길이 1m인 모형 배를 만들어 조파저항을 측정한 후 원형 배의 조파저항을 구하고자 동일한 조건의 해수에서 실험할 경우 모형 배의 속도를 약 몇 m/s로 하면 되겠는가?

① 1 ② 10 ③ 100 ④ 200

| 해설 | $\left(\frac{V}{\sqrt{\ell g}}\right)_p = \left(\frac{V}{\sqrt{\ell g}}\right)_m$

$\frac{10}{\sqrt{100}} = V_m = 1 \, \text{m/sec}$

47 한 변의 길이가 3m인 뚜껑이 없는 정육면체 통에 물이 가득 담겨있다. 이 통을 수평방향으로 9.8m/s²으로 잡아끌어 물이 넘쳤을 때, 통에 남아 있는 물의 양은 몇 m³인가?

① 13.5 ② 27.0 ③ 9.0 ④ 18.5

| 해설 | $V = \frac{3 \times 3 \times 3}{2} = 13.5 \, \text{m}^3$

48 폭이 2m, 길이가 3m인 평판이 물속에서 수직으로 잠겨있다. 이 평판의 한쪽 면에 작용하는 전체 압력에 의한 힘은 약 얼마인가?

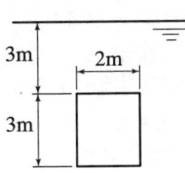

① 88kN ② 176kN ③ 265kN ④ 353kN

| 해설 | $F = 9.8 \times 4.5 \times (3 \times 2) = 264.6 \, \text{kN}$

49 흐르는 물의 유속을 측정하기 위해 피토정압관을 사용하고 있다. 압력 측정 결과, 전압력수두가 15m이고 정압수두가 7m일 때, 이 위치에서의 유속은?

① 5.91m/s ② 9.75m/s ③ 10.58m/s ④ 12.52m/s

| 해설 | $9800 \times (15-7) = \dfrac{1000 \times V^2}{2}$

$V = 12.52 \text{ m/sec}$

50 지름 D인 구가 V로 흐르는 유체 속에 놓여 있을 때 받는 항력이 F이고, 이때의 항력계수(drag coefficient)가 4이다. 속도가 $2V$일 때 받는 항력이 $3F$라면 이때의 항력계수는 얼마인가?

① 3 ② 4.5 ③ 8 ④ 12

| 해설 | $F = C_D \cdot A \cdot \dfrac{\rho \cdot V^2}{2} = 2A\rho V^2$

$3F = C_D \cdot A \cdot \dfrac{\rho}{2}(2V)^2 = 2C_D \cdot A \cdot \rho V^2$

$F = \dfrac{2}{3} C_D \cdot A\rho V^2 = 2A\rho V^2$

$C_D = 3$

51 다음 중 2차원 비압축성 유동이 가능한 유동은 어떤 것인가? (단, u는 x방향 속도 성분이고, v는 y방향 속도성분이다.)

① $u = x^2 - y^2$, $v = -2xy$
② $u = 2x^2 - y^2$, $v = 4xy$
③ $u = x^2 + y^2$, $v = 3x^2 - 2y^2$
④ $u = 2x + 3xy$, $v = -4xy + 3y$

| 해설 | $\dfrac{\partial u}{\partial x} + \dfrac{\partial v}{\partial y} = 0$

① $2x + (-2x) = 0$
② $4x + 4x = 8x$
③ $2x - 4y$
④ $(2 + 3y) + (-4x + 3)$

52 일반적으로 뉴턴 유체에서 온도 상승에 따른 액체의 점성계수 변화를 가장 바르게 설명한 것은?

① 분자의 무질서한 운동이 커지므로 점성계수가 증가한다.
② 분자의 무질서한 운동이 커지므로 점성계수가 감소한다.
③ 분자간의 응집력이 약해지므로 점성계수가 증가한다.
④ 분자간의 응집력이 약해지므로 점성계수가 감소한다.

| 해설 | ① 액체의 경우 온도상승으로 점성은 감소
② 기체의 경우 온도상승으로 점성은 증가

Answer ■ 49 ④ 50 ① 51 ① 52 ④

53 정지해 있는 평판에 층류가 흐를 때 평판 표면에서 박리(separation)가 일어나기 시작할 조건은? (단, P는 압력, u는 속도, ρ는 밀도를 나타낸다.)

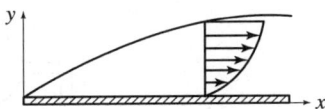

① $u=0$ ② $\dfrac{\partial u}{\partial y}=0$ ③ $\dfrac{\partial u}{\partial x}=0$ ④ $\rho u\dfrac{\partial u}{\partial x}=\dfrac{\partial P}{\partial x}$

| 해설 | 박리점 $\dfrac{\partial u}{\partial y}=0$

54 그림과 같은 펌프를 이용하여 0.2m³/s의 물을 퍼 올리고 있다. 흡입부(①)와 배출부(②)의 고도 차이는 3m이고, ①에서의 압력은 −20kPa, ②에서의 압력은 150kPa이다. 펌프의 효율이 70%이면 펌프에 공급해야 할 동력(kW)은? (단, 흡입관과 배출관의 지름은 같고 마찰 손실은 무시한다.)

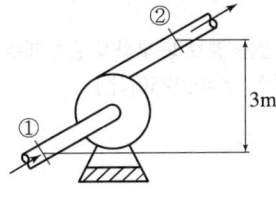

① 34 ② 40 ③ 49 ④ 57

| 해설 | $\dfrac{P_1}{\gamma}+Z_1+h_p=\dfrac{P_2}{\gamma}+Z_2$

$h_p=\dfrac{(150+20)\times 10^3}{9800}+3=20.35\text{m}$

$L_p=\dfrac{9.8\times 0.2\times 20.35}{0.7}=56.98\,\text{kW}$

55 수평 원관(圓管)내에서 유체가 완전 발달한 층류 유동할 때의 유량은?

① 압력강하에 반비례한다.
② 관 안지름의 4승에 반비례한다.
③ 점성계수에 반비례한다.
④ 관의 길이에 비례한다.

| 해설 | $Q=\dfrac{\triangle P\pi d^4}{12\mu\ell}$

56 어떤 윤활유의 비중이 0.89이고 점성계수가 0.29kg/m·s이다. 이 윤활유의 동점성계수는 약 몇 m²/s인가?

① 3.26×10^{-5} ② 3.26×10^{-4} ③ 0.258 ④ 2.581

| 해설 | $\nu=\dfrac{\mu}{\rho}=\dfrac{0.29}{0.89\times 1000}=3.26\times 10^{-4}\,\text{m}^2/\text{sec}$

53 ② 54 ④ 55 ③ 56 ②   • Answer

57 다음 그림에서 A점과 B점의 압력차는 약 얼마인가? (단, A는 비중 1의 물, B는 비중 0.899의 벤젠이고, 그 중간에 비중 13.6의 수은이 있다.)

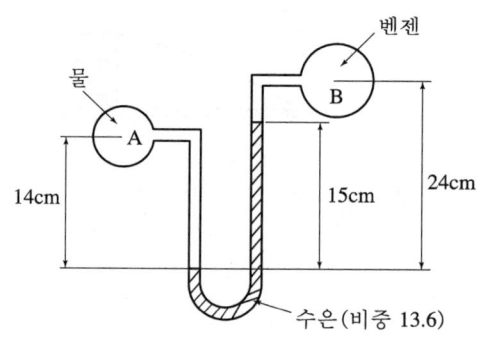

① 22.17kPa   ② 19.4kPa   ③ 278.7kPa   ④ 191.4kPa

| 해설 | $P_A - P_B = 0.899 \times 9.8 \times (0.24 - 0.15) + 13.6 \times 9.8 \times 0.15 - 9.8 \times 0.14 = 19.4$ kPa

58 지름 2cm인 관에 부착되어 있는 밸브의 부차적 손실계수 K가 5일 때 이것을 관 상당길이로 환산하면 약 몇 m인가? (단, 관마찰계수 $f=0.025$이다.)

① 2   ② 2.5   ③ 4   ④ 5

| 해설 | $\ell_e = \dfrac{k \cdot d}{f} = \dfrac{5 \times 0.02}{0.025} = 4$ m

59 Buckingham의 파이(pi) 정리를 바르게 설명한 것은? (단, k는 변수의 개수, r은 변수를 표현하는데 필요한 최소한의 기준차원의 개수이다.)

① (k-r)개의 독립적인 무차원수의 관계식으로 만들 수 있다.
② (k+r)개의 독립적인 무차원수의 관계식으로 만들 수 있다.
③ (k-r+1)개의 독립적인 무차원수의 관계식으로 만들 수 있다.
④ (k+r+1)개의 독립적인 무차원수의 관계식으로 만들 수 있다.

| 해설 | $\pi = n - m$
π : 무차원 수
n : 물리변수의 수
m : 기본차원의 수
$\pi = k - r$

60 액체의 표면 장력에 관한 일반적인 설명으로 틀린 것은?

① 표면 장력은 온도가 증가하면 감소한다.
② 표면 장력의 단위는 N/m이다.
③ 표면 장력은 분자력에 의해 생긴다.
④ 구형 액체 방울의 내외부 압력차는 $P = \dfrac{\sigma}{R}$이다.(단, 여기서 σ는 표면 장력이고, R은 반지름이다.)

Answer ■ 57 ②   58 ③   59 ①   60 ④

4과목 기계재료 및 유압기기

61 피아노선의 조직으로 가장 적당한 것은?

① austenite　② ferrite　③ sorbite　④ martensite

| 해설 | ① 피아노선 재료에 쓰이는 특수강은 Cr-V강이다.
② 피아노선의 열처리조직은 소르바이트이다.

62 산화알루미나(Al_2O_3) 등을 주성분으로 하여 철과 친화력이 없고, 열을 흡수하지 않으므로 공구를 과열시키지 않아 고속 정밀가공에 적합한 공구의 재질은?

① 세라믹　② 인코넬　③ 고속도강　④ 탄소공구강

| 해설 | 세라믹(Ceramics) : 알루미나(Al_2O_3)가 주성분이며 고온경도가 크고 내산성, 내마모, 내열성이 우수하며 절삭가공 중 피절삭재료와 공구가 융착되는 일이 없는 특징이 있어 고속정밀가공에 적합하다.

63 다음 중 불변강의 종류가 아닌 것은?

① 인바　② 코엘린바　③ 쾌스테르바　④ 엘린바

| 해설 | 불변강(invariable steel)이란 주위 온도가 변화하여도 선팽창계수 및 탄성계수가 변하지 않는 강으로 인바, 초인바, 엘린바, 코엘린바, 플래티나이트 등이 있다.

64 편석의 균일화 및 황화물의 편석을 제거하는 열처리 방법으로 가장 적합한 것은?

① 노멀라이징　② 변태점 이하 풀림
③ 재결정 풀림　④ 확산 풀림

| 해설 | 확산풀림(diffusion annealing) : 강괴 내부의 성분 분포를 균일하게 하고 편석을 교정하는 고온풀림의 종류이다.

65 Mo 금속은 어떤 결정격자로 되어 있는가?

① 면심입방격자　② 체심입방격자　③ 조밀육방격자　④ 정방격자

| 해설 | ① 체심입방격자 : Fe, W, Mo, V, Li
② 면심입방격자 : Al, Cu, Au, Pb
③ 조밀육방격자 : Zn, Mg, Cd, Co

66 Fe-C 상태도에서 공석강의 탄소함유량은 약 얼마인가?

① 0.5%　② 0.8%　③ 1.0%　④ 1.5%

| 해설 | ① 공정점 : 4.3%C, 1148℃
② 포화점 : 2.11%C, 1148℃
③ 포정점 : 0.17%C, 1495℃
④ 공석점 : 0.8%C, 727℃

61 ③　62 ①　63 ③　64 ④　65 ②　66 ②　• Answer

67 재료의 표면을 경화시키기 위해 침탄을 하고자 한다. 침탄효과가 가장 좋은 재료는?
① 구상흑연 주철
② Ferrite형 스테인리스강
③ 피아노선
④ 고탄소강

| 해설 | 페라이트계 스테인리스강 : 13형 크롬 스테인리스강

68 특수강에 첨가되는 특수원소의 효과가 아닌 것은?
① Ms, Mf점을 상승시킨다.
② 질량효과를 적게 한다.
③ 담금질성을 좋게 한다.
④ 상부 임계 냉각속도를 저하시킨다.

| 해설 | Ms는 마텐자이트 조직의 시작점, Mf는 마텐자이트 조직의 끝나는 점을 의미한다.

69 다음 중 Ni-Fe계 합금인 인바(invar)를 바르게 설명한 것은?
① Ni 35~36%, C 0.1~0.3%, Mn 0.4%와 Fe의 합금으로 내식성이 우수하고, 상온부근에서 열팽창계수가 매우 작아 길이측정용 표준자, 시계의 추, 바이메탈 등에 사용된다.
② Ni 50%, Fe 50% 합금으로 초투자율, 포화 자기, 전기 저항이 크므로 저출력 변성기, 저주파 변성기 등의 자심으로 널리 사용된다.
③ Ni에 Cr 13~21%, Fe 6.5%를 함유한 강으로 내식성, 내열성 우수하여 다이얼게이지, 유량계 등에 사용된다.
④ Ni 40~45%, Mo 1.4~2.0%에 나머지 Fe의 합금으로 내식성이 우수하여 조선에 사용되는 부품의 재료로 이용된다.

| 해설 | 인바(invar)강 : Ni 35~36%, Mn 약 4% 첨가된 철합금으로 화재경보기, 자동온도조절기 등에 사용된다.

70 다음 합금 중 다이캐스팅용 아연합금은?
① Zamak   ② Y 합금   ③ RR 50   ④ Lo-Ex

| 해설 | Zamak : Zn+Cu, Al 4% 첨가된 아연합금으로 강도는 양호하나 내식성 및 가공성은 불량하다. 자동차부품, 전기기기, 광학기기 부품 등으로 사용된다.

71 유압시스템에서 비압축성 유체를 사용하기 때문에 얻어지는 가장 중요한 특성은?
① 무단변속이 가능하다.
② 운동방향의 전환이 용이하다.
③ 과부하에 대한 안전성이 좋다.
④ 정확한 위치 및 속도 제어가 가능하다.

| 해설 | 공기와 같은 압축성 유체의 경우 유량 변화에 따른 control이 어렵다.

Answer ■ 67 ② 68 ① 69 ① 70 ① 71 ④

72 3위치 밸브에서 사용하는 용어로 밸브의 작동신호가 없을 때 유압배관이 연결되는 밸브 몸체 위치에 해당하는 용어는?

① 초기 위치(Initial position)
② 중앙 위치(Middle position)
③ 중간 위치(Intermediate position)
④ 과도 위치(Transient position)

73 그림과 같은 실린더에서 A측에서 3MPa의 압력으로 기름을 보낼 때 B측 출구를 막으면 B측에 발생하는 압력 P_B는 몇 MPa인가? (단, 실린더 안지름은 50mm, 로드 지름은 25mm이며, 로드에는 부하가 없는 것으로 가정한다.)

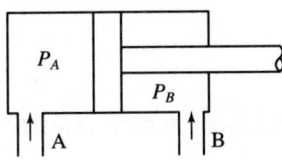

① 1.5 ② 3.0 ③ 4.0 ④ 6.0

| 해설 | $3 \times 10^6 \times \dfrac{\pi \times 0.05^2}{4} = P_B \times \dfrac{\pi \times (0.05^2 - 0.025^2)}{4}$

$P_B = 4$ MPa

74 다음 기호에 대한 명칭은?

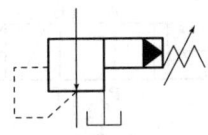

① 비례전자식 릴리프 밸브
② 릴리프붙이 시퀀스 밸브
③ 파일럿 작동형 감압 밸브
④ 파일럿 작동형 릴리프 밸브

| 해설 | ① 릴리프 밸브

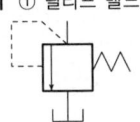

② 감압밸브

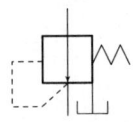

③ 시퀀스밸브

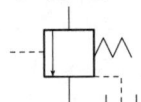

72 ② 73 ③ 74 ③ ・Answer

75 분말 성형프레스에서 유압을 한층 더 증대시키는 작용을 하는 장치는?

① 유압 부스터(hydraulic booster)
② 유압 컨버터(hydraulic converter)
③ 유니버설 조인트(universal joint)
④ 유압 피트먼 암(hydraulic pitman arm)

|해설| 일반적으로 압력을 증가시키는 장치는 압축기이고 압축기 역할을 하는 것이 부스터이다.

76 다음 중 실린더에 배압이 걸리므로 끌어당기는 힘이 작용해도 자주(自走)할 염려가 없어서 밀링이나 보링머신 등에 사용하는 회로는?

① 미터 인 회로
② 어큐뮬레이터 회로
③ 미터 아웃 회로
④ 싱크로나이즈 회로

|해설| 미터 아웃 회로 : 피스톤 측과 피스톤 로드측 모두 압력이 형성되므로 부하의 방향에 관계없이 속도 조절이 가능하다.

77 그림의 회로가 가진 특징에 관한 설명으로 옳은 것은?

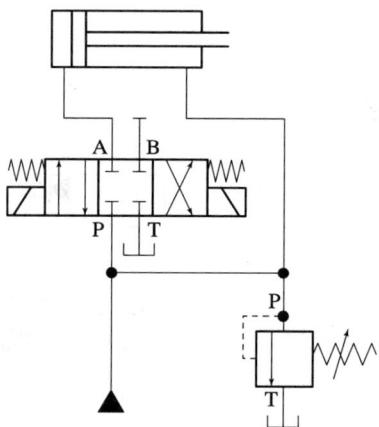

① 전진운동시 속도는 느려진다.
② 후진운동시 속도가 빨라진다.
③ 전진운동시 작용력을 작아진다.
④ 밸브의 작동시 한 가지 속도만 가능하다.

Answer ■ 75 ① 76 ③ 77 ③

78 그림은 유압모터를 이용한 수동 유압 윈치의 회로이다. 이 회로의 명칭은 무엇인가?

① 직렬 배치 회로
② 탠덤형 배치 회로
③ 병렬 배치 회로
④ 정출력 구동 회로

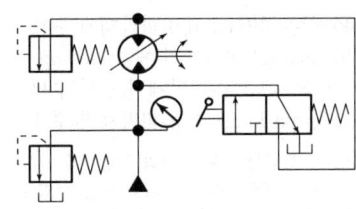

79 실(seal)의 구비조건으로 옳지 않은 것은?

① 마찰계수가 커야 한다.
② 내유성이 좋아야 한다.
③ 내마모성이 우수해야 한다.
④ 복원성이 양호하고 압축변형이 작아야 한다.

|해설| 실(seal)의 구비조건
① 유연성이 양호해야 한다.
② 양호한 내유성을 갖고 있어야 한다.
③ 내열·내한성이 양호해야 한다.
④ 유체에 대한 저항이 커야 한다.
⑤ 기계적 강도를 갖고 있어야 한다.

80 유압 작동유에 수분이 많이 혼입되었을 때 발생되는 현상으로 옳지 않은 것은?

① 윤활작용이 저하된다.
② 산화촉진을 막아준다.
③ 작동유의 방청성을 저하시킨다.
④ 유압펌프의 캐비테이션 발생 원인이 된다.

|해설| 산화방지제로는 황화합물, 인산화합물, 아민 및 페놀화합물 등이 있다.

5과목 기계제작법 및 기계동력학

81 선반에서 절삭속도 120m/min, 이송속도 0.25mm/rev로 지름 80mm의 환봉을 선삭하려고 할 때 500mm 길이를 1회 선삭 하는데 필요한 가공시간은?

① 약 1.5분   ② 약 4.2분   ③ 약 7.3분   ④ 약 10.1분

|해설| $V = \dfrac{\pi dN}{1000}$

$120 = \dfrac{\pi \times 80 \times N}{1000}$, $N = 477.71$ rpm

$T = \dfrac{\ell}{N \cdot S} = \dfrac{500}{477.71 \times 0.25} = 4.19$ min

82 다음 중 화학적 가공공정 순서가 올바른 것은?

① 청정-마스킹(masking)-에칭(etching)-피막제거-수세
② 청정-수세-마스킹(masking)-피막제거-에칭(etching)
③ 마스킹(masking)-에칭(etching)-피막제거-청정-수세
④ 에칭(etching)-마스킹(masking)-청정-피막제거-수세

|해설| ① 에칭(etching) : 화학적인 부식 처리 작업이다.
② 마스킹(masking) : 어떤 성분의 검출 또는 정량을 방해하는 공존성분을 계 외로 제거하는 일 없이 적절히 화학처리하여 그 방해를 없애는 작업이다.

83 전단가공의 종류에 해당하지 않는 것은?

① 비딩(beading) ② 펀칭(punching)
③ 트리밍(trimming) ④ 블랭킹(blanking)

|해설| ① 전단가공의 종류 : 블랭킹, 펀칭, 전단, 트리밍, 셰이빙, 브로칭, 노칭, 분단 등
② 성형가공의 종류 : 벤딩, 비딩, 딥드로잉, 커링, 시밍, 벌징, 스피닝 등

84 숏피닝(shot peening)에 대한 설명으로 틀린 것은?

① 숏피닝은 두꺼운 공작물일수록 효과가 크다.
② 가공물 표면에 작은 해머와 같은 작용을 하는 형태로 일종의 열간 가공법이다.
③ 가공물 표면에 가공경화된 압축잔류응력층이 형성된다.
④ 반복하중에 대한 피로한도를 증가시킬 수 있어서 각종 스프링에 널리 이용되고 있다.

|해설| 숏피닝 : 주철, 주강 입자의 숏을 압축공기와 함께 고속으로 가공물의 표면에 분사시켜 금속 표면의 강도, 경도를 증가시키고, 피로한도, 탄성한도를 높이는 작업이다.

85 압연가공에서 압하율을 나타내는 공식은? (단, H_o는 압연 전의 두께, H_1은 압연 후의 두께이다.)

① $\dfrac{H_0 - H_1}{H_0} \times 100(\%)$ ② $\dfrac{H_1 - H_0}{H_1} \times 100(\%)$

③ $\dfrac{H_1 + H_0}{H_0} \times 100(\%)$ ④ $\dfrac{H_1}{H_0} \times 100(\%)$

|해설| 압하율이란 압연 작업시 롤러 통과전 판의 두께에 대한 판의 두께 변화로 표현된다.

86 사형(砂型)과 금속형(金屬型)을 사용하며 내마모성이 큰 주물을 제작할 때 표면은 백주철이 되고 내부는 회주철이 되는 주조 방법은?

① 다이캐스팅법 ② 원심주조법
③ 칠드주조법 ④ 모터 동력

|해설| 칠드주조법 : 주물을 만들 때 일부에 금속을 되고 급랭시키면, 이 부분은 다른 부분보다 조직이 경해진다. 이와 같은 주조방법을 칠드주조라 한다.

Answer ■ 82 ① 83 ① 84 ② 85 ① 86 ③

87 절삭 바이트에서 마찰력의 결정에 영향을 미치는 요인이 아닌 것은?

① 공구의 형상
② 절삭속도
③ 공구의 재질
④ 모터 동력

|해설| 절삭저항에 영향을 주는 요소로는 절삭속도, 절삭공구 날 끝의 형상, 공작물의 재질, 절삭깊이, 절삭유 등이다.

88 저온 뜨임을 설명한 것 중 틀린 것은?

① 담금질에 의한 응력 제거
② 치수의 경년 변화 방지
③ 연마균열 생성
④ 내마모성 향상

89 산소-아세틸렌 가스용접에서 표준불꽃(중성불꽃)의 화학반응식은?

① $H_2 + \frac{1}{2}O_2 \rightarrow H_2O$
② $C_2H_2 + O_2 \rightarrow 2CO + H_2$
③ $2CO + O_2 \rightarrow 2CO_2$
④ $CaC_2 + 2H_2O \rightarrow C_2H_2 + Ca(OH)_2$

90 봉재의 지름이나 판재의 두께를 측정하는 게이지는?

① 와이어 게이지(wire gauge)
② 틈새 게이지(thickness gauge)
③ 반지름 게이지(radius gauge)
④ 센터 게이지(center gauge)

91 6kg의 물체 A가 마찰이 없는 표면 위를 정지 상태에서 미끄러져 내려가 정지하고 있던 4kg의 물체 B와 충돌한 후 두 물체가 붙어서 함께 움직였다. 이때의 속도는 몇 m/s인가? (단, 두 물체 사이의 수직 방향 거리 차이는 5m이고 중력가속도는 10m/s²로 본다.)

① 3
② 4
③ 5
④ 6

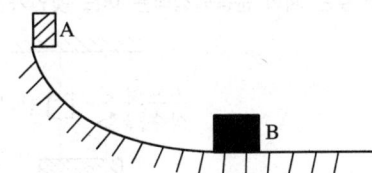

|해설| $V_y = \sqrt{2 \times 10 \times 5} = 10$ m/sec

$\sum(mV) = \sum(mV')$

$m_A V_A + m_B V_B = (m_A + m_B)V'$

$V' = \frac{6 \times 10}{6+4} = 6$ m/s

92 질량이 50kg이고 반경이 2m인 원판의 중심에 1000N의 힘이 그림과 같이 작용하여 수평면 위를 구르고 있다. 미끄럼이 없이 굴러간다고 가정할 때 각가속도는?

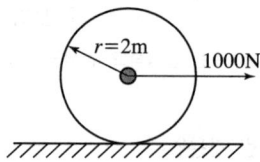

① 3.34rad/s²   ② 4.91rad/s²   ③ 6.67rad/s²   ④ 10rad/s²

|해설| $\sum M = J \cdot \alpha$

$J = J_G + mr^2 = \dfrac{1}{2} \times 50 \times 2^2 + 50 \times 2^2 = 300 \text{ kg} \cdot \text{m}^2$

$\alpha = \dfrac{2 \times 1000}{300} = 6.67 \text{ rad/S}^2$

93 회전속도가 2000rpm인 원심 팬이 있다. 방진고무로 비감쇠 탄성 지지시켜 진동 전달률을 0.3으로 하고자 할 때, 이 팬의 고유진동수는 약 몇 Hz인가?

① 26   ② 12   ③ 16   ④ 24

|해설| $0.3 = \dfrac{1}{\left| 1 - \left(\dfrac{\omega}{\omega_n} \right)^2 \right|}$

$\omega = \dfrac{2\pi N}{60} = \dfrac{2\pi \times 2000}{60} = 209.44$

$\omega_n = \dfrac{209.44}{2.08} = 100.69$

$f = \dfrac{\omega_n}{2\pi} = \dfrac{100.69}{2\pi} = 16.03 \text{ Hz}$

94 외력이 없는 다음과 같은 계의 운동방정식은 어느 것인가?

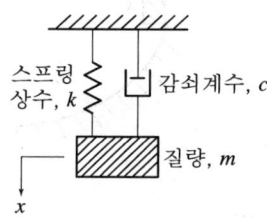

① $m\ddot{x} + c\dot{x} + kx = 0$ ② $m\dot{x} + cx + k = 0$
③ $c\ddot{x} + k\dot{x} + mx = 0$ ④ $c\dot{x} + kx + m = 0$

|해설| $\sum F = ma = m\ddot{x}$

$-kx - c\dot{x} = m\ddot{x}$

$m\ddot{x} + c\dot{x} + kx = 0$

Answer ■ 92 ③ 93 ③ 94 ①

95 물방울이 떨어지기 시작하여 3초 후의 속도는 약 몇 m/s인가? (단, 공기의 저항은 무시하고, 초기속도는 0으로 한다.)

① 3 ② 9.8 ③ 19.6 ④ 29.4

| 해설 | $V = V_o + g \cdot t = g \cdot t = 9.8 \times 3 = 29.4 \, \text{m/sec}$

96 그림과 같이 질량 1kg인 블록이 궤도를 마찰 없이 움직일 때 A점에서 표면과 접촉을 유지하면서 통과할 수 있는 A지점에서의 블록의 최대 속도 V는 몇 m/s인가? (단, A점의 곡률반경(ρ)은 10m, 중력가속도(g)는 10m/s²로 본다.)

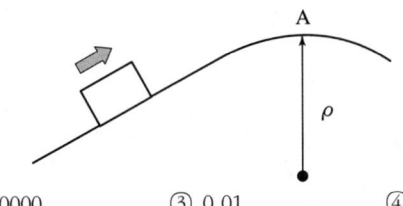

① 100 ② 10000 ③ 0.01 ④ 10

| 해설 | $a_n = \dfrac{V^2}{\rho} = g$

$V = \sqrt{10 \times 10} = 10 \, \text{m/sec}$

97 직선 진동계에서 질량 98kg의 물체가 16초간에 10회 진동하였다. 이 진동계의 스프링 상수는 몇 N/cm인가?

① 37.8 ② 15.1 ③ 22.7 ④ 30.2

| 해설 | $\omega = \sqrt{\dfrac{k}{m}} = 2\pi \times \dfrac{10}{16} \, \text{rad/sec}$

$k = \left(2\pi \times \dfrac{10}{16}\right)^2 \times 98 = 1509.75 \, \text{N/m} \fallingdotseq 15.1 \, \text{N/cm}$

98 작은 공이 그림과 같이 수평면에 비스듬히 충돌한 후 튕겨져 나갔을 경우의 설명으로 틀린 것은? (단, 공과 수평면 사이의 마찰, 그리고 공의 회전은 무시하며 반발계수 1이다.)

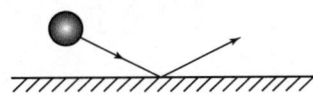

① 충돌 직전 직후 공의 운동량은 같다.
② 충돌 직전 직후에 공의 운동에너지는 보존된다.
③ 충돌과정에서 공이 받은 충격량과 수평면이 받은 충격량의 크기는 같다.
④ 공의 운동방향이 수평면과 이루는 각의 크기는 충돌 직전과 직후가 같다.

95 ④ 96 ④ 97 ② 98 ① ■ Answer

99 질량 m, 반경 r인 균질한 구(球)의 질량중심을 지나는 축에 대한 관성모멘트는?

① $\frac{2}{5}mr^2$ ② $\frac{1}{3}mr^2$ ③ $\frac{1}{2}mr^2$ ④ $\frac{2}{3}mr^2$

100 고유 진동수 f(Hz), 고유 원진동수 ω(rad/s), 고유 주기 $T(s)$ 사이의 관계를 바르게 나타낸 것은?

① $T=\frac{\omega}{2\pi}$ ② $Tf=1$ ③ $T\omega=f$ ④ $f\omega=2\pi$

|해설| $T=\frac{2\pi}{\omega}$, $f=\frac{\omega}{2\pi}=\frac{1}{T}$

Answer ■ 99 ① 100 ②

2014 기출문제 — 9월 20일 시행

1과목 재료역학

01 아래 그림과 같은 보에 대한 굽힘 모멘트 선도로 옳은 것은?

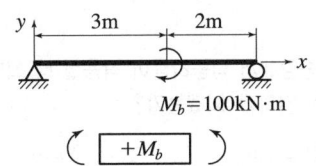

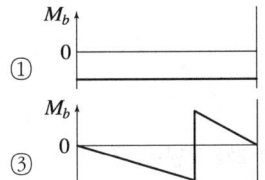

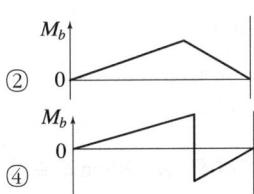

| 해설 |

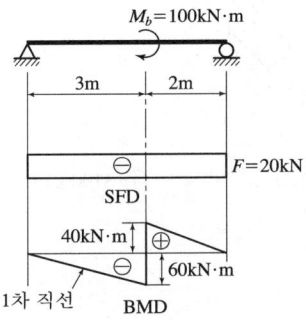

02 지름이 d이고 길이가 L인 환축에 비틀림 모멘트가 작용하여 비틀림각 $\varnothing$가 발생하였다. 이때 환축의 최대 전단응력 τ은 얼마인가? (단, G는 전단탄성계수)

① $\dfrac{Gd}{L\varnothing}$ ② $\dfrac{Gd}{2L\varnothing}$ ③ $\dfrac{Gd\varnothing}{L}$ ④ $\dfrac{Gd\varnothing}{2L}$

| 해설 | $\varnothing = \dfrac{T \cdot L}{G \cdot I_p} = \dfrac{\tau \cdot Z_b \cdot L}{G \cdot Z_p \cdot \dfrac{d}{2}}$

$\tau = \dfrac{G \cdot d \cdot \varnothing}{2L}$

1 ③   2 ④   • Answer

03 어떤 축이 동력 H(kW)를 전달할 때 비틀림 모멘트 T(N·m)가 발생하였다면 이때 축의 회전수를 구하는 식은?

① $N = 7160 \dfrac{H}{T}$ (rpm) ② $N = 7160 \dfrac{T}{H}$ (rpm)

③ $N = 9550 \dfrac{T}{H}$ (rpm) ④ $N = 9550 \dfrac{H}{T}$ (rpm)

|해설| $T = 974 \times 9.8 \dfrac{H_{kW}}{N} = 9545.2 \dfrac{H_{kW}}{N}$

$N = 9545.2 \dfrac{H_{kW}}{T}$ (rpm)

04 길이 5m인 양단고정 보의 중앙에서 집중하중이 작용할 때 최대 처짐이 10cm 발생하였다면, 같은 조건에서 양단 지지보로 하면 처짐은 얼마가 되겠는가?

① 20cm ② 27cm ③ 30cm ④ 40cm

|해설| $\delta_1 = \dfrac{P \cdot \ell^3}{192EI} = 10\,cm$

$\delta_2 = \dfrac{P \cdot \ell^3}{48EI} = 4\,\delta_1 = 40\,cm$

05 바깥지름 $d_2 = 30$cm, 안지름 $d_1 = 20$cm의 속이 빈 원형 단면의 단면 2차 모멘트는?

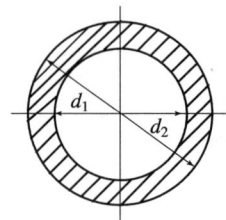

① 27850cm^4 ② 29800cm^4 ③ 30120cm^4 ④ 31906cm^4

|해설| $I = \dfrac{\pi(d_2^4 - d_1^4)}{64} = \dfrac{\pi}{64}(30^4 - 20^4) = 31906.8\,cm^4$

06 안지름 80cm의 얇은 원통에 내압 1MPa이 작용할 때 안전상 원통의 최소 두께는 몇 mm인가? (단, 재료의 허용응력은 80 MPa이다.)

① 1.5 ② 5.0 ③ 8 ④ 10

|해설| $\sigma_t = \dfrac{P \cdot d}{2t} = \sigma_a$

$t = \dfrac{1 \times 800}{2 \times 80} = 5.0\,mm$

Answer ■ 3 ④ 4 ④ 5 ④ 6 ②

07 그림과 같은 정사각형 판이 변형되어, 네 변이 직선을 유지한 채 A, B점이 모두 수평 방향 우측으로 1mm 만큼 이동되었다. D점에서의 전단변형률 γ_{xy}는?

① 0.01
② 0.05
③ 0.1
④ 0.15

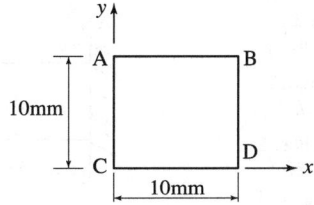

|해설| $\gamma_{xy} = \dfrac{\delta_s}{\ell} = \dfrac{1}{10} = 0.1$

08 외팔보 AB의 자유단에 브라켓 BCD가 붙어 있으며 D점에 하중 P가 작용하고 있다. B점에서의 처짐이 0이 되기 위한 a/L의 비는 얼마인가?

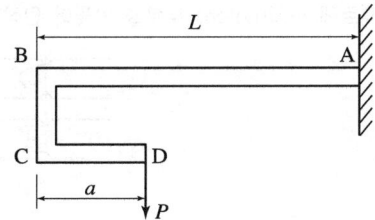

① $\dfrac{1}{4}$ ② $\dfrac{2}{3}$ ③ $\dfrac{1}{2}$ ④ $\dfrac{3}{4}$

|해설| $\delta_B = \dfrac{P \cdot L^3}{3EI} - \dfrac{P \cdot aL^2}{2E \cdot I} = 0$

$\dfrac{L}{3} = \dfrac{a}{2}$, $\dfrac{a}{L} = \dfrac{2}{3}$

09 지름이 50mm이고 길이가 200mm인 시편으로 비틀림 실험을 하여 얻은 결과, 토크 30.6 N·m에서 전 비틀림 각이 7°로 기록되었다. 이 재료의 전단 탄성계수 G는 약 몇 MPa인가?

① 81.6   ② 40.6   ③ 66.6   ④ 97.6

|해설| $\theta = \dfrac{T \cdot \ell}{G \cdot I_p}$, $7 \times \dfrac{\pi}{180} = \dfrac{30.6 \times 0.2}{G \times \dfrac{\pi \times 0.05^4}{32}}$

$G = 81.64\,\text{MPa}$

10 $\sigma_x = \sigma_y = 0$, $\tau_{xy} = 0.1\,\text{GPa}$ 일 때 두 주응력의 크기 σ_1, σ_2는?

① $\sigma_1 = 0.25$ GPa, $\sigma_2 = 0.1$ GPa
② $\sigma_1 = 0.2$ GPa, $\sigma_2 = 0.05$ GPa
③ $\sigma_1 = 0.1$ GPa, $\sigma_2 = -0.1$ GPa
④ $\sigma_1 = 0.075$ GPa, $\sigma_2 = -0.05$ GPa

|해설| $\sigma_{1,2} = \dfrac{\sigma_x + \sigma_y}{2} \pm \sqrt{\left(\dfrac{\sigma_x - \sigma_y}{2}\right)^2 + \tau_{xy}^2} = \pm \tau_{xy} = \pm 0.1\,\text{GPa}$

7 ③   8 ②   9 ①   10 ③   ■ Answer

11 다음 그림에서 전단력이 0이 되는 지점에서 굽힘응력은?

① $\dfrac{27}{64} \dfrac{w\ell^2}{bh^2}$

② $\dfrac{64}{27} \dfrac{w\ell^2}{bh^2}$

③ $\dfrac{7}{128} \dfrac{w\ell^2}{bh^2}$

④ $\dfrac{64}{128} \dfrac{w\ell^2}{bh^2}$

| 해설 | $\sigma_b = \dfrac{M}{Z} = \dfrac{6 \times 9 w\ell^2}{bh^2 \times 128} = \dfrac{27w\ell^2}{64bh^2}$

12 단면의 형상이 일정한 재료에 노치(notch) 부분을 만들어 인장할 때 응력의 분포 상태는?

① 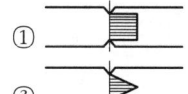 ②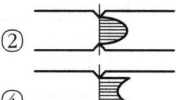

③ ④

13 봉의 온도가 25℃일 때 양쪽의 강성지점들에 끼워 맞추어져 있다. 봉의 온도가 100℃일 때 AC부분의 응력은 몇 MPa 인가? (단, 봉 재료의 E=200 GPa, α=12×10⁻⁶/℃, $L_1 = L_2$=0.5m, A_1=1000mm², A_2=500mm²)

① 120
② 150
③ 220
④ 250

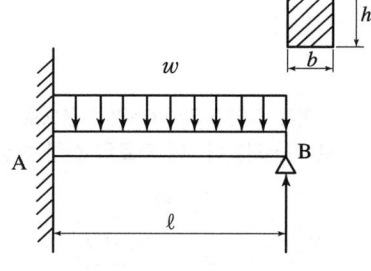

| 해설 |
$\sigma_1 = \dfrac{P}{A_1} = E \cdot \varepsilon_1 = E \cdot \dfrac{\delta_1}{\ell_1}$

$\sigma_2 = \dfrac{P}{A_2} = E \cdot \varepsilon_2 = E \cdot \dfrac{\delta_2}{\ell_2}$

$E = \alpha \cdot \triangle t = \dfrac{\delta}{\ell}, \delta = \alpha \cdot \triangle t \cdot \ell = \delta_1 + \delta_2$

$\delta_1 = \dfrac{\sigma_1 \cdot \ell_1}{E}$

$\delta_2 = \dfrac{\sigma_2 \cdot \ell_2}{E} = \dfrac{P \cdot \ell_2}{E \cdot A_2} = \dfrac{A_1 \cdot \ell_2}{E \cdot A_2} \sigma_1, \ \alpha \cdot \triangle t \cdot \ell = \dfrac{\sigma_1}{E}(\ell_1 + \dfrac{A_1}{A_2}\ell_2), \ 12 \times 10^{-6} \times (100-25) \times (0.5+0.5)$

$= \dfrac{\sigma_1}{200 \times 10^9} \times (0.5 + \dfrac{1000}{500} \times 0.5), \ \sigma_1 = 120 \times 10^6 \text{Pa} = 120 \text{MPa}$

Answer ■ 11 ① 12 ④ 13 ①

14 그림과 같은 단순보에서 보 중앙의 처짐으로 옳은 것은? (단, 보의 굽힘 강성 EI는 일정하고, M_0는 모멘트, ℓ 은 보의 길이이다.)

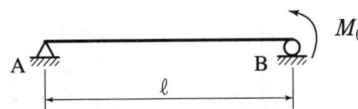

① $\dfrac{M_0 \ell^2}{16EI}$ ② $\dfrac{M_0 \ell^2}{48EI}$ ③ $\dfrac{M_0 \ell^2}{120EI}$ ④ $\dfrac{5M_0 \ell^2}{384EI}$

|해설| 공액보를 이용하여 정리

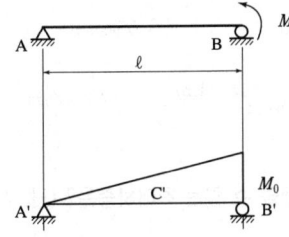

$$R_{A'} = \dfrac{M_o \cdot \dfrac{\ell}{2} \times \dfrac{\ell}{3}}{\ell} = \dfrac{M_o \cdot \ell}{6}$$

$$M_{C'} = \dfrac{M_o \cdot \ell}{6} \times \dfrac{\ell}{2} - \dfrac{M_o \cdot \ell}{8} \times \dfrac{\ell}{2} \times \dfrac{1}{3} = \dfrac{M_o \cdot \ell^2}{12} - \dfrac{M_o \cdot \ell^2}{48} = \dfrac{M_o \cdot \ell^2}{16}$$

$$\delta_C = \dfrac{M_{C'}}{EI} = \dfrac{M_o \cdot \ell^2}{16EI}$$

15 외팔보의 자유단에 하중 P가 작용할 때, 이 보의 굽힘에 의한 탄성 변형에너지를 구하면? (단, 보의 굽힘강성 EI는 일정하다.)

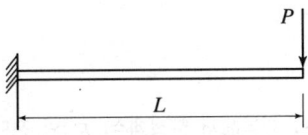

① $\dfrac{PL^3}{6EI}$ ② $\dfrac{PL^3}{3EI}$ ③ $\dfrac{P^2L^3}{6EI}$ ④ $\dfrac{P^2L^3}{3EI}$

|해설| $U = \dfrac{1}{2} P \cdot \delta = \dfrac{P}{2} \times \dfrac{P \cdot \ell^3}{3EI} = \dfrac{P^2 \cdot \ell^3}{6EI}$

14 ①   15 ③   ■ Answer

16 $b \times h$=20cm×40cm 의 외팔보가 두 가지 하중을 받고 있을 때 분포하중 w를 얼마로 하면 안전하게 지지할 수 있는가? (단, 허용굽힘응력 σ_a=10MPa이다.)

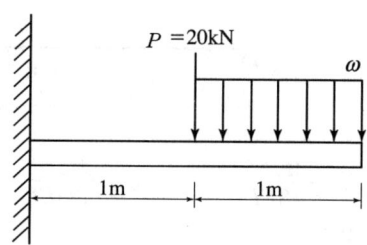

① 22kN/m   ② 35kN/m   ③ 53kN/m   ④ 55kN/m

| 해설 | $\sigma_a = \dfrac{M}{Z} = \dfrac{6(P \times \dfrac{\ell}{2} + \dfrac{w\ell}{2} \times \dfrac{3}{4}\ell)}{bh^2}$, $10 \times 10^6 = \dfrac{6 \times (20 \times 10^3 \times 1 + w \times 1 \times 1.5)}{0.2 \times 0.4^2}$, $w = 22.22$ kN/m

17 직경 10cm, 길이 3m인 양단의 고정된 2개의 원형기둥에 가해줄 수 있는 최대하중은? (단, E=200000MPa, σ_r=280 MPa)

① 2800kN
② 4400kN
③ 7800kN
④ 8770kN

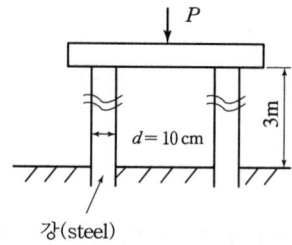

| 해설 | $\sigma_r = \dfrac{P/2}{A}$, $\dfrac{P}{2} = \sigma_r \cdot A = 280 \times 10^3 \times \dfrac{\pi \times 0.1^2}{4}$
$P = 4398.23$ kN

18 포아송(Poission)비가 0.3인 재료에서 탄성계수(E)와 전단탄성계수(G)의 비(E/G)는?

① 0.15   ② 1.5   ③ 2.6   ④ 3.2

| 해설 | $G = \dfrac{E}{2(1+\mu)}$, $\dfrac{E}{G} = 2 \times (1 + 0.3) = 2.6$

Answer ■ 16 ① 17 ② 18 ③

19 그림에서 윗면의 지름이 d, 높이가 ℓ 인 원추형의 상단을 고정할 때 이 재료에 발생하는 신장량 δ의 값은? (단, 단위 체적당의 중량을 γ, 탄성계수를 E라 함)

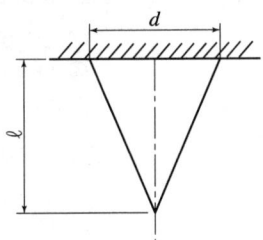

① $\delta = \gamma \ell^2/2E$ ② $\delta = \gamma \ell^2/3E$ ③ $\delta = \gamma \ell^2/6E$ ④ $\delta = \gamma \ell^2/8E$

| 해설 | 지름 d, 길이 ℓ 인 둥근봉의 자중만 고려시 변형량의 $\frac{1}{3}$ 배가 원추봉의 변형량이다.

$$\delta = \frac{\gamma \cdot \ell^2}{2E} \times \frac{1}{3} = \frac{\gamma \cdot \ell^2}{6E}$$

20 그림과 같은 구조물에서 AB 부재에 미치는 힘은?

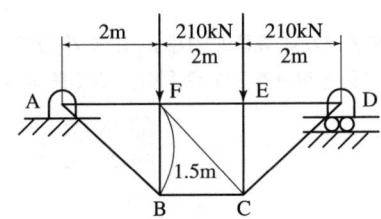

① 250kN   ② 350kN   ③ 450kN   ④ 150kN

| 해설 | $\tan \alpha = \frac{1.5}{2}$, $\alpha = 36.87°$

$\Sigma F_y = F_{BF} + F_{CF} \cdot \sin \alpha - 210 = 0$
$\Sigma F_x = F_{AF} - F_{EF} - F_{CF} \cdot \cos \alpha = 0$
$R_A \times 6 = 210 \times 4 + 210 \times 2$
$R_A = 210 \text{ kN}$
$F_{BF} = 210 \text{ kN}, F_{CF} = 0$
$R_A = F_{AB} \cdot \sin \alpha = F_{BF}$
$\therefore F_{AB} = \frac{210}{\sin 36.87°} = 350 \text{ kN}$

19 ③   20 ②

2과목 기계열역학

21 외부에서 받은 열량이 모두 내부에너지 변화만을 가져오는 완전가스의 상태변화는?

① 정적변화 ② 정압변화
③ 등온변화 ④ 단열변화

| 해설 | $\delta_q = du + pdv$
정적변화 $v =$ 일정, $dv = 0$
∴ $\delta_q = du$

22 질량 4kg의 액체를 15℃에서 100℃까지 가열하기 위해 714 kJ의 열을 공급하였다면 액체의 비열은 몇 J/kg・K 인가?

① 1100 ② 2100
③ 3100 ④ 4100

| 해설 | $_1Q_2 = m \cdot C \cdot \triangle t$
$C = \dfrac{714 \times 10^3}{4 \times (100 - 15)} = 2100 \text{ J/kg} \cdot \text{k}$

23 50℃, 25℃, 10℃의 온도인 3가지 종류의 액체 A, B, C가 있다. A와 B를 동일중량으로 혼합하면 40℃로 되고, A와 C를 동일중량으로 혼합하면 30℃로 된다. B와 C를 동일 중량으로 혼합할 때는 몇 ℃로 되겠는가?

① 16.0℃ ② 18.4℃
③ 20.0℃ ④ 22.5℃

| 해설 | $t_{mAB} = 40$℃
$t_{mAC} = 30$℃
$t_{mBC} = ?$
$C_A \cdot (50 - 40) = C_B \cdot (40 - 25)$
$C_A \cdot (50 - 30) = C_c \cdot (30 - 10)$
$C_B \cdot (25 - t_{mBc}) = C_c \cdot (t_{mBc} - 10)$
$\dfrac{C_B}{C_C} = \dfrac{(50-40)(30-10)}{(50-30)(40-25)} = \dfrac{t_{mBC}-10}{25-t_{mBC}}$
$t_{mBC} = 16$℃

24 응축기 온도가 40℃이고, 증발기 온도가 -20℃인 이상 냉동사이클의 성능계수(COP)는?

① 5.22 ② 4.22 ③ 4.02 ④ 3.22

| 해설 | $\varepsilon_R = \dfrac{-20 + 273}{40 + 20} = 4.22$

Answer ■ 21 ① 22 ② 23 ① 24 ②

25 상태 1에서 경로 A를 따라 상태 2로 변화하고 경로 B를 따라 다시 상태 1로 돌아오는 사이클이 있다. 아래의 사이클에 대한 설명으로 틀린 것은?

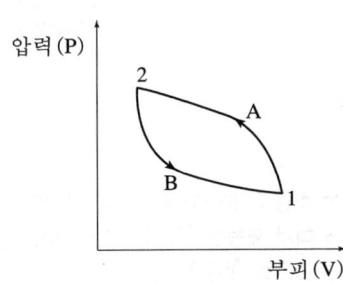

① 사이클 과정 동안 시스템의 내부에너지 변화량은 0이다.
② 사이클 과정 동안 시스템은 외부로부터 순(net) 일을 받았다.
③ 사이클 과정 동안 시스템의 내부에서 외부로 순(net) 열이 전달되었다.
④ 이 그림으로 사이클 과정 동안 총 엔트로피 변화량을 알 수 없다.

| 해설 | ① 가역사이클이라면 엔트로피 변화량이 0이다. $\oint ds = 0$
② 비가역 사이클이라면 엔트로피 변화 $\oint ds < 0$

26 다음 P-h 선도를 이용한 증기압축 냉동기의 성능계수는 얼마인가?

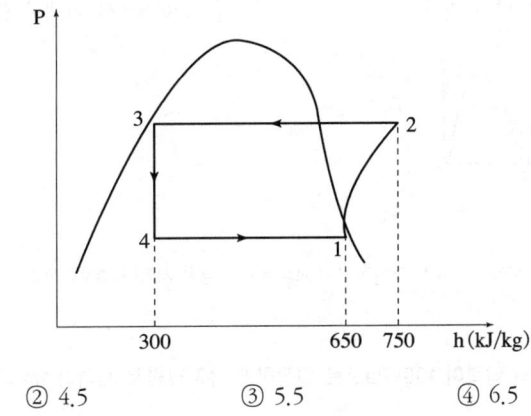

① 3.5   ② 4.5   ③ 5.5   ④ 6.5

| 해설 | $\varepsilon_R = \dfrac{650-300}{750-650} = 3.5 \, kJ/kg$

27 이상기체의 내부에너지는 무엇의 함수인가?

① 온도만의 함수이다.
② 압력만의 함수이다.
③ 온도와 압력의 함수이다.
④ 비체적만의 함수이다.

| 해설 | 이상기체의 내부에너지와 엔탈피는 온도만의 함수이다.

25 ④   26 ①   27 ①   • Answer

28 한 밀폐계가 190kJ의 열을 받으면서 외부에 20kJ의 일을 한다면 이 계의 내부에너지의 변화는 약 얼마인가?

① 210kJ만큼 증가한다.   ② 210kJ만큼 감소한다.
③ 170kJ만큼 증가한다.   ④ 170kJ만큼 감소한다.

| 해설 | $_1Q_2 = \triangle u + {_1W_2}$
$\triangle u = 190 - 20 = 170$ kJ

29 시속 30km로 주행하고 있는 질량 306kg의 자동차가 브레이크를 밟았더니 8.8m에서 정지했다. 베어링 마찰을 무시하고 브레이크에 의해서 제동된 것으로 보았을 때, 브레이크로부터 발생한 열량은 얼마인가? (단, 차륜과 도로면의 마찰계수는 0.4로 한다.)

① 약 25.6kJ   ② 약 20.6kJ   ③ 약 15.6kJ   ④ 약 10.6kJ

| 해설 | $V^2 - V_0^2 = -2as$
$a = \dfrac{(30 \times 10^3 / 3600)^2}{2 \times 8.8} = 3.95 \text{ m/sec}^2$
$Q = W = F \cdot \triangle S = 306 \times 3.95 \times 8.8 \times 10^{-3} = 10.64$ kJ

30 랭킨 사이클을 터빈 입구 상태와 응축기 압력을 그대로 두고 재생 사이클로 바꾸었을 때 랭킨 사이클과 비교한 재생 사이클의 특징에 대한 설명으로 틀린 것은?

① 터빈일이 크다.   ② 사이클 효율이 높다.
③ 응축기의 방열량이 작다. ④ 보일러에서 가해야 할 열량이 작다.

| 해설 |
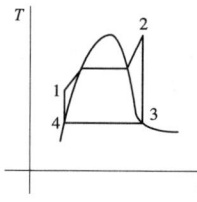
그림은 Rankine Cycle선도이다. 2-3과정에서 재생을 시키면 추출량으로 인해 터빈일은 감소한다.

31 밀폐계에서 기체의 압력이 100kPa으로 일정하게 유지되면서 체적이 1m³에서 2m³으로 증가되었을 때 옳은 설명은?

① 밀폐계의 에너지 변화는 없다.   ② 외부로 행한 일은 100kJ 이다.
③ 기체가 이상기체라면 온도가 일정하다. ④ 기체가 받은 열은 100kJ 이다.

| 해설 | $_1W_2 = P(V_2 - V_1) = 100 \times (2-1) = 100$ kJ

32 비열이 0.475 kJ/kg·K인 철 10kg을 20℃에서 80℃로 올리는데 필요한 열량은 몇 kJ인가?

① 222   ② 232   ③ 285   ④ 315

| 해설 | $_1Q_2 = 10 \times 0.475 \times (80-20) = 285$ kJ 32

Answer ■ 28 ③ 29 ④ 30 ① 31 ② 32 ③

33 어느 발명가가 바닷물로부터 매시간 1800 kJ의 열량을 공급받아 0.5kW 출력의 열기관을 만들었다고 주장한다면, 이 사실은 열역학 제 몇 법칙에 위반 되겠는가?

① 제 0법칙   ② 제 1법칙   ③ 제 2법칙   ④ 제 3법칙

| 해설 | 하나의 열원에서 취한 열을 전부 일로 변화시킬 수 없다.
열을 일로 변환시키기 위해서는 반드시 고열원과 저열원의 열저장소가 필요하다.
이것이 열역학 제2법칙이다.

34 과열과 과냉이 없는 증기압축 냉동사이클에서 응축온도가 일정하고 증발온도가 낮을수록 성능계수는 어떻게 되겠는가?

① 증가한다.   ② 감소한다.
③ 일정하다.   ④ 성능계수와 응축온도는 무관하다.

| 해설 | 압축일은 증가하고 냉동효과는 감소하여 성능계수는 줄어든다.

35 어떤 유체의 밀도가 741kg/m³이다. 이 유체의 비체적은 약 몇 m³/kg인가?

① 0.78×10^{-3} ② 1.35×10^{-3} ③ 2.35×10^{-3} ④ 2.98×10^{-3}

| 해설 | $v = \frac{1}{\rho} = \frac{1}{741}$ m³/kg

36 공기 10kg이 정적 과정으로 20℃에서 250℃까지 온도가 변하였다. 이 경우 엔트로피의 변화량은? (단, 공기의 C_V=0.717kJ/kg·K 이다.)

① 약 2.39kJ/K   ② 약 3.07kJ/K   ③ 약 4.15kJ/K   ④ 약 5.81kJ/K

| 해설 | $\Delta S = m C_V \cdot \ell n \left(\frac{T_2}{T_1} \right)$
$= 10 \times 0.717 \times \ell n \left(\frac{250+273}{20+273} \right)$
$= 4.15$ kJ/K

37 100℃와 50℃ 사이에서 작동되는 가역열기관의 최대 열효율은 약 얼마인가?

① 55.0%   ② 16.7%   ③ 13.4%   ④ 8.3%

| 해설 | $\eta_c = \left(1 - \frac{50+273}{100+273} \right) \times 100 = 13.4\%$

38 27kPa의 압력차는 수은주로 어느 정도 높이가 되겠는가? (단, 수은의 밀도는 13590kg/m³ 이다.)

① 약 158mm   ② 약 203mm   ③ 약 265mm   ④ 약 557mm

| 해설 | $P = \frac{27 \times 10^3}{101325} \times 760 = 202.52$ mmHg

33 ③   34 ②   35 ②   36 ③   37 ③   38 ②   • Answer

39 어떤 작동 유체가 550K의 고열원으로부터 20kJ의 열량을 공급받아 250K의 저열원에 14kJ의 열량을 방출할 때 이 사이클은?

① 가역이다.
② 비가역이다.
③ 가역 또는 비가역이다.
④ 가역도 비가역도 아니다.

| 해설 | $\eta_1 = 1 - \dfrac{Q_2}{Q_1} = 1 - \dfrac{14}{20} = 0.3$

$\eta_2 = 1 - \dfrac{T_L}{T_H} = 1 - \dfrac{250}{550} = 0.55$

$\eta_1 \neq \eta_2$: 비가역 사이클

40 냉동기의 효율은 성능 계수로 나타낸다. 냉동기의 성능 계수에 대한 설명 중 잘못된 것은?

① 성능 계수는 증발기에서 흡수된 열량과 압축기에 공급된 일량의 비로 정의된다.
② 성능 계수는 일반적으로 1보다 작다.
③ 냉동기의 작동 온도에 따라 성능 계수는 변한다.
④ 동일한 작동 온도에서 운전되는 냉동기라도 사용되는 냉매에 따라 성능 계수는 달라질 수 있다.

3과목 기계유체역학

41 다음 중 무차원에 해당하는 것은?

① 비중 ② 비중량 ③ 점성계수 ④ 동점성계수

42 4℃ 물의 체적 탄성계수는 $2.0 \times 10^9 \text{N/m}^2$ 이다. 이 물에서의 음속은 약 몇 m/s 인가?

① 141 ② 341 ③ 19300 ④ 1414

| 해설 | $C = \sqrt{\dfrac{K}{\rho}} = \sqrt{\dfrac{2.0 \times 10^9}{1000}} = 1414.21 \text{ m/sec}$

43 바다 속 임의의 한 지점에서 측정한 계기압력이 98.7MPa이다. 이 지점의 깊이는 몇 m인가? (단, 해수의 비중량은 10kN/m^3이다.)

① 9540 ② 9635 ③ 9680 ④ 9870

| 해설 | $P = r \cdot h$

$h = \dfrac{98.7 \times 10^6}{10 \times 10^3} = 9870 \text{ m}$

Answer ■ 39 ② 40 ② 41 ① 42 ④ 43 ④

44 수면의 높이가 지면에서 h인 물통 벽의 측면에 구멍을 뚫고 물을 지면으로 분출시킬 때 지면을 기준으로 물이 가장 멀리 떨어지게 하는 구멍의 높이는?

① $\frac{3}{4}h$ ② $\frac{1}{2}h$ ③ $\frac{1}{4}h$ ④ $\frac{1}{3}h$

| 해설 |

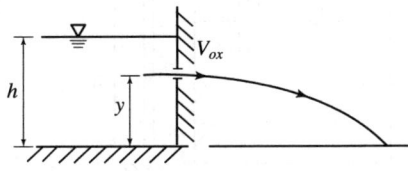

$V_{ox} = \sqrt{2g(h-y)}$
$x = V_{ox} \cdot t, \quad y = \frac{1}{2}gt^2$
$t = \frac{x}{V_{ox}} = \frac{x}{\sqrt{2g(h-y)}}$
$y = \frac{1}{2}g \cdot \frac{x^2}{2g(h-y)}$
$x^2 = 4hy - 4y^2$
x를 y로 미분하면
$2x \cdot \frac{dx}{dy} = 4h - 8y$
$\frac{dx}{dy} = \frac{2h-4y}{x} = 0$
만족하는 y를 구하면
$2h - 4y = 0$
$y = \frac{h}{2}$

45 30명의 흡연가가 피우는 담배연기를 처리할 수 있는 흡연실에서 1인당 최소 30L/s의 신선한 공기를 필요로 할 때, 공급되어야 할 공기의 최소 유량은 몇 m³/s 인가?

① 0.9   ② 1.6   ③ 2.0   ④ 2.3

| 해설 | $Q = 30 \times 30 = 900\, \ell/\sec \times 10^{-3} = 0.9\, m^3/\sec$

46 원관내를 완전한 층류로 흐를 경우 관마찰계수 f는?

① 상대 조도만의 함수가 된다.
② 마하수만의 함수이다.
③ 오일러수만의 함수이다.
④ 레이놀즈수만의 함수이다.

| 해설 | 일반적으로 원관에서 관마찰계수는 레이놀즈수와 상대조도의 함수이다.
　　　① 유체의 흐름이 층류일 경우는 레이놀즈수만의 함수이다.
　　　② 유체의 흐름이 난류일 경우, 매끈한 관이면 레이놀즈수만의 함수이고, 거친관이면 상대조도만의 함수 있다.

44 ②　45 ①　46 ④　・Answer

47 그림과 같은 사이펀에 물이 흐르고 있다. 사이펀의 안지름은 5cm이고, 물탱크의 수면은 항상 일정하게 유지된다고 가정한다. 수면으로부터 출고 사이의 총 손실 수두가 1.5m이면, 사이펀을 통해 나오는 유량은 약 몇 m³/min 인가?

① 0.38
② 0.41
③ 0.64
④ 0.92

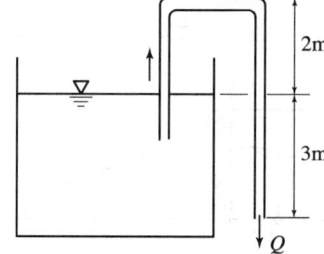

| 해설 | $Z_1 - Z_2 = \dfrac{V^2}{2g} + h_\ell$

$3 = \dfrac{V^2}{2 \times 9.8} + 1.5$

$V = 5.42 \, \text{m/sec}$

$Q = \dfrac{\pi}{4} \times 0.05^2 \times 5.42 \times 60 = 0.64 \, \text{m}^2/\text{min}$

48 유속 V의 균일 유동장에 놓인 물체 둘레의 순환이 Γ일 때, 이 물체에 발생하는 양력 L(Kutta-Joukowski의 정리)은?(단, 유체의 밀도는 ρ라 한다.)

① $L = \dfrac{\Gamma}{\rho V}$ ② $L = \dfrac{\rho \Gamma}{V}$ ③ $L = \dfrac{V\Gamma}{\rho}$ ④ $L = \rho V \Gamma$

| 해설 | 순환은 양력을 유발시키는 원동력이다. 순환(Γ ; 폐곡선을 따른 흐름)이란 유동장에서 한 폐곡선을 따라 흐르는 유량과 관계하는 물리량으로서, 폐곡선에 접하는 속도의 접선성분과 폐곡선의 길이를 곱한 값으로 정의한다.

$$\Gamma = \sum V_t \Delta S \quad \text{or} \quad \Gamma = \oint_C V_t dS$$

▶ Kutta-Joukowski 가설
이상유동 이론에 의하면 어떤 2차원 물체 주위에 순환 Γ가 발생하면, 그 물체에는 단위 길이 당의 양력이 발생한다. 이것을 식으로 표현하면 다음과 같다.

$$\dfrac{F_L}{L} = \rho U \Gamma$$

이와 같은 식은 비행기 날개든, 원통이든 물체 주위에 순환이 발생하면 성립한다. 즉, 물체 단면의 기하학적 형상에는 관계없이 적용할 수 있다. 여기서, F_L은 양력, L은 물체의 길이, U는 자유유동속도, ρ는 밀도이다. Kutta-Joukowski 가설은 이상유동이론에 입각하여 도출한 법칙으로서 점성효과가 무시될 수 있는 유동에 대해서만이 활용할 수 있다.

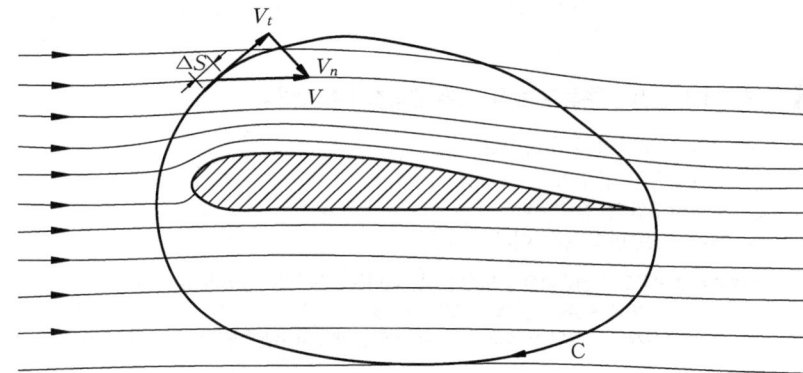

Answer ■ 47 ③ 48 ④

49 다음 중 경계층에서 유동박리 현상이 발생할 수 있는 조건은?

① 유체가 가속될 때
② 순압력구배가 존재할 때
③ 역압력구배가 존재할 때
④ 유체의 속도가 일정할 때

50 밀도가 ρ_1, ρ_2인 두 종류의 액체 속에 완전히 잠긴 물체의 무게를 스프링 저울로 측정한 결과 각각 W_1, W_2이었다. 공기 중에서 이 물체의 무게 G는?

① $G = \dfrac{W_1\rho_2 + W_2\rho_1}{\rho_2 - \rho_1}$
② $G = \dfrac{W_1\rho_2 - W_2\rho_1}{\rho_2 - \rho_1}$
③ $G = \dfrac{W_1\rho_2 + W_2\rho_1}{\rho_2 + \rho_1}$
④ $G = \dfrac{W_1\rho_2 - W_2\rho_1}{\rho_2 + \rho_1}$

|해설| $F_{B1} = G - W_1 = \rho_1 g \cdot V$
$F_{B2} = G - W_2 = \rho_2 \cdot gV$
$V = \dfrac{G - W_1}{\rho_1 \cdot g} = \dfrac{G - W_2}{\rho_2 \cdot g}$
$\rho_2 G - \rho_2 \cdot W_1 = \rho_1 G - \rho_1 \cdot W_2$
$G(\rho_1 - \rho_2) = \rho_1 W_2 - \rho_2 W_1$
$G = \dfrac{\rho_1 \cdot W_2 - \rho_2 \cdot W_1}{\rho_1 - \rho_2} = \dfrac{\rho_2 W_1 - \rho_1 W_2}{\rho_2 - \rho_1}$

51 다음 그림에서 관입구의 부차적 손실계수 K는? (단, 관의 안지름은 20mm, 관마찰계수는 0.0188이다.)

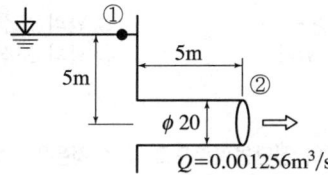

① 0.0188   ② 0.273   ③ 0.425   ④ 0.621

|해설| $Z_1 - Z_2 = \dfrac{V^2}{2g} + h_\ell$
$V = \dfrac{0.001256}{\dfrac{\pi}{4} \times 0.02^2} = 4\,\text{m/sec}$
$h_\ell = 5 - \dfrac{4^2}{2 \times 9.8} = 4.18\,\text{m}$
$h_\ell = (k + f \cdot \dfrac{\ell}{d}) \dfrac{V^2}{2g}$
$4.18 = (k + 0.018 \times \dfrac{5}{0.02}) \times \dfrac{4^2}{2 \times 9.8}$
$k = 0.4205$

49 ③   50 ②   51 ③

52
2차원 유동 중 속도포텐셜이 존재하는 것은? (단, $\vec{V}=(u, v)$이다.)

① $\vec{V}=(x^2-y^2, 2xy)$
② $\vec{V}=(x^2-y^2, -2xy)$
③ $\vec{V}=(-x^2+y^2, -2xy)$
④ $\vec{V}=(x^2+y^2, 2xy)$

|해설| $\nabla \cdot \vec{V}=0$

$\left(\frac{\partial}{\partial x}\hat{i}+\frac{\partial}{\partial y}\hat{j}\right) \cdot (u\hat{i}+v\hat{j})=0$

$\frac{\partial u}{\partial x}+\frac{\partial v}{\partial y}=0$

$\frac{\partial}{\partial x}(x^2-y^2)+\frac{\partial}{\partial y}(-2xy)=0$

$2x-2x=0$

53
압력과 밀도를 각각 P, ρ라 할 때 $\sqrt{\dfrac{\triangle P}{\rho}}$의 차원은? (단, M, L, T는 각각 질량, 길이, 시간의 차원을 나타낸다.)

① $\dfrac{M}{LT}$ ② $\dfrac{M}{L^2T}$ ③ $\dfrac{L}{T}$ ④ $\dfrac{L}{T^2}$

|해설| $\left(\dfrac{ML^{-1}T^{-2}}{ML^{-3}}\right)^{\frac{1}{2}}=(L^2T^{-2})^{\frac{1}{2}}=\dfrac{L}{T}$

54
유체 속에 잠겨있는 경사진 판의 윗면에 작용하는 압력 힘의 작용점에 대한 설명 중 맞는 것은?

① 판의 도심보다 위에 있다.
② 판의 도심에 있다.
③ 판의 도심보다 아래에 있다.
④ 판의 도심과는 관계가 없다.

55
다음 중 원관 내 층류유동의 전단응력분포로 옳은 것은?

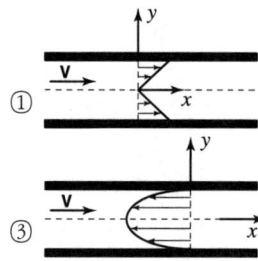
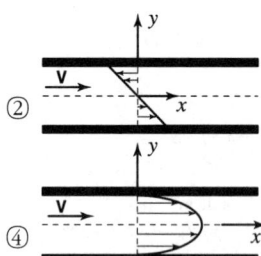

56
직경이 30mm이고, 틈새가 0.2mm인 슬라이딩 베어링이 1800rpm으로 회전할 때 윤활유에 작용하는 전단응력은 약 몇 Pa인가? (단, 윤활유의 점성계수 $\mu=0.38$N·s/m² 이다.)

① 5372 ② 8550 ③ 10744 ④ 17100

|해설| $\tau=\mu \cdot \dfrac{du}{dy}=0.38 \times \dfrac{\pi \times 0.03 \times 1800}{0.2 \times 10^{-3} \times 60}=5372.12$ N/m²(Pa)

Answer ■ 52 ② 53 ③ 54 ③ 55 ① 56 ①

57 유량계수가 0.75이고, 목지름이 0.5m인 벤투리미터를 사용하여 안지름이 1m인 송유관 내의 유량을 측정하고 있다. 벤투리 입구와 목의 압력차가 수은주 80mm이면 기름의 질량유량은 몇 kg/s 인가? (단, 기름의 비중은 0.9, 수은의 비중은 13.6이다.)

① 158　　② 166　　③ 666　　④ 739

해설 | $V_2 = \sqrt{\dfrac{2gh\left(\dfrac{r_s}{r}-1\right)}{\left(1-\dfrac{d_2^4}{d_1^4}\right)}} = \sqrt{\dfrac{2\times 9.8\times 0.08\times \left(\dfrac{13.6}{0.9}-1\right)}{(1-0.5^4)}} = 4.86\,\text{m/sec} \fallingdotseq 5.0\,\text{m/sec}$

$Q = C \cdot A_2 \cdot V_2 = 0.75 \times \dfrac{\pi \times 0.5^2}{4} \times 5 = 0.74\,\text{m}^3/\text{sec}$

$\dot{m} = \rho Q = 0.9 \times 1000 \times 0.74 = 666\,\text{kg/sec}$

58 길이 125m, 속도 9m/s인 선박의 모형실험을 길이 5m인 모형선으로 프루드(Froude) 상사가 성립되게 실험하려면 모형선의 속도는 약 몇 m/s로 해야 하는가?

① 1.80　　② 4.02　　③ 0.36　　④ 36

해설 | $\left(\dfrac{V^2}{\ell \cdot g}\right)_P = \left(\dfrac{V^2}{\ell \cdot g}\right)_m$

$\dfrac{9^2}{125} = \dfrac{V_m^2}{5}$,　$V_m = 1.8\,\text{m/sec}$

59 그림과 같이 유량 $Q=0.03\text{m}^3/\text{s}$ 의 물 분류가 $V=40\text{m/s}$의 속도로 곡면판에 충돌하고 있다. 판은 고정되어 있고 휘어진 각도가 135° 일 때 분류로부터 판이 받는 충격력의 크기는 약 몇 N 인가?

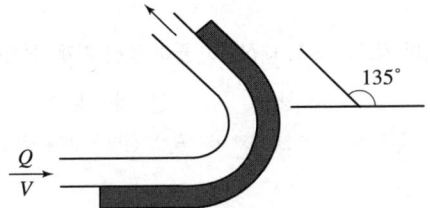

① 2049　　② 2217　　③ 2638　　④ 2898

해설 | $F_x = \rho QV(1-\cos\theta) = 1000 \times 0.03 \times 40 \times (1-\cos 135°) = 2048.53\,\text{N}$

$F_y = \delta QV \sin\theta = 1000 \times 0.03 \times 40 \times \sin 135° = 848.53\,\text{N}$

$F = \sqrt{F_x^2 + F_y^2} = 2217.31\,\text{N}$

60 2차원 유동장에서 속도벡터가 $\vec{V}=6y\vec{i}+2x\vec{j}$ 일 때 점(3, 5)을 지나는 유선의 기울기는? (단, $\vec{i}, \vec{j}$는 x, y 방향의 단위벡터이다.)

① $\dfrac{1}{3}$　　② $\dfrac{1}{5}$　　③ $\dfrac{1}{9}$　　④ $\dfrac{1}{12}$

해설 | $\dfrac{dx}{u} = \dfrac{dy}{v}$

$\dfrac{dx}{dy} = \dfrac{u}{v} = \dfrac{6y}{2x} = \dfrac{6\times 5}{2\times 3} = \dfrac{30}{6} = 5$

$\dfrac{dy}{dx} = \dfrac{1}{5}$

57 ③　58 ①　59 ②　60 ②　• Answer

4과목 기계재료 및 유압기기

61 강에서 열처리 조직으로 경도가 가장 큰 것은?

① 펄라이트 ② 페라이트 ③ 마텐자이트 ④ 오스테나이트

| 해설 | 담금질 조직의 경도 크기 : A<M>T>S>P

62 자기변태의 설명으로 옳은 것은?

① 상은 변하지 않고 자기적 성질만 변한다.
② 자기변태점에서는 열을 흡수하거나 방출한다.
③ 자기변태점에서는 자유도가 0이므로 온도가 정체된다.
④ 원자내부의 변화로 자기적 성질이 비연속적으로 변화한다.

| 해설 | 자기변태 : 온도변화에 따른 자성의 크기가 변화하는 현상

63 질화법과 침탄법을 비교 설명한 것으로 틀린 것은?

① 침탄법보다 질화법이 경도가 높다.
② 침탄법은 침탄 후에도 수정이 가능하지만, 질화법은 질화 후의 수정은 불가능하다.
③ 침탄법은 침탄 후에는 열처리가 필요없고, 질화법은 질화 후에는 열처리가 필요하다.
④ 침탄법은 경화에 의한 변형이 생기지만, 질화법은 경화에 의한 변형이 적다.

| 해설 | 침탄 처리 후 담금질 작업을 케이스하드닝이라 하며 질화 후에는 열처리가 필요없다.

64 델타 메탈이라고도 하며 강도가 크고 내식성이 좋아 광산 기계, 선박용 기계, 화학 기계 등에 사용되는 것은?

① 철 황동 ② 규소 황동 ③ 네이벌 황동 ④ 애드미럴티 황동

| 해설 | 철황동 : 6-4황동에 Fe1~2%를 첨가시켜 광산, 선박용 기계 등에 사용하며 델타메탈이라고도 한다.

65 탄소강에 미치는 인(P)의 영향으로 옳은 것은?

① 인성과 내식성을 주는 효과는 있으나 청열취성을 준다.
② 강도와 경도는 감소시키고, 고온취성이 있어 가공이 곤란하다.
③ 경화능이 감소하는 것 이외에는 기계적 성질에 해로운 원소이다.
④ 강도와 경도를 증가시키고 연신율을 감소시키며 상온취성을 일으킨다.

| 해설 | 탄소강 중 인(P)의 영향 :
강도, 경도 증가, 절삭성 양호, 편석 및 균열의 원인이 되며 상온 취성을 일으킨다.

66 주조성, 가공성, 내마멸성 및 강도가 우수하고 인성, 연성, 가공성 및 경화능 등이 강의 성질과 비슷하며 자동차용 주물로 가장 적합한 주철은?

① 내열주철 ② 보통주철 ③ 칠드주철 ④ 구상흑연주철

| 해설 | 구상흑연주철 : 주조상태에서 흑연을 구상화한 주철로 연성이 높고 바탕조직이 치밀하며 내마모성, 내열성도 보통 주철보다 우수하고 성장도 적으며 내산화성이 양호하다.

Answer ▪ 61 ③ 62 ① 63 ③ 64 ① 65 ④ 66 ④

67 고속도공구강에서 요구되는 일반적 성질과 관련이 없는 것은?

① 전연성   ② 고온경도   ③ 내마모성   ④ 내충격성

|해설| 공구강 구비조건 : 강인성, 고온경도, 인장강도, 내마멸성 등이 커야한다.

68 지름 15mm의 연강 봉에 5000kgf의 인장하중이 작용할 때 생기는 응력은 약 몇 kgf/mm² 인가?

① 10   ② 18   ③ 24   ④ 28

|해설| $\sigma = \dfrac{P}{A} = \dfrac{5000 \times 4}{\pi \times 15^2} = 28.29 \, \text{kgf/mm}^2$

69 일반적인 주철의 장점이 아닌 것은?

① 주조성이 우수하다.
② 고온에서 쉽게 소성변형되지 않는다.
③ 가격이 강에 비해 저렴하여 널리 이용된다.
④ 복잡한 형상으로도 쉽게 주조된다.

|해설| 주철은 탄소강에 비하여 메짐성이 크고 인장강도가 작으며 고온에서 소성변형이 쉽지 않다.

70 톱날이나 줄의 재료로 가장 적합한 합금은?

① 황동   ② 고탄소강   ③ 알루미늄   ④ 보통주철

|해설| 탄소공구강 : 0.6~1.5%C로 고속절삭이나 강력절삭용 공구재료로는 부적당하여 줄·정·끌·쇠톱날 등에 사용된다.

71 전기모터나 내연기관 등의 원동기로부터 공급받은 동력을 기계적 유압에너지로 변환시켜 작동매체인 작동유(압축유)를 통하여 유압계통에 에너지를 가해주는 기기는?

① 유압 모터   ② 유압 밸브   ③ 유압 펌프   ④ 유압 실린더

|해설| 원동기에 의한 기계적에너지를 유체압력에너지로 변환시키는 기계는 유압펌프이다.

72 다음 중 압력단위의 환산이 잘못된 것은?

① 1bar=9.80665Pa
② 1mmH$_2$O=9.80665Pa
③ 1atm=1.01325×10^{5}Pa
④ 1Pa=1.01972×10^{-5}kgf/cm²

|해설|
① 1bar = 10^5 Pa
② 1 mmH$_2$O × $\dfrac{101325 \text{Pa}}{10.33 \times 10^3 \text{mmH}_2\text{O}}$ = 9.81 Pa
③ 1atm = 101325 Pa
④ 1Pa × $\dfrac{1.0332 \text{kg/cm}^2}{101325 \text{Pa}}$ = 1.0197×10^{-5} kgf/cm²

Answer: 67 ① 68 ④ 69 ② 70 ② 71 ③ 72 ①

73 유압유를 이용하여 진동을 흡수하거나 충격을 완화시키는 기기는?

① 유체 클러치(fluid clutch)
② 유체 커플링(fluid coupling)
③ 쇼크 업소버(shock absorber)
④ 토크 컨버터(torque converter)

| 해설 | 쇼크 업소버(shock absorber) : 스프링, 고무, 공기압, 유압 등을 이용하여 운동에너지를 흡수하는 기계적 충격을 완화시키는 장치로 차량, 항공기 등에 장착된다.

74 기름의 압축률이 $6.8 \times 10^{-5}\, cm^2/kg$ 일 때 압력을 0에서 $100\, kg_f/cm^2$까지 압축하면 체적은 몇 % 감소하는가?

① 0.48% ② 0.68% ③ 0.89% ④ 1.46%

| 해설 | $\beta = \dfrac{-\triangle V/V}{\triangle P}$

$-\triangle V/V = (6.8 \times 10^{-5} \times 100) \times 100 = 0.68\%$

75 작동유가 갖고 있는 에너지를 잠시 저축했다가 이것을 이용하여 완충작용도 할 수 있는 부품은?

① 축압기 ② 제어밸브 ③ 스테이터 ④ 유체커플링

| 해설 | 축압기(accumulator)
① 압력에너지의 축적
② 맥동·충격의 제거
③ 액체를 수송하는 역할

76 유압기기의 통로(또는 관로)에서 탱크(또는 매니폴드 등)로 돌아오는 액체 또는 액체가 돌아오는 현상을 나타내는 용어는?

① 누설 ② 드레인(drain) ③ 컷오프(cut off) ④ 인터플로(interflow)

77 다음 기호 중 유량계를 표시하는 것은?

①   ②   ③   ④

| 해설 | ① 압력계
③ 온도계
④ 차압계

78 유압회로에서 정규 조작방법에 우선하여 조작할 수 있는 대체 조작수단으로 정의되는 에너지 제어·조작방식 일반에 관한 용어는?

① 직접 파일럿 조작 ② 솔레노이드 조작
③ 간접 파일럿 조작 ④ 오버라이드 조작

Answer ■ 73 ③ 74 ② 75 ① 76 ② 77 ② 78 ④

79 오일 탱크의 구비 조건에 관한 설명으로 옳지 않은 것은?

① 오일 탱크의 바닥면은 바닥에서 일정 간격 이상을 유지하는 것이 바람직하다.
② 오일 탱크는 스트레이너의 삽입이나 분리를 용이하게 할 수 있는 출입구를 만든다.
③ 오일 탱크 내에 방해판은 오일의 순환거리를 짧게 하고 기포의 방출이나 오일의 냉각을 보존한다.
④ 오일 탱크의 용량은 장치의 운전중지 중 장치 내의 작동유가 복귀하여도 지장이 없을 만큼의 크기를 가져야 한다.

| 해설 | 방해판(baffle plate) : 유압탱크 안에서 흡입관과 복귀관 사이에 설치되어 유압유가 탱크의 벽면을 타고 흐르도록 하여 유압 작동유에 혼입되어 있는 기포와 수분을 제거한다.

80 구조가 가장 간단하여 값이 싸고 유압유에 섞인 이물질에 의한 고장 발생이 적고 가혹한 조건에 잘 견디는 유압모터로 가장 적합한 것은?

① 기어 모터
② 볼 피스톤 모터
③ 액시얼 피스톤 모터
④ 레이디얼 피스톤 모터

5과목 기계제작법 및 기계동력학

81 상온에서 가공할 수 없는 내열합금이나 담금질 강과 같은 강한 재질의 고온가공(hot machining) 특징이 아닌 것은?

① 소비동력이 감소한다.
② 공구 수명이 연장된다.
③ 공작물의 피삭성이 증가한다.
④ 빌트 업 에지가 발생하여 가공면이 나쁘게 된다.

82 서보제어방식 중 아래 그림과 같이 모터에 내장된 펄스제너레이터에서 속도를 검출하고, 엔코더에서 위치를 검출하여 피드백하는 제어방식은?

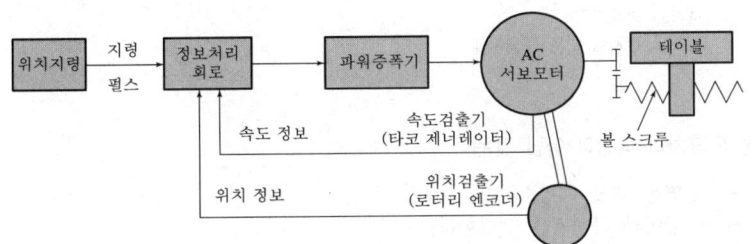

① 개방회로 방식
② 복합회로 방식
③ 폐쇄회로 방식
④ 반 폐쇄회로 방식

| 해설 | ① 폐쇄회로방식 : 속도검출은 서보모터, 위치검출은 NC테이블
② 하이브리드방식 : 속도검출은 서보모터, 위치검출은 NC테이블과 서보모터에서 하는 방식

83 절삭유제를 사용하는 목적이 아닌 것은?

① 공작물과 공구의 냉각
② 공구 윗면과 칩 사이의 마찰계수 증대
③ 능률적인 칩 제거
④ 절삭열에 의한 정밀도 저하 방지

|해설| 절삭유의 3대 작용
① 윤활작용
② 냉각작용
③ 세척작용

84 삼침법으로 나사를 측정할 때 유효지름(mm)은 약 얼마인가? (단, 외측마이크로미터로 측정한 외경은 38.256mm, 피치 3mm의 나사이며, 준비된 핀의 지름은 1.8mm로 한다.)

① 35.33   ② 35.45   ③ 35.65   ④ 35.76

|해설| $d_2 = M - 3d + 0.86603P$
$= 38.256 - 3 \times 1.8 + 0.86603 \times 3$
$= 35.45 \text{ mm}$

85 보석, 유리, 자기 등을 정밀 가공하는데 가장 적합한 가공 방법은?

① 전해 연삭   ② 방전 가공   ③ 전해 연마   ④ 초음파 가공

|해설| ① 방전가공 : 다이아몬드, 루비, 사파이어 등의 보석류, 경화강, 내열강 등의 난삭성재료 가공
② 초음파가공 : 초경합금, 세라믹, 유리, 도자기, 수정 등의 취성이 큰 재료 가공

86 용접봉의 기호 중 E4324에서 세 번째 숫자 2의 표시는 용접자세를 나타낸다. 어떠한 자세인가?

① 전 자세
② 아래보기 자세
③ 전 자세 또는 특정자세
④ 아래보기와 수평 필릿자세

|해설| ① 0, 1 : 전자세
② 2 : 아래보기 및 수평필렛 용접
③ 3 : 아래보기
④ 4 : 전자세 또는 특정자세

87 주물의 후처리 작업이 아닌 것은?

① 주물표면을 깨끗이 청소한다.
② 쇳물아궁이와 라이저를 절단한다.
③ 주형의 각부로부터 가스빼기를 한다.
④ 주입금속이 응고되면 주형을 해체한다.

|해설| 가스빼기 : 주조 작업시 쇳물을 주입하게 되면 쇳물 중 발생하는 가스와 쇳물과 함께 주형으로 흘러들어가는 공기를 외부로 배출시키는 작업

Answer ■ 83 ② 84 ② 85 ④ 86 ④ 87 ③

88 곧은 날을 갖는 직선 절단기에서 전단각에 관한 설명으로 틀린 것은?

① 전단각이란 아랫날에 대한 윗날의 기울기 각도이다.
② 전단각이 크면 절단된 판재의 끝면이 고르지 못하다.
③ 전단각은 일반적으로 박판에는 크게, 후판에는 작게 한다.
④ 절단 날에 전단각을 두는 것은 절단할 때, 충격을 감소시키고 절단소요력을 감소시키기 위한 것이다.

| 해설 | ① 전단각(Shear angle)은 전단가공시 펀치나 다이면을 기울여 전단하중을 감소시킨다.
② 박판은 두께 3mm 이하의 강판이며 후판은 두께 6mm 이상의 열간압연강판이다.

89 프레스가공에서 전단가공에 해당하는 것은?

① 펀칭   ② 비딩   ③ 시밍   ④ 업세팅

90 두께 50mm의 연강판을 압연 롤러를 통과시켜 40mm가 되었을 때 압하율(%)은?

① 10   ② 15   ③ 20   ④ 25

| 해설 | 압하율 $= \frac{(50-40)}{50} \times 100 = 20\%$

91 강체의 평면운동에 대한 설명 중 옳지 않은 것은?

① 평면운동은 병진과 회전으로 구분할 수 있다.
② 평면운동은 순간중심점에 대한 회전으로 생각할 수 있다.
③ 순간중심점은 위치가 고정된 점이다.
④ 곡선경로를 움직이더라도 병진운동이 가능하다.

| 해설 | 평면운동은 물체의 자체 운동과 위치변화 운동을 동시에 한다. 즉, 회전운동과 병진운동을 동시에 한다.

92 질량 30kg의 물체를 담은 두레박 B가 레일을 따라 이동하는 크레인 A에 수직으로 매달려 이동하고 있다. 매달 줄의 길이는 6m이다. 일정한 속도로 이동하던 크레인이 갑자기 정지하자, 두레박 B가 수평으로 3m까지 흔들렸다. 크레인 A의 이동 속력은 몇 m/s인가?

① 1
② 2
③ 3
④ 4

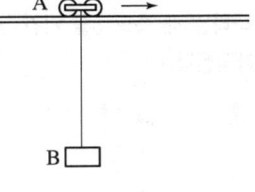

| 해설 |

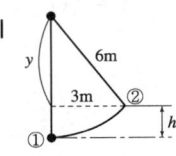

$y = \sqrt{6^2 - 3^2} = 5.2\,\mathrm{m}$
$h = 0.8\,m$
$\triangle T = -\triangle V_g$
$\frac{1}{2}m(V_2^2 - V_1^2) = -mg(Z_2 - Z_1)$
$\frac{V_1^2}{2} = gh = 9.8 \times 0.8$
$V_1 = V_B = V_A = 3.96\,\mathrm{m/sec}$

88 ③ 89 ① 90 ③ 91 ③ 92 ④   • Answer

93. 계의 등가 스프링 상수 값은 어떤 것인가?

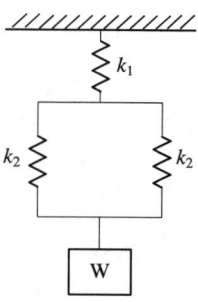

① $\dfrac{2k_1 k_2}{k_1 + 2k_2}$ ② $\dfrac{2k_1 k_2}{2k_1 + k_2}$

③ $\dfrac{k_1 + 2k_2}{2k_1 k_2}$ ④ $\dfrac{k_1 k_2}{2k_1 + k_2}$

| 해설 | $\dfrac{1}{Ke} = \dfrac{1}{K_1} + \dfrac{1}{2K_2} = \dfrac{K_1 + 2K_2}{K_1 \cdot 2K_2}$

$K_e = \dfrac{2K_1 \cdot K_2}{K_1 + 2K_2}$

94. 스프링으로 지지되어 있는 질량의 정적처짐이 0.05cm일 때 스프링의 고유진동 수는 얼마인가?

① 22.3Hz   ② 223Hz   ③ 310Hz   ④ 3100Hz

| 해설 | $w = \sqrt{\dfrac{g}{\delta}} = \sqrt{\dfrac{980}{0.05}} = 140 \, \text{rad/sec}$

$f = \dfrac{\omega}{2\pi} = \dfrac{140}{2\pi} = 22.28 \, \text{Hz}$

95. 총포류의 반동을 감소시키는 제동장치는 피스톤과 포신의 이동속도(v)에 비례하여 감속하게 된다. 즉, 가속도 $a = -kv$의 관계로 나타날 때 속도 v를 시간 t에 대한 함수로 나타내는 수식은? (단, 초기 속도는 v_0, 초기 위치는 0이라고 가정한다.)

① $v = v_0 t$ ② $v = v_0 e^{-kt}$ ③ $v = v_0 - kt$ ④ $v = v_0(1 - e^{-kt})$

| 해설 | $a = -kv = \dfrac{dv}{dt}$

$\int_0^t -k \cdot dt = \int_{v_o}^v \dfrac{dv}{v}$, $-k \cdot t = \ell_n v - \ell_n v_o = \ell_n (\dfrac{v}{v_o})$

$v = v_o e^{-kt}$

Answer ■ 93 ① 94 ① 95 ②

96 각각 중량이 10kN인 객차 10량이 2m/s²의 가속도로 직선주로를 달리고 있을 때, 5번째와 6번째 차량 사이의 연결부에 작용하는 힘은?

① 8.2kN　② 9.2kN　③ 10.2kN　④ 11.2kN

|해설| ① 차량 한 대에 작용하는 힘
$$F_1 = \frac{10 \times 2}{9.8} = 2.041 \text{ kN}$$
② 5번째와 6번째 차량 사이에 작용하는 힘
$$F = 2.041 \times 5 = 10.205 \text{ kN}$$

97 계의 고유진동 수에 영향을 미치지 않는 것은?

① 진동물체의 질량
② 계의 스프링 계수
③ 계의 초기조건
④ 계를 형성하는 재료의 탄성계수

|해설| ① 고유진동 수 $f = \frac{w}{2\pi}$
② 고유각진동 수 $w = \sqrt{\frac{k}{m}} = \sqrt{\frac{g}{\delta}}$
③ 처짐 δ는 재료의 탄성계수에 반비례

98 1자유도 시스템 A, B의 전달률을 나타낸 그래프에서 두 시스템의 감쇠비 ζ의 관계로 옳은 것은?

① $\zeta_A < \zeta_B$
② $\zeta_B < \zeta_A$
③ $\zeta_A = \zeta_B$
④ $|\zeta_A| = |\zeta_B|$

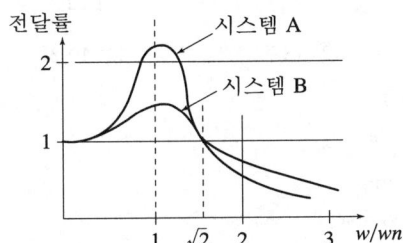

|해설| 2009년 5월10일 96번 해설

96 ③　97 ③　98 ①　■ Answer

99 길이 l, 질량 m인 균일한 막대가 w의 각속도로 회전하고 있다. 막대의 운동에너지는 얼마인가?

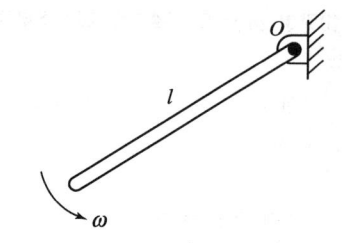

① $\frac{1}{3}ml^2w^2$ ② $\frac{1}{6}ml^2w^2$ ③ $\frac{1}{12}ml^2w^2$ ④ $\frac{1}{24}ml^2w^2$

|해설| $T = \frac{1}{2}Jw^2$
$= \frac{1}{2}(\frac{ml^2}{12} + \frac{ml^2}{4})w^2$
$= \frac{1}{6}ml^2w^2$

100 20m/s의 같은 속력으로 달리던 자동차 A, B가 교차로에서 직각으로 충돌하였다. 충돌 직후 자동차 A의 속력은 몇 m/s 인가? (단, 자동차 A, B의 질량은 동일하며 반발계수 e=0.7, 마찰은 무시한다.)

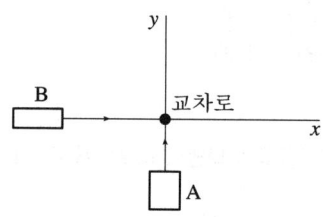

① 17.3 ② 18.7 ③ 19.2 ④ 20.4

|해설| ① x방향운동
$e = \frac{-(V'_{Ax} - V'_{Bx})}{V_{Ax} - V_{Bx}} = 0.7$
$V'_{Ax} - V'_{Bx} = 0.7 V_{Bx}$
$m_A V_{Ax} + m_B V_{Bx} = m_A V'_{Ax} + m_B V'_{Bx}$
$V_{Bx} = V'_{Ax} + V'_{Bx} = 2V'_{Ax} - 0.7 V_{Bx}$
$V'_{Ax} = \frac{1.7 \times 20}{2} = 17$ m/sec

② y방향운동
$e = \frac{-(V'_{Ay} - V'_{By})}{V_{Ay} - V_{By}} = 0.7$
$V'_{By} - V'_{Ay} = 0.7 V_{Ay}$
$m_A V_{Ay} + m_B V_{By} = m_A V'_{Ay} + m_B V'_{By}$
$V_{Ay} = V'_{Ay} + V'_{By} = 2V'_{Ay} + 0.7 V_{Ay}$
$V'_{Ay} = \frac{0.3 V_{Ay}}{2} = \frac{0.3 \times 20}{2} = 3$ m/sec
$V_A = \sqrt{V'^2_{Ax} + V'^2_{Ay}} = \sqrt{17^2 + 3^2} = 17.26$ m/sec

Answer ■ 99 ② 100 ①

2015 기출문제 — 3월 8일 시행

1과목 재료역학

1 2축 응력에 대한 모어(Mohr) 원의 설명으로 틀린 것은?

① 원의 중심은 원점의 상하 어디라고 놓일 수 있다.
② 원의 중심은 원점좌우의 응력축상에 어디라도 놓일 수 있다.
③ 이 원에서 임의의 경사면상의 응력에 관한 가능한 모든 지식을 얻을 수 있다.
④ 공액응력 σ_n과 $\sigma_n{'}$의 합은 주어진 두 응력의 합 $\sigma_x + \sigma_y$와 같다.

| 해설 | 모어원은 수평축을 수직응력, 수직축을 전단응력으로 놓았을 때, 모어원의 중심은 수평축 선상에 있어야 한다.

2 포아송의 비 0.3, 길이가 3m인 원형단면의 막대에 축방향의 하중이 가해진다. 이 막대의 표면에 원주방향으로 부착된 스트레인 게이지가 -1.5×10^{-4}인 변형률을 나타낼 때, 이 막대의 길이 변화로 옳은 것은?

① 0.135mm 압축   ② 0.135mm 인장
③ 1.5mm 압축   ④ 1.5mm 인장

| 해설 | $\epsilon' = \mu\epsilon = \mu \cdot \dfrac{\delta}{\ell}$

$1.5 \times 10^{-4} = \dfrac{0.3 \times \delta}{3000}$, $\delta = 1.5\text{mm}$

횡변형률이 ⊖로 인장이다.

3 길이가 L인 균일단면 막대기에 굽힘 모멘트 M이 그림과 같이 작용하고 있을 때, 막대에 저장된 탄성 변형 에너지는? (단, 막대기의 굽힘강성 EI는 일정하고, 단면적은 A이다.)

① $\dfrac{M^2 L}{2AE^2}$

② $\dfrac{L^3}{4EI}$

③ $\dfrac{M^2 L}{2AE}$

④ $\dfrac{M^2 L}{2EI}$

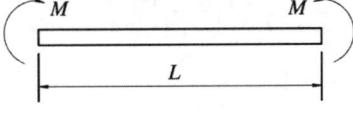

| 해설 | $U = \dfrac{1}{2}\int_0^\ell \dfrac{M^2 \cdot d\ell}{EI} = \dfrac{M^2 \cdot \ell}{2EI}$

Answer 1. ① 2. ④ 3. ④

4 주철제 환봉이 축방향 압축응력 40MPa과 모든 변경방향으로 압축응력 10MPa를 받는다. 탄성계수 $E=100$GPa, 포아송비 $\nu=0.25$, 환봉의 직경 $d=120$mm, 길이 $L=200$mm 일 때, 실린더 체적의 변화량 $\triangle V$는 몇 mm 인가?

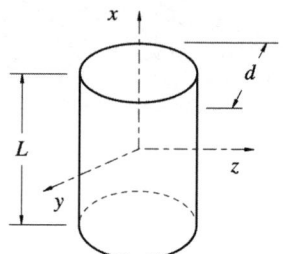

① -121
② -254
③ -428
④ -679

| 해설 | $\epsilon_x = \dfrac{\sigma_x}{E} - 2\nu \cdot \dfrac{\sigma_y}{E} = \dfrac{(-40)+(2\times 0.25\times 10)}{100\times 10^3} = -3.5\times 10^{-4}$

$\epsilon_y = \epsilon_z = \dfrac{\sigma_y}{E} - \nu\dfrac{\sigma_x}{E} - \nu\dfrac{\sigma_z}{E}$
$= \dfrac{-10 + 0.25\times 40 + 0.25\times 10}{100\times 10^3}$
$= 2.5\times 10^{-5}$

$\epsilon_V = \dfrac{\triangle V}{V} = \epsilon_x + \epsilon_y + \epsilon_z$

$\triangle V = (-3.5\times 10^{-4} + 2\times 2.5\times 10^{-5})\times (\dfrac{\pi\times 120^2}{4}\times 200) = -678.24\,\text{mm}^3$

5 그림과 같이 두께가 20mm, 외경이 200mm인 원관을 고정벽으로부터 수평으로 4m만큼 돌출시켜 물을 방출한다. 원관내에 물이 가득차서 방출될 때 자유단의 처짐은 몇 mm인가? (단, 원관 재료의 탄성계수 $E=200$GPa, 비중은 7.8이고 물의 밀도는 1000kg/m³이다.)

① 9.66
② 7.66
③ 5.66
④ 3.66

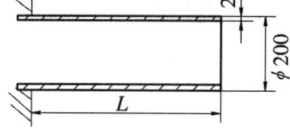

| 해설 | ① 원관
$\omega = 7.8\times 10^3 \times 9.8 \times \dfrac{\pi}{4}\times (0.2^2 - 0.16^2) = 864.08\text{N/m}$

② 물
$\omega = 10^3 \times 9.8 \times \dfrac{\pi}{4}\times 0.16^2 = 196.94\text{N/m}$

$\delta = \dfrac{\omega\cdot \ell^4}{8EL} = \dfrac{64\times (864.8+196.94)\times 4^4}{8\times 200\times 10^9 \times \pi\times (0.2^4 - 0.16^4)} = 3.66\times 10^{-3}\text{m} = 3.66\text{mm}$

6 높이 h, 폭 b인 직사각형 단면을 가진 보 A와 높이 b, 폭 h인 직사각형 단면을 가진 보 B의 단면 2차 모멘트의 비는? (단, $h=1.5b$)

① 1.5 : 1
② 2.25 : 1
③ 3.375 : 1
④ 5.06 : 1

| 해설 | $\dfrac{I_{GA}}{I_{GB}} = \dfrac{b\times h^3 \times 12}{12\times (1.5b)\times b^3} = \dfrac{1.5^3\times b^4}{1.5b^4} = 1.5^2 = 2.25$

Answer ■ 4. ④ 5. ④ 6. ②

7 그림과 같은 보에서 발생하는 최대굽힘 모멘트는?

① 2kN·m
② 5kN·m
③ 7kN·m
④ 10kN·m

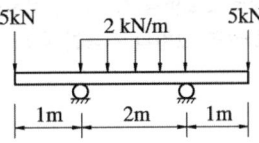

| 해설 | 최대굽힘모멘트는 힌지 지점에서 발생
$M_{max} = 5 \times 1 = 5kN \cdot m$

8 지름이 25mm이고 길이가 6m인 강봉의 양쪽 단에 100kN의 인장력이 작용하여 6mm가 늘어났다. 이 때의 응력과 변형률은? (단, 재료는 선형 탄성 거동을 한다.)

① 203.7MPa, 0.01
② 203.7kPa, 0.01
③ 203.7MPa, 0.001
④ 203.7kPa, 0.001

| 해설 | $\sigma = \dfrac{P}{A} = \dfrac{4 \times 100 \times 10^3}{\pi \times 25^2} = 203.72 MPa$
$\epsilon = \dfrac{\delta}{\ell} = \dfrac{6}{6 \times 10^3} = 0.001$

9 균일 분포하중(q)를 받는 보가 그림과 같이 지지되어 있을 때, 전단력 선도는? (단, A지점은 핀, B지점은 롤러로 지지되어 있다.)

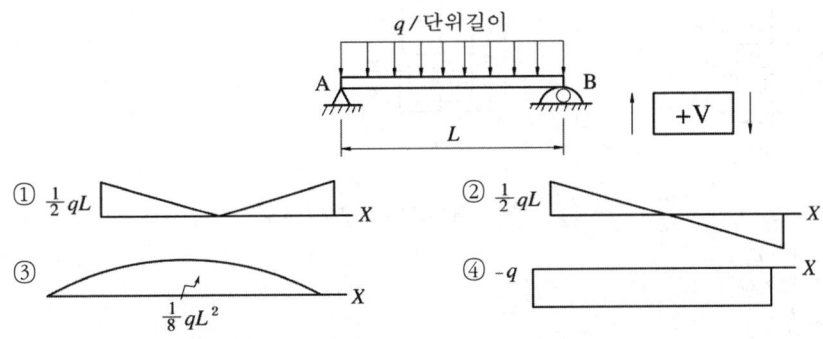

| 해설 | 단순보 등분포하중
②번이 SFD, ③번이 BMD이다.

10 최대 굽힘모멘트 8kN·m를 받는 원형단면의 굽힘응력을 60MPa로 하려면 지름을 약 몇 cm로 해야 하는가?

① 1.11
② 11.1
③ 3.01
④ 30.1

| 해설 | $\sigma_b = \dfrac{M_{max}}{Z} = \dfrac{32 M_{max}}{\pi d^3}$
$60 = \dfrac{32 \times 8}{\pi \times d^3}$, $d = 1.11mm = 11.1cm$

7. ② 8. ③ 9. ② 10. ② ■ Answer

11 지름 10mm 스프링강으로 만든 코일스프링에서 2kN의 하중을 작용시켜 전단 응력이 250MPa을 초과하지 않도록 하려면 코일의 지름을 어느 정도로 하면 되는가?

① 4cm
② 5cm
③ 6cm
④ 7cm

| 해설 | $\tau = \dfrac{16P \cdot R}{\pi d^3}$

$250 = \dfrac{16 \times 2 \times 10^3 \times R}{\pi \times 10^3}$

$R = 24.53\text{mm} = 2.453\text{cm}$

$D = 4.9063\text{cm}$

12 다음 그림 중 봉속에 저장된 탄성에너지 가장 큰 것은? (단, $E = 2E_1$이다.)

①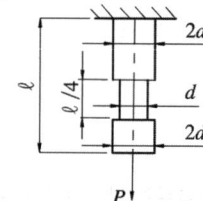
②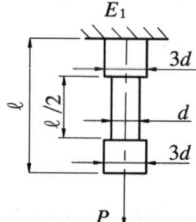
③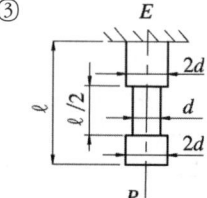
④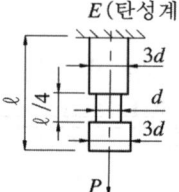

| 해설 | $U = \dfrac{\sigma^2}{2E} A \cdot \ell = \dfrac{P^2}{2E} \cdot \dfrac{\ell}{A} = \dfrac{P^2}{2E} \cdot \dfrac{4\ell}{\pi d^2}$: 탄성에너지를 구하는 공식

① $E > E_1$
② $3d > 2d$
③ $\dfrac{\ell}{2} > \dfrac{\ell}{4}$
④ 분포가 제일 작은 것을 고르면 된다.

Answer ■ 11. ② 12. ②

13 그림과 같은 트러스에서 부재 AB가 받고 있는 힘의 크기는 약 몇 N정도인가?

① 781
② 894
③ 972
④ 1081

|해설| $\tan\theta = \dfrac{3}{5}$, $\theta = 30.964°$

$$\dfrac{500}{\sin(149.036°)} = \dfrac{F_{AB}}{\sin(89.036°)}$$

$F_{AB} = 971.68\text{N}$

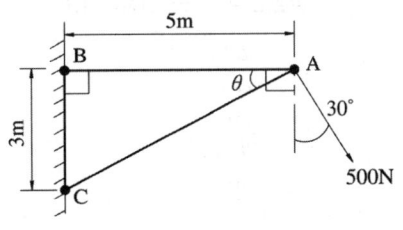

14 안지름이 80mm, 바깥지름이 90mm이고 길이가 3m인 좌굴 하중을 받는 파이프 압축 부재의 세장비는 얼마 정도인가?

① 100
② 103
③ 110
④ 113

|해설| $K = \sqrt{\dfrac{I_G}{A}} = \sqrt{\dfrac{D^2+d^2}{16}} = \sqrt{\dfrac{90^2+80^2}{16}} = 30.104\text{mm}$

$\lambda = \dfrac{\ell}{K} = \dfrac{3 \times 10^3}{30.104} = 99.65$

15 탄성(elasticity)에 대한 설명으로 옳은 것은?

① 물체의 변형율을 표시한 것
② 물체의 작용하는 외력의 크기
③ 물체에 영구변형을 일어나게 하는 성질
④ 물체에 가해진 외력이 제거되는 동시에 원형으로 되돌아가려는 성질

16 그림과 같이 자유단에 $M = 40\text{N}\cdot\text{m}$ 의 모멘트를 받는 외팔보의 최대 처짐량은?
(단, 탄성계수 $E = 200\text{GPa}$, 단면 2차 모멘트 $I = 50\text{cm}^4$)

① 0.08cm
② 0.16cm
③ 8.00cm
④ 10.67cm

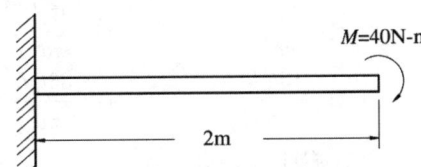

|해설| $\delta = \dfrac{M \cdot \ell^2}{2EL} = \dfrac{40 \times 2^2}{2 \times 200 \times 10^9 \times 50 \times 10^{-8}} = 8 \times 10^{-4}\text{m} = 0.08\text{cm}$

13. ③   14. ①   15. ④   16. ①   ■ Answer

17 그림과 같이 전길이에 걸쳐 균일 분포하중 ω를 받는 보에서 최대처짐 δ_{max}를 나타내는 식은? (단, 보의 굽힘강성 EI는 일정하다.)

① $\dfrac{\omega L^4}{64EI}$

② $\dfrac{\omega L^4}{128.5EI}$

③ $\dfrac{\omega L^4}{184.6EI}$

④ $\dfrac{\omega L^4}{192EI}$

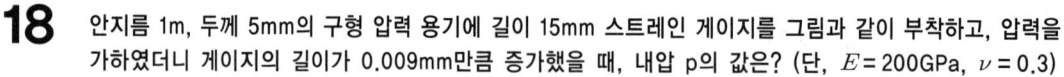

| 해설 | 일단 고정·타단 지지보의 등분포하중

① 최대처짐각 $\theta_{max} = \dfrac{w \cdot \ell^3}{48EI}$

② 중앙에서 처짐 $\delta_c = \dfrac{w \cdot \ell^4}{192EI}$

③ 최대처짐 $\delta_{max} = \dfrac{w\ell^4}{184.6EI}$

18 안지름 1m, 두께 5mm의 구형 압력 용기에 길이 15mm 스트레인 게이지를 그림과 같이 부착하고, 압력을 가하였더니 게이지의 길이가 0.009mm만큼 증가했을 때, 내압 p의 값은? (단, E = 200GPa, ν = 0.3)

① 3.43MPa
② 6.43MPa
③ 13.4MPa
④ 16.4MPa

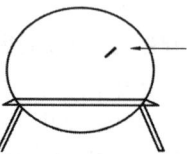

| 해설 | $\sigma = \dfrac{Pd}{4t} = K\epsilon_v = \dfrac{E}{3(1-2\nu)}\epsilon_v$

19 직경이 d이고 길이가 L인 균일한 단면을 가진 직선축이 전체 길이에 걸쳐 토크 t_0가 작용할 때, 최대 전단응력은?

① $\dfrac{2t_0 L}{\pi d^3}$ ② $\dfrac{4t_0 L}{\pi d^3}$

③ $\dfrac{16t_0 L}{\pi d^3}$ ④ $\dfrac{33t_0 L}{\pi d^3}$

| 해설 | $\tau_{max} = \tau_{max} \cdot Zp$

$t_0 \cdot L = \tau_{max} \cdot \dfrac{\pi d^3}{16}$

$\tau_{max} = \dfrac{16 t_0 \cdot L}{\pi d^3}$

여기서, t_0는 단위 길이당 토크이다.

Answer ■ 17. ③ 18. ① 19. ③

20 비틀림 모멘트를 T, 극관성 모멘트를 I_p, 축의 길이를 L, 전단 탄성계수를 G라 할 때 단위 길이당 비틀림각은?

① $\dfrac{TG}{I_p}$ ② $\dfrac{T}{GI_p}$ ③ $\dfrac{L^2}{I_p}$ ④ $\dfrac{T}{I_p}$

2과목 기계열역학

21 전동기에 브레이크를 설치하여 출력 시험을 하는 경우, 축 출력 10kW의 상태에서 1시간 운전을 하고, 이때 마찰열을 20℃의 주위에 전할 때 주위의 엔트로피는 어느 정도 증가하는가?

① 123kJ/K   ② 133kJ/K
③ 143kJ/K   ④ 153kJ/K

| 해설 | $\triangle S = \dfrac{Q}{T} = \dfrac{10 \times 1 \times 3600}{20 + 273} = 122.87 \text{kJ/K}$

22 밀폐계에서 기체의 압력이 500kPa로 일정하게 유지되면서 체적이 0.2m³에서 0.7m³로 팽창하였다. 이 과정 동안에 내부 에너지의 증가가 60kJ이라면 계가 한 일은?

① 450kJ   ② 350kJ
③ 250kJ   ④ 150kJ

| 해설 | $_1Q_2 = \triangle U + P(V_2 - V_1) = 60 + 500 \times (0.7 - 0.2) = 310 \text{kJ}$
$_1W_2 = 500 \times (0.7 - 0.2) = 250 \text{kJ}$

23 난방용 열펌프가 저온 물체에서 1500kJ/h의 열을 흡수하여 고온 물체에 2100kJ/h로 방출한다. 이 열펌프의 성능계수는?

① 2.0   ② 2.5
③ 3.0   ④ 3.5

| 해설 | $\epsilon_h = \dfrac{2100}{2100 - 1500} = 3.5$

24 오토사이클에 관한 설명 중 틀린 것은?

① 압축비가 커지면 열효율이 증가한다.
② 열효율이 디젤사이클보다 좋다.
③ 불꽃점화 기관의 이상사이클이다.
④ 열의 공급(연소)이 일정한 체적하에 일어난다.

| 해설 | 오토사이클은 2개의 정적과정과 2개의 단열과정으로 구성된다.

20. ②   21. ①   22. ③   23. ④   24. ②   ■ Answer

25 밀폐 시스템의 가역 정압 변화에 관한 사항 중 옳은 것은? (단, U : 내부에너지, Q : 전달열, H : 엔탈피, V : 체적, W : 일이다.)

① $dU = dQ$
② $dH = dQ$
③ $dV = dQ$
④ $dW = dQ$

| 해설 | $P = const$ (일정)

$$_1Q_2 = \triangle H + W_t = \triangle H - \int_1^2 V dp$$

$$_1Q_2 = \triangle H$$

26 과열기가 있는 랭킨사이클에 이상적인 재열사이클을 적용할 경우에 대한 설명으로 틀린 것은?

① 이상 재열사이클의 열효율이 더 높다.
② 이상 재열사이클의 경우 터빈 출구 건도가 증가한다.
③ 이상 재열사이클의 기기 비용이 더 많이 요구된다.
④ 이상 재열사이클의 경우 터빈 입구 온도를 더 높일 수 있다.

| 해설 | 재열사이클은 랭킨사이클에서 터빈 출구의 건도를 증가시켜 열효율을 개선시킨 사이클이다.

27 20°C의 공기(기체상수 $R = 0.287$ kJ/kg·K, 정압비열 $C_p = 1.004$ kJ/kg·K) 3kg이 압력 0.1MPa에서 등압 팽창하여 부피가 두 배로 되었다 이 과정에서 공급된 열량은 대략 얼마인가?

① 약 252kJ
② 약 883kJ
③ 약 441kJ
④ 약 1765kJ

| 해설 | $_1Q_2 = m \cdot C_p(T_2 - T_1)$

$P = $ 일정, $\dfrac{T_2}{T_1} = \dfrac{V_2}{V_1}$

$T_2 = (20 + 273) \times \dfrac{2V_1}{V_1} = 586K$

$_1Q_2 = 3 \times 1.004 \times (586 - 20 - 273) = 882.516$ kJ

28 최고온도 1300K와 최저온도 300K 사이에서 작동하는 공기표준 Brayton 사이클의 열효율은 약 얼마인가? (단, 압력비는 9, 공기의 비열비는 1.4이다.)

① 30%
② 36%
③ 42%
④ 47%

| 해설 | $\eta_B = 1 - \left(\dfrac{1}{\gamma}\right)^{\frac{K-1}{K}} = \left\{1 - \left(\dfrac{1}{9}\right)^{\frac{0.4}{1.4}}\right\} \times 100 = 46.62\%$

Answer ■ 25. ② 26. ④ 27. ② 28. ④

29 대기압 하에서 물의 어는 점과 끓는 점 사이에서 작동하는 카르노사이클(Carnot cycle) 열기관의 열효율은 약 몇 %인가?

① 2.7
② 10.5
③ 13.2
④ 26.8

| 해설 | $\eta_c = 1 - \dfrac{T_L}{T_H} = (1 - \dfrac{0+273}{100+273}) \times 100 = 26.81\%$

30 물질의 양을 1/2로 줄이면 강도성(강성적) 상태량의 값은?

① 1/2로 줄어든다.
② 1/4로 줄어든다.
③ 변화가 없다.
④ 2배로 늘어난다.

| 해설 | 강도성 상태량은 질량의 크기와 무관한 상태량이다. 반면에 종량성 상태량은 질량의 크기에 비례하는 상태량이다.

31 카르노 사이클에 대한 설명으로 옳은 것은?

① 이상적인 2개의 등온과정과 이상적인 2개의 정압과정으로 이루어진다.
② 이상적인 2개의 정압과정과 이상적인 2개의 단열과정으로 이루어진다.
③ 이상적인 2개의 정압과정과 이상적인 2개의 정적과정으로 이루어진다.
④ 이상적인 2개의 등온과정과 이상적인 2개의 단열과정으로 이루어진다.

| 해설 | 카르노사이클은 2개의 단열과정과 2개의 등온과정으로 구성된 가역사이클이다.

32 대기압 하에서 물질의 질량이 같을 때 엔탈피의 변화가 가장 큰 경우는?

① 100℃ 물이 100℃ 수증기로 변화
② 100℃ 공기가 200℃ 공기로 변화
③ 90℃ 물이 91℃ 물로 변화
④ 80℃ 공기가 82℃ 공기로 변화

| 해설 | 엔탈피는 온도만의 함수이다. 온도차가 클수록 엔탈피는 증가한다. 보기에는 물이 수증기로 변화할 때 잠열이 엔탈피 변화량의 크기와 같다. 1kg당 증발잠열의 크기는 540kcal이다.

33 온도 T_1의 고온열원으로부터 온도 T_2의 저온열원으로 열량 Q가 전달될 때 두 열원의 총 엔트로피 변화량을 옳게 표현한 것은?

① $-\dfrac{Q}{T_1} + \dfrac{Q}{T_2}$
② $\dfrac{Q}{T_1} - \dfrac{Q}{T_2}$
③ $\dfrac{Q(T_1+T_2)}{T_1 \cdot T_2}$
④ $\dfrac{T_1 - T_2}{Q(T_1 \cdot T_2)}$

| 해설 | $\triangle S = \oint \dfrac{\delta Q}{T} = \int_{\text{저}} \dfrac{\delta Q}{T} - \int_{\text{고}} \dfrac{\delta Q}{T} = \dfrac{Q}{T_2} - \dfrac{Q}{T_1}$
T_1 : 고열원, T_2 : 저열원

29. ④　30. ③　31. ④　32. ①　33. ①　■ Answer

34 한 사이클 동안 열역학계로 전달되는 모든 에너지의 합은?

① 0이다.
② 내부에너지 변화량과 같다.
③ 내부에너지 및 일량의 합과 같다.
④ 내부에너지 및 전달열량의 합과 같다.

| 해설 | 열역학 제1법칙 : 에너지보존법칙

35 증기압축 냉동기에는 다양한 냉매가 사용된다. 이러한 냉매의 특징에 대한 설명으로 틀린 것은?

① 냉매는 냉동기의 성능에 영향을 미친다.
② 냉매는 무독성, 안전성, 저가격 등의 조건을 갖추어야 한다.
③ 우수한 냉매로 알려져 널리 사용되던 염화불화 탄화수소(CFC) 냉매는 오존층을 파괴한다는 사실이 밝혀진 이후 사용이 제한되고 있다.
④ 현재 CFC 냉매 대신에 R-12(CCl_2F_2)가 냉매로 사용되고 있다.

36 저온 열원의 온도가 T_L, 고온 열원의 온도가 T_H인 두 열원 사이에서 작동하는 이상적인 냉동 사이클의 성능계수를 향상시키는 방법으로 옳은 것은?

① T_L을 올리고 $(T_H - T_L)$을 올린다.
② T_L을 올리고 $(T_H - T_L)$을 줄인다.
③ T_L을 내리고 $(T_H - T_L)$을 올린다.
④ T_L을 내리고 $(T_H - T_L)$을 줄인다.

| 해설 | $\epsilon_r = \dfrac{T_L}{T_H - T_L}$

37 단열된 용기 안에 두 개의 구리 블록이 있다. 블록 A는 10kg, 온도 300K이고, 블록 B는 10kg, 900K 이다. 구리의 비열은 0.4kJ/kg·K일 때, 두 블록을 접촉시켜 열교환이 가능하게 하고 장시간 놓아두어 최종 상태에서 두 구리 블록의 온도가 같아졌다. 이 과정 동안 시스템의 엔트로피 증가량(kJ/K)은?

① 1.15   ② 2.04
③ 2.77   ④ 4.82

| 해설 | $T_m = \dfrac{300 + 900}{2} = 600\mathrm{K}$
$\triangle S = 10 \times 0.4 \times (\ell_n \dfrac{600}{300} + \ell_n \dfrac{600}{900}) = 1.15 \mathrm{kJ/K}$

38 성능계수(COP)가 0.8인 냉동기로서 7200kJ/h로 냉동하려면, 이에 필요한 동력은?

① 약 0.9kW   ② 약 1.6kW
③ 약 2.0kW   ④ 약 2.5kW

| 해설 | $W_c = \dfrac{7200}{0.8 \times 3600} = 2.5\mathrm{kW}$

Answer ■ 34. ①   35. ④   36. ②   37. ①   38. ④

39 냉동 효과가 70kW인 카르노 냉동기의 방열기 온도가 20℃, 흡열기 온도가 −10℃이다. 이 냉동기를 운전하는데 필요한 이론 동력(일률)은?

① 약 6.02kW　　　　② 약 6.98kW
③ 약 7.98kW　　　　④ 약 8.99kW

| 해설 | $W_c = \dfrac{20-(-10)}{(-10+273)} \times 70 = 7.98\,\text{kW}$

40 어떤 이상기체 1kg이 압력 100kPa, 온도 30℃의 상태에서 체적 0.8m³을 점유한다면 기체상수는 몇 kJ/kg·K인가?

① 0.251　　② 0.264　　③ 0.275　　④ 0.293

| 해설 | $R = \dfrac{P \cdot V}{m \cdot T} = \dfrac{100 \times 0.8}{1 \times (30+273)} = 0.264\,\text{kJ/kg}\cdot\text{K}$

3과목 기계유체역학

41 다음 중 기체상수가 가장 큰 기체는?

① 산소　　② 수소　　③ 질소　　④ 공기

| 해설 | $R = \dfrac{\overline{R}}{M}$
① $O_2 : M = 32$
② $H_2 : M = 2$
③ $N_2 : M = 28$

42 그림과 같이 큰 댐 아래에 터빈이 설치되어 있을 때, 마찰손실 등을 무시한 최대 발생 가능한 터빈의 동력은 약 얼마인가? (단, 터빈 출구관의 안지름은 1m이고, 수면과 터빈 출구관 중심까지의 높이차는 20m이며, 출구속도는 10m/s이고, 출구압력은 대기압이다.)

① 1150kW
② 1930kW
③ 1540kW
④ 2310kW

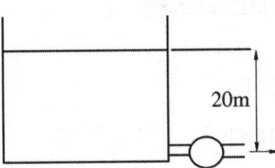

| 해설 | $h_T = 20 - \dfrac{10^2}{2 \times 9.8} = 14.9\,\text{m}$

$L_T = \gamma \cdot Q \cdot h_T = 9.8 \times \dfrac{\pi \times 1^2}{4} \times 10 \times 14.9 = 1146.84\,\text{kW}$

39. ③　40. ②　41. ②　42. ①　■ Answer

43 경계층 내의 무차원 속도분포가 경계층 끝에서 속도 구배가 없는 2차원 함수로 주어졌을 때 경계층의 배제두께(δ_t)와 경계층 두께(δ)의 관계로 올바른 것은?

① $\delta_t = \delta$
② $\delta_t = \dfrac{\delta}{2}$
③ $\delta_t = \dfrac{\delta}{3}$
④ $\delta_t = \dfrac{\delta}{4}$

| 해설 | $\dfrac{U}{V} = \dfrac{y^2}{\delta^2}$

$$\delta_t = \int_0^\delta \dfrac{y^2 dy}{\delta^2} = \dfrac{y^3}{3\delta^2}\bigg|_0^\delta = \dfrac{\delta}{3}$$

44 프로펠러 이전 유속을 u_0, 이후 유속을 u_2라 할 때 프로펠러의 진력 F는 얼마인가? (단, 유체의 밀도와 유량 및 비중량을 ρ, Q, γ라 한다.)

① $F = \rho Q(u_2 - u_0)$
② $F = \rho Q(u_0 - u_2)$
③ $F = \gamma Q(u_2 - u_0)$
④ $F = \gamma Q(u_0 - u_2)$

| 해설 | $F = \rho Q(V_4 - V_1) = \rho Q(U_2 - U_0)$

45 비중이 0.8인 기름이 지름 80mm인 곧은 원관 속을 90L/min로 흐른다. 이때의 레이놀즈 수는 약 얼마인가? (단, 이 기름의 점성계수는 5×10^{-4} kg/(s·m)이다.)

① 38200
② 19100
③ 3820
④ 1910

| 해설 | $Re = \dfrac{\rho V \cdot d}{\mu} = \dfrac{0.8 \times 1000 \times 4 \times 90 \times 10^{-3} \times 0.08}{5 \times 10^{-4} \times \pi \times 0.08^2 \times 60} = 38,197.19$

46 2차원 비압축성 정상류에서 x, y의 속도 성분이 각각 $u = 4y$, $v = 6x$로 표시될 때, 유선의 방정식은 어떤 형태로 나타내는가?

① 직선
② 포물선
③ 타원
④ 쌍곡선

| 해설 | $\dfrac{dx}{u} = \dfrac{dy}{v}$, $\dfrac{dx}{4y} = \dfrac{dy}{6x}$

$6xdx = 4ydy$

$\dfrac{6x^2}{2} + c = \dfrac{4y^2}{2}$, $3x^2 + c = 2y^2$

$\dfrac{x^2}{2} - \dfrac{y^2}{3} = -\dfrac{c}{6} = -c'$

Answer ■ 43. ③ 44. ① 45. ① 46. ④

47 지름 20cm인 구의 주위에 밀도가 1000kg/m³, 점성계수는 1.8×10⁻³Pa·s인 물이 2m/s의 속도로 흐르고 있다. 항력계수가 0.2인 경우 구에 작용하는 항력은 약 몇 N인가?

① 12.6　　　　　　　② 200
③ 0.2　　　　　　　　④ 25.12

|해설| $D = C_D \cdot A \cdot \dfrac{\rho \cdot V^2}{2} = 0.2 \times \dfrac{\pi \times 0.2^2}{4} \times \dfrac{1000 \times 2^2}{2} = 12.57\text{N}$

48 산 정상에서의 기압은 93.8kPa이고, 온도는 11℃이다. 이때 공기의 밀도는 약 kg/m³인가? (단, 공기의 기체상수는 287J/kg·℃이다.)

① 0.00012　　　　　② 1.15
③ 29.7　　　　　　　④ 1150

|해설| $\rho = \dfrac{P}{R \cdot T} = \dfrac{93.8 \times 10^3}{287 \times (11 + 273)} = 1.15\text{kg/m}^3$

49 비중이 0.8인 오일을 직경이 10cm인 수평원관을 통하여 1km 떨어진 곳까지 수송하려고 한다. 유량이 0.02m³/s, 동점성계수가 2×10⁻⁴m²/s라면 관 1km에서의 손실수두는 약 얼마인가?

① 33.2m　　　　　　② 332m
③ 16.6m　　　　　　④ 166m

|해설| $Re = \dfrac{V \cdot d}{\nu} = \dfrac{4 \times 0.02 \times 0.1}{2 \times 10^{-4} \times \pi \times 0.1^2} = 1273.24$

$f = \dfrac{64}{Re} = \dfrac{64}{1273.24}$

$h_\ell = f \cdot \dfrac{\ell}{d} \cdot \dfrac{V^2}{2g} = \dfrac{64}{1273.24} \times \dfrac{1000}{0.1} \times \dfrac{0.02^2}{2 \times 9.8 \times (\dfrac{\pi \times 0.1^2}{4})^2} = 166.3\text{m}$

50 반지름 3cm, 길이 15m, 관마찰계수가 0.025인 수평원관 속을 물이 난류로 흐를 때 관 출구와 입구의 압력차가 9810Pa이면 유량은?

① 5.0m³/s　　　　　② 5.0L/s
③ 5.0cm³/s　　　　　④ 0.5L/s

|해설| $\triangle P = \gamma \cdot h_\ell = \gamma \cdot f \cdot \dfrac{\ell}{d} \cdot \dfrac{V^2}{2g}$

$9810 = 9800 \times 0.025 \times \dfrac{15}{0.06} \times \dfrac{Q^2}{2 \times 9.8 \times (\dfrac{\pi \times 0.06^2}{4})^2}$

$Q = 5 \times 10^{-3}\text{m}^3/\sec = 5\text{L/sec}$

47. ①　48. ②　49. ④　50. ②　■ Answer

51 정지상태의 거대한 두 평판 사이로 유체가 흐르고 있다. 이때 유체의 속도분포(u)가 $u = V[1-(\frac{y}{h})^2]$일 때, 벽면 전단응력은 약 몇 N/m²인가? (단, 유체의 점성계수는 4N·s/m²이며, 평균속도 V는 0.5m/s, 유로 중심으로부터 벽면까지의 거리 h는 0.01m이며, 속도분포는 유체 중심으로부터의 거리(y)의 함수이다.)

① 200
② 300
③ 400
④ 500

|해설| $\tau = \mu \cdot \frac{du}{dy} = \mu \cdot V \cdot (-\frac{2y}{h^2})_{y=h} = 4 \times 0.5 \times \frac{2}{0.01} = 400\text{N/m}^2$

52 용기에 너비 4m, 깊이 2m인 물이 채워져 있다. 이 용기가 수직 상방향으로 9.8m/s²로 가속될 때, B점과 A점의 압력차 $P_B - P_A$는 몇 kPa인가?

① 9.8
② 19.6
③ 39.2
④ 78.4

|해설| $P_B - P_A = rh \cdot (1 + \frac{a_y}{g}) = 9.8 \times 2 \times 2 = 39.2\text{kPa}$

53 다음 중 점성계수 μ의 차원으로 옳은 것은? (단, M : 질량, L : 길이, T : 시간이다.)

① $ML^{-1}T^{-2}$
② $ML^{-2}T^{-2}$
③ $ML^{-1}T^{-1}$
④ $ML^{-2}T$

|해설| μ : N·sec/m² → $FL^{-2}T = ML^{-1}T^{-1}$

54 검사체적에 대한 설명으로 옳은 것은?

① 검사체적은 항상 직육면체로 이루어진다.
② 검사체적은 공간상에서 등속 이동하도록 설정해도 무방하다.
③ 검사체적 내의 질량은 변화하지 않는다.
④ 검사체적을 통해서 유체가 흐를 수 없다.

|해설| 검사체적이란 유체유동해석을 위한 계로 질량보존, 운동량보존, 에너지보존 등이 성립하여야 한다.

Answer ▪ 51. ③ 52. ③ 53. ③ 54. ②

55
그림과 같은 수문에서 멈춤장치 A가 받는 힘은 약 몇 kN인가? (단, 수문의 폭은 3m이고, 수은의 비중은 13.6이다.)

① 37
② 510
③ 586
④ 879

| 해설 | $F \times 3.2 = (13.6 \times 9800 \times 1 \times 2 \times 3) \times 2.53 - 9800 \times 1 \times 2 \times 3 \times 2.53$
$F = 585,758.25\text{N} \fallingdotseq 586\text{kN}$

56
역학적 상사성(相似性)이 성립하기 위해 프루드(Froude) 수를 같게 해야 되는 흐름은?

① 점성 계수가 큰 유체의 흐름
② 표면 장력이 문제가 되는 흐름
③ 자유표면을 가지는 유체의 흐름
④ 압축성을 고려해야 되는 유체의 흐름

| 해설 | 중력과 관성력의 지배를 받는 유동장에서 중요한 역학적 상사가 프루드 수이다.

57
다음 중 유동장에 입자가 포함되어 있어야 유속을 측정할 수 있는 것은?

① 열선속도계
② 정압피토관
③ 프로펠러 속도계
④ 레이저 도플러 속도계

58
2차원 직각좌표계 (x,y)에서 속도장이 다음과 같은 유동이 있다. 유동장 내의 점 (L,L)에서의 유속의 크기는? (단, $\vec{i}, \vec{j}$는 각각 x, y 방향의 단위벡터를 나타낸다.)

$$\vec{V}(x,y) = \frac{U}{L}(-x\vec{i} + y\vec{j})$$

① 0
② U
③ $2U$
④ $\sqrt{2}\,U$

| 해설 | $u = \frac{\partial V}{\partial x} = -\frac{U}{L}$
$v = \frac{\partial V}{\partial y} = \frac{U}{L}$
$V = \sqrt{u^2 + v^2} = \sqrt{2}\,\frac{U}{L}$
(L, L)인 점에서 $V = \sqrt{2}\,U$

59
파이프 내에 점성유체가 흐른다. 다음 중 파이프 내의 압력 분포를 지배하는 힘은?

① 관성력과 중력
② 관성력과 표면장력
③ 관성력과 탄성력
④ 관성력과 점성력

55. ③ 56. ③ 57. ④ 58. ④ 59. ④ ■ Answer

60 그림과 같은 노즐에서 나오는 유량이 0.078m³/s일 때 수위(H)는 얼마인가? (단, 노즐 출구의 안지름은 0.1m이다.)

① 5m
② 10m
③ 0.5m
④ 1m

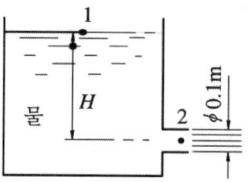

|해설| $Q = \dfrac{\pi d^2}{4} \cdot \sqrt{2g \cdot H}$

$0.078 = \dfrac{\pi \times 0.1^2}{4} \times \sqrt{2 \times 9.8 \times H}$

$H = 5.03\text{m}$

4과목 기계재료 및 유압기기

61 Fe-C 상태도에서 온도가 가장 낮은 것은?

① 공석점
② 포정점
③ 공정점
④ 순철의 자기변태점

|해설| ① 공석점 : 721℃
② 포정점 : 1470℃
③ 공정점 : 1145℃
④ 순철의 자기변태점 : 768℃

62 금형재료로서 경도와 내마모성이 우수하고 대량 생산에 적합한 소결합금은?

① 주철
② 초경합금
③ Y합금강
④ 탄소공구강

|해설| ① 주철 : C 2.0~6.68% 함유하고 있는 철의 종류
② Y 합금 : 다이캐스팅용 Al의 내열합금
③ 탄소공구강 : 0.6% C를 함유하고 있는 강을 열처리하여 만든 합금 공구강의 종류

63 특수강에서 합금원소의 영향에 대한 설명으로 옳은 것은?

① Ni은 결정입자의 조절
② Si는 인성 증가, 저온 충격 저항 증가
③ V, Ti는 전자기적 특성, 내열성 우수
④ Mn, W은 고온에 있어서의 경도와 인장강도 증가

|해설| ① Ni : 인성 및 내마멸성 증가
② Si : 전자기적 특성, 내열성 증가
③ V, Ti : 결정립의 조절

Answer ■ 60. ① 61. ① 62. ② 63. ④

64 탄소강에 함유된 인(P)의 영향을 바르게 설명한 것은?

① 강도와 경도를 감소시킨다.
② 결정립을 미세화시킨다.
③ 연신율을 증가시킨다.
④ 상온 취성의 원인이 된다.

| 해설 | 탄소강에 함유된 인(CP)의 영향
① 유동성 증가
② 강도, 경도 증가
③ 상온 취성의 원인

65 심냉(sub-zero) 처리의 목적의 설명으로 옳은 것은?

① 자경강에 인성을 부여하기 위함
② 급열·급냉시 온도 이력현상을 관찰하기 위함
③ 항온 담금질하여 베이나이트 조직을 얻기 위함
④ 담금질 후 시효변형을 방지하기 위해 잔류 오스테나이트를 마텐자이트 조직으로 얻기 위함

| 해설 | 심냉처리(Sub-Zero treatment) : 담금질 후 국부적으로 잔류하는 오스테나이트 조직을 마텐자이트 조직으로 만들기 위해 0℃ 이하의 열처리 작업

66 일정 중량의 추를 일정 높이에서 떨어뜨려 그 반발하는 높이로 경도를 나타내는 방법은?

① 브리넬 경도시험
② 로크웰 경도시험
③ 비커즈 경도시험
④ 쇼어 경도시험

| 해설 | 쇼어 경도법은 재료에 아무런 흔적을 남기지 않기 때문에 완성된 제품의 경도시험에 적합하다.

67 합금과 특성의 관계가 옳은 것은?

① 규소강 : 초내열성
② 스텔라이트(stellite) : 자성
③ 모넬금속(monel metal) : 내식용
④ 엘린바(Fe-Ni-Cr) : 내화학성

| 해설 | 모넬메탈(monel metal) : Ni 65%를 함유하고 있는 합금으로 내마모성과 내식력이 우수하다.

68 표준형 고속도 공구강의 주성분으로 옳은 것은?

① 18% W, 4% Cr, 1% V, 0.8~0.9% C
② 18% C, 4% Mo, 1% V, 0.8~0.9% Cu
③ 18% W, 4% V, 1% Ni, 0.8~0.9% C
④ 18% C, 4% Mo, 1% Cr, 0.8~0.9% Mg

64. ④ 65. ④ 66. ④ 67. ③ 68. ① ■ Answer

69 다음 중 ESD(Extra Super Duralumin) 합금계는?

① Al-Cu-Zn-Ni-Mg-Co
② Al-Cu-Zn-Ti-Mn-Co
③ Al-Cu-Sn-Si-Mn-Cr
④ Al-Cu-Zn-Mg-Mn-Cr

70 조선 압연판으로 쓰이는 것으로 편석과 불순물이 적은 균질의 강은?

① 림드강
② 킬드강
③ 캡트강
④ 세미킬드강

| 해설 | ① 킬드강 : 탈산제를 이용하여 완전탈산시킨 강
② 세미킬드강 : 킬드강과 림드강의 중간 정도 탈산시킨 강
③ 림드강 : 가볍게 탈산시킨 강

71 다음 중 상시 개방형 밸브는?

① 감압밸브
② 언로드 밸브
③ 릴리프 밸브
④ 시퀀스 밸브

72 유압모터의 종류가 아닌 것은?

① 나사 모터
② 베인 모터
③ 기어 모터
④ 회전피스톤 모터

| 해설 | 유압모터 : 회전형 모터로 기어, 베인, 플러저(피스톤)형 모터 등이 있다.

73 유압장치에서 실시하는 플러싱에 대한 설명으로 옳지 않은 것은?

① 플러싱하는 방법은 플러싱 오일을 사용하는 방법과 산세정법 등이 있다.
② 플러싱은 유압 시스템의 배관 계통과 시스템 구성에 사용되는 유압 기기의 이물질을 제거하는 작업이다.
③ 플러싱 작업을 할 때 플러싱 유의 온도는 일반적인 유압시스템의 유압유 온도보다 낮은 20~30℃ 정도로 한다.
④ 플러싱 작업은 유압기계를 처음 설치하였을 때, 유압작동유를 교환할 때, 오랫동안 사용하지 않던 설비의 운전을 다시 시작할 때, 부품의 분해 및 청소 후 재조립하였을 때 실시한다.

74 다음 중 펌프에서 토출된 유량의 맥동을 흡수하고, 토출된 압유를 축적하여 간헐적으로 요구되는 부하에 대해서 압유를 방출하여 펌프를 소경량화 할 수 있는 기기는?

① 필터
② 스트레이너
③ 오일 냉각기
④ 어큐뮬레이터

| 해설 | 필터와 스트레이너는 여과장치이다.

Answer ■ 69. ④ 70. ② 71. ① 72. ① 73. ③ 74. ④

75 펌프의 토출 압력 3.92MPa, 실제 토출 유량은 50ℓ/min이다. 이때 펌프의 회전수는 1000rpm, 소비동력이 3.68kW 라고 하면 펌프의 전효율은 얼마인가?

① 80.4%
② 84.7%
③ 88.8%
④ 92.2%

| 해설 | $\eta = \dfrac{3.92 \times 10^6 \times 50 \times 10^{-3} \times 10^{-3}}{60 \times 3.68} \times 100 = 88.8\%$

76 액추에이터에 관한 설명으로 가장 적합한 것은?

① 공기 베어링의 일종이다.
② 전기에너지를 유체에너지로 변환시키는 기기이다.
③ 압력에너지를 속도에너지로 변환시키는 기기이다.
④ 유체에너지를 이용하여 기계적인 일을 하는 기기이다.

| 해설 | 작동기(Actuator) : 유체의 압력에너지를 기계적인 에너지로 변환시키는 기기이다.

77 배관용 플랜지 등과 같이 정지 부분의 밀봉에 사용되는 실(seal)의 총칭으로 정지용 실이라고도 하는 것은?

① 초크(choke)
② 개스킷(gasket)
③ 패킹(packing)
④ 슬리브(sleeve)

| 해설 | ① 고정된 부분에 사용하는 실장치는 개스킷(gasket)이다.
② 운동부분에 사용하는 실장치는 패킹(packing)이다.

78 점성계수(coefficient of viscosity)는 기름의 중요 성질이다. 점성이 지나치게 클 경우 유압기기에 나타나는 현상이 아닌 것은?

① 유동저항이 지나치게 커진다.
② 마찰에 의한 동력손실이 증대된다.
③ 부품 사이에 윤활작용을 하지 못한다.
④ 밸브나 파이프를 통과할 때 압력손실이 커진다.

| 해설 | 부품 사이에 윤활작용을 하지 못하는 경우는 점성이 감소하여 유압유가 누설되거나 대기 중의 공기와 먼지가 침입해 들어오게 된다.

79 길이가 단면 치수에 비해서 비교적 짧은 죔구(restriction)는?

① 초크(choke)
② 오리피스(orifice)
③ 벤트 관로(vent line)
④ 휨 관로(flexible line)

75. ③   76. ④   77. ②   78. ③   79. ②   ■ Answer

80 피스톤 부하가 급격히 제거되었을 때 피스톤이 급진하는 것을 방지하는 등의 속도제어회로로 가장 적합한 것은?

① 증압 회로
② 시퀀스 회로
③ 언로드 회로
④ 카운터 밸런스 회로

| 해설 | ① 증압 회로 : 증압기를 사용하여 작동기의 압력을 증가시키는 회로
② 시퀀스 회로 : 시퀀스밸브를 사용하여 작동기를 순차적으로 제어하는 압력제어회로이다.
③ 언로드 회로 : 무부하밸브를 사용하여 유압펌프의 열화방지, 동력절감 등을 위한 압력제어회로이다.

5과목 기계제작법 및 기계동력학

81 방전가공에 대한 설명으로 틀린 것은?

① 경도가 높은 재료는 가공이 곤란하다.
② 가공 전극은 동, 흑연 등이 쓰인다.
③ 가공정도는 전극의 정밀도에 따라 영향을 받는다.
④ 가공물과 전극 사이에 발생하는 아크(arc) 열을 이용한다.

| 해설 | 경도가 높은 난삭성 재료, 내식상, 내열강 등의 재료의 가공에 특수가공인 방전가공이 적당하다.

82 단조의 기본 작업 방법에 해당하지 않는 것은?

① 늘리기(drawing)
② 업세팅(up-setting)
③ 굽히기(bending)
④ 스피닝(spinning)

| 해설 | 소성가공인 단조작업은 자유단조와 형단조작업으로 분류할 수 있고 자유단조 작업으로는 늘리기, 업세팅, 굽히기, 단짓기, 구멍뚫기, 절단 등이 있다. 스피닝은 성형가공으로 분류한다.

83 Al을 강의 표면에 침투시켜 내스케일성을 증가시키는 금속 침투 방법은?

① 파커라이징(parkerizing)
② 칼로라이징(calorizing)
③ 크로마이징(chromizing)
④ 금속용사법(metal spraying)

| 해설 | 금속침투법의 종류
① 칼로라이징 : Al 침투
② 크로마이징 : Cr 침투
③ 브로마이징 : B 침투

Answer ■ 80. ④ 81. ① 82. ④ 83. ②

84 주조의 탕구계 시스템에서 라이저(riser)의 역할로서 틀린 것은?

① 수축으로 인한 쇳물 부족으로 보충한다.
② 주형 내의 가스, 기포 등을 밖으로 배출한다.
③ 주형 내의 쇳물에 압력을 가해 조직을 치밀화 한다.
④ 주물의 냉각도에 따른 균열이 발생되는 것을 방지한다.

85 Taylor의 공구 수명에 관한 실험식에서 세라믹 공구를 사용하고자 할 때 적합한 절삭속도(m/min)는 약 얼마인가? (단, $VT^m = C$에서 $n = 0.5$, $C = 200$이고 공구수명은 40분이다.)

① 31.6　　② 32.6　　③ 33.6　　④ 35.6

|해설| $VT^m = C$
$V \times 40^{0.5} = 200$
$V = 31.62 \text{m/min}$

86 특수가공 중에서 초경합금, 유리 등을 가공하는 방법은?

① 래핑　　　　　　② 전해 가공
③ 액체 호닝　　　　④ 초음파 가공

|해설| 취성이 매우 큰 재료를 가공하는 특수가공법은 초음파가공이다.

87 강관을 길이방향으로 이음매 용접하는데, 가장 적합한 용접은?

① 심 용접　　　　　② 점 용접
③ 프로젝션 용접　　④ 업셋 맞대기용접

|해설| 이음매 없는 관 제작법은 만네스만 천공법, 용접이음관은 심용접을 한다.

88 아래 도면과 같은 테이퍼를 가공할 때의 심압대의 편위거리[mm]는?

① 6
② 10
③ 12
④ 20

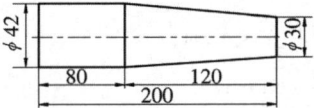

|해설| $x = \dfrac{120}{(42-30)} = 10 \text{mm}$

84. ④　85. ①　86. ④　87. ①　88. ②

89 두께가 다른 여러 장의 강재 박판(薄板)을 겹쳐서 부채살 모양으로 모은 것이며 물체 사이에 삽입하여 측정하는 기구는?

① 와이어 게이지
② 롤러 게이지
③ 틈새 게이지
④ 드릴 게이지

90 두께 4[mm]인 탄소강판에 지름 1000[mm]의 펀칭을 할 때 소요되는 동력[kW]은 약 얼마인가? (단, 소재의 전단저항은 245.25[MPa], 프레스 슬라이드의 평균속도는 5[m/min], 프레스의 기계효율[η]은 65%이다.)

① 146   ② 280   ③ 396   ④ 538

| 해설 | $Ls = \dfrac{245.25 \times \pi \times 4 \times 1000 \times 5}{60 \times 0.65} \times 10^{-3} = 395.12 \text{kW}$

91 두 질점의 완전소성충돌에 대한 설명 중 틀린 것은?

① 반발계수가 0이다.
② 두 질점의 전체에너지가 보존된다.
③ 두 질점의 전체운동량이 보존된다.
④ 충돌 후, 두 질점의 속도는 서로 같다.

92 그림과 같은 용수철-질량계의 고유진동수는 약 몇 Hz인가? (단, m = 5kg, k_1 = 15N/m, k_2 = 8N/m 이다.)

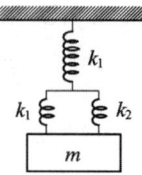

① 0.1Hz   ② 0.2Hz   ③ 0.3Hz   ④ 0.4Hz

| 해설 | $Ke = \dfrac{15 \times 16}{15 + 16} = 7.742$

$w = \sqrt{\dfrac{Ke}{m}} = \sqrt{\dfrac{7.742}{5}} = 1.244$

$f = \dfrac{w}{2\pi} = \dfrac{1.244}{2\pi} = 0.198 \text{Hz}$

Answer ■ 89. ③   90. ③   91. ②   92. ②

93 회전속도가 2000rpm인 원심 팬이 있다. 방진고무로 탄성 지지시켜 진동 전달률을 0.3으로 하고자 할 때, 정적 수축량은 약 몇 mm인가? (단, 방진고무의 감쇠계수는 0으로 가정한다.)

① 0.71   ② 0.97   ③ 1.41   ④ 2.20

| 해설 | $\omega = \dfrac{2\pi N}{60} = \dfrac{2\pi \times 2000}{60} = 209.44$

$TR = \dfrac{1}{\left|1 - (\dfrac{\omega}{\omega_n})^2\right|}$

$0.3 = \dfrac{1}{\left|1 - (\dfrac{209.44^2}{\omega_n^2})\right|}$

$\omega_n = \sqrt{\dfrac{g}{\delta}} = 100.61$

$\delta = 9.68 \times 10^{-4}\text{m} = 0.968\text{mm}$

94 타격연습용 투구기가 지상 1.5m 높이에서 수평으로 공을 발사한다. 공이 수평거리 16m를 날아가 땅에 떨어진다면, 공의 발사속도의 크기는 약 몇 m/s인가?

① 11   ② 16   ③ 21   ④ 29

| 해설 | $H = \dfrac{1}{2}gt^2$, $1.5 = \dfrac{9.8 \times t^2}{2}$, $t = 0.55\text{sec}$

$V_o = \dfrac{16}{0.55} = 28.92\text{m/sec}$

95 그림에서 질량 100kg의 물체 A와 수평면 사이의 마찰계수는 0.3이며 물체 B의 질량은 30kg이다. 힘 Py의 크기는 시간(t[s])의 함수이며 Py[N] = 15t²이다. t는 0s에서 물체 A가 오른쪽으로 2.0m/s로 운동을 시작한다면 t가 5s일 때 이 물체의 속도는 약 몇 m/s인가?

① 6.81
② 6.92
③ 7.31
④ 7.54

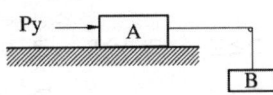

| 해설 | $\Sigma F = ma : 15t^2 + m_B \cdot g - \mu m_A g = (m_A + m_B)a$

$a = \dfrac{15t^2}{m_A + m_B} = \dfrac{dV}{dt}$

$V - V_o = \dfrac{15t^3}{3(m_A + m_B)}$

$V = 2 + \dfrac{15 \times 5^3}{3 \times 130} = 6.81\text{m/sec}$

93. ②   94. ④   95. ①   ■ Answer

96 인장코일 스프링에서 100N의 힘으로 10cm 늘어나는 스프링을 평형 상태에서 5cm만큼 늘어나게 하려면 몇 J의 일이 필요한가?

① 10 ② 5 ③ 2.5 ④ 1.25

|해설| $k = 10\text{N/cm} = 1000\text{N/m}$
$U = \frac{1}{2}ks^2 = \frac{1}{2} \times 1000 \times 0.05^2 = 1.25\text{N}\cdot\text{m}$

97 $x = Ae^{jwt}$인 조화운동의 가속도 진폭의 크기는?

① $\omega^2 A$ ② ωA
③ ωA^2 ④ $\omega^2 A^2$

|해설| $x = Ae^{jwt}$
$\dot{x} = V = Awe^{jwt}$
$\ddot{x} = a = Aw^2 e^{jwt}$

98 반경이 R인 바퀴가 미끄러지지 않고 구른다. O점의 속도(V_o)에 대한 A점의 속도(V_A)의 비는 얼마인가?

① $V_A/V_o = 1$
② $V_A/V_o = \sqrt{2}$
③ $V_A/V_o = 2$
④ $V_A/V_o = 4$

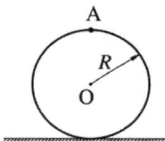

|해설| $V_o = RW$
$V_A = 2RW$
$\dfrac{V_A}{V_o} = 2$

99 반경이 r인 원을 따라서 각속도 ω, 각가속도 α로 회전할 때 법선방향 가속도의 크기는?

① $r\alpha$ ② $r\omega$ ③ $r\omega^2$ ④ $r\alpha^2$

|해설| $a_t = r\alpha, \ a_n = rw^2$

100 질량 관성모멘트가 7.036kg·m²인 플라이휠이 3600rpm으로 회전할 때, 이 휠이 갖는 운동에너지는 약 몇 kJ인가?

① 300 ② 400
③ 500 ④ 600

|해설| $T = \frac{1}{2} \times 7.036 \times (\frac{2\pi \times 3600}{60})^2 = 499.99\text{kJ}$

Answer ■ 96. ④ 97. ① 98. ③ 99. ③ 100. ③

2015 기출문제
5월 31일 시행

1과목 재료역학

1 무게가 각각 300N, 100N인 물체 A, B가 경사면 위에 놓여있다. 물체 B와 경사면과는 마찰이 없다고 할 때 미끄러지지 않을 물체 A와 경사면과의 최소 마찰 계수는 얼마인가?

① 0.19
② 0.58
③ 0.77
④ 0.94

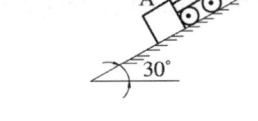

|해설| $\mu \cdot W_A \cdot \cos\theta = W_B \cdot \sin\theta + W_A \cdot \sin\theta$
$\mu = \dfrac{(100+300) \times \sin 30°}{300 \times \cos 30°} = 0.77$

2 그림과 같은 직사각형 단면의 단순보 AB에 하중이 작용할 때, A단에서 20cm 떨어진 곳의 굽힘 응력은 몇 MPa인가? (단, 보의 폭은 6cm이고, 높이는 12cm이다.)

① 2.3
② 1.9
③ 3.7
④ 2.9

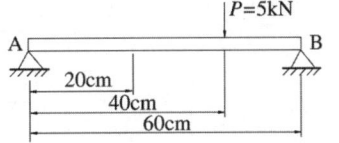 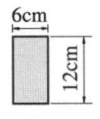

|해설| $R_A = \dfrac{5 \times 20}{60} = 1.67\text{kN}$
$\sigma_b = \dfrac{6 \times 1.67 \times 10^3 \times 0.2}{0.06 \times 0.12^2} \times 10^{-6} = 2.32\text{MPa}$

3 강체로 된 봉 CD가 그림과 같이 같은 단면적과 재료가 같은 케이블 ①, ②와 C점에서 힌지로 지지되어 있다. 힘 P에 의해 케이블 ①에 발생하는 응력(σ)은 어떻게 표현되는가? (단, A는 케이블의 단면적이며 자중은 무시하고, a는 각 지점간의 거리이고 케이블 ①, ②의 길이 ℓ은 같다.)

① $\dfrac{2P}{3A}$
② $\dfrac{P}{3A}$
③ $\dfrac{4P}{5A}$
④ $\dfrac{P}{5A}$

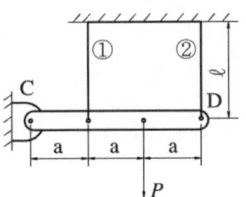

|해설| $\delta_1 : \delta_2 = \sigma_1 : \sigma_2 = a : 3a$
$\sigma_2 = 3\sigma_1$
$P \times (2a) = \sigma_1 \cdot A \cdot a + \sigma_2 \cdot A \cdot 3a = 10\sigma_1 \cdot A \cdot a = 10A \cdot a \cdot \sigma$
$\therefore \sigma = \dfrac{P}{5A}$

1. ③ 2. ① 3. ④ ■ **Answer**

4 재료가 전단 변형을 일으켰을 때, 이 재료의 단위 체적당 저장된 탄성 에너지는? (단, τ는 전단응력, G는 전단 탄성계수이다.)

① $\dfrac{\tau^2}{2G}$ ② $\dfrac{\tau}{2G}$ ③ $\dfrac{\tau^4}{2G}$ ④ $\dfrac{\tau^2}{4G}$

|해설| $U = \dfrac{1}{2}P \cdot \delta = \dfrac{P}{2} \cdot \dfrac{P \cdot \ell}{AG} = \dfrac{\tau^2}{2G} A \cdot \ell$

$u = \dfrac{LI}{V} = \dfrac{\tau^2}{2G}$

5 바깥지름 50cm, 안지름 40cm의 중공원통에 500kN의 압축하중이 작용했을 때 발생하는 압축응력은 약 몇 MPa인가?

① 5.6 ② 7.1 ③ 8.4 ④ 10.8

|해설| $\sigma_c = \dfrac{4 \times 500 \times 10^3}{\pi \times (0.5^2 - 0.4^2)} \times 10^{-6} = 7.07 \mathrm{MPa}$

6 그림과 같이 단순보의 지점 B에 Mo의 모멘트가 작용할 때 최대 굽힘 모멘트가 발생되는 A단에서부터 거리 x는?

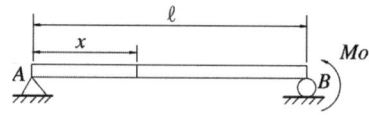

① $x = \dfrac{\ell}{5}$ ② $x = \ell$ ③ $x = \dfrac{\ell}{2}$ ④ $x = \dfrac{3}{4}\ell$

|해설| $M_{\max} = Mo$, $x = \ell$인 지점

7 그림과 같은 트러스가 점 B에서 그림과 같은 방향으로 5kN의 힘을 받을 때 트러스에 저장되는 탄성에너지는 몇 kJ인가? (단, 트러스의 단면적은 1.2cm², 탄성계수는 10^6Pa이다.)

① 52.1
② 106.7
③ 159.0
④ 267.7

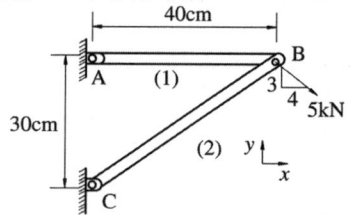

|해설| $F_{AB} = \dfrac{5}{\sin 143.13°} \times \sin 73.74 = 8\mathrm{kN}$

$F_{BC} = 5\mathrm{kN}$

$U_{AB} = \dfrac{(8 \times 10^3)^2}{2 \times 10^6 \times (1.2 \times 10^{-4})^2} \times (1.2 \times 10^{-4}) \times 0.4 = 106.7\mathrm{kJ}$

$U_{BC} = \dfrac{(5 \times 10^3)^2 \times (1.2 \times 10^{-4})}{2 \times 10^6 \times (1.2 \times 10^{-4})^2} \times \sqrt{0.4^2 + 0.3^2} = 52.1\mathrm{kJ}$

$U = U_{AB} + U_{BC} = 106.7 + 52.1 = 158.8\mathrm{kJ}$

Answer ■ 4. ① 5. ② 6. ② 7. ③

8 원형막대의 비틀림을 이용한 토션바(torsion bar) 스프링에서 길이와 지름을 모두 10%씩 증가시킨다면 토션바의 비틀림 스프링상수($\frac{비틀림 토크}{비틀림 각도}$)는 몇 배로 되겠는가?

① 1.1^{-2}배   ② 1.1^{2}배
③ 1.1^{3}배   ④ 1.1^{4}배

|해설| $\theta = \dfrac{T \cdot \ell}{GI_P}$

$K_t = \dfrac{T}{\theta} = \dfrac{G \cdot I_P}{\ell} = \dfrac{G \cdot \pi \cdot d^4}{32\ell}$

$\dfrac{K_{t1}}{K_{t2}} = \dfrac{(d^4/\ell)}{1.1^3 \left(\dfrac{d^4}{\ell}\right)} = \dfrac{1}{1.1^3}$

$K_{t2} = 1.1^3 K_{t1}$

9 양단이 힌지인 기둥의 길이가 2m이고, 단면이 직사각형(30mm×20mm)인 압축 부재의 좌굴하중을 오일러 공식으로 구하면 몇 kN인가? (단, 부재의 탄성 계수는 200GPa이다.)

① 9.9kN   ② 11.1kN
③ 19.7kN   ④ 22.2kN

|해설| $P_{cr} = \dfrac{n\pi^2 E \cdot I}{\ell^2} = \dfrac{1 \times \pi^2 \times 200 \times 10^9 \times 0.03 \times 0.02^3}{2^2 \times 12} \times 10^{-3} = 9.87 \text{kN}$

10 길이가 2m인 환봉에 인장하중을 가하여 변화된 길이가 0.14cm일 때 변형률은?

① 70×10^{-6} ② 700×10^{-6}
③ 70×10^{-3} ④ 700×10^{-3}

|해설| $\epsilon = \dfrac{0.14 \times 10^{-2}}{2} = 7.0 \times 10^{-4}$

8. ③   9. ①   10. ②   ■ Answer

11 왼쪽이 고정단인 길이 ℓ의 외팔보가 ω의 균일분포하중을 받을 때, 굽힘모멘트 선도(BMD)의 모양은?

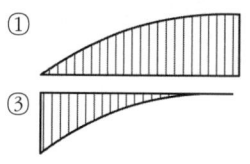

|해설|

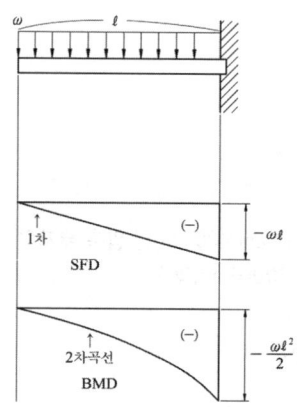

12 두께 8mm의 강판으로 만든 안지름 40cm의 얇은 원통에 1MPa의 내압이 작용할 때 강판에 발생하는 후프 응력(원주 응력)은 몇 MPa인가?

① 25   ② 37.5   ③ 12.5   ④ 50

|해설| $\sigma_t = \dfrac{P \cdot d}{2t} = \dfrac{1 \times 400}{2 \times 8} = 25\text{MPa}$

13 그림과 같은 가는 곡선보가 1/4 원 형태로 있다. 이 보의 B단에 Mo의 모멘트를 받을 때, 자유단의 기울기는? (단, 보의 굽힘 강성 EI는 일정하고, 자중은 무시한다.)

① $\dfrac{\pi MoR}{2EI}$

② $\dfrac{\pi Mo}{2EI}$

③ $\dfrac{MoR}{2EI}\left(\dfrac{\pi}{2}+1\right)$

④ $\dfrac{\pi MoR^2}{4EI}$

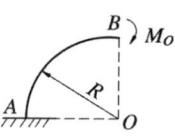

|해설|

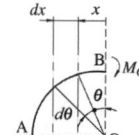

$\dfrac{\partial y}{\partial x} = \int \dfrac{Mo}{EI} dx = \int_0^{\frac{\pi}{2}} \dfrac{Mo}{EI} R \cdot d\theta = \dfrac{\pi MoR}{2EI}$

$dx = R \cdot d\theta$

Answer ■ 11. ③   12. ①   13. ①

14 단면이 가로 100mm, 세로 150mm인 사각 단면보가 그림과 같이 하중(P)을 받고 있다. 전단응력에 의한 설계에서 P는 각각 100kN씩 작용할 때 안전계수를 2로 설계하였다고 하면, 이 재료의 허용전단응력은 약 몇 MPa인가?

① 10
② 15
③ 18
④ 20

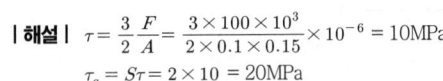

|해설| $\tau = \dfrac{3}{2}\dfrac{F}{A} = \dfrac{3 \times 100 \times 10^3}{2 \times 0.1 \times 0.15} \times 10^{-6} = 10\text{MPa}$
$\tau_a = S\tau = 2 \times 10 = 20\text{MPa}$

15 지름 3mm의 철사로 평균지름 75mm의 압축코일 스프링을 만들고 하중 10N에 대하여 3cm의 처짐량을 생기게 하려면 감은 회수(n)는 대략 얼마로 해야 하는가? (단, 전단 탄성계수 G = 88 GPa이다.)

① n = 8.9   ② n = 8.5   ③ n = 5.2   ④ n = 6.3

|해설| $\delta = \dfrac{64nP \cdot R^3}{G \cdot d^4}$
$0.03 = \dfrac{64 \times n \times 10 \times (0.075/2)^3}{88 \times 10^9 \times 0.003^4}$
$n \fallingdotseq 6.336$

16 길이가 L(m)이고, 일단 고정에 타단 지지인 그림과 같은 보에 자중에 의한 분포하중 w(N/m)가 보의 전체에 가해질 때 점 B에서의 반력의 크기는?

① $\dfrac{wL}{4}$

② $\dfrac{3}{8}wL$

③ $\dfrac{5}{16}wL$

④ $\dfrac{7}{16}wL$

|해설| $\theta_B = 0$
$\dfrac{R_B \cdot \ell^3}{3EI} = \dfrac{W\ell^4}{8EI}$
$R_B = \dfrac{3}{8}W\ell$

17 σ_x = 400MPa, σ_y = 300MPa, τ_{xy} = 200MPa가 작용하는 재료 내에 발생하는 최대 주응력의 크기는?

① 206MPa   ② 556MPa   ③ 350MPa   ④ 753MPa

|해설| $\sigma_1 = \dfrac{\sigma_x + \sigma_y}{2} + \sqrt{\left(\dfrac{\sigma_x - \sigma_y}{2}\right)^2 + \tau_{xy}^2} = \dfrac{400+300}{2} + \sqrt{\left(\dfrac{400-300}{2}\right)^2 + 200^2} = 556.16\text{MPa}$

14. ④   15. ④   16. ②   17. ② ■ Answer

18 그림과 같은 단면에서 가로방향 중립축에 대한 단면 2차모멘트는?

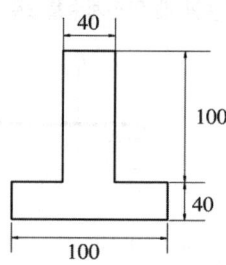

① $10.67 \times 10^6 \text{mm}^4$
② $13.67 \times 10^6 \text{mm}^4$
③ $20.67 \times 10^6 \text{mm}^4$
④ $23.67 \times 10^6 \text{mm}^4$

|해설| $\bar{y} = \dfrac{100 \times 40 \times 20 + 40 \times 100 \times 90}{100 \times 40 + 40 \times 100} = 55\text{mm}$

$I_G = \left(\dfrac{100 \times 40^3}{12} + 35^2 \times 100 \times 40\right) + \left(\dfrac{40 \times 100^3}{12} + 35^2 \times 40 \times 100\right) = 13.67 \times 10^6 \text{mm}^4$

19 그림과 같은 계단 단면의 중실 원형축의 양단을 고정하고 계단 단면부에 비틀림 모멘트 T가 작용할 경우 지름 D_1과 D_2축에 작용하는 비틀림 모멘트의 비 T_1/T_2은? (단, D_1 = 8cm, D_2 = 4cm, ℓ_1 = 40cm, ℓ_2 = 10cm이다.)

① 2
② 4
③ 8
④ 16

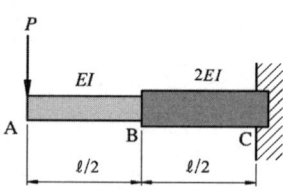

|해설| $\dfrac{T_1 \cdot \ell_1}{G \cdot \dfrac{\pi D_1^4}{32}} = \dfrac{T_2 \cdot \ell_2}{G \cdot \dfrac{\pi D_2^4}{32}}$

$\dfrac{T_1}{T_2} = \dfrac{D_1^4 \cdot \ell_2}{D_2^4 \cdot \ell_1} = \dfrac{8^4 \times 10}{4^4 \times 40} = 4$

20 그림과 같은 외팔보가 집중 하중 P를 받고 있을 때, 자유단에서의 처짐 δ_A는? (단, 보의 굽힘 강성 EI는 일정하고, 자중은 무시한다.)

① $\dfrac{5P\ell^3}{16EI}$
② $\dfrac{7P\ell^3}{16EI}$
③ $\dfrac{9P\ell^3}{16EI}$
④ $\dfrac{3P\ell^3}{16EI}$

|해설| ① AB 구간만 고려했을 때 처짐
$\delta_{AB} = \dfrac{P(L/2)^3}{3EI} = \dfrac{PL^3}{24EI}$

Answer ▪ 18. ② 19. ② 20. ④

② BC 구간 부재에 발생하는 처짐
$$\delta_{BC}= \frac{1}{2EI}\left[\frac{PL}{2}\cdot\frac{L}{2}\cdot\left(\frac{L}{2}+\frac{L}{4}\right)+\frac{1}{2}\cdot\frac{PL}{2}\cdot\frac{L}{2}\left(\frac{L}{2}+\frac{L}{2}\cdot\frac{2L}{3}\right)\right]=\frac{14PL^3}{96EI}$$

③ A지점에서 최대 처짐
$$\delta = \delta_{AB}+\delta_{BC} = \frac{3PL^3}{16EI}$$

AB구간 : P의 전단력만 받을 때 처짐+ BC구간 : AB구간의 전단력은 Zero이고 BC구간만 전단력을 받음= 원상태와 같음

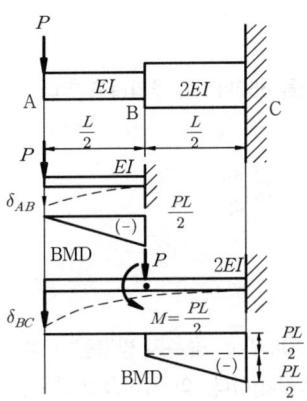

2과목 기계열역학

21 절대 온도가 0에 접근할수록 순수 물질의 엔트로피는 0에 접근한다는 절대 엔트로피 값의 기준을 규정한 법칙은?

① 열역학 제0법칙이다.   ② 열역학 제1법칙이다.
③ 열역학 제2법칙이다.   ④ 열역학 제3법칙이다.

| 해설 | ① 열역학 제0법칙 : 온도평형의 법칙
② 열역학 제1법칙 : 에너지 보존법칙
③ 열역학 제2법칙 : 열이동의 방향성과 비가역을 명시한 법칙
④ 열역학 제3법칙 : 절대 0도의 법칙

22 오토사이클(Otto cycle)의 압축비 $\epsilon = 8$이라고 하면 이론 열효율은 약 몇 %인가? (단, $k = 1.4$이다.)

① 36.8%   ② 46.7%
③ 56.5%   ④ 66.6%

| 해설 | $\eta_0 = 1-\left(\frac{1}{\epsilon}\right)^{k-1} = \left\{1-\left(\frac{1}{8}\right)^{1.4-1}\right\}\times 100 = 56.47\%$

21. ④ 22. ③ ■ Answer

23 대기압 하에서 물을 20℃에서 90℃로 가열하는 동안의 엔트로피 변화량은 약 얼마인가? (단, 물의 비열은 4.184kJ/kg·K로 일정하다.)

① 0.8kJ/kg·K
② 0.9kJ/kg·K
③ 1.0kJ/kg·K
④ 1.2kJ/kg·K

|해설| $\Delta s = C \cdot \ell_n\left(\dfrac{T_2}{T_1}\right) = 4.184 \times \ell_n(\dfrac{90+273}{20+273}) = 0.896 \text{kJ/kgK}$

24 펌프를 사용하여 150kPa, 26℃의 물을 가역단열과정을 650kPa로 올리려고 한다. 26℃의 포화액의 비체적이 0.001m³/kg이면 펌프일은?

① 0.4kJ/kg
② 0.5kJ/kg
③ 0.6kJ/kg
④ 0.7kJ/kg

|해설| $w_p = 0.001 \times (650 - 150) = 0.5 \text{kJ/kg}$

25 기본 Rankine 사이클의 터빈 출구 엔탈피 h_{te} = 1200kJ/kg, 응축기 방열량 q_L = 1000kJ/kg, 펌프 출구 엔탈피 h_{pe} = 210kJ/kg, 보일러 가열량 q_H = 1210kJ/kg이다. 이 사이클의 출력일은?

① 210kJ/kg
② 220kJ/kg
③ 230kJ/kg
④ 420kJ/kg

|해설| $w = (1210 + 210 - 1200) - (210 - 1200 + 1000) = 210 \text{kJ/kg}$

26 어떤 냉장고에서 엔탈피 17kJ/kg의 냉매가 질량유량 80kg/hr로 증발기에 들어가 엔탈피 36kJ/kg가 되어 나온다. 이 냉장고의 냉동능력은?

① 1220kJ/hr
② 1800kJ/hr
③ 1520kJ/hr
④ 2000kJ/hr

|해설| $\dot{Q} = 80 \times (36-17) = 1520 \text{kJ/hr}$

27 실린더에 밀폐된 8kg의 공기가 그림과 같이 P_1 = 800kPa, 체적 V_1 = 0.27m³에서 P_2 = 350kPa, 체적 V_2 = 0.80m³으로 직선 변화하였다. 이 과정에서 공기가 한 일은 약 몇 kJ인가?

① 254
② 305
③ 382
④ 390

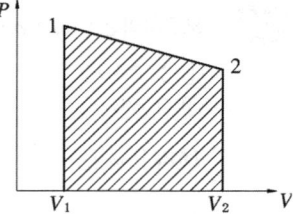

|해설| $W = \dfrac{(800-350) \times (0.8-0.27)}{2} + 350 \times (0.8-0.27) = 304.75 \text{kJ}$

Answer ■ 23. ② 24. ② 25. ① 26. ③ 27. ②

28 공기 2kg이 300K, 600kPa 상태에서 500K, 400kPa 상태로 가열된다. 이 과정 동안의 엔트로피 변화량은 약 얼마인가? (단, 공기의 정적비열과 정압비열은 각각 0.717kJ/kg·K과 1.004kJ/kg·K로 일정하다.)

① 0.73kJ/k
② 1.83kJ/k
③ 1.02kJ/k
④ 1.26kJ/k

|해설| $\triangle S = m C_p \cdot \ell_n(\frac{T_2}{T_1}) - m \cdot R \cdot \ell_n(\frac{P_2}{P_1})$

$= 2 \times 1.004 \times \ell_n(\frac{500}{300}) - 2 \times (1.004 - 0.717) \times \ell_n(\frac{400}{600}) = 1.26 \text{kJ/K}$

29 자연계의 비가역 변화와 관련 있는 법칙은?

① 제0법칙
② 제1법칙
③ 제2법칙
④ 제3법칙

|해설| 에너지 변환의 비가역성은 열역학 제2법칙과 관련이 있다.

30 상태와 상태량과의 관계에 대한 설명 중 틀린 것은?

① 순수물질 단순 압축성 시스템의 상태는 2개의 독립적 강도성 상태량에 의해 완전하게 결정된다.
② 상변화를 포함하는 물과 수증기의 상태는 압력과 온도에 의해 완전하게 결정된다.
③ 상변화를 포함하는 물과 수증기의 상태는 온도와 비체적에 의해 완전하게 결정된다.
④ 상변화를 포함하는 물과 수증기의 상태는 압력과 비체적에 의해 완전하게 결정된다.

|해설| 습증기 상태에서는 압력과 온도로는 어떤 상태인지 완전하게 결정하기 어렵다.

31 배기체적이 1200cc, 간극체적이 200cc의 가솔린기관의 압축비는 얼마인가?

① 5   ② 6   ③ 7   ④ 8

|해설| $\epsilon = \frac{1200 + 200}{200} = 7$

배기체적이면 하사점에서 상사점까지 피스톤이 움직일 때 체적이므로 행정체적으로 생각한다.

32 클라우지우스(Clausius) 부등식을 표현한 것으로 옳은 것은? (단, T는 절대온도, Q는 열량을 표시한다.)

① $\oint \frac{\delta Q}{T} \geq 0$
② $\oint \frac{\delta Q}{T} \leq 0$
③ $\oint \delta Q \geq 0$
④ $\oint \delta Q \leq 0$

|해설| 클라우시우스 적분식
① 가역 : $\oint \frac{\delta Q}{T} = 0$
② 비가역 : $\oint \frac{\delta Q}{T} < 0$

28. ④ 29. ③ 30. ② 31. ③ 32. ② ■ Answer

33 이상기체의 등온과정에 관한 설명 중 옳은 것은?

① 엔트로피 변화가 없다.　　② 엔탈피 변화가 없다.
③ 열 이동이 없다.　　　　　④ 일이 없다.

| 해설 | 이상기체의 등온변화시 내부 에너지 변화와 엔탈피 변화는 0이고 절대일, 공업일, 수열량의 크기는 같다.

34 해수면 아래 20m에 있는 수중다이버에게 작용하는 절대압력은 약 얼마인가? (단, 대기압은 101kPa이고, 해수의 비중은 1.03이다.)

① 101kPa　　② 202kPa　　③ 303kPa　　④ 504kPa

| 해설 | $P_a = 101 + 1.03 \times 9.8 \times 20 = 302.88 kPa$

35 용기에 부착된 압력계에 읽힌 계기압력이 150kPa이고 국소대기압이 100kPa일 때 용기 안의 절대압력은?

① 250kPa　　② 150kPa　　③ 100kPa　　④ 50kPa

| 해설 | $P_a = 100 + 150 = 250 kPa$

36 압축기 입구 온도가 -10℃, 압축기 출구 온도가 100℃, 팽창기 입구 온도가 5℃, 팽창기 출구온도가 -75℃로 작동되는 공기 냉동기의 성능계수는? (단, 공기의 C_p는 1.0035kJ/kg·℃로서 일정하다.)

① 0.56　　② 2.17　　③ 2.34　　④ 3.17

| 해설 | $\epsilon_r = \dfrac{1.0035 \times (-10 + 75)}{1.0035 \times \{(100-5) - (-10+75)\}} = 2.17$

37 역 카르노사이클로 작동하는 증기압축 냉동사이클에서 고열원의 절대온도를 T_H, 저열원의 절대온도를 T_L이라 할 때, $\dfrac{T_H}{T_L} = 1.6$이다. 이 냉동사이클이 저열원으로부터 20kW의 열을 흡수한다면 소요 동력은?

① 0.7kW　　② 1.2kW　　③ 2.3kW　　④ 3.9kW

| 해설 | $W = Q_H - Q_L = \left(\dfrac{T_H}{T_L} - 1\right) Q_L = 0.6 \times 0.2 = 1.2 kW$

38 두께 1cm, 면적 0.5m²의 석고판의 뒤에 가열판이 부착되어 1000W의 열을 전달한다. 가열판의 뒤는 완전히 단열되어 열은 앞면으로만 전달된다. 석고판 앞면의 온도는 100℃이다. 석고의 열전도율이 $k = 0.79 W/m·K$일 때 가열판에 접하는 석고 면의 온도는 약 몇 ℃인가?

① 110　　② 125　　③ 150　　④ 212

| 해설 | $\dot{Q} = 0.79 \times 0.5 \times \dfrac{(t-100)}{0.01} = 1000$
　　　$t = 125.32℃$

Answer ■ 33. ②　34. ③　35. ①　36. ②　37. ②　38. ②

39 분자량이 30인 C₂H₆(에탄)의 기체상수는 몇 kJ/kg·K인가?

① 0.277 ② 2.013
③ 19.33 ④ 265.43

| 해설 | $R = \dfrac{8.314}{30} = 0.277 \text{kJ/kgK}$

40 출력이 50kW인 동력 기관이 한 시간에 13kg의 연료를 소모한다. 연료의 발열량이 45000kJ/kg이라면, 이 기관의 열효율은 약 얼마인가?

① 25% ② 28% ③ 31% ④ 36%

| 해설 | $\eta = \dfrac{50 \times 3600}{13 \times 45000} \times 100 = 30.77\%$

3과목 기계유체역학

41 한 변이 1m인 정육면체 나무토막의 아랫면에 1080N의 납을 매달아 물속에 넣었을 때, 물 위로 떠오르는 나무토막의 높이는 몇 cm인가? (단, 나무토막의 비중은 0.45, 납의 비중은 11이고, 나무토막의 밑면은 수평을 유지한다.)

① 55 ② 48
③ 45 ④ 42

| 해설 | $F_B = 9800 \times V_{잠체} = 1080 + 0.45 \times 9800 \times 1^3$
$V_{잠체} = 0.56 \text{m}^3$
$\triangle V = 1 - 0.56 = 1 \times 1 \times h, h = 0.44 \text{m}$
∴ $h = 44 \text{cm}$

42 길이 20m의 매끈한 원관에 비중 0.8의 유체가 평균속도가 0.3m/s로 흐를 때, 압력손실은 약 얼마인가? (단, 원관의 안지름은 50mm, 점성계수는 8×10^{-3} Pa·S이다.)

① 614Pa ② 734Pa
③ 1235Pa ④ 1440Pa

| 해설 | $Q = \dfrac{\triangle P \pi d^4}{128 \mu \ell} = \dfrac{\pi d^2}{4} \cdot V = \dfrac{\triangle P \times \pi \times 0.05^4}{128 \times 8 \times 10^{-3} \times 20} = \dfrac{\pi \times 0.05^2}{4} \times 0.3$
$\triangle P = 614.4 \text{Pa}$

39. ① 40. ③ 41. ③ 42. ① ■ Answer

43 그림과 같은 노즐을 통하여 유량 Q만큼의 유체가 대기로 분출될 때, 노즐에 미치는 유체의 힘 F는? (단, A_1, A_2는 노즐의 단면 1, 2에서의 단면적이고, ρ는 유체의 밀도이다.)

① $F = \dfrac{\rho A_2 Q^2}{2} \left(\dfrac{A_2 - A_1}{A_1 A_2}\right)^2$

② $F = \dfrac{\rho A_2 Q^2}{2} \left(\dfrac{A_1 + A_2}{A_1 A_2}\right)^2$

③ $F = \dfrac{\rho A_1 Q^2}{2} \left(\dfrac{A_1 + A_2}{A_1 A_2}\right)^2$

④ $F = \dfrac{\rho A_1 Q^2}{2} \left(\dfrac{A_1 - A_2}{A_1 A_2}\right)^2$

| 해설 | $V_1 = \dfrac{Q}{A_1}$, $V_2 = \dfrac{Q}{A_2}$

$P_1 = \dfrac{\rho}{2}(V_2^2 - V_1^2)$

$F = P_1 \cdot A_1 - \rho Q (V_2 - V_1) = \dfrac{\rho Q^2}{2}\left(\dfrac{A_1^2 + A_2^2}{A_2^2 \cdot A_1^2}\right) \cdot A_1 - \rho Q^2 \left(\dfrac{A_1 - A_2}{A_1 \cdot A_2}\right)$

$= \dfrac{\rho A_1 \cdot Q^2}{2}\left(\dfrac{A_1^2 + A_2^2}{A_1^2 \cdot A_2^2} - \dfrac{2}{A_1} \cdot \dfrac{A_1 - A_2}{A_1 \cdot A_2}\right) = \dfrac{\rho A_1 \cdot Q^2}{2} \cdot \left(\dfrac{A_1 - A_2}{A_1 \cdot A_2}\right)^2$

44 속도 15m/s로 항해하는 길이 80m의 화물선의 조파 저항에 관한 성능을 조사하기 위하여 수조에서 길이 3.2m인 모형 배로 실험을 할 때 필요한 모형 배의 속도는 몇 m/s인가?

① 9.0 ② 3.0 ③ 0.33 ④ 0.11

| 해설 | $\dfrac{15^2}{80} = \dfrac{V_m^2}{3.2}$, $V_m = 3$m/sec

45 정상, 균일유동장 속에 유동 방향과 평행하게 놓여진 평판 위에 발생하는 층류 경계층의 두께 δ는 x를 평판 선단으로부터의 거리라 할 때, 비례값은?

① x^1 ② $x^{\frac{1}{2}}$
③ $x^{\frac{1}{3}}$ ④ $x^{\frac{1}{4}}$

| 해설 | $\delta = 5.0x \cdot Re^{-\frac{1}{2}}$, $\delta \propto x^{\frac{1}{2}}$

46 관로내 물(밀도 1000kg/m³)이 30m/s로 흐르고 있으며 그 지점의 정압이 100kPa일 때, 정체압은 몇 kPa인가?

① 0.45 ② 100
③ 450 ④ 550

| 해설 | $P = 100 + \dfrac{1000 \times 30^2}{2} \times 10^{-3} = 550$kPa

Answer ■ 43. ④ 44. ② 45. ② 46. ④

47 다음 중 유체에 대한 일반적인 설명으로 틀린 것은?

① 점성은 유체의 운동을 방해하는 저항의 척도로서 유속에 비례한다.
② 비점성유체 내에서는 전단응력이 작용하지 않는다.
③ 정지유체 내에서는 전단응력이 작용하지 않는다.
④ 점성이 클수록 전단응력이 크다.

| 해설 | Newton의 점성법칙

$$\tau = \mu \cdot \frac{U}{h}$$

점성에 영향을 주는 것은 온도이다.
단순히 유속이 변화한다고 하여 점성이 변화하지 않는다.

48 중력과 관성력의 비로 정의되는 무차원수는? (단, ρ : 밀도, V : 속도, l : 특성 길이, μ : 점성계수, P : 압력, g : 중력가속도, c : 소리의 속도)

① $\dfrac{\rho V l}{\mu}$
② $\dfrac{V}{\sqrt{gl}}$
③ $\dfrac{P}{\rho V^2}$
④ $\dfrac{V}{c}$

| 해설 | $F_r = \dfrac{관성력}{중력} = \dfrac{V}{\sqrt{\ell g}}$

49 그림과 같이 경사관 마노미터의 직경 D = 10d이고 경사관은 수평면에 대해 θ만큼 기울여져 있으며 대기 중에 노출되어 있다. 대기압보다 $\triangle p$의 큰 압력이 작용할 때, L과 $\triangle p$와 관계로 옳은 것은? (단, 점선은 압력이 가해지기 전 액체의 높이이고, 액체의 밀도는 ρ, $\theta = 30°$이다.)

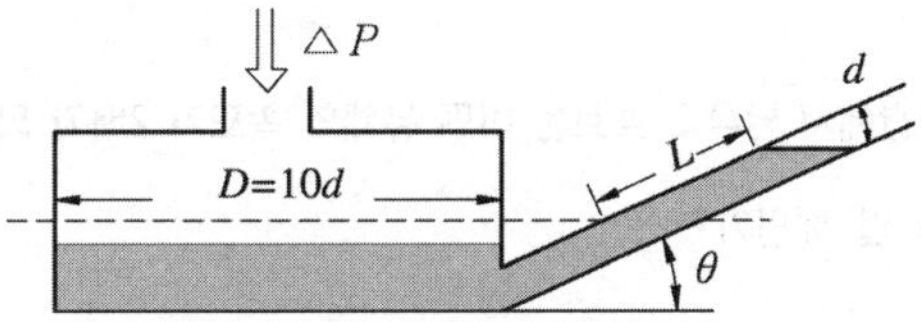

① $L = \dfrac{201}{2} \dfrac{\triangle p}{\rho g}$
② $L = \dfrac{100}{51} \dfrac{\triangle p}{\rho g}$
③ $L = \dfrac{51}{100} \dfrac{\triangle p}{\rho g}$
④ $L = \dfrac{2}{201} \dfrac{\triangle p}{\rho g}$

| 해설 | ① 체적의 변화

$$\frac{\pi D^2}{4} \times \triangle h = \frac{\pi d^2}{4} L \sin\theta, \quad \triangle h = \frac{d^2 \cdot L}{2D^2}$$

② $\triangle P$를 가하기전 용기바닥의 압력
$\gamma \cdot H = \gamma \cdot x \sin\theta, \quad H = x \sin\theta$

③ $\triangle P$를 가할 때 용기바닥의 압력
$\triangle P + \gamma(H - \triangle h) = \gamma(x + L)\sin\theta$
$\triangle P + \gamma H - \gamma \cdot \triangle h = \gamma x \sin\theta + \gamma L \sin\theta = \gamma H + \gamma L \sin\theta$
$\triangle P = \gamma(\triangle h + L \cdot \sin 30°) = \gamma\left(\dfrac{d^2 \cdot L}{2 \cdot D^2} + \dfrac{L}{2}\right) = \rho \cdot g \cdot \dfrac{101}{200}L$

$\therefore L = \dfrac{200}{101} \cdot \dfrac{\triangle P}{\rho \cdot g} \fallingdotseq \dfrac{100}{51} \dfrac{\triangle P}{\rho \cdot g}$

47. ① 48. ② 49. ② ■ Answer

50

아래 그림과 같이 직경이 2m, 길이가 1m인 관에 비중량 9800N/m³인 물이 반 차있다. 이 관의 아래쪽 사분면 AB 부분에 작용하는 정수력의 크기는?

① 4900N
② 7700N
③ 9120N
④ 12600N

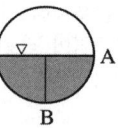

| 해설 | $F_x = 9800 \times 0.5 \times (1 \times 1) = 4900$N

$F_y = 9800 \times \dfrac{\pi \times 1^2}{4} \times 1 = 7696.91$N

$F = \sqrt{F_x^2 + F_y^2} = \sqrt{4900^2 + 7696.91^2} = 9124.28$N

51

유선(streamline)에 관한 설명으로 틀린 것은?

① 유선으로 만들어지는 관을 유관(streamtube)이라 부르며, 두께가 없는 관벽을 형성한다.
② 유선 위에 있는 유체의 속도 벡터는 유선의 접선방향이다.
③ 비정상 유동에서 속도는 유선에 따라 시간적으로 변화할 수 있으나, 유선 자체는 움직일 수 없다.
④ 정상유동일 때 유선은 유체의 입자가 움직이는 궤적이다.

52

안지름 0.1m인 파이프 내를 평균 유속 5m/s로 어떤 액체가 흐르고 있다. 길이 100m 사이의 손실수두는 약 몇 m인가? (단, 관내의 흐름으로 레이놀즈수는 1000이다.)

① 81.6   ② 50   ③ 40   ④ 16.32

| 해설 | $h_\ell = f \cdot \dfrac{\ell}{d} \cdot \dfrac{V^2}{2g} = \dfrac{64}{1000} \times \dfrac{100}{0.1} \times \dfrac{5^2}{2 \times 9.8} = 81.63$m

53

원관에서 난류로 흐르는 어떤 유체의 속도가 2배가 되었을 때, 마찰계수가 $\dfrac{1}{\sqrt{2}}$ 배로 줄었다. 이때 압력손실은 몇 배인가?

① $2^{\frac{1}{2}}$ 배
② $2^{\frac{3}{2}}$ 배
③ 2배
④ 4배

| 해설 | $h_\ell = f \cdot \dfrac{\ell}{d} \cdot \dfrac{V^2}{2g}$

$h'_\ell = \dfrac{f}{\sqrt{2}} \cdot \dfrac{\ell}{d} \cdot \dfrac{(2V)^2}{2g} = \dfrac{4}{\sqrt{2}} h_\ell = 2^{\frac{3}{2}} h_\ell$

$\triangle P = \gamma \cdot h_\ell, \ \triangle P' = \gamma \cdot h'_\ell = 2^{\frac{3}{2}} \triangle P$

Answer ■ 50. ③   51. ③   52. ①   53. ②

54 유속 3m/s로 흐르는 물속에 흐름방향의 직각으로 피토관을 세웠을 때, 유속에 의해 올라가는 수주의 높이는 약 몇 m인가?

① 0.46 ② 0.92
③ 4.6   ④ 9.2

|해설| $h = \dfrac{V^2}{2g} = \dfrac{3^2}{2 \times 9.8} = 0.46\text{m}$

55 항력에 관한 일반적인 설명 중 틀린 것은?

① 난류는 항상 항력을 증가시킨다.
② 거친 표면은 항력을 감소시킬 수 있다.
③ 항력은 압력과 마찰력에 의해서 발생한다.
④ 레이놀즈수가 아주 작은 유동에 구의 항력은 유체의 점성계수에 비례한다.

|해설| ① $D = C_D \cdot A \dfrac{\rho \cdot V^2}{2}$
② $D = 3\pi \mu d V$

56 다음 중 체적 탄성 계수와 차원이 같은 것은?

① 힘   ② 체적
③ 속도   ④ 전단응력

|해설| ① 체적탄성계수, 응력의 차원 : FL^{-2}
② 힘 : F
③ 체적 : L^3
④ 속도 : LT^{-1}

57 다음 중 질량 보존을 표현한 것으로 가장 거리가 먼 것은? (단, ρ는 유체의 밀도, A는 관의 단면적, V는 유체의 속도이다.)

① $\rho A V = 0$
② $\rho A V$ = 일정
③ $d(\rho A V) = 0$
④ $\dfrac{d\rho}{\rho} + \dfrac{dA}{A} + \dfrac{dV}{V} = 0$

|해설| ① ρAV = 일정
② $d(\rho AV) = 0$
③ $\dfrac{d\rho}{\rho} + \dfrac{dA}{A} + \dfrac{dV}{V} = 0$

54. ①　55. ①　56. ④　57. ①　■ Answer

58 공기가 기압 200kPa일 때, 20℃에서의 공기의 밀도는 약 몇 kg/m³인가? (단, 이상기체이며, 공기의 기체상수 $R=287J/kg\cdot K$이다.)

① 1.2　　　　　　　② 2.38
③ 1.0　　　　　　　④ 999

|해설| $\rho = \dfrac{P}{RT} = \dfrac{200\times 10^3}{287\times (20+273)} = 2.38kg/m^3$

59 비점성, 비압축성 유체가 그림과 같이 작은 구멍을 향해 쐐기모양의 벽면 사이를 흐른다. 이 유동을 근사적으로 표현하는 무차원 속도 포텐셜이 $\phi = -2\ell_n r$로 주어질 때, $r=1$인 지점에서의 유속 V는 몇 m/s인가? (단, $\vec{V} \equiv \nabla \phi = grad\ \phi$로 정의한다.)

① 0
② 1
③ 2
④ π

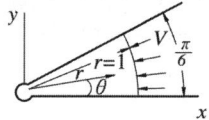

|해설| $\phi = -2\ell_n r$
$V_r = \dfrac{\partial \phi}{\partial r} = \dfrac{\partial (-2\ell_n r)}{\partial r} = -2\cdot \dfrac{1}{r}$
$r=1$일 때 $V_r = -2m/sec$

60 압력구배가 영인 평판 위의 경계층 유동과 관련된 설명 중 틀린 것은?

① 표면조도가 천이에 영향을 미친다.
② 경계층 외부유동에서의 교란정도가 천이에 영향을 가진다.
③ 층류에서 난류로의 천이는 거리를 기준으로 하는 Reynolds수의 영향을 받는다.
④ 난류의 속도 분포는 층류보다 덜 평평하고 층류경계층보다 다소 얇은 경계층을 형성한다.

4과목 기계재료 및 유압기기

61 탄소강에 함유되어 있는 원소 중 많이 함유되면 적열 취성의 원인이 되는 것은?

① 인　　　② 규소　　　③ 구리　　　④ 황

|해설| 적열취성은 탄소강이 900~950℃ 온도 하에서 황(S) 때문에 취성이 증가하는 현상이다.

62 충격에는 약하나 압축강도는 크므로 공작기계의 베드, 프레임, 기계 구조물의 몸체 등에 가장 적합한 재질은?

① 합금공구강　② 탄소강　③ 고속도강　④ 주철

|해설| 주철은 탄소(C) 2.0~6.68%, 취성이 크고 강에 비하여 압축강도가 높다.

Answer ■ 58. ②　59. ③　60. ④　61. ④　62. ④

63 철강재료의 열처리에서 많이 이용되는 S곡선이란 어떤 것을 의미하는가?

① T.T.L 곡선
② S.C.C 곡선
③ T.T.T 곡선
④ S.T.S 곡선

| 해설 | 항온 변태곡선를 TTT 곡선(S 곡선)이라 한다.

64 백주철을 열처리로에서 가열한 후 탈탄시켜, 인성을 증가시킨 주철은?

① 가단주철
② 회주철
③ 보통주철
④ 구상흑연주철

| 해설 | 가단주철 : 주철의 취약성을 개량하기 위하여 백주철을 열처리하여 강인성을 부여시킨 주철

65 특수강인 Elinvar의 성질은 어느 것인가?

① 열팽창계수가 크다.
② 온도에 따른 탄성률의 변화가 적다.
③ 소결합금이다.
④ 전기전도도가 아주 좋다.

| 해설 | 엘린 바 ; Ni 36%, Cr 13%, Fe의 합금

66 탄소강을 경화 열처리 할 때 균열을 일으키지 않게 하는 가장 안전한 방법은?

① M_s점까지는 급냉하고 M_s, M_f사이는 서냉한다.
② M_f점 이하까지 급냉한 후 저온도로 뜨임한다.
③ M_s점까지 서냉하여 내외부가 동일온도가 된 후 급냉한다.
④ M_s, M_f사이의 온도까지 서냉한 후 급냉한다.

67 배빗메탈 이라고도 하는 베어링용 합금인 화이트 메탈의 주요성분으로 옳은 것은?

① Pb - W - Sn
② Fe - Sn - Cu
③ Sn - Sb - Cu
④ Zn - Sn - Cr

| 해설 | 배빗메탈 : 주석을 주성분으로 하여 구리, 납, 안티몬을 첨가한 합금으로 화이트 메탈의 종류이다.

68 고속도강의 특징을 설명한 것 중 틀린 것은?

① 열처리에 의하여 경화하는 성질이 있다.
② 내마모성이 크다.
③ 마텐자이트(martensite)가 안정되어, 600℃까지는 고속으로 절삭이 가능하다.
④ 원심 펌프보다 고속 회전할 수 있다.

63. ④   64. ①   65. ②   66. ①   67. ③   68. ④   ■ Answer

69 오일리스 베어링과 관계가 없는 것은?

① 구리와 납의 합금이다.
② 기름보급이 곤란한 곳에 적당하다.
③ 너무 큰 하중이나 고속회전부에는 부적당하다.
④ 구리, 주석, 흑연의 분말을 혼합 성형한 것이다.

|해설| 오일리스 베어링 : 금속분말을 형에 넣어 가압 가열하여 성형한 베어링이다.

70 쾌삭강(Free cutting steel)에 절삭속도를 크게 하기 위하여 첨가하는 주된 원소는?

① Ni   ② Mn   ③ W   ④ S

|해설| 쾌삭강 : 강의 피절삭성을 증가시키고 가공성을 향상시키며 공구의 수명을 길게 한다. 종류로는 황, 납, 흑연 쾌삭강 등이 있다.

71 그림과 같은 압력제어 밸브의 기호가 의미하는 것은?

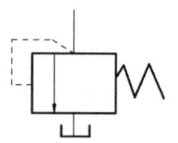

① 정압 밸브   ② 2-way 감압 밸브
③ 릴리프 밸브   ④ 3-way 감압 밸브

|해설| ① 릴리프 밸브 기호   ② 감압 밸브 기호

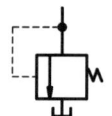

72 유압기기와 관련된 유체의 동역학에 관한 설명으로 옳은 것은?

① 유체의 속도는 단면적이 큰 곳에서는 빠르다.
② 유속이 작고 가는 관을 통과할 때 난류가 발생한다.
③ 유속이 크고 굵은 관을 통과할 때 층류가 발생한다.
④ 점성이 없는 비압축성의 액체가 수평관을 흐를 때, 압력수두와 위치수두 및 속도수두의 합은 일정하다.

73 유압펌프에 있어서 체적효율이 90%이고 기계 효율이 80%일 때 유압펌프의 전효율은?

① 23.7%   ② 72%
③ 88.8%   ④ 90%

|해설| $\eta = \eta_V \cdot \eta_T = 0.9 \times 0.8 = 0.72$

Answer ■ 69. ①   70. ④   71. ③   72. ④   73. ②

74 그림과 같은 유압 잭에서 지름이 $D_2 = 2D_1$일 때 누르는 힘 F_1과 F_2의 관계를 나타낸 식으로 옳은 것은?

① $F_2 = F_1$
② $F_2 = 2F_1$
③ $F_2 = 4F_1$
④ $F_2 = 8F_1$

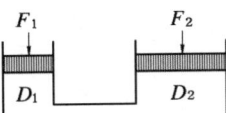

|해설| $P_1 = P_2$

$$\frac{F_1}{D_1^2} = \frac{F_2}{D_2^2} = \frac{F_2}{(2D_1)^2}$$

$F_2 = 4F_1$

75 다음 중 작동유의 방청제로서 가장 적당한 것은?

① 실리콘유
② 이온화합물
③ 에나멜화합물
④ 유기산 에스테르

|해설| 방청제(부식방지제) : 유기산 에스테르, 지방산염, 유기린 화합물, 아민 화합물

76 펌프의 무부하 운전에 대한 장점이 아닌 것은?

① 작업시간 단축
② 구동동력 경감
③ 유압유의 열화 방지
④ 고장방지 및 펌프의 수명 연장

|해설| 무부하 운전을 하는 목적은 펌프의 동력절감 및 열화방지 때문이다.

77 그림과 같은 회로도는 크기가 같은 실린더로 동조하는 회로이다. 이 동조회로의 명칭으로 가장 적합한 것은?

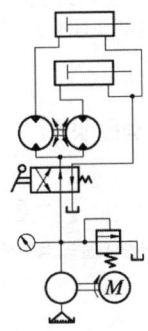

① 래크와 피니언을 사용한 동조회로
② 2개의 유압모터를 사용한 동조회로
③ 2개의 릴리프 밸브를 사용한 동조회로
④ 2개의 유량제어 밸브를 사용한 동조회

|해설| 보기의 표현 중 주어진 회로도에서 유압모터만을 확인할 수 있다.

74. ③　75. ④　76. ①　77. ②　■ Answer

78 램이 수직으로 설치된 유압 프레스에서 램의 자중에 의한 하강을 막기 위해 배압을 주고자 설치하는 밸브로 적절한 것은?

① 로터리 베인 밸브
② 파일럿 체크 밸브
③ 블리드 오프 밸브
④ 카운터 밸런스 밸브

79 유압 배관 중 석유계 작동유에 대하여 산화작용을 조장하는 촉매역할을 하기 때문에 내부에 카드뮴 또는 니켈을 도금하여 사용하여야 하는 것은?

① 동관
② PPC관
③ 엑셀관
④ 고무관

80 베인모터의 장점에 관한 설명으로 옳지 않은 것은?

① 베어링 하중이 작다.
② 정·역회전이 가능하다.
③ 토크 변동이 비교적 작다.
④ 기동시나 저속 운전시 효율이 높다.

| 해설 | 베인모터의 특징
① 기동시나 저속운전시 효율이 낮다.
② 토크변동이 비교적 작다.
③ 정회전, 역회전이 가능하다.
④ 베어링 하중이 작다.

5과목 기계제작법 및 기계동력학

81 고상용접(Soild-State Welding) 형식이 아닌 것은?

① 롤 용접
② 고온압접
③ 압출용접
④ 전자빔 용접

| 해설 | 고상용접 : 접합부를 용융하지 않고 고상면 상태로 하는 용접으로 초음파 용접, 마찰 용접 등이 해당된다.

82 주조에서 열점(hot spot)의 정의로 옳은 것은?

① 유로의 확대부
② 응고가 가장 더딘 부분
③ 유로 단면적이 가장 좁은 부분
④ 주조시 가장 고온이 되는 부분

| 해설 | 주조 가공에서 열점(hot spot)이란 쇳물의 응고시 응고가 잘 진행되지 않고 더딘부분을 의미한다.

83 조립형 프레임이 주조 프레임과 비교할 때 장점이 아닌 것은?

① 무게가 1/4정도 감소된다.
② 파손된 프레임의 수리가 비교적 용이하다.
③ 기계가공이나 설계 후 오차 수정이 용이하다.
④ 프레임이 복잡하거나 무게가 비교적 큰 경우에 적합하다.

| 해설 | 단순하거나 가벼운 경우에 조립형 프레임이 적당하다.

Answer ■ 78. ④ 79. ① 80. ④ 81. ④ 82. ② 83. ④

84 판재의 두께 6mm, 원통의 바깥지름 500mm인 원통의 마름질한 판뜨기의 길이(mm)는 약 얼마인가?

① 1532　　　　　　　　② 1542
③ 1552　　　　　　　　④ 1562

|해설| $\ell = \pi(500-6) = 1551.95\,mm$

85 측정기의 구조상에서 일어나는 오차로서 눈금 또는 피치의 불균일이나 마찰, 측정압 등의 변화 등에 의해 발생하는 오차는?

① 개인 오차　　　　　　② 기기 오차
③ 우연 오차　　　　　　④ 불합리 오차

|해설| ① 개인오차 : 측정자의 습관, 버릇 등에서 오는 오차
　　　② 우연오차 : 우연하게 주위환경의 변화에서 오는 오차

86 슈퍼 피니싱에 관한 내용으로 틀린 것은?

① 숫돌 길이는 일감 길이와 같은 것을 일반적으로 사용한다.
② 숫돌의 폭은 일감의 지름과 같은 정도의 것이 일반적으로 쓰인다.
③ 원통의 외면, 내면, 평면을 다듬을 수 있으므로 많은 기계 부품의 정밀 다듬질에 응용된다.
④ 접촉면적이 넓으므로 연삭작업에서 나타난 이송선, 숫돌이 떨림으로 나타난 자리는 완전히 없앨 수 없다.

87 단조를 위한 재료의 가열법 중 틀린 것은?

① 너무 과열되지 않게 한다.　　　　② 될수록 급격히 가열하여야 한다.
③ 너무 장시간 가열하지 않도록 한다.　④ 재료의 내외부를 균일하게 가열한다.

88 밀링작업에서 분할대를 사용하여 원주를 $7\frac{1}{2}°$씩 등분하는 방법으로 옳은 것은?

① 18구멍짜리에서 15구멍씩 돌린다.　② 15구멍짜리에서 18구멍씩 돌린다.
③ 36구멍짜리에서 15구멍씩 돌린다.　④ 36구멍짜리에서 18구멍씩 돌린다.

|해설| $D = \frac{x°}{9} = \frac{7.5°}{9} = \frac{15}{18}$

89 방전가공에서 가장 기본적인 회로는?

① RC 회로　　　　　　　② 고전압법 회로
③ 트랜지스터 회로　　　　④ 임펄스 발전기회로

84. ③　85. ②　86. ②　87. ②　88. ①　89. ①　■ Answer

90 금속표면에 크롬을 고온에서 확산 침투시키는 것을 크로마이징(cromizing)이라 한다. 이는 주로 어떤 성질을 향상시키기 위함인가?

① 인성 ② 내식성 ③ 전연성 ④ 내충격성

| 해설 | r은 내식성, 내열성등을 향상시킨다.

91 1자유도 진동계에서 다음 수식 중 옳은 것은?

① $\omega = 2\pi f$
② $C_{cr} = \sqrt{2mk}$
③ $\omega_n = \dfrac{k}{m}$
④ $T = \omega f$

| 해설 | ① $\omega = 2\pi f$
② $C_c = 2\sqrt{mK}$
③ $\omega_n = \sqrt{\dfrac{K}{m}}$
④ $T = \dfrac{1}{f} = \dfrac{2\pi}{\omega}$

92 직선운동을 하고 있는 한 질점의 위치가 $s = 2t^3 - 24t + 6$으로 주어졌다. 이 때 $t=0$의 초기상태로부터 126m/s의 속도가 될 때까지의 걸리는 시간은 얼마인가? (단, s는 임의의 고정으로부터의 거리이고, 단위는 m이며, 시간의 단위는 초(sec)이다.)

① 2초 ② 4초 ③ 5초 ④ 6초

| 해설 | $S = 2t^3 - 24t + 6$
$\dfrac{dS}{dt} = V = 6t^2 - 24 = 126$
$t = 5\mathrm{sec}$

93 진자형 충격시험장치에 외부 작용력 P가 작용할 때, 물체의 회전축에 있는 베어링에 반작용력이 작용하지 않기 위한 점 A는?

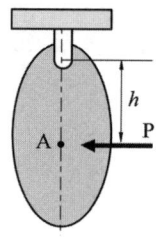

① 회전반경(radius of guration)
② 질량중심(center of mass)
③ 질량관성모멘트(mass moment of inertia)
④ 충격중심(center of percussion)

| 해설 | 충격중심(타격중심), 순간중심과 질량중심을 지나는 선과 합력의 작용선이 만나는 점

Answer ■ 90. ② 91. ① 92. ③ 93. ④

94 자동차 운전자가 정지된 차의 속도를 42km/h로 증가시켰다. 그 후 다른 차를 추월하기 위해 속도를 84km/h로 높였다. 그렇다면 42km/h에서 84km/h의 속도로 증가시킬 때 필요한 에너지는 처음 정지해 있던 차의 속도를 42km/h로 증가하는데 필요한 에너지의 몇 배인가? (단, 마찰로 인한 모든 에너지 손실은 무시한다.)

① 1배 ② 2배 ③ 3 배 ④ 4배

|해설| $\triangle T_1 = \frac{1}{2} m \times 42^2$

$\triangle T_2 = \frac{1}{2} m (84^2 - 42^2)$

$\frac{\triangle T_1}{\triangle T_2} = \frac{42^2}{(84^2 - 42^2)} = \frac{1}{3}$

$\triangle T_2 = 3 \triangle T_1$

95 다음 그림과 같은 두 개의 질량이 스프링에 연결되어 있다. 이 시스템의 고유진동수는?

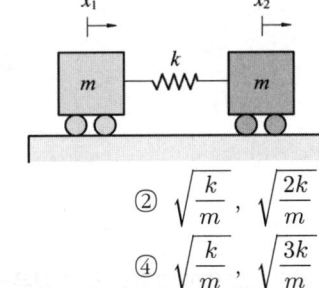

① $0, \sqrt{\frac{k}{m}}$ ② $\sqrt{\frac{k}{m}}, \sqrt{\frac{2k}{m}}$

③ $0, \sqrt{\frac{2k}{m}}$ ④ $\sqrt{\frac{k}{m}}, \sqrt{\frac{3k}{m}}$

|해설| $m\ddot{x}_1 = -K(x_1 - x_2), \ x_1 = A_1 \cos(wt)$
$m\ddot{x}_2 = -K(x_2 - x_1), \ x_2 = A_2 \cos(wt)$
$\frac{A_1}{A_2} = \frac{K}{K - mw^2} = \frac{K - mw^2}{K}$
$w^2 = \frac{2K}{m}$

96 진폭 2mm, 진동수 250Hz로 진동하고 있는 물체의 최대 속도는 몇 m/s인가?

① 1.57 ② 3.14 ③ 4.71 ④ 6.28

|해설| $w = 2\pi f = 500\pi$
$x = X \sin wt$
$\dot{x} = V = Xw \cos wt$
$V_{max} = 0.002 \times 500\pi = 3.14 \text{m/sec}$

94. ③   95. ③   96. ② ■ Answer

97 질량이 m인 쇠공을 높이 A에 떨어뜨린다. 쇠공과 바닥사이의 반발계수 e가 "0"이라면 충돌 후 쇠공이 튀어오르는 높이 B는?

① B=0
② B<A
③ B=A
④ B>A

| 해설 | $e = \dfrac{-(V_A' - V_B')}{V_A - V_B} = 0$

$V_A' = V_B' = 0$, B = 0

98 직경 600mm인 플라이휠이 z축을 중심으로 회전하고 있다. 플라이휠의 원주상의 점 P의 가속도가 그림과 같은 위치에서 "$a = -1.8i - 4.8j$"라면 이 순간 플라이휠의 각가속도는 α는 얼마인가? (단, i, j는 각각 x, y 방향의 단위벡터이다.)

① 3rad/s^2
② 4rad/s^2
③ 5rad/s^2
④ 6rad/s^2

| 해설 | $a_t = -1.8\text{m/sec}^2 = \gamma \cdot \alpha$

$\alpha = \dfrac{1.8}{0.3} = 6\,\text{rad/sec}^2$

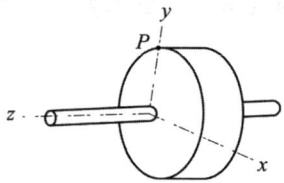

99 질량과 탄성스프링으로 이루어진 시스템이 그림과 같이 자유낙하고 평면에 도달한 후 스프링의 반력에 의해 다시 튀어 오른다. 질량 "m"의 속도가 최대가 될 때, 탄성스프링의 변형량(x)은? (단, 탄성스프링의 질량은 무시하며, 스프링상수는 k, 스프링의 바닥은 지면과 분리되지 않는다.)

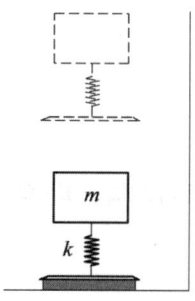

① 0
② $\dfrac{mg}{2k}$
③ $\dfrac{mg}{k}$
④ $\dfrac{2mg}{k}$

| 해설 | 평면에 도달할 때 최대속도 발생

$mg = K \cdot x$

$x = \dfrac{mg}{K}$

Answer ■ 97. ① 98. ④ 99. ③

100 질량 2000kg의 자동차가 평평한 길을 시속 90km/h로 달리다 급제동을 걸었다. 바퀴와 노면사이의 동마찰계수가 0.45일 때 자동차의 정지거리는 몇 m인가?

① 60　　　② 71　　　③ 81　　　④ 86

| 해설 |　$\Sigma F = ma = \mu mg$
$a = 4.41 \, \text{m/sec}$
$V^2 - V_0^2 = -2ax$
$x = \dfrac{V_O^2}{2a} = (\dfrac{90 \times 10^3}{3600})^2 \times \dfrac{1}{2 \times 4.41} = 70.86 \text{m}$

100. ② ■ Answer

2015 기출문제
9월 19일 시행

1과목 재료역학

1 보에 작용하는 수직전단력을 V, 단면 2차 모멘트는 I, 단면 1차 모멘트는 Q, 단면폭을 b라고 할 때 단면에 작용하는 전단응력(τ)의 크기는? (단, 단면은 직사각형이다.)

① $\tau = \dfrac{VQ}{Ib}$ ② $\tau = \dfrac{IV}{Qb}$

③ $\tau = \dfrac{Ib}{QV}$ ④ $\tau = \dfrac{Qb}{IV}$

2 그림과 같은 분포하중을 받는 단순보의 m-n단면에 생기는 전단력의 크기는 얼마인가? (단, q = 300N/m이다.)

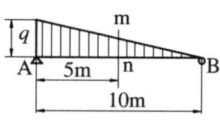

① 300N ② 250N ③ 167N ④ 125N

|해설| m-n단면의 지점으로부터 B지점까지 자유물체도를 그려 힘의 평형식을 적용시킨다.

$$\sum F = 0\;;\; R_B - \dfrac{w_x \cdot \ell}{4} - F = 0$$

$$\dfrac{q \cdot \ell}{6} = \dfrac{\left(\dfrac{q}{2}\right) \cdot \ell}{4} + F$$

$$F = \dfrac{300 \times 10}{6} - \dfrac{300 \times 10}{8} = 125\text{N}$$

3 지름이 d인 연강환봉에 인장하중 P가 주어졌다면 지름 감소량(δ)은? (단, 재료의 탄성계수는 E, 포아송비는 ν이다.)

① $\delta = \dfrac{P\nu}{\pi E d}$ ② $\delta = \dfrac{P\nu}{2\pi E d}$

③ $\delta = \dfrac{P\nu}{4\pi E d}$ ④ $\delta = \dfrac{4P\nu}{\pi E d}$

|해설| $\delta = \dfrac{d\sigma}{mE} = \dfrac{d}{m \cdot E} \times \dfrac{4P}{\pi d^2} = \dfrac{4P \cdot \nu}{\pi E d}$

Answer ■ 1. ① 2. ④ 3. ④

4 그림과 같이 축방향으로 인장하중을 받고 있는 원형 단면봉에서 θ의 각도를 가진 경사단면에 전단응력(τ)과 수직응력(σ)이 작용하고 있다. 이 때 전단응력 τ가 수직응력 σ의 $\frac{1}{2}$이 되는 경사단면의 경사각(θ)은?

① $\theta = \tan^{-1}(\frac{1}{2})$ ② $\theta = \tan^{-1}(1)$
③ $\theta = \tan^{-1}(2)$ ④ $\theta = \tan^{-1}(4)$

| 해설 | $\sigma_n = \sigma_x \cdot \cos^2\theta$, $\tau = \frac{\sigma_x}{2}\sin 2\theta$

$\tan\theta = \frac{\tau}{\sigma_n} = \frac{1}{2}$

∴ $\theta = \tan^{-1}(\frac{1}{2})$

5 그림과 같이 지름이 다른 두 부분으로 된 원형축에 비틀림 토크(T) 680N·m가 B점에 작용할 때, 최대 전단응력은 얼마인가? (단, 전단탄성계수 G = 80GPa이다.)

① 19.0MPa
② 38.1MPa
③ 50.6MPa
④ 25.3MPa

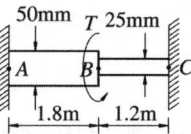

| 해설 | $T = T_{AB} + T_{BC}$

$\frac{T_{AB} \cdot \ell_1}{G \cdot \frac{\pi d_1^4}{32}} = \frac{T_{BC} \cdot \ell_2}{G \cdot \frac{\pi d_2^4}{32}}$

$T_{AB} = 621.714\text{N}$

$\tau_{AB} = \frac{T_{AB}}{Z_P} = \frac{16 \times 621.714}{\pi \times 0.05^3} \times 10^{-6} = 25.331\text{MPa}$

6 단면적이 30cm², 길이가 30cm인 강봉이 축방향으로 압축력 P = 21kN을 받고 있을 때, 그 봉속에 저장되는 변형 에너지의 값은 약 몇 N·m인가? (단, 강봉의 세로탄성계수는 210GPa이다.)

① 0.085   ② 0.105
③ 0.135   ④ 0.195

| 해설 | $U = \frac{P^2 \cdot \ell}{2E \cdot A} = \frac{(21 \times 10^3)^2 \times 0.3}{2 \times 210 \times 10^9 \times 30 \times 10^{-4}} = 0.105\text{N} \cdot \text{m}$

4. ①   5. ④   6. ② ■ Answer

7 폭이 20cm이고 높이가 30cm인 직사각형 단면을 가진 길이 50cm의 외팔보의 고정단에서 40cm되는 곳에 800N의 집중 하중을 작용시킬 때 자유단의 처짐은 약 몇 μm인가? (단, 외팔보의 세로탄성계수는 210GPa 이다.)

① 0.074
② 0.25
③ 1.48
④ 12.52

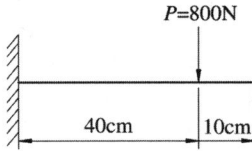

| 해설 | 면적모멘트법 적용

$$\delta = \frac{A_m}{E \cdot I} \bar{x} = \frac{P \cdot b^2}{2EI}(a + \frac{2}{3}b)$$

$$\delta = \frac{12 \times 800 \times 0.4^2}{2 \times 210 \times 10^9 \times 0.2 \times 0.3^3} \times (0.1 + \frac{2}{3} \times 0.4) = 2.4832 \times 10^{-7}\text{m} \fallingdotseq 0.25\mu\text{m}$$

8 지름 10mm인 환봉에 1kN의 전단력이 작용할 때 이 환봉에 걸리는 전단응력은 약 몇 MPa인가?

① 6.36
② 12.73
③ 24.56
④ 32.22

| 해설 | $\tau = \frac{P}{A} = \frac{4 \times 1 \times 10^3}{\pi \times 0.01^2} \times 10^{-6} = 12.74\text{MPa}$

9 지름 2cm, 길이 20cm인 연강봉이 인장하중을 받을 때 길이는 0.016cm만큼 늘어나고 지름은 0.0004cm 만큼 줄었다. 이 연강봉의 포아송 비는?

① 0.25
② 0.3
③ 0.33
④ 4

| 해설 | $\mu = \frac{\epsilon'}{\epsilon} = \frac{\delta' \cdot \ell}{d \cdot \delta} = \frac{0.0004 \times 20}{2 \times 0.016} = 0.25$

10 반원 부재에 그림과 같이 $0.5R$ 지점에 하중 P가 작용할 때 지지점 B에서의 반력은?

① $\frac{P}{4}$
② $\frac{P}{2}$
③ $\frac{3P}{4}$
④ P

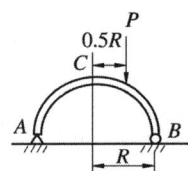

| 해설 | $\sigma M_A = 0 ; R_B \cdot (2R) - \frac{3P \cdot R}{2} = 0$

$\therefore R_B = \frac{3P}{4}$

Answer ■ 7. ② 8. ② 9. ① 10. ③

11 그림과 같이 지름과 재질이 다른 3개의 원통을 끼워 조합된 구조물을 만들어 강판 사이에 P의 압축하중을 작용시키면 ①번 림의 재료에 발생되는 응력(σ_1)은? (단, E_1, E_2, E_3와 A_1, A_2, A_3는 각각 ①, ②, ③번의 세로탄성계수와 단면적이다.)

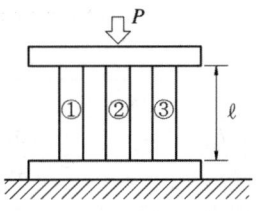

① $\sigma = \dfrac{PA_1}{A_1E_1 + A_2E_2 + A_3E_3}$ 　　② $\sigma = \dfrac{P\ell}{A_1E_1 + A_2E_2 + A_3E_3}$

③ $\sigma = \dfrac{PE_1}{A_1E_1 + A_2E_2 + A_3E_3}$ 　　④ $\sigma = \dfrac{PE_2}{A_1E_2 + A_2E_3 + A_3E_1}$

| 해설 |　$W_1 + W_2 + W_3 = P$

$\delta_1 = \delta_2 = \delta_3 = \delta$

$E = \dfrac{\delta}{\ell} = \dfrac{\sigma_1}{E_1} = \dfrac{\sigma_2}{E_2} = \dfrac{\sigma_3}{E_3}$

$\dfrac{\sigma_1}{E_1} = \dfrac{P - W_1 - W_3}{E_2 \cdot A_2} = \dfrac{P}{A_2E_2} - \dfrac{W_1}{A_2E_2} - \dfrac{W_3}{A_2E_2}$

$\dfrac{\sigma_1}{E_1} = \dfrac{P}{E_2 \cdot A_2} - \dfrac{A_1 W_1}{A_1 \cdot E_2 \cdot A_2} - \dfrac{E_3 \cdot A_3 \cdot \sigma_1}{E_2 \cdot E_1 \cdot A_2}$

$\dfrac{\sigma_1}{E_1} + \dfrac{A_1 \cdot \sigma_1}{E_2 \cdot A_2} + \dfrac{A_3 \cdot E_3 \cdot \sigma_1}{E_1 \cdot E_2 \cdot A_2} = \dfrac{P}{E_2}$

$\dfrac{(A_2E_2 + A_1E_1 + A_3E_3) \cdot \sigma_1}{E_1 \cdot E_2} = \dfrac{P}{E_2}$

$\therefore \sigma_1 = \dfrac{P \cdot E_1}{A_1E_1 + A_2E_2 + A_3E_3}$

12 사각단면의 폭이 10cm이고 높이가 8cm이며, 길이가 2m인 장주의 양 끝이 회전형으로 고정되어 있다. 이 장주의 좌굴하중은 약 몇 kN인가? (단, 장주의 세로탄성계수는 10GPa이다.)

① 67.45　　② 106.28　　③ 186.88　　④ 257.64

| 해설 |　$P_{cr} = \dfrac{n\pi^2 E \cdot I}{\ell^2} = \dfrac{1 \times \pi^2 \times 10 \times 10^6 \times 0.1 \times 0.08^3}{2^2 \times 12} = 105.28\text{kN}$

13 원통형 코일스프링에서 코일 반지름 R, 소선의 지름 d, 전단탄성계수 G라고 하면 코일 스프링 한 권에 대해서 하중 P가 작용할 때 비틀림 각도 ϕ를 나타내는 식은?

① $\dfrac{32PR}{Gd^2}$　　② $\dfrac{32PR^2}{Gd^2}$　　③ $\dfrac{64PR}{Gd^4}$　　④ $\dfrac{64PR^2}{Gd^4}$

| 해설 |　$\theta = \phi = \dfrac{\delta}{R} = \dfrac{64 \cdot n \cdot P \cdot R^3}{G \cdot d^4 \cdot R}$

$n = 1$

$\phi = \dfrac{64 \cdot P \cdot R^2}{Gd^4}$

11. ③　12. ②　13. ④　■ Answer

14 그림과 같은 균일단면을 갖는 부정정보가 단순지지단에서 모멘트 M_o를 받는다. 단순지지단에서의 반력 R_a는? (단, 굽힘강성 *EI*는 일정하고, 자중은 무시한다.)

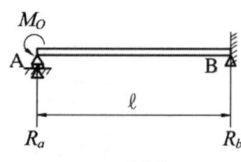

① $\dfrac{3M_o}{4\ell}$ ② $\dfrac{3M_o}{2\ell}$ ③ $\dfrac{2M_o}{3\ell}$ ④ $\dfrac{4M_o}{3\ell}$

| 해설 | 부정정보 문제 : 2개의 외팔보의 합으로 가정

$$\delta_{A'} = \frac{R_a \cdot \ell^3}{3E \cdot I} \uparrow$$

$$\delta_{A'} = \frac{M_o \cdot \ell^2}{2E \cdot I} \downarrow$$

$$\delta_A = 0, \ \delta_{A'} = \delta_{A'}$$

$$\frac{R_a \cdot \ell^3}{3EI} = \frac{M_o \cdot \ell^2}{2EI}, \ R_a = \frac{3M_o}{2\ell}$$

15 그림과 같은 외팔보가 균일분포하중 w를 받고 있을 때 자유단의 처짐 δ는 얼마인가? (단, 보의 굽힘 강성 *EI*는 일정하고, 자중은 무시한다.)

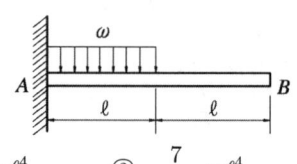

① $\dfrac{3}{24EI}w\ell^4$ ② $\dfrac{5}{24EI}w\ell^4$ ③ $\dfrac{7}{24EI}w\ell^4$ ④ $\dfrac{9}{24EI}w\ell^4$

| 해설 | 면적모멘트 적용

$$\delta = \frac{A_m}{E \cdot I} \cdot \overline{x} = \frac{\frac{w \cdot \ell^2}{2} \times \ell}{3EI} \times (\ell + \frac{3}{4}\ell) = \frac{7w\ell^4}{24EI}$$

16 그림과 같은 보에 C에서 D까지 균일분포하중 w가 작용하고 있을 때, A점에서의 반력 R_A 및 B점에서의 반력 R_B는?

① $R_A = \dfrac{w\ell}{2}, R_B = \dfrac{w\ell}{2}$ ② $R_A = \dfrac{w\ell}{4}, R_B = \dfrac{3w\ell}{4}$

③ $R_A = 0, R_B = w\ell$ ④ $R_A = -\dfrac{w\ell}{4}, R_B = \dfrac{5w\ell}{4}$

Answer ■ 14. ②   15. ③   16. ③

|해설| $\sum M_B = 0$, $R_A \cdot \ell - \dfrac{w\ell^2}{8} + \dfrac{w\ell^2}{8} = 0$

$\therefore R_A = 0$, $R_B = w \cdot \ell$

17 보에서 원형과 정사각형의 단면적이 같을 때, 단면계수의 비 Z_1/Z_2는 약 얼마인가? (단, 여기에서 Z_1은 원형 단면의 단면계수, Z_2는 정사각형 단면의 단면계수이다.)

① 0.531
② 0.846
③ 1.258
④ 1.182

|해설| $Z_1 = \dfrac{\pi d^3}{32}$, $Z_2 = \dfrac{a^3}{6} = A_2 \cdot \dfrac{a}{6}$

$Z_1 = A_1 \cdot \dfrac{d}{8}$, $\dfrac{\pi d^2}{4} = a^2$, $a = \dfrac{\sqrt{\pi} \cdot d}{2}$

$\dfrac{Z_1}{Z_2} = \dfrac{d \times 6}{8 \times a} = \dfrac{6}{4\sqrt{\pi}} = 0.846$

18 직사각형[$b \times h$] 단면을 가진 보의 곡률($\dfrac{1}{\rho}$)에 관한 설명으로 옳은 것은?

① 폭(b)의 2승에 반비례 한다.
② 폭(b)의 3승에 반비례 한다.
③ 높이(h)의 2승에 반비례 한다.
④ 높이(h)의 3승에 반비례 한다.

|해설| $\dfrac{E}{\rho} = \dfrac{12 \cdot M}{bh^3}$

19 균일 분포하중 $w = 200$N/m가 작용하는 단순지지보의 최대 굽힘응력은 몇 MPa인가? (단, 보의 길이는 2m이고 폭×높이 = 3cm×4cm인 사각형 단면이다.)

① 12.5
② 25.0
③ 14.9
④ 17.0

|해설| $\sigma_b = \dfrac{6 \times w \cdot \ell^2}{b \cdot h^2 \times 8} = \dfrac{6 \times 200 \times 2^2}{8 \times 0.03 \times 0.04^2} \times 10^{-6} = 12.5$MPa

20 원형 단면축이 비틀림을 받을 때, 그 속에 저장되는 탄성 변형에너지 U는 얼마인가? (단, T : 토크, L : 길이, G : 가로탄성계수, I_P : 극관성모멘트, I : 관성모멘트, E : 세로탄성계수)

① $U = \dfrac{T^2 L}{2GI}$
② $U = \dfrac{T^2 L}{2EI}$
③ $U = \dfrac{T^2 L}{2EI_P}$
④ $U = \dfrac{T^2 L}{2GI_P}$

|해설| $U = \dfrac{\tau^2}{4G} \cdot A \cdot L = \dfrac{T}{2} \cdot \theta = \dfrac{1}{2} T \cdot \dfrac{T \cdot L}{G \cdot I_P} = \dfrac{T^2 \cdot L}{2GI_P}$

17. ② 18. ④ 19. ① 20. ④ ■ Answer

2과목 기계열역학

21 이상기체의 엔탈피가 변하지 않는 과정은?

① 가역단열과정 ② 비가역단열과정
③ 교축과정 ④ 정적과정

|해설| 교축과정(줄-톰슨과정) : 좁은 통로를 실제기체가 자유팽창할 때, 등엔탈피 상태로 압력강하, 온도강하가 일어나는 현상이다. 이상기체의 경우 줄-톰슨 계수는 0이다.

22 어느 이상기체 1kg을 일정 체적 하에 20℃로부터 100℃로 가열하는 데 836kJ의 열량이 소요되었다. 이 가스의 분자량이 2라고 한다면 정압비열은?

① 약 2.09kJ/kg℃ ② 약 6.27kJ/kg℃
③ 약 10.5kJ/kg℃ ④ 약 14.6kJ/kg℃

|해설| $_1Q_2 = m \cdot C_V \cdot (T_2 - T_1)$

$C_V = \dfrac{836}{1 \times (100-20)} = 10.45 \text{kJ/kg℃}$

$R = \dfrac{8.314}{M} = \dfrac{8.314}{2} = 4.157 \text{kJ/kg K}$

$C_V = \dfrac{R}{k-1}$, $k ≒ 1.4$

$C_P = k \cdot C_V = 1.4 \times 10.45 = 14.63 \text{kJ/kg℃}$

23 증기터빈으로 질량 유량 1kg/s, 엔탈피 h_1= 3500kJ/kg의 수증기가 들어온다. 중간 단에서 h_2= 3100 kJ/kg의 수증기가 추출되며 나머지는 계속 팽창하여 h_3= 2500kJ/kg 상태로 출구에서 나온다면, 중간 단에서 추출되는 수증기의 질량 유량은? 단, 열손실은 없으며, 위치 에너지 및 운동에너지의 변화가 없고, 총 터빈 출력은 900kW이다.)

① 0.167kg/s ② 0.323kg/s
③ 0.714kg/s ④ 0.886kg/s

|해설| $w_T = (h_1 - h_2) + (1-m)(h_2 - h_3)$
$900 = (3500 - 3100) + (1-m)(3100 - 2500)$
$m = 0.167 \text{kg/sec}$

24 열역학 제2법칙에 대한 설명 중 틀린 것은?

① 효율이 100%인 열기관은 얻을 수 없다.
② 제2종의 영구기관은 작동 물질의 종류에 따라 가능하다.
③ 열은 스스로 저온의 물질에서 고온의 물질로 이동하지 않는다.
④ 열기관에서 작동 물질이 일을 하게 하려면 그보다 더 저온인 물질이 필요하다.

|해설| 제2종 영구기관은 열역학 제2법칙을 위배하는 열기관으로 불가능한 기관이다.

Answer ■ 21. ③ 22. ④ 23. ① 24. ②

25 튼튼한 용기 안에 100kPa, 30℃의 공기가 5kg 들어있다. 이 공기를 가열하여 온도를 150℃로 높였다. 이 과정 동안에 공기에 가해준 열량을 구하면? (단, 공기의 정적 비열 및 정압 비열은 각각 0.717kJ/kg·K와 1.004kJ/kg·K이다.)

① 86.0kJ ② 120.5kJ ③ 430.2kJ ④ 602.4kJ

| 해설 | $Q = m \cdot C_V \cdot (T_2 - T_1) = 5 \times 0.717 \times (150-30) = 430.2\,kJ$

26 이상기체의 등온 과정에서 압력이 증가하면 엔탈피는?

① 증가 또는 감소 ② 증가 ③ 불변 ④ 감소

| 해설 | $T = const$ (일정)
$\Delta h = C_P \Delta t = 0$, h = 일정

27 절대온도가 T_1, T_2인 두 물체 사이에 열량 Q가 전달될 때 이 두 물체가 이루는 계의 엔트로피 변화는? (단, $T_1 > T_2$이다.)

① $\dfrac{T_1 - T_2}{QT_1}$ ② $\dfrac{T_1 - T_2}{QT_2}$

③ $\dfrac{Q}{T_1} - \dfrac{Q}{T_2}$ ④ $\dfrac{Q}{T_2} - \dfrac{Q}{T_1}$

| 해설 | $\Delta S = S_2 - S_1 = \dfrac{Q}{T_2} - \dfrac{Q}{T_1}$
($\oint ds = \int ds_1 + \int ds_2$; $\oint \dfrac{\delta Q}{T} = \int \dfrac{\delta Q}{T_1} + \int \dfrac{\delta Q}{T_2}$)

28 시스템의 경계 안에 비가역성이 존재하지 않는 내적 가역과정을 온도-엔트로피 선도 상에 표시하였을 때, 이 과정 아래의 면적은 무엇을 나타내는가?

① 일량 ② 내부에너지 변화량
③ 열전달량 ④ 엔탈피 변화량

| 해설 | ① P-V 선도는 유효일의 크기
② T-S 선도는 열량의 크기

29 정압비열이 0.931kJ/kg·K이고, 정적비열이 0.666kJ/kg·K인 이상기체를 압력 400kPa, 온도 20℃로서 0.25kg을 담은 용기의 체적은 약 몇 m^3인가?

① 0.0213 ② 0.0265
③ 0.0381 ④ 0.0485

| 해설 | $PV = mRT = m(C_P - C_V)T$
$400 \times 10^3 \times V = 0.25 \times (0.931 - 0.666) \times 10^3 \times (20 + 273)$
$V = 0.0485\,m^3$

25. ③ 26. ③ 27. ④ 28. ③ 29. ④ ■ Answer

30 기체의 초기압력이 20kPa, 초기체적이 0.1m³인 상태에서부터 "PV = 일정"인 과정으로 체적이 0.3m³로 변했을 때의 일량은 약 얼마인가?

① 2200J
② 4000J
③ 2200kJ
④ 4000kJ

| 해설 | $n = 1$, 등온 변화

$$W = P_1 \cdot V_1 \cdot \ell_n\left(\frac{V_2}{V_1}\right) = 20 \times 10^3 \times 0.1 \times \ell_n\left(\frac{0.3}{0.1}\right) = 2197.22\text{J}$$

31 분자량이 28.5인 이상기체가 압력 200kPa, 온도 100℃ 상태에 있을 때 비체적은?
(단, 일반기체상수 = 8.314kJ/kmol · K이다.)

① 0.146kg/m³
② 0.545kg/m³
③ 0.146m³/kg
④ 0.545m³/kg

| 해설 | $Pv = \frac{\overline{R}}{M}T$

$200 \times v = \frac{8.314}{28.5} \times (100 + 273)$

$v = 0.544\text{m}^3/\text{kg}$

32 고온 측이 20℃, 저온 측이 −15℃인 Carnot 열펌프의 성능계수(COP$_H$)를 구하면?

① 8.38
② 7.38
③ 6.58
④ 4.28

| 해설 | $\text{COP}_H = \frac{(20 + 273)}{20 - (-15)} = 8.37$

33 밀폐 단열된 방에 다음 두 경우에 대하여 가정용 냉장고를 가동시키고 방안의 평균온도를 관찰한 결과 가장 합당한 것은?

| a) 냉장고의 문을 열었을 경우 |
| b) 냉장고의 문을 닫았을 경우 |

① a), b) 경우 모두 방안의 평균온도는 감소한다.
② a), b) 경우 모두 방안의 평균온도는 상승한다.
③ a), b) 경우 모두 방안의 평균온도는 변하지 않는다.
④ a)의 경우는 방안의 평균온도는 변하지 않고, b)의 경우는 상승한다.

| 해설 | 냉장고 문을 열었을 경우나 냉장고 문을 닫았을 경우, 열역학 제1법칙과 열역학 제2법칙에 의하여 밀폐 단열된 방의 온도는 상승하게 될 것이다.

Answer ■ 30. ① 31. ④ 32. ① 33. ②

34 피스톤-실린더 장치 안에 300kPa, 100℃의 이산화탄소 2kg이 들어있다. 이 가스를 $PV^{1.2}$ = constant인 관계를 만족하도록 피스톤 위에 추를 더해가며 온도가 200℃가 될 때까지 압축하였다. 이 과정 동안의 열전달량은 약 몇 kJ인가? (단, 이산화탄소의 정적비열(C_v) = 0.653kJ/kg·K이고, 정압비열(C_p) = 0.842 kJ/kg·K이며, 각각 일정하다.)

① -189 ② -58 ③ -20 ④ 130

| 해설 | $_1Q_2 = m \cdot C_n \cdot (T_2 - T_1) = m \cdot C_V \cdot \dfrac{n-k}{n-1}(T_2 - T_1)$

$k = \dfrac{C_P}{C_V} = \dfrac{0.842}{0.653} \fallingdotseq 1.2894$

$_1Q_2 = 2 \times 0.653 \times \dfrac{1.2 - 1.2894}{1.2 - 1} \times (200 - 100) = -58.38 \text{ kJ}$

35 이상 냉동기의 작동을 위해 두 열원이 있다. 고열원이 100℃이고, 저열원이 50℃이라면 성능계수는?

① 1.00 ② 2.00 ③ 4.25 ④ 6.46

| 해설 | $\epsilon_R = \dfrac{50 + 273}{100 - 50} = 6.46$

36 -10℃와 30℃ 사이에서 작동되는 냉동기의 최대성능계수로 적합한 것은?

① 8.8 ② 6.6 ③ 3.3 ④ 2.8

| 해설 | $\epsilon_R = \dfrac{-10 + 273}{30 - (-10)} = 6.575$

37 이상기체의 폴리트로프(polytrope) 변화에 대한 식이 $PV^n = C$ 라고 할 때 다음의 변화에 대하여 표현이 틀린 것은?

① n = 0일 때는 정압변화를 한다.
② n = 1일 때는 등온변화를 한다.
③ n = ∞일 때는 정적변화를 한다.
④ n = k일 때는 등온 및 정압변화를 한다. (단, k = 비열비이다.)

| 해설 | PV^n = 일정
$n = k$이면 단열변화이다.

38 실제 가스터빈 사이클에서 최고온도가 630℃이고, 터빈효율이 80%이다. 손실 없이 단열팽창한다고 가정했을 때의 온도가 290℃라면 실제 터빈 출구에서의 온도는? (단, 가스의 비열은 일정하다고 가정한다.)

① 348℃ ② 358℃
③ 368℃ ④ 378℃

| 해설 | $\eta_T = \dfrac{T_i - T_o'}{T_i - T_o}$

$0.8 = \dfrac{630 - T_o'}{630 - 290}$, $T_o' = 358℃$

34. ② 35. ④ 36. ② 37. ④ 38. ② ■ Answer

39 밀폐용기에 비내부에너지가 200kJ/kg인 기체 0.5kg이 있다. 이 기체를 용량이 500W인 전기 가열기로 2분 동안 가열한다면 최종상태에서 기체의 내부에너지는? (단, 열량은 기체로만 전달된다고 한다.)

① 20kJ ② 100kJ
③ 120kJ ④ 160kJ

| 해설 | $0.5 \times (U_2 - 200) = 500 \times 10^{-3} \times 2 \times 60$
$u_2 = 320 \text{kJ/kg}$
$U_2 = 0.5 \times 320 = 160 \text{kJ}$

40 클라우지우스(Clausius)의 부등식이 옳은 것은? (단, T는 절대온도, Q는 열량을 표시한다.)

① $\oint \delta Q \leq 0$ ② $\oint \delta Q \geq 0$
③ $\oint \dfrac{\delta Q}{T} \leq 0$ ④ $\oint \dfrac{\delta Q}{T} \geq 0$

3과목 기계유체역학

41 물의 높이 8cm와 비중 2.94인 액주계 유체의 높이 6cm를 합한 압력은 수은주(비중 13.6) 높이의 약 몇 cm에 상당하는가?

① 1.03 ② 1.89
③ 2.24 ④ 3.06

| 해설 | $P = 9800 \times 0.08 + 2.94 \times 9800 \times 0.06 = 2512.72 \text{Pa} = 1.885 \text{cmHg}$

42 선운동량의 차원으로 옳은 것은? (단, M : 질량, L : 길이, T : 시간이다.)

① MLT ② $ML^{-1}T$
③ MLT^{-1} ④ MLT^{-2}

| 해설 | $m \cdot V(\text{kg} \cdot \text{m/sec})$
∴ $MLT^{-1} = F \cdot T$

43 비중이 0.65인 물체를 물에 띄우면 전체 체적의 몇 %가 물속에 잠기는가?

① 12 ② 35
③ 42 ④ 65

| 해설 | $F_B = \gamma_\text{유} \cdot V_\text{잠.체} = \gamma \cdot V$
$\dfrac{V_\text{잠체}}{V} = \dfrac{0.65 \times 9800}{9800} = 65\%$

Answer ■ 39. ④ 40. ③ 41. ② 42. ③ 43. ④

44 2m×2m×2m의 정육면체로 된 탱크 안에 비중이 0.8인 기름이 가득 차 있고, 위 뚜껑이 없을 때 탱크의 옆 한면에 작용하는 전체 압력에 의한 힘은 약 몇 kN 인가?

① 1.6
② 15.7
③ 31.4
④ 62.8

| 해설 | $F = 0.8 \times 9800 \times 1 \times (2 \times 2) \times 10^{-3} = 31.36 \, \text{kN}$

45 그림과 같이 노즐이 달린 수평관에서 압력계 읽음이 0.49MPa이었다. 이 관의 안지름이 6cm이고 관의 끝에 달린 노즐의 출구 지름이 2cm라면 노즐 출구에서 물의 분출속도는 약 몇 m/s 인가? (단, 노즐에서의 손실은 무시하고, 관마찰계수는 0.025로 한다.)

① 16.8
② 20.4
③ 25.5
④ 28.4

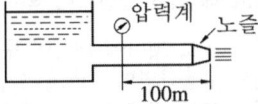

| 해설 | $6^2 \times V = 2^2 \times V_n$, $V = 0.11 V_n$

$$\frac{P}{\gamma} + \frac{V^2}{2g} = \frac{V_n^2}{2g} + f \cdot \frac{\ell}{d} \cdot \frac{V^2}{2g}$$

$$\frac{0.49 \times 10^6}{9800} = (1 + 0.025 \times \frac{100}{0.06} \times 0.11^2 - 0.11^2) \times \frac{V_n^2}{2 \times 9.8}$$

∴ $V_n = 25.63$ m/sec

46 다음 $\triangle P, L, Q, \rho$ 변수들을 이용하여 만든 무차원수로 옳은 것은? (단, $\triangle P$: 압력차, ρ : 밀도, L : 길이, Q : 유량)

① $\dfrac{\rho \cdot Q}{\triangle P \cdot L^2}$
② $\dfrac{\rho \cdot L}{\triangle P \cdot Q^2}$
③ $\dfrac{\triangle P \cdot L \cdot Q}{\rho}$
④ $\dfrac{Q}{L^2} \sqrt{\dfrac{\rho}{\triangle P}}$

| 해설 | $\pi = \triangle P^\alpha \cdot L^\beta \cdot \rho^\gamma \cdot Q = (ML^{-1}T^{-2})^\alpha \cdot L^\beta \cdot (ML^{-3})^\gamma \cdot (L^3 \cdot T^{-1}) = M^{\alpha+\gamma} \cdot L^{-\alpha+\beta-3\gamma+3} \cdot T^{-2\alpha-1}$

$\alpha + \gamma = 0$, $-\alpha + \beta - 3\gamma + 3 = 0$, $-2\alpha - 1 = 0$

$\alpha = -\dfrac{1}{2}$, $\gamma = \dfrac{1}{2}$, $\beta = -2$

∴ $\pi = \dfrac{Q}{L^2} \cdot \sqrt{\dfrac{\rho}{\triangle P}}$

44. ③ 45. ③ 46. ④ ■ Answer

47 그림과 같은 원통 주위의 포텐셜 유동이 있다. 원통 표면상에서 상류 유속과 동일한 유속이 나타나는 위치 (θ)는?

① 0°
② 30°
③ 45°
④ 90°

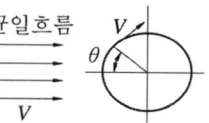

|해설| 원주표면 접선속도
$V_t = 2U_\infty \cdot \sin\theta$
$\theta = 30°, \ V_t = U_\infty$

48 다음 중 유선(stream line)에 대한 설명으로 옳은 것은?

① 유체의 흐름에 있어서 속도 벡터에 대하여 수직한 방향을 갖는 선이다.
② 유체의 흐름에 있어서 유동단면의 중심을 연결한 선이다.
③ 유체의 흐름에 있어서 모든 점에서 접선 방향이 속도 벡터의 방향을 갖는 연속적인 선이다.
④ 비정상류 흐름에서만 유동의 특성을 보여주는 선이다.

49 비중 0.8의 알콜이 든 U자관 압력계가 있다. 이 압력계의 한 끝은 피토관의 전압부에 다른 끝은 정압부에 연결하여 피토관으로 기류의 속도를 재려고 한다. U자관의 읽음의 차가 78.8mm, 대기압력이 1.0266×10^5 Pa abs, 온도 21℃일 때 기류의 속도는? (단, 기체상수 $R = 287$N·m/kg·K이다.)

① 38.8m/s ② 27.5m/s
③ 43.5m/s ④ 31.8m/s

|해설| $\rho = \dfrac{P}{RT} = \dfrac{1.0266 \times 10^5}{287 \times (21+273)} = 1.2167$

$V = \sqrt{2gh\left(\dfrac{\rho_s}{\rho} - 1\right)} = \sqrt{2 \times 9.8 \times 0.0788 \times \left(\dfrac{0.8 \times 1000}{1.2167} - 1\right)} = 31.84$ m/sec

50 안지름이 50mm인 180° 곡관(bend)을 통하여 물이 5m/s의 속도와 0의 계기압력으로 흐르고 있다. 물이 곡관에 작용하는 힘은 약 몇 N인가?

① 0 ② 24.5
③ 49.1 ④ 98.2

|해설| $F = \rho A V^2(1-\cos\theta) = 2 \times 1000 \times \dfrac{\pi \times 0.05^2}{4} \times 5^2 = 98.17$N

Answer ■ 47. ② 48. ③ 49. ④ 50. ④

51 한 변이 30cm인 윗면이 개방된 정육면체 용기에 물을 가득 채우고 일정 가속도(9.8m/s²)로 수평으로 끌 때 용기 밑면의 좌측끝단(A 부분)에서의 게이지 압력은?

① 1470N/m²
② 2079N/m²
③ 2940N/m²
④ 4158N/m²

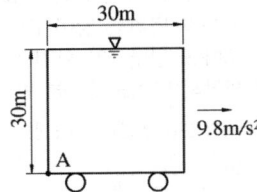

| 해설 | $P_A = 9800 \times 0.3 = 2940\,\text{N/m}^2$

52 지름 5cm인 원관 내 완전발달 층류유동에서 벽면에 걸리는 전단응력이 4Pa이라면 중심축과 거리가 1cm인 곳에서의 전단응력은 몇 Pa인가?

① 0.8
② 1
③ 1.6
④ 2

| 해설 | $\tau = -\dfrac{\gamma}{2} \cdot \dfrac{dP}{d\ell}$ $\dfrac{dP}{d\ell} = \dfrac{2 \times 4}{2.5} = \dfrac{2 \times \tau}{1}$
$\tau = 1.6\,\text{Pa}$

53 익폭 10m, 익현의 길이 1.8m인 날개로 된 비행기가 112m/s의 속도로 날고 있다. 익현의 받음각이 1°, 양력계수 0.326, 항력계수 0.0761일 때 비행에 필요한 동력은 약 몇 kW인가? (단, 공기의 밀도는 1.2173kg/m³ 이다.)

① 1172
② 1343
③ 1570
④ 6730

| 해설 | $L = C_D \cdot A \cdot \dfrac{\rho V^2}{2} \times V = 0.0761 \times (10 \times 1.8) \times \dfrac{1.2173 \times 112^3}{2} \times 10^{-3} = 1171.33\,\text{kW}$

54 수력 기울기선과 에너지 기울기선에 관한 설명 중 틀린 것은?

① 수력 기울기선의 변화는 총 에너지의 변화를 나타낸다.
② 수력 기울기선은 에너지 기울기선의 크기보다 작거나 같다.
③ 정압은 수력 기울기선과 에너지 기울기선에 모두 영향을 미친다.
④ 관의 진행방향으로 유속이 일정한 경우 부차적 손실에 의한 수력 기울기선과 에너지 기울기선의 변화는 같다.

| 해설 | $H \cdot G \cdot L = \dfrac{P}{r} + Z$
$E \cdot L = H \cdot G \cdot L + \dfrac{V^2}{2g}$

51. ③   52. ③   53. ①   54. ①   ■ Answer

55 파이프 내 유동에 대한 설명 중 틀린 것은?

① 층류인 경우 파이프 내에 주입된 염료는 관을 따라 하나의 선을 이룬다.
② 레이놀즈 수가 특정 범위를 넘어가면 유체 내의 불규칙한 혼합이 증가한다.
③ 입구 길이란 파이프 입구부터 완전 발달된 유동이 시작하는 위치까지의 거리이다.
④ 유동이 완전 발달되면 속도분포는 반지름 방향으로 균일(uniform)하다.

|해설| 수평 원관 속의 층류 흐름($y = r$ 방향)
$$U(y) = -\frac{(r_o^2 - r^2)}{4\mu} \cdot \frac{dP}{d\ell}$$

56 다음 중 질량보존의 법칙과 가장 관련이 깊은 방정식은 어느 것인가?

① 연속 방정식   ② 상태 방정식
③ 운동량 방정식   ④ 에너지 방정식

|해설| 연속방정식 : 유체 유동에 질량보존법칙을 적용시켜 얻은 식

57 평판을 지나는 경계층 유동에서 속도 분포를 경계층 내에서는 $u = U\frac{y}{\delta}$, 경계층 밖에서는 $u = U$로 가정할 때, 경계층 운동량 두께(boundary layer momentum thickness)는 경계층 두께 δ의 몇 배인가? (단, U = 자유흐름 속도, y = 평판으로부터의 수직거리)

① 1/6   ② 1/3
③ 1/2   ④ 7/6

|해설| $\delta_m = \frac{1}{\rho U^2}\int_0^\delta \rho U(U-u)dy$

$u = U \cdot \frac{y}{\delta}$ 대입

$\delta_m = \int_0^\delta \frac{y}{\delta}(1 - \frac{y}{\delta})dy = (\frac{y^2}{2\delta} - \frac{y^3}{3\delta^2})$

$\therefore \delta_m = \frac{1}{6}\delta$

58 간격이 10mm인 평행 평판 사이에 점성계수가 14.2poise 인 기름이 가득 차있다. 아래쪽 판을 고정하고 위의 평판을 2.5m/s인 속도로 움직일 때, 평판 면에 발생되는 전단응력은?

① 316N/cm²   ② 316N/m²
③ 355N/m²   ④ 355N/cm²

|해설| $\tau = 14.2 \times 10^{-1} \times \frac{2.5}{0.01} = 355$ N/m²

Answer ■ 55. ④ 56. ① 57. ① 58. ③

59 어뢰의 성능을 시험하기 위해 모형을 만들어서 수조 안에서 24.4m/s의 속도로 끌면서 실험하고 있다. 원형(prototype)의 속도가 6.1m/s라면 모형과 원형의 크기 비는 얼마인가?

① 1 : 2
② 1 : 4
③ 1 : 8
④ 1 : 10

| 해설 | $(R_e)_P = (R_e)_m$
$(\frac{6.1 \times L}{\nu})_P = (\frac{24.4 \times L}{\nu})_m$
$L_P = 4L_m$, $L_m : L_P = 1 : 4$

60 $\frac{P}{\gamma} + \frac{v^2}{2g} + z = Const$로 표시되는 Bernoulli의 방정식에서 우변의 상수값에 대한 설명으로 가장 옳은 것은?

① 지면에서 동일한 높이에서는 같은 값을 가진다.
② 유체 흐름의 단면상의 모든 점에서 같은 값을 가진다.
③ 유체 내의 모든 점에서 같은 값을 가진다.
④ 동일 유선에 대해서는 같은 값을 가진다.

| 해설 | 베르누이 방정식은 오일러 운동방정식을 유선에 따라 적용시켜 적분하여 얻은 식이다.

4과목 기계재료 및 유압기기

61 탄소강의 기계적 성질에 대한 설명으로 틀린 것은?

① 아공석강의 인장강도, 항복점은 탄소함유량의 증가에 따라 증가한다.
② 인장강도는 공석강이 최고이고, 연신율 및 단면수축률은 탄소량과 더불어 감소한다.
③ 온도가 증가함에 따라 인장강도, 경도, 항복점은 항상 저하한다.
④ 재료의 온도가 300℃ 부근으로 되면 충격치는 최소치를 나타낸다.

| 해설 | 탄소강은 온도가 증가함에 따라 인장강도가 증가하다가 200~300℃ 사이를 지나 감소하게 된다. 연신율은 그 반대 경향을 보인다.

62 구상흑연 주철에서 흑연을 구상으로 만드는 데 사용하는 원소는?

① Cu
② Mg
③ Ni
④ Ti

| 해설 | 흑연을 구상화시키기 위해 첨가시키는 원소로는 Mg, Ca, Ce 등이 있다.

59. ② 60. ④ 61. ③ 62. ② ■ Answer

63 다음 중 강의 상온 취성을 일으키는 원소는?

① P ② Si
③ S ④ Cu

| 해설 | ① 상온 취성을 일으키는 원소는 인(P)이다.
② 황(S)은 적열취성의 원인이다.

64 담금질한 강의 여린 성질을 개선하는 데 쓰이는 열처리법은?

① 뜨임처리 ② 불림처리
③ 풀림처리 ④ 침탄처리

| 해설 | ① 담금질 : 강도·경도 증가
② 뜨임 : 인성증가
③ 풀림 : 재료의 연성 증가
④ 불림 : 재료의 균일화, 미세화, 표준화

65 고속도강에 대한 설명으로 틀린 것은?

① 고온 및 마모저항이 크고 보통강에 비하여 고온에서 3~4배의 강도를 갖는다.
② 600℃ 이상에서도 경도 저하 없이 고속절삭이 가능하며 고온경도가 크다.
③ 18-4-1형을 주조한 것은 오스테타이트와 마텐자이트 기지에 망상을 한 오스테나이트와 복합탄화물의 혼합조직이다.
④ 열전달이 좋아 담금질을 위한 예열이 필요없이 가열을 하여도 좋다.

| 해설 | 고속도강은 담금질과 뜨임의 열처리가 요구된다. 1250℃에서 담금질, 550~600℃에서 뜨임한다.

66 다음 중 가공성이 가장 우수한 결정격자는?

① 면심입방격자 ② 체심입방격자
③ 정방격자 ④ 조밀육방격자

| 해설 | ① 면신입방격자 : 전연성이 양호하여 가공성이 좋다.
② 체심입방격자 : 전연성이 적고 강하다.
③ 조밀육방격자 : 가공성이 불량하다.

67 고강도 합금으로 항공기용 재료에 사용되는 것은?

① 베릴륨 동 ② 알루미늄 청동
③ Naval brass ④ Extra Super Duralumin(ESD)

| 해설 | ① 베릴륨 청동 : 시효경화성이 있고, 내식성, 내피로성도 우수하다.
② 알루미늄 청동 : 기계적 성질, 내식성, 내열성, 내마멸성 등이 우수하다.
③ 네이벌 황동(naval vrass) : 인장강도, 내해수성이 양호하여 선박용 갑판에 사용된다.

Answer ■ 63. ① 64. ① 65. ④ 66. ① 67. ④

68 고체 내에서 온도변화에 따라 일어나는 동소변태는?

① 첨가원소가 일정량 초과할 때 일어나는 변태
② 단일한 고상에서 2개의 고상이 석출되는 변태
③ 단일한 액상에서 2개의 고상이 석출되는 변태
④ 한 결정구조가 다른 결정구조로 변하는 변태

| 해설 | 동소변태 : 온도 변화에 따라 금속의 결정구조가 변화하는 현상으로 격자변태라고도 한다.

69 오스테나이트형 스테인리스강의 대표적인 강종은?

① S80　　　　　　　② V2B
③ 18-8형　　　　　　④ 17-10P

| 해설 | 스테인리스강의 종류
　　　① 13Cr 스테인리스강 : 페라이트계와 마텐자이트계가 있다.
　　　② 18Cr-8Ni 스테인리스강 : 오스테나이트계가 있다.

70 합금주철에서 특수합금 원소의 영향을 설명한 것으로 틀린 것은?

① Ni은 흑연화를 방지한다.
② Ti은 강한 탈산제이다.
③ V은 강한 흑연화 방지 원소이다.
④ Cr은 흑연화를 방지하고 탄화물을 안정화한다.

| 해설 | Ni : 흑연화 촉진

71 작동 순서의 규제를 위해 사용되는 밸브는?

① 안전 밸브　　　　② 릴리프 밸브
③ 감압 밸브　　　　④ 시퀀스 밸브

| 해설 | ① 릴리프 밸브 : 유압펌프 토출 쪽에서 파이프의 설계 압력 이상으로 압력 상승시 파이프를 보호하기 위한 압력제어밸브이다.
　　　② 감압밸브 : 펌프 출구쪽 1차 압력보다 작동기쪽 2차 압력을 낮추기 위한 압력제어밸브이다.

68. ④　69. ③　70. ①　71. ④　■ Answer

72 그림과 같은 무부하 회로의 명칭은 무엇인가?

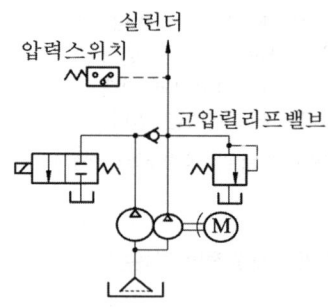

① 전환밸브에 의한 무부하 회로
② 파일럿 조작 릴리프 밸브에 의한 무부하 회로
③ 압력 스위치와 솔레노이드밸브에 의한 무부하 회로
④ 압력 보상 가변 용량형 펌프에 의한 무부하 회로

| 해설 | 2way 2포트 솔레노이드 방향 제어밸브에 의하여 고압릴리프 밸브에 의해 설정한 압력이상 상승하게 되었을 때 유압유를 유압탱크로 되돌릴 수 있도록 한 유압회로이다.

73 유압 펌프에서 토출되는 최대 유량이 100L/min일 때 펌프 흡입측의 배관 안지름으로 가장 적합한 것은? (단, 펌프 흡입측 유속은 0.6m/s이다.)

① 60mm
② 65mm
③ 73mm
④ 84mm

| 해설 | $V = \dfrac{100 \times 10^{-3} \times 4}{60 \times \pi \times d^2} = 0.6$
$d = 59.47\text{mm}$

74 크래킹 압력(cracking pressure)에 관한 설명으로 가장 적합한 것은?

① 파일럿 관로에 작용시키는 압력
② 압력 제어 밸브 등에서 조절되는 압력
③ 체크 밸브, 릴리프 밸브 등에서 압력이 상승하고 밸브가 열리기 시작하여 어느 일정한 흐름의 양이 인정되는 압력
④ 체크 밸브, 릴리프 밸브 등의 입구쪽 압력이 강하하고, 밸브가 닫히기 시작하여 밸브의 누설량이 어느 규정의 양까지 감소했을 때의 압력

75 주로 펌프의 흡입구에 설치되어 유압작동유의 이물질을 제거하는 용도로 사용하는 기기는?

① 배플(baffle)
② 블래더(bladder)
③ 스트레이너(strainer)
④ 드레인 플러그(drain plug)

Answer ■ 72. ③ 73. ① 74. ③ 75. ③

76 밸브의 전환 도중에서 과도적으로 생긴 밸브 포트간의 흐름을 의미하는 유압 용어는?

① 인터플로(interflow)
② 자유 흐름(free flow)
③ 제어 흐름(controlled flow)
④ 아음속 흐름(subsonic flow)

77 그림의 유압회로는 시퀀스 밸브를 이용한 시퀀스 회로이다. 그림의 상태에서 2위치 4포트 밸브를 조작하여 두 실린더를 작동시킨 후 2위치 4포트 밸브를 반대방향으로 조작하여 두 실린더를 다시 작동시켰을 때 두 실린더의 작동순서(ⓐ~ⓓ)로 올바른 것은? (단, ⓐ, ⓑ는 A 실린더의 운동방향이고, ⓒ, ⓓ는 B 실린더의 운동방향이다.)

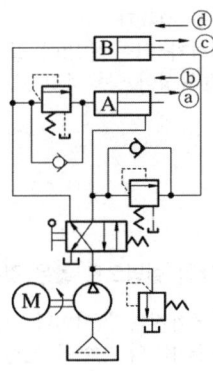

① ⓐ → ⓓ → ⓑ → ⓒ
② ⓒ → ⓐ → ⓑ → ⓓ
③ ⓓ → ⓑ → ⓒ → ⓐ
④ ⓓ → ⓐ → ⓒ → ⓑ

| **해설** | 그림 상태의 2위치 4포트 밸브를 유지하면 B 실린더로 유입유가 흘러들어가 ⓒ 방향으로 움직이고 난 후 A실린더 앞쪽 제어 밸브가 열려 ⓐ 방향으로 이동하게 된다. 방향제어 밸브를 전환시켜 놓으면 이번에는 먼저 A실린더를 유입유가 흘러들어가 ⓑ 방향으로 움직인 후 B 실린더의 ⓓ 방향으로 작동이 이루어진다.

78 피스톤 펌프의 일반적인 특징에 관한 설명으로 옳은 것은?

① 누설이 많아 체적 효율이 나쁜 편이다.
② 부품수가 적고 구조가 간단한 편이다.
③ 가변 용량형 펌프로 제작이 불가능하다.
④ 피스톤의 배열에 따라 사축식과 사판식으로 나눈다.

| **해설** | 피스톤 펌프의 특징
① 유압펌프 중 체적효율이 가장 좋다.
② 구조가 복잡하고 유지관리에 어려움이 있다.
③ 가변용량형 펌프로 사용하기에 가장 적합하다.
④ 축류형과 반경류형으로 분류되며 축류형의 경우 사축식과 사판식이 있다.

76. ①   77. ②   78. ④ ■ **Answer**

79 다음 중 유압기기의 장점이 아닌 것은?

① 정확한 위치 제어가 가능하다.　　② 온도 변화에 대해 안정적이다.
③ 유압 에너지원을 축적할 수 있다.　④ 힘과 속도를 무단으로 조절할 수 있다.

|해설| 유압유는 온도 변화에 민감하다.
　　　 온도가 증가하면 점성이 감소하여 윤활과 실링에 어려움이 발생한다.

80 기어 펌프나 피스톤 펌프와 비교하여 베인 펌프의 특징을 설명한 것으로 옳지 않은 것은?

① 토출 압력의 맥동이 적다.
② 일반적으로 저속으로 사용하는 경우가 많다.
③ 베인의 마모로 인한 압력 저하가 적어 수명이 길다.
④ 카트리지 방식으로 인하여 호환성이 양호하고 보수가 용이하다.

5과목 기계제작법 및 기계동력학

81 큐폴라(cupola)의 유효 높이에 대한 설명으로 옳은 것은?

① 유효높이는 송풍구에서 장입구까지의 높이이다.
② 유효높이는 출탕구에서 송풍구까지의 높이를 말한다.
③ 출탕구에서 굴뚝 끝까지의 높이를 직경으로 나눈 값이다.
④ 열효율이 높아지므로, 유효높이는 가급적 낮추는 것이 바람직하다.

|해설| 큐폴라(Cupolar) : 주철용해로로 노의 구조가 간단하고 설비비가 적게 들며 열효율이 높다. 유효높이는 송풍구에서 장입구까지의 높이이다.

82 주형 내에 코어가 설치되어 있는 경우 주형에 필요한 압상력(F)을 구하는 식으로 옳은 것은? (단, 투영면적은 S, 주입금속의 비중량은 P, 주물의 윗면에서 주입구 면까지의 높이는 H, 코어의 체적은 V이다.)

① $F = (S \cdot P \cdot H + \frac{1}{2} V \cdot P)$　　② $F = (S \cdot P \cdot H - \frac{1}{2} V \cdot P)$
③ $F = (S \cdot P \cdot H + \frac{3}{4} V \cdot P)$　　④ $F = (S \cdot P \cdot H - \frac{3}{4} V \cdot P)$

|해설| 압상력
　　① $F = S \cdot P \cdot H$
　　② $F = S \cdot P \cdot H + \frac{3}{4} V \cdot P$, 코어를 사용한 경우

Answer ■ 79. ②　80. ②　81. ①　82. ③

83 CNC 공작기계에서 서보기구의 형식 중 모터에 내장된 타코 제너레이터에서 속도를 검출하고 엔코더에서 위치를 검출하여 피드백 하는 제어방식은?

① 개방회로 방식
② 폐쇄회로 방식
③ 반폐쇄회로 방식
④ 하이브리드 방식

| 해설 | 서브 모터에서 속도검출과 위치검출이 이루어지는 방식은 반폐쇄회로 방식이다. 제너레이터는 속도 검출, 엔코더는 위치 검출기이다.

84 피복 아크 용접봉의 피복제(flux)의 역할로 틀린 것은?

① 아크를 안정시킨다.
② 모재 표면에 산화물을 제거한다.
③ 용착금속의 탈산 정련작용을 한다.
④ 용착금속의 냉각속도를 빠르게 한다.

| 해설 | 피복제의 역할
① 용융금속을 보호
② 아크의 안정성
③ 용착금속의 탈산 정련작용과 응고와 냉각속도를 줄인다.
④ 용착효율을 향상
⑤ 적당한 점성의 슬래그를 형성

85 가스침탄법에서 침탄층의 깊이를 증가시킬 수 있는 첨가원소는?

① Si
② Mn
③ Al
④ N

| 해설 | ① 침탄법 : 연한 강철의 표면에 탄소를 침투시켜 표면을 고탄소강으로 만드는 방법
② 질화법 : 질소를 침투시켜 표면을 경화시키는 방법
③ 청화법 : 탄소와 질소를 동시에 침투시켜 표면을 경화시키는 방법

86 두께 2mm, 지름이 30mm인 구멍을 탄소강판에 펀칭할 때, 프레스의 슬라이드 평균속도 4m/min, 기계효율 $\eta = 70\%$이며 소요동력(PS)은 약 얼마인가? (단, 강판의 전단 저항은 25kgf/mm², 보정계수는 1로 한다.)

① 3.2
② 6.0
③ 8.2
④ 10.6

| 해설 | $L_S = \dfrac{L}{\eta} = \dfrac{25 \times \pi \times 2 \times 30 \times 4}{75 \times 60 \times 0.7} ≒ 6.0\text{PS}$

83. ③ 84. ④ 85. ② 86. ② ■ Answer

87 전해연마의 특징에 대한 설명으로 틀린 것은?

① 가공 변질층이 없다.
② 내부식성이 좋아진다.
③ 가공면에 방향성이 생긴다.
④ 복잡한 형상을 가진 공작물의 연마도 가능하다.

|해설| 전해연마 : 전기화학적인 방법으로 가공물 표면을 거울면처럼 광택을 내는 작업이다.

88 절삭가공할 때 유동형 칩이 발생하는 조건으로 틀린 것은?

① 절삭깊이가 적을 때
② 절삭속도가 느릴 때
③ 바이트 인선의 경사각이 클 때
④ 연성의 재료(구리, 알루미늄 등)를 가공할 때

|해설| 유동형 칩(연속형 칩) : 연한 재료를 고속으로 절삭 깊이를 적게 하여 가공하면 끊어지지 않고 이어져 나오는 칩의 형태이다.

89 소성가공에 속하지 않는 것은?

① 압연가공
② 인발가공
③ 단조가공
④ 선반가공

|해설| 소성가공의 종류 : 단조, 압연, 압출, 인발, 전조, 프레스가공 등이 있다.

90 스핀들과 앤빌의 측정면이 뾰족한 마이크로미터로서 드릴의 웨브(web), 나사의 골지름 측정에 주로 사용되는 마이크로미터는?

① 깊이 마이크로미터
② 내측 마이크로미터
③ 포인트 마이크로미터
④ V-앤빌 마이크로미터

91 자동차 A는 시속 60km로 달리고 있으며, 자동차 B는 A의 바로 앞에서 같은 방향으로 시속 80km로 달리고 있다. 자동차 A에 타고 있는 사람이 본 자동차 B의 속도는?

① 20km/h
② 60km/h
③ -20km/h
④ -60km/h

|해설| $V_{B/A} = V_B - V_A = 80 - 60 = 20 \text{km/h}$

Answer ■ 87. ③ 88. ② 89. ④ 90. ③ 91. ①

92 100kg의 균일한 원통(반지름 2m)이 그림과 같이 수평면 위를 미끄럼없이 구른다. 이 원통에 연결된 스프링의 탄성계수의 450N/m, 초기 변위 $x(0) = 0$m이며, 초기속도는 $\dot{x}(0) = 2$m/s일 때 변위 $x(t)$를 시간의 함수로 옳게 표현한 것은? (단, 스프링은 시작점에서는 늘어나지 않은 상태로 있다고 가정한다.)

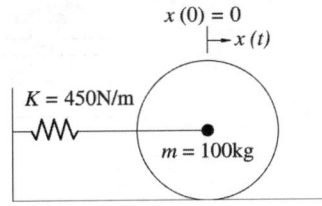

① $1.15\cos(\sqrt{3}\,t)$ ② $1.15\sin(\sqrt{3}\,t)$
③ $3.46\cos(\sqrt{2}\,t)$ ④ $3.46\sin(\sqrt{2}\,t)$

| 해설 |
$$\frac{d}{dt}\left(\frac{1}{2}m\dot{x}^2 + \frac{1}{2}\cdot\frac{mr^2}{2}\cdot\frac{\dot{x}^2}{r^2} + \frac{1}{2}kx^2\right) = 0$$
$$\frac{1}{2}m(2\dot{x}\ddot{x}) + \frac{1}{4}m(2\dot{x}\ddot{x}) + \frac{1}{2}k(2x\dot{x}) = 0$$
$$\frac{3}{4}m\ddot{x} + \frac{k}{2}x = 0$$
$$\ddot{x} + \frac{4k}{6m}x = 0$$
$$w = \sqrt{\frac{4\times 450}{6\times 100}} = \sqrt{3}$$
$$x = X\sin wt$$
$$\dot{x} = V = X\cdot w\cos wt$$
$$t=0, \dot{x} = V = X\cdot w = 2$$
$$X = 1.15\text{m}$$
$$\therefore x = 1.15\sin(\sqrt{3}\,t)$$

93 1자유도계에서 질량을 m, 감쇠계수를 c, 스프링상수를 k라 할 때, 임펄스 응답이 그림과 같기 위한 조건은?

① $c > 2\sqrt{mk}$
② $c > 2mk$
③ $c < 4mk$
④ $c < 2\sqrt{mk}$

| 해설 | 임계감쇠(critical damping)
$$C_C = 2\sqrt{mk} = 2mw_n$$
그림과 같은 진폭 변화는 경감감쇠이다.
$$\zeta = \frac{C}{C_C} < 1,\ C < C_C$$

94 전동기를 이용하여 무게 9800N의 물체를 속도 0.3m/s로 끌어올리려 한다. 장치의 기계적 효율을 80%로 하면 최소 몇 kW의 동력이 필요한가?

① 3.2 ② 3.7 ③ 4.9 ④ 6.2

| 해설 | $L = \dfrac{9800\times 0.3\times 10^{-3}}{0.8} = 3.7$kW

92. ② 93. ④ 94. ② ■ Answer

95 길이 ℓ의 가는 막대가 O점에 고정되어 회전한다. 수평위치에서 막대를 놓아 수직위치에 왔을 때, 막대의 각속도는 얼마인가? (단, g는 중력가속도이다.)

① $\sqrt{\dfrac{7\ell}{24g}}$
② $\sqrt{\dfrac{24g}{7\ell}}$
③ $\sqrt{\dfrac{9\ell}{32g}}$
④ $\sqrt{\dfrac{32g}{9\ell}}$

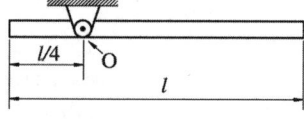

| 해설 | $\sum M_o = J \cdot \alpha$

$-mg \cdot \dfrac{\ell}{4} = (\dfrac{m\ell^2}{12} + \dfrac{m\ell^2}{16})\alpha$

$\alpha = \dfrac{12g}{7\ell}$

$w^2 - w_o^2 = 2\alpha \cdot \theta$

$w^2 = \dfrac{24g}{7\ell}\theta$

$w = \sqrt{\dfrac{24g}{7\ell}\theta}$, $\theta = \dfrac{\pi}{2}$, $\sin 90° = 1$

$\therefore w = \sqrt{\dfrac{24g}{7\ell}}$

96 12000N의 차량이 20m/s의 속도로 평지를 달리고 있다. 자동차의 제동력이 6000N이라고 할 때, 정지하는 데 걸리는 시간은?

① 4.1초
② 6.8초
③ 8.2초
④ 10.5초

| 해설 | $\sum F = ma$

$a = \dfrac{9.8 \times 6000}{12000} = 4.9 \text{m/sec}^2$

$V = V_0 + at$

$t = \dfrac{20}{4.9} = 4.08 \text{sec}$

97 고정축에 대하여 등속회전운동을 하는 강체 내부에 두 점 A, B가 있다. 축으로부터 점 A까지의 거리는 축으로부터 점 B까지 거리의 3배이다. 점 A의 선속도는 점 B의 선속도의 몇 배인가?

① 같다
② 1/3배
③ 3배
④ 9배

| 해설 | $V = r \cdot w$

$\omega_A = \omega_B = \dfrac{V_A}{r_A} = \dfrac{V_B}{r_B}$

$r_A = 3r_B$, $V_A = 3V_B$

Answer ■ 95. ② 96. ① 97. ③

98 무게 10kN의 해머(hammer)를 10m의 높이에서 자유 낙하시켜서 무게 300N의 말뚝을 50cm 박았다. 충돌한 직후에 해머와 말뚝은 일체가 된다고 볼 때 충돌 직후의 속도는 몇 m/s인가?

① 50.4   ② 20.4
③ 13.6   ④ 6.7

| 해설 | $V^2 - V_0^2 = 2gh$
$v = \sqrt{2 \times 9.8 \times (10 - 0.5)} = 13.646 \, \text{m/sec}$

99 다음 중 감쇠 형태의 종류가 아닌 것은?

① hysteretic damping   ② Coulomb damping
③ viscous damping   ④ critical damping

| 해설 | 감쇠의 종류
① 점성감쇠(viscous damping)
② 쿨롱감쇠(Coulomb damping)
③ 고체감쇠(hysteretic damping)

100 스프링 정수 2.4N/cm인 스프링 4개가 병렬로 어떤 물체를 지지하고 있다. 스프링의 변위가 1cm라면 지지된 물체의 무게는 몇 N인가?

① 7.6   ② 9.6
③ 18.2   ④ 20.4

| 해설 | $W = k_e \cdot x = 4 \times 2.4 \times 1 = 9.6 \text{N}$

98. ③   99. ④   100. ② ■ **Answer**

2016 기출문제 3월 6일 시행

1과목 재료역학

1 그림과 같이 최대 q_o인 삼각형 분포하중을 받는 버팀 외팔보에서 B지점의 반력 R_B를 구하면?

① $\dfrac{q_oL}{4}$

② $\dfrac{q_oL}{6}$

③ $\dfrac{q_oL}{8}$

④ $\dfrac{q_oL}{10}$

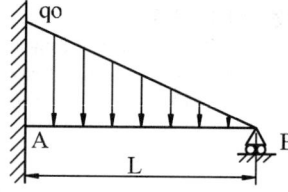

| 해설 | 일단고정·타단지지보이므로 외팔보의 합으로 변형하여 B점의 처짐을 구하여 계산한다.

$$\delta_B = 0, \quad \frac{q_o \cdot \ell^4}{30EI} = \frac{R_B \cdot \ell^3}{3E \cdot I}$$

$$R_B = \frac{q_o \cdot \ell}{10}$$

2 그림과 같은 장주(long column)에 하중 P_{cr}을 가했더니 오른쪽 그림과 같이 좌굴이 일어났다. 이 때 오일러 좌굴응력 σ_{cr}은? (단, 세로탄성계수는 E, 기둥 단면의 회전반경(radius of gyration)은 r, 길이는 L이다.)

① $\dfrac{\pi^2 Er^2}{4L^2}$

② $\dfrac{\pi^2 Er^2}{L^2}$

③ $\dfrac{\pi Er^2}{4L^2}$

④ $\dfrac{\pi Er^2}{L^2}$

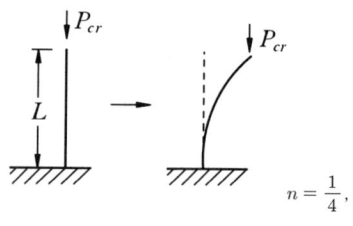

| 해설 | $P_{cr} = \dfrac{n\pi^2 E \cdot I}{\ell^2} = \dfrac{\pi^2 E \cdot (Ar^2)}{4 \cdot \ell^2}$

$I = A \cdot r^2$

$\sigma_{cr} = \dfrac{P_{cr}}{A} = \dfrac{\pi^2 \cdot E \cdot r^2}{4\ell^2}$

$n = \dfrac{1}{4}$,

Answer ■ 1. ④ 2. ①

3 다음과 같은 평면응력상태에서 최대전단응력은 약 몇 MPa인가?

x 방향 인장응력 : 175MPa	y 방향 인장응력 : 35MPa
xy 방향 전단응력 : 60MPa	

① 38 ② 53 ③ 92 ④ 108

| 해설 | $\tau_{max} = \sqrt{\left(\dfrac{\sigma_x - \sigma_y}{2}\right)^2 + \tau_{xy}^2} = \sqrt{\left(\dfrac{175-35}{2}\right)^2 + 60^2} = 92.2$MPa

4 반지름이 r인 원형 단면의 단순보에 전단력 F가 가해졌다면, 이 때 단순보에 발생하는 최대전단응력은?

① $\dfrac{2F}{3\pi r^2}$ ② $\dfrac{3F}{2\pi r^2}$ ③ $\dfrac{4F}{3\pi r^2}$ ④ $\dfrac{5F}{3\pi r^2}$

| 해설 | $\tau_{max} = \dfrac{4}{3}\tau_{mean} = \dfrac{4}{3} \cdot \dfrac{F}{A} = \dfrac{4F}{3\pi r^2}$

5 바깥지름이 46mm인 속이 빈 축이 120kW의 동력을 전달하는데 이 때의 각속도는 40rev/s이다. 이 축의 허용비틀림응력이 80MPa일 때, 안지름은 약 몇 mm 이하이어야 하는가?

① 29.8 ② 41.8 ③ 36.8 ④ 48.8

| 해설 | $T = \tau_a \cdot \dfrac{\pi d_2^3}{16}(1-x^4) = 974 \times 9.8 \times \dfrac{H_{kW}}{N}$

$80 \times 10^6 \times \dfrac{\pi \times 0.046^3}{16} \times (1-x^4) = 974 \times 9.8 \times \dfrac{120}{60 \times 40}$

$x = 0.91$
$d_1 = x \cdot d_2 = 0.91 \times 46 = 41.86$mm

6 지름 d인 원형단면으로부터 절취하여 단면 2차 모멘트가 I가 가장 크도록 사각형 단면[폭(b)×높이(h)]을 만들 때 단면 2차 모멘트를 사각형 폭(b)에 관한 식으로 옳게 나타낸 것은?

① $\dfrac{\sqrt{3}}{4}b^4$ ② $\dfrac{\sqrt{3}}{4}b^3$

③ $\dfrac{4}{\sqrt{3}}b^3$ ④ $\dfrac{4}{\sqrt{3}}b^4$

| 해설 | $I = \dfrac{bh^3}{12} = \dfrac{h^3}{12}(d^2 - h^2)^{\frac{1}{2}}$

$\dfrac{dI}{dh} = \dfrac{3h^2}{12}(d^2-h^2)^{\frac{1}{2}} - \dfrac{h^3}{12} \times \dfrac{(d^2-h^2)^{-\frac{1}{2}} \cdot 2h}{2} = 0$

$d^2 = \dfrac{4}{3}h^2 = b^2 + h^2, \ h^2 = 3b^2$

$I = \dfrac{bh^3}{12} = \dfrac{\sqrt{3}}{4}b^4$

3. ③ 4. ③ 5. ② 6. ① ■ Answer

7 그림과 같은 외팔보가 하중을 받고 있다. 고정단에 발생하는 최대굽힘 모멘트는 몇 N·m인가?

① 250
② 500
③ 750
④ 1000

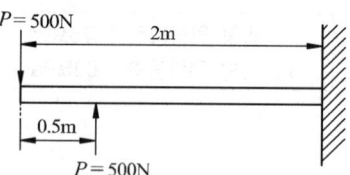

| 해설 | $M_{max} = 500 \times 2 - 500 \times 1.5 = 250 \, \text{N} \cdot \text{m}$

8 재료시험에서 연강재료의 세로탄성계수가 210GPa로 나타났을 때 포아송 비(ν)가 0.303이면 이 재료의 전단탄성계수는 G는 몇 GPa인가?

① 8.05   ② 10.51
③ 35.21 ④ 80.58

| 해설 | $G = \dfrac{E}{2(1+\nu)} = \dfrac{210}{2 \times (1+0.303)} = 80.58 \, \text{GPa}$

9 그림과 같이 강봉에서 A, B가 고정되어 있고 25℃에서 내부응력은 0인 상태이다. 온도가 -40℃로 내려갔을 때 AC 부분에서 발생하는 응력은 약 몇 MPa인가? (단, 그림에서 A_1은 AC 부분에서의 단면적이고 A_2는 BC 부분에서의 단면적이다. 그리고 강봉의 탄성계수는 200GPa이고, 열팽창계수는 12×10⁻⁶/℃이다.)

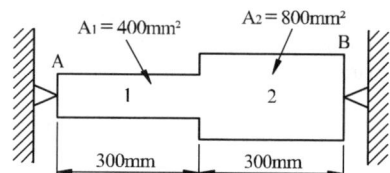

① 416   ② 350
③ 208   ④ 154

| 해설 | $P = \sigma_1 \cdot A_1 = \sigma_2 \cdot A_2$

$\delta = \ell \cdot \alpha \cdot \Delta t = \dfrac{\sigma_1}{E}\left(\ell_1 + \dfrac{A_1}{A_2}\ell_2\right)$

$0.6 \times 12 \times 10^{-6} \times (-40-25) = \dfrac{\sigma_1}{200 \times 10^9}\left(0.3 + \dfrac{400 \times 0.3}{800}\right)$

$\sigma_1 = 208 \, \text{MPa}$(인장응력)

10 그림과 같은 트러스 구조물의 AC, BC부재가 핀 C에서 수직하중 $P=1000N$의 하중을 받고 있을 때 AC부재의 인장력은 약 몇 N인가?

① 141
② 707
③ 1414
④ 1732

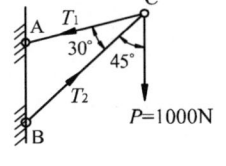

| 해설 |

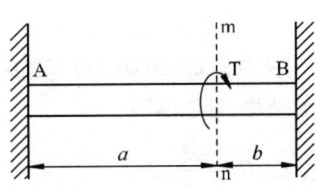

$$\frac{1000}{\sin 150°} = \frac{T_1}{\sin 135°}$$
$$T_{AC} = T_1 = 1414.21 N$$

11 보의 길이 ℓ에 등분포하중 w를 받는 직사각형 단순보의 최대 처짐량에 대하여 옳게 설명한 것은? (단, 보의 자중은 무시한다.)

① 보의 폭에 정비례한다.
② ℓ의 3승에 정비례한다.
③ 보의 높이의 2승에 반비례한다.
④ 세로탄성계수에 반비례한다.

| 해설 | $\delta = \dfrac{5w\ell^4}{384E \cdot I} = \dfrac{5w \cdot \ell^4}{32E \cdot b \cdot h^3}$

12 양단이 고정된 축을 그림과 같이 $m-n$ 단면에서 T만큼 비틀면 고정단 AB에서 생기는 저항 비틀림 모멘트의 비 T_A/T_B는?

① $\dfrac{b^2}{a^2}$
② $\dfrac{b}{a}$
③ $\dfrac{a}{b}$
④ $\dfrac{a^2}{b^2}$

| 해설 | $T_A = \dfrac{T \cdot b}{\ell}$, $T_B = \dfrac{T \cdot a}{\ell}$

$\dfrac{T_A}{T_B} = \dfrac{b}{a}$

10. ③ 11. ④ 12. ② ■ Answer

13 그림과 같은 원형 단면봉에 하중 P가 작용할 때 이 봉의 신장량은? (단, 봉의 단면적은 A, 길이는 L, 세로 탄성계수는 E이고, 자중 W를 고려해야 한다.)

① $\dfrac{PL}{AE} + \dfrac{WL}{2AE}$

② $\dfrac{2PL}{AE} + \dfrac{2WL}{AE}$

③ $\dfrac{PL}{2AE} + \dfrac{WL}{AE}$

④ $\dfrac{PL}{AE} + \dfrac{WL}{AE}$

| 해설 | $\delta = \delta_{\text{자중}} + \delta_{\text{인장}} = \dfrac{r \cdot \ell^2}{2E} + \dfrac{P \cdot \ell}{AE}$

$\therefore \delta = \dfrac{W \cdot \ell}{2AE} + \dfrac{P \cdot \ell}{AE}$

14 직사각형 단면(폭×높이)이 4cm×8cm이고 길이 1m의 외팔보의 전 길이에 6kN/m의 등분포하중이 작용할 때 보의 최대 처짐각은? (단, 탄성계수 E=210GPa이고 보의 자중은 무시한다.)

① 0.0028rad ② 0.0028°
③ 0.0008rad ④ 0.0008°

| 해설 |  $\theta = \dfrac{w \cdot \ell^3}{6EI} = \dfrac{6 \times 10^3 \times 1^3}{6 \times 210 \times 10^9 \times \dfrac{0.04 \times 0.08^3}{12}} = 2.79 \times 10^{-3} = 0.00279 \, \text{rad}$

15 다음 중 수직응력(normal stress)을 발생시키지 않는 것은?
① 인장력 ② 압축력
③ 비틀림 모멘트 ④ 굽힘 모멘트

16 그림과 같은 일단 고정 타단지지 보에 등분포하중 ω가 작용하고 있다. 이 경우 반력 R_A와 R_B는? (단, 보의 굽힘강성 EI는 일정하다.)

① $R_A = \dfrac{4}{7}\omega L, \ R_B = \dfrac{3}{7}\omega L$

② $R_A = \dfrac{3}{7}\omega L, \ R_B = \dfrac{4}{7}\omega L$

③ $R_A = \dfrac{5}{8}\omega L, \ R_B = \dfrac{3}{8}\omega L$

④ $R_A = \dfrac{3}{8}\omega L, \ R_B = \dfrac{5}{8}\omega L$

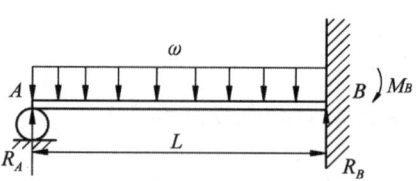

Answer ■ 13. ① 14. ① 15. ③ 16. ④

17 그림과 같은 블록의 한쪽 모서리에 수직력 10kN이 가해질 경우, 그림에서 위치한 A점에서의 수직응력 분포는 약 몇 kPa인가?

① 25
② 30
③ 35
④ 40

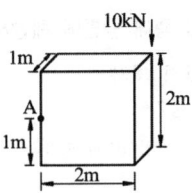

| 해설 | ① 압축응력 $\sigma_c = \dfrac{10}{1 \times 2} = 5\,\text{kPa}$

② 인장응력 $\sigma_x = \dfrac{6 \times 10 \times 1}{2 \times 1^2} = 30\,\text{kPa}$

$\sigma_z = \dfrac{6 \times 10 \times 2}{1 \times 2^2} = 30\,\text{kPa}$

$\sigma_t = 30\,\text{kPa}$

③ $\therefore \sigma = \sigma_t - \sigma_c = 30 - 5 = 25\,\text{kPa}$

18 길이가 3.14m인 원형 단면의 축 지름이 40mm일 때 이 축이 비틀림 모멘트 100N·m를 받는다면 비틀림각은? (단, 전단 탄성계수는 80GPa이다.)

① 0.156° ② 0.251°
③ 0.895° ④ 0.625°

| 해설 | $\theta = \dfrac{T \cdot L}{G \cdot I_P} = \dfrac{32 \cdot T \cdot \ell}{G \cdot \pi \cdot d^4} = \dfrac{32 \times 100 \times 3.14}{80 \times 10^9 \times \pi \times 0.04^4} \times \dfrac{180}{\pi} = 0.895°$

19 단면의 치수가 $b \times h$ = 6cm×3cm인 강철보가 그림과 같이 하중을 받고 있다. 보에 작용하는 최대 굽힘응력은 약 몇 N/cm²인가?

① 278
② 556
③ 1111
④ 2222

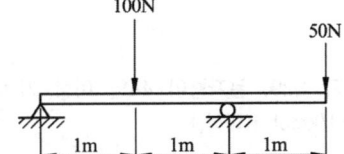

| 해설 | $\sigma_{bmax} = \dfrac{M}{Z} = \dfrac{6 \cdot R \cdot \dfrac{\ell}{2}}{b \cdot h^2} = \dfrac{6 \times 50 \times 1 \times 10^{-4}}{0.06 \times 0.03^2} = 555.56\,\text{N/cm}^2$

20 힘에 의한 재료의 변형이 그 힘의 제거(除去)와 동시에 원형(原形)으로 복귀하는 재료의 성질은?

① 소성(plasticity)   ② 탄성(elasticity)
③ 연성(ductility)   ④ 취성(brittleness)

17. ① 18. ③ 19. ② 20. ② ■ Answer

2과목 기계열역학

21 랭킨 사이클의 열효율 증대 방법에 해당하지 않는 것은?

① 복수기(응축기) 압력 저하　　② 보일러 압력 증가
③ 터빈의 질량유량 증가　　　　④ 보일러에서 증기를 고온으로 과열

| 해설 | 질량유량의 증가는 입력량과 출력량이 동일한 것으로 보아야 하므로 효율에 영향을 주지는 못한다.

22 질량이 m이고 비체적이 v인 구(sphere)의 반지름이 R이면, 질량이 4m이고, 비체적이 $2v$인 구의 반지름은?

① $2R$　　　　　　　　② $\sqrt{2}\,R$
③ $\sqrt[3]{2}\,R$　　　　　　④ $\sqrt[3]{4}\,R$

| 해설 | $V = m \cdot v = \frac{\pi}{6}(2R)^3$
$V' = 4m \times 2v = 8mv$
$V' = \frac{\pi}{6}D^3 = 8 \times \frac{\pi}{6}(2R^3)$, $D = 4R$
$\frac{D}{2} = 2R$

23 내부에너지가 40kJ, 절대압력이 200kPa, 체적이 0.1m³, 절대온도가 300K인 계의 엔탈피는 약 몇 kJ인가?

① 42　　② 60　　③ 80　　④ 240

| 해설 | $H = U + P \cdot V = 40 + 200 \times 0.1 = 60\,\mathrm{kJ}$

24 비열비가 1.29, 분자량이 44인 이상 기체의 정압비열은 약 몇 kJ/kg·K인가? (단, 일반기체상수는 8.314kJ/kmol·K이다.)

① 0.51　　　　　　　　② 0.69
③ 0.84　　　　　　　　④ 0.91

| 해설 | $C_p = \frac{k \cdot R}{k-1} = \frac{k}{k-1} \cdot \frac{\overline{R}}{M} = \frac{1.29}{0.29} \times \frac{8.314}{44} = 0.84\,\mathrm{kJ/kg \cdot K}$

25 기체가 열량 80kJ을 흡수하여 외부에 대하여 20kJ의 일을 하였다면 내부에너지 변화는 몇 kJ인가?

① 20　　　　　　　　② 60
③ 80　　　　　　　　④ 100

| 해설 | $\triangle U = {_1}Q_2 - {_1}W_2 = 80 - 20 = 60\,\mathrm{kJ}$

Answer ■ 21. ③　22. ①　23. ②　24. ③　25. ②

26 다음 중 폐쇄계의 정의를 올바르게 설명한 것은?

① 동작물질 및 일과 열이 그 경계를 통과하지 아니하는 특정 공간
② 동작물질은 계의 경계를 통과할 수 없으나 열과 일은 경계를 통과할 수 있는 특정 공간
③ 동작물질은 계의 경계를 통과할 수 있으나 열과 일은 경계를 통과할 수 없는 특정 공간
④ 동작물질 및 일과 열이 모두 그 경계를 통과할 수 있는 특정 공간

| 해설 | 폐쇄계는 밀폐계를 의미

27 실린더 내부에 기체가 채워져 있고 실린더에는 피스톤이 끼워져 있다. 초기 압력50kPa, 초기 체적 0.05m^{3}인 기체를 버너로 $PV^{1.4}$=constant가 되도록 가열하여 기체 체적이 0.2m^{3}이 되었다면, 이 과정 동안 시스템이 한 일은?

① 1.33kJ ② 2.66kJ
③ 3.99kJ ④ 5.32kJ

| 해설 | $\left(\dfrac{P_2}{P_1}\right)^{\frac{k-1}{k}} = \left(\dfrac{V_1}{V_2}\right)^{k-1}$

$P_2 = 50 \times \left(\dfrac{0.05}{0.2}\right)^{1.4} = 7.18\,\text{kPa}$

$_1W_2 = \dfrac{P_1V_1 - P_2V_2}{k-1} = \dfrac{50 \times 0.05 - 7.18 \times 0.2}{1.4-1} = 2.66\,\text{kJ}$

28 체적이 0.01m^{3}인 밀폐용기에 대기압의 포화혼합물이 들어있다. 용기 체적의 반은 포화액체, 나머지 반은 포화증기가 차지하고 있다면, 포화혼합물 전체의 질량과 건도는? (단, 대기압에서 포화액체와 포화증기의 비체적은 각각 0.001044m^3/kg, 1.6729m^3/kg이다.)

① 전체질량 : 0.0119kg, 건도 : 0.50
② 전체질량 : 0.0119kg, 건도 : 0.00062
③ 전체질량 : 4.792kg, 건도 : 0.50
④ 전체질량 : 4.792kg, 건도 : 0.00062

| 해설 | $V = \dfrac{0.01}{2} = 0.005\,\text{m}^3$

$m_f = \dfrac{0.005}{0.001044} = 4.789\,\text{kg}$

$m_g = \dfrac{0.005}{1.6729} = 0.00299\,\text{kg}$

$m = m_f + m_g = 4.792\,\text{kg}$

$x = \dfrac{m_g}{m} = \dfrac{0.00299}{4.792} = 0.000624$

29 여름철 외기의 온도가 30℃일 때 김치냉장고의 내부를 5℃로 유지하기 위해 3kW의 열을 제거해야 한다. 필요한 최소 동력은 약 몇 kW인가? (단, 이 냉장고는 카르노 냉동기이다.)

① 0.27 ② 0.54
③ 1.54 ④ 2.73

| 해설 | $\epsilon_r = \dfrac{T_L}{T_H - T_L} = \dfrac{\dot{Q}_2}{\dot{W}}$

$\dot{W} = \dfrac{3 \times (30-5)}{(5+273)} = 0.27\,\text{kW}$

26. ② 27. ② 28. ④ 29. ① ■ Answer

30 준평형 정적과정을 거치는 시스템에 대한 열전달량은? (단, 운동에너지와 위치에너지의 변화는 무시한다.)

① 0이다.
② 이루어진 일량과 같다.
③ 엔탈피 변화량과 같다.
④ 내부에너지 변화량과 같다.

해설 $_1Q_2 = \triangle U + {_1W_2} = \triangle U + \int_1^2 PdV = \triangle U$

31 2개의 정적과정과 2개의 등온과정으로 구성된 동력 사이클은?

① 브레이턴(Brayton)사이클
② 에릭슨(Ericsson)사이클
③ 스털링(Stirling)사이클
④ 오토(Otto)사이클

해설 ① 브레이턴사이클 : 2개의 정압, 2개의 단열
② 에릭슨사이클 : 2개의 등온, 2개의 정압
③ 오토사이클 : 2개의 정적, 2개의 단열

32 4kg의 공기가 들어 있는 용기 A(체적 0.5m³)와 진공 용기 B(체적 0.3m³) 사이를 밸브로 연결하였다. 이 밸브를 열어서 공기가 자유팽창하여 평형에 도달했을 경우 엔트로피 증가량은 약 몇 kJ/K인가? (단, 온도변화는 없으며 공기의 기체상수는 0.287kJ/kg·K이다.)

① 0.54
② 0.49
③ 0.42
④ 0.37

해설 $\triangle S = m \cdot R \cdot \ell_n\left(\dfrac{V_2}{V_1}\right) = 4 \times 0.287 \times \ell_n\left(\dfrac{0.8}{0.5}\right) = 0.54\,\text{kJ/K}$

33 물 2kg을 20℃에서 60℃가 될 때까지 가열할 경우 엔트로피 변화량은 약 몇 kJ/K인가? (단, 물의 비열은 4.184kJ/kg·K이고, 온도변화과정에서 체적은 거의 변화가 없다고 가정한다.)

① 0.78
② 1.07
③ 1.45
④ 1.96

해설 $\triangle S = m \cdot C_W \cdot \ell_n\left(\dfrac{T_2}{T_1}\right) = 2 \times 4.184 \times \ell_n\left(\dfrac{60+273}{20+273}\right) = 1.07\,\text{kJ/K}$

34 밀폐 시스템이 압력 P_1=200kPa, 체적 V_1=0.1m³인 상태에서 P_2=100kPa, V_2=0.3m³인 상태까지 가역팽창되었다. 이 과정이 $P-V$선도에서 직선으로 표시된다면 이 과정 동안 시스템이 한 일은 약 몇 kJ인가?

① 10
② 20
③ 30
④ 45

해설 $_1W_2 = \dfrac{1}{2}(P_1 - P_2) \cdot (V_2 - V_1) + P_2(V_2 - V_1) = \dfrac{1}{2} \times 100 \times 0.2 + 100 \times 0.2 = 30\,\text{kJ}$

Answer ■ 30. ④ 31. ③ 32. ① 33. ② 34. ③

35 랭킨 사이클을 구성하는 요소는 펌프, 보일러, 터빈, 응축기로 구성된다. 각 구성 요소가 수행하는 열역학적 변화 과정으로 틀린 것은?

① 펌프 : 단열 압축
② 보일러 : 정압 가열
③ 터빈 : 단열 팽창
④ 응축기 : 정적 냉각

| 해설 | 응축기(복수기) : 정압방열 또는 등온방열

36 온도 600℃의 구리 7kg을 8kg의 물속에 넣어 열적 평형을 이룬 후 구리와 물의 온도가 64.2℃가 되었다면 물의 처음 온도는 약 몇 ℃인가? (단, 이 과정 중 열손실은 없고, 구리의 비열은 0.386kJ/kg·K이며 물의 비열은 4.184kJ/kg·K이다.)

① 6℃
② 15℃
③ 21℃
④ 84℃

| 해설 | $7 \times 0.386 \times (600-64.2) = 8 \times 4.184 \times (64.2 - T_W)$
$T_W = 20.95℃$

37 한 시간에 3600kg의 석탄을 소비하여 6050kW를 발생하는 증기터빈을 사용하는 화력발전소가 있다면, 이 발전소의 열효율은 약 몇 %인가? (단, 석탄의 발열량은 29900kJ/kg이다.)

① 약 20%
② 약 30%
③ 약 40%
④ 약 50%

| 해설 | $\eta = \dfrac{6050 \times 3600}{3600 \times 29900} \times 100 = 20.23\%$

38 증기 압축 냉동기에서 냉매가 순환되는 경로를 올바르게 나타낸 것은?

① 증발기 → 팽창밸브 → 응축기 → 압축기
② 증발기 → 압축기 → 응축기 → 팽창밸브
③ 팽창밸브 → 압축기 → 응축기 → 증발기
④ 응축기 → 증발기 → 압축기 → 팽창밸브

39 고온 400℃, 저온 50℃의 온도 범위에서 작동하는 Carnot 사이클 열기관의 열효율을 구하면 몇 %인가?

① 37
② 42
③ 47
④ 52

| 해설 | $\eta_c = \dfrac{400-50}{400+273} \times 100 = 52\%$

35. ④   36. ③   37. ①   38. ②   39. ④ ■ Answer

40 계가 비가역 사이클을 이룰 때 클라우지우스(Clausius)의 적분을 옳게 나타낸 것은? (단, T는 온도, Q는 열량이다.)

① $\oint \dfrac{\delta Q}{T} < 0$ 　　② $\oint \dfrac{\delta Q}{T} > 0$

③ $\oint \dfrac{\delta Q}{T} \geq 0$ 　　④ $\oint \dfrac{\delta Q}{T} \leq 0$

|해설| ① 가역사이클 $\oint \dfrac{\delta Q}{T} = 0$

　　　② 비가역사이클 $\oint \dfrac{\delta Q}{T} < 0$

3과목 기계유체역학

41 그림과 같이 수평 원관 속에서 완전히 발달된 층류 유동이라고 할 때 유량 Q의 식으로 옳은 것은? (단, μ는 점성계수, Q는 유량, P_1과 P_2는 1과 2지점에서의 압력을 나타낸다.)

① $Q = \dfrac{\pi R^4}{8\mu\ell}(P_1 - P_2)$

② $Q = \dfrac{\pi R^3}{6\mu\ell}(P_1 - P_2)$

③ $Q = \dfrac{8\pi R^4}{\mu\ell}(P_1 - P_2)$

④ $Q = \dfrac{6\pi R^3}{\mu\ell}(P_1 - P_2)$

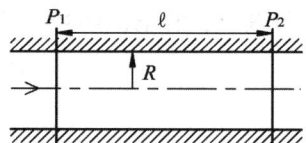

|해설| 하겐-포아젤식

$$Q = \dfrac{\Delta P \pi d^4}{128\mu\ell} = \dfrac{(P_1 - P_2) \cdot \pi \cdot r^4}{8\mu\ell}$$

42 골프공(지름 D=4cm, 무게 W=0.4N)이 50m/s의 속도로 날아가고 있을 때, 골프공이 받는 항력은 골프공 무게의 몇 배인가? (단, 골프공의 항력계수 C_D=0.24이고, 공기의 밀도는 1.2kg/m³이다.)

① 4.52배　　② 1.7배
③ 1.13배　　④ 0.452배

|해설| $D = 0.24 \times \dfrac{\pi \times 0.04^2}{4} \times \dfrac{1.2 \times 50^2}{2} = 0.45\text{N} = 1.125W$, D : 항력, W : 골프공 무게

Answer ■ 40. ① 41. ① 42. ③

43 Navier-Stokes 방정식을 이용하여, 정상 2차원, 비압축성 속도장 $V = axi - ayj$에서 압력을 x, y의 방정식으로 옳게 나타낸 것은? (단, a는 상수이고, 원점에서의 압력은 0이다.)

① $P = -\dfrac{\rho a^2}{2}(x^2 + y^2)$ ② $P = -\dfrac{\rho a}{2}(x^2 + y^2)$

③ $P = \dfrac{\rho a^2}{2}(x^2 + y^2)$ ④ $P = \dfrac{\rho a}{2}(x^2 + y^2)$

44 물이 흐르는 관의 중심에서 피토관을 삽입하여 압력을 측정하였다. 전압력은 20mAq, 정압은 5mAq일 때 관 중심에서 물의 유속은 약 몇 m/s인가?

① 10.7 ② 17.2
③ 5.4   ④ 8.6

| 해설 | $P_t = P + \dfrac{\rho V^2}{2}$

$\dfrac{20}{10.33} \times 101325 = \dfrac{5}{10.33} \times 101325 + \dfrac{1000 \times V^2}{2}$

$V = 17.15 \, \text{m/sec}$

45 어떤 액체가 800kPa의 압력을 받아 체적이 0.05% 감소한다면, 이 액체의 체적탄성계수는 얼마인가?

① 1265kPa ② 1.6×10^4 kPa
③ 1.6×10^6 kPa ④ 2.2×10^6 kPa

| 해설 | $K = \dfrac{\Delta P}{-\Delta V/V} = \dfrac{800}{\dfrac{0.05}{100}} = 1.6 \times 10^6 \, \text{kPa}$

46 30m의 폭을 가진 개수로(open channel)에 20cm의 수심과 5m/s의 유속으로 물이 흐르고 있다. 이 흐름의 Froude 수는 얼마인가?

① 0.57 ② 1.57
③ 2.57 ④ 3.57

| 해설 | $F_v = \dfrac{V}{\sqrt{y \cdot g}} = \dfrac{5}{\sqrt{0.2 \times 9.8}} = 3.57$

43. ① 44. ② 45. ③ 46. ④ ■ Answer

47 수평으로 놓인 지름 10cm, 길이 200m인 파이프에 완전히 열린 글로브 밸브가 설치되어 있고, 흐르는 물의 평균속도는 2m/s이다. 파이프의 관 마찰계수가 0.02이고, 전체 수두손실이 10m이면, 글로브 밸브의 손실계수는?

① 0.4   ② 1.8
③ 5.8   ④ 9.0

|해설| $h_\ell = f \cdot \dfrac{\ell}{d} \cdot \dfrac{V^2}{2g} + K \cdot \dfrac{V^2}{2g}$

$10 = (0.02 \times \dfrac{200}{0.1} + K) \times \dfrac{2^2}{2 \times 9.8}$

$K = 9.0$

48 점성계수는 0.3poise, 동점성계수는 2stokes인 유체의 비중은?

① 6.7   ② 1.5
③ 0.67 ④ 0.15

|해설| $\nu = \dfrac{\mu}{\rho}$

$S = \dfrac{\rho}{\rho_w} = \dfrac{0.3 \times 10^{-1}}{1000 \times 2 \times 10^{-4}} = 0.15$

49 그림에서 h=100cm이다. 액체의 비중이 1.50일 때 A점의 계기압력은 몇 kPa인가?

① 9.8
② 14.7
③ 9800
④ 14700

|해설| $P = 1.5 \times 9.8 \times 1 = 14.7$ kPa

50 비중 0.9, 점성계수 5×10^{-3} N·s/m^{2}의 기름이 안지름 15cm의 원형관 속을 0.6m/s의 속도로 흐를 경우 레이놀즈수는 약 얼마인가?

① 16200 ② 2755
③ 1651   ④ 3120

|해설| $Re = \dfrac{\rho V d}{\mu} = \dfrac{0.9 \times 1000 \times 0.6 \times 0.15}{5 \times 10^{-3}} = 16200$

Answer ■ 47. ④ 48. ④ 49. ② 50. ①

51 그림과 같이 비점성, 비압축성 유체가 쐐기모양의 벽면 사이를 흘러 작은 구멍을 통해 나간다. 이 유동을 극좌표계(r, θ)에서 근사적으로 표현한 속도포텐셜은 $\phi = 3\ln r$일 때 원호 $r=2(0 \leq \theta \leq \pi/2)$를 통과하는 단위길이당 체적유량은 얼마인가?

① $\dfrac{\pi}{4}$
② $\dfrac{3}{4}\pi$
③ π
④ $\dfrac{3}{2}\pi$

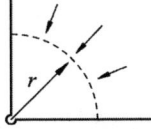

|해설| $V_r = \dfrac{\partial \phi}{\partial r} = \dfrac{3}{r}$

$q = S \cdot V_r (\text{m}^2/\text{sec}) = \dfrac{\pi r}{2} \times \dfrac{3}{r} = \dfrac{3\pi}{2}$

52 평판에서 층류 경계층의 두께는 다음 중 어느 값에 비례하는가? (단, 여기서 x는 평판의 선단으로부터의 거리이다.)

① $x^{-\frac{1}{2}}$
② $x^{\frac{1}{4}}$
③ $x^{\frac{1}{7}}$
④ $x^{\frac{1}{2}}$

|해설| $\delta \alpha x^{\frac{1}{2}}$: 층류 경계층

53 다음 중 동점성계수(kinematic viscosity)의 단위는?

① $N \cdot s/m^2$
② $kg/(m \cdot s)$
③ m^2/s
④ m/s^2

54 물제트가 연직하 방향으로 떨어지고 있다. 높이 12m 지점에서의 제트 지름은 5cm, 속도는 24m/s였다. 높이 4.5m 지점에서의 물제트의 속도는 약 몇 m/s인가? (단, 손실수두는 무시한다.)

① 53.9
② 42.7
③ 35.4
④ 26.9

|해설| $\dfrac{V_1^2}{2g} + Z_1 = \dfrac{V_2^2}{2g} + Z_2$

$\dfrac{24^2}{2 \times 9.8} + 12 = \dfrac{V_2^2}{2 \times 9.8} + 4.5$

$V_2 = 26.9 \text{m/sec}$

51. ④ 52. ④ 53. ③ 54. ④ ■ Answer

55 반지름 R인 원형 수문이 수직으로 설치되어 있다. 수면으로부터 수문에 작용하는 물에 의한 전압력의 작용점까지의 수직거리는? (단, 수문의 최상단은 수면과 동일 위치에 있으며 h는 수면으로부터 원판의 중심(도심)까지의 수직거리이다.)

① $h + \dfrac{R^2}{16h}$ ② $h + \dfrac{R^2}{8h}$

③ $h + \dfrac{R^2}{4h}$ ④ $h + \dfrac{R^2}{2h}$

| 해설 | $h_p = \overline{h} + \dfrac{I_G}{A \cdot \overline{h}} = h + \dfrac{\dfrac{\pi}{64}(2R)^4}{\pi \cdot R^2 \times h} = h + \dfrac{R^2}{4h}$

56 다음 중 수력기울기선(Hydraulic Grade Line)은 에너지구배선(Energy Grade Line)에서 어떤 것을 뺀 값인가?

① 위치 수두 값 ② 속도 수두 값
③ 압력 수두 값 ④ 위치 수두와 압력 수도를 합한 값

| 해설 | $E \cdot L = H \cdot G \cdot L + \dfrac{V^2}{2g}$

57 그림과 같은 통에 물이 가득차 있고 이것이 공중에서 자유낙하할 때, 통에서 A점의 압력과 B점의 압력은?

① A점의 압력은 B점의 압력의 1/2이다.
② A점의 압력은 B점의 압력의 1/4이다.
③ A점의 압력은 B점의 압력의 2배이다.
④ A점의 압력은 B점의 압력과 같다.

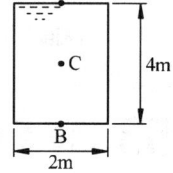

| 해설 | $P_A - P_B = r \cdot h \left(1 + \dfrac{a_y}{g}\right)$
자유낙하 : $a_y = -g$
$P_A - P_B = 0$, $P_A = P_B$

58 1/10 크기의 모형 잠수함을 해수에서 실험한다. 실제 잠수함을 2m/s로 운전하려면 모형 잠수함은 약 몇 m/s의 속도로 실험하여야 하는가?

① 20 ② 5
③ 0.2 ④ 0.5

| 해설 | $\left(\dfrac{V \cdot L}{\nu}\right)_P = \left(\dfrac{V \cdot L}{\nu}\right)_m$
$2 \times 10 = V_m \times 1$, $V_m = 20$m/sec

Answer ■ 55. ③ 56. ② 57. ④ 58. ①

59 안지름 D_1, D_2의 관이 직렬로 연결되어 있다. 비압축성 유체가 관 내부를 흐를 때 지름 D_1인 관과 D_2인 관에서의 평균유속이 각각 V_1, V_2이면 D_1/D_2은?

① V_1/V_2
② $\sqrt{V_1/V_2}$
③ V_2/V_1
④ $\sqrt{V_2/V_1}$

|해설| $Q = A_1 \cdot V_1 = A_2 \cdot V_2$, $D_1^2 \cdot V_1 = D_2^2 \cdot V_2$
$\dfrac{D_1}{D_2} = \sqrt{\dfrac{V_2}{V_1}}$

60 그림과 같이 속도 3m/s로 운동하는 평판에 속도 10m/s인 물 분류가 직각으로 충돌하고 있다. 분류의 단면적이 0.01m²이라고 하면 평판이 받는 힘은 몇 N이 되겠는가?

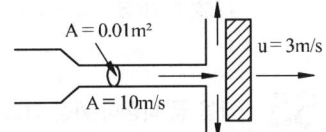

① 295
② 490
③ 980
④ 16900

|해설| $F = \rho A(V-U)^2 = 1000 \times 0.01 \times (10-3)^2 = 490\text{N}$

4과목 기계재료 및 유압기기

61 가공 열처리 방법에 해당되는 것은?

① 마퀜칭(marquenching)
② 오스포밍(ausforming)
③ 마템퍼링(martempering)
④ 오스템퍼링(austempering)

|해설| ① 오스포밍 : 과냉 오스테나이트 상태에서 소성가공을 하고 그 후 냉각 중에 마텐자이트화 하는 항온 열처리
② 마퀜칭, 마템퍼링, 오스템퍼링 등은 항온 담금질의 종류이다.

62 니켈-크롬 합금강에서 뜨임 메짐을 방지하는 원소는?

① Cu
② Mo
③ Ti
④ Zr

|해설| 뜨임취성 : Ni-Cr강을 뜨임 처리시 서냉시키면 취약해지는 현상으로 Mo, W, V 등을 첨가시키면 방지할 수 있다.

59. ④ 60. ② 61. ② 62. ② ■ Answer

63 재료의 연성을 알기 위해 구리판, 알루미늄판 및 그 밖의 연성판재를 가압 형성하여 변형능력을 시험하는 것은?

① 굽힘 시험
③ 비틀림 시험
② 압축 시험
④ 에릭센 시험

64 Y 합금의 주성분으로 옳은 것은?

① Al + Cu + Ni + Mg
③ Al + Cu + Sn + Zn
② Al + Cu + Mn + Mg
④ Al + Cu + Si + Mg

|해설| Y합금 : Al + Cu 4% + Ni 2% + Mg 1.5%

65 다음 중 비중이 가장 작아 항공기 부품이나 전자 및 전기용 제품의 케이스 용도로 사용되고 있는 합금재료는?

① Ni 합금
③ Pb 합금
② Cu 합금
④ Mg 합금

|해설| ① Ni : 8.85
② Cu : 8.96
③ Pb : 11.34
④ Mg : 1.74

66 그림은 3성분계를 표시하는 다이어그램이다. X합금에 속하는 B의 성분은?

① $\overline{XD}$ 이다.
② $\overline{XR}$ 이다.
③ $\overline{XQ}$ 이다.
④ $\overline{XP}$ 이다.

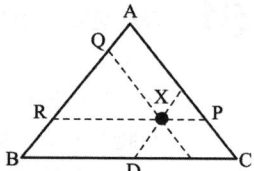

|해설| ① 3성분계 다이어그램 : 2상에서 냉각하면서 3상으로 변하는 부분이 있다.
② 3성분 농도 표시법

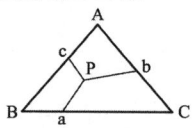

Answer ■ 63. ④ 64. ① 65. ④ 66. ④

67 주철에 대한 설명으로 틀린 것은?

① 흑연이 많을 경우에는 그 파단면이 회색을 띤다.
② C와 P의 양이 적고 냉각이 빠를수록 흑연화하기 쉽다.
③ 주철 중에 전 탄소량은 유리탄소와 화합탄소를 합한 것이다.
④ C와 Si의 함량에 따른 주철의 조직관계를 마우러 조직도라 한다.

| 해설 | 주철의 탄소함량은 2.0~6.68%로 강보다 많다.

68 금속재료에서 단위격자 소속 원자수가 2이고, 충전율인 68%인 결정구조는?

① 단순입방격자
② 면심입방격자
③ 체심입방격자
④ 조밀육방격자

| 해설 | ① 체심입방격자 : 단위원자수 2개, 68%
② 면심입방격자 : 단위원자수 4개, 74%
③ 조밀육방격자 : 단위원자수 2개, 74%

69 순철의 변태점이 아닌 것은?

① A_1
② A_2
③ A_3
④ A_4

| 해설 | A_1 : 강의 변태점

70 오스테나이트형 스테인리스강의 예민화(sensitize)를 방지하기 위하여 Ti, Nb 등의 원소를 함유시키는 이유는?

① 입계부식을 촉진한다.
② 강중의 질소(N)와 질화물을 만들어 안정화시킨다.
③ 탄화물을 형성하여 크롬 탄화물의 생성을 억제한다.
④ 강중의 산소(O)와 산화물을 형성하여 예민화를 방지한다.

67. ② 68. ③ 69. ① 70. ③ ■ Answer

71 방향제어밸브 기호 중 다음과 같은 설명에 해당하는 기호는?

1. 3/2-way 밸브이다.
2. 정상상태에서 P는 외부와 차단된 상태이다.

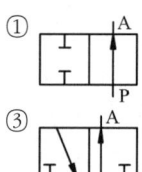
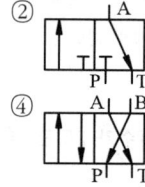

| 해설 | 3포트 2위치밸브는 ②, ③이다.
③의 P포트는 항시 open이다.

72 주로 시스템의 작동이 정부하일 때 사용되며, 실린더의 속도 제어를 실린더에 공급되는 입구측 유량을 조절하여 제어하는 회로는?

① 로크 회로
② 무부하 회로
③ 미터인 회로
④ 미터아웃 회로

| 해설 | ① 미터아웃 회로 : 출구측 유량조절
② 로크 회로 : 방향제로회로이다.

73 유압 필터를 설치하는 방법은 크게 복귀라인에 설치하는 방법, 흡입라인에 설치하는 방법, 압력라인에 설치하는 방법, 바이패스 필터를 설치하는 방법으로 구분할 수 있는데, 다음 회로는 어디에 속하는가?

① 복귀라인에 설치하는 방법
② 흡입라인에 설치하는 방법
③ 압력 라인에 설치하는 방법
④ 바이패스 필터를 설치하는 방법

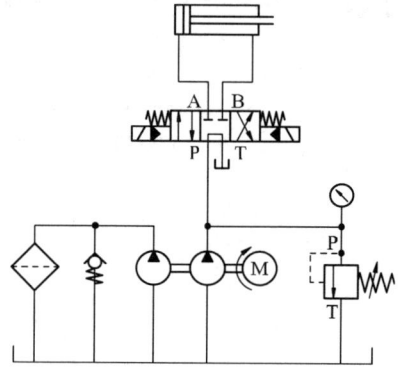

| 해설 | 주어진 회로에서 필터는 왼쪽 유압펌프 출구쪽에 설치되어 유압탱크에 연결되어 있다. 유압펌프 2대를 1개조로 한 일종의 바이패스 회로이다.

74 그림과 같은 유압회로의 명칭으로 옳은 것은?

① 유압모터 병렬배치 미터인 회로
② 유압모터 병렬배치 미터아웃 회로
③ 유압모터 직렬배치 미터인 회로
④ 유압모터 직렬배치 미터아웃 회로

| 해설 | 주어진 회로에서 유압모터는 병렬로 연결되어 있으며 유량조정밸브는 작동기 출구쪽에 위치해 있다.

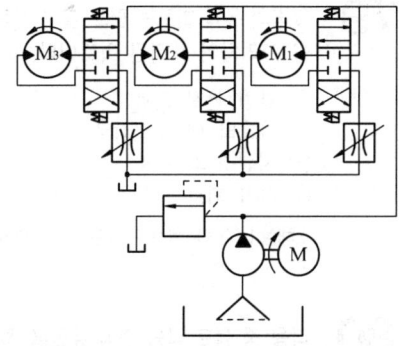

75 유압실린더로 작동되는 리프터에 작용하는 하중이 15000N이고 유압의 압력이 7.5MPa일 때 이 실린더 내부의 유체가 하중을 받는 단면적은 약 몇 cm^2인가?

① 5
② 20
③ 500
④ 2000

| 해설 | $F = P \cdot A$

$$A = \frac{15000}{7.5 \times 10^6} \times 10^4 = 20\,cm^2$$

76 그림과 같은 유압기호의 설명으로 틀린 것은?

① 유압 펌프를 의미한다.
② 1방향 유동을 나타낸다.
③ 가변 용량형 구조이다.
④ 외부 드레인을 가졌다.

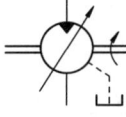

| 해설 | 기호는 가변용량형 유압모터이다.

77 유압 작동유에서 공기의 혼입(용해)에 관한 설명으로 옳지 않은 것은?

① 공기 혼입 시 스폰지 현상이 발생할 수 있다.
② 공기 혼입 시 펌프의 캐비테이션 현상을 일으킬 수 있다.
③ 압력이 증가함에 따라 공기가 용해되는 양도 증가한다.
④ 온도가 증가함에 따라 공기가 용해되는 양도 증가한다.

78 유압 및 공기압 용어에서 스텝 모양 입력신호의 지령에 따르는 모터로 정의되는 것은?

① 오버 센터 모터
② 다공정 모터
③ 유압 스테핑 모터
④ 베인 모터

74. ② 75. ② 76. ① 77. ④ 78. ③ ■ Answer

79
그림의 유압 회로는 펌프 출구 직후에 릴리프 밸브를 설치한 회로로서 안전 측면을 고려하여 제작된 회로이다. 이 회로의 명칭으로 옳은 것은?

① 압력 설정 회로
② 카운터 밸런스 회로
③ 시퀀스 회로
④ 감압 회로

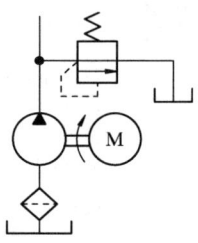

| 해설 | 회로내에는 제어밸브로 압력제어밸브인 릴리프밸브만 있다.

80
다음 중 펌프 작동 중에 유면을 적절하게 유지하고, 발생하는 열을 방산하여 장치의 가열을 방지하며, 오일 중의 공기나 이물질을 분리시킬 수 있는 기능을 갖춰야 하는 것은?

① 오일 필터
② 오일 제너레이터
③ 오일 미스트
④ 오일 탱크

5과목 기계제작법 및 기계동력학

81
공작물의 길이가 600mm, 지름이 25mm인 강재를 아래의 조건으로 선반 가공할 때 소요되는 가공시간(t)은 약 몇 분인가? (단, 1회 가공이다.)

- 절삭속도 : 180m/min
- 절삭깊이 : 2.5mm
- 이송속도 : 0.24mm/rev

① 1.1
② 2.1
③ 3.1
④ 4.1

| 해설 | $V = \dfrac{\pi d N}{1000}$

$T = \dfrac{\ell}{N \cdot S} = \dfrac{\pi \times 25 \times 600}{1000 \times 180 \times 0.24} = 1.09 \min$

82
압축 가공(extrusion)에 관한 일반적인 설명으로 틀린 것은?

① 직접 압출보다 간접 압출에서 마찰력이 적다.
② 직접 압출보다 간접 압출에서 소요동력이 적게 든다.
③ 압출 방식으로는 직접(전방) 압출과 간접(후방) 압출 등이 있다.
④ 직접 압출이 간접 압출보다 압출 종료시 콘테이너에 남는 소재량이 적다.

| 해설 | 직접 압출보다 간접 압출이 마찰저항이 적으므로 콘테이너에 남는 소재가 적다.

Answer ■ 79. ① 80. ④ 81. ① 82. ④

83 와이어 방전 가공액 비저항값에 대한 설명으로 틀린 것은?

① 비저항값이 낮을 때에는 수돗물을 첨가한다.
② 일반적으로 방전가공에서는 10~100kΩ·cm의 비저항값을 설정한다.
③ 비저항값이 높을 때에는 가공액을 이온교환장치로 통과시켜 이온을 제거한다.
④ 비저항값이 과다하게 높을 때에는 방전간격이 넓어져서 방전효율이 저하된다.

84 전기 저항 용접 중 맞대기 용접의 종류가 아닌 것은?

① 업셋 용접　　　　　　② 퍼커션 용접
③ 플래시 용접　　　　　④ 프로젝션 용접

|해설| 겹치기 전기저항 용접 : 점용접, 시임용접, 프로젝션용접 등

85 질화법에 관한 설명 중 틀린 것은?

① 경화층은 비교적 얇고, 경도는 침탄한 것보다 크다.
② 질화법은 재료 중심까지 경화하는데 그 목적이 있다.
③ 질화법의 기본적인 화학반응식은 $2NH_3 \rightarrow 2N+3H_2$이다.
④ 질화법의 효과를 높이기 위해 첨가되는 원소는 Al, Cr, Mo 등이 있다.

|해설| 표면경화법의 화학적인 방법으로 침탄법, 질화법, 청화법 등이 있다.

86 주물사로 사용되는 모래에 수지, 시멘트, 석고 등의 점결제를 사용하며, 경화시간을 단축하기 위하여 경화촉진제를 사용하여 조형하는 주형법은?

① 원심주형법　　　　　② 셸몰드 주형법
③ 자경성 주형법　　　　④ 인베스트먼트 주형법

87 절삭유가 갖추어야 할 조건으로 틀린 내용은?

① 마찰계수가 적고 인화점, 발화점이 높을 것
② 냉각성이 우수하고 윤활성, 유동성이 좋을 것
③ 장시간 사용해도 변질되지 않고 인체에 무해할 것
④ 절삭유의 표면장력이 크고 칩의 생성부에는 침투되지 않을 것

|해설| 절삭유는 윤활성이 좋아야 한다.
　　　접촉면과 접촉면 사이에 절삭유의 액막이 유지되어야 한다.

83. ④　84. ④　85. ②　86. ③　87. ④　■ Answer

88 유압프레스에서 램의 유효단면적이 50cm², 유효단면적에 작용하는 최고 유압이 40kg_f/cm²일 때 유압프레스의 용량(ton)은?

① 1
② 1.5
③ 2
④ 2.5

|해설| $P = 40 \times 50 \times 10^{-3} = 2\,\text{ton}$

89 플러그 게이지에 대한 설명으로 옳은 것은?

① 진원도도 검사할 수 있다.
② 통과측이 통과되지 않을 경우는 기준 구멍보다 큰 구멍이다.
③ 플러그 게이지는 치수공차의 합격 유·무 만을 검사할 수 있다.
④ 정지측이 통과할 때에는 기준 구멍보다 작고, 통과측보다 마멸이 심하다.

|해설| 플러그 게이지는 한계게이지의 종류이다.

90 다음 중 다이아몬드, 수정 등 보석류 가공에 가장 적합한 가공법은?

① 방전 가공
② 전해 가공
③ 초음파 가공
④ 슈퍼 피니싱 가공

|해설| 초음파 가공은 취성이 큰 재료를 가공하기에 가장 적합한 가공법으로 수정 등의 보석류 가공에 적당하다.

91 다음 1 자유도 진동계의 고유 각진동수는? (단, 3개의 스프링에 대한 스프링 상수는 k이며 물체의 질량은 m이다.)

① $\sqrt{\dfrac{2m}{3k}}$
② $\sqrt{\dfrac{3k}{2m}}$
③ $\sqrt{\dfrac{2k}{3m}}$
④ $\sqrt{\dfrac{3m}{2k}}$

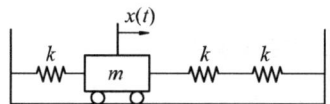

|해설| $ke = k + \dfrac{k}{2} = \dfrac{3k}{2}$

$w = \sqrt{\dfrac{ke}{m}} = \sqrt{\dfrac{3k}{2m}}$

92 3kg의 칼라 C가 고정된 막대 A, B에 초기에 정지해 있다가 그림과 같이 변동하는 힘에 Q에 의해 움직인다. 막대 AB와 칼라 C 사이의 마찰계수가 0.3일 때 시각 $t=1$초일 때의 칼라의 속도는?

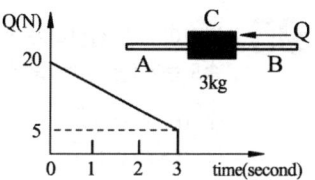

① 2.89m/s
② 5.25m/s
③ 7.26m/s
④ 9.32m/s

|해설| $\sum F = m \cdot a = (20-5t) - \mu mg$

$a = \dfrac{1}{m}(20-5t) - \mu g = \dfrac{dV}{dt}$

$\int_{V_o}^{V} dV = \int_{0}^{1} \left\{ \dfrac{1}{m}(20-5t) - \mu g \right\} dt$

$V = \left\{ \dfrac{1}{m}\left(20t - \dfrac{5}{2}t^2\right) - \mu g \cdot t \right\}\bigg|_{0}^{1} = \dfrac{1}{3}\left(20 \times 1 - \dfrac{5}{2} \times 1^2\right) - 0.3 \times 9.8 \times 1 = 2.89$m/sec

93 질점의 단순조화진동을 $y = C\cos(w_n t - \phi)$라 할 때 이 진동의 주기는?

① $\dfrac{\pi}{w_n}$
② $\dfrac{2\pi}{w_n}$
③ $\dfrac{w_n}{2\pi}$
④ $2\pi w_n$

|해설| $T = \dfrac{2\pi}{w_n}$ (sec/cycle) : 단위 사이클 당 시간

94 질량이 10t인 항공기가 활주로에서 착륙을 시작할 때 속도는 100m/s이다. 착륙부터 정지시까지 항공기는 $\sum F_x = -1000 v_x N (v_x$는 비행기 속도[m/s])의 힘을 받으며 $+x$ 방향의 직선운동을 한다. 착륙부터 정지시까지 항공기가 활주한 거리는?

① 500m
② 750m
③ 900m
④ 1000m

|해설| $a = \dfrac{dV}{dt} = \dfrac{dV}{ds} \cdot \dfrac{ds}{dt} = V \cdot \dfrac{dV}{ds}$

$V \cdot dV = a \cdot ds = \dfrac{\sum F_x}{m} ds$

$\dfrac{-1000 \cdot V_x}{m} ds = V_x \cdot dV$

$\int_{O}^{S} ds = \int_{V_o}^{V} -\dfrac{m}{1000} dV$

$S = -\dfrac{m \cdot V}{1000}\bigg|_{100}^{O} = -\dfrac{10 \times 10^3}{1000} \times (O - 100) = 1000$m

92. ① 93. ② 94. ④ ■ Answer

95 반경이 r인 실린더가 위치 1의 정지상태에서 경사를 따라 높이 h만큼 굴러 내려갔을 때, 실린더 중심의 속도는? (단, g는 중력가속도이며, 미끄러짐은 없다고 가정한다.)

① $0.707\sqrt{2gh}$
② $0.816\sqrt{2gh}$
③ $0.845\sqrt{2gh}$
④ $\sqrt{2gh}$

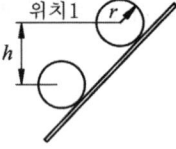

|해설| $\frac{1}{2}mV_1^2 + \frac{1}{2}J\cdot w_1^2 + mgZ_1 = \frac{1}{2}mV_2^2 + \frac{1}{2}J\cdot w_2^2 \cdot mgZ_2$

$mg(Z_1-Z_2) = \left(\frac{1}{2}m + \frac{1}{2}\times\frac{mr^2}{2}\times\frac{1}{r^2}\right)V_2^2$

$mgh = \frac{3}{4}mV^2$, $V = 0.816\cdot\sqrt{2gh}$

96 등가속도 운동에 대한 설명으로 옳은 것은?
① 속도는 시간에 대하여 선형적으로 증가하거나 감소한다.
② 변위는 시간에 대하여 선형적으로 증가하거나 감소한다.
③ 속도는 시간의 제곱에 비례하여 증가하거나 감소한다.
④ 변위는 속도의 세제곱에 비례하여 증가하거나 감소한다.

97 두 질점이 충돌할 때 반발계수가 1인 경우에 대한 설명 중 옳은 것은?
① 두 질점의 상대적 접근속도와 이탈속도의 크기는 다르다.
② 두 질점의 운동량의 합은 증가한다.
③ 두 질점의 운동에너지의 합은 보존된다.
④ 충돌 후에 열에너지나 탄성파 발생 등에 의한 에너지 소실이 발생한다.

98 질량이 12kg, 스프링 상수가 150N/m, 감쇠비가 0.033인 진동계를 자유진동시키면 5회 진동후 진폭은 최초 진폭의 몇 %인가?
① 15% ② 25%
③ 35% ④ 45%

|해설| $\delta = \frac{2\pi\psi}{\sqrt{1-\psi^2}} = \frac{1}{n}\ln\left(\frac{x_o}{x_n}\right)$

$\frac{2\times\pi\times0.033}{\sqrt{1-0.033^2}} = \frac{1}{5}\times\ln\left(\frac{x_o}{x_n}\right)$

$\frac{x_o}{x_n} = 2.82$, $x_n = 0.35x_o$

Answer ■ 95. ② 96. ① 97. ③ 98. ③

99 평면에서 강체가 그림과 같이 오른쪽에서 왼쪽으로 운동하였을 때 이 운동의 명칭으로 가장 옳은 것은?

① 직선병진운동
② 곡선병진운동
③ 고정축회전운동
④ 일반평면운동

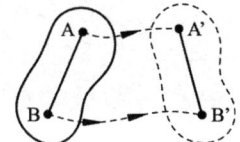

100 질량 m인 기계가 강성계수 $k/2$인 2개의 스프링에 의해 바닥에 지지되어 있다. 바닥이 $y = 6\sin\sqrt{\dfrac{4k}{m}}\,t$ mm로 진동하고 있다면 기계의 진폭은 얼마인가? (단, t는 시간이다.)

① 1mm
② 2mm
③ 3mm
④ 6mm

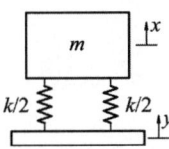

| 해설 |
$k_e = \dfrac{k}{2} + \dfrac{k}{2} = k$

$w_n\sqrt{\dfrac{k_e}{m}} = \sqrt{\dfrac{k}{m}}$

$\dfrac{w}{w_n} = \dfrac{2\sqrt{\dfrac{k}{m}}}{\sqrt{\dfrac{k}{m}}} = 2$

$\dfrac{A}{A_o} = \dfrac{1}{\left\{1 - \left(\dfrac{w}{w_n}\right)^2\right\}}$

$A = \dfrac{6}{1 - 2^2} = -2\text{mm}, \ominus$ 는 방향

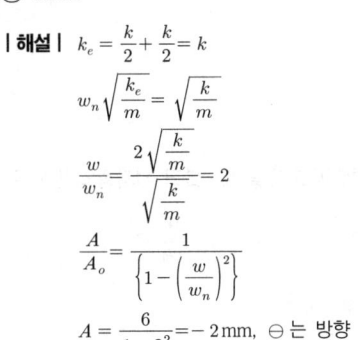

99. ④   100. ② ■ Answer

2016 기출문제
5월 8일 시행

1과목 재료역학

1 그림과 같이 순수 전단을 받는 요소에서 발생하는 전단응력 τ=70MPa, 재료의 세로탄성계수는 200GPa, 포아송의 비는 0.25일 때 전단 변형률은 약 몇 rad인가?

① 8.75×10^{-4}
② 8.75×10^{-3}
③ 4.38×10^{-4}
④ 4.38×10^{-3}

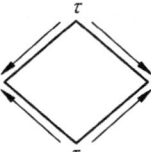

|해설| $\tau = G \cdot \gamma = \dfrac{E}{2(1+\mu)} \cdot \gamma$

$70 \times 10^6 = \dfrac{200 \times 10^9}{2 \times (1+0.25)} \times \gamma$

$\gamma = 8.75 \times 10^{-4}$ rad

2 일단 고정 타단 롤러 지지된 부정정보의 중앙에 집중하중 P를 받고 있을 때, 롤러 지지점의 반력은 얼마인가?

① $\dfrac{3}{16}P$ ② $\dfrac{5}{16}P$ ③ $\dfrac{7}{16}P$ ④ $\dfrac{9}{16}P$

|해설| 2개의 외팔보로 가정

$\dfrac{R_A \cdot \ell^3}{3EI} = \dfrac{5P \cdot \ell^3}{48EI}$

$R_A = \dfrac{5P}{16}$

3 그림과 같이 균일분포 하중 w를 받는 보에서 굽힘 모멘트 선도는?

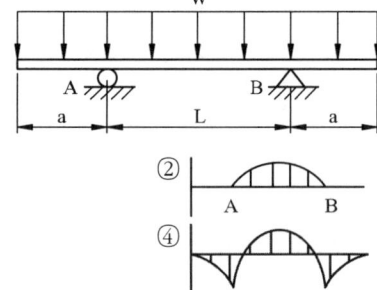

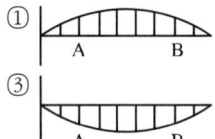

Answer ■ 1. ① 2. ② 3. ④

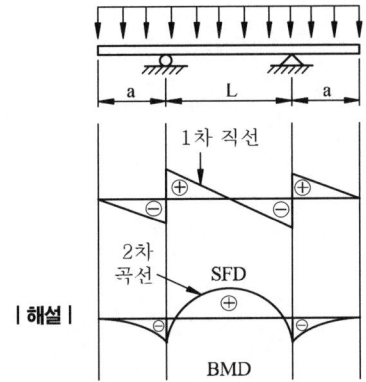

4 지름 100mm의 양단 지지보의 중앙에 2kN의 집중하중이 작용할 때 보 속의 최대굽힘응력이 16MPa일 경우 보의 길이는 약 몇 m인가?

① 1.51
② 3.14
③ 4.22
④ 5.86

| 해설 | $\sigma_{bmax} = \dfrac{M_{\max}}{Z} = \dfrac{P \cdot \ell \cdot 32}{4\pi d^3}$

$46 \times 10^6 = \dfrac{2 \times 10^3 \times \ell \times 32}{4 \times \pi \times 0.1^3}$

$\ell = 3.14 \text{m}$

5 바깥지름 30cm, 안지름 10cm인 중공 원형 단면의 단면계수는 약 몇 cm³인가?

① 2618
② 3927
③ 6584
④ 1309

| 해설 | $Z = \dfrac{\pi d_2^3}{32}(1-x^4) = \dfrac{\pi \times 30^3}{32} \times \left\{1 - \left(\dfrac{1}{3}\right)^4\right\} = 2618 \text{cm}^3$

6 그림의 구조물이 수직하중 $2P$를 받을 때 구조물 속에 저장되는 탄성변형에너지는? (단, 단면적 A, 탄성계수 E는 모두 같다.)

① $\dfrac{P^2 h}{4AE}(1+\sqrt{3})$
② $\dfrac{P^2 h}{2AE}(1+\sqrt{3})$
③ $\dfrac{P^2 h}{AE}(1+\sqrt{3})$
④ $\dfrac{2P^2 h}{AE}(1+\sqrt{3})$

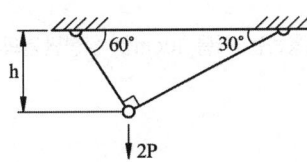

4. ② 5. ① 6. ③ ■ Answer

| 해설 |

$$\frac{2P}{\sin 90°} = \frac{F_{AB}}{\sin 150°} = \frac{F_{BC}}{\sin 120°}$$

$$F_{AB} = P, \quad F_{BC} = \sqrt{3}\,P$$

$$\delta_{AB} = \frac{F_{AB}}{AE} = \frac{h}{\sin 30°} = \frac{2Ph}{AE}$$

$$\delta_{BC} = \frac{F_{BC}}{AE} = \frac{h}{\sin 60°} = \frac{2Ph}{AE}$$

$$U_{AB} = \frac{1}{2}F_{AB}\delta_{AB} = \frac{1}{2}P\frac{2Ph}{AE} = \frac{P^2 h}{AE}$$

$$U_{BC} = \frac{1}{2}F_{BC}\delta_{BC} = \frac{1}{2}\sqrt{3}\,P\frac{2Ph}{AE} = \frac{\sqrt{3}\,P^2 h}{AE}$$

$$U = U_{AB} + U_{BC} = \frac{P^2 h}{AE}(1+\sqrt{3})$$

7 그림과 같은 일단 고정 타단 롤러로 지지된 등분포하중을 받는 부정정보의 B단에서 반력은 얼마인가?

① $\dfrac{W\ell}{3}$

② $\dfrac{5}{8}W\ell$

③ $\dfrac{2}{3}W\ell$

④ $\dfrac{3}{8}W\ell$

| 해설 | 2개의 외팔보로 가정

$$\frac{R_B \cdot \ell^3}{3EI} = \frac{w\ell^4}{8EI}$$

$$R_B = \frac{3w\ell}{8}$$

8 전단력 10kN이 작용하는 지름 10cm인 원형단면의 보에서 그 중립축 위에 발생하는 최대 전단응력은 약 몇 MPa인가?

① 1.3
② 1.7
③ 130
④ 170

| 해설 | $\tau_{\max} = \dfrac{4}{3} \cdot \dfrac{F}{A} = \dfrac{4}{3} \times \dfrac{4 \times 10 \times 10^3}{\pi \times 0.1^2} \times 10^{-6} = 1.7\,\text{MPa}$

Answer ■ 7. ④   8. ②

9 정육면체로 형상의 짧은 기둥에 그림과 같이 측면에 홈이 파여져 있다. 도심에 작용하는 하중 P로 인하여 단면 $m-n$에 발생하는 최대압축응력은 홈이 없을 때 압축응력의 몇 배인가?

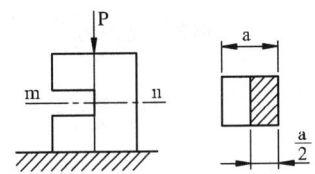

① 2
② 4
③ 8
④ 12

| 해설 | ① 홈이 없을 때 : $\sigma_1 = \dfrac{P}{a^2}$

② 홈이 있을 때 : $\sigma_2 = \dfrac{P}{A} + \dfrac{M}{Z}$

$\sigma_2 = \dfrac{P}{\dfrac{a^2}{2}} + \dfrac{P \times \dfrac{a}{4}}{\dfrac{a \times \left(\dfrac{a}{2}\right)^2}{6}} = \dfrac{2P}{a^2} + \dfrac{6P}{a^2}$

$\sigma_2 = \dfrac{8P}{a^2}$

• 홈이 있을 때 압축응력은 홈이 없을 때 응력의 8배

10 그림과 같은 단순 지지보의 중앙에 집중하중 P가 작용할 때 단면이 (가)일 경우의 처짐 y_1은 단면이 (나)일 경우의 처짐 y_2의 몇 배인가? (단, 보의 전체 길이 및 보의 굽힘 강성은 일정하며 자중은 무시한다.)

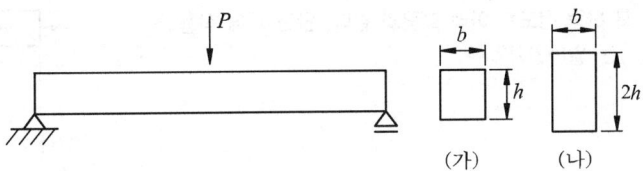

① 4   ② 8
③ 16   ④ 32

| 해설 | $\delta_{가} = \dfrac{P \cdot \ell^3}{48E \cdot I_{가}}$, $\delta_{나} = \dfrac{P \cdot \ell^3}{48E \cdot I_{나}}$

$\dfrac{y_1}{y_2} = \dfrac{I_2}{I_1} = \dfrac{(2h)^3}{h^3} = 8$

$y_1 = 8y_2$

11 그림과 같이 단붙이 원형축(Stepped Circular Shaft)의 풀리에 토크가 작용하여 평형상태에 있다. 이 축에 발생하는 최대 전단응력은 몇 MPa인가?

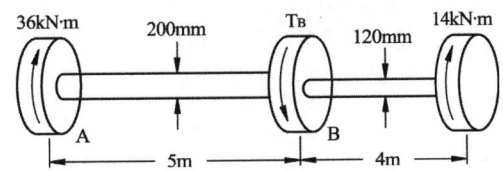

① 18.2
② 22.9
③ 41.3
④ 147.4

9. ③   10. ②   11. ③ ■ Answer

| 해설 | $\tau_{AB} = \dfrac{T_{AB}}{Z_{PAB}} = \dfrac{36 \times 10^3 \times 10^{-6}}{\dfrac{\pi \times 0.2^3}{16}} = 22.91$

$\tau_{BC} = \dfrac{T_{BC}}{Z_{PBC}} = \dfrac{14 \times 10^3 \times 10^{-6}}{\dfrac{\pi \times 0.12^3}{16}} = 41.26$

$\therefore \tau_{max} = 41.26 \text{MPa}$

12 그림과 같이 벽돌을 쌓아 올릴 때 최하단 벽돌의 안전계수를 20으로 하면 벽돌의 높이 h를 얼마만큼 높이 쌓을 수 있는가? (단, 벽돌의 비중량은 16kN/m³, 파괴압축응력을 11MPa로 한다.)

① 34.3m
② 25.5m
③ 45.0m
④ 23.8m

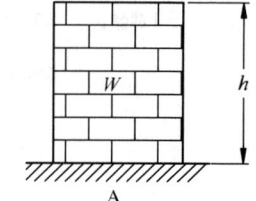

| 해설 | $\sigma_{ca} = \dfrac{\sigma_{cmax}}{S} = \dfrac{r \cdot A \cdot h}{A}$

$\dfrac{11 \times 10^6}{20} = 16 \times 10^3 \times h,\ h = 34.38\text{m}$

13 지름이 동일한 봉에 위 그림과 같이 하중이 작용할 때 단면에 발생하는 축 하중 선도는 아래 그림과 같다. 단면 C에 작용하는 하중(F)는 얼마인가?

① 150
② 250
③ 350
④ 450

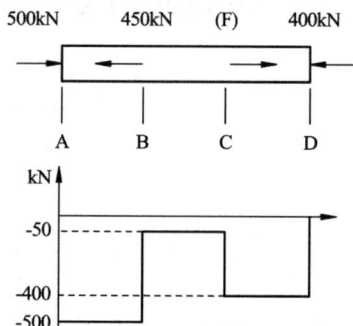

| 해설 | $\sum F_x = 0$
$500 + F = 450 + 400$
$F = 350\text{kN}$

14 강재의 인장시험 후 얻어진 응력-변형률 선도로부터 구할 수 없는 것은?

① 안전계수 ② 탄성계수
③ 인장강도 ④ 비례한도

Answer ■ 12. ① 13. ③ 14. ①

15 길이가 L이고 지름이 d_o인 원통형의 나사를 끼워 넣을 때 나사의 단위 길이 당 t_o의 토크가 필요하다. 나사 재질의 전단탄성계수가 G일 때 나사 끝단 간의 비틀림 회전량(rad)은 얼마인가?

① $\dfrac{16t_oL^2}{\pi d_o^4 G}$ ② $\dfrac{32t_oL^2}{\pi d_o^4 G}$ ③ $\dfrac{t_oL^2}{16\pi d_o^4 G}$ ④ $\dfrac{t_oL^2}{32\pi d_o^4 G}$

| 해설 | 나사 끝단 간의 비틀림 회전량(rad)이므로 나사의 길이 $\dfrac{L}{2}$를 적용시킨다.

$$\theta = \dfrac{(t_o \cdot L) \cdot \dfrac{L}{2}}{G \cdot \dfrac{\pi d_o^4}{32}} = \dfrac{16 \cdot t_o \cdot L^2}{G \cdot \pi \cdot d_o^4}$$

16 지름 35cm의 차축이 0.2° 만큼 비틀렸다. 이 때 최대 전단응력이 49MPa이고, 재료의 전단 탄성계수가 80GPa이라고 하면 이 차축의 길이는 약 몇 m인가?

① 2.0   ② 2.5   ③ 1.5   ④ 1.0

| 해설 | $\tau_{\max} = \dfrac{16 \times T}{\pi \times 0.35^3} = 49 \times 10^6$

$T = 412,505.84 \text{N} \cdot \text{m}$

$\theta = \dfrac{T \cdot \ell}{G \cdot \dfrac{\pi d^4}{32}}$

$0.2 \times \dfrac{\pi}{180} = \dfrac{32 \times 412,505.84 \times \ell}{80 \times 10^9 \times \pi \times 0.35^4}$

$\ell = 0.99\text{m} ≒ 1.0\text{m}$

17 평면 응력상태에서 σ_x와 σ_y 만이 작용하는 2축응력에서 모어원의 반지름이 되는 것은? (단, $\sigma_x \rangle \sigma_y$이다.)

① $(\sigma_x + \sigma_y)$ ② $(\sigma_x - \sigma_y)$
③ $\dfrac{1}{2}(\sigma_x + \sigma_y)$ ④ $\dfrac{1}{2}(\sigma_x - \sigma_y)$

18 지름이 d인 짧은 환봉의 축 중심으로부터 a만큼 떨어진 지점에 편심압축하중이 P가 작용할 때 단면상에서 인장응력이 일어나지 않는 a 범위는?

① $\dfrac{d}{8}$ 이내   ② $\dfrac{d}{6}$ 이내
③ $\dfrac{d}{4}$ 이내   ④ $\dfrac{d}{2}$ 이내

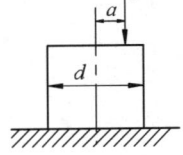

| 해설 | $a \leq \pm \dfrac{k^2}{y}$

$k^2 = \left(\dfrac{d}{4}\right)^2 = \dfrac{d^2}{16}$

$y = \dfrac{d}{2}$

$-\dfrac{d}{8} \leq a \leq \dfrac{d}{8}$

15. ①　16. ④　17. ④　18. ① ■ Answer

19 두께 1.0mm의 강판에 한 변의 길이가 25mm인 정사각형 구멍을 펀칭하려고 한다. 이 강판의 전단 파괴응력이 250MPa일 때 필요한 압축력은 몇 kN인가?

① 6.25
② 12.5
③ 25.0
④ 156.2

| 해설 | $F = \tau \cdot A = 250 \times 10^3 \times 4 \times 0.025 \times 0.001 = 25\text{kN}$

20 그림과 같이 하중을 받는 보에서 전단력의 최대값은 약 몇 kN인가?

① 11kN
② 25kN
③ 27kN
④ 35kN

| 해설 | $\sum M_A = 0$
$20 \times 4 + (4 \times 8) \times 4 - 8 \times R_B + (4 \times 2) \times 9 = 0$
$R_B = 35\text{kN}, \ R_A = 25\text{kN}$

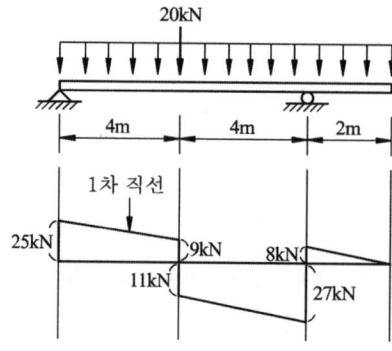

∴ $F_{max} = 27\text{kN}$

Answer ■ 19. ③ 20. ③

2과목 기계열역학

21 질량 1kg의 공기가 밀폐계에서 압력과 체적이 100kPa, 1m³ 이었는데 폴리트로픽 과정(PV^n=일정)을 거쳐 체적이 0.5m³이 되었다. 최종 온도(T_2)와 내부에너지의 변화량($\triangle U$)은 각각 얼마인가? (단, 공기의 기체상수는 287J/kg·K, 정적비열은 718J/kg·K, 정압비열은 1005J/kg·K, 폴리트로프 지수는 1.3이다.)

① T_2=459.7K, $\triangle U$=111.3kJ
② T_2=459.7K, $\triangle U$=79.9kJ
③ T_2=428.9K, $\triangle U$=80.5kJ
④ T_2=428.9K, $\triangle U$=57.8kJ

|해설| $T_1 = \dfrac{P_1 V_1}{m \cdot R} = \dfrac{100 \times 10^3 \times 1}{1 \times 287} = 348.43\,\text{K}$

$T_2 = T_1 \cdot \left(\dfrac{V_1}{V_2}\right)^{n-1} = 348.43 \times \left(\dfrac{1.0}{0.5}\right)^{0.3} = 428.97\,\text{K}$

$\triangle U = m \cdot C_V \cdot (T_2 - T_1) = 1 \times 0.718 \times (428.97 - 348.43) = 57.83\,\text{kJ}$

22 20℃의 공기 5kg이 정압 과정을 거쳐 체적이 2배가 되었다. 공급한 열량은 약 몇 kJ인가? (단, 정압비열은 1kJ/kg·K이다.)

① 1465
② 2198
③ 2931
④ 4397

|해설| $\dfrac{T_2}{T_1} = \dfrac{V_2}{V_1}$, $T_2 = (20+273) \times 2 = 586\,\text{K}$

$_1Q_2 = m \cdot C_P \cdot (T_2 - T_1) = 5 \times 1 \times (586 - 273 - 20) = 1465\,\text{kJ}$

23 온도가 150℃인 공기 3kg이 정압 냉각되어 엔트로피가 1.063kJ/K만큼 감소되었다. 이 때 방출된 열량은 약 몇 kJ인가? (단, 공기의 정압비열은 1.01kJ/kg·K이다.)

① 27
② 379
③ 538
④ 715

|해설| $\triangle S = m \cdot C_P \cdot \ln\left(\dfrac{T_2}{T_1}\right)$

$-1.063 = 3 \times 1.01 \times \ln\left(\dfrac{T_2}{150+273}\right)$

$T_2 = 297.84\,\text{K} = 24.84\,\text{℃}$

$_1Q_2 = m \cdot C_P \cdot (T_2 - T_1) = 3 \times 1.01 \times (24.84 - 150) = -379.23\,\text{kJ}$

24 밀폐계의 가역 정적변화에서 다음 중 옳은 것은? (단, U: 내부에너지, Q: 전달된 열, H: 엔탈피, V: 체적, W: 일 이다.)

① $dU = dQ$
② $dH = dQ$
③ $dV = dQ$
④ $dW = dQ$

|해설| $\delta Q = dU + PdV$
V = 일정
$\delta Q = dU$

21. ④ 22. ① 23. ② 24. ① ■ **Answer**

25 공기 1kg을 정적과정으로 40℃에서 120℃까지 가열하고, 다음에 정압과정으로 120℃에서 220℃까지 가열한다면 전체 가열에 필요한 열량은 약 얼마인가? (단, 정압비열은 1.00kJ/kg·K, 정적비열은 0.71kJ/kg·K이다.)

① 127.8kJ/kg
② 141.5kJ/kg
③ 156.8kJ/kg
④ 185.2kJ/kg

| 해설 | $_1Q_2 = mC_V \cdot (T_2 - T_1) + mC_p \cdot (T_3 - T_2) = 1 \times 0.71 \times (120-40) + 1 \times 1.00 \times (220-120) = 156.8$ kJ/kg

26 냉동기 냉매의 일반적인 구비조건으로서 적합하지 않은 사항은?

① 임계 온도가 높고, 응고 온도가 낮을 것
② 증발열이 적고, 증기의 비체적이 클 것
③ 증기 및 액체의 점성이 작을 것
④ 부식성이 없고, 안정성이 있을 것

| 해설 | 냉동기의 효과가 좋으려면 증발기에서 증발잠열이 커야 한다.

27 그림과 같이 중간에 격벽이 설치된 계에서 A에는 이상기체가 충만되어 있고, B는 진공이며, A와 B의 체적은 같다. A와 B 사이의 격벽을 제거하면 A의 기체는 단열비가역 자유팽창을 하여 어느 시간 후에 평형에 도달하였다. 이 경우의 엔트로피 변화 △s는? (단, C_v는 정적비열, C_p는 정압비열, R은 기체상수이다.)

① $\triangle s = C_v \times \ln 2$
② $\triangle s = C_p \times \ln 2$
③ $\triangle s = 0$
④ $\triangle s = R \times \ln 2$

| 해설 | $V_1 = V_A$, $V_2 = V_A + V_B = 2V_A = 2V_1$
$T_1 = T_A$, $T_2 = T_{AB} = T_A = T_1$
$\triangle s = C_v \cdot \ln\left(\dfrac{T_2}{T_1}\right) + R \cdot \ln\left(\dfrac{V_2}{V_1}\right) = R \cdot \ln 2$

28 오토 사이클의 압축비가 6인 경우 이론 열효율은 약 몇 %인가? (단, 비열비=1.4이다.)

① 51
② 54
③ 59
④ 62

| 해설 | $\eta_o = 1 - \left(\dfrac{1}{\epsilon}\right)^{k-1} = \left\{1 - \left(\dfrac{1}{6}\right)^{0.4}\right\} \times 100 = 51.16\%$

29 온도 T_2인 저온체에서 열량 Q_A를 흡수해서 온도가 T_1인 고온체로 열량 Q_R를 방출할 때 냉동기의 성능계수(coefficient of performance)는?

① $\dfrac{Q_R - Q_A}{Q_A}$　　② $\dfrac{Q_R}{Q_A}$

③ $\dfrac{Q_A}{Q_R - Q_A}$　　④ $\dfrac{Q_A}{Q_R}$

| 해설 |　$W = Q_R - Q_A$
　　　　$\epsilon_r = \dfrac{Q_A}{W} = \dfrac{Q_A}{Q_R - Q_A}$

30 30℃, 100kPa의 물을 800kPa까지 압축한다. 물의 비체적이 0.001m³/kg로 일정하다고 할 때, 단위 질량당 소요된 일(공업일)은?

① 167J/kg　　② 602J/kg
③ 700J/kg　　④ 1400J/kg

| 해설 |　$W_t = 0.001 \times (800 - 100) = 0.7$ kJ/kg

31 냉동실에서의 흡수 열량이 5 냉동톤(RT)인 냉동기의 성능계수(COP)가 2, 냉동기를 구동하는 가솔린 엔진의 열효율이 20%, 가솔린의 발열량이 4300kJ/kg일 경우, 냉동기 구동에 소요되는 가솔린의 소비율은 약 몇 kg/h인가? (단, 1 냉동톤(RT)은 약 3.86kW이다.)

① 1.28kg/h　　② 2.54kg/h
③ 4.04kg/h　　④ 4.85kg/h

| 해설 |　$\epsilon_r = \dfrac{\dot{Q}_2}{\dot{W}}$
　　　　$\dot{W} = \dfrac{5 \times 3.86}{2} = 9.65$ kW
　　　　$\eta = \dfrac{\dot{W}}{\dot{m} \cdot H_\ell}$
　　　　$\dot{m} = \dfrac{9.65 \times 3600}{0.2 \times 43000} = 4.04$ kg/h

32 비열비가 k인 이상기체로 이루어진 시스템이 정압과정으로 부피가 2배로 팽창할 때 시스템이 한 일이 W, 시스템에 전달된 열이 Q일 때, $\dfrac{W}{Q}$은 얼마인가? (단, 비열은 일정하다.)

① k　　② $\dfrac{1}{k}$

③ $\dfrac{k}{k-1}$　　④ $\dfrac{k-1}{k}$

29. ③　30. ③　31. ③　32. ④　■ Answer

|해설| $P = $ 일정
$$W = P(V_2 - V_1) = mR(T_2 - T_1)$$
$$Q = m \cdot C_P(T_2 - T_1) = m \cdot \frac{kR}{k-1}(T_2 - T_1)$$
$$\frac{W}{Q} = \frac{k-1}{k}$$

33 이상기체에서 엔탈피 h와 내부에너지 u, 엔트로피 s 사이에 성립하는 식으로 옳은 것은? (단, T는 온도, v는 체적, P는 압력이다.)

① $Tds = dh + vdP$
② $Tds = dh - vdP$
③ $Tds = du - Pdv$
④ $Tds = dh + d(Pv)$

|해설| $\delta q = dh - vdp = T \cdot dS$
• 열역학 제1법칙과 제2법칙 적용

34 밀도 1000kg/m³인 물이 단면적 0.01m²인 관속을 2m/s의 속도로 흐를 때, 질량유량은?

① 20kg/s
② 2.0kg/s
③ 50kg/s
④ 5.0kg/s

|해설| $\dot{m} = \rho A V = 1000 \times 0.01 \times 2 = 20 \text{kg/s}$

35 대기압 100kPa에서 용기에 가득 채운 프로판을 일정한 온도에서 진공펌프를 사용하여 2kPa까지 배기하였다. 용기 내에 남은 프로판의 중량은 처음 중량의 몇 % 정도 되는가?

① 20%
② 2%
③ 50%
④ 5%

|해설| $\frac{P_1}{P_2} = \frac{m_1}{m_2} = \frac{100}{2} = 50$
$m_2 = \frac{1}{50}m_1 = 0.02m_1$
m_2는 m_1의 2% 정도 남는다.

36 열역학적 상태량은 일반적으로 강도성 상태량과 종량성 상태량으로 분류할 수 있다. 강도성 상태량에 속하지 않는 것은?

① 압력
② 온도
③ 밀도
④ 체적

|해설| 강도성 상태량 : 질량에 비례하지 않는 상태량

Answer ■ 33. ② 34. ① 35. ② 36. ④

37 카르노 열기관 사이클 A는 0℃와 100℃ 사이에서 작동되며 카르노 열기관 사이클 B는 100℃와 200℃ 사이에서 작동된다. 사이클 A의 효율(η_A)과 사이클 B의 효율(η_B)을 각각 구하면?

① η_A=26.80%, η_B=50.00%
② η_A=26.80%, η_B=21.14%
③ η_A=38.75%, η_B=50.00%
④ η_A=38.75%, η_B=21.14%

| 해설 | $\eta_A = \left(1 - \dfrac{273}{100+273}\right) \times 100 = 26.81\%$

$\eta_B = \left(1 - \dfrac{100+273}{200+273}\right) \times 100 = 21.14\%$

38 수소(H_2)를 이상기체로 생각하였을 때, 절대압력 1MPa, 온도 100℃에서의 비체적은 약 몇 m^3/kg인가? (단, 일반기체상수는 8.3145kJ/kmol·K이다.)

① 0.781
② 1.26
③ 1.55
④ 3.46

| 해설 | $p \cdot v = RT = \dfrac{\overline{R}}{M}T$

$1 \times 10^6 \times v = \dfrac{8314.5}{2} \times (100+273)$

$v = 1.55 m^3/kg$

39 과열증기를 냉각시켰더니 포화영역 안으로 들어와서 비체적이 0.2327m^3/kg이 되었다. 이 때의 포화액과 포화증기의 비체적이 각각 $1.079 \times 10^{-3} m^3$/kg, 0.5243m^3/kg이라면 건도는?

① 0.964
② 0.772
③ 0.653
④ 0.443

| 해설 | $v_x = v' + x(v'' - v')$

$x = \dfrac{0.2327 - 1.079 \times 10^{-3}}{0.5243 - 1.079 \times 10^{-3}} = 0.443$

40 그림과 같은 Rankine 사이클의 열효율은 약 몇 %인가? (단, h_1=191.8kJ/kg, h_2=193.8kJ/kg, h_3=2799.5kJ/kg, h_4=2007.5kJ/kg이다.)

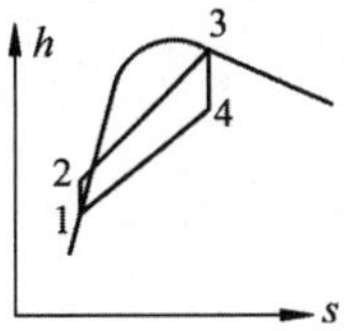

① 30.3%
② 39.7%
③ 46.9%
④ 54.1%

| 해설 | $\eta_R = \dfrac{(h_3-h_4)-(h_2-h_1)}{h_3-h_2} = \dfrac{(2799.5-2007.5)-(193.8-191.8)}{2799.5-193.8} = 0.3032 \times 100 = 30.32\%$

37. ② 38. ③ 39. ④ 40. ① ■ Answer

3과목 기계유체역학

41 정지된 액체 속에 잠겨있는 평면이 받는 압력에 의해 발생하는 합력에 대한 설명으로 옳은 것은?

① 크기가 액체의 비중량에 반비례한다.
② 크기는 도심에서의 압력에 면적을 곱한 것과 같다.
③ 작용점은 평면의 도심과 일치한다.
④ 수직평면의 경우 작용점이 도심보다 위쪽에 있다.

|해설| $F = P \cdot A = \gamma \cdot \overline{h} \cdot A$
$\overline{h}$: 자유표면에서 평면의 도심까지 수직깊이

42 조종사가 2000m의 상공을 일정속도로 낙하산으로 강하하고 있다. 조종사의 무게가 1000N, 낙하산 지름이 7m, 항력계수가 1.3일 때 낙하 속도는 약 몇 m/s인가? (단, 공기 밀도는 1kg/m³이다.)

① 5.0
② 6.3
③ 7.5
④ 8.2

|해설| $\Sigma F = 0$
$W = D = C_D \cdot A \cdot \dfrac{\rho \cdot V^2}{2}$
$1000 = 1.3 \times \dfrac{\pi \times 7^2}{4} \times \dfrac{1 \times V^2}{2}$
$V = 6.32 \text{m/sec}$

43 국소 대기압이 710mmHg일 때, 절대압력 50kPa은 게이지 압력으로 약 얼마인가?

① 44.7Pa 진공
② 44.7Pa
③ 44.7kPa 진공
④ 44.7kPa

|해설| $p_g = \left(50 \times 10^3 - \dfrac{710}{760} \times 101325\right) \times 10^{-3} = -44.66 \text{kPa}$

44 수면의 높이 차이가 H인 두 저수지 사이에 지름 d, 길이 ℓ인 관로가 연결되어 있을 때 관로에서의 평균 유속(V)을 나타내는 식은? (단, f는 관마찰계수이고, g는 중력가속도이며, K_1, K_2는 관입구와 출구에서 부차적 손실계수이다.)

① $V = \sqrt{\dfrac{2gdH}{K_1 + f\ell + K_2}}$

② $V = \sqrt{\dfrac{2gH}{K_1 + f + K_2}}$

③ $V = \sqrt{\dfrac{2gH}{K_1 + \dfrac{f}{\ell} + K_2}}$

④ $V = \sqrt{\dfrac{2gH}{K_1 + f\dfrac{\ell}{d} + K_2}}$

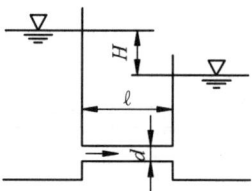

Answer ■ 41. ② 42. ② 43. ③ 44. ④

| 해설 | $Z_1 - Z_2 = h_\ell$

$$H = (k_1 + f \cdot \frac{\ell}{d} + k_2) \cdot \frac{V^2}{2g}$$

$$V = \sqrt{\frac{2gh}{(k_1 + f \cdot \frac{\ell}{d} + k_2)}}$$

45 스프링 상수가 10N/cm인 4개의 스프링으로 평판 A를 벽 B에 그림과 같이 장착하였다. 유량 0.01m³/s, 속도 10m/s인 물 제트가 평판 A의 중앙에 직각으로 충돌할 때, 평판과 벽 사이에서 줄어드는 거리는 약 몇 cm인가?

① 2.5
② 1.25
③ 10.0
④ 5.0

| 해설 | $F_x = 4k \cdot x = \rho QV$
$4 \times 10 \times 10^2 \times x = 1000 \times 0.01 \times 10$
$x = 0.025\text{m} = 2.5\text{cm}$

46 수면에 떠 있는 배의 저항문제에 있어서 모형과 원형 사이에 역학적 상사(相似)를 이루려면 다음 중 어느 것이 중요한 요소가 되는가?

① Reynolds number, Mach number
② Reynolds number, Froude number
③ Weber number, Euler number
④ Mach number, Weber number

| 해설 | 배의 모형실험은 프루우드수를 만족해야 함

47 지름은 200mm에서 지름 100mm로 단면적이 변하는 원형관 내의 유체 흐름이 있다. 단면적 변화에 따라 유체 밀도가 변경 전 밀도의 106%로 커졌다면, 단면적이 변한 후의 유체속도는 약 몇 m/s인가? (단, 지름 200mm에서 유체의 밀도는 800kg/m³, 평균 속도는 20m/s이다.)

① 52
② 66
③ 75
④ 89

| 해설 | $\rho_2 = 1.06\rho_1$
$\dot{m} = \rho_1 \cdot A_1 \cdot V_1 = \rho_2 \cdot A_2 \cdot V_2 = 1.06\rho_1 \cdot A_2 \cdot V_2$
$V_2 = \frac{200^2 \times 20}{1.06 \times 100^2} = 75.47\text{m/s}$

45. ① 46. ② 47. ③ ■ Answer

48 2차원 속도장이 $\vec{V}=y^2\hat{i}-xy\hat{j}$로 주어질 때(1, 2) 위치에서의 가속도의 크기는 약 얼마인가?

① 4 ② 6
③ 8 ④ 10

| 해설 | $\dfrac{D\vec{V}}{Dt}=\dfrac{\partial \vec{V}}{\partial t}+u\dfrac{\partial \vec{V}}{\partial x}+v\dfrac{\partial \vec{V}}{\partial y}$
정상류이고 대류가속도 성분계산
$a=\sqrt{\{y^2\times(-y)\}^2+\{(-xy)\cdot(2y-x)\}^2}=\sqrt{(-8)^2+(-6)^2}=10$

49 다음 중 유량을 측정하기 위한 장치가 아닌 것은?

① 위어(weir) ② 오리피스(orifice)
③ 피에조미터(piezo meter) ④ 벤투리미터(venturi meter)

| 해설 | 피에조미터 : 정압측정

50 낙차가 100m이고 유량이 500m³/s인 수력발전소에서 얻을 수 있는 최대 발전용량은?

① 50kW ② 50MW
③ 490kW ④ 490MW

| 해설 | $L_T=\gamma\cdot Q\cdot h_T=9.8\times500\times100=490,000kW=490$MW

51 다음 〈보기〉 중 무차원수를 모두 고른 것은?

〈보기〉
a. Reynolds 수   b. 관마찰계수
c. 상대조도   d. 일반기체상수

① a, c ② a, b
③ a, b, c ④ b, c, d

52 Blasius의 해석결과에 따라 평판 주위의 유동에 있어서 경계층 두께에 관한 설명으로 틀린 것은?

① 유체 속도가 빠를수록 경계층 두께는 작아진다.
② 밀도가 클수록 경계층 두께는 작아진다.
③ 평판 길이가 길수록 평판 끝단부의 경계층 두께는 커진다.
④ 점성이 클수록 경계층 두께는 작아진다.

| 해설 | $\delta=5.0x\cdot Re^{-\frac{1}{2}}=5.0x\cdot\left(\dfrac{U_\infty\cdot x}{\nu}\right)^{-\frac{1}{2}}=5.0x\cdot\left(\dfrac{\nu}{U_\infty\cdot x}\right)^{\frac{1}{2}}$

Answer ■ 48. ④   49. ③   50. ④   51. ③   52. ④

53 노즐을 통하여 풍량 $Q=0.8m^3/s$일 때 마노미터 수두 높이차 h는 약 몇 m인가? (단, 공기의 밀도는 $1.2kg/m^3$, 물의 밀도는 $1000kg/m^3$이며, 노즐 유량계의 송출계수는 1로 가정한다.)

① 0.13
② 0.27
③ 0.48
④ 0.62

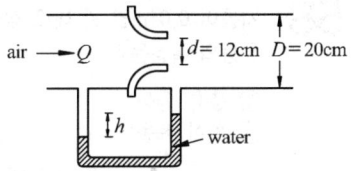

| 해설 | $\dfrac{(P_1-P_2)}{\gamma}=h(\dfrac{\gamma_s}{\gamma}-1)=\dfrac{V_2^2}{2g}(1-\dfrac{A_2^2}{A_1^2})$

$V_2=\dfrac{Q}{A_2}=\dfrac{4\times0.8}{\pi\times0.12^2}=70.74 m/s$

$h\times(\dfrac{1000}{1.2}-1)=\dfrac{70.74^2}{2\times9.8}(1-\dfrac{12^4}{20^4})$

$h=0.27m$

54 지름 D인 파이프 내에 점성 μ인 유체가 층류로 흐르고 있다. 파이프 길이가 L일 때, 유량과 압력 손실 $\triangle p$의 관계로 옳은 것은?

① $Q=\dfrac{\pi\triangle pD^2}{128\mu L}$
② $Q=\dfrac{\pi\triangle pD^2}{256\mu L}$
③ $Q=\dfrac{\pi\triangle pD^4}{128\mu L}$
④ $Q=\dfrac{\pi\triangle pD^4}{256\mu L}$

55 무차원수인 스트라홀 수(Strouhal number)와 가장 관계가 먼 항목은?

① 점도
② 속도
③ 길이
④ 진동흐름의 주파수

| 해설 | 스트라홀 수 $=\dfrac{진동}{평균속도}=\dfrac{w\cdot L}{V}$

56 지름비가 1 : 2 : 3인 모세관의 상승높이 비는 얼마인가? (단, 다른 조건은 모두 동일하다고 가정한다.)

① 1 : 2 : 3
② 1 : 4 : 9
③ 3 : 2 : 1
④ 6 : 3 : 2

| 해설 | $h=\dfrac{4\sigma\cdot\cos\beta}{\gamma\cdot d}$, $h\propto\dfrac{1}{d}$

$h_1:h_2:h_3=1:\dfrac{1}{2}:\dfrac{1}{3}=6:3:2$

57 다음 중 단위계(System of Uint)가 다른 것은?

① 항력(Drag)
② 응력(Stress)
③ 압력(Pressure)
④ 단위 면적 당 작용하는 힘

53. ② 54. ③ 55. ① 56. ④ 57. ① ■ Answer

58 지름이 0.01m인 관 내로 점성계수 0.005N·s/m², 밀도 800kg/m³인 유체가 1m/s의 속도로 흐를 때 이 유동의 특성은?

① 층류 유동 ② 난류 유동
③ 천이 유동 ④ 위 조건으로는 알 수 없다.

| 해설 | $Re = \dfrac{\rho \cdot V \cdot d}{\mu} = \dfrac{800 \times 1 \times 0.01}{0.005} = 1600$

∴ 2100보다 작으므로 층류

59 평판으로부터의 거리를 y라고 할 때 평판에 평행한 방향의 속도 분포($u(y)$)가 아래와 같은 식으로 주어지는 유동장이 있다. 여기에서 U와 L은 각각 유동장의 특성속도와 특성길이를 나타낸다. 유동장에서는 속도 $u(y)$만 있고, 유체는 점성계수가 μ인 뉴턴 유체일 때 $y = L/8$에서의 전단응력은?

$$u(y) = U\left(\dfrac{y}{L}\right)^{2/3}$$

① $\dfrac{2\mu U}{3L}$ ② $\dfrac{4\mu U}{3L}$
③ $\dfrac{8\mu U}{3L}$ ④ $\dfrac{16\mu U}{3L}$

| 해설 | $\tau = \mu \cdot \dfrac{du}{dy}\bigg|_{y=\frac{L}{8}} = \mu \cdot U \cdot \dfrac{\frac{2}{3} \cdot y^{-\frac{1}{3}}}{L^{\frac{2}{3}}}\bigg|_{y=\frac{L}{8}} = \dfrac{2}{3}\mu U \cdot \dfrac{2}{L} = \dfrac{4\mu U}{3L}$

60 포텐셜 함수가 $K\theta$인 선와류 유동이 있다. 중심에서 반지름 1m인 원주를 따라 계산한 순환(circulation)은? (단, $\vec{V} = \nabla\varnothing = \dfrac{\partial\varnothing}{\partial r}\hat{i_r} + \dfrac{1}{r}\dfrac{\partial\varnothing}{\partial\theta}\hat{i_\theta}$이다.)

① 0 ② K
③ πK ④ $2\pi K$

| 해설 | 순환 : 폐곡선을 따라서 호의 길이와 접선속도성분의 곱을 반시계 방향으로 선적분한 양

$\varGamma = \displaystyle\int_0^{2\pi} V_\theta \cdot \gamma \cdot d\theta$

$V_\theta = \dfrac{1}{\gamma}\dfrac{\partial\phi}{\partial\theta} = \dfrac{1}{\gamma}\dfrac{\partial}{\partial\theta}(k\theta) = \dfrac{k}{r}$

$\varGamma = \displaystyle\int_0^{2\pi} kd\theta = k \cdot \theta\big|_0^{2\pi} = 2\pi k$

Answer ■ 58. ① 59. ② 60. ④

4과목 기계재료 및 유압기기

61 강의 5대 원소만을 나열한 것은?

① Fe, C, Ni, Si, Au
② Ag, C, Si, Co, P
③ C, Si, Mn, P, S
④ Ni, C, Si, Cu, S

| 해설 | 탄소강 중 탄소 이외의 원소 : 규소(Si), 망간(Mn), 인(P), 황(S), 구리(Cu)

62 C와 Si의 함량에 따른 주철의 조직을 나타낸 조직 분포도는?

① Gueiner, Klingenstein 조직도
② 마우러(Maurer) 조직도
③ Fe-C 복평형 상태도
④ Guilet 조직도

| 해설 | 탄소(C)와 규소(Si) 및 냉각속도에 따른 주철의 조직도를 마우러 조직도라 한다.

63 고 망간강에 관한 설명으로 틀린 것은?

① 오스테나이트 조직을 갖는다.
② 광석·암석의 파쇄기의 부품 등에 사용된다.
③ 열처리에 수인법(water toughening)이 이용된다.
④ 열전도성이 좋고 팽창계수가 작아 열변형을 일으키지 않는다.

| 해설 | 고망간강 : 인장강도 및 점성계수가 우수하다. 강인강의 종류이다.

64 고속도공구강(SKH2)의 표준조성에 해당되지 않는 것은?

① W
② V
③ Al
④ Cr

| 해설 | 표준고속도강 : W18%+Cr4%+V1%

65 강의 열처리 방법 중 표면경화법에 해당하는 것은?

① 마퀜칭
② 오스포밍
③ 침탄질화법
④ 오스템퍼링

| 해설 | ① 마퀜칭, 오스포밍, 오스템퍼링 등은 항온 열처리이다.
② 화학적 표면경화법으로 침탄법, 질화법 등이 있다.

61. ③ 62. ② 63. ④ 64. ③ 65. ③ ■ Answer

66 대표적인 주조경질 합금으로 코발트를 주성분으로 한 Co-Cr-W-C계 합금은?

① 라우탈(lutal)
② 실루민(silumin)
③ 세라믹(ceramic)
④ 스텔라이트(stellite)

|해설| ① 라우탈 : Al+Si+Cu계 합금
② 실루민 : Al+Si계 합금
③ 세라믹 : Al_2O_3

67 두랄루민의 합금조성으로 옳은 것은?

① Al-Cu-Zn-Pb
② Al-Cu-Mg-Mn
③ Al-Zn-Si-Sn
④ Al-Zn-Ni-Mn

68 서브제로(sub-zero)에 관한 설명으로 틀린 것은?

① 마모성 및 피로성이 향상된다.
② 잔류오스테나이트를 마텐자이트화 한다.
③ 담금질을 한 강의 조직이 안정화된다.
④ 시효변화가 적으며 부품의 치수 및 형상이 안정된다.

69 다음 중 비중이 가장 큰 금속은?

① Fe
② Al
③ Pb
④ Cu

|해설| ① Fe : 7.8
② Al : 2.68
③ Pb : 11.34
④ Cu : 8.96

70 과공석강의 탄소함유량(%)으로 옳은 것은?

① 약 0.01~0.02%
② 약 0.02~0.80%
③ 약 0.80~2.0%
④ 약 2.0~4.3%

|해설| ① 아공석강 : C 0.03~0.8%
② 공석강 : C 0.8%
③ 과공석강 : C 0.8~2.0%

Answer ■ 66. ④ 67. ② 68. ① 69. ③ 70. ③

71 그림과 같이 P_3의 압력은 실린더에 작용하는 부하의 크기 혹은 방향에 따라 달라질 수 있다. 그러나 중앙의 "A"에 특정 밸브를 연결하면 P_3의 압력 변화에 대하여 밸브 내부에서 P_2의 압력을 변화시켜 $\triangle P$의 항상 일정하게 유지시킬 수 있는데 "A"에 들어갈 수 있는 밸브는 무엇인가?

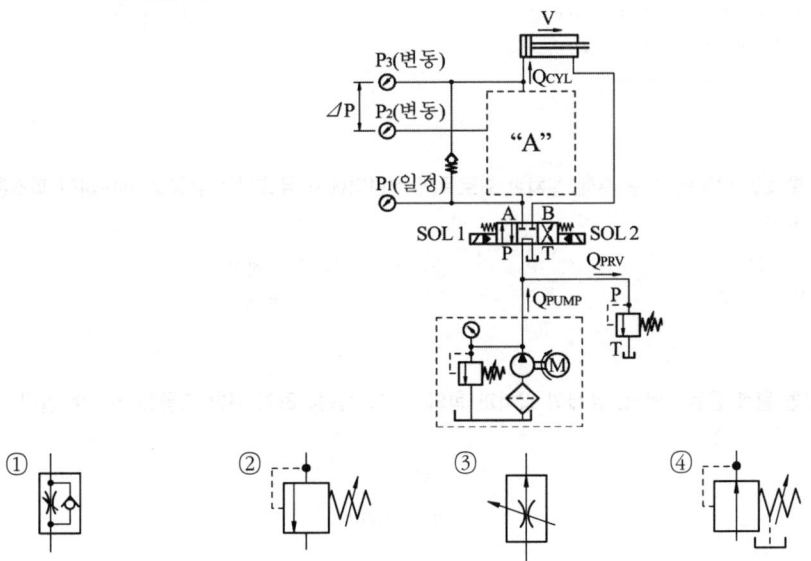

| 해설 | ①은 1방향 교축·속도제어밸브
③은 압력보상형 유량제어밸브 : 그림에서 P_3의 압력변환에 대하여 밸브 내부에서 P_2의 압력을 변화시켜 $\triangle P$를 항상 일정하게 유지하여 밸브를 통과하는 유량도 일정하게 하는 밸브이다.

72 그림과 같은 유압회로도에서 릴리프 밸브는?

① ⓐ
② ⓑ
③ ⓒ
④ ⓓ

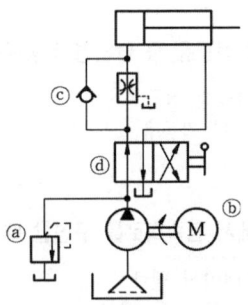

| 해설 | ⓐ : 릴리프 밸브
ⓑ : 전동기
ⓒ : 유량조정밸브
ⓓ : 4포트 2위치 방향전환 밸브

73 일반적으로 저점도유를 사용하며 유압시스템의 온도도 60~80℃ 정도로 높은 상태에서 운전하여 유압시스템 구성기기의 이물질을 제거하는 작업은?

① 엠보싱　　　　　　② 블랭킹
③ 플러싱　　　　　　④ 커미싱

| 해설 | 플러싱 : 유압기기를 처음 운전할 때 또는 장치내의 슬러지를 용해하기 위한 작업이다.

71. ③　72. ①　73. ③ ■ Answer

74 그림과 같은 방향 제어 밸브의 명칭으로 옳은 것은?

① 4 ports-4 control position valve
② 5 ports-4 control position valve
③ 4 ports-2 control position valve
④ 5 ports-2 control position valve

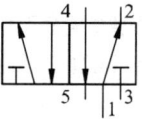

|해설| 5포트 2위치 방향전환 밸브

75 유량제어 밸브를 실린더 출구 측에 설치한 회로로서 실린더에서 유출되는 유량을 제어하여 피스톤 속도를 제어하는 회로는?

① 미터 인 회로
② 카운터 밸런스 회로
③ 미터 아웃 회로
④ 블리드 오프 회로

76 실린더 안을 왕복 운동하면서, 유체의 압력과 힘의 주고 받음을 하기 위한 지름에 비하여 길이가 긴 기계 부품은?

① spool
② land
③ port
④ plunger

77 한 쪽 방향으로 흐름은 자유로우나 역방향의 흐름을 허용하지 않는 밸브는?

① 셔틀 밸브
② 체크 밸브
③ 스로틀 밸브
④ 릴리프 밸브

78 다음 유압 작동유 중 난연성 작동유에 해당하지 않는 것은?

① 물-글리콜형 작동유
② 인산 에스테르형 작동유
③ 수중 유형 작동유
④ R&O형 작동유

79 유압회로에서 감속회로를 구성할 때 사용되는 밸브로 가장 적합한 것은?

① 디셀러레이션 밸브
② 시퀀스 밸브
③ 저압우선형 셔틀 밸브
④ 파일럿 조작형 체크 밸브

|해설| 감속밸브(deceleration valve) : 유압모터나 유압실린더의 속도를 가속 또는 감속시킬 때 사용하는 밸브이다.

Answer ■ 74. ④ 75. ③ 76. ④ 77. ② 78. ④ 79. ①

80 유입관로의 유량이 25L/min일 때 내경이 10.9mm라면 관내 유속은 약 몇 m/s인가?

① 4.47
② 14.62
③ 6.32
④ 10.27

|해설| $Q = A \cdot V$

$$\frac{25 \times 10^{-3}}{60} = \frac{\pi \times 0.0109^2}{4} \times V$$

$V = 4.47 \text{m/sec}$

5과목 기계제작법 및 기계동력학

81 x방향에 운동 방정식이 다음과 같이 나타날 때 이 진동계에서의 감쇠 고유진동수(damped natural frequency)는 약 몇 rad/s인가?

$$2\ddot{x} + 3\dot{x} + 8x = 0$$

① 2.75
② 1.35
③ 2.25
④ 1.85

|해설| $C_c = \dfrac{2k}{w} = \dfrac{2k}{\sqrt{\dfrac{k}{m}}} = 8$

$\psi = \dfrac{C}{C_c} = \dfrac{3}{8} = 0.375$

$w_d = w \cdot \sqrt{1 - \psi^2} = 2 \times \sqrt{1 - 0.375^2} = 1.85$

82 기중기 줄에 200N과 160N의 일정한 힘이 작용하고 있다. 처음에 물체의 속도는 밑으로 2m/s였는데, 5초 후에 물체 속도의 크기는 약 몇 m/s인가?

① 0.18m/s
② 0.28m/s
③ 0.38m/s
④ 0.48m/s

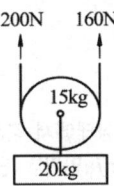

|해설| $\Sigma F = m \cdot a$

$200 + 160 - (15 \times 9.8 + 20 \times 9.8) = (15 + 20) \times a$

$a = 0.48 \text{m/s}^2$

$a = \dfrac{\Delta V}{\Delta t} = 0.48 = \dfrac{V_2 - (-2)}{5}$

$V_2 = 0.4 \text{m/sec}$

80. ① 81. ④ 82. ③ ■ Answer

83 36km/h의 속력으로 달리던 자동차 A가 정지하고 있던 자동차 B와 충돌하였다. 충돌 후 자동차 B는 2m 만큼 미끄러진 후 정지하였다. 두 자동차 사이의 반발계수 e는 약 얼마인가? (단, 자동차 A, B의 질량은 동일하며 타이어와 노면의 동마찰계수는 0.8이다.)

① 0.06
② 0.08
③ 0.10
④ 0.12

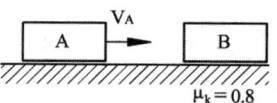

|해설| $V_A = 36$km/h, $V_B = 0$
$\Sigma F = ma = \mu_k \cdot mg$
$a = \mu_k \cdot g = 0.8 \times 9.8 = 7.8$m/s^2
$(V_B'')^2 - (V_B')^2 = -2aS$, $V_B'' = 0$
$V_B' = \sqrt{2 \times 7.8 \times 2} = 5.6$m/s
$m_A \cdot V_A = m_A \cdot V_A' + m_B \cdot V_B'$
$V_A' = V_A - V_B' = \dfrac{36 \times 10^3}{3600} - 5.6 = 4.4$m/s
$e = \dfrac{-(V_A' - V_B')}{V_A - V_B} = \dfrac{-(4.4 - 5.6)}{10} = 0.12$

84 질량이 100kg이고 반지름이 1m인 구의 중심에 420N의 힘이 그림과 같이 작용하여 수평면 위에서 미끄러짐 없이 구르고 있다. 바퀴의 각가속도는 몇 rad/s^{2}인가?

① 2.2
② 2.8
③ 3
④ 3.2

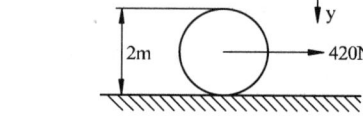

|해설| $\Sigma M = J \cdot \alpha$, $F \cdot r = \dfrac{3}{2} mr^2 \cdot \alpha$
$420 \times 1 = \dfrac{3}{2} \times 100 \times 1^2 \times \alpha$
$\alpha = 2.8$rad/sec^2

85 질량 10kg인 상자가 정지한 상태에서 경사면을 따라 A지점에서 B지점까지 미끄러져 내려왔다. 이 상자의 B지점에서의 속도는 약 몇 m/s인가? (단, 상자와 경사면 사이의 동마찰계수(μ_k)는 0.3이다.)

① 5.3
② 3.9
③ 7.2
④ 4.6

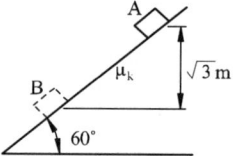

|해설| $U_{1 \to 2} = \Delta T$
$U_g - U_f = \dfrac{1}{2} m (V_B^2 - V_A^2)$
$\sqrt{3} mg - \mu_k \cdot mg \cdot \cos 60° \cdot \dfrac{\sqrt{3}}{\sin 60°} = \dfrac{1}{2} m V_B^2$
$\sqrt{3} \times 10 \times 9.8 - 0.3 \times 10 \times 9.8 \times \cos 60° \times \dfrac{\sqrt{3}}{\sin 60°} = \dfrac{1}{2} \times 10 \times V_B^2$
$V_B = 5.3$m/sec

Answer ■ 83. ④   84. ②   85. ①

86 어떤 사람이 정지 상태에서 출발하여 직선방향으로 등가속도 운동을 하여 5초 만에 10m/s의 속도가 되었다. 출발하여 5초 동안 이동한 거리는 몇 m인가?

① 5
② 10
③ 25
④ 50

|해설| $V = V_o + at = a \cdot t$
$a = \dfrac{10}{5} = 2\,\mathrm{m/s^2}$
$S = V_o \cdot t + \dfrac{1}{2}at^2 = \dfrac{1}{2} \times 2 \times 5^2 = 25\,\mathrm{m}$

87 스프링으로 지지되어 있는 질량의 정적 처짐이 0.5cm일 때 이 진동계의 고유진동수는 몇 Hz인가?

① 3.53
② 7.05
③ 14.09
④ 21.15

|해설| $f = \dfrac{w}{2\pi} = \dfrac{1}{2\pi}\sqrt{\dfrac{g}{\delta}} = \dfrac{1}{2\pi} \times \sqrt{\dfrac{9.8}{0.005}} = 7.05\,\mathrm{Hz}$

88 그림과 같이 길이가 서로 같고 평행인 두 개의 부재에 매달려 운동하는 평판의 운동의 형태는?

① 병진운동
② 고정축에 대한 회전운동
③ 고정점에 대한 회전운동
④ 일반적인 평면운동(회전운동 및 병진운동이 아닌 평면 운동)

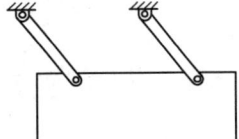

89 주기운동의 변위 $x(t)$가 $x(t) = A\sin\omega t$로 주어졌을 때 가속도의 최대값은 얼마인가?

① A
② ωA
③ $\omega^2 A$
④ $\omega^3 A$

|해설| $x(t) = A \cdot \sin wt$
$\ddot{x}(t) = -Aw^2\sin wt$
$a_{\max} = Aw^2(\sin wt)$

90 감쇠비 ζ가 일정할 때 전달률을 1보다 작게 하려면 진동수비는 얼마의 크기를 가지고 있어야 하는가?

① 1보다 작아야 한다.
② 1보다 커야 한다.
③ $\sqrt{2}$ 보다 작아야 한다.
④ $\sqrt{2}$ 보다 커야 한다.

|해설| $TR < 1$이면 $\dfrac{w}{w_n} > \sqrt{2}$ 이다.

86. ③ 87. ② 88. ① 89. ③ 90. ④ ■ Answer

91 판 두께 5mm인 연강 판에 직경 10mm의 구멍을 프레스로 블랭킹하려 할 때, 총 소요동력(Pt)는 약 몇 kW인가? (단, 프레스의 평균속도는 7m/min, 재료의 전단강도는 300N/mm², 기계의 효율은 80%이다.)

① 5.5
② 6.9
③ 26.9
④ 68.7

| 해설 | $P_t = \dfrac{\tau \cdot A \cdot V}{\eta} = \dfrac{300 \times \pi \times 10 \times 5 \times 7}{0.8 \times 60 \times 1000} = 6.9\text{kW}$

92 다음 중 열처리(담금질)에서의 냉각능력이 가장 우수한 냉각제는?

① 비눗물
② 글리세린
③ 18℃의 물
④ 10% NaCl액

| 해설 | 담금질 열처리시 냉각능력이 가장 좋은 것은 소금물이다.

93 주조에서 주물의 중심부까지의 응고시간(t), 주물의 체적(V), 표면적(S)과의 관계로 옳은 것은? (단, K는 주형상수이다.)

① $t = K\dfrac{V}{S}$
② $t = K(\dfrac{V}{S})^2$
③ $t = K\sqrt{\dfrac{V}{S}}$
④ $t = K(\dfrac{V}{S})^3$

94 절삭가공 시 절삭유(cutting fluid)의 역할로 틀린 것은?

① 공구와 칩의 친화력을 돕는다.
② 공구나 공작물의 냉각을 돕는다.
③ 공작물의 표면조도 향상을 돕는다.
④ 공작물과 공구의 마찰감소를 돕는다.

| 해설 | 절삭유의 3대 작용
① 냉각작용
② 윤활작용
② 세척작용

95 경화된 작은 철구(鐵球)를 피가공물에 고압으로 분사하여 표면의 경도를 증가시켜 기계적 성질, 특히 피로강도를 향상시키는 가공법은?

① 버핑
② 버니싱
③ 숏 피닝
④ 슈퍼 피니싱

| 해설 | ① 버핑 : 직물 등의 부드러운 재료로 된 원반에 미세한 입자를 부착시켜 고속회전시키며 공작물과 접촉시켜 표면을 녹을 제거하고 광택을 내는 작업
② 버니싱 : 구멍이 있는 공작물의 내면을 다듬질하기 위해 그 구멍의 내경보다 다소 큰 지름의 버니시를 압입시키는 작업
③ 슈퍼 피니싱 : 회전하고 있는 가공물 표면에 미세입자로 된 숫돌을 접촉시켜 가로, 세로 방향으로 진동을 주어 작업

Answer ■ 91. ② 92. ④ 93. ② 94. ① 95. ③

96 허용동력이 3.6kW인 선반의 출력을 최대한으로 이용하기 위하여 취할 수 있는 허용최대 절삭면적은 몇 mm² 인가? (단, 경제적 절삭속도는 120m/min을 사용하며, 피삭재의 비절삭 저항이 45kg$_f$/mm², 선반의 기계 효율이 0.80이다.)

① 3.26
② 6.26
③ 9.26
④ 12.26

|해설| $L = \dfrac{k \cdot A \cdot V}{\eta}$

$3.6 \times 10^3 = \dfrac{45 \times 9.8 \times A \times 120}{0.8 \times 60}$

$A = 3.27\,mm^2$

97 래핑 다듬질에 대한 특징 중 틀린 것은?

① 내식성이 증가된다.
② 마멸성이 증가된다.
③ 윤활성이 좋게 된다.
④ 마찰계수가 적어진다.

|해설| 래핑 : 가공물을 랩공구에 밀착시켜 그 사이에 랩제를 넣고 가공물을 누르며 상대운동을 시켜 매끈한 다듬질 면을 얻는 작업

98 용재와 와이어가 분리되어 공급되고 아크가 용제 속에서 발생되므로 불가시 아크 용접이라고 불리는 용접법은?

① 피복 아크 용접
② 탄산가스 아크 용접
③ 가스텅스텐 아크 용접
④ 서브머지드 아크 용접

|해설| 서브머지드 아크 용접 : 분말 용제 속에 용접 심선을 와이어 식으로 공급해 심선과 모재 사이에서 아크를 발생시켜 용접

99 소성가공에 포함되지 않는 가공법은?

① 널링가공
② 보링가공
③ 압출가공
④ 전조가공

|해설| 소성가공의 종류 : 단조, 압연, 압출, 인발, 전조, 프레스 등

100 CNC 공작기계의 이동량을 전기적인 신호로 표시하는 회전 피드백 장치는?

① 리졸버
② 볼 스크루
③ 리밋 스위치
④ 초음파 센서

|해설| ① 리졸버 : NC 공작기계의 움직임을 전기적인 신호로 표시하는 일종의 회전 피드백 장치
② 볼스크루 : 서보모터의 회전 운동을 받아 NC 공작기계의 테이블을 구동시키는 정밀나사

96. ① 97. ② 98. ④ 99. ② 100. ① ■ Answer

2016 기출문제
10월 1일 시행

1과목 재료역학

1 5cm×4cm 블록이 x축을 따라 0.05cm만큼 인장되었다. y방향으로 수축되는 변형률(ϵ_y)은? (단, 푸아송비(ν)는 0.3이다.)

① 0.00015
② 0.0015
③ 0.003
④ 0.03

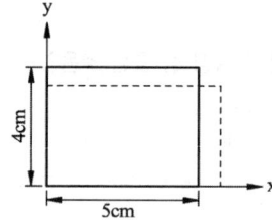

| 해설 | $\nu = \dfrac{\epsilon'}{\epsilon}$, $\epsilon' = \nu \cdot \dfrac{\delta_x}{\ell_x}$

$$\epsilon' = \frac{0.3 \times 0.05}{5} = 0.003 = \epsilon_y$$

2 그림과 같이 지름 d인 강철봉이 안지름 d, 바깥지름 D인 동관에 끼워져서 두 강체 평판 사이에서 압축되고 있다. 강철봉 및 동관에 생기는 응력을 각각 σ_s, σ_c라고 하면 응력의 비(σ_s/σ_c)의 값은? (단, 강철(E_s) 및 동(E_c)의 탄성계수는 각각 E_s=200GPa, E_c=120GPa이다.)

① $\dfrac{3}{5}$
② $\dfrac{4}{5}$
③ $\dfrac{5}{4}$
④ $\dfrac{5}{3}$

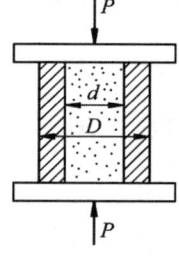

| 해설 | $\dfrac{\sigma_s}{\sigma_c} = \dfrac{E_s}{E_c} = \dfrac{200}{120} = \dfrac{5}{3}$

Answer ■ 1. ③ 2. ④

3 동일 재료로 만든 길이 L, 지름 D인 축 A와 길이 $2L$, 지름 $2D$인 축 B를 동일각도만큼 비트는 데 필요한 비틀림 모멘트의 비 T_A/T_B의 값은 얼마인가?

① $\dfrac{1}{4}$ 　　　　　　　　② $\dfrac{1}{8}$

③ $\dfrac{1}{16}$ 　　　　　　　　④ $\dfrac{1}{32}$

| 해설 | $\theta_A = \theta_B$, $\dfrac{T_A \cdot L}{G \cdot \dfrac{\pi D^4}{32}} = \dfrac{T_B \cdot (2L)}{G \cdot \dfrac{\pi (2D)^4}{32}}$

$\dfrac{T_A}{T_B} = \dfrac{1}{8}$

4 지름 d인 원형단면 기둥에 대하여 오일러 좌굴식의 회전반경은 얼마인가?

① $\dfrac{d}{2}$ 　　　　　　　　② $\dfrac{d}{3}$

③ $\dfrac{d}{4}$ 　　　　　　　　④ $\dfrac{d}{6}$

| 해설 | $k = \sqrt{\dfrac{I_G}{A}} = \sqrt{\dfrac{d^2}{16}} = \dfrac{d}{4}$

5 지름 2cm, 길이 1m의 원형단면 외팔보의 자유단에 집중하중이 작용할 때, 최대 처짐량이 2cm가 되었다면 최대 굽힘응력은 약 몇 MPa인가? (단, 보의 세로탄성계수는 200GPa이다.)

① 80 　　　　　　　　　② 120
③ 180 　　　　　　　　　④ 220

| 해설 | $\delta = \dfrac{P \cdot \ell^3}{3EI}$, $0.02 = \dfrac{64 \times P \times 1^3}{3 \times 200 \times 10^9 \times \pi \times 0.02^4}$

$P = 94.25\text{N}$

$\sigma_{bmax} = \dfrac{M}{Z} = \dfrac{32P \cdot \ell}{\pi d^3} = \dfrac{32 \times 94.25 \times 1 \times 10^{-6}}{\pi \times 0.02^3} = 120\text{MPa}$

6 지름 d인 원형 단면보에 가해지는 전단력을 V라 할 때 단면의 중립축에서 일어나는 최대 전단응력은?

① $\dfrac{3}{2}\dfrac{V}{\pi d^2}$ 　　　　　　　　② $\dfrac{4}{3}\dfrac{V}{\pi d^2}$

③ $\dfrac{5}{3}\dfrac{V}{\pi d^2}$ 　　　　　　　　④ $\dfrac{16}{3}\dfrac{V}{\pi d^2}$

| 해설 | $\tau_{max} = \dfrac{4}{3} \cdot \dfrac{4 \cdot V}{\pi d^2} = \dfrac{16 \cdot V}{3\pi d^2}$

7 오일러 공식이 세장비 $\frac{\ell}{k}$>100에 대해 성립한다고 할 때, 양단이 힌지인 원형단면 기둥에서 오일러 공식이 성립하기 위한 길이 "ℓ"과 지름 "d"와의 관계가 옳은 것은?

① $\ell > 4d$
② $\ell > 25d$
③ $\ell > 50d$
④ $\ell > 100d$

| 해설 | $\frac{\ell}{k} > 100$, $\frac{\ell}{\frac{d}{4}} > 100$, $\frac{\ell}{d} > 25$

$\ell > 25d$

8 2축 응력 상태의 재료 내에서 서로 직각방향으로 400MPa의 인장응력과 300MPa의 압축응력이 작용할 때 재료 내에 생기는 최대 수직응력은 몇 MPa인가?

① 500
② 300
③ 400
④ 350

| 해설 | $\sigma_{max} = \frac{\sigma_x + \sigma_y}{2} + \frac{\sigma_x - \sigma_y}{2} = \sigma_x = 400\,\text{MPa}$

9 그림과 같은 벨트 구조물에서 하중 W가 작용할 때 P값은? (단, 벨트는 하중 W의 위치를 기준으로 좌우대칭이며 $0° < \alpha < 180°$이다.)

① $P = \dfrac{2W}{\cos\dfrac{\alpha}{2}}$

② $P = \dfrac{W}{\cos\dfrac{\alpha}{2}}$

③ $P = \dfrac{W}{2\cos\alpha}$

④ $P = \dfrac{W}{2\cos\dfrac{\alpha}{2}}$

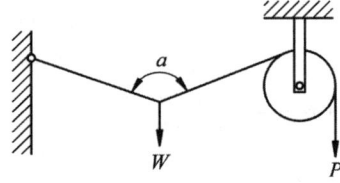

| 해설 | $\dfrac{W}{\sin\alpha} = \dfrac{P}{\sin(180 - \dfrac{\alpha}{2})} = \dfrac{P}{\sin\dfrac{\alpha}{2}}$

$P = \dfrac{W \cdot \sin(\dfrac{\alpha}{2})}{\sin\alpha} = \dfrac{W}{2 \cdot \cos\dfrac{\alpha}{2}}$

Answer ■ 7. ② 8. ③ 9. ④

10 그림과 같이 분포하중이 작용할 때 최대굽힘모멘트가 일어나는 곳은 보의 좌측으로부터 얼마나 떨어진 곳에 위치하는가?

① $\dfrac{1}{4}\ell$

② $\dfrac{3}{8}\ell$

③ $\dfrac{5}{12}\ell$

④ $\dfrac{7}{16}\ell$

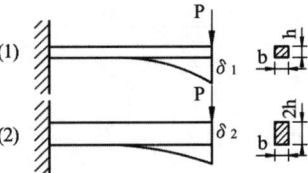

|해설| $F=0$인 지점
$$R=\dfrac{3w\ell}{8}=w\cdot x,\ x=\dfrac{3\ell}{8}$$

11 그림과 같이 길이와 재질이 같은 두 개의 외팔보가 자유단에 각각 집중하중 P를 받고 있다. 첫째 보(1)의 단면 치수는 $b\times h$이고, 둘째 보(2)의 단면치수는 $b\times 2h$라면, 보(1)의 최대 처짐 δ_1과 보(2)의 최대 처짐 δ_2의 비(δ_1/δ_2)는 얼마인가?

① 1/8
② 1/4
③ 4
④ 8

|해설| $\dfrac{\delta_1}{\delta_2}=\dfrac{I_2}{I_1}=\dfrac{(2h)^3}{h^3}=8$

12 어떤 직육면체에서 x방향으로 40MPa의 압축응력이 작용하고 y방향과 z방향으로 각각 10MPa씩 압축응력이 작용한다. 이 재료의 세로탄성계수는 100GPa, 푸아송 비는 0.25, x방향 길이는 200mm일 때 x방향 길이의 변화량은?

① -0.07mm
② 0.07mm
③ -0.085mm
④ 0.085mm

|해설| $\epsilon_x=\dfrac{\delta_x}{\ell_x}=\dfrac{\sigma_x}{E}-2\mu\cdot\dfrac{\sigma_y}{E}$

$\dfrac{\delta}{200}=\dfrac{-40+2\times 0.25\times 10}{100\times 10^3}$

$\delta=-0.07$mm

13 길이 L인 봉 AB가 그 양단에 고정된 두 개의 연직강선에 의하여 그림과 같이 수평으로 매달려 있다. 봉 AB의 자중은 무시하고, 봉이 수평을 유지하기 위한 연직하중 P의 작용점까지의 거리 x는? (단, 강선들은 단면적은 같지만 A단의 강선은 탄성계수 E_1, 길이 ℓ_1이고, B단의 강선은 탄성계수 E_2, 길이 ℓ_2이다.)

① $x = \dfrac{E_1 \ell_2 L}{E_1 \ell_2 + E_2 \ell_1}$

② $x = \dfrac{2 E_1 \ell_2 L}{E_1 \ell_2 + E_2 \ell_1}$

③ $x = \dfrac{2 E_2 \ell_1 L}{E_1 \ell_2 + E_2 \ell_1}$

④ $x = \dfrac{E_2 \ell_1 L}{E_1 \ell_2 + E_2 \ell_1}$

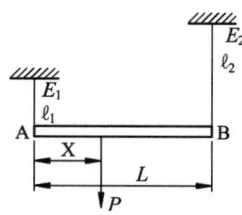

| 해설 | $T_1 + T_2 = P, \ \delta_1 = \delta_2$

$\dfrac{T_1 \cdot \ell_1}{A_1 \cdot E_1} = \dfrac{T_2 \cdot \ell_2}{A_2 \cdot E_2}, \ T_1 = \dfrac{T_2 \cdot \ell_2 \cdot E_1}{\ell_1 \cdot E_2}$

$P - T_2 = \dfrac{T_2 \cdot \ell_2 \cdot E_1}{\ell_1 \cdot E_2}$

$P = \dfrac{T_2 (\ell_2 \cdot E_1 + \ell 1 \cdot E_2)}{\ell_1 \cdot E_2}$

$T_2 = \dfrac{\ell_1 \cdot E_2 \cdot P}{\ell_1 \cdot E_2 + \ell_2 \cdot E_1}$

$P \cdot x = T_2 \cdot L = \dfrac{\ell_1 \cdot E_2 \cdot P \cdot L}{\ell_1 \cdot E_2 + \ell_2 \cdot E_1}$

$x = \dfrac{\ell_1 \cdot E_2 \cdot L}{\ell_1 \cdot E_2 + \ell_2 \cdot E_1}$

14 지름 4cm의 원형 알루미늄 봉을 비틀림 재료시험기에 걸어 표면의 45° 나선에 부착한 스트레인 게이지로 변형도를 측정하였더니 토크 120N·m일 때 변형률 $\epsilon = 150 \times 10^{-6}$을 얻었다. 이 재료의 전단탄성계수는?

① 31.8GPa
② 38.4GPa
③ 43.1GPa
④ 51.2GPa

| 해설 | $\epsilon = \dfrac{1}{2} \gamma$

$\tau = G \cdot \gamma = G \cdot 2\epsilon = \dfrac{T}{Z_p}$

$G \times 2 \times 150 \times 10^{-6} = \dfrac{16 \times 120}{\pi \times 0.04^3}$

$G = 31.83 \, \text{GPa}$

Answer ■ 13. ④ 14. ①

15 그림과 같이 4kN/cm의 균일분포하중을 받는 일단 고정 타단 지지보에서 B점에서의 모멘트 M_B는 약 몇 kN·m 인가? (단, 균일단면보이며, 굽힘강성(EI)은 일정하다.)

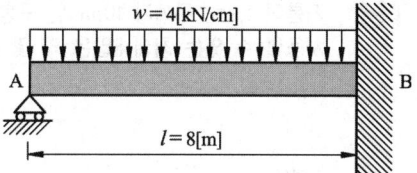

① 800
② 2000
③ 3200
④ 4000

| 해설 | $M_B = \dfrac{w\ell^2}{8} = \dfrac{4 \times 10^2 \times 8^2}{8} = 3200 \,\text{kN}\cdot\text{m}$

16 회전수 120rpm과 35kW를 전달할 수 있는 원형 단면축의 길이가 2m이고, 지름이 6cm일 때 축단(軸端)의 비틀림 각도는 약 몇 rad인가? (단, 이 재료의 가로탄성계수는 83GPa이다.)

① 0.019　　② 0.036
③ 0.053　　④ 0.078

| 해설 | $\theta = \dfrac{T \cdot \ell}{G \cdot I_P} = \dfrac{32 \times 974 \times 9.8 \times 35 \times 2}{83 \times 10^9 \times \pi \times 0.06^4 \times 120} = 0.053\,\text{rad}$

17 균일분포하중을 받고 있는 길이가 L인 단순보의 처짐량을 δ로 제한한다면 균일분포하중의 크기는 어떻게 표현되겠는가? (단, 보의 단면은 폭이 b이고 높이가 h인 직사각형이고 탄성계수는 E이다.)

① $\dfrac{32Ebh^3\delta}{5L^4}$　　② $\dfrac{32Ebh^3\delta}{7L^4}$
③ $\dfrac{16Ebh^3\delta}{5L^4}$　　④ $\dfrac{16Ebh^3\delta}{7L^4}$

| 해설 | $\delta = \dfrac{5w \cdot \ell^4}{384EI} = \dfrac{5 \times 12 w\ell^4}{384E \cdot bh^3}$
$w = \dfrac{32E \cdot b \cdot h^3 \cdot \delta}{5 \cdot \ell^4}$

18 단면적이 A, 탄성계수가 E, 길이가 L인 막대에 길이방향의 인장하중을 가하여 그 길이가 δ만큼 늘어났다면, 이 때 저장된 탄성변형에너지는?

① $\dfrac{AE\delta^2}{L}$　　② $\dfrac{AE\delta^2}{2L}$
③ $\dfrac{EL^3\delta^2}{A}$　　④ $\dfrac{EL^3\delta^2}{2A}$

| 해설 | $U = \dfrac{P^2 \cdot A \cdot \ell}{2E \cdot A^2} = \dfrac{P^2 \cdot \ell}{2E \cdot A}$
$\delta = \dfrac{P \cdot \ell}{AE}$
$U = \dfrac{A^2 \cdot E^2 \cdot \delta^2 \cdot \ell}{2E \cdot A \cdot \ell^2} = \dfrac{AE \cdot \delta^2}{2\ell}$

15. ③　16. ③　17. ①　18. ② ■ Answer

19 지름이 1.2m, 두께가 10mm인 구형압력용기가 있다. 용기 재질의 허용인장응력이 42MPa일 때 안전하게 사용할 수 있는 최대내압은 약 몇 MPa인가?

① 1.1　　② 1.4
③ 1.7　　④ 2.1

|해설| $\sigma_a = \dfrac{P \cdot d}{4t}$

$P = \dfrac{4 \times 0.01 \times 42}{1.2} = 1.4 \text{MPa}$

20 그림과 같은 단순보의 중앙점(C)에서 굽힘모멘트는?

① $\dfrac{Pl}{2} + \dfrac{wl^2}{8}$

② $\dfrac{Pl}{4} + \dfrac{wl^2}{16}$

③ $\dfrac{Pl}{2} + \dfrac{wl^2}{48}$

④ $\dfrac{Pl}{4} + \dfrac{5}{48}wl^2$

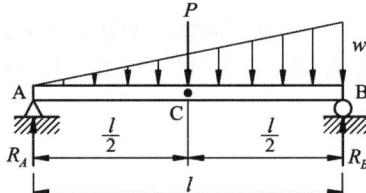

|해설| $M_c = \left(\dfrac{w\ell}{6} + \dfrac{P}{2}\right) \cdot \dfrac{\ell}{2} - \dfrac{1}{2} \cdot \left(\dfrac{w\ell}{2\ell}\right) \cdot \dfrac{\ell}{2} \cdot \dfrac{\ell}{6} = \dfrac{w\ell^2}{12} + \dfrac{P \cdot \ell}{4} - \dfrac{w \cdot \ell^2}{48} = \dfrac{w\ell^2}{16} + \dfrac{P \cdot \ell}{4}$

2과목 기계열역학

21 압력(P)과 부피(V)의 관계가 'PV^k=일정하다'고 할 때 절대일(W_{12})와 공업일(W_t)의 관계로 옳은 것은?

① $W_t = kW_{12}$　　② $W_t = \dfrac{1}{k}W_{12}$

③ $W_t = (k-1)W_{12}$　　④ $W_t = \dfrac{1}{(k-1)}W_{12}$

|해설| 이상기체 단열변화

$_1W_2 = \dfrac{P_1V_1 - P_2V_2}{k-1}$

$W_t = \dfrac{k(P_1V_1 - P_2V_2)}{k-1} = k \cdot {}_1W_2$

22 분자량이 29이고, 정압비열이 1005J/(kg·K)인 이상기체의 정적비열은 약 몇 J/(kg·K)인가? (단, 일반기체상수는 8314.5J/(kmol·K)이다.)

① 976　　② 287
③ 718　　④ 546

|해설| $C_V = C_P - \dfrac{\overline{R}}{M} = 1005 - \dfrac{8314.5}{29} = 718.29 \text{J/kg} \cdot \text{K}$

Answer ▪ 19. ②　20. ②　21. ①　22. ③

23 다음 중 비체적의 단위는?

① kg/m³
② m³/kg
③ m³/(kg·s)
④ m³/(kg·s²)

| 해설 | 비체적 : 단위 질량당 체적(m³/kg)

24 성능계수가 3.2인 냉동기가 시간당 20MJ의 열을 흡수한다. 이 냉동기를 작동하기 위한 동력은 몇 kW인가?

① 2.25
② 1.74
③ 2.85
④ 1.45

| 해설 | $W = \dfrac{\dot{Q}}{\epsilon_r} = \dfrac{20 \times 10^6 \times 10^{-3}}{3.2 \times 3600} = 1.74 \text{kW}$

25 폴리트로픽 변화의 관계식 "PV^n=일정"에 있어서 n이 무한대로 되면 어느 과정이 되는가?

① 정압과정
② 등온과정
③ 정적과정
④ 단열과정

| 해설 | $n = \infty$ 일 때 V = 일정

26 실린더 내의 공기가 100kPa, 20℃ 상태에서 300kPa이 될 때까지 가역단열 과정으로 압축된다. 이 과정에서 실린더 내의 계에서 엔트로피의 변화는? (단, 공기의 비열비는 k=1.4이다.)

① -1.35kJ/(kg·K)
② 0kJ/(kg·K)
③ 1.35kJ/(kg·K)
④ 13.5kJ/(kg·K)

| 해설 | 가역단열과정 $\triangle S = 0$

27 5kg의 산소가 정압하에서 체적이 0.2m³에서 0.6m³로 증가했다. 산소를 이상기체로 보고 정압비열 C_P=0.92kJ/(kg·K)로 하여 엔트로피의 변화를 구하였을 때 그 값은 약 얼마인가?

① 1.857kJ/K
② 2.746kJ/K
③ 5.054kJ/K
④ 6.507kJ/K

| 해설 | $\triangle S = m \cdot C_P \cdot \ln\left(\dfrac{T_2}{T_1}\right) = m \cdot C_P \cdot \ln\left(\dfrac{V_2}{V_1}\right) = 5 \times 0.92 \times \ln\left(\dfrac{0.6}{0.2}\right) = 5.054 \text{kJ/K}$

23. ②　24. ②　25. ③　26. ②　27. ③ ■ Answer

28 이상적인 증기 압축 냉동 사이클의 과정은?

① 정적방열과정 → 등엔트로피 압축과정 → 정적증발과정 → 등엔탈피 팽창과정
② 정압방열과정 → 등엔트로피 압축과정 → 정압증발과정 → 등엔탈피 팽창과정
③ 정적증발과정 → 등엔트로피 압축과정 → 정적방열과정 → 등엔탈피 팽창과정
④ 정압증발과정 → 등엔트로피 압축과정 → 정압방열과정 → 등엔탈피 팽창과정

| 해설 |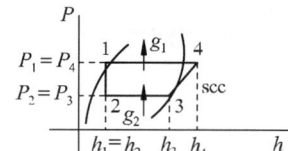

29 고열원의 온도가 157℃이고, 저열원의 온도가 27℃인 카르노 냉동기의 성적계수는 약 얼마인가?

① 1.5   ② 1.8
③ 2.3   ④ 3.2

| 해설 | $\epsilon_r = \dfrac{T_L}{T_H - T_L} = \dfrac{27+273}{157-27} = 2.3$

30 0.6MPa, 200℃의 수증기가 50m/s의 속도로 단열 노즐로 유입되어 0.15MPa, 건도 0.99인 상태로 팽창하였다. 증기의 유출 속도는? (단, 노즐 입구에서 엔탈피는 2580kJ/kg, 출구에서 포화액의 엔탈피는 467kJ/kg, 증발 잠열은 2227kJ/kg이다.)

① 약 600m/s   ② 약 700m/s
③ 약 800m/s   ④ 약 900m/s

| 해설 | $h_o = h' + x(h'' - h') = 467 + 0.99 \times 2227 = 2671.73$ kJ/kg

$h_i - h_o = \dfrac{1}{2}(V_o^2 - V_i^2)$

$V_o^2 = 50^2 \times 2(2850 - 2671.73) \times 10^3$

$V_o = 599.2$ m/sec

31 물질의 양에 따라 변화하는 종량적 상태량(extensive property)은?

① 밀도   ② 체적
③ 온도   ④ 압력

32 열역학적 관점에서 일과 열에 관한 설명 중 틀린 것은?

① 일과 열은 온도와 같은 열역학적 상태량이 아니다.
② 일의 단위는 J(joule)이다.
③ 일의 크기는 힘과 그 힘이 작용하여 이동한 거리를 곱한 값이다.
④ 일과 열은 점함수(point function)이다.

Answer ■ 28. ④   29. ③   30. ①   31. ②   32. ④

33
그림과 같은 이상적인 Rankine cycle에서 각각의 엔탈피는 h_1=168kJ/kg, h_2=173kJ/kg, h_3=3195kJ/kg, h_4=2071kJ/kg일 때, 이 사이클의 열효율은 약 얼마인가?

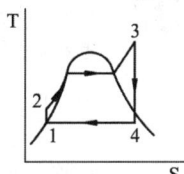

① 30%
② 34%
③ 37%
④ 43%

| 해설 | $\eta_R = \dfrac{(h_3-h_4)-(h_2-h_1)}{h_3-h_2} = \dfrac{(3195-2071)-(173-168)}{3195-173} \times 100 = 37.03\%$

34
다음에 제시된 에너지 값 중 가장 크기가 작은 것은?

① 400N·cm
② 4cal
③ 40J
④ 4000Pa·m³

| 해설 |
① 400N·cm = 4J
② 4cal = 16.8J
④ 4000Pa·m³ = 4000J

35
공기 표준 Brayton 사이클 기관에서 최고압력이 500kPa, 최저압력은 100kPa이다. 비열비(k)는 1.4일 때, 이 사이클의 열효율은?

① 약 3.9%
② 약 18.9%
③ 약 36.9%
④ 약 26.9%

| 해설 | $\gamma = \dfrac{500}{100} = 5$

$\eta_B = 1 - \left(\dfrac{1}{\gamma}\right)^{\frac{k-1}{k}} = \left\{1 - \left(\dfrac{1}{5}\right)^{\frac{0.4}{1.4}}\right\} \times 100 = 36.86\%$

36
피스톤-실린더 장치에 들어있는 100kPa, 26.85℃의 공기가 60kPa까지 가역단열과정으로 압축된다. 비열비 k=1.4로 일정하다면 이 과정 동안에 공기가 받은 일은 약 얼마인가? (단, 공기의 기체상수는 0.287kJ/(kg·K)이다.)

① 263kJ/kg
② 171kJ/kg
③ 144kJ/kg
④ 116kJ/kg

| 해설 | $T_2 = (26.85+273) \times \left(\dfrac{600}{100}\right)^{\frac{0.4}{1.4}} = 500.3K = 227.3℃$

$_1W_2 = \dfrac{R(T_1-T_2)}{k-1} = \dfrac{0.287 \times (26.85-227.3)}{0.4} = -143.82kJ/kg$

33. ③ 34. ① 35. ③ 36. ③ ■ Answer

37 1kg의 기체가 압력 50kPa, 체적 2.5m³의 상태에서 압력 1.2MPa, 체적 0.2m³의 상태로 변하였다. 엔탈피의 변화량은 약 몇 kJ인가? (단 내부에너지의 변화는 없다.)

① 365
② 206
③ 155
④ 115

| 해설 | $\triangle h = \triangle P \cdot V = (1.2 \times 10^3 \times 0.2 - 50 \times 2.5) = 115 \text{kJ}$

38 공기 1kg을 t_1=10℃, P_1=0.1MPa, V_1=0.8m³ 상태에서 단열 과정으로 t_2=167℃까지 압축시킬 때 압축에 필요한 열량은 약 얼마인가? (단, 공기의 정압비열과 정적비열은 각각 1.0035kJ/(kg·K), 0.7165kJ/(kg·K)이고, t는 온도, P는 압력, V는 체적을 나타낸다.)

① 112.5J
② 112.5kJ
③ 237.5J
④ 237.5kJ

| 해설 | $k = \dfrac{C_P}{C_V} = \dfrac{1.0035}{0.7165} = 1.4$

$W_t = \dfrac{(C_P - C_V) \cdot m \cdot (T_1 - T_2)}{k-1} = \dfrac{1}{0.4} \times (1.0035 - 0.7165) \times (10 - 167) = -112.65 \text{kJ}$

39 온도가 300K이고, 체적이 1m³, 압력이 10^5N/m²인 이상기체가 일정한 온도에서 3×10^4J의 일을 하였다. 계의 엔트로피 변화량은?

① 0.1J/K
② 0.5J/K
③ 50J/K
④ 100J/K

| 해설 | $\triangle S = \int \dfrac{\delta Q}{T} = \dfrac{\int \delta Q}{T} = \dfrac{_1W_2}{T} = \dfrac{3 \times 10^4}{300} = 100 \text{J/K}$

40 어느 이상기체 2kg이 압력 200kPa, 온도 30℃의 상태에서 체적 0.8m³를 차지한다. 이 기체의 기체상수는 약 몇 kJ/(kg·K)인가?

① 0.264
② 0.528
③ 2.67
④ 3.53

| 해설 | $R = \dfrac{P \cdot V}{mT} = \dfrac{200 \times 10^3 \times 0.8}{2 \times (30 + 273)} = 0.264 \text{kJ/kg·K}$

Answer ▪ 37. ④ 38. ② 39. ④ 40. ①

3과목 기계유체역학

41 잠수함의 거동을 조사하기 위해 바닷물 속에서 모형으로 실험을 하고자 한다. 잠수함의 실형과 모형의 크기 비율은 7 : 1이며, 실제 잠수함이 8m/s로 운전한다면 모형의 속도는 약 몇 m/s인가?

① 28
② 56
③ 87
④ 132

| 해설 | $\left(\dfrac{V \cdot L}{\nu}\right)_P = \left(\dfrac{V \cdot L}{\nu}\right)_m$

$8 \times 7 = V_m \times 1, \ V_m = 56$m/sec

42 그림과 같이 45° 꺾어진 관에 물이 평균속도 5m/s로 흐른다. 유체의 분출에 의해 지지점 A가 받는 모멘트는 약 몇 N·m인가? (단, 출구 단면적은 10^{-3}m²이다.)

① 3.5
② 5
③ 12.5
④ 17.7

| 해설 | $M_A = \rho A V^2 (1 + \sqrt{2} \cdot \sin 45°) \cdot \cos 45° - \rho A V^2 \cdot \sin 45° \times \sqrt{2} \cos 45°$
$= 1000 \times 10^{-3} \times 5^2 \times \cos 45° \times 1 = 17.68$ N·m

43 주 날개의 평면도 면적이 21.6m²이고 무게가 20kN인 경비행기의 이륙속도는 약 몇 km/h 이상이어야 하는가? (단, 공기의 밀도는 1.2kg/m³, 주 날개의 양력계수는 1.2이고, 항력은 무시한다.)

① 41
② 91
③ 129
④ 141

| 해설 | $L = C_L \cdot A \cdot \dfrac{\rho \cdot V^2}{2}$

$20 \times 10^3 = 1.2 \times 21.6 \times \dfrac{1.2 \times V^2}{2}$

$V = 35.86$m/sec ≒ 129km/hr

44 물이 흐르는 어떤 관에서 압력이 120kPa, 속도가 4m/s일 때, 에너지선(Energy Line)과 수력기울기선(Hydraulic Grade Line)의 차이는 약 몇 cm인가?

① 41
② 65
③ 71
④ 82

| 해설 | $EL - HGL = \dfrac{V^2}{2g} = \dfrac{4^2}{2 \times 9.8} \times 100 = 81.63$ cm

41. ② 42. ④ 43. ③ 44. ④ ■ Answer

45 뉴턴의 점성법칙은 어떤 변수(물리량)들의 관계는 나타낸 것인가?

① 압력, 속도, 점성계수
② 압력, 속도기울기, 동점성계수
③ 전단응력, 속도기울기, 점성계수
④ 전단응력, 속도, 동점성계수

| 해설 | $\tau = \mu \cdot \dfrac{du}{dy}$

46 관로 내에 흐르는 완전발달 층류유동에서 유속을 1/2로 줄이면 관로 내 마찰손실수두는 어떻게 되는가?

① 1/4로 줄어든다.
② 1/2로 줄어든다.
③ 변하지 않는다.
④ 2배로 늘어난다.

| 해설 | $h_\ell = \gamma \cdot \triangle p = \gamma \cdot \dfrac{128 \cdot \mu \cdot \ell \cdot A \cdot V}{\pi \cdot d^4}$
h_ℓ과 V는 비례관계에 있다.

47 유체 내에 수직으로 잠겨있는 원형판에 작용하는 정수력학적 힘의 작용점에 관한 설명으로 옳은 것은?

① 원형판의 도심에 위치한다.
② 원형판의 도심 위쪽에 위치한다.
③ 원형판의 도심 아래쪽에 위치한다.
④ 원형판의 최하단에 위치한다.

| 해설 | 전압력의 작용점은 압력분포의 중심

48 동점성 계수가 15.68×10^{-6}m^2/s인 공기가 평판 위를 길이 방향으로 0.5m/s의 속도로 흐르고 있다. 선단으로부터 10cm 되는 곳의 경계층 두께의 2배가 되는 경계층의 두께를 가지는 곳은 선단으로부터 몇 cm 되는 곳인가?

① 14.14
② 20
③ 40
④ 80

| 해설 | $Re = \dfrac{0.5 \times 0.1}{15.68 \times 10^{-6}} = 3188.78$ (층류)
$\delta = 5.0x \cdot Re^{-\frac{1}{2}} = 5.0 \times 0.1 \times 3188.78^{-\frac{1}{2}} = 0.008854$m
$\delta' = 2\delta = 5.0 \times \left(\dfrac{V}{\nu}\right)^{-\frac{1}{2}} \cdot x^{\frac{1}{2}},\ x \fallingdotseq 40$cm

49 비중 8.16의 금속을 비중 13.6의 수은에 담근다면 수은 속에 잠기는 금속의 체적은 전체체적의 약 몇 %인가?

① 40% ② 50%
③ 60% ④ 70%

| 해설 | $F_B = W$, $13.6 \times 9800 \times V' = 8.16 \times 9800 \times V$

$$\frac{V'}{V} = \frac{8.16}{13.6} \times 100 = 60\%$$

50 그림과 같이 비중 0.85인 기름이 흐르고 있는 계수에 피토관에 설치하였다. $\triangle h$=30mm, h=100mm일 때 기름의 유속은 약 몇 m/s인가?

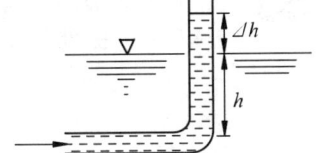

① 0.767
② 0.976
③ 6.25
④ 1.59

| 해설 | $V = \sqrt{2g \cdot \triangle h} = \sqrt{2 \times 9.8 \times 0.03} = 0.767 \, \text{m/s}$

51 안지름 0.25m, 길이 100m인 매끄러운 수평강관으로 비중 0.8, 점성계수인 0.1Pa·S인 기름을 수송한다. 유량이 100L/s일 때의 관 마찰손실 수두는 유량이 50L/s일 때의 몇 배 정도가 되는가? (단, 층류의 관 마찰계수는 64/Re이고, 난류일 때의 관 마찰계수는 $0.3164\,Re^{-1/4}$이며, 임계 레이놀즈 수는 2300이다.)

① 1.55 ② 2.12
③ 4.13 ④ 5.04

| 해설 | ① $Q = 100$L/S, $V_1 = 2.04$m/s

$$Re_1 = \frac{\rho \cdot V_1 \cdot d}{\mu} = 4080$$

$$f = 0.3164 \times 4080^{-\frac{1}{4}} = 0.03959$$

$$h_{\ell_1} = f \cdot \frac{\ell}{d} \cdot \frac{V_1^2}{2g} = 3.362 \text{m}$$

② $Q = 50$L/S, $V_2 = 1.02$
$Re_2 = 2040$

$$f = \frac{64}{Re} = 0.03137$$

$$h_{\ell_2} = f \cdot \frac{\ell}{d} \cdot \frac{V_2^2}{2g} = 0.666 \text{m}$$

$h_{\ell_1} = 5.048 h_{\ell_2}$

49. ③ 50. ① 51. ④ ■ Answer

52 일률(power)을 기본 차원인 M(질량), L(길이), T(시간)로 나타내면?

① L^2T^{-2} ② $MT^{-2}L^{-1}$
③ ML^2T^{-2} ④ ML^2T^{-3}

|해설| $\dot{W} = \dfrac{F \cdot \Delta S}{\Delta t} = F \cdot V$
$[MLT^{-2}] \cdot [LT^{-1}] = ML^2T^{-3}$

53 그림과 같이 U자 관 액주계가 x방향으로 등가속 운동하는 경우 x방향 가속도는 a_x는 약 몇 m/s²인가? (단, 수은의 비중은 13.6이다.)

① 0.4
② 0.98
③ 3.92
④ 4.9

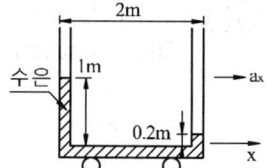

|해설| $\tan\theta = \dfrac{h}{\ell} = \dfrac{a_x}{g}$
$a_x = \dfrac{0.8 \times 9.8}{2} = 3.92 \, m/sec^2$

54 지름이 2cm인 관에 밀도 1000kg/m³, 점성계수 0.4N·s/m²인 기름이 수평면과 일정한 각도로 기울어진 관에서 아래로 흐르고 있다. 초기유량 측정위치의 유량이 1×10^{-5} m³/s이었고, 초기 측정위치에서 10m 떨어진 곳에서의 유량도 동일하다고 하면, 이 관은 수평면에 대해 약 몇 ° 기울어져 있는가? (단, 관 내 흐름은 완전발달 층류운동이다.)

① 6°   ② 8°
③ 10°   ④ 12°

|해설| $Z_2 - Z_1 = \dfrac{P_1 - P_2}{\gamma} = \dfrac{128 \cdot \mu \cdot \ell \cdot Q}{\rho \cdot g \cdot \pi d^4}$
$\ell \cdot \sin\theta = \dfrac{128 \cdot \mu \cdot \ell \cdot Q}{\rho \cdot g \cdot \pi \cdot d^4}$
$\sin\theta = \dfrac{128 \times 0.4 \times 10^{-5}}{1000 \times 9.8 \times \pi \times 0.02^4}$
$\theta = \sin^{-1}(0.104) ≒ 6°$

55 원관(pipe) 내에 유체가 완전 발달한 층류 유동일 때 유체 유동에 관계한 가장 중요한 힘은 다음 중 어느 것인가?

① 관성력과 점성력   ② 압력과 관성력
③ 중력과 압력   ④ 표면장력과 점성력

Answer ■ 52. ④   53. ③   54. ①   55. ①

56 다음과 같은 수평으로 놓인 노즐이 있다. 노즐의 입구는 면적이 0.1m²이고 출구의 면적은 0.02m²이다. 정상, 비압축성이며 점성의 영향이 없다면 출구의 속도가 50m/s일 때 입구와 출구의 압력차(P_1-P_2)는 약 몇 kPa인가? (단, 이 공기의 밀도는 1.23kg/m³이다.)

① 1.48
② 14.8
③ 2.96
④ 29.6

| 해설 | $V_1 = \dfrac{A_2 \cdot V_2}{A_1} = \dfrac{0.02 \times 50}{0.1} = 10 \text{m/sec}$

$P_1 - P_2 = \dfrac{\gamma}{2g}(V_2^2 - V_1^2) = \dfrac{1.23}{2} \times (50^2 - 10^2) \times 10^{-3} = 1.476 \text{kPa}$

57 절대압력 700kPa의 공기를 담고 있고 체적은 0.1m³, 온도는 20℃인 탱크가 있다. 순간적으로 공기는 밸브를 통해 바깥으로 단면적 75mm²를 통해 방출되기 시작한다. 이 공기의 유속은 310m/s이고, 밀도는 6kg/m³이며 탱크 내의 모든 물성치는 균일한 분포를 갖는다고 가정한다. 방출하기 시작하는 시각에 탱크 내 밀도의 시간에 따른 변화율은 몇 kg/(m³·s)인가?

① -12.338
② -2.582
③ -20.381
④ -1.395

| 해설 | $m = \rho \cdot V$

$\dot{m} = \dfrac{\rho \cdot V}{\triangle t} = \rho A \cdot V$

$\dfrac{\rho}{\triangle t} = \dot{\rho} = \dfrac{\rho A V}{V} = \dfrac{6 \times 75 \times 10^{-6} \times 310}{0.1} = 1.395$

⊖ : 밸브를 통해 빠져 나오는 방향

58 비점성, 비압축성 유체의 균일한 유동장에 유동방향과 직각으로 정지된 원형 실린더가 놓여있다고 할 때, 실린더에 작용하는 힘에 관하여 설명한 것으로 옳은 것은?

① 항력과 양력이 모두 영(0)이다.
② 항력은 영(0)이고 양력은 영(0)이 아니다.
③ 양력은 영(0)이고 항력은 영(0)이 아니다.
④ 항력과 양력이 모두 영(0)이 아니다.

56. ① 57. ④ 58. ① ■ Answer

59 다음 중 2차원 비압축성 유동의 연속방정식을 만족하지 않는 속도 벡터는?

① $V=(16y-12x)i+(12y-9x)j$ ② $V=-5xi+5yj$
③ $V=(2x^2+y^2)i+(-4xy)j$ ④ $V=(4xy+y)i+(6xy+3x)j$

| 해설 | $\frac{\partial u}{\partial x}+\frac{\partial v}{\partial y}=0$ 만족

$\frac{\partial u}{\partial x}=4y$, $\frac{\partial v}{\partial y}=6x$

60 그림과 같은 밀폐된 탱크 안에 각각 비중이 0.7, 1.0인 액체가 채워져 있다. 여기서 각도 θ가 20°로 기울어진 경사관에서 3m 길이까지 비중 1.0인 액체가 채워져 있을 때 점 A의 압력과 점 B의 압력 차이는 약 몇 kPa인가?

① 0.8
② 2.7
③ 5.8
④ 7.1

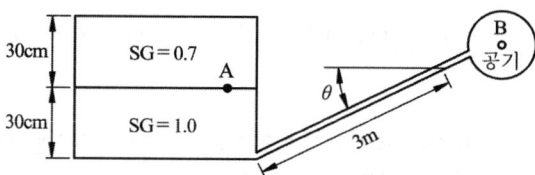

| 해설 | $P_A+\gamma h = P_B+\gamma \times \ell \sin 20°$
$P_A - P_B = 9800 \times (3 \times \sin 20° - 0.3) \times 10^{-3} = 7.1 \text{kPa}$

4과목 기계재료 및 유압기기

61 탄소를 제품에 침투시키기 위해 목탄을 부품과 함께 침탄상자 속에 넣고 900~950℃의 온도범위로 가열로 속에서 가열 유지시키는 처리법은?

① 질화법   ② 가스 침탄법
③ 시멘테이션에 의한 경화법   ④ 고주파 유도 가열 경화법

| 해설 | 침탄법 : 탄소를 침투시켜 표면을 경화시키는 방법으로 케이스 하드닝이라는 열처리작업이 필요하다.

62 베이나이트(bainite)조직을 얻기 위한 항온열처리 조작으로 가장 적합한 것은?

① 마 칭   ② 소성가공
③ 노멀라이징   ④ 오스템퍼링

| 해설 | 오스템퍼 : 오스테나이트 상태에서 Ar'와 Ar" 변태점 간의 염욕에 항온변태 후 상온까지 냉각처리하는 항온담금질이다.

Answer ■ 59. ④   60. ④   61. ②   62. ④

63 면심입방격자(FCC) 금속의 원자수는?
① 2　　　　　　　　　② 4
③ 6　　　　　　　　　④ 8

| 해설 | 면심입방격자의 단위원자수 4개, 배위수 12개이다.

64 철과 아연을 접촉시켜 가열하면 양자의 친화력에 의하여 원자 간의 상호 확산이 일어나서 합금화하므로 내식성이 좋은 표면을 얻는 방법은?
① 칼로라이징　　　　② 크로마이징
③ 세러다이징　　　　④ 보로나이징

| 해설 | 아연침투 세러다이징 - 내식성 양호

65 담금질 조직 중 가장 경도가 높은 것은?
① 펄라이트　　　　　② 마텐자이트
③ 소르바이트　　　　④ 트루스타이트

| 해설 | 담금질 조직의 경도 크기 : A < M > T > S > P

66 다음 중 금속의 변태점 측정방법이 아닌 것은?
① 열분석법　　　　　② 자기분석법
③ 전기저항법　　　　④ 정점분석법

| 해설 | 변태점 측정법 : 열분석법, 비열법, 전기저항법, 열팽창법, 자기분석법 등

67 Al에 10~13%Si를 함유한 합금은?
① 실루민　　　　　　② 라우탈
③ 두랄루민　　　　　④ 하이드로 날륨

| 해설 | ① 실루민 : Al+Si
　　　② 라우탈 : Al+Cu+Si
　　　③ 하이드로날륨 : Al+Mg

63. ②　64. ③　65. ②　66. ④　67. ①　■ Answer

68 다음 중 Ni-Fe계 합금이 아닌 것은?
① 인바
② 톰백
③ 엘린바
④ 플래티나이트

| 해설 | 톰백 : Cu+Zn 5~20% 합금, 황동의 종류

69 탄소강에서 인(P)으로 인하여 발생하는 취성은?
① 고온 취성
② 불림 취성
③ 상온 취성
④ 뜨임 취성

70 구리합금 중에서 가장 높은 경도와 강도를 가지며, 피로한도가 우수하여 고급스프링 등에 쓰이는 것은?
① Cu-Be 합금
② Cu-Cd 합금
③ Cu-Si 합금
④ Cu-Ag 합금

| 해설 | 베릴륨합금 : Cu 합금 중 강도와 경도가 가장 크다.

71 유압회로에서 캐비테이션이 발생하지 않도록 하기 위한 방지대책으로 가장 적합한 것은?
① 흡입관에 급속 차단장치를 설치한다.
② 흡입 유체의 유온을 높게 하여 흡입한다.
③ 과부하 시는 패킹부에서 공기가 흡입되도록 한다.
④ 흡입관 내의 평균유속이 3.5m/s 이하가 되도록 한다.

| 해설 | 캐비테이션 방지책
① 펌프회전수를 감소시킨다.
② 흡입관의 손실을 가능한 작게 하기 위하여 흡입속도를 감소시킨다.
③ 단흡입펌프면 양흡입펌프로 바꾼다.
④ 펌프의 설치 위치를 낮춤으로써 유효흡입수두를 증가시킨다.

72 유압 작동유의 점도가 너무 높은 경우 발생되는 현상으로 거리가 먼 것은?
① 내부마찰이 증가하고 온도가 상승한다.
② 마찰손실에 의한 펌프동력 소모가 크다.
③ 마찰부분의 마모가 증대된다.
④ 유동저항이 증대하여 압력손실이 증가된다.

| 해설 | 유체와 금속 표면의 마찰이 발생하지만 금속과 금속의 마찰보다는 윤활작용에 의하여 마모가 적을 것이다.

Answer ■ 68. ②　69. ③　70. ①　71. ④　72. ③

73 속도 제어 회로 방식 중 미터-인 회로와 미터-아웃 회로를 비교하는 설명으로 틀린 것은?

① 미터-인 회로는 피스톤 측에만 압력이 형성되나 미터-아웃 회로는 피스톤 측과 피스톤 로드 측 모두 압력이 형성된다.
② 미터-인 회로는 단면적이 넓은 부분을 제어하므로 상대적으로 속도조절이 유리하나, 미터-아웃 회로는 단면적이 좁은 부분을 제어하므로 상대적으로 불리하다.
③ 미터-인 회로는 인장력이 작용할 때 속도조절이 불가능하나, 미터-아웃 회로는 부하의 방향에 관계없이 속도조절이 가능하다.
④ 미터-인 회로는 탱크로 드레인되는 유압 작동유에 주로 열이 발생하나, 미터-아웃 회로는 실린더로 공급되는 유압 작동유에 주로 열이 발생한다.

| 해설 | 미터인회로는 실린더 입구 쪽에 유량조정밸브를 두고 유입되는 유압유를 조절하는 것이고 미터아웃회로는 실린더 출구쪽에 유량조정밸브를 설치하여 유압유를 조절하므로 유량조정밸브를 설치한 쪽의 유압유가 열화되는 것으로 본다.

74 다음 중 유량제어밸브에 속하는 것은?

① 릴리프 밸브　　　　　② 시퀀스 밸브
③ 교축 밸브　　　　　　④ 체크 밸브

| 해설 | 릴리프밸브와 시퀀스밸브는 압력제어밸브이고 체크밸브는 논-리턴밸브이다.

75 다음과 같은 특징을 가진 유압유는?

- 난연성 작동유에 속함
- 내마모성이 우수하여 저압에서 고압까지 각종 유압펌프에 사용됨
- 점도지수가 낮고 비중이 커서 저온에서 펌프 시동 시 캐비테이션이 발생하기 쉬움

① 인산 에스테르형 작동유　　② 수중 유형 작동유
③ 순광유　　　　　　　　　　④ 유중 수형 작동유

| 해설 | 내마모성이 우수한 유압유에는 물을 섞지 않는다.

73. ④　74. ③　75. ① ■ Answer

76 다음 보기와 같은 유압기호가 나타내는 것은?

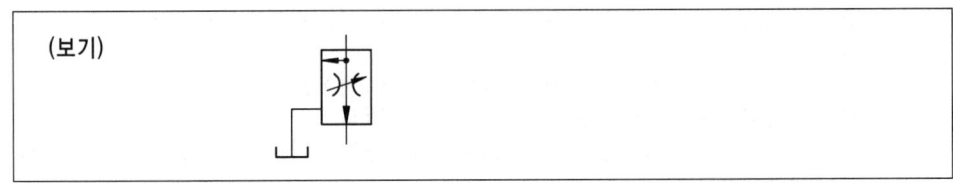

① 가변 교축 밸브
② 무부하 릴리프 밸브
③ 직렬형 유량조정 밸브
④ 바이패스형 유량조정 밸브

| 해설 | 유압기호에서 교축밸브가 들어가 있으므로 유량조절밸브의 종류이고 바이패스형 유량조정밸브의 간략기호이다.

77 채터링(chattering) 현상에 대한 설명으로 틀린 것은?

① 일종의 자려진동현상이다.
② 소음을 수반한다.
③ 압력이 감소하는 현상이다.
④ 릴리프 밸브 등에서 발생한다.

| 해설 | 채터링 현상 : 감압밸브, 체크밸브, 릴리프밸브 등에서 밸브시트를 두드려 높은 소음을 내는 자력진동 현상이다.

78 베인 펌프의 1회전당 유량이 40cc일 때, 1분당 이론 토출유량이 25리터이면 회전수는 약 몇 rpm인가? (단, 내부누설량과 흡입저항은 무시한다.)

① 62
② 625
③ 125
④ 745

| 해설 | $Q_{th} = q \cdot N$
$25 \times 10^3 = 40 \times N$, $N = 625$rpm

79 유압 모터에서 1회전당 배출유량이 60cm³/rev이고 유압유의 공급압력은 7MPa일 이론 토크는 약 몇 N·m인가?

① 668.8
② 66.8
③ 1137.5
④ 113.8

| 해설 | $T = \dfrac{p \cdot q}{2\pi} = \dfrac{7 \times 10^6 \times 60 \times 10^{-6}}{2\pi} = 66.85$ N·m

80 유압유의 여과방식 중 유압펌프에서 나온 유압유의 일부만을 여과하고 나머지는 그대로 탱크로 가도록 하는 형식은?

① 바이패스 필터(by-pass filter)
② 전류식 필터(full-flow filter)
③ 샨트식 필터(shunt flow filter)
④ 원심식 필터(centrifugal filter)

Answer ■ 76. ④ 77. ③ 78. ② 79. ② 80. ①

5과목 기계제작법 및 기계동력학

81 고유진동수가 1Hz인 진동측정기를 사용하여 2.2Hz의 진동을 측정하려고 한다. 측정기에 의해 기록된 진폭이 0.05cm라면 실제 진폭은 약 몇 cm인가? (단, 감쇠는 무시한다.)

① 0.01cm ② 0.02cm
③ 0.03cm ④ 0.04cm

| 해설 | 진동측정기 : 정확한 진동의 가속도, 속도, 변위의 진폭 등과 같은 압력을 재생하여 응답 또는 출력을 나타내는 것

82 20Mg의 철도차량이 0.5m/s의 속력으로 직선운동하여 정지되어 있는 30Mg의 화물차량과 결합한다. 결합하는 과정에서 차량에 공급되는 동력은 없으며 브레이크도 풀려 있다. 결합 직후의 속력은 약 몇 m/s인가?

① 0.25 ② 0.20
③ 0.15 ④ 0.10

| 해설 | $m_A \cdot V_A + m_B \cdot V_B = (m_A + m_B) \times V'$
$20 \times 0.5 = (20+30) \times V'$
$V' = 0.2 \text{m/sec}$

83 질량 관성모멘트가 20kg·m²인 플라이 휠(fly wheel)을 정지 상태로부터 10초 후 3600rpm으로 회전시키기 위해 일정한 비율로 가속하였다. 이때 필요한 토크는 약 몇 N·m인가?

① 654 ② 754
③ 854 ④ 954

| 해설 | $w = w_o + \alpha \cdot t$
$\alpha = \dfrac{2\pi \times 3600}{10 \times 60} = 37.7 \text{rad/sec}^2$
$M = J \cdot \alpha = 20 \times 37.7 = 753.98 \text{N} \cdot \text{m}$

84 고유 진동수 f(Hz), 고유 원진동수 w(rad/s), 고유 주기 T(s) 사이의 관계를 바르게 나타낸 식은?

① $T = \dfrac{w}{2\pi}$ ② $Tw = f$
③ $Tf = 1$ ④ $fw = 2\pi$

| 해설 | $T = \dfrac{1}{f} = \dfrac{2\pi}{w}$

81. ④ 82. ② 83. ② 84. ③ ■ Answer

85 그림과 같이 질량 100kg의 상자를 동마찰계수가 μ_1=0.2인 길이 2.0m의 바닥 a와 동마찰계수가 μ_2=0.3인 길이 2.5m의 바닥 b를 지나 A지점에서 C지점까지 밀려고 한다. 사람이 하여야 할 일은 약 몇 J인가?

① 1128J
② 2256J
③ 3760J
④ 5640J

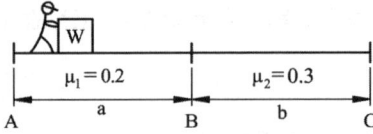

|해설| $U = \mu_1 \cdot mg \cdot S_1 + \mu_2 \cdot mg \cdot S_2$ =0.2×100×9.8×2.0+0.3×100×9.8×2.5=1127N·m

86 1자유도 질량-스프링계에서 초기조건으로 변위 x_0가 주어진 상태에서 가만히 놓아 진동이 일어난다면 진동변위를 나타내는 식은? (단, w_n은 계의 고유진동수이고, t는 시간이다.)

① $x_0 \cos w_n t$　　　② $x_0 \sin w_n t$
③ $x_0 \cos^2 w_n t$　　④ $x_0 \sin^2 w_n t$

|해설| $t = 0, \ x = x_o$
　　　$x = x_0 \cdot \cos w_n \cdot t$

87 그림과 같이 바퀴가 가로방향(x축 방향)으로 미끄러지지 않고 굴러가고 있을 때 A점의 속력과 그 방향은? (단, 바퀴 중심점의 속도는 v이다.)

① 속력 : v, 방향 : x축 방향
② 속력 : v, 방향 : $-y$축 방향
③ 속력 : $\sqrt{2}\,v$, 방향 : $-y$축 방향
④ 속력 : $\sqrt{2}\,v$, 방향 : x축 방향에서 아래로 45°방향

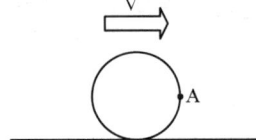

|해설| 중심점 속도 $V_o = V = rw$
　　　$V_A = \sqrt{2}\,r \cdot w = \sqrt{2} \cdot V$
　　　순간중심점에서 A까지 거리의 직각방향이므로 접촉면의 아래쪽을 향한다.

88 질량 70kg인 군인이 고공에서 낙하산을 펼치고 10m/s의 초기 속도로 낙하하였다. 공기의 저항이 350N일 때 20m 낙하한 후의 속도는 약 몇 m/s인가?

① 16.4m/s　　　② 17.1m/s
③ 18.9m/s　　　④ 20.0m/s

|해설| $\sum F = m \cdot a : 70 \times 9.8 - 350 = 70 \times a$
　　　$a = 4.8 \text{m/sec}^2$
　　　$V^2 - V_0^2 = 2aS, \ V^2 - 10^2 = 2 \times 4.8 \times 20$
　　　$V = 17.08 \text{m/sec}$

Answer ■ 85. ①　86. ①　87. ④　88. ②

89 정지된 물에서 0.5m/s의 속도를 낼 수 있는 뱃사공이 있다. 이 뱃사공이 0.1m/s로 흐르는 강물을 거슬러 400m를 올라가는 데 걸리는 시간은?

① 10분 ② 13분 20초
③ 16분 40초 ④ 22분 13초

| 해설 | $\triangle t = \dfrac{S}{V} = \dfrac{400}{(0.5-0.1)} = 1000\text{sec} = 16분\ 66초$

90 질량, 스프링, 댐퍼로 구성된 단순화된 1자유도 감쇠계에서 다음 중 그 값만으로 직접 감쇠비(damped ratio, ζ)를 구할 수 있는 것은?

① 대수 감소율(logarithmic decrement)
② 감쇠 고유 진동수(damped natural frequency)
③ 스프링 상수(spring coefficient)
④ 주기(period)

| 해설 | $\delta = \dfrac{2\pi\zeta}{\sqrt{1-\zeta^2}}$

91 오토콜리메이터의 부속품이 아닌 것은?

① 평면경 ② 콜리 프리즘
③ 펜타 프리즘 ④ 폴리곤 프리즘

| 해설 | 오토콜리메이터 : 평면경, 폴리곤 프리즘, 펜타 프리즘, 조정기, 변압기 등으로 구성

92 이미 가공되어 있는 구멍에 다소 큰 강철 볼을 압입하여 통과시켜서 가공물의 표면을 소성 변형시켜 정밀도가 높은 면을 얻는 가공법은?

① 버핑(buffing) ② 버니싱(burnishing)
③ 숏 피닝(shot peening) ④ 배럴 다듬질(barrel finishing)

| 해설 | ① 버핑 : 포목이나 가죽으로 된 버프를 회전시키며 연삭제를 버프와 공작물 사이에 넣어 공작물 표면의 녹을 제거하거나 광택을 내는 작업
② 숏피닝 : 숏이라고 하는 금속제 입자를 고속으로 가공물의 표면에 분사시켜 금속표면의 강도와 경도를 증가시켜주는 작업
③ 배럴 다듬질 : 상자에 공작물과 숫돌 입자, 공작액, 콤파운드 등을 함께 넣어 공작물이 입자와 충돌할 수 있도록 회전 또는 진동을 가해 공작물 표면의 요철을 제거, 매끈한 가공면을 얻는 작업

89. ③ 90. ① 91. ② 92. ② ■ Answer

93 공작물은 양극으로 하고 전기저항이 적은 Cu, Zn을 음극으로 하여 전해액 속에 넣고 전기를 통하면, 가공물 표면이 전기에 의한 화학적 작용으로 매끈하게 가공되는 가공법은?

① 전해연마 ② 전해연삭
③ 워터젯가공 ④ 초음파가공

|해설| ① 전해연삭 : 전해연마에서 나타난 양극생성물을 전해작용으로 갈아 없애는 작업
② 워터젯가공 : 물을 초고압(3000~4000atm)으로 분사시켜, 그 분류로 절단가공을 하는 작업
③ 초음파 가공 : 16~30kHz/sec의 초음파로 공구를 상·하 진동시켜 공작물 표면을 가공하는 작업

94 다음 빈 칸에 들어갈 숫자가 옳게 짝지어진 것은?

> 지름 100mm의 소재를 드로잉하여 지름 60mm의 원통을 가공할 때 드로잉률은 (A)이다. 또한, 이 60mm의 용기를 재드로잉률 0.8로 드로잉을 하면 용기의 지름은 (B)mm가 된다.

① A : 0.36, B : 48 ② A : 0.36, B : 75
③ A : 0.6, B : 48 ④ A : 0.6, B : 75

|해설| A : $m_1 = \dfrac{d_1}{d_0} = \dfrac{60}{100} = 0.6$

B : $m_2 = \dfrac{d_2}{d_1}$, $d_2 = 0.8 \times 60 = 48$mm

95 호브 절삭날의 나사를 여러 줄로 한 것으로 거친 절삭에 주로 쓰이는 호브는?

① 다줄 호브 ② 단체 호브
③ 조립 호브 ④ 초경 호브

96 다이에 아연, 납, 주석 등의 연질금속을 넣고 제품 형상의 펀치로 타격을 가하여 길이가 짧은 치약튜브, 약품튜브 등을 제작하는 압출방법은?

① 간접 압출 ② 열간 압출
③ 직접 압출 ④ 충격 압출

97 용접을 기계적인 접합 방법과 비교할 때 우수한 점이 아닌 것은?

① 기밀, 수밀, 유밀성이 우수하다.
② 공정 수가 감소되고 작업시간이 단축된다.
③ 열에 의한 변질이 없으며 품질검사가 쉽다.
④ 재료가 절약되므로 공작물의 중량을 가볍게 할 수 있다.

Answer ■ 93. ① 94. ③ 95. ① 96. ④ 97. ③

98 제작 개수가 적고, 큰 주물품을 만들 때 재료와 제작비를 절약하기 위해 골격만 목재로 만들고 골격 사이를 점토로 메워 만든 모형은?

① 현형 ② 골격형
③ 긁기형 ④ 코어형

99 절삭가공 시 발생하는 절삭온도 측정방법이 아닌 것은?

① 부식을 이용하는 방법
② 복사고온계를 이용하는 방법
③ 열전대(thermocouple)에 의한 방법
④ 칼로리미터(calorimeter)에 의한 방법

|해설| 절삭온도 측정법
　　　① 칩의 색깔에 의한 방법
　　　② 서머컬러에 의한 방법
　　　③ 열전대에 의한 방법
　　　④ 칼로리미터에 의한 방법
　　　⑤ 복사고온계에 의한 방법

100 나사측정 방법 중 삼침법(Three wire method)에 대한 설명으로 옳은 것은?

① 나사의 길이를 측정하는 법
② 나사의 골지름을 측정하는 법
③ 나사의 바깥지름을 측정하는 법
④ 나사의 유효지름을 측정하는 법

|해설| 나사의 유효지름 측정법
　　　① 나사 마이크로미터
　　　② 삼침법
　　　③ 공구현미경
　　　④ 만능투영기

98. ② 　99. ① 　100. ④ ■ Answer

2017 기출문제
3월 5일 시행

1과목 재료역학

1 그림과 같이 원형 단면의 원주에 접하는 $x-x$축에 관한 단면 2차모멘트는?

① $\dfrac{\pi d^4}{32}$ ② $\dfrac{\pi d^4}{64}$

③ $\dfrac{3\pi d^4}{64}$ ④ $\dfrac{5\pi d^4}{64}$

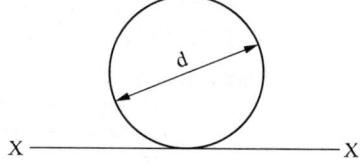

Solution $I_x = I_{Gx} + \ell^2 \cdot A = \dfrac{\pi d^4}{64} + \left(\dfrac{d}{2}\right)^2 \times \dfrac{\pi d^2}{4} = \dfrac{5\pi d^4}{64}$

2 그림과 같은 구조물에서 AB 부재에 미치는 힘은 몇 kN인가?

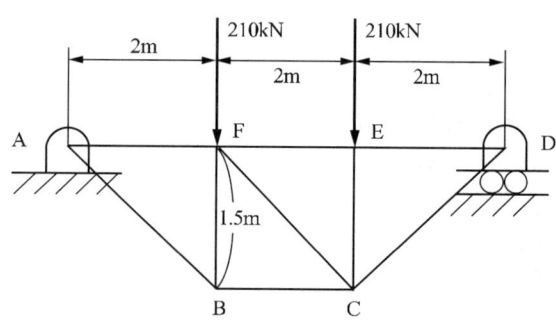

① 450 ② 350 ③ 250 ④ 150

Solution 각 A를 α로 놓으면

$\sin\alpha = \dfrac{1.5}{\sqrt{2^2+1.5^2}} = \dfrac{210}{T_{AB}}$

$T_{AB} = 350\text{kN}$

Answer ■ 1. ④ 2. ②

3 다음과 같은 평면응력상태에서 X축으로부터 반시계방향으로 30°회전된 X'축 상의 수직응력($\sigma_{x'}$)은 약 몇 MPa인가?

① $\sigma_{x'} = 3.84$
② $\sigma_{x'} = -3.84$
③ $\sigma_{x'} = 17.99$
④ $\sigma_{x'} = -17.99$

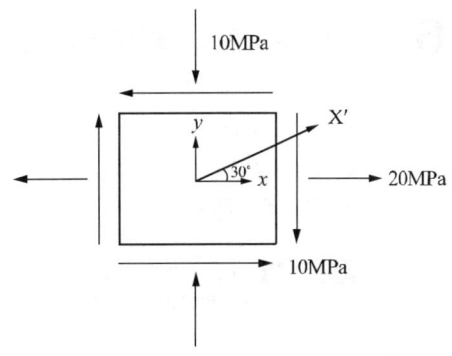

Solution $\sigma_{x'} = \dfrac{\sigma_x + \sigma_y}{2} + \dfrac{\sigma_x - \sigma_y}{2}\cos 2\theta - \tau_{xy}\cdot\sin 2\theta = \dfrac{20-10}{2} + \dfrac{20+10}{2}\times\cos 60° - 10\times\sin 60° = 3.84\,\text{Mpa}$

4 그림과 같은 하중을 받고 있는 수직 봉의 자중을 고려한 총 신장량은? (단, 하중 = P, 막대 단면적 = A, 비중량 = γ, 탄성계수 = E이다.)

① $\dfrac{L}{E}(\gamma L + \dfrac{P}{A})$
② $\dfrac{L}{2E}(\gamma L + \dfrac{P}{A})$
③ $\dfrac{L^2}{2E}(\gamma L + \dfrac{P}{A})$
④ $\dfrac{L^2}{E}(\gamma L + \dfrac{P}{A})$

Solution
① $\delta_{자중} = \dfrac{r\cdot\ell^2}{2E}$
② $\delta_{인장} = \dfrac{P\cdot(\frac{\ell}{2})}{AE} = \dfrac{P\cdot\ell}{2AE}$
③ $\delta = \dfrac{\ell}{2E}(r\ell + \dfrac{P}{A})$

5 단면 2차 모멘트가 251cm⁴인 I형강 보가 있다. 이 단면의 높이가 20cm라면, 굽힘 모멘트 $M = 2510\,\text{N}\cdot\text{m}$을 받을 때 최대 굽힘 응력은 몇 MPa인가?

① 100 ② 50
③ 20   ④ 5

Solution $\sigma_b = \dfrac{M}{Z} = \dfrac{M}{I_G}\times\dfrac{h}{2} = \dfrac{2510\times 10}{251} = 100\,\text{MPa}$

3. ①　4. ②　5. ① ■ Answer

6 다음 그림과 같이 외팔보에 하중 P_1, P_2가 작용될 때 최대 굽힘 모멘트의 크기는?

① $P_1 \cdot a + P_2 \cdot b$
② $P_1 \cdot b + P_2 \cdot a$
③ $(P_1 + P_2) \cdot L$
④ $P_1 \cdot L + P_2 \cdot b$

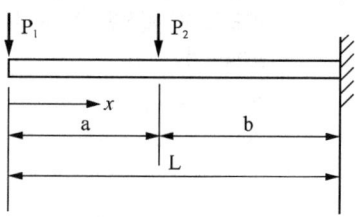

Solution $M_{\max} = P_1 \cdot L + P_2 \cdot b$
• 고정지점에서 발생

7 중공 원형 축에 비틀림 모멘트 $T = 100\text{N} \cdot \text{m}$가 작용할 때, 안지름이 20mm, 바깥지름이 25mm라면 최대 전단응력은 약 몇 Mpa인가?

① 42.2 ② 55.2 ③ 77.2 ④ 91.2

Solution $T = \tau \cdot Z_p$
$$100 \times 10^3 = \tau \times \frac{\pi \times 25^3}{16} \times \left\{1 - \left(\frac{20}{25}\right)^4\right\}$$
$\tau = 55.21 \text{MPa} (\text{N/mm}^2)$

8 직경 20mm인 구리합금 봉에 30kN의 축 방향 인장하중이 작용할 때 체적 변형률은 대략 얼마인가? (단, 탄성계수 $E = 100\text{GPa}$, 포와송비 $\mu = 0.3$)

① 0.38 ② 0.038 ③ 0.0038 ④ 0.00038

Solution $\epsilon_v = \epsilon(1 - 2\mu) = \frac{\sigma}{AE}(1 - 2\mu) = \frac{4 \times 30 \times 10^3}{\pi \times 0.02^2 \times 100 \times 10^9} \times (1 - 2 \times 0.3) = 3.82 \times 10^{-4}$

9 그림과 같은 단순보에서 보 중앙의 처짐으로 옳은 것은? (단, 보의 굽힘 강성 EI는 일정하고, M_0는 모멘트, ℓ은 보의 길이이다.)

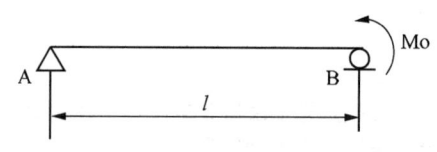

① $\dfrac{M_0 \ell^2}{16EI}$ ② $\dfrac{M_0 \ell^2}{48EI}$ ③ $\dfrac{M_0 \ell^2}{120EI}$ ④ $\dfrac{5M_0 \ell^2}{384EI}$

Solution ① 공액보 개념 적용
② 중앙에서 처짐 $\delta_c = \dfrac{Mc'}{E \cdot I}$
③ Mc'는 공액보 중앙점에서 공액보 굽힘모멘트
④ 7장 연습문제 16번 풀이 참조할 것

Answer ■ 6. ④ 7. ② 8. ④ 9. ①

10 다음 중 좌굴(buckling) 현상에 대한 설명으로 가장 알맞은 것은?

① 보에 휨하중이 작용할 때 굽어지는 현상
② 트러스의 부재에 전단하중이 작용할 때 굽어지는 현상
③ 단주에 축방향의 인장하중을 받을 때 기둥이 굽어지는 현상
④ 장주에 축방향의 압축하중을 받을 때 기둥이 굽어지는 현상

11 동일한 길이와 재질로 만들어진 두 개의 원형단면 축이 있다. 각각의 지름이 d_1, d_2일 때 각 축에 저장되는 변형에너지 u_1, u_2의 비는? (단, 두 축은 모두 비틀림 모멘트 T를 받고 있다.)

① $\dfrac{u_1}{u_2} = (\dfrac{d_2}{d_1})^4$ ② $\dfrac{u_2}{u_1} = (\dfrac{d_2}{d_1})^3$

③ $\dfrac{u_1}{u_2} = (\dfrac{d_2}{d_1})^3$ ④ $\dfrac{u_2}{u_1} = (\dfrac{d_2}{d_1})^4$

Solution 재료역학 4장 실전연습문제 24번 문제 풀이 참조

12 직경 20mm인 와이어 로프에 매달린 1000N의 중량물(W)이 낙하하고 있을 때. A점에서 갑자기 정지시키면 와이어 로프에 생기는 최대응력은 약 몇 GPa인가? (단, 와이어 로프의 탄성계수 E = 20GPa이다.)

① 0.93   ② 1.13
③ 1.72   ④ 1.93

Solution 충격응력 구하는 공식 적용

$$\sigma = \sigma_o(1 + \sqrt{1 + \dfrac{2h}{\delta_o}})$$

$$\sigma_o = \dfrac{W}{A}, \quad \delta_o = \dfrac{W \cdot \ell}{AE}$$

13 그림과 같이 하중 P가 작용할 때 스프링의 변위 δ는?
(단, 스프링 상수는 k이다.)

① $\delta = \dfrac{(a+b)}{bk}P$

② $\delta = \dfrac{(a+b)}{ak}P$

③ $\delta = \dfrac{ak}{(a+b)}P$

④ $\delta = \dfrac{bk}{(a+b)}P$

Solution 재료역학 2장 실전연습문제 57번 풀이 참조

10. ④   11. ①   12. 전항 답으로 발표   13. ②   ■ Answer

14 두께 10mm의 강판을 사용하여 직경 2.5m의 원통형 압력용기를 제작하였다. 용기에 작용하는 최대 내부 압력이 1200kPa일 때 원주응력(후프 응력)은 몇 MPa인가?

① 50   ② 100   ③ 150   ④ 200

Solution $\sigma_t = \dfrac{p \cdot d}{2t} = \dfrac{1200 \times 10^{-3} \times (2.5 \times 10^3)}{2 \times 10} = 150\,\text{MPa}$

15 열응력에 대한 다음 설명 중 틀린 것은?
① 재료의 선팽창 계수와 관계있다.   ② 세로 탄성계수와 관계있다.
③ 재료의 비중과 관계있다.   ④ 온도차와 관계있다.

Solution $\sigma = E \cdot \alpha \cdot \Delta t$

16 다음 그림과 같은 양단 고정보 AB에 집중하중 $P = 14\text{kN}$ 이 작용할 때 B점의 반력 R_B[kN]는?

① $R_B = 8.06$
② $R_B = 9.25$
③ $R_B = 10.37$
④ $R_B = 11.08$

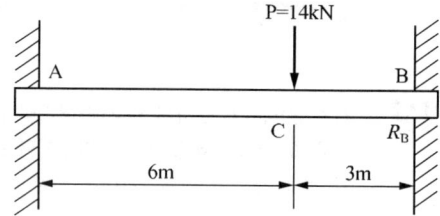

Solution 재료역학 10장 실전연습문제 5번 참조
$R_B = \dfrac{P \cdot a^2}{\ell^3} \cdot (a + 3b) = \dfrac{14 \times 6^2 \times (6 + 3 \times 3)}{9^3} = 10.37\,\text{kN}$

17 단순지지보의 중앙에 집중하중(P)이 작용한다. 점 C에서의 기울기를 $\dfrac{M}{EI}$ 선도를 이용하여 구하면? (단, $E =$ 재료의 종탄성계수, $I =$ 단면 2차 모멘트)

① $\dfrac{1}{64}\dfrac{PL^2}{EI}$
② $\dfrac{1}{32}\dfrac{PL^2}{EI}$
③ $\dfrac{3}{64}\dfrac{PL^2}{EI}$
④ $\dfrac{1}{16}\dfrac{PL^2}{EI}$

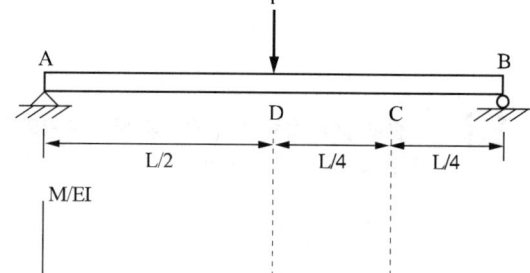

Solution $\theta_c = \dfrac{P \cdot L^2}{16EI} - \dfrac{\frac{1}{2} \times \left(\frac{P}{2} \times \frac{L}{4}\right) \times \frac{L}{4}}{EI} = \dfrac{3P \cdot L^2}{64 E \cdot I}$

Answer ■ 14. ③   15. ③   16. ③   17. ③

18 그림과 같이 등분포하중이 작용하는 보에서 최대 전단력의 크기는 몇 kN인가?

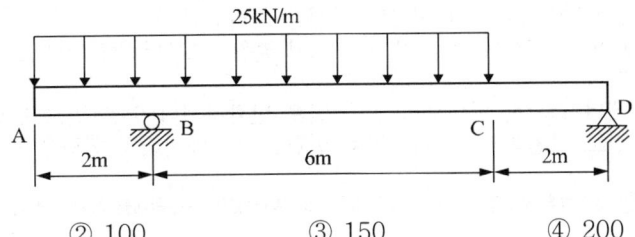

① 50   ② 100   ③ 150   ④ 200

Solution $\sum M_B = 0$, $R_D = \dfrac{25 \times 6 \times 3 - 25 \times 2 \times 1}{8} = 50\text{kN}$
$R_B = 25 \times 8 - 50 = 150\text{kN}$
∴ $F_{\max} = 150 - (25 \times 2) = 100\text{kN}$

19 전단 탄성계수가 80GPa인 강봉(steel bar)에 전단응력이 1kPa로 발생했다면 이 부재에 발생한 전단변형률은?

① 12.5×10^{-3} ② 12.5×10^{-6}
③ 12.5×10^{-9} ④ 12.5×10^{-12}

Solution $\gamma = \dfrac{1}{80 \times 10^6} = 1.25 \times 10^{-8}$

20 길이가 ℓ이고 원형 단면의 직경이 d인 외팔보의 자유단에 하중 P가 가해진다면, 이 외팔보의 전체 탄성에너지는? (단, 재료의 탄성계수는 E이다.)

① $U = \dfrac{3P^2\ell^3}{64\pi Ed^4}$ ② $U = \dfrac{62P^2\ell^3}{9\pi Ed^4}$
③ $U = \dfrac{32P^2\ell^3}{3\pi Ed^4}$ ④ $U = \dfrac{64P^2\ell^3}{3\pi Ed^4}$

Solution $U = \dfrac{1}{2} P \cdot \delta = \dfrac{1}{2} \times P \times \dfrac{P \cdot \ell^3}{3EI} = \dfrac{64 P \cdot \ell^3}{6E \cdot \pi d^4} = \dfrac{32 P^2 \cdot \ell^3}{3\pi Ed^4}$

2과목 기계열역학

21 다음에 열거한 시스템의 상태량 중 종량적 상태량인 것은?

① 엔탈피   ② 온도
③ 압력   ④ 비체적

Solution 종량적 상태량 : 질량의 양에 비례

18. ② 19. ③ 20. ③ 21. ① ■ Answer

22 열역학 제1법칙에 관한 설명으로 거리가 먼 것은?

① 열역학적계에 대한 에너지 보존법칙을 나타낸다.
② 외부에 어떠한 영향을 남기지 않고 계가 열원으로부터 받은 열을 모두 일로 바꾸는 것은 불가능하다.
③ 열은 에너지의 한 형태로서 일을 열로 변환하거나 열을 일로 변환하는 것이 가능하다.
④ 열을 일로 변환하거나 일을 열로 변환할 때, 에너지의 총량은 변하지 않고 일정하다.

Solution 열역학적 제1법칙 : 에너지보존법칙으로 열과 일의 수수관계를 표현한 것이다.

23 폴리트로픽 과정 $PV^n = C$에서 지수 $n = \infty$인 경우는 어떤 과정인가?

① 등온과정 ② 정적과정 ③ 정압과정 ④ 단열과정

Solution $n = 0$: 정압과정
$n = 1$: 등온과정
$n = k$: 단열과정

24 온도 300K, 압력 100kPa 상태의 공기 0.2kg이 완전히 단열된 강체 용기 안에 있다. 패들(paddle)에 의하여 외부로부터 공기에 5kJ의 일이 행해질 때 최종 온도는 약 몇 K인가? (단, 공기의 정압비열과 정적비열은 각각 1.0035kJ/(kg·K), 0.7165kJ/(kg·K)이다.)

① 315 ② 275 ③ 335 ④ 255

Solution $k = \dfrac{C_p}{C_v} = \dfrac{1.0035}{0.7165} = 1.4$

$_1W_2 = \dfrac{mR(T_1 - T_2)}{k - 1}$: 밀폐계⊖일

$-5 = \dfrac{0.2 \times (1.0035 - 0.7165) \times (300 - T_2)}{1.4 - 1}$

$T_2 = 334.84K$

25 다음 냉동 사이클에서 열역학 제1법칙과 제2법칙을 모두 만족하는 Q_1, Q_2, W는?

① $Q_1 = 20kJ$, $Q_2 = 20kJ$, $W = 20kJ$
② $Q_1 = 20kJ$, $Q_2 = 30kJ$, $W = 20kJ$
③ $Q_1 = 20kJ$, $Q_2 = 20kJ$, $W = 10kJ$
④ $Q_1 = 20kJ$, $Q_2 = 15kJ$, $W = 5kJ$

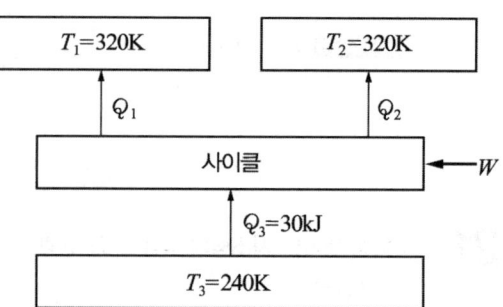

Solution ① 열역학 1법칙 : $W = (Q_1 + Q_2) - Q_3$

② 열역학 2법칙 : ⅰ) $\triangle S = \dfrac{Q_1}{T_1} + \dfrac{Q_2}{T_2} = \dfrac{Q_3}{T_3}$

ⅱ) $\triangle S = \dfrac{Q_1}{T_1} + \dfrac{Q_2}{T_2} > \dfrac{Q_3}{T_3}$

Answer ■ 22. ② 23. ② 24. ③ 25. ②

26 1kg의 공기가 100℃를 유지하면서 등온팽창하여 외부에 100kJ의 일을 하였다. 이 때 엔트로피의 변화량은 약 몇 kJ/(kg·K)인가?

① 0.268   ② 0.373
③ 1.00   ④ 1.54

Solution $\triangle S = \frac{_1Q_2}{T} = \frac{_1W_2}{T} = \frac{100}{100+273} = 0.268 \text{ kJ/kg·K}$

27 300L 체적의 진공인 탱크가 25℃, 6MPa의 공기를 공급하는 관에 연결된다. 밸브를 열어 탱크 안의 공기 압력이 5MPa이 될 때까지 공기를 채우고 밸브를 닫았다. 이 과정이 단열이고 운동에너지와 위치에너지의 변화는 무시해도 좋을 경우에 탱크 안의 공기의 온도는 약 몇 ℃가 되는가? (단, 공기의 비열비는 1.4이다.)

① 1.5℃   ② 25.0℃
③ 84.4℃ ④ 144.3℃

Solution 이와 같은 문제의 경우 용기내 온도 T_2를 구하는 공식

$$\frac{1}{T_2} = \frac{1}{T_1} \cdot \frac{P_1}{P_2} + \frac{1}{k \cdot T_i}\left(1 - \frac{P_1}{P_2}\right)$$

용기안이 진공상태였다면 $P_1 = 0$
$T_2 = k \cdot T_i = 1.4 \times (25+273) = 417.2 \text{K}$
∴ $t_2 = 417.2 - 273 = 144.2℃$

28 Rankine 사이클에 대한 설명으로 틀린 것은??

① 응축기에서의 열방출 온도가 낮을수록 열효율이 좋다.
② 증기의 최고온도는 터빈 재료의 내열특성에 의하여 제한된다.
③ 팽창일에 비하여 압축일이 적은 편이다.
④ 터빈 출구에서 건도가 낮을수록 효율이 좋아진다.

Solution 터빈 출구에서 건도가 낮아지면 터빈 날개에 부식발생으로 효율저하현상이 나타난다.

26. ①   27. ④   28. ④ ■ Answer

29 증기 터빈의 입구 조건은 3MPa, 350℃이고 출구의 압력은 30kPa이다. 이 때 정상 등엔트로피 과정으로 가정할 경우, 유체의 단위질량당 터빈에서 발생되는 출력은 약 몇 kJ/kg인가? (단, 표에서 h는 단위질량당 엔탈피, s는 단위질량당 엔트로피이다.)

	h(kJ/kg)	s(kJ/(kg·K))
터빈입구	3115.3	6.7428

	엔트로피(kJ/(kg·K))		
	포화액 (S_f)	증발 (S_{fg})	포화증기 (S_g)
터빈출구	0.9439	6.8247	7.7686

	엔탈피(kJ/kg)		
	포화액 (h_f)	증발 (h_{fg})	포화증기 (h_g)
터빈출구	289.2	2336.1	2625.3

① 679.2 ② 490.3
③ 841.1 ④ 970.4

Solution 터빈출구 비엔탈피
$S_x = S' + x(S'' - S') = S$
$6.7428 = 0.9439 + x \times (7.7686 - 0.9439)$
$x = 0.85$
$h_x = h' + x(h'' - h') = 289.2 + 0.85 \times (2625.3 - 289.2) = 2274.9$
$W_T = 3115.3 - 2274.9 = 840.4 \text{kJ/kg}$

30 4kg의 공기가 들어 있는 체적 0.4m³의 용기(A)와 체적이 0.2m³인 진공의 용기(B)를 밸브로 연결하였다. 두 용기의 온도가 같을 때 밸브를 열어 용기 A와 B의 압력이 평형에 도달했을 경우, 이 계의 엔트로피 증가량은 약 몇 J/K인가? (단, 공기의 기체상수는 0.287kJ/(kg·K)이다.)

① 712.8 ② 595.7
③ 465.5 ④ 348.2

Solution $\Delta S = \left\{ m_A C_V \cdot \ln\left(\frac{T_2}{T_A}\right) + m_A R \cdot \ln\left(\frac{V_2}{V_A}\right) \right\} + \left\{ m_B \cdot C_V \cdot \ln\left(\frac{T_2}{T_B}\right) + m_B R \cdot \ln\left(\frac{V_2}{V_B}\right) \right\}$
$\Delta S = m_A \cdot R \cdot \ln\left(\frac{V_2}{V_A}\right) = 4 \times 287 \times \ln\left(\frac{0.6}{0.4}\right) = 465.5 \text{J/K}$
$T_A = T_B, \ T_1 = T_2, \ V_1 = V_A, \ V_2 = V_A + V_B, \ m_B = 0$

31 압력 5kPa, 체적이 0.3m³인 기체가 일정한 압력하에서 압축되어 0.2m³로 되었을 때 이 기체가 한 일은? (단, +는 외부로 기체가 일을 한 경우이고, -는 기체가 외부로부터 일을 받은 경우이다.)

① -1000J ② 1000J
③ -500J   ④ 500J

Solution $_1W_2 = P \cdot (V_2 - V_1) = 5 \times 10^3 \times (0.2 - 0.3) = -500\text{J}$: 밀폐계

Answer ■ 29. ③ 30. ③ 31. ③

32 14.33W의 전등을 매일 7시간 사용하는 집이 있다. 1개월(30일) 동안 약 몇 kJ의 에너지를 사용하는가?

① 10830
② 15020
③ 17420
④ 22840

Solution $E = 14.33 \times 10^{-3} \times 7 \times 3600 \times 30 = 10833.48 \text{kJ}$

33 오토 사이클로 작동되는 기관에서 실린더의 간극 체적이 행정 체적의 15%라고 하면 이론 열효율은 약 얼마인가? (단, 비열비는 $k = 1.4$이다.)

① 45.2%
② 50.6%
③ 55.7%
④ 61.4%

Solution $V_C = 0.15 V_S$

$$\epsilon = \frac{V_C + V_S}{V_C} = 1 + \frac{V_S}{V_C} = 1 + \frac{1}{0.15}$$

$$\eta_0 = 1 - \left(\frac{1}{\epsilon}\right)^{k-1} = \left\{1 - \left(\frac{0.15}{1.15}\right)^{0.4}\right\} \times 100 = 55.7\%$$

34 분자량이 M이고 질량이 $2V$인 이상기체 A가 압력 p, 온도 T(절대온도)일 때 부피가 V이다. 동일한 질량의 다른 이상기체 B가 압력 $2p$, 온도 $2T$(절대온도)일 때 부피가 $2V$이면 이 기체의 분자량은 얼마인가?

① 0.5M
② M
③ 2M
④ 4M

Solution $\overline{R} = \left(\frac{P \cdot V \cdot M}{m \cdot T}\right)_A = \left(\frac{P \cdot V \cdot M}{m \cdot T}\right)_B$

$$\frac{P \cdot V \cdot M}{T} = \frac{(2P) \cdot (2V) \cdot M_B}{2T}$$

$$M_B = \frac{1}{2}M = 0.5M$$

35 다음 압력값 중에서 표준대기압(1atm)과 차이가 가장 큰 압력은?

① 1MPa
② 100kPa
③ 1bar
④ 100hPa

Solution ① 1MPa = 10^6Pa
② 100kPa = 10^5Pa
③ 1bar = 10^5Pa
④ 100hPa = 10^4Pa

32. ① 33. ③ 34. ① 35. ① ■ Answer

36 물 1kg이 포화온도 120℃에서 증발할 때, 증발잠열은 2203kJ이다. 증발하는 동안 물의 엔트로피 증가량은 약 몇 kJ/K인가?

① 4.3 ② 5.6
③ 6.5 ④ 7.4

Solution $\triangle S = \dfrac{2203}{120+273} = 5.61 \, \text{kJ/K}$

37 단열된 가스터빈의 입구 측에서 가스가 압력 2MPa, 온도 1200K로 유입되어 출구 측에서 압력 100kPa, 온도 600K로 유출된다. 5MW의 출력을 얻기 위한 가스의 질량유량은 약 몇 kg/s인가? (단, 터빈의 효율은 100%이고, 가스의 정압비열은 1.12kJ/(kg·K)이다.)

① 6.44 ② 7.44
③ 8.44 ④ 9.44

Solution $W = \dot{m}\, C_P \cdot (T_1 - T_2)$
$\dot{m} = \dfrac{5 \times 10^3}{1.12 \times (1200-600)} = 7.44 \, \text{kg/s}$

38 10℃에서 160℃까지 공기의 평균 정적비열은 0.7315kJ/(kg·K)이다. 이 온도 변화에서 공기 1kg의 내부에너지 변화는 약 몇 kJ인가?

① 101.1kJ ② 109.7kJ
③ 120.6kJ ④ 131.7kJ

Solution $\triangle U = 1 \times 0.7315 \times (160-10) = 109.7 \, \text{kJ}$

39 이상적인 증기-압축 냉동사이클에서 엔트로피가 감소하는 과정은?

① 증발과정 ② 압축과정
③ 팽창과정 ④ 응축과정

Solution 열을 외부로 방출하는 과정을 선택

40 피스톤-실린더 시스템에 100kP의 압력을 갖는 1kg의 공기가 들어있다. 초기 체적은 0.5m³이고, 이 시스템에 온도가 일정한 상태에서 열을 가하여 부피가 1.0m³이 되었다. 이 과정 중 전달된 에너지는 약 몇 kJ인가?

① 30.7 ② 34.7
③ 44.8 ④ 50.0

Solution T=일정
$W = P_1 \cdot V_1 \cdot \ln\left(\dfrac{V_2}{V_1}\right) = 100 \times 0.5 \times \ln\left(\dfrac{1.0}{0.5}\right) = 34.7 \, \text{kJ}$

Answer ■ 36. ① 37. ② 38. ② 39. ④ 40. ②

3과목 기계유체역학

41 유체의 정의를 가장 올바르게 나타낸 것은?

① 아무리 작은 전단응력에도 저항할 수 없어 연속적으로 변형하는 물질
② 탄성계수가 0을 초과하는 물질
③ 수직응력을 가해도 물체가 변하지 않는 물질
④ 전단응력이 가해질 때 일정한 양의 변형이 유지되는 물질

42 지름 0.1mm이고 비중이 7인 작은 입자가 비중이 0.8인 기름 속에서 0.01m/s의 일정한 속도로 낙하하고 있다. 이 때 기름의 점성계수는 약 몇 kg/(m·s)인가? (단, 이 입자는 기름 속에서 Stokes 법칙을 만족한다고 가정한다.)

① 0.003379
② 0.009542
③ 0.02486
④ 0.1237

Solution
$F_B + D = W$
$3\pi \mu d V = (\gamma - \gamma_o) \cdot V$
$3 \times \pi \times \mu \times (0.1 \times 10^{-3}) \times 0.01 = (7 - 0.8) \times 9800 \times \dfrac{\pi \times (0.1 \times 10^{-3})^3}{6}$
$\mu = 0.003376 \text{N} \cdot \sec/\text{m}^2$

43 체적 $2 \times 10^{-3} \text{m}^3$의 돌이 물속에서 무게가 40N이었다면 공기 중에서의 무게는 약 몇 N인가?

① 2
② 19.6
③ 42
④ 59.6

Solution $W = 9800 \times 2 \times 10^{-3} + 40 = 59.6 \text{N}$

44 새로 개발한 스포츠카의 공기역학적 항력을 기온 25°C(밀도는 1.184kg/m³, 점성계수는 1.849×10⁻⁵kg/(m·s)), 100km/h 속력에서 예측하고자 한다. 1/3 축척 모형을 사용하여 기온이 5°C(밀도는 1.269kg/m³, 점성계수는 1.754×10⁻⁵kg/(m·s))인 풍동에서 항력을 측정할 때 모형과 원형 사이의 상사를 유지하기 위해 풍동 내 공기의 유속은 약 몇 km/h가 되어야 하는가?

① 153
② 266
③ 442
④ 549

Solution
$\left(\dfrac{\rho \cdot V \cdot L}{\mu}\right)_p = \left(\dfrac{\rho \cdot V \cdot L}{\mu}\right)_m$
$\left(\dfrac{1.184 \times 100 \times 1}{1.849 \times 10^{-5}}\right) = \left(\dfrac{1.269 \times V_m \times \frac{1}{3}}{1.754 \times 10^{-5}}\right)$
$V_m = 265.52 \text{km/h}$

41. ① 42. ① 43. ④ 44. ② ■ Answer

45 안지름이 20mm인 수평으로 놓인 곧은 파이프 속에 점성계수 $0.4N \cdot s/m^2$, 밀도 $900kg/m^3$인 기름이 유량 $2 \times 10^{-5} m^3/s$로 흐르고 있을 때, 파이프 내의 10m 떨어진 두 지점 간의 압력강하는 약 몇 kPa인가?

① 10.2 ② 20.4
③ 30.6 ④ 40.8

Solution $\Delta P = \dfrac{128\mu \cdot \ell \cdot Q}{\pi \cdot d^4} = \dfrac{128 \times 0.4 \times 10 \times 2 \times 10^{-5}}{\pi \times 0.02^4} \times 10^{-3} = 20.4 \, kPa$

46 공기 중에서 질량이 166kg인 통나무가 물에 떠 있다. 통나무에 납을 매달아 통나무가 완전히 물속에 잠기게 하고자 하는 데 필요한 납(비중 11.3)의 최소질량이 34kg이라면 통나무의 비중은 얼마인가?

① 0.600 ② 0.670
③ 0.817 ④ 0.843

Solution $W + W' = F_B$
$166 \times 9.8 + 34 \times 9.8 = 9800 \times V$
$V = 0.2 m^3$

- 납의 체적 $V_p = \dfrac{34 \times 9.8}{11.3 \times 9800} = 0.003 m^3$

$S = \dfrac{166 \times 9.8}{9800 \times (0.2 - 0.003)} = 0.843$

47 안지름 35cm인 원관으로 수평거리 2000m 떨어진 곳에 물을 수송하려고 한다. 24시간 동안 $15000m^3$을 보내는 데 필요한 압력은 약 몇 kPa인가? (단, 관마찰계수는 0.032이고, 유속은 일정하게 송출한다고 가정한다.)

① 296 ② 423
③ 537 ④ 351

Solution $\Delta P = \gamma \cdot h_\ell = \gamma \cdot f \cdot \dfrac{\ell}{d} \cdot \dfrac{V^2}{2g}$

$V = \dfrac{15000 \times 4}{\pi \times 24 \times 3600 \times 0.35^2} = 1.8 m/s$

$\Delta P = 9.8 \times 0.032 \times \dfrac{2000}{0.35} \times \dfrac{1.82}{2 \times 9.8} = 296.23 \, kPa$

48 지면에서 계기압력이 200kPa인 급수관에 연결된 호스를 통하여 임의의 각도로 물이 분사될 때, 물이 최대로 멀리 도달할 수 있는 수평거리는 약 몇 m인가? (단, 공기저항은 무시하고, 발사점과 도달점의 고도는 같다.)

① 20.4 ② 40.8
③ 61.2 ④ 81.6

Solution $x = \dfrac{V_o^2 \cdot \sin 2\theta}{g}$

$x_{max} = \dfrac{V_o^2}{g} = 2 \cdot \dfrac{\Delta P}{\gamma} = \dfrac{2 \times 200 \times 10^3}{9800} = 40.82 m$

Answer ▪ 45. ②　46. ④　47. ①　48. ②

49 입구 단면적이 20cm²이고 출구 단면적이 10cm²인 노즐에서 물의 입구 속도가 1m/s일 때, 입구와 출구의 압력차이 $P_{입구} - P_{출구}$는 약 몇 kPa인가? (단, 노즐은 수평으로 놓여 있고 손실은 무시할 수 있다.)

① -1.5
② 1.5
③ -2.0
④ 2.0

Solution $V_2 = \dfrac{A_1}{A_2} V_1 = \dfrac{20}{10} \times 1 = 2 \text{m/sec}$

$P_1 - P_2 = \dfrac{\gamma}{2g}(V_2^2 - V_1^2) = \dfrac{9800}{2 \times 9.8} \times (2^2 - 1^2) \times 10^{-3} = 1.5 \text{kPa}$

50 뉴턴 유체(Newtonian fluid)에 대한 설명으로 가장 옳은 것은?

① 유체 유동에서 마찰 전단응력이 속도구배에 비례하는 유체이다.
② 유체 유동에서 마찰 전단응력이 속도구배에 반비례하는 유체이다.
③ 유체 유동에서 마찰 전단응력이 속도구배에 일정한 유체이다.
④ 유체 유동에서 마찰 전단응력이 존재하지 않는 유체이다.

Solution 뉴톤유체는 뉴톤의 점성법칙을 만족하는 유체

$\tau = \mu \cdot \dfrac{du}{dy}$

51 지름의 비가 1 : 2인 2개의 모세관을 물속에 수직으로 세울 때, 모세관 현상으로 물이 관 속으로 올라가는 높이의 비는?

① $1 : 4$
② $1 : 2$
③ $2 : 1$
④ $4 : 1$

Solution 유체역학 1장 실전연습문제 18번 참조

52 다음과 같은 비회전 속도장의 속도 퍼텐셜을 옳게 나타낸 것은? (단, 속도 퍼텐셜 ϕ는 $\vec{V} = \nabla \phi = grad\phi$로 정의되며, a와 C는 상수이다.)

$$u = a(x^2 - y^2), \ v = -2axy$$

① $\phi = \dfrac{ax^4}{4} - axy^2 + C$
② $\phi = \dfrac{ax^3}{3} - \dfrac{axy^2}{2} + C$
③ $\phi = \dfrac{ax^4}{4} - \dfrac{axy^2}{2} + C$
④ $\phi = \dfrac{ax^3}{3} - axy^2 + C$

Solution $u = \dfrac{\partial \phi}{\partial x}, \ v = \dfrac{\partial \phi}{\partial y}$

$\phi = \displaystyle\int v dx = \int v dy = \dfrac{ax^3}{3} - axy^2 + c_1 = -axy^2 + c_2$

49. ② 50. ① 51. ③ 52. ④ ■ **Answer**

53 경계층 밖에서 포텐셜 흐름의 속도가 10m/s일 때, 경계층의 두께는 속도가 얼마일 때의 값으로 잡아야 하는가? (단, 일반적으로 정의하는 경계층 두께를 기준으로 삼는다.)

① 10m/s
② 7.9m/s
③ 8.9m/s
④ 9.9m/s

Solution $\dfrac{u}{U_\infty} = 0.99$, $u = 0.99 \times 10 = 9.9$m/sec

54 그림과 같은 (1), (2), (3), (4)의 용기에 동일한 액체가 동일한 높이로 채워져 있다. 각 용기의 밑바닥에서 측정한 압력에 관한 설명으로 옳은 것은? (단, 가로 방향 길이는 모두 다르나, 세로 방향 길이는 모두 동일하다.)

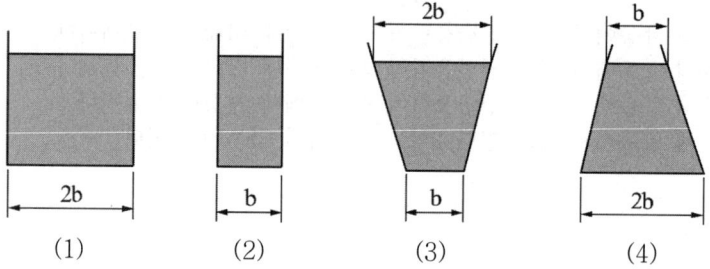

① (2)의 경우가 가장 낮다.
② 모두 동일하다.
③ (3)의 경우가 가장 높다.
④ (4)의 경우가 가장 낮다.

Solution 정지유체속의 연직방향 압력은 자유표면으로부터의 깊이에 비례한다. 그러므로 보기의 예는 모두 동일하다.

55 지름 5cm의 구가 공기 중에서 매초 40m의 속도로 날아갈 때 항력은 약 몇 N인가? (단, 공기의 밀도는 1.23kg/m³이고, 항력계수는 0.6이다.)

① 1.16
② 3.22
③ 6.35
④ 9.23

Solution $D = C_D \cdot A \cdot \dfrac{\rho \cdot V^2}{2} = 0.6 \times \dfrac{\pi \times 0.05^2}{4} \times \dfrac{1.23 \times 40^2}{2} = 1.16$N

56 다음 무차원 수 중 역학적 상사(inertia force) 개념이 포함되어 있지 않은 것은?

① Froude number
② Reynolds number
③ Mach number
④ Eourier number

Solution
① $F_r = \dfrac{관성력}{중력}$
② $R_e = \dfrac{관성력}{점성력}$
③ $M = \dfrac{물체의\ 속도}{음속}$

Answer ■ 53. ④ 54. ② 55. ① 56. ④

57 안지름 10cm의 원관 속을 0.0314m³/s의 물이 흐를 때 관 속의 평균 유속은 약 몇 m/s인가?

① 1.0
② 2.0
③ 4.0
④ 8.0

Solution $V = \dfrac{0.0314}{\dfrac{\pi}{4} \times 0.1^2} = 4.0 \, \text{m/sec}$

58 그림과 같이 속도 V인 유체가 속도 U로 움직이는 곡면에 부딪혀 90°의 각도로 유동방향이 바뀐다. 다음 중 유체가 곡면에 가하는 힘의 수평방향 성분 크기가 가장 큰 것은? (단, 유체의 유동단면적은 일정하다.)

① $V = 10\text{m/s}, \ U = 5\text{m/s}$
② $V = 20\text{m/s}, \ U = 15\text{m/s}$
③ $V = 10\text{m/s}, \ U = 4\text{m/s}$
④ $V = 25\text{m/s}, \ U = 20\text{m/s}$

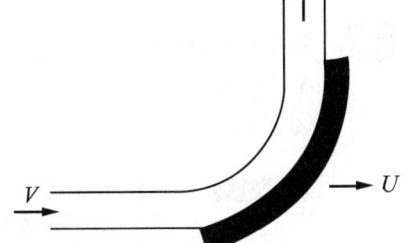

Solution $F = \rho A (V-U)^2$의 공식에 의해 $V-U$의 차가 가장 큰 것을 선택

59 원관 내의 완전 발달된 층류 유동에서 유체의 최대 속도(V_c)와 평균 속도(V)의 관계는?

① $V_c = 1.5 V$
② $V_c = 2 V$
③ $V_c = 4 V$
④ $V_c = 8 V$

Solution 수평원관 층류 유동
① $U_{\max} = \dfrac{\Delta P \cdot d^2}{16 \mu \ell}$
② $V_{\text{mean}} = \dfrac{\Delta P \cdot d^2}{32 \mu \ell} = \dfrac{1}{2} U_{\max}$

60 비압축성 유동에 대한 Navier-Stokes 방정식에서 나타나지 않은 힘은?

① 체적력
② 압력
③ 점성력
④ 표면장력

Solution Navier-stokes 방정식의 구성 : 중력+압력힘+점성력=관성력

57. ③　58. ③　59. ②　60. ④　■ **Answer**

4과목 기계재료 및 유압기기

61 마그네슘(Mg)의 특징을 설명한 것 중 틀린 것은?
① 감쇠능이 주철보다 크다.
② 소성가공성이 높아 상온변형이 쉽다.
③ 마그네슘(Mg)의 비중은 약 1.74이다.
④ 비강도가 커서 휴대용 기기 등에 사용된다.

Solution 마그네슘은 냉간가공성이 불량하나 열간가공성은 양호하다.

62 Al-Cu-Si계의 합금의 명칭은?
① 실루민
② 라우탈
③ Y합금
④ 두랄루민

Solution
① 실루민 : Al-Si계 합금
② Y합금 : Cu-Ni-Mg 합금
③ 두랄루민 : Al-Cu-Mg-Mn 합금

63 플라스틱을 결정성 플라스틱과 비결정성 플라스틱으로 나눌 때, 결정성 플라스틱의 특성에 대한 설명 중 틀린 것은?
① 수지가 불투명하다.
② 배향(Orientation)의 특성이 작다.
③ 굽힘, 휨, 뒤틀림 등의 변형이 크다.
④ 수지 용융시 많은 열량이 필요하다.

Solution 배향(Orientation) : 고분자로 이루어진 물질의 구성단위인 고분자 사슬이나 미세 결정이 일정방향으로 배열되어 있는 것을 나타냄

64 같은 조건하에서 금속의 냉각 속도가 빠르면 조직은 어떻게 변화하는가?
① 결정 입자가 미세해진다.
② 금속의 조직이 조대해진다.
③ 소수의 핵이 성장해서 응고된다.
④ 냉각 속도와 금속의 조직과는 관계가 없다.

Solution 냉각속도가 느리면 조직은 조대화된다.

65 자기변태의 설명으로 옳은 것은?
① 상은 변하지 않고 자기적 성질만 변한다.
② Fe-C 상태도에서 자기변태점은 A_3, A_4 이다.
③ 한 원소로 이루어진 물질에서 결정 구조가 바뀌는 것이다.
④ 원자 내부의 변화로 자기적 성질이 비연속적으로 변화한다.

Solution 자기변태 : 온도의 변화에 따라 자성의 크기가 변화한다.

Answer ■ 61. ② 62. ② 63. ② 64. ① 65. ①

66 탄소강이 950℃ 전후의 고온에서 적열메짐(red brittleness)을 일으키는 원인이 되는 것은?
① Si
② P
③ Cu
④ S

> **Solution** 상온취성의 원인은 P이다.

67 다음 중 비파괴 시험방법이 아닌 것은?
① 충격 시험법
② 자기 탐상 시험법
③ 방사선 비파괴 시험법
④ 초음파 탐상 시험법

> **Solution** 충격시험은 인성, 취성(메짐성) 등을 알아보는 시험법으로 파괴시험법이다.

68 공정주철(eutectic cast iron)의 탄소 함량은 약 몇 %인가?
① 4.3%
② 0.80~2.0%
③ 0.025~0.80%
④ 0.025% 이하

> **Solution** 공정점 : C4.3%, 1145℃

69 A_1 변태점 이하에서 인성을 부여하기 위하여 실시하는 가장 적합한 열처리는?
① 뜨임
② 풀림
③ 담금질
④ 노멀라이징

> **Solution**
> ① 담금질 : 강도·경도 증가
> ② 풀림 : 연성증가
> ③ 불림 : 조직의 표준화, 미세화

70 고속도강(SKH51)을 퀜칭, 템퍼링하여 HRC 64 이상으로 하려면 퀜칭 온도(quenching temperature)는 약 몇 ℃인가?
① 720℃
② 910℃
③ 1220℃
④ 1580℃

> **Solution** 표준고속도강 : 1250~1300℃에서 2분간 담금질

66. ④ 67. ① 68. ① 69. ① 70. ③ ■ Answer

71 그림과 같은 실린더에서 A측에서 3MPa의 압력으로 기름을 보낼 때 B측 출구를 막으면 B측에 발생하는 압력 P_B는 몇 MPa인가? (단, 실린더 안지름은 50mm, 로드 지름은 25mm이며, 로드에는 부하가 없는 것으로 가정한다.)

① 1.5
② 3.0
③ 4.0
④ 6.0

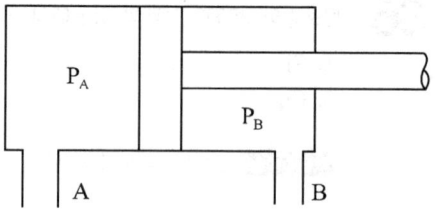

Solution $3 \times 50^2 = P_B \times (50^2 - 25^2)$
$P_B = 4\text{MPa}$

72 오일 탱크의 구비 조건에 관한 설명으로 옳지 않은 것은?

① 오일 탱크의 바닥면은 바닥에서 일정 간격 이상을 유지하는 것이 바람직하다.
② 오일 탱크는 스트레이너의 삽입이나 분리를 용이하게 할 수 있는 출입구를 만든다.
③ 오일 탱크 내에 방해판은 오일의 순환거리를 짧게 하고 기포의 방출이나 오일의 냉각을 보존한다.
④ 오일 탱크의 용량은 장치의 운전중지 중 장치 내의 작동유가 복귀하여도 지장이 없을 만큼의 크기를 가져야 한다.

Solution 오일탱크 내의 배플판(baffle plate)은 복귀한 유압유 내의 기포 또는 열을 제거하는 역할을 한다.

73 방향전환밸브에 있어서 밸브와 주 관로를 접속시키는 구멍을 무엇이라 하는가?

① port
② way
③ spool
④ position

Solution spool : 원통 모양의 밸브 요소

74 유압실린더에서 유압유 출구 측에 유량제어밸브를 직렬로 설치하여 제어하는 속도제어회로의 명칭은?

① 미터 인 회로
② 미터 아웃 회로
③ 블리드 온 회로
④ 블리드 오프 회로

Solution 미터인 회로 : 유압유 입구측에 유량조정밸브를 설치한 회로

Answer ■ 71. ③ 72. ③ 73. ① 74. ②

75 유압 프레스의 작동원리는 다음 중 어느 이론에 바탕을 둔 것인가?
① 파스칼의 원리 ② 보일의 법칙
③ 토리첼리의 원리 ④ 아르키메데스의 원리

Solution 유압기기의 원리는 Pascal의 원리를 따른다.

76 유압 용어를 설명한 것으로 올바른 것은?
① 서지압력 : 계통 내 흐름의 과도적인 변동으로 인해 발생하는 압력
② 오리피스 : 길이가 단면 치수에 비해서 비교적 긴 죔구
③ 초크 : 길이가 단면 치수에 비해서 비교적 짧은 죔구
④ 크래킹 압력 : 체크 밸브, 릴리프 밸브 등의 입구 쪽 압력이 강하하고, 밸브가 닫히기 시작하여 밸브의 누설량이 규정량까지 감소했을 때의 압력

Solution ① 오리피스 : 교축통로
② 크래킹 압력 : 릴리프 밸브가 열리기 시작하는 압력

77 가변 용량형 베인 펌프에 대한 일반적인 설명으로 틀린 것은?
① 로터와 링 사이의 편심량을 조절하여 토출량을 변화시킨다.
② 유압회로에 의하여 필요한 만큼의 유량을 토출할 수 있다.
③ 토출량 변화를 통하여 온도 상승을 억제시킬 수 있다.
④ 펌프의 수명이 길고 소음이 적은 편이다.

78 그림에서 표기하고 있는 밸브의 명칭은?

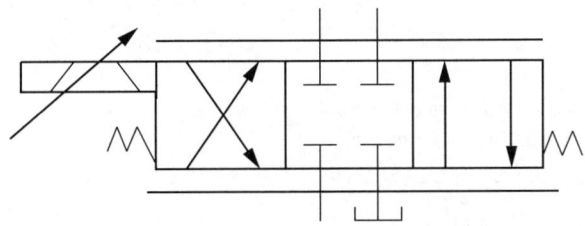

① 셔틀 밸브 ② 파일럿 밸브
③ 서보 밸브 ④ 교축전환 밸브

75. ① 76. ① 77. ④ 78. ③ ■ Answer

79 다음 중 점성계수의 차원으로 옳은 것은? (단, M은 질량, L은 길이, T는 시간이다.)

① $ML^{-2}T^{-1}$ ② $ML^{-1}T^{-1}$ ③ MLT^{-2} ④ $ML^{-2}T^{-2}$

Solution $\mu = \dfrac{\tau}{du/dy}$ (N·sec/m²)
$FL^{-2}T = ML^{-1}T^{-1}$

80 다음 필터 중 유압유에 혼입된 자성 고형물을 여과하는데 가장 적합한 것은?

① 표면식 필터 ② 적층식 필터 ③ 다공체식 필터 ④ 자기식 필터

5과목 기계제작법 및 기계동력학

81 질량 20kg의 기계가 스프링상수 10kN/m인 스프링 위에 지지되어 있다. 100N의 조화 가진력이 기계에 작용할 때 공진 진폭은 약 몇 cm인가? (단, 감쇠계수는 6kN·s/m이다.)

① 0.75 ② 7.5 ③ 0.0075 ④ 0.075

Solution $w_n = \sqrt{\dfrac{k}{m}} = \sqrt{\dfrac{10 \times 10^3}{20}} = 22.36$

$A = \dfrac{F}{C \cdot w_n} = \dfrac{100 \times 100}{6 \times 10^3 \times 22.36} = 0.075$ cm

82 같은 차종인 자동차 B, C가 브레이크가 풀린 채 정지하고 있다. 이 때 같은 차종의 자동차 A가 1.5m/s의 속력으로 B와 충돌하면, 이후 B와 C가 다시 충돌하게 되어 결국 3대의 자동차가 연쇄 충돌하게 된다. 이 때, B와 C가 충돌한 직후 자동차 C의 속도는 약 몇 m/s인가? (단, 모든 자동차 간 반발계수는 $e = 0.75$이다)

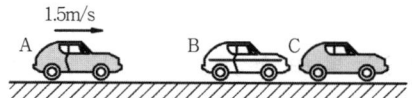

① 0.16 ② 0.39 ③ 1.15 ④ 1.31

Solution $m_A v_A + m_B v_B = m_A v_A' + m_B v_B'$
$1.5 m_A = m_A \cdot v_A' + m_B \cdot v_B'$
$e = \dfrac{-(v_A' - v_B')}{v_A - v_B} = 0.75$
$v_A' = v_B' - 0.75 v_A$
$1.5 m_A = m_A \cdot (v_B' - 0.75 v_A) + m_B \cdot v_B'$
$(1.5 + 0.75 \times 1.5) m_A = (m_A + m_B) v_B'$
$v_B' = \dfrac{2.625 m_A}{m_A + m_B} = 1.3125$ m/sec
$m_B \cdot v_B' + m_C \cdot v_C = m_B \cdot v_B'' + m_C \cdot v_C'$
$v_B' = v_B'' + v_C' = 1.3125$
$e = \dfrac{-(v_B'' - v_C')}{v_B' - v_C} = 0.75$
$v_B'' = v_C' - 0.75 \times v_B'$
$v_C' = 1.3125 - (v_C' - 0.75 \times 1.3125)$
$v_C' = 1.15$ m/sec

Answer ■ 79. ② 80. ④ 81. ④ 82. ③

83

원판 A와 B는 중심점이 각각 고정되어 있고, 고정점을 중심으로 회전운동을 한다. 원판 A가 정지하고 있다가 일정한 각가속도 $\alpha_A = 2\text{rad/s}^2$으로 회전한다. 이 과정에서 원판 A는 원판 B와 접촉하고 있으며, 두 원판 사이에 미끄럼은 없다고 가정한다. 원판 A가 10회전하고 난 직후 원판 B의 각속도는 약 몇 rad/s인가? (단, 원판 A의 반지름은 20cm, 원판 B의 반지름은 15cm이다.)

① 15.9 ② 21.1
③ 31.4 ④ 62.8

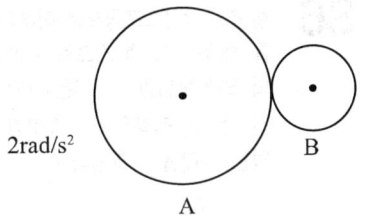

Solution
$W_A^2 = 2\alpha_A \cdot \theta = 2 \times 2 \times 10 \times 2\pi$
$W_A = 15.85 \text{rad/sec}$
$\dfrac{W_B}{W_A} = \dfrac{R_A}{R_B}$
$W_B = 15.85 \times \dfrac{20}{15} = 21.13 \text{rad/sec}$

84

1 자유도 진동시스템의 운동방정식은 $m\ddot{x} + c\dot{x} + kx = 0$으로 나타내고 고유 진동수가 ω_n일 때 임계감쇠계수로 옳은 것은? (단, m은 질량, c는 감쇠계수, k는 스프링상수를 나타낸다.)

① $2\sqrt{mk}$
② $\sqrt{\dfrac{\omega_n}{2k}}$
③ $\sqrt{2m\omega_n}$
④ $\sqrt{\dfrac{2k}{\omega_n}}$

85

회전하는 막대의 홈을 따라 움직이는 미끄럼블록 P의 운동을 r과 θ로 나타낼 수 있다. 현재 위치에서 r = 300mm, $\dot{r}$ = 40mm/s(일정), $\dot{\theta}$ = 0.1rad/s, $\ddot{\theta}$ = -0.04rad/s²이다. 미끄럼블록 P의 가속도는 약 몇 m/s²인가?

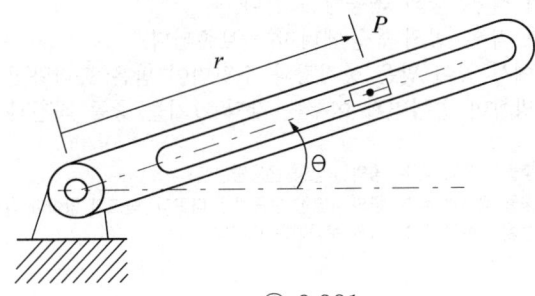

① 0.01   ② 0.001
③ 0.002 ④ 0.005

Solution
$a_r = \ddot{r} - r\dot{\theta}^2 = -0.3 \times 0.1^2 = -0.003 \text{m/sec}^2$
$a_\theta = r\ddot{\theta} + 2\dot{r}\dot{\theta} = 0.3 \times (-0.04) + 2 \times 0.04 \times 0.1 = -0.004 \text{m/sec}^2$
$a = \sqrt{a_r^2 + a_\theta^2} = \sqrt{(-0.003)^2 + (-0.004)^2} = 0.005 \text{m/sec}^2$

83. ② 84. ① 85. ④ ■ Answer

86 질량과 탄성스프링으로 이루어진 시스템이 그림과 같이 높이 h에서 자유낙하를 하였다. 그 후 스프링의 반력에 의해 다시 튀어 오른다고 할 때 탄성스프링의 최대 변형량(x_{max})은? (단, 탄성스프링 및 밑판의 질량은 무시하고 스프링상수는 k, 질량은 m, 중력가속도는 g이다. 또한 옆 그림은 스프링의 변형이 없는 상태를 나타낸다.)

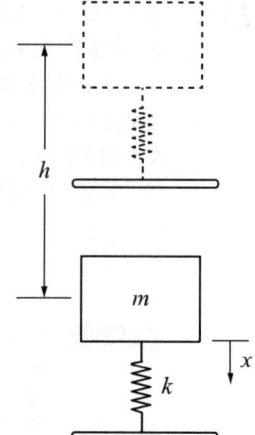

① $\sqrt{2gh}$

② $\sqrt{\dfrac{2mgh}{k}}$

③ $\dfrac{mg+\sqrt{(mg)^2+2kmgh}}{k}$

④ $\dfrac{mg+\sqrt{(mg)^2+kmgh}}{k}$

Solution 충격변형량 구하는 공식 이용

$$x_{max} = \delta = \delta_o(1+\sqrt{1+\dfrac{2h}{\delta_o}})$$

$$\delta_o = \dfrac{mg}{k}$$

$$x_{max} = \delta_o + \sqrt{\delta_o^2 + 2\delta_o h} = \dfrac{mg+\sqrt{(mg)^2+2k\cdot mg \cdot h}}{k}$$

87 작은 공이 그림과 같이 수평면에 비스듬히 충돌한 후 튕겨 나갔을 경우에 대한 설명으로 틀린 것은? (단, 공과 수평면 사이의 마찰, 그리고 공의 회전은 무시하며 반발계수는 1이다.)

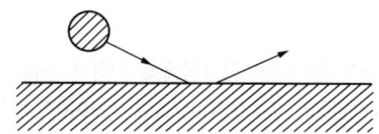

① 충돌직전과 직후, 공의 운동량은 같다.
② 충돌직전과 직후, 공의 운동에너지는 보존된다.
③ 충돌 과정에서 공이 받은 충격량과 수평면이 받은 충격량의 크기는 같다.
④ 공의 운동방향이 수평면과 이루는 각의 크기는 충돌 직전과 직후가 같다.

Solution ① 충돌 직전과 직후, 공의 x방향 운동량은 같다.
② 충돌 직전과 직후, 공의 y방향 운동량은 다르다. 속도의 방향이 다르기 때문이다.
③ 충돌 직전과 직후, 공의 운동량은 다르다.

88 스프링으로 지지되어 있는 어떤 물체가 매분 60회 반복하면서 상하로 진동한다. 만약 조화운동으로 움직인다면, 이 진동수를 rad/s 단위와 Hz로 옳게 나타낸 것은?

① 6.28rad/s, 0.5Hz
② 6.28rad/s, 1Hz
③ 12.56rad/s, 0.5Hz
④ 12.56rad/s, 1Hz

Solution
① $w = \dfrac{2\pi N}{60} = \dfrac{2\pi \times 60}{60} = 6.28 \, \text{rad/s}$
② $f = \dfrac{w}{2\pi} = 1 \, \text{Hz}$

89 질량이 m, 길이가 L인 균일하고 가는 막대 AB가 A점을 중심으로 회전한다. $\theta = 60°$에서 정지 상태인 막대를 놓는 순간 막대 AB의 각가속도(α)는? (단, g는 중력가속도이다.)

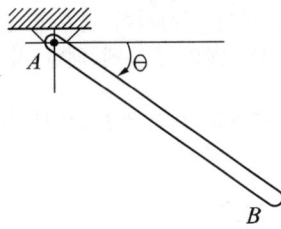

① $\alpha = \dfrac{3}{2} \dfrac{g}{L}$
② $\alpha = \dfrac{3}{4} \dfrac{g}{L}$
③ $\alpha = \dfrac{3}{2} \dfrac{g}{L^2}$
④ $\alpha = \dfrac{3}{4} \dfrac{g}{L^2}$

Solution
$\alpha = \dfrac{3g}{2L} \sin\alpha = \dfrac{3g}{2L} \times \sin 30°$
$\therefore \alpha = \dfrac{3g}{4L}$

90 무게가 5.3kN인 자동차가 시속 80km로 달릴 때 선형운동량의 크기는 약 몇 N·s인가?

① 4240
② 8480
③ 12010
④ 16020

Solution $G = m \cdot V = \dfrac{5.3 \times 10^3}{9.8} \times 80 \times \dfrac{10^3}{3600} = 12018.14 \, \text{N·s(kg·m/sec)}$

91 공작물의 길이가 340mm이고, 행정여유가 25mm, 절삭 평균속도가 15m/min일 때 셰이퍼의 1분간 바이트 왕복 횟수는 약 얼마인가? (단, 바이트 1왕복 시간에 대한 절삭 행정시간의 비는 3/5이다.)

① 20
② 25
③ 30
④ 35

Solution $V = \dfrac{\ell \cdot N}{1000 \cdot a}$
$15 = \dfrac{340 \times N}{1000 \times \dfrac{3}{5}}$
$N = 26.47 \, \text{stroke/min}$

88. ② 89. ② 90. ③ 91. ② ■ Answer

92. 방전가공의 특징으로 틀린 것은?

① 전극이 필요하다
② 가공 부분에 변질 층이 남는다.
③ 전극 및 가공물에 큰 힘이 가해진다.
④ 통전되는 가공물은 경도와 관계없이 가공이 가능하다.

> **Solution** 방전가공은 방전액에 담긴 가공물에 전극을 근접시켜 이루어지는 가공이다.

93. 빌트 업 에지(built up edge)의 크기를 좌우하는 인자에 관한 설명으로 틀린 것은?

① 절삭속도 : 고속으로 절삭할수록 빌트 업 에지는 감소된다.
② 칩 두께 : 칩 두께를 감소시키면 빌트 업 에지의 발생이 감소한다.
③ 윗면 경사각 : 공구의 윗면 경사각이 클수록 빌트 업 에지는 커진다.
④ 칩의 흐름에 대한 저항 : 칩의 흐름에 대한 저항이 클수록 빌트 업 에지는 커진다.

> **Solution** 빌트업 에지의 방지책으로 공구의 윗면 경사각은 클수록 좋다.

94. 단조에 관한 설명 중 틀린 것은?

① 열간단조에는 콜드 헤딩, 코이닝, 스웨이징이 있다.
② 자유 단조는 앤빌 위에 단조물을 고정하고 해머로 타격하여 필요한 형상으로 가공한다.
③ 형단조는 제품의 형상을 조형한 한 쌍의 다이 사이에 가열한 소재를 넣고 타격이나 높은 압력을 가하여 제품을 성형한다.
④ 업셋단조는 가열된 재료를 수평틀에 고정하고 한 쪽 끝을 돌출시키고 돌출부를 축 방향으로 압축하여 성형한다.

> **Solution** 코이닝과 스웨이징, 콜드 헤딩은 냉간단조의 종류이다.

95. 인발가공 시 다이의 압력과 마찰력을 감소시키고 표면을 매끈하게 하기 위해 사용하는 윤활제가 아는 것은?

① 비누   ② 석회   ③ 흑연   ④ 사염화탄소

> **Solution** 인발 윤활제의 종류에는 비누, 석회, 흑연, 그리스 등이 있다.

96. 버니싱 가공에 관한 설명으로 틀린 것은?

① 주철만을 가공할 수 있다.
② 작은 지름의 구멍을 매끈하게 마무리할 수 있다.
③ 드릴, 리머 등 전단계의 기계가공에서 생긴 스크래치 등을 제거하는 작업이다.
④ 공작물 지름보다 약간 더 큰 지름의 볼(ball)을 압입 통과시켜 구멍내면을 가공한다.

> **Solution** 버니싱 가공은 소성가공으로도 분류된다. 취성이 큰 재료들은 소성가공 재료로는 적당하지 않다.

Answer ■ 92. ③   93. ③   94. ①   95. ④   96. ①

97 용접 시 발생하는 불량(결함)에 해당하지 않는 것은?

① 오버랩　　　　　　　　② 언더컷
③ 용입불량　　　　　　　④ 콤퍼지션

Solution 오버랩, 언더컷, 용입불량, 슬래그섞임 등은 피복 아크용접의 결함이다.

98 밀링머신에서 직경 100mm, 날수 8인 평면커터로 절삭속도 30m/min, 절삭깊이 4mm, 이송속도 240m/min에서 절삭할 때 칩의 평균두께 t_m(mm)는?

① 0.0584　　　　　　　　② 0.0596
③ 0.0625　　　　　　　　④ 0.0734

Solution $V = \dfrac{\pi d N}{1000}$

$30 = \dfrac{\pi \times 100 \times N}{1000}$, $N = 95.49$rpm

$f = f_z \cdot Z \cdot N$, $240 \times 10^3 = f_z \times 8 \times 95.49$

$f_z = 314.17$mm/날

$t_m = \dfrac{V \times 절삭깊이}{f \times 날수} = \dfrac{30 \times 4}{240 \times 8} = 0.0625$mm

99 담금질한 강을 상온 이하의 적합한 온도로 냉각시켜 잔류 오스테나이트를 마르텐사이트 조직으로 변화시키는 것을 목적으로 하는 열처리 방법은?

① 심냉 처리　　　　　　　② 가공 경화법 처리
③ 가스 침탄법 처리　　　　④ 석출 경화법 처리

100 얇은 판재로 된 목형은 변형되기 쉽고 주물의 두께가 균일하지 않으면 용융금속이 냉각 응고 시에 내부응력에 의해 변형 및 균열이 발생 할 수 있으므로, 이를 방지하기 위한 목적으로 쓰고 사용한 후에 제거하는 것은?

① 구배　　　　　　　　　② 덧붙임
③ 수축 여유　　　　　　　④ 코어 프린

97. ④　98. ③　99. ①　100. ② ■ Answer

2017 기출문제 — 5월 7일 시행

1과목 재료역학

1 길이 15m, 봉의 지름 10mm인 강봉에 $P=8kN$을 작용시킬 때 이 봉의 길이방향 변형량은 약 몇 cm인가? (단, 이 재료의 세로 탄성계수는 210GPa이다.)

① 0.52
② 0.64
③ 0.73
④ 0.85

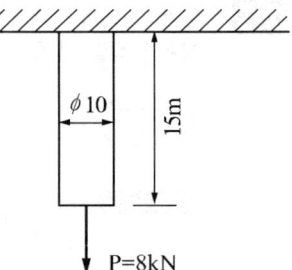

Solution $\delta = \dfrac{P \cdot \ell}{AE} = \dfrac{8 \times 10^3 \times 15 \times 100}{\dfrac{\pi}{4} \times 0.01^2 \times 210 \times 10^9} = 0.73\,cm$

2 그림과 같은 일단고정 타단지지보의 중앙에 $P=4800N$의 하중이 작용하면 지지점의 반력(R_B)은 약 몇 kN인가?

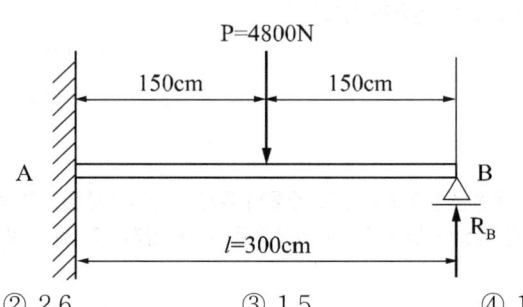

① 3.2　② 2.6　③ 1.5　④ 1.2

Solution $R_B = \dfrac{5P}{16} = \dfrac{5}{16} \times 4800 \times 10^{-3} = 1.5\,kN$

3 정사각형의 단면을 가진 기둥에 $P=80kN$의 압축하중이 작용할 때 6MPa의 압축응력이 발생하였다면 단면의 한 변의 길이는 몇 cm인가?

① 11.5　② 15.4　③ 20.1　④ 23.1

Solution $A = a^2 = \dfrac{80 \times 10^3}{6 \times 10^6}$, $a = 0.115m = 11.5\,cm$

Answer ■ 1. ③　2. ③　3. ①

4 다음 막대의 z방향으로 80kN의 인장력이 작용할 때 x방향의 변형량은 몇 μm인가? (단, 탄성계수 E = 200GPa, 포아송 비 ν = 0.32, 막대크기 X = 100mm, y = 50mm, z = 1.5m이다.)

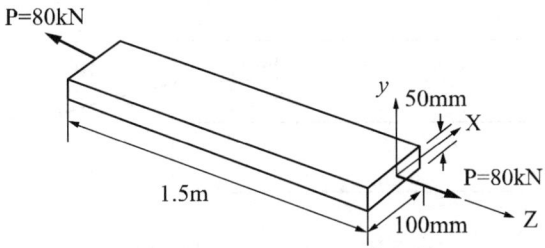

① 2.56　　② 25.6　　③ −2.56　　④ −25.6

Solution $\epsilon' = \mu\epsilon = \nu \cdot \epsilon$

$$\frac{\delta'}{0.1} = 0.32 \times \frac{80 \times 10^3}{0.1 \times 0.05 \times 200 \times 10^9}$$

$\delta' = 2.56 \times 10^{-6}\text{m} = 2.56\mu\text{m}\,(\ominus)$

5 그림과 같은 단순보(단면 8cm×6cm)에 작용하는 최대 전단응력은 몇 kPa인가?

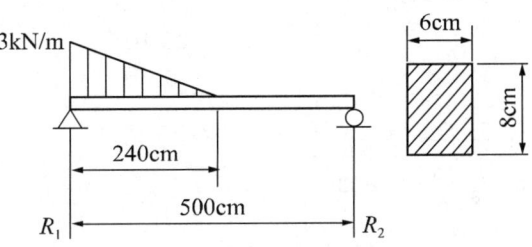

① 315　　② 630　　③ 945　　④ 1260

Solution $R_1 = \dfrac{3 \times 10^3 \times 2.4 \times 0.5}{500} \times (260 + \dfrac{2}{3} \times 240) = 3024\,\text{N}$

$\tau_{\max} = \dfrac{3}{2}\tau_{\text{mean}} = \dfrac{3}{2} \times \dfrac{3024 \times 10^{-3}}{0.08 \times 0.06} = 945\,\text{kPa}$

6 그림과 같은 단순보에서 전단력이 0이 되는 위치는 A지점에 몇 m 거리에 있는가?

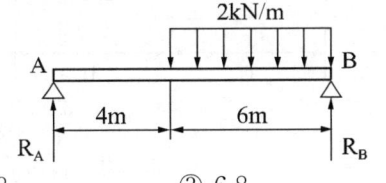

① 4.8　　② 5.8　　③ 6.8　　④ 7.8

Solution $R_B = \dfrac{2 \times 10^3 \times 6 \times 7}{10} = 8400\,\text{N}$

$R_B = w \cdot x_B,\ x_B = \dfrac{8400}{2 \times 10^3} = 4.2\,\text{m}$

∴ $x = x_A = 5.8\,\text{m}$

4. ③　5. ③　6. ② ■ Answer

7 그림과 같은 직사각형 단면의 보에 $P=4$kN의 하중이 10° 경사진 방향으로 작용한다. A점에서의 길이 방향의 수직응력을 구하면 약 몇 MPa인가?

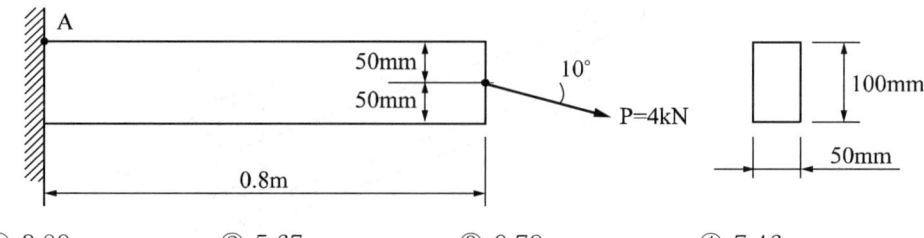

① 3.89　　② 5.67　　③ 0.79　　④ 7.46

Solution $\sigma_{At} = \dfrac{4 \times 10^3 \times \cos 10°}{0.05 \times 0.1} = 0.79 \times 10^6 \text{Pa}$

$\sigma_b = \dfrac{6 \times 4 \times 10^3 \times \sin 10° \times 0.8}{0.05 \times 0.1^2} = 6.67 \times 10^6 \text{Pa}$

$\sigma_A = \sigma_{At} + \sigma_b = 7.46 \text{MPa}$

8 두께가 1cm, 지름 25cm의 원통형 보일러에 내압이 작용하고 있을 때, 면내 최대 전단응력이 −62.5MPa이었다면 내압 P는 몇 MPa인가?

① 5　　　　　　　　　② 10
③ 15　　　　　　　　④ 20

Solution $\tau_{\max} = \dfrac{\sigma_t - \sigma_z}{2} = \dfrac{\sigma_z}{2} = \dfrac{p \cdot d}{4t \times 2}$

$62.5 = \dfrac{P \times 25}{8 \times 1}$, $P = 20$MPa

9 그림과 같이 전체 길이가 $3L$인 외팔보에 하중 P가 B점과 C점에 작용할 때 자유단 B에서의 처짐량은? (단, 보의 굽힘강성 EI는 일정하고, 자중은 무시한다.)

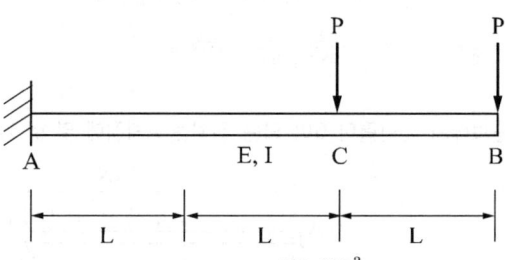

① $\dfrac{35}{3}\dfrac{PL^3}{EI}$　　　　② $\dfrac{37}{3}\dfrac{PL^3}{EI}$

③ $\dfrac{41}{3}\dfrac{PL^3}{EI}$　　　　④ $\dfrac{44}{3}\dfrac{PL^3}{EI}$

Solution 재료역학 7장 실전연습문제 33번

Answer ■ 7. ④　8. ④　9. ③

10 세로탄성계수가 210GPa이 재료에 200MPa의 인장응력을 가했을 때 재료 내부에 저장되는 단위 체적당 탄성변형에너지는 약 몇 N·m/m³인가?

① 95.238   ② 95238   ③ 18.538   ④ 185380

Solution $u = \dfrac{\sigma^2}{2E} = \dfrac{(200 \times 10^6)^2}{2 \times 210 \times 10^9} = 95238.1 \, \text{N/m}^2$

11 그림과 같이 한변의 길이가 d인 정사각형 단면의 $Z-Z$축에 관한 단면계수는?

① $\dfrac{\sqrt{2}}{6}d^3$ ② $\dfrac{\sqrt{2}}{12}d^3$

③ $\dfrac{d^3}{24}$ ④ $\dfrac{\sqrt{2}}{24}d^3$

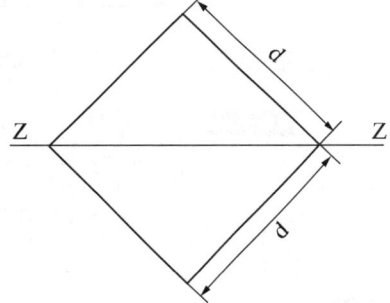

Solution $Z = \dfrac{d^4 \times \sqrt{2}}{12 \times d} = \dfrac{\sqrt{2}}{12}d$

12 J를 극단면 2차 모멘트, G를 전단탄성계수, ℓ을 축의 길이, T를 비틀림모멘트라 할 때 비틀림각을 나타내는 식은?

① $\dfrac{\ell}{GT}$ ② $\dfrac{TJ}{G\ell}$ ③ $\dfrac{J\ell}{GT}$ ④ $\dfrac{T\ell}{GJ}$

13 직경 d, 길이 ℓ인 봉의 양단을 고정하고 단면 m-n의 위치에 비틀림모멘트 T를 작용시킬 때 봉의 A부분에 작용하는 비틀림모멘트는?

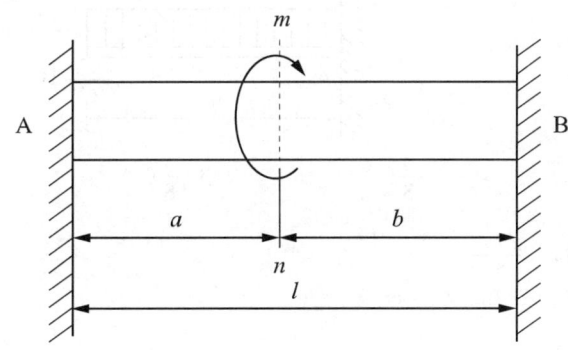

① $T_A = \dfrac{a}{\ell+a}T$ ② $T_A = \dfrac{a}{a+b}T$ ③ $T_A = \dfrac{b}{a+b}T$ ④ $T_A = \dfrac{a}{\ell+b}T$

Solution $T = T_A + T_B$, $\theta_A = \theta_B$ 식을 적용

$T_A = \dfrac{T \cdot b}{\ell} = \dfrac{T \cdot b}{a+b}$

$T_B = \dfrac{T \cdot a}{\ell}$

10. ② 11. ② 12. ④ 13. ③ ■ Answer

14 그림과 같은 직사각형 단면을 갖는 단순지지보에 3kN/m의 균일 분포하중과 축방향으로 50kN의 인장력이 작용할 때 단면에 발생하는 최대 인장 응력은 약 몇 MPa인가?

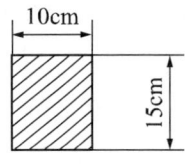
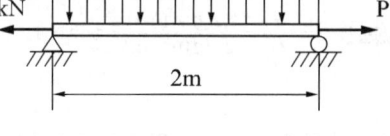

① 0.67　　　② 3.33　　　③ 4　　　④ 7.33

Solution　$\sigma_t = \dfrac{50 \times 10^3}{0.1 \times 0.15} = 3.33 \times 10^6 \text{Pa}$

$\sigma_b = \dfrac{6 \times 3 \times 10^3 \times 2^2}{0.1 \times 0.15^2 \times 8} = 4 \times 10^6 \text{Pa}$

$\sigma_{tmax} = \sigma_t + \sigma_b = 7.33 \text{MPa}$

15 공칭응력(nominal stress : σ_n)과 진응력(true stress : σ_t) 사이의 관계식으로 옳은 것은? (단, ϵ_n은 공칭변형율 (nominal strain), ϵ_t는 진변형율(true strain)이라 한다.)

① $\sigma_t = \sigma_n(1+\epsilon_t)$　　　② $\sigma_t = \sigma_n(1+\epsilon_n)$
③ $\sigma_t = \ln(1+\sigma_n)$　　　④ $\sigma_t = \ln(\sigma_n + \epsilon_n)$

16 그림과 같은 부정정보의 전 길이에 균일 분포하중이 작용할 때 전단력이 0이 되고 최대 굽힘모멘트가 작용하는 단면은 B단에서 얼마나 떨어져 있는가?

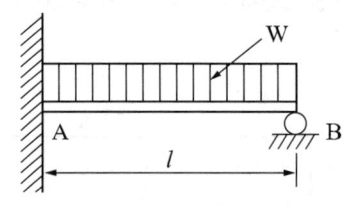

① $\dfrac{2}{3}\ell$　　　② $\dfrac{3}{8}\ell$　　　③ $\dfrac{5}{8}\ell$　　　④ $\dfrac{3}{4}\ell$

Solution　$R_B = \dfrac{3\ell \cdot w}{8}$

$F = 0$인 지점, $R_B = wx$, $x = \dfrac{3}{8}\ell$

Answer ▪ 14. ④　15. ②　16. ②

17 동일한 전단력이 작용할 때 원형 단면 보의 지름을 d에서 $3d$로 하면 최대 전단응력의 크기는? (단, τ_{max}는 지름이 d일 때의 최대전단응력이다.)

① $9\tau_{max}$
② $3\tau_{max}$
③ $\frac{1}{3}\tau_{max}$
④ $\frac{1}{9}\tau_{max}$

Solution
$$\tau_{max_1} = \frac{4}{3} \cdot \frac{F_{max}}{\frac{\pi d^2}{4}}$$
$$\tau_{max_2} = \frac{4}{3} \cdot \frac{F_{max}}{\frac{\pi}{4}(3d)^2} = \frac{1}{9}\tau_{max_1}$$

18 오일러의 좌굴 응력에 대한 설명으로 틀린 것은?

① 단면의 회전반경의 제곱에 비례한다.
② 길이의 제곱에 반비례한다.
③ 세장비의 제곱에 비례한다.
④ 탄성계수에 비례한다.

Solution $\sigma_{cr} = \frac{n\pi^2 E}{\lambda^2} = \frac{n\pi^2 \cdot E \cdot K^2}{\ell^2}$

19 그림과 같이 단순화한 길이 1m의 차축 중심에 집중하중 100kN이 작용하고, 100rpm으로 400kW의 동력을 전달할 때 필요한 차축의 지름은 최소 몇 cm인가? (단, 축의 허용 굽힘응력은 85MPa로 한다.)

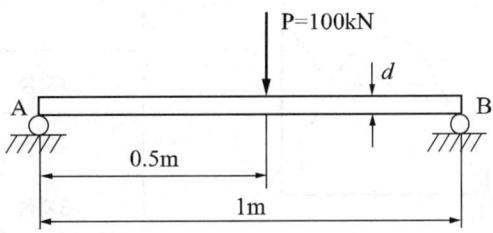

① 4.1   ② 8.1   ③ 12.3   ④ 16.3

Solution
$M = \frac{P \cdot \ell}{4} = \frac{100 \times 1}{4} = 25\text{kJ}$
$T = 974 \times 9.8 \times \frac{400 \times 10^{-3}}{100} = 38.2\text{kJ}$
$Me = \frac{1}{2}(M + \sqrt{M^2 + T^2}) = 35.33\text{kJ}$
$\sigma_a = \frac{Me}{Z} = \frac{32Me}{\pi d^3}$
$85 \times 10^6 = \frac{32 \times 35.33 \times 10^3}{\pi d^3}$
$d = 0.162\text{m} = 16.2\text{cm}$

17. ④   18. ③   19. ④ ■ Answer

20 그림과 같이 강선이 천정에 매달려 100kN의 무게를 지탱하고 있을 때, AC 강선이 받고 있는 힘은 약 몇 kN인가?

① 30 ② 40
③ 50 ④ 60

Solution $\dfrac{100}{\sin 90°} = \dfrac{T_{AC}}{\sin 150°}$
$T_{AC} = 50 \text{kN}$

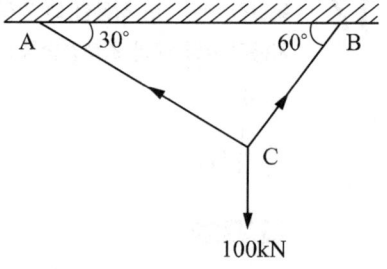

2과목 기계열역학

21 역 Carnot cycle로 300K와 240K 사이에서 작동하고 있는 냉동기가 있다. 이 냉동기의 성능계수는?

① 3 ② 4 ③ 5 ④ 6

Solution $\epsilon_r = \dfrac{T_L}{T_H - T_L} = \dfrac{240}{300 - 240} = 4$

22 그림의 랭킨 사이클(온도(T)-엔트로피(s) 선도)에서 각각의 지점에서 엔탈피는 표와 같을 때 이 사이클의 효율은 약 몇 %인가?

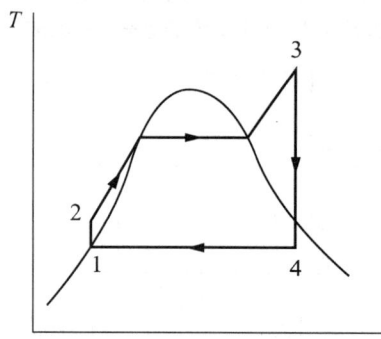

	엔탈피(kJ/kg)
1지점	185
2지점	210
3지점	3100
4지점	2100

① 33.7% ② 28.4%
③ 25.2% ④ 22.9%

Solution $\eta_R = \dfrac{(h_3 - h_4) - (h_2 - h_1)}{h_3 - h_2} = \dfrac{(3100 - 2100) - (210 - 185)}{3100 - 210} \times 100 = 33.74\%$

23 보일러 입구의 압력이 9800kN/m²이고, 응축기의 압력이 4900N/m² 일 때 펌프가 수행한 일은 약 몇 kJ/kg인가? (단, 물의 비체적은 0.001m³/kg이다.)

① 9.79 ② 15.17 ③ 87.25 ④ 180.52

Solution $W_P = v'(P_1 - P_2) = 0.001 \times (9800 - 4.9) = 9.8 \text{kJ/kg}$

Answer ▪ 20. ③ 21. ② 22. ① 23. ①

24 다음 중 정확하게 표기된 SI 기본단위(7가지)의 개수가 가장 많은 것은? (단, SI 유도단위 및 그 외 단위는 제외한다.)

① A, Cd, ℃, kg, m, Mol, N, s
② cd, J, K, kg, m, Mol, Pa, s
③ A, J, ℃, kg, km, mol, S, W
④ K, kg, km, mol, N, Pa, S, W

Solution ① 1cd[1칸델라] : 빛의 세기로 나타내는 단위
② SI 단위계의 7가지 기본단위 : 길이, 질량, 시간, 전류, 열역학 온도, 물질량, 광도

25 압력이 $10^6 N/m^2$, 체적이 $1m^3$인 공기가 압력이 일정한 상태에서 400kJ의 일을 하였다. 변화 후의 체적은 약 몇 m^3인가?

① 1.4   ② 1.0
③ 0.6   ④ 0.4

Solution $_1W_2 = P(V_2 - V_1)$
$400 = 10^6 \times 10^{-3} \times (V_2 - 1)$, $V_2 = 1.4 m^3$

26 8℃의 이상기체를 가역단열 압축하여 그 체적을 1/5로 하였을 때 기체의 온도는 약 몇 ℃인가? (단, 이 기체의 비열비는 1.4이다.)

① $-125℃$ ② $294℃$
③ $222℃$ ④ $262℃$

Solution $\dfrac{T_2}{T_1} = \left(\dfrac{V_1}{V_2}\right)^{k-1}$
$T_2 = (8+273) \times 5^{0.4} = 534.93K = 261.93℃$

27 그림과 같이 상태 1, 2 사이에서 계가 1 → A → 2 → B → 1과 같은 사이클을 이루고 있을 때, 열역학 제1법칙에 가장 적합한 표현은? (단, 여기서 Q는 열량, W는 계가 하는 일, U는 내부에너지를 나타낸다.)

① $dU = \delta Q + \delta W$
② $\triangle U = Q - W$
③ $\oint \delta Q = \oint \delta W$
④ $\oint \delta Q = \oint \delta U$

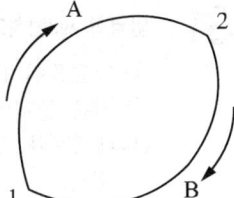

28 열교환기를 흐름 배열(flow arrangement)에 따라 분류할 때 그림과 같은 형식은?

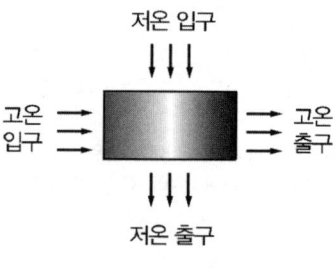

① 평행류 ② 대향류
③ 병행류 ④ 직교류

29 100kPa, 25℃ 상태의 공기가 있다. 이 공기의 엔탈피가 298.615kJ/kg이라면 내부에너지는 약 몇 kJ/kg인가? (단, 공기는 분자량 28.97인 이상기체로 가정한다.)

① 213.05kJ/kg ② 241.07kJ/kg
③ 298.15kJ/kg ④ 383.72kJ/kg

Solution $H = U + P \cdot V = U + mRT$

$U = 298.615 - \dfrac{8.314}{28.97} \times (25 + 273) = 213.09\,\text{kJ/kg}$

30 다음 중 비가역 과정으로 볼 수 없는 것은?

① 마찰현상 ② 낮은 압력으로의 자유 팽창
③ 등온 열전달 ④ 상이한 조성물질의 혼합

31 열역학 제2법칙과 관련된 설명으로 옳지 않은 것은?

① 열효율이 100%인 열기관은 없다.
② 저온 물체에서 고온 물체로 열은 자연적으로 전달되지 않는다.
③ 폐쇄계와 그 주변계가 열교환이 일어날 경우 폐쇄계와 주변계 각각의 엔트로피는 모두 상승한다.
④ 동일한 온도 범위에서 작동되는 가역 열기관은 비가역 열기관보다 열효율이 높다.

32 온도 15℃, 압력 100kPa 상태의 체적이 일정한 용기 안에 어떤 이상 기체 5kg이 들어있다. 이 기체가 50℃가 될 때까지 가열되는 동안의 엔트로피 증가량은 약 몇 kJ/K인가? (단, 이 기체의 정압비열과 정적비열은 각각 1.001kJ/(kg·K), 0.7171kJ/(kg·K)이다.)

① 0.411 ② 0.486 ③ 0.575 ④ 0.732

Solution $\Delta S = m \cdot C_V \cdot \ln\left(\dfrac{T_2}{T_1}\right) = 5 \times 0.7171 \times \ln\left(\dfrac{50 + 273}{15 + 273}\right) = 0.411\,\text{kJ/K}$

Answer ■ 28. ④ 29. ① 30. ③ 31. ③ 32. ①

33 저열원 20℃와 고열원 700℃ 사이에서 작동하는 카르노 열기관의 열효율은 약 몇 %인가?

① 30.1%   ② 69.9%
③ 52.9%   ④ 74.1%

Solution $\eta_c = 1 - \dfrac{T_L}{T_H} = 1 - \dfrac{20+273}{700+273} = 0.699$

34 어느 증기터빈에 0.4kg/s로 증기가 공급되어 260kW의 출력을 낸다. 입구의 증기 엔탈피 및 속도는 각각 3000kJ/kg, 720m/s, 출구의 증기 엔탈피 및 속도는 각각 2500kJ/kg, 120m/s이면, 이 터빈의 열손실은 약 몇 kW가 되는가?

① 15.9   ② 40.8
③ 20.0   ④ 104

Solution $_1Q_2 = \dot{m}(h_2 - h_1) + \dot{W} + \dfrac{1}{2}\dot{m}(V_2^2 - V_1^2)$
$= 0.4 \times (2500 - 3000) + \dfrac{1}{2} \times 0.4 \times (120^2 - 720^2) \times 10^{-3} + 260$
$= -40.8\text{kW}$

35 압력이 일정할 때 공기 5kg을 0℃에서 100℃까지 가열하는게 필요한 열량은 약 몇 kJ인가? (단, 비열(C_p)은 온도 T(℃)에 관계한 함수로 C_p(kJ/(kg·℃)) = 1.01+0.000079×T이다.)

① 365   ② 436
③ 480   ④ 507

Solution $_1Q_2 = \int_1^2 m \cdot C_p \cdot dT = 5 \times \left(1.01T + \dfrac{0.000079}{2}T^2\right)\Big|_0^{100} = 506.98\text{kJ}$

36 다음 온도에 관한 설명 중 틀린 것은?

① 온도는 뜨겁거나 차가운 정도를 나타낸다.
② 열역학 제0법칙은 온도 측정과 관계된 법칙이다.
③ 섭씨온도는 표준 기압하에서 물의 어는 점과 끓는 점을 각각 0과 100으로 부여한 온도척도이다.
④ 화씨 온도 F와 절대온도 K 사이에는 $K = F + 273.15$의 관계가 성립한다.

37 오토(Otto) 사이클에 관한 일반적인 설명 중 틀린 것은?

① 불꽃 점화 기관의 공기 표준 사이클이다.
② 연소과정을 정적 가열과정으로 간주한다.
③ 압축비가 클수록 효율이 높다.
④ 효율은 작업기체의 종류와 무관하다.

33. ②   34. ②   35. ④   36. ④   37. ④   ■ Answer

38 출력 10000kW의 터빈 플랜트의 시간당 연료소비량이 5000kg/h이다. 이 플랜트의 열효율은 약 몇 %인가? (단, 연료의 발열량은 33440kJ/kg이다.)

① 25.4% ② 21.5% ③ 10.9% ④ 40.8%

Solution $\eta = \dfrac{L_{out}}{\dot{m}_f \cdot H_\ell} = \dfrac{3600 \times 10,000}{5000 \times 33440} \times 100 = 21.53\%$

39 밀폐계에서 기체의 압력이 100kPa으로 일정하게 유지되면서 체적이 1m³에서 2m³으로 증가되었을 때 옳은 설명은?

① 밀폐계의 에너지 변화는 없다.　② 외부로 행한 일은 100kJ이다.
③ 기체가 이상기체라면 온도가 일정하다.　④ 기체가 받은 열은 100kJ이다.

Solution $_1W_2 = P(V_2 - V_1) = 100 \times (2-1) = 100\,\mathrm{kJ}$

40 10kg의 증기가 온도 50℃, 압력 38kPa, 체적 7.5m³일 때 총 내부에너지는 6700kJ이다. 이와 같은 상태의 증기가 가지고 있는 엔탈피는 약 몇 kJ인가?

① 606 ② 1794 ③ 3305 ④ 6985

Solution $H = U + P \cdot V = 6700 + (38 \times 7.5) = 6985\,\mathrm{kJ}$

3과목　기계유체역학

41 압력 용기에 장착된 게이지 압력계의 눈금이 400kPa를 나타내고 있다. 이 때 실험실에 놓여진 수은 기압계에서 수은의 높이는 750mm이었다면 압력 용기의 절대압력은 약 몇 kPa인가? (단, 수은의 비중은 13.6이다.)

① 300
③ 410
② 500
④ 620

Solution $\mathrm{Pa} = \dfrac{750}{760} \times 101.325 + 400 = 500\,\mathrm{kPa}$

42 나란히 놓인 두 개의 무한한 평판 사이의 층류 유동에서 속도 분포는 포물선 형태를 보인다. 이 때 유동의 평균 속도(V_{av})와 중심에서의 최대 속도(V_{max})의 관계는?

① $V_{av} = \dfrac{1}{2} V_{max}$　② $V_{av} = \dfrac{2}{3} V_{max}$
③ $V_{av} = \dfrac{3}{4} V_{max}$　④ $V_{av} = \dfrac{\pi}{4} V_{max}$

Solution $V_{max} = 1.5\,V_{mean} = \dfrac{3}{2} V_{mean} = \dfrac{3}{2} V_{av}$
$V_{av} = \dfrac{2}{3} V_{max}$

Answer ▪ 38. ②　39. ②　40. ④　41. ②　42. ②

43 점성계수의 차원으로 옳은 것은? (단, F는 힘, L은 길이, T는 시간의 차원이다.)

① FLT^{-2} ② FL^2T
③ $FL^{-1}T^{-1}$ ④ $FL^{-2}T$

Solution $\mu = \dfrac{\tau}{du/dy} \rightarrow FL^{-2} \cdot T = ML^{-1}T^{-1}$

44 무게가 1000N인 물체를 지름 5m인 낙하산에 매달아 낙하할 때 종속도는 몇 m/s가 되는가? (단, 낙하산의 항력계수는 0.8, 공기의 밀도는 1.2kg/m³이다.)

① 5.3 ② 10.3
③ 18.3 ④ 32.2

Solution $D = C_D \cdot A \cdot \dfrac{\rho \cdot V^2}{2}$

$1000 = 0.8 \times \dfrac{\pi \times 5^2}{4} \times \dfrac{1.2 \times V^2}{2}$

$V = 10.3 \text{m/sec}$

45 2m/s의 속도로 물이 흐를 때 피토관 수두 높이 h는?

① 0.053m
② 0.102m
③ 0.204m
④ 0.412m

Solution $h = \dfrac{V^2}{2g} = \dfrac{2^2}{2 \times 9.8} = 0.204\text{m}$

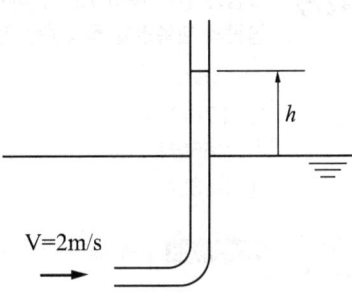

46 안지름 10cm인 파이프에 물이 평균속도 1.5cm/s로 흐를 때(경우ⓐ)와 비중이 0.6이고 점성계수가 물의 1/5인 유체 A가 물과 같은 평균속도로 동일한 관에 흐를 때(경우ⓑ), 파이프 중심에서 최고속도는 어느 경우가 더 빠른가? (단, 물의 점성계수는 0.001kg/(m·s)이다.)

① 경우ⓐ ② 경우ⓑ
③ 두 경우 모두 최고속도가 같다. ④ 어느 경우가 더 빠른지 알 수 없다.

Solution ① 물의 최고 속도 $V_{max} = 3.0\text{cm/sec}$

② 유체 A, $R_e = \dfrac{0.6 \times 1000 \times 0.015 \times 0.1}{0.001 \times \dfrac{1}{5}} = 4500$, 난류

③ 경우 ⓑ는 난류흐름이고, 난류흐름시 최고속도는 평균속도와 큰 차이를 보이지 않는 속도분포로 흐르게 된다.

43. ④ 44. ② 45. ③ 46. ① ■ Answer

47 다음 중 2차원 비압축성 유동이 가능한 유동은 어떤 것인가? (단, u는 x방향 속도 성분이고, v는 y방향 속도 성분이다.)

① $u = x^2 - y^2$, $v = -2xy$
② $u = 2x^2 - y^2$, $v = 4xy$
③ $u = x^2 + y^2$, $v = 3x^2 - 2y^2$
④ $u = 2x + 3xy$, $v = -4xy + 3y$

Solution $\frac{\partial u}{\partial x} + \frac{\partial v}{\partial y} = 0$ 만족
① $\frac{\partial u}{\partial x} = 2x$, $\frac{\partial v}{\partial y} = -2x$

48 유량 측정 장치 중 관의 단면에 축소부분이 있어서 유체를 그 단면에서 가속시킴으로써 생기는 압력강하를 이용하여 측정하는 것이 있다. 다음 중 이러한 방식을 사용한 측정장치가 아닌 것은?

① 노즐
② 오리피스
③ 로터미터
④ 벤투리미터

49 그림과 같이 폭이 2m, 길이가 3m인 평판이 물속에 수직으로 잠겨 있다. 이 평판의 한쪽면에 작용하는 전체 압력에 의한 힘은 약 얼마인가?

① 88kN
② 176kN
③ 265kN
④ 353kN

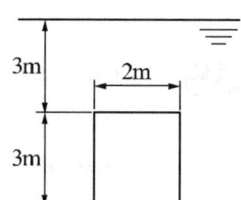

Solution $F = 9800 \times 4.5 \times (3 \times 2) \times 10^{-3} = 264.6$ kN

50 정상 2차원 속도장 $\vec{V} = 2x\vec{i} - 2y\vec{j}$ 내의 한 점(2,3)에서 유선의 기울기 $\frac{dy}{dx}$는?

① $-3/2$
② $-2/3$
③ $2/3$
④ $3/2$

Solution $\frac{dx}{u} = \frac{dy}{v}$, $\frac{dy}{dx} = \frac{v}{u} = \frac{-y}{x} = -\frac{3}{2}$

51 동점성계수가 0.1×10^{-5} m²/s인 유체가 안지름 10cm인 원관 내에 1m/s로 흐르고 있다. 관마찰계수가 0.022이며 관의 길이가 200m일 때의 손실수도는 약 몇 m인가? (단, 유체의 비중량은 9800N/m³이다.)

① 22.2
② 11.0
③ 6.58
④ 2.24

Solution $h_\ell = f \cdot \frac{\ell}{d} \cdot \frac{V^2}{2g} = 0.022 \times \frac{200}{0.1} \times \frac{1^2}{2 \times 9.8} = 2.24$ m

Answer ▪ 47. ① 48. ③ 49. ③ 50. ① 51. ④

52

평판 위의 경계층 내에서의 속도분포(u)가 $\dfrac{u}{U}=\left(\dfrac{y}{\delta}\right)^{1/7}$ 일 때 경계층 배제두께(boundary layer displacement thickness)는 얼마인가? (단, y는 평판에서 수직한 방향으로의 거리이며, U는 자유유동의 속도, δ는 경계층의 두께이다.)

① $\dfrac{\delta}{8}$
② $\dfrac{\delta}{7}$
③ $\dfrac{6}{7}\delta$
④ $\dfrac{7}{8}\delta$

Solution $\delta^* = \int_0^\delta \left(1 - \dfrac{u}{U}\right)dy = \int_0^\delta \left(1 - \dfrac{y^{1/7}}{\delta^{1/7}}\right)dy = \dfrac{\delta}{8}$

53

다음 변수 중에서 무차원 수는 어느 것인가?

① 가속도
② 동점성계수
③ 비중
④ 비중량

54

그림과 같이 반지름 R인 원추와 평판으로 구성된 점도측정기(cone and plate viscometer)를 사용하여 액체시료의 점성계수를 측정하는 장치가 있다. 위쪽의 원추는 아래쪽 원판과의 각도를 0.5° 미만으로 유지하고 일정한 각속도 w로 회전하고 있으며 갭 사이를 채운 유체의 점도는 위 평판을 정상적으로 돌리는데 필요한 토크를 측정하여 계산하다. 여기서 갭 사이의 속도 분포가 반지름 방향길이에 선형적일 때, 원추의 밑면에 작용하는 전단응력의 크기에 관한 설명으로 옳은 것은?

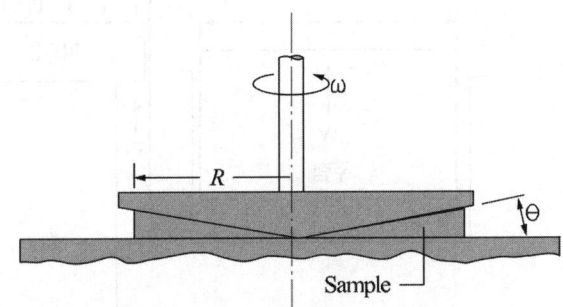

① 전단응력의 크기는 반지름 방향 길이에 관계없이 일정하다.
② 전단응력의 크기는 반지름 방향 길이에 비례하여 증가한다.
③ 전단응력의 크기는 반지름 방향 길이의 제곱에 비례하여 증가한다.
④ 전단응력의 크기는 반지름 방향 길이의 1/2승에 비례하여 증가한다.

Solution ① Newton의 점성법칙을 만족할 것이므로 유체층과 층 사이의 마찰을 고려한 속도분포에 전단응력은 비례해서 변화한다.
② 원주방향의 속도변화는 R에 비례한다.

52. ① 53. ③ 54. ① ■ Answer

55 5°C의 물(밀도 1000kg/m³, 점성계수 1.5×10⁻³kg/(m·s))이 안지름 3mm, 길이 9m인 수평 파이프 내부를 평균속도 0.9m/s로 흐르게 하는데 필요한 동력은 약 몇 W인가?

① 0.14 ② 0.28 ③ 0.42 ④ 0.56

Solution
$R_e = \dfrac{\rho \cdot V \cdot d}{\mu} = \dfrac{1000 \times 0.9 \times 0.003}{1.5 \times 10^{-3}} = 1800$

$h_\ell = f \cdot \dfrac{\ell}{d} \cdot \dfrac{V^2}{2g} = \dfrac{64}{1800} \times \dfrac{9}{0.003} \times \dfrac{0.9^2}{2 \times 9.8} = 4.41\,\text{m}$

$L = \gamma \cdot Q \cdot h_\ell = 9800 \times \dfrac{\pi \times 0.003^2}{4} \times 0.9 \times 4.41 = 0.275\,\text{W}$

56 유효 낙차가 100m인 댐의 유량이 10m³/s일 때 효율 90%인 수력터빈의 출력은 약 몇 MW인가?

① 8.83 ② 9.81 ③ 10.9 ④ 12.4

Solution
$L_{th} = 9800 \times 10 \times 100 \times 10^{-6} = 9.8\,\text{MW}$
$L = \eta L_{th} = 0.9 \times 9.8 = 8.82\,\text{MW}$

57 그림과 같은 수압기에서 피스톤의 지름이 d_1 = 300mm, 이것과 연결된 램(ram)의 지름이 d_2 = 200mm이다. 압력 P_1이 1MPa의 압력을 피스톤에 작용시킬 때 주램의 지름이 d_3 = 400mm이면 주램에서 발생하는 힘(W)은 약 몇 kN인가?

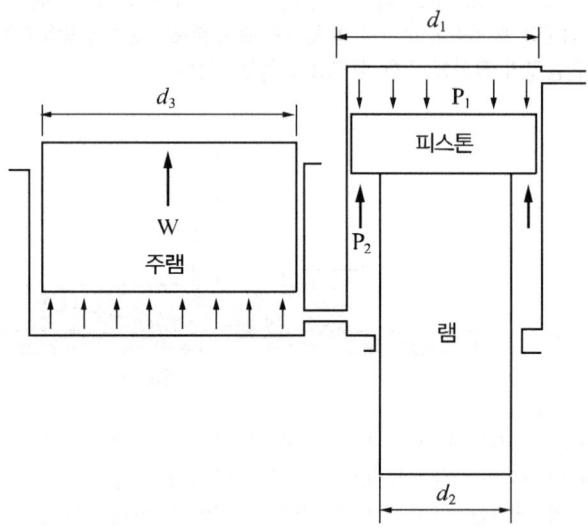

① 226 ② 284 ③ 334 ④ 438

Solution
$P_1 \cdot A_1 = P_2 \cdot (A_1 - A_2)$
$1 \times 10^3 \times \dfrac{\pi \times 0.3^2}{4} = P_2 \times \dfrac{\pi}{4} \times (0.3^2 - 0.2^2)$
$P_2 = 1800\,\text{kPa}$
$W = P_2 \times A_3 = 1800 \times \dfrac{\pi \times 0.4^2}{4} = 226.19\,\text{kN}$

Answer ■ 55. ②　56. ①　57. ①

58 스프링클러의 중심축을 통해 공급되는 유량은 총 3L/s이고 네 개의 회전이 가능한 관을 통해 유출된다. 출구 부분은 접선 방향과 30°의 경사를 이루고 있고 회전 반지름은 0.3m이고 각 출구 지름은 1.5cm로 동일하다. 작동과정에서 스프링클러의 회전에 대한 저항토크가 없을 때 회전 각속도는 약 몇 rad/s인가? (단, 회전축 상의 마찰은 무시한다.)

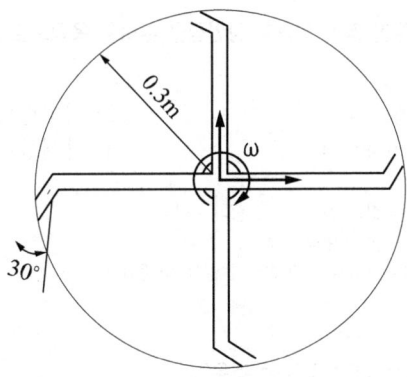

① 1.225　　　② 42.4　　　③ 4.24　　　④ 12.25

 $V = \dfrac{3 \times 10^{-3}}{4 \times \dfrac{\pi \times 0.015^2}{4}} = 4.24 \, \text{m/s}$

$V_y = V \cdot \cos 30° = R \cdot w$
$4.24 \times \cos 30° = 0.3 \times w$
$w = 12.25 \, \text{rad/sec}$

59 높이 1.5m의 자동차가 108km/h의 속도로 주행할 때의 공기흐름 상태를 높이 1m의 모형을 사용해서 풍동시험하여 알아보고자 한다. 여기서 상사법칙을 만족시키기 위한 풍동의 공기 속도는 약 몇 m/s인가? (단, 그 외 조건은 동일하다고 가정한다.)

① 20　　　② 30　　　③ 45　　　④ 67

$R_e = \left(\dfrac{V \cdot L}{\nu}\right)_p = \left(\dfrac{V \cdot L}{\nu}\right)_m$
$108 \times 1.5 = V_m \times 1$, $V_m = 162 \, \text{km/h}$
$\therefore V_m = 45 \, \text{m/s}$

60 밀도가 ρ인 액체와 접촉하고 있는 기체 사이의 표면장력이 σ라고 할 때 그림과 같은 지름 d의 원통 모세관에서 액주의 높이 h를 구하는 식은? (단, g는 중력가속도이다.)

① $\dfrac{\sigma \sin\theta}{\rho g d}$　　② $\dfrac{\sigma \cos\theta}{\rho g d}$
③ $\dfrac{4\sigma \sin\theta}{\rho g d}$　　④ $\dfrac{4\sigma \cos\theta}{\rho g d}$

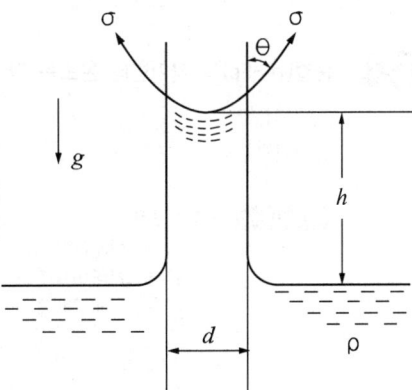

58. ④　59. ③　60. ④　■ Answer

> Solution $h = \dfrac{4 \cdot \sigma \cdot \cos\theta}{\gamma \cdot d} = \dfrac{4\sigma \cdot \cos\theta}{\rho \cdot g \cdot d}$

4과목 기계재료 및 유압기기

61 경도가 매우 큰 담금질한 강에 적당한 강인성을 부여할 목적으로 A_1 변태점 이하의 일정온도로 가열 조작하는 열처리법은?

① 퀜칭(quenching)
② 템퍼링(tempering)
③ 노멀라이징(normalizing)
④ 마퀜칭(marquenching)

> Solution
> ① 퀜칭(담금질) : 강도·경도 증가
> ② 템퍼링(뜨임) : 인성 증가
> ③ 노멀라이징(불림) : 미세화, 균일화, 표준화

62 피아노선재의 조직으로 가장 적당한 것은?

① 페라이트(ferrite)
② 소르바이트(sorbite)
③ 오스테나이트(austenite)
④ 마텐자이트(martensite)

> Solution 소르바이트는 α-Fe과 시멘타이트의 기계적 혼합물로 스프링강과 피아노선재 등은 소르바이트 조직이 적당하다.

63 마텐자이트(martensite) 변태의 특징에 대한 설명으로 틀린 것은?

① 마텐자이트는 고용체의 단일상이다.
② 마텐자이트 변태는 확산 변태이다.
③ 마텐자이트 변태는 협동적 원자운동에 의한 변태이다.
④ 마텐자이트의 결정 내에는 격자결함이 존재한다.

> Solution 마텐자이트 변태는 무확산변태이다.

64 순철(α-Fe)의 자기변태 온도는 약 몇 ℃인가?

① 210℃
② 768℃
③ 910℃
④ 1410℃

> Solution 순철의 변태
> ① A_2 : 자기변태(768℃)
> ② A_3 : 동소변태(910℃)
> ③ A_4 : 동소변태(1400℃)

Answer ▪ 61. ② 62. ② 63. ② 64. ②

65 황동 가공재 특히 관·봉 등에서 잔류응력에 기인하여 균열이 발생하는 현상은?

① 자연균열   ② 시효경화   ③ 탈아연부식   ④ 저온풀림경화

Solution ① 시효경화 : 가공 후 자연적으로 경화되는 현상
② 탈아연부식 : 아연이 해수에 녹아 없어지는 현상
③ 저온풀림경화 : 저온풀림이란 강을 A_1 변태 이하의 온도 범위 내에서 장시간 유지하되, 피삭성 개선, 내부응력을 제거하는데 이와 같은 현상과 반대로 경화가 일어나는 현상이 저온풀림 경화이다.

66 빗금으로 표시한 입방격자면의 밀러지수는?

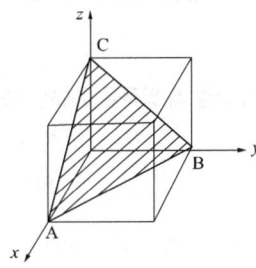

① (100)   ② (010)   ③ (110)   ④ (111)

Solution 밀러지수(Miller index)
금속 원자의 결정면이나 방향을 표시하는 방법이다.
<밀러 지수에 의한 결정면의 수>

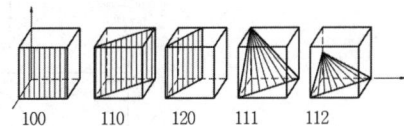

67 Fe-C 평형상태도에서 나타나는 철강의 기본조직이 아닌 것은?

① 페라이트   ② 펄라이트   ③ 시멘타이트   ④ 마텐자이트

Solution 강의 표준조직 : 페라이트, 오스테나이트, 시멘타이트, 레데뷰라이트, 펄라이트

68 6 : 4 황동에 Pb을 약 1.5~3.0%를 첨가한 합금으로 정밀가공을 필요로 하는 부품 등에 사용되는 합금은?

① 쾌삭황동   ② 강력황동   ③ 델타메탈   ④ 애드미럴티 황동

Solution 납황동=쾌삭황동

69 고속도 공구강재를 나타내는 한국산업표준기호로 옳은 것은?

① SM20C   ② STC   ③ STD   ④ SKH

65. ①   66. ④   67. ④   68. ①   69. ④   ■ Answer

> **Solution** ① SM : 기계구조용탄소강　　② STC : 탄소공구강
> ③ STD : 다이스강

70 스테인리스강을 조직에 따라 분류한 것 중 틀린 것은?

① 페라이트계　　② 마텐자이트계
③ 시멘타이트계　　④ 오스테나이트계

> **Solution** ① 13크롬계 스테인레스 강에는 마텐자이트계와 페라이트계가 있다.
> ② 13-8스테인레스강에는 오스테나이트계가 있다.

71 기름의 압축률이 $6.8 \times 10^{-5} cm^2/kgf$일 때 압력을 0에서 $100kgf/cm^2$까지 압축하면 체적은 몇 % 감소하는가?

① 0.48　　② 0.68
③ 0.89　　④ 1.46

> **Solution** $\beta = \dfrac{-\Delta V/V}{\Delta P}$, $-\Delta V/V = 6.8 \times 10^{-5} \times 100$
> ∴ $-\Delta V/V = 0.68\%$

72 그림의 유압 회로도에서 ①의 밸브 명칭으로 옳은 것은?

① 스톱 밸브
② 릴리프 밸브
③ 무부하 밸브
④ 카운터 밸런스 밸브

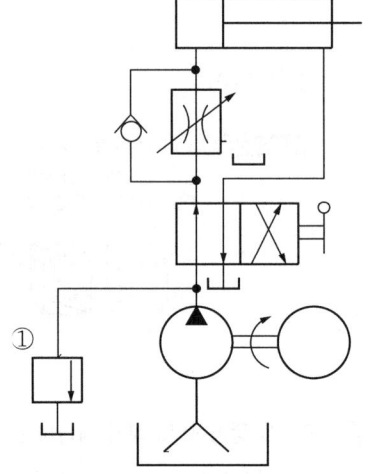

73 그림과 같이 액추에이터의 공급 쪽 관로 내의 흐름을 제어함으로써 속도를 제어하는 회로는?

① 시퀀스 회로
② 체크 백 회로
③ 미터 인 회로
④ 미터 아웃 회로

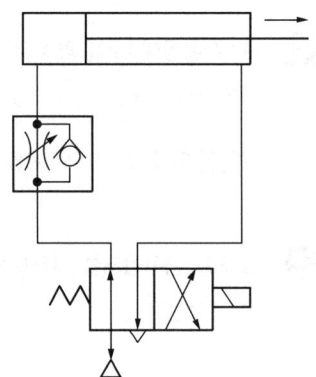

> **Solution** ① 미터인회로 : 유량조정밸브를 실린더 입구쪽 설치
> ② 미터아웃회로 : 유량조정밸브를 실린더 출구쪽 설치

Answer ■ 70. ③　71. ②　72. ②　73. ③

74 공기압 장치와 비교하여 유압장치의 일반적인 특징에 대한 설명 중 틀린 것은?
① 인화에 따른 폭발의 위험이 적다.
② 작은 장치로 큰 힘을 얻을 수 있다.
③ 입력에 대한 출력의 응답이 빠르다.
④ 방청과 윤활이 자동적으로 이루어진다.

> Solution 인화에 따른 화재의 위험성이 높은 것은 유압장치이다.

75 4포트 3위치 방향밸브에서 일명 센터 바이패스형이라고도 하며, 중립위치에서 A, B 포트가 모두 닫히면 실린더는 임의의 위치에서 고정되고, 또 P 포트와 T 포트가 서로 통하게 되므로 펌프를 무부하 시킬 수 있는 형식은?
① 텐덤 센터형
② 오픈 센터형
③ 클로즈드 센터형
④ 펌프 클로즈드 센터형

> Solution 텐덤센터=바이스패스 센터 : 유압펌프를 무부하 운전가능

76 그림과 같은 유압기호의 조작방식에 대한 설명으로 옳지 않은 것은?

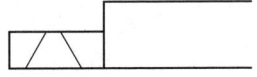

① 2 방향 조작이다.
② 파일럿 조작이다.
③ 솔레노이드 조작이다.
④ 복동으로 조작할 수 있다.

77 관(튜브)의 끝을 넓히지 않고 관과 슬리브의 먹힘 또는 마찰에 의하여 관을 유지하는 관 이음쇠는?
① 스위블 이음쇠
② 플랜지 관 이음쇠
③ 플레어드 관 이음쇠
④ 플레어리스 관 이음쇠

> Solution 관 끝을 나팔관 모양으로 확장하여 연결하면 플레어이음, 나팔관 모양으로 확장하지 않고 연결하면 플레어리스 이음이다.

78 비중량(specific weight)의 MLT계 차원은? (단, M : 질량, L : 길이, T : 시간)
① $ML^{-1}T^{-1}$
② ML^2T^{-3}
③ $ML^{-2}T^{-2}$
④ ML^2T^{-2}

> Solution 비중량 γ는 N/m^3으로 표현
> $F \cdot L^{-3} = ML^{-2}T^{-2}$

74. ① 75. ① 76. ② 77. ④ 78. ③ ■ Answer

79 다음 중 일반적으로 가변 용량형 펌프로 사용할 수 없는 것은?

① 내접 기어 펌프
② 축류형 피스톤 펌프
③ 반경류형 피스톤 펌프
④ 압력 불평형형 베인 펌프

Solution 기어펌프는 정용량형으로만 사용

80 다음 중 드레인 배출기 붙이 필터를 나타내는 공유압 기호는?

① 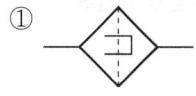 ② 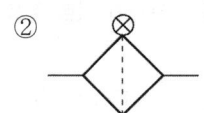 ③ 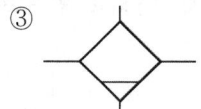 ④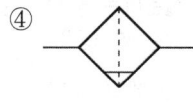

Solution ① 자석붙이 필터
② 눈막힘 표시기 붙이 필터
③ 드레인 배출기

5과목 기계제작법 및 기계동력학

81 w인 진동수를 가진 기저 진동에 대한 전달률(TR, transmissibility)을 1 미만으로 하기 위한 조건으로 가장 옳은 것은? (단, 진동계의 고유진동수는 w_n이다.)

① $\dfrac{w}{w_n} < 2$ ② $\dfrac{w}{w_n} > \sqrt{2}$

③ $\dfrac{w}{w_n} > 2$ ④ $\dfrac{w}{w_n} < \sqrt{2}$

Solution ① $TR = 1$이면 $\dfrac{w}{w_n} = \sqrt{2}$
② $TR < 1$이면 $\dfrac{w}{w_n} > \sqrt{2}$
③ 기계동력학 실전연습문제 79번 참고할 것

82 스프링으로 지지되어 있는 어느 물체가 매분 120회를 진동할 때 진동수는 약 몇 rad/s인가?

① 3.14   ② 6.28
③ 9.42   ④ 12.57

Solution $w = \dfrac{2\pi N}{60} = \dfrac{2\pi \times 120}{60} = 12.57 \text{rad/sec}$

Answer ■ 79. ① 80. ④ 81. ② 82. ④

83 질량이 m인 공이 그림과 같이 속력이 v, 각도가 α로 질량이 큰 금속판에 사출되었다. 만일 공과 금속판 사이의 반발계수가 0.8이고, 공과 금속판 사이의 마찰이 무시된다면 입사각 α와 출사각 β의 관계는?

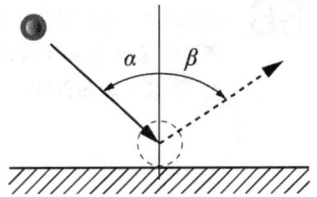

① α에 관계없이 $\beta = 0$
② $\alpha > \beta$
③ $\alpha = \beta$
④ $\alpha < \beta$

Solution 충돌 전 공의 속도 V_1
충돌 후 공의 속도 V_1'
$e = \dfrac{V_1'}{V} = 0.8$
$m \cdot V_{1x} = m V_{1x'}$
$V_1 \cdot \sin\alpha = V_1' \cdot \sin\beta = 0.8 V_1 \cdot \sin\beta$
$\sin\alpha = 0.8 \cdot \sin\beta,\ \alpha < \beta$

84 10°의 기울기를 가진 경사면에 놓인 질량 100kg인 물체에 수평방향의 힘 500N을 가하여 경사면 위로 물체를 밀어올린다. 경사면의 마찰계수가 0.2라면 경사면 방향으로 2m를 움직인 위치에서 물체의 속도는 약 얼마인가?

① 1.1m/s
② 2.1m/s
③ 3.1m/s
④ 4.1m/s

Solution $U_{1\to 2} = \triangle T$
$500 \times 2 \times \cos 10° - 100 \times 9.8 \times 2 \times \sin 10° - 100 \times 9.8 \times \cos 10° \times 0.2 \times 2 = \dfrac{1}{2} \times 100 \times V^2$
$V = 2.27 \text{m/sec}$

85 그림과 같은 1자유도 진동 시스템에서 임계감쇠계수는 약 몇 N·s/m인가?

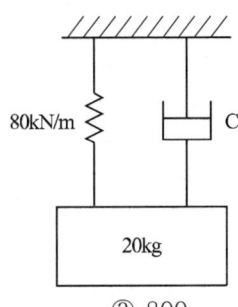

① 80 ② 400 ③ 800 ④ 2000

Solution $C_c = 2\sqrt{mk} = 2 \times \sqrt{20 \times 8 \times 10^3} = 800 \text{N} \cdot \text{s/m}$

83. ④   84. ②   85. ③ ■ Answer

86 길이가 1m이고 질량이 5kg인 균일한 막대가 그림과 같이 지지되어 있다. A점은 힌지로 되어 있어 B점에 연결관 줄이 갑자기 끊어졌을 때 막대는 자유로이 회전한다. 여기서 막대가 수직위치에 도달한 순간 각속도는 약 몇 rad/s인가?

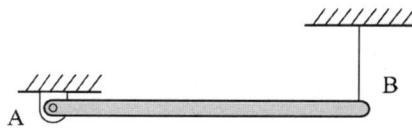

① 2.62　　　② 3.43　　　③ 3.91　　　④ 5.42

Solution 회전운동을 하는 막대의 각속도 α는 운동방정식으로부터
$$\alpha = \frac{3g}{2\ell}\sin\theta = \frac{dw}{dt} = \frac{dw}{d\theta} \cdot \frac{d\theta}{dt}$$
$$\alpha \cdot d\theta = w \cdot dw$$
$$\int_0^{90} \frac{3g}{2\ell}\sin\theta \cdot d\theta = \int_0^w w \cdot dw$$
$$\frac{3g}{2\ell} = \frac{w^2}{2}, \ w = \sqrt{3 \times 9.8} = 5.42 \,\text{rad/s}$$

87 그림과 같이 질량이 m이고 길이가 L인 균일한 막대에 대하여 A점을 기준으로 한 질량 관성모멘트를 나타내는 식은?

① mL^2
② $\frac{1}{3}mL^2$
③ $\frac{1}{4}mL^2$
④ $\frac{1}{12}mL^2$

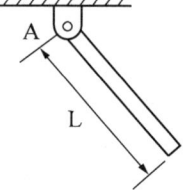

Solution $J_A = J_G + \left(\frac{L}{2}\right)^2 \cdot m = \frac{m \cdot L^2}{12} + \frac{mL^2}{4} = \frac{m \cdot L^2}{3}$

Answer ■ 86. ④　87. ②

88
x방향에 대한 비감쇠 자유진동 식은 다음과 같이 나타낸다. 여기서 시간(t) = 0일 때의 변위를 x_0, 속도를 v_0라 하면 이 진동의 진폭을 옳게 나타낸 것은? (단, m은 질량, k는 스프링 상수이다.)

$$m\ddot{x} + kx = 0$$

① $\sqrt{\dfrac{m}{k}x_0^2 + v_0^2}$ ② $\sqrt{\dfrac{k}{m}x_0^2 + v_0^2}$
③ $\sqrt{x_0^2 + \dfrac{m}{k}v_0^2}$ ④ $\sqrt{x_0^2 + \dfrac{k}{m}v_0^2}$

Solution
$x = A\sin wt + B\cos wt$
$t = 0$일 때, $x = B = x_o$
$\dot{x} = Aw\cos wt - Bw\sin wt$
$t = 0$일 때, $\dot{x} = V = Aw = V_o$
$A = \dfrac{V_o}{w}$
진폭 $x = \sqrt{A^2 + B^2} = \sqrt{\dfrac{V_o^2}{w^2} + x_o^2}$
$w = \sqrt{\dfrac{k}{m}}$
$\therefore x = \sqrt{x_o^2 + \dfrac{m}{k}V_o^2}$

89
북극과 남극이 일직선으로 관통된 구멍을 통하여 북극에서 지구 내부를 향하여 초기속도 v_o = 10m/s로 한 질점을 던졌다. 그 질점이 A점($S = R/2$)을 통과할 때의 속력은 약 얼마인가? (단, 지구내부는 균일한 물질로 채워져 있으며. 중력가속도는 O점에서 0이고, O점으로 부터의 위치 S에 비례한다고 가정한다. 그리고 지표면에서 중력가속도는 9.8m/s², 지구 반지름은 R = 6371km이다.)

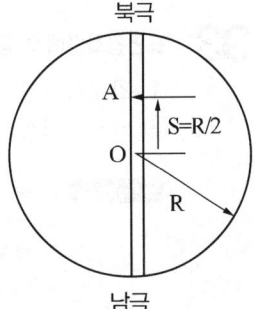

① 6.84km/s
② 7.90km/s
③ 8.44km/s
④ 9.81km/s

Solution
$da = \dfrac{g}{R}ds, \; ds = \dfrac{R}{g}da$
$-ads = V \cdot dv$
$\displaystyle\int_g^{\frac{g}{2}} -\dfrac{R}{g}ada = \int_{V_o}^{V_A} V \cdot dV$
$-\dfrac{R}{g} \cdot \dfrac{a^2}{2}\Big|_g^{\frac{g}{2}} = \dfrac{1}{2}V^2\Big|_{V_o}^{V_A}$
$\dfrac{3R}{4} \cdot g = V_A^2 - V_o^2$
$V_A^2 = \dfrac{3R \cdot g}{4} + V_o^2 = \left(\dfrac{3 \times 6371 \times 10^3 \times 9.8}{4} + 10^2\right) \times 10^{-6}$
$V_A = 6.84$km/sec

88. ③ 89. ①

90 물방울이 떨어지기 시작하여 3초 후의 속도는 약 몇 m/s인가? (단, 공기의 저항은 무시하고, 초기속도는 0으로 한다.)

① 29.4　　　　　　　　　　　② 19.6
③ 9.8　　　　　　　　　　　　④ 3

> Solution　$V = g \cdot t = 9.8 \times 3 = 29.4 \, \text{m/sec}$

91 피복 아크용접에서 피복제의 주된 역할이 아닌 것은?

① 용착효율을 높인다.　　　　② 아크를 안정하게 한다.
③ 질화를 촉진한다.　　　　　④ 스패터를 적게 발생시킨다.

> Solution　피복제는 용착금속부분으로 공기의 침입을 막아 산화와 질화를 방지하는 역할을 한다.

92 선반에서 절삭비(cutting ratio, γ)의 표현식으로 옳은 것은? (단, ϕ는 전단각, α는 공구 윗면 경사각이다.)

① $r = \dfrac{\cos(\phi - \alpha)}{\sin\phi}$　　　　② $r = \dfrac{\sin(\phi - \alpha)}{\cos\phi}$

③ $r = \dfrac{\cos\phi}{\sin(\phi - \alpha)}$　　　　④ $r = \dfrac{\sin\phi}{\cos(\phi - \alpha)}$

93 표면경화법에서 금속침투법 중 아연을 침투시키는 것은?

① 칼로라이징　　　　　　　　② 세라다이징
③ 크로마이징　　　　　　　　④ 실리코나이징

> Solution　① 칼로라이징 : 알루미늄 침투
> ② 크로마이징 : 크롬 침투
> ③ 실리콘나이징 : 규소 침투

94 테르밋 용접(thermit welding)의 일반적인 특징으로 틀린 것은?

① 전력 소모가 크다.　　　　　② 용접시간이 비교적 짧다.
③ 용접작업 후의 변형이 작다.　④ 용접 작업장소의 이동이 쉽다.

> Solution　테르밋 용접 : 금속산화물이 알루미늄에 의하여 산소를 빼앗기는 화학반응을 이용한 용접이다.

95 4개의 조가 각각 단독으로 이동하여 불규칙한 공작물의 고정에 적합하고 편심가공이 가능한 선반척은?

① 연동척　　　　　　　　　　② 유압척
③ 단동척　　　　　　　　　　④ 콜릿척

Answer ▪ 90. ①　91. ③　92. ④　93. ②　94. ①　95. ③

> **Solution** ① 연동척 : 조오 3개로 동시에 조오가 움직여 중심 맞추기에 유리
> ② 유압척 : 기름의 압력으로 고정
> ③ 콜릿척 : 자동선반이나 터릿선반에 이용

96 프레스 가공에서 전단가공의 종류가 아닌 것은?
① 세이빙 ② 블랭킹 ③ 트리밍 ④ 스웨이징

> **Solution** 스웨이징은 프레스 가공의 종류 중 압축가공에 해당하며 냉간단조 작업의 종류이다.

97 초음파 가공의 특징으로 틀린 것은?
① 부도체도 가공이 가능하다.
② 납, 구리, 연강의 가공이 쉽다.
③ 복잡한 형상도 쉽게 가공한다.
④ 공작물에 가공 변형이 남지 않는다.

> **Solution** 초음파 가공의 재료로는 취성이 큰 재료가 적당하다.

98 지름 100mm, 판의 두께 3mm, 전단저항 45kgf/mm²인 SM40C 강판을 전단할 때 전단하중은 약 몇 kgf인가?
① 42410 ② 53240 ③ 67420 ④ 70680

> **Solution** $F = \tau \cdot A = 45 \times \pi \times 100 \times 3 = 42411.5 \, kgf$

99 용탕의 충전 시에 모래의 팽창력에 의해 주형이 팽창하여 발생하는 것으로, 주물 표면에 생기는 불규칙한 형상의 크고 작은 돌기 모양을 하는 주물 결함은?
① 스캡 ② 탕경 ③ 불로홀 ④ 수축공

> **Solution** ① 기공(blow hole) : 가스가 외부로 배출되지 못해 생긴 결함
> ② 수축공 : 쇳물이 부족하게 되어 생기는 결함
> ③ 탕경 : 여러 개의 탕구에 용탕이 합류한 곳 중에서 용착되지 않은 상태의 결함

100 와이어 컷(wire cut) 방전가공의 특징으로 틀린 것은?
① 표면거칠기가 양호하다.
② 담금질강과 초경합금의 가공이 가능하다.
③ 복잡한 형상의 가공물을 높은 정밀도로 가공할 수 있다.
④ 가공물의 형상이 복잡함에 따라 가공속도가 변한다.

> **Solution** 방전가공은 난삭성 재료를 전극의 아크 열을 이용한 가공으로 가공물의 형상과 가공속도와는 관련성이 현저히 낮다.

96. ④ 97. ② 98. ① 99. ① 100. ④ ■ Answer

2017 기출문제
9월 23일 시행

1과목 재료역학

1 길이가 L인 양단 고정보의 중앙점에 집중하중 P가 작용할 때 모멘트가 0이 되는 지점에서의 처짐량은 얼마인가? (단, 보의 굽힘강성 EI는 일정하다.)

① $\dfrac{PL^3}{384EI}$ ② $\dfrac{PL^3}{192EI}$ ③ $\dfrac{PL^3}{96EI}$ ④ $\dfrac{PL^3}{48EI}$

Solution $M=0$인 지점은 좌측 끝단으로부터 $\dfrac{L}{4}$이 되는 지점이고, 그 지점에서의 처짐은 중앙에서 처짐에 $\dfrac{1}{2}$이 된다.
$$\delta = \dfrac{1}{2} \times \dfrac{P \cdot L^3}{192EI} = \dfrac{P \cdot L^3}{384EI}$$

2 길이가 L인 외팔보의 자유단에 집중하중 P가 작용할 때 최대 처짐량은? (단, E : 탄성계수, I : 단면2차모멘트이다.)

① $\dfrac{PL^3}{8EI}$ ② $\dfrac{PL^3}{4EI}$ ③ $\dfrac{PL^3}{3EI}$ ④ $\dfrac{PL^3}{2EI}$

Solution 외팔보 자유단 집중하중 작용시 자유단 처짐
$$\delta = \dfrac{P \cdot L^3}{3EI}$$
이때 처짐각
$$\theta = \dfrac{P \cdot L^2}{2EI}$$

3 다음 그림과 같은 사각단면의 상승 모멘트(Product of inertia) I_{xy}는 얼마인가?

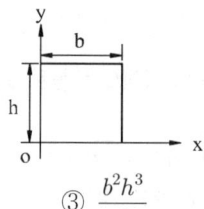

① $\dfrac{b^2h^2}{4}$ ② $\dfrac{b^2h^2}{3}$ ③ $\dfrac{b^2h^3}{4}$ ④ $\dfrac{bh^3}{3}$

Solution 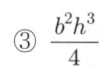 $I_{xy} = \bar{x} \cdot \bar{y} \cdot A = \dfrac{b^2 \cdot h^2}{4}$

Answer ■ 1. ① 2. ③ 3. ①

4 바깥지름 50cm, 안지름 40cm의 중공원통에 500kN의 압축하중이 작용했을 때 발생하는 압축응력은 약 몇 MPa인가?

① 5.6
② 7.1
③ 8.4
④ 10.8

Solution $\sigma_c = \dfrac{4 \times 500 \times 10^3}{\pi \times (500^2 - 400^2)} = 7.07\,\text{MPa}$

5 두께 10mm인 강판으로 직경 2.5m의 원통형 압력용기를 제작하였다. 최대 내부 압력이 1200kPa일 때 축방향 응력은 몇 MPa인가?

① 75
② 100
③ 125
④ 150

Solution $\sigma_z = \dfrac{P \cdot d}{4t} = \dfrac{1200 \times 2.5}{4 \times 5} = 75\,\text{MPa}$

6 지름 50mm인 중실축 ABC가 A에서 모터에 의해 구동된다. 모터는 600rpm으로 50kW의 동력을 전달한다. 기계를 구동하기 위해서 기어 B는 35kW, 기어 C는 15kW를 필요로 한다. 축 ABC에 발생하는 최대 전단응력은 몇 MPa인가?

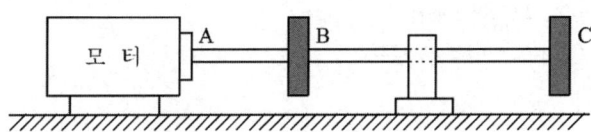

① 9.73
② 22.7
③ 32.4
④ 64.8

Solution $T = 974 \times 9.8 \times \dfrac{H_{kW}}{N} = \tau \cdot \dfrac{\pi d^3}{16}$

$974 \times 9.8 \times \dfrac{50}{600} = \tau \times \dfrac{\pi \times 0.05^3}{16}$

$\tau = 32.41 \times 10^6 \text{Pa} = 32.41\,\text{MPa}$

4. ② 5. ① 6. ③ ■ Answer

7 그림과 같은 두 평면응력 상태의 합에서 최대전단응력은?

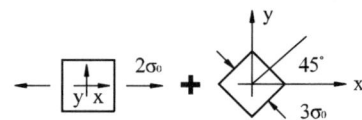

① $\dfrac{\sqrt{3}}{2}\sigma_o$ ② $\dfrac{\sqrt{6}}{2}\sigma_o$ ③ $\dfrac{\sqrt{13}}{2}\sigma_o$ ④ $\dfrac{\sqrt{16}}{2}\sigma_o$

Solution $\tau_{1\max} = \sigma_o$
$\tau_{2\max} = \dfrac{3}{2}\sigma_o$
$\tau_{\max} = \sqrt{\tau_{1\max}^2 + \tau_{2\max}^2} = \sqrt{\sigma_o^2 + \dfrac{9}{4}\sigma_o^2} = \dfrac{\sqrt{13}}{2}\sigma_o^2$

8 그림에서 블록 A를 이동시키는 데 필요한 힘 P는 몇 N 이상인가? (단, 블록과 접촉면과의 마찰 계수 μ = 0.4이다.)

① 4
② 8
③ 10
④ 12

Solution $R_A = \dfrac{10 \times 30}{10} = 30\text{N}$
$f = \mu R_A = 0.4 \times 30 = 12\text{N}$

9 최대 굽힘모멘트 $M = 8\text{kN} \cdot \text{m}$를 받는 단면의 굽힘 응력을 60MPa로 하려면 정사각단면에서 한 변의 길이는 약 몇 cm인가?

① 8.2 ② 9.3
③ 10.1 ④ 12.0

Solution $\sigma_{b\max} = \dfrac{M_{\max}}{Z} = \dfrac{6M_{\max}}{a^3}$
$60 \times 10^6 = \dfrac{6 \times 8 \times 10^3}{a^3}$, $a = 0.093\text{m}$

Answer ■ 7. ③ 8. ④ 9. ②

10 T형 단면을 갖는 외팔보에 5kN·m의 굽힘모멘트가 작용하고 있다. 이 보의 탄성선에 대한 곡률 반지름은 약 몇 m인가? (단, 탄성계수 E = 150GPa, 중립축에 대한 2차 모멘트 $I = 868 \times 10^{-9} m^4$ 이다.)

① 26.04
② 36.04
③ 46.04
④ 66.04

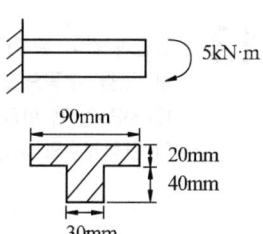

◉ Solution
$$\frac{E}{\rho} = \frac{M}{I}$$
$$\frac{150 \times 10^9}{\rho} = \frac{5 \times 10^3}{868 \times 10^{-9}}, \ \rho = 26.04\text{m}$$

11 그림과 같은 단순지지보에 반력 R_A는 몇 kN인가?

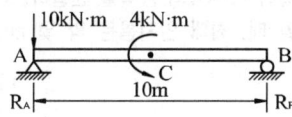

① 8   ② 8.4   ③ 10   ④ 10.4

◉ Solution $R_A \times 10 - 10 \times 10 - 4 = 0$
$R_A = 10.4\text{kN}$

12 원형단면의 단순보가 그림과 같이 등분포하중 50N/m을 받고 허용굽힘응력이 400MPa일 때 단면의 지름은 최소 약 몇 mm가 되어야 하는가?

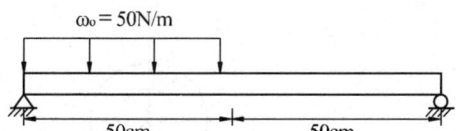

① 4.1   ② 4.3   ③ 4.5   ④ 4.7

◉ Solution $R_A = \frac{50 \times 75 \times 0.5}{100} = 18.75\text{N}$

$R_A - w_o \cdot x = 0, \ x = \frac{18.75}{50} = 0.375\text{m}$

$M_{\max} = 18.75 \times 0.375 - 50 \times \frac{0.375^2}{2} = 3.52\text{N}\cdot\text{m}$

$\sigma_{ba} = \frac{32 M_{\max}}{\pi d^3}$

$400 \times 10^6 = \frac{32 \times 3.52}{\pi \times d^3}, \ d = 4.475 \times 10^{-3}\text{m} = 4.475\text{mm}$

13 그림과 같이 두 가지 재료로 된 봉이 하중 P를 받으면서 강체로 된 보를 수평으로 유지시키고 있다. 강봉에 작용하는 응력이 150MPa일 때 Al봉에 작용하는 응력은 몇 MPa인가? (단, 강과 Al의 탄성계수의 비는 $E_s/E_a = 3$이다.)

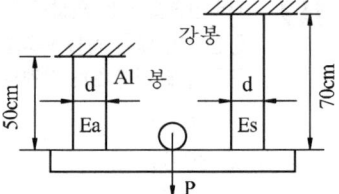

① 70 ② 270
③ 555 ④ 875

Solution $\delta = \epsilon_1 \cdot \ell_1 = \epsilon_2 \cdot \ell_2$

$$\frac{\sigma_1}{E_1} \cdot \ell_1 = \frac{\sigma_2}{E_2} \cdot \ell_2$$

$$\sigma_1 = \sigma_a = \frac{E_1}{E_2} \cdot \frac{\ell_2}{\ell_1} \cdot \sigma_2 = \frac{70}{3 \times 50} \times 150 = 70\,\text{MPa}$$

14 바깥지름이 46mm인 중공축이 120kW의 동력을 전달하는데 이때의 각속도는 40rev/s이다. 이 축의 허용비틀림 응력이 $\tau_a = 80\,\text{MPa}$일 때, 최대 안지름은 약 몇 mm인가?

① 35.9 ② 41.9
③ 45.9 ④ 51.9

Solution $T = 974000 \times 9.8 \times \dfrac{H_{k\overline{W}}}{N} = \tau_a \cdot \dfrac{\pi d_2^3}{16}(1 - x^4)$

$$974000 \times 9.8 \times \frac{120}{40 \times 60} = 80 \times \frac{\pi \times 46^3}{16} \times (1 - x^4)$$

$x = 0.91$, $d_1 = 0.91 \times 46 = 41.89\,\text{mm}$

15 그림과 같은 반지름 a인 원형 단면축에 비틀림 모멘트 T가 작용한다. 단면의 임의의 위치 $r(0 < r < a)$에서 발생하는 전단응력은 얼마인가? (단, $I_o = I_x + I_y$이고, I는 단면 2차모멘트이다.)

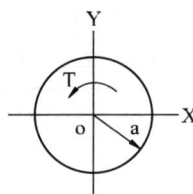

① 0 ② $\dfrac{T}{I_o}r$ ③ $\dfrac{T}{I_x}r$ ④ $\dfrac{T}{I_y}r$

Solution $\tau : \tau_r = R : r$, $\tau_r = \dfrac{r}{R}\tau = \dfrac{r}{R} \cdot \dfrac{T}{\dfrac{I_o}{R}}$

$\therefore \tau_r = \dfrac{T \cdot r}{I_o}$

Answer ■ 13. ① 14. ② 15. ②

16 탄성(elasticity)에 대한 설명으로 옳은 것은?

① 물체의 변형율을 표시하는 것
② 물체에 작용하는 외력의 크기
③ 물체에 영구변형을 일어나게 하는 성질
④ 물체에 가해진 외력이 제거되는 동시에 원형으로 되돌아가려는 성질

17 길이가 L인 균일단면 막대기에 굽힘 모멘트 M이 그림과 같이 작용하고 있을 때, 막대에 저장된 탄성 변형에너지는? (단, 막대기의 굽힘강성 EI는 일정하고, 단면적은 A이다.)

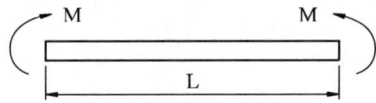

① $\dfrac{M^2L}{2AE^2}$ ② $\dfrac{L^3}{4EI}$ ③ $\dfrac{M^2L}{2AE}$ ④ $\dfrac{M^2L}{2EI}$

> **Solution** $U = \dfrac{1}{2}M \cdot \int_o^L \dfrac{M}{E \cdot I}dx = \dfrac{M^2 \cdot L}{2EI}$

18 직경이 2cm인 원통형 막대에 2kN의 인장하중이 작용하여 균일하게 신장되었을 때, 변형 후 직경의 감소량은 약 몇 mm인가? (단, 탄성계수는 30GPa이고, 포아송 비는 0.3이다.)

① 0.0128   ② 0.00128
③ 0.064   ④ 0.0064

> **Solution** $\delta' = \dfrac{d \cdot \sigma}{mE} = \dfrac{\mu d \cdot P}{AE} = \dfrac{4\mu \cdot P}{\pi d \cdot E}$
> $\delta' = \dfrac{4 \times 0.3 \times 2 \times 10^3}{\pi \times 0.02 \times 30 \times 10^9} = 1.27 \times 10^{-6}$m = 0.00127mm

19 그림과 같이 20cm×10cm의 단면적을 갖고 양단이 회전단으로 된 부재가 중심축 방향으로 압축력 P가 작용하고 있을 때 장주의 길이가 2m라면 세장비는?

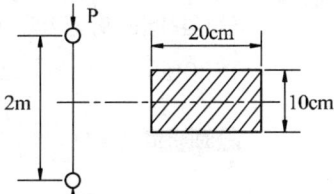

① 89
② 69
③ 49
④ 29

> **Solution** $K = \dfrac{h}{2\sqrt{3}} = \dfrac{0.1}{2\sqrt{3}} = 0.0289\text{m}$
> $\lambda = \dfrac{\ell}{K} = \dfrac{2}{0.0289} = 69.2$

16. ④   17. ④   18. ②   19. ②   ■ Answer

20 길이가 L이고 직경이 d인 강봉을 벽 사이에 고정하고 온도를 $\triangle T$만큼 상승시켰다. 이 때 벽에 작용하는 힘은 어떻게 표현되나? (단, 강봉의 탄성계수는 E이고, 선팽창계수는 α이다.)

① $\dfrac{\pi E\alpha \triangle Td^2 L}{16}$　　② $\dfrac{\pi E\alpha \triangle Td^2}{2}$

③ $\dfrac{\pi E\alpha \triangle Td^2 L}{8}$　　④ $\dfrac{\pi E\alpha \triangle Td^2}{4}$

Solution　$\sigma = E \cdot \alpha \cdot \triangle T = \dfrac{4P}{\pi d^2}$
$P = \dfrac{\pi E \cdot \alpha \cdot \triangle T \cdot d^2}{4}$

2과목 기계열역학

21 다음 중 등 엔트로피(entropy) 과정에 해당하는 것은?

① 가역 단열 과정　　② polytropic 과정
③ Joule-Thomson 교축 과정　　④ 등온 팽창 과정

Solution　Joule-Thomson 교축과정은 등엔탈피 과정이다.

22 227℃의 증기가 500kJ/kg의 열을 받으면서 가역 등온 팽창한다. 이때 증기의 엔트로피 변화는 약 몇 kJ/(kg·K)인가?

① 1.0　　② 1.5　　③ 2.5　　④ 2.8

Solution　$\triangle S = \dfrac{Q}{T} = \dfrac{500}{227+273} = 1\,\text{kJ/kgK}$

23 최고온도 1300K와 최저온도 300K 사이에서 작동하는 공기표준 Brayton 사이클의 열효율은 약 얼마인가? (단, 압력비는 9, 공기의 비열비는 1.4이다.)

① 30%　　② 36%　　③ 42%　　④ 47%

Solution　$\eta_B = \left\{1 - \left(\dfrac{1}{9}\right)^{\frac{0.4}{1.4}}\right\} \times 100 = 46.62\%$

24 포화증기를 단열상태에서 압축시킬 때 일어나는 일반적인 현상 중 옳은 것은?

① 과열증기가 된다.　　② 온도가 떨어진다.
③ 포화수가 된다.　　④ 습증기가 된다.

Solution　압력이 상승하므로 과열증기로 변화한다.

Answer ■ 20. ④　21. ①　22. ①　23. ④　24. ①

25 물의 증발열은 101.325kPa에서 2257kJ/kg이고, 이때 비체적은 0.00104m³/kg에서 1.67m³/kg으로 변화한다. 이 증발과정에 있어서 내부에너지의 변화량(kJ/kg)은?

① 237.5
② 2375
③ 208.8
④ 2088

> **Solution** $\triangle U = {_1Q_2} - \triangle p \cdot V = 2257 - 101.325 \times (1.67 - 0.00104) = 2087.89 \text{kJ/kg}$

26 가스 터빈 엔진의 열효율에 대한 다음 설명 중 잘못된 것은?

① 압축기 전후의 압력비가 증가할수록 열효율이 증가한다.
② 터빈 입구의 온도가 높을수록 열효율은 증가하나 고온에 견딜 수 있는 터빈 블레이드 개발이 요구된다.
③ 터빈 일에 대한 압축기 일의 비를 back work ratio라고 하며, 이 비가 클수록 열효율이 높아진다.
④ 가스 터빈 엔진은 증기 터빈 원동소와 결합된 복합시스템을 구성하여 열효율을 높일 수 있다.

> **Solution** 터빈일에 대한 압축일이 커지면 실제일이 감소하므로 열효율은 줄어든다.

27 1MPa의 일정한 압력(이 때의 포화온도는 180℃) 하에서 물이 포화액에서 포화증기로 상변화를 하는 경우 포화액의 비체적과 엔탈피는 각각 0.00113m³/kg, 763kJ/kg이고, 포화증기의 비체적과 엔탈피는 각각 0.1944m³/kg, 2778kJ/kg이다. 이 때 증발에 따른 내부에너지 변화(u_{fg})와 엔트로피 변화(s_{fg})는 약 얼마인가?

① u_{fg} = 1822kJ/kg, s_{fg} = 3.704kJ/(kg·K)
② u_{fg} = 2002kJ/kg, s_{fg} = 3.704kJ/(kg·K)
③ u_{fg} = 1822kJ/kg, s_{fg} = 4.447kJ/(kg·K)
④ u_{fg} = 2002kJ/kg, s_{fg} = 4.447kJ/(kg·K)

> **Solution** $\triangle u = \triangle h - P(v'' - v') = (2778 - 763) - 1 \times 10^3 \times (0.1944 - 0.00113) = 1821.73 \text{kJ/kg}$
> $\triangle S = \dfrac{\triangle h}{T} = \dfrac{2778 - 763}{180 + 273} = 4.45 \text{kJ/kg} \cdot \text{K}$

28 온도 5℃와 35℃ 사이에서 역카르노 사이클로 운전하는 냉동기의 최대 성적 계수는 약 얼마인가?

① 12.3
② 5.3
③ 7.3
④ 9.3

> **Solution** $\epsilon_r = \dfrac{5 + 273}{35 - 5} = 9.27$

25. ④ 26. ③ 27. ③ 28. ④ ■ Answer

29 압력 1N/cm², 체적 0.5m³인 기체 1kg을 가역과정으로 압축하여 압력이 2N/cm², 체적이 0.3m³로 변화되었다. 이 과정이 압력-체적($P-V$)선도에서 선형적으로 변화되었다면 이 때 외부로부터 받은 일은 약 몇 N·m인가?

① 2000　　　　　　② 3000
③ 4000　　　　　　④ 5000

Solution $W = \dfrac{1}{2} \times (2-1) \times 10^4 \times (0.5-0.3) + 1 \times 10^4 \times (0.5-0.3) = 3000 \text{N} \cdot \text{m}$

30 밀폐된 실린더 내의 기체를 피스톤으로 압축하는 동안 300kJ의 열이 방출되었다. 압축일의 양이 400kJ이라면 내부에너지 변화량은 약 몇 kJ인가?

① 100　　　　　　② 300
③ 400　　　　　　④ 700

Solution $\Delta U = {}_1Q_2 - W = -300 + 400 = 100 \text{kJ}$

31 두께가 4cm인 무한히 넓은 금속 평판에서 가열면의 온도를 200℃, 냉각면의 온도를 50℃로 유지하였을 때 금속판을 통한 정상상태의 열유속이 300kW/m²이면 금속판의 열전도율(thermal conductivity)은 약 몇 W/(m·K)인가? (단, 금속판에서의 열전달은 Fourier 법칙을 따른다고 가정한다.)

① 20　　　　　　② 40
③ 60　　　　　　④ 80

Solution $\dot{Q} = -K \cdot A \cdot \dfrac{\Delta T}{\Delta t}$
$300 = -K \times \dfrac{(50-200)}{0.04}$, $K = 80 \text{W/m} \cdot \text{K}$

32 고열원과 저열원 사이에서 작동하는 카르노사이클 열기관이 있다. 이 열기관에서 60kJ의 일을 얻기 위하여 100kJ의 열을 공급하고 있다. 저열원의 온도가 15℃라고 하면 고열원의 온도는?

① 128℃　　　　　　② 288℃
③ 447℃　　　　　　④ 720℃

Solution $\dfrac{60}{100} = 1 - \dfrac{(15+273)}{T_H}$, $T_H = 720\text{K} = 447℃$

Answer ■ 29. ②　30. ①　31. ④　32. ③

33 20℃, 400kPa의 공기가 들어 있는 1m³의 용기와 30℃, 150kPa의 공기 5kg이 들어 있는 용기가 밸브로 연결되어 있다. 밸브가 열려서 전체 공기가 섞인 후 25℃의 주위와 열적평형을 이룰 때 공기의 압력은 약 몇 kPa인가? (단, 공기의 기체상수는 0.287kJ/(kg·K)이다.)

① 110　　　　　　　　　② 214
③ 319　　　　　　　　　④ 417

Solution
$$m_1 = \frac{P_1 \cdot V_1}{R \cdot T_1} = \frac{400 \times 10^3 \times 1}{287 \times (20+273)} = 4.76\text{kg}$$
$$V_2 = \frac{m_2 \cdot R \cdot T_2}{P_2} = \frac{5 \times 0.287 \times (30+273)}{150} = 2.9\text{m}^3$$
$$P_m = \frac{(m_1+m_2) \cdot R \cdot T_m}{V_m} = \frac{(4.76+5) \times 0.287 \times (25+273)}{(1+2.9)} = 214.03\text{kPa}$$

34 다음 장치들에 개한 열역학적 관점의 설명으로 옳은 것은?
① 노즐은 유체를 서서히 낮은 압력으로 팽창하여 속도를 감속시키는 기구이다.
② 디퓨저는 저속의 유체를 가속하는 기구이며 그 결과 유체의 압력이 증가한다.
③ 터빈은 작동유체의 압력을 이용하여 열을 생성하는 회전식 기계이다.
④ 압축기의 목적은 외부에서 유입된 동력을 이용하여 유체의 압력을 높이는 것이다.

Solution
① 노즐 : 운동에너지 증가
② 디퓨저 : 유속을 줄여 압을 상승시키는 기구
③ 터빈 : 유체에너지 기계적 일로 변환시키는 기계

35 상온(25℃)의 실내에 있는 수은 기압계에서 수은주의 높이가 730mm라면, 이때 기압은 약 몇 kPa인가? (단, 25℃ 기준, 수은 밀도는 13534kg/m³이다.)

① 91.4　　　　　　　　　② 96.9
③ 99.8　　　　　　　　　④ 104.2

Solution
① $P = \frac{730}{760} \times 101.325 = 97.33\text{kPa}$
② $P = \rho g h = 13{,}534 \times 9.8 \times 0.73 \times 10^{-3} = 96.8\text{kPa}$

36 자동차 엔진을 수리한 후 실린더 블록과 헤드 사이에 수리 전과 비교하여 더 두꺼운 개스킷을 넣었다면 압축비와 열효율은 어떻게 되겠는가?
① 압축비는 감소하고, 열효율도 감소한다.
② 압축비는 감소하고, 열효율은 증가한다.
③ 압축비는 증가하고, 열효율은 감소한다.
④ 압축비는 증가하고, 열효율도 증가한다.

Solution
① 압축비와 열효율은 비례관계
② 두꺼운 개스킷 때문에 단열압축 후 행정체적의 감소로 압축비가 줄어든다.

33. ②　34. ④　35. ②　36. ①　■ Answer

37 100℃와 50℃ 사이에서 작동되는 가역열기관의 최대 열효율은 약 얼마인가?

① 55.0%   ② 16.7%
③ 13.4%   ④ 8.3%

Solution $\eta = \left\{1 - \left(\dfrac{50+273}{100+273}\right)\right\} \times 100 = 13.4\%$

38 냉매의 요구조건으로 옳은 것은?

① 비체적이 커야 한다.   ② 증발압력이 대기압보다 낮아야 한다.
③ 응고점이 높아야 한다.   ④ 증발열이 커야 한다.

Solution
① 비체적은 작을 것
② 응고점은 낮을 것
③ 대기압 이상의 포화증기압을 갖고 있을 것

39 섭씨온도 -40℃를 화씨온도(℉)를 환산하면 약 얼마인가?

① -16℉   ② -24℉
③ -32℉   ④ -40℉

Solution $t_c = \dfrac{5}{9}(t_F - 32)$
$-40 = \dfrac{5}{9} \times (t_F - 32),\ t_F = -40℉$

40 어떤 냉매를 사용하는 냉동기의 압력-엔탈피 선도($P-h$ 선도)가 다음과 같다. 여기서 각각의 엔탈피는 h_1 = 1638kJ/kg, h_2 = 1983kJ/kg, $h_3 = h_4$ = 559kJ/kg일 때 성적계수는 약 얼마인가? (단, h_1. h_2, h_3, h_4는 $P-h$ 선도에서 각각 1, 2, 3, 4에서의 엔탈피를 나타낸다.)

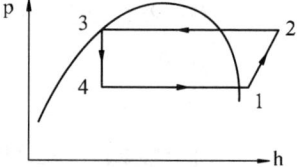

① 1.5
② 3.1
③ 5.2
④ 7.9

Solution $\epsilon_r = \dfrac{h_1 - h_4}{h_2 - h_1} = \dfrac{1638 - 559}{1983 - 1638} = 3.13$

Answer ■ 37. ③　38. ④　39. ④　40. ②

3과목 기계유체역학

41 그림과 같이 유량 $Q = 0.03 m^3/s$의 물 분류가 $V = 40 m/s$의 속도로 곡면판에 충돌하고 있다. 판은 고정되어 있고 휘어진 각도가 135°일 때 분류로부터 판이 받는 총 힘의 크기는 약 몇 N인가?

① 2049
② 2217
③ 2638
④ 2898

Solution
$F_x = 1000 \times 0.03 \times 40 \times (1 - \cos 135°) = 2048.53 N$
$F_y = 1000 \times 0.03 \times 40 \times \sin 135° = 848.53 N$
$F = \sqrt{F_x^2 + F_y^2} = 2217.31 N$

42 대기압을 측정하는 기압계에서 수은을 사용하는 가장 큰 이유는?

① 수은의 점성계수가 작기 때문에
② 수은의 동점성계수가 크기 때문에
③ 수은의 비중량이 작기 때문에
④ 수은의 비중이 크기 때문에

Solution 기압을 측정하기 위해 무거운 액체를 사용하기 때문

43 단면적이 $10 cm^2$인 관에, 매분 6kg의 질량유량으로 비중 0.8인 액체가 흐르고 있을 때 액체의 평균속도는 약 몇 m/s인가?

① 0.075　② 0.125　③ 6.66　④ 7.50

Solution $\dot{m} = \rho A V$, $\dfrac{6}{60} = 0.8 \times 1000 \times 10 \times 10^{-4}$
$V = 0.125 m/sec$

44 그림과 같이 지름이 D인 물방울을 지름 d인 N개의 작은 물방울로 나누려고 할 때 요구되는 에너지양은? (단, $D \gg d$이고, 물방울의 표면장력은 σ이다.)

① $4\pi D^2 (\dfrac{D}{d} - 1)\sigma$

② $2\pi D^2 (\dfrac{D}{d} - 1)\sigma$

③ $\pi D^2 (\dfrac{D}{d} - 1)\sigma$

④ $2\pi D^2 [(\dfrac{D}{d})^2 - 1]\sigma$

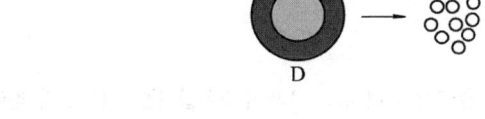

Solution $\dfrac{\pi \cdot D^2}{4} = \dfrac{\pi d^2}{4} \cdot N$, $N = \left(\dfrac{D}{d}\right)^2$
$\triangle U = F \cdot \triangle = \sigma \cdot \pi \cdot D(dN - D)$, △: 특성길이변화량
$= \sigma \cdot \pi D^2 \left(\dfrac{D}{d} - 1\right)$

41. ②　42. ④　43. ②　44. ③ ■ Answer

45 그림과 같은 원통형 축 틈새에 점성계수가 0.51Pa·s인 윤활유가 채워져 있을 때, 축을 1800rpm으로 회전시키기 위해서 필요한 동력은 약 몇 W인가? (단, 틈새에서의 유동은 Couette 유동이라고 간주한다.)

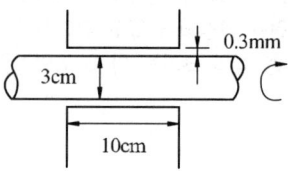

① 45.3 ② 128
③ 4807 ④ 13610

Solution $F = \mu \dfrac{U}{h} \cdot A$

$L = F \cdot U = \mu \cdot \dfrac{U^2}{h} A = 0.51 \times \dfrac{\left(\dfrac{\pi \times 3 \times 1800}{60 \times 100}\right)^2}{0.3 \times 10^{-3}} \times (\pi \times 0.03 \times 0.1)$
$= 128.09 \, \text{W}$

46 관마찰계수가 거의 상대조도(relative roughness)에만 의존하는 경우는?
① 완전난류유동 ② 완전층류유동
③ 임계유동 ④ 천이유동

47 안지름 20cm의 원통형 용기의 축을 수직으로 놓고 물을 넣어 축을 중심으로 300rpm의 회전수로 용기를 회전시키면 수면의 최고점과 최저점의 높이 차(H)는 약 몇 cm인가?

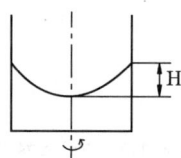

① 40.3cm ② 50.3cm ③ 60.3cm ④ 70.3cm

Solution $H = \dfrac{V^2}{2g} = \dfrac{0.1^2 \times \left(\dfrac{2\pi \times 300}{60}\right)^2}{2 \times 9.8} = 0.503 \, \text{m}$

48 물이 5m/s로 흐르는 관에서 에너지(E.L.)과 수력기울기선(H.G.L.)의 높이 차이는 약 몇 m인가?
① 1.27 ② 2.24
③ 3.82 ④ 6.45

Solution $\triangle H = \dfrac{V^2}{2g} = \dfrac{5^2}{2 \times 9.8} = 1.28 \, \text{m}$

Answer ■ 45. ② 46. ① 47. ② 48. ①

49 그림과 같이 물탱크에 Q의 유량으로 물이 공급되고 있다. 물탱크의 측면에 설치한 지름 10cm의 파이프를 통해 물이 배출될 때, 배출구로부터의 수위 h를 3m로 일정하게 유지하려면 유량 Q는 약 몇 m³/s이어야 하는가? (단, 물탱크의 지름은 3m이다.)

① 0.03
② 0.04
③ 0.05
④ 0.06

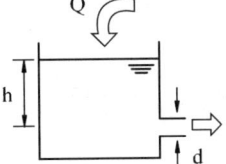

Solution $V = \sqrt{2gh}$

$Q = A \cdot V = \dfrac{\pi d^2}{4} \times \sqrt{2gh} = \dfrac{\pi \times 0.1^2}{4} \times \sqrt{2 \times 9.8 \times 3}$
$= 0.06 \, \text{m}^3/\text{sec}$

50 다음 중 유체 속도를 측정할 수 있는 장치로 볼 수 없는 것은?

① Pitot-static tube
② Laser Doppler Velocimetry
③ Hot Wire
④ Piezometer

51 레이놀즈수가 매우 작은 느린 유동(creeping flow)에서 물체의 항력 F는 속도 V, 크기 D, 그리고 유체의 점성계수 μ에 의존한다. 이와 관계하여 유도되는 무차원수는?

① $\dfrac{F}{\mu VD}$
② $\dfrac{VD}{F\mu}$
③ $\dfrac{FD}{\mu V}$
④ $\dfrac{F}{\mu DV^2}$

Solution $F = 3\pi\mu D \cdot V$, $3\pi = \dfrac{F}{\mu D \cdot V}$; 무차원 표현

52 정상, 비압축성 상태의 2차원 속도장이 (x, y) 좌표계에서 다음과 같이 주어졌을 때 유선의 방정식으로 옳은 것은? (단, u와 v는 각각 x, y방향의 속도성분이고, C는 상수이다.)

$$u = -2x, \; v = 2y$$

① $x^2 y = C$
② $xy^2 = C$
③ $xy = C$
④ $\dfrac{x}{y} = C$

Solution $\dfrac{dx}{u} = \dfrac{dy}{v}$, $-\dfrac{dx}{2x} = \dfrac{dy}{2y}$
$-\dfrac{1}{2}\ln x + \ln C' = \dfrac{1}{2}\ln y$
$\ln C' = \ln (x \cdot y)^{\frac{1}{2}}$, $C' = (x \cdot y)^{\frac{1}{2}}$
$x \cdot y = C$

49. ④ 50. ④ 51. ① 52. ③ ■ Answer

53 부차적 손실계수가 4.5인 밸브를 관마찰계수가 0.02이고, 지름이 5cm인 관으로 환산한다면 관의 상당길이는 약 몇 m인가?

① 9.34　　　　　　　　　　② 11.25
③ 15.37　　　　　　　　　　④ 19.11

Solution $\ell_e = \dfrac{K \cdot d}{f} = \dfrac{4.5 \times 0.05}{0.02} = 11.25\,\text{m}$

54 어떤 물체의 속도가 초기 속도의 2배가 되었을 때 항력계수가 초기 항력계수의 $\dfrac{1}{2}$로 줄었다. 초기에 물체가 받는 저항력이 D라고 할 때 변화된 저항력은 얼마가 되는가?

① $\dfrac{1}{2}D$　　　　　　　　② $\sqrt{2}\,D$
③ $2D$　　　　　　　　　　　④ $4D$

Solution $V' = 2V$, $C_D' = \dfrac{1}{2} C_D$

$D' = C_D' \cdot A \cdot \dfrac{\rho \cdot V'^2}{2} = \dfrac{1}{2} C_D \cdot A \cdot \dfrac{\rho}{2} \cdot 4V^2$

$\quad = 2 C_D \cdot A \cdot \dfrac{\rho \cdot V^2}{2} = 2 \cdot D$

55 자동차의 브레이크 시스템의 유압장치에 설치된 피스톤과 실린더 사이의 환형 틈새 사이를 통한 누설유동은 두 개의 무한 평판 사이의 비압축성, 뉴턴유체의 층류유동으로 가정할 수 있다. 실린더 내 피스톤의 고압측과 저압측과의 압력차를 2배로 늘렸을 때, 작동유체의 누설유량은 몇 배가 될 것인가?

① 2　　　　　　　　　　　　② 4
③ 8　　　　　　　　　　　　④ 16

Solution $Q \propto \Delta P$

56 속도성분이 $u = 2x$, $v = -2y$인 2차원 유동의 속도 포텐셜 함수 ϕ로 옳은 것은? (단, 속도 포텐셜 ϕ는 $\vec{V} = \nabla \phi$로 정의된다.)

① $2x - 2y$　　　　　　　　② $x^3 - y^3$
③ $-2xy$　　　　　　　　　④ $x^2 - y^2$

Solution $u = \dfrac{\partial \phi}{\partial x}$, $\phi = \int u\,dx = \int 2x\,dx = x^2 + C_1$

$v = \dfrac{\partial \phi}{\partial y}$, $\phi = \int v\,dy = -\int 2y\,dy = -y^2 + C_2$

$\therefore \phi = x^2 - y^2$

Answer ■ 53. ②　54. ③　55. ①　56. ④

57 평판 위에서 이상적인 층류 경계층 유동을 해석하고자 할 때 다음 중 옳은 설명을 모두 고른 것은?

> ㉮ 속도가 커질수록 경계층 두께는 커진다.
> ㉯ 경계층 밖의 외부유동은 비점성유동으로 취급할 수 있다.
> ㉰ 동일한 속도 및 밀도일 때 점성계수가 커질수록 경계층 두께는 커진다.

① ㉯ ② ㉮, ㉯
③ ㉮, ㉰ ④ ㉯, ㉰

Solution $\delta = 5.0x \cdot R_e^{-\frac{1}{2}} = 5.0x \cdot \left(\dfrac{V \cdot x}{\nu}\right)^{-\frac{1}{2}}$

58 다음 중 체적탄성계수와 차원이 같은 것은?
① 체적 ② 힘
③ 압력 ④ 레이놀즈(Reynolds) 수

Solution 압력의 차원 : $FL^{-2} = ML^{-1}T^{-2}$

59 실제 잠수함 크기의 1/25인 모형 잠수함을 해수에서 실험하고자 한다. 만일 실형 잠수함을 5m/s로 운전하고자 할 때 모형 잠수함의 속도는 몇 m/s로 실험해야 하는가?
① 0.2 ② 3.3
③ 50   ④ 125

Solution $5 \times 25 = V_m = 125$m/sec

60 액체 속에 잠겨진 경사면에 작용되는 힘의 크기는? (단, 면적을 A, 액체의 비중량을 γ, 면의 도심까지의 깊이를 h_c라 한다.)

① $\dfrac{1}{3}\gamma h_c A$
② $\dfrac{1}{2}\gamma h_c A$
③ $\gamma h_c A$
④ $2\gamma h_c A$

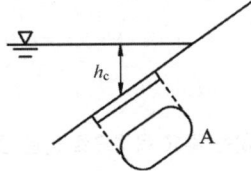

57. ④ 58. ③ 59. ④ 60. ③ ■ Answer

4과목 기계재료 및 유압기기

61 전기 전도율이 높은 것에서 낮은 순으로 나열된 것은?

① Al > Au > Cu > Ag
② Au > Cu > Ag > Al
③ Cu > Au > Al > Ag
④ Ag > Cu > Au > Al

Solution 전기전도율 순서
Ag – Cu – Au – Al – Mg – Zn – Ni – Fe – Pb – Sb

62 철강을 부식시키기 위한 부식재로 옳은 것은?

① 왕수
② 질산 용액
③ 나이탈 용액
④ 염화제2철 용액

Solution 나이탈 부식액
① 질산과 에틸알콜의 혼합물
② 강의 현미경 조직 검출용으로 사용

63 α-Fe과 Fe_3C의 층상조직은?

① 펄라이트
② 시멘타이트
③ 오스테나이트
④ 레데뷰라이트

Solution α-Fe의 페라이트와 Fe_3C의 시멘타이트의 혼합조직은 펄라이트이다.

64 구상 흑연주철의 구상화 첨가제로 주로 사용되는 것은?

① Mg, Ca
② Ni, Co
③ Cr, Pb
④ Mn, Mo

Solution 구상화 첨가제 : Mg, Ca, Ce 등

65 심냉처리를 하는 주요 목적으로 옳은 것은?

① 오스테나이트 조직을 유지시키기 위해
② 시멘타이트 변태를 촉진시키기 위해
③ 베이나이트 변태를 촉진시키기 위해
④ 마텐자이트 변태를 완전히 진행시키기 위해

Solution 심냉처리(Subzero treatment)
국부적인 오스테나이트를 마텐자이트화 하기 위해 드라이아이스를 이용하여 0℃ 이하로 열처리하는 작업

Answer ▪ 61. ④ 62. ③ 63. ① 64. ① 65. ④

66 베빗메탈이라고도 하는 베어링용 합금인 화이트 메탈의 주요성분으로 옳은 것은?

① Pb – W – Sn
② Fe – Sn – Al
③ Sn – Sb – Cu
④ Zn – Sn – Cr

Solution 베빗메탈 : Sn – Sb – Cu 주성분의 화이트메탈

67 게이지용강이 갖추어야 할 조건으로 틀린 것은?

① HRC55 이상의 경도를 가져야 한다.
② 담금질에 의한 변형 및 균열이 적어야 한다.
③ 오랜 시간 경과하여도 치수의 변화가 적어야 한다.
④ 열팽창계수는 구리와 유사하며 취성이 적어야 한다.

Solution 게이지강 : 0.85~1.2%C, 0.9~1.45%Mn, 0.5~3.6%Cr, 0.5~3.0%W, Ni 등을 합성한 특수강

68 마템퍼링(martempering)에 대한 설명으로 옳은 것은?

① 조직은 완전한 펄라이트가 된다.
② 조직은 베이나이트와 마텐자이트가 된다.
③ M_s점 직상의 온도까지 급냉한 후 그 온도에서 변태를 완료시키는 것이다.
④ M_f점 이하의 온도까지 급냉한 후 그 온도에서 변태를 완료시키는 것이다.

Solution 오스테나이트 상태에서 M_s와 M_f 간의 염욕 중에 항온변태 후 공랭처리한 열처리로 베이나이트와 마텐자이트의 혼합조직이다.

69 Ni-Fe 합금으로 불변강이라 불리우는 것이 아닌 것은?

① 인바
② 엘린바
③ 콘스탄탄
④ 플래티나이트

Solution 콘스탄탄은 니켈-구리의 실용합금이다. 열전대선으로 사용된다.

70 열경화성 수지에 해당하는 것은?

① ABS 수지
② 폴리스티렌
③ 폴리에틸렌
④ 에폭시 수지

66. ③　67. ④　68. ②　69. ③　70. ④　■ Answer

71 그림과 같은 실린더를 사용하여 $F=3\text{kN}$의 힘을 발생시키는데 최소한 몇 MPa의 유압이 필요한가? (단, 실린더의 내경은 45mm이다.)

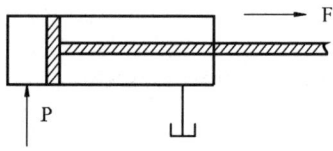

① 1.89 ② 2.14 ③ 3.88 ④ 4.14

Solution $P = \dfrac{F}{A} = \dfrac{4 \times 3 \times 10^3}{\pi \times 45^2} = 1.89\,\text{MPa}$

72 축압기 특성에 대한 설명으로 옳지 않은 것은?

① 중추형 축압기 안에 유압유 압력은 항상 일정하다.
② 스프링 내장형 축압기인 경우 일반적으로 소형이며 가격이 저렴하다.
③ 피스톤형 가스 충진 축압기의 경우 사용 온도범위가 블래더형에 비하여 넓다.
④ 다이어프램 충진 축압기의 경우 일반적으로 대형이다.

Solution 대형 축기압용으로는 공기압식이 사용된다.

73 그림과 같은 유압 기호의 명칭은?

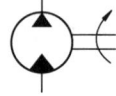

① 공기압 모터
② 요동형 엑추에이터
③ 정용량형 펌프·모터
④ 가변용량형 펌프·모터

Solution 그림의 유압기호는 유압펌프와 유압모터 겸용이다.
① 삼각형 내부가 채워져있으므로 유압용이다.
② 좌측하단에서 우측상단으로 화살표가 없으므로 정용량형이다.
③ 유압펌프는 3각형 꼭지점이 밖을 향하고 모터는 3각형 꼭지점이 내부를 향한다.

74 유압밸브의 전환 도중에 과도하게 생기는 밸브포트 간의 흐름을 무엇이라고 하는가?

① 랩 ② 풀 컷 오프 ③ 서지 압 ④ 인터플로

75 유압 펌프의 토출 압력이 6MPa, 토출 유량이 40cm³/min일 때 소요 동력은 몇 W인가?

① 240 ② 4
③ 0.24 ④ 0.4

Solution $L_s = L_p = P \cdot Q = 6 \times \dfrac{40}{60} = 4\,\text{W}$

Answer ■ 71. ① 72. ④ 73. ③ 74. ④ 75. ②

76 압력 제어 밸브에서 어느 최소 유량에서 어느 최대 유량까지의 사이에 증대하는 압력은?
① 오버라이드 압력　　② 전량 압력
③ 정격 압력　　　　　④ 서지 압력

> Solution 서지압력 : 밸브 폐쇄등에 의해 갑자기 과도적으로 상승하는 압력

77 밸브 입구측 압력이 밸브 내 스프링 힘을 초과하여 포켓의 이동이 시작되는 압력을 의미하는 용어는?
① 배압　　　　　　　② 컷오프
③ 크래킹　　　　　　④ 인터플로

> Solution 릴리프밸브 등에서 밸브가 열릴 때 작용하는 압력을 크래킹 압력이라 한다.

78 액추에이터의 배출 쪽 관로내의 공기의 흐름을 제어함으로써 속도를 제어하는 회로는?
① 클램프 회로　　　　② 미터 인 회로
③ 미터 아웃 회로　　　④ 블리드 오프 회로

79 다음 중 압력 제어 밸브들로만 구성되어 있는 것은?
① 릴리프 밸브, 무부하 밸브, 스로틀 밸브
② 무부하 밸브, 체크 밸브, 감압 밸브
③ 셔틀 밸브, 릴리프 밸브, 시퀀스 밸브
④ 카운터 밸런스 밸브, 시퀀스 밸브, 릴리프 밸브

> Solution 압력제어밸브의 종류 : 릴리프밸브, 감압밸브, 시퀀스밸브, 무부하밸브, 카운터밸런스밸브 등

80 유압기기의 통로(또는 관로)에서 탱크(또는 매니폴드 등)로 돌아오는 액체 또는 액체가 돌아오는 현상을 나타내는 용어는?
① 누설　　　　　　　② 드레인
③ 컷오프　　　　　　④ 토출량

76. ①　77. ③　78. ③　79. ④　80. ②　■ Answer

5과목 기계제작법 및 기계동력학

81 수평 직선 도로에서 일정한 속도로 주행하던 승용차의 운전자가 앞에 놓인 장애물을 보고 급제동을 하여 정지하였다. 바퀴자국으로 파악한 제동거리가 25m이고, 승용차 바퀴와 도로의 운동마찰계수는 0.35일 때 제동하기 직전의 속력은 약 몇 m/s인가?

① 11.4　　② 13.1
③ 15.9　　④ 18.6

Solution $U_{1\to 2} = U_f = \Delta T$
$-\mu mg \Delta S = \dfrac{1}{2}m(V_2^2 - V_1^2)$
$-0.35 \times m \times 9.8 \times 25 = \dfrac{1}{2} \times m \times (-V_1^2)$
$V_1 = 13.1\,\text{m/sec}$

82 그림과 같이 경사진 표면에 50kg의 블록이 놓여있고 이 블록은 질량이 m인 추와 연결되어 있다. 경사진 표면과 블록사이의 마찰계수를 0.5라 할 때 이 블록을 경사면으로 끌어올리기 위한 추의 최소 질량(m)은 약 몇 kg인가?

① 36.5
② 41.8
③ 46.7
④ 54.2

Solution $\Sigma F_t = 0$
$m_1 g \cdot \sin 30° + \mu m_1 g \cdot \cos 30° = mg$
$50 \times (\sin 30° + 0.5 \times \cos 30°) = m$
$m = 46.65\,\text{kg}$

83 두 조화운동 $x_1 = 4\sin 10t$와 $x_2 = 4\sin 10.2t$를 합성하면 맥놀이(beat)현상이 발생하는데 이 때 맥놀이 진동수(Hz)는? (단, t의 단위는 s이다.)

① 31.4　　② 62.8
③ 0.0159　　④ 0.0318

Solution $f_b = f_2 - f_1 = \dfrac{w_2 - w_1}{2\pi} = \dfrac{(10.2 - 10)}{2\pi} = 0.0318\,\text{Hz}$

Answer ■ 81. ②　82. ③　83. ④

84 외력이 가해지지 않고 오직 초기조건에 의하여 운동한다고 할 때 그림의 계가 지속적으로 진동하면서 감쇠하는 부족감쇠운동(underdamped motion)을 나타내는 조건으로 가장 옳은 것은?

① $0 < \dfrac{c}{\sqrt{km}} < 1$

② $\dfrac{c}{\sqrt{km}} > 1$

③ $0 < \dfrac{c}{\sqrt{km}} < 2$

④ $\dfrac{c}{\sqrt{km}} > 2$

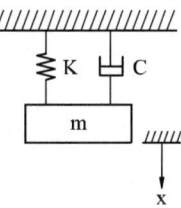

Solution 부족감쇠 $\psi = \dfrac{C}{C_c} < 1$

$C_c = \dfrac{2k}{w_n} = 2\sqrt{m \cdot k}$

$\psi = \dfrac{C}{2\sqrt{k \cdot m}} < 1$

보기에서 적당한 조건은 ③번이다.

85 보 AB는 질량을 무시할 수 있는 강체이고 A점은 마찰 없는 힌지(hinge)로 지지되어 있다. 보의 중점 C와 끝점 B에 각각 질량 m_1과 m_2가 놓여 있을 때 이 진동계의 운동방정식을 $m\ddot{x} + kx = 0$이라고 하면 m의 값으로 옳은 것은?

① $m = \dfrac{m_1}{4} + m_2$

② $m = m_1 + \dfrac{m_2}{2}$

③ $m = m_1 + m_2$

④ $m = \dfrac{m_1 - m_2}{2}$

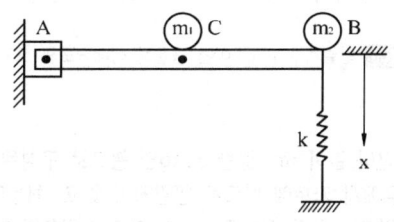

Solution $x = \ell \cdot \theta$, $\ddot{\theta} = \dfrac{1}{\ell}\ddot{x}$

$J = \displaystyle\int r^2 dm = \ell^2 \cdot (\dfrac{m_1}{4} + m_2)$

$\sum M_A = J \cdot \ddot{\theta}$

$-k \cdot \ell \cdot x = \ell^2 \cdot (\dfrac{m_1}{4} + m_2) \cdot \ddot{\theta} = \ell(\dfrac{m_1}{4} + m_2) \cdot \ddot{x}$

$(\dfrac{m_1}{4} + m_2)\ddot{x} + k \cdot x = 0$

$m = \dfrac{m_1}{4} + m_2$

84. ③ 85. ① ■ Answer

86 그림은 2톤의 질량을 가진 자동차가 18km/h의 속력으로 벽에 충돌하는 상황을 위에서 본 것이며 범퍼를 병렬 스프링 2개로 가정하였다. 충돌과정에서 스프링의 최대 압축량이 0.2m라면 스프링 상수 k는 얼마인가? (단, 타이어와 노면의 마찰은 무시한다.)

① 625kN/m
② 312.5kN/m
③ 725kN/m
④ 1450kN/m

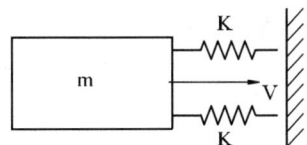

◎ Solution $\Delta T = -\Delta Ve$

$$\frac{1}{2}m(V_2^2 - V_1^2) = -\frac{1}{2}k_e \cdot (x_2^2 - x_1^2)$$

$$2000 \times \left(\frac{18 \times 10^3}{3600}\right)^2 = k_e \times 0.2^2 = 2k \times 0.2^2$$

$$k = 625 \times 10^3 \text{N/m}$$

87 그림과 같이 질량이 동일한 두 개의 구슬 A, B가 있다. 초기에 A의 속도는 v이고 B는 정지되어 있다. 충돌 후 A와 B의 속도에 관한 설명으로 옳은 것은? (단, 두 구슬 사이의 반발계수는 1이다.)

① A와 B 모두 정지한다.
② A와 B 모두 v의 속도를 가진다.
③ A와 B 모두 $\frac{v}{2}$의 속도를 가진다.
④ A는 정지하고 B는 v의 속도를 가진다.

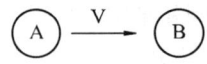

◎ Solution 반발계수 $e = 1$이면 충돌전 상대속도의 크기와 충돌 후 상대속도의 크기가 같다.

88 그림과 같이 길이 1m, 질량 20kg인 봉으로 구성된 기구가 있다. 봉은 A점에서 카트에 핀으로 연결되어 있고, 처음에는 움직이지 않고 있었으나 하중 P가 작용하여 카트가 왼쪽방향으로 4m/s²의 가속도가 발생하였다. 이 때 봉의 초기 각가속도는?

① 6.0rad/s², 시계방향
② 6.0rad/s², 반시계방향
③ 7.3rad/s², 시계방향
④ 7.3rad/s², 반시계방향

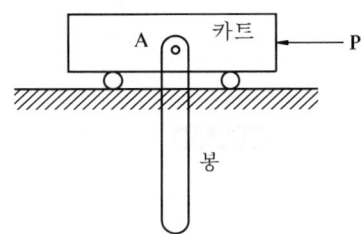

◎ Solution 카트의 질량은 무시하고 한지지점으로 모멘트 평형식을 세워 구한다. 미끄럼 마찰은 무시한다.

$$\Sigma F = ma = P$$

$$\Sigma M_A = J \cdot \alpha = P \times \frac{\ell}{2}$$

$$ma \times \frac{\ell}{2} = \frac{m\ell^2}{3} \times \alpha$$

$$\frac{3a}{2\ell} = \alpha = \frac{3 \times 4}{2 \times 1} = 6 \text{rad/sec}^2$$

반작용에 의하여 반시계로 회전

89 질량이 30kg인 모형 자동차가 반경 40m인 원형경로를 20m/s의 일정한 속력으로 돌고 있을 때 이 자동차가 법선방향으로 받는 힘은 약 몇 N인가?

① 100 ② 200
③ 300 ④ 600

Solution $F_m = m \cdot a_n = m \cdot \dfrac{V^2}{\rho} = 30 \times \dfrac{20^2}{40} = 300\,\text{N}$

90 OA와 AB의 길이가 각각 1m인 강체 막대 OAB가 $x-y$ 평면 내에서 O점을 중심으로 회전하고 있다. 그림의 위치에서 막대 OAB의 각속도는 반시계 방향으로 5rad/s이다. 이 때 A에서 측정한 B점의 상대속도 $\vec{v_{B/A}}$의 크기는?

① 4m/s
② 5m/s
③ 6m/s
④ 7m/s

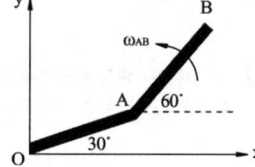

Solution $\overline{OB} = \sqrt{1^2 + 1^2 - 2 \times 1 \times 1 \times \cos 150°} = 1.93\,\text{m}$
$V_B = \overline{OB} \times \omega_{AB} = 1.93 \times 5 = 9.65\,\text{m/sec}$
$V_A = \overline{OA} \times \omega_{AB} = 1 \times 5 = 5\,\text{m/sec}$
$V_{B/A} = V_B - V_A = 9.65 - 5 = 4.65\,\text{m/sec}$

91 기계, 부품, 식기, 전기 저항선 등을 만드는 데 사용되는 양은의 성분으로 적절한 것은?

① Al의 합금 ② Ni Ag의 합금
③ Zn Sn의 합금 ④ Cu, Zn Ni의 합금

Solution 양은=니켈실버 ; 황동+Ni

92 버니어캘리퍼스에서 어미자 49mm를 50등분한 경우 최소 읽기 값은 몇 mm인가? (단, 어미자의 최소눈금은 1.0mm이다.)

① $\dfrac{1}{50}$ ② $\dfrac{1}{25}$
③ $\dfrac{1}{24.5}$ ④ $\dfrac{1}{20}$

Solution $C = \dfrac{S}{N} = \dfrac{1}{50}\,\text{mm}$
S : 어미자의 최소눈금
N : 등분 수

89. ③ 90. ② 91. ④ 92. ① ■ Answer

93 Fe-C 평형상태도에서 탄소함유량이 약 0.80%인 강을 무엇이라고 하는가?

① 공석강   ② 공정주철
③ 아공정주철   ④ 과공정주철

> **Solution** 아공석강 : 0.03~0.8%C
> 공석강 : 0.8%C
> 과공석강 : 0.8~2.0%C

94 펀치와 다이를 프레스에 설치하여 판금 재료로부터 목적하는 형상의 제품을 뽑아내는 전단가공은?

① 스웨이징   ② 엠보싱
③ 브로칭   ④ 블랭킹

> **Solution** ① 스웨징과 엠보싱은 프레스 가공 중 압축가공의 종류
> ② 브로칭은 다각형 구멍과 키홈 작업이 가능한 전단가공의 종류

95 방전가공에서 전극 재료의 구비조건으로 가장 거리가 먼 것은?

① 기계가공이 쉬워야 한다.
② 가공 전극의 소모가 커야 한다.
③ 가공 정밀도가 높아야 한다.
④ 방전이 안전하고 가공속도가 빨라야 한다.

96 연삭 중 숫돌의 떨림 현상이 발생하는 원인으로 가장 거리가 먼 것은?

① 숫돌의 결합도가 약할 때   ② 숫돌축이 편심되어 있을 때
③ 숫돌의 평형상태가 불량할 때   ④ 연삭기 자체에서 진동이 있을 때

97 주조에 사용되는 주물사의 구비조건으로 옳지 않은 것은?

① 통기성이 좋을 것   ② 내화성이 적을 것
③ 주형 제작이 용이할 것   ④ 주물 표현에서 이탈이 용이할 것

> **Solution** 내화성이 커야 하고 주물을 빼낼 때 주물사가 잘 떨어져야 한다.

98 전기 저항 용접의 종류에 해당하지 않는 것은?

① 심 용접   ② 스폿 용접
③ 테르밋 용접   ④ 프로젝션 용접

> **Solution** 테르밋용접 : 알루미늄 분말과 산화철 분말의 혼합반응으로 발생하는 열로 접합하는 특수용접이다.

Answer ▪ 93. ①   94. ④   95. ②   96. ①   97. ②   98. ③

99 전기 도금의 반대현상으로 가공물을 양극, 전기저항이 적은 구리, 아연을 음극에 연결한 후 용액에 침지하고 통전하여 금속표면의 미소 돌기부분을 해하여 거울면과 같이 광택이 있는 면이 가공할 수 있는 특수가공은?

① 방전가공　　　　　　② 전주가공
③ 전해연마　　　　　　④ 슈퍼피니싱

100 Taylor의 공구 수명에 관한 실험식에서 세라믹 공구를 사용하여 지수(n) = 0.5, 상수(C) = 200, 공구 수명(T)을 30(min)으로 조건을 주었을 때, 적합한 절삭속도는 약 몇 m/min인가?

① 30.3　　　　　　② 32.6
③ 34.4　　　　　　④ 36.5

Solution　$VT^n = C$
　　　　　$V \times 30^{0.5} = 200$
　　　　　$V = 36.5 \, \text{m/min}$

99. ③　100. ④ ■ Answer

2018 기출문제 — 3월 4일 시행

1과목 재료역학

1 최대 사용강도($\sigma_{\max}$) = 240MPa, 내경 1.5m, 두께 3mm의 강재 원통형 용기가 견딜 수 있는 최대 압력은 몇 kPa인가? (단, 안전계수는 2이다.)

① 240 ② 480
③ 960 ④ 1920

Solution
$$t = \frac{P \cdot d \cdot S}{2 \cdot \sigma_{\max}}$$
$$3 = \frac{P \times 1.5 \times 2}{2 \times 240}, \; P = 480 \text{kPa}$$

2 그림과 같은 직사각형 단면의 목재 외팔보에 집중하중 P가 C점에 작용하고 있다. 목재의 허용압축응력을 8MPa, 끝단 B점에서의 허용 처짐량을 23.9mm라고 할 때 허용압축응력과 허용 처짐량을 모두 고려하여 이 목재에 가할 수 있는 집중하중 P의 최대값은 약 몇 kN인가? (단, 목재의 탄성계수는 12GPa, 단면2차모멘트 $1022 \times 10^{-6} \text{m}^4$, 단면계수는 $4.601 \times 10^{-3} \text{m}^3$이다.)

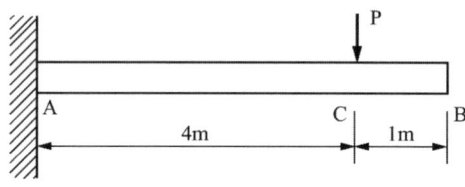

① 7.8 ② 8.5 ③ 9.2 ④ 10.0

Solution $M_A = 4P$
① 면적모멘트법
$$\delta_B = \frac{M_A \times 4}{2E \cdot I} \times (1 + 4 \times \frac{2}{3})$$
$$23.9 \times 10^{-3} = \frac{4 \times P \times 4 \times (1 + \frac{8}{3})}{2 \times 12 \times 10^9 \times 1022 \times 10^{-6}}$$
$$P = 9.992 \text{kN}$$
② $\sigma_{ca} = \frac{M_A}{Z}$
$$8 \times 10^6 = \frac{4 \times P}{4.601 \times 10^{-3}}$$
$$P = 9.202 \text{kN}$$
∴ 작은값 선택

Answer ■ 1. ② 2. ③

3 길이가 $\ell+2a$인 균일 단면 봉의 양단에 인장력 P가 작용하고, 양 단에서의 거리가 a인 단면에 Q의 축 하중이 가하여 인장될 때 봉에 일어나는 변형량은 약 몇 cm인가? (단, ℓ = 60cm, a = 30cm, P = 10kN, Q = 5kN, 단면적 A = 4cm², 탄성계수는 210GPa이다.)

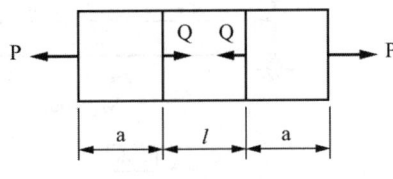

① 0.0107 ② 0.0207
③ 0.0307 ④ 0.0407

Solution $\delta = \dfrac{2P \cdot a + (P-Q) \cdot \ell}{AE} = \dfrac{2 \times 10 \times 10^3 \times 0.3 + (10-5) \times 10^3 \times 0.6}{4 \times 10^{-4} \times 210 \times 10^9} \times 100 = 0.0107$cm

4 양단이 힌지로 지지되어 있고 길이가 1m인 기둥이 있다. 단면이 30mm×30mm인 정사각형이라면 임계하중은 약 몇 kN인가? (단, 탄성계수는 210GPa이고, Euler의 공식을 적용한다.)

① 133 ② 137
③ 140 ④ 146

Solution $P_{cr} = \dfrac{n\pi^2 E \cdot I}{\ell^2} = \dfrac{1 \times \pi^2 \times 210 \times 10^9 \times 0.03^4}{1^2 \times 12} \times 10^{-3} = 139.90$kN

5 직사각형 단면(폭×높이 = 12cm×5cm)이고, 길이 1m인 외팔보가 있다. 이 보의 허용굽힘응력이 500MPa이라면 높이와 폭의 치수를 서로 바꾸면 받을 수 있는 하중의 크기는 어떻게 변화하는가?

① 1.2배 증가 ② 2.4배 증가
③ 1.2배 증가 ④ 변화없다.

Solution 자유단 집중하중으로 보고 적용
$\sigma_a = \dfrac{6 \cdot P \cdot \ell}{bh^2} = \dfrac{6P' \cdot \ell}{b^2 h}$
$P' = \dfrac{b}{h}P = \dfrac{12}{5}P = 2.4P$

3. ① 4. ③ 5. ② ■ Answer

6 아래 그림과 같은 보에 대한 굽힘 모멘트 선도로 옳은 것은?

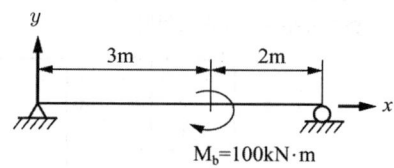

① M_b 0

② M_b 0

③ M_b 0

④ M_b 0

Solution

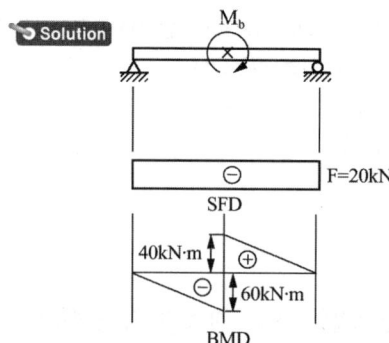

7 코일스프링의 권수를 n, 코일의 지름 D, 소선의 지름 d인 코일스프링의 전체처짐 δ는? (단, 이 코일에 작용하는 힘은 P, 가로탄성계수는 G이다.)

① $\dfrac{8nPD^3}{Gd^4}$

② $\dfrac{8nPD^2}{Gd}$

③ $\dfrac{8nPD^2}{Gd^2}$

④ $\dfrac{8nPD}{Gd^2}$

Solution 원통코일스프링의 변형량 공식

$$\delta = \frac{64nPR^3}{Gd^4} = \frac{8nPD^3}{Gd^4}$$

Answer ■ 6. ③ 7. ①

8 그림과 같은 정삼각형 트러스의 B점에 수직으로, C점에 수평으로 하중이 작용하고 있을 때, 부재 AB에 작용하는 하중은?

① $\dfrac{100}{\sqrt{3}} N$
② $\dfrac{100}{3} N$
③ $100\sqrt{3} N$
④ $50 N$

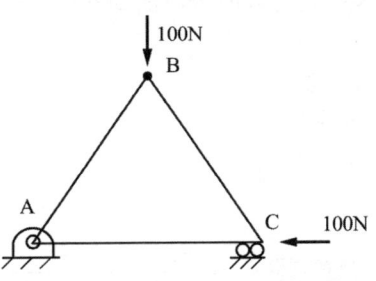

Solution

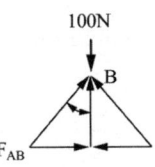

$50 = F_{AB} \cdot \cos 30°$
$F_{AB} = \dfrac{50 \times 2}{\sqrt{3}} = \dfrac{100}{\sqrt{3}} N$

9 σ_x=700MPa, σ_y=−300MPa이 작용하는 평면응력 상태에서 최대 수직응력(σ_{max})과 최대 전단응력(τ_{max})은 각각 몇 MPa인가?

① σ_{max}=700, τ_{max}=300
② σ_{max}=600, τ_{max}=400
③ σ_{max}=500, τ_{max}=700
④ σ_{max}=700, τ_{max}=500

Solution $\sigma_{max} = \sigma_x$ = 700MPa
$\tau_{max} = \dfrac{\sigma_x - \sigma_y}{2} = \dfrac{700 - (-300)}{2} = 500$MPa

10 그림과 같이 초기온도 20℃, 초기길이 19.95cm, 지름 5cm인 봉을 간격이 20cm인 두 벽면 사이에 넣고 봉의 온도를 220℃로 가열했을 때 봉에 발생되는 응력은 몇 MPa인가? (단, 탄성계수는 E = 210GPa이고, 균일 단면을 갖는 봉의 선팽창계수 α = 1.2×10⁻⁵/℃이다.)

① 0
② 25.2
③ 257
④ 504

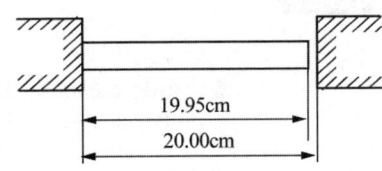

Solution $\epsilon = \alpha \cdot \Delta t = \dfrac{\delta}{\ell}$
$\delta = 1.2 \times 10^{-5} \times (220 - 20) \times 19.95 = 0.04788$cm < 0.05cm
• 열응력은 발생하지 않음

8. ① 9. ④ 10. ① ■ Answer

11 그림과 같은 T형 단면을 갖는 돌출보의 끝에 집중하중 P = 4.5kN이 작용한다. 단면 A-A에서의 최대 전단응력은 약 몇 kPa인가? (단, 보의 단면2차 모멘트는 5313cm⁴이고, 밑면에서 도심까지의 거리는 125mm이다.)

① 421
② 521
③ 662
④ 721

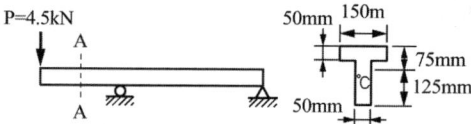

Solution $\tau_{max} = \dfrac{F \cdot Q}{b \cdot I} = \dfrac{4.5 \times 10^3 \times (0.05 \times 0.125 \times \dfrac{0.0125}{2})}{0.05 \times 5313 \times 10^{-8}} = 661.7 \times 10^3 \text{Pa} = 661.7 \text{kPa}$

12 다음 금속재료의 거동에 대한 일반적인 설명으로 틀린 것은?

① 재료에 가해지는 응력이 일정하더라도 오랜 시간이 경과하면 변형률이 증가할 수 있다.
② 재료의 거동이 탄성한도로 국한된다고 하더라도 반복하중이 작용하면 재료의 강도가 저하될 수 있다.
③ 응력-변형률 곡선에서 하중을 가할 때와 제거할 때의 경로가 다르게 되는 현상을 히스테리시스라 한다.
④ 일반적으로 크리프는 고온보다 저온상태에서 더 잘 발생한다.

Solution 크리프는 고온상태에서 일정한 응력이 가해질 때 시간적 변화에 따른 변형을 나타내는 성질이다.

13 다음 그림과 같이 집중하중 P를 받고 있는 고정 지지보가 있다. B점에서의 반력의 크기를 구하면 몇 kN인가?

① 54.2
② 62.4
③ 70.3
④ 79.0

Solution $\delta_B = 0$

① $\delta_{B'} = \dfrac{R_B \cdot a^3}{3EI}(\uparrow)$

② 외팔보 자유단 집중하중시 B점의 처짐 $\delta_{B''}$

$\delta_{B''} = \dfrac{P(b^3 - 3\ell^2 b + 2\ell^3)}{6EI}$

$\delta_{B'} = \delta_{B''}$

$R_B = \dfrac{P \cdot (b^3 - 3\ell^2 \cdot b + 2\ell^3)}{2 \cdot a^3} = \dfrac{53 \times (1.8^3 - 3 \times 7.3^2 \times 1.8 + 2 \times 7.3^3)}{2 \times 5.5^3} = 79.02 \text{kN}$

Answer ■ 11. ③ 12. ④ 13. ④

14 지름 80mm의 원형단면의 중립축에 대한 관성모멘트는 약 몇 mm⁴인가?

① 0.5×10^6
② 1×10^6
③ 2×10^6
④ 4×10^6

Solution $I_G = \dfrac{\pi d^4}{64} = \dfrac{\pi \times 80^4}{64} = 2.01 \times 10^6 \text{mm}^4$

15 길이가 L이며, 관성 모멘트가 I_p이고, 전단탄성계수가 G인 부재에 토크 T가 작용될 때 이 부재에 저장된 변형 에너지는?

① $\dfrac{TL}{GI_p}$
② $\dfrac{T^2L}{2GI_p}$
③ $\dfrac{T^2L}{GI_p}$
④ $\dfrac{TL}{2GI_p}$

Solution $U = \dfrac{1}{2}T \cdot \theta = \dfrac{1}{2}T \cdot \dfrac{T \cdot \ell}{G \cdot I_P} = \dfrac{T^2 \cdot \ell}{2GI_P}$

16 지름 50mm의 알루미늄 봉에 100kN의 인장하중이 작용할 때 300mm의 표점거리에서 0.219mm의 신장이 측정되고, 지름은 0.01215mm만큼 감소되었다. 이 재료의 전단 탄성계수 G는 약 몇 GPa인가? (단, 알루미늄 재료는 탄성거동 범위 내에 있다.)

① 21.2
② 26.2
③ 31.2
④ 36.2

Solution
$\epsilon = \dfrac{\delta}{\ell} = \dfrac{0.219}{300} = 0.00073$

$\epsilon' = \dfrac{\delta'}{d} = \dfrac{0.01215}{50} = 0.000243$

$\mu = \dfrac{\epsilon'}{\epsilon} = 0.3329$

$G = \dfrac{P}{2(1+\mu) \cdot A \cdot \epsilon} = \dfrac{4 \times 100 \times 10^3 \times 10^{-3}}{2 \times (1+0.3329) \times \pi \times 50^2 \times 0.00073} = 26.17 \text{GPa}$

17 비틀림 모멘트 T를 받고 있는 직경이 d인 원형축의 최대전단응력은?

① $\tau = \dfrac{8T}{\pi d^3}$
② $\tau = \dfrac{16T}{\pi d^3}$
③ $\tau = \dfrac{32T}{\pi d^3}$
④ $\tau = \dfrac{64T}{\pi d^3}$

Solution $\tau_{\max} = \dfrac{T}{Z_P} = \dfrac{16T}{\pi d^3}$

14. ③   15. ②   16. ②   17. ②   ■ Answer

18 그림과 같은 외팔보가 있다. 보의 굽힘에 대한 허용응력을 80MPa로 하고, 자유단 B로부터 보의 중앙점 C사이에 등분포하중 ω를 작용시킬 때, ω의 허용 최대값은 몇 kN/m인가? (단, 외팔보의 폭×높이는 5cm×9cm이다.)

① 12.4
② 13.4
③ 14.4
④ 15.4

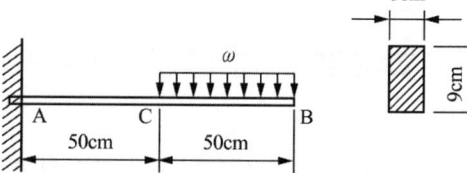

Solution $\sigma_a = \dfrac{M_{\max}}{Z} = \dfrac{6 \times (0.5 \cdot \omega \times 0.75) \times 10^{-6}}{0.05 \times 0.09^2} = 80$
$\omega = 14.4 \text{kN/m}$

19 다음 정사각형 단면(40mm×40mm)을 가진 외팔보가 있다. $a-a$면 에서의 수직응력(σ_n)과 전단응력(τ_s)은 각각 몇 kPa인가?

① σ_n=693, τ_s=400
② σ_n=400, τ_s=693
③ σ_n=375, τ_s=217
④ σ_n=217, τ_s=375

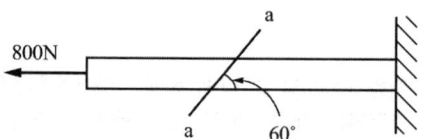

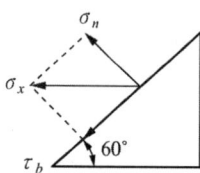

Solution

$\sigma_n = \sigma_x \cdot \sin 60°$
$\tau_s = \sigma_x \cdot \cos 60°$
$A_n = \dfrac{A}{\sin 60°}$

$\sigma_n = \sigma_x \cdot \sin^2 60° = \dfrac{800 \times 10^{-3}}{0.04 \times 0.04} \times (\sin 60°)^2 = 375 \text{kPa}$

$\tau_s = \sigma_x \cdot \cos 60° \cdot \sin 60° = \dfrac{800 \times 10^{-3}}{0.04 \times 0.04} \times \cos 60° \times \sin 60° = 216.51 \text{kPa}$

Answer ■ 18. ③   19. ③

20 다음 보의 자유단 A지점에서 발생하는 처짐은 얼마인가? (단, EI는 굽힘강성이다.)

① $\dfrac{5PL^3}{6EI}$

② $\dfrac{7PL^3}{12EI}$

③ $\dfrac{11PL^3}{24EI}$

④ $\dfrac{17PL^3}{48EI}$

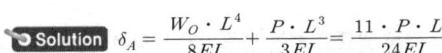

Solution $\delta_A = \dfrac{W_O \cdot L^4}{8EI} + \dfrac{P \cdot L^3}{3EI} = \dfrac{11 \cdot P \cdot L^3}{24EI}$

2과목 기계열역학

21 이상적인 오토 사이클에서 단열압축되기 전 공기가 101.3kPa, 21℃이며, 압축비 7로 운전할 때 이 사이클의 효율은 약 몇 % 인가? (단, 공기의 비열비는 1.4이다.)

① 62% ② 54% ③ 46% ④ 42%

Solution $\eta_o = 1 - (\dfrac{1}{\epsilon})^{k-1} = 1 - (\dfrac{1}{7})^{0.4} = 0.54$

22 다음 중 강성적(강도성, intensive) 상태량이 아닌 것은?

① 압력 ② 온도 ③ 엔탈피 ④ 비체적

Solution 엔탈피는 종량성 상태량

23 이상기체 공기가 안지름 0.1m인 관을 통하여 0.2m/s로 흐르고 있다. 공기의 온도는 20℃, 압력은 100kPa, 기체상수는 0.287kJ/(kg·K)라면 질량유량은 약 몇 kg/s인가?

① 0.0019 ② 0.0099
③ 0.0119 ④ 0.0199

Solution $\dot{m} = \rho AV = \dfrac{P}{RT} \cdot A \cdot V = \dfrac{100 \times 10^3}{287 \times (20+273)} \times \dfrac{\pi \times 0.1^2}{4} \times 0.2 = 0.00187 \text{kg/s}$

24 이상기체가 정압과정으로 dT만큼 온도가 변하였을 때 1kg당 변화된 열량 Q는? (단, C_v는 정적비열, C_p는 정압비열, k는 비열비를 나타낸다.)

① $Q = C_v dT$ ② $Q = k^2 C_v dT$
③ $Q = C_p dT$ ④ $Q = k C_p dT$

20. ③ 21. ② 22. ③ 23. ① 24. ③ ■ Answer

25 열역학적 변화와 관련하여 다음 설명 중 옳지 않은 것은?

① 단위 질량당 물질의 온도를 1℃ 올리는데 필요한 열량을 비열이라 한다.
② 정압과정으로 시스템에 전달된 열량은 엔트로피 변화량과 같다.
③ 내부 에너지는 시스템의 질량에 비례하므로 종량적(extensive) 상태량이다.
④ 어떤 고체가 액체로 변화할 때 융해(Melting)라고 하고, 어떤 고체가 기체로 바로 변화할 때 승화(Sublimation)라고 한다.

Solution 정압과정으로 시스템에 전달된 열량은 엔탈피 변화량과 같다.

26 저온실로부터 46.4kW의 열을 흡수할 때 10kW의 동력을 필요로 하는 냉동기가 있다면, 이 냉동기의 성능계수는?

① 4.64
② 5.65
③ 7.49
④ 8.82

Solution $\epsilon_r = \dfrac{Q_L}{W} = \dfrac{46.4}{10} = 4.64\text{kW}$

27 엔트로피(s) 변화 등과 같은 직접 측정할 수 없는 양들을 압력(P), 비체적(v), 온도(T)와 같은 측정 가능한 상태량으로 나타내는 Maxwell 관계식과 관련하여 다음 중 틀린 것은?

① $(\dfrac{\partial T}{\partial P})_s = (\dfrac{\partial v}{\partial s})_P$
② $(\dfrac{\partial T}{\partial v})_s = -(\dfrac{\partial P}{\partial s})_V$
③ $(\dfrac{\partial v}{\partial T})_P = -(\dfrac{\partial s}{\partial P})_T$
④ $(\dfrac{\partial P}{\partial v})_T = (\dfrac{\partial s}{\partial T})_v$

28 다음 4가지 경우에서 ( ) 안의 물질이 보유한 엔트로피가 증가한 경우는?

ⓐ 컵에 있는 (물)이 증발하였다.
ⓑ 목욕탕의 (수증기)가 차가운 타일벽에서 물로 응결되었다.
ⓒ 실린더 안의 (공기)가 가역 단열적으로 팽창되었다.
ⓓ 뜨거운 (커피)가 식어서 주위온도와 같게 되었다.

① ⓐ
② ⓑ
③ ⓒ
④ ⓓ

Answer ■ 25. ② 26. ① 27. ④ 28. ①

29 공기압축기에서 입구 공기의 온도와 압력은 각각 27℃, 100kPa이고, 체적유량은 0.01m³/s이다. 출구에서 압력이 400kPa이고, 이 압축기의 등엔트로피 효율이 0.8일 때, 압축기의 소요 동력은 약 몇 kW인가? (단, 공기의 정압비열과 기체상수는 각각 1kJ/(kg·K), 0.287kJ/(kg·K)이고, 비열비는 1.4이다.)

① 0.9 ② 1.7 ③ 2.1 ④ 3.8

Solution
$\rho_1 = \dfrac{P_1}{RT_1} = \dfrac{100}{0.287 \times (27+273)} = 1.16 \text{kg/m}^3$

$T_2 = T_1 \cdot \left(\dfrac{P_2}{P_1}\right)^{\frac{K-1}{K}} = (27+273) \times \left(\dfrac{400}{100}\right)^{\frac{0.4}{1.4}} = 445.8 \text{K}$

$W_C = \dfrac{K \cdot \dot{m} \cdot R \cdot (T_2 - T_1)}{K-1} = \dfrac{1.4 \times (1.16 \times 0.01) \times 0.287 \times (445.8 - 300)}{0.4} = 1.7 \text{kW}$

$W_C' = \dfrac{W_C}{\eta} = \dfrac{1.7}{0.8} = 2.12 \text{kW}$

30 초기 압력 100kPa, 초기 체적 0.1m³인 기체를 버너로 가열하여 기체 체적이 정압과정으로 0.5m³이 되었다면 이 과정 동안 시스템이 외부에 한 일은 약 몇 kJ인가?

① 10 ② 20 ③ 30 ④ 40

Solution W = 100 × (0.5 − 0.1) = 40kJ

31 증기터빈 발전소에서 터빈 입구의 증기 엔탈피는 출구의 엔탈피보다 136kJ/kg 높고, 터빈에서의 열손실은 10kJ/kg이다. 증기속도는 터빈 입구에서 10m/s이고, 출구에서 110m/s일 때 이 터빈에서 발생시킬 수 있는 일은 약 몇 kJ/kg인가?

① 10 ② 90 ③ 120 ④ 140

Solution
$_1q_2 = \Delta h + \dfrac{1}{2}(V_2^2 - V_1^2) + W_t$

$-10 = -136 + \dfrac{1}{2} \times (110^2 - 10^2) \times 10^{-3} + W_t$

$W_t = 120 \text{kJ/kg}$

32 그림과 같이 온도(T)-엔트로피(S)로 표시된 이상적인 랭킨사이클에서 각 상태의 엔탈피(h)가 다음과 같다면, 이 사이클의 효율은 약 몇 %인가? (단, h_1 = 30kJ/kg, h_2 = 31kJ/kg, h_3 = 274kJ/kg, h_4 = 668kJ/kg, h_5 = 764kJ/kg, h_6 = 478kJ/kg 이다.)

① 39
② 42
③ 53
④ 58

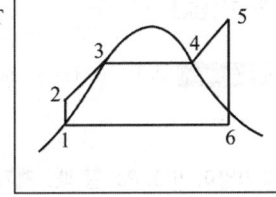

Solution
$\eta_R = \dfrac{(h_5 - h_6) - (h_2 - h_1)}{h_5 - h_2} = \dfrac{(764 - 478) - (31 - 30)}{764 - 31} \times 100 = 38.88\%$

29. ③ 30. ④ 31. ③ 32. ① ■ Answer

33 이상적인 복합 사이클(사바테 사이클)에서 압축비는 16, 최고압력비(압력상승비)는 2.3, 체절비는 1.6이고, 공기의 비열비는 1.4일 때 이 사이클의 효율은 약 몇 %인가?

① 55.52　　　　　　② 58.41
③ 61.54　　　　　　④ 64.88

Solution $\eta_s = 1 - (\frac{1}{\epsilon})^{k-1} \cdot \frac{\rho\sigma^k - 1}{(\rho - 1) + k \cdot \rho \cdot (\sigma - 1)} = 1 - (\frac{1}{16})^{0.4} \times \frac{2.3 \times 1.6^{1.4} - 1}{(2.3 - 1) + 1.4 \times 2.3 \times (1.6 - 1)}$
　　　　$= 0.6488$

34 단위질량의 이상기체가 정적과정 하에서 온도가 T_1에서 T_2로 변하였고, 압력도 P_1에서 P_2로 변하였다면, 엔트로피 변화량 $\triangle S$는? (단, C_v와 C_p는 각각 정적비열과 정압비열이다.)

① $\triangle S = C_v \ln \frac{P_1}{P_2}$　　　　② $\triangle S = C_p \ln \frac{P_2}{P_1}$

③ $\triangle S = C_v \ln \frac{T_2}{T_1}$　　　　④ $\triangle S = C_p \ln \frac{T_1}{T_2}$

35 온도가 각기 다른 액체 A(50℃), B(25℃), C(10℃)가 있다. A와 B를 동일질량으로 혼합하면 40℃로 되고, A와 C를 동일질량으로 혼합하면 30℃로 된다. B와 C를 동일 질량으로 혼합할 때는 몇 ℃로 되겠는가?

① 16.0℃　　　　　② 18.4℃
③ 20.0℃　　　　　④ 22.5℃

Solution
$C_A \cdot (50 - 40) = C_B \cdot (40 - 25)$
$C_A \cdot (50 - 30) = C_C \cdot (30 - 10)$
$C_B \cdot (25 - t_m) = C_C \cdot (t_m - 10)$
$C_A \cdot (\frac{50 - 40}{40 - 25}) \cdot (25 - t_m) = C_A \cdot \frac{50 - 30}{30 - 10} \cdot (t_m - 10)$
$0.67 \cdot (25 - t_m) = t_m - 10$
$t_m = 16.02℃$

36 어떤 기체가 5kJ의 열을 받고 0.18kN·m의 일을 외부로 하였다. 이 때의 내부에너지의 변화량은?

① 3.24kJ　　　　　② 4.82kJ
③ 5.18kJ　　　　　④ 6.14kJ

Solution △U=5-0.18=4.82kJ

37 대기압이 100kPa 일 때, 계기 압력이 5.23MPa 인 증기의 절대 압력은 약 몇 MPa인가?

① 3.02　　② 4.12　　③ 5.33　　④ 6.43

Solution $P_a = 100 \times 10^{-3} + 5.23 = 5.33$MPa

Answer ■ 33. ④　34. ③　35. ①　36. ②　37. ③

38 압력 2MPa, 온도 300℃의 수증기가 20m/s 속도로 증기터빈으로 들어간다. 터빈 출구에서 수증기 압력이 100kPa, 속도는 100m/s이다. 가역단열과정으로 가정 시, 터빈을 통과하는 수증기 1kg당 출력일은 약 몇 kJ/kg인가? (단, 수증기표로부터 2MPa, 300℃에서 비엔탈피는 3023.5kJ/kg, 비엔트로피는 6.7663kJ/(kg·K)이고, 출구에서의 비엔탈피 및 비엔트로피는 아래 표와 같다.)

출구	포화액	포화증기
비엔트로피[kJ/(kg·K)]	1.3025	7.3593
비엔탈피[kJ/kg]	417.44	2675.46

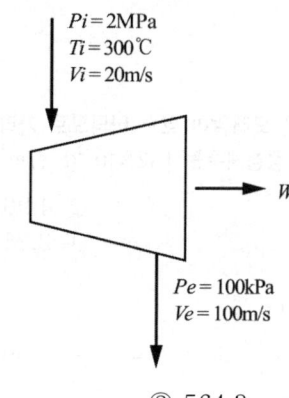

① 1534   ② 564.3
③ 153.4 ④ 764.5

Solution $S_x = S' + x(S'' - S')$
6.7663 = 1.3025 + x·(7.3593 − 1.3025)
x = 0.9021
- 출구비엔탈피
$h_2 = h' + x(h'' - h')$ = 417.44 + 0.9021 × (2675.46 − 417.44) = 2454.4kJ/kg
$W_t = -\Delta h - \frac{1}{2}(V_2^2 - V_1^2)$ = (3023.5 − 2454.4) − $\frac{1}{2}$ × (100² − 20²) × 10⁻³ = 564.3kJ/kg

39 520K의 고온 열원으로부터 18.4kJ 열량을 받고 273K의 저온 열원에 13kJ의 열량 방출하는 열기관에 대하여 옳은 설명은?

① Clausius 적분값은 −0.0122kJ/K이고, 가역과정이다.
② Clausius 적분값은 −0.0122kJ/K이고, 비가역과정이다.
③ Clausius 적분값은 +0.0122kJ/K이고, 가역과정이다.
④ Clausius 적분값은 +0.0122kJ/K이고, 비가역과정이다.

Solution $\Sigma \frac{Q}{T} = \frac{18.4}{520} + \frac{(-13)}{273} = -0.0122$kJ/K
$\Sigma \frac{Q}{T} = \oint \frac{\delta Q}{T} < 0$: 비가역 사이클

38. ② 39. ② ■ **Answer**

40 랭킨 사이클에서 25℃, 0.01MPa 압력의 물 1kg을 5MPa 압력의 보일러로 공급한다. 이 때 펌프가 가역단열 과정으로 작용한다고 가정할 경우 펌프가 한 일은 약 몇 kJ인가? (단, 물의 비체적은 0.001m³/kg이다.)

① 2.58
② 4.99
③ 20.10
④ 40.20

Solution $W_P = 0.001 \times (5 - 0.01) \times 10^3 = 4.99 \text{kJ}$

3과목 기계유체역학

41 지름 0.1mm, 비중 2.3인 작은 모래알이 호수 바닥으로 가라앉을 때, 잔잔한 물 속에서 가라앉는 속도는 약 몇 mm/s인가? (단, 물의 점성계수는 1.12×10^{-3} N·s/m²이다.)

① 6.32
② 4.96
③ 3.17
④ 2.24

Solution $3\pi\mu dV = (s\gamma_w - \gamma_w) \times \dfrac{\pi d^3}{6}$

$3\pi \times 1.12 \times 10^{-3} \times (0.1 \times 10^{-3}) \times V = (2.3 - 1) \times 9800 \times \dfrac{\pi \times (0.1 \times 10^{-3})^3}{6}$

$V = 6.32 \times 10^{-3} \text{m/sec}$

42 반지름 R인 파이프 내에 점도 μ인 유체가 완전발달 층류유동으로 흐르고 있다. 길이 L을 흐르는데 압력 손실이 $\triangle p$만큼 발생했을 때, 파이프 벽면에서의 평균전단응력은 얼마인가?

① $\mu\dfrac{R}{4}\dfrac{\triangle p}{L}$
② $\mu\dfrac{R}{2}\dfrac{\triangle p}{L}$
③ $\dfrac{R}{4}\dfrac{\triangle p}{L}$
④ $\dfrac{R}{2}\dfrac{\triangle p}{L}$

Solution $r = R$일 때
$\tau = -\dfrac{r}{2}\dfrac{dP}{d\ell}$ 공식을 이용
$\tau_{\max} = \dfrac{R}{2} \cdot \dfrac{\triangle P}{L}$

43 어느 물리법칙이 $F(a, V, \nu, L) = 0$과 같은 식으로 주어졌다. 이 식을 무차원수의 함수로 표시하고자 할 때 이에 관계되는 무차원수는 몇 개인가? (단, a, V, ν, L은 각각 가속도, 속도, 동점성계수, 길이이다.)

① 4
② 3
③ 2
④ 1

Solution $\pi = n - m = 4 - 2 = 2$

Answer ■ 40. ② 41. ① 42. ④ 43. ③

44 평균 반지름이 R인 얇은 막 형태의 작은 비누방울의 내부 압력을 P_i, 외부압력을 P_o라고 할 경우, 표면장력(σ)에 의한 압력차($|P_i-P_o|$)는?

① $\dfrac{\sigma}{4R}$ ② $\dfrac{\sigma}{R}$ ③ $\dfrac{4\sigma}{R}$ ④ $\dfrac{2\sigma}{R}$

Solution $\sigma = \dfrac{\Delta P \cdot d}{8}$ 공식이용
$\Delta P = \dfrac{8 \cdot \sigma}{2R} = \dfrac{4\sigma}{R}$

45 $\dfrac{1}{20}$로 축소한 모형 수력 발전 댐과, 역학적으로 상사한 실제 수력 발전 댐이 생성할 수 있는 동력의 비(모형 : 실제)는 약 얼마인가?

① 1 : 1800   ② 1 : 8000   ③ 1 : 35800   ④ 1 : 160000

Solution $V_P^2 = 20 V_m^2$
$\dfrac{L_m}{L_P} = \dfrac{\ell_m^2 \cdot V_m^3}{\ell_P^2 \cdot V_P^3} = \dfrac{1}{20^2 \times 20 \times \sqrt{20}} = \dfrac{1}{35777.08}$

46 비압축성 유체의 2차원 유동 속도성분이 $u = x^2 t$, $v = x^2 - 2xyt$이다. 시간(t)이 2일때, $(x, y) = (2, -1)$에서 x방향 가속도(a_x)는 약 얼마인가? (단, u, v는 각각 x, y방향 속도성분이고, 단위는 모두 표준단위이다.)

① 32   ② 34   ③ 64   ④ 68

Solution $a = \dfrac{\partial V}{\partial t} + u\dfrac{\partial V}{\partial x} + v\dfrac{\partial V}{\partial y}$
$a_x = x^2 \hat{i} + (x^2 t \hat{i}) \cdot (2xt\hat{i} + 2x\hat{i} - 2yt\hat{i}) = 4 + (8 \times 8) = 68$

47 다음과 같이 유체의 정의를 설명할 때 괄호 속에 가장 알맞은 용어는 무엇인가?

유체란 아무리 작은 (   )에도 저항할 수 없어 연속적으로 변형하는 물질이다.

① 수직응력   ② 중력   ③ 압력   ④ 전단응력

48 안지름 100mm인 파이프 안에 2.3m³/min의 유량으로 물이 흐르고 있다. 관의 길이가 15m라고 할 때 이 사이에서 나타나는 손실수두는 약 몇 m인가? (단, 관마찰계수는 0.01로 한다.)

① 0.92   ② 1.82
③ 2.13   ④ 1.22

Solution $h_\ell = 0.01 \times \dfrac{15}{0.1} \times \dfrac{(2.3/60)^2}{2 \times 9.8 \times (\dfrac{\pi \times 0.1^2}{4})^2} = 1.82$

44. ③   45. ③   46. ④   47. ④   48. ②   ■ Answer

49 지름 20cm, 속도 1m/s인 물 제트가 그림과 같이 넓은 평판에 60° 경사하여 충돌한다. 분류가 평판에 작용하는 수직방향 힘 F_N은 약 몇 N인가? (단, 중력에 대한 영향은 고려하지 않는다.)

① 27.2　　② 31.4
③ 2.72　　④ 3.14

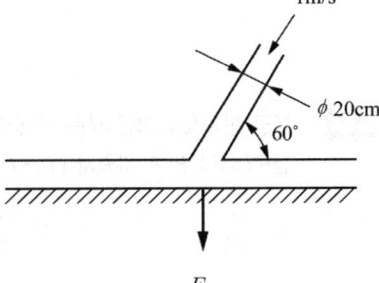

Solution $F_y = \rho A V^2 \cdot \sin\theta = 1000 \times \dfrac{\pi \times 0.2^2}{4} \times 1^2 \times \sin 60° = 27.21\text{N}$

50 경계층(boundary layer)에 관한 설명 중 틀린 것은?
① 경계층 바깥의 흐름은 포텐셜 흐름에 가깝다.
② 균일 속도가 크고, 유체의 점성이 클수록 경계층의 두께는 얇아진다.
③ 경계층 내에서는 점성의 영향이 크다.
④ 경계층은 평판 선단으로부터 하류로 갈수록 두꺼워진다.

51 안지름이 20cm, 높이가 60cm인 수직 원통형 용기에 밀도 850kg/m³인 액체가 밑면으로부터 50cm 높이만큼 채워져 있다. 원통형 용기와 액체가 일정한 각속도로 회전할 때, 액체가 넘치기 시작하는 각속도는 약 몇 rpm인가?

① 134　　② 189　　③ 276　　④ 392

Solution $H = \dfrac{V^2}{2g} = \dfrac{r^2 \cdot w^2}{2g}$

$0.2 = \dfrac{0.1^2 \times w^2}{2 \times 9.8}$, $w = \dfrac{2\pi N}{60}$

N=189.07rpm

52 유체 계측과 관련하여 크게 유체의 국소속도를 측정하는 것과 체적유량을 측정하는 것으로 구분할 때 다음 중 유체의 국소속도를 측정하는 계측기는?
① 벤투리미터　　② 얇은 판 오리피스
③ 열선 속도계　　④ 로터미터

53 유체(비중량 10N/m³)가 중량유량 6.28N/s로 지름 40cm인 관을 흐르고 있다. 이 관 내부의 평균 유속은 약 몇 m/s인가?

① 50.0　　② 5.0　　③ 0.2　　④ 0.8

Solution $\dot{W} = \gamma A V$

$6.28 = 10 \times \dfrac{\pi \times 0.4^2}{4} \times V$

$V = 5.0\text{m/sec}$

Answer ■ 49. ①　50. ②　51. ②　52. ③　53. ②

54 (x, y)좌표계의 비회전 2차원 유동장에서 속도포텐셜(potential) ϕ는 $\phi = 2x^2y$로 주어졌다. 이 때 점(3, 2)인 곳에서 속도 벡터는? (단, 속도포텐셜 ϕ는 $\vec{V} = \nabla\phi = grad\phi$로 정의된다.)

① $24\vec{i} + 18\vec{j}$ ② $-24\vec{i} + 18\vec{j}$ ③ $12\vec{i} + 9\vec{j}$ ④ $-12\vec{i} + 9\vec{j}$

◎ Solution $u = \frac{\partial \phi}{\partial x} = 4xy = 24$
$v = \frac{\partial \phi}{\partial y} = 2x^2 = 18$
$\vec{V} = u\hat{i} + v\hat{j} = 24\hat{i} + 18\hat{j}$

55 수평면과 60° 기울어진 벽에 지름이 4m인 원형창이 있다. 창의 중심으로부터 5m 높이에 물이 차있을 때 창에 작용하는 합력의 작용점과 원형창의 중심(도심)과의 거리(C)는 약 몇 m인가? (단, 원의 2차 면적 모멘트는 $\frac{\pi R^4}{4}$이고, 여기서 R은 원의 반지름이다.)

① 0.0866
② 0.173
③ 0.866
④ 1.73

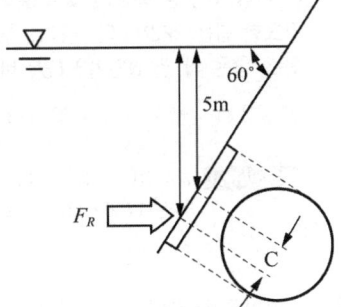

◎ Solution $y_p - \bar{y} = \frac{I_G}{A \cdot \bar{y}} = \frac{\sin 60° \times \pi \times 2^4}{\frac{\pi \times 4^2}{4} \times 5 \times 4} = 0.173$

56 연직하방으로 내려가는 물제트에서 높이 10m인 곳에서 속도는 20m/s였다. 높이 5m인 곳에서의 물의 속도는 약 몇 m/s인가?

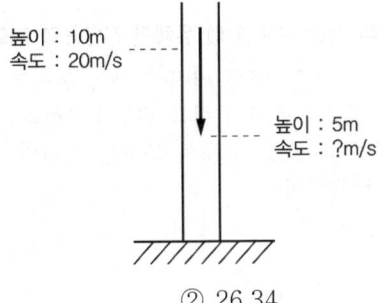

① 29.45
② 26.34
③ 23.88
④ 22.32

◎ Solution $Z_1 + \frac{V_1^2}{2g} = Z_2 + \frac{V_2^2}{2g}$
$10 + \frac{20^2}{2 \times 9.8} = 5 + \frac{V^2}{2 \times 9.8}$
$V = 22.32 \text{m/sec}$

54. ① 55. ② 56. ④ ■ Answer

57 그림에서 압력차($P_x - P_y$)는 약 몇 kPa인가?

① 25.67
② 2.57
③ 51.34
④ 5.13

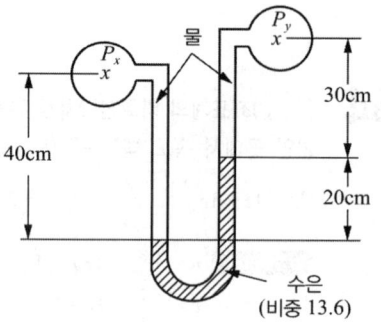

Solution $P_x - P_y = 9800 \times 0.3 + 13.6 \times 9800 \times 0.2 - 9800 \times 0.4 = 25.676 \times 10^3 \text{Pa}$

58 공기로 채워진 0.189m³의 오일 드럼통을 사용하여 잠수부가 해저 바닥으로부터 오래된 배의 닻을 끌어올리려 한다. 바닷물 속에서 닻을 들어 올리는데 필요한 힘은 1780N이고, 공기 중에서 드럼통을 들어 올리는데 필요한 힘은 222N이다. 공기로 채워진 드럼통을 닻에 연결한 후 잠수부가 이 닻을 끌어올리는 데 필요한 최소 힘은 약 몇 N인가? (단, 바닷물의 비중은 1.025이다.)

① 72.8　　② 83.4　　③ 92.5　　④ 103.5

Solution $F_B + W' = W_1 + W_2$
$W' = 1780 + 222 - 1.025 \times 9800 \times 0.189 = 103.5\text{N}$

59 수력기울기선(Hydraulic Grade Line; HGL)이 관보다 아래에 있는 곳에서의 압력은?

① 완전 진공이다.　　② 대기압보다 낮다.
③ 대기압과 같다.　　④ 대기압보다 높다.

60 원관 내부의 흐름이 층류 정상 유동일 때 유체의 전단응력 분포에 대한 설명으로 알맞은 것은?

① 중심축에서 0이고, 반지름 방향 거리에 따라 선형적으로 증가한다.
② 관 벽에서 0이고, 중심축까지 선형적으로 증가한다.
③ 단면에서 중심축을 기준으로 포물선 분포를 가진다.
④ 단면적 전체에서 일정하다.

4과목 기계재료 및 유압기기

61 플라스틱 재료의 일반적인 특징을 설명한 것 중 틀린 것은?

① 완충성이 크다.
② 성형성이 우수하다.
③ 자기 윤활성이 풍부하다.
④ 내식성은 낮으나, 내구성이 높다.

Solution 플라스틱 성질
① 단단하고, 질기고, 부드럽고, 유연하다.
② 전기 절연성 양호
③ 열 차단성 좋음
④ 잘 썩지 않음

62 주조용 알루미늄 합금의 질별 기호 중 T6가 의미하는 것은?

① 어닐링 한 것
② 제조한 그대로의 것
③ 용체화 처리 후 인공시효 경화 처리한 것
④ 고온 가공에서 냉각 후 자연 시효 시킨 것

63 주철에 대한 설명으로 옳은 것은?

① 주철은 액상일 때 유동성이 좋다.
② 주철은 C 와 Si 등이 많을수록 비중이 커진다.
③ 주철은 C 와 Si 등이 많을수록 용융점이 높아진다.
④ 흑연이 많을 경우 그 파단면은 백색을 띠며 백주철이라 한다.

Solution 주철은 주조성이 양호하므로 유동성이 좋다.

64 특수강을 제조하는 목적이 아닌 것은?

① 절삭성 개선
② 고온강도 저하
③ 담금질성 향상
④ 내마멸성, 내식성 개선

Solution 공구용 특수강(특수공구강) 같은 경우 고온강도가 높아야 한다.

65 확산에 의한 경화 방법이 아닌 것은?

① 고체 침탄법
② 가스 질화법
③ 쇼트 피이닝
④ 침탄 질화법

Solution 숏피닝 : 물리적인 방법의 특수가공법이다.

61. ④ 62. ③ 63. ① 64. ② 65. ③ ■ Answer

66 조미니 시험(Jominy test)은 무엇을 알기 위한 시험 방법인가?
① 부식성　　　　　　　　② 마모성
③ 충격인성　　　　　　　④ 담금질성

67 기계태엽, 정밀계측기, 다이얼 게이지 등을 만드는 재료로 가장 적합한 것은?
① 인청동　　　　　　　　② 엘린바
③ 미하나이트　　　　　　④ 애드미럴티

68 금속재료에 외력을 가했을 때 미끄럼이 일어나는 과정에서 생긴 국부적인 격자 배열의 선결함은?
① 전위　　② 공공　　③ 적층결함　　④ 결정립 경계

　Solution　소성변형으로는 미끄럼, 쌍점, 전위 등이 있다.

69 배빗메탈(babbit metal)에 관한 설명으로 옳은 것은?
① Sn-Sb-Cu계 합금으로서 베어링재료로 사용된다.
② Cu-Ni-Si계 합금으로서 도전율이 좋으므로 강력 도전 재료로 이용된다.
③ Zn-Cu-Ti계 합금으로서 강도가 현저히 개선된 경화형 합금이다.
④ Al-Cu-Mg계 합금으로서 상온시효처리하여 기계적 성질을 개선시킨 합금이다.

70 Fe-C 평형 상태도에서 나타날 수 있는 반응이 아닌 것은?
① 포정반응　　② 공정반응　　③ 공석반응　　④ 편정반응

　Solution　① 포정반응 : HJB선　② 공정반응 : ECF선　③ 공석반응 : PSK선

71 부하가 급격히 변화하였을 때 그 자중이나 관성력 때문에 소정의 제어를 못하게 된 경우 배압을 걸어주어 자유낙하를 방지하는 역할을 하는 유압제어 밸브로 체크밸브가 내장된 것은?
① 카운터밸런스 밸브　　　② 릴리프 밸브
③ 스로틀 밸브　　　　　　④ 감압 밸브

　Solution　① 릴리프밸브 : 펌프 토출 쪽 설정 압력 제어
　　　　　　② 스로틀밸브 : 유량제어 밸브의 종류
　　　　　　③ 감압밸브 : 1차 압력을 2차 압력으로 감소시키기 위한 밸브

Answer ▪ 66. ④　67. ②　68. ①　69. ①　70. ④　71. ①

72 다음 중 유압장치의 운동부분에 사용되는 실(seal)의 일반적인 명칭은?

① 심레스(seamless) ② 개스킷(gasket)
③ 패킹(packing) ④ 필터(filter)

Solution ① 고정부에 사용 : 가스킷 ② 운동부에 사용 : 패킹

73 미터-아웃(meter-out) 유량 제어 시스템에 대한 설명으로 옳은 것은?

① 실린더로 유입하는 유량을 제어한다.
② 실린더의 출구 관로에 위치하여 실린더로부터 유출되는 유량을 제어한다.
③ 부하가 급격히 감소되더라도 피스톤이 급진되지 않도록 제어한다.
④ 순간적으로 고압을 필요로 할 때 사용한다.

Solution ① 미터 인 회로 : 실린더 입구 쪽에 유량 조정 밸브 설치
② 미터 아웃 회로 : 실린더 출구 쪽에 유량 조정 밸브 설치

74 다음 기호에 대한 명칭은?

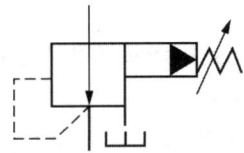

① 비례전자식 릴리프 밸브 ② 릴리프 붙이 시퀀스 밸브
③ 파일럿 작동형 감압 밸브 ④ 파일럿 작동형 릴리프 밸브

Solution 그림은 항시 open상태 밸브기호로 보기에서 적당한 것은 감압밸브 밖에 없다.

75 다음 중 어큐뮬레이터 용도에 대한 설명으로 틀린 것은?

① 에너지 축적용 ② 펌프 맥동 흡수용
③ 충격압력의 완충용 ④ 유압유 냉각 및 가열용

76 온도 상승에 의하여 윤활유의 점도가 낮아질 때 나타나는 현상이 아닌 것은?

① 누설이 잘 된다. ② 기포의 제거가 어렵다.
③ 마찰 부분의 마모가 증대된다. ④ 펌프의 용적 효율이 저하된다.

77 그림과 같은 유압회로의 명칭으로 옳은 것은?

① 브레이크 회로
② 압력 설정 회로
③ 최대압력 제한 회로
④ 임의 위치 로크 회로

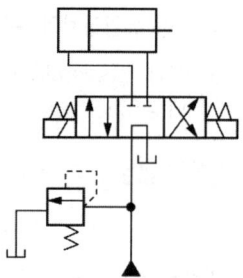

78 크래킹 압력(cracking pressure)에 관한 설명으로 가장 적합한 것은?

① 파일럿 관로에 작용시키는 압력
② 압력 제어 밸브 등에서 조절되는 압력
③ 체크 밸브, 릴리프 밸브 등에서 압력이 상승하고 밸브가 열리기 시작하여 어느 일정한 흐름의 양이 인정되는 압력
④ 체크 밸브, 릴리프 밸브 등의 입구 쪽 압력이 강하하고, 밸브가 닫히기 시작하여 밸브의 누설량이 어느 규정의 양까지 감소했을 때의 압력

79 다음 중 기어 모터의 특성에 관한 설명으로 가장 거리가 먼 것은?

① 정회전, 역회전이 가능하다.
② 일반적으로 평기어를 사용한다.
③ 비교적 소형이며 구조가 간단하기 때문에 값이 싸다.
④ 누설량이 적고 토크 변동이 작아서 건설기계에 많이 이용된다.

> **Solution** 누설량이 많고 소음과 진동이 수반되는 단점이 있다.

80 펌프의 압력이 50Pa, 토출유량은 40m³/min인 레이디얼 피스톤 펌프의 축동력은 약 몇 W인가? (단, 펌프의 전효율은 0.85이다.)

① 3921
② 39.21
③ 2352
④ 23.52

> **Solution** $\eta = \dfrac{P \cdot Q}{L_s}$
> $0.85 = \dfrac{50 \times 40}{L_s \times 60}$
> $L_s = 39.21 \text{W}$

Answer ■ 77. ④ 78. ③ 79. ④ 80. ②

5과목 기계제작법 및 기계동력학

81 반지름이 1m인 원을 각속도 60rpm으로 회전하는 1kg 질량의 선형운동량(linearmomentum)은 몇 kg·m/s 인가?

① 6.28
② 1.0
③ 62.8
④ 10.0

Solution $G = mV = 1 \times 1 \times \dfrac{2\pi \times 60}{60} = 6.28 \text{kg} \cdot \text{m/ses}$

82 질량 m인 물체가 h의 높이에서 자유 낙하한다. 공기 저항을 무시할 때, 이 물체가 도달할 수 있는 최대 속력은? (단, g은 중력가속도이다.)

① $\sqrt{mgh}$
② $\sqrt{mh}$
③ $\sqrt{gh}$
④ $\sqrt{2gh}$

Solution $\dfrac{1}{2}mV^2 = mgh$
$V = \sqrt{2gh}$

83 그림과 같이 0.6m 길이에 질량 5kg의 균질봉이 축의 직각방향으로 30N의 힘을 받고 있다. 봉이 $\theta = 0°$일 때 시계방향으로 초기 각속도 $w_1 = 10\text{rad/s}$이면 $\theta = 90°$일 때 봉의 각속도는? (단, 중력의 영향을 고려한다.)

① 12.6rad/s
② 14.2rad/s
③ 15.6rad/s
④ 17.2rad/s

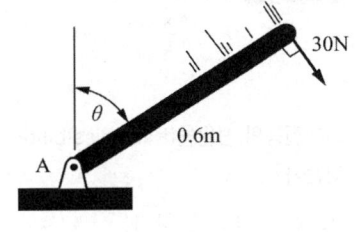

Solution $\sum M = J \cdot \alpha = \dfrac{m\ell^2}{3} \cdot \alpha$

$5 \times 9.8 \times \sin\theta \times 0.3 + 30 \times 0.6 = \dfrac{5 \times 0.6^2}{3} \times \alpha$

$\alpha = 30 + 24.5 \cdot \sin\theta$

$\alpha \cdot d\theta = w \cdot dw$

$\displaystyle\int_{o}^{90°}(30 + 24.5 \cdot \sin\theta) \cdot d\theta = \int_{w_1}^{w_2} w\, dw$

$(30\theta - 24.5 \cdot \cos\theta)\big|_0^{90°} = \dfrac{w_2^2 - w_1^2}{2}$

$30 \times \dfrac{\pi}{2} + 24.5 = \dfrac{w_2^2 - 10^2}{2}$

$w_2 = 15.6\text{rad/sec}$

81. ① 82. ④ 83. ③ ■ Answer

84 국제단위체계(SI)에서 1N에 대한 설명으로 옳은 것은?

① 1g의 질량에 $1m/s^2$의 가속도를 주는 힘이다.
② 1g의 질량에 $1m/s$의 속도를 주는 힘이다.
③ 1kg의 질량에 $1m/s^2$의 가속도를 주는 힘이다.
④ 1kg의 질량에 $1m/s$의 속도를 주는 힘이다.

85 전기모터의 회전자가 3450rpm으로 회전하고 있다. 전기를 차단했을 때 회전자는 일정한 각가속도로 속도가 감소하여 정지할 때까지 40초가 걸렸다. 이 때 각가속도의 크기는 약 몇 rad/s^2인가?

① 361.0 ② 180.5
③ 86.25 ④ 9.03

Solution $\alpha = \dfrac{\triangle w}{\triangle t} = \dfrac{2\pi \times 3450}{40 \times 60} = 9.03 rad/sec^2$

86 20m/s의 속도를 가지고 직선으로 날아오는 무게 9.8N의 공을 0.1초 사이에 멈추게 하려면 약 몇 N의 힘이 필요한가?

① 20   ② 200
③ 9.8 ④ 98

Solution $\Sigma F \cdot t = m(V_2 - V_1)$
$F = \dfrac{9.8 \times 20}{0.1 \times 9.8} = 200N$

87 기계진동의 전달율(transmissibility ratio)을 1 이하로 조정하기 위해서는 진동수 비(ω/ω_n)를 얼마로 하면 되는가?

① $\sqrt{2}$ 이하로 한다.   ② 1 이상으로 한다.
③ 2 이상으로 한다.   ④ $\sqrt{2}$ 이상으로 한다.

Solution TR=1.0이면 $\dfrac{w}{w_n} > \sqrt{2}$ 이다.

88 동일한 질량과 스프링 상수를 가진 2개의 시스템에서 하나는 감쇠가 없고, 다른 하나는 감쇠비가 0.12인 점성감쇠가 있다. 이 때 감쇠진동 시스템의 감쇠 고유진동수와 비감쇠진동 시스템의 고유진동수의 차이는 비감쇠진동 시스템 고유진동수의 약 몇 %인가?

① 0.72%   ② 1.24%   ③ 2.15%   ④ 4.24%

Solution $w_d = w \cdot \sqrt{1-\psi^2} = w \cdot \sqrt{1-0.12^2} = 0.99277w$
$\dfrac{w-w_d}{w} = \dfrac{(1-0.99277)w}{w} \times 100 = 0.723\%$

Answer ■ 84. ③ 85. ④ 86. ② 87. ④ 88. ①

89 스프링상수가 20N/cm와 30N/cm인 두 개의 스프링을 직렬로 연결했을 때 등가스프링 상수 값은 몇 N/cm 인가?

① 50 ② 12 ③ 10 ④ 25

Solution $\frac{1}{k_e} = \frac{1}{20} + \frac{1}{30}$
$k_e = 12\text{N/cm}$

90 그림과 같이 스프링상수는 400N/m, 질량은 100kg인 1자유도계 시스템이 있다. 초기에 변위는 0이고 스프링 변형량도 없는 상태에서 x방향으로 3m/s의 속도로 움직이기 시작한다고 가정할 때 이 질량체의 속도 v를 위치 x에 관한 함수로 나타내면?

① $\pm(9-4x^2)$
② $\pm\sqrt{(9-4x^2)}$
③ $\pm(16-9x^2)$
④ $\pm\sqrt{(16-9x^2)}$

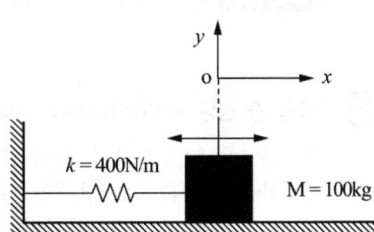

Solution $x = A\sin wt$, $w = \sqrt{\frac{K}{m}} = 2$
$\dot{x} = V = Aw\cos wt$
t=0에서 V=3m/sec
진폭 $A = \frac{3}{2}$
$\cos^2 wt = 1 - \sin^2 wt = 1 - \frac{x^2}{A^2} = \frac{(9-4x^2)}{9}$
$\dot{x} = V = Aw(\pm\sqrt{1-\sin^2 wt}) = \frac{3}{2} \times 2 \times (\pm\sqrt{\frac{9-4x^2}{9}}) = \pm\sqrt{(9-4x^2)}$

91 다음 가공법 중 연삭 입자를 사용하지 않는 것은?

① 초음파가공 ② 방전가공 ③ 액체호닝 ④ 래핑

Solution 방전가공은 전극판의 소모에 의해 가공되며, 가공액 속에는 연삭입자가 들어가지 않는다.

92 다음 중 주물의 첫 단계인 모형(pattern)을 만들 때 고려사항으로 가장 거리가 먼 것은?

① 목형 구배
② 수축 여유
③ 팽창 여유
④ 기계가공 여유

89. ② 90. ② 91. ② 92. ③ ■ Answer

93 선반에서 주분력이 1.8kN, 절삭속도가 150m/min일 때, 절삭동력은 약 몇 kW인가?

① 4.5 　　　② 6 　　　③ 7.5 　　　④ 9

> **Solution** $H_W = \dfrac{1.8 \times 150}{60} = 4.5 \text{kW}$

94 정격 2차 전류 300A 인 용접기를 이용하여 실제 270A의 전류로 용접을 하였을 때, 허용 사용률이 94%이었다면 정격 사용률은 약 몇 % 인가?

① 68 　　　② 72 　　　③ 76 　　　④ 80

> **Solution** 정격사용률 = 허용사용률 × $\dfrac{(\text{실제용접전류})^2}{(\text{정격2차전류})^2}$ = $0.94 \times \dfrac{270^2}{300^2} = 0.76$

95 다음 중 심냉 처리(sub-zero treatment)에 대한 설명으로 가장 적절한 것은?

① 강철을 담금질하기 전에 표면에 붙은 불순물을 화학적으로 제거시키는 것
② 처음에 기름으로 냉각한 다음 계속하여 물속에 담그고 냉각하는 것
③ 담금질 직후 바로 템퍼링 하기 전에 얼마동안 0℃에 두었다가 템퍼링 하는 것
④ 담금질 후 0℃ 이하의 온도까지 냉각시켜 잔류 오스테나이트를 마텐자이트화 하는 것

96 다음 측정기구 중 진직도를 측정하기에 적합하지 않은 것은?

① 실린더 게이지　　　② 오토콜리메이터
③ 측미 현미경　　　　④ 정밀 수준기

97 전해연마의 특징에 대한 설명으로 틀린 것은?

① 가공 변질 층이 없다.
② 내부식성이 좋아진다.
③ 가공면에는 방향성이 있다.
④ 복잡한 형상을 가진 공작물의 연마도 가능하다.

> **Solution** 전해연마는 비접촉상태의 가공이기 때문에 방향성은 관계없다.

Answer ■ 93. ①　94. ③　95. ④　96. ①　97. ③

98 냉간가공에 의하여 경도 및 항복강도가 증가하나 연신율은 감소하는데 이 현상을 무엇이라 하는가?
① 가공경화   ② 탄성경화
③ 표면경화   ④ 시효경화

99 절삭유제를 사용하는 목적이 아닌 것은?
① 능률적인 칩 제거
② 공작물과 공구의 냉각
③ 절삭열에 의한 정밀도 저하 방지
④ 공구 윗면과 칩 사이의 마찰계수 증대

> **Solution** 절삭유 3대 목적
> ① 윤활
> ② 냉각
> ③ 세척

100 다음 중 자유단조에 속하지 않는 것은?
① 업세팅(up-setting)   ② 블랭킹(blanking)
③ 늘리기(drawing)   ④ 굽히기(bending)

> **Solution** 블랭킹은 프레가공 중 전단가공의 종류이다.

98. ①   99. ④   100. ②   ■ Answer

2018 기출문제
4월 28일 시행

1과목 재료역학

1. 원형 단면축이 비틀림을 받을 때, 그 속에 저장되는 탄성 변형에너지 U는 얼마인가? (단, T: 토크, L: 길이, G: 가로탄성계수, I_P: 극관성모멘트, I: 관성모멘트, E: 세로탄성계수이다.)

① $U = \dfrac{T^2 L}{2GI}$ ② $U = \dfrac{T^2 L}{2EI}$

③ $U = \dfrac{T^2 L}{2EI_P}$ ④ $U = \dfrac{T^2 L}{2GI_P}$

Solution $U = \dfrac{1}{2} \cdot T \cdot \dfrac{T \cdot L}{G \cdot I_p} = \dfrac{1}{2} \cdot T \cdot \theta$

2. 그림과 같이 전길이에 걸쳐 균일 분포하중 ω를 받는 보에서 최대처짐 $\delta_{\max}$를 나타내는 식은? (단, 보의 굽힘 강성계수는 EI이다.)

① $\dfrac{\omega L^4}{64EI}$

② $\dfrac{\omega L^4}{128.5EI}$

③ $\dfrac{\omega L^4}{184.6EI}$

④ $\dfrac{\omega L^4}{192EI}$

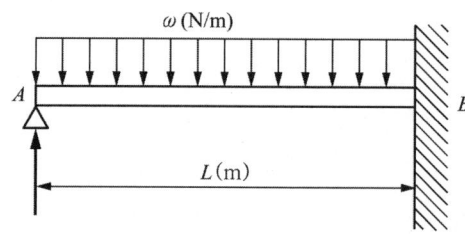

Solution 공식으로 암기
① 중앙처짐 : $\dfrac{w \cdot L^4}{192EI}$
② 최대처짐 : $\dfrac{w \cdot L^4}{184.6EI}$

Answer ▪ 1. ④ 2. ③

3

그림과 같은 보에서 발생하는 최대굽힘 모멘트는 몇 kN·m인가?

① 2
② 5
③ 7
④ 10

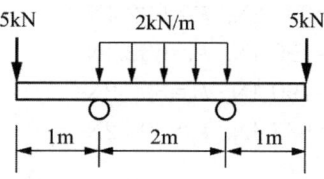

Solution 돌출보를 지지하는 양쪽지점에서 발생
$M_{max} = 5 \times 1 = 5 \text{kN} \cdot \text{m}$

4

그림의 H형 단면의 도심축인 Z축에 관한 회전반경(radius of gyration)은 얼마인가?

① $K_z = \sqrt{\dfrac{Hb^3 - (b-t)^3 b}{12(bH - bh + th)}}$

② $K_z = \sqrt{\dfrac{12Hb^3 + (b-t)^3 b}{(bH + bh + th)}}$

③ $K_z = \sqrt{\dfrac{ht^3 + Hb^3 - hb^3}{12(bH - bh + th)}}$

④ $K_z = \sqrt{\dfrac{12Hb^3 + (b+t)^3 b}{(bH + bh - th)}}$

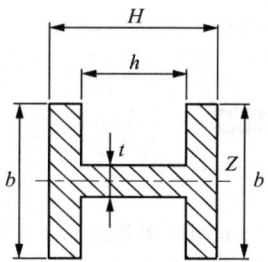

Solution $I_G = \dfrac{H \cdot b^3 - hb^3 + tb^3}{12}$
$K = \sqrt{\dfrac{I_G}{A}} = \sqrt{\dfrac{Hb^3 - hb^3 + h \cdot t^3}{12(bH - bh + th)}}$

5

그림에 표시한 단순 지지보에서의 최대 처짐량은? (단, 보의 굽힘 강성은 EI이고, 자중은 무시한다.)

① $\dfrac{\omega \ell^3}{48EI}$

② $\dfrac{\omega \ell^4}{24EI}$

③ $\dfrac{5\omega \ell^3}{253EI}$

④ $\dfrac{5\omega \ell^4}{384EI}$

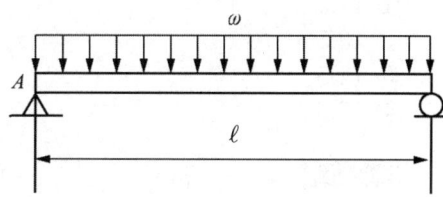

Solution 면적모멘트법으로 정리하면 $\dfrac{5\omega \ell^4}{384EI}$, 공식으로 암기하세요.

3. ② 4. ③ 5. ④ ■ **Answer**

6 그림에서 784.8N과 평형을 유지하기 위한 힘 F_1과 F_2는?

① F_1=395.2N, F_2=632.4N
② F_1=790.4N, F_2=632.4N
③ F_1=790.4N, F_2=395.2N
④ F_1=632.4N, F_2=395.2N

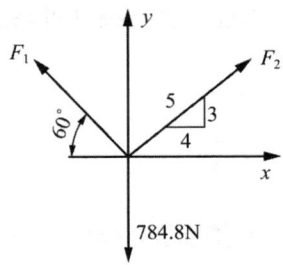

Solution $\dfrac{784.8}{\sin 83.13} = \dfrac{F_1}{\sin 126.87} = \dfrac{F_2}{\sin 150°}$
$F_1 = 632.4\text{N}, \; F_2 = 395.24\text{N}$

7 지름이 60mm인 연강축이 있다. 이 축의 허용 전단응력은 40MPa이며 단위 길이 1m당 허용 회전각도는 1.5°이다. 연강의 전단 탄성계수를 80GPa이라 할 때 이 축의 최대 허용 토크는 약 몇 N·m인가?

① 696   ② 1696
③ 2664   ④ 3664

Solution $\theta = \dfrac{T \cdot \ell}{G \cdot I_p}$, $1.5 \times \dfrac{\pi}{180} = \dfrac{32 \times T \times 1}{80 \times 10^9 \times \pi \times 0.06^4}$, $T = 2664.79\text{N} \cdot \text{m}$

8 지름 3cm인 강축이 26.5rev/s의 각속도로 26.5kW의 동력을 전달하고 있다. 이 축에 발생하는 최대 전단응력은 약 몇 MPa인가?

① 30   ② 40   ③ 50   ④ 60

Solution $\tau = \dfrac{T}{Z_p} = \dfrac{16 \times 974000 \times 9.8 \times H_{kw}}{\pi d^3 \times N} = \dfrac{16 \times 974000 \times 9.8 \times 26.5}{\pi \times 30^3 \times (26.5 \times 60)} = 30\text{MPa}$

9 폭 3cm, 높이 4cm의 직사각형 단면을 갖는 외팔보가 자유단에 그림에서와 같이 집중하중을 받을 때 보 속에 발생하는 최대전단응력은 몇 N/cm²인가?

① 12.5
② 13.5
③ 14.5
④ 15.5

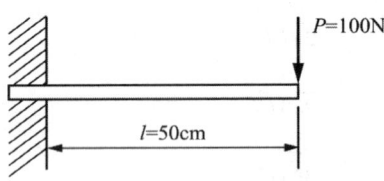

Solution $\tau_{max} = \dfrac{3}{2} \dfrac{F_{max}}{A} = \dfrac{3}{2} \times \dfrac{100}{3 \times 4 \times 2} = 12.5\text{N/cm}^2$

10 평면 응력 상태에서 $\epsilon_x = -150 \times 10^{-6}$, $\epsilon_y = -280 \times 10^{-6}$, $\gamma_{xy} = 850 \times 10^{-6}$일 때, 최대주변형률($\epsilon_1$)과 최소 주변형률($\epsilon_2$)은 각각 약 얼마인가?

① ϵ_1=215×10⁻⁶, ϵ_2=−645×10⁻⁶   ② ϵ_1=645×10⁻⁶, ϵ_2=215×10⁻⁶
③ ϵ_1=315×10⁻⁶, ϵ_2=−645×10⁻⁶   ④ ϵ_1=−545×10⁻⁶, ϵ_2=315×10⁻⁶

Answer ▪ 6. ④   7. ②   8. ①   9. ①   10. ①

Solution
$$\epsilon_1 = \frac{\epsilon_x + \epsilon_y}{2} + \sqrt{\left(\frac{\epsilon_x - \epsilon_y}{2}\right)^2 + \left(\frac{\gamma_{xy}}{2}\right)^2}$$
$$= \frac{-150 \times 10^{-6} + (-280 \times 10^{-6})}{2} + \sqrt{\left(\frac{-150 \times 10^{-6} + 280 \times 10^{-6}}{2}\right) + \left(\frac{850 \times 10^{-6}}{2}\right)^2}$$
$$= 214.94 \times 10^{-6}$$
$$\epsilon_2 = \frac{\epsilon_x + \epsilon_y}{2} - \sqrt{\left(\frac{\epsilon_x - \epsilon_y}{2}\right)^2 + \left(\frac{\gamma_{xy}}{2}\right)^2}$$
$$= \frac{(-150 - 280) \times 10^6}{2} - \sqrt{\left(\frac{-150 \times 10^{-6} + 280 \times 10^{-6}}{2}\right) + \left(\frac{850 \times 10^{-6}}{2}\right)^2}$$
$$= -644.94 \times 10^{-6}$$

11 길이 6m 인 단순 지지보에 등분포하중 q가 작용할 때 단면에 발생하는 최대 굽힘응력이 337.5MPa이라면 등분포하중 q는 약 몇 kN/m인가? (단, 보의 단면은 폭×높이 = 40mm×100mm이다.)

① 4 ② 5 ③ 6 ④ 7

Solution
$$\sigma_{bmax} = \frac{M_{\max}}{Z} = \frac{6 \times q \cdot \ell^2}{b \cdot h^2 \times 8}$$
$$337.5 = \frac{6 \times q \times 6000^2}{40 \times 100^2 \times 8}, \quad q = 5\text{kN/m} = 5\text{N/mm}$$

12 보의 자중을 무시할 때 그림과 같이 자유단 C에 집중하중 2P가 작용할 때 B점에서 처짐 곡선의 기울기각은? (단, 세로탄성계수 E, 단면 2차모멘트를 I라고 한다.)

① $\dfrac{5}{9} \dfrac{Pl^2}{EI}$

② $\dfrac{5}{18} \dfrac{Pl^2}{EI}$

③ $\dfrac{5}{27} \dfrac{Pl^2}{EI}$

④ $\dfrac{5}{36} \dfrac{Pl^2}{EI}$

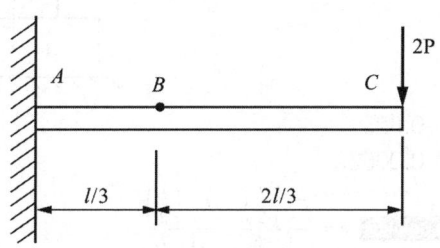

Solution
$$\frac{\partial^2 y}{\partial x^2} = \frac{2P \cdot x}{E \cdot I}$$
$$\frac{\partial y}{\partial x} = \theta_x = \frac{P \cdot x^2}{E \cdot I} - \frac{P \cdot \ell^2}{E \cdot I}, \quad x = \frac{2}{3}\ell \text{ 대입하면 } \theta_B = \frac{5P \cdot \ell^2}{9EI}$$

13 그림과 같은 외팔보에 대한 전단력 선도로 옳은 것은? (단, 아랫방향을 양(+)으로 본다.)

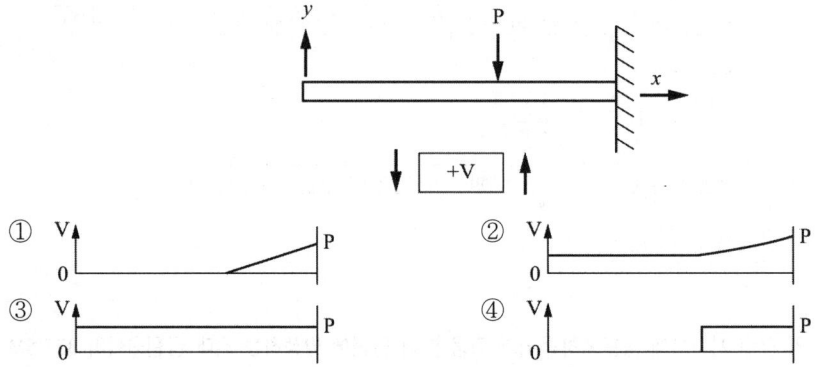

① ② ③ ④

> **Solution** 집중하중 P가 누르는 점에서 고정지점까지 전단력 변화없음

14 그림과 같이 길이가 동일한 2개의 기둥 상단에 중심 압축 하중 2500N이 작용할 경우 전체 수축량은 약 몇 mm인가? (단, 단면적 A_1 = 1000mm², A_2 = 2000mm², 길이 L = 300mm, 재료의 탄성계수 E = 90GPa이다.)

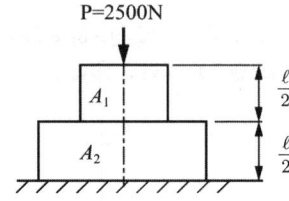

① 0.625 ② 0.0625
③ 0.00625 ④ 0.000625

> **Solution** $\delta = \dfrac{P \cdot \left(\dfrac{L}{2}\right)}{A_1 \cdot E} + \dfrac{P \cdot \left(\dfrac{L}{2}\right)}{A_2 \cdot E}$
> $= \dfrac{2500 \times 150}{90 \times 10^3} \times \left(\dfrac{1}{1000} + \dfrac{1}{2000}\right) = 0.00625 \text{mm}$

15 최대 사용강도 400MPa의 연강봉에 30kN의 축방향의 인장하중이 가해질 경우 강봉의 최소지름은 몇 cm까지 가능한가? (단, 안전율은 5이다.)

① 2.69 ② 2.99 ③ 2.19 ④ 3.02

> **Solution** $\sigma_w \leq \sigma_a = \dfrac{\sigma_{tmax}}{S}$, $\dfrac{30 \times 1000}{\dfrac{\pi d^2}{4}} = \dfrac{400}{5}$, $d = 21.85 \text{mm} = 2.185 \text{cm}$

Answer ■ 13. ④ 14. ③ 15. ③

16 그림과 같이 A, B의 원형 단면봉은 길이가 같고 지름이 다르며, 양단에서 같은 압축하중 P를 받고 있다. 응력은 각 단면에서 균일하게 분포된다고 할 때 저장되는 탄성 변형 에너지의 비 $\dfrac{U_B}{U_A}$는 얼마가 되겠는가?

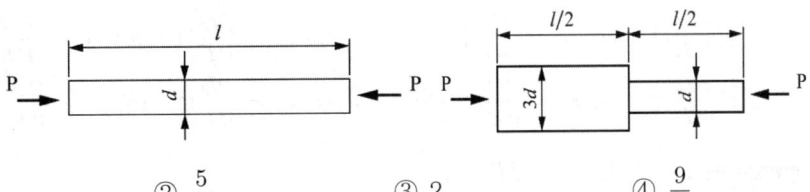

① $\dfrac{1}{3}$　　② $\dfrac{5}{9}$　　③ 2　　④ $\dfrac{9}{5}$

Solution
$U_A = \dfrac{P^2}{2} \times \dfrac{\ell}{\dfrac{\pi d^2}{4} \cdot E}$

$U_B = \dfrac{P^2}{2} \times \dfrac{\dfrac{\ell}{2}}{\dfrac{\pi d^2}{4} \cdot E} + \dfrac{P^2}{2} \times \dfrac{\dfrac{\ell}{2}}{\dfrac{\pi}{4}(3d)^2 \cdot E} = \dfrac{P^2}{2} \times \dfrac{\ell}{\dfrac{\pi d^2}{4} \times E} \times \left(\dfrac{1}{2} + \dfrac{1}{18}\right)$

$\dfrac{U_B}{U_A} = \dfrac{10}{18} = \dfrac{5}{9}$

17 다음과 같이 3개의 링크를 핀을 이용하여 연결하였다. 2000N의 하중 P가 작용할 경우 핀에 작용되는 전단응력은 약 몇 MPa인가? (단, 핀의 직경은 1cm이다.)

① 12.73
② 13.24
③ 15.63
④ 16.56

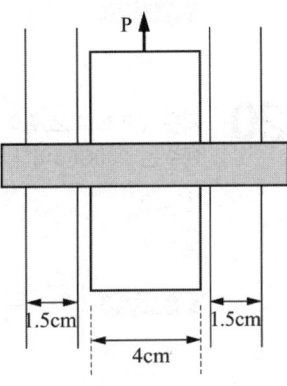

Solution $\tau_p = \dfrac{P}{\dfrac{\pi d^2}{4} \times 2} = \dfrac{2000}{\dfrac{\pi}{4} \times 10^2 \times 2} = 12.73 \text{N/mm}^2 (\text{MPa})$

16. ②　17. ①　■ Answer

18 원통형 압력용기에 내압 P가 작용할 때, 원통부에 발생하는 축 방향의 변형률 ϵ_x 및 원주 방향 변형률 ϵ_y는? (단, 강판의 두께 t는 원통의 지름 D에 비하여 충분히 작고, 강판 재료의 탄성계수 및 포아송 비는 각각 E, ν이다.)

① $\epsilon_x = \dfrac{PD}{4tE}(1-2\nu)$, $\epsilon_y = \dfrac{PD}{4tE}(1-\nu)$ ② $\epsilon_x = \dfrac{PD}{4tE}(1-2\nu)$, $\epsilon_y = \dfrac{PD}{4tE}(2-\nu)$

③ $\epsilon_x = \dfrac{PD}{4tE}(2-\nu)$, $\epsilon_y = \dfrac{PD}{4tE}(1-\nu)$ ④ $\epsilon_x = \dfrac{PD}{4tE}(1-\nu)$, $\epsilon_y = \dfrac{PD}{4tE}(2-\nu)$

Solution $\sigma_x = \dfrac{P \cdot D}{4t}$, $\sigma_y = \dfrac{P \cdot D}{2t} = 2\sigma_x$

$\epsilon_x = \dfrac{\sigma_x}{E} - \nu \cdot \dfrac{\sigma_y}{E} = \dfrac{\sigma_x}{E}(1-2\nu)$, $\epsilon_y = \dfrac{\sigma_y}{E} - \nu \cdot \dfrac{\sigma_x}{E} = \dfrac{\sigma_x}{E}(2-\nu)$

19 지름 20mm, 길이 1000mm의 연강봉이 50kN의 인장하중을 받을 때 발생하는 신장량은 약 몇 mm인가? (단, 탄성계수 E = 210GPa이다.)

① 7.58   ② 0.758
③ 0.0758   ④ 0.00758

Solution $\delta = \dfrac{P \cdot \ell}{AE} = \dfrac{4 \times 50 \times 10^3 \times 1000}{\pi \times 20^2 \times 210 \times 10^3} = 0.758 \text{mm}$

20 지름이 0.1m이고 길이가 15m인 양단힌지인 원형강 장주의 좌굴임계하중은 약 몇 kN인가? (단, 장주의 탄성계수는 200GPa이다.)

① 43   ② 55
③ 67   ④ 79

Solution $P_{cr} = \dfrac{n\pi^2 E \cdot I}{\ell^2} = \dfrac{1 \times \pi^2 \times 200 \times 10^9 \times \pi \times 0.1^4}{15^2 \times 64} \fallingdotseq 43 \times 10^3 \text{N}$

2과목 기계열역학

21 온도 150℃, 압력 0.5MPa의 공기 0.2kg이 압력이 일정한 과정에서 원래 체적의 2배로 늘어난다. 이 과정에서의 일은 약 몇 kJ인가? (단, 공기는 기체상수가 0.287kJ/(kg·K)인 이상기체로 가정한다.)

① 12.3kJ   ② 16.5kJ
③ 20.5kJ   ④ 24.3kJ

Solution $_1W_2 = 0.5 \times 10^3 \times \left(\dfrac{0.2 \times 0.287 \times (150+273)}{0.5 \times 10^3}\right) = 24.3 \text{kJ}$

Answer ■ 18. ② 19. ② 20. ① 21. ④

22 마찰이 없는 실린더 내에 온도 500K, 비엔트로피 3kJ/(kg·K)인 이상기체가 2kg 들어있다. 이 기체의 비엔트로피가 10kJ/(kg·K)이 될 때까지 등온과정으로 가열한다면 가열량은 약 몇 kJ인가?

① 1400kJ ② 2000kJ
③ 3500kJ ④ 7000kJ

Solution $_1Q_2 = \Delta S \cdot T = (10-3) \times 500 = 3500\text{kJ}$

23 랭킨 사이클의 열효율을 높이는 방법으로 틀린 것은?

① 복수기의 압력을 저하시킨다. ② 보일러 압력을 상승시킨다.
③ 재열(reheat) 장치를 사용한다. ④ 터빈 출구 온도를 높인다.

Solution 터빈출구온도를 높이면 터빈 일이 감소하여 유효일이 줄고 그로인한 열효율은 감소하게 된다.

24 유체의 교축과정에서 Joule-Thomson 계수(μ_J)가 중요하게 고려되는데 이에 대한 설명으로 옳은 것은?

① 등엔탈피 과정에 대한 온도변화와 압력변화의 비를 나타내며 $\mu_J < 0$인 경우 온도 상승을 의미한다.
② 등엔탈피 과정에 대한 온도변화와 압력변화의 비를 나타내며 $\mu_J < 0$인 경우 온도 강하을 의미한다.
③ 정적 과정에 대한 온도변화와 압력변화의 비를 나타내며 $\mu_J < 0$인 경우 온도 상승을 의미한다.
④ 정적 과정에 대한 온도변화와 압력변화의 비를 나타내며 $\mu_J < 0$인 경우 온도 강하을 의미한다.

Solution $\mu_J > 0$인 경우 온도 강하로 냉각효과가 증가하게 된다.

25 이상적인 카르노 사이클의 열기관이 500℃인 열원으로부터 500kJ을 받고, 25℃에 열을 방출한다. 이 사이클의 일(W)과 효율(η_{th})은 얼마인가?

① W=307.2kJ, η_{th}=0.6143 ② W=207.2kJ, η_{th}=0.5748
③ W=250.3kJ, η_{th}=0.8316 ④ W=401.5kJ, η_{th}=0.6517

Solution $\eta_{th} = 1 - \dfrac{T_L}{T_H} = \dfrac{\overline{W}}{Q_H}$

$\eta_{th} = 1 - \dfrac{25+273}{500+273} = 0.6145$

$\overline{W} = \eta_{th} \cdot Q_H = 0.6145 \times 500 = 307.24\text{kJ}$

22. ④   23. ④   24. ①   25. ①   ■ Answer

26 Brayton 사이클에서 압축기 소요일은 175kJ/kg, 공급열은 627kJ/kg, 터빈 발생일은 406kJ/kg로 작동될 때 열효율은 약 얼마인가?

① 0.28 ② 0.37
③ 0.42 ④ 0.48

Solution $\eta_B = \dfrac{\overline{W_t} - \overline{W_c}}{Q_H} = \dfrac{406 - 175}{627} = 0.368$

27 그림과 같이 다수의 추를 올려놓은 피스톤이 장착된 실린더가 있는데, 실린더 내의 초기 압력은 300kPa, 초기 체적은 0.05m³이다. 이 실린더에 열을 가하면서 적절히 추를 제거하여 폴리트로픽 지수가 1.3인 폴리트로픽 변화가 일어나도록 하여 최종적으로 실린더 내의 체적이 0.2m³이 되었다면 가스가 한 일은 약 몇 kJ인가?

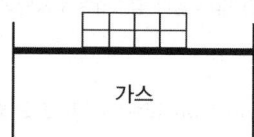

① 17 ② 18 ③ 19 ④ 20

Solution $\dfrac{V_1}{V_2} = \left(\dfrac{P_2}{P_1}\right)^{\frac{1}{n}}$, $P_2 = 300 \times \left(\dfrac{0.05}{0.2}\right)^{1.3} = 49.48\text{kPa}$

$_1W_2 = \dfrac{P_1 \cdot V_1 - P_2 \cdot V_2}{n-1} = \dfrac{300 \times 0.05 - 49.48 \times 0.2}{0.3} = 17.01\text{kJ}$

28 다음의 열역학 상태량 중 종량적 상태량(extensive property)에 속하는 것은?

① 압력 ② 체적
③ 온도 ④ 밀도

Solution 종량적 상태량은 질량에 비례하는 상태량

29 피스톤 실린더 장치 내에 있는 공기가 0.3m³에서 0.1m³으로 압축되었다. 압축되는 동안 압력(P)과 체적(V) 사이에 $P = aV^{-2}$의 관계가 성립하며, 계수 $a = 6\text{kPa} \cdot m^6$이다. 이 과정 동안 공기가 한 일은 약 얼마인가?

① -53.3kJ ② -1.1kJ
③ 253kJ ④ -40kJ

Solution $_1W_2 = \int_1^2 P \cdot dV = \int_1^2 aV^{-2} \cdot dV = a \cdot \dfrac{V^{-2+1}}{-2+1}\Big|_1^2$

$= -a \cdot \left(\dfrac{1}{V_2} - \dfrac{1}{V_1}\right) = -6 \times \left(\dfrac{1}{0.1} - \dfrac{1}{0.3}\right) = -40\text{kJ}$

Answer ■ 26. ② 27. ① 28. ② 29. ④

30 매시간 20kg의 연료를 소비하여 74kW의 동력을 생산하는 가솔린 기관의 열효율은 약 몇 %인가? (단, 가솔린의 저위발열량은 43470kJ/kg이다.)

① 18　　　　② 22　　　　③ 31　　　　④ 43

Solution $\eta = \dfrac{L_{out}}{m \cdot H_\ell} = \dfrac{3600 \times 74}{20 \times 43470} \times 100 = 30.64\%$

31 다음 중 이상적인 증기 터빈의 사이클인 랭킨 사이클을 옳게 나타낸 것은?

① 가역등온압축 → 정압가열 → 가역등온팽창 → 정압냉각
② 가역단열압축 → 정압가열 → 가역단열팽창 → 정압냉각
③ 가역등온압축 → 정적가열 → 가역등온팽창 → 정적냉각
④ 가역단열압축 → 정적가열 → 가역단열팽창 → 정적냉각

Solution 보일러 → 증기터빈 → 복수기 → 급수펌프로 구성

32 내부 에너지가 30kJ인 물체에 열을 가하여 내부 에너지가 50kJ이 되는 동안에 외부에 대하여 10kJ의 일을 하였다. 이 물체에 가해진 열량은?

① 10kJ　　　② 20kJ　　　③ 30kJ　　　④ 60kJ

Solution $_1Q_2 = \triangle U + {}_1\overline{W_2} = (50 - 30) + 10 = 30\text{kJ}$

33 천제연 폭포의 높이가 55m이고 주위와 열교환을 무시한다면 폭포수가 낙하한 후 수면에 도달할 때까지 온도 상승은 약 몇 K인가? (단, 폭포수의 비열은 4.2kJ/(kg·K)이다.)

① 0.87　　　② 0.31　　　③ 0.13　　　④ 0.68

Solution $_1Q_2 = m \cdot C_w \cdot \triangle t = mg \cdot \triangle z$
$1000 \times 4.2 \times \triangle t = 9.8 \times 55, \ \triangle t = 0.128℃$

34 어떤 카르노 열기관이 100℃와 30℃ 사이에서 작동되며 100℃의 고온에서 100kJ의 열을 받아 40kJ의 유용한 일을 한다면 이 열기관에 대하여 가장 옳게 설명한 것은?

① 열역학 제1법칙에 위배된다.
② 열역학 제2법칙에 위배된다.
③ 열역학 제1법칙과 제2법칙에 모두 위배되지 않는다.
④ 열역학 제1법칙과 제2법칙에 모두 위배된다.

Solution ① $\overline{W} = Q_H - Q_L = 100 - 60 = 40\text{kJ}$, 열역학1법칙은 성립됨
② $\dfrac{Q_H}{T_H} = \dfrac{100}{100 + 273} = 0.268\text{kJ/K}, \ \dfrac{Q_L}{T_L} = \dfrac{60}{30 + 273} = 0.198$

30. ③　31. ②　32. ③　33. ③　34. ②　■ Answer

$\dfrac{Q_H}{T_H} \neq \dfrac{Q_L}{T_L}$: 비가역사이클

$\dfrac{Q_H}{T_H} > \dfrac{Q_L}{T_L}$: $\oint \dfrac{\delta Q}{T} < 0$을 만족시키지 못함

35
증기 압축 냉동 사이클로 운전하는 냉동기에서 압축기 입구, 응축기 입구, 증발기 입구의 엔탈피가 각각 387.2kJ/kg, 435.1kJ/kg, 241.8kJ/kg일 경우 성능계수는 약 얼마인가?

① 3.0
② 4.0
③ 5.0
④ 6.0

Solution $\epsilon_r = \dfrac{387.2 - 241.8}{432.1 - 387.2} = 3.04$

36
온도 20℃에서 계기압력 0.183MPa의 타이어가 고속주행으로 온도 80℃로 상승할 때 압력은 주행 전과 비교하여 약 몇 kPa 상승하는가? (단, 타이어의 체적은 변하지 않고, 타이어 내의 공기는 이상기체로 가정한다. 그리고 대기압은 101.3kPa이다.)

① 37kPa
② 58kPa
③ 286kPa
④ 445kPa

Solution $P_2 = P_1 \times \dfrac{T_2}{T_1}$
$= (101.3 + 0.183 \times 10^3) \times \dfrac{80+273}{20+273} = 342.52 \mathrm{kPa}$
$\triangle P = P_2 - P_1 = 342.52 - (101.3 + 0.183 \times 10^3) = 58.22 \mathrm{kPa}$

37
온도가 T_1인 고열원으로부터 온도가 T_2인 저열원으로 열전도, 대류, 복사 등에 의해 Q만큼 열전달이 이루어졌을 때 전체 엔트로피 변화량을 나타내는 식은?

① $\dfrac{T_1 - T_2}{Q(T_1 \times T_2)}$
② $\dfrac{Q(T_1 + T_2)}{T_1 \times T_2}$
③ $\dfrac{Q(T_1 - T_2)}{T_1 \times T_2}$
④ $\dfrac{T_1 + T_2}{Q(T_1 \times T_2)}$

Solution $\triangle s = \dfrac{Q}{T_2} - \dfrac{Q}{T_1} = \dfrac{Q(T_1 - T_2)}{T_1 \times T_2}$, 고열원 열방출⊖, 저열원 열흡수 ⊕

38
1kg의 공기가 100℃를 유지하면서 가역등온팽창하여 외부에 500kJ의 일을 하였다. 이 때 엔트로피의 변화량은 약 몇 kJ/K인가?

① 1.895
② 1.665
③ 1.467
④ 1.340

Solution $\triangle s = \int \dfrac{\delta Q}{T} = \dfrac{500}{100+273} = 1.34 \mathrm{kJ/K}$

Answer ▪ 35. ① 36. ② 37. ③ 38. ④

39 습증기 상태에서 엔탈피 h를 구하는 식은? (단, h_f는 포화액의 엔탈피, h_g는 포화증기의 엔탈피, x는 건도이다.)

① $h = h_f + (xh_g - h_f)$
② $h = h_f + x(h_g - h_f)$
③ $h = h_g + (xh_f - h_g)$
④ $h = h_g + x(h_g - h_f)$

40 이상기체에 대한 관계식 중 옳은 것은? (단, Cp, Cv는 정압 및 정적 비열, k는 비열비이고, R은 기체상수이다.)

① $Cp = Cv - R$
② $Cv = \dfrac{k-1}{k}R$
③ $Cp = \dfrac{k}{k-1}R$
④ $R = \dfrac{Cp + Cv}{2}$

3과목 기계유체역학

41 길이 150m의 배가 10m/s의 속도로 항해하는 경우를 길이 4m의 모형 배로 실험하고자 할 때 모형 배의 속도는 약 몇 m/s로 해야 하는가?

① 0.133
② 0.534
③ 1.068
④ 1.633

Solution $\left(\dfrac{V^2}{\ell \cdot g}\right)_m = \left(\dfrac{V^2}{\ell \cdot g}\right)_p$, $\dfrac{V_m^2}{4} = \dfrac{10^2}{150}$, $V_m = 1.633 \text{m/sec}$

42 그림과 같은 수문(폭×높이 = 3m×2m)이 있을 경우 수문에 작용하는 힘의 작용점은 수면에서 몇 m 깊이에 있는가?

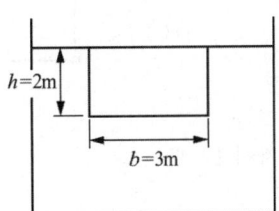

① 약 0.7m
② 약 1.1m
③ 약 1.3m
④ 약 1.5m

Solution $h_p = \dfrac{2}{3}h = \dfrac{2}{3} \times 2 = 1.33\text{m}$

39. ② 40. ③ 41. ④ 42. ③ ■ Answer

43 흐르는 물의 속도가 1.4m/s일 때 속도 수두는 약 몇 m인가?

① 0.2 ② 10 ③ 0.1 ④ 1

Solution $\dfrac{V^2}{2g} = \dfrac{1.4^2}{2 \times 9.8} = 0.1\mathrm{m}$

44 다음의 무차원수 중 개수로와 같은 자유표면 유동과 가장 밀접한 관련이 있는 것은?

① Euler수 ② Froude수
③ Mach수 ④ Plandtl수

Solution $F_r = \dfrac{관성력}{중력}$

45 x, y 평면의 2차원 비압축성 유동장에서 유동함수(stream function) ψ는 $\psi = 3xy$로 주어진다. 점(6, 2)과 점(4, 2)사이를 흐르는 유량은?

① 6 ② 12 ③ 16 ④ 24

Solution $v = \dfrac{\partial \psi}{\partial x} = 3y, \ q = b \cdot v = (6-4) \times (3 \times 2) = 12$

46 원통 속의 물이 중심축에 대하여 ω의 각속도로 강체와 같이 등속회전하고 있을 때 가장 압력이 높은 지점은?

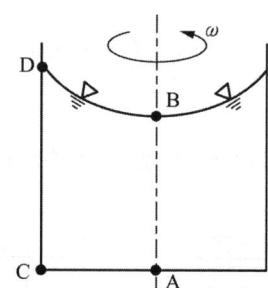

① 바닥면의 중심점 A ② 액체 표면의 중심점 B
③ 바닥면의 가장자리 C ④ 액체 표면의 가장자리 D

Solution 압력은 자유표면으로부터 수직깊이 h에 비례

47 개방된 탱크 내에 비중이 0.8인 오일이 가득 차 있다. 대기압이 101kPa라면, 오일 탱크 수면으로부터 3m 깊이에서 절대압력은 약 몇 kPa인가?

① 25 ② 249
③ 12.5 ④ 125

Solution $P_a = P_o + p_g = 101 + (0.8 \times 9.8 \times 3) = 124.52\mathrm{kPa}$

Answer ■ 43. ③ 44. ② 45. ② 46. ③ 47. ④

48 그림과 같이 물이 고여있는 큰 댐 아래에 터빈이 설치되어 있고, 터빈의 효율이 85%이다. 터빈 이외에서의 다른 모든 손실을 무시할 때 터빈의 출력은 약 몇 kW인가? (단, 터빈 출구관의 지름은 0.8m, 출구속도 V는 10m/s이고 출구 압력은 대기압이다.)

① 1043
② 1227
③ 1470
④ 1732

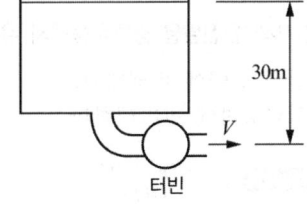

Solution $h_t = 30 - \dfrac{10^2}{2 \times 9.8} = 24.9 \text{mm}$

$L_t = \eta \cdot \gamma_w \cdot A \cdot V \cdot h_t = 0.85 \times 9.8 \times \dfrac{\pi \times 0.8^2}{4} \times 10 \times 24.9 = 1042.6 \text{kW}$

49 2차원 정상유동의 속도 방정식이 $V = 3(-xi + yj)$라고 할 때, 이 유동의 유선의 방정식은? (단, C는 상수를 의미한다.)

① $xy = C$ ② $y/x = C$ ③ $x^2 y = C$ ④ $x^3 y = C$

Solution $\dfrac{dx}{x} = \dfrac{dy}{y}, \quad -\dfrac{dx}{x} = \dfrac{dy}{y}$

$-\ell_n x + \ell_n c = \ell_n y, \quad \dfrac{c}{x} = y, \quad xy = c$

50 지름 2cm의 노즐을 통하여 평균속도 0.5m/s로 자동차의 연료 탱크에 비중 0.9인 휘발유 20kg을 채우는데 걸리는 시간은 약 몇 s인가?

① 66   ② 78   ③ 102   ④ 141

Solution $\dot{m} = \dfrac{m}{t} = \rho A \cdot V, \quad t = \dfrac{20}{900 \times \dfrac{\pi \times 0.02^2}{4} \times 0.5} = 141.47 \text{sec}$

51 체적탄성계수가 2.086GPa인 기름의 체적을 1% 감소시키려면 가해야 할 압력은 몇 Pa인가?

① 2.086×10^7 ② 2.086×10^4
③ 2.086×10^3 ④ 2.086×10^2

Solution $k = \dfrac{\Delta P}{-\Delta V/V}, \quad \Delta P = 2.086 \times 10^9 \times 10^{-2} = 2.086 \times 10^{-7} \text{Pa}$

52 경계층의 박리(separation)현상이 일어나기 시작하는 위치는?

① 하류방향으로 유속이 증가할 때
② 하류방향으로 압력이 감소할 때
③ 경계층 두께가 0으로 감소될 때
④ 하류방향의 압력기울기가 역으로 될 때

48. ①   49. ①   50. ④   51. ①   52. ④   ■ Answer

> **Solution** 박리의 주원인은 역압력 구배

53 원관 내의 완전발달 층류유동에서 유량에 대한 설명으로 옳은 것은?
① 관의 길이에 비례한다.
② 관 지름의 제곱에 반비례한다.
③ 압력강하에 반비례한다.
④ 점성계수에 반비례한다.

> **Solution** $Q = \dfrac{\Delta p \cdot \pi \cdot d^4}{128 \mu \ell}$

54 표면장력의 차원으로 맞는 것은? (단, M : 질량, L : 길이, T : 시간)
① MLT^{-2}
② ML^2T^{-1}
③ $ML^{-1}T^{-2}$
④ MT^{-2}

> **Solution** $\sigma : FL^{-1} = MT^{-2}$

55 수평으로 놓인 안지름 5cm인 곧은 원관 속에서 점성계수 0.4Pa·s의 유체가 흐르고 있다. 관의 길이가 1m당 압력강하가 8kPa이고 흐름 상태가 층류일 때 관 중심부에서의 최대 유속(m/s)은?
① 3.125
② 5.217
③ 7.312
④ 9.714

> **Solution** $U_{max} = \dfrac{\Delta P \cdot d^2}{16 \mu \ell} = \dfrac{8 \times 10^3 \times 0.05^2}{16 \times 0.4 \times 1} = 3.125 \text{m/sec}$

56 그림과 같이 비중 0.8인 기름이 흐르고 있는 개수로에 단순 피토관을 설치하였다. △h = 20mm, h = 30mm일 때 속도 V는 약 몇 m/s인가?
① 0.56
② 0.63
③ 0.77
④ 0.99

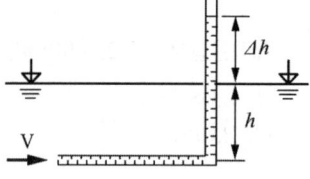

> **Solution** $V = \sqrt{2g \cdot \Delta h} = \sqrt{2 \times 9.8 \times 0.02} = 0.626 \text{m/sec}$

57 벽면에 평행한 방향의 속도(u) 성분만이 있는 유동장에서 전단응력을 τ, 점성 계수를 μ, 벽면으로부터의 거리를 y로 표시하면 뉴턴의 점성법칙을 옳게 나타낸 식은?
① $\tau = \mu \dfrac{dy}{du}$
② $\tau = \mu \dfrac{du}{dy}$
③ $\tau = \dfrac{1}{\mu} \dfrac{du}{dy}$
④ $\mu = \tau \sqrt{\dfrac{du}{dy}}$

Answer ■ 53. ④ 54. ④ 55. ④ 56. ② 57. ②

58 여객기가 888km/h로 비행하고 있다. 엔진의 노즐에서 연소가스를 375m/s로 분출하고, 엔진의 흡기량과 배출되는 연소가스의 양은 같다고 가정한다면 엔진의 추진력은 약 몇 N인가? (단, 엔진의 흡기량은 30kg/s 이다.)

① 3850N
② 5325N
③ 7400N
④ 11250N

Solution $F = \dot{m} \cdot (V_2 - V_1) = 30 \times \left(375 - 888 \times \frac{1000}{3600}\right) = 3850\text{N}$

59 구형 물체 주위의 비압축성 점성 유체의 흐름에서 유속이 대단히 느릴 때(레이놀즈수가 1보다 작을 경우) 구형 물체에 작용하는 항력 D_r은? (단, 구의 지름은 d, 유체의 점성계수를 μ, 유체의 평균속도를 V라 한다.)

① $D_r = 3\pi\mu dV$
② $D_r = 6\pi\mu dV$
③ $D_r = \dfrac{3\pi\mu dV}{g}$
④ $D_r = \dfrac{3\pi dV}{\mu g}$

60 지름이 10mm의 매끄러운 관을 통해서 유량 0.02L/s의 물이 흐를 때 길이 10m에 대한 압력손실은 약 몇 Pa 인가? (단, 물의 동점성계수는 $1.4 \times 10^{-6}\text{m}^2/\text{s}$이다.)

① 1.140Pa
② 1.819Pa
③ 1140Pa
④ 1819Pa

Solution $\Delta P = \dfrac{128\mu \cdot \ell \cdot Q}{\pi \cdot d^4} = \dfrac{128 \times (1000 \times 1.4 \times 10^{-6}) \times 10 \times (0.02 \times 10^{-3})}{\pi \times 0.01^4} = 1140.82\text{Pa}$

4과목 기계재료 및 유압기기

61 다음은 일반적으로 수지에 나타나는 배향 특성에 대한 설명으로 틀린 것은?

① 금형온도가 높을수록 배향은 커진다.
② 수지의 온도가 높을수록 배향이 작아진다.
③ 사출 시간이 증가할수록 배향이 증대된다.
④ 성형품의 살두께가 얇아질수록 배향이 커진다.

Solution 배향이란 물질을 구성하는 최소입자결정들이 일정 방향으로 배열되는 것으로 수지는 온도가 높을수록 배향은 커진다.

58. ① 59. ① 60. ③ 61. ① ■ Answer

62 표점거리가 100mm, 시험편의 평행부 지름이 14mm인 시험편을 최대하중 6400kgf로 인장한 후 표점거리가 120mm로 변화 되었을 때 인장강도는 약 몇 kg𝑓/mm²인가?

① 10.4　　　　　　　　　② 32.7
③ 41.6　　　　　　　　　④ 61.4

Solution $\sigma = \dfrac{6400}{\dfrac{\pi}{4} \times 14^2} = 41.58 \text{kg}_f/\text{mm}^2$

63 금속침투법 중 Zn을 강 표면에 침투 확산시키는 표면처리법은?

① 크로마이징　　　　　　② 세라다이징
③ 칼로라이징　　　　　　④ 보로나이징

Solution ① Cr – 크로마이징
② B – 브로나이징
③ $A\ell$ – 칼로라이징

64 다음 그림과 같은 상태도의 명칭은?

① 편정형 고용체 상태도
② 전율 고용체 상태도
③ 공정형 한율 상태도
④ 부분 고용체 상태도

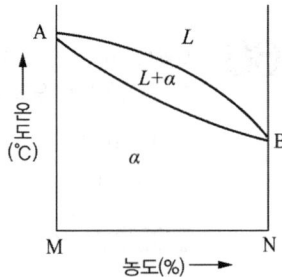

Solution 전율고용체 : 어떤 비율로 혼합을 하더라도 단상을 유지하는 고용체로 니켈과 구리, 니켈과 코발트 등의 합금 형태가 있다.

65 황(S) 성분이 적은 선철을 용해로에서 용해한 후 주형에 주입 전 Mg, Ca 등을 첨가시켜 흑연을 구상화한 주철은?

① 합금주철　　　　　　　② 칠드주철
③ 가단주철　　　　　　　④ 구상흑연주철

Solution 구상화를 시키는 금속으로 Mg, Ca, Ce 등이 있다.

66 금속나트륨 또는 플루오르화 알칼리 등의 첨가에 의해 조직이 미세화 되어 기계적 성질의 개선 및 가공성이 증대되는 합금은?

① Al-Si　　　　　　　　② Cu-Sn
③ Ti-Zr　　　　　　　　④ Cu-Zn

Answer ■ 62. ③　63. ②　64. ②　65. ④　66. ①

> **Solution** ① Al-Si : 실루민　　② Cu-Zn : 황동
> ③ Cu-Sn : 청동

67 다음 합금 중 베어링용 합금이 아닌 것은?
① 화이트메탈　　② 켈밋합금
③ 배빗메탈　　④ 문쯔메탈

> **Solution** 문쯔메탈 : Cu 60-Zn 40 황동

68 상온에서 순철의 결정격자는?
① 체심입방격자　　② 면심입방격자
③ 조밀육방격자　　④ 정방격자

> **Solution** A_2 변태점 이하에서 체심입방격자

69 탄소함유량이 0.8%가 넘는 고탄소강의 담금질 온도로 가장 적당한 것은?
① A_1 온도보다 30~50℃ 정도 높은 온도
② A_2 온도보다 30~50℃ 정도 높은 온도
③ A_3 온도보다 30~50℃ 정도 높은 온도
④ A_4 온도보다 30~50℃ 정도 높은 온도

70 영구 자석강이 갖추어야 할 조건으로 가장 적당한 것은?
① 잔류자속 밀도 및 보자력이 모두 클 것
② 잔류자속 밀도 및 보자력이 모두 작을 것
③ 잔류자속 밀도가 작고 보자력이 클 것
④ 잔류자속 밀도가 크고 보자력이 작을 것

> **Solution** 자석강 구비조건
> ① 전류자기, 보자력이 클 것
> ② 진동, 충격 등에 자성이 쉽게 변하지 않을 것
> ③ 미세결정입자가 많을수록 좋다.

71 체크밸브, 릴리프 밸브 등에서 압력이 상승하고 밸브가 열리기 시작하여 어느 일정한 흐름의 양이 인정되는 압력은?
① 토출 압력　　② 서지 압력
③ 크래킹 압력　　④ 오버라이드 압력

67. ④　68. ①　69. ①　70. ①　71. ③　■ Answer

72 그림은 KS 유압 도면기호에서 어떤 밸브를 나타낸 것인가?

① 릴리프 밸브
② 무부하 밸브
③ 시퀀스 밸브
④ 감압 밸브

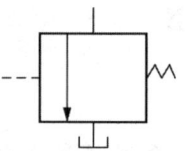

73 다음 유압회로는 어떤 회로에 속하는가?

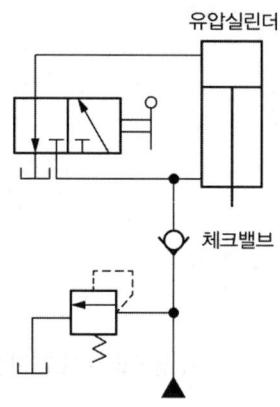

① 로크 회로
② 무부하 회로
③ 블리드 오프 회로
④ 어큐뮬레이터 회로

> Solution 로크 회로 : 유입유를 부여해 작동한 액츄에이터가 유압유 공급을 중단해도 그 상태를 그대로 유지하는 회로

74 유압모터의 종류가 아닌 것은?

① 회전피스톤 모터
② 베인 모터
③ 기어 모터
④ 나사 모터

> Solution 회전운동을 하는 유압 모터의 종류로는 기어 모터, 베인 모터, 피스톤 모터 등이 있다.

75 유압 베인 모터의 1회전 당 유량이 50cc일 때, 공급 압력을 800N/cm², 유량을 30L/min으로 할 경우 베인 모터의 회전수는 약 몇 rpm인가? (단, 누설량은 무시한다.)

① 600
② 1200
③ 2666
④ 5333

> Solution $Q = q \cdot N$, $N = \dfrac{30 \times 10^3}{50} = 600 \, \text{rpm}$

Answer ■ 72. ② 73. ① 74. ④ 75. ①

76 그림과 같은 유압 잭에서 지름이 $D_2 = 2D_1$일 때 누르는 힘 F_1과 F_2의 관계를 나타낸 식으로 옳은 것은?

① $F_2=F_1$
② $F_2=2F_1$
③ $F_2=4F_1$
④ $F_2=8F_1$

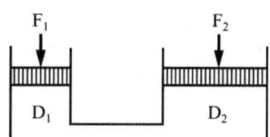

Solution $P_1 = P_2$
$\frac{F_1}{A_1} = \frac{F_2}{A_2}$, $F_1 = \frac{A_1}{A_2}$, $F_2 = \frac{A_1}{4A_1}$, $F_2 = 4F_1$

77 다음 어큐뮬레이터의 종류 중 피스톤 형의 특징에 대한 설명으로 가장 적절하지 않는 것은?

① 대형도 제작이 용이하다.
② 축유량을 크게 잡을 수 있다.
③ 형상이 간단하고 구성품이 적다.
④ 유실에 가스 침입의 염려가 없다.

78 주로 펌프의 흡입구에 설치되어 유압작동유의 이물질을 제거하는 용도로 사용하는 기기는?

① 드레인 플러그
② 스트레이너
③ 블래더
④ 배플

Solution 여과장치로는 스트레이너와 필터가 있다.

79 카운터 밸런스 밸브에 관한 설명으로 옳은 것은?

① 두 개 이상의 분기 회로를 가질 때 각 유압 실린더를 일정한 순서로 순차 작동시킨다.
② 부하의 낙하를 방지하기 위해서, 배압을 유지하는 압력제어 밸브이다.
③ 회로 내의 최고 압력을 설정해 준다.
④ 펌프를 무부하 운전시켜 동력을 절감시킨다.

Solution ① : 순차제어밸브(시퀀스제어밸브)
③ : 릴리프밸브
④ : 무부하 밸브

80 유압 기본회로 중 미터인 회로에 대한 설명으로 옳은 것은?

① 유량제어 밸브는 실린더에서 유압작동유의 출구 측에 설치한다.
② 유량제어 밸브를 탱크로 바이패스 되는 관로 쪽에 설치한다.
③ 릴리프밸브를 통하여 분기되는 유량으로 인한 동력손실이 크다.
④ 압력설정 회로로 체크밸브에 의하여 양방향만의 속도가 제어된다.

76. ③ 77. ④ 78. ② 79. ② 80. ③ ■ Answer

> **Solution** 미터인회로 : 작동기 입구쪽에 유량조절밸브를 설치하여 작동기의 속도를 제어하는 회로이다.

5과목 기계제작법 및 기계동력학

81 압축된 스프링으로 100g의 추를 밀어올려 위에 있는 종을 치는 완구를 설계하려고 한다. 스프링 상수가 80N/m라면 종을 치게 하기 위한 최소의 스프링 압축량은 약 몇 cm인가? (단, 그림의 상태는 스프링이 전혀 변형되지 않은 상태이며 추가 종을 칠 때는 이미 추와 스프링은 분리된 상태이다. 또한 중력은 아래로 작용하고 스프링의 질량은 무시한다.)

① 8.5cm
② 9.9cm
③ 10.6cm
④ 12.4cm

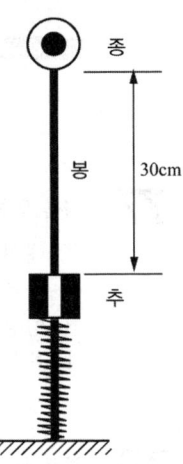

> **Solution** 스프링이 S_o만큼 회복되는 것을 기준으로 에너지보존 적용
> $$\frac{1}{2}mV_o^2 + mgs_o + \frac{1}{2}Ks_o^2 = \frac{1}{2}mV_1^2 + mgZ_1 + \frac{1}{2}Ks_1^2$$
> $V_o = o,\ S_1 = o,\ Z_1 = o,\ Z_o = S_o$
> $$mgS_o + \frac{1}{2}Ks_o^2 = \frac{1}{2}mV_1^2$$
> $$\frac{1}{2}mV_1^2 + mgZ_1 = \frac{1}{2}mV_2^2 + mgZ_2$$
> $V_2 = o,\ Z_2 = 0.3 - S_o$
> $$\frac{1}{2}mV_1^2 = mg(0.3 - S_o) = mgS_o + \frac{1}{2}K \cdot S_o^2$$
> $$\frac{1}{2}KS_o^2 + 2mgs_o - 0.3 \cdot m \cdot g = 0$$
> $$40S_o^2 + 1.96S_o - 0.294 = 0$$
> $$S_o = \frac{-1.96 + \sqrt{1.96^2 + (4 \times 80 \times 0.294)}}{2 \times 40} = 0.0099\text{m} = 9.9\text{cm}$$

82 그림과 같은 진동계에서 무게 W는 22.68N, 댐핑계수 C는 0.0579N·s/cm, 스프링정수 K가 0.357N/cm일 때 감쇠비(damping ratio)는 약 얼마인가?

① 0.19
② 0.22
③ 0.27
④ 0.32

> **Solution** $w = \sqrt{\frac{K}{m}} = \sqrt{\frac{9.8 \times 0.357 \times 100}{22.68}} = 3.928$
> $C_c = \frac{2K}{w} = \frac{2 \times 0.357 \times 100}{3.928} = 18.18,\ \psi = \frac{C}{C_c} = \frac{0.0579 \times 100}{18.18} = 0.32$

Answer ■ 81. ② 82. ④

83 경사면에 질량 M의 균일한 원기둥이 있다. 이 원기둥에 감겨 있는 실을 경사면과 동일한 방향으로 위쪽으로 잡아당길 때, 미끄럼이 일어나지 않기 위한 실의 장력 T의 조건은? (단, 경사면의 각도를 α, 경사면과 원기둥 사이의 마찰계수를 μ_s, 중력가속도를 g라 한다.)

① $T \leq Mg(3\mu_s \sin\alpha + \cos\alpha)$
② $T \leq Mg(3\mu_s \sin\alpha - \cos\alpha)$
③ $T \leq Mg(3\mu_s \cos\alpha + \sin\alpha)$
④ $T \leq Mg(3\mu_s \cos\alpha - \sin\alpha)$

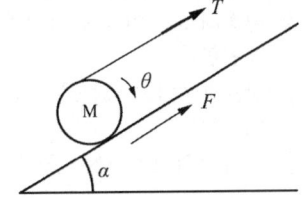

Solution $\sum F_t = M \cdot a$; $T + \mu_s Mg \cdot \cos\alpha - Mg \cdot \sin\alpha = M \cdot \gamma \cdot \alpha$
$\sum M_G = J \cdot a$; $T \cdot r - \mu_s \cdot Mg \cdot \cos\alpha \cdot r + Mg \cdot \sin\alpha \cdot r = M \cdot \gamma \cdot \alpha \cdot r = \frac{1}{2} M \cdot r^2 \cdot \alpha$
$Mg \cdot \sin\alpha \cdot r$; 무시, 장력 T에 의한 회전시 마찰토크 발생
$M \cdot r \cdot \alpha = 2T - 2\mu_s \cdot Mg \cdot \cos\alpha = T + \mu_s Mg \cdot \cos\alpha - Mg \cdot \sin\alpha$
$T = 3\mu_s \cdot Mg \cdot \cos\alpha - Mg \cdot \sin\alpha$
∴ $T \leq Mg(3\mu_s \cdot \cos\alpha - \sin\alpha)$
T가 우변항 보다 크면 미끄럼 발생

84 펌프가 견고한 지면 위의 네 모서리에 하나씩 총 4개의 동일한 스프링으로 지지되어 있다. 이 스프링의 정적 처짐이 3cm일 때, 이 기계의 고유진동수는 약 몇 Hz인가?

① 3.5 ② 7.6 ③ 2.9 ④ 4.8

Solution $w_n = \sqrt{\dfrac{g}{\delta}} = \sqrt{\dfrac{9.8}{0.03}} = 18.07$
$f = \dfrac{w_n}{2\pi} = \dfrac{18.07}{2\pi} = 2.86\text{Hz}$

85 그림과 같이 2개의 질량이 수평으로 놓인 마찰이 없는 막대 위를 미끄러진다. 두 질량의 반발계수가 0.6일 때 충돌 후 A의 속도(v_A)와 B의 속도(v_B)로 옳은 것은? (단, 오른쪽 방향이 +이다.)

① v_A=3.65m/s, v_B=1.25m/s
② v_A=1.25m/s, v_B=3.65m/s
③ v_A=3.25m/s, v_B=1.65m/s
④ v_A=1.65m/s, v_B=3.25m/s

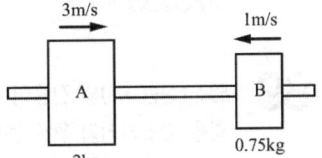

Solution $e = \dfrac{-(V_A - B_B)}{V_{A_0} - V_{B_0}}$, $V_A - V_B = -2.4$
$m_A \cdot V_{A_0} + m_B \cdot V_{B_0} = m_A \cdot V_A + m_B \cdot V_B$
$6 - 0.75 = 2V_A + 0.75V_B = 5.25$
$2(-2.4 + V_B) + 0.75V_B = 5.25$
$V_B = 3.65\text{m/sec}$, $V_A = 1.25\text{m/sec}$

83. ④   84. ③   85. ② ■ Answer

86 다음 설명 중 뉴턴(Newton)의 제1법칙으로 맞는 것은?

① 질점의 가속도는 작용하고 있는 합력에 비례하고 그 합력의 방향과 같은 방향에 있다.
② 질점에 외력이 작용하지 않으면, 정지상태를 유지하거나 일정한 속도로 일직선상에서 운동을 계속한다.
③ 상호작용하고 있는 물체간의 작용력과 반작용력은 크기가 같고 방향이 반대이며, 동일직선상에 있다.
④ 자유낙하하는 모든 물체는 같은 가속도를 가진다.

Solution 뉴턴의 제1법칙=관성의 법칙

87 그림과 같은 질량 3kg인 원판의 반지름이 0.2m일 때, x-x'축에 대한 질량 관성모멘트의 크기는 약 몇 kg·m²인가?

① 0.03
② 0.04
③ 0.05
④ 0.06

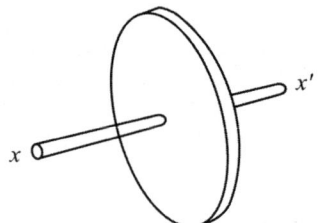

Solution $J = \frac{1}{2}mr^2 = \frac{1}{2} \times 3 \times 0.2^2 = 0.06 \text{kg} \cdot \text{m}^2$

88 공을 지면에서 수직방향으로 9.81m/s의 속도로 던져졌을 때 최대 도달 높이는 지면으로부터 약 몇 m인가?

① 4.9
② 9.8
③ 14.7
④ 19.6

Solution $h = \frac{V^2}{2g} = \frac{9.81^2}{2 \times 9.8} = 4.91\text{m}$

89 엔진(질량 m)의 진동이 공장바닥에 직접 전달될 때 바닥에는 힘이 $F_0 \sin wt$로 전달된다. 이 때 전달되는 힘을 감소시키기 위해 엔진과 바닥 사이에 스프링(스프링상수 k)과 댐퍼(감쇠계수 c)를 달았다. 이를 위해 진동계의 고유진동수(w_n)와 외력의 진동수(w)는 어떤 관계를 가져야 하는가? (단, $w_n = \sqrt{\frac{k}{m}}$ 이고, t는 시간을 의미한다.)

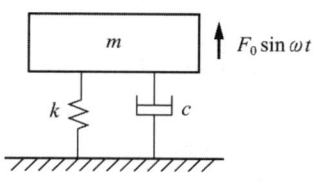

① $w_n < w$
② $w_n > w$
③ $w_n < \frac{w}{\sqrt{2}}$
④ $w_n > \frac{w}{\sqrt{2}}$

Answer ■ 86. ② 87. ④ 88. ① 89. ③

> **Solution** 전달률 TR≒1.0이면 $\frac{w}{w_n} = \sqrt{2}$, TR<1.0이면 $\frac{w}{w_n} < \sqrt{2}$, $w_n > \frac{w}{\sqrt{2}}$

90 그림(a)를 그림(b)와 같이 모형화 했을 때 성립되는 관계식은?

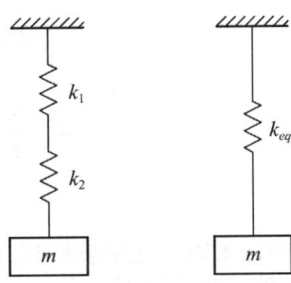

① $\frac{1}{k_{eq}} = \frac{1}{k_1} + \frac{1}{k_2}$　　　　② $k_{eq} = k_1 + k_2$

③ $k_{eq} = k_1 + \frac{1}{k_2}$　　　　④ $k_{eq} = \frac{1}{k_1} + \frac{1}{k_2}$

> **Solution** 직렬연결일 경우 합성스프링상수의 역수는 각 스프링상수의 역수의 합과 같다.

91 사형(砂型)과 금속형(金屬型)을 사용하며 내마모성이 큰 주물을 제작할 때 표면은 백주철이 되고 내부는 회주철이 되는 주조 방법은?

① 다이캐스팅법　② 원심주조법　③ 칠드주조법　④ 셀주조법

> **Solution** ① 다이캐스팅 : 금형 주형 사용
> ② 원심주조법 : 원심력으로 인한 중공형 주물생산
> ③ 셀주조법 : 금형에 열경화성 분말을 뿌려 만든 주형 사용

92 불활성 가스가 공급되면서 용가재인 소모성 전극와이어를 연속적으로 보내서 아크를 발생시켜 용접하는 불활성 가스 아크 용접법은?

① MIG 용접　② TIG 용접　③ 스터드 용접　④ 레이저 용접

> **Solution** ① MIG 용접 : 일반금속 용접봉 사용
> ② TIG용접 : 텅스텐 용접봉 사용

93 절삭 공구에 발생하는 구성 인선의 방지법이 아닌 것은?

① 절삭 깊이를 작게 할 것
② 절삭 속도를 느리게 할 것
③ 절삭 공구의 인선을 예리하게 할 것
④ 공구 윗면 경사각(rake angle)을 크게 할 것

90. ① 　91. ③ 　92. ① 　93. ② ■ Answer

Solution 윤활성이 있는 절삭유를 사용하고 고속으로 절삭한다.

94 압연가공에서 압하율을 나타내는 공식은? (단, H_o는 압연전의 두께, H_1은 압연후의 두께이다.)

① $\dfrac{H_1 - Ho}{H_1} \times 100\,(\%)$ ② $\dfrac{Ho - H_1}{Ho} \times 100\,(\%)$

③ $\dfrac{H_1 + Ho}{Ho} \times 100\,(\%)$ ④ $\dfrac{H_1}{Ho} \times 100\,(\%)$

95 0℃ 이하의 온도에서 냉각시키는 조직으로 공구강의 경도 증가 및 성능을 향상시킬 수 있으며, 담금질된 오스테나이트를 마텐자이트화하는 열처리법은?

① 질량 효과(mass effect)   ② 완전 풀림(full annealing)
③ 화염 경화(frame hardening)   ④ 심냉 처리(sub-zero treatment)

96 연삭가공을 한 후 가공표면을 검사한 결과 연삭 크랙(crack)이 발생되었다. 이 때 조치하여야 할 사항으로 옳지 않은 것은?

① 비교적 경(硬)하고 연삭성이 좋은 지석을 사용하고 이송을 느리게 한다.
② 연삭액을 사용하여 충분히 냉각시킨다.
③ 결합도가 연한 숫돌을 사용한다.
④ 연삭 깊이를 적게 한다.

97 다음 중 아크(Arc) 용접봉의 피복제 역할에 대한 설명으로 가장 적절한 것은?

① 용착효율을 낮춘다.
② 전기 통전 작용을 한다.
③ 응고와 냉각속도를 촉진시킨다.
④ 산화방지와 산화물의 제거작용을 한다.

Solution 용착금속과 공기의 접촉을 막아 산화와 질화를 방지하며 양질의 용착금속을 얻을 수 있도록 도와준다.

98 다음 중 연삭숫돌의 결합제(bond)로 주성분이 점토와 장석이고, 열에 강하고 연삭액에 대해서도 안전하므로 광범위하게 사용되는 결합제는?

① 비트리파이드   ② 실리케이트
③ 레지노이드   ④ 셸락

Solution 레지노이드 : 합성수지사용

Answer ■ 94. ②   95. ④   96. ①   97. ④   98. ①

99 두께 4mm인 탄소강판에 지름 1000mm의 펀칭을 할 때 소요되는 동력은 약 kW 인가? (단, 소재의 전단저항은 245.25MPa, 프레스 슬라이드의 평균속도는 5m/min, 프레스의 기계효율(η)은 65%이다.)

① 146
② 280
③ 396
④ 538

Solution $L = \dfrac{245.25 \times 10^6 \times (\pi \times 1 \times 0.004) \times 5}{60 \times 1000 \times 0.65} = 395.12 \text{kW}$

100 회전하는 상자 속에 공작물과 숫돌입자, 공작액, 콤파운드 등을 넣고 서로 충돌시켜 표면의 요철을 제거하며 매끈한 가공면을 얻는 가공법은?

① 호닝(honing)
② 배럴(barrel) 가공
③ 숏 피닝(shot peening)
④ 슈퍼 피니싱(super finishing)

99. ③   100. ②   ■ Answer

2018 기출문제
8월 19일 시행

1과목 재료역학

1 다음 단면에서 도심의 y축 좌표는 얼마인가?

① 30
② 34
③ 40
④ 44

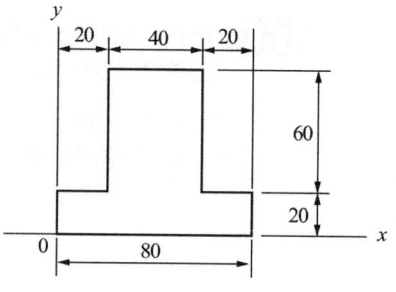

Solution $\bar{y} = \dfrac{A_1 \cdot y_1 + A_2 \cdot y_2}{A_1 + A_2} = \dfrac{80 \times 20 \times 10 + 40 \times 60 \times 50}{80 \times 20 + 40 \times 60} = 34$

2 그림과 같이 원형 단면을 갖는 외팔보에 발생하는 최대 굽힙응력 σ_b는?

① $\dfrac{32P\ell}{\pi d^3}$
② $\dfrac{32P\ell}{\pi d^4}$
③ $\dfrac{6P\ell}{\pi d^2}$
④ $\dfrac{\pi d}{6P\ell}$

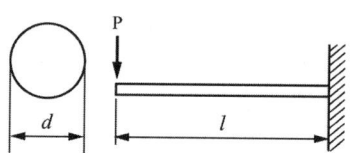

Solution $\sigma_{\max} = \dfrac{M_{\max}}{Z} = \dfrac{32 \times P \cdot \ell}{\pi d^3}$

3 양단이 힌지로 된 길이 4m인 기둥의 임계하중을 오일러 공식을 사용하여 구하면 약 몇 N인가? (단, 기둥의 세로탄성계수 E=200GPa이다.)

① 1645
② 3290
③ 6580
④ 13160

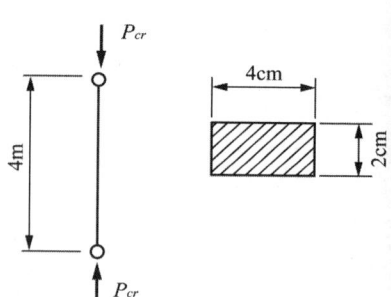

Solution $P_{cr} = \dfrac{n\pi^2 E \cdot I}{\ell^2} = \dfrac{1 \times \pi^2 \times 200 \times 10^9 \times 0.04 \times 0.02^3}{4^2 \times 12} = 3289.87\text{N}$

Answer ■ 1. ② 2. ① 3. ②

4 길이가 50cm인 외팔보의 자유단에 정적인 힘을 가하여 자유단에서의 처짐량이 1cm가 되도록 외팔보를 탄성변형 시키려고 한다. 이때 필요한 최소한의 에너지는 약 몇 J인가? (단, 외팔보의 세로탄성계수는 200GPa, 단면은 한 변의 길이가 2cm인 정사각형이라고 한다.)

① 3.2 ② 6.4 ③ 9.6 ④ 12.8

Solution
$$\delta = \frac{P \cdot \ell^3}{3EI}$$
$$U = \frac{1}{2}P \cdot \delta = \frac{3E \cdot I \cdot \delta^2}{2\ell^3} = \frac{3 \times 200 \times 10^9 \times 0.02^4 \times 0.01^2}{2 \times 0.5^3 \times 12} = 3.2\text{J}$$

5 그림에서 클램프(clamp)의 압축력이 P=5kN일 때 m-n 단면의 최소두께 h를 구하면 약 몇 cm인가? (단, 직사각형 단면의 폭 b=10mm, 편심거리 e=50mm, 재료의 허용응력 σ_w=200MPa이다.)

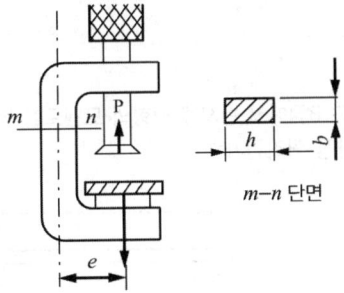

① 1.34 ② 2.34 ③ 2.86 ④ 3.34

Solution
$$\sigma_w = \frac{P}{A} + \frac{M}{Z} = \frac{P}{b \cdot h} + \frac{6 \cdot P \cdot e}{b \cdot h^2}$$
$$200 \times 10^6 = \frac{5 \times 10^3}{0.01 \times h} + \frac{6 \times 5 \times 10^3 \times 0.05}{0.01 \times h^2}$$
$$200 \times 10^6 \cdot h^2 - 0.5 \times 10^6 h - 0.15 \times 10^6 = 0$$
$$200h^2 - 0.5h - 0.15 = 0$$
$$h = \frac{0.5 + \sqrt{0.5^2 + 4 \times 200 \times 0.15}}{2 \times 200} = 0.0286\text{m} = 2.86\text{cm}$$

6 강선의 지름이 5mm이고 코일의 반지름이 50mm인 15회 감긴 스프링이 있다. 이 스프링에 힘이 작용할 때 처짐량이 50mm일 때, P는 약 몇 N인가? (단, 재료의 전단탄성계수는 G=100Gpa이다.)

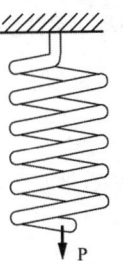

① 18.32 ② 22.08 ③ 26.04 ④ 28.43

4. ① 5. ③ 6. ③ ■ Answer

Solution $\delta = \dfrac{64 \cdot n \cdot P \cdot R^3}{G \cdot d^4}$

$50 = \dfrac{64 \times 15 \times P \times 50^3}{100 \times 10^3 \times 5^4}$, $P = 26.04\text{N}$

7 지름 d인 강봉의 지름을 2배로 했을 때 비틀림 강도는 몇 배가 되는가?

① 2배 ② 4배 ③ 8배 ④ 16배

Solution $d_1 = d$, $d_2 = 2d$

$T = \tau \cdot Z_P = \tau \cdot \dfrac{\pi d^3}{16}$

$T \propto d^3$, $\dfrac{T_1}{T_2} = \dfrac{d^3}{(2 \cdot d)^3} = \dfrac{1}{8}$

$T_2 = 8 T_1$

8 그림과 같이 단순 지지보가 B점에서 반시계 방향의 모멘트를 받고 있다. 이때 최대의 처짐이 발생하는 곳은 A점으로부터 얼마나 떨어진 거리인가?

① $\dfrac{L}{2}$ ② $\dfrac{L}{\sqrt{2}}$ ③ $L(1 - \dfrac{1}{\sqrt{3}})$ ④ $\dfrac{L}{\sqrt{3}}$

Solution ① 공액보 적용 : $R_A = \dfrac{M_B \cdot L}{6}$

② $M_x = \dfrac{M_B \cdot L}{6} \cdot x$

③ 탄성곡선 미분방정식 적용 $\dfrac{\partial^2 y}{\partial x^2} = -\dfrac{M_x}{E \cdot I} = -\dfrac{M_B \cdot L \cdot x}{6EI}$

④ 두 번 적분하여 경계조건 대입정리

$\dfrac{\partial y}{\partial x} = -\dfrac{M_B \cdot L \cdot x^2}{12 E \cdot I} + \dfrac{M_B \cdot L^3}{36 EI}$

⑤ $\dfrac{\partial y}{\partial x} = 0$, $x = \dfrac{L}{\sqrt{3}}$

9 포아송(Poission)비가 0.3인 재료에서 세로탄성계수(E)와 가로탄성계수(G)의 비(E/G)는?

① 0.15   ② 1.5   ③ 2.6   ④ 3.2

Solution $G = \dfrac{E}{2(1+\mu)}$

$\dfrac{E}{G} = 2(1+\mu) = 2 \times (1+0.3) = 2.6$

Answer ■ 7. ③   8. ④   9. ③

10 그림과 같은 양단 고정보에서 고정단 A에서 발생하는 굽힘 모멘트는? (단, 보의 굽힘 강성계수는 EI이다.)

① $M_A = \dfrac{Pab}{L}$

② $M_A = \dfrac{Pab(a-b)}{L}$

③ $M_A = \dfrac{Pab}{L} \times \dfrac{a}{L}$

④ $M_A = \dfrac{Pab}{L} \times \dfrac{b}{L}$

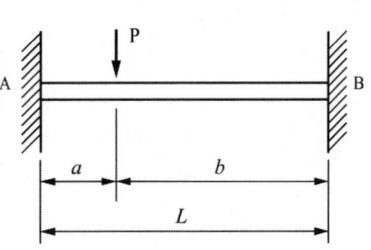

Solution 공액보 적용시켜 풀어야 함

① $R_A = \dfrac{P \cdot b^2}{L^3}(3a+b)$

② $R_B = \dfrac{P \cdot a^2}{L^3}(a+3b)$

③ $M_A = \dfrac{P \cdot a \cdot b^2}{L^2}$

④ $M_B = \dfrac{P \cdot a^2 \cdot b}{L^2}$

11 그림과 같은 선형 탄성 균일단면 외팔보의 굽힘 모멘트 선도로 가장 적당한 것은?

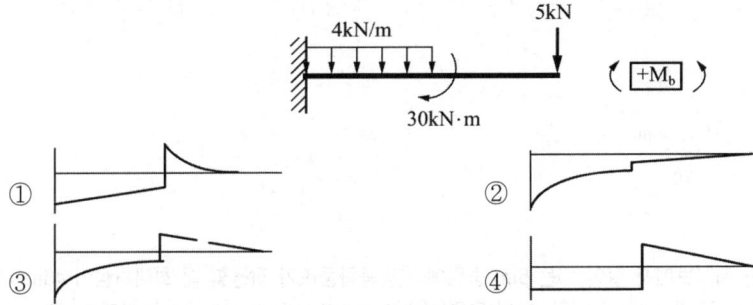

Solution 굽힘모멘트 방향은 ⊖이다.

10. ④ 11. ② ■ Answer

12 다음 단면의 도심 축(X-X)에 대한 관성모멘트는 약 몇 m⁴인가?

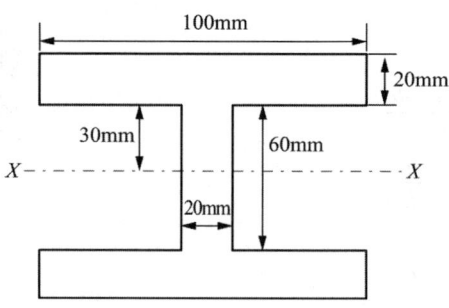

① 3.627×10^{-6} ② 4.627×10^{-7} ③ 4.933×10^{-7} ④ 6.893×10^{-6}

Solution $I_x = \dfrac{100 \times 100^3}{12} - 2 \times \dfrac{40 \times 60^3}{12}$
$= 6.893 \times 10^6 \text{mm}^4$
$= 6.893 \times 10^{-6} \text{mm}^4$

13 한 변의 길이가 10mm인 정사각형 단면의 막대가 있다. 온도를 60℃ 상승시켜서 길이가 늘어나지 않게 하기 위해 8kN의 힘이 필요할 때 막대의 선팽창계수(α)는 약 몇 ℃⁻¹인가? (단, 탄성계수는 E=200GPa이다.)

① $\dfrac{5}{3} \times 10^{-6}$ ② $\dfrac{10}{3} \times 10^{-6}$ ③ $\dfrac{15}{3} \times 10^{-6}$ ④ $\dfrac{20}{3} \times 10^{-6}$

Solution $\sigma = E \cdot \alpha \cdot \Delta t = \dfrac{P}{A}$
$200 \times 10^3 \times \alpha \times 60 = \dfrac{8 \times 10^3}{10 \times 10}$
$\alpha = 6.67 \times 10^{-6}$

14 그림과 같은 단순 지지보에서 길이(ℓ)는 5m, 중앙에서 집중하중 P가 작용할 때 최대처짐이 43mm라면 이때 집중하중 P의 값은 약 몇 kN인가? (단, 보의 단면(폭(b)×높이(h)=5cm×12cm), 탄성계수 $E=210GPa$로 한다.)

① 50
② 38
③ 25
④ 16

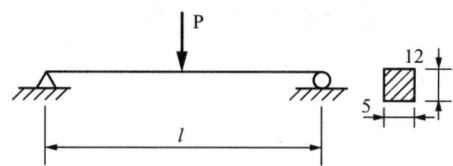

Solution $\delta = \dfrac{P \cdot \ell^3}{48E \cdot I}$
$43 = \dfrac{12 \times P \times 5000^3}{48 \times 210 \times 10^3 \times 50 \times 120^3}$
$P = 24,966\text{N} = 24.966\text{kN}$

Answer ■ 12. ④   13. ④   14. ③

15 길이가 ℓ인 외팔보에서 그림과 같이 삼각형 분포하중을 받고 있을 때 최대 전단력과 최대 굽힘모멘트는?

① $\dfrac{w\ell}{2}, \dfrac{w\ell^2}{6}$

② $w\ell, \dfrac{w\ell^2}{3}$

③ $\dfrac{w\ell}{2}, \dfrac{w\ell^2}{3}$

④ $\dfrac{w\ell^2}{2}, \dfrac{w\ell}{6}$

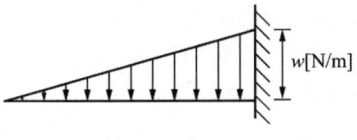

Solution ① 반력 $R = \dfrac{w \cdot \ell}{2} = F_{max}$

② $M_{max} = \dfrac{w\ell}{2} \times \dfrac{\ell}{3} = \dfrac{w \cdot \ell^2}{6}$

16 볼트에 7200N의 인장하중을 작용시키면 머리부에 생기는 전단응력은 몇 MPa인가?

① 2.55
② 3.1
③ 5.1
④ 6.25

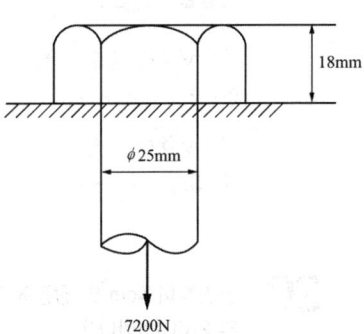

Solution $\tau = \dfrac{W}{A} = \dfrac{7200}{\pi \times 25 \times 18} = 5.1 \text{MPa}$

17 400rpm으로 회전하는 바깥지름 60mm, 안지름 40mm인 중공 단면축의 허용 비틀림 각도가 1°일 때 이 축이 전달할 수 있는 동력의 크기는 약 몇 kW인가? (단, 전단 탄성계수 G=80GPa, 축 길이 L=3m이다.)

① 15   ② 20   ③ 25   ④ 30

Solution $\theta = \dfrac{T \cdot \ell}{G \cdot I_P} \times \dfrac{180}{\pi}$

$1 \times 80 \times 10^3 \times \dfrac{\pi \times (60^4 - 40^4)}{32} = 974000 \times 9.8 \times \dfrac{H_{kW}}{400} \times \dfrac{180}{\pi} \times 3000$

$H_{kW} = 19.69 \text{kW}$

15. ①   16. ③   17. ②   ■ Answer

18 그림과 같은 구조물에 1000N의 물체가 매달려 있을 때 두 개의 강선 AB와 AC에 작용하는 힘의 크기는 약 몇 N인가?

① AB = 732, AC = 897
② AB = 707, AC = 500
③ AB = 500, AC = 707
④ AB = 897, AC = 732

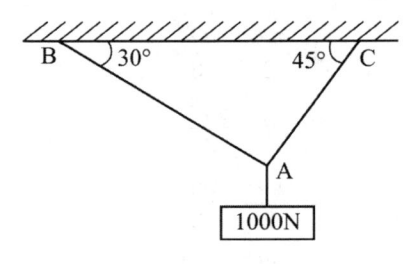

Solution $\dfrac{1000}{\sin 105} = \dfrac{AC}{\sin 120} = \dfrac{AB}{\sin 135}$
$AB = 732\text{N}, \ AC = 897\text{N}$

19 그림과 같이 스트레인 로제트(strain rosette)를 45° 로 배열한 경우 각 스트레인 게이지에 나타나는 스트레인량을 이용하여 구해지는 전단 변형률 γ_{xy}는?

① $\sqrt{2}\,\epsilon_b - \epsilon_a - \epsilon_c$
② $2\epsilon_b - \epsilon_a - \epsilon_c$
③ $\sqrt{3}\,\epsilon_b - \epsilon_a - \epsilon_c$
④ $3\epsilon_b - \epsilon_a - \epsilon_c$

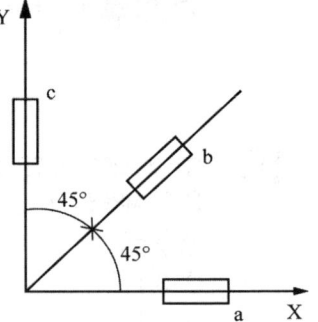

20 단면적이 4cm²인 강봉에 그림과 같이 하중이 작용할 때 이 봉은 약 몇 cm 늘어나는가? (단, 세로탄성계수 E=210GPa이다.)

① 0.80
② 0.24
③ 0.0028
④ 0.015

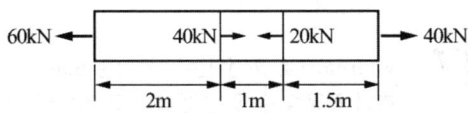

Solution $\delta = \dfrac{P_1 \cdot a + (P_1 - P_2) \cdot b + P_4 \times C}{AE}$

$= \dfrac{60 \times 10^3 \times 2 + (60 - 40) \times 10^3 \times 1 + 40 \times 10^3 \times 1.5}{4 \times 10^{-4} \times 210 \times 10^9}$

$= 0.00238\text{m} = 0.238\text{cm}$

Answer ■ 18. ① 19. ② 20. ②

21 그림의 증기압축 냉동사이클(온도(T)-엔트로피(s) 선도)이 열펌프로 사용될 때의 성능계수는 냉동기로 사용될 때의 성능계수의 몇 배인가? (단, 각 지점에서의 엔탈피는 h_1=180kJ/kg, h_2=210kJ/kg, $h_3=h_4$=50kJ/kg이다.)

① 0.81
② 1.23
③ 1.63
④ 2.12

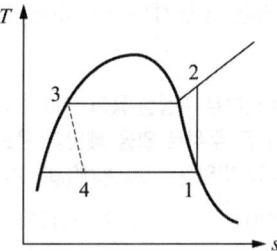

Solution $\epsilon_h = \dfrac{h_2-h_3}{h_2-h_1} = \dfrac{210-50}{210-180} = 5.33$

$\epsilon_r = \dfrac{h_1-h_4}{h_2-h_1} = \dfrac{180-50}{210-180} = 4.33$

$\dfrac{5.33}{4.33} = 1.23$

22 물질이 액체에서 기체로 변해 가는 과정과 관련하여 다음 설명 중 옳지 않은 것은?

① 물질의 포화온도는 주어진 압력 하에서 그 물질의 증발이 일어나는 온도이다.
② 물의 포화온도가 올라가면 포화압력도 올라간다.
③ 액체의 온도가 현재 압력에 대한 포화온도보다 낮을 때 그 액체를 압축액 또는 과냉각액이라 한다.
④ 어떤 물질이 포화온도 하에서 일부는 액체로 존재하고 일부는 증기로 존재할 때, 전체 질량에 대한 액체 질량의 비를 건도로 정의한다.

23 공기 1kg을 1MPa, 250℃의 상태로부터 등온과정으로 0.2MPa까지 압력 변화를 할 때 외부에 대하여 한 일은 약 몇 kJ인가? (단, 공기는 기체상수가 0.287kJ/(kg·K)인 이상기체이다.)

① 157 ② 242 ③ 313 ④ 465

Solution $W = mR \cdot T_1 \cdot \ln\left(\dfrac{P_1}{P_2}\right)$
$= 1 \times 0.287 \times (250+273) \times \ln\left(\dfrac{1}{0.2}\right) = 242$ kJ

24 100kPa의 대기압 하에서 용기 속 기체의 진공압이 15kPa이었다. 이 용기 속 기체의 절대압력은 약 몇 kPa인가?

① 85 ② 90 ③ 95 ④ 115

Solution $P_a = 100 - 15 = 85$ kPa

21. ② 22. ④ 23. ② 24. ① ■ Answer

25 다음 열역학 성질(상태량)에 대한 설명 중 옳은 것은?

① 엔탈피는 점함수(point function)이다.
② 엔트로피는 비가역과정에 대해서 경로함수이다.
③ 시스템 내 기체가 열평형(thermal equilibrium) 상태라 함은 압력이 시간에 따라 변하지 않는 상태를 말한다.
④ 비체적은 종량적(extensive) 상태량이다.

26 피스톤-실린더로 구성된 용기 안에 이상기체 공기 1kg이 400K, 200kPa 상태로 들어있다. 이 공기가 300K의 충분히 큰 주위로 열을 빼앗겨 온도가 양쪽 다 300K가 되었다. 그동안 압력은 일정하다고 가정하고, 공기의 정압 비열은 1.004kJ/(kg·K)일 때 공기와 주위를 합친 총 엔트로피 증가량은 약 몇 kJ/K인가?

① 0.0229 ② 0.0458 ③ 0.1674 ④ 0.3347

Solution
$\Delta S_1 = m \cdot C_p \cdot \ln\left(\dfrac{T_2}{T_1}\right)$
$= 1 \times 1.004 \times \ln\left(\dfrac{300}{400}\right) = -0.2888$
$\Delta S_2 = \dfrac{Q_2}{T_2} = \dfrac{1 \times 1.004 \times (400-300)}{300} = 0.33467$
$\Delta S = \Delta S_1 + \Delta S_2 = -0.2888 + 0.33467 = 0.04587 \text{kJ/K}$
※ 주위에서는 열을 흡수했으므로 ⊕

27 폴리트로프 지수가 1.33인 기체가 폴리트로프 과정으로 압력이 2배 되도록 압축된다면 절대온도는 약 몇 배가 되는가?

① 1.19배 ② 1.42배 ③ 1.85배 ④ 2.24

Solution
$\dfrac{T_2}{T_1} = \left(\dfrac{P_2}{P_1}\right)^{\frac{n-1}{n}}$
$T_2 = 2^{0.33/1.33} T_1 = 1.188 T_1$

28 비열이 0.475kJ/(kg·K)인 철 10kg을 20℃에서 80℃로 올리는데 필요한 열량은 몇 kJ인가?

① 222 ② 252 ③ 285 ④ 315

Solution $Q = 10 \times 0.475 \times (80-20) = 285 \text{kJ}$

29 압축비가 7.5이고, 비열비가 1.4인 이상적인 오토사이클의 열효율은 약 몇 %인가?

① 55.3 ② 57.6 ③ 48.7 ④ 51.2

Solution $\eta_0 = 1 - \left(\dfrac{1}{7.5}\right)^{0.4} = 0.5533$

Answer ■ 25. ① 26. ② 27. ① 28. ③ 29. ①

30 정압비열이 0.8418kJ/(kg·K)이고 기체상수가 0.1889kJ/(kg·K)인 이상기체의 정적비열은 약 몇 kJ/(kg·K)인가?

① 4.456　　② 1.220　　③ 1.031　　④ 0.653

Solution $C_v = C_p - R = 0.8418 - 0.1889 = 0.6529 \text{kJ/kg} \cdot \text{K}$

31 산소(O_2) 4kg, 질소(N_2) 6kg, 이산화탄소(CO_2) 2kg으로 구성된 기체혼합물의 기체상수 kJ/(kg·K)는 약 얼마인가?

① 0.328　　② 0.294　　③ 0.267　　④ 0.241

Solution $R_m = \dfrac{m_1 \cdot R_1 + m_2 \cdot R_2 + m_3 \cdot R_3}{m_1 + m_2 + m_3} = \dfrac{8.314 \times \left(\dfrac{4}{32} + \dfrac{6}{28} + \dfrac{2}{44}\right)}{4+6+2} = 0.267 \text{kJ/kg} \cdot \text{K}$

32 열기관이 1100K인 고온열원으로부터 1000kJ의 열을 받아서 온도가 320K인 저온열원에서 600KJ의 열을 방출한다고 한다. 이 열기관이 클라우지우스 부등식 ($\oint \dfrac{\delta Q}{T} \leq 0$)을 만족하는지 여부와 동일온도 범위에서 작동하는 카르노 열기관과 비교하여 효율은 어떠한가?

① 클라우지우스 부등식을 만족하지 않고, 이론적인 카르노열기관과 효율이 같다.
② 클라우지우스 부등식을 만족하지 않고, 이론적인 카르노열기관보다 효율이 크다.
③ 클라우지우스 부등식을 만족하고, 이론적인 카르노열기관과 효율이 같다.
④ 클라우지우스 부등식을 만족하고, 이론적인 카르노열기관보다 효율이 작다.

Solution ① $\dfrac{1000}{1100} - \dfrac{600}{320} = -0.9659 < 0$

$\oint \dfrac{\delta Q}{T} < 0$; 비가역사이클

② $\eta_c = 1 - \dfrac{T_L}{T_H} = 1 - \dfrac{Q_L}{Q_H}$

$\left(1 - \dfrac{300}{1100}\right) > \left(1 - \dfrac{600}{1000}\right)$

비가역사이클이므로 카르노사이클보다 열효율은 낮다.

33 실린더 내부의 기체 압력을 150kPa로 유지하면서 체적을 0.05m³에서 0.1m³까지 증가시킬 때 실린더가 한 일은 약 몇 kJ인가?

① 1.5　　② 15　　③ 7.5　　④ 75

Solution $_1W_2 = 150 \times (0.1 - 0.05) = 7.5 \text{kJ}$

30. ④　31. ③　32. ④　33. ③　■ Answer

34 4kg의 공기를 압축하는데 300kJ의 일을 소비함과 동시에 110kJ의 열량이 방출되었다. 공기온도가 초기에는 20℃이었을 때 압축 후의 공기온도는 약 몇 ℃인가? (단, 공기는 정적비열이 0.716 kJ/(kg·K)인 이상기체로 간주한다.)

① 78.4　　② 71.7　　③ 93.5　　④ 86.3

Solution $_1Q_2 = \triangle U + _1W_2$
$\triangle U = {_1Q_2} - {_1W_2} = m \cdot C_v \cdot (t_2 - t_1)$
$-110 + 300 = 4 \times 0.716 \times (t_2 - 20)$
$t_2 = 86.34℃$

35 체적이 200L인 용기 속에 기체가 3kg 들어있다. 압력이 1MPa, 비내부에너지가 219kJ/kg일 때 비엔탈피는 약 몇 kJ/kg인가?

① 286　　② 258　　③ 419　　④ 442

Solution $h = u + p \cdot v = 219 + 1 \times 10^3 \times (\frac{200 \times 10^{-3}}{3}) = 285.67 \text{kJ/kg}$

36 위치에너지의 변화를 무시할 수 있는 단열노즐 내를 흐르는 공기의 출구속도가 600m/s이고 노즐 출구에서의 엔탈피가 입구에 비해 179.2kJ/kg 감소할 때 공기의 입구속도는 약 몇 m/s인가?

① 16　　② 40　　③ 225　　④ 425

Solution $h_1 - h_2 = \frac{1}{2}(V_2^2 - V_1^2)$
$179.2 \times 10^3 = \frac{1}{2}(600^2 - V_1^2)$
$V_1 = 40 \text{m/sec}$

37 그림과 같은 압력(P)-부피(V) 선도에서 $T_1 = 561K$, $T_2 = 1010K$, $T_3 = 690K$, $T_4 = 383K$인 공기(정압비열 1kJ/(kg·K))를 작동유체로 하는 이상적인 브레이턴 사이클(Brayton cycle)의 열효율은?

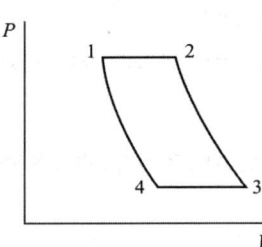

① 0.388　　② 0.444　　③ 0.316　　④ 0.412

Solution $\eta_B = 1 - (\frac{1}{\gamma})^{\frac{K-1}{K}} = 1 - \frac{T_4}{T_1} = 1 - \frac{T_3}{T_2} = 1 - \frac{383}{561} = 0.317$

Answer ■ 34. ④　35. ①　36. ②　37. ③

38 효율이 30%인 증기동력 사이클에서 1kW의 출력을 얻기 위하여 공급되어야 할 열량은 약 몇 kW인가?

① 1.25　　② 2.51　　③ 3.33　　④ 4.90

Solution $\eta = \dfrac{W}{Q}$, $Q = \dfrac{W}{\eta} = \dfrac{1}{0.3} = 3.33\text{kW}$

39 질량이 4kg인 단열된 강재 용기 속에 온도 25℃의 물 18L가 들어가 있다. 이 속에 200℃의 물체 8kg을 넣었더니 열평형에 도달하여 온도가 30℃가 되었다. 물의 비열은 4.187kJ/(kg · K)이고, 강재의 비열은 0.48467kJ/(kg · K)일 때 이 물체의 비열은 약 몇 kJ/(kg · K)인가? (단, 외부와의 열교환은 없다고 가정한다.)

① 0.244　　② 0.267　　③ 0.284　　④ 0.302

Solution 열역학 제0법칙
$4 \times 0.4648 \times (30-25) + 18 \times 4.187 \times (30-25) = 8 \times C \times (200-30)$
$C = 0.284 \text{kJ/kg} \cdot \text{K}$

40 엔트로피에 관한 설명 중 옳지 않은 것은?

① 열역학 제2법칙과 관련한 개념이다.
② 우주 전체의 엔트로피는 증가하는 방향으로 변화한다.
③ 엔트로피는 자연현상의 비가역성을 측정하는 척도이다.
④ 비가역현상은 엔트로피가 감소하는 방향으로 일어난다.

3과목 기계유체역학

41 지름 200mm 원형관에 비중 0.9, 점성계수 0.52poise인 유체가 평균속도 0.48m/s로 흐를 때 유체흐름의 상태는? (단, 레이놀즈 수(Re)사 2100 ≤ Re ≤ 4000일 때 천이 구간으로 한다.)

① 층류　　② 천이　　③ 난류　　④ 맥동

Solution $R_e = \dfrac{\rho \cdot v \cdot d}{\mu} = \dfrac{0.9 \times 10^3 \times 0.48 \times 0.2}{0.52 \times 10^{-1}} = 1661.54 < 2100$; 층류

42 시속 800km의 속도로 비행하는 제트기가 400m/s의 상대 속도로 배기가스를 노즐에서 분출할 때의 추진력은? (단, 이때 흡기량은 25kg/s이고, 배기되는 연소가스는 흡기량에 비해 2.5% 증가하는 곳으로 본다.)

① 3922N　　② 4694N　　③ 4875N　　④ 6346N

Solution $F_1 = \dot{m}_2 \cdot V_2 - \dot{m}_1 \cdot V_1 = 25 \times 1.025 \times 400 - 25 \times \left(\dfrac{800 \times 10^3}{3600}\right) = 4694.44\text{N}$

38. ③　39. ①　40. ④　41. ①　42. ②　■ Answer

43 온도 25℃인 공기에서의 음속은 약 몇 m/s인가? (단, 공기의 비열비는 1.4, 기체상수는 287J/(kg · K) 이다.)

① 312　　　　② 346　　　　③ 388　　　　④ 433

▸ Solution　$C = \sqrt{kRT} = \sqrt{1.4 \times 287 \times (25 + 273)} = 346.03 \text{m/sec}$

44 다음 4가지의 유체 중에서 점성계수가 가장 큰 뉴턴 유체는?

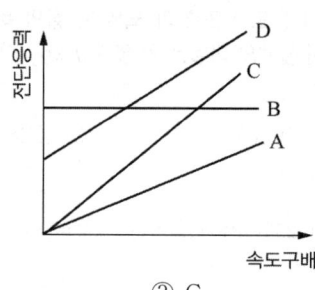

① A　　　　② B　　　　③ C　　　　④ D

▸ Solution　뉴턴유체 : 뉴턴의 점성법칙 만족 $\tau = \mu \cdot \dfrac{du}{dy}$, $\tau \propto \dfrac{du}{dy}$

45 함수 $f(a, V, t, \nu, L) = 0$을 무차원 변수로 표시하는데 필요한 독립 무차원수 π는 몇 개인가? (단, a는 음속, V는 속도, t는 시간, ν는 동점성계수, L은 특성길이다.)

① 1　　　　② 2　　　　③ 3　　　　④ 4

▸ Solution　$\pi - n - m = 5 - 2 = 3$

46 수두 차를 읽어 관내 유체의 속도를 측정할 때 U자관(U tube) 액주계 대신 역 U자관(inverted U tube) 액주계가 사용되었다면 그 이유로 가장 적절한 것은?

① 계기 유체(gauge fluid)의 비중이 관내 유체보다 작기 때문에
② 계기 유체(gauge fluid)의 비중이 관내 유체보다 크기 때문에
③ 계기 유체(gauge fluid)의 점성계수가 관내 유체보다 작기 때문에
④ 계기 유체(gauge fluid)의 점성계수가 관내 유체보다 크기 때문에

47 안지름이 50cm인 원관에 물이 2m/s의 속도로 흐르고 있다. 역학적 상사를 위해 관성력과 점성력만을 고려하여 $\dfrac{1}{5}$로 축소된 모형에서 같은 물로 실험할 경우 모형에서의 유량은 약 몇 L/s인가? (단, 물의 동점성계수는 $1 \times 10^{-6} \text{m}^2/\text{s}$이다.)

① 34　　　　② 79　　　　③ 118　　　　④ 256

Answer ▪ 43. ②　44. ③　45. ③　46. ①　47. ②

> **Solution**
> $$\left(\frac{V \cdot d}{\nu}\right)_m = \left(\frac{V \cdot d}{\nu}\right)_P$$
> $2 \times 50 = V_m \times 10$
> $V_m = 10\,\mathrm{m/sec}$
> $Q_m = 10 \times \dfrac{\pi \times 0.1^2}{4} = 0.079\,\mathrm{m^3/sec} = 79\,\mathrm{L/sec}$

48 다음 그림에서 벽 구멍을 통해 분사되는 물의 속도(V)는? (단, 그림에서 S는 비중을 나타낸다.)

① $\sqrt{2gH}$
② $\sqrt{2g(H+h)}$
③ $\sqrt{2g(0.8H+h)}$
④ $\sqrt{2g(H+0.8h)}$

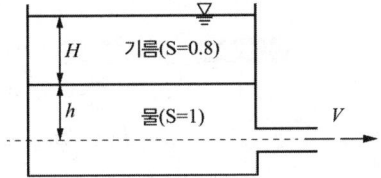

> **Solution**
> $H \times 0.8 \times \gamma_w = \gamma_w \times H' = P_{oil}$
> $V = \sqrt{2g(h+H')} = \sqrt{2g \times (h+0.8H)}$

49 정지 유체 속에 잠겨 있는 평면이 받는 힘에 관한 내용 중 틀린 것은?

① 깊게 잠길수록 받는 힘이 커진다.
② 크기는 도심에서의 압력에 전체 면적을 곱한 것과 같다.
③ 수평으로 잠긴 경우, 압력중심은 도심과 일치한다.
④ 수직으로 잠긴 경우, 압력중심은 도심보다 약간 위쪽에 있다.

50 다음 물리량을 질량, 길이, 시간의 차원을 이용하여 나타내고자 한다. 이 중 질량의 차원을 포함하는 물리량은?

㉠ 속도	㉡ 가속도
㉢ 동점성계수	㉣ 체적탄성계수

① ㉠   ② ㉡   ③ ㉢   ④ ㉣

> **Solution**
> ① $V : LT^{-1}$
> ② $a : LT^{-2}$
> ③ $\nu : L^2 T^{-1}$
> ④ $K : F \cdot L^{-2} = ML^{-1}T^{-2}$

48. ③ 49. ④ 50. ④ ■ Answer

51 극좌표계(r, θ)로 표현되는 2차원 포텐셜유동(potential flow)에서 속도포텐셜(velocity potential, ϕ)이 다음과 같을 때 유동함수(stream function, ψ)로 가장 적절한 것은? (단, A, B, C는 상수이다.)

$$\phi = A\ln r + Br\cos\theta$$

① $\psi = \dfrac{A}{r}\cos\theta + Br\sin\theta + C$ ② $\psi = \dfrac{A}{r}\sin\theta - Br\cos\theta + C$
③ $\psi = A\theta + Br\sin\theta + C$ ④ $\psi = A\theta - Br\sin\theta + C$

Solution
$V_r = \dfrac{\partial \phi}{\partial r} = \dfrac{A}{r} + B \cdot \cos\theta = \dfrac{1}{r}\dfrac{\partial \psi}{\partial \theta}$
$V_\theta = \dfrac{1}{r}\dfrac{\partial \phi}{\partial \theta} = -B \cdot \sin\theta = -\dfrac{\partial \psi}{\partial r}$
$\psi = \displaystyle\int (A + Br \cdot \cos\theta)d\theta = A\theta + B \cdot r \cdot \sin\theta + C$

52 지름 2mm인 구가 밀도 0.4kg/m³, 동점성계수 1.0×10^{-4}m²/s인 기체속을 0.03m/s로 운동한다고 하면 항력은 약 몇 N인가?

① 2.26×10^{-8} ② 3.52×10^{-7} ③ 4.54×10^{-8} ④ 5.86×10^{-7}

Solution $D = 3\pi\mu d \cdot V$
$= 3\pi \times 1.0 \times 10^{-4} \times 0.002 \times 0.03 \times 0.4$
$= 2.26 \times 10^{-8}$N

53 60N의 무게를 가진 물체를 물속에서 측정하였을 때 무게가 10N이었다. 이 물체의 비중은 약 얼마인가? (단, 물속에서 측정할 시 물체는 완전히 잠겼다고 가정한다.)

① 1.0 ② 1.2 ③ 1.4 ④ 1.6

Solution $F_B = W - W' = \gamma_w \cdot V$
$60 - 10 = 9800 \times V,\ V = 0.0051$m³
$W = S \cdot \gamma_w \cdot V$
$60 = S \times 9800 \times 0.0051,\ S = 1.2$

54 2차원 속도장이 다음 식과 같이 주어졌을 때 유선의 방정식은 어느 것인가? (단, 직각 좌표계에서 u, v는 x, y 방향의 속도 성분을 나타내며 C는 임의의 상수이다.)

$$u = x, \qquad v = -y$$

① $xy = C$ ② $\dfrac{x}{y} = C$ ③ $x^2 y = C$ ④ $xy^2 = C$

Answer ■ 51. ③ 52. ① 53. ② 54. ①

> **Solution**
> $\frac{dx}{u} = \frac{dy}{v}$
> $\frac{dx}{x} = -\frac{dy}{y}$
> $\ln x + \ln c_1 = -\ln \cdot y$
> $\ln(x \cdot c_1) = -\ln y = \ln y^{-1}$
> $x \cdot c_1 = \frac{1}{y}$, $c = x \cdot y = \frac{1}{C_1}$

55 물 펌프의 입구 및 출구의 조건이 아래와 같고 펌프의 송출 유량이 $0.2m^3/s$이면 펌프의 동력은 약 몇 kW인가? (단, 손실은 무시한다.)

> 입구 : 계기 압력 -3kPa, 안지름 0.2m, 기준면으로부터 높이 +2m
> 출구 : 계기 압력 250kPa, 안지름 0.15m, 기준면으로부터 높이 +5m

① 45.7   ② 53.5   ③ 59.3   ④ 65.2

> **Solution**
> $Q = A_1 \cdot V_1 = A_2 \cdot V_2$
> $V_1 = \frac{4 \times 0.2}{\pi \times 0.2^2} = 6.37 \text{m/sec}$
> $V_2 = \frac{4 \times 0.2}{\pi \times 0.15^2} = 11.32 \text{m/sec}$
> $\frac{P_1}{\gamma} + \frac{V_1^2}{2g} + Z_1 + h_p = \frac{P_2}{\gamma} + \frac{V_2^2}{2g} + Z_2$
> $h_p = \frac{(250+3) \times 10^3}{9800} + \frac{(11.32^2 - 6.37^2)}{2 \times 9.8} + (5-2) = 33.284 \text{m}$
> $L_p = \gamma \cdot Q \cdot h_p = 9.8 \times 0.2 \times 33.284 = 65.24 \text{kW}$

56 경계층의 박리(separation)가 일어나는 주원인은?
① 압력이 증기압 이하로 떨어지기 때문에
② 유동방향으로 밀도가 감소하기 때문에
③ 경계층의 두께가 0으로 수렴하기 때문에
④ 유동과정에 역압력 구배가 발행하기 때문에

57 안지름이 각각 2cm, 3cm인 두 파이프를 통하여 속도가 같은 물이 유입되어 하나의 파이프로 합쳐져서 흘러 나간다. 유출되는 속도가 유입속도와 같다면 유출 파이프의 안지름은 약 몇 cm인가?

① 3.61   ② 4.24   ③ 5.00   ④ 5.85

> **Solution**
> $Q = Q_1 + Q_2 = Q_{out}$
> $d_1^2 + d_2^2 = d_{out}^2$
> $2^2 + 3^2 = d_{out}^2$, $d_{out} = 3.61 \text{cm}$

55. ④   56. ④   57. ①   ■ Answer

58 원관 내 완전발달 층류 유동에 관한 설명으로 옳지 않은 것은?
① 관 중심에서 속도가 가장 크다.
② 평균속도는 관 중심 속도의 절반이다.
③ 관 중심에서 전단응력이 최대값을 갖는다.
④ 전단응력은 반지름 방향으로 선형적으로 변화한다.

59 안지름 0.1m의 물이 흐르는 관로에서 관 벽의 마찰손실수두가 물의 손실수두와 같다면 그 관로의 길이는 약 몇 m인가? (단, 관마찰계수는 0.03이다.)
① 1.58 ② 2.54 ③ 3.33 ④ 4.52

> Solution $h_\ell = \dfrac{V^2}{2g} = f \cdot \dfrac{\ell}{d} = 1$
> $\ell = \dfrac{0.1}{0.03} = 3.33\text{m}$

60 그림과 같이 용기에 물과 휘발유가 주입되어 있을 때, 용기 바닥면에서의 게이지압력은 약 몇 kPa인가? (단, 휘발유의 비중은 0.7이다.)
① 1.59
② 3.64
③ 6.86
④ 11.77

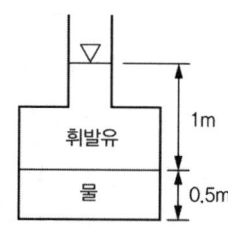

> Solution $P = (0.7 \times 1 + 0.5) \times 9.8 = 11.76\text{kPa}$

4과목 기계재료 및 유압기기

61 0℃ 이하의 온도로 냉각하는 작업으로 강의 잔류 오스테나이트를 마텐자이트로 변태시키는 것을 목적으로 하는 열처리는?
① 마퀜칭 ② 마템퍼링 ③ 오스포밍 ④ 심랭처리

62 다음 금속 중 자기변태점이 가장 높은 것은?
① Fe ② Co ③ Ni ④ Fe₃C

> Solution Fe : 768℃   Co : 1120℃
> Ni : 360℃   Fe₃C : 210℃

Answer ■ 58. ③ 59. ③ 60. ④ 61. ④ 62. ②

63 산화알루미늄(Al_2O_3) 등을 주성분으로 하며 철과 친화력이 없고, 열을 흡수하지 않으므로 공구를 과열시키지 않아 고속 정밀 가공에 적합한 공구의 재질은?

① 세라믹 ② 인코넬 ③ 고속도강 ④ 탄소공구강

Solution 세라믹 주성분 : Al_2O_3

64 구상흑연주철을 제조하기 위한 접종제가 아닌 것은?

① Mg ② Sn ③ Ce ④ Ca

Solution 구상화를 위한 첨가원소 : Mg, Ce, Ca

65 다음 조직 중 경도가 가장 낮은 것은?

① 페라이트 ② 마텐자이트 ③ 시멘타이트 ④ 트루스타이트

Solution 페라이트 : 가장 연성이 큰 조직
시멘타이트 : 경도가 가장 큰 조직

66 금속을 소성가공 할 때에 냉간가공과 열간가공을 구분하는 온도는?

① 변태온도 ② 단조온도 ③ 재결정온도 ④ 담금질온도

67 금속에서 자유도(F)를 구하는 식으로 옳은 것은? (단, 압력은 일정하며, C : 성분, P : 상의수이다.)

① $F = C - P + 1$
② $F = C + P + 1$
③ $F = C - P + 2$
④ $F = C + P + 2$

68 켈밋 합금(kelmet alloy)의 주요 성분으로 옳은 것은?

① Pb-Sn ② Cu-Pb ③ Sn-Sb ④ Zn-Al

Solution 켈밋 : Cu-Pb의 베어링 합금, 고속·고하중용으로 사용

69 저탄소강 기어(gear)의 표면에 내마모성을 향상시키기 위해 붕소(B)를 기어 표면에 확산 침투시키는 처리는?

① 세러다이징(sherardizing)
② 아노다이징(anadizing)
③ 보로나이징(boronizing)
④ 칼로라이징(calorizing)

63. ① 64. ② 65. ① 66. ③ 67. ① 68. ② 69. ③ ■ Answer

> **Solution** 세라다이징 : Zn 침투
> 칼로라이징 : Al 침투
> 브로나이징 : B 침투

70 60~70% Ni에 Cu를 첨가한 것으로 내열·내식성이 우수하므로 터빈 날개, 펌프 임펠러 등의 재료로 사용되는 합금은?

① Y 합금　　② 모네메탈　　③ 콘스탄탄　　④ 문쯔메탈

> **Solution** Y합금 : 알루미늄합금
> 콘스탄탄 : Ni 45%대 합금
> 문쯔메탈 : Cu 60, Zn 40의 황동

71 두 개의 유입 관로의 압력에 관계없이 정해진 출구 유량이 유지되도록 합류하는 밸브는?

① 집류 밸브　　② 셔틀 밸브　　③ 적층 밸브　　④ 프리필 밸브

72 유압펌프의 종류가 아닌 것은?

① 기어펌프　　② 베인펌프　　③ 피스톤펌프　　④ 마찰펌프

> **Solution** 유압펌프 : 용적형 펌프가 적당, 기어펌프, 베인펌프, 피스톤 펌프 등이 있다.

73 그림과 같은 유압 회로도에서 릴리프 밸브는?

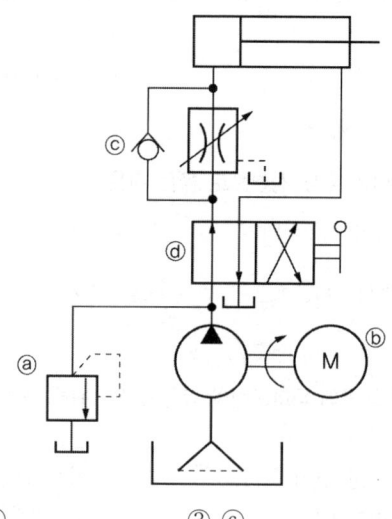

① ⓐ　　② ⓑ　　③ ⓒ　　④ ⓓ

Answer ■ 70. ②　71. ①　72. ④　73. ①

> **Solution** ⓐ : 릴리프밸브
> ⓑ : 전동기
> ⓓ : 레버식 2위치 4포트 방향전환밸브
> ⓒ : 유량조절 밸브

74 다음의 설명에 맞는 원리는?

> 정지하고 있는 유체 중의 압력은 모든 방향에 대하여 같은 압력으로 작용한다.

① 보일의 원리 ② 샤를의 원리 ③ 파스칼의 원리 ④ 아르키메데스의 원리

75 유압펌프에 있어서 체적효율이 90%이고 기계효율이 80%일 때 유압펌프의 전효율은?

① 90% ② 88.8% ③ 72% ④ 23.7%

> **Solution** $\eta = 0.9 \times 0.8 = 0.72$

76 다음 유압 기호는 어떤 밸브의 상세기호인가?

① 직렬형 유량조정 밸브
② 바이패스형 유량조정 밸브
③ 체크밸브 붙이 유량조정 밸브
④ 기계조작 가변 교축밸브

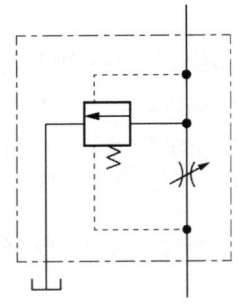

77 그림과 같은 유압기호의 명칭은?

① 모터
② 필터
③ 가열기
④ 분류밸브

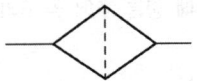

> **Solution** 일반 필터기호

78 동일 축상에 2개 이상의 펌프 작용 요소를 가지고, 각각 독립한 펌프 작용을 하는 형식의 펌프는?

① 다단 펌프 ② 다련 펌프
③ 오버 센터 펌프 ④ 가역회전형 펌프

74. ③   75. ③   76. ②   77. ②   78. ②   ■ Answer

79 유압펌프에서 실제 토출량과 이론 토출량의 비를 나타내는 용어는?

① 펌프의 토크효율　　② 펌프의 전효율
③ 펌프의 입력효율　　④ 펌프의 용적효율

> **Solution** 용적효율 = $\dfrac{실제유량}{이론유량}$

80 다음 중 어큐뮬레이터 회로(accumulator circuit)의 특징에 해당되지 않는 것은?

① 사이클 시간 단축과 펌프 용령 저감
② 배관 파손 방지
③ 서지압의 방지
④ 맥동의 발생

> **Solution** 어큐뮬레이터는 맥동 발생을 억제시킴

5과목 기계제작법 및 기계동력학

81 스프링과 질량만으로 이루어진 1자유도 진동시스템에 대한 설명으로 옳은 것은?

① 질량이 커질수록 시스템의 고유진동수는 커지게 된다.
② 스프링 상수가 클수록 움직이기가 힘들어져서 진동 주기가 길어진다.
③ 외력을 가하는 주기와 시스템의 고유주기가 일치하면 이론적으로는 응답변위는 무한대로 커진다.
④ 외력의 최대 진폭의 크기에 따라 시스템의 응답 주기는 변한다.

82 공 A가 v_0의 속도로 그림과 같이 정지된 공 B와 C지점에서 부딪힌다. 두 공 사이의 반발계수가 1이고 충돌 각도가 θ일 때 충돌 후에 공 B의 속도의 크기는? (단, 두 공의 질량은 같고, 마찰은 없다고 가정한다.)

① $\dfrac{1}{2}v_0\sin\theta$

② $\dfrac{1}{2}v_0\cos\theta$

③ $v_0\sin\theta$

④ $v_0\cos\theta$

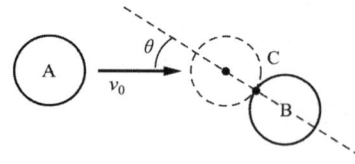

Answer ■ 79. ④　80. ④　81. ③　82. ④

Solution

$$e = \frac{-(V_B' - V_{At}')}{V_B - V_{At}} = 1$$

$$V_B - V_{At} = V_{At}' - V_B'$$

$$V_B = 0, \quad V_{At}' = 0$$

$$V_B' = V_{At} = V_o \cdot \cos\theta$$

83

그림에서 질량 100kg의 물체 A와 수평면 사이의 마찰계수는 0.3이며 물체 B의 질량은 30kg이다. 힘 Py의 크기는 시간(t[s])의 함수이며 Py[N]=$15t^2$이다. t는 0s에서 물체 A가 오른쪽으로 2m/s로 운동을 시작한다면 t가 5s일 때 이 물체(A)의 속도는 약 몇 m/s인가?

① 6.81
② 7.22
③ 7.81
④ 8.64

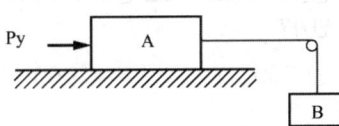

Solution $\sum F = ma: 15t^2 + m_B \cdot g - \mu m_A g = (m_A + m_B)a$

$$a = \frac{15t^2}{m_A + m_B} = \frac{dV}{dt}$$

$$V - V_o = \frac{15t^3}{3(m_A + m_B)}$$

$$V = 2 + \frac{15 \times 5^3}{3 \times 130} = 6.81 \, \text{m/sec}$$

84

다음 그림은 시간(t)에 대한 가속도(a) 변화를 나타낸 그래프이다. 가속도를 시간에 대한 함수식으로 옳게 나타낸 것은?

① $a=12-6t$
② $a=12+6t$
③ $a=12-12t$
④ $a=12+12t$

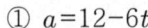

Solution 1차방정식의 기울기$= \frac{\Delta a}{\Delta t} = \frac{-12-0}{4-2} = -6$

$a - 0 = -6(t-2) = -6t + 12$

$\therefore a = 12 - 6t$

83. ① 84. ① ■ **Answer**

85
다음과 같은 운동방정식을 갖는 진동시스템에서 감쇠비(damping ratio)를 나타내는 식은?

$$m\ddot{x} + c\dot{x} + kx = 0$$

① $\dfrac{c}{2\sqrt{mk}}$ ② $\dfrac{k}{2\sqrt{mc}}$

③ $\dfrac{m}{2\sqrt{ck}}$ ④ $2\sqrt{mck}$

Solution $\zeta = \dfrac{C}{C_c}$, $C_c = \dfrac{2K}{w} = 2\sqrt{m \cdot K}$

86
원판의 각속도가 5초 만에 0부터 1800rpm까지 일정하게 증가하였다. 이 때 원판의 각가속도는 몇 rad/s² 인가?

① 360   ② 60   ③ 37.7   ④ 3.77

Solution $w = w_o + \alpha \cdot t$
$\dfrac{2\pi \times 1800}{60} = \alpha \times 5$, $\alpha = 37.7 \text{rad/sec}^2$

87
물체의 최대 가속도가 680cm/s², 매분 480사이클의 진동수로 조화운동을 한다면 물체의 진동 진폭은 약 몇 mm인가?

① 1.8mm   ② 1.2mm   ③ 2.4mm   ④ 2.7mm

Solution $f = \dfrac{w}{2\pi}$, $w = 2\pi \times \dfrac{480}{60} = 50.27$
$a = x \cdot w^2 \cdot \cos wt = xw^2$
$x = \dfrac{680 \times 10}{50.27^2} = 2.69 \text{mm}$

88
스프링 상수가 k인 스프링을 4등분하여 자른 후 각각의 스프링을 그림과 같이 연결하였을 때, 이 시스템의 고유 진동수(ω_n)는 약 몇 rad/s인가?

① $\omega_n = \sqrt{\dfrac{2k}{m}}$ ② $\omega_n = \sqrt{\dfrac{3k}{m}}$

③ $\omega_n = 2\sqrt{\dfrac{k}{m}}$ ④ $\omega_n = \sqrt{\dfrac{5k}{m}}$

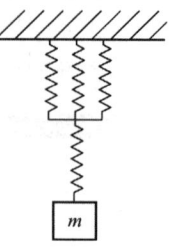

Solution 4등분시 스프링 상수
$k' = 4k$

Answer ■ 85. ①   86. ③   87. ④   88. ②

$(k = W/\delta,\ k' = \dfrac{W}{\dfrac{\delta}{4}}) \rightarrow$ 4등분을 하므로 변형은 $\dfrac{1}{4}$로 줄어듬

그림에 대한 합성 스프링 상수 $\dfrac{1}{k_e} = \dfrac{1}{12k} + \dfrac{1}{4k}$

$k_e = 3k,\ \omega_n = \sqrt{\dfrac{k_e}{m}} = \sqrt{\dfrac{3k}{m}}$

89 네 개의 가는 막대로 구성된 정사각 프레임이 있다. 막대 각각의 질량과 길이는 m과 b이고, 프레임은 w의 각속도로 회전하고 질량 중심 G는 v의 속도로 병진운동하고 있다. 프레임의 병진운동에너지와 회전운동에너지가 같아질 때 질량중심 G의 속도(v)는 얼마인가?

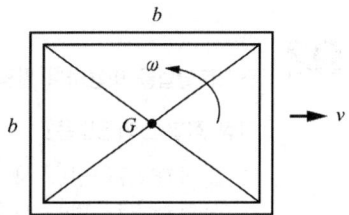

① $\dfrac{b\omega}{\sqrt{2}}$ ② $\dfrac{b\omega}{\sqrt{3}}$

③ $\dfrac{b\omega}{2}$ ④ $\dfrac{b\omega}{\sqrt{5}}$

Solution $\dfrac{1}{2}mV^2 = \dfrac{1}{2}J \cdot w^2 = \dfrac{1}{2} \times 4 \times \dfrac{mb^2}{12} \times w^2$

$V^2 = \dfrac{b^2 \cdot w^2}{3}$

$V = \dfrac{b \cdot w}{\sqrt{3}}$

90 20g의 탄환이 수평으로 1200m/s의 속도로 발사되어 정지해 있던 300g의 블록에 박힌다. 이 후 스프링에 발생한 최대 압축 길이는 약 몇 m인가? (단, 스프링상수는 200N/m이고 처음에 변형되지 않은 상태였다. 바닥과 블록 사이의 마찰은 무시한다.)

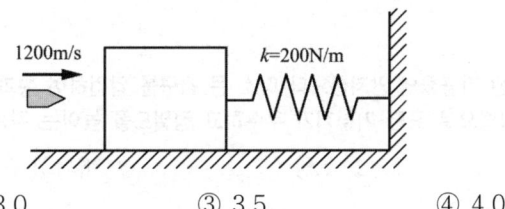

① 2.5 ② 3.0 ③ 3.5 ④ 4.0

Solution $m_i \cdot V_1 + m_2 \cdot V_2 = m_1 \cdot V_1' + m_2 \cdot V_2'$

$V_2 = 0,\ V_1' = 0$

$20 \times 1200 = 300 \times V_2'$

$V_2' = 80 \text{m/sec}$

$\dfrac{1}{2}m(V_2'^2 - V_2^2) = \dfrac{1}{2}K \cdot (S_2^2 - S_1^2)$

$V_2 = 0,\ S_1 = 0$

$0.3 \times 80^2 = 200 \times S_2^2$

$S_2 = 3.1 \text{m}$

89. ② 90. ② ■ **Answer**

91 강의 열처리에서 탄소(C)가 고용된 면심입방격자 구조의 γ철로서 매우 안정된 비자성체인 급냉조직은?

① 오스테나이트(Austenite)
② 마텐자이트(Martensite)
③ 트루스타이트(Troostite)
④ 소르바이트(sorbite)

92 단식분할법을 이용하여 밀링가공으로 원을 중심각 $5\frac{2}{3}°$씩 분할하고자 한다. 분할판 27구멍을 사용하면 가장 적합한 가공법은?

① 분할판 27구멍을 사용하여 17구멍씩 돌리면서 가공한다.
② 분할판 27구멍을 사용하여 20구멍씩 돌리면서 가공한다.
③ 분할판 27구멍을 사용하여 12구멍씩 돌리면서 가공한다.
④ 분할판 27구멍을 사용하여 8구멍씩 돌리면서 가공한다.

▶ Solution $x = \dfrac{D°}{9} = \dfrac{17}{3 \times 9} = \dfrac{17}{27}$

93 선반에서 연동척에 대한 설명으로 옳은 것은?

① 4개의 돌려 맞출 수 있는 조(jaw)가 있고, 조는 각각 개별적으로 조절된다.
② 원형 또는 6각형 단면을 가진 공작물을 신속히 고정시킬 수 있는 척이며, 조(jaw)는 3개가 있고, 동시에 작동한다.
③ 스핀들 테이퍼 구멍에 슬리브를 꽂고, 여기에 척을 꽂은 것으로 가는 지름 고정에 편리한다.
④ 원판 안에 전자석을 장입하고, 이것에 직류전류를 보내어 척(chuck)을 자화시켜 공작물을 고정한다.

94 1차로 가공된 가공물의 안지름보다 다소 큰 강구를 압입하여 통과시켜서 가공물의 표면을 소성 변형시켜 가공하는 방법으로 표면 거칠기가 우수하고 정밀도를 높이는 것은?

① 래핑   ② 호닝   ③ 버니싱   ④ 슈퍼 버니싱

95 특수 윤활제로 분류되는 극압 윤활유에 첨가하는 극압물이 아닌 것은?

① 염소   ② 유황   ③ 인   ④ 동

Answer ■ 91. ①   92. ①   93. ②   94. ③   95. ④

96 지름이 50mm인 연삭숫돌로 지름이 10mm인 공작물을 연삭할 때 숫돌바퀴의 회전수는 약 몇 rpm인가? (단, 숫돌의 원주속도는 1500m/min이다.)

① 4759　　② 5809　　③ 7449　　④ 9549

> **Solution** $V = \dfrac{\pi \cdot D \cdot N}{1000}$
> $1500 = \dfrac{\pi \times 50 \times N}{1000}$, $N = 9549.3\,\text{rpm}$

97 스폿용접과 같은 원리로 접합할 모재의 한쪽판에 돌기를 만들어 고정전극위에 겹쳐놓고 가동전극으로 통전과 동시에 가압하여 저항열로 가열된 돌기를 접합시키는 용접법은?

① 플래시 버트 용접　　② 프로젝션 용접
③ 옵셋 용접　　④ 단접

98 용융금속에 압력을 가하여 주조하는 방법으로 주형을 회전시켜 주형 내면을 균일하게 압착시키는 주조법은?

① 셸 몰드법　　② 원심주조법
③ 저압주조법　　④ 진공주조법

99 압연공정에서 압연하기 전 원재료의 두께를 50mm, 압연 후 재료의 두께를 30mm로 한다면 압하율(draft percent)은 얼마인가?

① 20%　　② 30%　　③ 40%　　④ 50%

> **Solution** $\dfrac{H_0 - H_1}{H_0} = \dfrac{50 - 30}{50} \times 100 = 40\%$

100 내경 측정용 게이지가 아닌 것은?

① 게이지 블록
② 실린더 게이지
③ 버니어 켈리퍼스
④ 내경 마이크로미터

96. ④　97. ②　98. ②　99. ③　100. ①　■ Answer

2019 기출문제 3월 3일 시행

1과목 재료역학

1 그림과 같은 막대가 있다. 길이는 4m이고 힘은 지면에 평행하게 200N만큼 주었을 때 o점에 작용하는 힘과 모멘트는?

① $F_{ox} = 0$, $F_{oy} = 200\text{N}$, $M_z = 200\text{N}\cdot\text{m}$
② $F_{ox} = 200\text{N}$, $F_{oy} = 0$, $M_z = 400\text{N}\cdot\text{m}$
③ $F_{ox} = 0$, $F_{oy} = 200\text{N}$, $M_z = 200\text{N}\cdot\text{m}$
④ $F_{ox} = 0$, $F_{oy} = 0$, $M_z = 400\text{N}\cdot\text{m}$

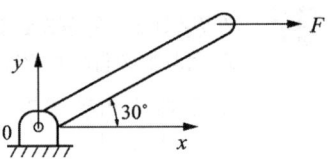

Solution $M_z = 200 \times 4 \times \sin 30° = 400\text{N}\cdot\text{m}$
$F_{ox} = 200\text{N}$
$F_{oy} = 0$

2 두께 8mm의 강판으로 만든 안지름 40cm의 얇은 원통에 1MPa의 내압이 작용할 때 강판에 발생하는 후프응력(원주 응력)은 몇 MPa인가?

① 25   ② 37.5
③ 12.5   ④ 50

Solution $\sigma_t = \dfrac{P\cdot d}{2t} = \dfrac{1\times 400}{2\times 8} = 25\text{MPa}$

3 그림과 같이 균일단면을 갖는 부정정보가 단순 지지단에서 모멘트 M_0를 받는다. 단순 지지단에서의 반력 R_a는? (단, 굽힘강성 EI는 일정하고, 자중은 무시한다.)

① $\dfrac{3M_0}{2\ell}$ ② $\dfrac{3M_0}{4\ell}$
③ $\dfrac{2M_0}{3\ell}$ ④ $\dfrac{4M_0}{3\ell}$

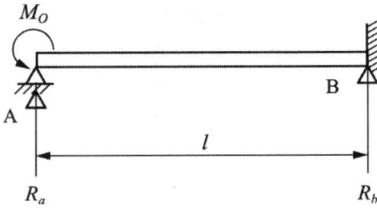

Solution $\delta_A = 0$
$\dfrac{M_0\cdot\ell^2}{2E\cdot I} = \dfrac{R_a\cdot\ell^3}{3EI}$
$R_a = \dfrac{3M_0}{2\ell}$

Answer ■ 1. ② 2. ① 3. ①

4 진변형률(ϵ_T)과 진응력(σ_T)을 공칭 응력(σ_n)과 공칭 변형률(ϵ_n)로 나타낼 때 옳은 것은?

① $\sigma_T = \ln(1+\sigma_n),\ \epsilon_T = \ln(1+\epsilon_n)$
② $\sigma_T = \ln(1+\sigma_n),\ \epsilon_T = \ln(\frac{\sigma_T}{\sigma_n})$
③ $\sigma_T = \sigma_n(1+\epsilon_n),\ \epsilon_T = \ln(1+\epsilon_n)$
④ $\sigma_T = \ln(1+\epsilon_n),\ \epsilon_T = \epsilon_n(1+\sigma_n)$

Solution 공칭응력은 초기단면적에 대한 하중으로 표현하고 진응력은 변화하는 실제단면적에 대한 하중으로 표현한다. 즉 실제 재료가 변형되면서 내부응력과 변형률이 변화하는 것을 진응력, 진변형률이라 한다.
$\sigma_t = \sigma_n(1+\epsilon_n)$
$\epsilon_t = \ln(1+\epsilon_n),\ \epsilon_n = e^{\epsilon_t} - 1$

5 폭 b = 60mm, 길이 L = 340mm의 균일강도 외팔보의 자유단에 집중하중 P = 3kN이 작용한다. 허용 굽힘응력을 65MPa이라 하면 자유단에서 250mm되는 지점의 두께 h는 약 몇 mm인가? (단, 보의 단면은 두께는 변하지만 일정한 폭 b를 갖는 직사각형이다.)

① 24
② 34
③ 44
④ 54

Solution $\sigma_a = \dfrac{P \cdot L}{\dfrac{b \cdot h^2}{6}},\ 65 = \dfrac{6 \times 3 \times 10^3 \times 250}{60 \times h^2}$
$h = 33.97\text{mm}$

6 부재의 양단이 자유롭게 회전할 수 있도록 되어있고, 길이가 4m인 압축 부재의 좌굴하중을 오일러 공식으로 구하면 약 몇 kN인가? (단, 세로탄성계수는 100GPa이고, 단면 b×h = 100mm×50mm이다.)

① 52.4
② 64.4
③ 72.4
④ 84.4

Solution $P_{cr} = \dfrac{n\pi^2 EI}{l^2} = \dfrac{1 \times \pi^2 \times 100 \times 10^9 \times 0.1 \times 0.05^3 \times 10^{-3}}{4^2 \times 12} = 64\text{kN}$

7 평면 응력상태의 한 요소에 σ_x = 100MPa, σ_y = -50MPa, τ_{xy} = 0 을 받는 평판에서 평면 내에서 발생하는 최대 전단응력은 몇 MPa인가?

① 75
② 50
③ 25
④ 0

Solution $\tau_{\max} = \sqrt{\left(\dfrac{\sigma_x - \sigma_y}{2}\right)^2 + \tau_{xy}^2} = \dfrac{\sigma_x - \sigma_y}{2} = \dfrac{100+50}{2} = 75\text{MPa}$

Answer 4. ③ 5. ② 6. ② 7. ①

8 탄성 계수(영계수) E, 전단 탄성계수 G, 체적 탄성 계수 K 사이에 성립되는 관계식은?

① $E = \dfrac{9KG}{2K+G}$ ② $E = \dfrac{3K-2G}{6K+2G}$

③ $K = \dfrac{EG}{3(3G-E)}$ ④ $K = \dfrac{9EG}{3E+G}$

Solution $G = \dfrac{E}{2(1+\mu)}$, $\mu = \dfrac{E}{2G} - 1 = \dfrac{E-2G}{2G}$

$K = \dfrac{E}{3(1-2\mu)} = \dfrac{E}{3(1-2\times\dfrac{E-2G}{2E})} = \dfrac{GE}{3(3G-E)}$

9 바깥지름 50cm, 안지름 30cm의 속이 빈 축은 동일한 단면적을 가지며 같은 재질의 원형축에 비하여 약 몇 배의 비틀림 모멘트에 견딜 수 있는가? (단, 중공축과 중실축의 전단응력은 같다.)

① 1.1배 ② 1.2배
③ 1.4배 ④ 1.7배

Solution $\dfrac{\pi}{4}(50^2 - 30^2) = \dfrac{\pi}{4}d^2$, $d = 40\,\text{cm}$

$\tau = \dfrac{T}{Z_P}$, $\dfrac{16\cdot T_1}{\pi d_2^3(1-x^4)} = \dfrac{16\cdot T_2}{\pi d^3}$

$T_2 = \dfrac{40^3}{50^3 \times \left\{1 - \left(\dfrac{3}{5}\right)^4\right\}} T_1 = 0.5882\,T_1$

$T_1 = 1.7\,T_2$

10 그림과 같은 단면에서 대칭축 n-n에 대한 단면 2차 모멘트는 약 몇 cm인가?

① 535
② 635
③ 735
④ 835

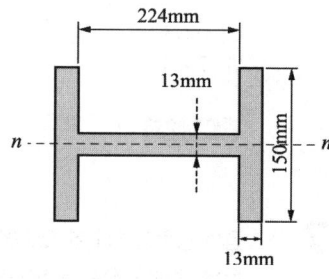

Solution $I_G = \dfrac{13 \times 150^3}{12} \times 2 + \dfrac{224 \times 13^3}{12} = 735.35 \times 10^4 \text{mm}^4$

∴ $I_G = 735.35\,\text{cm}^4$

Answer ■ 8. ③ 9. ④ 10. ③

11 단면적이 2cm²이고 길이가 4m인 환봉에 10kN의 축 방향 하중을 가하였다. 이때 환봉에 발생한 응력은 몇 N/m²인가?

① 5000
② 2500
③ 5×10^5
④ 5×10^7

Solution $\sigma = \dfrac{P}{A} = \dfrac{10 \times 10^3}{2 \times 10^{-4}} = 5 \times 10^7 \text{N/m}^2$

12 양단이 고정된 직경 30mm, 길이가 10m인 중심축에서 그림과 같이 비틀림 모멘트 1.5kN·m가 작용할 때 모멘트 작용점에서의 비틀림 각은 약 몇 rad인가? (단, 봉재의 전단탄성계수는 G = 100GPa이다.)

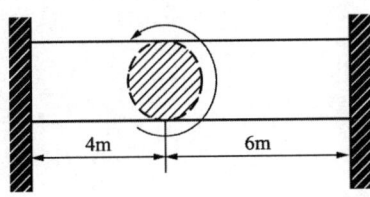

① 0.45
② 0.56
③ 0.63
④ 0.77

Solution $T = \dfrac{1.5 \times 10^3 \times 6}{10} = 900 \text{N} \cdot \text{m}$

$\theta = \dfrac{900 \times 4}{100 \times 10^9 \times \dfrac{\pi \times 0.03^4}{32}} = 0.453 \text{ rad}$

13 그림과 같이 길이 ℓ인 단순 지지된 보 위를 하중 W가 이동하고 있다. 최대 굽힘응력은?

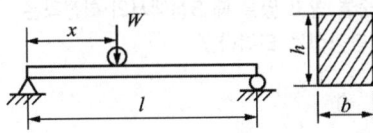

① $\dfrac{Wl}{bh^2}$
② $\dfrac{9Wl}{4bh^3}$
③ $\dfrac{Wl}{2bh^2}$
④ $\dfrac{3Wl}{2bh^2}$

Solution $M_x = \dfrac{W(l-x) \cdot x}{\ell}$

$x = \dfrac{\ell}{2}, \ M_{\max} = \dfrac{W \cdot l}{4}$

$\sigma_{b\max} = \dfrac{M_{\max}}{Z} = \dfrac{W \cdot l \times 6}{4 \times bh^2} = \dfrac{3W \cdot l}{2bh^2}$

11. ④ 12. ① 13. ④ ■ **Answer**

14 그림과 같은 트러스가 B점에서 그림과 같은 방향으로 5kN의 힘을 받을 때 트러스에 저장되는 탄성에너지는 약 몇 kJ인가? (단, 트러스의 단면적은 1.2cm², 탄성계수는 10^6Pa이다.)

① 52.1
② 106.7
③ 159.0
④ 267.7

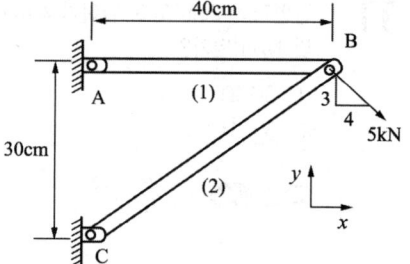

Solution

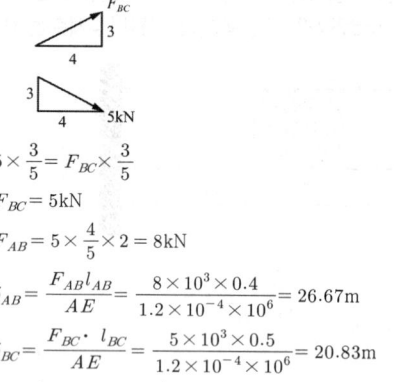

$5 \times \dfrac{3}{5} = F_{BC} \times \dfrac{3}{5}$

$F_{BC} = 5\text{kN}$

$F_{AB} = 5 \times \dfrac{4}{5} \times 2 = 8\text{kN}$

$\delta_{AB} = \dfrac{F_{AB} l_{AB}}{AE} = \dfrac{8 \times 10^3 \times 0.4}{1.2 \times 10^{-4} \times 10^6} = 26.67\text{m}$

$\delta_{BC} = \dfrac{F_{BC} \cdot l_{BC}}{AE} = \dfrac{5 \times 10^3 \times 0.5}{1.2 \times 10^{-4} \times 10^6} = 20.83\text{m}$

$U = \dfrac{1}{2} F_{AB} \cdot \delta_{AB} + \dfrac{1}{2} F_{BC} \cdot \delta_{BC} = \dfrac{1}{2} \times 8 \times 26.67 + \dfrac{1}{2} \times 5 \times 20.83 = 158.76\text{kJ}$

15 길이 1m인 외팔보가 아래 그림처럼 $q = 5$kN/m의 균일 분포하중과 $P = 1$kN의 집중하중을 받고 있을 때 B점에서의 회전각은 얼마인가? (단, 보의 굽힘강성은 EI이다.)

① $\dfrac{120}{EI}$ ② $\dfrac{260}{EI}$

③ $\dfrac{486}{EI}$ ④ $\dfrac{680}{EI}$

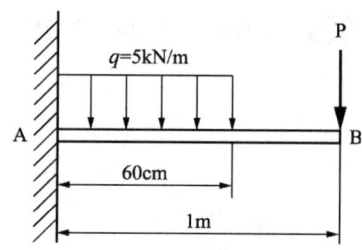

Solution

$\theta_{B1} = \dfrac{P \cdot l^2}{2EI} = \dfrac{10^3 \times 1^2}{2EI} = \dfrac{500}{EI}$

$\theta_{B2} = \dfrac{5 \times 10^3 \times 0.6 \times 0.3 \times 0.6}{3EI} = \dfrac{180}{EI}$

$\theta_B = \theta_{B1} + \theta_{B2} = \dfrac{680}{EI}$ → θ_{B2}는 면적모멘트로 계산

Answer ■ 14. ③ 15. ④

16 그림과 같은 단순지지보에서 2kN/m의 분포하중이 작용할 경우 중앙의 처짐이 0이 되도록 하기 위한 힘의 크기는 몇 kN인가?

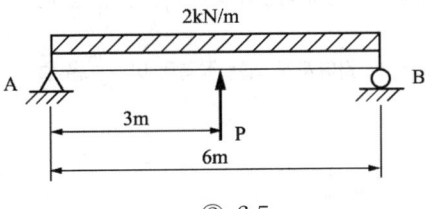

① 6.0 ② 6.5
③ 7.0 ④ 7.5

Solution $\dfrac{5wl^4}{384EI} = \dfrac{P \cdot l^3}{48EI}$

$P = \dfrac{5wl}{8} = \dfrac{5 \times 2 \times 6}{8} = 7.5\text{kN}$

17 그림과 같이 길이 $\ell = 4\text{m}$의 단순보에 균일 분포하중 ω가 작용하고 있으며 보의 최대 굽힘응력 $\sigma_{\max} = 85\text{N/cm}^2$일 때 최대 전단응력은 약 몇 kPa인가? (단, 보의 단면적은 지름이 11cm인 원형단면이다.)

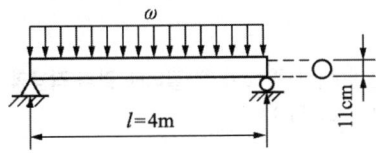

① 1.7 ② 15.6
③ 22.9 ④ 25.5

Solution $\sigma_{\max} = \dfrac{32wl^2}{\pi d^3 \times 8}$

$85 \times 10^4 = \dfrac{32 \times w \times 4^2}{\pi \times 0.11^3 \times 8}$, $w = 55.54\text{N/m}$

$\tau_{\max} = \dfrac{4}{3} \cdot \dfrac{F}{A} = \dfrac{4 \times 55.54 \times 4}{3 \times \dfrac{\pi \times 0.11^2}{4} \times 2} = 15.58 \times 10^3 \text{N/m}^2$

16. ④ 17. ② ■ Answer

18

그림과 같이 치차 전동 장치에 A 치차로부터 D 치차로 동력을 전달한다. B와 C 치차의 피치원의 직경의 비가 $\frac{D_B}{D_C} = \frac{1}{9}$ 일 때, 두 축의 최대 전단응력들이 같아지게 되는 직경의 비 $\frac{d_2}{d_1}$ 은 얼마인가?

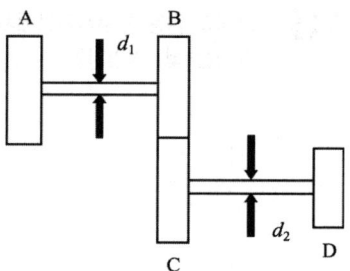

① $\left(\frac{1}{9}\right)^{\frac{1}{3}}$
② $\frac{1}{9}$
③ $9^{\frac{1}{3}}$
④ $9^{\frac{2}{3}}$

Solution
$H = T_1 \times 2\pi N_1 = T_2 \times 2\pi N_2$
$\frac{T_1}{T_2} = \frac{N_2}{N_1} = \frac{D_B}{D_C} = \frac{1}{9}$
$\tau = \frac{16 T_1}{\pi d_1^3} = \frac{16 T_2}{\pi d_2^3}$
$\frac{T_1}{T_2} = \frac{d_1^3}{d_2^3} = \frac{1}{9}$, $\frac{d_2}{d_1} = 9^{\frac{1}{3}}$

19

그림과 같은 외팔보에 균일분포하중 ω가 전 길이에 걸쳐 작용할 때 자유단의 처짐 δ는 얼마인가? (단, E : 탄성계수, I : 단면2차모멘트이다.)

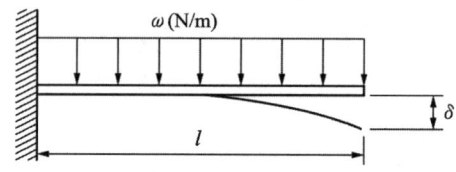

① $\frac{\omega \ell^4}{3EI}$
② $\frac{\omega \ell^4}{6EI}$
③ $\frac{\omega \ell^4}{8EI}$
④ $\frac{\omega \ell^4}{24EI}$

Solution $\delta = \frac{A_m}{EI}\overline{x} = \frac{w\ell^2 \times \ell}{3EI \times 2} \times \frac{3}{4}\ell = \frac{w\ell^4}{8EI}$

20 그림과 같이 단면적이 2cm²인 AB 및 CD 막대의 B점과 C점이 1cm만큼 떨어져 있다. 두 막대에 인장력을 가하여 늘인 후 B점과 C점에 핀을 끼워 두 막대를 연결하려고 한다. 연결 후 두 막대에 작용하는 인장력은 약 몇 kN인가? (단, 재료의 세로탄성계수는 200GPa이다.)

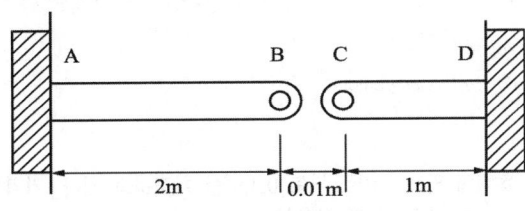

① 33.3
② 66.6
③ 99.9
④ 133.3

Solution
$\sigma_{AB} = \dfrac{P}{A} = E \cdot \dfrac{\delta_{AB}}{l_{AB}}$

$\sigma_{CD} = \dfrac{P}{A} = E \cdot \dfrac{\delta_{CD}}{l_{CD}}$

$\dfrac{\delta_{AB}}{l_{AB}} = \dfrac{0.01 - \delta_{AB}}{l_{CD}}$

$\delta_{AB} \cdot (l_{AB} + l_{CD}) = 0.01 l_{AB}$

$\delta_{AB} = \dfrac{0.01 \times 2}{1 + 2} = 0.0067 \text{m}$

$P = \dfrac{2 \times 10^{-4} \times 200 \times 10^9 \times 0.0067}{2} \times 10^{-3} = 134 \text{N}$

2과목 기계열역학

21 압력 2MPa, 300℃의 공기 0.3kg이 폴리트로픽 과정으로 팽창하여, 압력이 0.5MPa로 변화하였다. 이때 공기가 한 일은 약 몇 kJ인가? (단, 공기는 기체상수가 0.287kJ/(kg·K)인 이상기체이고, 폴리트로픽 지수는 1.3이다.)

① 416
② 157
③ 573
④ 45

Solution
$\dfrac{T_2}{T_1} = \left(\dfrac{P_2}{P_1}\right)^{\frac{n-1}{n}}$

$T_2 = (300 + 273) \times \left(\dfrac{0.5}{2}\right)^{\frac{0.3}{1.3}} = 416.12 \text{K}$

$\therefore T_2 = 143.12 \text{℃}$

$_1W_2 = \dfrac{mR(T_1 - T_2)}{n - 1} = \dfrac{0.3 \times 0.287 \times (300 - 143.12)}{0.3} = 45.02 \text{kJ}$

20. ④ 21. ④ ■ Answer

22 다음 중 기체상수(gas constant, $R[kJ/(kg \cdot K)]$)값이 가장 큰 기체는?

① 산소(O_2) ② 수소(H_2)
③ 일산화탄소(CO) ④ 이산화탄소(CO_2)

Solution 분자량이 제일 작은 것
$H_2 : M = 1 \times 2 = 2kg/kmol$

23 이상기체 1kg이 초기에 압력 2kPa, 부피 $0.1m^3$를 차지하고 있다. 가역등온과정에 따라 부피가 $0.3m^3$로 변화했을 때 기체가 한 일은 약 몇 J인가?

① 9540 ② 2200
③ 954 ④ 220

Solution $_1W_2 = P_1 \cdot V_1 \cdot \ln\left(\dfrac{V_2}{V_1}\right) = 2 \times 0.1 \times \ln\left(\dfrac{0.3}{0.1}\right) = 0.2197kJ = 219.7kJ$

24 이상적인 오토사이클에서 열효율은 55%로 하려면 압축비를 약 얼마로 하면 되겠는가? (단, 기체의 비열비는 1.4 이다.)

① 5.9 ② 6.8
③ 7.4 ④ 8.5

Solution $\eta_0 = 1 - \left(\dfrac{1}{\epsilon}\right)^{K-1}$ $0.55 = 1 - \left(\dfrac{1}{\epsilon}\right)^{0.4}$, $\epsilon = 7.36$

25 밀폐계가 가역정압 변화를 할 때 계가 받은 열량은?

① 계의 엔탈피 변화량과 같다.
② 계의 내부 에너지 변화량과 같다.
③ 계의 엔트로피 변화량과 같다.
④ 계가 주위에 대해 한 일과 같다.

Solution $P =$ 일정
$_1Q_2 = \triangle H - \int_1^2 Vdp = \triangle H$

26 유리창을 통해 실내에서 실외로 열전달이 일어난다. 이때 열전달량은 약 몇 W인가? (단, 대류열전달계수는 $50W/(m^2 \cdot K)$, 유리창 표면온도는 25℃, 외기온도는 10℃, 유리창면적은 $2m^2$이다.)

① 150 ② 500
③ 1500 ④ 5000

Solution $\dot{Q} = hA\triangle T = 50 \times 2 \times (25-10) = 1500W$

Answer ■ 22. ② 23. ④ 24. ③ 25. ① 26. ③

27 어느 내연기관에서 피스톤의 흡기과정으로 실린더 속에 0.2kg의 기체가 들어 왔다. 이것을 압축할 때 15kJ의 일이 필요하였고, 10kJ의 열을 방출하였다고 한다면, 이 기체 1kg당 내부에너지의 증가량은?

① 10kJ/kg ② 25kJ/kg
③ 35kJ/kg ④ 50kJ/kg

Solution
$_1Q_2 = \triangle U + _1W_2$
$\triangle U = -10 + 15 = 5\text{kJ}$
$\triangle h = \dfrac{\triangle U}{m} = \dfrac{5}{0.2} = 25\text{kJ/kg}$
• 밀폐계 압축으로 보고 풀어야 함

28 다음은 강도성 상태량(Intensive property)이 아닌 것은?

① 온도 ② 압력
③ 체적 ④ 밀도

Solution 체적은 질량에 비례하는 강도성 상태량

29 600kPa, 300K 상태의 이상기체 1kmol이 엔탈피가 등온과정을 거쳐 압력이 200kPa로 변했다. 이 과정동안의 엔트로피 변화량은 약 몇 kJ/K인가? (단, 일반기체상수($\overline{R}$)은 8.31451kJ/(kmol·K)이다.)

① 0.782 ② 6.31
③ 9.13   ④ 18.6

Solution $\triangle s = mR\ln\left(\dfrac{P_1}{P_2}\right) = n\overline{R}\ln\left(\dfrac{P_1}{P_2}\right) = 1 \times 8.31451 \times \ln\left(\dfrac{600}{200}\right) = 9.13\text{kJ/K}$

30 그림과 같은 단열된 용기 안에 25℃의 물이 0.8m³ 들어있다. 이 용기 안에 100℃, 50kg의 쇳덩어리를 넣은 후 열적 평형이 이루어 졌을 때 최종 온도는 약 몇 ℃인가? (단, 물의 비열은 4.18kJ/(kg·K), 철의 비열은 0.45kJ/(kg·K)이다.)

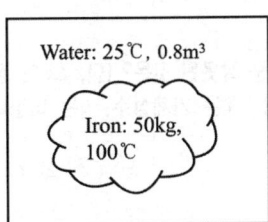

① 25.5 ② 27.4
③ 29.2 ④ 31.4

Solution $50 \times 0.45 \times (100 - T_m) = 1000 \times 0.8 \times 4.18 \times (T_m - 25)$
$T_m = 25.5℃$

27. ② 28. ③ 29. ③ 30. ① ■ Answer

31 실린더에 밀폐된 8kg의 공기가 그림과 같이 P_1 = 800kPa, 체적 V_1 = 0.27m³에서 P_2 = 350kPa, 체적 V_2 = 0.80m³으로 직선 변화하였다. 이 과정에서 공기가 한 일은 약 몇 kJ인가?

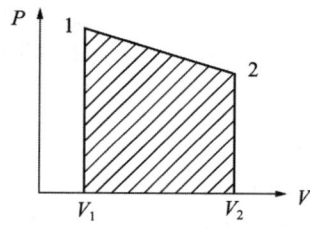

① 305 ② 334
③ 362 ④ 390

Solution $_1W_2 = \frac{1}{2} \times (800 - 350) \times (0.8 - 0.27) + 350 \times (0.8 - 0.27) = 304.75\text{kJ}$

32 어떤 기체 동력장치가 이상적인 브레이턴 사이클로 다음과 같이 작동할 때 이 사이클의 열효율은 약 몇 %인가? (단, 온도(T)-엔트로피(s) 선도에서 T_1 = 30℃, T_2 = 200℃, T_3 = 1060℃, T_4 = 160℃ 이다.)

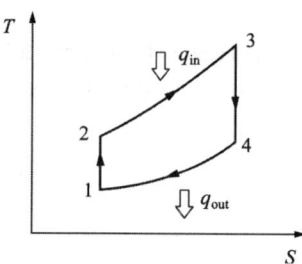

① 81% ② 85%
③ 89% ④ 92%

Solution $\eta_B = 1 - \left(\frac{T_4 - T_1}{T_3 - T_2}\right) = 1 - \left(\frac{160 - 30}{1060 - 200}\right) = 0.85$

33 이상기체에 대한 다음 관계식 중 잘못된 것은? (단, Cv는 정적비열, Cp는 정압비율, u는 내부에너지, T는 온도, V는 부피, h는 엔탈피, R은 기체상수, k는 비열비이다.)

① $Cv = (\frac{\partial u}{\partial T})_V$
② $Cp = (\frac{\partial h}{\partial T})_V$
③ $Cp - Cv = R$
④ $Cp = \frac{kR}{k-1}$

Solution $C_P = \frac{\partial h}{\partial T}|_{P=C}$

Answer ■ 31. ① 32. ② 33. ②

34 열역학 제2법칙에 관해서는 여러 가지 표현으로 나타낼 수 있는데, 다음 중 열역학 제2법칙과 관계되는 설명으로 볼 수 없는 것은?

① 열을 일로 변환하는 것은 불가능하다.
② 열효율이 100%인 열기관을 만들 수 없다.
③ 열은 저온 물체로부터 고온 물체로 자연적으로 전달되지 않는다.
④ 입력되는 일 없이 작동하는 냉동기를 만들 수 없다.

35 계의 엔트로피 변화에 대한 열역학적 관계식 중 옳은 것은? (단, T는 온도, S는 엔트로피, U는 내부 에너지, V는 체적, P는 압력, H는 엔탈피를 나타낸다.)

① $TdS = dU - PdV$
② $TdS = dH - PdV$
③ $TdS = dU - VdP$
④ $TdS = dH - VdP$

Solution $\delta q = du + pdv = dh - vdp = Tds$

36 공기 1kg이 압력 50kPa, 부피 3m³인 상태에서 압력 900kPa, 부피 0.5m³인 상태로 변화할 때 내부 에너지가 160kJ 증가하였다. 이 때 엔탈피는 약 몇 kJ이 증가하였는가?

① 30
② 185
③ 235
④ 460

Solution $\triangle H = \triangle U + (P_2 V_2 - P_1 V_1) = 160 + (900 \times 0.5 - 50 \times 3) = 460 kJ$

37 체적이 일정하고 단열된 용기 내에 80℃, 320kPa의 헬륨 2kg이 들어 있다. 용기 내에 있는 회전날개가 20W의 동력으로 30분 동안 회전한다고 할 때 용기 내의 최종 온도는 약 몇 ℃인가? (단, 헬륨의 정적비열은 3.12kJ/(kg·K)이다.)

① 81.9℃
② 83.3℃
③ 84.9℃
④ 85.8℃

Solution $Q = mC(t_2 - t_1) = L \times \triangle T_i$
$2 \times 3.12 \times (t_2 - 80) = 20 \times 10^{-3} \times 30 \times 60$
$t_2 = 85.77℃$

34. ① **35.** ④ **36.** ④ **37.** ④ ■ Answer

38 그림과 같은 Rankine 사이클로 작동하는 터빈에서 발생하는 일은 약 몇 kJ/kg인가? (단, h는 엔탈피, s는 엔트로피를 나타내며, h_1 = 191.8kJ/kg, h_2 = 193.8kJ/kg, h_3 = 2799.5kJ/kg, h_4 = 2007.5kJ/kg이다.)

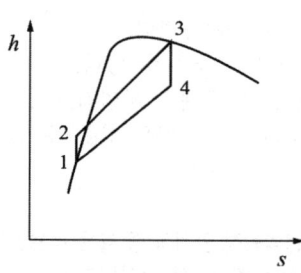

① 2.0kJ/kg
② 792.0kJ/kg
③ 2605.7kJ/kg
④ 1815.7kJ/kg

Solution $w = (h_3 - h_4) = (2799.5 - 2007.5) = 792 \text{kJ/kg}$

39 시간당 380000kg의 물을 공급하여 수증기를 생산하는 보일러가 있다. 이 보일러에 공급하는 물의 엔탈피는 830kJ/kg이고, 생산되는 수증기의 엔탈피는 3230kJ/kg이라고 할 때, 발열량이 32000kJ/kg인 석탄을 시간당 34000kg씩 보일러에 공급한다면 이 보일러의 효율은 약 몇 %인가?

① 66.9%
② 71.5%
③ 77.3%
④ 83.8%

Solution $\eta = \dfrac{L_{out}}{L_{in}} = \dfrac{380000 \times (3230 - 830)}{34000 \times 32000} = 0.8382$

40 터빈, 압축기, 노즐과 같은 정상 유동장치의 해석에 유용한 몰리에(Mollier) 선도를 옳게 설명한 것은?

① 가로축에 엔트로피, 세로축에 엔탈피를 나타내는 선도이다.
② 가로축에 엔탈피, 세로축에 온도를 나타내는 선도이다.
③ 가로축에 엔트로피, 세로축에 밀도를 나타내는 선도이다.
④ 가로축에 비체적, 세로축에 압력을 나타내는 선도이다.

Solution Mollier 선도

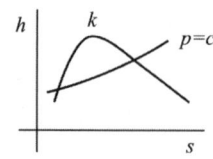

3과목 기계유체역학

41 원관에서 난류로 흐르는 어떤 유체의 속도가 2배로 변하였을 때, 마찰계수가 변경 전 마찰계수의 $\dfrac{1}{\sqrt{2}}$ 로 줄었다. 이때 압력손실은 몇 배로 변하는가?

① $\sqrt{2}$ 배
② $2\sqrt{2}$ 배
③ 2배
④ 4배

Solution $h_\ell = f \cdot \dfrac{\ell}{d} \cdot \dfrac{V^2}{2g}$

$h_\ell' = \dfrac{f}{\sqrt{2}} \cdot \dfrac{\ell}{d} \cdot \dfrac{(2V)^2}{2g} = \dfrac{4}{\sqrt{2}} h_\ell = 2\sqrt{2}\, h_\ell$

42 점성계수가 0.3N·s/m²이고, 비중이 0.9인 뉴턴유체가 지름 30mm인 파이프를 통해 3m/s의 속도로 흐를 때 Reynolds 수는?

① 24.3
② 270
③ 2700
④ 26460

Solution $Re = \dfrac{0.9 \times 10^3 \times 3 \times 0.03}{0.3} = 270$

43 어떤 액체의 밀도는 890kg/m³, 체적 탄성계수는 2200MPa이다. 이 액체 속에서 전파되는 소리의 속도는 약 몇 m/s인가?

① 1572
② 1483
③ 981
④ 345

Solution $C = \sqrt{\dfrac{1}{\beta \cdot \rho}} = \sqrt{\dfrac{2200 \times 10^6}{890}} = 1572.23 \text{m/s}$

44 펌프로 물을 양수할 때 흡입측에서의 압력이 진공 압력계로 75mmHg(부압)이다. 이 압력은 절대 압력으로 약 몇 kPa인가? (단, 수은의 비중은 13.6이고, 대기압은 760mmHg이다.)

① 91.3
② 10.4
③ 84.5
④ 23.6

Solution $P_a = (760 - 75) \times 13.6 \times 9800 \times 10^{-6} = 91.3 \text{kPa}$

41. ② 42. ② 43. ① 44. ① ■ Answer

45 동점성계수가 10cm²/s이고 비중이 1.2인 유체의 점성계수는 몇 Pa·s인가?

① 0.12 ② 0.24
③ 1.2   ④ 2.4

Solution $\mu = \rho \cdot \nu = 1.2 \times 10^3 \times 10 \times 10^{-4} = 1.2$

46 평판 위를 어떤 유체가 층류로 흐를 때, 선단으로부터 10cm 지점에서 경계층두께가 1mm일 때, 20cm 지점에서의 경계층두께는 얼마인가?

① 1mm ② $\sqrt{2}$ mm
③ $\sqrt{3}$ mm ④ 2mm

Solution $\delta = 5.0 x Re^{-\frac{1}{2}} = 5.0 x^{\frac{1}{2}} \cdot \left(\frac{V}{\nu}\right)^{-\frac{1}{2}}$

$\left(\frac{V}{\nu}\right)^{-\frac{1}{2}} = \frac{1}{5.0 \times \sqrt{10}} = \frac{\delta}{5.0 \times \sqrt{20}}$

$\delta = \sqrt{2}$ mm

47 온도 27℃, 절대압력 380kPa인 기체가 6m/s로 지름 5cm인 매끈한 원관 속을 흐르고 있을 때 유동상태는? (단, 기체상수는 187.8N·m/(kg·K), 점성계수는 1.77×10⁻⁵kg/(m·s), 상, 하 임계 레이놀즈수는 각각 4000, 21000이라 한다.)

① 층류영역 ② 천이영역
③ 난류영역 ④ 포텐셜영역

Solution $\rho = \frac{P}{RT} = \frac{380 \times 10^3}{187.8 \times (27+273)} = 6.74 \text{kg/m}^3$

$Re = \frac{PVd}{\mu} = \frac{6.74 \times 6 \times 0.05}{1.77 \times 10^{-5}} = 114,237.288$

4000보다 크므로 난류유동

48 2m×2m×2m의 정육면체로 된 탱크 안에 비중이 0.8인 기름이 가득 차 있고, 위 뚜껑이 없을 때 탱크의 한 옆면에 작용하는 전체 압력에 의한 힘은 약 몇 kN인가?

① 7.6   ② 15.7
③ 31.4 ④ 62.8

Solution $F = \gamma \bar{h} \cdot A = 0.8 \times 9800 \times 1 \times (2 \times 2) \times 10^{-3} = 31.36$ kN

Answer ■ 45. ③ 46. ② 47. ③ 48. ③

49 일정 간격의 두 평판 사이에 흐르는 완전 발달된 비압축성 정상유동에서 x는 유동방향, y는 평판 중심을 0으로 하여 x방향에 직교하는 방향의 좌표를 나타낼 때 압력강하와 마찰손실의 관계로 옳은 것은? (단, P는 압력, τ는 전단응력, μ는 점성계수(상수)이다.)

① $\dfrac{dP}{dy} = \mu \dfrac{d\tau}{dx}$ ② $\dfrac{dP}{dy} = \dfrac{d\tau}{dx}$ ③ $\dfrac{dP}{dx} = \dfrac{d\tau}{dy}$ ④ $\dfrac{dP}{dx} = \dfrac{1}{\mu} \dfrac{d\tau}{dy}$

Solution $p \cdot dy - (p+dp)dy - d\tau \cdot dx = 0$
$d\tau = -\dfrac{dp}{dx} dy$, ⊖는 압력강하의미
$\dfrac{dp}{dx} = \dfrac{d\tau}{dy}$

50 비중 0.85인 기름의 자유표면으로부터 10m 아래에서의 계기압력은 약 몇 kPa인가?

① 83 ② 830 ③ 98 ④ 980

Solution $P = \gamma h = 0.85 \times 9.8 \times 10 = 83.3 \text{kPa}$

51 물을 사용하는 원심 펌프의 설계점에서의 전양정이 30m이고 유량은 1.2m³/min이다. 이 펌프를 설계점에서 운전할 때 필요한 축동력이 7.35kW라면 이 펌프의 효율은 약 얼마인가?

① 75% ② 80% ③ 85% ④ 90%

Solution $\eta = \dfrac{L_P}{L_S} = \dfrac{9.8 \times 1.2 \times 30}{7.35 \times 60} \times 100 = 80\%$

52 그림과 같은 원형판에 비압축성 유체가 흐를 때 A 단면의 평균속도가 V_1 일 때 B 단면에서의 평균속도 V는?

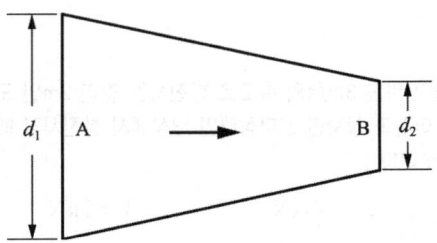

① $V = \left(\dfrac{d_1}{d_2}\right)^2 V_1$ ② $V = \dfrac{d_1}{d_2} V_1$

③ $V = \left(\dfrac{d_2}{d_1}\right)^2 V_1$ ④ $V = \dfrac{d_2}{d_1} V_1$

Solution $A_1 V_1 = A_2 V_2$
$V = \dfrac{d_1^2}{d_2^2} V_1$

49. ③ 50. ① 51. ② 52. ① ■ Answer

53 유속 3m/s로 흐르는 물 속에 흐름방향의 직각으로 피토관을 세웠을 때, 유속에 의해 올라가는 수주의 높이는 약 몇 m인가?

① 0.46
② 0.92
③ 4.6
④ 9.2

Solution $V = \sqrt{2gH}$

$H = \dfrac{3^2}{2 \times 9.8} = 0.46\text{m}$

54 2차원 유동장이 $\vec{V}(x,y) = cx\vec{i} - cy\vec{j}$로 주어질 때, 가속도장 $\vec{a}(x,y)$는 어떻게 표시되는가? (단, 유동장에서 c는 상수를 나타낸다.)

① $\vec{a}(x,y) = cx^2\vec{i} - cy^2\vec{j}$
② $\vec{a}(x,y) = cx^2\vec{i} + cy^2\vec{j}$
③ $\vec{a}(x,y) = c^2x\vec{i} - c^2y\vec{j}$
④ $\vec{a}(x,y) = c^2x\vec{i} + c^2y\vec{j}$

Solution 대류가속도

$a = u\dfrac{\partial \vec{V}}{\partial x} + v\dfrac{\partial \vec{V}}{\partial y} = cx \times c\hat{i} + (-cy) \times (-c)\hat{j} = c^2x\hat{i} + c^2y\hat{j}$

55 그림과 같이 유속 10m/s인 물 분류에 대하여 평판을 3m/s의 속도로 접근하기 위하여 필요한 힘은 약 몇 N인가? (단, 분류의 단면적은 0.01m²이다.)

① 130
② 490
③ 1350
④ 1690

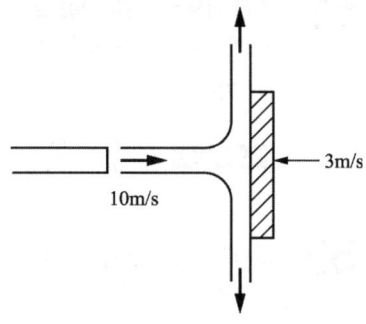

Solution $F = \rho A (V+u)^2 = 1000 \times 0.01 \times (10+3)^2 = 1690\text{N}$

56 물(비중량 9800N/m³) 위를 3m/s의 속도로 항진하는 길이 2m인 모형선에 작용하는 조파저항이 54N이다. 길이 50m인 실선을 이것과 상사한 조파상태인 해상에서 항진시킬 때 조파 저항은 약 얼마인가? (단, 해수의 비중량은 10075N/m³이다.)

① 43kN
② 433kN
③ 87kN
④ 867kN

Solution $Fr = \left(\dfrac{V^2}{\ell g}\right)_m = \left(\dfrac{V^2}{\ell g}\right)_p$

$V_P = \sqrt{\dfrac{50 \times 3^2}{2}} = 15\text{m/sec}$

$C_P = \left(\dfrac{F}{L^2 \cdot \dfrac{\rho V^2}{2}}\right)_m = \left(\dfrac{F}{L^2 \cdot \dfrac{\rho V^2}{2}}\right)_p$

$\dfrac{54}{9800 \times 2^2 \times 3^2} = \dfrac{F_P}{50^2 \times 15^2 \times 10075}$

$F_P = 867.43 \times 10^3 \text{N}$

Answer ■ 53. ① 54. ④ 55. ④ 56. ④

57 골프공 표면의 딤플(dimple, 표면 굴곡)이 항력에 미치는 영향에 대한 설명으로 잘못된 것은?

① 딤플은 경계층의 박리를 지연시킨다.
② 딤플이 층류경계층을 난류경계층으로 천이시키는 역할을 한다.
③ 딤플이 골프공의 전체적인 항력을 감소시킨다.
④ 딤플은 압력저항보다 점성저항을 줄이는데 효과적이다.

58 다음과 같은 베르누이 방정식을 적용하기 위해 필요한 가정과 관계가 먼 것은? (단, 식에서 P는 압력, ρ는 밀도, V는 유속, γ는 비중량, Z는 유체의 높이를 나타낸다.)

$$P_1 + \frac{1}{2}\rho V_1^2 + \gamma Z_1 = P_2 + \frac{1}{2}\rho V_2^2 + \gamma Z_2$$

① 정상 유동
② 압축성 유체
③ 비점성 유체
④ 동일한 유선

59 중력은 무시할 수 있으나 관성력과 점성력 및 표면장력이 중요한 역할을 하는 미세구조물 중 마이크로 채널 내부의 유동을 해석하는데 중요한 역할을 하는 무차원 수만으로 짝지어진 것은?

① Reynolds 수, Frouden수
② Reynolds 수, Mach 수
③ Reynolds 수, Weber 수
④ Reynolds 수, Cauchy 수

Solution $Re = \dfrac{관성력}{점성력}$
$We = \dfrac{관성력}{표면장력}$

60 정상, 2차원, 비압축성 유동장의 속도성분이 아래와 같이 주어질 때 가장 단순한 유동함수(Ψ)의 형태는? (단, u는 x방향, v는 y방향의 속도성분이다.)

$$u = 2y, \ v = 4x$$

① $\Psi = -2x^2 + y^2$
② $\Psi = -x^2 + y^2$
③ $\Psi = -x^2 + 2y^2$
④ $\Psi = -4x^2 + 4y^2$

Solution $u = \dfrac{\partial \psi}{\partial y}$, $\psi = y^2 + C_1$, $C_2 = y^2$
$v = -\dfrac{\partial \psi}{\partial x}$, $\psi = -2x^2 + C_2$, $C_1 = -2x^2$
$\therefore \psi = -2x^2 + y^2$

57. ④ 58. ② 59. ③ 60. ① ■ Answer

4과목 기계재료 및 유압기기

61 S곡선에 영향을 주는 요소들을 설명한 것 중 틀린 것은?
① Ti, Al등이 강재에 많이 함유될수록 S곡선은 좌측으로 이동된다.
② 강중에 첨가원소로 인하여 편석이 존재하면 S곡선의 위치도 변화한다.
③ 강재가 오스테나이트 상태에서 가열온도가 상당히 높으면 높을수록 오스테나이트 결정립은 미세해지고, S곡선의 코(nose) 부근도 왼쪽으로 이동한다.
④ 강이 오스테나이트 상태에서 외부로부터 응력을 받으면 응력이 커지게 되어 변태시간이 짧아져 곡선의 변태 개시선은 좌측으로 이동한다.

Solution 가열온도가 높으면 결정립은 조대화 된다.

62 구상흑연주철에서 나타나는 페딩(Fading) 현상이란?
① Ce, Mg첨가에 의한 구상흑연화를 촉진하는 것
② 구상화처리 후 용탕상태로 방치하면 흑연구상화 효과가 소멸하는 것
③ 코크스비를 낮추어 고온 용해하므로 용탕에 산소 및 황의 성분이 낮게 되는 것
④ 두께가 두꺼운 주물이 흑연 구상화 처리 후에도 냉각속도가 늦어 편상 흑연조직으로 되는 것

Solution 페딩(Fading) : 흑연의 구상화 효과가 사라지는 현상

63 순철의 변태에 대한 설명 중 틀린 것은?
① 동소변태점은 A_3점과 A_4점이 있다.
② Fe의 자기변태점은 약 768℃정도이며, 큐리(curie)점 이라고도 한다.
③ 동소변태는 결정격자가 변화하는 변태를 말한다.
④ 자기변태는 일정온도에서 급격히 비연속적으로 일어난다.

Solution 순철의 자기변태는 A_2변태점인 768℃에서 자성이 변화하는 것을 말한다.

64 Fe-C 평형 상태도에서 γ 고용체가 시멘타이트를 석출 개시하는 온도선은?
① A_{cm}선   ② A_3선
③ 공석선   ④ A_2선

Solution A_{cm}선은 탄소함량 0.8%의 공석점과 1145℃, 2.0%C의 점을 연결한 선으로 왼쪽은 오스테나이트 조직이고 오른쪽은 레데뷰라이트이며 탄소함량이 증가할수록 시멘타이트 조직화된다.

Answer ■ 61. ③   62. ②   63. ④   64. ①

65 Mg-Al계 합금에 소량의 Zn과 Mn을 넣은 합금은?

① 엘렉트론(elektron) 합금　　② 스텔라이트(stellite) 합금
③ 알클래드(alclad) 합금　　　④ 자마크(zamak) 합금

> **Solution**　① 스텔라이트 : 주조경질합금
> 　　　　　② 알클래드 : 알루미늄합금
> 　　　　　③ 자마크 : 아연합금

66 경도시험에서 압입체의 다이아몬드 원추각이 120°이며, 기준하중이 10kgf인 시험법은?

① 쇼어 경도시험　　② 브리넬 경도시험
③ 비커스 경도시험　　④ 로크웰 경도시험

> **Solution**　로크웰 경도시험
> 　　　　　① 다이아몬드 원뿔각 120°
> 　　　　　② 초하중 10kg
> 　　　　　③ 시험하중 150kg

67 다음 금속 중 재결정 온도가 가장 높은 것은?

① Zn　　② Sn
③ Fe　　④ Pb

> **Solution**　① Fe : 350~450℃
> 　　　　　② Zn : 5~25℃
> 　　　　　③ Sn : 7~25℃
> 　　　　　④ Pb : 0~3℃

68 아름답고 매끈한 플라스틱 제품을 생산하기 위한 금형재료의 요구되는 특성이 아닌 것은?

① 결정입도가 클 것　　② 편석 등이 적을 것
③ 핀홀 및 흠이 없을 것　　④ 비금속 개재물이 적을 것

> **Solution**　사출금형재료로써 플라스틱은 충분한 강도를 갖고 있어야 하므로 결정입도가 미세한 것이 특성이라 할 수 있다.

65. ①　66. ④　67. ③　68. ① ■ **Answer**

69 심냉(sub-zero)처리의 목적을 설명한 것 중 옳은 것은?

① 자경강에 인성을 부여하기 위한 방법이다.
② 급열·급냉 시 온도 이력현상을 관찰하기 위한 것이다.
③ 항온 담금질하여 베이나이트 조직을 얻기 위한 방법이다.
④ 담금질 후 변형을 방지하기 위해 잔류 오스테나이트를 마텐자이트 조직으로 얻기 방법이다.

Solution 심랭처리 : 담금질 후 잔류 스테나이트를 마텐자이트화하기 위해 드라이아이스를 이용한 0℃ 이하의 열처리

70 Al합금 중 개량처리를 통해 Si의 조대한 육각판상을 미세화시킨 합금의 명칭은?

① 라우탈　　　　　　　　② 실루민
③ 문쯔메탈　　　　　　　④ 두랄루민

Solution ① 라우탈 : Al+Si+Cu
② 문쯔메탈 : 6-4 황동(Cu+Zn)
③ 두랄루민 : Al+Cu+Mg 등 첨가

71 감압밸브, 체크밸브, 릴리프밸브 등에서 밸브 시트를 두드려 비교적 높은 음을 내는 일종의 자려 진동 현상은?

① 유격 현상　　　　　　　② 채터링 현상
③ 폐입 현상　　　　　　　④ 캐비테이션 현상

Solution ① 폐입현상 : 기어 펌프에서 유압유가 출구에서 입구쪽으로 되돌아가는 현상
② 캐비테이션 : 유압유에 공기 등의 혼입으로 저압상태 임에도 기포가 발생하여 공동부가 형성되는 현상

72 유압 파워유닛의 펌프에서 이상 소음 발생의 원인이 아닌 것은?

① 흡입관의 막힘　　　　　② 유압유에 공기 혼입
③ 스트레이너가 너무 큼　　④ 펌프의 회전이 너무 빠름

Solution ① 흡입관이 막힘으로 서징현상으로 충격음 발생
② 유압유에 공기가 혼입되어 있거나 펌프의 회전이 너무 빠를 경우 점성이 큰 유압유일수록 캐비테이션현상의 발생으로 소음이 발생

73 지름이 2cm인 관속을 흐르는 물의 속도가 1m/s이면 유량은 약 몇 cm³/s인가?

① 3.14　　　　　　　　② 31.4
③ 314　　　　　　　　 ④ 3140

Solution $Q = \dfrac{\pi \times 2^2}{4} \times (1 \times 10^2) = 314.16 \, cm^3/sec$

Answer ■ 69. ④　70. ②　71. ②　72. ③　73. ③

74 한 쪽 방향으로 흐름은 자유로우나 역방향의 흐름을 허용하지 않는 밸브는?

① 체크 밸브 ② 셔틀 밸브
③ 스로틀 밸브 ④ 릴리프 밸브

> **Solution** ① 셔틀 밸브 : 밸브 입구가 2개, 출구가 1개
> ② 스로틀 밸브 : 유량조정 밸브
> ③ 릴리프 밸브 : 압력제어 밸브의 종류

75 다음 중 유량제어밸브에 의한 속도제어 회로를 나타낸 것이 아닌 것은?

① 미터 인 회로 ② 블리드 오프 회로
③ 미터 아웃 회로 ④ 카운터 회로

> **Solution** ① 속도제어 회로 : 미터 인 회로, 미터아웃회로, 블리드 오프 회로
> ② 카운터밸런스회로는 압력제어회로의 종류

76 유체를 에너지원 등으로 사용하기 위하여 기압 상태로 저장하는 용기는?

① 디퓨져 ② 액추에이터
③ 스로틀 ④ 어큐뮬레이터

> **Solution** ① 어큐뮬레이터 : 축압기로 유압회로 내 압력을 일정하게 유지시키기 위한 부속장치이다.
> ② 디퓨져 : 운동에너지를 감소시켜 압력에너지를 증가시키기 위한 요소이다.
> ③ 액추에이터 : 작동기로 유체에너지를 기계적 에너지로 변환

77 점성계수(coefficient of viscosity)는 기름의 중요 성질이다. 점도가 너무 낮을 경우 유압기기에 나타나는 현상은?

① 유동저항이 지나치게 커진다.
② 마찰에 의한 동력손실이 증대된다.
③ 각 부품 사이에서 누출 손실이 커진다.
④ 밸브나 파이프를 통과할 때 압력손실이 커진다.

78 저 압력을 어떤 정해진 높은 출력으로 증폭하는 회로의 명칭은?

① 부스터 회로 ② 플립플롭 회로
③ 온오프제어 회로 ④ 레지스터 회로

> **Solution** 부스터(booster) : 유체 흐름의 중간에 설치하여 압력을 증가시킬 것을 목적으로 한 기계(승압기 또는 증압기라 함)

74. ① 75. ④ 76. ④ 77. ③ 78. ① ■ Answer

79 베인펌프의 일반적인 구성 요소가 아닌 것은?

① 캠링 ② 베인
③ 로터 ④ 모터

Solution 유압모터는 유압펌프와 반대원리로 유체에너지를 기계적 에너지로 변환

80 유공압 실린더의 미끄러짐 면의 운동이 간헐적으로 되는 현상은?

① 모노 피딩(Mono-feeding) ② 스틱 슬립(Stick-slip)
③ 컷 인 다운(Cut in-down) ④ 듀얼 액팅(Dual acting)

Solution 스틱슬립(stick-slip) : 이동테이블과 안내면 사이에서 미끄럼 마찰과 진동이 간헐적으로 일어나는 현상

5과목 기계제작법 및 기계동력학

81 무게 20N인 물체가 2개의 용수철에 의하여 그림과 같이 놓여 있다. 한 용수철은 1cm 늘어나는데 1.7N이 필요하며 다른 용수철은 1cm 늘어나는데 1.3N이 필요하다. 변위 진폭이 1.25cm가 되려면 정적평형위치에 있는 물체는 약 얼마의 초기속도(cm/s)를 주어야 하는가? (단, 이 물체는 수직운동만 한다고 가정한다.)

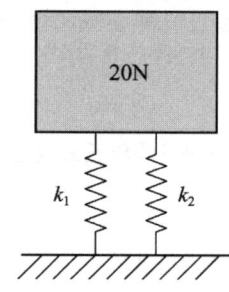

① 11.5 ② 18.1
③ 12.4 ④ 15.2

Solution
$K_1 = \dfrac{1.7}{0.01} = 170 \text{N/m}$
$K_2 = \dfrac{1.3}{0.01} = 130 \text{N/m}$
$K_e = K_1 + K_2 = 300 \text{N/m}$
$w = \sqrt{\dfrac{K_e}{m}} = \sqrt{\dfrac{9.8 \times 300}{20}} = 12.12$
$x = X \cdot \sin wt$
$\dot{x} = V = X \cdot w \cos wt$
$\therefore V = X \cdot w = 1.25 \times 12.12 = 15.15 \text{cm/sec}$

Answer ■ 79. ④ 80. ② 81. ④

82 전동기를 이용하여 무게 9800N의 물체를 속도 0.3m/s로 끌어올리려 한다. 장치의 기계적 효율을 80%로 하면 최소 몇 kW의 동력이 필요한가?

① 3.2
② 3.7
③ 4.9
④ 6.2

Solution $L = \dfrac{9800 \times 0.3}{0.8} \times 10^{-3} = 3.68\text{kW}$

83 그림과 같이 Coulomb 감쇠를 일으키는 진동계에서 지면과의 마찰계수는 0.1, 질량 m = 100kg, 스프링 상수 k = 981N/cm이다. 정지 상태에서 초기 변위를 2cm 주었다가 놓을 때 4 cycle 후의 진폭은 약 몇 cm가 되겠는가?

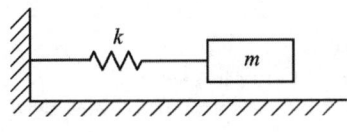

① 0.4
② 0.1
③ 1.2
④ 0.8

Solution $X = x_o - \dfrac{4n\mu mg}{K}$, n : 사이클 수

$X = 2 - \dfrac{4 \times 4 \times 0.1 \times 100 \times 9.8}{981} = 0.4\text{cm}$

• 쿨롬감쇠시 cycle 수에 따른 진폭 구하는 공식

84 단순조화운동(Harmonic motions)일 때 속도와 가속도의 위상차는 얼마인가?

① $\dfrac{\pi}{2}$
② π
③ 2π
④ 0

Solution 변위가 sin함수면 속도는 cos, 가속도는 sin함수로 $90° \left(\dfrac{\pi}{2}\right)$의 위상차를 갖는다.

82. ② 83. ① 84. ① ■ Answer

85

어떤 물체가 정지 상태로부터 다음 그래프와 같은 가속도(a)로 속도가 변화한다. 이 때 20초 경과 후의 속도는 약 m/s인가?

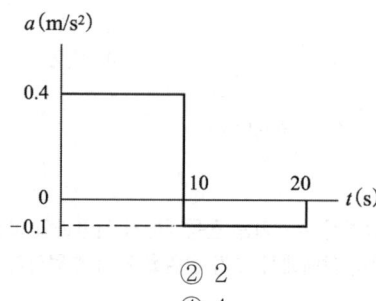

① 1
③ 3
② 2
④ 4

Solution ① $t = 0 \sim 10\text{sec}$
$V = V_o + at = 0.4 \times 10 = 4\text{m/sec}$
② 10sec에서 가속도가 0.4에서 -0.1m/sec^2까지 떨어질 때 속도는 4m/sec이다.
③ $10 \sim 20\text{sec}$
$V = V_o + at = 4 - 0.1 \times 10 = 3\text{m/sec}$

86

그림은 스프링과 감쇠기로 지지된 기관(engine, 총 질량 m)이며, m_1은 크랭크 기구의 불평형 회전질량으로 회전 중심으로부터 r만큼 떨어져 있고, 회전주파수는 ω이다. 이 기관의 운동방정식을 $m\ddot{x} + c\dot{x} + kx = F(t)$라고 할 때 $F(t)$로 옳은 것은?

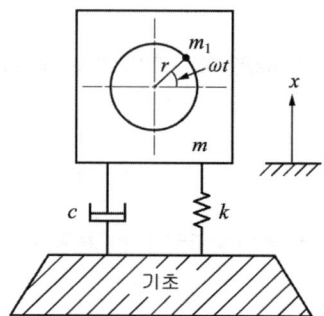

① $F(t) = \dfrac{1}{2} m_1 r w^2 \sin wt$
② $F(t) = \dfrac{1}{2} m_1 r w^2 \cos wt$
③ $F(t) = m_1 r w^2 \sin wt$
④ $F(t) = m_1 r w^2 \cos wt$

Solution 1 자유도 감쇠 자유진동
원 운동시 원심력 $F = m_1 \cdot a_n = m_1 \cdot rw^2$
가진력은 시간의 함수로써 $t = 0$ 일 때
$F(t) = 0$이므로 sin 함수
$F(t) = m_1 \cdot rw^2 \cdot sinwt$

Answer ■ 85. ③ 86. ③

87 반지름이 r인 균일한 원판의 중심에 200N의 힘이 수평방향으로 가해진다. 원판의 미끄러짐을 방지하는데 필요한 최소 마찰력(F)은?

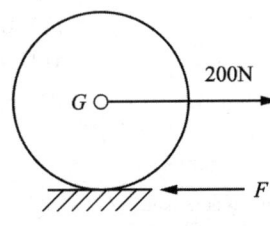

① 200N
② 100N
③ 66.67N
④ 33.33N

Solution
$\sum F = ma$
$200 - F = mr\alpha$
$\sum M = J \cdot \alpha$
$F \times r = \frac{1}{2}mr^2 \cdot \alpha, \ F = \frac{1}{2}mr\alpha$
$200 - \frac{1}{2}mr\alpha = mr\alpha$
$mr\alpha = 133.33N$
$F = 200 - mr\alpha = 200 - 133.33 = 66.67N$

88 축구공을 지면으로부터 1m의 높이에서 자유낙하 시켰더니 0.8m 높이까지 다시 튀어 올랐다. 이 공의 반발계수는 얼마인가?

① 0.89
② 0.83
③ 0.80
④ 0.77

Solution
- 지면에 떨어지는 속도: $V_1 = \sqrt{2 \times 9.8 \times 1} = 4.42$
- 튕겨 올라가는 속도: $V_2 = \sqrt{2 \times 9.8 \times 0.8} = 3.96$
$$e = \frac{-(0 - 3.96)}{(4.42 - 0)} = 0.896$$

89 길이가 1m이고 질량이 3kg인 가느다란 막대에서 막대 중심축과 수직하면서 질량 중심을 지나는 축에 대한 질량 관성모멘트는 몇 $kg \cdot cm^2$인가?

① 0.20
② 0.25
③ 0.30
④ 0.40

Solution $J = \frac{m\ell^2}{12} = \frac{3 \times 1^2}{12} = 0.25$

87. ③ 88. ① 89. ② ■ Answer

90 아이스하키 선수가 친 퍽이 얼음 바닥 위에서 30m를 가서 정지하였는데, 그 시간이 9초가 걸렸다. 퍽과 얼음 사이의 마찰계수는 얼마인가?

① 0.046
② 0.056
③ 0.066
④ 0.076

Solution
$$S = V_o t + \frac{1}{2}at^2 = (-at^2) + \frac{1}{2}at^2 = -\frac{1}{2}at^2$$
$$30 = -\frac{1}{2} \times a \times 9^2 , \ a = -0.74 \text{m/sec}^2$$
$$V_o = -at = 0.74 \times 9 = 6.66 \text{m/sec}$$
$$U_{1 \to 2} = \triangle T$$
$$\mu mg \cdot \triangle s = \frac{1}{2}mV^2$$
$$\mu \times 9.8 \times 30 = \frac{1}{2} \times 6.66^2$$
$$\mu = 0.0754$$

91 다음 인발가공에서 인발 조건의 인자로 가장 거리가 먼 것은?

① 절곡력(folding force)
② 역장력(back tension)
③ 마찰력(friction force)
④ 다이각(die angle)

Solution 인발가공은 소성가공이므로 절곡력과 관련이 없고 역장력(후발장력)의 영향을 많이 받는다.

92 다음 중 나사의 유효지름 측정과 가장 거리가 먼 것은?

① 나사 마이크로미터
② 센터게이지
③ 공구현미경
④ 삼침법

Solution 센터게이지 : 나사 절삭 공구의 날끝각 측정

93 구성인선(built up edge)의 방지 대책으로 틀린 것은?

① 공구 경사각을 크게 한다.
② 절삭 깊이를 작게 한다.
③ 절삭 속도를 낮게 한다.
④ 윤활성이 좋은 절삭 유제를 사용한다.

Solution 구성인선을 방지하려면 고속절삭하여야 한다.

Answer ■ 90. ④ 91. ① 92. ② 93. ③

94 다음 중 전주가공의 특징으로 가장 거리가 먼 것은?

① 가공시간이 길다.
② 복잡한 형상, 중공축 등을 가공할 수 있다.
③ 모형과의 오차를 줄일 수 있어 가공 정밀도가 높다.
④ 모형 전체면에 균일한 두께로 전착이 쉽게 이루어진다.

> **Solution** 전주가공 : 공작물 표면에 붙은 전착층을 이용한 가공으로 모형 전체면에 균일한 두께로 전착하기 어렵다. 전착이란 전해에 의해서 금속, 합금 등의 물질을 전극에 석출시키는 것이다.(전기도금)

95 주조에서 탕구계의 구성요소가 아닌 것은?

① 쇳물 받이   ② 탕도
③ 피이더   ④ 주입구

> **Solution** • 탕구계 : 쇳물받이, 탕구봉, 탕도, 주입구
> • 피이더 : 주형 내부를 관찰하는 구멍

96 다음 중 저온 뜨임의 특성으로 가장 거리가 먼 것은?

① 내마모성 저하   ② 연마균열 방지
③ 치수의 경년 변화 방지   ④ 담금질에 의한 응력 제거

> **Solution** 저온뜨임은 150℃ 근방에서 내부응력제거를 목적으로 한 뜨임의 종류이다.

97 TIG 용접과 MIG 용접에 해당하는 용접은?

① 불활성가스 아크용접   ② 서브머지드 아크용접
③ 교류 아크 셀롤로스계 피복 용접   ④ 직류 아크 일미나이트계 피복 용접

> **Solution** 불활성 가스용접 : He, Ne, Ar 등을 이용한 아크용접으로 TIG 와 MIG 용접이 있다.

98 다이(die)에 탄성이 뛰어난 고무를 적층으로 두고 가공 소재를 형상을 지닌 펀치로 가압하여 가공하는 성형 가공법은?

① 전자력 성형법   ② 폭발 성형법
③ 엠보싱법   ④ 마폼법

94. ④   95. ③   96. ①   97. ①   98. ④ ■ Answer

99 연강을 고속도강 바이트로 세이퍼 가공할 때 바이트의 1분간 왕복횟수는? (단, 절삭속도 = 15m/min이고 공작물의 길이(행정의 길이)는 150mm, 절삭행정의 시간과 바이트 1왕복의 시간과의 비 k = 3/5이다.)

① 10회 ② 15회
③ 30회 ④ 60회

Solution
$$V = \frac{\ell \cdot N}{1000 \cdot K}$$
$$15 = \frac{150 \times N}{1000 \times \frac{3}{5}}, \quad N = 60회/\min$$

100 드릴링 머신으로 할 수 있는 기본 작업 중 접시머리 볼트의 머리 부분이 묻히도록 원뿔자리 파기 작업을 하는 가공은?

① 태핑 ② 카운터 싱킹
③ 심공 드릴링 ④ 리밍

Answer ■ 99. ④ 100. ②

2019 기출문제
4월 27일 시행

1과목 재료역학

1 원형축(바깥지름 d)을 재질이 같은 속이 빈 원형축(바깥지름 d, 안지름 d/2)으로 교체하였을 경우 받을 수 있는 비틀림 모멘트는 몇 % 감소하는가?

① 6.25
② 8.25
③ 25.6
④ 52.6

Solution $\dfrac{T_2 - T_1}{T_1} = \dfrac{d^3(1-x^4) - d^3}{d^3} = -0.0625$
∴ 6.25%

2 포아송의 비 0.3, 길이가 3m인 원형단면의 막대에 축방향의 하중이 가해진다. 이 막대의 표면에 원주방향으로 부착된 스트레인 게이지가 -1.5×10^{-4}의 변형률을 나타낼 때, 이 막대의 길이 변화로 옳은 것은?

① 0.135mm 압축
② 0.135mm 인장
③ 1.5mm 압축
④ 1.5mm 인장

Solution $\epsilon = \dfrac{\epsilon'}{\mu} = \dfrac{\delta}{\ell}$
$\dfrac{1.5 \times 10^{-4}}{0.3} = \dfrac{\delta}{3000}$, $\delta = 1.5\text{mm}$

3 안지름이 80mm, 바깥지름이 90mm이고 길이가 3m인 좌굴 하중을 받는 파이프 압축 부재의 세장비는 얼마 정도인가?

① 100
② 110
③ 120
④ 130

Solution $K = \sqrt{\dfrac{d_2^2(1+x^2)}{16}} = \dfrac{90}{4} \times \sqrt{1 + \left(\dfrac{80}{90}\right)^2} = 30.1\text{mm}$
$\alpha = \dfrac{\ell}{K} = \dfrac{3 \times 10^3}{30.1} = 99.67 \fallingdotseq 100$

Answer 1. ① 2. ④ 3. ①

4 지름 30mm의 환봉 시험편에서 표점거리를 10mm로 하고 스트레인 게이지를 부착하여 신장을 측정한 결과 인장하중 25kN에서 신장 0.0418mm가 측정되었다. 이때의 지름은 29.97mm이었다. 이 재료의 포아송 비(ν)는?

① 0.239
② 0.287
③ 0.0239
④ 0.0287

Solution $\epsilon = \dfrac{\delta}{\ell} = \dfrac{0.0418}{10}$
$\epsilon' = \dfrac{\delta'}{d} = \dfrac{(30-29.97)}{30}$
$\nu = \dfrac{\epsilon'}{\epsilon} = \dfrac{10 \times (30-29.97)}{0.0418 \times 30} = 0.239$

5 다음과 같은 단면에 대한 2차 모멘트 I_z는 약 몇 mm^{4}인가?

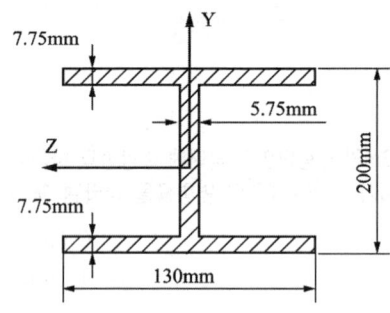

① 18.6×10^6
② 21.6×10^6
③ 24.6×10^6
④ 27.6×10^6

Solution $I_Z = \dfrac{130 \times 200^3}{12} - 2 \times \dfrac{(62.125 \times 184.5^3)}{12} = 21.64 \times 10^6 \mathrm{mm}^4$

6 지름 4cm, 길이 3m인 선형 탄성 원형 축이 800rpm으로 3.6kW를 전달할 때 비틀림 각은 약 몇 도(°)인가? (단, 전단 탄성계수는 84GPa이다.)

① 0.0085°
② 0.35°
③ 0.48°
④ 5.08°

Solution $\theta = \dfrac{T \cdot \ell}{G \cdot I_p} \times \dfrac{180}{\pi} = \dfrac{32 \times 974 \times 9.8 \times 3.6 \times 3 \times 180}{84 \times 10^9 \times \pi \times 0.04^4 \times 800 \times \pi} = 0.35°$

7 그림과 같이 한쪽 끝을 지지하고 다른 쪽을 고정한 보가 있다. 보의 단면은 직경 10cm의 원형이고 보의 길이는 L이며, 보의 중앙에 2094N의 집중하중 P가 작용하고 있다. 이 때 보에 작용하는 최대굽힘응력이 8MPa라고 한다면, 보의 길이 L은 약 몇 m인가?

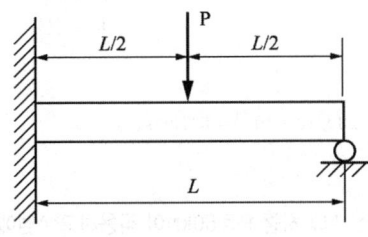

① 2.0
② 1.5
③ 1.0
④ 0.7

Solution
$M_{\max} = \dfrac{3PL}{16}$

$\sigma_{b\max} = \dfrac{32 \times 3P \cdot L}{\pi d^3 \times 16}$

$8 \times 10^6 = \dfrac{32 \times 3 \times 2094 \times L}{\pi \times 0.1^3 \times 16}$

$L = 2\text{m}$

8 다음과 같이 길이 L인 일단고정, 타단지지보에 등분포 하중 ω가 작용할 때, 고정단 A로부터 전단력이 0이 되는 거리(X)는 얼마인가?

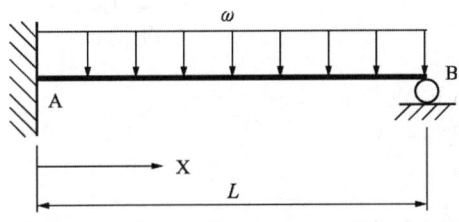

① $\dfrac{2}{3}L$
② $\dfrac{3}{4}L$
③ $\dfrac{5}{8}L$
④ $\dfrac{3}{8}L$

Solution
$R_A = \dfrac{5\omega L}{8}$

$F_x = R_A - w \cdot x = 0$

$\dfrac{5\omega L}{8} = wx, \ x = \dfrac{5L}{8}$

7. ① 8. ③ ■ Answer

9 두께 10mm의 강판에 지름 23mm의 구멍을 만드는데 필요한 하중은 약 몇 kN인가? (단, 강판의 전단응력 τ = 750MPa이다.)

① 243 ② 352
③ 473 ④ 542

Solution $\tau = \dfrac{P}{\pi dt}$
$P = 750 \times \pi \times 23 \times 10 \times 10^{-3} = 541.92 \text{kN}$

10 그림과 같은 구조물에서 점 A에 하중 P = 50kN이 작용하고 A점에서 오른편으로 F = 10kN이 작용할 때 평형위치의 변위 x는 몇 cm인가? (단, 스프링탄성계수(k) = 5kN/cm이다.)

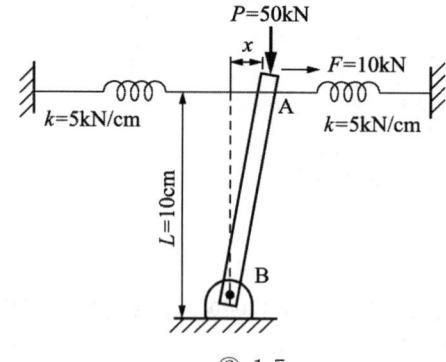

① 1 ② 1.5
③ 2 ④ 3

Solution $50x + 100 = 2kx \times 10$
$100 = 50x,\ x = 2$

11 직육면체가 일반적인 3축 응력 $\sigma_x,\ \sigma_y,\ \sigma_z$를 받고 있을 때 체적 변형률 ϵ_v는 대략 어떻게 표현되는가?

① $\epsilon_v \simeq \dfrac{1}{3}(\epsilon_x + \epsilon_y + \epsilon_z)$ ② $\epsilon_v \simeq \epsilon_x + \epsilon_y + \epsilon_z$

③ $\epsilon_v \simeq \epsilon_x \epsilon_y + \epsilon_y \epsilon_z + \epsilon_z \epsilon_x$ ④ $\epsilon_v \simeq \dfrac{1}{3}(\epsilon_x \epsilon_y + \epsilon_y \epsilon_z + \epsilon_z \epsilon_x)$

Answer ■ 9. ④ 10. ③ 11. ②

12 다음 그림과 같이 C점에 집중하중 P가 작용하고 있는 외팔보의 자유단에서 경사각 θ를 구하는 식은? (단, 보의 굽힘 강성 EI는 일정하고, 자중은 무시한다.)

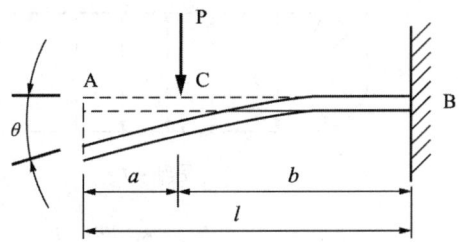

① $\theta = \dfrac{Pl^2}{2EI}$ ② $\theta = \dfrac{3Pl^2}{2EI}$

③ $\theta = \dfrac{Pa^2}{2EI}$ ④ $\theta = \dfrac{Pb^2}{2EI}$

Solution $\theta = \dfrac{Am}{EI} = \dfrac{\frac{1}{2} \times P \cdot b \times b}{EI} = \dfrac{P \cdot b^2}{2EI}$

13 단면적이 7cm²이고, 길이가 10m인 환봉의 온도를 10℃올렸더니 길이가 1mm 증가했다. 이 환봉의 열팽창계수는?

① 10^{-2}/℃   ② 10^{-3}/℃
③ 10^{-4}/℃   ④ 10^{-5}/℃

Solution $\epsilon = \alpha \cdot \Delta t = \dfrac{\delta}{\ell}$

$\alpha \times 10 = \dfrac{0.001}{10}$, $\alpha = 10^{-5}$/℃

14 단면 20cm×30cm, 길이 6m의 목재로 된 단순보의 중앙에 20kN의 집중하중이 작용할 때, 최대 처짐은 약 몇 cm인가? (단, 세로탄성계수 $E = 10$GPa이다.)

① 1.0
② 1.5
③ 2.0
④ 2.5

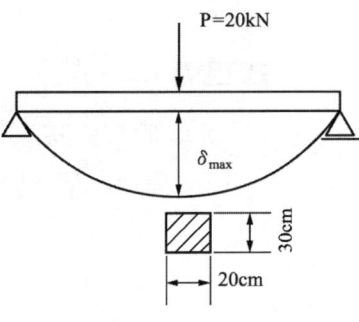

Solution $\delta = \dfrac{P \cdot \ell^3}{48EI} = \dfrac{12 \times 6^3 \times 20 \times 10^3}{48 \times 10 \times 10^9 \times 0.2 \times 0.3^3} \times 10^2$
$= 2.0$cm

12. ④   13. ④   14. ③   ■ Answer

15 끝이 닫혀있는 얇은 벽의 둥근 원통형 압력 용기에 내압 p가 작용한다. 용기의 벽의 안쪽 표면 응력상태에서 일어나는 절대 최대 전단응력을 구하면? (단, 탱크의 반경 = r, 벽 두께 = t 이다.)

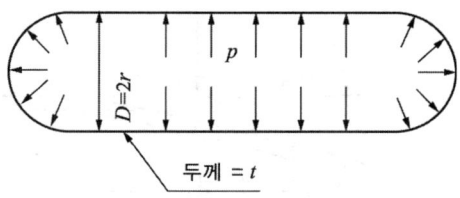

두께 = t

① $\dfrac{pr}{2t} - \dfrac{p}{2}$ ② $\dfrac{pr}{4t} - \dfrac{p}{2}$

③ $\dfrac{pr}{4t} + \dfrac{p}{2}$ ④ $\dfrac{pr}{2t} + \dfrac{p}{2}$

Solution ① 원주방향과 축방향을 고려(몸통부분+양쪽반구)

$$\sigma_t = \frac{Pd}{4t} + \frac{Pd}{2t} = \frac{3Pd}{4t}$$

$$\sigma_Z = \frac{Pd}{4t}$$

$$\tau = \frac{\sigma_t - \sigma_Z}{2} = \frac{Pd}{4t} = \frac{P \cdot r}{2t}$$

② 반구 제3의 축 방향

$$\tau = \frac{\sigma}{2} = \frac{P \cdot A}{2 \cdot A} = \frac{P}{2}$$

③ $\tau = \dfrac{Pr}{2t} + \dfrac{P}{2}$

16 길이 3m의 직사각형 단면 b×h = 5cm×10cm 을 가진 외팔보에 ω의 균일분포하중이 작용하여 최대굽힘응력 500N/cm²이 발생할 때, 최대전단응력은 약 몇 N/cm²인가?

① 20.2 ② 16.5
③ 8.3 ④ 5.4

Solution $\sigma_{b\max} = \dfrac{6wl^2}{bh^2 \times 2}$

$500 = \dfrac{6 \times w \times 300^2}{5 \times 10^2 \times 2}$, $w = 0.93 \text{N/cm}$

$\tau_{\max} = \dfrac{3F_{\max}}{2A} = \dfrac{3}{2} \times \dfrac{0.93 \times 300}{5 \times 10} = 8.37 \text{N/cm}^2$

17 그림에서 C 점에서 작용하는 굽힘모멘트는 몇 N·m인가?

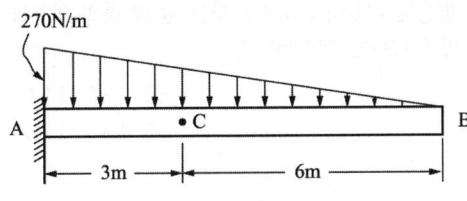

① 270
② 810
③ 540
④ 1080

Solution $w_C = \frac{6}{9} \times 270 = 180\,\text{N/m}$
$M_C = \frac{180 \times 6}{2} \times 6 \times \frac{1}{3} = 1080\,\text{N} \cdot \text{m}$

18 그림과 같은 형태로 분포하중을 받고 있는 단순지지보가 있다. 지지점 A에서의 반력 R_A는 얼마인가?

(단, 분포하중 $\omega(x) = \omega_o \sin\frac{\pi x}{L}$ 이다.)

① $\frac{2\omega_o L}{\pi}$
② $\frac{\omega_o L}{\pi}$
③ $\frac{\omega_o L}{2\pi}$
④ $\frac{\omega_o L}{2}$

Solution $P = \int w(x)dx = \int_o^L w_o \cdot \sin\left(\frac{\pi x}{L}\right) dx = -w_o \frac{L}{\pi} \cos\left(\frac{\pi x}{L}\right)\Big|_o^L$
$= -\frac{w_o \cdot L}{\pi} \cdot (-1-1) = \frac{2w_o \cdot L}{\pi}$
$R_A = \frac{P}{2} = \frac{w_o \cdot L}{\pi}$

19 그림과 같은 평면 응력 상태에서 최대 주응력은 약 몇 MPa 인가? (단, σ_x = 500MPa, σ_y = −300MPa, τ_{xy} = −300MPa 이다.)

① 500
② 600
③ 700
④ 800

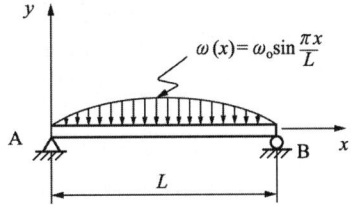

Solution $\sigma_1 = \frac{\sigma_x + \sigma_y}{2} + \sqrt{\left(\frac{\sigma_x - \sigma_y}{2}\right)^2 + \tau_{xy}^2} = \frac{500 - 300}{2} + \sqrt{\left(\frac{500 + 300}{2}\right)^2 + (-300)^2} = 600\,\text{MPa}$

17. ④   18. ②   19. ②   ■ Answer

20 강재 중공축이 25kN·m의 토크를 전달한다. 중공축의 길이가 3m이고, 이 때 축에 발생하는 최대전단응력이 90MPa 이며, 축에 발생된 비틀림각이 2.5°라고 할 때 축의 외경과 내경을 구하면 각각 약 몇 mm인가? (단, 축 재료의 전단탄성계수는 85GPa이다.)

① 146, 124
② 136, 114
③ 140, 132
④ 133, 112

◎ Solution
① $T = \tau \cdot Z_p = \tau \cdot \dfrac{\pi d_2^3}{16}(1-x^4)$

② $\theta = \dfrac{T \cdot \ell}{GI_P} = \dfrac{T \cdot \ell}{G \cdot \dfrac{\pi d_2^4}{32}(1-x^4)} \times \dfrac{180}{\pi}$

$\theta \cdot GI_P = T \cdot \ell = \tau \cdot Z_P \cdot \ell$

$\theta \cdot G \cdot \dfrac{\pi d_2^4}{32}(1-x^4) = \tau \cdot \dfrac{\pi d_2^3}{16}(1-x^4) \cdot \ell$

$\theta \cdot G \cdot \dfrac{d_2}{2} = \tau \cdot \ell$

$2.5 \times \dfrac{\pi}{180} \times 85 \times 10^3 \times \dfrac{d_2}{2} = 90 \times 3000$

$d_2 = 146\mathrm{mm}$

$T = \tau \cdot \dfrac{\pi d_2^3}{16}(1-x^4)$

$25 \times 10^6 = 90 \times \dfrac{\pi \times 146^3}{16} \times (1-x^4)$

$x^4 = 0.545, \ d_1 = d_2 \cdot x = 125\mathrm{mm}$

2과목 기계열역학

21 어떤 사이클이 다음 온도(T)-엔트로피(s) 선도와 같을 때 작동 유체에 주어진 열량은 약 몇 kJ/kg인가?

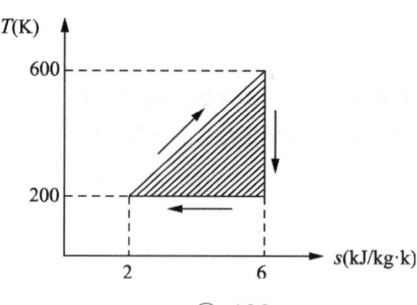

① 4
② 400
③ 800
④ 1600

◎ Solution $Q = \dfrac{1}{2} \times (6-2) \times (600-200) = 800 \mathrm{kJ/kg}$

22 압력이 100kPa며 온도가 25℃인 방의 크기가 240m³이다. 이 방에 들어있는 공기의 질량은 약 kg 몇 인가? (단, 공기는 이상기체로 가정하며, 공기의 기체상수는 0.287kJ/(kg·K)이다.)

① 0.00357 ② 0.28
③ 3.57   ④ 280

Solution $m = \dfrac{P \cdot V}{RT} = \dfrac{100 \times 240}{0.287 \times (25+273)} = 280.62 \text{kg}$

23 용기에 부착된 압력계에 얽힌 계기압력이 150kPa이고 국소대기압이 100kPa일 때 용기 안의 절대압력은?

① 250kPa ② 150kPa
③ 100kPa ④ 50kPa

Solution $P_a = P_o + P_g = 100+150 = 250 \text{kPa}$

24 수증기가 정상과정으로 40m/s의 속도로 노즐에 유입되어 275m/s로 빠져나간다. 유입되는 수증기의 엔탈피는 3300kJ/kg, 노즐로부터 발생되는 열손실은 5.9kJ/kg일 때 노즐 출구에서의 수증기 엔탈피는 약 몇 kJ/kg인가?

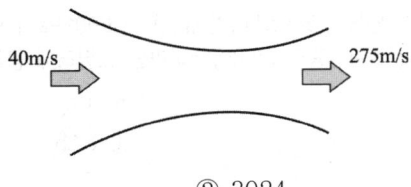

① 3257 ② 3024
③ 2795 ④ 2612

Solution $_1q_2 = (h_2 - h_1) + \dfrac{1}{2}(V_2^2 - V_1^2)$
$-5.9 = (h_2 - 3300) + \dfrac{1}{2} \times (275^2 - 40^2) \times 10^{-3}$
$h_2 = 3257.09 \text{kJ/kg}$

25 클라우지우스(Clausius) 부등식을 옳게 표현한 것은? (단, T는 절대 온도, Q는 시스템으로 공급된 전체 열량을 표시한다.)

① $\oint \dfrac{\delta Q}{T} \geq 0$ ② $\oint \dfrac{\delta Q}{T} \leq 0$
③ $\oint T\delta Q \geq 0$ ④ $\oint T\delta Q \leq 0$

22. ④ 23. ① 24. ① 25. ② ■ Answer

26 500W의 전열기로 4kg의 물을 20℃에서 90℃까지 가열하는데 몇 분이 소요되는가? (단, 전열기에서 열은 전부 온도 상승에 사용되고 물의 비열은 4180J/(kg·K)이다.)

① 16
② 27
③ 39
④ 45

Solution $_1Q_2 = mC_w \cdot \Delta t = L \cdot T_{ime}$
$T_{ime} = \dfrac{4 \times 4180 \times (90-20)}{500 \times 60} = 39.01 \text{min}$

27 R-12를 작동 유체로 사용하는 이상적인 증기압축 냉동 사이클이 있다. 여기서 증발기 출구 엔탈피는 229kJ/kg, 팽창밸브 출구 엔탈피는 81kJ/kg, 응축기 입구 엔탈피는 255kJ/kg일 때 이 냉동기의 성적계수는 약 얼마인가?

① 4.1
② 4.9
③ 5.7
④ 6.8

Solution $\epsilon_r = \dfrac{229-81}{255-229} = 5.69$

28 보일러에 물(온도 20℃, 엔탈피 84kJ/kg)이 유입되어 600kPa의 포화증기(온도 159℃, 엔탈피 2757kJ/kg) 상태로 유출된다. 물의 질량유량이 300kg/h이라면 보일러에 공급된 열량은 약 몇 kW인가?

① 121
② 140
③ 223
④ 345

Solution $\dot{Q} = \dot{m}\Delta h = \dfrac{300}{3600} \times (2757-84) = 222.75\text{kW}$

29 가역 과정으로 실린더 안의 공기를 50kPa, 10℃ 상태에서 300kPa까지 압력(P)과 체적(V)의 관계가 다음과 같은 과정으로 압축될 때 단위 질량당 방출되는 열량은 약 몇 kJ/kg인가? (단, 기체 상수는 0.287kJ/(kg·K)이고, 정적비열은 0.7kJ/(kg·K)이다.)

$$PV^{1.3} = 일정$$

① 17.2
② 37.2
③ 57.2
④ 77.2

Solution $T_2 = T_1 \cdot \left(\dfrac{P_2}{P_1}\right)^{\frac{n-1}{n}} = (10+273) \times \left(\dfrac{300}{50}\right)^{\frac{0.3}{1.3}} = 427.92K = 154.92℃$
$_1q_2 = C_v \cdot \dfrac{n-k}{n-1} \cdot (t_2-t_1) = 0.7 \times \dfrac{1.3-1.41}{1.3-1} \times (154.92-10) = -37.2\text{kJ/kg}$

Answer ■ 26. ③ 27. ③ 28. ③ 29. ②

30 효율이 40%인 열기관에서 유효하게 발생되는 동력이 110kW라면 주위로 방출되는 총 열량은 약 몇 kW인가?

① 375　　　　　　　　② 165
③ 135　　　　　　　　④ 85

> **Solution** $\eta = \dfrac{W}{Q_H}$
> $Q_H = \dfrac{110}{0.4} = 275\text{kW}$
> $Q_L = Q_H - W = 275 - 110 = 165\text{kW}$

31 화씨 온도가 86°F일 때 섭씨 온도는 몇 ℃인가?

① 30　　　　　　　　② 45
③ 60　　　　　　　　④ 75

> **Solution** $t_c = \dfrac{5}{9}(t_F - 32) = \dfrac{5}{9} \times (86 - 32) = 30\,℃$

32 압력이 0.2MPa이고, 초기 온도가 120℃인 1kg의 공기를 압축비 18로 가역 단열 압축하는 경우 최종온도는 약 몇 ℃인가? (단, 공기는 비열비가 1.4인 이상기체이다.)

① 676℃　　　　　　② 776℃
③ 876℃　　　　　　④ 976℃

> **Solution** $\dfrac{T_2}{T_1} = \left(\dfrac{V_1}{V_2}\right)^{K-1}$
> $T_2 = (120 + 273) \times 18^{0.4} = 1248.82K = 975.82\,℃$

33 그림과 같이 실린더 내의 공기가 상태 1에서 상태 2로 변화할 때 공기가 한 일은? (단, P는 압력, V는 부피를 나타낸다.)

① 30kJ
② 60kJ
③ 3000kJ
④ 6000kJ

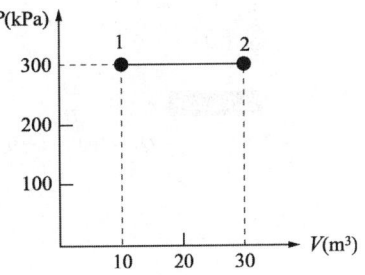

> **Solution** $_1W_2 = 300 \times (30 - 10) = 6000\text{kJ}$

30. ②　31. ①　32. ④　33. ④ ■ **Answer**

34 등엔트로피 효율이 80%인 소형 공기터빈의 출력이 270kJ/kg이다. 입구 온도는 600K이며, 출구 압력은 100kPa이다. 공기의 정압비열은 1.004kJ/(kg·K), 비열비는 1.4일 때, 입구 압력(kPa)은 약 몇 kPa인가? (단, 공기는 이상기체로 간주한다.)

① 1984
② 1842
③ 1773
④ 1621

Solution
$$\triangle h = \frac{\triangle h'}{\eta} = C_P \cdot (T_1 - T_2)$$
$$\frac{270}{0.8} = 1.004 \times (600 - T_2)$$
$$T_2 = 263.84 K$$
$$\frac{T_2}{T_1} = \left(\frac{P_2}{P_1}\right)^{\frac{K-1}{K}}$$
$$\frac{263.84}{600} = \left(\frac{100}{P_1}\right)^{\frac{0.4}{1.4}}$$
$$P_1 = 1773.52 kPa$$

35 100℃와 50℃ 사이에서 작동하는 냉동기로 가능한 최대성능계수(COP)는 약 얼마인가?

① 7.46
② 2.54
③ 4.25
④ 6.46

Solution $COP = \frac{50 + 273}{100 - 50} = 6.46$

36 카르노 사이클로 작동되는 열기관이 고온체에서 100kJ의 열을 받고 있다. 이 기관의 열효율이 30%라면 방출되는 열량은 약 몇 kJ 인가?

① 30
② 50
③ 60
④ 70

Solution $\eta_c = 1 - \frac{Q_L}{Q_H}$
$Q_L = 100 \times (1 - 0.3) = 70 kJ$

Answer ■ 34. ③ 35. ④ 36. ④

37 Van der Waals 상태 방정식은 다음과 같이 나타낸다. 이 식에서 $\frac{a}{v^2}$, b는 각각 무엇을 의미하는 것인가? (단, P는 압력, v는 비체적, R은 기체상수, T는 온도를 나타낸다.)

$$(P+\frac{a}{v^2}) \times (v-b) = RT$$

① 분자간의 작용 인력, 분자 내부 에너지
② 분자간의 작용 인력, 기체 분자들이 차지하는 체적
③ 분자 자체의 질량, 분자 내부 에너지
④ 분자 자체의 질량, 기체 분자들이 차지하는 체적

38 어떤 시스템에서 유체는 외부로부터 19kJ의 일을 받으면서 167kJ의 열을 흡수하였다. 이 때 내부에너지의 변화는 어떻게 되는가?

① 148kJ 상승한다.　　② 186kJ 상승한다.
③ 148kJ 감소한다.　　④ 186kJ 감소한다.

Solution $_1Q_2 = \triangle U + {_1W_2}$
$\triangle U = 167 - (-19) = 186 \text{kJ}$

39 체적이 500cm³인 풍선에 압력 0.1MPa, 온도 288K의 공기가 가득 채워져 있다. 압력이 일정한 상태에서 풍선 속 공기 온도가 300K로 상승했을 때 공기에 가해진 열량은 약 얼마인가? (단, 공기는 정압비열이 1.005kJ/(kg·K), 기체상수가 0.287kJ/(kg·K)인 이상기체로 간주한다.)

① 7.3J　　② 7.3kJ
③ 14.6J　　④ 14.6kJ

Solution $m = \frac{P_1 \cdot V_1}{RT_1} = \frac{0.1 \times 10^3 \times 500 \times 10^{-6}}{0.287 \times 288} = 0.0006 \text{kg}$
$_1Q_2 = m \cdot C_P \cdot (T_2 - T_1) = 0.0006 \times 1.005 \times (300 - 288) \times 10^3 = 7.24\text{J}$

40 어떤 시스템에서 공기가 초기에 290K에서 330K로 변화하였고, 이 때 압력은 200kPa에서 600kPa로 변화하였다. 이 때 단위 질량당 엔트로피 변화는 약 몇 kJ/(kg·K) 인가? (단, 공기는 정압비열이 1.006kJ/(kg·K), 기체상수가 0.287kJ/(kg·K)인 이상기체로 간주한다.)

① 0.445　　② -0.445
③ 0.185　　④ -0.185

Solution $\Delta s = C_p \cdot \ln\left(\frac{T_2}{T_1}\right) - R \cdot \ln\left(\frac{P_2}{P_1}\right) = 1.006 \times \ln\left(\frac{330}{290}\right) - 0.287 \times \ln\left(\frac{600}{200}\right)$
$= -0.185 \text{kJ/kgK}$

37. ②　38. ②　39. ①　40. ④　■ Answer

41 분수에서 분출되는 물줄기 높이를 2배로 올리려면 노즐 입구에서의 게이지 압력을 약 몇 배로 올려야 하는가? (단, 노즐 입구에서의 동압은 무시한다.)

① 1.414
② 2
③ 2.828
④ 4

Solution
$V_1 = \sqrt{2gh}$
$V_2 = \sqrt{2g(2h)} = \sqrt{2}\ V_1$
$\dfrac{P_2}{\gamma} = \dfrac{V_2^2}{2g} = \dfrac{2V_1^2}{2g} = 2 \cdot \dfrac{P_1}{\gamma}$
$\therefore P_2 = 2P_1$

42 수면의 높이 차이가 10m인 두 개의 호수사이에 손실수두가 2m인 관로를 통해 펌프로 물을 양수할 때 3kW의 동력이 필요하다면 이 때 유량은 약 몇 L/s인가?

① 18.4
② 25.5
③ 32.3
④ 45.8

Solution
$Z_1 + h_p = Z_2 + h_\ell$
$h_p = 10 + 2 = 12$
$L_P = \gamma \cdot Q \cdot h_p$
$Q = \dfrac{3}{9.8 \times 12} \times 10^3 = 25.5 \text{L/sec}$

43 체적탄성계수가 $2 \times 10^9 \text{N/m}^2$인 유체를 2% 압축하는데 필요한 압력은?

① 1GPa
② 10MPa
③ 4GPa
④ 40MPa

Solution
$K = \dfrac{\Delta P}{-\Delta V/V}$
$\Delta P = 2 \times 10^9 \times 0.02 = 40 \times 10^6 \text{Pa}$

44 정지된 액체 속에 잠겨있는 평면이 받는 압력에 의해 발생하는 합력에 대한 설명으로 옳은 것은?

① 크기가 액체의 비중량에 반비례한다.
② 크기는 도심에서의 압력에 전체면적을 곱한다.
③ 경사진 평면에서의 작용점은 평면의 도심과 일치한다.
④ 수직평면의 경우 작용점이 도심보다 위쪽에 있다.

Answer ■ 41. ② 42. ② 43. ④ 44. ②

45 경사가 30°인 수로에 물이 흐르고 있다. 유속이 12m/s로 흐름이 균일하다고 가정하며 연직방향으로 측정한 수심이 60cm이다. 수로의 폭을 1m로 한다면 유량은 약 몇 m³/s인가?

① 5.87
② 6.24
③ 6.82
④ 7.26

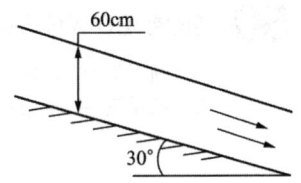

Solution $Q = (0.6 \times \cos 30° \times 1) \times 12 = 6.24 \text{m}^3/\text{sec}$

46 일반적으로 뉴턴 유체에서 온도 상승에 따른 액체의 점성계수 변화에 대한 설명으로 옳은 것은?

① 분자의 무질서한 운동이 커지므로 점성계수가 증가한다.
② 분자의 무질서한 운동이 커지므로 점성계수가 감소한다.
③ 분자간의 결합력이 약해지므로 점성계수가 증가한다.
④ 분자간의 결합력이 약해지므로 점성계수가 감소한다.

47 경계층 밖에서 포텐셜 흐름의 속도가 10m/s일 때, 경계층의 두께는 속도가 얼마일 때의 값으로 잡아야 하는가? (단, 일반적으로 정의하는 경계층 두께를 기준으로 삼는다.)

① 10m/s
② 7.9m/s
③ 8.9m/s
④ 9.9m/s

Solution $u = 0.99 U_\infty = 0.99 \times 10 = 9.9 \text{m/sec}$

48 점성계수(μ)가 0.005Pa·s인 유체가 수평으로 놓인 안지름이 4cm인 곧은 관을 30cm/s의 평균속도로 흐르고 있다. 흐름 상태가 층류일 때 수평 길이 800cm 사이에서의 압력강하(Pa)는?

① 120
② 240
③ 360
④ 480

Solution $Q = \dfrac{\pi d^2}{4} \cdot V = \dfrac{\Delta P \cdot \pi d^4}{128 \mu \ell}$

$\Delta P = \dfrac{128 \mu \ell \left(\dfrac{\pi}{4} d^2 \times V\right)}{\pi d^4} = \dfrac{128 \times 0.005 \times 8 \times \pi \times 0.04^2 \times 0.3}{4 \times \pi \times 0.04^4} = 240 \text{Pa}$

49 다음 중 유선(stream line)을 가장 올바르게 설명한 것은?

① 에너지가 같은 점을 이은 선이다.
② 유체 입자가 시간에 따라 움직인 궤적이다
③ 유체 입자가 속도벡터와 접선이 되는 가상 곡선이다.
④ 비정상유동 때의 유동을 나타내는 곡선이다.

45. ② 46. ④ 47. ④ 48. ② 49. ③ ■ Answer

50 평행한 평판 사이의 층류 흐름을 해석하기 위해서 필요한 무차원수와 그 의미를 바르게 나타낸 것은?

① 레이놀즈 수 = 관성력 / 점성력
② 레이놀즈 수 = 관성력 / 탄성력
③ 프루드 수 = 중력 / 관성력
④ 프루드 수 = 관성력 / 점성력

51 물이 지름이 0.4m인 노즐을 통해 20m/s의 속도로 맞은편 수직벽에 수평으로 분사된다. 수직벽에는 지름 0.2m의 구멍이 있으며 뚫린 구멍으로 유량의 25%가 흘러나가고 나머지 75%는 반경 방향으로 균일하게 유출된다. 이때 물에 의해 벽면이 받는 수평 방향의 힘은 약 몇 kN인가?

① 0
② 9.4
③ 18.9
④ 37.7

Solution $F = \rho Q \cdot V = 10^3 \times \dfrac{\pi \times 0.4^2}{4} \times 0.75 \times 20^2 \times 10^{-3} = 37.7 \text{kN}$

52 동점성계수가 $1.5 \times 10^{-5} \text{cm}^2/\text{s}$인 공기 중에서 30m/s의 속도로 비행하는 비행기의 모형을 만들어, 동점성계수가 $1.0 \times 10^{-6} \text{cm}^2/\text{s}$인 물속에서 6m/s의 속도로 모형시험을 하려 한다. 모형(Lm)과 실형(Lp)의 길이비(Lm/Lp)를 얼마로 해야 하는가?

① $\dfrac{1}{75}$
② $\dfrac{1}{15}$
③ $\dfrac{1}{5}$
④ $\dfrac{1}{3}$

Solution
$\left(\dfrac{V \cdot L}{\nu}\right)_m = \left(\dfrac{V \cdot L}{\nu}\right)_p$

$\dfrac{L_m}{L_p} = \dfrac{V_p \cdot \nu_m}{\nu_p \cdot V_m} = \dfrac{30 \times 1.0 \times 10^{-6}}{1.5 \times 10^{-5} \times 6} = 0.33$

53 관속에 흐르는 물의 유속을 측정하기 위하여 삽입한 피토 정압관에 비중이 3인 액체를 사용하는 마노미터를 연결하여 측정한 결과 액주의 높이 차이가 10cm로 나타났다면 유속은 약 몇 m/s인가?

① 0.99
② 1.40
③ 1.98
④ 2.43

Solution $V = \sqrt{2gh\left(\dfrac{\gamma_s}{\gamma} - 1\right)} = \sqrt{2 \times 9.8 \times 0.1 \times (3-1)} = 1.98 \text{m/sec}$

Answer ■ 50. ① 51. ④ 52. ④ 53. ③

54 바닷물 밀도는 수면에서 1025kg/m³이고 깊이 100m마다 0.5kg/m³씩 증가한다. 깊이 1000m에서 압력은 계기압력으로 약 몇 kPa인가?

① 9560　　② 10080
③ 10240　　④ 10800

Solution $P = \gamma \cdot h = \rho g h$
$P = (1025 + 0.5 \times 10) \times 9.8 \times 1000 = 10094 \times 10^3 Pa$

55 높이가 0.7m, 폭이 1.8m인 직사각형 덕트에 유체가 가득차서 흐른다. 이때 수력직경은 약 몇 m인가?

① 1.01　　② 2.02
③ 3.14　　④ 5.04

Solution $D_h = 4R_h = 4 \times \dfrac{1.8 \times 0.7}{(1.8+0.7) \times 2} = 1.008m$

56 동점성계수가 $1.5 \times 10^{-5} m^2/s$인 유체가 안지름이 10cm인 관 속을 흐르고 있을 때 층류 임계속도(cm/s)는? (단, 층류 임계레이놀즈수는 2100이다.)

① 24.7　　② 31.5
③ 43.6　　④ 52.3

Solution $Re = \dfrac{V \cdot d}{\nu}$
$2100 = \dfrac{V \times 0.1}{1.5 \times 10^{-5}}$, $V = 0.315 m/\sec$

57 다음 중 유체의 속도구배와 전단응력이 선형적으로 비례하는 유체를 설명한 가장 알맞은 용어는 무엇인가?

① 점성유체　　② 뉴턴유체
③ 비압축성 유체　　④ 정상유동 유체

58 속도포텐셜이 $\varnothing = x^2 - y^2$인 2차원 유동에 해당하는 유동함수로 가장 옳은 것은?

① $x^2 + y^2$　　② $2xy$
③ $-3xy$　　④ $2x(y-1)$

Solution $u = \dfrac{\partial \varnothing}{\partial x} = 2x = \dfrac{\partial \psi}{\partial y}$
$v = \dfrac{\partial \varnothing}{\partial y} = -2y = \dfrac{\partial \psi}{\partial x}$
$\psi = 2xy$

54. ②　55. ①　56. ②　57. ②　58. ②　■ Answer

59 물을 담은 그릇을 수평방향으로 4.2m/s²으로 운동시킬 때 물은 수평에 대하여 약 몇 도(°) 기울어지겠는가?
① 18.4°
② 23.2°
③ 35.6°
④ 42.9°

Solution $\tan\theta = \dfrac{a_x}{g}$

$\theta = \tan^{-1}\left(\dfrac{4.2}{9.8}\right) = 23.2°$

60 몸무게가 750N인 조종사가 지름 5.5m의 낙하산을 타고 비행기에서 탈출하였다. 항력계수가 1.0이고, 낙하산의 무게를 무시한다면 조종자의 최대 종속도는 약 몇 m/s가 되는가? (단, 공기의 밀도는 1.2kg/m³이다.)
① 7.25
② 8.00
③ 5.26
④ 10.04

Solution $D = C_D \times \dfrac{\pi d^2}{4} \times \dfrac{\rho \cdot V^2}{2}$

$750 = 1 \times \dfrac{\pi \times 5.5^2}{4} \times \dfrac{1.2 \times V^2}{2}$

$V = 7.25 \text{m/sec}$

4과목 기계재료 및 유압기기

61 다음 중 비중이 가장 작고, 항공기 부품이나 전자 및 전기용 제품의 케이스 용도로 사용되고 있는 합금 재료는?
① Ni 합금
② Cu 합금
③ Pb 합금
④ Mg 합금

Solution Ni : 8.85, Cu : 8.96, Pb : 11.34, Mg : 1.74

62 다음의 조직 중 경도가 가장 높은 것은?
① 펄라이트(pearlite)
② 페라이트(ferrite)
③ 마텐자이트(martensite)
④ 오스테나이트(austenite)

Solution 마텐자이트 조직은 담금질 조직 중 경도가 가장 높다.

Answer ■ 59. ② 60. ① 61. ④ 62. ③

63 강의 열처리 방법 중 표면경화법에 해당하는 것은?
① 마퀜칭
② 오스포밍
③ 침탄질화법
④ 오스템퍼링

Solution 마퀜칭, 오스포밍, 오스템퍼링 등은 항온 열처리 작업이다.

64 칼로라이징은 어떤 원소를 금속표면에 확산 침투시키는 방법인가?
① Zn
② Si
③ Al
④ Cr

Solution
- Zn : 세라다이징
- Si : 실리콘나이징
- Cr : 크로마이징

65 Fe-C 평형상태도에서 온도가 가장 낮은 것은?
① 공석점
② 포정점
③ 공정점
④ Fe의 자기변태점

Solution
- 공석점 : 723℃
- 공정점 : 1145℃
- 포정점 : 1492℃
- Fe의 자기변태점 : 768℃

66 열경화성 수지에 해당하는 것은?
① ABS수지
② 에폭시수지
③ 폴리아미드
④ 염화비닐수지

Solution 열가소성수지
① ABS수지 : 스타이렌수지
② 폴리아미드수지
③ 염화비닐수지

67 다음 중 반발을 이용하여 경도를 측정하는 시험법은?
① 쇼어경도시험
② 마이어경도시험
③ 비커즈경도시험
④ 로크웰경도시험

Solution 쇼어경도 : 시편에 낙하체를 떨어뜨려 튀어 올라온 높이를 이용하여 경도측정

63. ③   64. ③   65. ①   66. ②   67. ① ■ Answer

68 구리(Cu)합금에 대한 설명 중 옳은 것은?

① 청동은 Cu+Zn 합금이다.
② 베릴륨 청동은 시효경화성이 강력한 Cu 합금이다.
③ 애드미럴티 황동은 6-4황동에 Sb을 첨가한 합금이다.
④ 네이벌 황동은 7-3황동에 Ti을 첨가한 합금이다.

> **Solution** ① 청동 : Cu+Sn
> ② 애드미럴티 황동 : 7-4 황동+Sn 1%
> ③ 네이벌 황동 : 6-4 황동+Sn 1%

69 면심입방격자(FCC)의 단위격자 내에 원자수는 몇 개인가?

① 2개   ② 4개
③ 6개   ④ 8개

> **Solution** 면심입방격자 : 소속원자수 4개, 배위수 12개로 구성

70 합금주철에서 특수합금 원소의 영향을 설명한 것 중 틀린 것은?

① Ni은 흑연화를 방지한다.
② Ti은 강한 탈산제이다.
③ V은 강한 흑연화 방지 원소이다.
④ Cr은 흑연화를 방지하고, 탄화물을 안정화한다.

> **Solution** Ni : 흑연화 촉진

71 그림과 같은 유압 기호가 나타내는 명칭은?

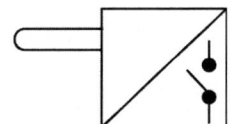

① 전자 변환기   ② 압력 스위치
③ 리밋 스위치   ④ 아날로그 변환기

Answer ■ 68. ② 69. ② 70. ① 71. ③

72 부하의 하중에 의한 자유낙하를 방지하기 위해 배압(back pressure)을 부여하는 밸브는?

① 체크 밸브　　　　　　　② 감압 밸브
③ 릴리프 밸브　　　　　　④ 카운터 밸런스 밸브

> **Solution** ① 체크 밸브 : 역지밸브-역방향 흐름불가
> ② 감압 밸브 : 압력 감소 밸브
> ③ 릴리브 밸브 : 펌프 출구압력 규정

73 어큐뮬레이터(accumulator)의 역할에 해당하지 않는 것은?

① 갑작스런 충격압력을 막아 주는 역할을 한다.
② 축척된 유압에너지의 방출 사이클 시간을 연장한다.
③ 유압 회로 중 오일 누설 등에 의한 압력강하를 보상하여 준다.
④ 유압펌프에서 발생하는 맥동을 흡수하여 진동이나 소음을 방지한다.

74 유압실린더에서 피스톤 로드가 부하를 미는 힘이 50kN, 피스톤 속도가 5m/min인 경우 실린더 내경이 8cm 이라면 소요동력은 약 몇 kW인가? (단, 편로드형 실린더이다.)

① 2.5　　　　　　　　　② 3.17
③ 4.17　　　　　　　　　④ 5.3

> **Solution** $L = 50 \times \dfrac{5}{60} = 4.17\text{kW}$

75 액추에이터의 공급 쪽 관로에 설정된 바이패스 관로의 흐름을 제어함으로써 속도를 제어하는 회로는?

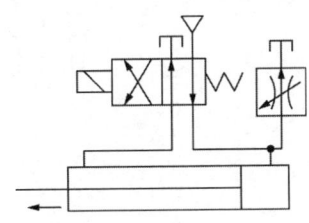

① 배압 회로　　　　　　② 미터 인 회로
③ 플립 플롭 회로　　　　④ 블리드 오프 회로

72. ④　73. ②　74. ③　75. ④ ■ Answer

76 유압 작동유에서 요구되는 특성이 아닌 것은?
① 인화점이 낮고, 증기 분리압이 클 것
② 유동성이 좋고, 관로 저항이 적을 것
③ 화학적으로 안정될 것
④ 비압축성일 것

> **Solution** 유압유는 인화점과 발화점이 높아야하고 증기압이 낮아야 한다.

77 유압 시스템의 배관계통과 시스템 구성에 사용되는 유압기기의 이물질을 제거하는 작업으로 오랫동안 사용하지 않던 설비의 운전을 다시 시작하였을 때나 유압 기계를 처음 설치하였을 때 수행하는 작업은?
① 펌핑
② 플러싱
③ 스위핑
④ 클리닝

78 유동하고 있는 액체의 압력이 국부적으로 저하되어, 증기나 함유 기체를 포함하는 기포가 발생하는 현상은?
① 캐비테이션 현상
② 채터링 현상
③ 서징 현상
④ 역류 현상

79 다음 기어펌프에서 발생하는 폐입 현상을 방지하기 위한 방법으로 가장 적절한 것은?
① 오일을 보충한다.
② 베인을 교환한다.
③ 베어링을 교환한다.
④ 릴리프 홈이 적용된 기어를 사용한다.

80 다음 중 오일의 점성을 이용하여 진동을 흡수하거나 충격을 완화 시킬 수 있는 유압응용장치는?
① 압력계
② 토크 컨버터
③ 쇼크 업소버
④ 진동개폐밸브

Answer ■ 76. ① 77. ② 78. ① 79. ④ 80. ③

81

20m/s의 같은 속력으로 달리던 자동차 A, B가 교차로에서 직각으로 충돌하였다. 충돌 직후 자동차 A의 속력은 약 몇 m/s인가? (단, 자동차 A, B의 질량은 동일하며 반발계수는 0.7, 마찰은 무시한다.)

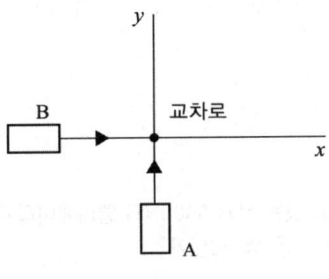

① 17.3
② 18.7
③ 19.2
④ 20.4

Solution
- x 방향정리
$$e = \frac{V_{Ax}' - V_{Bx}'}{V_{Bx}}, \ V_{Ax}' - V_{Bx}' = 14$$
$$V_{Bx} = V_{Ax}' + V_{Bx}' = 20$$
$$V_{Ax}' = 17$$
- y 방향정리
$$e = \frac{-V_{Ay}' + V_{By}'}{V_{Ay}}, \ V_{By}' - V_{Ay}' = 14$$
$$V_{Ay} = V_{Ay}' + V_{By}' = 20$$
$$V_{Ay}' = 3$$
합성하면 $V_A' = \sqrt{17^2 + 3^2} = 17.3 \text{m/sec}$

82

80rad/s로 회전하던 세탁기의 전원을 끈 후 20초가 경과하여 정지하였다면 세탁기가 정지할 때까지 약 몇 바퀴를 회전하였는가?

① 127
② 254
③ 542
④ 7620

Solution
$$\theta = w_o t - \frac{1}{2}\alpha t^2$$
$$w = w_o - \alpha t = 0, \ \alpha = 4 \text{rad/sec}^2$$
$$\theta = 80 \times 20 - \frac{1}{2} \times 4 \times 20^2 = 800 \text{rad}$$
$$n = 127.32 \text{rev}$$

81. ① 82. ① ■ Answer

83
시간 t에 따른 변위 $x(t)$가 다음과 같은 관계식을 가질 때 가속도 $a(t)$에 대한 식으로 옳은 것은?

$$x(t) = X_0 \sin wt$$

① $a(t) = w^2 X_0 \sin wt$
② $a(t) = w^2 X_0 \cos wt$
③ $a(t) = -w^2 X_0 \sin wt$
④ $a(t) = -w^2 X_0 \cos wt$

Solution $\dot{x} = V = X_o \cdot w \cos wt$
$\ddot{x} = a = X_o \cdot w^2 (-\sin wt)$

84
체중이 600N인 사람이 타고 있는 무게 5000N의 엘리베이터가 200m의 케이블에 매달려 있다. 이 케이블을 모두 감아올리는데 필요한 일은 몇 kJ인가?

① 1120
② 1220
③ 1320
④ 1420

Solution $U = (5000 + 600) \times 200 \times 10^{-3} = 1120 \text{kJ}$

85
$2\ddot{x} + 3\dot{x} + 8x = 0$으로 주어지는 진동계에서 대수 감소율(logarithmic decrement)은?

① 1.28
② 1.58
③ 2.18
④ 2.54

Solution $m = 2, \ C = 3, \ K = 8$
$C_C = 2\sqrt{mK} = 2\sqrt{2 \times 8} = 8$
$\psi = \dfrac{C}{C_C} = \dfrac{3}{8}$
$\delta = \dfrac{2\pi\psi}{\sqrt{1-\psi^2}} = 2.54$

86
다음 그림은 물체 운동의 $v-t$선도(속도-시간선도)이다. 그래프에서 시간 t_1에서의 접선의 기울기는 무엇을 나타내는가?

① 변위
② 속도
③ 가속도
④ 총 움직인 거리

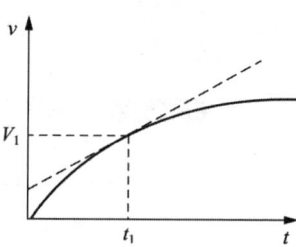

Answer ■ 83. ③ 84. ① 85. ④ 86. ③

87 달 표면에서 중력 가속도는 지구 표면에서의 $\frac{1}{6}$이다. 지구 표면에서 주기가 T인 단진자를 달로 가져가면, 그 주기는 어떻게 변하는가?

① $\frac{1}{6}T$
② $\frac{1}{\sqrt{6}}T$
③ $\sqrt{6}\,T$
④ $6T$

Solution $T = \frac{2\pi}{w}$, $w = \sqrt{\frac{g}{\delta}}$
$w' = \sqrt{\frac{g}{\delta \times 6}} = \frac{w}{\sqrt{6}}$
$T' = \sqrt{6}\,T$

88 감쇠비 ζ가 일정할 때 전달률을 1보다 작게 하려면 진동수비는 얼마의 크기를 가지고 있어야 하는가?

① 1보다 작아야 한다.
② 1보다 커야 한다.
③ $\sqrt{2}$보다 작아야 한다.
④ $\sqrt{2}$보다 커야 한다.

Solution $TR = 0$, $\frac{w}{w_n} = \sqrt{2}$
$TR < 1$, $\frac{w}{w_n} > \sqrt{2}$

89 y축 방향으로 움직이는 질량 m인 질점이 그림과 같은 위치에서 v의 속도를 갖고 있다. O점에 대한 각운동량은 얼마인가? (단, a, b, c는 원점에서 질점까지의 x, y, z 방향의 거리이다.)

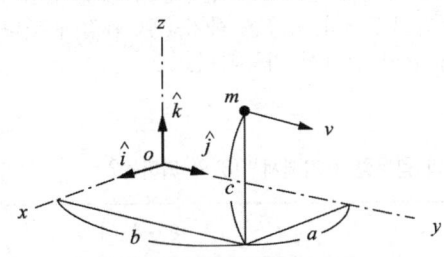

① $mv(c\hat{i} - a\hat{k})$
② $mv(-c\hat{i} + a\hat{k})$
③ $mv(c\hat{i} + a\hat{k})$
④ $mv(-c\hat{i} - a\hat{k})$

Solution $mv\hat{j} \times (a\hat{i} + b\hat{j} + c\hat{k}) = mv(a\hat{k} + 0 - c\hat{i}) = mv(-c\hat{i} + a\hat{k})$

87. ③ 88. ④ 89. ② ■ Answer

90 질량 50kg의 상자가 넘어지지 않도록 하면서 질량 10kg의 수레에 가할 수 있는 힘 P의 최댓값은 얼마인가? (단, 상자는 수레 위에서 미끄러지지 않는다고 가정한다.)

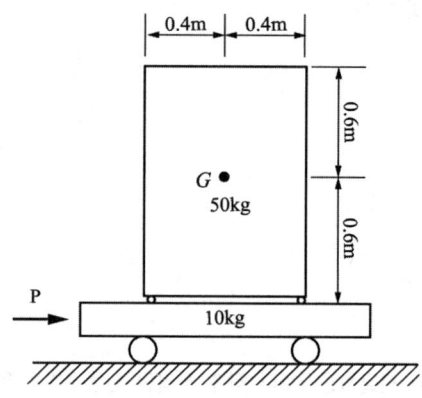

① 292N　　　　　　　　　　② 392N
③ 492N　　　　　　　　　　④ 592N

Solution　$P \times 0.6 = (50 + 10) \times 9.8 \times 0.4$
　　　　　$P = 392N$

91 레이저(laser) 가공에 대한 특징으로 틀린 것은?

① 밀도가 높은 단색성과 평행도가 높은 지향성을 이용한다.
② 가공물에 빛을 쏘이면 순간적으로 일부분이 가열되어, 용해되거나 증발되는 원리이다.
③ 초경합금, 스테인리스강의 가공은 불가능한 단점이 있다.
④ 유리, 플라스틱 판의 절단이 가능하다.

92 다음 표준 고속도강의 함유량 표기에서 "18"의 의미는?

18 – 4 – 1

① 탄소의 함유량　　　　　　② 텅스텐의 함유량
③ 크롬의 함유량　　　　　　④ 바나듐의 함유량

93 피복 아크 용접에서 피복제의 역할로 틀린 것은?

① 아크를 안정시킨다.　　　　② 용착금속을 보호한다.
③ 용착금속의 급랭을 방지한다.　④ 용착금속의 흐름을 억제한다.

Answer ■　90. ②　91. ③　92. ②　93. ④

94 절삭가공을 할 때 절삭온도를 측정하는 방법으로 사용하지 않는 것은?
① 부식을 이용하는 방법
② 복사고온계를 이용하는 방법
③ 열전대(thermo couple)에 의한 방법
④ 칼로리미터(calorimeter)에 의한 방법

95 선반가공에서 직경 60mm 길이 100mm의 탄소강 재료 환봉을 초경바이트를 사용하여 1회 절삭 시 가공시간은 약 몇 초 인가? (단, 절삭깊이 1.5mm, 절삭속도 150m/min, 이송은 0.2mm/rev이다.)
① 38초
② 42초
③ 48초
④ 52초

> **Solution**
> $V = \dfrac{\pi \times 60 \times N}{1000} = 150$
> $N = 795.77 \text{rpm}$
> $T = \dfrac{L}{NS} = \dfrac{100}{795.77 \times 0.2} = 0.63 \text{min}$
> $\therefore T \fallingdotseq 38 \text{sec}$

96 300mm×500mm인 주철 주물을 만들 때, 필요한 주입 추의 무게는 약 몇 kg인가? (단, 쇳물 아궁이 높이가 120mm, 주물 밀도는 7200kg/m³이다.)
① 129.6
② 149.6
③ 169.6
④ 189.6

> **Solution** $P = 7200 \times 9.8 \times 0.12 \times 0.3 \times 0.5 = 1270.08 \text{N} = 129.6 \text{kg}$

97 프레스 작업에서 전단가공이 아닌 것은?
① 트리밍(trimming)
② 컬링(curling)
③ 셰이빙(shaving)
④ 블랭킹(blanking)

98 다음 중 직접 측정기가 아닌 것은?
① 측장기
② 마이크로미터
③ 버니어캘리퍼스
④ 공기 마이크로미터

> **Solution** 직접측정기의 종류
> ① 버니어캘리퍼스
> ② 마이크로미터
> ③ 측장기
> ④ 하이트게이지

94. ① 95. ① 96. ① 97. ② 98. ④ ■ Answer

99 스프링 백(spring back)에 대한 설명으로 틀린 것은?

① 경도가 클수록 스프링 백의 변화도 커진다.
② 스프링 백의 양은 가공조건에 의해 영향을 받는다.
③ 같은 두께의 판재에서 굽힘 반지름이 작을수록 스프링 백의 양은 커진다.
④ 같은 두께의 판재에서 굽힘 각도가 작을수록 스프링 백의 양은 커진다.

100 내접기어 및 자동차의 3단 기어와 같은 단이 있는 기어를 깎을 수 있는 원통형 기어 절삭기계로 옳은 것은?

① 호빙머신
② 그라인딩 머신
③ 마그 기어 셰이퍼
④ 펠로즈 기어 셰이퍼f

Answer ■ 99. ③ 100. ④

2019 기출문제
9월 21일 시행

1과목 재료역학

1 단면이 가로 100mm, 세로 150mm인 사각 단면보가 그림과 같이 하중(P)을 받고 있다. 전단응력에 의한 설계에서 P는 각각 100kN씩 작용할 때, 이 재료의 허용전단응력은 약 몇 MPa인가? (단, 안전계수는 2이다.)

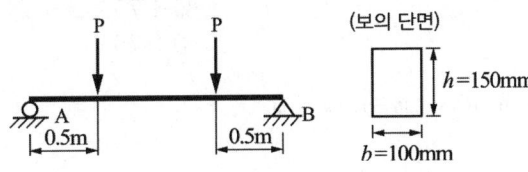

① 10
② 15
③ 18
④ 20

Solution $\tau_{max} = \dfrac{3}{2}\dfrac{F}{A} = \dfrac{3 \times 100 \times 10^3}{2 \times 100 \times 150} = 10\text{MPa}$
$\tau_a = \tau_{max} \cdot S_P = 10 \times 2 = 20\text{MPa}$
안전계수 $S_f = \dfrac{\tau_a}{\tau_{max}}$

2 그림과 같이 봉이 평형상태를 유지하기 위해 O점에 작용시켜야 하는 모멘트는 약 몇 N·m인가? (단, 봉의 자중은 무시한다.)

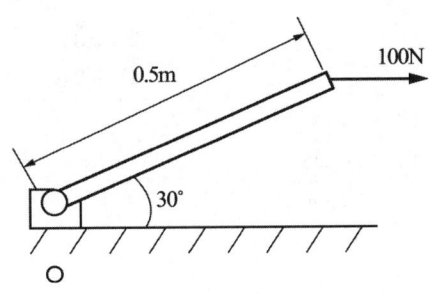

① 0
② 25
③ 35
④ 50

Solution $M_o = 100 \times 0.5 \times \sin 30° = 25\text{N} \cdot \text{m}$

1. ④ 2. ② ■ **Answer**

3 그림과 같은 외팔보에 있어서 고정단에서 20cm되는 지점의 굽힘모멘트 M는 약 몇 kN·m인가?

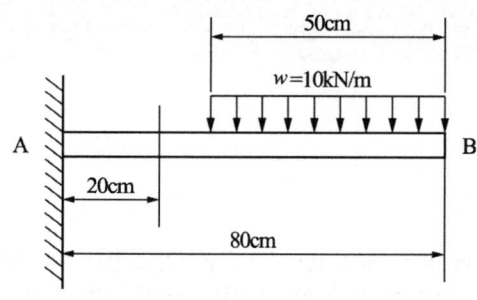

① 1.6   ② 1.75
③ 2.2   ④ 2.75

Solution $M = 10 \times 0.5 \times 0.35 = 1.75 \text{kN} \cdot \text{m}$

4 안지름 80cm의 얇은 원통에 내압 1MPa이 작용할 때 원통의 최소 두께는 몇 mm인가? (단, 재료의 허용응력은 80MPa이다.)

① 1.5   ② 5
③ 8   ④ 10

Solution $\sigma_t = \dfrac{P \cdot d}{2t}$, $t = \dfrac{1 \times 800}{2 \times 80} = 5 \text{mm}$

5 길이가 L이고 직경이 d인 축과 동일 재료로 만든 길이 $2L$인 축이 같은 크기의 비틀림 모멘트를 받았을 때, 같은 각도만큼 비틀어지게 하려면 직경은 얼마가 되어야 하는가?

① $\sqrt{3}\,d$ ② $\sqrt[4]{3}\,d$
③ $\sqrt{2}\,d$ ④ $\sqrt[4]{2}\,d$

Solution $\theta = \dfrac{T \cdot L}{G \cdot \dfrac{\pi d^4}{32}} = \dfrac{T \cdot 2L}{G \cdot \dfrac{\pi d^4}{32}}$

$d'^4 = 2d^4$, $d' = \sqrt[4]{2} \cdot d$

Answer ■ 3. ②   4. ②   5. ④

6 그림과 같은 비틀림 모멘트가 1kN·m에서 축적되는 비틀림 변형에너지는 약 몇 N·m인가? (단, 세로탄성계수는 100GPa이고, 포아송의 비는 0.25이다.)

① 0.5
② 5
③ 50
④ 500

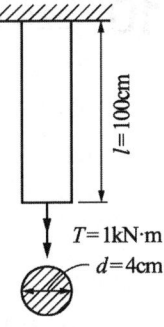

Solution $U = \dfrac{\tau^2}{4G} A \cdot L = \dfrac{(79.58 \times 10^6)^2 \times \pi \times 0.04^2 \times 1}{4 \times 40 \times 10^9 \times 4} = 49.74 \text{N} \cdot \text{m}$

$G = \dfrac{E}{2(1+\mu)} = \dfrac{100}{2 \times (1+0.25)} = 40 \text{GPa}$

$\tau = \dfrac{T}{Z_P} = \dfrac{1000 \times 16}{\pi \times 0.04^3} = 79.58 \times 10^6 \text{N/m}^2$

7 철도 레일을 20℃에서 침목에 고정하였는데, 레일의 온도가 60℃가 되면 레일에 작용하는 힘은 약 몇 kN인가? (단, 선팽창계수 $\alpha = 1.2 \times 10^{-6}/℃$, 레일의 단면적은 5000mm², 세로탄성계수는 210GPa이다.)

① 40.4　　　　　　② 50.4
③ 60.4　　　　　　④ 70.4

Solution $P = \sigma \cdot A = E\alpha \Delta t \cdot A = 210 \times 10^9 \times 1.2 \times 10^{-6} \times (60-20) \times 5000 \times 10^{-6}$
$= 50.4 \times 10^3 \text{N}$

8 단면의 폭(b)과 높이(h)가 6cm×10cm인 직사각형이고, 길이가 100cm인 외팔보 자유단에 10kN의 집중하중이 작용할 경우 최대 처짐은 약 몇 cm인가? (단, 세로탄성계수는 210GPa이다.)

① 0.104　　　　　　② 0.254
③ 0.317　　　　　　④ 0.542

Solution $\delta = \dfrac{P \cdot \ell^3}{3EI} = \dfrac{12 \times 10 \times 10^3 \times 1^3}{3 \times 210 \times 10^9 \times 0.06 \times 0.1^3} \times 100 = 0.317 \text{cm}$

9 평면 응력상태에 있는 재료 내부에 서로 직각인 두 방향에서 수직 응력 σ_x, σ_y가 작용할 때 생기는 최대 주응력과 최소 주응력을 각각 σ_1, σ_2라 하면 다음 중 어느 관계식이 성립하는가?

① $\sigma_1 + \sigma_2 = \dfrac{\sigma_x + \sigma_y}{2}$　　　　② $\sigma_1 + \sigma_2 = \dfrac{\sigma_x + \sigma_y}{4}$

③ $\sigma_1 + \sigma_2 = \sigma_x + \sigma_y$　　　　④ $\sigma_1 + \sigma_2 = 2(\sigma_x + \sigma_y)$

Solution 공액응력 $\sigma_n + \sigma_n' = \sigma_x + \sigma_y = \sigma_1 + \sigma_2$

6. ③　7. ②　8. ③　9. ③　■ Answer

10 단면의 도심 o를 지나는 단면 2차 모멘트 I_x는 약 얼마인가?

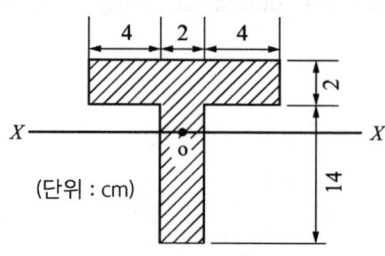
(단위 : cm)

① 1210mm^4
② 120.9mm^4
③ 1210cm^4
④ 120.9cm^4

◎ Solution 평행축 이동정리 적용
$$I_x = \left(\frac{10\times 2^3}{12} + 4.67^2 \times 10 \times 2\right) + \left(\frac{2\times 14^3}{12} + 3.33^2 \times 2 \times 14\right) = 1210.67\text{cm}^4$$
$$\bar{y} = \frac{10\times 2\times 15 + 2\times 14\times 7}{10\times 2 + 2\times 14} = 10.33$$

11 그림과 같은 외팔보에서 고정부에서의 굽힘모멘트를 구하면 약 몇 kN·m인가?

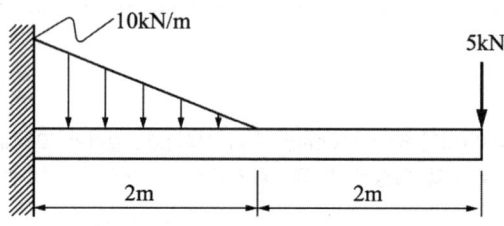

① 26.7(반시계 방향)
② 26.7(시계 방향)
③ 46.7(반시계 방향)
④ 46.7(시계 방향)

◎ Solution $M = \frac{1}{2}\times 10\times 2\times \frac{2}{3} + 5\times 4 = 26.67\text{kN}\cdot\text{m}$

12 지름이 d인 원형단면 봉이 비틀림 모멘트 T를 받을 때, 발생되는 최대 전단응력 τ를 나타내는 식은? (단, I_P는 단면의 극단면 2차 모멘트이다.)

① $\dfrac{Td}{2I_P}$
② $\dfrac{I_P d}{2T}$
③ $\dfrac{TI_P}{2d}$
④ $\dfrac{2T}{I_P d}$

◎ Solution $\tau = \dfrac{T}{Z_P} = \dfrac{T}{I_P/e} = \dfrac{T\cdot d}{2I_P}$

Answer ■ 10. ③ 11. ① 12. ①

13 그림과 같이 원형단면을 갖는 연강봉이 100kN의 인장하중을 받을 때 이 봉의 신장량은 약 몇 cm인가? (단, 세로탄성계수는 200GPa이다.)

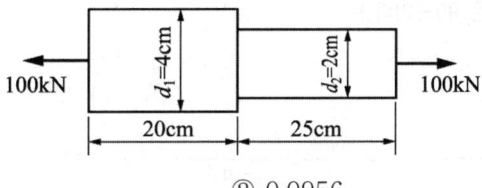

① 0.0478
② 0.0956
③ 0.143
④ 0.191

Solution $\delta = \dfrac{P \cdot \ell_1}{A_1 E} + \dfrac{P \cdot \ell_2}{A_2 \cdot E} = \dfrac{4 \times 100 \times 10^3}{\pi \times 200 \times 10^9} \times \left(\dfrac{0.2}{0.04^2} + \dfrac{0.25}{0.02^2}\right) \times 100 = 0.0477\,\text{cm}$

14 다음 그림에서 전단력이 0인 지점에서 최대굽힘응력은?

① $\dfrac{27}{64} \dfrac{w\ell^2}{bh^2}$
② $\dfrac{64}{27} \dfrac{w\ell^2}{bh^2}$
③ $\dfrac{7}{128} \dfrac{w\ell^2}{bh^2}$
④ $\dfrac{64}{128} \dfrac{w\ell^2}{bh^2}$

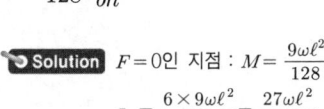

Solution $F=0$인 지점 : $M = \dfrac{9w\ell^2}{128}$
$\sigma_b = \dfrac{6 \times 9w\ell^2}{128bh^2} = \dfrac{27w\ell^2}{64bh^2}$

15 그림과 같은 양단이 지지된 단순보의 전 길이에 4kN/m의 등분포하중이 작용할 때, 중앙에서의 처짐이 0이 되기 위한 P의 값은 몇 kN인가? (단, 보의 굽힘강성 EI는 일정하다.)

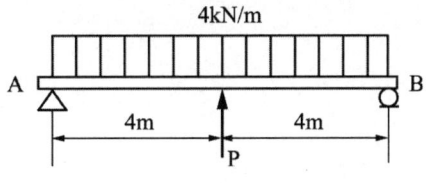

① 15
② 18
③ 20
④ 25

Solution $\delta_c = \dfrac{5w\ell^4}{384EI} = \dfrac{P \cdot \ell^3}{48EI}$
$P = \dfrac{5}{8}w\ell = \dfrac{5 \times 4 \times 8}{8} = 20\,\text{kN}$

13. ① 14. ① 15. ③ ■ Answer

16 세로탄성계수가 200GPa, 포아송의 비가 0.3인 판재에 평면하중이 가해지고 있다. 이 판재의 표면에 스트레인 게이지를 부착하고 측정한 결과 $\epsilon_x = 5 \times 10^{-4}$, $\epsilon_y = 3 \times 10^{-4}$일 때, σ_x는 약 몇 MPa인가? (단, x축과 y축이 이루는 각은 90도이다.)

① 99　　　　　　　　　② 100
③ 118　　　　　　　　　④ 130

Solution $\sigma_x = \dfrac{E(\epsilon_x + \mu\epsilon_y)}{1-\mu^2} = \dfrac{200 \times 10^3 (5 + 0.3 \times 3) \times 10^{-4}}{1 - 0.3^2} = 129.67 \text{MPa}$

17 그림과 같이 양단이 고정된 단면적 1cm², 길이 2m의 케이블을 B점에서 아래로 10mm만큼 잡아당기는 데 필요한 힘 P는 약 몇 N인가? (단, 케이블 재료의 세로탄성계수는 200GPa이며, 자중은 무시한다.)

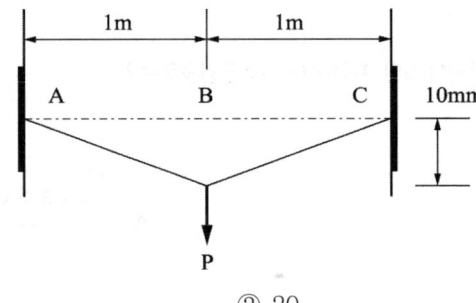

① 10　　　　　　　　　② 20
③ 30　　　　　　　　　④ 40

Solution $\theta = \tan^{-1}\left(\dfrac{1000}{10}\right) = 89.43°$

$\dfrac{P}{\sin(2 \times 89.43)} = \dfrac{AB}{\sin(180 - 89.43)}$

$AB = 50.26P$

$\delta_{AB} = \dfrac{AB \times \ell}{AE} = \sqrt{1^2 + 0.01^2} - 1 = 0.05 \times 10^{-3}$

$\dfrac{50.26P \times 1}{1 \times 10^{-4} \times 200 \times 10^9} = 0.05 \times 10^{-3}$

$P = 19.9\text{N}$

Answer ■ 16. ④　17. ②

18 다음 그림에서 단순보의 최대 처짐량(δ_1)과 양단고정보의 최대 처짐량(δ_2)의 비(δ_1/δ_2)는 얼마인가? (단, 보의 굽힘강성 EI는 일정하고, 자중은 무시한다.)

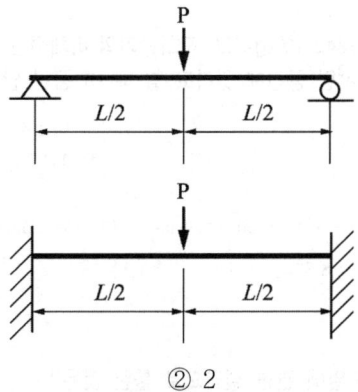

① 1　　　　　　　　　② 2
③ 3　　　　　　　　　④ 4

Solution $\delta_1 = \dfrac{P \cdot \ell^3}{48EI}$, $\delta_2 = \dfrac{P \cdot \ell^3}{192EI}$
$\dfrac{\delta_1}{\delta_2} = \dfrac{192}{48} = 4$

19 8cm×12cm인 직사각형 단면의 기둥 길이를 L_1, 지름 20cm인 원형 단면의 기둥 길이를 L_2라하고 세장비가 같다면, 두 기둥의 길이의 비(L_2/L_1)는 얼마인가?

① 1.44　　　　　　　② 2.16
③ 2.5　　　　　　　　④ 3.2

Solution $\lambda = \dfrac{L}{K} = \dfrac{4L_2}{d} = \dfrac{2\sqrt{3} \cdot L_1}{b}$
$\dfrac{L_2}{L_1} = \dfrac{2\sqrt{3} \times 20}{4 \times 8} = 2.17$

20 지름이 2cm, 길이가 20cm인 연강봉이 인장하중을 받을 때 길이는 0.016cm만큼 늘어나고 지름은 0.0004cm만큼 줄었다. 이 연강봉의 포아송 비는?

① 0.25　　　　　　　② 0.5
③ 0.75　　　　　　　④ 4

Solution $\mu = \dfrac{0.0004 \times 20}{2 \times 0.016} = 0.25$

18. ④　19. ②　20. ① ■ Answer

2과목 기계열역학

21 포화액의 비체적은 0.001242m³/kg이고, 포화증기의 비체적은 0.3469m³/kg인 어떤 물질이 있다. 이 물질이 건도 0.65 상태로 2m³인 공간에 있다고 할 때 이 공간 안에 차지한 물질의 질량(kg)은?

① 8.85
② 9.42
③ 10.08
④ 10.84

Solution $v_x = v' + x(v'' - v') = 0.001242 + 0.65 \times (0.3469 - 0.001242) = 0.22592 \text{m}^3/\text{kg}$

$m = \dfrac{2}{0.22592} = 8.85 \text{kg}$

22 열역학적 관점에서 일과 열에 관한 설명으로 틀린 것은?

① 일과 열은 온도와 같은 열역학적 상태량이 아니다.
② 일의 단위는 J(joule)이다.
③ 일의 크기는 힘과 그 힘이 작용하여 이동한 거리를 곱한 값이다.
④ 일과 열은 점 함수(point function) 이다.

Solution 일과 열은 도정함수이며 불완전미분이다.

23 기체가 열량 80kJ 흡수하여 외부에 대하여 20kJ 일을 하였다면 내부에너지 변화(kJ)는?

① 20
② 60
③ 80
④ 100

Solution $Q = \triangle U + _1W_2$
$\triangle U = 80 - 20 = 60 \text{kJ}$

24 다음 중 브레이턴 사이클의 과정으로 옳은 것은?

① 단열 압축→ 정적 가열→ 단열 팽창→ 정적 방열
② 단열 압축→ 정압 가열→ 단열 팽창→ 정적 방열
③ 단열 압축→ 정적 가열→ 단열 팽창→ 정압 방열
④ 단열 압축→ 정압 가열→ 단열 팽창→ 정압 방열

Solution Brayton Cycle은 2개의 정압과정과 2개의 단열과정으로 이루어진 개방형 가스터빈의 이상사이클이다.

Answer ■ 21. ① 22. ④ 23. ② 24. ④

25 압력이 200kPa인 공기가 압력이 일정한 상태에서 400kcal의 열을 받으면서 팽창하였다. 이러한 과정에서 공기의 내부에너지가 250kcal만큼 증가하였을 때, 공기의 부피변화(m^3)는 얼마인가? (단, 1kcal은 4.186kJ이다.)

① 0.98 ② 1.21
③ 2.86 ④ 3.14

Solution $Q = \Delta U + P(V_2 - V_1)$
$400 \times 4.186 = 250 \times 4.186 + 200 \times \Delta V$
$\Delta V = 3.14 m^3$

26 오토 사이클의 효율이 55%일 때 101.3kPa, 20℃의 공기가 압축되는 압축비는 얼마인가? (단, 공기의 비열비는 1.4 이다.)

① 5.28 ② 6.32
③ 7.36 ④ 8.18

Solution $\eta_o = 1 - \left(\dfrac{1}{\epsilon}\right)^{K-1}$
$0.55 = 1 - \left(\dfrac{1}{\epsilon}\right)^{0.4}$, $\epsilon = 7.36$

27 분자량이 32인 기체의 정적비열이 0.714kJ/kg·K일 때 이 기체의 비열비는? (단, 일반기체상수는 8.314kJ/kmol·K이다.)

① 1.364 ② 1.382
③ 1.414 ④ 1.446

Solution $C_v = \dfrac{R}{K-1} = \dfrac{\overline{R}}{M(K-1)}$
$0.714 = \dfrac{8.314}{32 \times (K-1)}$, $K = 1.364$

28 다음 그림과 같은 오토 사이클의 효율(%)은? (단, T_1 = 300K, T_2 = 689K, T_3 = 2364K, T_4 = 1029K이고, 정적비열은 일정하다.)

① 42.5
② 48.5
③ 56.5
④ 62.5

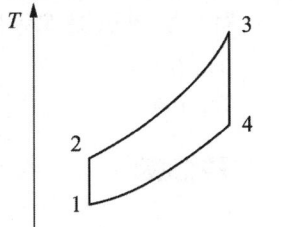

Solution $\eta_o = 1 - \dfrac{T_4 - T_1}{T_3 - T_2} = 1 - \dfrac{(1029 - 300)}{(2364 - 689)} = 0.565$

25. ④   26. ③   27. ①   28. ③   ■ Answer

29 1000K의 고열원으로부터 750kJ의 에너지를 받아서 300k의 저열원으로 550kJ의 에너지를 방출하는 열기관이 있다. 이 기관의 효율(η)과 Clausius 부등식의 만족 여부는?

① η=26.7%이고, Clausius 부등식을 만족한다.
② η=26.7%이고, Clausius 부등식을 만족하지 않는다.
③ η=73.3%이고, Clausius 부등식을 만족한다.
④ η=73.3%이고, Clausius 부등식을 만족하지 않는다.

Solution $\eta = 1 - \dfrac{Q_L}{Q_H} = 1 - \dfrac{550}{750} = 0.267$

$\eta_C = 1 - \dfrac{T_L}{T_H} = 1 - \dfrac{300}{1000} = 0.7$

$\eta \neq \eta_C$, 비가역사이클이며 열효율 $\eta = 26.7\%$이다.

$\phi \dfrac{\delta Q}{T} < 0 : \dfrac{750}{1000} - \dfrac{550}{300} < 0$

클라우사우스 부등식 만족

30 메탄올의 정압비열(CP)이 다음과 같은 온도T(K)에 의한 함수로 나타날 때 메탄올 1kg을 200K에서 400K까지 정압과정으로 가열하는 데 필요한 열량(kJ)은? (단, CP의 단위는 kJ/kg·K이다.)

$$C_P = a + bT + cT^2$$
$$(a = 3.51,\ b = -0.00135,\ c = 3.47 \times 10^{-5})$$

① 722.9 ② 1311.2
③ 1268.7 ④ 866.2

Solution $Q = \int_1^2 m C_P dT = m(aT + \dfrac{b}{2}T^2 + \dfrac{c}{3}T^3)|_{T_1}^{T_2}$

$= 3.51 \times (400 - 200) + \dfrac{(-0.00135)}{2} \times (400^2 - 200^2) + \dfrac{3.47 \times 10^{-5}}{3} \times (400^3 - 200^3)$

$= 1268.73$kJ

31 질량 유량이 10kg/s인 터빈에서 수증기의 엔탈피가 800kJ/kg감소한다면 출력(kW)은 얼마인가? (단, 역학적 손실, 열손실은 모두 무시한다.)

① 80 ② 160
③ 1600 ④ 8000

Solution $W = \dot{m} \Delta h = 10 \times 800 = 8000$kW

Answer ■ 29. ① 30. ③ 31. ④

32 내부에너지가 40kJ, 절대압력이 200kPa, 체적이 0.1m³, 절대온도가 300K인 계의 엔탈피(kJ)는?

① 42
② 60
③ 80
④ 240

Solution $H = U + P \cdot V = 40 + 200 \times 0.1 = 60 \text{kJ}$

33 열역학 제2법칙에 대한 설명으로 옳은 것은?

① 과정(process)의 방향성을 제시한다.
② 에너지의 양을 결정한다.
③ 에너지의 종류를 판단할 수 있다.
④ 공학적 장치의 크기를 알 수 있다.

Solution 열역학 제2법칙은 열이동의 방향성과 비가역성을 명시한 법칙이다.

34 공기 1kg을 정압과정으로 20℃에서 100℃까지 가열하고, 다음에 정적과정으로 100℃에서 200℃까지 가열한다면, 전체 가열에 필요한 총에너지(kJ)는? (단, 정압비열은 1.009kJ/kg·K, 정적비열은 0.72kJ/kg·K이다.)

① 152.7
② 162.8
③ 139.8
④ 146.7

Solution $Q = Q_P + Q_V = 1 \times 1.009 \times (100 - 20) + 1 \times 0.72 \times (200 - 100) = 152.72 \text{kJ}$

35 카르노 냉동기에서 흡열부와 방열부의 온도가 각각 −20℃와 30℃인 경우, 이 냉동기에 40kW의 동력을 투입하면 냉동기가 흡수하는 열량(RT)은 얼마인가? (단, 1RT = 3.86kW이다.)

① 23.62
② 52.48
③ 78.36
④ 126.48

Solution $\epsilon_r = \dfrac{T_L}{T_H - T_L} = \dfrac{Q}{W}$

$Q = 40 \times \left(\dfrac{-20 + 273}{30 + 20}\right) = 202.4 \text{kW} = 52.44 \text{RT}$

36 질량이 m이고 비체적이 v인 구(sphere)의 반지름이 R이다. 이때 질량이 $4m$, 비체적이 $2v$로 변화한다면 구의 반지름은 얼마인가?

① $2R$
② $\sqrt{2}\,R$
③ $\sqrt[3]{2}\,R$
④ $\sqrt[3]{4}\,R$

Solution
- 구의 체적 $V = \dfrac{\pi d^3}{6} = \dfrac{8\pi}{6} R^3$
- 변화 후 체적 $V = 4m \times 2v = 8mv$

$V = \dfrac{\pi}{6}(2R')^3 = 8 \times \dfrac{\pi}{6}(2R)^3$

$(R')^3 = 8R^3,\ R' = 2R$

32. ② 33. ① 34. ① 35. ② 36. ① ■ Answer

37 100℃의 수증기 10kg이 100℃의 물로 응축되었다. 수증기의 엔트로피 변화량(kJ/K)은? (단, 물의 잠열은 100℃에서 2257kJ/kg이다.)

① 14.5
② 5390
③ −22570
④ −60.5

Solution $\triangle S = \dfrac{2257 \times 10}{100 + 273} = 60.51 \text{kJ/K}$ (응축, ⊖)

38 입구 엔탈피 3155kJ/kg, 입구 속도 24m/s, 출구 엔탈피 2385kJ/kg, 출구 속도 98m/s인 증기 터빈이 있다. 증기 유량이 1.5kg/s이고, 터빈의 축 출력이 900kW일 때 터빈과 주위 사이의 열전달량은 어떻게 되는가?

① 약 124kW의 열을 주위로 방열한다.
② 주위로부터 약 124kW의 열을 받는다.
③ 약 248kW의 열을 주위로 방열한다.
④ 주위로부터 약 248kW의 열을 받는다.

Solution $_1\dot{Q}_2 = \dot{m}\triangle h + \dfrac{1}{2}\dot{m}(V_2^2 - V_1^2) + \dot{W}$
$= 1.5 \times (2385 - 3155) + \dfrac{1}{2} \times 1.5 \times (98^2 - 24^2) \times 10^{-3} + 900$
$= -248.23 \text{kW}$

39 증기압축 냉동기에 사용되는 냉매의 특징에 대한 설명으로 틀린 것은?

① 냉매는 냉동기의 성능에 영향을 미친다.
② 냉매는 무독성, 안정성, 저가격 등의 조건을 갖추어야 한다.
③ 무기화합물 냉매인 암모니아는 열역학적 특성이 우수하고, 가격이 비교적 저렴하여 널리 사용되고 있다.
④ 최근에는 오존파괴 문제로 CFC 냉매 대신에 R−12(CCl_2F_2)가 냉매로 사용되고 있다.

40 공기가 등온과정을 통해 압력이 200kPa, 비체적이 0.02m³/kg인 상태에서 압력이 100kPa인 상태로 팽창하였다. 공기를 이상기체로 가정할 때 시스템이 이 과정에서 한 단위 질량당 일(kJ/kg)은 약 얼마인가?

① 1.4
② 2.0
③ 2.8
④ 5.6

Solution $w = P_1 \cdot v_1 \cdot \ln\left(\dfrac{P_1}{P_2}\right) = 200 \times 0.02 \times \ln\left(\dfrac{200}{100}\right) = 2.77 \text{kJ/kg}$

Answer ▪ 37. ④ 38. ③ 39. ④ 40. ③

3과목 기계유체역학

41 표준대기압 상태인 어떤 지방의 호수에서 지름이 d인 공기의 기포가 수면으로 올라오면서 지름이 2배로 팽창하였다. 이 때 기포의 최초 위치는 수면으로부터 약 몇 m 아래인가? (단, 기포 내의 공기는 Boyle법칙에 따르며, 수중의 온도도 일정하다고 가정한다. 또한 수면의 기압(표준대기압)은 101.325kPa이다.)

① 70.8　　　　　　　　　② 72.3
③ 74.6　　　　　　　　　④ 77.5

Solution $P_1 \cdot V_1 = P_2 \cdot V_2$, 구의 체적 $V = \dfrac{\pi d^3}{6}$
$(101.325 + 9.8 \times h) \times V_1 = 101.325 \times (8V_1)$
$h = 72.38\text{m}$

42 그림과 같이 비중 0.85인 기름이 흐르고 있는 개수로에 피토관을 설치하였다. △h = 30mm, h = 100mm일 때 기름의 유속은 약 몇 m/s인가?

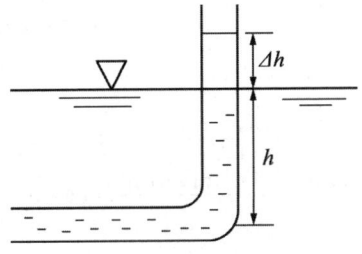

① 0.767　　　　　　　　② 0.976
③ 1.59　　　　　　　　　④ 6.25

Solution $V = \sqrt{2 \times 9.8 \times 0.03} = 0.767 \text{m/sec}$

43 마찰계수가 0.02인 파이프(안지름 0.1m, 길이 50m) 중간에 부차적 손실계수가 5인 밸브가 부착되어 있다. 밸브에서 발생하는 손실수두는 총 손실수두의 약 몇 인가?

① 20　　　　　　　　　　② 25
③ 33　　　　　　　　　　④ 50

Solution $h_\ell = f \cdot \dfrac{\ell}{d} \cdot \dfrac{V^2}{2g} + K \cdot \dfrac{V^2}{2g} = \left(0.02 \times \dfrac{50}{0.1} + 5\right) \times \dfrac{V^2}{2 \times 9.8}$

$\dfrac{K \cdot \left(\dfrac{V^2}{2g}\right)}{h_\ell} = \dfrac{5 \times 100}{\left(0.02 \times \dfrac{50}{0.1} + 5\right)} = 33.33\%$

41. ②　42. ①　43. ③　■ Answer

44 2차원 극좌표계(r, θ)에서 속도 포텐셜이 다음과 같을 때 원주방향 속도(v_θ)는? (단, 속도 포텐셜 ϕ는 $\vec{V} = \nabla \phi$로 정의된다.)

$$\phi = 2\theta$$

① $4\pi r$
② $2r$
③ $\dfrac{4\pi}{r}$
④ $\dfrac{2}{r}$

Solution $V_\theta = \dfrac{1}{r}\dfrac{\partial V}{\partial \theta} = \dfrac{1}{r} \times 2 = \dfrac{2}{r}$

45 지름이 0.01m인 구 주위를 공기가 0.001m/s로 흐르고 있다. 항력계수 $C_D = \dfrac{24}{Re}$로 정의할 때 구에 작용하는 항력은 약 몇 N인가? (단, 공기의 밀도는 1.1774kg/m³, 점성계수는 1.983×10^{-5}kg/m·s이며, Re는 레이놀즈수를 나타낸다.)

① 1.9×10^{-9}
② 3.9×10^{-9}
③ 5.9×10^{-9}
④ 7.9×10^{-9}

Solution $D = C_D \cdot A \cdot \dfrac{\rho \cdot V^2}{2}$

$Re = \dfrac{\rho Vd}{\mu} = \dfrac{1.1774 \times 0.001 \times 0.01}{1.983 \times 10^{-5}} = 0.594$

$D = \dfrac{24}{0.594} \times \dfrac{\pi \times 0.01^2}{4} \times \dfrac{1.1774 \times 0.001^2}{2} = 1.9 \times 10^{-9}$N

46 원유를 매분 240L의 비율로 안지름 80mm인 파이프를 통하여 100m 떨어진 곳으로 수송할 때 관내의 평균 유속은 약 몇 m/s인가?

① 0.4
② 0.8
③ 2.5
④ 3.1

Solution $Q = AV$

$\dfrac{240 \times 10^{-3}}{60} = \dfrac{\pi \times 0.08^2}{4} \times V$

$V = 0.8\text{m/sec}$

47 역학적 상사성이 성립하기 위해 무차원 수인 프루드수를 같게 해야 되는 흐름은?
① 점성계수가 큰 유체의 흐름
② 표면 장력이 문제가 되는 흐름
③ 자유표면을 가지는 유체의 흐름
④ 압축성을 고려해야 되는 유체의 흐름

Solution 프루드수는 중력과 관성력의 지배를 받는 유동장에 적용한다. 개수로 또는 배유동 실험 등에 역학적 상사로 적용한다.

Answer ■ 44. ④ 45. ① 46. ② 47. ③

48 평판 위를 공기가 유속 15m/s로 흐르고 있다. 선단으로부터 10cm인 지점의 경계층 두께는 약 몇 mm인가? (단, 공기의 동점성계수는 $1.6 \times 10^{-5} m^2/s$이다.)

① 0.75
② 0.98
③ 1.36
④ 1.63

Solution $Re = \dfrac{15 \times 0.1}{1.6 \times 10^{-5}} = 93,750$

$\delta = 5.0x \cdot Re^{-\frac{1}{2}} = 5 \times 100 \times 98750^{-\frac{1}{2}} = 1.63mm$

49 그림과 같이 고정된 노즐로부터 밀도가 ρ인 액체의 제트가 속도 V로 분출하여 평판에 충돌하고 있다. 이때 제트의 단면적이 A이고 평판이 u인 속도로 제트와 반대 방향으로 운동할 때 평판에 작용하는 힘 F는?

① $F = \rho A(V-u)$
② $F = \rho A(V-u)^2$
③ $F = \rho A(V+u)$
④ $F = \rho A(V+u)^2$

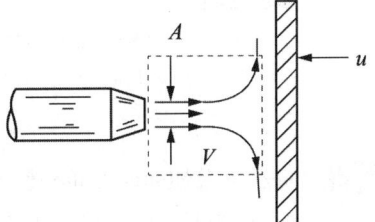

50 비행기 날개에 작용하는 양력 F에 영향을 주는 요소는 날개의 코드길이 L, 받음각 α, 자유유동 속도 V, 유체의 밀도 ρ, 점성계수 μ, 유체 내에서의 음속 c이다. 이 변수들로 만들 수 있는 독립 무차원 매개변수는 몇 개인가?

① 2
② 3
③ 4
④ 5

Solution $\pi = n - m = 7 - 3 = 4$

51 안지름이 4mm이고, 길이가 10m인 수평 원형관 속을 20℃의 물이 층류로 흐르고 있다. 배관 10m의 길이에서 압력 강하가 10kPa이 발생하며, 이때 점성계수는 $1.02 \times 10^{-3} N \cdot s/m^2$일 때 유량은 약 몇 cm^3/s인가?

① 6.16
② 8.52
③ 9.52
④ 12.16

Solution $Q = \dfrac{\Delta P \pi \cdot d^4}{128 \mu \ell} = \dfrac{10 \times 10^3 \times \pi \times 0.004^4}{128 \times 1.02 \times 10^{-3} \times 10} \times 10^6 = 6.16 cm^3/sec$

52 안지름이 0.01m인 관내로 점성계수가 $0.005 N \cdot s/m^2$, 밀도가 $800 kg/m^3$인 유체가 1m/s의 속도로 흐를 때, 이 유동의 특성은? (단, 천이 구간은 레이놀즈수가 2100~4000에 포함될 때를 기준으로 한다.)

① 층류 유동
② 난류 유동
③ 천이 유동
④ 위 조건으로는 알 수 없다.

Solution $Re = \dfrac{800 \times 1 \times 0.01}{0.005} = 1600 < 2100$

48. ④   49. ④   50. ③   51. ①   52. ①   ■ Answer

53 밀도가 500kg/m³인 원기둥이 $\frac{1}{3}$ 만큼 액체면 위로 나온 상태로 떠있다. 이 액체의 비중은?

① 0.33
② 0.5
③ 0.75
④ 1.5

Solution $F_B = W$
$S \times 9800 \times \frac{2}{3} V = 500 \times 9.8 \times V$
$S = 0.75$

54 다음 중 유선(stream line)에 대한 설명으로 옳은 것은?

① 유체의 흐름에 있어서 속도 벡터에 대하여 수직한 방향을 갖는 선이다.
② 유체의 흐름에 있어서 유동단면의 중심을 연결한 선이다.
③ 비정상류 흐름에서만 유동의 특성을 보여주는 선이다.
④ 속도 벡터에 접하는 방향을 가지는 연속적인 선이다.

Solution 유선(stream line)이란 유체흐름의 모든 점에서 속도 벡터에 접하도록 그려진 가상곡선이다.

55 다음 중에서 차원이 다른 물리량은?

① 압력
② 전단응력
③ 동력
④ 체적탄성계수

Solution • $F \cdot L^{-2}$: 압력, 전단응력, 체적탄성계수
• FLT^{-1} : 동력

56 비중이 0.8인 액체를 10m/s 속도로 수직 방향으로 분사하였을 대, 도달할 수 있는 최고 높이는 약 몇 m인가? (단, 액체는 비압축성, 비점성 유체이다.)

① 3.1
② 5.1
③ 7.4
④ 10.2

Solution $h = \frac{V^2}{2g} = \frac{10^2}{2 \times 9.8} = 5.1 \text{m}$

57 유체 속에 잠겨있는 경사진 판의 윗면에 작용하는 압력 힘의 작용점에 대한 설명 중 옳은 것은?

① 판의 도심보다 위에 있다.
② 판의 도심에 있다.
③ 판의 도심보다 아래에 있다.
④ 판의 도심과는 관계가 없다.

Answer ■ 53. ③ 54. ④ 55. ③ 56. ② 57. ③

58 지상에서의 압력은 P_1, 지상 1000m 높이에서의 압력을 P_2라고 할 때 압력비 $\left(\dfrac{P_2}{P_1}\right)$는? (단, 온도가 15℃로 높이에 상관없이 일정하다고 가정하고, 공기의 밀도는 기체상수가 287J/kg·K인 이상기체 법칙을 따른다.)

① 0.80 ② 0.89
③ 0.95 ④ 1.1

Solution
$$\rho = \dfrac{P_1}{RT} = \dfrac{P_1}{287 \times (15+273)} = \dfrac{P_1}{82,656}$$
$$P_2 = P_1 - \rho g h = P_1\left(1 - \dfrac{gh}{82,656}\right)$$
$$\dfrac{P_2}{P_1} = 1 - \dfrac{9.8 \times 1000}{82,656} = 0.88$$

59 점성계수(μ)가 0.098N·s/m²인 유체가 평판 위를 $u(y) = 750y - 2.5 \times 10^{-6} y^3$(m/s)의 속도 분포로 흐를 때 평판면($y = 0$)에서의 전단응력은 약 몇 N/m²인가? (단, y는 평판면으로부터 m 단위로 잰 수직거리이다.)

① 7.35 ② 73.5
③ 14.7 ④ 147

Solution
$$\tau = \mu \cdot \dfrac{du}{dy}\bigg|_{y=0} = \mu \cdot \left(750 - \dfrac{2.5 \times 10^{-6}}{3} \cdot y^2\right)\bigg|_{y=0} = 0.098 \times 750 = 73.5 \text{N/m}^2$$

60 그림과 같이 설치된 펌프에서 물의 유입지점 1의 압력은 98kPa, 방출지점 2의 압력은 105kPa이고, 유입지점으로부터 방출지점까지의 높이는 20m이다. 배관 요소에 따른 전체 수두손실은 4m이고 관 지름이 일정할 때 물을 양수하기 위해서 펌프가 공급해야 할 압력은 약 몇 kPa인가?

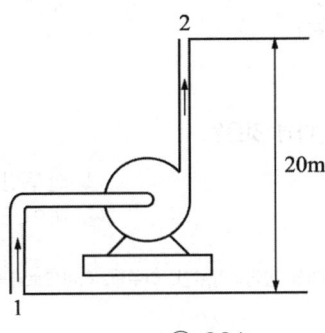

① 242 ② 324
③ 431 ④ 514

Solution
$$\dfrac{P_1}{\gamma} + \dfrac{V_1^2}{2g} + Z_1 + h_p = \dfrac{P_2}{\gamma} + \dfrac{V_2^2}{2g} + Z_2 + h_\ell$$
$$h_p = \dfrac{(105-98) \times 10^3}{9800} + 20 + 4 = 24.71\text{m}$$
$$P = \gamma \cdot h_p = 9.8 \times 24.71 = 242.16 \text{kPa}$$

58. ②　59. ②　60. ① ■ Answer

4과목 기계재료 및 유압기기

61 보자력이 작고, 미세한 외부 자기장의 변화에도 크게 자화되는 특징을 가진 연질 자성 재료는?

① 센더스트
② 알니코자석
③ 페라이트자석
④ 희토류계자석

Solution 자석강은 전류 자기 보자력 및 항자력이 크고 비자성강은 전기저항이 크고 보자력이 작다. 센더스트는 비자성강의 종류로 Al 3~8%, S 5~11%를 함유한 것으로 풀림상태에서 우수한 자성을 갖는다.

62 레데뷰라이트에 대한 설명으로 옳은 것은?

① α와 Fe의 혼합물이다.
② γ와 Fe_3C의 혼합물이다.
③ δ와 Fe의 혼합물이다.
④ α와 Fe_3C의 혼합물이다.

Solution 레데뷰라이트=오스테나이트+시멘타이트

63 다음 중 공구강 강재의 종류에 해당되지 않는 것은?

① STS 3
② SM25C
③ STC 105
④ SKH 51

Solution
• STC : 탄소공구강
• STS : 합금공구강
• SKH : 고속도공구강

64 다음 중 알루미늄 합금계가 아닌 것은?

① 라우탈
② 실루민
③ 하스텔로이
④ 하이드로날륨

Solution 다이캐스팅용 알루미늄 합금 : 실루민, 라우탈, 하이드로날륨

65 다음의 조직 중 경도가 가장 높은 것은?

① 펄라이트
② 마텐자이트
③ 소르바이트
④ 트루스타이트

Solution 담금질 조직중 경도가 높은 순서 : M > T > S > P

Answer ■ 61. ① 62. ② 63. ② 64. ③ 65. ②

66 황동의 화학적 성질과 관계없는 것은?

① 탈아연부식　　　② 고온탈아연
③ 자연균열　　　　④ 가공경화

> **Solution** 탈아연부식 : 해수에 아연이 녹아 일어나는 현상

67 베이나이트(bainite) 조직을 얻기 위한 항온열처리 조작으로 옳은 것은?

① 마퀜칭　　　　　② 소성가공
③ 노멀라이징　　　④ 오스템퍼링

68 재료의 전연성을 알기 위해 구리판, 알루미늄판 및 그 밖의 연성 판재를 가압하여 변형 능력을 시험하는 것은?

① 굽힘시험　　　　② 압축시험
③ 커핑시험　　　　④ 비틀림시험

69 회복 과정에서의 축적에너지에 대한 설명으로 옳은 것은?

① 가공도가 적을수록 축적에너지의 양은 증가한다.
② 결정입도가 작을수록 축적에너지의 양은 증가한다.
③ 불순물 원자의 첨가가 많을수록 축적에너지의 양은 감소한다.
④ 낮은 가공온도에서의 변형은 축적에너지의 양을 감소시킨다.

> **Solution** 결정입자가 미세할수록 가공도가 크고 축적에너지의 양은 증가한다.

70 주철의 특징을 설명한 것 중 틀린 것은?

① 백주철은 Si 함량이 적고, Mn 함량이 많아 화합탄소로 존재한다.
② 회주철은 C, Si 함량이 많고, Mn 함량이 적은 파면이 회색을 나타내는 것이다.
③ 구상흑연주철은 흑연의 형상에 따라 판상, 구상, 공정상흑연주철로 나눌 수 있다.
④ 냉경주철은 주물 표면을 회주철로 인성을 높게 하고, 내부는 Fe_3C로 단단한 조직으로 만든다.

> **Solution** 냉경주철은 칠드주철로 내부는 연한 회주철, 외부는 경한 백주철 상태이다.

71 액추에이터의 배출 쪽 관로 내의 흐름을 제어함으로써 속도를 제어하는 회로는?

① 방향 제어회로　　② 미터 인 회로
③ 미터 아웃 회로　　④ 압력 제어 회로

> **Solution** 미터인은 입구, 미터아웃은 출구 쪽 흐름을 제어

66. ④　67. ④　68. ③　69. ②　70. ④　71. ③　■ Answer

72 유압 작동유의 구비조건에 대한 설명으로 틀린 것은?

① 인화점 및 발화점이 낮을 것
② 산화 안정성이 좋을 것
③ 점도지수가 높을 것
④ 방청성이 좋을 것

▶ Solution 화재의 위험성은 낮추기 위해서는 인화점과 발화점은 높아야 한다.

73 실린더 행정 중 임의의 위치에서 실린더를 고정시킬 필요가 있을 때라 할지라도, 부하가 클 때 또는 장치 내의 압력저하로 실린더 피스톤이 이동하는 것을 방지하기 위한 회로로 가장 적합한 것은?

① 축압기 회로
② 로킹 회로
③ 무부하 회로
④ 압력설정 회로

74 긴스트로크를 줄 수 있는 다단 튜브형의 로드를 가진 실린더는?

① 벨로스형 실린더
② 탠덤형 실린더
③ 가변 스트로크 실린더
④ 텔레스코프형 실린더

▶ Solution 행정이 긴 경우나 초기에는 큰 부하가 필요한 경우는 다단형 실린더인 텔레스코프형 실린더를 사용한다.

75 압력 6.86MPa, 토출량 50L/min이고, 운전 시 소요 동력이 7kW인 유압펌프의 효율은 약 몇 %인가?

① 78
② 82
③ 87
④ 92

▶ Solution $\eta = \dfrac{P \cdot Q}{L_S} = \dfrac{6.86 \times 10^3 \times 50 \times 10^{-3}}{7 \times 60} \times 100 = 81.76\%$

76 유압펌프에서 유동하고 있는 작동유의 압력이 국부적으로 저하되어, 증기나 함유 기체를 포함하는 기포가 발생하는 현상은?

① 폐입 현상
② 공진 현상
③ 캐비테이션 현상
④ 유압유의 열화 촉진 현상

77 다음 중 압력 제어 밸브에 속하지 않는 것은?

① 카운터 밸런스 밸브
② 릴리프 밸브
③ 시퀀스 밸브
④ 체크 밸브

▶ Solution 압력 제어회로의 종류 : 릴리프 밸브, 무부하 밸브, 시퀀스밸브, 감압밸브, 카운터 밸런스 밸브 등.

Answer ■ 72. ① 73. ② 74. ④ 75. ② 76. ③ 77. ④

78 유압 속도 제어 회로 중 미터 아웃 회로의 설치 목적과 관계없는 것은?

① 피스톤이 자주할 염려를 제거한다.
② 실린더에 배압을 형성한다.
③ 유압 작동유의 온도를 낮춘다.
④ 실린더에서 유출되는 유량을 제어하여 피스톤 속도를 제어한다.

79 필요에 따라 작동 유체의 일부 또는 전량을 분기시키는 관로는?

① 바이패스 관로
② 드레인 관로
③ 통기관로
④ 주관로

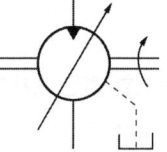

80 그림과 같은 유압 기호의 설명이 아닌 것은?

① 유압 펌프를 의미한다.
② 1방향 유동을 나타낸다.
③ 가변 용량형 구조이다.
④ 외부 드레인을 가졌다.

▶Solution 방향 가변 용량형 유압모터

5과목 기계제작법 및 기계동력학

81 다음 식과 같은 단순조화운동(simple harmonic motion)에 대한 설명으로 틀린 것은? (단, 변위 x는 시간 t에 대한 함수이고, A, ω, $\varnothing$는 상수이다.)

$$x(t) = A\sin(\omega t + \varnothing)$$

① 변위와 속도 사이에 위상차가 없다.
② 주기적으로 같은 운동이 반복된다.
③ 가속도의 진폭은 변위의 진폭에 비례한다.
④ 가속도의 주기와 변위는 주기는 동일하다.

▶Solution $V = \dot{x} = Aw\cos(wt+\phi)$
$a = \ddot{x} = -Aw^2\sin(wt+\phi)$
$T = \dfrac{2\pi}{w}$

78. ③ 79. ① 80. ① 81. ① ■Answer

82 지면으로부터 경사각이 30°인 경사면에 정지된 블록이 미끄러지기 시작하여 10m/s의 속력이 될 때까지 걸린 시간은 약 몇 초인가? (단, 경사면과 블록과의 동마찰계수는 0.3이라고 한다.)

① 1.42 ② 2.13
③ 2.84 ④ 4.24

Solution $mg \cdot \sin 30° - \mu mg \cos 30° = ma$
$a = 9.8 \times \sin 30° - 0.3 \times 9.8 \times \cos 30° = 2.35 \text{m/sec}^2$
$V = V_o + at, \ t = \dfrac{10}{2.35} = 4.26 \text{sec}$

83 물리량에 대한 차원 표시가 틀린 것은? (단, M : 질량, L : 길이, T : 시간)

① 힘 : MLT^{-2} ② 각가속도 : T^{-2}
③ 에너지 : ML^2T^{-1} ④ 선형운동장 : MLT^{-1}

Solution 에너지(N·m), FL=ML^2T^{-2}

84 A에서 던진 공이 L_1만큼 날아간 후 B에서 튀어 올라 다시 날아간다. B에서의 반발계수를 e라 하면 다시 날아간 거리 L_2는? (단, 공과 바닥 사이에서 마찰은 없다고 가정한다.)

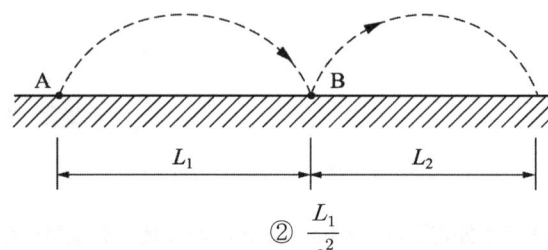

① $\dfrac{L_1}{e}$ ② $\dfrac{L_1}{e^2}$
③ eL_1 ④ e^2L_1

85 그림과 같은 단진자 운동에서 길이 L이 4배로 늘어나면 진동주기는 약 몇 배로 변하는가? (단, 운동은 단일 평면상에서만 한다고 가정하고, 진동 각변위(θ)는 충분히 작다고 가정한다.)

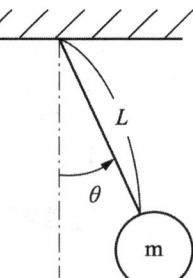

① $\sqrt{2}$
② 2
③ 4
④ 16

Solution $w = \sqrt{\dfrac{g}{\ell}}, \ w' = \dfrac{w}{2}$
$T' = \dfrac{2\pi}{w'} = 2T$

Answer ■ 82. ④ 83. ③ 84. ③ 85. ②

86 길이가 L인 가늘고 긴 일정한 단면의 봉이 좌측단에서 핀으로 지지되어 있다. 봉을 그림과 같이 수평으로 정지시킨 후, 이를 놓아서 중력에 의해 회전시킨다면, 봉의 위치가 수직이 되는 순간에 봉의 각속도는? (단, g는 중력가속도를 나타나고, 핀 부분의 마찰은 무시한다.)

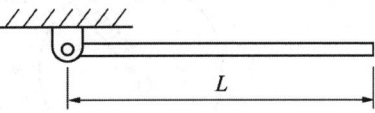

① $\sqrt{\dfrac{g}{L}}$ ② $\sqrt{\dfrac{2g}{L}}$ ③ $\sqrt{\dfrac{3g}{L}}$ ④ $\sqrt{\dfrac{5g}{L}}$

Solution $\sum M = J\alpha$; $mg \cdot \sin\theta \cdot \dfrac{L}{2} = \dfrac{mL^2}{3} \cdot \alpha$, $\alpha = \dfrac{3g}{2L}\sin\theta$

$\alpha = \displaystyle\int_{w_o}^{w} w dw = \dfrac{w^2}{2} = \dfrac{3g}{2L}\sin\theta$

$\theta = 90°$일 때 $w^2 = \dfrac{3g}{L}$, $w = \sqrt{\dfrac{3g}{L}}$

87 장력이 100N 걸려 있는 줄을 모터가 지속적으로 5m/s의 속력으로 끌어당기고 있다면 사용된 모터의 일률(Power)은 몇 W인가?

① 51
② 250
③ 350
④ 500

Solution $P = F \cdot V = 100 \times 5 = 500 W$

88 x방향에 대한 운동 방정식이 다음과 같이 나타날 때 이 진동계에서의 감쇠 고유진동수(damped natural frequency)는 약 몇 rad/s인가?

$$2\ddot{x} + 3\dot{x} + 8x = 0$$

① 1.35
② 1.85
③ 2.25
④ 2.75

Solution $C_C = 2\sqrt{mk} = 2 \times \sqrt{2 \times 8} = 8 N \cdot \sec/m$

$\zeta = \dfrac{C}{C_C} = \dfrac{3}{8} = 0.375$

$w_n = w\sqrt{1-\zeta^2} = \sqrt{\dfrac{K}{m}} \times \sqrt{1-\zeta^2} = \sqrt{\dfrac{8}{2}} \times \sqrt{1-0.375^2} = 1.85$

86. ③ 87. ④ 88. ② ■ Answer

89 그림과 같이 반지름이 45mm인 바퀴가 미끄럼이 없이 왼쪽으로 구르고 있다. 바퀴중심의 속력은 0.9m/s로 일정하다고 할 때, 바퀴 끝단의 한 점(A)의 속도(v_A, m/s)와 가속도(a_A, m/s²)의 크기는?

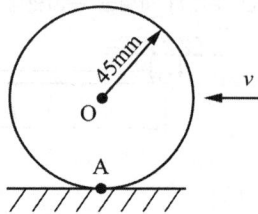

① $v_A=0$, $a_A=0$
② $v_A=0$, $a_A=18$
③ $v_A=0.9$, $a_A=0$
④ $v_A=0.9$, $a_A=18$

Solution 순간중심점의 속도 $V_A=0$
$V_c =$ 일정, $\alpha = 0$
$a_{A/0} = a_A - a_0 = r\alpha + rw^2$, $a_A = rw^2 = \dfrac{V^2}{r}$
$a_A = \dfrac{0.9^2}{0.045} = 18\text{m/sec}^2$

90 회전속도가 2000rpm인 원심 팬이 있다. 방진고무로 탄성 지지시켜 진동 전달률을 0.3으로 하고자 할 때, 방진고무의 정적 수축량은 약 몇 mm인가? (단, 방진고무의 감쇠계수는 0으로 가정한다.)

① 0.71
② 0.97
③ 1.41
④ 2.20

Solution $TR = \dfrac{1}{\left|1-\left(\dfrac{w}{w_n}\right)^2\right|} = 0.3$

$\left|1-\left(\dfrac{w}{w_n}\right)^2\right| = \dfrac{1}{0.3} = 3.33$, $\dfrac{w^2}{w_n^2} = 4.33$

$\left(\dfrac{2\pi N}{60}\right)^2 \times \dfrac{\delta}{g} = \dfrac{w^2}{w_n^2} = 4.33$

$\left(\dfrac{2\pi \times 2000}{60}\right)^2 \times \dfrac{\delta}{9.8} = 4.33$, $\delta = 0.97 \times 10^{-3}$m

91 강재의 표면에 Si를 침투시키는 방법으로 내식성, 내열성 등을 향상시키는 방법은?

① 브로나이징
② 칼로나이징
③ 크로마이징
④ 실리코나이징

Solution 브로나이징 : B, 칼로라이징 : Al, 크로마이징 : Cr

Answer ■ 89. ② 90. ② 91. ④

92 일반적으로 보통 선반의 크기를 표시하는 방법이 아닌 것은?
① 스핀들의 회전속도
② 왕복대 위의 스윙
③ 베드 위의 스윙
④ 주축대와 심압대 양 센터 간 최대거리

93 유성형(planetary type) 내면 연삭기를 사용한 가공으로 가장 적합한 것은?
① 암나사의 연삭
② 호브(hob)의 치형 연삭
③ 블록게이지의 끝마무리 연삭
④ 내연기관 실린더의 내면 연삭

> Solution 내면 연삭기는 중공형 공작물의 안쪽면을 연삭하기 위한 것이다.

94 버니어캘리퍼스의 눈금 24.5mm를 25등분한 경우 최소 측정값은 몇 mm인가? (단, 본척의 눈금간격은 0.5mm이다.)
① 0.01
② 0.02
③ 0.05
④ 0.1

> Solution $C = \dfrac{S}{n} = \dfrac{0.5}{2.5} = 0.02\,\text{mm}$

95 방전가공(Electro Discharge Machining)에서 전극재료의 구비조건으로 적절하지 않은 것은?
① 기계가공이 쉬울 것
② 가공 속도가 빠를 것
③ 전극소모량이 많을 것
④ 가공 정밀도가 높을 것

96 렌치, 스패너 등 작은 공구를 단조할 때 다음 중 가장 적합한 것은?
① 로터리 스웨이징
② 프레스 가공
③ 형 단조
④ 자유단조

97 용접 시 발생하는 불량(결함)에 해당하지 않는 것은?
① 오버랩
② 언더컷
③ 콤퍼지션
④ 용입불량

Answer 92. ① 93. ④ 94. ② 95. ③ 96. ③ 97. ③

98 주물용으로 가장 많이 사용하는 주물사의 주성분은?

① Al₂O₃ ② SiO₂
③ MgO ④ FeO₃

Solution 내열용 주물사로는 규사(SiO₂)를 주로 사용한다.

99 지름 400mm의 롤러를 이용하여, 폭 300mm, 두께 25mm의 판재를 열간 압연하여 두께 20mm가 되었을 때, 압하량과 압하율은?

① 압하량 : 5mm, 압하율 : 20%   ② 압하량 : 5mm, 압하율 : 25%
③ 압하량 : 20mm, 압하율 : 25%   ④ 압하량 : 100mm, 압하율 : 20%

Solution 압하량 = 25−20 = 5mm

압하율 = $\dfrac{5}{25}$ = 0.2, 20%

100 절삭유가 갖추어야 할 조건으로 틀린 것은?

① 마찰계수가 적고 인화점이 높을 것
② 냉각성이 우수하고 윤활성이 좋을 것
③ 장시간 사용해도 변질되지 않고 인체에 무해할 것
④ 절삭유의 표면장력이 크고 칩의 생성부에는 침투되지 않을 것

Answer ■ 98. ② 99. ① 100. ④

1과목 재료역학

1 직사각형 단면의 단주에 150kN하중이 중심에서 1m만큼 편심되어 작용할 때 이 부재 BD에서 생기는 최대 압축응력은 약 몇 kPa인가?

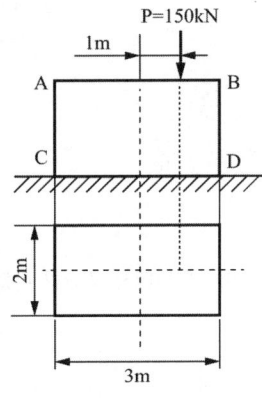

① 25
② 50
③ 75
④ 100

Solution $\sigma_{c\max} = \dfrac{P}{A} + \dfrac{M}{Z} = \dfrac{150 \times 10^3}{2 \times 3} + \dfrac{6 \times 150 \times 10^3 \times 1}{2 \times 3^2} = 25 \times 10^3 + 50 \times 10^3 = 75 \times 10^3 \text{Pa} = 75\,\text{kPa}$

2 오일러 공식이 세장비 $\dfrac{\ell}{k} > 100$에 대해 성립한다고 할 때, 양단이 힌지인 원형단면기둥에서 오일러 공식이 성립하기 위한 길이 "ℓ"과 지름 "d"와의 관계가 옳은 것은? (단, 단면의 회전반경을 k라 한다.)

① $\ell > 4d$
② $\ell > 25d$
③ $\ell > 50d$
④ $\ell > 100d$

Solution 원형단면 $K = \dfrac{d}{4}$

$\ell > 100K = 100 \times \dfrac{d}{4} = 25d$

∴ $\ell > 25\,d$

1. ③   2. ②   ■ Answer

3 원형 봉에 축방향 인장하중 $P=88kN$이 작용할 때, 직경의 감소량은 약 몇 mm인가? (단, 봉은 길이 $L=2m$, 직경 $d=40mm$, 세로탄성계수는 70GPa, 포아송비 $\mu=0.3$이다.)

① 0.006 ② 0.012
③ 0.018 ④ 0.036

Solution $\delta' = \dfrac{d\sigma}{mE} = \dfrac{0.3 \times 0.04 \times 4 \times 88 \times 10^3}{70 \times 10^9 \times \pi \times 0.04^2} = 0.012 \times 10^{-3}m = 0.012mm$

4 원형단면 축에 147kW의 동력을 회전수 2000rpm으로 전달시키고자 한다. 축 지름은 약 몇 cm로 해야 하는가? (단, 허용전단응력은 $\tau_w = 50MPa$이다.)

① 4.2 ② 4.6
③ 8.5 ④ 9.9

Solution $T = 974000 \dfrac{H_{kW}}{N} = \tau_a \cdot \dfrac{\pi d^3}{16}$

$974000 \times \dfrac{147}{2000} \times 9.8 = 50 \times \dfrac{\pi d^2}{16}$

$d = 41.505mm = 4.1505cm$

5 양단이 고정된 축을 그림과 같이 m-n단면에서 T만큼 비틀면 고정단 AB에서 생기는 저항 비틀림 모멘트의 비 T_A/T_B는?

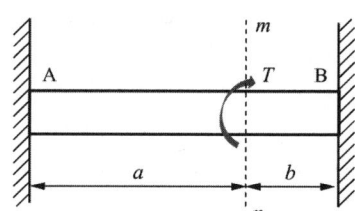

① $\dfrac{b^2}{a^2}$ ② $\dfrac{b}{a}$ ③ $\dfrac{a}{b}$ ④ $\dfrac{a^2}{b^2}$

Solution $T_A = \dfrac{T \cdot b}{a+b}$, $T_B = \dfrac{T \cdot a}{a+b}$

$\dfrac{T_A}{T_B} = \dfrac{b}{a}$

6 외팔보의 자유단에 연직 방향으로 10kN의 집중 하중이 작용하면 고정단에 생기는 굽힘응력은 약 몇 MPa인가? (단, 단면(폭×높이) $b \times h = 10cm \times 15cm$, 길이 1.5m이다.)

① 0.9 ② 5.3 ③ 40 ④ 100

Solution $\sigma_{bmax} = \dfrac{6P \cdot \ell}{bh^2} = \dfrac{6 \times 10 \times 10^3 \times 1.5}{0.1 \times 0.15^2} = 40 \times 10^6 Pa = 40MPa$

Answer ■ 4. ① 5. ② 6. ③

7 지름 300mm의 단면을 가진 속이 찬 원형보가 굽힘을 받아 최대 굽힘 응력이 100MPa이 되었다. 이 단면에 작용한 굽힘모멘트는 약 몇 kN·m인가?

① 265
② 315
③ 360
④ 425

Solution $M = \sigma_{b\max} \cdot Z = \sigma_{b\max} \times \dfrac{\pi d^3}{32} = 100 \times 10^6 \times \dfrac{\pi \times 0.3^3}{32} = 294937.5 \, \text{N} \cdot \text{m} = 264.94 \, \text{kJ}$

8 철도 레일의 온도가 50℃에서 15℃로 떨어졌을 때 레일에 생기는 열응력은 약 몇 MPa인가? (단, 선팽창계수는 0.000012/℃, 세로탄성계수는 210GPa이다.)

① 4.41
② 8.82
③ 44.1
④ 88.2

Solution $\sigma = E \cdot \alpha \cdot \triangle t = 210 \times 10^9 \times 0.000012 \times (15 - 50) = -88200000 \, \text{Pa} = -88.2 \, \text{MPa}$

9 그림과 같은 트러스 구조물에서 B점에서 10kN의 수직 하중을 받으면 BC에 작용하는 힘은 몇 kN인가?

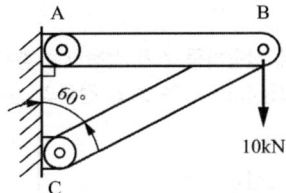

① 20
② 17.32
③ 10
④ 8.66

Solution $F_{BC} \cdot \sin 30° = 10$, $F_{BC} = 20 \, \text{kN}$

10 지름 D인 두께가 얇은 링(ring)을 수평면내에서 회전 시킬 때, 링에 생기는 인장응력을 나타내는 식은? (단, 링의 단위 길이에 대한 무게를 W, 링의 원주속도를 V, 링의 단면적을 A, 중력가속도를 g로 한다.)

① $\dfrac{WV^2}{DAg}$
② $\dfrac{WDV^2}{Ag}$
③ $\dfrac{WV^2}{Ag}$
④ $\dfrac{WV^2}{Dg}$

Solution $\sigma_t = \dfrac{\gamma \cdot V^2}{g} = \dfrac{W \cdot V^2}{Ag}$
γ : 비중량(N/m³)
W : 단위길이당 무게(N/m)

7. ① 8. ④ 9. ① 10. ③ ■ Answer

11 그림의 평면응력상태에서 최대 주응력을 약 몇 MPa인가? (단, σ_x = 175MPa, σ_y = 35MPa, τ_{xy} = 60MPa 이다.)

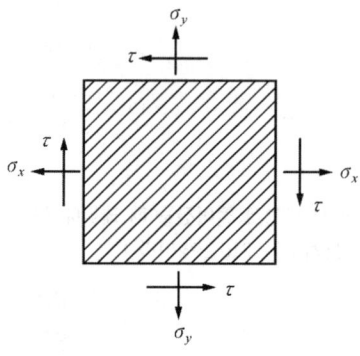

① 92 ② 105
③ 163 ④ 197

Solution $\sigma_{max} = \dfrac{\sigma_x + \sigma_y}{2} + \sqrt{(\dfrac{\sigma_x - \sigma_y}{2})^2 + \tau_{xy}^2} = \dfrac{175 + 35}{2} + \sqrt{(\dfrac{175 - 35}{2})^2 + 60^2} = 197 \text{MPa}$

12 그림과 같이 외팔보의 중앙에 집중하중 P가 작용하는 경우 집중하중 P가 작용하는 지점에서의 처짐은? (단, 보의 굽힘강성 EI는 일정하고, L은 보의 전체의 길이이다.)

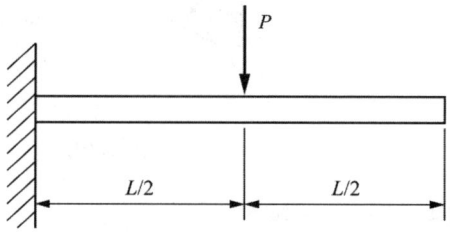

① $\dfrac{PL^3}{3EI}$ ② $\dfrac{PL^3}{24EI}$

③ $\dfrac{PL^3}{8EI}$ ④ $\dfrac{5PL^3}{48EI}$

Solution $\delta = \dfrac{P \cdot (\frac{L}{2})^3}{3EI} = \dfrac{P \cdot L^3}{24EI}$

Answer ■ 11. ④ 12. ②

13 전체 길이가 L이고, 일단 지지 및 타단 고정보에서 삼각형 분포 하중이 작용할 때, 지지점 A에서의 반력은? (단, 보의 굽힘강성 EI는 일정하다.)

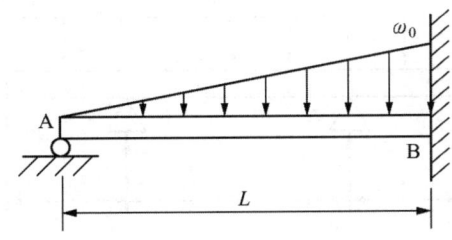

① $\dfrac{1}{2}w_0L$
② $\dfrac{1}{3}w_0L$
③ $\dfrac{1}{5}w_0L$
④ $\dfrac{1}{10}w_0L$

Solution

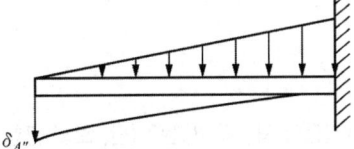

$$\delta_{A''} = \dfrac{\dfrac{w_o \cdot L}{2} \times \dfrac{L}{3} \times L \times \dfrac{1}{4}}{EI} \times \dfrac{4}{5}L = \dfrac{w_o \cdot L^4}{30EI}, \quad \delta_{A'} = \delta_{A''}$$

$$\dfrac{R_A \cdot L^3}{3EI} = \dfrac{w_o \cdot L^4}{30EI}, \quad R_A = \dfrac{w_o \cdot L}{10}$$

14 동일한 길이와 재질로 만들어진 두 개의 원형단면 축이 있다. 각각의 지름이 d_1, d_2 때 각 축에 저장되는 변형에너지 u_1, u_2 비는? (단, 두 축은 모두 비틀림 모멘트 T를 받고 있다.)

① $\dfrac{u_1}{u_2} = \left(\dfrac{d_2}{d_1}\right)^4$
② $\dfrac{u_2}{u_1} = \left(\dfrac{d_2}{d_1}\right)^3$
③ $\dfrac{u_1}{u_2} = \left(\dfrac{d_2}{d_1}\right)^3$
④ $\dfrac{u_2}{u_1} = \left(\dfrac{d_2}{d_1}\right)^4$

Solution $u = \dfrac{T^2 \cdot A \cdot L}{4G \cdot Z_P^2} \propto \dfrac{1}{d^4}$

$$\dfrac{u_1}{u_2} = \dfrac{d_2^4}{d_1^4}$$

13. ④ 14. ① ■ Answer

15 그림과 같은 균일 단면의 돌출보에서 반력 R_A는? (단, 보의 자중은 무시한다.)

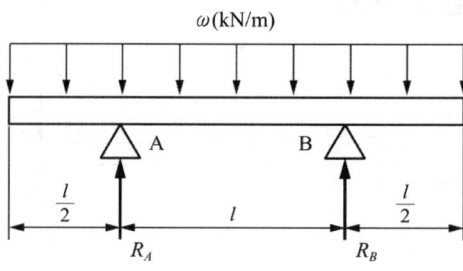

① ωl
② $\dfrac{\omega l}{4}$
③ $\dfrac{\omega l}{3}$
④ $\dfrac{\omega l}{2}$

Solution $R_A = \dfrac{\omega l}{2} + \omega l \times \dfrac{1}{2} = \omega l$

16 그림과 같이 양단에서 모멘트가 작용할 경우 A지점의 처짐각 θ_A는? (단, 보의 굽힘 강성 EI는 일정하고, 자중은 무시한다.)

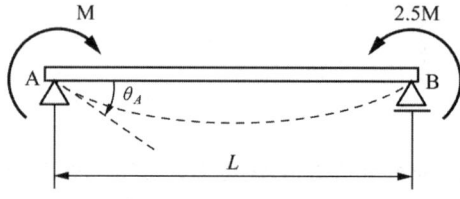

① $\dfrac{ML}{2EI}$
② $\dfrac{2ML}{5EI}$
③ $\dfrac{ML}{6EI}$
④ $\dfrac{3ML}{4EI}$

Solution 공액보의 A'점의 반력

$R_{A'} = \dfrac{ML}{2} + \dfrac{ML}{4} = \dfrac{3ML}{4}$

$\theta_A = \dfrac{R_{A'}}{EI} = \dfrac{3ML}{4EI}$

Answer ■ 15. ① 16. ④

17 그림과 같은 빗금 친 단면을 갖는 중공축이 있다. 이 단면의 O점에 관한 극단면 2차모멘트는?

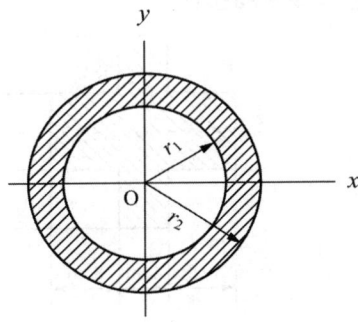

① $\pi(r_2^4 - r_1^4)$
② $\dfrac{\pi}{2}(r_2^4 - r_1^4)$
③ $\dfrac{\pi}{4}(r_2^4 - r_1^4)$
④ $\dfrac{\pi}{16}(r_2^4 - r_1^4)$

Solution $I_P = \dfrac{\pi}{32}(d_2^4 - d_1^4) = \dfrac{\pi}{32} \times 2^4 \times (r_2^4 - r_1^4) = \dfrac{\pi}{2}(r_2^4 - r_1^4)$

18 그림과 같이 길고 얇은 평판이 평면 변형률 상태로 σ_x를 받고 있을 때, ϵ_x는?

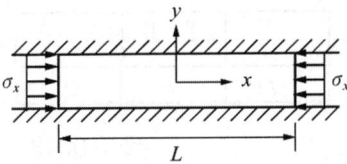

① $\epsilon_x = \dfrac{1-\nu}{E}\sigma_x$
② $\epsilon_x = \dfrac{1+\nu}{E}\sigma_x$
③ $\epsilon_x = \left(\dfrac{1-\nu^2}{E}\right)\sigma_x$
④ $\epsilon_x = \left(\dfrac{1+\nu^2}{E}\right)\sigma_x$

Solution $\epsilon_y = 0$, $\sigma_y = \nu\sigma_x$
$\epsilon_x = \dfrac{\sigma_x}{E} - \nu \cdot \dfrac{\sigma_y}{E} = \dfrac{\sigma_x}{E}(1-\nu^2)$

17. ② 18. ③ ■ Answer

19 그림과 같은 단면을 가진 외팔보가 있다. 그 단면의 자유단에 전단력 $V = 40\text{kN}$이 발생한다면 단면 a-b 위에 발생하는 전단응력은 약 몇 MPa인가?

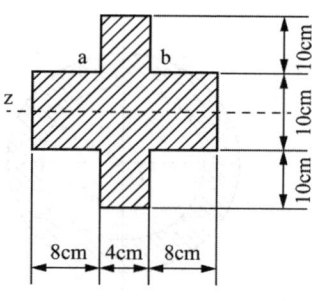

① 4.57
③ 3.87
② 4.22
④ 3.14

Solution $\tau_{ab} = \dfrac{V \cdot Q}{b \cdot I} = \dfrac{40 \times 10^3 \times (40 \times 100 \times 100)}{40 \times \left(\dfrac{40 \times 300^3}{12} + \dfrac{80 \times 100^3}{12} \times 2\right)} = 3.87\,\text{MPa}(\text{N/mm}^2)$

20 단면적이 4cm²인 강봉에 그림과 같은 하중이 작용하고 있다. $W = 60\text{kN}$, $P = 25\text{kN}$, $\ell = 20\text{cm}$일 때 BC 부분의 변형률 ε은 약 얼마인가? (단, 세로탄성계수는 200GPa이다.)

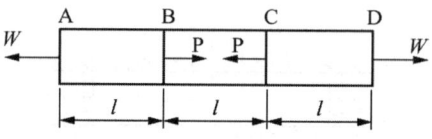

① 0.00043
③ 0.043
② 0.0043
④ 0.43

Solution $\delta_{BC} = \dfrac{(60-25) \times 10^3 \times 0.2 \times 10^3}{40 \times 10^{-4} \times 200 \times 10^9} = 0.0875\,\text{mm}$

$\epsilon = \dfrac{0.0875}{200} = 0.0004375$

Answer ■ 19. ③ 20. ①

2과목 기계열역학

21 압력 1000kPa, 온도 300℃ 상태의 수증기(엔탈피 3051.15kJ/kg, 엔트로피 7.1228kJ/kg·K)가 증기터빈으로 들어가서 100kPa 상태로 나온다. 터빈의 출력 일이 370kJ/kg일 때 터빈의 효율(%)은?

수증기의 포화 상태표(압력 100kPa / 온도 99.62℃)

엔탈피(kJ/kg)		엔트로피(kJ/kg·K)	
포화액체	포화증기	포화액체	포화증기
417.44	2675.46	1.3025	7.3593

① 15.6   ② 33.2
③ 66.8   ④ 79.8

Solution 터빈출구 비엔탈피
$$7.1228 = 1.3025 + x(7.3593 - 1.3025)$$
$$x = 0.961$$
$$h_{2x} = 417.44 + 0.961 \times (2675.46 - 417.44) = 2587.29 \, kJ/kg$$
$$\eta = \frac{370 \times 100}{3051.15 - 2587.29} = 79.77\%$$

22 피스톤-실린더 장치에 들어있는 100kPa, 27℃의 공기가 600kPa까지 가역단열과정으로 압축된다. 비열비가 1.4로 일정하다면 이 과정 동안에 공기가 받은 일(kJ/kg)은? (단, 공기의 기체상수는 0.287kJ/(kg·K)이다.)

① 263.6   ② 171.8
③ 143.5   ④ 116.9

Solution
$$\frac{T_2}{T_1} = \left(\frac{P_2}{P_1}\right)^{\frac{K-1}{K}}$$
$$T_2 = (27+273) \times \left(\frac{600}{100}\right)^{\frac{0.4}{1.4}} = 500.55 \, K$$
$$\therefore t_2 = 227.55 \, ℃$$
$$_1W_2 = \frac{R(t_2-t_1)}{K-1} = \frac{0.287 \times (227.55-27)}{1.4-1} = 143.89 \, kJ/kg$$

23 다음은 시스템(계)과 경계에 대한 설명이다. 옳은 내용을 모두 고른 것은?

> ㉠ 검사하기 위하여 선택한 물질의 양이나 공간 내의 영역을 시스템(계)이라 한다.
> ㉡ 밀폐계는 일정한 양의 체적으로 구성된다.
> ㉢ 고립계의 경계를 통한 에너지 출입은 불가능하다.
> ㉣ 경계는 두께가 없으므로 체적을 차지하지 않는다.

① ㉠, ㉡   ② ㉡, ㉣
③ ㉠, ㉢, ㉣   ④ ㉠, ㉡, ㉢, ㉣

Solution 열역학적계의 체적은 압축과 팽창이라는 물리적인 변화에 따라 체적은 변화한다.

21. ④   22. ③   23. ③ ■ Answer

24 보일러에 온도 40℃, 엔탈피 167kJ/kg 인 물이 공급되어 온도 250℃, 엔탈피 3115kJ/kg인 수증기가 발생한다. 입구와 출구에서의 유속은 각각 5m/s, 50m/s이고, 공급되는 물의 양이 2000kg/h일 때, 보일러에 공급해야 할 열량(kW)은? (단, 위치에너지 변화는 무시한다.)

① 631   ② 832
③ 1237   ④ 1638

Solution $\dot{Q} = \dot{m} \triangle h = \dfrac{2000}{3600} \times (3115 - 167) = 1637.78 \, \text{kW}$

25 실린더 내의 공기가 100kPa, 20℃ 상태에서 300kPa이 될 때까지 가역단열 과정으로 압축된다. 이 과정에서 실린더 내의 계에서 엔트로피의 변화(kJ/(kg·K))는? (단, 공기의 비열비(k)는 1.4이다.)

① -1.35   ② 0
③ 1.35   ④ 13.5

Solution 가역단열 변화시 엔트로피 변화는 0이다.

26 초기 압력 100kPa, 초기 체적 0.1m³인 기체를 버너로 가열하여 기체 체적이 정압과정으로 0.5m³이 되었다면 이 과정 동안 시스템이 외부에 한 일(kJ)은?

① 10   ② 20
③ 30   ④ 40

Solution $_1W_2 = 100 \times (0.5 - 01) = 40 \, \text{KJ}$

27 단열된 가스터빈의 입구 측에서 압력 2MPa, 온도 1200K인 가스가 유입되어 출구 측에서 압력 100kPa, 온도 600K로 유출된다. 5MW의 출력을 얻기 위해 가스의 질량유량(kg/s)은 얼마이어야 하는가? (단, 터빈의 효율은 100%이고, 가스의 정압비열은 1.12kJ/(kg·K)이다.)

① 6.44   ② 7.44
③ 8.44   ④ 9.44

Solution $\dot{W} = m \triangle h = \dot{m} C_p (t_1 - t_2)$
$5 \times 10^3 = \dot{m} \times 1.12 \times (1200 - 600)$
$\dot{m} = 7.44 \, \text{kg/sec}$

28 이상적인 냉동사이클에서 응축기 온도가 30℃, 증발기 온도가 -10℃ 일 때 성적 계수는?

① 4.6   ② 5.2
③ 6.6   ④ 7.5

Solution $\epsilon_r = \dfrac{-10 + 273}{30 - (-10)} = 6.575$

Answer ■ 24. ④ 25. ② 26. ④ 27. ② 28. ③

29 1kW의 전기히터를 이용하여 101kPa, 15℃의 공기로 차 있는 100m³의 공간을 난방하려고 한다. 이 공간은 견고하고 밀폐되어 있으며 단열되어 있다. 히터를 10분 동안 작동시킨 경우, 이 공간의 최종온도(℃)는? (단, 공기의 정적비열은 0.718kJ/kg·K이고, 기체상수는 0.287kJ/kg·K이다.)

① 18.1　　② 21.8　　③ 25.3　　④ 29.4

> **Solution** $1 \times 10 \times 60 = \dfrac{101 \times 100 \times 0.718}{0.287 \times (15+273)} \times (t_2 - 15)$
> $t_2 = 21.84\,℃$

30 용기 안에 있는 유체의 초기 내부에너지는 700kJ이다. 냉각과정 동안 250kJ의 열을 잃고, 용기 내에 설치된 회전날개로 유체에 100kJ의 일을 한다. 최종상태의 유체의 내부에너지(kJ)는 얼마인가?

① 350　　② 450　　③ 550　　④ 650

> **Solution** $_1Q_2 = (u_2 - u_1) + {_1W_2}$, $-250 = (u_2 - 700) - 100$
> $u_2 = 700 - 250 + 100 = 550\,\text{kJ}$
> ＊ 유체가 회전날개로부터 일을 받으므로 ⊖일이다.

31 랭킨사이클에서 보일러 입구 엔탈피 192.5kJ/kg, 터빈 입구 엔탈피 3002.5kJ/kg, 응축기 입구 엔탈피 2361.8kJ/kg 일 때 열효율(%)은? (단, 펌프의 동력은 무시한다.)

① 20.3　　② 22.8
③ 25.7　　④ 29.5

> **Solution** $\eta_R = \dfrac{3002.5 - 2361.8}{3002.5 - 192.5} \times 100 = 22.8\%$

32 공기 10kg이 압력 200kPa, 체적 5m³인 상태에서 압력 400kPa, 온도 300℃인 상태로 변한 경우 최종 체적(m³)은 얼마인가? (단, 공기의 기체상수는 0.287kJ/kg·K이다.)

① 10.7　　② 8.3
③ 6.8　　④ 4.1

> **Solution** $400 \times V_2 = 10 \times 0.287 \times (300 + 273)$
> $V_2 = 4.11\,\text{m}^3$

33 300L 체적의 진공인 탱크가 25℃, 6MPa의 공기를 공급하는 관에 연결된다. 밸브를 열어 탱크 안의 공기 압력이 5MPa이 될 때까지 공기를 채우고 밸브를 닫았다. 이 과정이 단열이고 운동에너지와 위치에너지의 변화를 무시한다면 탱크 안의 공기의 온도(℃)는 얼마가 되는가? (단, 공기의 비열비는 1.4이다.)

① 1.5　　② 25.0
③ 84.4　　④ 144.2

> **Solution** $T_o = T_i \cdot k = 1.4 \times (25+273) = 417.2\,\text{k},\ t_o = 144.2$

29. ②　30. ③　31. ②　32. ④　33. ④　■ Answer

34 열역학적 관점에서 다음 장치들에 대한 설명으로 옳은 것은?

① 노즐은 유체를 서서히 낮은 압력으로 팽창하여 속도를 감속시키는 기구이다.
② 디퓨져는 저속의 유체를 가속하는 기구이며 그 결과 유체의 압력이 증가한다.
③ 터빈은 작동유체의 압력을 이용하여 열을 생성하는 회전식 기계이다.
④ 압축기의 목적은 외부에서 유입된 동력을 이용하여 유체의 압력을 높이는 것이다.

▶Solution ① 노즐 : 속도 증가
② 디퓨져 : 저속으로 압력 증가
③ 터빈은 : 팽창변화로 일을 얻는 기계

35 그림과 같은 공기표준 브레이튼(Brayton) 사이클에서 작동유체 1kg당 터빈 일(kJ/kg)은? (단, T_1 = 300K, T_2 = 475.1K, T_3 = 1100K, T_4 = 694.5K이고, 공기의 정압비열과 정적비열은 각각 1.0035kJ/(kg·K), 0.7165kJ/(kg·K)이다.)

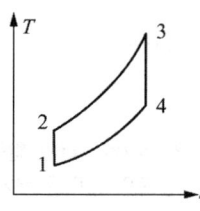

① 290　　　　　　　　　　② 407
③ 448　　　　　　　　　　④ 627

▶Solution $W_t = 1.0035 \times (1100 - 694.5) = 406.92$ kJ/kg

36 다음 중 가장 큰 에너지는?

① 100kW 출력의 엔진이 10시간 동안 한 일
② 발열량 10000kJ/kg의 연료를 100kg 연소시켜 나오는 열량
③ 대기압 하에서 10℃의 물 10m³를 90℃로 가열하는데 필요한 열량(단, 물의 비열은 4.2kJ/(kg·K)이다.)
④ 시속 100km로 주행하는 총 질량 2000kg인 자동차의 운동에너지

▶Solution ① $100 \times 10 \times 3600 = 3{,}600{,}000$ kJ
② $10000 \times 100 = 1{,}000{,}000$ kJ
③ $10000 \times 4.2 \times (90-10) = 3{,}360{,}000$ kJ
④ $2000 \times (\frac{100 \times 10^3}{3600})^2 \times \frac{1}{2} = 771{,}605$ J

Answer ■ 34. ④　35. ②　36. ①

37
열역학 제 2법칙에 대한 설명으로 틀린 것은?

① 효율이 100%인 열기관은 얻을 수 없다.
② 제2종의 영구 기관은 작동 물질의 종류에 따라 가능하다.
③ 열은 스스로 저온의 물질에서 고온의 물질로 이동하지 않는다.
④ 열기관에서 작동 물질이 일을 하게 하려면 그 보다 더 저온인 물질이 필요하다.

Solution 제2종 영구기관은 열역학 제2법칙 위배하는 것으로 불가능

38
준평형 정적과정을 거치는 시스템에 대한 열전달량은? (단, 운동에너지와 위치에너지의 변화는 무시한다.)

① 0이다.
② 이루어진 일량과 같다.
③ 엔탈피 변화량과 같다.
④ 내부에너지 변화량과 같다.

Solution V = 일정, $_1Q_2 = \triangle u$

39
이상기체 1kg을 300K, 100kPa에서 500K까지 "PV^n = 일정"의 과정(n = 1.2)을 따라 변화시켰다. 이 기체의 엔트로피 변화량(kJ/K)은? (단, 기체의 비열비는 1.3, 기체상수는 0.287kJ/(kg·K)이다.)

① -0.244
② -0.287
③ -0.344
④ -0.373

Solution $\triangle S = m \cdot C_v \cdot \dfrac{n-K}{n-1} \cdot \ln\left(\dfrac{T_2}{T_1}\right) = 1 \times \dfrac{0.287}{1.3-1} \times \dfrac{1.2-1.3}{1.2-1} \times \ln\left(\dfrac{500}{300}\right) = -0.244\,\text{kJ/K}$

40
펌프를 사용하여 150kPa, 26℃의 물을 가역단열과정으로 650kPa까지 변화시킨 경우, 펌프의 일(kJ/kg)은? (단, 26℃의 포화액의 비체적은 0.001m³/kg이다.)

① 0.4
② 0.5
③ 0.6
④ 0.7

Solution $W_P = 0.001 \times (650 - 150) = 0.5\,\text{kJ/kg}$

3과목 기계유체역학

41 담배연기가 비정상 유동으로 흐를 때 순간적으로 눈에 보이는 담배연기는 다음 중 어떤 것에 해당하는가?
① 유맥선
② 유적선
③ 유선
④ 유선, 유적선, 유맥선 모두에 해당됨

Solution 유맥선 : 공간 상의 한 점을 통과한 모든 유체 입자의 순간궤적

42 중력가속도 g, 체적유량 Q, 길이 L로 얻을 수 있는 무차원수는?
① $\dfrac{Q}{\sqrt{gL}}$
② $\dfrac{Q}{\sqrt{gL^3}}$
③ $\dfrac{Q}{\sqrt{gL^5}}$
④ $Q\sqrt{gL^3}$

Solution $\pi = Q \cdot g^a \cdot L^b = [L^3 T^{-1}] \cdot [LT^{-2}]^a \cdot L^b$
$a = -\dfrac{1}{2}$, $b = -\dfrac{5}{2}$
$\therefore \pi = \dfrac{Q}{\sqrt{gL^5}}$

43 속도 포텐셜 $\phi = K\theta$인 와류 유동이 있다. 중심에서 반지름 r인 원주에 따른 순환(circulation) 식으로 옳은 것은? (단, K는 상수이다.)
① 0
② K
③ πK
④ $2\pi K$

Solution $\int_0^{2\pi} K \cdot d\theta = K \cdot \theta \big|_0^{2\pi} = 2\pi K$

44 그림과 같이 평행한 두 원판 사이에 점성계수 $\mu = 0.2\,\text{N}\cdot\text{s/m}^2$인 유체가 채워져 있다. 아래 판은 정지되어 있고 윗 판은 1800rpm으로 회전할 때 작용하는 돌림힘은 약 몇 N·m인가?

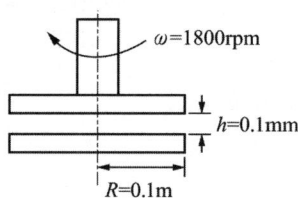

① 9.4
② 38.3
③ 46.3
④ 59.2

Solution $T = F \cdot \dfrac{R}{2} = A \cdot \mu \cdot \dfrac{(R \cdot 2\pi \cdot \omega)}{h \times 60} \times \dfrac{R}{2}$
$= (\pi \times 0.1^2) \times 0.2 \times \dfrac{(0.1 \times 2\pi \times 1800)}{0.1 \times 10^{-3} \times 60} \times \dfrac{0.1}{2} = 59.2\,\text{N}\cdot\text{m}$

Answer ■ 41. ① 42. ③ 43. ④ 44. ④

45 평판 위에 점성, 비압축성 유체가 흐르고 있다. 경계층 두께 δ에 대하여 유체의 속도 u의 분포는 아래와 같다. 이때, 경계층 운동량 두께에 대한 식으로 옳은 것은? (단, U는 상류속도, y는 평판과의 수직거리이다.)

$$0 \leq y \leq \delta : \frac{u}{U} = \frac{2y}{\delta} - \left(\frac{y}{\delta}\right)^2$$
$$y > \delta : u = U$$

① 0.1δ
② 0.125δ
③ 0.133δ
④ 0.166δ

Solution $\delta_m = \int_0^\delta \frac{u}{U}(1-\frac{u}{U})dy = \int_0^\delta (\frac{2y}{\delta} - \frac{5y^2}{\delta^2} + \frac{4y^3}{\delta^3} - \frac{y^4}{\delta^4})dy$
$= (\delta - \frac{5}{3}\delta + \delta - \frac{1}{5}\delta) = \frac{2}{15}\delta = 0.133\delta$

46 지름이 10cm인 원통에 물이 담겨져 있다. 수직인 중심축에 대하여 300rpm의 속도로 원통을 회전시킬 때 수면의 최고점과 최저점의 수직 높이차는 약 몇 cm인가?

① 0.126
② 4.2
③ 8.4
④ 12.6

Solution $H = \frac{r^2 \cdot w^2}{2g} = \frac{0.05^2}{2 \times 9.8} \times (\frac{2\pi \times 300}{60})^2 = 0.1259\,\text{m}$
$\therefore H = 12.59\,\text{cm}$

47 밀도가 0.84kg/m³이고 압력이 87.6kPa인 이상기체가 있다. 이 이상기체의 절대온도를 2배 증가 시킬 때, 이 기체에서의 음속은 약 몇 m/s인가? (단, 비열비는 1.4이다.)

① 280
② 340
③ 540
④ 720

Solution $C = \sqrt{K\frac{2P}{\rho}} = \sqrt{1.4 \times \frac{2 \times 87.6 \times 10^3}{0.84}} = 540.37\,\text{m/sec}$

48 지름 100mm 관에 글리세린이 9.42L/min의 유량으로 흐른다. 이 유동은? (단, 글리세린의 비중은 1.26, 점성계수는 $\mu = 2.9 \times 10^{-4}$kg/m·s이다.)

① 난류유동
② 층류유동
③ 천이유동
④ 경계층유동

Solution $Re = \frac{\rho V d}{\mu} = \frac{1.26 \times 10^3 \times 9.42 \times \frac{10^{-3}}{60} \times 0.1}{2.9 \times 10^{-4} \times \frac{\pi \times 0.1^2}{4}} = 8,685.25 > 4000$, 난류

45. ③ 46. ④ 47. ③ 48. ① ■ **Answer**

49 그림과 같이 날카로운 사각 모서리 입출구를 갖는 관로에서 전수두 H는? (단, 관의 길이를 ℓ, 지름은 d, 관 마찰계수는 f, 속도수두는 $\dfrac{V^2}{2g}$ 이고, 입구 손실계수는 0.5, 출구 손실계수는 1.0이다.)

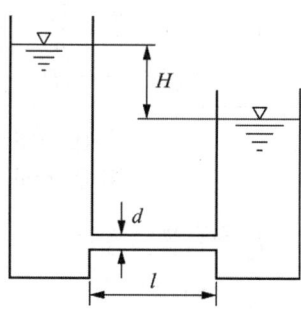

① $H = \left(1.5 + f\dfrac{\ell}{d}\right)\dfrac{V^2}{2g}$
② $H = \left(1 + f\dfrac{\ell}{d}\right)\dfrac{V^2}{2g}$
③ $H = \left(0.5 + f\dfrac{\ell}{d}\right)\dfrac{V^2}{2g}$
④ $H = f\dfrac{\ell}{d}\dfrac{V^2}{2g}$

Solution $H = h_\ell = (0.5 + f \cdot \dfrac{\ell}{d} + 1.0) \cdot \dfrac{V^2}{2g}$

50 현의 길이가 7m인 날개의 속력이 500km/h로 비행할 때 이 날개가 받는 양력이 4200kN이라고 하면 날개의 폭은 약 몇 m인가? (단, 양력계수 $C_L = 1$, 항력계수 $C_D = 0.02$, 밀도 $\rho = 1.2$kg/m³이다.)

① 51.84 ② 63.17
③ 70.99 ④ 82.36

Solution $L = C_L \cdot (b \cdot \ell) \cdot \dfrac{\gamma \cdot V^2}{2g}$

$4200 \times 10^3 = 1 \times 6 \times 7 \times \dfrac{1.2 \times (500 \times \dfrac{10^3}{3600})^2}{2}$

$b = 51.84$

51 길이 150m인 배를 길이 10m인 모형으로 조파 저항에 관한 실험을 하고자 한다. 실형의 배가 70km/h로 움직인다면, 실형과 모형 사이의 역학적 상사를 만족하기 위한 모형의 속도는 약 몇 km/h인가?

① 271 ② 56
③ 18 ④ 10

Solution $\dfrac{Vm^2}{Lm \cdot g} = \dfrac{V_P^2}{L_P \cdot g}$

$\dfrac{Vm^2}{10} = \dfrac{70^2}{150}$, $Vm = 18.07$km/h

Answer ▪ 49. ① 50. ① 51. ③

52 그림과 같이 물이 유량 Q로 저수조로 들어가고, 속도 $V=\sqrt{2gh}$로 저수조 바닥에 있는 면적 A_2의 구멍을 통하여 나간다. 저수조의 수면 높이가 변화하는 속도 $\dfrac{dh}{dt}$는?

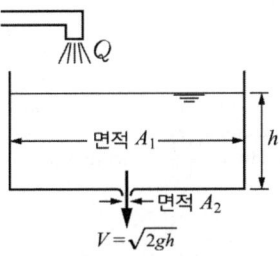

① $\dfrac{Q}{A_2}$

② $\dfrac{A_2\sqrt{2gh}}{A_1}$

③ $\dfrac{Q-A_2\sqrt{2gh}}{A_2}$

④ $\dfrac{Q-A_2\sqrt{2gh}}{A_1}$

Solution $A_1 \cdot \dfrac{dh}{dt} = Q - A_2 \cdot V$

$\dfrac{dh}{dt} = \dfrac{Q - A_2 \cdot \sqrt{2gh}}{A_1}$

53 그림과 같이 오일이 흐르는 수평관로 두 지점의 압력차 $p_1 - p_2$를 측정하기 위하여 오리피스와 수은을 넣은 U자관을 설치하였다. $p_1 - p_2$로 옳은 것은? (단, 오일의 비중량은 γ_{oil}이며, 수은의 비중량은 γ_{Hg}이다.)

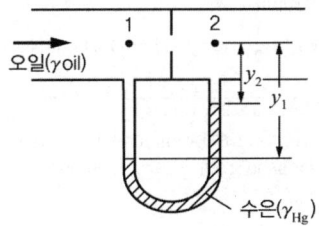

① $(y_1-y_2)(\gamma_{Hg}-\gamma_{oil})$
② $y_2(\gamma_{Hg}-\gamma_{oil})$
③ $y_1(\gamma_{Hg}-\gamma_{oil})$
④ $(y_1-y_2)(\gamma_{oil}-\gamma_{Hg})$

Solution $P_1 + \gamma_{oil} \cdot y_1 = P_2 + \gamma_{oil} \cdot y_2 + \gamma_{Hg}(y_1 - y_2)$

$P_1 - P_2 = (y_1 - y_2) \cdot (\gamma_{Hg} - \gamma_{oil})$

52. ④ 53. ① ■ Answer

54 그림과 같이 비중이 1.3인 유체 위에 깊이 1.1m로 물이 채워져 있을 때, 직경 5cm의 탱크 출구로 나오는 유체의 평균 속도는 약 몇 m/s인가? (단, 탱크의 크기는 충분히 크고 마찰손실은 무시한다.)

① 3.9 ② 5.1
③ 7.2 ④ 7.7

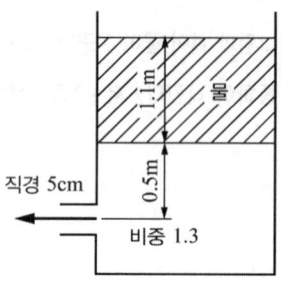

Solution $V = \sqrt{2gh} = \sqrt{2 \times 9.8 \times (0.5 + \frac{1.1}{1.3})} = 5.14 \text{m/sec}$

55 그림과 같이 폭이 2m인 수문 ABC가 A점에서 힌지로 연결되어 있다. 그림과 같이 수문이 고정될 때 수평인 케이블 CD에 걸리는 장력은 약 몇 kN인가? (단, 수문의 무게는 무시한다.)

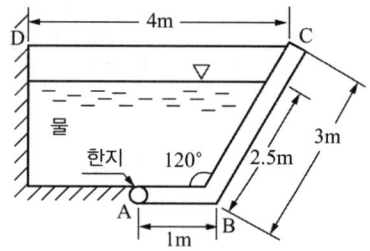

① 38.3 ② 35.4
③ 25.2 ④ 22.9

Solution $F = \gamma \cdot \bar{h} \cdot A = \gamma \cdot \bar{y} \cdot \sin\theta \cdot A$
$= 9800 \times 2.5 \times \sin 60° \times \frac{1}{2} \times (2.5 \times 2) = 53,044.06 \text{N}$
$y_p = \bar{y} + \frac{I_G}{A \cdot \bar{y}} = 1.25 + \frac{2 \times 2.5^3}{2.5 \times 2 \times 1.25 \times 12} = 1.67 \text{m}$
$53,044.06 \times \sin 30° \times \{(2.5 - 1.67) \times \sin 30° + 1\} + 53,044.06 \times \cos 30° \times (2.5 - 1.67) \times \cos 30°$
$+ 1 \times 2.5 \times \sin 60° \times 2 \times 9800 \times 0.5 = T \times 3 \times \sin 60°$
$T = 35320.84 \text{N} = 35.3 \text{kN}$

56 관로의 전 손실수두가 10m인 펌프로부터 21m 지하에 있는 물을 지상 25m의 송출액면에 10m³/min의 유량으로 수송할 때 축동력이 124.5kW이다. 이 펌프의 효율은 약 얼마인가?

① 0.70 ② 0.73 ③ 0.76 ④ 0.80

Solution $h_p = (25 + 21) + 10 = 56 \text{m}$
$L_p = 9.8 \times \frac{10}{60} \times 56 = 91.47 \text{kW}$
$\eta = \frac{L_p}{L_s} = \frac{91.47}{124.5} \times 100 = 73.47 \%$

Answer ■ 54. ② 55. ② 56. ②

57 모세관을 이용한 점도계에서 원형관 내의 유동은 비압축성 뉴턴 유체의 층류유동으로 가정할 수 있다. 원형관의 입구 측과 출구 측의 압력차를 2배로 늘렸을 때, 동일한 유체의 유량은 몇 배가 되는가?
① 2배　　　　　　　　　② 4배
③ 8배　　　　　　　　　④ 16배

Solution $Q = \dfrac{\Delta P \cdot \pi \cdot d^4}{128 \mu \ell}$
압력차가 2배이면 유량도 2배

58 다음 유체역학적 양 중 질량차원을 포함하지 않는 양은 어느 것인가? (단, MLT 기본차원을 기준으로 한다.)
① 압력　　　　　　　　② 동점성계수
③ 모멘트　　　　　　　④ 점성계수

Solution 동점성계수의 단위 : m^2/sec

59 그림과 같이 속도가 V인 유체가 속도 U로 움직이는 곡면에 부딪혀 90°의 각도로 유동방향이 바뀐다. 다음 중 유체가 곡면에 가하는 힘의 수평방향 성분 크기가 가장 큰 것은? (단, 유체의 유동단면적은 일정하다.)

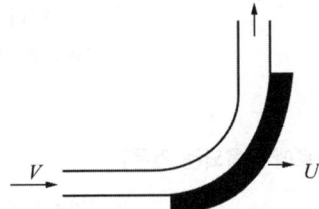

① $V = 10$m/sec, $U = 5$m/sec　　② $V = 20$m/sec, $U = 15$m/sec
③ $V = 10$m/sec, $U = 4$m/sec　　④ $V = 25$m/sec, $U = 20$m/sec

Solution $F_x = \rho A (V-u)^2 \cdot (1 - \cos\theta)$
$\theta = 90°$
$F_x = \rho A (V-u)^2$
$(V-u)$가 제일 큰 것 선택

60 피에조미터관에 대한 설명으로 틀린 것은?
① 계기유체가 필요 없다.
② U자관에 비해 구조가 단순하다.
③ 기체의 압력 측정에 사용할 수 있다.
④ 대기압 이상의 압력 측정에 사용할 수 있다.

57. ①　58. ②　59. ③　60. ③ ■ Answer

4과목 기계재료 및 유압기기

61 배빗메탈(babbit metal)에 관한 설명으로 옳은 것은?

① Sn-Sb-Cu계 합금으로서 베어링재료로 사용된다.
② Cu-Ni-Si계 합금으로서 도전율이 좋으므로 강력 도전 재료로 이용된다.
③ Zn-Cu-Ti계 합금으로서 강도가 현저히 개선된 경화형 합금이다.
④ Al-Cu-Mg계 합금으로서 상온시효처리하여 기계적 성질을 개선시킨 합금이다.

62 담금질한 공석강의 냉각 곡선에서 시편을 20℃의 물 속에 넣었을 때 ㉮와 같은 곡선을 나타낼 때의 조직은?

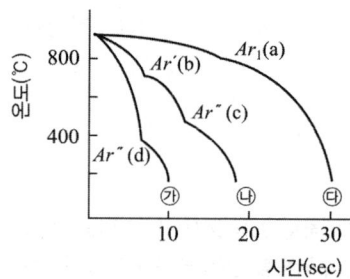

① 펄라이트
② 오스테나이트
③ 마텐자이트
④ 베이나이트+펄라이트

63 고강도 합금으로써 항공기용 재료에 사용되는 것은?

① 베릴륨 동
② Naval brass
③ 알루미늄 청동
④ Extra Super Duralumin

64 플라스틱 재료의 일반적인 특징으로 옳은 것은?

① 내구성이 매우 높다.
② 완충성이 매우 낮다.
③ 자기 윤활성이 거의 없다.
④ 복합화에 의한 재질의 개량이 가능하다.

65 고 Mn 강(hadfield steel)에 대한 설명으로 옳은 것은?

① 고온에서 서냉하면 M_3C가 석출하여 취약해진다.
② 소성 변형 중 가공경화성이 없으며, 인장강도가 낮다.
③ 1200℃ 부근에서 급랭하여 마텐자이트 단상으로 하는 수인법을 이용한다.
④ 열전도성이 좋고 팽창계수가 작아 열변형을 일으키지 않는다.

Answer ■ 61. ① 62. ③ 63. ④ 64. ④ 65. ①

66 현미경 조직 검사를 실시하기 위한 철강용 부식제로 옳은 것은?
① 왕수
② 질산 용액
③ 나이탈 용액
④ 염화제2철 용액

67 고용체합금의 시효경화를 위한 조건으로서 옳은 것은?
① 급냉에 의해 제2상의 석출이 잘 이루어져야 한다.
② 고용체의 용해도 한계가 온도가 낮아짐에 따라 증가해야만 한다.
③ 기지상은 단단하여야 하며, 석출물은 연한상이어야 한다.
④ 최대 강도 및 경도를 얻기 위해서는 기지 조직과 정합상태를 이루어야만 한다.

68 상온의 금속(Fe)을 가열 하였을 때 체심입방격자에서 면심입방격자로 변하는 점은?
① A_0변태점
② A_2변태점
③ A_3변태점
④ A_4변태점

69 스테인리스강을 조직에 따라 분류할 때의 기준 조직이 아닌 것은?
① 페라이트계
② 마텐자이트계
③ 시멘타이트계
④ 오스테나이트계

70 항온 열처리 방법에 해당하는 것은?
① 뜨임(tempering)
② 어닐링(annealing)
③ 마퀜칭(marquenching)
④ 노멀라이징(normalizing)

71 유체 토크 컨버터의 주요 구성 요소가 아닌 것은?
① 펌프
② 터빈
③ 스테이터
④ 릴리프 밸브

72 유압 장치의 특징으로 적절하지 않은 것은?
① 원격 제어가 가능하다.
② 소형 장치로 큰 출력을 얻을 수 있다.
③ 먼지나 이물질에 의한 고장의 우려가 없다.
④ 오일에 기포가 섞여 작동이 불량할 수 있다.

66. ③ 67. ④ 68. ③ 69. ③ 70. ③ 71. ④ 72. ③ ■ Answer

73 채터링 현상에 대한 설명으로 적절하지 않은 것은?

① 소음을 수반한다.
② 일종의 자려 진동현상이다.
③ 감압 밸브, 릴리프 밸브 등에서 발생한다.
④ 압력, 속도 변화에 의한 것이 아닌 스프링의 강성에 의한 것이다.

74 그림의 유압 회로도에서 ①의 밸브 명칭으로 옳은 것은?

① 스톱 밸브
② 릴리프 밸브
③ 무부하 밸브
④ 카운터 밸런스 밸브

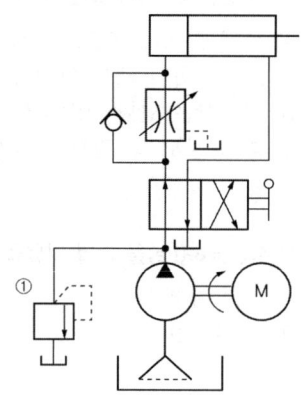

75 압력 제어 밸브의 종류가 아닌 것은?

① 체크 밸브
② 감압 밸브
③ 릴리프 밸브
④ 카운터 밸런스 밸브

76 유압유의 구비조건으로 적절하지 않은 것은?

① 압축성이어야 한다.
② 점도 지수가 커야한다.
③ 열을 방출시킬 수 있어야 한다.
④ 기름중의 공기를 분리시킬 수 있어야 한다.

Answer ■ 73. ④ 74. ② 75. ① 76. ①

77 그림과 같은 유압 기호의 명칭은?

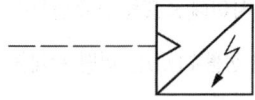

① 경음기 ② 소음기
③ 리밋 스위치 ④ 아날로그 변환기

78 펌프에 대한 설명으로 틀린 것은?
① 피스톤 펌프는 피스톤을 경사판, 캠, 크랭크 등에 의해서 왕복 운동시켜, 액체를 흡입쪽에서 토출 쪽으로 밀어내는 형식의 펌프이다.
② 레이디얼 피스톤 펌프는 피스톤의 왕복운동 방향이 구동축에 거의 직각인 피스톤 펌프이다.
③ 기어 펌프는 케이싱 내에 물리는 2개 이상의 기어에 의해 액체를 흡입 쪽에서 토출 쪽으로 밀어내는 형식의 펌프이다.
④ 터보 펌프는 덮개차를 케이싱 외에 회전시켜, 액체로부터 운동 에너지를 뺏어 액체를 토출하는 형식의 펌프이다.

79 미터 아웃 회로에 대한 설명으로 틀린 것은?
① 피스톤 속도를 제어하는 회로이다.
② 유량 제어 밸브를 실린더의 입구측에 설치한 회로이다.
③ 기본형은 부하변동이 심한 공작기계의 이송에 사용된다.
④ 실린더에 배압이 걸리므로 끌어당기는 하중이 작용해도 자주 할 염려가 없다.

80 유압 실린더 취급 및 설계 시 주의사항으로 적절하지 않은 것은?
① 적당한 위치에 공기구멍을 장치한다.
② 쿠션 장치인 쿠션 밸브는 감속범위의 조정용으로 사용된다.
③ 쿠션 장치인 쿠션링은 헤드 엔드축에 흐르는 오일을 촉진한다.
④ 원칙적으로 더스트 와이퍼를 연결해야 한다.

5과목 기계제작법 및 기계동력학

81 다음 중 계의 고유진동수에 영향을 미치지 않는 것은?
① 계의 초기조건 ② 진동물체의 질량
③ 계의 스프링 계수 ④ 계를 형성하는 재료의 탄성계수

82 엔진(질량 m)의 진동이 공장 바닥에 직접 전달될 때 바닥에 힘이 $F_0 \sin wt$로 전달된다. 이때 전달되는 힘을 감소시키기 위해 엔진과 바닥 사이에 스프링(스프링상수 k)과 댐퍼(감쇠계수 c)를 달았다. 이를 위해 진동계의 고유진동수(w_n)와 외력의 진동수(w)는 어떤 관계를 가져야 하는가? (단, $w_n = \sqrt{\dfrac{k}{m}}$이고, t는 시간을 의미한다.)

① $w_n > w$
② $w_n < 2w$
③ $w_n < \dfrac{w}{\sqrt{2}}$
④ $w_n > \dfrac{w}{\sqrt{2}}$

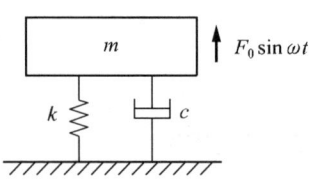

Solution 전달률 TR이 1.0보다 작으려면 $\dfrac{w}{w_n} > \sqrt{2}$ 이어야 한다.
TR이 1.0보다 작을 때 감쇠가 매우 적어진다.

83 스프링상수가 20N/cm와 30N/cm인 두 개의 스프링을 직렬로 연결했을 때 등가스프링 상수 값은 몇 N/cm인가?

① 10
② 12
③ 25
④ 50

Solution $\dfrac{1}{Ke} = \dfrac{1}{20} + \dfrac{1}{30}$, $Ke \doteq 12\,\text{N/cm}$

84 그림과 같이 질량이 10kg인 봉의 끝단이 홈을 따라 움직이는 블록 A, B에 구속되어 있다. 초기에 $\theta = 0°$에서 정지하여 있다가 블록 B에 수평력 $P = 50\text{N}$이 작용하여 $\theta = 45°$가 되는 순간에 봉의 각속도는 약 몇 rad/s인가? (단, 블록 A와 B의 질량과 마찰은 무시하고, 중력가속도 $g = 9.81\text{m/s}^2$이다.)

① 3.11
② 4.11
③ 5.11
④ 6.11

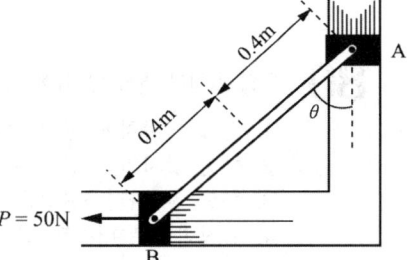

Solution $\sum M = J \cdot \alpha$
$P \times 0.4 \times \sin 45° = \dfrac{1}{12} m\ell^2 \cdot \alpha$
$50 \times 0.4 \times \sin 45° = \dfrac{1}{12} \times 10 \times 0.8^2 \times \alpha$
$\alpha = 26.52\,\text{rad/sec}^2$
$w^2 = 2\alpha\theta = 2 \times 26.52 \times 45 \times \dfrac{\pi}{180}$
$w = 6.45\,\text{rad/sec}$

Answer ■ 82. ③ 83. ② 84. ④

85 그림과 같이 최초정지상태에 있는 바퀴에 줄이 감겨있다. 힘을 가하여 줄의 가속도(a)가 $a = 4t[m/s^2]$일 때 바퀴의 각속도(ω)를 시간의 함수로 나타내면 몇 rad/s인가?

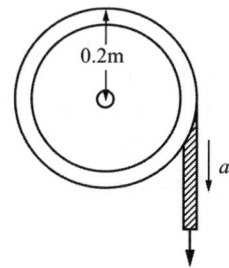

① $8t^2$ ② $9t^2$ ③ $10t^2$ ④ $11t^2$

> **Solution** $a = \gamma\alpha$, $\alpha = 20t = \dfrac{dw}{dt}$
> $w = \int \alpha dt = \int_0^t 20t\,dt = 10t^2$

86 그림과 같이 질량이 동일한 두 개의 구슬 A, B가 있다. 초기에 A의 속도는 v이고 B는 정지되어 있다. 충돌 후 A와 B의 속도에 관한 설명으로 맞는 것은? (단, 두 구슬 사이의 반발계수는 1이다.)

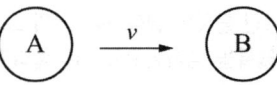

① A와 B 모두 정지한다. ② A와 B 모두 v의 속도를 가진다.
③ A와 B 모두 $\dfrac{v}{2}$의 속도를 가진다. ④ A는 정지하고 B는 v의 속도를 가진다.

87 90km/h의 속력으로 달리던 자동차가 100m 전방의 장애물을 발견한 후 제동을 하여 장애물 바로 앞에 정지하기 위해 필요한 제동력의 크기는 몇 N인가? (단, 자동차의 질량은 1000kg이다.)

① 3125 ② 6250 ③ 40500 ④ 81000

> **Solution** $V^2 - V_0^2 = 2as$
> $a = \dfrac{V^2}{2s} = \dfrac{(90 \times 10^3/3600)^2}{2 \times 100} = 3.125 \, m/s^2$
> $F = m \cdot a = 1000 \times 3.125 = 3125 \, N$

88 국제단위체계(SI)에서 1N에 대한 설명으로 맞는 것은?
① 1g의 질량에 $1m/s^2$의 가속도를 주는 힘이다.
② 1g의 질량에 $1m/s^2$의 속도를 주는 힘이다.
③ 1kg의 질량에 $1m/s^2$의 가속도를 주는 힘이다.
④ 1kg의 질량에 $1m/s^2$의 속도를 주는 힘이다.

85. ③ 86. ④ 87. ① 88. ③ ■ Answer

89 그림과 같이 질량이 m인 물체가 탄성스프링으로 지지되어 있다. 초기위치에서 자유낙하를 시작하고, 초기 스프링의 변형량이 0일 때, 스프링의 최대 변형량(x)은? (단, 스프링의 질량은 무시하고, 스프링상수는 k, 중력가속도는 g이다.)

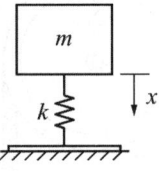

① $\dfrac{mg}{k}$ ② $\dfrac{2mg}{k}$

③ $\sqrt{\dfrac{mg}{k}}$ ④ $\sqrt{\dfrac{2mg}{k}}$

Solution $\delta = \delta_0 \cdot (1 + \sqrt{1 + \dfrac{2h}{\delta_0}})$
초기 자유낙하이면 $\delta_0 \gg h$로 가정
$\delta = 2\delta_0 = 2 \cdot \dfrac{mg}{K}$
$mg = K \cdot \delta_0$

90 30°로 기울어진 표면에 질량 50kg인 블록이 질량 m인 추와 그림과 같이 연결되어 있다. 경사 표면과 블록 사이의 마찰계수가 0.5일 때 이 블록을 경사면으로 끌어올리기 위한 추의 최소 질량은 약 몇 kg인가?

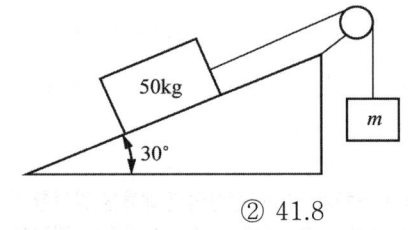

① 36.5   ② 41.8
③ 46.7   ④ 54.2

Solution $0.5 \times 50 \times 9.8 \times \cos 30° + 50 \times 9.8 \times \sin 30° = m \times 9.8$
$m = 46.65 \text{kg}$

91 전기 도금의 반대현상으로 가공물을 양극, 전기저항이 적은 구리, 아연을 음극에 연결한 후 용액에 침지하고 통전하여 금속표면의 미소 돌기부분을 용해하여 거울면과 같이 광택이 있는 면을 가공할 수 있는 특수가공은?

① 방전가공   ② 전주가공
③ 전해연마   ④ 슈퍼피니싱

Answer ■ 89. ②   90. ③   91. ③

92 주물사에서 가스 및 공기에 해당하는 기체가 통과하여 빠져나가는 성질은?
① 보온성
② 반복성
③ 내구성
④ 통기성

93 프레스가공에서 전단가공의 종류가 아닌 것은?
① 블랭킹
② 트리밍
③ 스웨이징
④ 셰이빙

94 침탄법에 비하여 경화층은 얇으나, 경도가 크고, 담금질이 필요 없으며, 내식성 및 내마모성이 커서 고온에도 변화되지 않지만 처리시간이 길고 생산비가 많이 드는 표면 경화법은?
① 마퀜칭
② 질화법
③ 화염 경화법
④ 고주파 경화법

95 두께 50mm의 연강판을 압연 롤러를 통과시켜 40mm가 되었을 때 압하율은 몇 %인가?
① 10
② 15
③ 20
④ 25

> Solution $\frac{50-40}{50} \times 100 = 20\%$

96 숏피닝(shot peening)에 대한 설명으로 틀린 것은?
① 숏피닝은 얇은 공작물일수록 효과가 크다.
② 가공물 표면에 작은 헤머와 같은 작용을 하는 형태로 일종의 열간 가공법이다.
③ 가공물 표면에 가공경화 된 잔류 압축응력층이 형성된다.
④ 반복하중에 대한 피로파괴에 큰 저항을 갖고 있기 때문에 각종 스프링에 널리 이용된다.

97 오스테나이트 조직을 굳은 조직인 베이나이트로 변환시키는 항온 변태 열처리법은?
① 서브제로
② 마템퍼링
③ 오스포밍
④ 오스템퍼링

98 주철과 같은 강하고 깨지기 쉬운 재료(메진 재료)를 저속으로 절삭할 때 생기는 칩의 형태는?
① 균열형 칩
② 유동형 칩
③ 열단형 칩
④ 전단형 칩

92. ④ 93. ③ 94. ② 95. ③ 96. ② 97. ④ 98. ① ■ Answer

99 선반가공에서 직경 60mm, 길이 100mm의 탄소강 재료 환봉을 초경바이트를 사용하여 1회 절삭 시 가공시간은 약 몇 초인가? (단, 절삭 깊이 1.5mm, 절삭속도 150m/min, 이송은 0.2mm/rev이다.)

① 38
② 42
③ 48
④ 52

Solution
$$V = \frac{\pi d N}{1000}$$
$$N = \frac{1000 \times 150}{\pi \times 60} = 795.77 \text{ rpm}$$
$$T = \frac{\ell}{NS} = \frac{100}{795.77 \times 0.2} = 0.63 \text{ mm} = 37.7 \text{ sec}$$

100 용접의 일반적인 장점으로 틀린 것은?

① 품질검사가 쉽고 잔류응력이 발생하지 않는다.
② 재료가 절약되고 중량이 가벼워진다.
③ 작업 공정수가 감소한다.
④ 기밀성이 우수하며 이음 효율이 향상된다.

Answer ■ 99. ① 100. ①

2020 기출문제
8월 23일 시행

1과목 재료역학

1 다음 구조물에 하중 $P=1$kN이 작용할 때 연결핀에 걸리는 전단응력은 약 얼마인가? (단, 연결핀의 지름은 5mm이다.)

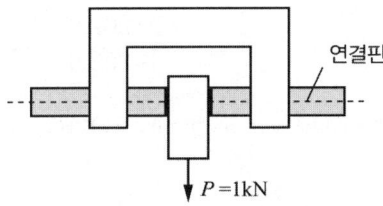

① 25.46kPa   ② 50.92kPa
③ 25.46MPa   ④ 50.92MPa

Solution $\tau = \dfrac{1 \times 10^3}{\dfrac{\pi}{4} \times 5^2 \times 2} = 25.48$ MPa

2 100rpm으로 30kW를 전달시키는 길이 1m, 지름 7cm인 둥근 축단의 비틀림각은 약 몇 rad인가? (단, 전단탄성계수는 83GPa이다.)

① 0.26   ② 0.30
③ 0.015   ④ 0.009

Solution $\theta = \dfrac{T \cdot \ell}{G \cdot I_P} = \dfrac{32 \times 974 \times 9.8 \times 30 \times 1}{83 \times 10^9 \times \pi \times 0.07^4 \times 100} = 0.015$ rad

3 길이가 5m이고 직경이 0.1m인 양단고정보 중앙에 200N의 집중하중이 작용할 경우 보의 중앙에서의 처짐은 약 몇 m인가? (단, 보의 세로탄성계수는 200GPa이다.)

① 2.36×10^{-5} ② 1.33×10^{-4}
③ 4.58×10^{-4} ④ 1.06×10^{-3}

Solution 양단고정보 중앙집중하중
$\delta = \dfrac{P \cdot \ell^3}{192EI} = \dfrac{64 \times 200 \times 5^3}{192 \times 200 \times 10^9 \times \pi \times 0.1^4} = 1.33 \times 10^{-4}$ m

Answer 1. ③ 2. ③ 3. ②

4 그림과 같이 800N의 힘이 브래킷의 A에 작용하고 있다. 이 힘의 점 B에 대한 모멘트는 약 몇 N·m인가?

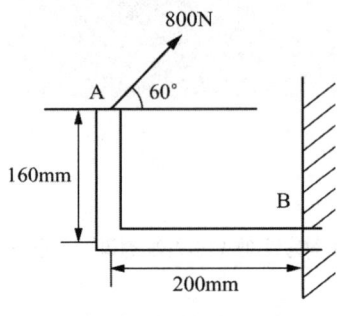

① 160.6 ② 202.6
③ 238.6 ④ 253.6

Solution $M_B = 800 \times \cos 60° \times 0.16 + 800 \times \sin 60° \times 0.2 = 202.56 \text{N·m}$

5 길이 10m, 단면적 2cm²인 철봉을 100℃에서 그림과 같이 양단을 고정했다. 이 봉의 온도가 20℃로 되었을 때 인장력은 약 몇 kN인가? (단, 세로탄성계수는 200GPa, 선팽창계수는 $\alpha = 0.000012/℃$이다.)

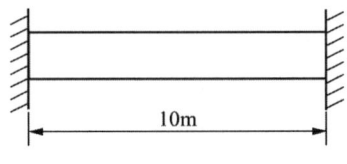

① 19.2 ② 25.5 ③ 38.4 ④ 48.5

Solution $P = \sigma \cdot A = E \cdot \alpha \cdot \Delta T \cdot A$
$= 200 \times 10^9 \times 0.000012 \times (20 - 100) \times 2 \times 10^{-4} = -38,400 \text{N} = -38.4 \text{kN}$

6 그림과 같이 외팔보의 끝에 집중하중 P가 작용할 때 자유단에서의 처짐각 θ는? (단, 보의 굽힘강성 EI는 일정하다.)

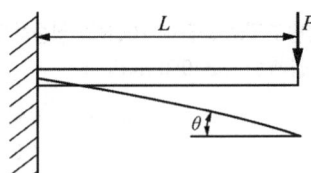

① $\dfrac{PL^2}{2EI}$ ② $\dfrac{PL^3}{6EI}$

③ $\dfrac{PL^2}{8EI}$ ④ $\dfrac{PL^2}{12EI}$

Solution $\theta = \dfrac{A_m}{EI} = \dfrac{P\ell \times \ell}{EI \times 2} = \dfrac{P \cdot \ell^2}{2EI}$

Answer ■ 4. ② 5. ③ 6. ①

7 비틀림모멘트 2kN·m가 지름 50mm인 축에 작용하고 있다. 축의 길이가 2m일 때 축의 비틀림각은 약 몇 rad인가? (단, 축의 전단탄성계수는 85GPa이다.)

① 0.019　　② 0.028　　③ 0.054　　④ 0.077

Solution $\theta = \dfrac{T \cdot \ell}{GI_P} = 0.077\,\text{rad}$

・2번과 동일 유형 문제

8 다음 외팔보가 균일분포 하중을 받을 때, 굽힘에 의한 탄성변형에너지는? (단, 굽힘강성 EI는 일정하다.)

① $U = \dfrac{w^2 L^5}{20EI}$　　② $U = \dfrac{w^2 L^5}{30EI}$

③ $U = \dfrac{w^2 L^5}{40EI}$　　④ $U = \dfrac{w^2 L^5}{50EI}$

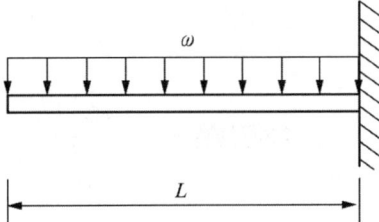

Solution $U = \displaystyle\int \dfrac{M_x^2}{2EI} dx$

$= \dfrac{1}{2EI} \displaystyle\int_o^\ell \left(\dfrac{w \cdot x^2}{2}\right)^2 dx$

$= \dfrac{1}{2EI} \left(\dfrac{w^2 \cdot x^5}{4 \times 5}\right)\Big|_o^\ell$

$= \dfrac{w^2 \cdot \ell^5}{40EI}$

9 판 두께 3mm를 사용하여 내압 20kN/cm²을 받을 수 있는 구형(spherical) 내압용기를 만들려고 할 때, 이 용기의 최대 안전내경 d를 구하면 몇 cm인가? (단, 이 재료의 허용 인장응력을 σ_w = 800kN/cm²으로 한다.)

① 24　　② 48　　③ 72　　④ 96

Solution $\sigma_w = \dfrac{P \cdot d}{4t}$

$800 \times 10^3 \times 10^4 = \dfrac{20 \times 10^3 \times 10^4 \times d}{4 \times 0.003}$

$d = 48\,\text{cm}$

10 다음과 같은 평면응력 상태에서 최대 주응력 σ_1은?

$\sigma_x = \tau,\ \sigma_y = 0,\ \tau_{xy} = -\tau$

① 1.414τ　　② 1.80τ　　③ 1.618τ　　④ 2.828τ

Solution $\sigma_1 = \dfrac{\sigma_x + \sigma_y}{2} + \sqrt{\left(\dfrac{\sigma_x - \sigma_y}{2}\right)^2 + \tau_{xy}^2} = \dfrac{\tau}{2} + \sqrt{\dfrac{\tau^2}{4} + \tau^2} = 1.618\tau$

7. ④　8. ③　9. ②　10. ③　■ Answer

11 그림과 같은 돌출보에서 $\omega = 120$kN/m의 등분포 하중이 작용할 때, 중앙 부분에서의 최대 굽힘응력은 약 몇 MPa인가? (단, 단면은 표준 I형 보로 높이 $h = 60$cm이고, 단면 2차 모멘트 $I = 98200$cm^{4}이다.)

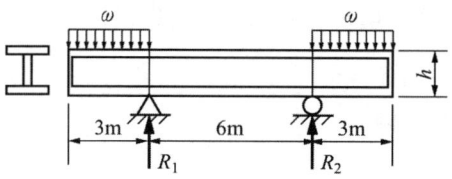

① 125　　　　　　　　　　② 165
③ 185　　　　　　　　　　④ 195

Solution $\sigma_{b\max} = \dfrac{M_{\max} \cdot \dfrac{h}{2}}{I_G} = \dfrac{120 \times 10^3 \times 3 \times 1.5 \times 0.3}{98200 \times 10^{-8}} \times 10^{-6} = 164.97$ MPa

12 다음 그림과 같은 부채꼴의 도심(centroid)의 위치 $\bar{x}$는?

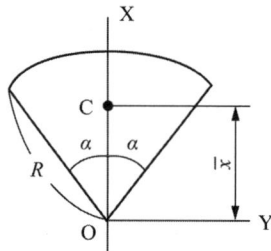

① $\bar{x} = \dfrac{2}{3}R$　　　　　　　② $\bar{x} = \dfrac{3}{4}R$

③ $\bar{x} = \dfrac{3}{4}R\sin\alpha$　　　　　④ $\bar{x} = \dfrac{2R}{3\alpha}\sin\alpha$

Solution 반원의 도심 $\dfrac{2d}{3\pi}$

$\alpha = \dfrac{\pi}{2} = 90°$이면 반원

$\bar{x} = \dfrac{2R}{3\alpha}\sin\alpha = \dfrac{2R}{3 \times \dfrac{\pi}{2}} \times \sin 90° = \dfrac{2d}{3\pi}$

Answer ■ 11. ②　12. ④

13 그림과 같은 단주에서 편심거리 e에 압축하중 $P = 80$kN이 작용할 때 단면에 인장응력이 생기지 않기 위한 e의 한계는 몇 cm인가? (단, G는 편심 하중이 작용하는 단주 끝단의 평면상 위치를 의미한다.)

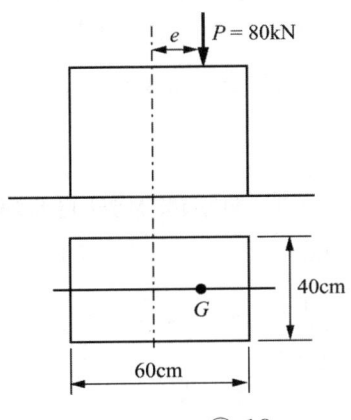

① 8 ② 10
③ 12 ④ 14

Solution $e \leq \pm \dfrac{K^2}{y}$, $-\dfrac{b}{6} \leq e \leq \dfrac{b}{6}$

$\dfrac{b}{6} = \dfrac{60}{6} = 10$ cm

14 그림과 같이 균일단면을 가진 단순보에 균일하중 ωkN/m이 작용할 때, 이 보의 탄성 곡선식은? (단, 보의 굽힘 강성 EI는 일정하고, 자중은 무시한다.)

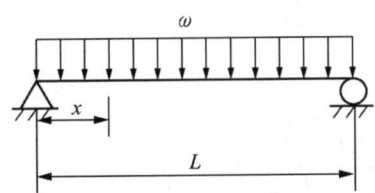

① $y = \dfrac{\omega x}{24EI}(L^3 - 2Lx^2 + x^3)$

② $y = \dfrac{\omega}{24EI}(L^3 - Lx^2 + x^3)$

③ $y = \dfrac{\omega}{24EI}(L^3 - Lx^2 + x^3)$

④ $y = \dfrac{\omega x}{24EI}(L^3 - 2x^2 + x^3)$

Solution $\dfrac{\partial^2 y}{\partial x^2} = -\dfrac{M_x}{EI} = \dfrac{-\left(\dfrac{\omega L}{2}x - \dfrac{\omega x^2}{2}\right)}{EI}$

위의 표현식 2번 적분, 경계조건 $x = 0$일 때 처짐 0, $x = L$일 때 처짐 0를 적용, 적분상수해결

∴ $y = \dfrac{\omega \cdot x}{24EI}(L^3 - 2Lx^2 + x^3)$

13. ② 14. ① ■ Answer

15 길이 3m, 단면의 지름이 3cm인 균일 단면의 알루미늄 봉이 있다. 이 봉에 인장하중 20kN이 걸리면 봉은 약 몇 cm 늘어나는가? (단, 세로탄성계수는 72GPa이다.)

① 0.118　　② 0.239　　③ 1.18　　④ 2.39

Solution $\delta = \dfrac{P \cdot \ell}{AE} = \dfrac{20 \times 10^3 \times 3}{\dfrac{\pi}{4} \times 0.03^2 \times 72 \times 10^9} = 0.0118\,\text{m} = 0.118\,\text{cm}$

16 지름 70mm인 환봉에 20MPa의 최대 전단응력이 생겼을 때 비틀림모멘트는 약 몇 kN·m인가?

① 4.50　　② 3.60　　③ 2.70　　④ 1.35

Solution $T = \tau \cdot Z_P = 20 \times \dfrac{\pi \times 70^3}{16} = 1.35 \times 10^6\,\text{N·m}$
$\therefore\ T = 1.35\,\text{kN·m}$

17 다음과 같이 스팬(span) 중앙에 힌지(hinge)를 가진 보의 최대 굽힘모멘트는 얼마인가?

① $\dfrac{qL^2}{4}$　　② $\dfrac{qL^2}{6}$

③ $\dfrac{qL^2}{8}$　　④ $\dfrac{qL^2}{12}$

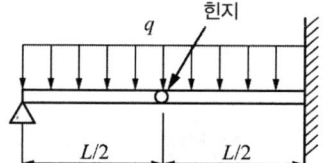

$\dfrac{3q\ell}{8} \times \dfrac{\ell}{2} - \dfrac{q\ell}{2} \times \dfrac{\ell}{4} = \dfrac{q\ell^2}{16}$

$\dfrac{q\ell^2}{16} = \dfrac{q \cdot \ell^2}{8} - \dfrac{5q\ell}{8} \times \dfrac{\ell}{2} + M$

$M = \dfrac{4q\ell^2}{16} = \dfrac{q \cdot \ell^2}{4}$

Solution 힌지점의 모멘트

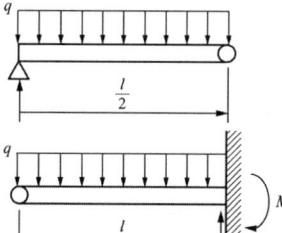

18 그림과 같이 원형단면을 가진 보가 인장하중 $P = 90\text{kN}$을 받는다. 이 보는 강(steel)으로 이루어져 있고, 세로탄성계수는 210GPa이며 포와송비 $\mu = 1/3$이다. 이 보의 체적변화 $\triangle V$는 약 몇 mm³인가? (단, 보의 직경 $d = 30\text{mm}$, 길이 $L = 5\text{m}$이다.)

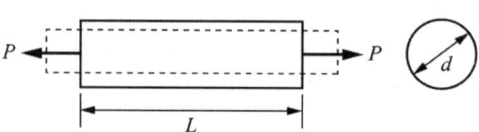

① 114.28　　② 314.28　　③ 514.28　　④ 714.28

Answer ■ 15. ①　16. ④　17. ①　18. ④

> **Solution** $\epsilon_v = \dfrac{\Delta V}{V} = \epsilon(1-2\mu) = \dfrac{\sigma}{E}(1-2\mu)$
> $\Delta V = \dfrac{P \cdot \ell}{E}(1-2\mu) = \dfrac{90 \times 10^3 \times 5}{210 \times 10^9} \times (1 - 2 \times \dfrac{1}{3}) = 714.286 \times 10^{-9} \text{m}^3$

19 그림과 같은 단순 지지보에 모멘트(M)와 균일 분포하중(w)이 작용할 때, A점의 반력은?

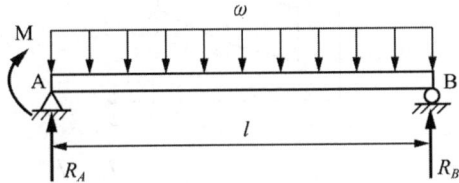

① $\dfrac{w\ell}{2} - \dfrac{M}{\ell}$ ② $\dfrac{w\ell}{2} - M$

③ $\dfrac{w\ell}{2} + M$ ④ $\dfrac{w\ell}{2} + \dfrac{M}{\ell}$

> **Solution** $R_A \cdot \ell + M = \dfrac{w\ell^2}{2}$
> $R_A = \dfrac{w\ell}{2} - \dfrac{M}{\ell}$

20 0.4m×0.4m인 정사각형 ABCD를 아래 그림에 나타내었다. 하중을 가한 후의 변형 상태는 점선으로 나타내었다. 이때 A지점에서 전단 변형률 성분의 평균값(γ_{xy})는?

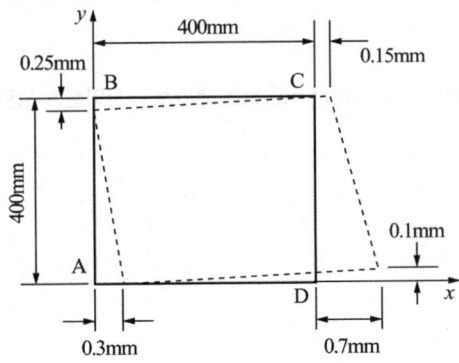

① 0.001 ② 0.000625
③ −0.0005 ④ −0.000625

> **Solution** A점을 기준으로 x방향 평균 변형량 : $\dfrac{0.3 + 0.15}{2} = 0.225$
> A점을 기준으로 y방향 평균변형량 : $\dfrac{0.25 + 0.1}{2} = 0.175$
> $\gamma_{xy} = \dfrac{1}{2}\left(\dfrac{0.225}{400} + \dfrac{0.175}{400}\right) = 0.0005$

19. ① 20. ③ ■ Answer

2과목 기계열역학

21 다음은 오토(Otto) 사이클의 온도-엔트로피(T-S) 선도이다. 이 사이클의 열효율을 온도를 이용하여 나타낼 때 옳은 것은? (단, 공기의 비열은 일정한 것으로 본다.)

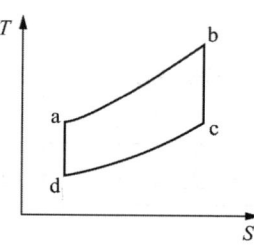

① $1 - \dfrac{T_c - T_d}{T_b - T_a}$
② $1 - \dfrac{T_b - T_a}{T_c - T_d}$
③ $1 - \dfrac{T_a - T_d}{T_b - T_c}$
④ $1 - \dfrac{T_b - T_c}{T_a - T_d}$

▶ Solution $\eta_0 = 1 - \dfrac{m \cdot C_V \cdot (T_c - T_d)}{m \cdot C_V \cdot (T_b - T_a)} = 1 - \dfrac{T_c - T_d}{T_b - T_a}$

22 다음 중 강도성 상태량(intensive property)이 아닌 것은?
① 온도
② 내부에너지
③ 밀도
④ 압력

▶ Solution 강도성 상태량 : 질량에 비례하지 않는 상태량, 즉 질량과 관계없는 상태량

23 고온열원(T_1)과 저온열원(T_2) 사이에서 작동하는 역카르노 사이클에 의한 열펌프(heat pump)의 성능계수는?

① $\dfrac{T_1 - T_2}{T_1}$
② $\dfrac{T_2}{T_1 - T_2}$
③ $\dfrac{T_1}{T_1 - T_2}$
④ $\dfrac{T_1 - T_2}{T_2}$

▶ Solution $\epsilon_n = \dfrac{Q_H}{W} = \dfrac{Q_H}{Q_H - Q_L} = \dfrac{\Delta s\, T_1}{\Delta s\, (T_1 - T_2)} = \dfrac{T_1}{T_1 - T_2}$

24 냉매가 갖추어야 할 요건으로 틀린 것은?
① 증발온도에서 높은 잠열을 가져야 한다.
② 열전도율이 커야 한다.
③ 표면장력이 커야 한다.
④ 불활성이고 안전하며 비가연성이어야 한다.

Answer ■ 21. ① 22. ② 23. ③ 24. ③

25 100℃의 구리 10kg을 20℃의 물 2kg이 들어있는 단열 용기에 넣었다. 물과 구리 사이의 열전달을 통한 평형 온도는 약 몇 ℃인가? (단, 구리 비열은 0.45kJ/(kg·K), 물 비열은 4.2kJ/(kg·K)이다.)

① 48　　　② 54　　　③ 60　　　④ 68

Solution
$10 \times 0.45 \times (100 - t_m) = 2 \times 4.2 \times (t_m - 20)$
$t_m = 48\,℃$

26 이상기체 2kg이 압력 98kPa, 온도 25℃ 상태에서 체적이 0.5m³였다면 이 이상기체의 기체상수는 약 몇 J/(kg·K)인가?

① 79　　　② 82　　　③ 97　　　④ 102

Solution
$R = \dfrac{98 \times 10^3 \times 0.5}{2 \times (25 + 273)} = 82.21\,\text{J/(kg·K)}$

27 다음 중 스테판-볼츠만의 법칙과 관련이 있는 열전달은?

① 대류　　② 복사
③ 전도　　④ 응축

28 어떤 습증기의 엔트로피가 6.78kJ/(kg·K)라고 할 때 이 습증기의 엔탈피는 약 몇 kJ/kg인가? (단, 이 기체의 포화액 및 포화증기의 엔탈피와 엔트로피는 다음과 같다.)

	포화액	포화증기
엔탈피(kJ/kg)	384	2666
엔트로피(kJ/(kg·K))	1.25	7.62

① 2365　　　　　　② 2402
③ 2473　　　　　　④ 2511

Solution
$6.78 = 1.25 + x(7.62 - 1.25)$
$x = 0.868$
$h_x = 384 + 0.868 \times (2666 - 384) = 2364.776\,\text{kJ/kg}$

29 단열된 노즐에 유체가 10m/s의 속도로 들어와서 200m/s의 속도로 가속되어 나간다. 출구에서의 엔탈피가 2770kJ/kg일 때 입구에서의 엔탈피는 약 몇 kJ/kg인가?

① 4370　　　　　　② 4210
③ 2850　　　　　　④ 2790

Solution
$-\Delta h = \dfrac{1}{2}(V_2^2 - V_1^2)$
$(h_1 - 2770) = \dfrac{1}{2} \times (200^2 - 10^2) \times 10^{-3}$
$h_1 = 2789.95\,\text{kJ/kg}$

25. ①　26. ②　27. ②　28. ①　29. ④　■ Answer

30
압력(P)-부피(V) 선도에서 이상기체가 그림과 같은 사이클로 작동한다고 할 때 한 사이클 동안 행한 일은 어떻게 나타내는가?

① $\dfrac{(P_2+P_1)(V_2+V_1)}{2}$

② $\dfrac{(P_2-P_1)(V_2+V_1)}{2}$

③ $\dfrac{(P_2+P_1)(V_2-V_1)}{2}$

④ $\dfrac{(P_2-P_1)(V_2-V_1)}{2}$

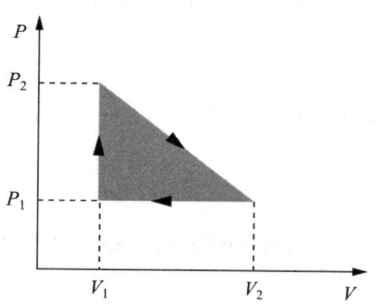

Solution 내부 면적 계산
$$W=\frac{1}{2}(P_2-P_1)(V_2-V_1)$$

31
클라우지우스(Clausius)의 부등식을 옳게 나타낸 것은? (단, T는 절대온도, Q는 시스템으로 공급된 전체 열량을 나타낸다.)

① $\oint T\delta Q \leq 0$
② $\oint T\delta Q \geq 0$
③ $\oint \dfrac{\delta Q}{T} \leq 0$
④ $\oint \dfrac{\delta Q}{T} \geq 0$

32
어떤 유체의 밀도가 741kg/m³이다. 이 유체의 비체적은 약 몇 m³/kg인가?

① 0.78×10^{-3}
② 1.35×10^{-3}
③ 2.35×10^{-3}
④ 2.98×10^{-3}

Solution $v=\dfrac{1}{\rho}=\dfrac{1}{741}=1.35\times 10^{-3}$ m³/kg

33
어떤 물질에서 기체상수(R)가 0.189kJ/(kg·K), 임계온도가 305K, 임계압력이 7380kPa이다. 이 기체의 압축성 인자(compressibility factor, Z)가 다음과 같은 관계식을 나타낸다고 할 때 이 물질의 20℃, 1000kPa 상태에서의 비체적(v)은 약 몇 m³/kg인가? (단, P는 압력, T는 절대온도, P_r는 환산압력, T_r은 환산온도를 나타낸다.)

$$Z=\frac{Pv}{RT}=1-0.8\frac{P_r}{T_r}$$

① 0.0111
② 0.0303
③ 0.0491
④ 0.0554

Answer ■ 30. ④ 31. ③ 32. ② 33. ③

Solution
$P_r = \dfrac{1000}{7380} = 0.136$
$T_r = \dfrac{20+273}{305} = 0.96$
$Z = \dfrac{1000 \times v}{0.189 \times (20+273)} = 1 - 0.8 \times \dfrac{0.136}{0.96}$
$v = 0.0491\,\text{m}^3/\text{kg}$

34
전류 25A, 전압 13V를 가하여 축전지를 충전하고 있다. 충전하는 동안 축전지로부터 15W의 열손실이 있다. 축전지의 내부에너지 변화율은 약 몇 W인가?

① 310
② 340
③ 370
④ 420

Solution
$_1Q_2 = \triangle u + {_1}W_2$
$\triangle u = {_1}Q_2 - {_1}W_2 = -15 - (-25 \times 13) = 310\,\text{W}$
전력 = 전압×전류 ; 충전했으므로 받은 일(⊕)

35
카르노사이클로 작동하는 열기관이 1000℃의 열원과 300K의 대기 사이에서 작동한다. 이 열기관이 사이클 당 100kJ의 일을 할 경우 사이클 당 1000℃의 열원으로부터 받은 열량은 약 몇 kJ인가?

① 70.0
② 76.4
③ 130.8
④ 142.9

Solution
$\eta_c = \dfrac{W}{Q_1} = 1 - \dfrac{T_2}{T_1}$
$\dfrac{100}{Q_1} = 1 - \dfrac{300}{1000+273}$
$Q_1 = 130.84\,\text{kJ}$

36
이상적인 랭킨사이클에서 터빈 입구 온도가 350℃이고, 75kPa와 3MPa의 압력범위에서 작동한다. 펌프 입구와 출구, 터빈 입구와 출구에서 엔탈피는 각각 384.4kJ/kg, 387.5kJ/kg, 3116kJ/kg, 2403kJ/kg이다. 펌프일을 고려한 사이클의 열효율과 펌프일을 무시한 사이클의 열효율의 차이는 약 몇 %인가?

① 0.011
② 0.092
③ 0.11
④ 0.18

Solution
$\eta_2 = \dfrac{(3116-2403) \times 100}{3116-387.5} = 26.13\%$
$\eta_1 = \dfrac{(3116-2403)-(387.5-384.4)}{3116-387.5} \times 100 = 26.02\%$
∴ $\eta_2 - \eta_1 = 26.13 - 26.02 = 0.11$

34. ① 35. ③ 36. ③ ■ Answer

37 기체가 0.3MPa로 일정한 압력 하에 8m³에서 4m³까지 마찰 없이 압축되면서 동시에 500kJ의 열을 외부로 방출하였다면, 내부에너지의 변화는 약 몇 kJ인가?

① 700
② 1700
③ 1200
④ 1400

Solution $_1Q_2 = \Delta u + _1W_2$
$\Delta u = -500 - 0.3 \times 10^3 \times (4-8) = 700 \text{kJ}$

38 이상적인 교축과정(throttling process)을 해석하는데 있어서 다음 설명 중 옳지 않은 것은?

① 엔트로피는 증가한다.
② 엔탈피의 변화가 없다고 본다.
③ 정압과정으로 간주한다.
④ 냉동기의 팽창밸브의 이론적인 해석에 적용될 수 있다.

39 이상기체로 작동하는 어떤 기관의 압축비가 17이다. 압축 전의 압력 및 온도는 112kPa, 25℃이고 압축 후의 압력은 4350kPa이었다. 압축 후의 온도는 약 몇 ℃인가?

① 53.7
② 180.2
③ 236.4
④ 407.8

Solution $\dfrac{P_1 \cdot V_1}{T_1} = \dfrac{P_2 \cdot V_2}{T_2}$

$\dfrac{112 \times 17}{25+273} = \dfrac{4350}{T_2}$

$T_2 = 680.83 \text{k}$
$t_2 = 407.83 \text{℃}$

40 압력이 0.2MPa, 온도가 20℃의 공기를 압력이 2MPa로 될 때까지 가역단열 압축했을 때 온도는 약 몇 ℃인가? (단, 공기는 비열비가 1.4인 이상기체로 간주한다.)

① 225.7
② 273.7
③ 292.7
④ 358.7

Solution $\dfrac{T_2}{T_1} = \left(\dfrac{P_2}{P_1}\right)^{\frac{K-1}{K}}$

$\dfrac{T_2}{20+273} = \left(\dfrac{2}{0.2}\right)^{\frac{0.4}{1.4}}$, $T_2 = 565.69 \text{K}$

$t_2 = 292.69 \text{℃}$

Answer ■ 37. ① 38. ③ 39. ④ 40. ③

3과목 기계유체역학

41 낙차가 100m인 수력발전소에서 유량이 5m³/s이면 수력터빈에서 발생하는 동력(MW)은 얼마인가? (단, 유도관의 마찰손실은 10m이고, 터빈의 효율은 80%이다.)

① 3.53　　　② 3.92　　　③ 4.41　　　④ 5.52

Solution
$h_t = 9.8 \times 5 \times (100-10) = 4410 \text{kW}$
$H_t = 0.8 \times 4410 = 3528 kW = 3.53 \text{MW}$

42 어떤 물리량 사이의 함수관계가 다음과 같이 주어졌을 때, 독립 무차원수 Pi항은 몇 개인가? (단, a는 가속도, V는 속도, t는 시간, ν는 동점성계수, L은 길이이다.)

$$F(a,\ V,\ t,\ \nu,\ L) = 0$$

① 1　　　② 2
③ 3　　　④ 4

Solution $\pi = n - m = 5 - 2 = 3$

43 그림과 같은 노즐을 통하여 유량 Q만큼의 유체가 대기로 분출될 때, 노즐에 미치는 유체의 힘 F는? (단, A_1, A_2는 노즐의 단면 1, 2에서의 단면적이고 ρ는 유체의 밀도이다.)

① $F = \dfrac{\rho A_2 Q^2}{2}\left(\dfrac{A_2 - A_1}{A_1 A_2}\right)^2$

② $F = \dfrac{\rho A_2 Q^2}{2}\left(\dfrac{A_1 + A_2}{A_1 A_2}\right)^2$

③ $F = \dfrac{\rho A_1 Q^2}{2}\left(\dfrac{A_1 + A_2}{A_1 A_2}\right)^2$

④ $F = \dfrac{\rho A_1 Q^2}{2}\left(\dfrac{A_1 - A_2}{A_1 A_2}\right)^2$

Solution
$\Sigma F = \rho Q(V_2 - V_1)$
$\dfrac{P_1}{\gamma} + \dfrac{V_1^2}{2g} = \dfrac{V_2^2}{2g}$
$P_1 \cdot A_1 - F = \rho Q(V_2 - V_1)$
$\dfrac{\rho}{2} \cdot (V_2^2 - V_1^2) \cdot A_1 - F = \rho Q(V_2 - V_1)$
$V_1 = \dfrac{Q}{A_1},\ V_2 = \dfrac{Q}{A_2}$
$\therefore F = \dfrac{\rho \cdot A_1}{2}\left(\dfrac{Q^2}{A_2^2} - \dfrac{Q^2}{A_1^2}\right) - \rho Q\left(\dfrac{Q}{A_2} - \dfrac{Q}{A_1}\right) = \dfrac{\rho \cdot A_1 \cdot Q^2}{2}\left(\dfrac{1}{A_2^2} - \dfrac{2}{A_1 \cdot A_2} + \dfrac{1}{A_1^2}\right)$
$= \dfrac{\rho \cdot A_1 \cdot Q^2}{2}\left(\dfrac{A_1 - A_2}{A_1 \cdot A_2}\right)^2$

41. ①　42. ③　43. ④ ■ Answer

44 그림과 같이 원판 수문이 물속에 설치되어 있다. 그림 중 C는 압력의 중심이고, G는 원판의 도심이다. 원판의 지름을 d라 하면 작용점의 위치 η는?

① $\eta = \bar{y} + \dfrac{d^2}{8\bar{y}}$

② $\eta = \bar{y} + \dfrac{d^2}{16\bar{y}}$

③ $\eta = \bar{y} + \dfrac{d^2}{32\bar{y}}$

④ $\eta = \bar{y} + \dfrac{d^2}{64\bar{y}}$

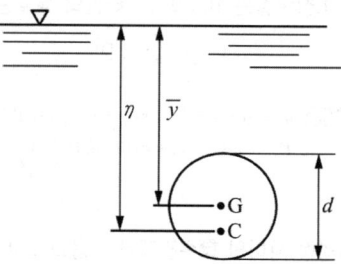

Solution $\eta = \bar{y} + \dfrac{I_G}{A \cdot \bar{y}}$

$\dfrac{I_G}{A} = \dfrac{\pi d^4}{\dfrac{\pi d^2}{4} \times 64} = \dfrac{d^2}{16}$

$\therefore \eta = \bar{y} + \dfrac{d^2}{16\bar{y}}$

45 체적이 30m³인 어느 기름의 무게가 247kN이었다면 비중은 얼마인가? (단, 물의 밀도는 1000kg/m³이다.)

① 0.80
② 0.82
③ 0.84
④ 0.86

Solution $S = \dfrac{347 \times 10^3}{1000 \times 9.8 \times 30} = 0.84$

46 비압축성 유체가 그림과 같이 단면적 $A(x) = 1 - 0.04x [\text{m}^2]$로 변화하는 통로 내를 정상상태로 흐를 때 P점($x = 0$)에서의 가속도(m/s²)는 얼마인가? (단, P점에서의 속도는 2m/s, 단면적은 1m²이며, 각 단면에서 유속은 균일하다고 가정한다.)

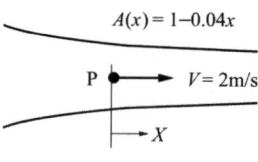

① -0.08
② 0
③ 0.08
④ 0.16

Solution $V = \dfrac{Q}{A} = Q(1 - 0.04x)^{-1}$

$a_x = V \cdot \dfrac{\partial V}{\partial x} = V \cdot Q \cdot (-1) \cdot (1 - 0.04x)^{-2} \cdot (-0.04)$

$x = 0$일 때

$a_x = 2 \times 2 \times (-1) \times (-0.04) = 0.16 \text{m/sec}^2$

Answer ■ 44. ② 45. ③ 46. ④

47 수면의 차이가 H인 두 저수지 사이에 지름 d, 길이 ℓ인 관로가 연결되어 있을 때 관로에서의 평균 유속(V)을 나타내는 식은? (단, f는 관마찰계수이고, g는 중력가속도이며, K_1, K_2는 관입구와 출구에서의 부차적 손실계수이다.)

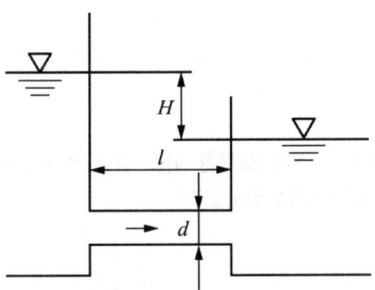

① $V = \sqrt{\dfrac{2gdH}{K_1 + f\ell + K_2}}$
② $V = \sqrt{\dfrac{2gH}{K_1 + fd\ell + K_2}}$
③ $V = \sqrt{\dfrac{2gdH}{K_1 + \dfrac{f}{\ell} + K_2}}$
④ $V = \sqrt{\dfrac{2gH}{K_1 + f\dfrac{\ell}{d} + K_2}}$

Solution $H = h_\ell = \left(k_1 + f\dfrac{\ell}{d} + k_2\right)\dfrac{V^2}{2g}$

$V = \sqrt{\dfrac{2gH}{K_1 + f\dfrac{\ell}{d} + K_2}}$

48 공기의 속도 24m/s인 풍동 내에서 익현길이 1m, 익의 폭 5m인 날개에 작용하는 양력(N)은 얼마인가? (단, 공기의 밀도는 1.2kg/m³, 양력계수는 0.455이다.)

① 1572　② 786　③ 393　④ 91

Solution $L = C_L \cdot A \cdot \dfrac{\rho \cdot V^2}{2} = 0.455 \times (1 \times 5) \times \dfrac{1.2 \times 24^2}{2} = 786.24\text{N}$

49 (x, y)평면에서의 유동함수(정상, 비압축성 유동)가 다음과 같이 정의된다면 $x = 4$m, $y = 6$m의 위치에서의 속도(m/s)는 얼마인가?

$$\psi = 3x^2y - y^3$$

① 156　② 92　③ 58　④ 38

Solution $u = \dfrac{\partial \psi}{\partial y} = 3x^2 - 3y^2 = 3 \times 4^2 - 3 \times 6^2 = -60$

$v = -\dfrac{\partial \psi}{\partial x} = -6xy = -144$

$V = \sqrt{u^2 + v^2} = 156$

47. ④　48. ②　49. ①　■ Answer

50 유체의 정의를 가장 올바르게 나타낸 것은?
① 아무리 작은 전단응력에도 저항할 수 없어 연속적으로 변형하는 물질
② 탄성계수가 0을 초과하는 물질
③ 수직응력을 가해도 물체가 변하지 않는 물질
④ 전단응력이 가해질 때 일정한 양의 변형이 유지되는 물질

51 밀도 1.6kg/m³인 기체가 흐르는 관에 설치한 피토 정압관(Pitot-static tube)의 두 단자 간 압력차가 4cmH₂O이었다면 기체의 속도(m/s)는 얼마인가?
① 7　　　　　　　　　② 14
③ 22　　　　　　　　　④ 28

Solution $V = \sqrt{2gh\left(\dfrac{r_s}{r}-1\right)} = \sqrt{2 \times 9.8 \times 0.04 \times \left(\dfrac{1000}{1.6}-1\right)} = 22.12\,\text{m/sec}$

52 3.6m³/min을 양수하는 펌프의 송출구의 안지름이 23cm일 때 평균 유속(m/s)은 얼마인가?
① 0.96　　　　　　　　② 1.20
③ 1.32　　　　　　　　④ 1.44

Solution $V = \dfrac{3.6/60}{\dfrac{\pi}{4} \times 0.23^2} = 1.44\,\text{m/sec}$

53 국소 대기압이 1atm이라고 할 때, 다음 중 가장 높은 압력은?
① 0.13atm(gage pressure)　　② 115kPa(absolute pressure)
③ 1.1atm(absolute pressure)　④ 11mH₂O(absolute pressure)

Solution $\dfrac{115 \times 10^3}{101325} = 1.13\,\text{atm}$
$\dfrac{11}{10.33} = 1.06\,\text{atm}$

54 수평원관 속에 정상류의 층류흐름이 있을 때 전단응력에 대한 설명으로 옳은 것은?
① 단면 전체에서 일정하다.
② 벽면에서 0이고 관 중심까지 선형적으로 증가한다.
③ 관 중심에서 0이고 반지름 방향으로 선형적으로 증가한다.
④ 관 중심에서 0이고 반지름 방향으로 중심으로부터 거리의 제곱에 비례하여 증가한다.

Answer ■ 50. ①　51. ③　52. ④　53. ②　54. ③

55
그림과 같은 두 개의 고정된 평판 사이에 얇은 판이 있다. 얇은 판 상부에는 점성계수가 0.05N·s/m² 인 유체가 있고 하부에는 점성계수가 0.1N·s/m² 인 유체가 있다. 이 판을 일정속도 0.5m/s로 끌 때, 끄는 힘이 최소가 되는 거리 y는? (단, 고정 평판사이의 폭은 h(m), 평판들 사이의 속도분포는 선형이라고 가정한다.)

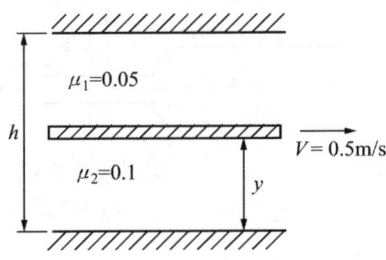

① 0.293h
② 0.482h
③ 0.586h
④ 0.879h

Solution
$F_2 = A \cdot \mu_2 \cdot \dfrac{V}{y}$, $F_1 = A \cdot \mu_1 \cdot \dfrac{V}{(h-y)}$

$\dfrac{dF_2}{dy} = \dfrac{-A \cdot \mu_2 \cdot V}{y^2}$, $\dfrac{dF_1}{dy} = \dfrac{-A \cdot \mu_1 \cdot V}{(h-y)^2}$

$\dfrac{dF_2}{dy} = \dfrac{dF_1}{dy}$: 끄는 힘이 최소가 되는 조건

$\dfrac{\mu_2}{y^2} = \dfrac{\mu_1}{h^2 - 2hy + y^2}$, $(\mu_2 - \mu_1)y^2 - 2\mu_2 \cdot hy + \mu_2 \cdot h^2 = 0$, $0.05y^2 - 0.2hy + 0.1h^2 = 0$

$y = \dfrac{0.2h \pm \sqrt{0.04h^2 - 0.02h^2}}{2 \times 0.05}$, $y_1 = 3.414h$, $y_2 = 0.586h$ ∴ $y = 0.586h$

56
직경 1cm인 원형관 내의 물의 유동에 대한 천이 레이놀즈수는 2300이다. 천이가 일어날 때 물의 평균유속 (m/s)은 얼마인가? (단, 물의 동점성계수는 10^{-6} m²/s이다.)

① 0.23
② 0.46
③ 2.3
④ 4.6

Solution
$Re = \dfrac{V \cdot d}{\gamma}$
$2300 = \dfrac{V \times 0.01}{10^{-6}}$, $V = 0.23$ m/s

57
프란틀의 혼합거리(mixing length)에 대한 설명으로 옳은 것은?

① 전단응력과 무관하다.
② 벽에서 0이다.
③ 항상 일정하다.
④ 층류 유동문제를 계산하는데 유용하다.

Solution 프란틀의 혼합거리 : 난동하는 유체입자가 운동량 변화없이 움직일 수 있는 거리이다.

55. ③ 56. ① 57. ② ■ Answer

58 그림과 같이 유리관 A, B부분의 안지름은 각각 30cm, 10cm이다. 이 관에 물을 흐르게 하였더니 A에 세운 관에는 물이 60cm, B에 세운 관에는 물이 30cm 올라갔다. A와 B 각 부분에서 물의 속도(m/s)는?

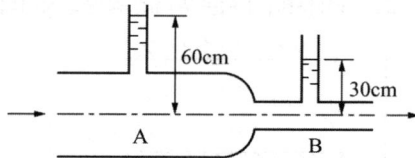

① $V_A = 2.73$, $V_B = 24.5$
② $V_A = 2.44$, $V_B = 22.0$
③ $V_A = 0.542$, $V_B = 4.88$
④ $V_A = 0.271$, $V_B = 2.44$

Solution
$$\frac{P_A}{\gamma} + \frac{V_A^2}{2g} = \frac{P_B}{\gamma} + \frac{V_B^2}{2g}$$
$$\frac{P_A - P_B}{\gamma} = \frac{V_B^2 - V_A^2}{2g} = \frac{V_B^2}{2g}\left(1 - \frac{A_B^2}{A_A^2}\right)$$
$$(0.6 - 0.3) = \frac{V_B^2}{2 \times 9.8} \times (1 - \frac{10^4}{30^4})$$
$$V_B = 2.44 \,\mathrm{m/sec}$$
$$V_A = \frac{2.44 \times 10^2}{30^2} = 0.27 \,\mathrm{m/sec}$$

59 해수의 비중은 1.025이다. 바닷물 속 1m 깊이에서 작업하는 해녀가 받는 계기 압력(kPa)은 약 얼마인가?
① 94.4
② 100.5
③ 105.6
④ 112.7

Solution $P = 1.025 \times 9.8 \times 10 = 100.45 \,\mathrm{kPa}$

60 어떤 물리적인 계(system)에서 물리량 F가 물리량 A, B, C, D의 함수 관계가 있다고 할 때, 차원해석을 한 결과 두 개의 무차원수, $\frac{F}{AB^2}$와 $\frac{B}{CD^2}$를 구할 수 있었다. 그리고 모형실험을 하여 $A = 1$, $B = 1$, $C = 1$, $D = 1$일 때, $F = F_1$을 구할 수 있었다. 여기서 $A = 2$, $B = 4$, $C = 1$, $D = 2$인 원형의 F는 어떤 값을 가지는가? (단, 모든 값들은 SI단위를 가진다.)

① F_1
② $16F_1$
③ $32F_1$
④ 위의 자료만으로는 예측할 수 없다.

Solution
$$\left(\frac{F}{AB^2}\right)_m = \left(\frac{F}{AB^2}\right)_p$$
$$\frac{F_1}{1 \times 1^2} = \frac{F}{2 \times 4^2}, \; F = 32F_1$$

Answer ■ 58. ④ 59. ② 60. ③

4과목 기계재료 및 유압기기

61 다음의 강종 중 탄소의 함유량이 가장 많은 것은?
① SM25C
② SKH51
③ STC105
④ STD11

62 피로 한도에 대한 설명으로 옳은 것은?
① 지름에 크면 피로한도는 커진다.
② 노치가 있는 시험편의 피로한도는 크다.
③ 표면이 거친 것이 고온 것보다 피로한도가 커진다.
④ 노치가 있을 때와 없을 때의 피로한도 비를 노치 계수라 한다.

63 염욕의 관리에서 강박 시험에 대한 다음 ( )안에 알맞은 내용은?

> 강박 시험 후 강박을 손으로 구부려서 휘어지면 이 염욕은 ( ) 작용을 한 것으로 판단다.

① 산화
② 환원
③ 탈탄
④ 촉매

64 다음 중 결합력이 가장 약한 것은?
① 이온결합(ionic bond)
② 공유결합(covalent bond)
③ 금속결합(metallic bond)
④ 반데발스결합(Van der Waals bond)

65 $Fe-Fe_3C$ 평형상태도에서 Acm선 이란?
① 마텐자이트가 석출되는 온도선을 말한다.
② 트루스타이트가 석출되는 온도선을 말한다.
③ 시멘타이트가 석출되는 온도선을 말한다.
④ 소르바이트가 석출되는 온도선을 말한다.

66 5~20%Zn의 황동을 말하며, 강도는 낮으나 전연성이 좋고, 색깔이 금에 가까우므로 모조금이나 판 및 선 등에 사용되는 것은?
① 톰백
② 두랄루민
③ 문쯔메탈
④ Y-합금

61. ④ 62. ④ 63. ③ 64. ④ 65. ③ 66. ① ■ Answer

67 유화물 계통의 편석 및 수지상 조직을 제거하여 연신율을 향상시킬 수 있는 열처리 방법으로 가장 적합한 것은?

① 퀜칭 ② 템퍼링 ③ 확산 풀림 ④ 재결정 풀림

68 주철의 조직을 지배하는 요소로 옳은 것은?

① S, Si의 양과 냉각속도 ② C, Si의 양과 냉각속도
③ P, Cr의 양과 냉각속도 ④ Cr, Mg의 양과 냉각속도

69 Ni-Fe계 합금에 대한 설명으로 틀린 것은?

① 엘린바는 온도에 따른 탄성율의 변화가 거의 없다.
② 슈퍼인바는 20℃에서 팽창계수가 거의 0(zero)에 가깝다.
③ 인바는 열팽창계수가 상온부근에서 매우 작아 길이의 변화가 거의 없다.
④ 플래티나이트는 60%Ni와 15%Sn 및 Fe의 조성을 갖는 소결합금이다.

70 강을 생산하는 제강로를 염기성과 산성으로 구분하는데 이것은 무엇으로 구분하는가?

① 로 내의 내화물 ② 사용되는 철광석
③ 발생하는 가스의 성 ④ 주입하는 용제의 성질

71 일반적인 베인 펌프의 특징으로 적절하지 않은 것은?

① 부품수가 많다.
② 비교적 고장이 적고 보수가 용이하다.
③ 펌프의 구동 동력에 비해 형상이 소형이다.
④ 기어 펌프나 피스톤 펌프에 비해 토출 압력의 맥동이 크다.

72 그림과 같은 유압기호가 나타내는 것은? (단, 그림의 기호는 간략 기호이며, 간략 기호에서 유로의 화살표는 압력의 보상을 나타낸다.)

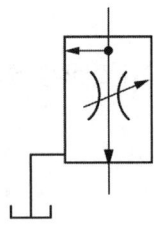

① 가변 교축 밸브 ② 무부하 릴리프 밸브
③ 직렬형 유량조정 밸브 ④ 바이패스형 유량조정 밸브

Answer ■ 67. ③ 68. ② 69. ④ 70. ① 71. ④ 72. ④

73 유압 회로에서 속도 제어 회로의 종류가 아닌 것은?

① 미터 인 회로
② 미터 아웃 회로
③ 블리드 오프 회로
④ 최대 압력 제한 회로

74 그림과 같은 단동실린더에서 피스톤에 $F = 500N$의 힘이 발생하면, 압력 P는 약 몇 kPa이 필요한가? (단, 실린더의 직경은 40mm이다.)

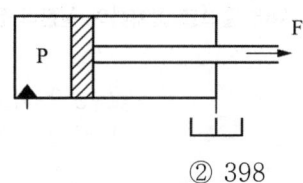

① 39.8
② 398
③ 79.6
④ 796

Solution $P = \dfrac{F}{A} = \dfrac{500 \times 10^{-3}}{\dfrac{\pi \times 0.04^2}{4}} = 397.89 \text{kPa}$

75 감압 밸브, 체크 밸브, 릴리프 밸브 등에서 밸브시트를 두드려 비교적 높은 음을 내는 일종의 자려진동 현상은?

① 컷인
② 점핑
③ 채터링
④ 디컴프레션

76 어큐뮬레이터의 용도와 취급에 대한 설명으로 틀린 것은?

① 누설유량을 보충해 주는 펌프 대용 역할을 한다.
② 어큐뮬레이터에 부속쇠 등을 용접하거나 가공, 구멍 뚫기 등을 해서는 안된다.
③ 어큐뮬레이터를 운반, 결합, 분리 등을 할 때는 봉입가스를 유지하여야 한다.
④ 유압 펌프에 발생하는 맥동을 흡수하여 이상 압력을 억제하여 진동이나 소음을 방지한다.

77 유압유의 점도가 낮을 때 유압 장치에 미치는 영향으로 적절하지 않은 것은?

① 배관 저항 증대
② 유압유의 누설 증가
③ 펌프의 용적 효율 저하
④ 정확한 작동과 정밀한 제어의 곤란

78 상시 개방형 밸브로 옳은 것은?

① 감압 밸브
② 무부하 밸브
③ 릴리프 밸브
④ 카운터 밸런스 밸브

73. ④ 74. ② 75. ③ 76. ③ 77. ① 78. ① ■ Answer

79 기어펌프의 폐입 현상에 관한 설명으로 적절하지 않은 것은?

① 진동, 소음의 원인이 된다.
② 한 쌍의 이가 맞물려 회전할 경우 발생한다.
③ 폐입 부분에서 팽창 시 고압이, 압축 시 진공이 형성된다.
④ 방지책으로 릴리프 홈에 의한 방법이 있다.

80 실린더 입구의 분기 회로에 유량 제어 밸브를 설치하여 실린더 입구측의 불필요한 압유를 배출시켜 작동 효율을 증진시키는 회로는?

① 로킹 회로
② 증강 회로
③ 동조 회로
④ 블리드 오프 회로

5과목 기계제작법 및 기계동력학

81 200kg의 파일을 땅속으로 박고자 한다. 파일 위의 1.2m 지점에서 무게가 1t인 해머가 떨어질 때 완전 소성 충돌이라고 한다면 이때 파일이 땅속으로 들어가는 거리는 약 몇 m인가? (단, 파일에 가해지는 땅의 저항력은 150kN이고, 중력가속도는 9.81m/s²이다.)

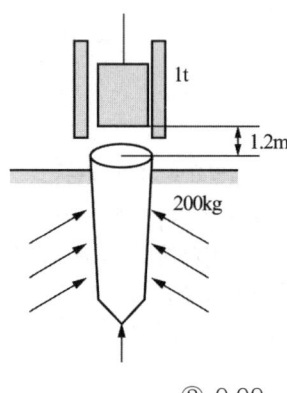

① 0.07
② 0.09
③ 0.14
④ 0.19

Solution $U_{1-2} = -\triangle V$, $1 \times 9.81 \times 1.2 = (0.2 \times 9.81 + 150) \cdot h$
$h = 0.077m$

82 평탄한 지면 위를 미끄럼이 없이 구르는 원통 중심의 가속도가 1m/s²일 때 이 원통의 각가속도는 몇 rad/s²인가? (단, 반지름 r은 2m이다.)

① 0.2
② 0.5
③ 5
④ 10

Solution $\alpha = \dfrac{a}{r} = \dfrac{1}{2} \text{rad/sec}^2$

Answer ■ 79. ③ 80. ④ 81. ① 82. ②

83 자동차가 반경 50m의 원형도로를 25m/s의 속도로 달리고 있을 때, 반경방향으로 작용하는 가속도는 몇 m/s²인가?

① 9.8　　　　　　　　　　　② 10.0
③ 12.5　　　　　　　　　　　④ 25.0

Solution $a_r = \ddot{r} - \gamma\dot{\theta}^2 = \dfrac{V^2}{\gamma} = \dfrac{25^2}{50} = 12.5 \, \text{m/sec}^2$

84 수평면과 a의 각을 이루는 마찰이 있는(마찰계수 μ) 경사면에서 무게가 W인 물체를 힘 P를 가하여 등속력으로 끌어올릴 때, 힘 P가 한 일에 대한 무게 W인 물체를 끌어올리는 일의 비, 즉 효율은?

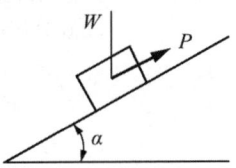

① $\dfrac{1}{1+\mu\cot(a)}$　　　　　② $\dfrac{1}{1-\mu\cot(a)}$
③ $\dfrac{1}{1+\mu\cos(a)}$　　　　　④ $\dfrac{1}{1-\mu\sin(a)}$

Solution $P = W \cdot \sin\alpha + \mu W \cdot \cos\alpha = W \cdot \sin\alpha(1+\mu\cot\alpha)$
$\eta = \dfrac{W \cdot \Delta S \cdot \sin\alpha}{P \cdot \Delta S} = \dfrac{1}{1+\mu\cot\alpha}$

85 어떤 물체가 $x(t) = A\sin(4t+\phi)$로 진동할 때 진동주기 T[s]는 약 얼마인가?

① 1.57　　　　　　　　　　　② 2.54
③ 4.71　　　　　　　　　　　④ 6.28

Solution $T = \dfrac{2\pi}{w} = \dfrac{2\pi}{4} = \dfrac{\pi}{2} = 1.57 \sec$

86 1자유도의 질량-스프링계에서 스프링 상수 k가 2kN/m, 질량 m이 20kg일 때 이 계의 고유주기는 약 몇 초인가? (단, 마찰은 무시한다.)

① 0.63　　　　　　　　　　　② 1.54
③ 1.93　　　　　　　　　　　④ 2.34

Solution $w = \sqrt{\dfrac{K}{m}} = \sqrt{\dfrac{2 \times 10^3}{20}} = 10$
$T = \dfrac{2\pi}{w} = \dfrac{2\pi}{10} = 0.628 \sec$

83. ③　84. ①　85. ①　86. ① ■ Answer

87 두 조화운동 $x_1 = 4\sin 10t$와 $x_2 = 4\sin 10.2t$를 합성하면 맥놀이(beat)현상이 발생하는데 이때 맥놀이 진동수(Hz)는 약 얼마인가? (단, t의 단위는 s이다.)

① 31.4　　　　　　　　　　　② 62.8
③ 0.0159　　　　　　　　　　④ 0.0318

Solution $f_b = \dfrac{1}{2\pi}(w_2 - w_1) = \dfrac{0.2}{\pi} = 0.0318\,\text{Hz}$

88 1자유도 시스템에서 감쇠비가 0.1인 경우 대수감소율은?

① 0.2315　　　　　　　　　　② 0.4315
③ 0.6315　　　　　　　　　　④ 0.8315

Solution $\delta = \dfrac{2\pi\psi}{\sqrt{1-\psi^2}} = 0.6315$

89 반경이 r인 실린더가 위치 1의 정지상태에서 경사를 따라 높이 h만큼 굴러 내려갔을 때, 실린더 중심의 속도는? (단, g는 중력가속도이며, 미끄러짐은 없다고 가정한다.)

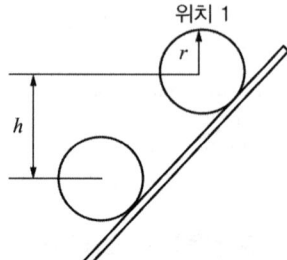

① $\sqrt{2gh}$　　　　　　　　　　② $0.707\sqrt{2gh}$
③ $0.816\sqrt{2gh}$　　　　　　　④ $0.845\sqrt{2gh}$

Solution $\dfrac{1}{2}mV^2 + \dfrac{1}{2}\times\dfrac{mr^2}{2}\times\dfrac{V^2}{r^2} = mgh$

$\dfrac{3}{4}mV^2 = mgh$

$V^2 = \dfrac{4}{3}gh = \dfrac{2}{3}\times 2gh,\ V = 0.816\sqrt{2gh}$

Answer ■ 87. ④　88. ③　89. ③

90 다음 그림과 같은 조건에서 어떤 투사체가 초기속도 360m/s로 수평방향과 30°의 각도로 발사되었다. 이때 2초 후 수직방향에 대한 속도는 약 몇 m/s인가? (단, 공기저항 무시, 중력가속도는 9.81m/s²이다.)

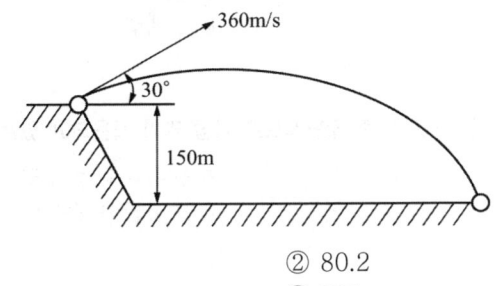

① 40.1   ② 80.2
③ 160   ④ 321

Solution $V_y = V_{cy} - g \cdot t = 360 \times \sin 30° - 9.81 \times 2 = 160.38 \, \text{m/sec}$

91 피복아크용접봉의 피복제 역할로 틀린 것은?
① 아크를 안정시킨다.   ② 모재 표면의 산화물을 제거한다.
③ 용착금속의 급랭을 방지한다.   ④ 용착금속의 흐름을 억제한다.

92 3차원 측정기에서 측정물의 측정위치를 감지하여 X, Y, Z축의 위치 데이터를 컴퓨터에 전송하는 기능을 가진 것은?
① 프로브   ② 측정암
③ 컬럼   ④ 정반

93 와이어 컷 방전가공에서 와이어 이송속도 0.2mm/min, 가공물 두께가 10mm일 때 가공속도는 몇 mm²/min 인가?
① 0.02   ② 0.2
③ 2   ④ 20

Solution $0.2 \times 10 = 2 \, \text{mm}^2/\text{min}$

94 단조용 공구 중 소재를 올려놓고 타격을 가할 때 받침대로 사용하며 크기는 중량으로 표시하는 것은?
① 대뫼   ② 앤빌
③ 정반   ④ 단조용 탭

90. ③   91. ④   92. ①   93. ③   94. ② ■ Answer

95 목재의 건조방법에서 자연건조법에 해당하는 것은?
① 야적법 ② 침재법
③ 자재법 ④ 증재법

96 다음 공작기계에 사용되는 속도열 중 일반적으로 가장 많이 사용되고 있는 속도열은?
① 대수급수 속도열 ② 등비급수 속도열
③ 등차급수 속도열 ④ 조화급수 속도열

97 두께 5mm의 연강판에 직경 10mm의 펀칭 작업을 하는데 크랭크 프레스 램의 속도가 10m/min이라면 이 때 프레스에 공급되어야 할 동력은 약 몇 kW인가? (단, 연강판의 전단강도는 294.3MPa이고, 프레스의 기계적 효율은 80%이다.)
① 21.32 ② 15.54
③ 13.52 ④ 9.63

Solution $H = \dfrac{294.3 \times \pi \times 10 \times 5 \times 10}{60 \times 0.8} \times 10^{-3} = 9.63\,\text{kW}$

98 절연성의 가공액 내에 도전성 재료의 전극과 공작물을 넣고 약 60~300V의 펄스 전압을 걸어 약 5~50μm 까지 접근시켜 발생하는 스파크에 의한 가공방법은?
① 방전가공 ② 전해가공
③ 전해연마 ④ 초음파가공

99 저온 뜨임에 대한 설명으로 틀린 것은?
① 담금질에 의한 응력 제거 ② 치수의 경년 변화 방지
③ 연마균열 생성 ④ 내마모성 향상

100 전해연마 가공법의 특징이 아닌 것은?
① 가공면에 방향성이 없다.
② 복잡한 형상의 제품도 연마가 가능하다.
③ 가공 변질층이 있고 평활한 가공면을 얻을 수 있다.
④ 연질의 알루미늄, 구리 등도 쉽게 광택면을 얻을 수 있다.

Answer ▪ 95. ① 96. ② 97. ④ 98. ① 99. ③ 100. ③

2020 기출문제

9월 27일 시행

1과목 재료역학

1 그림과 같은 보에 하중 P가 작용하고 있을 때 이 보에 발생하는 최대 굽힘응력이 $\sigma_{\max}$라면 하중 P는?

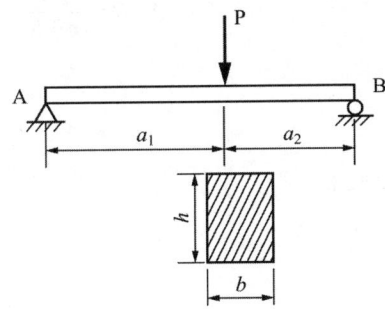

① $P = \dfrac{bh^2(a_1+a_2)\sigma_{\max}}{6a_1a_2}$

② $P = \dfrac{bh^3(a_1+a_2)\sigma_{\max}}{6a_1a_2}$

③ $P = \dfrac{b^2h(a_1+a_2)\sigma_{\max}}{6a_1a_2}$

④ $P = \dfrac{b^3h(a_1+a_2)\sigma_{\max}}{6a_1a_2}$

Solution

$R_A = \dfrac{P \cdot a_2}{a_1 + a_2}$

$M_{\max} = R_A \cdot a_1 = \dfrac{P \cdot a_2 \cdot a_1}{a_1 + a_2}$

$Z = \dfrac{bh^2}{6}$

$\sigma_{\max} = \dfrac{M_{\max}}{Z} = \dfrac{6 \cdot P \cdot a_1 \cdot a_2}{b \cdot h^2 \cdot (a_1 + a_2)}$

$P = \dfrac{b \cdot h^2 \cdot (a_1 + a_2) \cdot \sigma_{\max}}{6 \cdot a_1 \cdot a_2}$

1. ① ■ Answer

2 양단이 고정된 균일 단면봉의 중간단면 C에 축하중 P를 작용시킬 때 A, B에서 반력은?

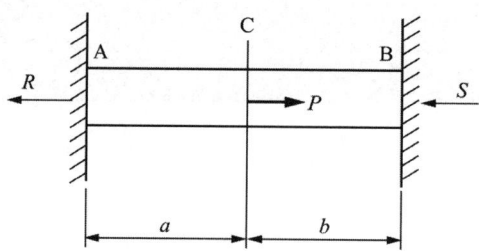

① $R = \dfrac{P(a+b^2)}{a+b}$, $S = \dfrac{P(a^2+b)}{a+b}$ ② $R = \dfrac{Pb^2}{a+b}$, $S = \dfrac{Pa^2}{a+b}$

③ $R = \dfrac{Pb}{a+b}$, $S = \dfrac{Pa}{a+b}$ ④ $R = \dfrac{Pa}{a+b}$, $S = \dfrac{Pb}{a+b}$

Solution $\sum F = 0$, $\delta = 0$
$R + S = P$
$\delta = \delta_{AC} + \delta_{CB} = 0$
$\dfrac{R \cdot a}{AE} + \dfrac{(R-P) \cdot b}{AE} = 0$
$\therefore R = \dfrac{P \cdot b}{a+b}$, $S = \dfrac{P \cdot a}{a+b}$

3 그림과 같은 직사각형 단면에서 $y_1 = (2/3)h$의 위쪽 면적(빗금 부분)의 중립축에 대한 단면 1차모멘트 Q는?

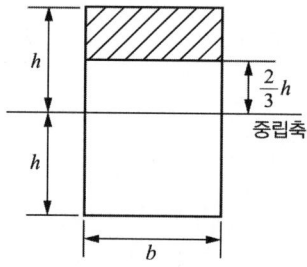

① $\dfrac{3}{8}bh^2$ ② $\dfrac{3}{8}bh^3$

③ $\dfrac{5}{18}bh^2$ ④ $\dfrac{5}{18}bh^3$

Solution $Q = A \cdot \bar{y} = (b \times \dfrac{h}{3}) \times (\dfrac{h}{3} \times \dfrac{1}{2} + \dfrac{2}{3}h)$
$\therefore Q = \dfrac{5bh^2}{18}$

Answer ■ 2. ③ 3. ③

4 그림과 같이 등분포하중이 작용하는 보에서 최대 전단력의 크기는 몇 kN인가?

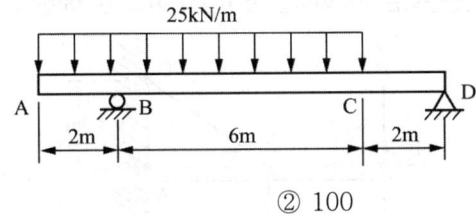

① 50　　　　　　　　　　　　② 100
③ 150　　　　　　　　　　　　④ 200

Solution $R_B \times 8 = 25 \times 2 \times 9 + 25 \times 6 \times 5$
$R_B = 150\text{kN},\ R_D = 50\text{kN}$
$\therefore F_{\max} = R_B - 25 \times 2 = 100\text{kN}$

5 양단이 고정단인 주철 재질의 원주가 있다. 이 기둥의 임계응력을 오일러 식에 의해 계산한 결과 $0.0247E$로 얻어졌다면 이 기둥의 길이는 원주 직경의 몇 배인가? (단, E는 재료의 세로탄성계수이다.)

① 12　　　　　　　　　　　　② 10
③ 0.05　　　　　　　　　　　　④ 0.001

Solution $\sigma_{cr} = 0.0247E = \dfrac{n\pi^2 EI}{\ell^2 \cdot A}$

$0.0247E = \dfrac{4 \times \pi^2 \times E \times \pi d^4}{\ell^2 \times \dfrac{\pi d^2}{4} \times 64}$

$0.0247 = \dfrac{16 \times \pi^2 \cdot d^2}{64 \times \ell^2}$

$\dfrac{d^2}{\ell^2} = 0.01,\ \ell = 10d$

6 아래와 같은 보에서 C점(A에서 4m 떨어진 점)에서의 굽힘모멘트 값은 약 몇 kN·m 인가?

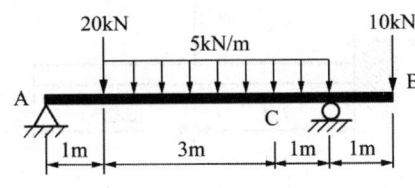

① 5.5　　　　　　　　　　　　② 11
③ 13　　　　　　　　　　　　④ 22

Solution $R_A = \dfrac{20 \times 4 + 5 \times 4 \times 2 - 10 \times 1}{5} = 22\text{kN}$
$M_C = 22 \times 4 - 20 \times 3 - 5 \times 3 \times 1.5 = 5.5\text{kN·m}$

4. ②　5. ②　6. ① ■ Answer

7 그림과 같이 수평 강체봉 AB의 한쪽을 벽에 힌지로 연결하고 죄임봉 CD로 매단 구조물이 있다. 죄임봉의 단면적은 1cm², 허용 인장응력은 100MPa일 때 B단의 최대 안전하중 P는 몇 kN인가?

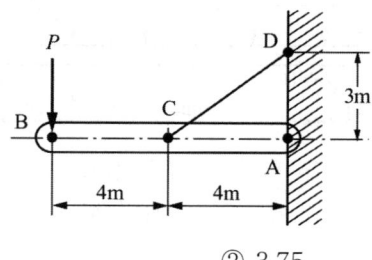

① 3
③ 6
② 3.75
④ 8.33

Solution $P \times 8 = 100 \times 10^2 \times \dfrac{3}{5} \times 4$
$P = 3000\,\text{N} = 3\,\text{kN}$

8 자유단에 집중하중 P를 받는 외팔보의 최대처짐 δ_1과 $W = \omega L$이 되게 균일분포하중(ω)이 작용하는 외팔보의 자유단 처짐 δ_2가 동일하다면 두 하중들의 비 W/P는 얼마인가? (단, 보의 굽힘 강성은 EI로 일정하다.)

① $\dfrac{8}{3}$ ② $\dfrac{3}{8}$ ③ $\dfrac{5}{8}$ ④ $\dfrac{8}{5}$

Solution $\delta_1 = \dfrac{P \cdot \ell}{3EI}$
$\delta_2 = \dfrac{w\ell^4}{8EI} = \dfrac{W \cdot \ell^3}{8EI}$
$\delta_1 = \delta_2, \quad \dfrac{W}{P} = \dfrac{8}{3}$

9 그림과 같은 외팔보에 저장된 굽힘 변형에너지는? (단, 세로탄성계수는 E이고, 단면의 관성모멘트는 I이다.)

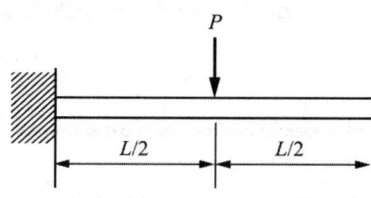

① $\dfrac{P^2 L^3}{8EI}$
② $\dfrac{P^2 L^3}{12EI}$
③ $\dfrac{P^2 L^3}{24EI}$
④ $\dfrac{P^2 L^3}{48EI}$

Solution $\delta_c = \dfrac{P \cdot \left(\dfrac{L}{2}\right)^3}{3EI} = \dfrac{P \cdot L^3}{24EI}$
$U = \dfrac{1}{2} P \cdot \delta_c = \dfrac{P^2 \cdot L^3}{48EI}$

Answer ■ 7. ① 8. ① 9. ④

10 지름 7mm, 길이 250mm인 연강 시험편으로 비틀림 시험을 하여 얻은 결과, 토크 4.08N·m에서 비틀림각이 8°로 기록되었다. 이 재료의 전단탄성계수는 약 몇 GPa인가?

① 64 ② 53
③ 41 ④ 31

Solution $\theta = \dfrac{T \cdot \ell}{G \cdot I_P}$

$8 \times \dfrac{\pi}{180} = \dfrac{32 \times 4.08 \times 0.25}{G \times \pi \times 0.007^4}$

$G = 30.99 \times 10^9 \text{N/m}^2 = 30.99 \text{GPa}$

11 지름 35cm의 차축이 0.2°만큼 비틀렸다. 이때 최대 전단응력이 49MPa이라고 하면 이 차축의 길이는 약 몇 m인가? (단, 재료의 전단탄성계수는 80GPa이다.)

① 2.5 ② 2.0
③ 1.5 ④ 1

Solution $\theta = \dfrac{T \cdot \ell}{G \cdot I_P}$

$0.2 \times \dfrac{\pi}{180} = \dfrac{32 \times 49 \times 10^6 \times \pi \times 0.35^3 \times \ell}{80 \times 10^9 \times \pi \times 0.35^4 \times 16}$

$\ell = 0.997 \text{m}$

12 그림과 같은 단면의 축이 전달할 토크가 동일하다면 각 축의 재료 선정에 있어서 허용 전단응력의 비 τ_A/τ_B의 값은 얼마인가?

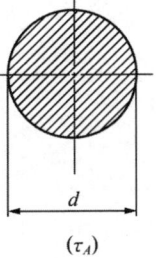

(τ_A)   (τ_B)

① $\dfrac{15}{16}$ ② $\dfrac{9}{16}$

③ $\dfrac{16}{15}$ ④ $\dfrac{16}{9}$

Solution $\tau_A = \dfrac{16T}{\pi d^3}$

$\tau_B = \dfrac{16 \cdot T}{\pi d^3 (1 - 0.5^4)}$

$\dfrac{\tau_A}{\tau_B} = 1 - 0.5^4 = 0.9375 = \dfrac{15}{16}$

10. ④   11. ④   12. ①   ■ Answer

13 높이가 L이고 저면의 지름이 D, 단위 체적당 중량 γ의 그림과 같은 원추형의 재료가 자중에 의해 변형될 때 저장된 변형에너지 값은? (단, 세로탄성계수는 E이다.)

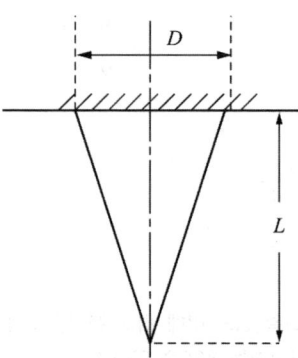

① $\dfrac{\pi\gamma D^2 L^3}{24E}$ ② $\dfrac{(\pi\gamma^2\pi^2 D^3)^2}{72E}$

③ $\dfrac{\pi\gamma DL^2}{96E}$ ④ $\dfrac{\gamma^2\pi D^2 L^3}{360E}$

14 공칭응력(nominal stress : σ_n)과 진응력(true stress : σ_t)사이의 관계식으로 옳은 것은? (단, ϵ_n은 공칭변형율(nominal strain), ϵ_t는 진변형율(true strain)이다.)

① $\sigma_t = \sigma_n(1+\epsilon_t)$ ② $\sigma_t = \sigma_n(1+\epsilon_n)$
③ $\sigma_t = \ln(1+\sigma_n)$ ④ $\sigma_t = \ln(\sigma_n+\epsilon_n)$

Solution 공창응력 $= \dfrac{하중}{원래면적}$

공칭변형율 $= \dfrac{변형량}{원래길이}$

진응력 $= \dfrac{하중}{변형 후 면적}$

진변형율 $= \dfrac{변형량}{변형 후 길이}$

$\sigma_t > \sigma_n$, $\epsilon_t < \epsilon_n$

※ 2019년 3월 3일 시행 문제 4번과 동일

15 안지름이 2m이고 1000kPa의 내압이 작용하는 원통형 압력 용기의 최대 사용응력이 200MPa이다. 용기의 두께는 약 몇 mm인가? (단, 안전계수는 2이다.)

① 5 ② 7.5
③ 10 ④ 12.5

Solution $t = \dfrac{PdS}{2\sigma_{t\max}} \cdot \dfrac{1000 \times 10^{-3} \times 2000 \times 2}{2 \times 200} = 10\,mm$

Answer ■ 13. ④ 14. ② 15. ③

16 원형단면의 단순보가 그림과 같이 등분포하중 ω = 10N/m를 받고 허용응력이 800Pa일 때 단면의 지름은 최소 몇 mm가 되어야 되는가?

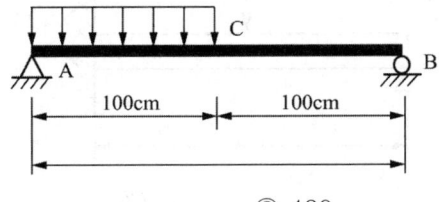

① 330
② 430
③ 550
④ 650

Solution $R_A = \dfrac{10 \times 1 \times 1.5}{2} = 7.5\text{N}$

M_{max}의 위치 : $F_x = 0$

$R_A = w \cdot x, \ x = \dfrac{7.5}{10} = 0.75\text{m}$

$M_{max} = R_A \cdot x - \dfrac{wx^2}{2} = 7.5 \times 0.75 - \dfrac{10 \times 0.75^2}{2} = 2.81\text{N} \cdot \text{m}$

$\sigma_a = \dfrac{M_{max}}{Z} = \dfrac{32 M_{max}}{\pi d^3}$

$800 = \dfrac{32 \times 2.81}{\pi d^3}, \ d = 0.3295\text{m}$

$\therefore d = 329.5\text{mm}$

17 σ_x = 700MPa, σ_y = −300MPa이 작용하는 평면응력 상태에서 최대 수직응력(σ_{max})과 최대 전단응력 (τ_{max})은 각각 몇 MPa인가?

① σ_{max} = 700, τ_{max} = 300
② σ_{max} = 700, τ_{max} = 500
③ σ_{max} = 600, τ_{max} = 400
④ σ_{max} = 500, τ_{max} = 700

Solution $\sigma_1 = \dfrac{\sigma_x + \sigma_y}{2} + \sqrt{(\dfrac{\sigma_x - \sigma_y}{2})^2 + \tau_{xy}^2} = \dfrac{700 - 300}{2} + \sqrt{(\dfrac{700 + 300}{2})^2 + 0} = 700\text{MPa}$

$\tau_1 = \sqrt{(\dfrac{\sigma_x - \sigma_y}{2})^2 + \tau_{xy}^2} = 500\text{MPa}$

18 단면 지름이 3cm인 환봉이 25kN의 전단하중을 받아서 0.00075rad의 전단변형률을 발생시켰다. 이때 재료의 세로탄성계수는 약 몇 GPa인가? (단, 이 재료의 포아송 비는 0.3이다.)

① 75.5
② 94.4
③ 122.6
④ 157.2

Solution $\tau = G \cdot \gamma = \dfrac{P}{A}$

$G \times 0.0075 = \dfrac{4 \times 25 \times 10^3}{\pi \times 0.03^2}$

$G = 47.16 \times 10^9 \text{N/m}^2$

$G = \dfrac{E}{2(1+\mu)}$

$E = 2 \times (1 + 0.3) \times 47.16 = 122.62\text{GPa}$

16. ①   17. ②   18. ③ ■ **Answer**

19 다음 부정정보에서 고정단의 모멘트 M_0는?

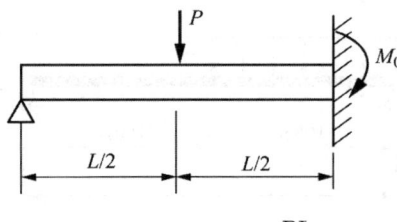

① $\dfrac{PL}{3}$ ② $\dfrac{PL}{4}$

③ $\dfrac{PL}{6}$ ④ $\dfrac{3PL}{16}$

Solution $\dfrac{R \cdot \ell^3}{3EI} = \dfrac{5P \cdot \ell^3}{48EI}$

$R = \dfrac{5P}{16}$

$M_0 = \dfrac{5P\ell}{16} - \dfrac{P\ell}{2} = \dfrac{3P \cdot \ell}{16}$

20 그림과 같이 지름 d인 강철봉이 안지름 d, 바깥지름 D인 동관에 끼워져서 두 강체 평판 사이에서 압축되고 있다. 강철봉 및 동관에 생기는 응력을 각각 σ_s, σ_c라고 하면 응력의 비(σ_s/σ_c)의 값은? (단, 강철(E_s) 및 동(E_c)의 탄성계수는 각각 E_s = 200GPa, E_c = 120GPa이다.)

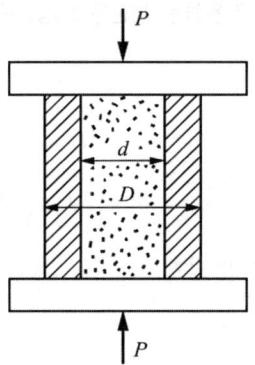

① $\dfrac{3}{5}$ ② $\dfrac{4}{5}$

③ $\dfrac{5}{4}$ ④ $\dfrac{5}{3}$

Solution $\sigma_s = \dfrac{P \cdot E_s}{A_s \cdot E_s + A_c \cdot E_c}$

$\sigma_c = \dfrac{P \cdot E_c}{A_s \cdot E_s + A_c \cdot E_c}$

$\dfrac{\sigma_s}{\sigma_c} = \dfrac{E_s}{E_c} = \dfrac{200}{120} = \dfrac{5}{3}$

Answer ▪ 19. ④ 20. ④

2과목 기계열역학

21 최고온도 1300K와 최저온도 300K 사이에서 작동하는 공기표준 Brayton 사이클의 열효율(%)은? (단, 압력비는 9, 공기의 비열비는 1.4이다.)

① 30.4　　　　　　　　② 36.5
③ 42.1　　　　　　　　④ 46.6

Solution $\eta_B = 1 - (\frac{1}{\gamma})^{\frac{K-1}{K}} = 1 - (\frac{1}{9})^{\frac{0.4}{1.4}} \times 100 = 46.62\%$

22 다음 중 경로함수(path function)는?

① 엔탈피　　　　　　　② 엔트로피
③ 내부에너지　　　　　 ④ 일

23 랭킨사이클에서 25℃, 0.01MPa 압력의 물 1kg을 5MPa 압력의 보일러로 공급한다. 이때 펌프가 가역단열과정으로 작용한다고 가정할 경우 펌프가 한 일(kJ)은? (단, 물의 비체적은 $0.001m^3$/kg이다.)

① 2.58　　　　　　　　② 4.99
③ 20.12　　　　　　　　④ 40.24

Solution $W_P = 0.001 \times (5 - 0.01) \times 10^3 = 4.99 \, kJ/kg$

24 냉매로서 갖추어야 될 요구 조건으로 적합하지 않은 것은?

① 불활성이고 안정하며 비가연성 이어야 한다.
② 비체적이 커야 한다.
③ 증발 온도에서 높은 잠열을 가져야 한다.
④ 열전도율이 커야한다.

25 처음 압력이 500kPa이고, 체적이 $2m^3$인 기체가 "PV = 일정"인 과정으로 압력이 100kPa까지 팽창할 때 밀폐계가 하는 일(kJ)을 나타내는 계산식으로 옳은 것은?

① $1000\ln\frac{2}{5}$　　　　　　　② $1000\ln\frac{5}{2}$
③ $1000\ln 5$　　　　　　　　　 ④ $1000\ln\frac{1}{5}$

Solution T = 일정

$_1W_2 = P_1V_1\ln\frac{P_1}{P_2} = 500 \times 2 \times \ln(\frac{500}{100}) = 1000\ln 5$

21. ④　22. ④　23. ②　24. ②　25. ③　■ Answer

26 밀폐계에서 기체의 압력이 100kPa으로 일정하게 유지되면서 체적이 1m³에서 2m³으로 증가되었을 때 옳은 설명은?

① 밀폐계의 에너지 변화는 없다.
② 외부로 행한 일은 100kJ이다.
③ 기체가 이상기체라면 온도가 일정하다.
④ 기체가 받은 열은 100kJ이다.

Solution $_1W_2 = P(V_2 - V_1) = 100 \times (2-1) = 100 kJ$

27 랭킨사이클의 각 점에서의 엔탈피가 아래와 같을 때 사이클의 이론 열효율(%)은?

- 보일러 입구 : 58.6kJ/kg
- 보일러 출구 : 810.3kJ/kg
- 응축기 입구 : 614.2kJ/kg
- 응축기 출구 : 57.4kJ/kg

① 32   ② 30   ③ 28   ④ 26

Solution $\eta_R = \dfrac{(810.3 - 614.2) - (58.6 - 57.4)}{(810.3 - 58.6)} = 0.259$

28 고온 열원의 온도가 700℃이고, 저온 열원의 온도가 50℃인 카르노 열기관의 열효율(%)은?

① 33.4   ② 50.1   ③ 66.8   ④ 78.9

Solution $\eta_C = 1 - \dfrac{(50+273)}{(700+273)} \times 100 = 66.8\%$

29 이상적인 가역과정에서 열량 $\triangle Q$가 전달될 때, 온도 T가 일정하면 엔트로피 변화 $\triangle S$를 구하는 계산식으로 옳은 것은?

① $\triangle S = 1 - \dfrac{\triangle Q}{T}$ ② $\triangle S = 1 - \dfrac{T}{\triangle Q}$ ③ $\triangle S = \dfrac{\triangle Q}{T}$ ④ $\triangle S = \dfrac{T}{\triangle Q}$

30 엔트로피(s) 변화 등과 같은 직접 측정할 수 없는 양들을 압력(P), 비체적(v), 온도(T)와 같은 측정 가능한 상태량으로 나타내는 Maxwell관계식과 관련하여 다음 중 틀린 것은?

① $\left(\dfrac{\partial T}{\partial P}\right)_s = \left(\dfrac{\partial v}{\partial s}\right)_P$ ② $\left(\dfrac{\partial T}{\partial v}\right)_s = -\left(\dfrac{\partial P}{\partial s}\right)_v$

③ $\left(\dfrac{\partial v}{\partial T}\right)_P = -\left(\dfrac{\partial s}{\partial P}\right)_T$ ④ $\left(\dfrac{\partial P}{\partial v}\right)_T = \left(\dfrac{\partial s}{\partial T}\right)_v$

Solution $\left(\dfrac{\partial P}{\partial T}\right)_v = \left(\dfrac{\partial s}{\partial v}\right)_T$

Answer ■ 26. ②   27. ④   28. ③   29. ③   30. ④

31 풍선에 공기 2kg이 들어 있다. 일정 압력 500kPa하에서 가열 팽창하여 체적이 1.2배가 되었다. 공기의 초기온도가 20℃일 때 최종온도(℃)는 얼마인가?

① 32.4 ② 53.7
③ 78.6 ④ 92.3

Solution $\dfrac{T_2}{T_1} = \dfrac{V_2}{V_1}$
$T_2 = (20 + 273) \times 1.2 = 351.6\text{K}$

32 비가역 단열변화에 있어서 엔트로피 변화량은 어떻게 되는가?

① 증가한다. ② 감소한다.
③ 변화량은 없다. ④ 증가할 수도 감소할 수도 있다.

33 자동차 엔진을 수리한 후 실린더 블록과 헤드 사이에 수리 전과 비교하여 더 두꺼운 개스킷을 넣었다면 압축비와 열효율은 어떻게 되겠는가?

① 압축비는 감소하고, 열효율도 감소한다.
② 압축비는 감소하고, 열효율은 증가한다.
③ 압축비는 증가하고, 열효율은 감소한다.
④ 압축비는 증가하고, 열효율도 증가한다.

34 어떤 가스의 비내부에너지 u(kJ/kg), 온도 t(℃), 압력 P(kPa), 비체적 v(m³/kg) 사이에는 아래의 관계식이 성립한다면, 이 가스의 정압비열(kJ/kg·℃)은 얼마인가?

$u = 0.28t + 532$
$Pv = 0.560(t + 380)$

① 0.84 ② 0.68
③ 0.50 ④ 0.28

Solution $h = u + pv = 0.84t + 744.8$
$C_P = \dfrac{\partial h}{\partial t}\big|_{p=c} = 0.84$

31. ③   32. ①   33. ①   34. ① ■ Answer

35 그림과 같이 A, B 두 종류의 기체가 한 용기 안에서 박막으로 분리되어 있다. A의 체적은 0.1m³, 질량은 2kg이고, B의 체적은 0.4m³, 밀도는 1kg/m³이다. 박막이 파열되고 난 후에 평형에 도달하였을 때 기체 혼합물의 밀도(kg/m³)는 얼마인가?

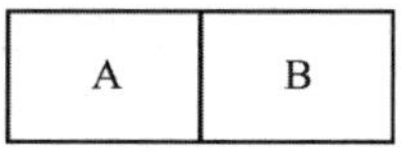

| A | B |

① 4.8 ② 6.0
③ 7.2 ④ 8.4

Solution $\rho = \dfrac{m}{V} = \dfrac{2+(1\times 0.4)}{0.1+0.4} = 4.8 \, \text{m}^3/\text{kg}$

36 어떤 이상기체 1kg이 압력 100kPa, 온도 30℃의 상태에서 체적 0.8m³을 점유한다면 기체상수(kJ/kg·K)는 얼마인가?

① 0.251 ② 0.264
③ 0.275 ④ 0.293

Solution $R = \dfrac{100 \times 0.8}{1 \times (30+273)} = 0.264 \, \text{kJ/kg} \cdot \text{K}$

37 내부 에너지가 30kJ인 물체에 열을 가하여 내부 에너지가 50kJ이 되는 동안에 외부에 대하여 10kJ의 일을 하였다. 이 물체에 가해진 열량(kJ)은?

① 10 ② 20
③ 30 ④ 60

Solution $_1Q_2 = (50-30) + 10 = 30 \, \text{kJ}$

38 원형 실린더를 마찰 없는 피스톤이 덮고 있다. 피스톤에 비선형 스프링이 연결되고 실린더 내의 기체가 팽창하면서 스프링이 압축된다. 스프링의 압축 길이가 Xm일 때 피스톤에는 $kX^{1.5}$N의 힘이 걸린다. 스프링의 압축 길이가 0m에서 0.1m로 변하는 동안에 피스톤이 하는 일이 Wa이고, 0.1m에서 0.2로m 변하는 동안에 하는 일이 Wb라면 Wa/Wb는 얼마인가?

① 0.083 ② 0.158
③ 0.214 ④ 0.333

Solution
$W = \int Kx^{1.5} dx$
$W_a = \int_0^{0.1} Kx^{1.5} dx = 0.00126 K$
$W_b = \int_{0.1}^{0.2} Kx^{1.5} dx = 0.00589 K$
$\dfrac{W_a}{W_b} = 0.214$

Answer ■ 35. ① 36. ② 37. ③ 38. ③

39 성능계수가 3.2인 냉동기가 시간당 20MJ의 열을 흡수한다면 이 냉동기의 소비동력(kW)은?

① 2.25
② 1.74
③ 2.85
④ 1.45

Solution $W = \dfrac{Q}{\epsilon} = \dfrac{20 \times 10^3 / 3600}{3.2} = 1.74$

40 이상적인 디젤 기관의 압축비가 16일 때 압축 전의 공기 온도가 90℃ 라면 압축 후의 공기 온도(℃)는 얼마인가? (단, 공기의 비열비는 1.4이다.)

① 1101.9
② 718.7
③ 808.2
④ 827.4

Solution $\epsilon = \dfrac{V_1}{V_2} = \left(\dfrac{T_2}{T_1}\right)^{\frac{1}{K-1}}$
$T_2 = (90 + 273) \times 16^{0.4} = 1100.41 \, \text{K}$
$t_2 = 827.41 \, ℃$

3과목 기계유체역학

41 액체 제트가 깃(vane)에 수평방향으로 분사되어 θ만큼 방향을 바꾸어 진행할 때 깃을 고정시키는 데 필요한 힘의 합력의 크기를 $F(\theta)$라고 한다. $\dfrac{F(\pi)}{F\left(\dfrac{\pi}{2}\right)}$는 얼마인가? (단, 중력과 마찰은 무시한다.)

① $\dfrac{1}{\sqrt{2}}$
② 1
③ $\sqrt{2}$
④ 2

Solution $F_x = \rho Q V (1 - \cos\theta)$
$F_y = \rho Q V \cdot \sin\theta$
$\theta = \pi$ 일 때 $F = F_x = 2\rho QV$
$\theta = \dfrac{\pi}{2}$ 일 때 $F = \sqrt{2} \rho QV$
$\dfrac{F(\pi)}{F\left(\dfrac{\pi}{2}\right)} = \dfrac{2}{\sqrt{2}} = \dfrac{2\sqrt{2}}{2} = \sqrt{2}$

42 피토정압관을 이용하여 흐르는 물의 속도를 측정하려고 한다. 액주계에는 비중 13.6인 수은이 들어있고 액주계에서 수은의 높이 차이가 20cm일 때 흐르는 물의 속도는 몇 m/s인가? (단, 피토정압관의 보정계수는 $C = 0.96$이다.)

① 6.75
② 6.87
③ 7.54
④ 7.84

Solution $V_{th} = \sqrt{2gh(s-1)} = \sqrt{2 \times 9.8 \times 0.2 \times (13.6-1)} = 7.3$
$V = CV_{th} = 0.96 \times 7.03 = 6.75 \, \text{m/sec}$

39. ② 40. ④ 41. ③ 42. ① ■ Answer

43 표준공기 중에서 속도 V로 낙하하는 구형의 작은 빗방울이 받는 항력은 $F_D = 3\pi\mu VD$로 표시할 수 있다. 여기에서 μ는 공기의 점성계수이며, D는 빗방울의 지름이다. 정지상태에서 빗방울 입자가 떨어지기 시작했다고 가정할 때, 이 빗방울의 최대속도(종속도, terminal velocity)는 지름의 몇 제곱에 비례하는가?

① 3　　　　　　　　　② 2
③ 1　　　　　　　　　④ 0.5

Solution $F_D = W$

$$3\pi\mu D \cdot V = \gamma \times \frac{\pi \cdot D^3}{6}$$

$$V \propto D^2$$

44 지름이 10cm인 원 관에서 유체가 층류로 흐를 수 있는 임계 레이놀즈수를 2100으로 할 때 층류로 흐를 수 있는 최대 평균속도는 몇 m/s인가? (단, 흐르는 유체의 동점성계수는 $1.8 \times 10^{-6} m^2/s$이다.)

① 1.8×10^{-3}　　　　　② 3.78×10^{-2}
③ 1.89　　　　　　　　　　④ 3.78

Solution $R_e = \dfrac{V \cdot d}{\nu}$

$$2100 = \frac{V \times 0.1}{1.8 \times 10^{-6}}$$

$$V = 0.0378 \, \text{m/sec}$$

45 그림에서 입구A에서 공기의 압력은 3×10^5Pa, 온도 20℃, 속도 5m/s이다. 그리고 출구에서 공기의 압력은 2×10^5Pa, 온도 20℃이면 출구 B에서의 속도는 몇 m/s인가? (단, 압력 값은 모두 절대압력이며, 공기는 이상기체로 가정한다.)

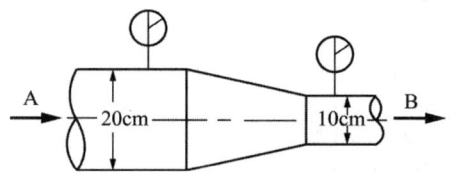

① 10　　　　　　　　　② 25
③ 30　　　　　　　　　④ 36

Solution $\rho_1 = \dfrac{3 \times 10^5}{287 \times (20 + 273)} = 3.57 \, \text{kg/m}^3$

$$\rho_2 = \frac{2 \times 10^5}{287 \times (20 + 273)} = 2.38 \, \text{kg/m}^3$$

$$\dot{m} = \rho_1 A_1 V_1 = \rho_2 A_2 V_2$$

$$3.57 \times 20^2 \times 5 = 2.38 \times 10^2 \times V_2$$

$$V_2 = 30 \, \text{m/sec}$$

Answer ■ 43. ②　44. ②　45. ③

46 관내의 부차적 손실에 관한 설명 중 틀린 것은?

① 부차적 손실에 의한 수두는 손실계수에 속도수두를 곱해서 계산한다.
② 부차적 손실은 배관 요소에서 발생한다.
③ 배관의 크기 변화가 심하면 배관 요소의 부차적 손실이 커진다.
④ 일반적으로 짧은 배관계에서 부착적 손실은 마찰손실에 비해 상대적으로 작다.

47 공기 중을 20m/s로 움직이는 소형 비행선의 항력을 구하려고 $\frac{1}{4}$ 축척의 모형을 물속에서 실험하려고 할 때 모형의 속도는 몇 m/s로 해야 하는가?

	물	공기
밀도(kg/m³)	1000	1
점성계수(N·s/m²)	1.8×10^{-3}	1×10^{-5}

① 4.9   ② 9.8
③ 14.4 ④ 20

Solution $\dfrac{V_m \times 1 \times 10^3}{1.8 \times 10^{-3}} = \dfrac{20 \times 4 \times 1}{1 \times 10^{-5}}$

$V_m = 14.4 \text{m/sec}$

48 점성·비압축성 유체가 수평방향으로 균일속도로 흘러와서 두께가 얇은 수평 평판 위를 흘러 갈 때 Blasius의 해석에 따라 평판에서의 층류 경계층의 두께에 대한 설명으로 옳은 것을 모두 고르면?

  ㉠ 상류의 유속이 클수록 경계층의 두께가 커진다.
  ㉡ 유체의 동점성계수가 클수록 경계층의 두께가 커진다.
  ㉢ 평판의 상단으로부터 멀어질수록 경계층의 두께가 커진다.

① ㉠, ㉡   ② ㉠, ㉢
③ ㉡, ㉢   ④ ㉠, ㉡, ㉢

49 정상 2차원 포텐셜 유동의 속도장이 $u = -6y$, $v = -4x$일 때, 이 유동의 유동함수가 될 수 있는 것은? (단, C는 상수이다.)

① $-2x^2 - 3y^2 + C$ ② $2x^2 - 3y^2 + C$
③ $-2x^2 + 3y^2 + C$ ④ $2x^2 + 3y^2 + C$

Solution $u = \dfrac{\partial \psi}{\partial y} = -6y$

$\psi = -3y^2 + C$

$v = -\dfrac{\partial \psi}{\partial x} = -4x$

$\psi = 2x^2 + C$

$\therefore \psi = 2x^2 - 3y^2 + C$

46. ④   47. ③   48. ③   49. ②   ■ Answer

50
다음 U자관 압력계에서 A와 B의 압력차는 몇 kPa인가? (단, H_1 = 250mm, H_2 = 200mm, H_3 = 600mm이고 수은의 비중은 13.6이다.)

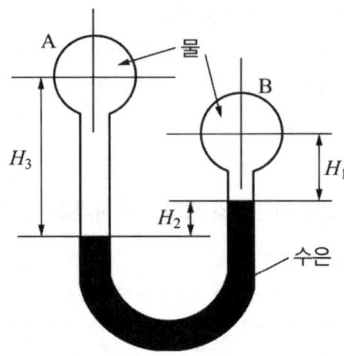

① 3.50 ② 23.2 ③ 35.0 ④ 232

Solution $P_B - P_A = 0.6 \times 9800 - 9800 \times 0.25 - 13.6 \times 9800 \times 0.2 = -23,226 \text{Pa}$
$P_A - P_B = 23 \text{kPa}$

51
지름이 8mm인 물방울의 내부 압력(게이지 압력)은 몇 Pa인가? (단, 물의 표면 장력은 0.075N/m이다.)

① 0.037   ② 0.075
③ 37.5   ④ 75

Solution $\sigma = \dfrac{P \cdot d}{4}$
$P = \dfrac{4 \times 0075}{0.008} = 37.5 \text{Pa}$

52
효율 80%인 펌프를 이용하여 저수지에서 유량 0.05m³/s으로 물을 5m 위에 있는 논으로 올리기 위하여 효율 95%의 전기모터를 사용한다. 전기모터의 최소동력은 몇 kW인가?

① 2.45   ② 2.91
③ 3.06   ④ 3.22

Solution $L = \dfrac{9.8 \times 0.05 \times 5}{0.8 \times 0.95} = 3.22 \text{kW}$

53
물(μ = 1.519×10⁻³kg/m·s)이 직경 0.3cm, 길이 9m인 수평 파이프 내부를 평균속도 0.9m/s로 흐를 때, 어떤 유동이 되는가?

① 난류유동   ② 층류유동
③ 등류유동   ④ 천이유동

Solution $R_e = \dfrac{1000 \times 0.9 \times 0.003}{1.519 \times 10^{-3}} = 1777.49$
∴ 층류

Answer ■ 50. ②   51. ③   52. ④   53. ②

54 점성계수 μ = 0.98N·s/m^{2}인 뉴턴 유체가 수평 벽면 위를 평형하게 흐른다. 벽면(y = 0) 근방에서의 속도 분포가 $u = 0.5 - 150(0.1 - y)^2$이라고 할 때 벽면에서의 전단응력은 몇 Pa인가? (단, y[m]는 벽면에 수직한 방향의 좌표를 나타내며, u는 벽면 근방에서의 접선속도[m/s]이다.)

① 0 ② 0.306
③ 3.12 ④ 29.4

Solution $\tau = \mu \cdot \dfrac{du}{dg} = 300(0.1 - y) \cdot \mu = 0.98 \times 300 \times 0.1 = 29.4\,\text{Pa}$

55 계기압 10kPa의 공기로 채워진 탱크에서 지름 0.02m인 수평관을 통해 출구 지름 0.01m인 노즐로 대기(101kPa) 중으로 분사된다. 공기 밀도가 1.2kg/m^{3}으로 일정할 때, 0.02m인 관내부 계기압력은 약 몇 kPa인가? (단, 위치에너지는 무시한다.)

① 9.4 ② 9.0
③ 8.6 ④ 8.2

56 그림과 같은 수문(ABC)에서 A점은 힌지로 연결되어 있다. 수문을 그림과 같은 닫은 상태로 유지하기 위해 필요한 힘 F는 몇 kN인가?

① 78.4
② 58.8
③ 52.3
④ 39.2

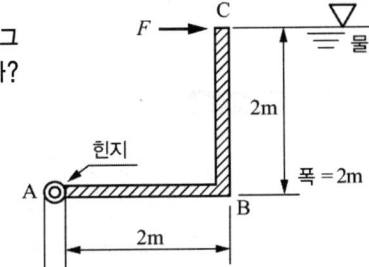

Solution $F_P = 9800 \times 1 \times 2 \times 2 = 39{,}200\,\text{N}$
$y_p = 1 + \dfrac{2^4}{2 \times 2 \times 12} = 1.33$
$F \times 2 = 39200 \times (2 - 1.33) + 9800 \times 2 \times 2 \times 2 \times 1$
∴ $F = 52{,}332\,\text{N}$

57 2차원 직각좌표계(x, y)에서 속도장이 다음과 같은 유동이 있다. 유동장 내의 점 (L, L)에서 유속의 크기는? (단, i, j는 각각 x, y 방향의 단위벡터를 나타낸다.)

$$\vec{V}(x, y) = \dfrac{U}{L}(-x\vec{i} + y\vec{j})$$

① 0 ② U
③ $2U$ ④ $\sqrt{2}\,U$

Solution $u = -U$
$v = U$
$V = \sqrt{u^2 + v^2} = \sqrt{2}\,U$

54. ④ 55. ① 56. ③ 57. ④ ■ Answer

58 온도증가에 따른 일반적인 점성계수 변화에 대한 설명으로 옳은 것은?

① 액체와 기체 모두 증가한다. ② 액체와 기체 모두 감소한다.
③ 액체는 증가하고 기체는 감소한다. ④ 액체는 감소하고 기체는 증가한다.

59 그림과 같이 지름 D와 깊이 H의 원통 용기 내에 액체가 가득 차 있다. 수평방향으로의 등가속도(가속도 $=a$) 운동을 하여 내부의 물의 35%가 흘러 넘쳤다면 가속도 a와 중력가속도의 관계로 옳은 것은? (단, $D=1.2H$이다.)

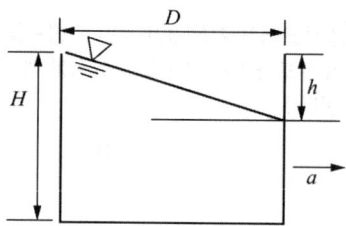

① $a = 0.58g$ ② $a = 0.85g$
③ $a = 1.35g$ ④ $a = 1.42g$

Solution $\tan\theta = \dfrac{a_x}{g} = \dfrac{h}{D}$

$0.35H = \dfrac{1}{2}h,\ h = 0.7H$

$\dfrac{a_x}{g} = \dfrac{0.7H}{1.2H} = 0.58$

$\therefore a_x = 0.58g$

60 세 변의 길이가 a, $2a$, $3a$인 작은 직육면체가 점도 μ인 유체 속에서 매우 느린 속도 V로 움직일 때, 항력 F는 $F = F(a, \mu, V)$로 가정할 수 있다. 차원해석을 통하여 얻을 수 있는 F에 대한 표현식으로 옳은 것은?

① $\dfrac{F}{\mu Va}=$상수 ② $\dfrac{F}{\mu V^2 a}=$상수
③ $\dfrac{F}{\mu^2 V}=f\left(\dfrac{V}{a}\right)$ ④ $\dfrac{F}{\mu Va}=f\left(\dfrac{a}{\mu V}\right)$

Solution $\pi = a^\alpha \cdot \mu^\beta \cdot V^\gamma \cdot F$

$\pi = L^\alpha \cdot (M^\beta \cdot L^{-\beta} \cdot T^{-\beta})(L^\gamma T^{-\gamma}) \cdot (M \cdot L \cdot T^{-2}) = M^{\beta+1} \cdot L^{\alpha-\beta+\gamma+1} \cdot T^{-\beta-\gamma-2} = M^\circ \cdot L^\circ \cdot T^\circ$

$\beta = -1,\ \alpha = -1,\ \gamma - 1$

$\pi = \alpha^{-1},\ \mu^{-1},\ V^{-1},\ F = \dfrac{F}{\alpha \cdot \mu \cdot V}$

Answer ■ 58. ④ 59. ① 60. ①

4과목 기계재료 및 유압기기

61 베어링에 사용되는 구리합금인 켈밋의 주성분은?
① Cu-Sn
② Cu-Pb
③ Cu-Al
④ Cu-Ni

62 다음 중 용융점이 가장 낮은 것은?
① Al
② Sn
③ Ni
④ Mo

63 열경화성 수지에 해당하는 것은?
① ABS수지
② 폴리스티렌
③ 폴리에틸렌
④ 에폭시 수지

64 체심입방격자(BCC)의 인접 원자수(배위수)는 몇 개인가?
① 6개
② 8개
③ 10개
④ 12개

65 표면은 단단하고 내부는 인성을 가지는 주철로 압연용 롤, 분쇄기 롤, 철도차량 등 내마멸성이 필요한 기계부품에 사용되는 것은?
① 회주철
② 칠드주철
③ 구상흑연주철
④ 펄라이트주철

66 금속 재료의 파괴 형태를 설명한 것 중 다른 하나는?
① 외부 힘에 의해 국부수축 없이 갑자기 발생되는 단계로 취성 파단이 나타난다.
② 균열의 전파 전 또는 전파 중에 상당한 소성변형을 유발한다.
③ 인장시험 시 컵-콘(원뿔) 형태로 파괴된다.
④ 미세한 공공 형태의 딤플 형상이 나타난다.

67 $Fe - Fe_3C$ 평형상태도에 대한 설명으로 옳은 것은?
① A_0는 철의 자기변태점이다.
② A_1 변태선을 공석선이라 한다.
③ A_2는 시멘타이트의 자기변태점이다.
④ A_3는 약 1400℃이며, 탄소의 함유량이 약 4.3%이다.

61. ② 62. ② 63. ④ 64. ② 65. ② 66. ① 67. ② ■ Answer

68 탄소강이 950℃ 전후의 고온에서 적열메짐(redbrittleness)을 일으키는 원인이 되는 것은?
① Si
② P
③ Cu
④ S

69 오스테나이트형 스테인리스강에 대한 설명으로 틀린 것은?
① 내식성이 우수하다.
② 공식을 방지하기 위해 할로겐 이온의 고농도를 피한다.
③ 자성을 띠고 있으며, 18%Co와 8%Cr을 함유한 합금이다.
④ 입계부식 방지를 위하여 고용화처리를 하거나, Nb 또는 Ti을 첨가한다.

70 알루미늄 및 그 합금의 질별 기호 중 H가 의미하는 것은?
① 어닐링한 것
② 용체화처리한 것
③ 가공 경화한 것
④ 제조한 그대로의 것

71 그림과 같은 전환 밸브의 포트수와 위치에 대한 명칭으로 옳은 것은?

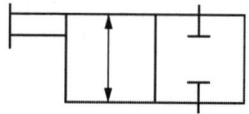

① 2/2 – way밸브
② 2/4 – way밸브
③ 4/2 – way밸브
④ 4/4 – way밸브

72 유압장치의 각 구성요소에 대한 기능의 설명으로 적절하지 않은 것은?
① 오일 탱크는 유압 작동유의 저장기능, 유압 부품의 설치 공간을 제공한다.
② 유압제어밸브에는 압력제어밸브, 유량제어밸브, 방향제어밸브 등이 있다.
③ 유압 작동체(유압 구동기)는 유압 장치 내에서 요구된 일을 하며 유체동력을 기계적 동력으로 바꾸는 역할을 한다.
④ 유압 작동체(유압 구동기)에는 고무호스, 이음쇠, 필터, 열교환기 등이 있다.

73 유압펌프에서 실제 토출량과 이론 토출량의 비를 나타내는 용어는?
① 펌프의 토크 효율
② 펌프의 전 효율
③ 펌프의 입력 효율
④ 펌프의 용적 효율

74 속도 제어 회로의 종류가 아닌 것은?
① 미터 인 회로
② 미터 아웃 회로
③ 로킹 회로
④ 블리드 오프 회로

75 작동유 속의 불순물을 제거하기 위하여 사용하는 부품은?
① 패킹
② 스트레이너
③ 어큐뮬레이터
④ 유체 커플링

76 KS규격에 따른 유면계의 기호로 옳은 것은?

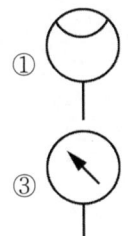
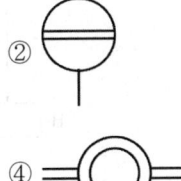

77 유압 회로 중 미터 인 회로에 대한 설명으로 옳은 것은?
① 유량제어 밸브는 실린더에서 유압작동유의 출구 측에 설치한다.
② 유량제어 밸브는 탱크로 바이패스 되는 관로 쪽에 설치한다.
③ 릴리프밸브를 통하여 분기되는 유량으로 인한 동력손실이 있다.
④ 압력설정 회로로 체크밸브에 의하여 양방향만의 속도가 제어된다.

78 난연성 작동유의 종류가 아닌 것은?
① R&O형 작동유
② 수중 유형 유화유
③ 물-글리콜형 작동유
④ 인산 에스테르형 작동유

79 유압장치의 운동부분에 사용되는 실(seal)의 일반적인 명칭은?
① 심레스(seamless)
② 개스킷(gasket)
③ 패킹(packing)
④ 필터(filter)

80 어큐뮬레이터 종류인 피스톤 형의 특징에 대한 설명으로 적절하지 않은 것은?
① 대형도 제작이 용이하다.
② 축 유량을 크게 잡을 수 있다.
③ 형상이 간단하고 구성품이 적다.
④ 유실에 가스 침입의 염려가 없다.

74. ③ 75. ② 76. ② 77. ③ 78. ① 79. ③ 80. ④ ■ Answer

81 질량 30kg의 물체를 담은 두레박 B가 레일을 따라 이동하는 크레인 A에 6m 길이의 줄에 의해 수직으로 매달려 이동하고 있다. 일정한 속도로 이동하던 크레인이 갑자기 정지하자, 두레박 B가 수평으로 3m까지 흔들렸다. 크레인 A의 이동 속력은 약 몇 m/인가?

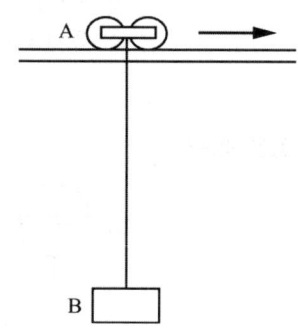

① 1
② 2
③ 3
④ 4

Solution $y = \sqrt{6^2 - 3^2} = 5.2\text{m}$
$h = 0.8\text{m}$
$\triangle T = -\triangle V_g$
$\frac{1}{2}m(V_2^2 - V_1^2) = -mg(Z_2 - Z_1)$
$\frac{1}{2}V_1^2 = g \cdot h$, $V_1 = V_A = V_B = 3.96 \doteqdot 4\text{m/s}$

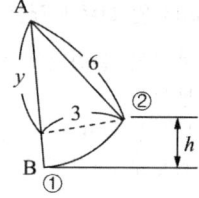

82 등가속도 운동에 관한 설명으로 옳은 것은?

① 속도는 시간에 대하여 선형적으로 증가하거나 감소한다.
② 변위는 시간에 대하여 선형적으로 증가하거나 감소한다.
③ 속도는 시간의 제곱에 비례하여 증가하거나 감소한다.
④ 변위는 속도의 세제곱에 비례하여 증가하거나 감소한다.

83 두 질점이 정면 중심으로 완전탄성충돌할 경우에 관한 설명으로 틀린 것은?

① 반발계수 값은 1이다.
② 전체 에너지는 보존되지 않는다.
③ 두 질점의 전체 운동량이 보존된다.
④ 충돌 후 두 질점의 상대속도는 충돌 전 두 질점의 상대속도와 같은 크기이다.

Answer ■ 81. ④ 82. ① 83. ②

84 다음 단순조화운동 식에서 진폭을 나타내는 것은?

$$x = A\sin(\omega t + \phi)$$

① A
② ωt
③ $\omega t + \phi$
④ $A\sin(\omega t + \phi)$

Solution A : 진폭
wt : 위상각
ϕ : 초기위상각

85 다음 그림과 같이 진동계에 가진력 $F(t)$가 작용할 때, 바닥으로 전달되는 힘의 최대 크기가 F_1보다 작기 위한 조건은? (단, $\omega_n = \sqrt{\dfrac{k}{m}}$ 이다.)

① $\dfrac{\omega}{\omega_n} < 1$
② $\dfrac{\omega}{\omega_n} > 1$
③ $\dfrac{\omega}{\omega_n} > \sqrt{2}$
④ $\dfrac{\omega}{\omega_n} < \sqrt{2}$

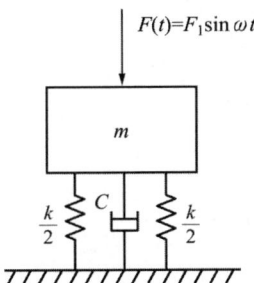

Solution 전달률 $TR < 1$
조건 : $\dfrac{w}{w_n} > \sqrt{2}$

86 그림과 같이 원판에서 원주에 있는 점 A의 속도가 12m/s일 때 원판의 각속도는 약 몇 rad/m인가? (단, 원판의 반지름 r은 0.3m이다.)

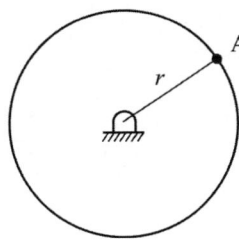

① 10
② 20
③ 30
④ 40

Solution $w = \dfrac{12}{0.3} = 40\,\text{rad/sec}$

84. ① 85. ③ 86. ④ ■ Answer

87 균질한 원통(cylinder)이 그림과 같이 물에 떠있다. 평형상태에 있을 때 손으로 눌렀다가 놓아주면 상하 진동을 하게 되는데 이때 진동주기(τ)에 대한 식으로 옳은 것은? (단, 원통질량은 m, 원통단면적은 A, 물의 밀도는 ρ이고, g는 중력가속도이다.)

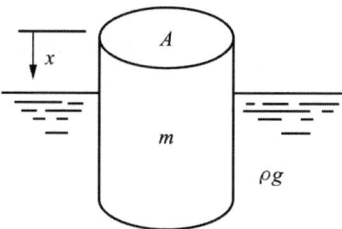

① $\tau = 2\pi \sqrt{\dfrac{\rho g}{mA}}$
② $\tau = 2\pi \sqrt{\dfrac{mA}{\rho g}}$
③ $\tau = 2\pi \sqrt{\dfrac{m}{\rho g A}}$
④ $\tau = 2\pi \sqrt{\dfrac{\rho g A}{m}}$

Solution
$\Sigma F = m\ddot{x} = -\rho \cdot g \cdot A x$
$\ddot{x} + \dfrac{\rho g \cdot A}{m} x = 0$
$w^2 = \dfrac{\rho g \cdot A}{m}$
$\tau = \dfrac{2\pi}{w} = 2\pi \sqrt{\dfrac{m}{\rho g A}}$

88 질량이 18kg, 스프링 상수가 50N/cm, 감쇠계수 0.6N·s/cm인 1자유도 점성감쇠계에서 진동계의 감쇠비는?

① 0.10
② 0.20
③ 0.33
④ 0.50

Solution
$C_C = 2\sqrt{m \cdot K} = 2 \times \sqrt{18 \times 50 \times 10^2} = 600 \text{N} \cdot \text{s/m}$
$\psi = \dfrac{C}{C_C} = \dfrac{0.6 \times 10^2}{600} = 0.1$

Answer ■ 87. ③ 88. ①

89 길이 1.0m, 질량 10kg의 막대가 A점에 핀으로 연결되어 정지하고 있다. 1kg의 공이 수평속도 10m/s로 막대의 중심을 때릴 때, 충돌 직후 막대의 각속도는 약 몇 rad/s인가? (단, 공과 막대 사이의 반발계수는 0.4이다.)

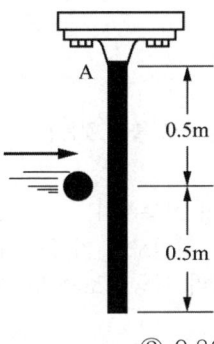

① 1.95　　　　　　　　　　② 0.86
③ 0.68　　　　　　　　　　④ 1.23

Solution $e = \dfrac{-(V'_{공} - V'_{막})}{V_{공} - V_{막}}$, $0.4 = \dfrac{V'_{막} - V'_{공}}{10}$

$(m \cdot V)_{공} + (m \cdot V)_{막} = (mV')_{공} + (mV')_{막}$
$10 = V'_{공} + 10V'_{막}$, $V'_{막} = 1.27 \text{m/sec}$
$F \cdot t = m_{막} \cdot (V'_{막} - V_{막}) = 10 \times 1.27 = 12.7 \text{N} \cdot \text{sec}$
$\sum M = J \cdot \alpha = F \times \dfrac{\ell}{2}$

$\dfrac{m_{막} \cdot \ell^2}{3} \cdot \alpha \cdot t = F \times \dfrac{\ell}{2} \cdot t$, $\alpha t = w_o = 1.91 \text{rad/sec}$

90 같은 길이의 두 줄에 질량 20kg의 물체가 매달려 있다. 이 중 하나의 줄을 자르는 순간의 남은 줄의 장력은 약 몇 N인가? (단, 줄의 질량 및 강성은 무시한다.)

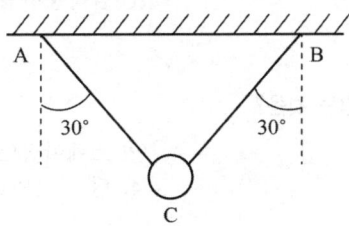

① 98　　　　　　　　　　② 170
③ 196　　　　　　　　　　④ 250

Solution $T = mg \cdot \cos 30° = 20 \times 9.8 \times \cos 30° = 169.74 \text{N}$

89. ①　90. ② ■ Answer

91 경화된 작은 강철 볼(ball)을 공작물 표면에 분사하여 표면을 매끈하게 하는 동시에 피로강도와 그 밖의 기계적 성질을 향상시키는데 사용하는 가공방법은?

① 숏 피닝 ② 액체 호닝
③ 슈퍼피니싱 ④ 래핑

92 와이어 컷(wire cut) 방전가공의 특징으로 틀린 것은?

① 표면거칠기가 양호하다.
② 담금질강과 초경합금의 가공이 가능하다.
③ 복잡한 형상의 가공물을 높은 정밀도로 가공할 수 있다.
④ 가공물의 형상이 복잡함에 따라 가공속도가 변한다.

93 어미나사의 피치가 6mm인 선반에서 1인치당 4산의 나사를 가공할 때, A와 D의 기어의 잇수는 각각 얼마인가? (단, A는 주축 기어의 잇수이고, D는 어미나사의 기어의 잇수이다.)

① A = 60, D = 40 ② A = 40, D = 60
③ A = 127, D = 120 ④ A = 120, D = 127

◎ Solution $i = \dfrac{\text{기어의 피치}}{\text{리드스크류의 피치}} = \dfrac{\text{주축기어잇수}}{\text{어미나사기어잇수}}$

$\dfrac{25.4}{6 \times 4} = \dfrac{127}{120}$

94 Al를 강의 표면에 침투시켜 내스케일성을 증가시키는 금속 침투 방법은?

① 파커라이징(parkerizing) ② 칼로라이징(calorizing)
③ 크로마이징(chromizing) ④ 금속용사법(metal spraying)

95 다음 중 소성가공에 속하지 않는 것은?

① 코이닝(coining) ② 스웨이징(swaging)
③ 호닝(honing) ④ 딥 드로잉(deep drawing)

96 용접 피복제의 역할로 틀린 것은?

① 아크를 안정시킨다. ② 용접에 필요한 원소를 보충한다.
③ 전기 절연작용을 한다. ④ 모재 표면의 산화물을 생성해 준다.

Answer ■ 91. ① 92. ④ 93. ③ 94. ② 95. ③ 96. ④

97 노즈 반지름이 있는 바이트로 선삭 할 때 가공 면의 이론적 표면 거칠기를 나타내는 식은? (단, f는 이송, R은 공구의 날 끝 반지름이다.)

① $\dfrac{f^2}{8R}$ ② $\dfrac{f}{8R^2}$
③ $\dfrac{f}{8R}$ ④ $\dfrac{f}{4R}$

98 주물의 결함 중 기공(blow hole)의 방지대책으로 가장 거리가 먼 것은?
① 주형 내의 수분을 적게 할 것
② 주형의 통기성을 향상시킬 것
③ 용탕에 가스함유량을 높게 할 것
④ 쇳물의 주입온도를 필요이상으로 높게 하지 말 것

99 방전가공에서 전극 재료의 구비조건으로 가장 거리가 먼 것은?
① 기계가공이 쉬워야 한다.
② 가공 전극의 소모가 커야 한다.
③ 가공 정밀도가 높아야 한다.
④ 방전이 안전하고 가공속도가 빨라야 한다.

100 다음 중 자유단조에 속하지 않는 것은?
① 업 세팅(up-setting)
② 블랭킹(blanking)
③ 늘리기(drawing)
④ 굽히기(bending)

97. ①   98. ③   99. ②   100. ② ■ Answer

2021 기출문제 — 3월 7일 시행

1과목 재료역학

1 길이 500mm, 지름 16mm의 균일한 강봉의 양 끝에 12kN의 축 방향 하중이 작용하여 길이는 300μm가 증가하고 지름은 2.4μm가 감소하였다. 이 선형 탄성 거동하는 봉 재료의 프와송 비는?

① 0.22 ② 0.25
③ 0.29 ④ 0.32

Solution $\mu = \dfrac{\varepsilon'}{\varepsilon} = \dfrac{\delta' \cdot \ell}{d \cdot \delta} = \dfrac{2.4 \times 500}{16 \times 300} = 0.25$

2 지름 20mm인 구리합금 봉에 30kN의 축방향 인장하중이 작용할 때 체적 변형률은 약 얼마인가? (단, 세로탄성계수는 100GPa, 프와송 비는 0.3이다.)

① 0.38 ② 0.038
③ 0.0038 ④ 0.00038

Solution $\varepsilon_v = \varepsilon(1-2\mu) = \dfrac{P}{AE}(1-2\mu) = \dfrac{4 \times 30 \times 10^3}{\pi \times 0.02^2 \times 100 \times 10^9} \times (1 - 2 \times 0.3) = 0.000382$

3 그림과 같이 균일단면 봉이 100kN의 압축하중을 받고 있다. 재료의 경사 단면 Z–Z에 생기는 수직응력 σ_n, 전단응력 τ_n의 값은 각각 약 몇 MPa인가? (단, 균일 단면 봉의 단면적은 1000mm²이다.)

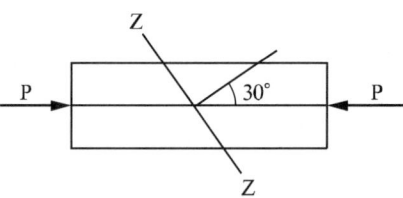

① $\sigma_n = -38.2$, $\tau_n = 26.7$ ② $\sigma_n = -68.4$, $\tau_n = 58.8$
③ $\sigma_n = -75.0$, $\tau_n = 43.3$ ④ $\sigma_n = -86.2$, $\tau_n = 56.8$

Solution $\sigma_n = \sigma_x \cdot \cos^2\theta = \dfrac{100 \times 10^3}{1000} \times (\cos 30°)^2 = 75\,\text{N/mm}^2$, 압축

$\tau_n = \dfrac{\sigma_x}{2}\sin 2\theta = \dfrac{10 \times 10^3}{2 \times 1000} \times \sin 60° = 43.3\,\text{N/mm}^2$

Answer ■ 1. ② 2. ④ 3. ③

4 단면계수가 0.01m³인 사각형 단면의 양단 고정보가 2m의 길이를 가지고 있다. 중앙에 최대 몇 kN의 집중하중을 가할 수 있는가? (단, 재료의 허용굽힘응력은 80MPa이다.)

① 800 ② 1600
③ 2400 ④ 3200

Solution $\sigma_b = \dfrac{P \cdot \ell}{8Z}$

$80 = \dfrac{P \times 2000}{8 \times 0.01 \times 10^9}$, $P = 3200 \text{kN}$

5 지름 6mm인 곧은 강선을 지름 1.2m의 원통에 감았을 때 강선에 생기는 최대 굽힘응력은 약 몇 MPa인가? (단, 세로탄성계수는 200GPa이다.)

① 500 ② 800 ③ 900 ④ 1000

Solution $\sigma_b = \dfrac{yE}{\rho} = \dfrac{d \cdot E}{D+d} = \dfrac{0.006 \times 200 \times 10^3}{1.2 + 0.006} = 995.02 \text{N/mm}^2$

별해) $\sigma_b = \dfrac{0.006 \times 200 \times 10^3}{1.2} = 1000 \text{N/mm}^2$

6 직사각형(b×h)의 단면적 A를 갖는 보에 전단력 V가 작용할 때 최대 전단응력은?

① $\tau_{\max} = 0.5 \dfrac{V}{A}$ ② $\tau_{\max} = \dfrac{V}{A}$

③ $\tau_{\max} = 1.5 \dfrac{V}{A}$ ④ $\tau_{\max} = 2 \dfrac{V}{A}$

Solution 구형 단면보

$\tau_{\max} = \dfrac{3}{2} \tau_{mean} = \dfrac{3}{2} \dfrac{V}{A}$

7 그림에서 고정단에 대한 자유단의 전 비틀림 각은? (단, 전단탄성계수는 100GPa이다.)

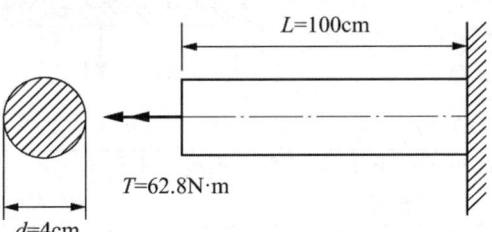

① 0.00025rad ② 0.0025rad
③ 0.025rad ④ 0.25rad

Solution $\theta = \dfrac{T \cdot \ell}{G \cdot I_P} = \dfrac{62.8 \times 10^3 \times 1000}{100 \times 10^3 \times \dfrac{\pi \times 40^4}{32}} = 0.0025 \text{rad}$

4. ④ 5. ④ 6. ③ 7. ② ■Answer

8 그림과 같이 균일분포 하중을 받는 보의 지점 B에서의 굽힘모멘트는 몇 kN·m인가?

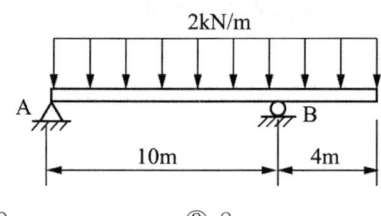

① 16   ② 10   ③ 8   ④ 1.6

Solution $M_B = 2 \times 4 \times 2 = 16\,\text{kN} \cdot \text{m}$

9 두께 10mm인 강판으로 직경 2.5m의 원통형 압력용기를 제작하였다. 최대 내부 압력이 1200kPa일 때 축방향 응력은 몇 MPa인가?

① 75   ② 100
③ 125   ④ 150

Solution $\sigma_z = \dfrac{P \cdot d}{4t} = \dfrac{1.2 \times 25 \times 10^3}{4 \times 10} = 75\,\text{MPa}$

10 단면적이 각각 A_1, A_2, A_3이고, 탄성계수가 각각 E_1, E_2, E_3인 길이 ℓ인 재료가 강성판 사이에서 인장하중 P를 받아 탄성변형 했을 때 재료 1, 3 내부에 생기는 수직응력은? (단, 2개의 강성판은 항상 수평을 유지한다.)

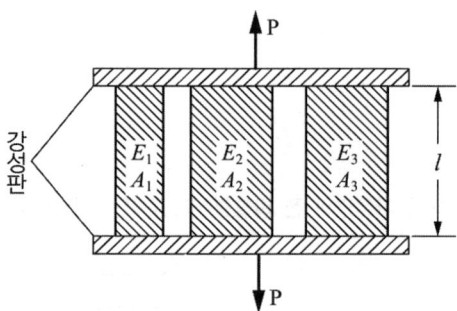

① $\sigma_1 = \dfrac{PE_1}{A_1E_1 + A_2E_2 + A_3E_3}$, $\sigma_3 = \dfrac{PE_3}{A_1E_1 + A_2E_2 + A_3E_3}$

② $\sigma_1 = \dfrac{PE_2E_3}{E_1(A_1E_1 + A_2E_2 + A_3E_3)}$, $\sigma_3 = \dfrac{PE_1E_2}{E_3(A_1E_1 + A_2E_2 + A_3E_3)}$

③ $\sigma_1 = \dfrac{PE_1}{A_3A_2E_1 + A_3A_1E_2 + A_1A_2E_3}$, $\sigma_3 = \dfrac{PE_3}{A_3A_2E_1 + A_3A_1E_2 + A_1A_2E_3}$

④ $\sigma_1 = \dfrac{PE_2E_3}{A_3A_2E_1 + A_3A_1E_2 + A_1A_2E_3}$, $\sigma_3 = \dfrac{PE_1E_2}{A_3A_2E_1 + A_3A_1E_2 + A_1A_2E_3}$

Answer ■ 8. ①   9. ①   10. ①

Solution 병렬연결부재공식

$$\sigma_1 = \frac{P \cdot E_1}{A_1E_1 + A_2E_2 + A_3E_3}$$

$$\sigma_2 = \frac{P \cdot E_2}{A_1E_1 + A_2E_2 + A_3E_3}$$

$$\sigma_3 = \frac{P \cdot E_3}{A_1E_1 + A_2E_2 + A_3E_3}$$

11 지름 20mm, 길이 50mm의 구리 막대의 양단을 고정하고 막대를 가열하여 40℃ 상승했을 때 고정단을 누르는 힘은 약 몇 kN인가? (단, 구리의 선팽창계수 $a = 0.16 \times 10^{-4}$/℃, 세로탄성계수는 110GPa이다.)

① 52　　　　　　　　　　② 30
③ 25　　　　　　　　　　④ 22

Solution $P = E\alpha\Delta t \cdot A = 110 \times 10^3 \times 0.16 \times 10^{-4} \times 40 \times \frac{\pi \times 20^2}{4} \times 10^{-3} = 22.12\,\text{kN}$

12 지름 10mm, 길이 2m인 둥근 막대의 한끝을 고정하고 타단을 자유로이 10°만큼 비틀었다면 막대에 생기는 최대 전단응력은 약 몇 MPa인가? (단, 재료의 전단탄성계수는 84GPa이다.)

① 18.3　　　　　　　　　② 36.6
③ 54.7　　　　　　　　　④ 73.2

Solution $\theta = \frac{\tau \cdot Z_P \cdot \ell}{G \cdot I_P}$

$10 \times \frac{\pi}{180} = \frac{32 \times \tau \times \pi \times 10^3 \times 2000}{84 \times 10^3 \times \pi \times 10^4 \times 16}$

$\tau = 36.65\,\text{N/mm}^2$

13 지름이 2cm이고 길이가 1m인 원통형 중실기둥의 좌굴에 관란 임계하중을 오일러 공식으로 구하면 약 몇 kN인가? (단, 기둥의 양단은 회전단이고 세로탄성계수는 200GPa이다.)

① 11.5　　　　　　　　　② 13.5
③ 15.5　　　　　　　　　④ 17.5

Solution $P_{cr} = \frac{n\pi^2 EI}{\ell^2} = \frac{1 \times \pi^2 \times 200 \times 10^9 \times \pi \times 0.02^4}{1^2 \times 64} \times 10^{-3} = 15.5\,\text{kN}$

11. ④　12. ②　13. ③　■Answer

14

그림과 같이 등분포하중 w가 가해지고 B점에서 지지되어 있는 고정 지지보가 있다. A점에 존재하는 반력 중 모멘트는?

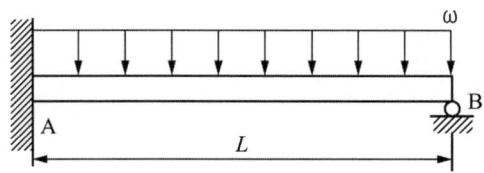

① $\dfrac{1}{8}wL^2$ (시계방향)   ② $\dfrac{1}{8}wL^2$ (반시계방향)

③ $\dfrac{7}{8}wL^2$ (시계방향)   ④ $\dfrac{7}{8}wL^2$ (반시계방향)

Solution $\dfrac{R_B \cdot \ell^3}{3EI} = \dfrac{w\ell^4}{8EI}$, $R_B = \dfrac{3w\ell}{8}$

$M_A = \dfrac{w\ell^2}{2} - \dfrac{3w\ell^2}{8} = \dfrac{w\ell^2}{8}$, 반시계

15

그림과 같은 일단고정 타단지지보의 중앙에 $P=4800N$의 하중이 작용하면 지지점의 반력(R_B)은 약 몇 kN인가?

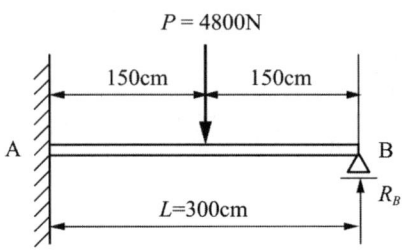

① 3.2   ② 2.6
③ 1.5   ④ 1.2

Solution $\dfrac{5 \cdot P\ell^3}{48EI} = \dfrac{R_B \cdot \ell^3}{3EI}$, $R_B = \dfrac{5P}{16}$

$R_B = \dfrac{5 \times 4.8}{16} = 1.5\text{kN}$

Answer ■ 14. ②   15. ③

16 반원 부재에 그림과 같이 0.5R지점에 하중 P가 작용할 때 지지점 B에서의 반력은?

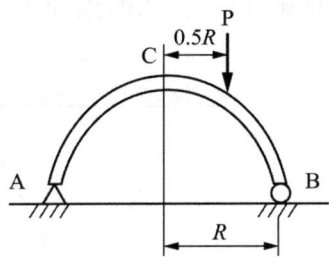

① $\dfrac{P}{4}$　　　　　　② $\dfrac{P}{2}$

③ $\dfrac{3P}{4}$　　　　　　④ P

Solution $\sum M_A = 0$
$2R \cdot R_B = \dfrac{3}{2}RP$
$R_B = \dfrac{3}{4}P$

17 두 변의 길이가 각각 b, h인 직사각형의 A점에 관한 극관성 모멘트는?

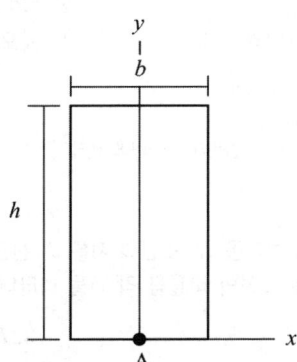

① $\dfrac{bh}{12}(b^2+h^2)$　　　　　　② $\dfrac{bh}{12}(b^2+4h^2)$

③ $\dfrac{bh}{12}(4b^2+h^2)$　　　　　　④ $\dfrac{bh}{3}(b^2+h^2)$

Solution $I_X = \dfrac{bh^3}{12} + \dfrac{h^4}{4} \times bh = \dfrac{bh^3}{3} = \dfrac{4bh^3}{12}$
$I_Y = \dfrac{b^3 \cdot h}{12}$
$I_P = I_X + I_Y = \dfrac{bh}{12}(4h^2 + b^2)$

16. ③　17. ②　■Answer

18 상단이 고정된 원추 형체의 단위체적에 대한 중량을 γ라 하고, 원추 밑면의 지름이 d, 높이가 ℓ일 때 이 재료의 최대 인장응력을 나타낸 식은? (단, 자중만을 고려한다.)

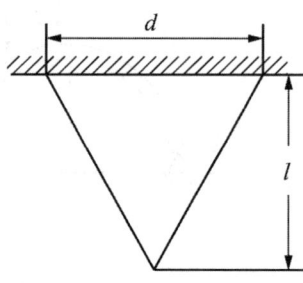

① $\sigma_{max} = \gamma\ell$
② $\sigma_{max} = \dfrac{1}{2}\gamma\ell$
③ $\sigma_{max} = \dfrac{1}{3}\gamma\ell$
④ $\sigma_{max} = \dfrac{1}{4}\gamma\ell$

Solution $\sigma_b = \dfrac{\gamma \cdot (A\ell/3)}{A} = \dfrac{1}{3}\gamma \cdot \ell$

19 보의 길이 ℓ에 등분포하중 w를 받는 직사각형 단순보의 최대 처짐량에 대한 설명으로 옳은 것은? (단, 보의 자중은 무시한다.)

① 보의 폭에 정비례한다.
② ℓ의 3승에 정비례한다.
③ 보의 높이의 2승에 반비례한다.
④ 세로탄성계수에 반비례한다.

Solution $\delta = \dfrac{5w\ell^4}{384EI} = \dfrac{12 \times 5w\ell^4}{384E \cdot bh^3}$

① b에 반비례, ② h^3에 반비례, ③ ℓ^4에 비례

20 원통형 코일스프링에서 코일 반지름 R, 소선의 지름 d, 전단탄성계수를 G라고 하면 코일 스프링 한 권에 대해서 하중 P가 작용할 때 소선의 비틀림 각 ϕ을 나타내는 식은?

① $\dfrac{32PR}{Gd^2}$
② $\dfrac{32PR^2}{Gd^2}$
③ $\dfrac{64PR}{Gd^4}$
④ $\dfrac{64PR^2}{Gd^4}$

Solution $\phi = \dfrac{\delta}{R} = \dfrac{64nP \cdot R^3}{Gd^4 \cdot R} = \dfrac{64nP \cdot R^2}{Gd^4}$

$n = 1$이면 $\phi = \dfrac{64P \cdot R^2}{Gd^4}$

Answer ■ 18. ③ 19. ④ 20. ④

21
다음 중 가장 낮은 온도는?

① 104℃   ② 284℉   ③ 410K   ④ 684R

Solution
② $t_c = \dfrac{5}{9}(284-32) = 140℃$
③ $t_c = 410 - 273 = 137℃$
④ $t_c = \dfrac{5}{9} \times 684 - 273 = 107℃$

22
증기터빈에서 질량유량이 1.5kg/s이고, 열손실률이 8.5kW이다. 터빈으로 출입하는 수증기에 대한 값은 아래 그림과 같다면 터빈의 출력은 약 몇 kW인가?

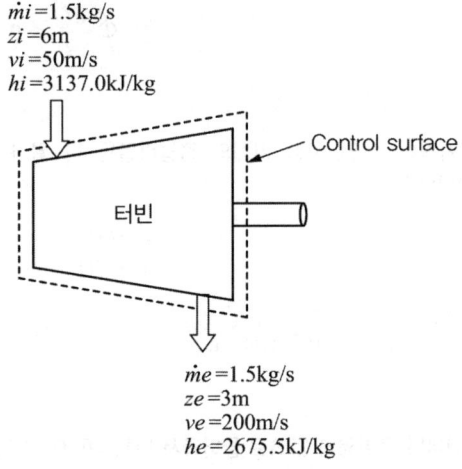

$\dot{m}_i = 1.5\text{kg/s}$
$z_i = 6\text{m}$
$v_i = 50\text{m/s}$
$h_i = 3137.0\text{kJ/kg}$

Control surface

터빈

$\dot{m}_e = 1.5\text{kg/s}$
$z_e = 3\text{m}$
$v_e = 200\text{m/s}$
$h_e = 2675.5\text{kJ/kg}$

① 273kW   ② 656kW
③ 1357kW ④ 2616kW

Solution
$_1\dot{Q}_2 = \dot{m}\Delta h + \dfrac{1}{2}\dot{m}(V_e^2 - V_i^2) + \dot{m}g(Z_e - Z_i) + \dot{W}_t$

$\dot{W}_t = -1.5 \times (2675.5 - 3137) - \dfrac{1}{2} \times 1.5 \times (200^2 - 50^2) \times 10^{-3} - 1.5 \times 9.8 \times (3-6) \times 10^{-3} - 8.5$

$= 655.67\text{kW}$

23
온도 15℃, 압력 100kPa 상태의 체적이 일정한 용기 안에 어떤 이상 기체 5kg이 들어있다. 이 기체가 50℃가 될 때까지 가열되는 동안의 엔트로피 증가량은 약 몇 kJ/K인가? (단, 이 기체의 정압비열과 정적비열은 각각 1.001kJ/(kg·K), 0.7171kJ/(kg·K)이다.)

① 0.411   ② 0.486
③ 0.575   ④ 0.732

Solution
$\Delta S = mC_V \cdot \ln\left(\dfrac{T_2}{T_1}\right) = 5 \times 0.7171 \times \ln\left(\dfrac{50+273}{15+273}\right) = 0.411\text{kJ/K}$

24 어떤 냉동기에서 0℃의 물로 0℃의 얼음 2ton을 만드는데 180MJ의 일이 소요된다면 이 냉동기의 성적계수는? (단, 물의 융해열은 334kJ/kg이다.)

① 2.05　　　　　　　　② 2.32
③ 2.65　　　　　　　　④ 3.71

Solution $\varepsilon_r = \dfrac{334 \times 2 \times 10^3}{180 \times 10^3} = 3.71$

25 계가 비가역 사이클을 이룰 때 클라우시우스(Clausius)의 적분을 옳게 나타낸 것은? (단, T는 온도, Q는 열량이다.)

① $\oint \dfrac{\delta Q}{T} < 0$　　　　② $\oint \dfrac{\delta Q}{T} > 0$
③ $\oint \dfrac{\delta Q}{T} \geq 0$　　　　④ $\oint \dfrac{\delta Q}{T} \leq 0$

26 비열비가 1.29, 분자량이 44인 이상 기체의 정압비열은 약 몇 kJ/(kg·K)인가? (단, 일반기체상수는 8.314kJ/(kmol·K)이다.)

① 0.51　　　　　　　　② 0.69
③ 0.84　　　　　　　　④ 0.91

Solution $C_p = \dfrac{k \cdot R}{k-1} = \dfrac{k}{k-1} \times \dfrac{\overline{R}}{M} = \dfrac{1.29}{1.29-1} \times \dfrac{8.314}{44} = 0.84\,\text{kJ/kg}\cdot\text{K}$

27 과열증기를 냉각시켰더니 포화영역 안으로 들어와서 비체적이 0.2327m³/kg이 되었다. 이 때 포화액과 포화증기의 비체적이 각각 1.079×10⁻³m³/kg, 0.5243m³/kg이라면 건도는 얼마인가?

① 0.964　　　　　　　　② 0.772
③ 0.653　　　　　　　　④ 0.443

Solution $V_x = V' + x(V'' - V')$
$0.2327 = 1.079 \times 10^{-3} + x \cdot (0.5243 - 1.079 \times 10^{-3})$
$x = 0.443$

28 증기동력 사이클의 종류 중 재열사이클의 목적으로 가장 거리가 먼 것은?

① 터빈 출구의 습도가 증가하여 터빈 날개를 보호한다.
② 이론 열효율이 증가한다.
③ 수명이 연장된다.
④ 터빈 출구의 질(quality)을 향상시킨다.

Solution 터빈 출구 습도가 증가하면 터빈 날개에 부식이 일어난다.

Answer ■ 24. ④　25. ①　26. ③　27. ④　28. ①

29 온도 20℃에서 계기압력 0.183MPa의 타이어가 고속주행으로 온도 80℃로 상승할 때 압력은 주행 전과 비교하여 약 몇 kPa 상승하는가? (단, 타이어의 체적은 변하지 않고, 타이어 내의 공기는 이상기체로 가정하며, 대기압은 101.3kPa이다.)

① 37kPa
② 58kPa
③ 286kPa
④ 445kPa

Solution V = 일정

$$\frac{T_2}{T_1} = \frac{P_2}{P_1}, \quad \frac{80+273}{20+273} = \frac{P_2}{0.183 \times 10^3 + 101.3}$$
$$P_2 = 342.52\,\text{kPa} - 101.3 = 241.23\,\text{kPa}$$
$$\triangle P = P_2 - P_1 = 241.23 - 183 = 58.23\,\text{kPa}$$

30 온도가 127℃, 압력이 0.5MPa, 비체적이 0.4m³/kg인 이상기체가 같은 압력 하에서 비체적이 0.3m³/kg으로 되었다면 온도는 약 몇 ℃인가?

① 16
② 27
③ 96
④ 300

Solution P = 일정

$$\frac{T_2}{T_1} = \frac{V_2}{V_1}, \quad \frac{T_2}{127+273} = \frac{0.3}{0.4}$$
$$T_2 = 300\text{k} - 273 = 27℃$$

31 수소(H_2)가 이상기체라면 절대압력 1MPa, 온도 100℃에서의 비체적은 약 몇 m³/kg인가? (단, 일반기체상수는 8.3145kJ/(kmol·K)이다.)

① 0.781
② 1.26
③ 1.55
④ 3.46

Solution $Pv = RT$

$$1 \times 10^3 \times v = \frac{8.3145}{2} \times (100+273)$$
$$v = 1.55\,\text{m}^3/\text{kg}$$

32 증기를 가역 단열과정을 거쳐 팽창시키면 증기의 엔트로피는?

① 증가한다.
② 감소한다.
③ 변하지 않는다.
④ 경우에 따라 증가도 하고, 감소도 한다.

29. ② 30. ② 31. ③ 32. ③ ■Answer

33 밀폐용기에 비내부에너지가 200kJ/kg인 기체가 0.5kg 들어있다. 이 기체를 용량이 500W인 전기가열기로 2분 동안 가열한다면 최종상태에서 기체의 내부에너지는 약 몇 kJ인가? (단, 열량은 기체로만 전달된다고 한다.)

① 20kJ ② 100kJ ③ 120kJ ④ 160kJ

Solution $U_2 = U_1 + Q = 200 \times 0.5 + 500 \times 10^{-3} \times 2 \times 60 = 160 \, \text{kJ}$

34 10℃에서 160℃까지 공기의 평균 정적비열은 0.7315kJ/(kg·K)이다. 이 온도 변화에서 공기 1kg의 내부에너지 변화는 약 몇 kJ인가?

① 101.1kJ ② 109.7kJ ③ 120.6kJ ④ 131.7kJ

Solution $\triangle U = m \cdot C_V \cdot \triangle t = 1 \times 0.7315 \times (160 - 10) = 109.725 \, \text{kJ}$

35 한 밀폐계가 190kJ의 열을 받으면서 외부에 20kJ의 일을 한다면 이 계의 내부에너지의 변화는 약 얼마인가?

① 210kJ만큼 증가한다. ② 210kJ만큼 감소한다.
③ 170kJ만큼 증가한다. ④ 170kJ만큼 감소한다.

Solution $_1Q_2 = \triangle U + _1W_2$
$\triangle U = 190 - 20 = 170 \, \text{kJ}$

36 완전가스의 내부에너지(u)는 어떤 함수인가?

① 압력과 온도의 함수이다. ② 압력만의 함수이다.
③ 체적과 압력의 함수이다. ④ 온도만의 함수이다.

Solution $\triangle U = m \cdot C_V \cdot \triangle t$
m = 일정
C_V = 일정
∴ 내부에너지는 온도 만의 함수

37 열펌프를 난방에 이용하려 한다. 실내 온도는 18℃이고, 실외 온도는 -15℃이며 벽을 통한 열손실은 12kW이다. 열펌프를 구동하기 위해 필요한 최소 동력은 약 몇 kW인가?

① 0.65kW ② 0.74kW
③ 1.36kW ④ 1.53kW

Solution $\varepsilon_h = \dfrac{\dot{Q}}{\dot{W}} = \dfrac{T_H}{T_H - T_L}$
$\dfrac{12}{\dot{W}} = \dfrac{18 + 273}{18 - (-15)}$
$\dot{W} = 1.36 \, \text{kW}$

Answer ■ 33. ④ 34. ② 35. ③ 36. ④ 37. ③

38 이상적인 카르노 사이클의 열기관이 500℃인 열원으로부터 500kJ를 받고 25℃에 열을 방출한다. 이 사이클의 일(W)과 효율(η_{th})은 얼마인가?

① W=307.2kJ, η_{th}=0.6143
② W=307.2kJ, η_{th}=0.5748
③ W=250.3kJ, η_{th}=0.6143
④ W=250.3kJ, η_{th}=0.5748

Solution
$$\eta_{th} = \frac{W}{Q_H} = 1 - \frac{T_L}{T_H}$$
$$W = 500 \times \left(1 - \frac{25+273}{500+273}\right) = 307.24\,kJ$$
$$\eta_{th} = \frac{307.24}{500} \times 100 = 61.44\%$$

39 오토사이클의 압축비(ϵ)가 8일 때 이론 열효율은 약 몇 %인가? (단, 비열비(k)는 1.4이다.

① 36.8%
② 46.7%
③ 56.5%
④ 66.6%

Solution
$$\eta_o = 1 - \left(\frac{1}{\epsilon}\right)^{k-1} = \left\{1 - \left(\frac{1}{8}\right)^{0.4}\right\} \times 100 = 56.47\%$$

40 계가 정적 과정으로 상태 1에서 상태 2로 변화할 때 단순압축성 계에 대한 열역학 제1법칙을 바르게 설명한 것은? (단, U, Q, W는 각각 내부에너지, 열량, 일량이다.)

① $U_1 - U_2 = Q_{12}$
② $U_2 - U_1 = W_{12}$
③ $U_1 - U_2 = W_{12}$
④ $U_2 - U_1 = Q_{12}$

Solution
$$_1Q_2 = \triangle U + \int_1^2 P \cdot dV$$
V = 일정
$$_1Q_2 = \triangle U = U_2 - U_1$$

3과목 기계유체역학

41 유체역학에서 연속방정식에 대한 설명으로 옳은 것은?

① 뉴턴의 운동 제2법칙이 유체 중의 모든 점에서 만족하여야 함을 요구한다.
② 에너지와 일 사이의 관계를 나타낸 것이다.
③ 한 유선 위에 두 점에 대한 단위 체적당의 운동량의 관계를 나타낸 것이다.
④ 검사체적에 대한 질량 보존을 나타내는 일반적인 표현식이다.

Solution 연속방정식은 질량보존법칙에 적용시켜 얻은 식이다.

38. ① 39. ③ 40. ④ 41. ④ ■Answer

42 그림과 같은 탱크에서 A점에서 표준대기압이 작용하고 있을 때, B점의 절대압력은 약 몇 kPa인가? (단, A점과 B점의 수직거리는 2.5m이고 기름의 비중은 0.92이다.)

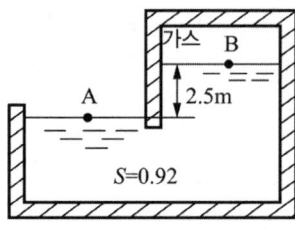

① 78.8
② 788
③ 179.8
④ 1798

Solution $P_A = P_B + \gamma \cdot h$
$P_B = 101.325 + (0.92 \times 9.8 \times 2.5) = 78.785$

43 기준면에 있는 어떤 지점에서의 물의 유속이 6m/s, 압력이 40kPa일 때 이 지점에서의 물의 수력기울기선의 높이는 약 몇 m인가?

① 3.24
② 4.08
③ 5.92
④ 6.81

Solution $H = \dfrac{P}{\gamma} + Z = \dfrac{P}{\gamma} = \dfrac{40}{9.8} = 4.08\,\text{m}$

44 2차원 직각좌표계 (x, y) 상에서 x방향의 속도 $u = 1$, y방향의 속도 $v = 2x$인 어떤 정상상태의 이상유체에 대한 유동장이 있다. 다음 중 같은 유선 상에 있는 점을 모두 고르면?

㉠ (1, 1)	㉡ (1, −1)	㉢ (−1, 1)

① ㉠, ㉡
② ㉡, ㉢
③ ㉠, ㉢
④ ㉠, ㉡, ㉢

Solution $dx = \dfrac{dy}{2x}$
$2x\,dx = dy,\ \dfrac{dy}{dx} = 2x$
$y = x^2 + C$
$C = 0$이면 $\begin{cases} x = 1,\ y = 1 \\ x = -1,\ y = 1 \end{cases}$

Answer ■ 42. ① 43. ② 44. ③

45 경계층의 박리(separation)가 일어나는 주원인은?

① 압력이 증기압 이하로 떨어지기 때문에
② 유동방향으로 밀도가 감소하기 때문에
③ 경계층의 두께가 0으로 수렴하기 때문에
④ 유동과정에 역압력 구배가 발생하기 때문에

Solution 박리(separation)의 원인은 역압력 구배이다.

46 표면장력이 0.07N/m인 물방울의 내부압력이 외부압력보다 10Pa 크게 되려면 물방울의 지름은 몇 cm인가?

① 0.14   ② 1.4   ③ 0.28   ④ 2.8

Solution $\sigma = \dfrac{P \cdot d}{4}$, $d = \dfrac{4 \times 0.07}{10} = 0.028\,\text{m}$

47 가스 속에 피토관을 삽입하여 압력을 측정하였더니 정체압이 128Pa, 정압이 120Pa이었다. 이 위치에서의 유속은 몇 m/s인가? (단, 가스의 밀도는 1.0kg/m³이다.)

① 1   ② 2   ③ 4   ④ 8

Solution $P_2 = P_1 + \dfrac{\rho V^2}{2}$

$128 = 120 + \dfrac{1.0 \times V^2}{2}$, $V = 4\,\text{m/sec}$

48 평면 벽과 나란한 방향으로 점성계수가 $2 \times 10^{-5}\,\text{Pa}\cdot\text{s}$인 유체가 흐를 때, 평면과의 수직거리 $y[\text{m}]$인 위치에서 속도가 $u = 5(1 - e^{-0.2y})[\text{m/s}]$이다. 유체에 걸리는 최대 전단응력은 약 몇 Pa인가?

① 2×10^{-5} ② 2×10^{-6}
③ 5×10^{-6} ④ 10^{-4}

Solution $\tau = \mu \cdot \dfrac{du}{dy} = \mu \cdot \{-5e^{-0.2y} \cdot (-0.2)\}\Big|_{y=0}$

$\tau_{\max} = 2 \times 10^{-5} \times 0.2 \times 5 = 2 \times 10^{-5}\,\text{Pa}$

49 안지름 1cm의 원관 내를 유동하는 0℃의 물의 층류 임계 레이놀즈수가 2100일 때 임계속도는 약 몇 cm/s인가? (단, 0℃ 물의 동점성계수는 0.01787cm²/s이다.)

① 37.5   ② 375
③ 75.1   ④ 751

Solution $Re = \dfrac{V \cdot d}{\nu}$

$2100 = \dfrac{V \times 0.01}{0.01787 \times 10^{-4}}$, $V = 0.375\,\text{m/sec}$

45. ④   46. ④   47. ③   48. ①   49. ①   ■ Answer

50 다음 중 정체압의 설명으로 틀린 것은?

① 정체압은 정압과 같거나 크다.
② 정체압은 액주계로 측정할 수 없다.
③ 정체압은 유체의 밀도에 영향을 받는다.
④ 같은 정압의 유체에서는 속도가 빠를수록 정체압이 커진다.

Solution $P_s = P + \dfrac{\rho \cdot V^2}{2}$

51 어떤 물체가 대기 중에서 무게는 6N이고 수중에서 무게는 1.1N이었다. 이 물체의 비중은 약 얼마인가?

① 1.1
② 1.2
③ 2.4
④ 5.5

Solution $W = F_B + W'$
$6 = 9800 \times V + 1.1, \ V = 0.0005\,\text{m}^3$
$W = S \cdot \gamma_w \cdot V$
$6 = S \times 9800 \times 0.0005, \ S = 1.22$

52 지름 4m의 원형수문이 수면과 수직방향이고 그 최상단이 수면에서 3.5m만큼 잠겨있을 때 수문에 작용하는 힘 F와, 수면으로부터 힘의 작용점까지의 거리 x는 각각 얼마인가?

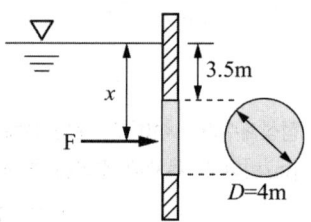

① 638kN, 5.68m
② 677kN, 5.68m
③ 638kN, 5.57m
④ 677kN, 5.57m

Solution $F = \gamma \cdot \bar{h} \cdot A = 9.8 \times 5.5 \times \pi \times 2^2 = 677.33\,\text{kN}$

$x = \bar{h} + \dfrac{I_G}{A \cdot \bar{h}} = 5.5 + \dfrac{\pi \times 4^4}{\pi \times 2^2 \times 5.5 \times 64} = 5.68\,\text{m}$

53 지름 D_1 = 30cm의 원형 물제트가 대기압 상태에서 V의 속도로 중앙부분에 구멍이 뚫린 고정 원판에 충돌하여, 원판 위로 지름 D_2 = 10cm의 원형 물제트가 같은 속도로 흘러나가고 있다. 이 원판이 받는 힘이 100N 이라면 물제트의 속도 V는 약 몇 m/s인가?

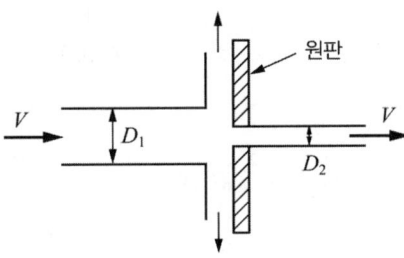

① 0.95 ② 1.26 ③ 1.59 ④ 2.35

Solution $F = \rho A V^2 = \rho \cdot \frac{\pi}{4}(D_1^2 - D_2^2) \cdot V^2$
$100 = 1000 \times \frac{\pi}{4} \times (0.3^2 - 0.1^2) \times V^2$
$V = 1.26 \text{m/sec}$

54 길이 600m이고 속도 15km/h인 선박에 대해 물속에서의 조파 저항을 연구하기 위해 길이 6m인 모형선의 속도는 몇 km/h으로 해야 하는가?

① 2.7 ② 2.0
③ 1.5 ④ 1.0

Solution $F_r = \frac{V^2}{L \cdot g}$, $\frac{15^2}{600} = \frac{V_m^2}{6}$
$V_m = 1.5 \text{m/sec}$

55 동점성계수가 1×10^{-4} m²/s인 기름이 안지름 50mm의 관을 3m/s의 속도로 흐를 때 관의 마찰계수는?

① 0.015 ② 0.027
③ 0.043 ④ 0.061

Solution $Re = \frac{V \cdot d}{\nu} = \frac{3 \times 0.05}{1 \times 10^{-4}} = 1500$
$f = \frac{64}{Re} = \frac{64}{1500} = 0.0427$

56 일률(power)을 기본 차원인 M(질량), L(길이), T(시간)로 나타내면?

① $L^2 T^{-2}$ ② $MT^{-2}L^{-1}$
③ $ML^2 T^{-2}$ ④ $ML^2 T^{-3}$

Solution 일률 : 단위시간당 일량(N·m/sec)
$F \cdot L \cdot T^{-1} = ML^2 T^{-3}$

53. ② 54. ③ 55. ③ 56. ④ ■Answer

57 수평으로 놓인 지름 10cm, 길이 200m인 파이프에 완전히 열린 글로브 밸브가 설치되어 있고, 흐르는 물의 평균속도는 2m/s이다. 파이프의 관 마찰계수가 0.02이고, 전체 수두 손실이 10m이면, 글로브 밸브의 손실계수는 약 얼마인가?

① 0.4
② 1.8
③ 5.8
④ 9.0

Solution
$h_\ell = (k + f \cdot \frac{\ell}{d}) \cdot \frac{V^2}{2g}$
$10 = (k + 0.02 \times \frac{200}{0.1}) \times \frac{2^2}{2 \times 9.8}$
$k = 90$

58 유동장에 미치는 힘 가운데 유체의 압축성에 의한 힘만이 중요할 때에 적용할 수 있는 무차원수로 옳은 것은?

① 오일러수
② 레이놀즈수
③ 프루드수
④ 마하수

Solution 오일러수 $= \frac{압축력}{관성력}$
두 점 사이의 압력차가 큰 유동에서 중요한 무차원수이다.

59 (x, y)좌표계의 비회전 2차원 유동장에서 속도포텐셜(potential) ϕ는 $\phi = 2x^2 y$로 주어졌다. 이 때 점 (3, 2)인 곳에서 속도 벡터는? (단, 속도포텐셜 ϕ는 $\vec{V} = \nabla\phi = grad\,\phi$로 정의된다.)

① $24\vec{i} + 18\vec{j}$
② $-24\vec{i} + 18\vec{j}$
③ $12\vec{i} + 9\vec{j}$
④ $-12\vec{i} + 9\vec{j}$

Solution
$u = \frac{\partial \phi}{\partial x} = 4xy = 4 \times 3 \times 2 = 24$
$u = \frac{\partial \phi}{\partial y} = 2x^2 = 2 \times 3^2 = 18$
$v = u\hat{i} + u\hat{j} = 24\hat{i} + 18\hat{j}$

60 Stokes의 법칙에 의해 비압축성 점성유체에 구(sphere)가 낙하될 때 항력(D)을 나타낸 식으로 옳은 것은? (단, μ : 유체의 점성계수, a : 구의 반지름, V : 구의 평균속도, C_D : 항력계수, 레이놀즈수가 1보다 작아 박리가 존재하지 않는다고 가정한다.)

① $D = 6\pi a \mu V$
② $D = 4\pi a \mu V$
③ $D = 2\pi a \mu V$
④ $D = C_D \pi a \mu V$

Solution $D = 3\pi \mu d V = 3\pi \mu (2a) V = 6\pi \mu a V$

Answer ■ 57. ④ 58. ④ 59. ① 60. ①

4과목 기계재료 및 유압기기

61 과냉 오스테나이트 상태에서 소성가공을 한 다음 냉각하여 마텐자이트화하는 열처리 방법은?

① 오스포밍　　② 크로마이징　　③ 심랭처리　　④ 인덕션하드닝

Solution 인덕션 하드닝(Induction harding) : 고주파경화담금질

62 다음 중 열경화성 수지가 아닌 것은?

① 페놀 수지
② ABS 수지
③ 멜라닌 수지
④ 에폭시 수지

63 $Fe-Fe_3C$계 평형 상태도에서 나타날 수 있는 반응이 아닌 것은?

① 포정반응
② 공정반응
③ 공석반응
④ 편정반응

64 가열 과정에서 순철의 A_3변태에 대한 설명으로 틀린 것은?

① BCC가 FCC로 변한다.
② 약 910℃ 부근에서 일어난다.
③ $\alpha-Fe$가 $\gamma-Fe$로 변화한다.
④ 격자구조에 변화가 없고 자성만 변한다.

Solution 자기변태점 : $A_2(768℃)$

65 표점거리가 100mm, 시험편의 평행부 지름이 14mm인 인장 시험편을 최대하중 6400kgf로 인장한 후 표점거리가 120mm로 변화되었을 때 인장강도는 약 몇 kgf/mm^2인가?

① $10.4kgf/mm^2$
② $32.7kgf/mm^2$
③ $41.6kgf/mm^2$
④ $166.3kgf/mm^2$

Solution $\sigma = \dfrac{W}{A} = \dfrac{6400}{\dfrac{\pi}{4} \times 14^2} = 41.58 kgf/mm^2$

66 주철의 성질에 대한 설명으로 옳은 것은?

① C, Si등이 많을수록 용융점은 높아진다.
② C, Si등이 많을수록 비중은 작아진다.
③ 흑연편이 클수록 자기 감응도는 좋아진다.
④ 주철의 성장 원인으로 마텐자이트의 흑연화에 의한 수축이 있다.

Solution 주철의 성장 : 시멘타이트의 흑연화

Answer 61. ①　62. ②　63. ④　64. ④　65. ③　66. ②

67 마텐자이트(martensite) 변태의 특징에 대한 설명으로 틀린 것은?

① 마텐자이트는 고용체의 단일상이다.
② 마텐자이트 변태는 확산 변태이다.
③ 마텐자이트 변태는 협동적 원자운동에 의한 변태이다.
④ 마텐자이트의 결정 내에는 격자결함이 존재한다.

> Solution 마텐자이트는 담금질 처리로 가열된 재료를 급냉 처리하여 경도가 증가하는 열처리이다.

68 Al-Cu-Ni-Mg 합금으로 시효경화하며, 내열합금 및 피스톤용으로 사용되는 것은?

① Y 합금   ② 실루민
③ 라우탈   ④ 하이드로날륨

> Solution Y합금 : 주조용 알루미늄 합금으로 Al-Cu 4%-Ni 2%-Mg 1.5%합금이다.

69 냉간압연 스테인리스강판 및 강대(KSD 3698)에서 석출경화계 종류의 기로호 옳은 것은?

① STS305   ② STS410   ③ STS430   ④ STS630

> Solution ① STS630 : 석출경화계 스테인리스강
> ② STS430 : Cr계 스테인리스 중 가장 일반적으로 사용
> ③ STS305 : 18Cr-12Ni-0.12C(오스테나이트계)
> ④ STS410 : 13Cr 스테인리스 판재

70 구리 및 구리합금에 대한 설명으로 옳은 것은?

① Cu+Sn 합금을 황동이라 한다.
② Cu+Zn 합금을 청동이라 한다.
③ 문쯔메탈(muntz metal)은 60%Cu+40%Zn 합금이다.
④ Cu의 전기 전도율은 금속 중에서 Ag보다 높고, 자성체이다.

> Solution ① 황동 : Cu+Zn
> ② 청동 : Cu+Sn

71 개스킷(gasket)에 대한 설명으로 옳은 것은?

① 고정부분에 사용되는 실(seal)
② 운동부분에 사용되는 실(seal)
③ 대기로 개방되어 있는 구멍
④ 흐름의 단면적을 감소시켜 관로 내 저항을 갖게 하는 기구

> Solution 운동부분에 사용하는 실 장치 : 패킹

Answer ■ 67. ②   68. ①   69. ④   70. ③   71. ①

72 자중에 의한 낙하, 운동물체의 관성에 의한 액추에이터의 자중 등을 방지하기 위해 배압을 생기게 하고 다른 방향의 흐름이 자유로 흐르도록 한 밸브는?

① 풋 밸브
② 스풀 밸브
③ 카운터 밸런스 밸브
④ 변환 밸브

Solution 배압제어용 압력제어밸브 : 카운터밸런스밸브

73 유압에서 체적탄성계수에 대한 설명으로 틀린 것은?

① 압력의 단위와 같다.
② 압력의 변화량과 체적의 변화량과 관계있다.
③ 체적탄성계수의 역수는 압축률로 표현한다.
④ 유압에 사용되는 유체가 압축되기 쉬운 정도를 나타낸 것으로 체적탄성계수가 클수록 압축이 잘 된다.

Solution 체적탄성계수가 크면 압축이 어렵다.

$$K = \frac{\Delta P}{-\frac{\Delta V}{V}} \ (N/m^2, \ kg_f/m^2)$$

74 오일의 팽창, 수축을 이용한 유압 응용장치로 적절하지 않은 것은?

① 진동 개폐 밸브
② 압력계
③ 온도계
④ 쇼크 업소버

Solution 쇼크 업소버 : 공기압과 기름의 압력을 이용하여 충격과 진동을 흡수하는 장치

72. ③ 73. ④ 74. ④ ■Answer

75 그림과 같이 유압회로의 명칭으로 적합한 것은?

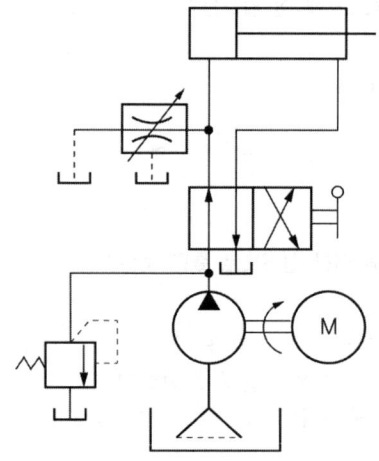

① 어큐뮬레이터 회로
② 시퀀스 회로
③ 블리드 오프 회로
④ 로킹(로크) 회로

Solution 블리드오프회로 : 펌프의 토출유량 중 일부는 탱크로 바이패스시키고 나머지는 유압실린더 입구로 보내는 속도제어회로

76 토출량이 일정한 용적형 펌프의 종류가 아닌 것은?

① 기어 펌프
② 베인 펌프
③ 터빈 펌프
④ 피스톤 펌프

Solution 터빈펌프는 비용적형 펌프이다.

77 유압 모터의 효율에 대한 설명으로 틀린 것은?

① 전효율은 체적효율에 비례한다.
② 전효율은 기계효율에 반비례한다.
③ 전효율은 축 출력과 유체 입력의 비로 표현한다.
④ 체적효율은 실제 송출유량과 이론 송출유량의 비로 표현한다.

Solution $\eta = \dfrac{L_s}{L_m} = \eta_v \cdot \eta_T = \eta_v \cdot \eta_m$

η_m : 기계효율
η_T : 토크효율
η_v : 용적(체적)효율
η : 모터 전 효율

Answer ■ 75. ③ 76. ③ 77. ②

78 펌프의 효율을 구하는 식으로 틀린 것은? (단, 펌프에 손실이 없을 때 토출 압력은 P_0, 실제 펌프 토출 압력은 P_1, 이론 펌프 토출량은 Q_0, 실제 펌프 토출량은 Q, 유체동력은 L_h, 축동력은 L_s이다.)

① 용적 효율 $= \dfrac{Q}{Q_0}$

② 압력 효율 $= \dfrac{P_0}{P}$

③ 기계 효율 $\dfrac{L_h}{L_s}$

④ 전 효율 = 용적 효율 × 압력 효율 × 기계 효율

Solution 압력효율 $= \dfrac{P(\text{실제토출압력})}{P_o(\text{이론토출압력})}$

79 그림과 같은 기호의 밸브 명칭은?

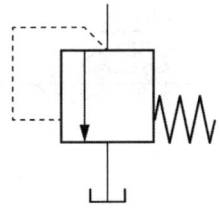

① 스톱 밸브 ② 릴리프 밸브
③ 체크 밸브 ④ 가변 교축 밸브

80 압력 제어 밸브에서 어느 최소 유량에서 어느 최대 유량까지의 사이에 증대하는 압력은?

① 오버라이드 압력 ② 전량 압력
③ 정격 압력 ④ 서지 압력

Solution ① 정격압력 : 유압장치에서 연속적으로 사용할 수 있는 최대압력
② 서지압력 : 과도적으로 상승한 최대압력

78. ② 79. ② 80. ① ■Answer

5과목 기계제작법 및 기계동력학

81 강체의 평면운동에 대한 설명으로 틀린 것은?

① 평면운동은 병진과 회전으로 구분할 수 있다.
② 평면운동은 순간중심점에 대한 회전으로 생각할 수 있다.
③ 순간중심점은 위치가 고정된 점이다.
④ 곡선경로를 움직이더라도 병진운동이 가능하다.

Solution 순간중심 : 강체의 평면운동 시 위치 변화에 따른 매순간 회전중심을 의미

82 자동차 B, C가 브레이크가 풀린 채 정지하고 있다. 이때 자동차 A가 1.5m/s의 속력으로 B와 충돌하면, 이후 B와 C가 다시 충돌하게 되어 결국 3대의 자동차가 연쇄 충돌하게 된다. 이때, B와 C가 충돌한 직후 자동차 C의 속도는 약 몇 m/s인가? (단, 모든 자동차 간 반발계수는 $e = 0.75$이고, 모든 자동차는 같은 종류로 질량이 같다.)

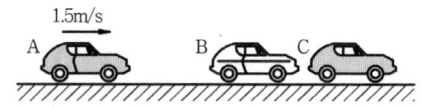

① 0.16
② 0.39
③ 1.15
④ 1.31

Solution
$m_A V_A + m_B V_B = m_A \cdot V_A' + m_B V_B'$
$1.5 m_A = m_A V_A' + m_B \cdot V_B'$
$e = \dfrac{-(V_A' - V_B')}{V_A - V_B} = 0.75$
$V_A' = V_B' - 0.75 V_A$
$1.5 m_A = m_A \cdot (V_B' - 0.75 V_A) + m_B \cdot V_B'$
$(1.5 + 0.75 \times 1.5) m_A = (m_A + m_B) V_B'$
$V_B' = \dfrac{2.625}{2} = 1.3125 \, \text{m/sec}$
$m_B \cdot V_B' + m_C V_C = m_B \cdot V_B'' + m_C \cdot V_C'$
$V_B' = V_B'' + V_C' = 1.3125$
$e = \dfrac{-(V_B'' - V_C')}{V_B' - V_C} = 0.75$
$V_B'' = V_C' - 0.75 V_B'$
$V_C' = 1.3125 - (V_C' - 0.75 \times 1.3125)$
$V_C' = 1.15 \, \text{m/sec}$

Answer ■ 81. ③ 82. ③

83 질량 m = 100kg인 기계가 강성계수 k = 1000kN/m, 감쇠비 ζ = 0.2인 스프링에 의해 바닥에 지지되어 있다. 이 기계에 F = 485 sin(200t)N의 가진력이 작용하고 있다면 바닥에 전달되는 힘은 약 몇 N인가?

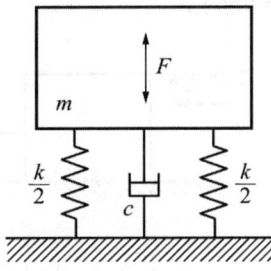

① 100
② 200
③ 300
④ 400

Solution 전달률 $TR = \dfrac{\sqrt{1 + \left(2\zeta \cdot \dfrac{w}{w_n}\right)^2}}{\sqrt{\left(1 - \dfrac{w^2}{w_n^2}\right)^2 + \left(2\zeta \cdot \dfrac{w}{w_n}\right)^2}}$

$w_n = \sqrt{\dfrac{k}{m}} = \sqrt{\dfrac{10^6}{100}} = 100$

$TR = \dfrac{\sqrt{1 + \left(2 \times 0.2 \times \dfrac{200}{100}\right)^2}}{\sqrt{\left(1 - \dfrac{200^2}{100^2}\right)^2 + \left(2 \times 0.2 \times \dfrac{200}{100}\right)^2}} = 0.412$

• 바닥에 전달되는 힘 = 가진력×전달률= 485×0.412 ≒ 200 → 가진력은 최대값 적용

84 그림과 같은 진동시스템의 운동방정식은?

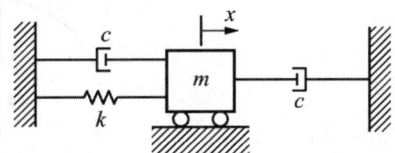

① $m\ddot{x} + \dfrac{c}{2}\dot{x} + kx = 0$
② $m\ddot{x} + c\dot{x} + \dfrac{kc}{k+c}x = 0$
③ $m\ddot{x} + \dfrac{kc}{k+c}\dot{x} + kx = 0$
④ $m\ddot{x} + 2c\dot{x} + kx = 0$

Solution $\sum F = m\ddot{x} = -kx - c\dot{x} - c\dot{x}$
$m\ddot{x} + 2c\dot{x} + kx = 0$

83. ② 84. ④ ■Answer

85 20g의 탄환이 수평으로 1200m/s의 속도로 발사되어 정지해 있던 300g의 블록에 박힌다. 이후 스프링에 발생한 최대 압축 길이는 약 몇 m인가? (단, 스프링상수는 200N/m이고 처음에 변형되지 않은 상태였다. 바닥과 블록 사이의 마찰은 무시한다.)

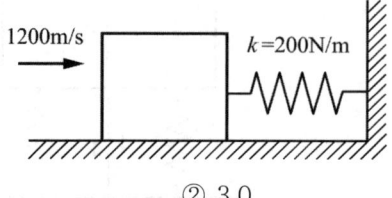

① 2.5   ② 3.0
③ 3.5   ④ 4.0

Solution $m_1 \cdot V_1 + m_2 \cdot V_2 = m_1 \cdot V_1' + m_2 \cdot V_2' = (m_1+m_2)V_2'$
$V_1' = V_2'$, $V_2 = 0$
$V_2' = \dfrac{20 \times 1200}{20+300} = 75\,\mathrm{m/sec}$
$\Delta T = -\Delta V_e$
$\dfrac{1}{2}m(V_2')^2 = \dfrac{1}{2}K \cdot S^2$
$(20+300) \times 75^2 = 200 \times S^2$, $S^2 = 3.0\,\mathrm{m}$

86 북극과 남극이 일직선으로 관통된 구멍을 통하여, 북극에서 지구 내부를 향하여 초기속도 $v_o = 10\mathrm{m/s}$로 한 질점을 던졌다. 그 질점이 A점($S=R/2$)을 통과할 때의 속력은 약 몇 km/s인가? (단, 지구내부는 균일한 물질로 채워져 있으며, 중력가속도는 O점에서 0이고, O점으로 부터의 위치 S에 비례한다고 가정한다. 그리고 지표면에서 중력가속도는 $9.8\mathrm{m/s}^2$, 지구반지름은 $R = 6371\mathrm{km}$이다.)

① 6.84
② 7.90
③ 8.44
④ 9.81

Solution $da = \dfrac{g}{R}ds$, $ds = \dfrac{R}{g}da$
$-ads = V \cdot dV$
$\displaystyle\int_g^{\frac{g}{2}} -\dfrac{R}{g}ada = \int_{V_O}^{V_A} V \cdot dV$
$-\dfrac{R}{g} \cdot \dfrac{a^2}{2}\bigg|_g^{\frac{g}{2}} = \dfrac{1}{2}V^2\bigg|_{V_O}^{V_A}$
$\dfrac{3}{4}R \cdot g = V_A^2 - V_O^2$
$V_A^2 = \dfrac{3R \cdot g}{4} + V_O^2 = \left(\dfrac{3 \times 6371 \times 10^3 \times 9.8}{4} + 10^2\right) \times 10^{-6}$
$V_A = 6.84\,\mathrm{km/s}$

Answer ■ 85. ②   86. ①

87 진동수(f), 주기(T), 각진동수(w)의 관계를 표시한 식으로 옳은 것은?

① $f = \dfrac{1}{T} = \dfrac{w}{2\pi}$
② $f = T = \dfrac{w}{2\pi}$
③ $f = \dfrac{1}{T} = \dfrac{2\pi}{w}$
④ $f = \dfrac{2\pi}{T} = w$

88 물체의 위치 x가 $x = 6t^2 - t^3$[m]로 주어졌을 때 최대 속도의 크기는 몇 m/s인가? (단, 시간의 단위는 초이다.)

① 10 ② 12
③ 14 ④ 16

Solution $V = \dot{x} = 12t - 3t^2 = t(12 - 3t)$

위의 표현에서 괄호 안의 값에 따라 최대속도의 크기가 결정된다고 할 수 있다.
$V = 12\text{m/sec}$일 때 최대이다.

89 경사면에 질량 M의 균일한 원기둥이 있다. 이 원기둥에 감겨 있는 실을 경사면과 동일한 방향인 위쪽으로 잡아당길 때, 미끄럼이 일어나지 않기 위한 실의 장력 T의 조건은? (단, 경사면의 각도를 α, 경사면과 원기둥사이의 마찰계수를 μ_s, 중력가속도를 g라 한다.)

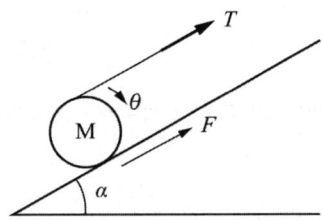

① $T \leq Mg(3\mu_s \sin\alpha + \cos\alpha)$
② $T \leq Mg(3\mu_s \sin\alpha - \cos\alpha)$
③ $T \leq Mg(3\mu_s \cos\alpha + \sin\alpha)$
④ $T \leq Mg(3\mu_s \cos\alpha - \sin\alpha)$

Solution $\sum F_t = M \cdot a$; $T + \mu_s Mg \cdot \cos\alpha - Mg\sin\alpha = M\gamma \cdot \alpha$

$\sum M_G = J \cdot \alpha$; $Tr - \mu_s Mg \cdot \cos\alpha \cdot \gamma = \dfrac{1}{2}Mr^2\alpha$

$M \cdot r \cdot \alpha = 2T - 2\mu_s \cdot Mg \cdot \cos\alpha = T + \mu_s \cdot Mg \cdot \cos\alpha - Mg \cdot \sin\alpha$

$T = 3\mu_s \cdot Mg \cdot \cos\alpha - Mg \cdot \sin\alpha$

∴ $T \leq Mg(3\mu_s \cos\alpha - \sin\alpha)$

T가 우변항보다 크면 미끄럼 발생

87. ① 88. ② 89. ④ ■Answer

90 직선 진동계에서 질량 98kg의 물체가 16초간에 10회 진동하였다. 이 진동계의 스프링 상수는 몇 N/cm인가?
① 37.8　　　　　　　　② 15.1
③ 22.7　　　　　　　　④ 30.2

> **Solution** $f = \dfrac{w}{2\pi} = \dfrac{1}{2\pi}\sqrt{\dfrac{k}{m}}$
> $\dfrac{10}{16} = \dfrac{1}{2\pi} \times \sqrt{\dfrac{k}{98}}$, $k = 1509.75\,\text{N/m}$
> ∴ $k = 15.1\,\text{N/cm}$

91 용접부의 시험검사 방법 중 파괴시험에 해당하는 것은?
① 외관시험　　　　　　② 초음파 탐상시험
③ 피로시험　　　　　　④ 음향시험

> **Solution** 피로시험 : 인장과 압축을 반복적으로 가하여 재료가 파과될 때까지 진행되는 시험이다.

92 담금질된 강의 마텐자이트 조직은 경도는 높지만 취성이 매우 크고 내부적으로 잔류응력이 많이 남아 있어서 A_1 이하의 변태점에서 가열하는 열처리 과정을 통하여 인성을 부여하고 잔류응략을 제거하는 열처리는?
① 풀림　　　　　　　　② 불림
③ 침탄법　　　　　　　④ 뜨임

> **Solution** 담금질 처리 후 인성 증가 목적으로 이루어지는 열처리는 뜨임이다.

93 방전가공의 특징으로 틀린 것은?
① 무인가공이 불가능하다.
② 가공 부분에 변질층이 남는다.
③ 전극의 형상대로 정밀하게 가공할 수 있다.
④ 가공물의 경도와 관계없이 가공이 가능하다.

> **Solution** 방전가공은 용기 내에 공작물을 넣고 방전액을 채운 다음 전극봉 또는 전극와이어를 공작물에 근접시켜 전류를 흘려 보내 발생하는 아크열을 이용하여 가공하므로 무인가공은 가능하다.

94 단체모형, 분할모형, 조립모형의 종류를 포괄하는 실제 제품과 같은 모양의 모형은?
① 고르게 모형　　　　　② 회전 모형
③ 코어 모형　　　　　　④ 현형

Answer ■ 90. ②　91. ③　92. ④　93. ①　94. ④

95 압연에서 롤러의 구동은 하지 않고 감는 기계의 인장구동으로 압연을 하는 것으로 연질재의 박판 압연에 사용되는 압연기는?

① 3단 압연기
② 4단 압연기
③ 유성압연기
④ 스테켈 압연기

96 압연가공에서 가공 전의 두께가 20mm이던 것이 가공 후의 두께가 15mm로 되었다면 압하율은 몇 %인가?

① 20
② 25
③ 30
④ 40

Solution $\frac{20-15}{20} \times 100 = 25\%$

97 스프링 등과 같은 기계요소의 피로강도를 향상시키기 위해 작은 강구를 공작물의 표면에 충돌시켜서 가공하는 방법은?

① 숏 피닝
② 전해가공
③ 전해연삭
④ 화학연마

98 브라운샤프형 분할대로 $5\frac{1}{2}°$의 각도를 분할할 때, 분할 크랭크의 회전을 어떻게 하면 되는가?

① 27구멍 분할판으로 14구멍씩
② 18구멍 분할판으로 11구멍씩
③ 21구멍 분할판으로 7구멍씩
④ 24구멍 분할판으로 15구멍씩

Solution $x = \frac{\theta°}{9} = \frac{5.5}{9} = \frac{11}{18}$

99 정기 아크용접에서 언더컷의 발생 원인으로 틀린 것은?

① 용접속도가 너무 빠를 때
② 용접전류가 너무 높을 때
③ 아크길이가 너무 짧을 때
④ 부적당한 용접봉을 사용했을 때

100 절삭가공 시 발생하는 절삭온도 측정방법이 아닌 것은?

① 부식을 이용하는 방법
② 복사고온계를 이용하는 방법
③ 열전대에 의한 방법
④ 칼로리미터에 의한 방법

Answer 95. ④ 96. ② 97. ① 98. ② 99. ③ 100. ①

2021 기출문제
5월 15일 시행

1과목 재료역학

1 그림과 같이 길이가 $2L$인 양단고정보의 중앙에 집중하중이 아래로 가해지고 있다. 이 때 중앙에서 모멘트 M이 발생하였다면 이 집중하중(P)의 크기는 어떻게 표현되는가?

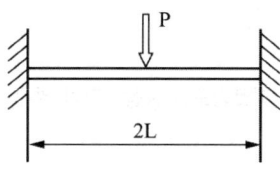

① $\dfrac{M}{L}$
② $\dfrac{8M}{L}$
③ $\dfrac{2M}{L}$
④ $\dfrac{4M}{L}$

Solution 양단고정보 중앙집중하중 작용시 중앙에서
굽힘모멘트 $M = \dfrac{P \cdot (2L)}{8} = \dfrac{P \cdot L}{4}$
$P = \dfrac{4M}{L}$

2 인장강도가 400MPa인 연강봉에 30kN의 축방향 인장하중이 가해질 경우 이 강봉의 지름은 약 몇 cm인가? (단, 안전율은 5이다.)

① 2.69
② 2.93
③ 2.19
④ 3.33

Solution $\sigma_a = \dfrac{P}{A} = \dfrac{\sigma_{tmax}}{S}$

$\dfrac{P}{\dfrac{\pi d^2}{4}} = \dfrac{\sigma_{tmax}}{S}$, $\dfrac{4 \times 30 \times 10^3}{\pi d^2} = \dfrac{400}{5}$

$d = 21.85\text{mm} = 2.185\text{cm}$

Answer ■ 1. ④ 2. ③

3 전체 길이에 걸쳐서 균일 분포하중 200N/m가 작용하는 단순 지지보의 최대 굽힘응력은 몇 MPa인가? (단, 폭×높이 = 3cm×4cm인 직사각형 단면이고, 보의 길이는 2m이다. 또한 보의 지점은 양 끝단에 있다.)

① 12.5
② 25.0
③ 14.9
④ 29.8

Solution $M_{max} = \dfrac{w \cdot \ell^2}{8} = \dfrac{200 \times 2^2}{8} = 100\,N\cdot m$

$\sigma_b = \dfrac{M_{max}}{Z} = \dfrac{6 \times 100 \times 10^3}{30 \times 40^2} = 12.5\,MPa$

4 지름 50mm인 중실축 ABC가 A에서 모터에 의해 구동된다. 모터는 600rpm으로 50kW의 동력을 전달한다. 기계를 구동하기 위해서 기어 B는 35kW, 기어 C는 15kW를 필요로 한다. 축 ABC에 발생하는 최대 전단응력은 몇 MPa인가?

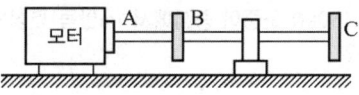

① 9.73
② 22.7
③ 32.4
④ 64.8

Solution $\tau_{max} = \dfrac{T}{Z_P} = \dfrac{974000 \times 9.8 \times 50 \times 16}{600 \times \pi \times 50^3} = 32.41\,MPa$

5 다음과 같이 3개의 링크를 핀을 이용하여 연결하였다. 2000N의 하중 P가 적용할 경우 핀에 적용되는 전단응력은 약 몇 MPa인가? (단, 핀의 지름은 1cm이다.)

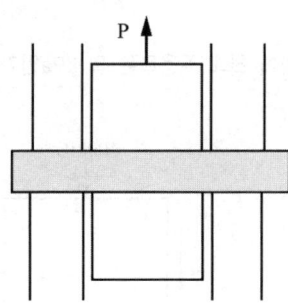

① 12.73
② 13.24
③ 15.63
④ 16.56

Solution $\tau = \dfrac{P}{A} = \dfrac{2000}{\dfrac{\pi \times 10^2}{4} \times 2} = 12.73\,MPa$

6 그림과 같은 단순보의 중앙점(C)에서 굽힘모멘트는?

① $\dfrac{P\ell}{2}+\dfrac{w\ell^2}{8}$

② $\dfrac{P\ell}{2}+\dfrac{w\ell^2}{48}$

③ $\dfrac{P\ell}{4}+\dfrac{5w\ell^2}{48}$

④ $\dfrac{P\ell}{4}+\dfrac{w\ell^2}{16}$

Solution $M_C = \left(\dfrac{P}{2}+\dfrac{w\ell}{6}\right)\times\dfrac{\ell}{2}-\dfrac{w\ell}{8}\times\dfrac{\ell}{6}=\dfrac{P\ell}{4}+\dfrac{w\ell^2}{16}$

7 직사각형 단면의 단주에 150kN 하중이 중심에서 1m만큼 편심되어 작용할 때 이 부재 AC에서 생기는 최대 인장응력은 몇 kPa인가?

① 25
② 50
③ 87.5
④ 100

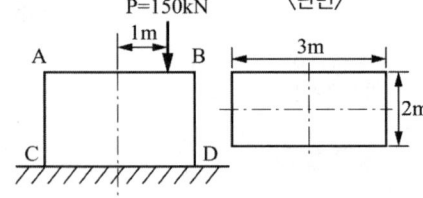

Solution $\sigma_{tmax}=\dfrac{P}{A}-\dfrac{M}{Z}=\dfrac{150\times 10^3}{3\times 2}-\dfrac{6\times 150\times 10^3\times 1}{2\times 3^2}$

$\sigma_{tmax}=-25\times 10^3\text{Pa}=-25\text{kPa}$

8 그림과 같이 평면응력 조건하에 최대 주응력은 몇 kPa인가? (단, σ_x = 400kPa, σ_y = -400kPa, τ_{xy} = 300kPa이다.)

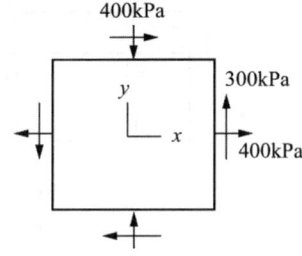

① 400　　② 500
③ 600　　④ 700

Solution $\sigma_1=\dfrac{\sigma_x+\sigma_y}{2}+\sqrt{\left(\dfrac{\sigma_x-\sigma_y}{2}\right)^2+\tau_{xy}^2}=\dfrac{400-400}{2}+\sqrt{\left(\dfrac{400+400}{2}\right)^2+(-300)^2}=500\,\text{kPa}$

Answer ■ 6. ④　7. ①　8. ②

9 다음 보에 발생하는 최대 굽힘 모멘트는?

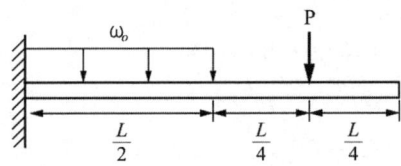

① $\dfrac{L}{4}(w_oL-2P)$ ② $\dfrac{L}{4}(w_oL+2P)$
③ $\dfrac{L}{8}(w_oL-2P)$ ④ $\dfrac{L}{8}(w_oL+2P)$

Solution $M_{\max} = \dfrac{w_o \cdot L^2}{8} + \dfrac{3P \cdot L}{4} - \dfrac{P \cdot L}{2} = \dfrac{L}{8}(w_o \cdot L + 2P)$

10 그림과 같이 균일분포 하중을 받는 외팔보에 대해 굽힘에 의한 탄성변형에너지는? (단, 굽힘강성 EI는 일정하다.)

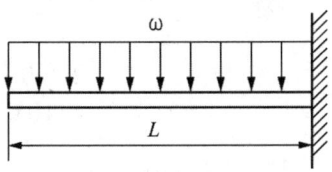

① $\dfrac{w^2L^5}{80EI}$ ② $\dfrac{w^2L^5}{160EI}$
③ $\dfrac{w^2L^5}{20EI}$ ④ $\dfrac{w^2L^5}{40EI}$

Solution $U = \int \dfrac{M_x^2}{2EI}dx = \dfrac{1}{2EI}\int_o^L \left(\dfrac{w \cdot x^2}{2}\right)^2 dx = \dfrac{w^2}{8EI} \cdot \dfrac{x^5}{5}\bigg|_o^L = \dfrac{w^2 \cdot L^5}{40EI}$

11 그림과 같이 전체 길이가 $3L$인 외팔보에 하중 P가 B점과 C점에 작용할 때 자유단 B에서의 처짐량은? (단, 보의 굽힘강성 EI는 일정하고, 자중은 무시한다.)

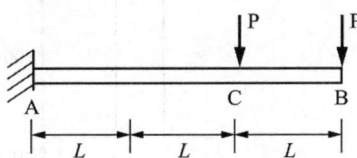

① $\dfrac{44}{3}\dfrac{PL^3}{EI}$ ② $\dfrac{35}{3}\dfrac{PL^3}{EI}$
③ $\dfrac{37}{3}\dfrac{PL^3}{EI}$ ④ $\dfrac{41}{3}\dfrac{PL^3}{EI}$

9. ④ 10. ④ 11. ④ ■Answer

> **Solution** ① C점에 집중하중 작용시 B점의 처짐
> $$\delta_{B'} = \frac{2P \cdot L^2}{EI} \cdot (L + \frac{2}{3} \times 2L) = \frac{14P \cdot L^3}{3EI}$$
> ② B점에 집중하중 작용시 B점의 처짐
> $$\delta_{B''} = \frac{P \cdot (3L)^3}{3EI} = \frac{9P \cdot L^3}{EI}$$
> ③ $\delta_B = \delta_{B'} + \delta_{B''} = \frac{41P \cdot L^3}{3EI}$

12 그림과 같은 직사각형 단면의 목재 외팔보에 집중하중 P가 C점에 작용하고 있다. 목재의 허용압축응력을 8MPa, 끝단 B점에서의 허용처짐량을 23.9mm이라 할 때 허용압축응력과 허용 처짐량을 모두 고려하여 이 목재에 가할 수 있는 집중하중 P의 최대값은 약 몇 kN인가? (단, 목재의 세로탄성계수는 12GPa, 단면2차모멘트는 $1022 \times 10^{-6} m^4$, 단면계수는 $4.601 \times 10^{-2} m^3$이다.)

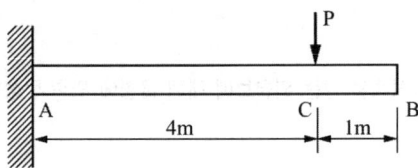

① 7.8　　　　　　　　　　② 8.5
③ 9.2　　　　　　　　　　④ 10.0

> **Solution** ① $\sigma_b = \frac{M}{Z} = \frac{4P}{4.601 \times 10^{-3}} = 8 \times 10^6$
> $P = 9202 N$
> ② $\delta = \frac{8P}{EI} \times \left(1 + 4 \times \frac{2}{3}\right)$
> $23.9 \times 10^{-3} = \frac{8P \times 3.67}{1022 \times 10^{-6} \times 12 \times 10^9}$, $P = 9,983.3 N$
> ③ 안전상 최대하중 $P = 9,202 kN$

13 그림과 같은 단면에서 가로방향 도심축에 대한 단면 2차 모멘트는 약 몇 mm^4인가?

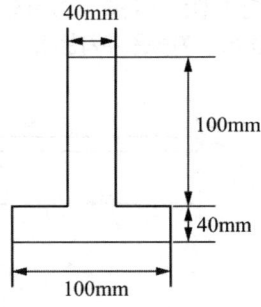

① 10.67×10^6　　　　　　② 13.67×10^6
③ 20.67×10^6　　　　　　④ 23.67×10^6

Answer ■ 12. ③　13. ②

> **Solution** $\bar{y} = \dfrac{A_1 \cdot y_1 + A_2 \cdot y_2}{A_1 + A_2} = \dfrac{100 \times 40 \times 20 + 40 \times 100 \times 90}{100 \times 40 + 40 \times 100}$
>
> $\therefore \bar{y} = 55\,\text{mm}$
>
> $I_G = \dfrac{100 \times 40^3}{12} + (35^2 \times 100 \times 40) + \dfrac{40 \times 100^3}{12} + (35^2 \times 40 \times 100)$
>
> $\therefore I_{Gx} = 13.67 \times 10^6\,\text{mm}^4$

14
반경 r, 내압 P, 두께 t인 얇은 원통형 압력용기의 면내에서 발생되는 최대 전단응력(2차원 응력 상태에서의 최대 전단응력)의 크기는?

① $\dfrac{Pr}{2t}$ ② $\dfrac{Pr}{t}$

③ $\dfrac{Pr}{4t}$ ④ $\dfrac{2Pr}{t}$

> **Solution** $\tau_{\max} = \dfrac{\sigma_t - \sigma_z}{2} = \dfrac{\sigma_z}{2} = \dfrac{P \cdot d}{8t} = \dfrac{P \cdot r}{4t}$

15
길이 15m, 봉의 지름 10mm인 강봉에 $P = 8$kN을 작용시킬 때 이 봉의 길이방향 변형량은 약 몇 mm인가? (단, 이 재료의 세로탄성계수는 210GPa이다.)

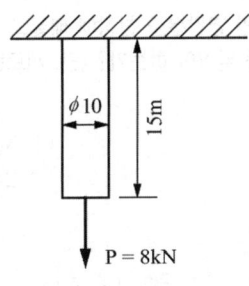

① 5.2   ② 6.4
③ 7.3   ④ 8.5

> **Solution** $\delta = \dfrac{P \cdot \ell}{AE} = \dfrac{8 \times 10^3 \times 15 \times 10^3}{\dfrac{\pi \times 10^2}{4} \times 210 \times 10^3} = 7.28\,\text{mm}$

16
지름 200mm인 축이 120rpm으로 회전하고 있다. 2m 떨어진 두 단면에서 측정한 비틀림각이 $\dfrac{1}{15}$rad이었다면 이 축에 작용하고 있는 비틀림 모멘트는 약 몇 kN·m인가? (단, 가로탄성계수는 80GPa이다.)

① 418.9   ② 356.6
③ 305.7   ④ 286.8

> **Solution** $\theta = \dfrac{T \cdot \ell}{G \cdot I_P}$
>
> $\dfrac{1}{15} = \dfrac{32 \times T \times 2}{80 \times 10^9 \times \pi \times 0.2^4}$, $T = 418.88\,\text{kN} \cdot \text{m}$

14. ③   15. ③   16. ①   ■ Answer

17 5cm×4cm블록이 x축을 따라 0.05cm만큼 인장되었다. y방향으로 수축되는 변형률(ϵ_y)은? (단, 포아송비(ν)는 0.3이다.)

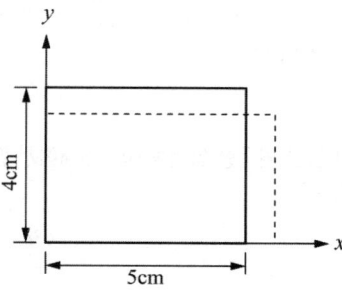

① 0.00015
② 0.0015
③ 0.003
④ 0.03

Solution $\nu = \dfrac{e'}{e} = \dfrac{\epsilon_y}{\epsilon_x}$

$\epsilon_y = 0.3 \times \dfrac{0.05}{5} = 0.003$

18 단면적이 5cm², 길이가 60cm인 연강봉을 천장에 매달고 30℃에서 0℃로 냉각시킬 때 길이의 변화를 없게 하려면 봉의 끝에 몇 kN의 추를 달아야 하는가? (단, 세로탄성계수 200GPa, 열팽창계수 $a = 12 \times 10^{-6}$/℃이고, 봉의 자중은 무시한다.)

① 60
② 36
③ 30
④ 24

Solution $\sigma = E \cdot \alpha \cdot \Delta t = \dfrac{W}{A}$

$W = 200 \times 10^9 \times 12 \times 10^{-6} \times (30-0) \times 5 \times 10^{-4} = 36000\,\text{N} = 36\,\text{kN}$

19 바깥지름이 46mm인 속이 빈 축이 120kW의 동력을 전달하는데 이 때의 각속도는 40rev/s이다. 이 축의 허용비틀림응력이 80MPa일 때, 안지름은 약 몇 mm 이하이어야 하는가?

① 29.8
② 41.8
③ 36.8
④ 48.8

Solution $T = \tau_a \cdot Z_P$

$974 \times 9.8 \times \dfrac{120}{40 \times 60} = 80 \times 10^6 \times \dfrac{\pi \times 0.046^3}{16}(1-x^4)$

$x = 0.911,\ d_1 = x \cdot d_2 = 0.911 \times 46 = 41.906\,\text{mm}$

Answer ■ 17. ③ 18. ② 19. ②

20 알루미늄봉이 그림과 같이 축하중을 받고 있다. BC간에 작용하고 있는 하중의 크기는?

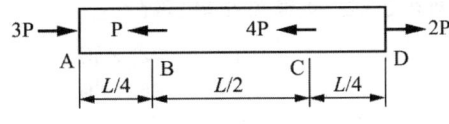

① 2P ② 3P
③ 4P ④ 8P

Solution 압축하중 : $P-3P=-2P$, $-4P+2P=-2P$

2과목 기계열역학

21 4kg의 공기를 온도 15℃에서 일정 체적으로 가열하여 엔트로피가 3.35kJ/K 증가하였다. 이 때 온도는 약 몇 K인가? (단, 공기의 정적비열은 0.717kJ/(kg·K)이다.)

① 927 ② 337
③ 533 ④ 483

Solution
$$\triangle S = m \cdot C_V \cdot \ln\left(\frac{T_2}{T_1}\right)$$
$$3.35 = 4 \times 0.717 \times \ln\left(\frac{T_2}{15+273}\right)$$
$$T_2 = 926.08\,\text{K}$$

22 실린더에 밀폐된 8kg의 공기가 그림과 같이 압력 P_1 = 800kPa, 체적 V_1 = 0.27m³에서 P_2 = 350kPa, V_2 = 0.80m³으로 직선 변화하였다. 이 과정에서 공기가 한 일은 약 몇 kJ인가?

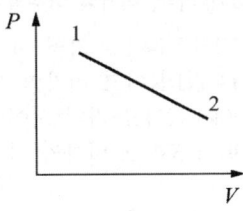

① 305 ② 334
③ 362 ④ 390

Solution
$$_1W_2 = \frac{1}{2}(P_1-P_2) \cdot (V_2-V_1) + P_2(V_2-V_1)$$
$$= \frac{1}{2} \times (800-350) \times (0.8-0.27) + 350 \times (0.8-0.27) = 304.75\,\text{kJ}$$

Answer 20. ① 21. ① 22. ①

23 압력 100kPa, 온도 20℃인 일정량의 이상기체가 있다. 압력을 일정하게 유지하면서 부피가 처음 부피의 2배가 되었을 때 기체의 온도는 약 몇 ℃가 되는가?

① 148
② 256
③ 313
④ 586

Solution P = 일정, $\dfrac{T_2}{T_1} = \dfrac{V_2}{V_1} = 2$

$T_2 = 2 \times (20 + 273) = 586\,\mathrm{K}$

∴ $t_2 = 313$

24 다음 4가지 경우에서 ( ) 안의 물질이 보유한 엔트로피가 증가한 경우는?

> ㉠ 컵에 있는 (물)이 증발하였다.
> ㉡ 목욕탕의 (수증기)가 차가운 타일벽에서 물로 응결되었다.
> ㉢ 실린더 안의 (공기)가 가역 단열적으로 팽창되었다.
> ㉣ 뜨거운 (커피)가 식어서 주위온도와 같게 되었다.

① ㉠
② ㉡
③ ㉢
④ ㉣

Solution ① 물이 증발하면서 주위의 열을 흡수하여 물의 엔트로피는 증가하게 된다.
② 주위에 열을 빼앗겨 엔트로피는 감소
③ $\triangle S = 0$
④ 주위에 열을 빼앗겨 엔트로피는 감소

25 어떤 열기관이 550K의 고열원으로부터 20kJ의 열량을 공급받아 250K의 저열원에 14kJ의 열량을 방출할 때 이 사이클의 Clausis 적분값과 가역, 비가역 여부의 설명으로 옳은 것은?

① Clausis 적분값은 −0.0196kJ/K이고 가역 사이클이다.
② Clausis 적분값은 −0.0196kJ/K이고 비가역 사이클이다.
③ Clausis 적분값은 0.0196kJ/K이고 가역 사이클이다.
④ Clausis 적분값은 0.0196kJ/K이고 비가역 사이클이다.

Solution $\sum \dfrac{Q}{T} = \dfrac{20}{550} - \dfrac{14}{250} = -0.0196\,\mathrm{kJ/K}$

$\oint \dfrac{\delta Q}{T} < 0$: 비가역 사이클

26 그림과 같이 Rankine 사이클의 열효율은 약 얼마인가? (단, h는 엔탈피, s는 엔트로피를 나타내며, h_1 = 191.8kJ/kg, h_2 = 193.8kJ/kg, h_3 = 2799.5kJ/kg, h_4 = 2007.5kJ/kg이다.)

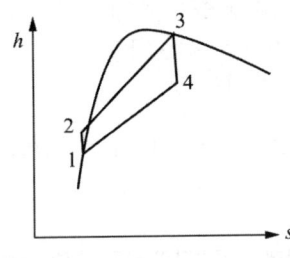

① 30.3% ② 36.7%
③ 42.9% ④ 48.1%

Solution $\eta_R = \dfrac{(2799.5 - 2007.5) - (193.8 - 191.8)}{2799.5 - 193.8} \times 100 = 30.32\%$

27 상태 1에서 경로 A를 따라 상태 2로 변화하고 경로 B를 따라 다시 상태 1로 돌아오는 가역 사이클이 있다. 아래의 사이클에 대한 설명으로 틀린 것은?

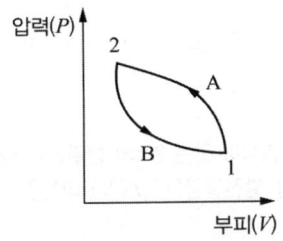

① 사이클 과정 동안 시스템의 내부에너지 변화량은 0이다.
② 사이클 과정 동안 시스템은 외부로부터 순(net) 일을 받았다.
③ 사이클 과정 동안 시스템의 내부에서 외부로 순(net) 열이 전달되었다.
④ 이 그림으로 사이클 과정 동안 총 엔트로피 변화량을 알 수 없다.

Solution $\oint \delta Q = \oint \delta W$
$\oint \dfrac{\delta Q}{T} = 0$

28 유리창을 통해 실내에서 실외로 열전달이 일어난다. 이때 열전달량은 약 몇 W인가? (단, 대류열전달계수는 50W/(m²·K), 유리창 표면온도는 25℃, 외기온도는 10℃, 유리창면적은 2m²이다.)

① 150 ② 500
③ 1500 ④ 5000

Solution $\dot{Q} = hA \cdot \Delta t = 50 \times 2 \times (25 - 10) = 1500\,W$

29 냉동기 냉매의 일반적인 구비조건으로서 적합하지 않은 것은?

① 임계 온도가 높고, 응고 온도가 낮을 것
② 증발열이 작고, 증기의 비체적이 클 것
③ 증기 및 액체의 점성(점성계수)가 작을 것
④ 부식성이 없고, 안정성이 있을 것

Solution 증발열이 작으면 냉동효과가 작아 냉동기 성능이 떨어진다.

30 오토 사이클로 작동되는 기관에서 실린더의 극간 체적(clearance volume)이 행정체적(stoke volume)의 15%라고 하면 이론 열효율은 약 얼마인가? (단, 비열비 $k = 1.4$이다.)

① 39.3%
② 45.2%
③ 50.6%
④ 55.7%

Solution $V_C = 0.15 V_S$

$$\epsilon = \frac{V_C + V_S}{V_C} = 1 + \frac{V_S}{V_C}$$

$$\epsilon = 1 + \frac{1}{0.15} = 7.67$$

$$\eta = 1 - \left(\frac{1}{\epsilon}\right)^{k-1} = \left\{1 - \left(\frac{1}{7.67}\right)^{0.4}\right\} \times 100 = 55.73\%$$

31 복사열을 방사하는 방사율과 면적이 같은 2개의 방열판이 있다. 각각의 온도가 A방열판은 120℃, B방열판은 80℃일 때 두 방열판의 복사 열전달량(Q_A/Q_B) 비는?

① 1.08
② 1.22
③ 1.54
④ 2.42

Solution $\dfrac{Q_A}{Q_B} = \left(\dfrac{T_A}{T_B}\right)^4 = \left(\dfrac{120 + 273}{80 + 273}\right)^4 = 1.54$

32 보일러, 터빈, 응축기, 펌프로 구성되어 있는 증기원동소가 있다. 보일러에서 2500kW의 열이 발생하고 터빈에서 550kW의 일을 발생시킨다. 또한 펌프를 구동하는데 20kW의 동력이 추가로 소모된다면 응축기에서의 방열량은 약 몇 kW인가?

① 980
② 1930
③ 1970
④ 3070

Solution $Q_1 - Q_2 = W_t - W_P$
$Q_2 = 2500 - (550 - 20) = 1970$ kW

Answer ■ 29. ② 30. ④ 31. ③ 32. ③

33
열역학 제2법칙과 관계된 설명으로 가장 옳은 것은?

① 과정(상태변화)의 방향성을 제시한다.
② 열역학적 에너지의 양을 결정한다.
③ 열역학적 에너지의 종류를 판단한다.
④ 과정에서 발생한 총 일의 양을 결정한다.

Solution 열역학 제2법칙은 열이동의 방향성과 비가역성을 제시한다.

34
질량이 5kg인 강제 용기 속에 물이 20L 들어있다. 용기와 물이 24℃인 상태에서 이 속에 질량이 5kg이고 온도가 180℃인 어떤 물체를 넣었더니 일정 시간 후 온도가 35℃가 되면서 열평형에 도달하였다. 이 때 이 물체의 비열은 약 몇 kJ/(kg·K)인가? (단, 물의 비열은 4.2kJ/(kg·K), 강의 비열은 0.46kJ/(kg·K)이다.)

① 0.88
② 1.12
③ 1.31
④ 1.86

Solution $(5 \times 0.46 + 20 \times 4.2) \times (35-24) = 5 \times C_a \times (180-35)$
$C_a = 1.31 \, \text{kJ/kg} \cdot \text{K}$

35
완전히 단열된 실린더 안의 공기가 피스톤을 밀어 외부로 일을 하였다. 이 때 외부로 행한 일의 양과 동일한 값(절대값 기준)을 가지는 것은?

① 공기의 엔탈피 변화량
② 공기의 온도 변화량
③ 공기의 엔트로피 변화량
④ 공기의 내부에너지 변화량

Solution $\delta q = 0 = du + pdV$
$_1W_2 = -\Delta U$

36
어느 왕복동 내연기관에서 실린더 안지름이 6.8cm, 행정이 8cm일 때 평균유효압력은 1200kPa이다. 이 기관의 1행정당 유효 일은 약 몇 kJ인가?

① 0.09
② 0.15
③ 0.35
④ 0.48

Solution $P_m = \dfrac{W}{V_s}$, $W = 1200 \times \dfrac{\pi \times 0.068^2}{4} \times 0.08 = 0.35 \, \text{kJ}$

33. ① 34. ③ 35. ④ 36. ③ ■Answer

37 이상적인 오토사이클의 열효율이 56.5%이라면 압축비는 약 얼마인가? (단, 작동 유체의 비열비는 1.4로 일정하다.)

① 7.5 ② 8.0
③ 9.0 ④ 9.5

Solution $\eta_0 = 1 - \left(\dfrac{1}{\epsilon}\right)^{k-1}$

$0.565 = 1 - \left(\dfrac{1}{\epsilon}\right)^{0.4}$, $\epsilon = 8.01$

38 카르노사이클로 작동되는 열기관이 200kJ의 열을 200℃에서 공급받아 20℃에서 방출한다면 이 기관의 열은 약 얼마인가?

① 38kJ ② 54kJ
③ 63kJ ④ 76kJ

Solution $\eta_C = \dfrac{W}{Q_H} = 1 - \dfrac{T_L}{T_H}$

$\dfrac{W}{200} = 1 - \dfrac{20+273}{200+273}$, $W = 76.1$ kJ

39 시스템 내의 임의의 이상기체 1kg이 채워져 있다. 이 기체의 정압비열은 1.0kJ(kg·K)이고, 초기 온도가 50℃인 상태에서 323kJ의 열량을 가하여 팽창시킬 때 변경 후 체적은 변경 전 체적의 약 몇 배가 되는가? (단, 정압과정으로 팽창한다.)

① 1.5배 ② 2배
③ 2.5배 ④ 3배

Solution $Q = m \cdot C_p \cdot (T_2 - T_1)$

$323 = 1 \times 1.0 \times (T_2 - 50)$, $T_2 = 373$℃

$P = $ 일정, $\dfrac{T_2}{T_1} = \dfrac{V_2}{V_1} = \dfrac{373+273}{50+273} = 2$

$V_2 = 2V_1$

40 기체상수가 0.462kJ/(kg·K)인 수증기를 이상기체로 간주할 때 정압비열(kJ/(kg·K))은 약 얼마인가? (단, 이 수증기의 비열비는 1.33이다.)

① 1.86 ② 1.54
③ 0.64 ④ 0.44

Solution $C_p = \dfrac{k \cdot R}{k-1} = \dfrac{1.33 \times 0.462}{1.33-1} = 1.862$

Answer ▪ 37. ②   38. ④   39. ②   40. ①

3과목 기계유체역학

41 동점성 계수가 10cm²/s이고 비중이 1.2인 유체의 점성계수는 몇 Pa·s인가?

① 1.2   ② 0.12
③ 2.5   ④ 0.24

Solution $\mu = \rho \cdot \nu = S \cdot \rho_w \cdot \nu = 1.2 \times 1000 \times 10 \times 10^{-4} = 1.2 \text{Pa} \cdot \text{s}$

42 단면적이 각각 10cm²와 20cm²인 관이 서로 연결되어 있다. 비압축성 유동이라 가정하면 20cm² 관속의 평균유속이 2.4m/s일 때 10cm² 관내의 평균속도는 약 몇 m/s인가?

① 4.8   ② 1.2
③ 9.6   ④ 2.4

Solution $A_1 \cdot V_1 = A_2 \cdot V_2$
$10 \times V_1 = 20 \times 2.4, \ V_1 = 4.8 \text{m/sec}$

43 밀도가 ρ인 액체와 접촉하고 있는 기체 사이의 표면장력이 σ라고 할 때 그림과 같은 지름 d의 원통 모세관에서 액주의 높이 h를 구하는 식은? (단, g는 중력가속도이다.)

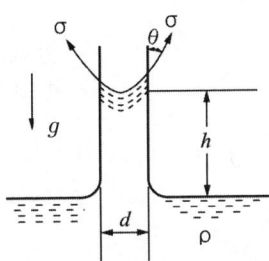

① $h = \dfrac{2\sigma \sin\theta}{\rho d g}$ ② $h = \dfrac{2\sigma \cos\theta}{\rho d g}$

③ $h = \dfrac{4\sigma \sin\theta}{\rho d g}$ ④ $h = \dfrac{4\sigma \cos\theta}{\rho d g}$

Solution $\gamma \cdot \dfrac{\pi d^2}{4} \cdot h = \sigma \cdot \cos\theta \cdot \pi d$
$h = \dfrac{4\sigma \cdot \cos\theta}{\gamma \cdot d} = \dfrac{4\sigma \cdot \cos\theta}{\rho \cdot g \cdot d}$

Answer 41. ① 42. ① 43. ④

44
마노미터를 설치하여 액체탱크의 수압을 측정하려고 한다. 수은(비중 13.6) 액주의 높이차 H = 50cm이면 A점에서의 계기압력은 약 얼마인가? (단, 액체의 밀도는 900kg/m³이다.)

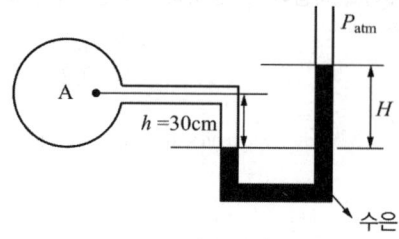

① 63.9kPa
② 4.2kPa
③ 63.9Pa
④ 4.2Pa

Solution $P_A + 900 \times 9.8 \times 0.3 = 13.6 \times 9800 \times 0.5$
$P_A = 63994 \text{Pa} = 63.994 \text{kPa}$

45
평판 위를 지나는 경계층 유동에서 경계층 두께가 δ인 경계층 내 속도 u가 $\dfrac{u}{U} = \sin\left(\dfrac{\pi y}{2\delta}\right)$로 주어진다. 여기서 y는 평판까지의 거리, U는 주류속도이다. 이때 경계층 배제두께(boundary layer displacement thickness) δ'와 δ의 비 $\dfrac{\delta'}{\delta}$는 약 얼마인가?

① 0.333
② 0.363
③ 0.500
④ 0.667

Solution $\delta^* = \int_o^\delta \left(1 - \dfrac{u}{U}\right)dy = \int_o^\delta \left\{1 - \sin\left(\dfrac{\pi y}{2\delta}\right)\right\}dy = \left\{y + \dfrac{2\delta}{\pi}\cos\left(\dfrac{\pi y}{2\delta}\right)\right\}\bigg|_o^\delta = \delta - \dfrac{2\delta}{\pi} = \left(1 - \dfrac{2}{\pi}\right)\delta$

$\dfrac{\delta^*}{\delta} = 1 - \dfrac{2}{\pi} = 0.363$

46
매끄러운 원판에서 물의 속도가 V일 때 압력강하가 Δp_1이었고, 이때 완전한 난류유동이 발생되었다. 속도를 $2V$로 하여 실험을 하였다면 압력강하는 얼마가 되는가?

① Δp_1
② $2\Delta p_1$
③ $4\Delta p_1$
④ $8\Delta p_1$

Solution $\Delta P_1 = \gamma \cdot h_\ell = \gamma \cdot \lambda \cdot \dfrac{\ell}{d} \cdot \dfrac{V^2}{2g}$ (난류유동)
$V_2 = 2V$
$\Delta P_2 = \gamma \cdot \lambda \cdot \dfrac{\ell}{d} \cdot \dfrac{(2V)^2}{2g} = 4 \cdot \Delta P_1$

Answer ■ 44. ① 45. ② 46. ③

47 수력구배선(hydraulic grade line))에 대한 설명으로 옳은 것은?

① 에너지선보다 위에 있어야 한다.
② 항상 수평선이다.
③ 위치수두와 속도수두의 합을 나타내며 주로 에너지선 아래에 있다.
④ 위치수두와 압력수두의 합을 나타내며 주로 에너지선 아래에 있다.

Solution $HGL = \dfrac{P}{\gamma} + Z$

48 한 변이 2m인 위가 열려있는 정육면체 통에 물을 가득 담아 수평방향으로 9.8m/s²의 가속도로 잡아당겼을 때 통에 남아 있는 물의 양은 약 몇 m³인가?

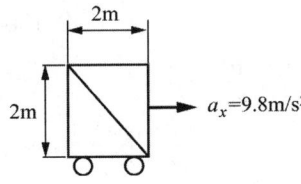

① 8
③ 2
② 4
④ 1

Solution $\tan\theta = \dfrac{H}{L} = \dfrac{a_x}{g}$

$H = L \cdot \dfrac{a_x}{g} = 2 \times \dfrac{9.8}{9.8} = 2$

용기의 절반이 흘러넘친다.

$V = \dfrac{1}{2} \times (2 \times 2 \times 2) = 4$

49 지름 D인 구가 점성계수 μ인 유체 속에서, 관성을 무시할 수 있을 정도로 느린 속도 V로 움직일 때 받는 힘 F를 D, μ, V의 함수로 가정하여 차원해석 하였을 때 얻을 수 있는 식은?

① $\dfrac{F}{(D\mu V)^{1/2}} = $상수
② $\dfrac{F}{D\mu V} = $상수
③ $\dfrac{F}{D\mu V^2} = $상수
④ $\dfrac{F}{(D\mu V)^2} = $상수

Solution $\pi = D^\alpha \cdot \mu^\beta \cdot V^\gamma \cdot F = L^\alpha \cdot (ML^{-1}T^{-1})^\beta \cdot (LT^{-1})^\gamma \cdot (MLT^{-2})$

$V = M^{\beta+1} \cdot L^{\alpha-\beta+\gamma+1} \cdot T^{-\beta-\gamma-2} = M^6 \cdot L^0 \cdot T^0$

$\beta = -1$, $\gamma = -1$, $\alpha = -1$

$\therefore \pi = \dfrac{F}{D \cdot \mu \cdot V}$

47. ④ 48. ② 49. ② ■Answer

50 그림과 같이 바닥부 단면적이 1m²인 탱크에 설치된 노즐에서 수면과 노즐 중심부 사이 높이가 1m인 경우 유량을 Q라고 한다. 이 유량을 2배로 하기 위해서는 수면 상에 약 몇 kg 정도의 피스톤을 놓아야 하는가?

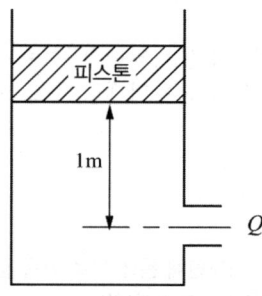

① 1000 ② 2000
③ 3000 ④ 4000

Solution
$$\frac{P_1}{\gamma} + \frac{V_1^2}{2g} + Z_1 = \frac{P_2}{\gamma} + \frac{V_2^2}{2g} + Z_2$$
$$\frac{P_1}{\gamma} = \frac{4Q^2}{2g \cdot A^2} + (Z_2 - Z_1) = \frac{4A^2 \times (2gh)}{2g \cdot A^2} + (Z_2 - Z_1) = (4 \times 1) - 1 = 3$$
$P_1 = 9800 \times 3 = 29400 \, \text{N/m}^2$
$W = 29400 \times 1 = 29400 \, \text{N} = 3000 \, \text{kg}_f$

51 어떤 물체의 속도가 초기 속도의 2배가 되었을 때 항력계수가 초기 항력계수의 $\frac{1}{2}$로 줄었다. 초기에 물체가 받는 저항력이 D라고 할 때 변화된 저항력은 얼마가 되는가?

① $2D$ ② $4D$
③ $\frac{1}{2}D$ ④ $\sqrt{2}\,D$

Solution $V_2 = 2V_1$, $C_{D2} = \frac{1}{2}C_{D1}$
$$D_2 = C_{D2} \cdot A \cdot \frac{\rho \cdot V_2^2}{2} = \frac{1}{2}C_{D1} \cdot A \cdot \frac{\rho}{2} \cdot 4 \cdot V_1^2 = 2D$$

52 5℃의 물[점성계수 1.5×10⁻³kg/(m·s)]이 안지름 0.25cm, 길이 10m인 수평관 내부를 1m/s로 흐른다. 이때 레이놀즈 수는 얼마인가?

① 166.7 ② 600
③ 1666.7 ④ 6000

Solution $Re = \dfrac{\rho V \cdot d}{\mu} = \dfrac{1000 \times 1 \times 0.25 \times 10^{-2}}{1.5 \times 10^{-3}} = 1666.67$

Answer ■ 50. ③ 51. ① 52. ③

53 길이 100m의 배를 길이 5m인 모형으로 실험할 때, 실험이 40km/h로 움직이는 경우와 역학적 상사를 만족시키기 위한 모형의 속도는 약 몇 km/h인가? (단, 점성마찰은 무시한다.)

① 4.66　　　　　　　　② 8.94
③ 12.96　　　　　　　　④ 18.42

Solution $\left(\dfrac{V^2}{L\cdot g}\right)_p = \left(\dfrac{V^2}{L\cdot g}\right)_m$

$\dfrac{40^2}{100} = \dfrac{V_m^2}{5}$, $V_m = 8.94\,\text{km/h}$

54 그림과 같이 비중이 0.83인 기름이 12m/s의 속도로 수직 고정평판에 직각으로 부딪치고 있다. 판에 작용되는 힘 F는 약 몇 N인가?

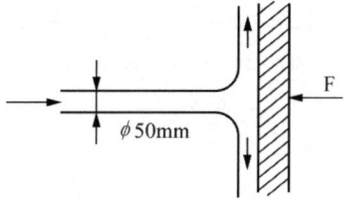

① 23.5　　　　　　　　② 28.9
③ 288.6　　　　　　　　④ 234.7

Solution $F = \rho A V^2 = 0.83 \times 1000 \times \dfrac{\pi}{4} \times 0.05^2 \times 12^2 = 234.68\,\text{N}$

55 다음 중 Hagen-Poiseuille 법칙을 이용한 세관식 점도계는?

① 맥미셸(MacMichael) 점도계　　② 세이볼트(Saybolt) 점도계
③ 낙구식 점도계　　　　　　　　④ 스토머(Stormer) 점도계

Solution
① 맥미셸 점도계 : Newten의 점성법칙 이용
② 세이볼트 점도계 : 하겐포아젤 법칙 이용
③ 낙구식 점도계 : Stokes 법칙 이용
④ Ostwald 점도계 : 하겐포아젤 법칙 이용
⑤ 스토머 점도계 : Newten의 점성법칙 이용

53. ②　54. ④　55. ②　■ Answer

56
그림과 같은 수문에서 멈춤장치 A가 받는 힘은 약 kN인가? (단, 수문의 폭은 3m이고, 수은의 비중은 13.6 이다.)

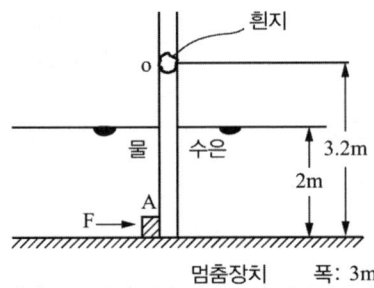

① 3 ② 510 ③ 586 ④ 879

Solution
$F_1 = \gamma \cdot \bar{y} \cdot A = 13.6 \times 9800 \times 1 \times (2 \times 3) = 799680\,\text{N}$
$F_2 = \gamma \cdot \bar{y} \cdot A = 9800 \times 1 \times (2 \times 3) = 58{,}800\,\text{N}$
$y_p = \bar{y} + \dfrac{I_G}{A \cdot \bar{y}} = 1 + \dfrac{3 \times 2^3}{(2 \times 3) \times 1 \times 12} = 1.33\,\text{m}$
$F \times 3.2 + F_2 \times (1.2 + y_p) = F_1 \times (1.2 + y_p)$
$F = \dfrac{(1.2 + 1.33)}{3.2} \times (799680 - 58800) = 585758.25 = 585.76\,\text{kN}$

57
2차원 직각좌표계(x, y)에서 유동함수(stream function, Ψ)가 $\Psi = y - x^2$인 정상 유동이 있다. 다음 보기 중 속도의 크기가 $\sqrt{5}$인 점(x, y)을 모두 고르면?

〈보기〉
ⓐ (1, 1)　　ⓑ (1, 2)　　ⓒ (2, 1)

① ⓐ　　② ⓒ
③ ⓐ, ⓑ　　④ ⓑ, ⓒ

Solution
$u = \dfrac{\partial \psi}{\partial y} = 1$
$u = -\dfrac{\partial \psi}{\partial x} = -(-2x) = 2x$
$\vec{V} = u\hat{i} + v\hat{j} = \hat{i} + 2x\hat{j}$
$V = \sqrt{1 + 4x^2}$
$5 = 1 + 4x^2,\ x = 1$
$x = 1$인 좌표를 모두 고른다.

58
비압축성 유동에 대한 Navier-Stokes 방정식에서 나타나지 않는 힘은?

① 체적력(중력)　　② 압력
③ 점성력　　④ 표면장력

Solution Navier-stokes 방정식은 점성력까지 고려한 미분방정식이다. 즉, 중력, 관성력, 압력, 점성력 등이다.

Answer ■ 56. ③　57. ③　58. ④

59 압력과 밀도를 각각 P, ρ라 할 때 $\sqrt{\dfrac{\Delta P}{\rho}}$의 차원은? (단, M, L, T는 각각 질량, 길이, 시간의 차원을 나타낸다.)

① $\dfrac{L}{T}$ ② $\dfrac{L}{T^2}$
③ $\dfrac{M}{LT}$ ④ $\dfrac{M}{L^2T}$

Solution $\left(\dfrac{MLT^{-2} \cdot L^{-2}}{ML^{-3}}\right)^{\frac{1}{2}} = \dfrac{L}{T}$

60 비중이 0.85이고 동점성계수가 $3 \times 10^4 \mathrm{m^2/s}$로 인 지름이 안지름 10cm 원관 내를 20L/s로 흐른다. 이 원관 100m 길이에서의 수두손실은 약 몇 m인가?

① 16.6 ② 24.9
③ 49.8 ④ 82.1

Solution $Q = \dfrac{\pi \times 0.1^2}{4} \times V = 20 \times 10^{-3}$, $V = 2.55\,\mathrm{m/sec}$

$Re = \dfrac{V \cdot d}{\nu} = \dfrac{2.55 \times 0.1}{3 \times 10^{-4}} = 850$, 층류

$h_\ell = \lambda \cdot \dfrac{\ell}{d} \cdot \dfrac{V^2}{2g} = \dfrac{64}{850} \times \dfrac{100}{0.1} \times \dfrac{2.55^2}{2 \times 9.8} = 24.98\,\mathrm{m}$

4과목 기계재료 및 유압기기

61 강을 담금질하면 경도가 크고 메지므로, 인성을 부여하기 위하여 A_1 변태점 이하의 온도에서 일정 시간 유지하였다가 냉각하는 열처리 방법은?

① 퀀칭(Quenching) ② 템퍼링(Tempering)
③ 어닐링(Annealing) ④ 노멀라이징(Normalizing)

Solution ① 퀀칭(Queching) : 담금질-강도·경도 증가
② (Annealing) : 풀림-연화
③ (Normalizing) : 불림-미세화

62 열경화성 수지나 충전 강화수지(FRTP) 등에 사용되는 것으로 내열성, 내마모성, 내식성이 필요한 열간 금형용 재료는?

① STC3 ② STS5 ③ STD61 ④ SM45C

Solution ① STC : 탄소공구강
② STS : 합금공구강
③ SM45C : 기계구조용 탄소강

Answer 59. ① 60. ② 61. ② 62. ③

63 탄소강에 함유된 인(P)의 영향을 옳게 설명한 것은?
① 경도를 감소시킨다.
② 결정립을 미세화시킨다.
③ 연신율을 증가시킨다.
④ 상온 취성의 원인이 된다.

> **Solution** 인(P) : 경도 증가, 연신율 감소, 결정립 조대화, 상온취성의 원인 등

64 구리판, 알루미늄판 등 기타 연성의 판재를 가압 성형하여 변형 능력을 시험하는 시험법은?
① 키핑 시험
② 마멸 시험
③ 압축 시험
④ 크리프 시험

> **Solution** 압출시험 : 얇은 금속판의 변형 테스트
> ① 에릭센 : 압출깊이로 변형 test
> ② 커핑 : 압출깊이와 압출에 필요한 하중도 측정하는 시험

65 라우탈(Lautal) 합금의 주성분으로 옳은 것은?
① Al-Si
② Al-Mg
③ Al-Cu-Si
④ Al-Cu-Ni-Mg

> **Solution** 라우탈= 실루민(Al-Si계)+Cu

66 스테인리스강의 조직계에 해당되지 않는 것은?
① 펄라이트계
② 페라이트계
③ 마텐자이트계
④ 오스테나이트계

> **Solution**
> • 크롬계 스테인리스강 : 마텐자이트계, 페라이트계
> • 니켈·크롬계 스테인리스강 : 오스테나이트계

67 금속을 냉간 가공하였을 때의 기계적·물리적 성질의 변화에 대한 설명으로 틀린 것은?
① 냉간 가공도가 증가할수록 강도는 증가한다.
② 냉간 가공도가 증가할수록 연신율은 증가한다.
③ 냉간 가공이 진행됨에 따라 전기 전도율은 낮아진다.
④ 냉간 가공이 진행됨에 따라 전기적 성질인 투자율은 감소한다.

> **Solution** ① 냉간 가공시 가공경화로 인하여 강도·경도가 증가한다.
> ② 항자력이 낮고 투자율이 높을수록 전기적 성질이 양호하다.

Answer ■ 63. ④ 64. ① 65. ③ 66. ① 67. ②

68 켈밋 합금(Kelmet alloy)의 주요 성분으로 옳은 것은?

① Pb-Sn ② Cu-Pb
③ Sn-Sb ④ Zn-Al

> Solution 켈밋(kelmet) : Cu-Pb으로 구성된 베어링 합금 고속·고하중용으로 자동차·항공기 등에 사용

69 그림과 같은 항온 열처리하여 마텐자이트와 베이나이트의 혼합조직을 얻은 열처리는?

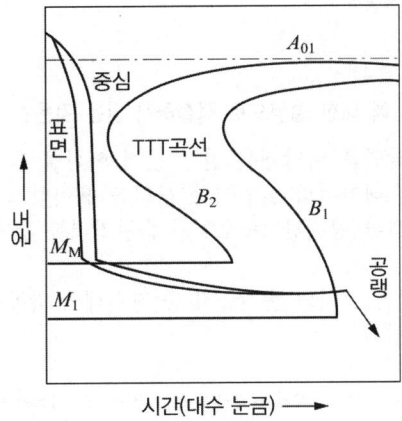

① 담금질 ② 패턴팅 ③ 마템퍼링 ④ 오스템퍼링

> Solution
> ① 패턴팅 : 소르바이트
> ② 마템퍼링 : 베이나이트+마텐자이트
> ③ 오스템퍼링 : 베이나이트

70 Fe-C평형상태도에 대한 설명으로 틀린 것은?

① 강의 A_1변태선은 약 768℃이다.
② A_1변태선을 공석선이라 하며, 약 723℃이다.
③ A_0변태점을 시멘타이트의 자기변태점이라 하며, 약 210℃이다.
④ 공정점에서의 공정물을 펄라이트라 하며, 약 1490℃이다.

> Solution 공정점 : 4.3%C, 1147℃ , 레테뷰라이트

71 유량 제어 밸브에 속하는 것은?

① 스톱 밸브 ② 릴리프 밸브
③ 브레이크 밸브 ④ 카운터 밸런스 밸브

> Solution 유량제어밸브 종류 : 교축 밸브, 스톱 밸브, 속도제어 밸브, 유량조정 밸브, 집류 밸브, 분류 밸브 등

68. ② 69. ③ 70. ④ 71. ① ■ Answer

72 유압 및 유압 장치에 대한 설명으로 적절하지 않은 것은?
① 자동제어, 원격제어가 가능하다.
② 오일에 기포가 섞이거나 먼지, 이물질에 의해 고장이나 작동이 불량할 수 있다.
③ 굴삭기와 같은 큰 힘을 필요로 하는 건설기계는 유압보다는 공압을 사용한다.
④ 유압 장치는 공압 장치에 비해 복귀관과 같은 배관을 필요로 하므로 배관이 상대적으로 복잡해 질 수 있다.

> **Solution** 큰 힘을 필요로 하는 건설장비에는 공압 보다는 유압을 사용한다. 컴팩트한 장비로 운반의 신속성, 안전성 등을 고려했을 때 유압이 적당하다.

73 오일 탱크의 구비 조건에 대한 설명으로 적절하지 않은 것은?
① 오일 탱크의 바닥면은 바닥에서 일정 간격 이상을 유지하는 것이 바람직하다.
② 오일 탱크는 스트레이너의 삽입이나 분리를 용이하게 할 수 있는 출입구를 만든다.
③ 오일 탱크 내에 격판(방해판)은 오일의 순환거리를 짧게 하고 기포의 방출이나 오일의 냉각을 보존한다.
④ 오일 탱크의 용량은 장치의 운전중지 중 장치내의 작동유가 복귀하여도 지장이 없을 만큼의 크기를 가져야 한다.

> **Solution** 방해판(baffle plate) : 복귀 유압유에 혼입되어 있는 기포와 수분을 제거하는 역할

74 패킹 재료로서 요구되는 성질로 적절하지 않은 것은?
① 내마모성이 있을 것
② 작동유에 대하여 적당한 저항성이 있을 것
③ 온도, 압력의 변화에 충분히 견딜 수 있을 것
④ 패킹이 유체와 접하므로 그 유체에 의해 연화되는 재질일 것

> **Solution** 패킹은 내유성이 양호해야 한다. 기름과의 접촉으로 그 기능이 해손되어서는 안 된다.

75 토출량이 일정하지 않으며 주로 저압에서 사용하는 비용적형 펌프의 종류가 아닌 것은?
① 베인 펌프
② 원심 펌프
③ 축류 펌프
④ 혼류 펌프

> **Solution** 베인 펌프는 용적형 펌프이며 혼류 펌프는 사류 펌프에 가깝다.

Answer ■ 72. ③ 73. ③ 74. ④ 75. ①

76 다음 간략기호의 명칭은? (단, 스프링이 없는 경우이다.)

① 체크 밸브
② 스톱 밸브
③ 일정 비율 감압 밸브
④ 저압 우선형 셔틀 밸브

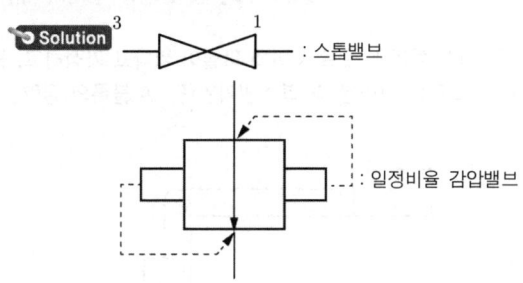

77 유압 실린더에서 오일에 의해 피스톤에 15MPa의 압력이 가해지고 피스톤 속도가 3.5cm/s일 때 이 실린더에서 발생하는 동력은 약 몇 kW인가? (단, 실린더 안지름은 100mm이다.)

① 2.74
② 4.12
③ 6.18
④ 8.24

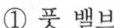 $L = F \cdot V = 15 \times 10^6 \times \dfrac{\pi \times 0.1^2}{4} \times 3.5 \times 10^{-2} = 4.12 \times 10^3 \mathrm{W}$

78 다음 기호의 명칭은?

① 풋 밸브
② 감압 밸브
③ 릴리프 밸브
④ 디셀러레이션 밸브

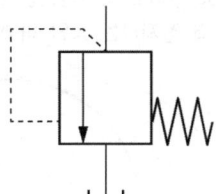

79 유압펌프의 소음 및 진동이 크게 발생하는 이유로 적절하지 않은 것은?

① 흡입관 또는 필터가 막힌 경우
② 펌프의 설치 위치가 매우 높은 경우
③ 토출 압력이 매우 높게 설정된 경우
④ 흡입관의 직경이 매우 크거나 길이가 짧을 경우

76. ① 77. ② 78. ③ 79. ④ ■Answer

80 유량 제어 밸브를 실린더 출구 측에 설치한 회로로서 실린더에서 유출되는 유량을 제어하여 피스톤 속도를 제어하는 회로는?

① 미터 인 회로
② 미터 아웃 회로
③ 블리드 오프 회로
④ 카운터 밸런스 회로

Solution 미터인 회로 : 유량제어 밸브를 실린더 입구측 설치

5과목 기계제작법 및 기계동력학

81 두 개의 블록이 정지 상태에서 움직이기 시작한다. 풀리와 로프 사이의 마찰이 없다고 가정하고, 블록 A와 수평면 간의 마찰계수를 0.25라고 할 때, 줄에 걸리는 장력은 약 몇 N인가? (단, A 블록의 질량은 200kg, B 블록의 질량은 300kg이다.)

① 1270
② 1470
③ 4420
④ 5890

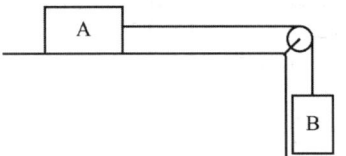

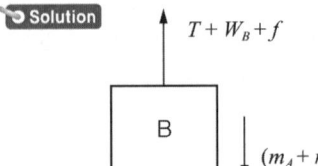

Solution
$\Sigma F = f + T + W_B = (m_A + m_B) \cdot g$
$T = m_A \cdot g - f = 200 \times 9.8 - 0.25 \times 200 \times 9.8 = 1960 - 490 = 1470\text{N}$

82 그림과 같이 회전자의 질량은 30kg이고 회전반경은 200mm이다. 3600rpm으로 회전하고 있던 회전자가 정지하기까지 5.3분이 걸렸을 때 정지하는 동안 마찰에 의한 평균 모멘트의 크기는 약 몇 N·m인가?

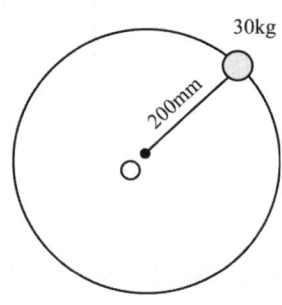

① 1.4
② 2.4
③ 3.4
④ 4.4

Solution $M = J \cdot \alpha = mK^2 \cdot \dfrac{\Delta \omega}{\Delta t} = 30 \times 0.2^2 \times \dfrac{\pi \times 3600}{5.3 \times 60 \times 60} = 1.42\text{N}\cdot\text{m}$

Answer ■ 80. ② 81. ② 82. ①

83 질량 3kg인 물체가 10m/s로 가다가 정지하고 있는 4kg의 물체에 충돌하여 두 물체가 함께 움직인다면 충돌 후의 속도는 몇 m/s인가?

① 2.3　　　　　　　　② 3.4
③ 3.8　　　　　　　　④ 4.3

Solution $3 \times 10 = (3+4) \times V$, $V = 4.3 \mathrm{m/sec}$

84 질량 m은 탄성스프링으로 지지되어 있으며 그림과 같이 $x = 0$일 때 자유낙하를 시작한다. $x = 0$일 때 스프링의 변형량은 0이며, 탄성 스프링의 질량은 무시하고 스프링상수는 k이다. 질량 m의 속도가 최대가 될 때 탄성스프링의 변형량(x)은?

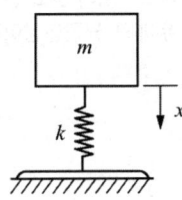

① 0　　　　　　　　② $\dfrac{mg}{2k}$

③ $\dfrac{mg}{k}$　　　　　　　　④ $\dfrac{2mg}{k}$

Solution $w^2 = \dfrac{k}{m} = \dfrac{g}{x}$, $x = \dfrac{mg}{k}$

85 중량은 100N이고, 스프링상수는 100N/cm인 진동계에서 임계감쇠계수는 약 몇 N·s/cm인가?

① 36.4　　　　　　　　② 26.4
③ 16.4　　　　　　　　④ 6.4

Solution $C_C = 2\sqrt{mk} = 2 \times \sqrt{\dfrac{100}{9.8} \times 100 \times 10^2} = 638.88$

∴ $C_C = 6.4 \mathrm{N \cdot s/cm}$

86 다음 물리량 중 스칼라(scalar) 양은?

① 속력(speed)　　　　　　　② 변위(displacement)
③ 가속도(acceteration)　　　④ 운동량(momentum)

Solution 속도는 벡터, 속력은 스칼라

83. ④　84. ③　85. ④　86. ①　■Answer

87
질점이 시간 t에 대하여 다음과 같이 단순조화운동을 나타낼 때 이 운동의 주기는?

$$y(t) = C\cos(wt - \phi)$$

① $\dfrac{\pi}{w}$ ② $\dfrac{2\pi}{w}$ ③ $\dfrac{w}{2\pi}$ ④ $2\pi w$

Solution 주기는 단위 cycle당 걸리는 시간이다.
$$T = \frac{2\pi}{w} \text{ (sec/cycle)}$$

88
반지름이 1m인 바퀴가 60rpm으로 미끄러지지 않고 굴러갈 때 바퀴의 운동에너지는 약 몇 J인가? (단, 바퀴의 질량은 10kg이고 바퀴는 얇은 두께의 원판형상이다.)

① 296 ② 245
③ 198 ④ 164

Solution $T = \dfrac{1}{2}mV^2 + \dfrac{1}{2}J \cdot w^2 = \dfrac{1}{2}mV^2 + \dfrac{1}{2} \times \dfrac{mr^2}{2} \times \left(\dfrac{V}{r}\right)^2$
$= \dfrac{3}{4}mV^2 = \dfrac{3}{4} \times 10 \times \left(1 \times \dfrac{2\pi \times 60}{60}\right)^2 = 295.79 \text{ N·m}$

89
그림과 같은 시스템에서 질량 $m = 5$kg이고, 스프링 상수 $k = 20$N/m이며, 가진력 $\sin(wt)$[N]이 작용하였다. 초기 조건 $t = 0$일 때 $x(0) = 0$, $\dot{x}(0) = 0$이면 시간 t일 때의 변위 x는?

① $x = \dfrac{1}{5(4-w^2)}(\sin wt + \dfrac{w}{2}\cos 2t)$

② $x = \dfrac{1}{5(4-w^2)}(\sin wt + \dfrac{w}{2}\sin 2t)$

③ $x = \dfrac{1}{5(4-w^2)}(\sin wt - \dfrac{w}{2}\cos 2t)$

④ $x = \dfrac{1}{5(4-w^2)}(\sin wt - \dfrac{w}{2}\sin 2t)$

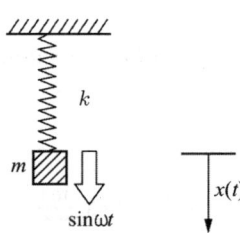

Solution $w_n = \sqrt{\dfrac{k}{m}} = \sqrt{\dfrac{20}{5}} = 2$

$x = A\sin\omega_n t + B\cos\omega_n t + \dfrac{f}{m} \cdot \dfrac{\sin\omega t}{\omega_n^2 - \omega^2} = A\sin 2t + B\cos 2t + \dfrac{1}{5} \cdot \dfrac{\sin\omega t}{4 - \omega^2}$

$x(t=0) = 0, \ B = 0$
$\dot{x}(t=0) = 0$
$\dot{x} = 2A\cos 2t + \dfrac{\omega \cdot \cos\omega t}{5(4-\omega^2)}$

초기조건대입, $2A + \dfrac{\omega}{5(4-\omega^2)} = 0$

$A = \dfrac{-\omega}{2} \cdot \dfrac{1}{5(4-\omega^2)}$

$x = \dfrac{1}{5(4-\omega^2)} \cdot (\sin\omega t - \dfrac{\omega}{2}\sin 2t)$

Answer ■ 87. ② 88. ① 89. ④

90 그림과 같이 길이(L)이 2.4m이고, 반지름(a)이 0.4m인 원통이 있다. 이 원통의 질량이 50kg일 때 중심에서 y축 방향에 대한 질량관성모멘트(I_y)는 약 몇 kg·m²인가?

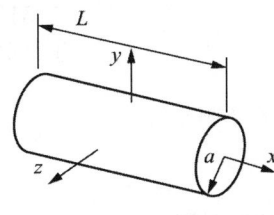

① 12　　　　　　　　　　② 36
③ 78　　　　　　　　　　④ 120

Solution $I_y = \dfrac{1}{12}m(3a^2 + L^2) = \dfrac{1}{12} \times 150 \times (3 \times 0.4^2 + 2.4^2) = 78\,\text{kg}\cdot\text{m}^2$

91 바이트의 노즈 반지름 $r = 0.2$mm, 이송 $S = 0.05$mm/rev로 선삭을 할 때 이론적인 표면거칠기는 약 몇 mm인가?

① 0.15　　　　　　　　　② 0.015
③ 0.0015　　　　　　　　④ 0.00015

Solution $H = \dfrac{S^2}{8r} = \dfrac{0.05^2}{8 \times 0.2} = 0.00156\,\text{mm}$

92 센터리스 연삭의 특징으로 틀린 것은?
① 가늘고 긴 가공물의 연삭에 적합하다.
② 연속작업을 할 수 있어 대량 생산이 용이하다.
③ 키 홈과 같은 긴 홈이 있는 가공물은 연삭이 어렵다.
④ 축 방향의 추력이 있으므로 연삭 여유가 커야 한다.

93 회전하는 상자 속에 공작물과 숫돌입자, 공작액, 콤파운드 등을 넣고 서로 충돌시켜 표면의 요철을 제거하며 매끈한 가공면을 얻는 가공법은?
① 호닝(honing)　　　　　　② 배럴(barrel) 가공
③ 숏 피닝(shot peening)　　④ 슈퍼 피니싱(super finishing)

94 일반열처리 중 풀림의 종류에 포함되지 않는 것은?
① 가압 풀림　　　　　　　② 완전 풀림
③ 항온 풀림　　　　　　　④ 구상화 풀림

90. ③　91. ③　92. ④　93. ②　94. ①　■Answer

95 강관의 두께가 2mm, 최대 전단 강도가 440MPa인 재료에 지름이 24mm인 구멍을 뚫을 때 펀치에 작용되어야 하는 힘은 약 몇 N인가?

① 44766
② 51734
③ 66350
④ 72197

Solution $F = 440 \times \pi \times 24 \times 2 = 66316.8 \text{N}$

96 전단가공의 종류에 해당하지 않는 것은?

① 비딩(beading)
② 펀칭(punching)
③ 트리밍(trimming)
④ 블랭킹(blanking)

97 공기마이크로미터의 특징을 설명한 것으로 틀린 것은?

① 배율이 높고 정도가 좋다.
② 접촉 측정자를 사용하지 않을 때에는 측정력이 거의 0에 가깝다.
③ 측정물에 부착된 기름이나 먼지를 분출공기로 불어내므로 보다 정확한 측정이 가능하다.
④ 직접측정기로서 큰 치수(1개)와 작은 치수(2개)로 이루어진 마스터가 최소 3개 필요하다.

Solution 공기 마이크로미터는 압축기를 사용하여 발생한 공기압으로 확대기구를 움직여 길이를 측정하는 비교 측정기이다.

98 주물을 제작할 때 생사형 주형의 경우, 주물 500kg, 주물의 두께에 따른 계수를 2.2라 할 때 주입시간은 약 몇 초인가?

① 33.8
② 49.2
③ 52.8
④ 56.4

Solution $t = S\sqrt{W} = 2.5 \times \sqrt{500} = 49.2 \sec$

99 다음 중 방전가공의 전극 재질로 가장 적절한 것은?

① S
② Cu
③ Si
④ Al_2O_3

100 모재의 용접부에 용제공급관을 통하여 입상의 용제를 쌓아놓고 그 속에 와이어전극을 송급하면 모재 사이에서 아크가 발생하며 그 열에 의하여 와이어 자체가 용융되어 접합되는 용접방법은?

① MIG 용접
② 원자수소 아크용접
③ 탄산가스 아크용접
④ 서브머지드 아크용접

Answer ■ 95. ③ 96. ① 97. ④ 98. ② 99. ② 100. ④

2021 기출문제 — 9월 12 시행

1과목 재료역학

1 그림과 같이 20cm×10cm의 단면을 갖고 양단이 회전단으로 된 부재가 중심축 방향으로 압축력 P가 작용하고 있을 때 장주의 길이가 2m라면 세장비는 약 얼마인가?

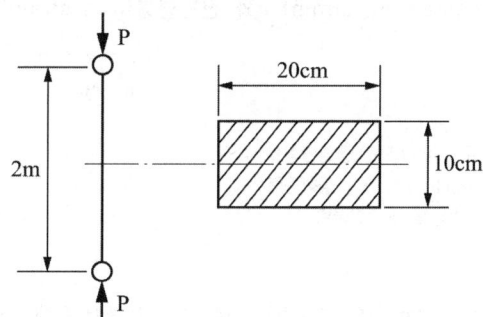

① 89   ② 69   ③ 49   ④ 29

Solution $K = \sqrt{\dfrac{b \times h^3}{b \times h \times 12}} = \sqrt{\dfrac{h^2}{12}} = \sqrt{\dfrac{10^2}{12}} = 2.89$

$\lambda = \dfrac{\ell}{K} = \dfrac{200}{2.89} = 69.2$

2 그림과 같이 지름 10cm의 원형 단면보 끝단에 3.6kN의 하중을 가하고 동시에 1.8kN·m의 비틀림 모멘트를 작용시킬 때 고정단에 생기는 최대전단응력은 약 몇 MPa인가?

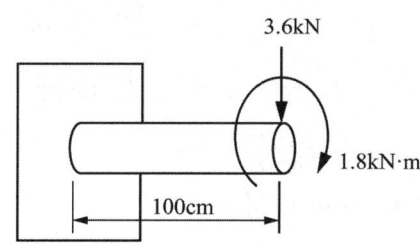

① 10.1   ② 20.5   ③ 30.3   ④ 40.6

Solution $M = 3.6 \times 10^3 \times 1 = 3.6 \times 10^3 \text{N} \cdot \text{m}$

$T_e = \sqrt{M^2 + T^2} = \sqrt{3.6^2 + 1.8^2} \times 10^3 = 4.02 \times 10^3 \text{N} \cdot \text{m}$

$\tau_{max} = \dfrac{T_e}{Z_P} = \dfrac{16 \times 4.02 \times 10^3}{\pi \times 0.1^3} \times 10^{-6} = 20.47 \text{MPa}$

Answer 1. ②   2. ②

3 지름이 25mm이고 길이가 6m인 강봉의 양쪽단에 100kN의 인장력이 작용하여 6mm가 늘어났다. 이때의 응력과 변형률은? (단, 재료는 선형 탄성 거동을 한다)

① 203.7MPa, 0.01
② 203.7kPa, 0.01
③ 203.7MPa, 0.001
④ 203.7kPa, 0.001

Solution $\sigma = \dfrac{4 \times 100 \times 10^3}{\pi \times 25^2} = 203.72 \text{MPa}$

$\epsilon = \dfrac{6}{6000} = 0.001$

4 공학적 변형률(engineering strain) e와 진변형률(true strain) ε 사이의 관계식으로 옳은 것은?

① $\varepsilon = \ln(e+1)$
② $\varepsilon = e \times \ln(e)$
③ $\varepsilon = \ln(e)$
④ $\varepsilon = 3e$

Solution ① $\epsilon = \ln(e+1)$, e : 공칭변형률
② $\sigma = \sigma_n(1+e)$, σ_n : 공칭응력
ϵ : 진변형률, σ : 진응력

5 그림과 같이 전길이에 걸쳐 균일 분포하중 w를 받는 보에서 최대처짐 $\delta_{\max}$를 나타내는 식은? (단, 보의 굽힘 강성계수는 EI이다)

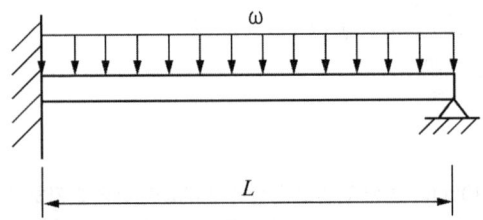

① $\dfrac{wL^4}{64EI}$
② $\dfrac{wL^4}{128.5EI}$
③ $\dfrac{wL^4}{184.6EI}$
④ $\dfrac{wL^4}{192EI}$

Solution ① 중앙에서 처짐 $\delta_C = \dfrac{\omega \cdot L^4}{192EI}$
② 최대처짐 $\delta_{\max} = 0.0054 \dfrac{\omega \cdot L^4}{EI}$

Answer ■ 3. ③ 4. ① 5. ③

6 보에서 원형과 정사각형의 단면적이 같을 때, 단면계수의 비 $\dfrac{Z_1}{Z_2}$는 약 얼마인가? (단, 여기에서 Z_1은 원형 단면의 단면계수, Z_2는 정사각형 단면의 단면계수이다)

① 0.531　　　② 0.846　　　③ 1.182　　　④ 1.258

Solution $A_1 = \dfrac{\pi d^2}{4},\ A_2 = a^2$

$A_1 = A_2$

$Z_1 = \dfrac{\pi d^3}{32} = \dfrac{\pi d^2 \times d}{4 \times 8} = \dfrac{d}{8}a^2$

$Z_2 = \dfrac{a^3}{6}$

$\dfrac{Z_1}{Z_2} = \dfrac{6 \cdot d}{8a} = \dfrac{6 \times d}{8 \times \left(\dfrac{\sqrt{\pi}}{2}d\right)} = \dfrac{6}{4\sqrt{\pi}} = 0.846$

7 그림에서 A지점에서의 반력을 구하면 약 몇 N인가?

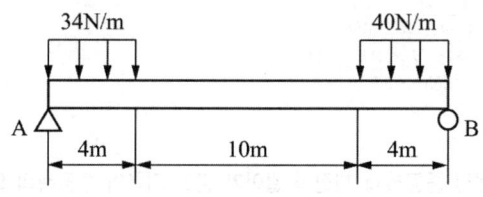

① 118　　　② 127
③ 132　　　④ 139

Solution $\sum M_B = 0,\ R_A = \dfrac{(34 \times 4 \times 16) + (40 \times 4 \times 2)}{18} = 138.67\text{N}$

8 그림과 같은 삼각형 분포하중을 받는 단순보에서 최대 굽힘 모멘트는? (단, 보의 길이는 L이다)

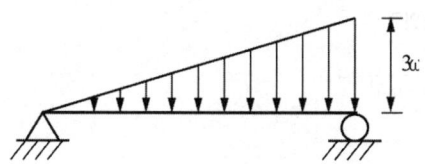

① $\dfrac{\omega L^2}{2\sqrt{2}}$　　　　　　　② $\dfrac{\omega L^2}{3\sqrt{3}}$

③ $\dfrac{\omega L^2}{4\sqrt{2}}$　　　　　　　④ $\dfrac{\omega L^2}{9\sqrt{3}}$

Solution $M_{\max} = \dfrac{\omega \cdot L^2}{9\sqrt{3}}$ → 분포하중이 ω일 때, 문제의 경우 3ω이므로

$M_{\max} = \dfrac{3\omega \times L^2}{9\sqrt{3}} = \dfrac{\omega \cdot L^2}{3\sqrt{3}}$

6. ②　7. ④　8. ② ■ Answer

9 그림과 같이 단순지지되어 중앙에서 집중하중 P를 받는 직사각형 단면보에서 보의 길이는 L, 폭이 b, 높이가 h일 때, 최대굽힘응력(σ_{max})과 최대전단응력(τ_{max})의 비($\frac{\sigma_{max}}{\tau_{max}}$)는?

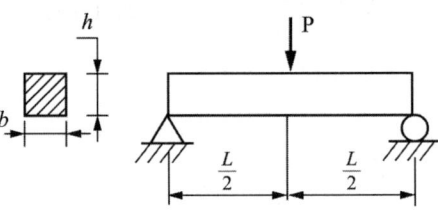

① $\frac{h}{L}$
② $\frac{2h}{L}$
③ $\frac{L}{h}$
④ $\frac{2L}{h}$

Solution
$$\sigma_{max} = \frac{M_{max}}{Z} = \frac{6 \cdot P \cdot L}{b \cdot h^2 \times 4} = \frac{3P \cdot L}{2bh^2}$$
$$\tau_{max} = \frac{3}{2}\frac{P}{bh \times 2} = \frac{3P}{4bh}$$
$$\frac{\sigma_{max}}{\tau_{max}} = \frac{3P \cdot L \times 4bh}{2bh^2 \times 3P} = \frac{2L}{h}$$

10 외경이 내경의 2배인 중공축과 재질과 길이가 같고 지름이 중공축의 외경과 같은 중실축이 동일 회전수에 동일 동력을 전달한다면, 이때 중실축에 대한 중공축의 비틀림각의 비($\frac{중공축\ 비틀림각}{중실축\ 비틀림각}$)는?

① 1.07
② 1.57
③ 2.07
④ 2.57

Solution $d_2 = 2d_1$, $x = \frac{d_1}{d_2} = 0.5$
$d = d_2$, $N =$ 일정, $H =$ 일정
$T = \frac{H}{w} =$ 일정
$$\frac{\theta_{중공}}{\theta_{중실}} = \frac{1}{1 - 0.5^4} = 1.07$$

11 동일한 전단력이 작용할 대 원형 단면 보의 지름을 d에서 $3d$로 하면 최대 전단응력의 크기는? (단, τ_{max}는 지름이 d일 때의 최대전단응력이다)

① $9\tau_{max}$
② $3\tau_{max}$
③ $\frac{1}{3}\tau_{max}$
④ $\frac{1}{9}\tau_{max}$

Solution $\tau_{max2} = \frac{4}{3}\frac{F}{A} = \frac{4}{3} \cdot \frac{F}{\frac{\pi(3d)^2}{4}} = \frac{4}{3} \cdot \frac{F}{\frac{\pi}{4}d^2} \cdot \frac{1}{9} = \frac{1}{9}\tau_{max1}$

Answer ■ 9. ④ 10. ① 11. ④

12 그림과 같이 반지름이 5cm인 원형 단면을 갖는 ㄱ자 프레임에서 A점 단면의 수직응력(σ)은 약 몇 MPa인가?

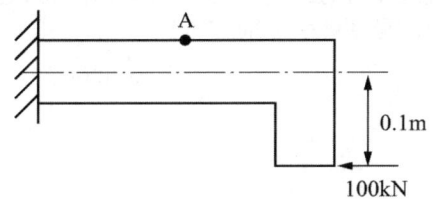

① 79.1　　　　　　　　　　② 89.1
③ 99.1　　　　　　　　　　④ 109.1

Solution
$$\sigma_b = \frac{M}{Z} = \frac{100 \times 10^3 \times 100}{\frac{\pi \times 100^3}{32}} = 101.86\,\text{MPa} \oplus$$

$$\sigma_c = \frac{P}{A} = \frac{100 \times 10^3}{\frac{\pi}{4} \times 100^2} = 12.73\,\text{MPa} \ominus$$

$$\therefore \sigma = 101.86 - 12.73 = 89.13\,\text{MPa}$$

13 그림과 같이 재료가 동일한 A, B의 원형 단면봉에서 같은 크기의 압축하중 F를 받고 있다. 응력은 각 단면에서 균일하게 분포된다고 할 때 저장되는 탄성 변형 에너지의 비 $\dfrac{U_B}{U_A}$는 얼마가 되겠는가?

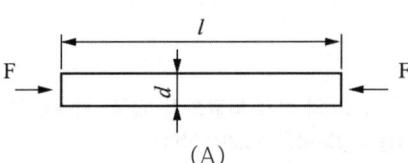

① $\dfrac{5}{9}$　　　　　　　　　　② $\dfrac{1}{3}$

③ $\dfrac{9}{5}$　　　　　　　　　　④ 3

Solution
$$U_A = \frac{1}{2}F \cdot \delta = \frac{1}{2}F \cdot \frac{F \cdot \ell}{AE} = \frac{F^2 \cdot \ell}{2E} \cdot \frac{4}{\pi d^2}$$

$$U_B = \frac{F^2}{2E}\left(\frac{4 \cdot \frac{\ell}{2}}{\pi(3d)^2} + \frac{4 \cdot \frac{\ell}{2}}{\pi d^2}\right) = \frac{F^2 \cdot \ell}{2E} \cdot \frac{20}{9\pi d^2}$$

$$\frac{U_B}{U_A} = \frac{20}{4 \times 9} = \frac{5}{9}$$

12. ②　13. ①　■Answer

14 정사각형 단면의 짧은 봉에서 축방향(z방향) 압축 응력 40MPa를 받고 있고, x방향과 y방향으로 압축 응력 10MPa씩 받을 때 축방향 길이 감소량은 약 몇 mm인가? (단, 세로탄성계수 100GPa, 포아송 비 0.25, 단면의 한변은 120mm, 축방향 길이는 200mm이다)

① 0.003 ② 0.03 ③ 0.007 ④ 0.07

Solution $\epsilon_z = \dfrac{\delta_z}{\ell_z} = \dfrac{\sigma_z}{E} - \mu\dfrac{\sigma_x}{E} - \mu\dfrac{\sigma_y}{E}$

$\dfrac{\delta_z}{200} = \dfrac{-40 + 2 \times 0.25 \times 10}{100 \times 10^3}$

$\delta_z = -0.07\,\text{mm}$

15 그림과 같은 단붙이 봉에 인장하중 P가 작용할 때, 축 지름 비 $d_1 : d_2 = 4 : 3$으로 하면 d_1부분에 발생하는 응력 σ_1과 d_2부분에 발생하는 응력 σ_2의 비는?

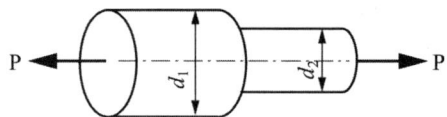

① $\sigma_1 : \sigma_2 = 9 : 16$ ② $\sigma_1 : \sigma_2 = 16 : 9$
③ $\sigma_1 : \sigma_2 = 4 : 9$ ④ $\sigma_1 : \sigma_2 = 9 : 4$

Solution $\dfrac{\sigma_1}{\sigma_2} = \dfrac{d_2^2}{d_1^2} = \dfrac{9}{16}$

16 높이 30cm, 폭 20cm의 직사각형 단면을 가진 길이 3m의 목제 외팔보가 있다. 자유단에 최대 몇 kN의 하중을 작용시킬 수 있는가? (단, 외팔보의 허용굽힘응력은 15MPa이다)

① 15 ② 25
③ 35 ④ 45

Solution $\sigma_{ba} = \dfrac{M}{Z} = \dfrac{6P \cdot L}{bh^2}$

$15 = \dfrac{6 \times P \times 3000}{200 \times 300^2}$, $P = 15\,\text{kN}$

17 2축 응력 상태의 재료 내에서 서로 직각 방향으로 400MPa의 인장응력과 300MPa의 압축응력이 작용할 때 재료 내에 생기는 최대 수직응력은 몇 MPa인가?

① 300 ② 350
③ 400 ④ 500

Solution $\sigma_{\max} = \sigma_x = 400\,\text{MPa}$

$\sigma_n = \dfrac{\sigma_x + \sigma_y}{2} + \dfrac{\sigma_x - \sigma_y}{2}\cos 2\theta$, $\cos 2\theta = +1$일 때 최대법선응력 발생

Answer ■ 14. ④ 15. ① 16. ① 17. ③

18 그림과 같은 외팔보에 집중하중 $P=50$kN이 작용할 때 자유단의 처짐은 약 몇 cm인가? (단, 보의 세로탄성계수는 200GPa, 단면 2차 모멘트는 10^5cm^{4}이다)

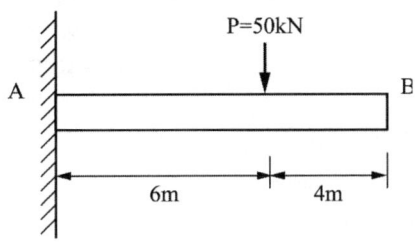

① 2.4　　　　　　　　　② 3.6
③ 4.8　　　　　　　　　④ 6.4

Solution $\delta = \dfrac{A_m}{EI}\bar{x} = \dfrac{50\times 10^3 \times 6 \times 6}{EI \times 2} \times (4 + \dfrac{2}{3}\times 6) = \dfrac{50\times 10^3 \times 6 \times 6 \times 8 \times 10^9}{2\times 200 \times 10^3 \times 10^5 \times 10^4} = 36\,\text{mm}$

19 그림과 같은 보가 분포하중과 집중하중을 받고 있다. 지점 B에서의 반력의 크기를 구하면 몇 kN인가?

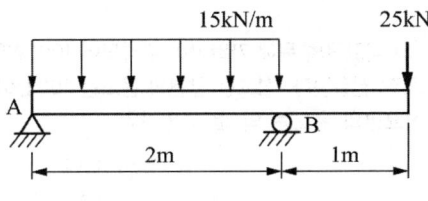

① 28.5　　　　　　　　② 40.5
③ 52.5　　　　　　　　④ 55.5

Solution $R_B = \dfrac{15\times 2\times 1 + 25\times 3}{2} = 52.5\,\text{kN}$

20 회전수 120rpm으로 35kW의 동력을 전달하는 원형 단면축은 길이가 2m이고, 지름이 6cm이다. 이 축에서 발생한 비틀림 각도는 약 몇 rad인가? (단, 이 재료의 가로탄성계수는 83GPa이다)

① 0.019　　　　　　　② 0.036
③ 0.053　　　　　　　④ 0.078

Solution $\theta = \dfrac{T\cdot \ell}{G\cdot I_p} = \dfrac{32\times 974000 \times 9.8 \times \dfrac{35}{120}\times 2000}{83\times 10^3 \times \pi \times 60^4} = 0.053\,\text{rad}$

18. ②　19. ③　20. ③　■Answer

2과목 기계열역학

21 섭씨온도 -40℃를 화씨온도(℉)로 환산하면 약 얼마인가?

① -16℉ ② -24℉
③ -32℉ ④ -40℉

Solution $t_c = \dfrac{5}{9}(t_F - 32)$

$-40 = \dfrac{5}{9}(t_F - 32)$, $t_F = -40$℉

22 역카르노 사이클로 운전하는 이상적인 냉동사이클에서 응축기 온도가 40℃, 증발기 온도가 -10℃이면 성능 계수는 약 얼마인가?

① 4.26 ② 5.26
③ 3.56 ④ 6.56

Solution $\epsilon_r = \dfrac{-10 + 273}{40 - (-10)} = 5.26$

23 두께 1cm, 면적 0.5m²의 석고판의 뒤에 가열판이 부착되어 1000W의 열을 전달한다. 가열판의 뒤는 완전히 단열되어 열은 앞면으로만 전달된다. 석고판 앞면의 온도는 100℃이고 석고의 열전도율은 0.79W/(m·K)일 때 가열판에 접하는 석고면의 온도는 약 몇 ℃인가?

① 110 ② 125
③ 140 ④ 155

Solution $\dot{Q} = -K \cdot A \cdot \dfrac{(T_2 - T_1)}{\Delta t}$

$1000 = -0.79 \times 0.5 \dfrac{(100 - T_1)}{0.1}$, $T_2 = 125.32$℃

Answer ■ 21. ④ 22. ② 23. ②

24 그림과 같은 증기압축 냉동사이클이 있다. 1, 2, 3 상태의 엔탈피가 다음과 같을 때 냉매의 단위 질량당 소요 동력(W_C)과 냉동능력(q_L)은 얼마인가? (단, 각 위치에서의 엔탈피(h)값은 각각 h_1 = 178.16kJ/kg, h_2 = 210.38kJ/kg, h_3 = 74.53kJ/kg이고, 그림에서 T는 온도, S는 엔트로피를 나타낸다)

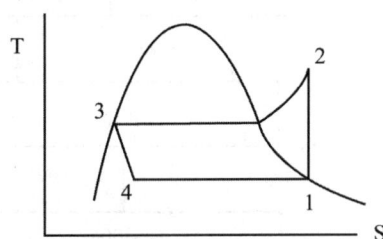

① W_C=32.22kJ/kg, q_L=103.63kJ/kg
② W_C=32.22kJ/kg, q_L=135.85kJ/kg
③ W_C=103.63kJ/kg, q_L=32.22kJ/kg
④ W_C=135.85kJ/kg, q_L=32.22kJ/kg

Solution $W_C = h_2 - h_1 = 210.38 - 178.16 = 32.33\text{kJ/kg}$
$q_L = h_1 - h_4 = h_1 - h_3 = 178.16 - 74.53 = 103.63\text{kJ/kg}$

25 어떤 기체의 정압비열이 2436J/(kg·K)이고, 정적비열이 1943J/(kg·K)일 때 이 기체의 비열비는 약 얼마인가?

① 1.15 ② 1.21
③ 1.25 ④ 1.31

Solution $K = \dfrac{C_p}{C_v} = \dfrac{2436}{1943} = 1.25$

26 30℃, 100kPa의 물을 800kPa까지 압축하려고 한다. 물의 비체적이 0.001m³/kg로 일정하다고 할 때, 단위 질량당 소요된 일(공업일)은 약 몇 J/kg인가?

① 167 ② 602
③ 700 ④ 1412

Solution $W_c = 0.001 \times (800 - 100) = 0.7\text{kJ/kg} = 700\text{J/kg}$

24. ① 25. ③ 26. ③ ■Answer

27 다음의 열기관이 열역학 제1법칙과 제2법칙을 만족하면서 출력일(W)이 최대가 될 때, W의 값으로 옳은 것은? (단, T는 온도, Q는 열량을 나타낸다.)

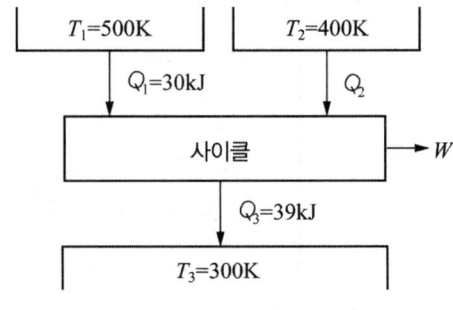

① 34kJ
② 29kJ
③ 24kJ
④ 19kJ

Solution 가역사이클로 보고, 사이클당 엔트로피 변화는 0이다.
$$\frac{Q_1}{T_1} + \frac{Q_2}{T_2} = \frac{Q_3}{T_3}$$
$$\frac{30}{500} + \frac{Q_2}{400} = \frac{39}{300}, \quad Q_2 = 28\,\text{kJ}$$
$$W = Q_1 + Q_2 - Q_3 = 30 + 28 - 39 = 19\,\text{kJ}$$

28 10kg의 증기가 온도 50℃, 압력 38kPa, 체적 7.5m³일 때 총 내부에너지는 6700kJ이다. 이와 같은 상태의 증기가 가지고 있는 엔탈피는 약 몇 kJ인가?

① 8346
② 7782
③ 7304
④ 6985

Solution $H = U + P \cdot V = 6700 + (38 \times 7.5) = 6985\,\text{kJ}$

29 이상기체인 공기 2kg이 300K, 600kPa상태에서 500K, 400kPa 상태로 변화되었다. 이 과정 동안의 엔트로피 변화량은 약 몇 kJ/K인가? (단, 공기의 정적비열과 정압비열은 각각 0.717kJ/(kg·K)과 1.004kJ/(kg·K)로 일정하다)

① 0.73
② 1.83
③ 1.02
④ 1.26

Solution $\triangle S = mC_p \cdot \ln\left(\frac{T_2}{T_1}\right) - mR \cdot \ln\left(\frac{P_2}{P_1}\right) = 2 \times 1.004 \times \ln\left(\frac{500}{300}\right) - 2 \times (1.004 - 0.717) \times \ln\left(\frac{400}{600}\right)$
$= 1.26\,\text{kJ/K}$

Answer ■ 27. ④ 28. ④ 29. ④

30 피스톤 – 실린더로 구성된 용기 안에 300kPa, 100℃ 상태의 CO_2가 $0.2m^3$ 들어있다. 이 기체를 "$PV^{1.2}$ = 일정"인 관계가 만족되도록 피스톤 위에 추를 더해가며 온도가 200℃가 될 때까지 압축하였다. 이 과정 동안 기체가 외부로부터 받은 일을 구하면 약 몇 kJ인가? (단, P는 압력, V는 부피이고, CO_2의 기체상수는 0.189kJ/(kg·K)이며 CO_2는 이상기체처럼 거동한다고 가정한다)

① 20 ② 60
③ 80 ④ 120

Solution $_1W_2 = \dfrac{mR(T_1-T_2)}{n-1} = \dfrac{P_1 \cdot V_1}{RT_1} \cdot \dfrac{R(T_1-T_2)}{n-1} = \dfrac{300 \times 0.2}{100+273} \times \dfrac{(100-200)}{1.2-1} = -80.43\,kJ$

31 어느 가역 상태변화를 표시하는 그림과 같은 온도(T) – 엔트로피(S) 선도에서 빗금으로 나타낸 부분의 면적은 무엇을 의미하는가?

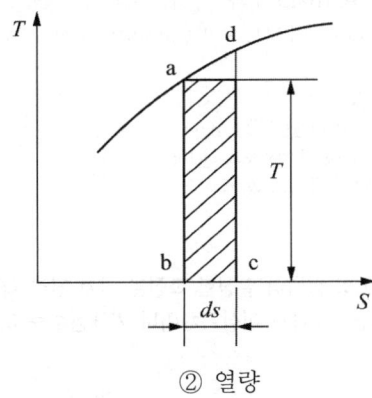

① 힘 ② 열량
③ 압력 ④ 비체적

Solution $\delta Q = T \cdot ds$

32 마찰이 없는 피스톤이 끼워진 실린더가 있다. 이 실린더 내 공기의 초기 압력은 500kPa이며 초기체적은 $0.05m^3$이다. 실린더를 가열하였더니 실린더내 공기가 열손실 없이 체적이 $0.1m^3$으로 증가되었다. 이 과정에서 공기가 행한 일은 몇 kJ인가? (단, 압력은 변하지 않았다)

① 10 ② 25
③ 40 ④ 100

Solution $_1W_2 = 500 \times (0.1-0.05) = 25\,kJ$

30. ③ 31. ② 32. ② ■Answer

33 어느 증기터빈에 0.4kg/s로 증기가 공급되어 260kW의 출력을 낸다. 입구의 증기 엔탈피 및 속도는 각각 3000kJ/kg, 720m/s, 출구의 증기 엔탈피 및 속도는 각각 2500kJ/kg, 120m/s이면, 이 터빈의 열손실은 약 몇 kW가 되는가?

① 15.9
② 40.8
③ 20.4
④ 104

Solution $_1\dot{Q}_2 = 0.4 \times (2500-3000) + \frac{1}{2} \times 0.4(120^2 - 720^2) + 260 = -40.8 \text{kW}$

34 다음 중 서로 같은 단위를 사용할 수 없는 것은?

① 열량(heat transfer)과 일(work)
② 비내부에너지(specific internal energy)와 비엔탈피(specific enthalpy)
③ 비엔탈피(specific enthalpy)와 비엔트로피(specific entropy)
④ 비열(specific heat)과 비엔트로피(specific entropy)

Solution
① 열량과 일 : kJ
② 비내부에너지와 비엔탈피 : kJ/kg
③ 비엔탈피 : kJ/kg, 비엔트로피 : kJ/kg·K
④ 비열과 비엔트로피 : kJ/kg·K

35 온도 100℃의 공기 0.2kg이 압력이 일정한 과정을 거쳐 원래 체적의 2배로 늘어났다. 이때 공기에 전달된 열량은 약 몇 kJ인가? (단, 공기는 이상기체이며 기체상수는 0.287kJ/(kg·K), 정적비열은 0.718kJ/(kg·K)이다)

① 75.0kJ
② 8.93kJ
③ 21.4kJ
④ 34.7kJ

Solution $_1Q_2 = m \cdot C_P \cdot (t_2 - t_1) = m \cdot \frac{kR}{k-1}(t_2 - t_1)$

$_1Q_2 = 0.2 \times \frac{1.4 \times 0.287}{1.4 - 1} \times \{(100+273) \times 2 - (100+273)\} = 74.94 \text{kJ}$

36 4kg의 공기를 압축하는데 300kJ의 일을 소비함과 동시에 110kJ의 열량이 방출되었다. 공기온도가 초기에는 20℃이었을 때 압축 후의 공기온도는 약 몇 ℃인가? (단, 공기는 정적비열이 0.716kJ/(kg·K)으로 일정한 이상기체로 간주한다)

① 78.4
② 71.7
③ 93.5
④ 86.3

Solution $\delta Q = dU + \delta W$

$_1Q_2 = m \cdot C_V \cdot (t_2 - t_1) + {}_1W_2$
$-110 = 4 \times 0.716 \times (t_2 - 20) - 300$
$t_2 = 86.34℃$

Answer ■ 33. ② 34. ③ 35. ① 36. ④

37 온도가 T_1인 고열원으로부터 온도가 T_2인 저열원으로 열전도, 대류, 복사 등에 의해 Q만큼 열전달이 이루어졌을 때 전체 엔트로피 변화량을 나타내는 식은?

① $T_1 - T_2/Q(T_1 \times T_2)$
② $Q(T_1 + T_2)/T_1 \times T_2$
③ $Q(T_1 - T_2)/T_1 \times T_2$
④ $T_1 + T_2/Q(T_1 \times T_2)$

Solution $\triangle S = \dfrac{Q}{T_2} - \dfrac{Q}{T_1} = \dfrac{Q(T_1 - T_2)}{T_1 \cdot T_2}$

38 14.33W의 전등을 매일 7시간 사용하는 집이 있다. 30일 동안 약 몇 kJ의 에너지를 사용하는가?

① 10830
② 15020
③ 17420
④ 22840

Solution $E = 14.33 \times 7 \times 3600 \times 30 = 10833.48 \times 10^3 \text{J}$

39 다음 중 이상적인 증기 터빈의 사이클인 랭킨 사이클을 옳게 나타낸 것은?

① 가역단열압축 → 정압가열 → 가역단열팽창 → 정압냉각
② 가역단열압축 → 정적가열 → 가역단열팽창 → 정적냉각
③ 가역등온압축 → 정압가열 → 가역등온팽창 → 정압냉각
④ 가역등온압축 → 정적가열 → 가역등온팽창 → 정적냉각

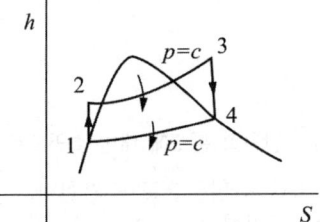

40 랭킨 사이클의 열효율 증대 방법에 해당하지 않는 것은?

① 복수기(응축기) 압력 저하
② 보일러 압력 증가
③ 터빈 입구온도 저하
④ 보일러에서 증기 온도 상승

Solution 터빈 입구는 과열증기로서 온도가 높을수록 터빈 일이 증가하여 열효율이 증가할 수 있다.

3과목 기계유체역학

41 평판을 지나는 경계층 유동에서 속도 분포가 경계층 바깥에서는 균일 속도, 경계층 내에서는 다음과 같이 주어질 때 경계층 배제두께(displacement thickness) δ^*와 경계층 두께 δ의 관계식으로 옳은 것은? (단, u는 평판으로부터 거리 y에 따른 경계층 내의 속도분포, U는 경계측 밖의 균일 속도이다)

$$u(g) = U \times \frac{y}{\delta}$$

① $\delta^* = \dfrac{\delta}{4}$ ② $\delta^* = \dfrac{\delta}{3}$

③ $\delta^* = \dfrac{\delta}{2}$ ④ $\delta^* = \dfrac{2\delta}{3}$

Solution $\delta^* = \int_0^\delta (1-\dfrac{u}{U})dy = \int_0^\delta (1-\dfrac{y}{\delta})dy = (y-\dfrac{y^2}{2\delta})\Big|_0^\delta = \dfrac{\delta}{2}$

42 관속에서 유체가 흐를 때 유동이 완전한 난류라면 수두손실은?

① 유체 속도에 비례한다.
② 유체 속도의 제곱에 비례한다.
③ 유체 속도에 반비례한다.
④ 유체 속도의 제곱에 반비례한다.

Solution $h_\ell = f \cdot \dfrac{\ell}{d} \cdot \dfrac{V^2}{2g}$; 속도의 제곱에 비례

43 원관 내부의 흐름이 층류 정상 유동일 때 유체의 전단응력 분포에 대한 설명으로 알맞은 것은?

① 중심축에서 0이고, 반지름 방향 거리에 따라 선형적으로 증가한다.
② 관 벽에서 0이고, 중심축까지 선형적으로 증가한다.
③ 단면에서 중심축을 기준으로 포물선 분포를 가진다.
④ 단면 전체에서 일정하게 나타난다.

Solution $\tau = -\dfrac{\gamma}{2}\dfrac{dP}{d\ell}$
① 중심에서 0이고 관벽에서 최대이다.
② 1차 직선

Answer ■ 41. ③ 42. ② 43. ①

44 2m/s의 속도로 물이 흐를 때 피토관 수두높이 h는?

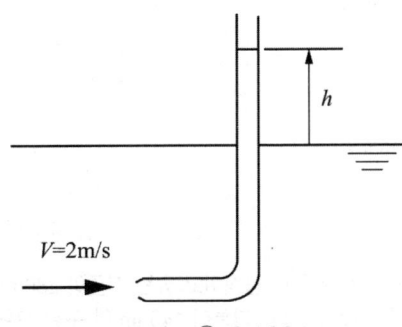

① 0.053m ② 0.102m
③ 0.204m ④ 0.412m

Solution $h = \dfrac{V^2}{2g} = \dfrac{2^2}{2 \times 9.8} = 0.204\,\mathrm{m}$

45 그림과 같이 매우 큰 두 저수지 사이에 터빈이 설치되어 동력을 발생시키고 있다. 물이 흐르는 유량은 50m³/min이고, 배관의 마찰손실수두는 5m, 터빈의 작동효율이 90%일 때 터빈에서 얻을 수 있는 동력은 약 몇 kW인가?

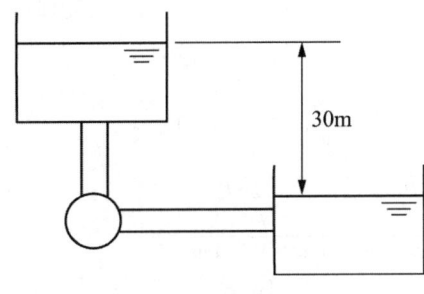

① 318 ② 286
③ 184 ④ 204

Solution $L = \eta \cdot \gamma \cdot Q \cdot (Z_1 - Z_2 - h_\ell) = 0.9 \times 9.8 \times \dfrac{50}{60} \times (30-5) = 183.75\,\mathrm{kW}$

46 체적이 1m³인 물체의 무게를 물 속에서 측정하였을 때 4000N이다. 이 물체의 비중은?

① 2.11 ② 1.85
③ 1.62 ④ 1.41

Solution $W = \gamma \cdot V + W' = 9800 \times 1 + 4000 = 13800\,\mathrm{N}$

$S = \dfrac{\gamma}{\gamma_w} = \dfrac{13800}{9800 \times 1} = 1.41$

44. ③ 45. ③ 46. ④ ■ Answer

47 어떤 액체 기둥 높이 25cm와 수은 기둥 높이 4cm에 의한 압력이 같다면 이 액체의 비중은 약 얼마인가? (단, 수은의 비중은 13.6이다)

① 7.35
② 6.36
③ 4.04
④ 2.18

Solution $S\gamma_w \times 25 = 13.6 \times \gamma_w \times 4$
$S = 2.176$

48 해수 내에서 잠수함이 2.5m/s로 끌며 움직이고 있는 지름이 280mm인 구형의 음파 탐지기에 작용하는 항력을 풍동실험을 통해 예측하려고 한다. 지름이 140mm인 구형 모형을 사용한 풍동실험에서 Reynolds수를 같게 하여 실험하였을 때, 풍동에서 측정한 항력에 몇 배를 곱해야 해수 내 음파탐지기의 항력을 구할 수 있는가? (단, 바닷물의 평균 밀도는 1025kg/m³, 동점성계수는 1.4×10⁻⁶m²/s이며, 공기의 밀도는 1.23kg/m³, 동점성계수는 1.4×10⁻⁵m²/s로 한다. 또한, 이 항력 연구는 다음 식이 성립한다)

$$\frac{F}{\rho V^2 D^2} = f(Re)$$

여기서, F : 항력, ρ : 밀도, V : 속도, D : 지름, Re : 레이놀즈 수

① 1.67배
② 3.33배
③ 6.67배
④ 8.33배

Solution $(Re)_p = (Re)_m$

$$\frac{V_p \times 280}{1.4 \times 10^{-6}} = \frac{V_m \times 140}{1.4 \times 10^{-5}}, \quad V_p = 0.015 V_m$$

$$\left(\frac{F}{\rho \cdot V^2 \cdot D^2}\right)_p = \left(\frac{F}{\rho \cdot V^2 \cdot D^2}\right)_m$$

$$\frac{F_p}{1025 \times V_p^2 \times 280^2} = \frac{F_m}{1.23 \times V_m^2 \times 140^2}$$

$$\frac{F_p}{1025 \times 0.05^2 \times 280^2} = \frac{F_m}{1.23 \times 140^2}$$

$F_p = 8.33 F_m$

49 실온에서 엔진오일은 절대점성계수 0.12kg/(m·s), 밀도 800kg/m³이고, 공기는 절대점성계수 1.8×10⁻⁵kg/(m·s), 밀도 1.2kg/m³이다. 엔진오일의 동점성계수는 공기의 동점성계수의 약 몇 배인가?

① 5
② 10
③ 15
④ 20

Solution $\dfrac{\nu_o}{\nu_a} = \dfrac{\rho_o \cdot \mu_a}{\mu_o \cdot \rho_a} = \dfrac{800 \times 1.8 \times 10^{-5}}{0.12 \times 1.2} = 0.1$

$\nu_a = 10 \nu_o$

Answer ■ 47. ④ 48. ④ 49. ②

50 Buckingham의 파이(pi)정리를 바르게 설명한 것은? (단, k는 변수의 개수, r은 변수를 표현하는데 필요한 최소한의 기준차원의 개수이다)

① $(k-r)$개의 독립적인 무차원수의 관계식으로 만들 수 있다.
② $(k+r)$개의 독립적인 무차원수의 관계식으로 만들 수 있다.
③ $(k-r+1)$개의 독립적인 무차원수의 관계식으로 만들 수 있다.
④ $(k+r+1)$개의 독립적인 무차원수의 관계식으로 만들 수 있다.

> **Solution** $\pi = n - m = k - r$

51 그림과 같이 단면적 A_1은 0.4m², 단면적 A_2는 0.1m²인 동일 평면상의 관로에서 물의 유량이 1000L/s일 때 관을 고정시키는 데 필요한 x방향의 힘 F_x의 크기는 약 몇 N인가? (단, 단면 1과 2의 높이차는 1.5m이고, 단면 2에서 물은 대기로 방출되며, 곡관의 자체 중량, 곡관 내부 물의 중량 및 곡관에서의 마찰손실은 무시한다)

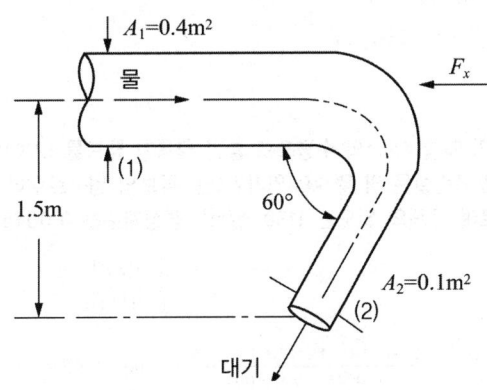

① 10159
② 15358
③ 20370
④ 24018

> **Solution** $F_x = (P_1 A_1 + P_2 A_2 \cdot \cos 60°) + \rho Q(V_1 + V_2 \cos 60°)$
>
> $V_1 = \dfrac{Q}{A_1} = \dfrac{1000 \times 10^{-3}}{0.4} = 2.5 \text{m/sec}$
>
> $V_2 = \dfrac{Q}{A_2} = \dfrac{1000 \times 10^{-3}}{0.1} = 10 \text{m/sec}$
>
> $\dfrac{P_1}{\gamma} + \dfrac{V_1^2}{2g} + Z_1 = \dfrac{V_2^2}{2g} + Z_2$
>
> $P_1 = 9800 \times \left\{ \dfrac{1}{2 \times 9.8} \times (10^2 - 2.5^2) + (-1.5) \right\} = 32175 \text{Pa}$
>
> $F_x = (32175 \times 0.40) + 1000 \times 1000 \times 10^{-3} \times (2.5 + 10 \times \cos 60°) = 20370 \text{N}$

50. ① 51. ③ ■ Answer

52 다음 중 점성계수를 측정하는 데 적합한 것은?

① 피토관(pitot tube) ② 슈리렌법(schlieren method)
③ 벤투리미터(venturi meter) ④ 세이볼트법(saybolt method)

Solution
① 피토관 : 유속측정
② 벤튜리미터 : 유량측정
③ 슈리렌법 : 기체 흐름의 밀도변화 측정

53 다음 중 밀도가 가장 큰 액체는?

① $1g/cm^3$ ② 비중 1.5
③ $1200kg/m^3$ ④ 비중량 $8000N/m^3$

Solution
① $1g/cm^3 = 1 \times 10^{-3} \times 10^6 = 1000 kg_m/m^3$
② $1.5 \times 1000 = 1500 kg_m/m^3$
③ $1200 kg_m/m^3$
④ $\dfrac{8000}{9.8} = 816.33 kg_m/m^3$

54 점성을 지닌 액체가 지름 4mm의 수평으로 놓인 원통형 튜브를 $12 \times 10^{-6} m^3/s$의 유량으로 흐르고 있다. 길이 1m에서의 압력손실은 약 몇 kPa인가? (단, 튜브의 입구로부터 충분히 멀리 떨어져 있어서 유체는 축방향으로만 흐르며 유체의 밀도는 $1180kg/m^3$, 점성계수는 $0.0045N \cdot s/m^2$이다)

① 7.59 ② 8.59
③ 9.59 ④ 10.59

Solution
$Re = \dfrac{\rho V d}{\mu} = \dfrac{1180 \times 4 \times 12 \times 10^{-6} \times 0.004}{0.0045 \times \pi \times 0.004^2} = 1002.12$ 〈층류〉

$\triangle P = \dfrac{128 \mu \ell \cdot Q}{\pi d^4} = \dfrac{128 \times 0.0045 \times 1 \times 12 \times 10^{-6}}{\pi \times 0.004^4} \times 10^{-3} = 8.59 kPa$

55 그림과 같은 원통 주위의 포텐셜 유동이 있다. 원통 표면상에서 상류 유속(v)과 동일한 크기의 유속이 나타나는 위치(θ)는?

① 90°
② 30°
③ 45°
④ 60°

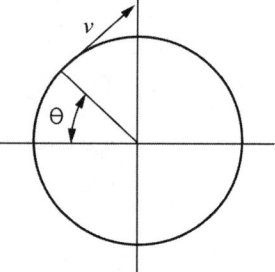

Solution
$V_t = 2 \cdot U_\infty \cdot \sin\theta = V$
$U_\infty = V$, $\sin\theta = \dfrac{1}{2}$, $\theta = 30°$

Answer ■ 52. ④ 53. ② 54. ② 55. ②

56
지름 0.1mm, 비중 2.3인 작은 모래알이 호수 바닥으로 가라앉을 때, 잔잔한 물 속에서 가라앉는 속도는 약 몇 mm/s인가? (단, 물의 점성계수는 $1.12 \times 10^{-3} N \cdot s/m^2$이다)

① 6.32　　② 4.96　　③ 3.17　　④ 2.24

Solution $W = F_B + D$

$$2.3 \times 9800 \times \frac{\pi \times 0.0001^3}{6} = 9800 \times \frac{\pi \times 0.0001^3}{6} + 3\pi \times 1.12 \times 10^{-3} \times 0.0001 \times V$$

$V = 0.00632 \, m/sec = 6.32 \, mm/sec$

57
어떤 액체의 밀도는 890kg/m³, 체적 탄성계수는 2200MPa이다. 이 액체 속에서 전파되는 소리의 속도는 약 몇 m/s인가?

① 1572　　② 1483
③ 981　　　④ 345

Solution $C = \sqrt{\frac{k}{\rho}} = \sqrt{\frac{2200 \times 10^6}{890}} = 1572.23 \, m/sec$

58
다음 중 옳은 설명을 모두 고른 것은?

> ㉠ 정상(steady) 유동일 때 유맥선(streak line), 유적선(path line), 유선(stream line)은 동일하다.
> ㉡ 공간상의 한 공통점을 지나온 모든 유체들로 이루어진 선을 유적선이라 한다.
> ㉢ 유선은 유체 속도장과 접하는 선을 말한다.

① ㉠, ㉡　　　　　② ㉠, ㉢
③ ㉡, ㉢　　　　　④ ㉠, ㉡, ㉢

Solution ㉡는 유맥선의 표현이다.

59
그림과 같이 폭 2m, 높이가 3m인 평판이 물 속에 수직으로 잠겨있다. 이 평판의 한쪽 면에 작용하는 전체 압력에 의한 힘은 약 몇 kN인가?

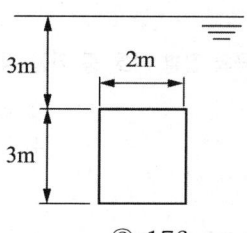

① 88　　　　　　② 176
③ 233　　　　　　④ 265

Solution $F = 9800 \times 4.5 \times (2 \times 3) = 264,600 \, N$

56. ①　**57.** ①　**58.** ②　**59.** ④　■ Answer

60 2차원(r, θ) 평면에서 연속방정식은 다음과 같이 주어진다. 비압축성 유동이고 반지름 방향의 속도 V_r은 반지름 방향의 거리 r만의 함수이며, 접선방향의 속도 $V_\theta = 0$일 때, V_r은 어떤 함수가 되는가?

$$\frac{\partial \rho}{\partial t} + \frac{1}{r}\frac{\partial(r\rho V_r)}{\partial r} + \frac{1}{r}\frac{\partial(\rho V_\theta)}{\partial \theta} = 0$$

(단, t는 시간, ρ는 밀도이다.)

① r에 비례하는 함수
② r^2에 비례하는 함수
③ r에 반비례하는 함수
④ r^2에 반비례하는 함수

Solution 문제의 표현식은 원통좌표계의 비정상류 압축성의 연속방정식이다.
비압축 유동이고, $V_\theta = 0$이면 $d(\rho \cdot r \cdot V_r) = 0$
적분하면 $V_r = \dfrac{C}{\rho \cdot r}$, C는 상수이다.
반지름 방향속도 V_r는 r에 반비례한다.

4과목 기계재료 및 유압기기

61 일정한 높이에서 낙하시킨 추(해머)의 반발한 높이로 경도를 측정하는 시험법은?

① 브리넬 경도시험
② 로크웰 경도시험
③ 비커스 경도시험
④ 쇼어 경도시험

Solution ① 브리넬 경도 : 낙하체 강구의 흔적
② 로크웰 경도 : 낙하체로 강구와 다이아몬드 원뿔
③ 비커스 경도 : 피라미드형 낙하체

62 침탄, 질화와 같이 Fe 중에 탄소 또는 질소의 원자를 침입시켜 한쪽으로만 확산하는 것은?

① 자기확산   ② 상호확산   ③ 단일확산   ④ 격자확산

Solution 화학적 표현 경화법으로 침탄법과 질화법이 있다.
탄소와 질소를 침투시켜 표면을 경화시키는 화학적인 방법이다.

63 알루미늄, 마그네슘 및 그 합금의 질별 기호 중 가공 경화한 것을 나타내는 기호로 옳은 것은?

① O
② H
③ W
④ F

Solution 합금의 질별 기호
① O : 풀림 처리한 상태를 나타냄
② H : 가공경화된 상태를 나타냄
③ W : 용체화 처리 후 자연시효가 진행 중인 상태
④ F : 제조한 그대로의 상태를 나타냄
＊용체란 혼합물을 의미하는 것으로 용액, 고용체, 혼합가스의 의미이다.

Answer ■ 60. ③ 61. ④ 62. ③ 63. ②

64 다이캐스팅용 Al합금에 Si원소를 첨가하는 이유가 아닌 것은?
① 유동성이 증가한다.　　② 열간취성이 감소한다.
③ 용탕보급성이 양호해진다.　　④ 금형에 점착성이 증가한다.

Solution 알팩스(실루민) : Al-Si 합금, 유동성, 주조성이 좋고 기계적 성질이 우수하며 절삭성이 나쁘다.

65 주철에 대한 설명으로 틀린 것은?
① 흑연이 많을 경우에는 그 파단면이 회색을 띤다.
② 600℃ 이상의 온도에서 가열 및 냉각을 반복하면 부피가 감소하여 파열을 저지한다.
③ 주철 중에 전 탄소량은 흑연과 화합 탄소를 합한 것이다.
④ C와 Si의 함량에 따른 주철의 조직관계를 나타낸 것을 마우러 조직도라 한다.

Solution 주철의 성장 : 주철을 A_1 변태점 이상의 온도에서 가열과 냉각을 반복하면 부피가 팽창하여 강도의 수명이 저하되는 현상

66 결정성 플라스틱 및 비결정성 플라스틱을 비교 설명한 것 중 틀린 것은?
① 비결정성에 비해 결정성 플라스틱은 많은 열량이 필요하다.
② 비결정성에 비해 결정성 플라스틱은 금형 냉각 시간이 길다.
③ 결정성 플라스틱에 비해 비결정성 플라스틱은 치수 정밀도가 높다.
④ 결정성 플라스틱에 비해 비결정성 플라스틱은 특별한 용융온도나 고화 온도를 갖는다.

Solution ① 비결정성 플라스틱은 성형 수축률이 작으며 치수정밀도가 높고 수지가 투명하다.
(분자간 결합으로 결정이 없는 것)
② 결정성 플라스틱은 수지 용융시 많은 열량이 필요하고 수지가 불투명하다. 굽힘 등의 변형이 큰 편이며 치수의 정밀도가 높지 못하다.(분자간 결합으로 결정을 가진 것)
* 고화 온도 : 액체가 고체 상태로 변화할 때 온도

67 다음 중 자기변태점이 가장 높은 것은?
① Fe　　② Co
③ Ni　　④ Fe_3C

Solution ① Fe : 768℃
② Co : 1120℃
③ Ni : 360℃
④ Fe_3C : 210℃

Answer 64. ④　65. ②　66. ④　67. ②

68 황(S)을 많이 함유한 탄소강에서 950℃ 전후의 고온에서 발생하는 취성은?

① 저온 취성 ② 불림 취성
③ 적열 취성 ④ 뜨임 취성

Solution
• 저온 취성 : 상온보다 낮은 온도에서 P이 원인
• 뜨임 취성 : 구조용 합금강에서 나타남

69 서브제로(sub-zero)처리를 하는 주요 목적으로 옳은 것은?

① 잔류 오스테나이트 조직을 유지하기 위해
② 잔류 오스테나이트를 레데뷰라이트화 하기 위해
③ 잔류 오스테나이트를 베이나이트화 하기 위해
④ 잔류 오스테나이트를 마텐자이트화 하기 위해

Solution 심랭처리(Sub-Zero treatment) : 담금질 처리 시 국부적으로 나타난 오스테나이트 조직을 마텐자이트 조직으로 변화시키기 위한 드라이 아이스를 이용한 0℃ 이하의 열처리 작업

70 금속의 응고에 대한 설명으로 틀린 것은?

① Fe의 결정성장방향은 [0001]이다.
② 응고 과정에서 고상과 액상간의 경계가 형성된다.
③ 응고 과정에서 운동에너지가 열의 형태로 방출되는 것을 응고 잠열이라 한다.
④ 액체 금속이 응고할 때 용융점보다 낮은 온도에서 응고되는 것을 과냉각이라 한다.

Solution 금속의 결정에는 나뭇가지 모양으로 성장하는 수지상 결정이 있고 방사선 모양으로 성장하는 주상결정이 있다.

71 유압장치에서 펌프의 무부하 운전 시 특징으로 적절하지 않은 것은?

① 펌프의 수명 연장 ② 유온 상승 방지
③ 유압유 노화 촉진 ④ 유압장치의 가열 방지

Solution 펌프의 무부하 운전시 특징
① 펌프의 동력손실 절감
② 펌프의 열화방지
③ 유압유의 온도상승 방지 및 노화 억제

Answer ▪ 68. ③ 69. ④ 70. ① 71. ③

72 1개의 유압 실린더에서 전진 및 후진 단에 각각의 리밋 스위치를 부착하는 이유로 가장 적합한 것은?

① 실린더의 위치를 검출하여 제어에 사용하기 위하여
② 실린더 내의 온도를 제어하기 위하여
③ 실린더의 속도를 제어하기 위하여
④ 실린더 내의 압력을 계측하고 제어하기 위하여

> Solution   리밋스위치의 역할은 위치제어를 위한 것이기 때문에 온도, 속도, 압력과는 직접적인 관계는 없다.

73 아래 기호의 명칭은?

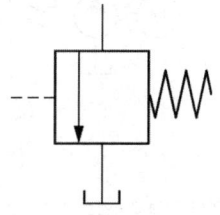

① 체크 밸브   ② 무부하 밸브
③ 스톱 밸브   ④ 급속배기 밸브

74 오일 탱크의 필요조건으로 적절하지 않은 것은?

① 오일 탱크의 바닥면은 바닥에 밀착시켜 간격이 없도록 해야 한다.
② 오일 탱크에는 스트레이너의 삽입이나 분리를 용이하게 할 수 있는 출입구를 만든다.
③ 공기빼기 구멍에는 공기청정을 하여 먼지의 혼입을 방지한다.
④ 먼지, 절삭분 등의 이물질이 혼입되지 않도록 주유구에는 여과망, 캡을 부착한다.

75 속도 제어 회로가 아닌 것은?

① 미터 인 회로   ② 미터 아웃 회로
③ 블리드 오프 회로   ④ 로크(로킹) 회로

> Solution   속도제어회로의 종류 : 미터인 회로, 미터아웃 회로, 블리드오프 회로, 차동 회로 등이 있다.

76 아래 회로처럼 A, B 두 실린더가 순차적으로 작동하는 회로는?

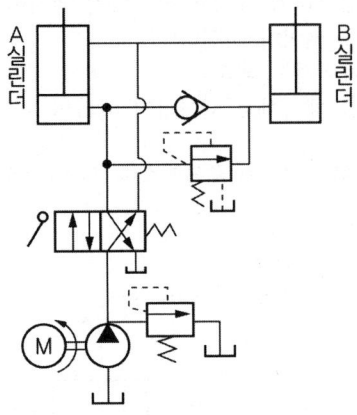

① 언로더 회로 ② 디컴프레션 회로
③ 시퀀스 회로 ④ 카운터 밸런스 회로

Solution 실린더의 순차제어를 위한 압력제어밸브로 시퀀스밸브가 사용되는 회로이다.

77 유압 작동유의 구비조건으로 적절하지 않은 것은?

① 비중과 열팽창계수가 적어야 한다.
② 열을 방출시킬 수 있어야 한다.
③ 점도지수가 높아야 한다.
④ 압축성이어야 한다.

Solution 유압유는 압축성이 아니라 비압축성이다.

78 유압 작동유에 1760N/cm²의 압력을 가했더니 체적이 0.19% 감소되었다. 이때 압축률은 얼마인가?

① 1.08×10^{-5} cm²/N ② 1.08×10^{-6} cm²/N
③ 1.08×10^{-7} cm²/N ④ 1.08×10^{-8} cm²/N

Solution $\beta = \dfrac{-\Delta V/V}{\Delta P} = \dfrac{0.19 \times 10^{-2}}{1760} = 1.08 \times 10^{-6}$ cm²/N

79 유량 제어 밸브의 종류가 아닌 것은?

① 분류 밸브 ② 디셀러레이션 밸브
③ 언로드 밸브 ④ 스로틀 밸브

Solution 언로드 밸브는 압력제어밸브이다.

Answer ■ 76. ③ 77. ④ 78. ② 79. ③

80 어큐뮬레이터는 고압 용기이므로 장착과 취급에 각별한 주의가 요망되는데 이와 관련된 설명으로 적절하지 않은 것은?

① 점검 및 보수가 편리한 장소에 설치한다.
② 어큐뮬레이터에 용접, 가공, 구멍뚫기 등을 통해 설치에 유연성을 부여한다.
③ 충격 완충용으로 사용할 경우는 가급적 충격이 발생하는 곳으로부터 가까운 곳에 설치한다.
④ 펌프와 어큐뮬레이터와의 사이에는 체크 밸브를 설치하여 유압유가 펌프 쪽으로 역류하는 것을 방지한다.

Solution 축압기(accumulator)에는 용접, 가공, 구멍뚫기 등을 해서는 안된다.

5과목 기계제작법 및 기계동력학

81 지름 1m의 플라이휠(flywheel)이 등속 회전운동을 하고 있다. 플라이휠 외측의 접선속도가 4m/s일 때, 회전수는 약 몇 rpm인가?

① 76.4 ② 86.4
③ 96.4 ④ 106.4

Solution $V = \dfrac{d}{2} \cdot \omega = \dfrac{d}{2} \times \dfrac{2\pi N}{60}$

$4 = \dfrac{\pi \times 1 \times N}{60}$, $N = 76.43 \text{rpm}$

82 자동차가 경사진 30도 비탈길에 주차되어 있다. 미끄러지지 않기 위해서는 노면과 바퀴와의 마찰계수 값이 약 얼마 이상이어야 하는가?

① 0.122 ② 0.366
③ 0.500 ④ 0.578

Solution $\mu = \tan(30) = 0.5774$

83 일정한 반경 r인 원을 따라 균일한 각속도 ω로 회전하고 있는 질점의 가속도에 대한 설명으로 옳은 것은?

① 가속도는 0이다.
② 가속도는 법선 방향(radial direction)의 값만 갖는다. (접선 방향은 0이다.)
③ 가속도는 접선 방향(transverse direction)의 값만 갖는다. (법선 방향은 0이다.)
④ 가속도는 법선 방향과 접선 방향 값을 모두 갖는다.

Solution $\omega = $ 일정, $V = r \cdot \omega = $ 일정
① $a_t = 0$
② $a_n = \dfrac{V^2}{r} = r\omega^2$

80. ② 81. ① 82. ④ 83. ② ■Answer

84 다음 표는 마찰이 없는 빗면을 따라 내려오는 물체의 속력에 따른 운동에너지와 위치에너지를 나타낸 것이다. 속력이 $\frac{3}{2}v$일 때의 위치에너지(A)는? (단, 에너지 보존 법칙을 만족한다)

	위치에너지	운동에너지
v	1500J	
$\frac{3}{2}v$	A	
$2v$		1600J

① 1400J　　　　② 1000J
③ 800J　　　　 ④ 600J

Solution $\triangle T = -\triangle V$

① $\frac{1}{2}m(\frac{9}{4}V^2 - V^2) = -(V_A - 1500)$

$\frac{5}{8}mV^2 = 1500 - V_A$

② $T_3 = \frac{1}{2}m(2V)^2 = 1600, \ mV^2 = 800$

③ $V_A = 1500 - \frac{5}{8}mV^2 = 1500 - \frac{5}{8} \times 800 = 1000J$

85 다음 그림과 같이 일부가 천공된 불균형 바퀴가 미끄러짐 없이 굴러가고 있을 때, 각 경우 중 운동에너지의 크기에 대한 설명으로 옳은 것은? (단, 3가지 모두 각속도 ω는 동일하다)

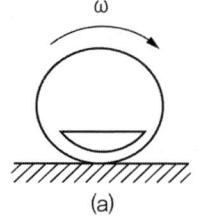
(a)

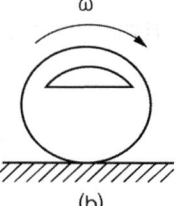
(b)

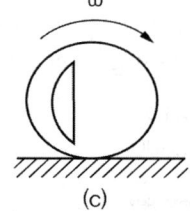
(c)

① (a) 경우가 가장 크다.　　② (b) 경우가 가장 크다.
③ (c) 경우가 가장 크다.　　④ (a), (b), (c) 모두 같다.

Solution 순간 중심점에서 물체의 무게 중심점까지 거리로 판단한다.
$V = \rho \cdot \omega$

Answer ■ 84. ②　85. ①

86 그림과 같이 두 개의 질량이 스프링에 연결되어 있을 때, 이 시스템의 고유진동수에 해당하는 것은?

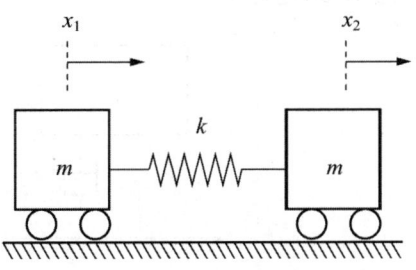

① $\sqrt{\dfrac{k}{m}}$ ② $\sqrt{\dfrac{2k}{m}}$

③ $\sqrt{\dfrac{3k}{m}}$ ④ $2\sqrt{\dfrac{k}{m}}$

Solution
$m\ddot{x}_1 + k(x_1 - x_2) = 0$
$m\ddot{x}_2 + k(x_2 - x_1) = 0$
$x_1 = A\sin\omega t,\ x_2 = B\sin\omega t$
$m(-A\omega^2\sin\omega t) + k(A - B)\cdot\sin\omega t = 0$
$-mA\omega^2 + k(A - B) = 0$
$m(-B\omega^2\sin\omega t) + k(B - A)\cdot\sin\omega t = 0$
$-mB\omega^2 + k(B - A) = 0$
$k(A - B) = -mB\omega^2 = mA\omega^2$
$A = -B$
$x_1 = A\sin\omega t,\ x_2 = -A\sin\omega t$
$T = \dfrac{1}{2}m(\dot{x}_1^2 + \dot{x}_2^2) = \dfrac{1}{2}m(A^2\cdot\omega^2\cdot\cos^2\omega t + A^2\cdot\omega^2\cdot\cos^2\omega t)$
$T_{\max} = mA^2\cdot\omega^2$
$V_e = \dfrac{1}{2}k(x_1 - x_2)^2 = \dfrac{1}{2}k(2A\sin\omega t)^2$
$V_{e\max} = 2kA^2$
$T_{\max} = V_{e\max}$
$mA^2\cdot\omega^2 = 2kA^2,\ \omega^2 = \dfrac{2k}{m}$
$\omega = \sqrt{\dfrac{2k}{m}}$

86. ② ■Answer

87 다음 그림과 같은 1자유도 진동계에서 W가 50N, k가 0.32 N/cm이고, 감쇠비가 $\zeta = 0.4$일 때 이 진동계의 점성감쇠 계수 c는 약 몇 N·s/m인가?

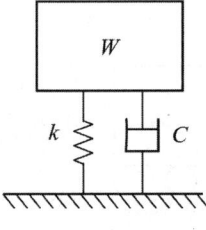

① 5.48
③ 10.22
② 54.8
④ 102.2

Solution $C_C = 2\sqrt{mk} = 2\sqrt{\dfrac{50}{9.5} \times 0.32 \times 10^2} = 25.56 \, \text{N·s/m}$

$\zeta = \dfrac{C}{C_C}$, $C = 0.4 \times 25.56 = 10.22 \, \text{N·s/m}$

88 다음 그림과 같이 스프링상수는 400N/m, 질량은 100kg인 1자유도계 시스템이 있다. 초기 변위는 0이고 스프링 변형량도 없는 상태에서 x방향으로 3m/s의 속도로 움직이기 시작한다고 가정할 때 이 질량체의 속도 v를 위치 x에 관한 함수로 나타낸 것은?

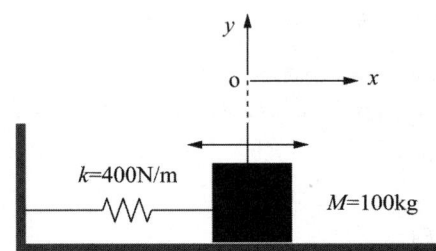

① $\pm(3-4x^2)$
③ $\pm\sqrt{(9-4x^2)}$
② $\pm(3-9x^2)$
④ $\pm\sqrt{(9-9x^2)}$

Solution $x = A\sin\omega t$

$\omega = \sqrt{\dfrac{k}{m}} = 2$

$\dot{x} = V = A\omega\cos\omega t$

$t = 0$, $V = 3 \, \text{m/sec}$

$A = \dfrac{3}{2}$

$\cos^2\omega t = 1 - \sin^2\omega t = 1 - \dfrac{x^2}{A^2} = \dfrac{(9-4x^2)}{9}$

$\dot{x} = V = A\omega(\pm\sqrt{1-\sin^2\omega t}) = \dfrac{3}{2} \times 2 \times (\pm\sqrt{\dfrac{9-4x^2}{9}}) = \pm\sqrt{(9-4x^2)}$

Answer ■ 87. ③ 88. ③

89
조화 진동의 변위 x와 시간 t의 관계를 나타낸 식 $x = a\sin(\omega t + \phi)$에서 ϕ가 의미하는 것은?

① 진폭
② 주기
③ 초기위상
④ 각진동수

Solution $x = a\sin(\omega t + \phi)$
a : 진폭, ω : 각진동수, ωt : 위상각, ϕ : 초기위상각

90
속도가 각각 v_1, $v_2(v_1 > v_2)$이고, 질량이 모두 m인 두 물체가 동일한 방향으로 운동하여 충돌 후 하나로 되었을 때의 속도(v)는?

① $v_1 - v_2$
② $v_1 + v_2$
③ $\dfrac{v_1 - v_2}{2}$
④ $\dfrac{v_1 + v_2}{2}$

Solution $V_1' = V_2' = V$, $m_1 = m_2 = m$
$m_1 \cdot V_1 + m_1 V_2 = m_1 \cdot V_1' + m_2 \cdot V_2'$
$m(V_1 + V_2) = 2mV$
$V = \dfrac{V_1 + V_2}{2}$

91
방전가공의 특징으로 틀린 것은?

① 전극이 필요하다.
② 가공 부분에 변질 층이 남는다.
③ 전극 및 가공물에 큰 힘이 가해진다.
④ 통전되는 가공물은 경도와 관계없이 가공이 가능하다.

Solution 방전가공은 전극과 공작물 사이에 발생하는 전기아크열로 가공이 이루어진다.

92
드로잉률에 대한 설명으로 옳은 것은?

① 드로잉률이 작을수록 제품의 깊이가 깊은 것이므로 드로잉에 필요한 힘도 증가하게 된다.
② 드로잉률이 클수록 제품의 깊이가 깊은 것이므로 드로잉에 필요한 힘도 증가하게 된다.
③ 드로잉률이 작을수록 제품의 깊이가 낮은 것이므로 드로잉에 필요한 힘도 증가하게 된다.
④ 드로잉률이 클수록 제품의 깊이가 낮은 것이므로 드로잉에 필요한 힘도 증가하게 된다.

Solution 드로잉률이란 소재의 지름(크기)에 대한 제품의 지름(크기)으로 표현된다.

89. ③ 90. ④ 91. ③ 92. ① ■Answer

93 스폿용접과 같은 원리로 접합할 모재의 한쪽 판에 돌기를 만들어 고정전극 위에 겹쳐 놓고 가동전극으로 통전과 동시에 가압하여 저항열로 가열된 돌기를 접합시키는 용접법은?

① 플래시 버트 용접
② 프로젝션 용접
③ 업셋 용접
④ 단접

> **Solution** 전기저항용접의 종류 중 겹치기 용접에 스폿 용접, 시임 용접, 프로젝션 용접 등이 있다.
> 이 중 모재와 모재 사이에 돌기부를 두는 용접은 프로젝션 용접이다.

94 밀링에서 브라운 샤프형 분할판으로 지름피치 12, 잇수가 76개인 스퍼기어를 절삭할 때 사용하는 분할판의 구멍열은?

① 16구멍
② 17구멍
③ 18구멍
④ 19구멍

> **Solution** $n = \dfrac{40}{N} = \dfrac{40}{76} = \dfrac{10}{19}$
> 19구멍열은 분할판을 선정하여 10구멍씩 돌리면 76등분이 가능하다.

95 전해연마의 일반적인 특징에 대한 설명으로 옳은 것은?

① 가공면에는 방향성이 있다.
② 내마멸성, 내부식성이 저하된다.
③ 연마량이 적으므로 깊은 홈이 제거되지 않는다.
④ 복잡한 형상의 공작물, 선 등의 연마가 불가능하다.

> **Solution** 전해연마는 전극과 가공물을 일정 간격을 유지하며 이루어지는 연마가공으로 가공물의 표면이 광택이 나도록 하는 가공이다.

96 일반적으로 저탄소강을 초경합금으로 선반가공 할 때, 힘의 크기가 가장 큰 것은?

① 이송분력
② 배분력
③ 주분력
④ 부분력

> **Solution** 절삭저항 : 주분력 > 배분력 > 이송분력

97 가공의 영향으로 생긴 스트레인이나 내부 응력을 제거하고 미세한 표준조직으로 기계적 성질을 향상시키는 열처리법은?

① 소프트닝
② 보로나이징
③ 하드 페이싱
④ 노멀라이징

> **Solution** 재료의 미세화·표준화 작업은 불림(normalizing) 작업이다.

Answer ■ 93. ② 94. ④ 95. ③ 96. ③ 97. ④

98 롤러 중심거리 200mm인 사인바로 게이지 블록 42mm를 사용하여 피측정물의 경사면이 정반과 평행을 이루었을 때, 피측정물 구배값은 약 몇 도(°)인가?

① 30　　　　　　　　② 25
③ 21　　　　　　　　④ 12

Solution $\sin\alpha = \dfrac{42}{200}$, $\alpha = 12.12°$

99 Al합금 등과 같은 용융 금속을 고속, 고압으로 금속주형에 주입하여 정밀 제품을 다량 생산하는 특수주조 방법은?

① 다이 캐스팅법　　　② 인베스트먼트 주조법
③ 칠드 주조법　　　　④ 원심 주조법

Solution
- 인베스트먼트 주조법 : 모형을 왁스 등을 이용하여 만드는 정밀주조법
- 칠드 주조법 : 칠드주물(냉경주물)을 만드는 주조법
- 원심 주조법 : 고속회전시켜 발생하는 원심력으로 주조하는 방법

100 다음 중 소성가공에 속하지 않는 것은?

① 압연가공　　　　　② 선반가공
③ 인발가공　　　　　④ 단조가공

Solution 선반가공은 절삭가공이다.

98. ④　99. ①　100. ②　■Answer

2022 기출문제

3월 5일 시행

1과목 재료역학

1 양단이 회전지지로 된 장주에서 거리 e만큼 편심된 곳에 축방향 하중 P가 작용할 때 이 기둥에서 발생하는 최대 압축응력(σ_{max})은? (단, A는 기둥 단면적, $2c$는 단면의 두께, r은 단면의 회전반경, E는 세로탄성계수, L은 장주의 길이이다.)

① $\sigma_{max} = \dfrac{P}{A}[1+\dfrac{ec}{r^2}\sec(\dfrac{L}{r}\sqrt{\dfrac{P}{4EA}})]$

② $\sigma_{max} = \dfrac{P}{A}[1+\dfrac{ec}{r^2}\sec(\dfrac{L}{r}\sqrt{\dfrac{P}{2EA}})]$

③ $\sigma_{max} = \dfrac{P}{A}[1+\dfrac{ec}{r^2}\csc(\dfrac{L}{r}\sqrt{\dfrac{P}{4EA}})]$

④ $\sigma_{max} = \dfrac{P}{A}[1+\dfrac{ec}{r^2}\csc(\dfrac{L}{r}\sqrt{\dfrac{P}{2EA}})]$

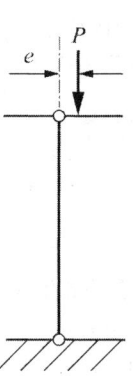

● **Solution** 편심하중을 받는 장주에 대한 시컨트 공식(Secant formula)

$$\sigma_{max} = \dfrac{P}{A}\left[1+\dfrac{ec}{r^2}\sec\left(\dfrac{L}{r}\sqrt{\dfrac{P}{4AE}}\right)\right]$$

2 그림과 같은 막대가 있다. 길이는 4m이고 힘(F)은 지면에 평행하게 200N만큼 주었을 때 O점에 작용하는 힘(F_{ox}, F_{oy})과 모멘트(M_z)의 크기는?

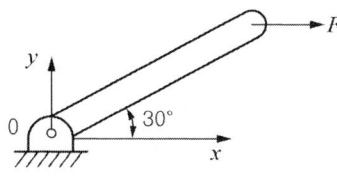

① $F_{ox} = 200\text{N}$, $F_{oy} = 0$, $M_z = 400\text{N}\cdot\text{m}$
② $F_{ox} = 0$, $F_{oy} = 200\text{N}$, $M_z = 200\text{N}\cdot\text{m}$
③ $F_{ox} = 200\text{N}$, $F_{oy} = 200\text{N}$, $M_z = 200\text{N}\cdot\text{m}$
④ $F_{ox} = 0$, $F_{oy} = 0$, $M_z = 400\text{N}\cdot\text{m}$

● **Solution** $\Sigma F_x = 0$, $F - F_{ox} = 0$, $F = 200\text{N}$

$\Sigma F_y = 0$, $F_{oy} = 0$

$\Sigma M_z = 0$, $M_z = 200 \times 4 \times \dfrac{1}{2} = 400\text{Nm}$

Answer ■ 1. ① 2. ①

3 지름 100mm의 원에 내접하는 정사각형 단면을 가진 강봉이 10kN의 인장력을 받고 있다. 단면에 작용하는 인장응력은 약 몇 MPa인가?

① 2
② 3.1
③ 4
④ 6.3

Solution 정사각형 한변의 길이 $a = \dfrac{100}{\sqrt{2}} = 70.71 \text{mm}$, $\sigma = \dfrac{P}{a^2} = 2.0 \text{ MPa}$

4 도심축에 대한 단면 2차 모멘트가 가장 크도록 직사각형 단면[폭(b)×높이(h)]을 만들 때 단면 2차 모멘트를 직사각형 폭(b)에 관한 식으로 옳게 나타낸 것은? (단, 직사각형 단면은 지름 d인 원에 내접한다.)

① $\dfrac{\sqrt{3}}{4}b^4$
② $\dfrac{\sqrt{3}}{3}b^4$
③ $\dfrac{3}{\sqrt{3}}b^4$
④ $\dfrac{4}{\sqrt{3}}b^4$

Solution $d^2 = b^2 + h^2$, $I_{Gx} = I = \dfrac{bh^3}{12} = \dfrac{b}{12}(d^2-b^2)^{3/2}$

$\dfrac{dI}{db} = 0$을 정리하면(단면2차모멘트를 h로 1차 미분 정리), $h^2 = 3b^2$

$I = \dfrac{bh^2}{12} = \dfrac{\sqrt{3}}{4}b^4$

5 기계요소의 임의의 점에 대하여 스트레인을 측정하여 보니 다음과 같이 나타났다. 현 위치로부터 시계방향으로 30° 회전된 좌표계의 y방향의 스트레인 ϵ_y는 얼마인가? (단, ϵ은 각 방향별 수직변형률, γ는 전단변형률을 나타낸다.)

$\epsilon_x = -30 \times 10^{-6}$
$\epsilon_y = -10 \times 10^{-6}$
$\gamma_{xy} = -10 \times 10^{-6}$

① -14.95×10^{-6}
② -12.64×10^{-6}
③ -10.67×10^{-6}
④ -9.32×10^{-6}

Solution 시계방향으로 30°회전하면 y축의 안쪽각 $\theta = 60°$

$\epsilon_\theta = \dfrac{\epsilon_x + \epsilon_y}{2} + \dfrac{\epsilon_x - \epsilon_y}{2}\cos2\theta + \dfrac{\gamma_{xy}}{2}\sin2\theta = -10.67 \times 10^{-6}$

3. ① 4. ① 5. ③ ■ Answer

6 길이 15m, 지름 10mm의 강봉에 8kN의 인장하중을 걸었더니 탄성 변형이 생겼다. 이때 늘어난 길이는 약 몇 mm인가? (단, 이 강재의 세로탄성계수는 210GPa이다.)

① 1.46
② 14.6
③ 0.73
④ 7.3

Solution $\delta = \dfrac{PL}{AE} = 7.28\,\text{mm}$

7 그림과 같이 2개의 비틀림 모멘트를 받고 있는 중공축의 a-a 단면에서 비틀림 모멘트에 의한 최대전단응력은 약 몇 MPa인가? (단, 중공축의 바깥지름은 10cm, 안지름은 6cm이다.)

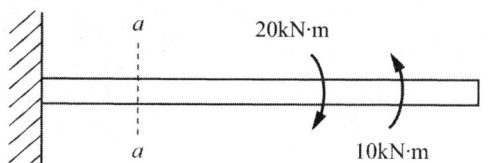

① 25.5
② 36.5
③ 47.5
④ 58.5

Solution $T = (20-10) \times 10^6 = 10^7 \text{N}\cdot\text{mm}$, $Z_p = \dfrac{\pi d_2^3}{16}(1-x^4)$, $x = \dfrac{d_1}{d_2}$

$\tau = \dfrac{T}{Z_p} = 58.5\,\text{MPa}$

8 그림과 같은 보에서 $P_1 = 800\text{N}$, $P_2 = 500\text{N}$이 작용할 때 보의 왼쪽에서 2m 지점에 있는 a 위치에서의 굽힘모멘트의 크기는 약 몇 N·m인가?

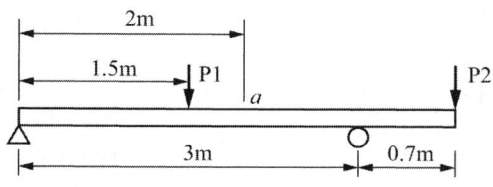

① 133.3
② 166.7
③ 204.6
④ 257.4

Solution 왼쪽 끝단의 모멘트 평형식을 세워 오른쪽 지점의 반력 R를 구하면

$R = \dfrac{800 \times 1.5 + 500 \times 3.7}{3} = 1016.67\,\text{N}$

a점에 대한 모멘트 $M_a = 1016.67 \times 1 - 500 \times 1.7 = 166.67\,\text{N}\cdot\text{m}$

Answer ■ 6. ④ 7. ④ 8. ②

9 5cm×10cm 단면의 3개의 목재를 목재용 접착제로 접착하여 그림과 같은 10cm×15cm의 사각 단면을 갖는 합성 보를 만들었다. 접착부에 발생하는 전단응력은 약 몇 kPa인가? (단, 이 합성보는 양단이 길이 2m인 단순지지보이며 보의 중앙에 800N의 집중하중을 받는다.)

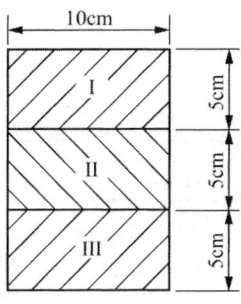

① 57.6   ② 35.5
③ 82.4   ④ 160.8

Solution $\tau = \dfrac{FQ}{bI} = \dfrac{(800/2) \times (100 \times 50 \times 50)}{100 \times (100 \times 150^3)/12} \times = 10^3 = 35.56 \,\text{kPa}$

10 외팔보 AB에서 중앙(C)에 모멘트 M_c와 자유단에 하중 P가 동시에 작용할 때, 자유단(B)에서의 처짐량이 영(0)이 되도록 M_c를 결정하면? (단, 굽힘강성 EI는 일정하다.)

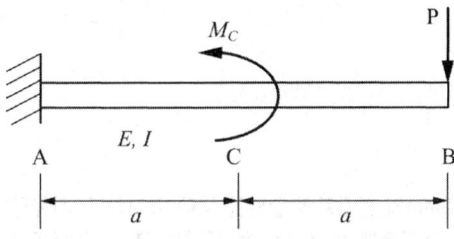

① $M_c = \dfrac{8}{9}\text{Pa}$ ② $M_c = \dfrac{16}{9}\text{Pa}$
③ $M_c = \dfrac{24}{9}\text{Pa}$ ④ $M_c = \dfrac{32}{9}\text{Pa}$

Solution 자유단 집중하중 P만 작용시 처짐 $\delta_1 = \dfrac{8Pa^3}{3EI}$

중앙에 굽힘모멘트 만 작용시 처짐은 면적모멘트법으로 정리하면 $\delta_2 = \dfrac{A_m}{EI}\overline{x} = \dfrac{3M_c a^2}{2EI}$

$\delta_1 = \delta_2$, $M_c = \dfrac{16}{9}\text{Pa}$

9. ② 10. ② ■ Answer

11 그림과 같은 외팔보가 있다. 보의 굽힘에 대한 허용응력을 80MPa로 하고, 자유단 B로부터 보의 중앙점 C 사이에 등분포하중 w를 작용시킬 때, w의 최대 허용값은 몇 kN/m인가? (단, 외팔보의 폭×높이는 5cm×9cm이다.)

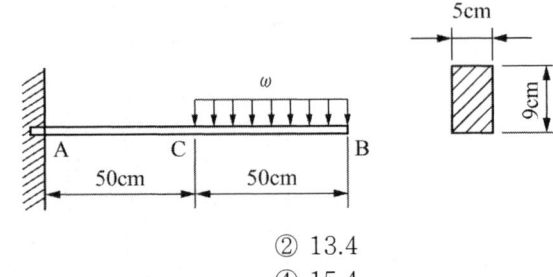

① 12.4
② 13.4
③ 14.4
④ 15.4

Solution $M_a = w \times 0.5 \times 0.75 = 0.375w$, $Z = \dfrac{bh^2}{6}$

$\sigma = \dfrac{M_a}{Z} = \dfrac{6 \times 0.375w}{bh^2}$, $w = 14.4 \times 10^3 \text{N/m}$

12 지름 20cm, 길이 40cm인 콘크리트 원통에 압축하중 20kN이 작용하여 지름이 0.0006cm만큼 늘어나고 길이는 0.0057cm 만큼 줄었을 때, 푸아송 비는 약 얼마인가?

① 0.18
② 0.24
③ 0.21
④ 0.27

Solution $\mu = \dfrac{\epsilon'}{\epsilon} = \dfrac{l\delta'}{\delta d} = \dfrac{40 \times 0.0006}{0.0057 \times 20} = 0.21$

13 그림과 같이 지름 50mm의 연강봉의 일단을 벽에 고정하고, 자유단에는 50cm 길이의 레버 끝에 600N의 하중을 작용시킬 때 연강봉에 발생하는 최대굽힘응력과 최대전단응력은 각각 몇 MPa인가?

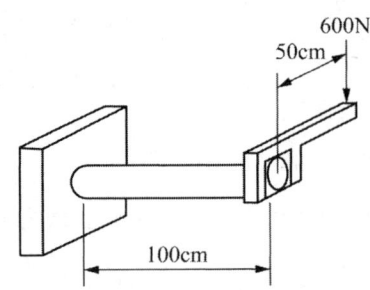

① 최대굽힘응력 : 51.8, 최대전단응력 : 27.3
② 최대굽힘응력 : 27.3, 최대전단응력 : 51.8
③ 최대굽힘응력 : 41.8, 최대전단응력 : 27.3
④ 최대굽힘응력 : 27.3, 최대전단응력 : 41.8

Answer ■ 11. ③ 12. ③ 13. ①

> **Solution** $T = 600 \times 0.5 = 300 \text{N} \cdot \text{m}$, $M = 600 \times 1 = 600 \text{N} \cdot m$ N·m
> $T_e = \sqrt{600^2 + 300^2} = 670.82 \text{N} \cdot \text{m}$, $M_e = \frac{1}{2}(M + T_e) = 635.41 \text{N} \cdot \text{m}$
> $\sigma_{bmax} = \frac{M_e}{Z} = \frac{M_e}{\pi d^3/32} = 51.78 \text{MPa}$, $\tau_{\max} = \frac{T_e}{Z_p} = \frac{T_e}{\pi d^3/16} = 27.33 \text{MPa}$

14 그림과 같은 직육면체 블록은 전단탄성계수 500MPa이고, 상하면에 강체 평판이 부착되어 있다. 아래쪽 평판은 바닥면에 고정되어 있으며, 위쪽 평판은 수평방향 힘 P가 작용한다. 힘 P에 의해서 위쪽 평판이 수평방향으로 0.8mm 이동되었다면 가해진 힘 P은 약 몇 kN인가?

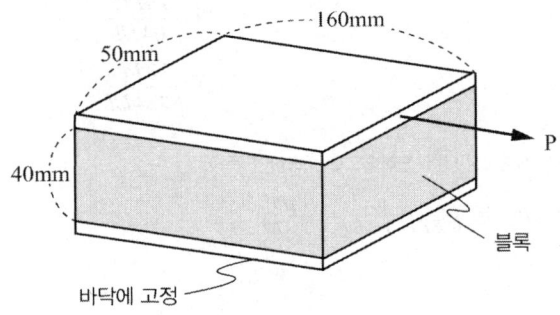

① 60 ② 80
③ 100 ④ 120

> **Solution** $\tau = G\gamma$, $\frac{P}{A} = G\frac{\delta_s}{l}$, $\frac{P}{50 \times 160} = 500 \times \frac{0.8}{40}$, $P = 80 \text{kN}$

15 바깥지름 80mm, 안지름 60mm인 중공축에 4kN·m의 토크가 작용하고 있다. 최대전단변형률율은 얼마인가? (단, 축 재료의 전단탄성계수는 27GPa이다.)

① 0.00122 ② 0.00216
③ 0.00324 ④ 0.00410

> **Solution** $\tau = G\gamma = \frac{T}{Z_p} = \frac{T}{\pi d_2^3/16 \cdot (1-x^4)}$, $27000 \times \gamma = \frac{16 \times 4 \times 10^6}{\pi \times 80^3 \times (1-0.75^4)}$, $\gamma = 0.00216$

14. ② 15. ② ■ **Answer**

16 그림과 같이 전체 길이가 ℓ인 보의 중앙에 집중하중 P[N]와 균일분포 하중 w[N/m]가 동시에 작용하는 단순보에 최대 처짐은? (단, $w \times \ell = P$이고, 보의 굽힘강성 EI는 일정하다.)

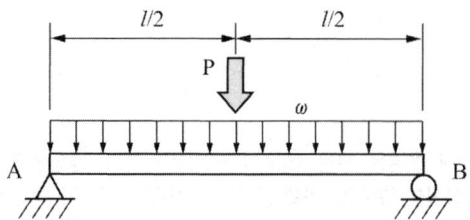

① $\dfrac{5P\ell^3}{48EI}$

② $\dfrac{13P\ell^3}{64EI}$

③ $\dfrac{5P\ell^3}{192EI}$

④ $\dfrac{13P\ell^3}{384EI}$

Solution 중앙 집중하중+등분포하중으로 중첩하여 푼다.

$$\omega l = P, \ \delta = \frac{Pl^3}{48EI} + \frac{5\omega l^4}{384EI} = \frac{13Pl^3}{384EI}$$

17 그림과 같이 10kN의 집중하중과 4kN·m의 굽힘모멘트가 작용하는 단순지지보에서 A 위치의 반력 R_A는 약 몇 kN인가? (단, 4kN·m의 모멘트는 보의 중앙에서 작용한다.)

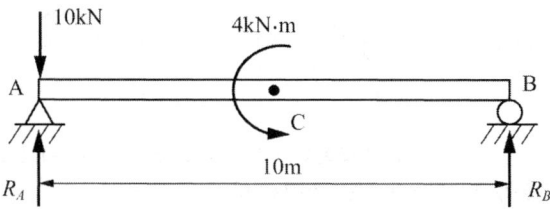

① 6.8

② 14.2

③ 8.6

④ 10.4

Solution B점에 대한 모멘트 평형식으로 푼다.

$$R_A = \frac{10 \times 10 + 4}{10} = 10.4 \text{kN}$$

Answer ■ 16. ④ 17. ④

18 그림의 구조물이 수직하중 $2P$를 받을 때 구조물 속에 저장되는 총 탄성변형에너지는? (단, 구조물의 단면적은 A, 세로탄성계수는 E로 모두 같다.)

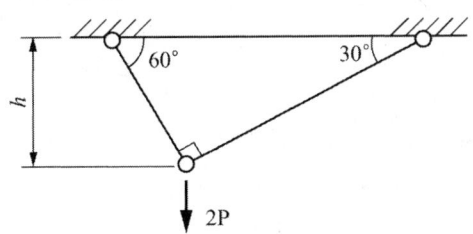

① $\dfrac{P^2h}{4AE}(1+\sqrt{3})$ ② $\dfrac{P^2h}{2AE}(1+\sqrt{3})$

③ $\dfrac{P^2h}{AE}(1+\sqrt{3})$ ④ $\dfrac{2P^2h}{AE}(1+\sqrt{3})$

Solution $\dfrac{2P}{\sin 90°}=\dfrac{F_1}{\sin 150°}=\dfrac{F_2}{\sin 120°}$, $F_1=P$, $F_2=\sqrt{3}\,P$

$\delta_1=\dfrac{F_1 h}{AE\cdot\sin 30°}=\dfrac{2Ph}{AE}$, $\delta_2=\dfrac{F_2 h}{AE\cdot\sin 60°}=\dfrac{2Ph}{AE}$

$U=\dfrac{1}{2}F_1\delta_1+\dfrac{1}{2}F_2\delta_2=\dfrac{P^2h}{AE}(1+\sqrt{3})$

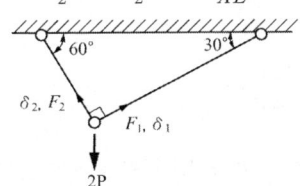

19 그림과 같이 ωN/m의 분포하중을 받는 길이 L의 양단 고정보에서 굽힘 모멘트가 0이 되는 곳은 보의 왼쪽으로부터 대략 어디에 위치해 있는가?

① 0.5L
② 0.33L, 0.67L
③ 0.21L, 0.76L
④ 0.26L, 0.74L

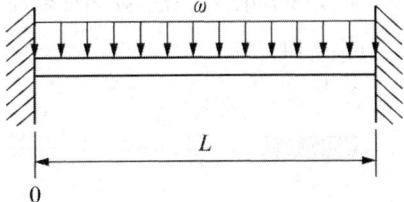

Solution BMD 선도를 그려보면 굽힘모멘트가 0이 되는 지점이 2곳이 나온다. 각각 왼쪽 끝단으로부터 x_1, x_2로 놓고 왼쪽 끝으로부터 임의의 거리를 x로 하여 굽힘모멘트를 구하는 일반식을 세워 풀면

$M_x=\dfrac{\omega L}{2}x-\dfrac{\omega x^2}{2}-\dfrac{\omega L^2}{12}=0$, $x^2-Lx+0.17L^2=0$

근의 공식을 이용하면 $x=\dfrac{L\pm\sqrt{L^2-0.68L^2}}{2}$, $x_1=0.783L$, $x_2=0.2L$

18. ③ 19. ③ ■ Answer

20 한 변이 50cm이고, 얇은 두께를 가진 정사각형 파이프가 20000N·m의 비틀림 모멘트를 받을 때 파이프 두께는 약 몇 mm 이상으로 해야 하는가? (단, 파이프 재료의 허용비틀림응력은 40MPa이다.)

① 0.5mm
② 1.0mm
③ 1.5mm
④ 2.0mm

> **Solution** $\tau = \dfrac{T}{2bht} = \dfrac{20000 \times 10^3}{2 \times 500 \times 500 \times t} = 40$, $t = 1.0\,\text{mm}$

2과목 기계열역학

21 Van der Waals 상태 방정식은 다음과 같이 나타낸다. 이 식에서 $\dfrac{a}{v^2}$, b는 각각 무엇을 의미하는 것인가? (단, P는 압력, v는 비체적, R는 기체상수, T는 온도는 타나낸다.)

$$\left(P + \dfrac{a}{v^2}\right) \times (v - b) = RT$$

① 분자간의 작용력, 분자 내부 에너지
② 분자 자체의 질량, 분자 내부 에너지
③ 분자간의 작용력, 기체 분자들이 차지하는 체적
④ 분자 자체의 질량, 기체 분자들이 차지하는 체적

> **Solution** Van der Waals 상태방정식에서 a와 b는 상수로 $\dfrac{a}{v^2}$는 분자간의 작용력, b는 기체분자들이 차지하는 체적을 의미한다.

22 1MPa, 230℃ 상태에서 압축계수(compressibility factor)가 0.95인 기체가 있다. 이 기체의 실제 비체적은 약 몇 m³/kg인가? (단, 이 기체의 기체상수는 461J/(kg·K)이다.)

① 0.14
② 0.18
③ 0.22
④ 0.26

> **Solution** $Z = \dfrac{Pv}{RT}$, $0.95 = \dfrac{1 \times 10^6 \times v}{461 \times (230 + 273)}$, $v = 0.22\,\text{m}^3/\text{kg}$

23 효율이 40%인 열기관에서 유효하게 발생되는 동력이 110kW라면 주위로 방출되는 총 열량은 약 몇 kW인가?

① 375
② 165
③ 135
④ 85

> **Solution** $\eta = \dfrac{W}{Q_H}$, $Q_L = Q_H - W = \left(\dfrac{W}{\eta} - W\right) = \left(\dfrac{110}{0.4} - 110\right) = 165\,\text{kW}$

Answer ■ 20. ② 21. ③ 22. ③ 23. ②

24 피스톤-실린더에 기체가 존재하며 피스톤의 단면적은 5cm²이고 피스톤에 외부에서 500N의 힘이 가해진다. 이때 주변 대기압력이 0.099MPa이면 실린더 내부 기체의 절대압력(MPa)은 약 얼마인가?

① 0.901   ② 1.099
③ 1.135   ④ 1.275

Solution $P_a = 0.099 + \dfrac{500}{5\times 10^{-4}} \times 10^{-6} = 1.099\,\text{MPa}$

25 랭킨사이클로 작동되는 증기동력 발전소에서 20MPa의 압력으로 물이 보일러에 공급되고, 응축기 출구에서 온도는 20℃, 압력은 2.339kPa이다. 이때 급수펌프에서 수행하는 단위질량당 일은 약 몇 kJ/kg인가? (단, 20℃에서 포화액-비체적은 0.001002m³/kg, 포화증기 비체적은 57.79m³/kg이며, 급수펌프에서는 등엔트로피 과정으로 변화한다고 가정한다.)

① 0.4681   ② 20.04
③ 27.14   ④ 1020.6

Solution $w_p = 0.001002 \times (20 \times 10^3 - 2.339) = 20.04\,\text{kJ/kg}$

26 비열이 0.9kJ/(kg·K), 질량이 0.7kg으로 동일하며, 온도가 각각 200℃와 100℃인 두 금속 덩어리를 접촉시켜서 온도가 평형에 도달하였을 때 총 엔트로피 변화량은 약 몇 J/K인가?

① 8.86   ② 10.42
③ 13.25   ④ 16.87

Solution $(200 - t_m) = (t_m - 100)$, $t_m = 150\,℃$
$\Delta S = mC\left[\ln\left(\dfrac{T_m}{373}\right) + \ln\left(\dfrac{T_m}{473}\right)\right] = 0.7 \times 0.9 \left[\ln\left(\dfrac{423}{373}\right) + \ln\left(\dfrac{423}{473}\right)\right] = 8.86 \times 10^{-3}\,\text{kJ/K}$

27 그림과 같은 이상적인 열펌프의 압력(P)-엔탈피(h) 선도에서 각 상태의 엔탈피는 다음과 같을 때 열펌프의 성능계수는? (단, h_1 = 155kJ/kg, h_3 = 593kJ/kg, h_4 = 827kJ/kg이다.)

① 1.8
② 2.9
③ 3.5
④ 4.0

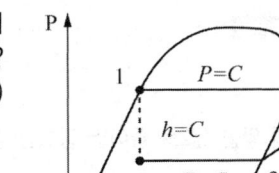

Solution $\epsilon_h = \dfrac{h_4 - h_1}{h_4 - h_3} = \dfrac{827 - 155}{827 - 593} = 2.87$

28 이상기체의 상태변화에 내부에너지가 일정한 상태 변화는?
① 등온 변화
② 정압 변화
③ 단열 변화
④ 정적 변화

Solution $T = const$, $\Delta U = m C_v \Delta T = 0$

29 압력이 일정할 때 공기 5kg를 0℃에서 100℃까지 가열하는데 필요한 열량은 약 몇 kJ인가? (단, 비열(C_P)은 온도 T(℃)에 관계한 함수로 C_P(kJ/(kg·℃)) = 1.01 + 0.000079 × T이다.)
① 365
② 436
③ 480
④ 507

Solution $_1Q_2 = \int_1^2 m C_p dT = 5.0 \times \left(1.01 \times 100 + \dfrac{0.000079}{2} \times 100^2\right) = 506.98\,\text{kJ}$

30 고온 400℃, 저온 50℃의 온도 범위에서 작동하는 Carnot 사이클 열기관의 효율을 구하면 약 몇 %인가?
① 43
② 46
③ 49
④ 52

Solution $\eta_C = 1 - \dfrac{T_L}{T_H} = \left(1 - \dfrac{50+273}{400+273}\right) \times 100 = 52\%$

31 기관의 실린더 내에서 1kg의 공기가 온도 120℃에서 열량 40kJ를 얻어 등온팽창 한다고 하면 엔트로피의 변화는 얼마인가?
① 0.102kJ/(kg·K)
② 0.132kJ/(kg·K)
③ 0.162kJ/(kg·K)
④ 0.192kJ/(kg·K)

Solution $\Delta S = \dfrac{40}{(120+273)} = 0.102\,\text{kJ/K}$

32 물질의 양을 1/2로 줄이면 강도성(강성적) 상태량(intensive properties)은 어떻게 되는가?
① 1/2로 줄어든다.
② 1/4로 줄어든다.
③ 변화가 없다.
④ 2배로 늘어난다.

Solution 강도성 상태량의 질량의 크기에 따라 변화하지 않는 상태량이고, 종량성 상태량은 질량의 크기에 비례하여 변화한다.

Answer ■ 28. ① 29. ④ 30. ④ 31. ① 32. ③

33 수평으로 놓여진 노즐에서 증기가 흐르고 있다. 입구에서의 엔탈피는 3106kJ/kg이고, 입구 속도는 13m/s, 출구 속도는 300m/s일 때 출구에서의 증기 엔탈피는 약 몇 kJ/kg인가? (단, 노즐에서의 열교환 및 외부로의 일량은 무시할 수 있을 정도로 작다고 가정한다.)

① 3146
② 3208
③ 2963
④ 3061

Solution 단열유동노즐에서 $-\Delta h = \frac{1}{2}(V_2^2 - V_1^2)$

$3106 - h_2 = \frac{1}{2} \times (300^2 - 13^2) \times 10^{-3}$, $h_2 = 3061.08 \text{kJ/kg}$

34 단열 노즐에서 공기가 팽창한다. 노즐 입구에서 공기 속도는 60m/s, 온도는 200℃이며, 출구에서 온도는 50℃일 때 출구에서 공기 속도는 약 얼마인가? (단, 공기 비열은 1.0035kJ/(kg·K)이다.)

① 62.5m/s
② 328m/s
③ 552m/s
④ 1901m/s

Solution $-\Delta h = -C_p(t_2 - t_1) = \frac{1}{2}(V_2^2 - V_1^2)$

$-1.0035 \times (50 - 200) = \frac{1}{2} \times (V_2^2 - 60^2) \times 10^{-3}$, $V_2 = 551.95 \text{m/sec}$

35 물 10kg을 1기압 하에서 20℃로부터 60℃까지 가열할 때 엔트로피의 증가량은 약 몇 kJ/K인가? (단, 물의 정압비열은 4.18kJ/(kg·K)이다.)

① 9.78
② 5.35
③ 8.32
④ 14.8

Solution $\Delta S = m C_p \ln\left(\frac{T_2}{T_1}\right) = 10 \times 4.18 \times \ln\left(\frac{60 + 273}{20 + 273}\right) = 5.35 \text{kJ/K}$

36 질량이 4kg인 단열된 강재 용기 속에 물 18L가 들어있으며, 25℃로 평형상태에 있다. 이 속에 200℃의 물체 8kg을 넣었더니 열평형에 도달하여 온도가 30℃가 되었다. 물의 비열은 4.187kJ/(kg·K)이고, 강재(용기)의 비열은 0.4648kJ/(kg·K)일 때 물체의 비열은 약 몇 kJ/(kg·K)인가? (단, 외부와의 열교환은 없다고 가정한다.)

① 0.244
② 0.267
③ 0.284
④ 0.302

Solution $(m_w C_w + m_s C_s)(t_m - t_w) = m_b C_b (t_b - t_m)$

$(18 \times 10^{-3} \times 10^3 \times 4.187 + 4 \times 0.4648) \times (30 - 25) = 8 \times C_b \times (200 - 30)$

$C_b = 0.284 \text{ kJ/kg K}$

33. ④   34. ③   35. ②   36. ③   ■ Answer

37 다음의 물리량 중 물질의 최초, 최종상태 뿐 아니라 상태변화의 경로에 따라서도 그 변화량이 달라지는 것은?

① 일
② 내부에너지
③ 엔탈피
④ 엔트로피

> **Solution** 상태량은 상태변화와 관련이 없고 열과 일은 상태변화에 따라 달라질 수 있다.

38 압력이 0.2MPa이고, 초기 온도가 120℃인 1kg의 공기를 압축비 18로 가역 단열 압축하는 경우 최종온도는 약 몇 ℃인가? (단, 공기는 비열비가 1.4인 이상기체이다.)

① 676℃
② 776℃
③ 876℃
④ 979℃

> **Solution** $\frac{T_2}{T_1} = \left(\frac{V_1}{V_2}\right)^{k-1}$, $T_2 = (120+273) \times 18^{0.4} = 1248.82\mathrm{K} = 975.82$ ℃

39 공기 표준 사이클로 운전하는 이상적인 디젤 사이클이 있다. 압축비는 17.5, 비열비는 1.4, 체절비(또는 분사 단절비, cut-off ratio)는 2.1일 때 이 디젤 사이클의 효율은 약 몇 %인가?

① 60.5
② 62.3
③ 64.7
④ 66.8

> **Solution** $\eta_D = 1 - \left(\frac{1}{\epsilon}\right)^{k-1} \frac{\sigma^k - 1}{k(\sigma-1)} = 1 - \left(\frac{1}{17.5}\right)^{0.4} \times \frac{2.1^{1.4} - 1}{1.4 \times (2.1-1)} = 0.6227$, $\eta_D = 62.3\%$

40 고열원 500℃와 저열원 35℃ 사이에 열기관을 설치하였을 때, 사이클당 10MJ의 공급열량에 대해서 7MJ의 일을 하였다고 주장한다면, 이 주장은?

① 열역학적으로 타당한 주장이다.
② 가역기관이라면 타당한 주장이다.
③ 비가역기관이라면 타당한 주장이다.
④ 열역학적으로 타당하지 않은 주장이다.

> **Solution** $\eta = \frac{W}{Q_H} = \frac{7}{10} \times 100 = 70\%$, $\eta_C = 1 - \frac{T_L}{T_H} = \left(1 - \frac{35+273}{500+271}\right) \times 100 = 60.16\%$
> 비가역 사이클로 타당하지 않다.

Answer ■ 37. ① 38. ④ 39. ② 40. ④

3과목 기계유체역학

41 반지름 0.5m인 원통형 탱크에 1.5m 높이로 물을 채우고 중심축을 기준으로 각속도 10rad/s로 회전시킬 때 탱크 저면의 중심에서 압력은 계기압력은 약 몇 kPa인가? (단, 탱크의 윗면은 열려 대기 중에 노출되어 있으며 물은 넘치지 않는다고 한다.)

① 2.26
② 4.22
③ 6.42
④ 8.46

Solution $H = \dfrac{V^2}{2g} = \dfrac{(0.5 \times 10)^2}{2 \times 9.8} = 1.28\,\text{m}$
$P = \gamma h = 9800 \times \left(1.5 - \dfrac{1.28}{2}\right) \times 10^{-3} = 8.43\,\text{kPa}$

42 경계층(boundary layer)에 관한 설명 중 틀린 것은?

① 경계층 바깥의 흐름은 포텐셜 흐름에 가깝다.
② 균일 속도가 크고, 유체의 점성이 클수록 경계층의 두께는 얇아진다.
③ 경계층 내에서는 점성의 영향이 크다.
④ 경계층은 평판 선단으로부터 하류로 갈수록 두꺼워진다.

Solution 균일속도가 작고 점성이 클수록 경계층의 두께는 두꺼워 진다.

43 정지 유체 속에 잠겨 있는 평면에 대하여 유체에 의해 받는 힘에 관한 설명 중 틀린 것은?

① 깊게 잠길수록 받는 힘이 커진다.
② 크기는 도심에서의 압력에 전체 면적을 곱한 것과 같다.
③ 평면이 수평으로 놓인 경우, 압력중심은 도심과 일치한다.
④ 평면이 수직으로 놓인 경우, 압력중심은 도심보다 약간 위쪽에 있다.

Solution 정지유체 속에 잠겨 있는 수직평판의 압력중심은 도심보다 아래쪽에 위치한다.

44 실형의 1/25인 기하학적으로 상사한 모형 댐을 이용하여 유동특성을 연구하려고 한다. 모형 댐의 상부에서 유속이 1m/s일 때 실제 댐에서 해당 부분의 유속은 약 몇 m/s인가?

① 0.025
② 0.2
③ 5
④ 25

Solution $F_r = \left(\dfrac{V^2}{Lg}\right)_m = \left(\dfrac{V^2}{Lg}\right)_p$, $V_p^2 = 25$, $V_p = 5\,\text{m/sec}$

41. ④ 42. ② 43. ④ 44. ③ ■ Answer

45 (r, θ)좌표계에서 코너를 흐르는 비점성, 비압축성 유체의 2차원 유동함수(ψ, m²/s)는 아래와 같다. 이 유동함수에 대한 속도 포텐셜(ϕ)의 식으로 옳은 것은? (단, r은 m 단위이고 C는 상수이다.)

$$\Psi = 2r^2\sin2\theta$$

① $\phi = 2r^2\cos2\theta + C$
② $\phi = 2r^2\tan2\theta + C$
③ $\phi = 4r^2\cos2\theta + C$
④ $\phi = 4r^2\tan2\theta + C$

Solution $V_r = \frac{1}{r}\frac{\partial \psi}{\partial \theta} = \frac{\partial \phi}{\partial r} = \frac{1}{r} \cdot 2r^2 \cdot 2\cos2\theta$, $d\phi = 4\cos2\theta r\,dr$ 적분하면
$\phi = 2r^2\cos2\theta + C$

46 두 평판 사이에 점성계수가 2N·s/m²인 뉴턴유체가 다음과 같은 속도분포(u, m/s)로 유동한다. 여기서 y는 두 평판 사이의 중심으로부터 수직방향 거리(m)를 나타낸다. 평판 중심으로부터 $y = 0.5$cm 위치에서의 전단응력의 크기는 약 몇 N/m²인가?

$$u(y) = 1 - 10000 \times y^2$$

① 100
② 200
③ 1000
④ 2000

Solution 속도구배 $\frac{du}{dy} < 0$
$\tau = -\mu\frac{du}{dy} = -2 \times (-10000 \times 2 \times 0.005) = 200\,\text{N/m}^2$

47 개방된 탱크 내에 비중이 0.8인 오일이 가득 차 있다. 대기압이 101kPa라면, 오일 탱크 수면으로부터 3m 깊이에서 절대압력은 약 몇 kPa인가?

① 208
② 249
③ 174
④ 125

Solution $P_a = P_o + P_g = 101 + 0.8 \times 9800 \times 3 \times 10^{-3} = 124.52\,\text{kPa}$

48 피토-정압관과 액주계를 이용하여 공기의 속도를 측정하였다. 비중이 약 1인 액주계 유체의 높이 차이는 10mm이고, 공기 밀도는 1.22kg/m³일 때, 공기의 속도는 약 몇 m/s인가?

① 2.1
② 12.7
③ 68.4
④ 160.2

Solution $V = \sqrt{2 \times 9.8 \times 0.01 \times \left(\frac{1000}{1.22} - 1\right)} = 12.68\,\text{m/s}$

Answer ■ 45. ① 46. ② 47. ④ 48. ②

49 축동력이 10kW인 펌프를 이용하여 호수에서 30m 위에 위치한 저수지에 25L/s의 유량으로 물을 양수한다. 펌프에서 저수지까지 파이프 시스템의 비가역적 수두손실이 4m라면 펌프의 효율은 약 몇 %인가?

① 63.7 ② 78.5
③ 83.3 ④ 88.7

Solution $\eta = \dfrac{\gamma Q(Z_2 - Z_1 + h_l)}{L_s} = \dfrac{9800 \times 25 \times 10^{-3} \times (30 + 4) \times 10^{-3}}{10} \times 100 = 83.3\%$

50 밀도 890kg/m³, 점성계수 2.3kg(m·s)인 오일이 지름 40cm, 길이 100m인 수평 원관 내를 평균속도 0.5m/s로 흐른다. 입구의 영향을 무시하고 압력강하를 이길 수 있는 펌프 소요동력은 약 몇 kW인가?

① 0.58 ② 1.45
③ 2.90 ④ 3.63

Solution $R_e = \dfrac{890 \times 0.5 \times 0.4}{2.3} = 77.39$, $f = \dfrac{64}{R_e}$, $h_l = \dfrac{64}{77.39} \times \dfrac{100}{0.4} \times \dfrac{0.5^2}{2 \times 9.8} = 2.64\,\text{m}$

$L = 890 \times 9.8 \times \dfrac{\pi \times 0.4^2}{4} \times 0.5 \times 2.64 \times 10^{-3} = 1.45\,\text{kW}$

51 그림과 같은 반지름 R인 원관 내의 층류유동 속도분포는 $u(r) = U\left(1 - \dfrac{r^2}{R^2}\right)$으로 나타내어진다. 여기서 원관 내 전체가 아닌 $0 \leq r \leq \dfrac{R}{2}$인 원형 단면을 흐르는 체적유량 Q를 구하면? (단, U는 상수이다.)

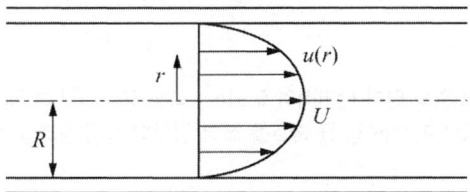

① $Q = \dfrac{5\pi UR^2}{16}$ ② $Q = \dfrac{7\pi UR^2}{16}$
③ $Q = \dfrac{5\pi UR^2}{32}$ ④ $Q = \dfrac{7\pi UR^2}{32}$

Solution $dQ = u(r)dA = U\left(1 - \dfrac{r^2}{R^2}\right)2\pi r\,dr$

$Q = \displaystyle\int_0^{\frac{R}{2}} 2\pi U\left(r - \dfrac{r^3}{R^2}\right)dr = \dfrac{7\pi UR^2}{32}$

49. ③ 50. ② 51. ④ ■ Answer

52
유체의 회전벡터(각속도)가 ω인 회전유동에서 와도(vorticity, ζ)는?

① $\zeta = \dfrac{\omega}{2}$ ② $\zeta = \sqrt{\dfrac{\omega}{2}}$
③ $\zeta = 2\omega$ ④ $\zeta = \sqrt{2\omega}$

Solution 와도 $\zeta = 2\omega = curl\,V$

53
날개 길이(span) 10m, 날개 시위(chord length)는 1.8m인 비행이가 112m/s의 속도로 날고 있다. 이 비행기의 항력계수가 0.0761일 때 비행에 필요한 동력은 약 몇 kW인가? (단, 공기의밀도는 1.2173kg/m³, 날개는 사각형으로 단순화하며, 양력은 충분히 발생한다고 가정한다.)

① 1172 ② 1343
③ 1570 ④ 3733

Solution $L = DV = C_D A \dfrac{\rho V^2}{2} V = 0.0761 \times (10 \times 1.8) \times \dfrac{1.2173 \times 112^3}{2} \times 10^{-3} = 1171.33\,kW$

54
점성계수가 0.7poise이고 비중이 0.7인 유체의 동점성계수는 몇 stokes인가?

① 0.1 ② 1.0
③ 10   ④ 100

Solution $\nu = \dfrac{\mu}{\rho} = \dfrac{0.7 \times 10^{-1}}{0.7 \times 1000} = 0.0001\,m^2/s \times 10^4 = 1\,cm^2/s = 1\,stokes$

55
그림과 같이 평판의 왼쪽 면에 단면적이 0.01m², 속도 10m/s인 물 제트가 직각으로 충돌하고 있다. 평판의 오른쪽 면에 단면적이 0.04m²인 물 제트를 쏘아 평판이 정지 상태를 유지하려면 속도 V_2는 약 몇 m/s여야 하는가?

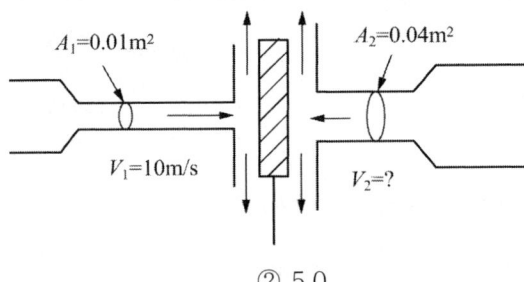

① 2.5 ② 5.0
③ 20   ④ 40

Solution $\rho_1 Q_1 V_1 = \rho_2 Q_2 V_2$, $A_1 V_1^2 = A_2 V_2^2$
$0.01 \times 10^2 = 0.04 \times V_2^2$, $V_2 = 5\,m/s$

Answer ■ 52. ③ 53. ① 54. ② 55. ②

56 그림과 같이 탱크로부터 15℃의 공기가 수평한 호스와 노즐을 통해 Q의 유량으로 대기 중으로 흘러나가고 있다. 탱크 안의 게이지압력이 10kPa일 때, 유량 Q는 약 몇 m³/s인가? (단, 노즐 끝단의 지름은 0.02m, 대기압은 101kPa이고, 공기의 기체상수는 287J/(kg·K)이다.)

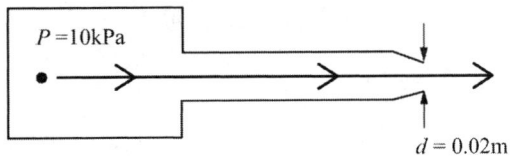

① 0.038
③ 0.046
② 0.042
④ 0.054

Solution $\rho = \dfrac{P}{RT} = \dfrac{(101+10) \times 10^3}{287 \times (15+273)} = 1.343 \, kg/m^3$

$\dfrac{P_1}{\gamma} + \dfrac{V_1^2}{2g} = \dfrac{P_2}{\gamma} + \dfrac{V_2^2}{2g}$, $\dfrac{P_1}{\rho} = \dfrac{V_2^2}{2}$

$V_2 = \sqrt{\dfrac{2 \times 10 \times 10^3}{1.343}} = 122.033 \, m/s$, $Q = \dfrac{\pi \times 0.02^2}{4} \times 122.033 = 0.038 \, m^3/s$

57 그림과 같이 노즐에서 나오는 유량이 0.078m³/s일 때 수위(H)는 약 얼마인가? (단, 노즐 출구의 안지름은 0.1m이다.)

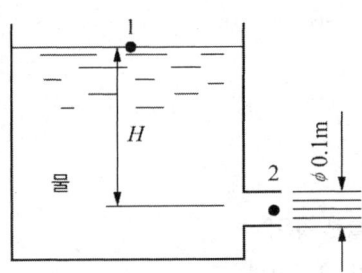

① 5m
③ 0.5m
② 10m
④ 1m

Solution $Q = \dfrac{\pi d^2}{4} \sqrt{2gH}$, $0.078 = \dfrac{\pi \times 0.1^2}{4} \times \sqrt{2 \times 9.8 \times H}$, $H = 5.03 \, m$

58 원형 관내를 완전한 층류로 물이 흐를 경우 관마찰계수(f)에 대한 설명으로 옳은 것은?

① 상대 조도(ϵ/D)만의 함수이다.
② 마하수(Ma)만의 함수이다.
③ 오일러수(Eu)만의 함수이다.
④ 레이놀즈수(Re)만의 함수이다.

Solution 원관 층류 흐름 시 관마찰계수는 레이놀즈수 만의 함수 이다.

$f = \dfrac{64}{R_e}$

56. ①　57. ①　58. ④　■ Answer

59 어느 물리법칙이 $F(a, V, \nu, L) = 0$과 같은 식으로 주어졌다. 이 식을 무차원수의 함수로 표시하고자 할 때 이에 관계되는 무차원수는 몇 개인가? (단, a, V, ν, L은 각각 가속도, 속도, 동점성계수, 길이이다.)

① 4   ② 3
③ 2   ④ 1

> **Solution** $\pi - n - m = 4 - 2 = 2$

60 밀도가 800kg/m³인 원통형 물체가 그림과 같이 1/3이 액체면 위에 떠있는 것으로 관측되었다. 이 액체의 비중은 약 얼마인가?

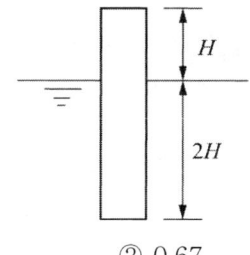

① 0.2   ② 0.67
③ 1.2   ④ 1.5

> **Solution** $F_B = \gamma_f \cdot \dfrac{2}{3} V = 800 \times 9.8 \times V$, $\gamma_f = 11760 \text{N/m}^3$, $S = \dfrac{\gamma_f}{\gamma_w} = \dfrac{11760}{9800} = 1.2$

4과목 기계재료 및 유압기기

61 주강품에 대한 설명 중 틀린 것은?

① 용접에 의한 보수가 용이하다.
② 주조 후에는 일반적으로 풀림을 실시하여 주조 응력을 제거한다.
③ 주조 방법에 의하여 용강을 주형에 주입하여 만든 강제품을 주강품이라 한다.
④ 중탄소 주강은 탄소의 함유량이 약 0.1~0.15%C 범위이다.

> **Solution** 중탄소 주강 : 0.2~0.5%C

62 다음 중 항온열처리 방법이 아닌 것은?

① 질화법   ② 마퀜칭
③ 마템퍼링   ④ 오스템퍼링

> **Solution** 질화법은 화학적 표면경화법의 종류이다.

Answer ■ 59. ③   60. ③   61. ④   62. ①

63 0.8% 탄소를 고용한 탄소강을 800℃로 가열하였다가 서서히 냉각시켰을 때 나타나는 조직은?

① 펄라이트(pearlite)　　② 오스테나이트(austenite)
③ 시멘타이트(cementite)　④ 레데뷰라이트(ledeburite)

Solution Fe-C상태도 참조했을 때, 0.8%C, 723℃ 부분이면 공석강으로 펄라이트조직 상태에 있다.

64 5~20%Zn의 황동을 말하며, 강도는 낮으나 전연성이 좋고 금색에 가까우므로 모조금이나 판 및 선 등에 사용되는 것은?

① 톰백　　　　　② 문쯔메탈
③ Y-합금　　　　④ 네이벌 황동

Solution 문쯔메탈은 6-4황동, Y합금은 알루미늄 합금이고 6-4황동에 1%의 주석 합금이 네이벌 황동이다.

65 피삭성을 향상시키기 위해 쾌삭강에 첨가하는 원소가 아닌 것은?

① Te　　② Pb
③ Sn　　④ Bi

Solution 피절삭성 향상을 위한 원소로는 Pb, Te, Bi 등이 있다.

66 체심입방격자에 해당하는 귀속 원자수는?

① 1개　　② 2개
③ 3개　　④ 4개

Solution 체심입방격자는 소속원수 2개, 면심입방격자는 소속원자수가 4개, 조밀육방격자의 경우 소속원자수가 2개이다.

67 Fe-C 평형상태도에서 [δ고용체] + (L(융액)) ⇌ [γ고용체]가 일어나는 온도는 약 몇 ℃인가?

① 768℃　　② 910℃
③ 1130℃　　④ 1490℃

Solution 포정반응 : δ고용체 + L(융액) ⇌ γ고용체, 포정점 : 1490℃, 탄소함유량 0.18%

63. ①　64. ①　65. ③　66. ②　67. ④　■ Answer

68 전자강판(규소강판)에 요구되는 특성을 설명한 것 중 틀린 것은?

① 투자율이 높아야 한다.
② 포화자속밀도가 높아야 한다.
③ 자화에 의한 치수의 변화가 적어야 한다.
④ 박판을 적층하여 사용할 때 층간저항이 낮아야 한다.

Solution 비자성강의 종류 : 규소강판, 센더트, 퍼멀로이 등, 비자성강은 투자율이 높고 보자력이 작으며 전기저항이 크다.

69 로크웰경도시험(HRA~HRH, HRK)에 사용되는 총 시험하중에 해당되지 않는 것은?

① 588.4N(60kgf)
② 980.7N(100kgf)
③ 1471N(150kgf)
④ 1961.3N(200kgf)

Solution 로크웰경도 시험
• 100kgf : 강구압입자 사용
• 150kgf : 다이아몬드 원뿔 사용

70 니켈-크롬 합금강에서 뜨임 메짐을 방지하는 원소는?

① Cu
② Ti
③ Mo
④ Zr

Solution Ni-Cr 합금강은 뜨임 처리 시 서냉하게 되면 뜨임취성이 발생하는데 Mo을 첨가하게 되면 뜨임취성을 방지할 수 있다.

71 유압펌프 중 용적형 펌프의 종류가 아닌 것은?

① 피스톤 펌프
② 기어 펌프
③ 베인 펌프
④ 축류 펌프

Solution 유압펌프로 사용하기에는 용적형 펌프가 적당하고 용적형 펌프의 종류로는 기어펌프, 베인펌프, 피스톤펌프 등이 있다.

72 유체가 압축되기 어려운 정도를 나타내는 체적 탄성 계수의 단위와 같은 것은?

① 체적
② 동력
③ 압력
④ 힘

Solution 체적탄성계수 : N/m^2, 체적 : m^3, 동력 : $N \cdot m/s$, 압력 : N/m^2, 힘 : N

Answer ■ 68. ④ 69. ④ 70. ③ 71. ④ 72. ③

73 주로 펌프의 흡입구에 설치되어 유압작동유의 이물질을 제거하는 용도로 사용하는 기기는?
① 드레인 플러그 ② 블래더
③ 스트레이너 ④ 배플

> **Solution** 여과장치 : 필터, 스트레이너 등

74 다음 중 상시 개방형 밸브는?
① 감압 밸브 ② 언로드 밸브
③ 릴리프 밸브 ④ 시퀀스 밸브

> **Solution** 압력제어 밸브의 종류
> • open 밸브 : 감압밸브
> • closed 밸브 : 릴리프 밸브, 시퀀스 밸브, 무부하 밸브, 카운터밸런스 밸브

75 압력계를 나타내는 기호는?

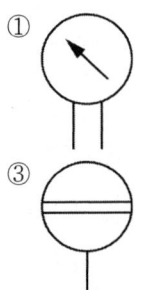
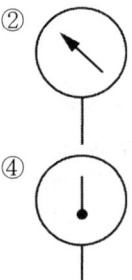

> **Solution** ①은 차압계, ③은 유면계, ④는 온도계이다.

76 속도 제어 회로의 종류가 아닌 것은?
① 로크(로킹) 회로 ② 미터 인 회로
③ 미터 아웃 회로 ④ 블리드 오프 회로

> **Solution** 속도제어회로의 종류 : 미터인 회로, 미터아웃 회로, 블리드 오프 회로, 차동회로 등
> 로킹 회로는 방향제어회로이다.

73. ③ 74. ① 75. ② 76. ① ■ Answer

77 유압 기호 요소에서 파선의 용도가 아닌 것은?

① 필터 ② 주관로
③ 드레인 관로 ④ 밸브의 과도 위치

Solution 주관로 : 실선(굵은 실선)

78 아래 기호의 명칭은?

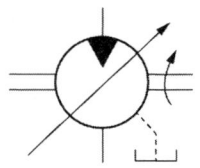

① 공기 탱크 ② 유압 모터
③ 드레인 배출기 ④ 유면계

Solution 가변용량형 유압모터 기호

79 유압장치에서 사용되는 유압유가 갖추어야 할 조건으로 적절하지 않은 것은?

① 열을 방출시킬 수 있어야 한다.
② 동력 전달의 확실성을 위해 비압축성이어야 한다.
③ 장치의 운전온도 범위에서 적절한 점도가 유지되어야 한다.
④ 비중과 열팽창계수가 크고 비열을 작아야 한다.

Solution 비열과 열전달율이 커야 열 안정성이 좋다.

80 유압을 이용한 기계의 유압 기술 특징에 대한 설명으로 적절하지 않은 것은?

① 무단 변속이 가능하다.
② 먼지나 이물질에 의한 고장 우려가 있다.
③ 자동제어가 어렵고 원격 제어는 불가능하다.
④ 온도의 변화에 따른 점도 영향으로 출력이 변할 수 있다.

Solution 유압의 압력과 속도 변화 등을 매개로 하여 자동제어 및 원격제어가 가능하다.

Answer ■ 77. ② 78. ② 79. ④ 80. ③

5과목 기계제작법 및 기계동력학

81 무게 10kN의 해머(hammer)를 10m의 높이에서 자유 낙하 시켜서 무게 300N의 말뚝을 박았다. 충돌한 직후에 해머와 말뚝은 일체가 된다고 볼 때 충돌 직후의 속도는 몇 m/s인가?

① 50.4　　　　　② 20.4
③ 13.6　　　　　④ 6.7

Solution $m_A V_A = (m_A + m_B)V'$, $V' = \dfrac{10 \times 10^3}{10 \times 10^3 + 300} \times \sqrt{2 \times 9.8 \times 10} = 13.6 \text{m/s}$

82 중량 2400N, 회전수 1500rpm인 공기 압축기에 대해 방진고무로 균등하게 6개소를 지지시켜 진동수비를 2.4로 방진하고자 한다. 압축기가 작동하지 않을 때 이 방진고무의 정적 수축량은 약 몇 cm인가? (단, 감쇠비는 무시한다.)

① 0.18　　　　　② 0.23
③ 0.29　　　　　④ 0.37

Solution $\dfrac{\omega}{\omega_n} = 2.4$, $\omega_n = \dfrac{2\pi N}{2.4 \times 60} = \sqrt{\dfrac{g}{\delta}}$, $\left(\dfrac{2 \times \pi \times 1500}{2.4 \times 60}\right)^2 = \dfrac{9.8}{\delta}$, $\delta = 0.23 \text{cm}$

83 무게가 40kN인 트럭을 마찰이 없는 수평면 상에서 정지상태로부터 수평방향으로 2kN의 힘으로 끌 때 10초 후의 속도는 몇 m/s인가?

① 1.9　　　　　② 2.9
③ 3.9　　　　　④ 4.9

Solution $F = ma$, $2 \times 10^3 = \dfrac{40 \times 10^3}{9.8} \times \dfrac{V}{10}$, $V = 4.9 \text{m/s}$

84 반지름이 r인 균일한 원판의 중심에 200N의 힘이 수평방향으로 가해진다. 원판의 미끄러짐을 방지하는데 필요한 최소 마찰력(F)은?

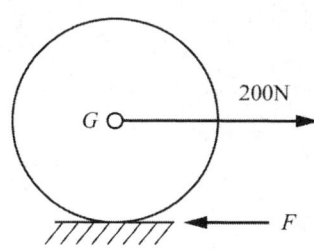

① 200N　　　　　② 100N
③ 66.67N　　　　④ 33.33N

Solution $\Sigma M = J\alpha$, $200r = (1/2 \cdot mr^2 + mr^2)\alpha$, $\alpha = \dfrac{400}{3mr}$

$\Sigma F_x = mr\alpha$, $200 - F = mr \times \dfrac{400}{3mr}$, $F = 200 - \dfrac{400}{3} = 66.67 \text{N}$

81. ③　82. ②　83. ④　84. ③　■ Answer

85 원판의 각속도가 5초 만에 0부터 1800rpm까지 일정하게 증가하였다. 이때 원판의 각가속도는 약 몇 rad/s² 인가?

① 360　　　　　　　　　　　　② 60
③ 37.7　　　　　　　　　　　　④ 3.77

Solution $\alpha = \dfrac{\Delta\omega}{\Delta t} = \dfrac{2\pi N}{60t} = \dfrac{2\times\pi\times 1800}{60\times 5} = 37.7\,\text{rad/s}^2$

86 물방울이 중력에 의해 떨어지기 시작하여 3초 후의 속도는 약 몇 m/s인가? (단, 공기의 저항은 무시하고, 초기속도는 0으로 한다.)

① 29.4　　　　　　　　　　　　② 19.6
③ 9.8　　　　　　　　　　　　　④ 3

Solution $V = gt = 9.8\times 3 = 29.4\,\text{m/s}$

87 그림과 같이 피벗으로 고정된 질량이 m이고, 반경이 r인 원형판의 진동주기는? (단, g는 중력가속도이고, 진동 각도는 상당히 작다고 가정한다.)

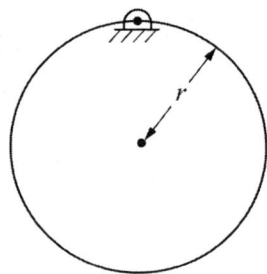

① $2\pi\sqrt{\dfrac{2r}{3g}}$　　　　　　　　　② $2\pi\sqrt{\dfrac{3r}{2g}}$

③ $2\pi\sqrt{\dfrac{3r}{5g}}$　　　　　　　　　④ $2\pi\sqrt{\dfrac{5r}{3g}}$

Solution $\Sigma M = J\alpha,\ -mgr\theta = (1/2\cdot mr^2 + mr^2)\ddot\theta = \dfrac{3}{2}mr^2\ddot\theta,\ \ddot\theta + \dfrac{2g}{3r}\theta = 0$

$T = \dfrac{2\pi}{\omega} = 2\pi\sqrt{\dfrac{3r}{2g}}$

Answer ■ 85. ③　86. ①　87. ②

88 그림(a)를 그림(b)와 같이 모형화했을 때 성립되는 관계식은?

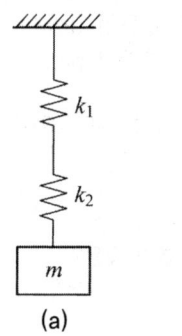
(a)

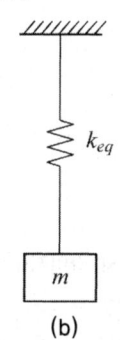
(b)

① $\dfrac{1}{k_{eq}} = \dfrac{1}{k_1} + \dfrac{1}{k_2}$ ② $k_{eq} = k_1 + k_2$

③ $k_{eq} = k_1 + \dfrac{1}{k_2}$ ④ $k_{eq} = \dfrac{1}{k_1} + \dfrac{1}{k_2}$

Solution $\delta = \delta_1 + \delta_2$, $\dfrac{mg}{k_{eq}} = \dfrac{mg}{k_1} + \dfrac{mg}{k_2}$, $\dfrac{1}{k_{eq}} = \dfrac{1}{k_1} + \dfrac{1}{k_2}$

89 중심력만을 받으며 등속 운동하는 질점에 대한 설명으로 틀린 것은?

① 어느 순간에서나 힘의 중심점에 대한 모멘트의 합은 0이다.
② 중심력에 의하여 운동하는 질점의 각운동량은 크기와 방향이 모두 일정하다.
③ 중심점에 대한 각운동량의 변화율은 0이다.
④ 각운동량은 중심점에서 물체까지의 거리의 제곱에 반비례한다.

Solution $V = Const$, 병진운동시 각운동량은 0이다.
각운동량 $\vec{H} = \vec{r} \times m\vec{V}$

90 그림과 같이 진동계에서 무게 W는 22.68N, 댐핑계수 C는 0.0579N·s/cm, 스프링정수 K가 0.357N/cm일 때 감쇠비(damping ratio)는 약 얼마인가?

① 0.19 ② 0.22
③ 0.27 ④ 0.32

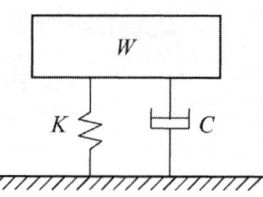

Solution $C_c = 2\sqrt{mk} = 2 \times \sqrt{\dfrac{22.68}{9.8} \times 0.357 \times 100} = 18.18 \text{N·s/m}$

$\zeta = \dfrac{C}{C_c} = \dfrac{0.0579 \times 100}{18.18} = 0.32$

88. ①   89. ④   90. ④   ■ Answer

91 절삭칩의 형태 중에서 가장 이상적인 칩의 형태는?

① 전단형(shear type) ② 유동형(flow type)
③ 열단형(tear type) ④ 경작형(pluck type)

> **Solution** 칩의 종류 중 이상적인 칩의 형태는 유동형(연속형)칩이다. 유동형칩은 끊어짐 없이 연속적으로 배출이 되는 칩의 형태이다.

92 주조의 탕구계 시스템에서 라이저(riser)의 역할로서 틀린 것은?

① 수축으로 인한 쇳물 부족을 보충한다.
② 주형 내의 가스, 기포 등을 밖으로 배출한다.
③ 주형 내의 쇳물에 압력을 가해 조직을 치밀화한다.
④ 주물의 냉각도에 따른 균열이 발생되는 것을 방지한다.

> **Solution** 라이저는 쇳물 부족분을 보충하며 쇳물에 압력을 가해 조직을 치밀화 시키는 것이 목적이다. 더불어 가스빼기 및 불순물 제거 등이 가능하다.

93 축방향의 이송을 행하지 않는 플런지 컷 연삭(plunge cut grinding)이란 어떤 연삭방법에 속하는가?

① 내면연삭 ② 나사연삭
③ 외경연삭 ④ 평면연삭

> **Solution** 플런지 컷 연삭은 원통연삭기에서 숫돌을 테이블과 직각으로 이동시켜 연삭하는 방법으로 전체길이를 동시에 가공할 수 있어 외경연삭에 적당하다.

94 항온 열처리 중 담금질 온도로 가열한 강재를 Ms점과 Mf점 사이의 항온 염욕에서 항온변태를 시킨 후에 상온까지 공랭하는 열처리 방법은?

① 마퀜칭 ② 마템퍼링
③ 오스포밍 ④ 오스템퍼링

> **Solution**
> • 마퀜칭 : 오스테나이트 상태에서 Ms점 보다 약간 높은 온도에서 항온처리
> • 오스포밍 : 과잉 오스테나이트 사태에서 소성가공 후 냉각 중에 마테자이트화 처리
> • 오스템퍼링 : 오스테나이트 상태에서 Ar'와 Ar" 변태점 간의 염욕에 항온변태

95 전기적 에너지를 기계적인 진동 에너지로 변환하여 금속, 비금속 재료에 상관없이 정밀가공이 가능한 특수 가공법은?

① 래핑 가공
② 전조 가공
③ 전해 가공
④ 초음파 가공

> Solution 초음파가공은 초음파에 의한 기계적 진동으로 공구를 공작물에 밀착시켜 취성이 큰 재료들을 가공할 수 있는 방법이고 래핑은 공작물과 랩공구의 밀착에 의한 기계적 직선운동으로 가공되며 전해가공은 전기화학적인 방법, 전조는 소성가공의 일종으로 회전하는 공구사이에 공작물을 통과시켜 공구 표면의 형상을 각인하는 가공이다.

96 피복 아크 용접봉의 피복제(flux)의 역할로 틀린 것은?

① 아크를 안정시킨다.
② 모재 표면에 산화물을 제거한다.
③ 용착금속의 탈산 정련작용을 한다.
④ 용착금속의 냉각속도를 빠르게 한다.

> Solution 피복제는 공기의 침입으로부터 용착금속을 보호 즉, 산화물과 탄화물 등의 생성을 방지하며 아크를 안정시키고 급랭을 방지하며 일정하게 냉각 되도록 하여 균일한 강도를 갖도록 한다.

97 가공물, 미디어(media), 가공액 등을 통속에 혼합하여 회전시킴으로써 깨끗한 가공면을 얻을 수 있는 특수 가공법은?

① 배럴가공(barrel finishing)
② 롤 다듬질(roll finishing)
③ 버니싱(burnishing)
④ 블라스팅(blasting)

> Solution 배럴가공은 상자 속에 가공물과 가공액 등을 넣고 회전운동 또는 진동을 시켜 가공물의 표면의 정도를 높이는 가공이고 버니싱은 중공형 가공물의 내면을 깨끗하게 가공하는 소성가공으로도 분류되는 가공이다.

98 길이가 긴 게이지 블록에서 굽힘이 발생할 경우에도 양 단면이 항상 평행을 유지하기 위한 지지점인 에어리 점(Airy Point)의 위치는? (단, L은 게이지 블록의 길이이다.)

① 0.2113L
② 0.2203L
③ 0.2232L
④ 0.2386L

> Solution 게이지 블록을 지지하는 양쪽 단에서 그 양단면에 수직인 상태를 유지하는 지점의 위치를 에어리 점이라 하며 게이지 블록 양쪽 끝에서 0.2113L이 되는 지점이다. 여기서, L은 게이지 블록의 길이이다.

95. ④   96. ④   97. ①   98. ①   ■ Answer

99 두께 1.5mm인 연강판에 지름 3.2mm의 구멍을 펀칭할 때 전단력은 약 몇 kN인가? (단, 연강판의 전단강도는 250MPa이다.)

① 2.07
② 3.77
③ 4.86
④ 5.87

Solution $F = \tau A = 250 \times \pi \times 3.2 \times 1.5 \times 10^{-3} = 3.77\,\text{kN}$

100 지름 350mm 롤러로 폭 300mm, 두께 30mm의 연강판을 1회 열간 압연하여 두께 24mm가 될 때, 압하율은 몇 %인가?

① 10
② 15
③ 20
④ 25

Solution $\dfrac{H_0 - H}{H_0} = \dfrac{30 - 24}{30} \times 100 = 20\%$

Answer ▪ 99. ② 100. ③

2022 기출문제
4월 24일 시행

1과목 재료역학

1 그림과 같은 부정정보가 등분포 하중(ω)을 받고 있을 때 B점의 반력 R_b는?

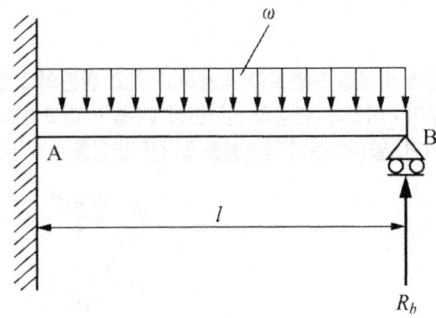

① $\dfrac{1}{8}\omega\ell$ ② $\dfrac{1}{3}\omega\ell$

③ $\dfrac{3}{8}\omega\ell$ ④ $\dfrac{5}{8}\omega\ell$

Solution $\dfrac{R_b l^3}{3EI} = \dfrac{\omega l^4}{8EI}$, $R_b = \dfrac{3}{8}\omega l$

2 안지름 1m, 두께 5mm의 구형 압력 용기에 길이 15mm 스트레인 게이지를 그림과 같이 부착하고, 압력을 가하였더니 게이지의 길이가 0.009mm 만큼 증가했을 때, 내압 p의 값은 약 몇 MPa인가? (단, 세로탄성계수는 200GPa, 포아송 비는 0.3이다.)

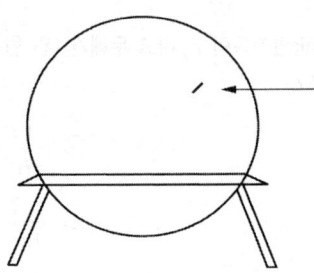

① 3.43MPa ② 6.43MPa
③ 13.4MPa ④ 16.4MPa

Solution $\sigma = \dfrac{pd}{4t} = K\epsilon_V = \dfrac{E}{3(1-2\nu)} \dfrac{\Delta V}{V}$ 적용

1. ③ 2. ① ■ Answer

3 비례한도까지 응력을 가할 때 재료의 변형에너지 밀도(탄력계수, modulus of resilience)를 옳게 나타낸 식은? (단, E는 세로탄성계수, σ_{pl}은 비례한도를 나타낸다.)

① $\dfrac{E^2}{2\sigma_{pl}}$ ② $\dfrac{\sigma_{pl}}{2E^2}$

③ $\dfrac{\sigma_{pl}^2}{2E}$ ④ $\dfrac{E}{2\sigma_{pl}^2}$

Solution $u = \dfrac{U}{V} = \dfrac{\sigma_{pl}^2}{2E}$

4 지름이 d인 중실 환봉에 비틀림 모멘트가 작용하고 있고 환봉의 표면에서 봉의 축에 대하여 45°방향으로 측정한 최대수직변형률이 ϵ이었다. 환봉의 전단탄성계수를 G라고 한다면 이때 가해진 비틀림 모멘트 T의 식으로 가장 옳은 것은? (단, 발생하는 수직변형률 및 전단변형률은 다른 값에 비해 매우 작은 값으로 가정한다.)

① $\dfrac{\pi G\epsilon d^3}{2}$ ② $\dfrac{\pi G\epsilon d^3}{4}$

③ $\dfrac{\pi G\epsilon d^3}{8}$ ④ $\dfrac{\pi G\epsilon d^3}{16}$

Solution $\tau = G\gamma = G(2\epsilon) = \dfrac{16T}{\pi d^3}$, $T = \dfrac{\pi d^3 G\epsilon}{8}$

5 굽힘 모멘트 20.5kN·m의 굽힘을 받는 보의 단면은 폭 120mm, 높이 160mm의 사각단면이다. 이 단면이 받는 최대굽힘응력은 약 몇 MPa인가?

① 10MPa   ② 20MPa
③ 30MPa   ④ 40MPa

Solution $\sigma_b = \dfrac{M}{Z} = \dfrac{M}{bh^2/6} = 40.04\,\text{MPa}$

6 비틀림 모멘트 T를 받는 평균반지름이 r_m이고 두께가 t인 원형의 박판 튜브에서 발생하는 평균 전단응력의 근사식으로 가장 옳은 것은?

① $\dfrac{2T}{\pi t r_m^2}$ ② $\dfrac{4T}{\pi t r_m^2}$

③ $\dfrac{T}{2\pi t r_m^2}$ ④ $\dfrac{T}{4\pi t r_m^2}$

Solution $T = Fr_m = \tau A r_m$, $\tau = \dfrac{T}{2\pi r_m^2 t}$

Answer ■ 3. ③ 4. ③ 5. ④ 6. ③

7 한 쪽을 고정한 L형 보에 그림과 같이 분포하중(ω)과 집중하중(50N)이 작용할 때 고정단 A점에서의 모멘트는 얼마인가?

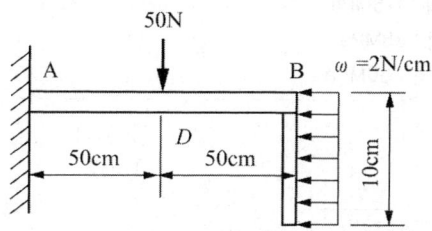

① 2600N·cm
② 2900N·cm
③ 3200N·cm
④ 3500N·cm

Solution $M = 50 \times 50 + (10 \times 2) \times 5 = 2600 \text{Ncm}$

8 한 변의 길이가 10mm인 정사각형 단면의 막대가 있다. 온도를 초기온도로부터 60℃만큼 상승시켜서 길이가 늘어나지 않게 하기 위해 8kN의 힘이 필요할 때 막대의 선팽창계수(α)는 약 몇 ℃⁻¹인가? (단, 세로탄성계수 E = 200GPa이다.)

① $\dfrac{5}{3} \times 10^{-6}$
② $\dfrac{10}{3} \times 10^{-6}$
③ $\dfrac{15}{3} \times 10^{-6}$
④ $\dfrac{20}{3} \times 10^{-6}$

Solution $\sigma = \dfrac{P}{A} = E\alpha\Delta t$, $\alpha = 6.67 \times 10^{-6}/℃$

9 다음 단면에서 도심의 y측 좌표는 얼마인가? (단, 길이 단위는 mm이다.)

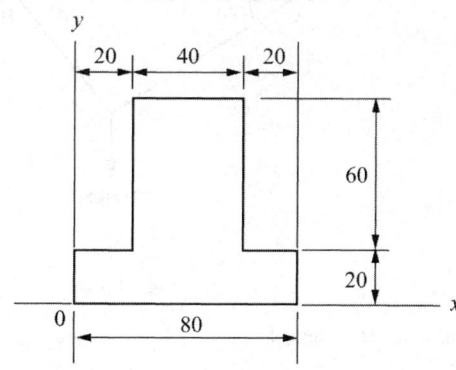

① 32mm
② 34mm
③ 36mm
④ 38mm

Solution $\bar{y} = \dfrac{80 \times 20 \times 10 + 40 \times 60 \times 50}{80 \times 20 + 40 \times 60} = 34 \text{mm}$

7. ①   8. ④   9. ②   ■ Answer

10 다음과 같은 평면응력상태에서 최대전단응력은 약 몇 MPa인가?

- x방향 인장응력 : 175MPa
- y방향 인장응력 : 35MPa
- xy방향 인장응력 : 60MPa

① 127　　　　　　　　　② 104
③ 76　　　　　　　　　 ④ 92

Solution $\tau_{max} = \sqrt{\left(\dfrac{\sigma_x - \sigma_y}{2}\right)^2 + \tau_{xy}^2} = 92.2 \text{N/mm}^2$

11 그림과 같은 사각단면보에서 100kN의 인장력이 작용하고 있다. 이때 부재에 걸리는 인장응력은 약 얼마인가?

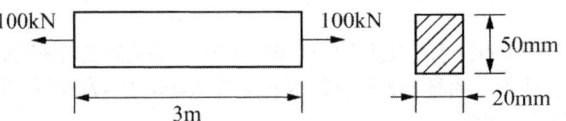

① 100Pa　　　　　　　　② 100kPa
③ 100MPa　　　　　　　 ④ 100GPa

Solution $\sigma_t = \dfrac{100 \times 10^3}{20 \times 50} = 100 \text{MPa}$

12 그림과 같이 강선이 천정에 매달려 100kN의 무게를 지탱하고 있을 때. AC 강선이 받고 있는 힘은 약 몇 kN인가?

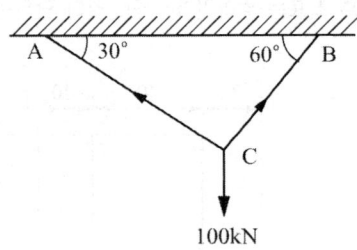

① 50　　　　　　　　　② 25
③ 86.6　　　　　　　　④ 13.3

Solution $F_{Ac} = 100 \times \sin 150° = 50 \text{kN}$

Answer ■ 10. ④　11. ③　12. ①

13 양단이 고정된 막대의 한 점(B점)에 그림과 같이 축방향 하중 P가 작용하고 있다. 막대의 단면적이 A이고 탄성계수가 E일 때, 하중 작용점(B)의 변위 발생량은?

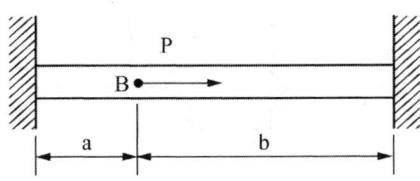

① $\dfrac{abP}{EA(a+b)}$ ② $\dfrac{abP}{2EA(a+b)}$

③ $\dfrac{abP}{EA(a-b)}$ ④ $\dfrac{abP}{2EA(a-b)}$

Solution 좌측끝고정단반력 $R_a = \dfrac{Pb}{a+b}$

a길이에 대한 변형량 $\delta = \dfrac{R_a a}{AE} = \dfrac{Pba}{AE(a+b)}$

14 그림과 같은 분포 하중을 받는 단순보의 반력 R_A, R_B는 각각 몇 kN인가?

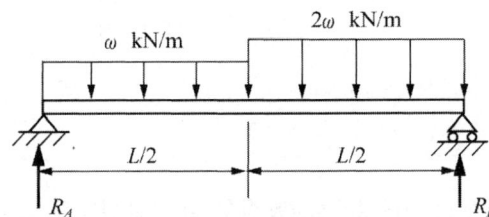

① $R_A = \dfrac{3}{8}\omega L$, $R_B = \dfrac{9}{8}\omega L$ ② $R_A = \dfrac{5}{8}\omega L$, $R_B = \dfrac{7}{8}\omega L$

③ $R_A = \dfrac{9}{8}\omega L$, $R_B = \dfrac{3}{8}\omega L$ ④ $R_A = \dfrac{7}{8}\omega L$, $R_B = \dfrac{5}{8}\omega L$

Solution $R_A = \left(\omega\dfrac{L}{2} \cdot \dfrac{3}{4}L + \omega L\dfrac{L}{4}\right)/L = \dfrac{5}{8}\omega L$, $R_B = \left(\dfrac{\omega L}{2} + \omega L\right) - R_A = \dfrac{7\omega L}{8}$

13. ① 14. ② ■ Answer

15 그림과 같이 크기가 같은 집중하중 P를 받고 있는 외팔보에서 자유단의 처짐값을 구한 식으로 옳은 것은? (단, 보의 전체 길이는 ℓ이며, 세로탄성계수는 E, 보의 단면 2차모멘트는 I이다.)

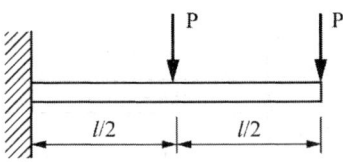

① $\dfrac{2P\ell^2}{3EI}$

② $\dfrac{5P\ell^2}{8EI}$

③ $\dfrac{7P\ell^2}{16EI}$

④ $\dfrac{5P\ell^2}{24EI}$

Solution $\delta = \dfrac{5P\ell^3}{48EI} + \dfrac{P\ell^3}{3EI} = \dfrac{7P\ell^3}{16EI}$

16 가로탄성계수가 5GPa인 재료로 된 봉의 지름이 4cm이고, 길이가 1m이다. 이 봉의 비틀림 강성(단위 회전각을 일으키는데 필요한 토크, torsional stiffness)은 약 몇 kN·m인가?

① 1.26
② 1.008
③ 0.74
④ 0.53

Solution $\dfrac{T}{\theta} = \dfrac{GI_P}{l} = \dfrac{G}{l}\dfrac{\pi d^4}{32} = 1.26\,\text{kJ/rad}$

17 직사각형 단면을 가진 단순지지보의 중앙에 집중하중 W를 받을 때, 보의 길이 ℓ이 단면의 높이 h의 10배라 하면 보에 생기는 최대굽힘응력 $\sigma_{\max}$와 최대전단응력 $\tau_{\max}$의 비$\left(\dfrac{\sigma_{\max}}{\tau_{\max}}\right)$는?

① 4
② 8
③ 16
④ 20

Solution $l = 10h$

$\dfrac{\sigma_{\max}}{\tau_{\max}} = \dfrac{W\dfrac{l}{4} \Big/ \dfrac{bh^2}{6}}{\dfrac{3}{2}\dfrac{W/2}{bh}} = 20$

Answer ■ 15. ③ 16. ① 17. ④

18 그림과 같은 단순보에 w의 등분포하중이 작용하고 있을 때 보의 양단에서의 처짐각(θ)은 얼마인가? (단, E는 세로탄성계수, I는 단면2차모멘트이다.)

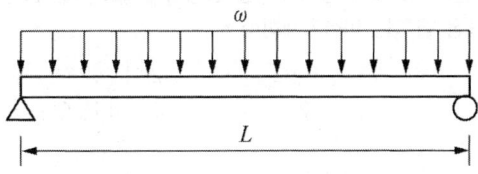

① $\theta = \dfrac{wL^3}{16EI}$　　② $\theta = \dfrac{wL^3}{24EI}$
③ $\theta = \dfrac{wL^3}{48EI}$　　④ $\theta = \dfrac{wL^3}{128EI}$

Solution $\theta = \dfrac{wL^3}{24EI}$, $\delta = \dfrac{5wl^4}{384EI}$

19 단면적이 같은 원형과 정사각형의 도심축을 기준으로 한 단면 계수의 비는? (단, 원형 : 정사각형의 비율이다.)

① 1 : 0.509　　② 1 : 1.18
③ 1 : 2.36　　④ 1 : 4.68

Solution $\dfrac{\pi d^2}{4} = a^2$, $\dfrac{a^3/6}{\pi d^3/32} = \dfrac{4\sqrt{\pi}}{6} = 1.18$

20 그림과 같이 일단 고정 타단 자유인 기둥이 축방향으로 압축력을 받고 있다. 단면은 한쪽 길이가 10cm의 정사각형이고 길이(ℓ)는 5m, 세로탄성계수는 10GPa이다. Euler 공식에 따라 좌굴에 안전하기 위한 하중은 약 몇 kN인가? (단, 안전계수를 10으로 적용한다.)

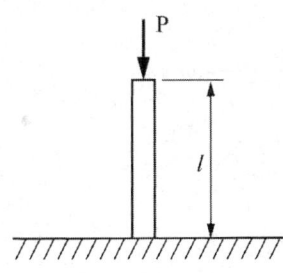

① 0.72　　② 0.82
③ 0.92　　④ 1.02

Solution $P_{cr} = \dfrac{n\pi^2 EI}{l^2}$, $P_a = \dfrac{P_{cr}}{S} = 0.82\text{kN}$

18. ② 　19. ② 　20. ② ■ Answer

2과목 기계열역학

21 온도가 20℃, 압력은 100kPa인 공기 1kg을 정압과정으로 가열 팽창시켜 체적을 5배로 할 때 온도는 약 몇 ℃인가? (단, 해당 공기는 이상기체이다.)

① 1192℃   ② 1242℃
③ 1312℃   ④ 1442℃

Solution $\dfrac{T_2}{T_1} = \dfrac{V_2}{V_1}$, $T_2 = (20+273) \times 5 = 1465\,\text{K}$

22 압력 1MPa, 온도 50℃인 R-134a의 비체적의 실제 측정값이 0.021796m³/kg이었다. 이상기체 방정식을 이용한 이론적인 비체적과 측정값과의 오차(= $\dfrac{\text{이론값} - \text{실제 측정값}}{\text{실제 측정값}}$)는 약 몇 %인가? (단, R-134a 이상기체의 기체상수는 0.0815kPa·m³/(kg·K)이다.)

① 5.5%   ② 12.5%
③ 20.8%   ④ 30.8%

Solution $v = \dfrac{RT}{P} = 0.026325\,\text{m}^3/\text{kg}$

오차 = $\dfrac{0.026325 - 0.021796}{0.021796} \times 100 = 20.8\%$

23 공기 표준 사이클로 작동되는 디젤 사이클의 이론적인 열효율은 약 몇 %인가? (단, 비열비는 1.4, 압축비는 16이며, 체절비(cut-off ratio)는 1.8이다.)

① 50.1   ② 53.2
③ 58.6   ④ 62.4

Solution $\kappa = 1.4$, $\epsilon = 16$, $\sigma = 1.8$

$\eta_D = 1 - \left(\dfrac{1}{\epsilon}\right)^{\kappa-1} \dfrac{\sigma^\kappa - 1}{\kappa(\sigma - 1)} = 62.4\%$

Answer ■ 21. ①   22. ③   23. ④

24 그림과 같은 열기관 사이클이 있을 때 실제 가능한 공급열량(Q_H)과 일량(W)은 얼마인가? (단, Q_L는 방열 열량이다.)

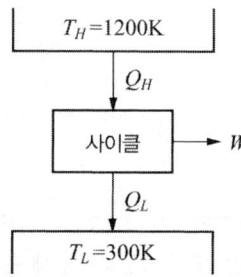

① Q_H = 100kJ, W = 80kJ   ② Q_H = 110kJ, W = 80kJ
③ Q_H = 100kJ, W = 90kJ   ④ Q_H = 110kJ, W = 90kJ

Solution $\eta = 1 - \dfrac{T_L}{T_H} = 75\%$, 가역사이클이면 열효율 75%, 비가역사이클이면 열효율 75%미만

25 다음 압력값 중에서 표준대기압(1atm)과 차이(절대값)가 가장 큰 압력은?
① 1MPa   ② 100kPa
③ 1bar   ④ 100hPa

Solution 1atm = 101325Pa ≒ 0.1MPa
1MPa − 0.1MPa = 0.9MPa로 그 차가 제일 크다.
100kPa = 0.1MPa, 1bar = 10^5Pa = 0.1MPa, 100hPa = 0.01MPa

26 어떤 기체 동력장치가 이상적인 브레이턴 사이클로 다음과 같이 작동할 때 이 사이클의 열효율은 약 몇 %인가? (단, 온도(T)-엔트로피(s) 선도에서 T_1 = 30℃, T_2 = 200℃, T_3 = 1060℃, T_4 = 160℃이다.)

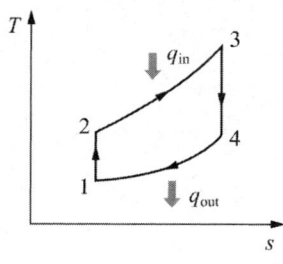

① 81%   ② 85%
③ 89%   ④ 76%

Solution $\eta_B = 1 - \dfrac{T_4 - T_1}{T_3 - T_2} = 84.88\%$

24. ②   25. ①   26. ②   ■ Answer

27 어떤 물질이 1000kg이 있고 부피는 1.404m³이다. 이 물질의 엔탈피가 1344.8kJ/kg이고 압력이 9MPa이라면 물질의 내부에너지는 약 몇 kJ/kg인가?

① 1332
② 1284
③ 1048
④ 875

Solution $u = h - Pv = 1344.8 - 9 \times 10^3 \times 1.404/1000 = 1332.16 \, \text{kJ/kg}$

28 질량이 m으로 동일하고, 온도가 각각 T_1, $T_2(T_1 > T_2)$인 두 개의 금속덩어리가 있다. 이 두 개의 금속덩어리가 서로 접촉되어 온도가 평형상태에 도달하였을 때 총 엔트로피 변화량(ΔS)은? (단, 두 금속의 비열은 c로 동일하고, 다른 외부로의 열교환은 전혀 없다.)

① $mc \times \ln \dfrac{T_1 - T_2}{2\sqrt{T_1 T_2}}$
② $mc \times \ln \dfrac{T_1 - T_2}{\sqrt{T_1 T_2}}$
③ $2mc \times \ln \dfrac{T_1 + T_2}{2\sqrt{T_1 T_2}}$
④ $2mc \times \ln \dfrac{T_1 + T_2}{\sqrt{T_1 T_2}}$

Solution $mC(T_1 - T_m) = mC(T_m - T_2)$, $T_m = \dfrac{T_1 + T_2}{2}$

$\Delta S = mC\ln\left(\dfrac{T_m}{T_1}\right) + mC\ln\left(\dfrac{T_m}{T_2}\right) = 2mC\ln\left(\dfrac{T_1 + T_2}{2\sqrt{T_1 T_2}}\right)$

29 3kg의 공기가 400K에서 830K까지 가열될 때 엔트로피 변화량은 약 몇 kJ/K인가? (단, 이때 압력은 120kPa에서 480kPa까지 변화하였고, 공기의 정압비열은 1.005kJ/(kg·K), 공기의 기체상수는 0.287 kJ/(kg·K)이다.)

① 0.584
② 0.719
③ 0.842
④ 1.007

Solution $\Delta S = mC_p \ln\left(\dfrac{T_2}{T_1}\right) - mR\ln\left(\dfrac{P_2}{P_1}\right) = 1.007 \, \text{kJ/K}$

Answer ■ 27. ① 28. ③ 29. ④

30 그림과 같이 직동하는 냉동사이클(압력(P)-엔탈피(h) 선도)에서 $h_1 = h_4$ = 98kJ/kg, h_2 = 246kJ/kg, h_3 = 298kJ/kg일 때 이 냉동사이클의 성능계수(COP)는 약 얼마인가?

① 4.95
② 3.85
③ 2.85
④ 1.95

Solution $\epsilon_r = \dfrac{h_2 - h_1}{h_3 - h_2} = 2.85$

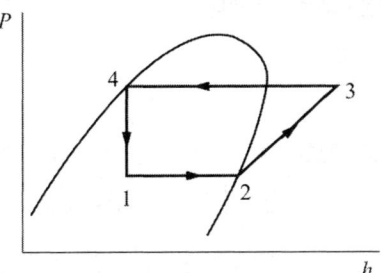

31 0℃ 얼음 1kg이 열을 받아서 100℃ 수증기가 되었다면, 엔트로피 증가량은 약 몇 kJ/K인가? (단, 얼음의 융해열은 336kJ/K이고, 물의 기화열은 2264kJ/K이며, 물의 정압비열은 4.186kJ/(kg·K)이다.)

① 8.6
② 10.2
③ 12.8
④ 14.4

Solution $\Delta S = 1 \times \dfrac{336}{273} + 1 \times 4.186 \times \ln\left(\dfrac{373}{273}\right) + 1 \times \dfrac{2264}{373} = 8.6 \,\text{kJ/K}$

32 그림과 같이 선형 스프링으로 지지되는 피스톤-실린더 장치 내부에 있는 기체를 가열하여 기체의 체적이 V_1에서 V_2로 증가하였고, 압력은 P_1에서 P_2로 변화하였다. 이때 기체가 피스톤에 행한 일을 옳게 나타낸 식은? (단, 실린더와 피스톤 사이에 마찰은 무시하며 실린더 내부의 압력(P)은 실린더 내부 부피(V)와 선형 관계($P = aV$, a는 상수)에 있다고 본다.)

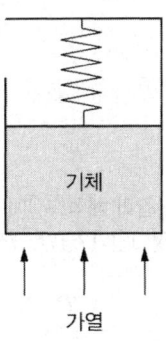

① $P_2V_2 - P_1V_1$
② $P_2V_2 + P_1V_1$
③ $\dfrac{1}{2}(P_2+P_1)(V_2-V_1)$
④ $\dfrac{1}{2}(P_2+P_1)(V_2+V_1)$

Solution $_1W_2 = \int_1^2 PdV = a\int_1^2 VdV = \dfrac{a}{2}(V_2^2 - V_1^2) = \dfrac{1}{2}\left(V_2 \times \dfrac{P_2}{V_2} + V_1 \times \dfrac{P_1}{V_1}\right) \cdot (V_2 - V_1)$

$_1W_2 = \dfrac{1}{2}(P_2+P_1)(V_2-V_1)$

30. ③ 31. ④ 32. ③ ■ Answer

33 피스톤-실린더 내부에 존재하는 온도 150℃, 압력 0.5MPa의 공기 0.2kg은 압력이 일정한 과정에서 원래 체적의 2배로 늘어난다. 이 과정에서의 일은 약 몇 kJ인가? (단, 공기는 기체상수가 0.287kJ/(kg·K)인 이상기체로 가정한다.)

① 12.3
② 16.5
③ 20.5
④ 24.3

Solution $_1W_2 = P(V_2 - V_1) = mR(T_2 - T_1)$

$\dfrac{T_2}{T_1} = \dfrac{V_2}{V_1}$, $T_2 = (150 + 273) \times 2 = 846\,\mathrm{K}$

$_1W_2 = 0.2 \times 0.287 \times (846 - 150 - 273) = 24.28\,\mathrm{kJ}$

34 밀폐 시스템에서 가역정압과정이 발생할 때 다음 중 옳은 것은? (단, U는 내부에너지, Q는 열량, H는 엔탈피, S는 엔트로피, W는 일량을 나타낸다.)

① $dH = dQ$
② $dU = dQ$
③ $dS = dQ$
④ $dW = dQ$

Solution $P = C$, $\delta Q = dH$

35 시간당 380000kg의 물을 공급하여 수증기를 생산하는 보일러가 있다. 이 보일러에 공급하는 물의 비엔탈피는 830kJ/kg이고, 생산되는 수증기의 비엔탈피는 3230kJ/kg이라고 할 때, 발열량이 32000kJ/kg인 석탄을 시간당 34000kg씩 보일러에 공급한다면 이 보일러의 효율은 약 몇 %인가?

① 66.9%
② 71.5%
③ 77.3%
④ 83.8%

Solution $\eta = \dfrac{380000 \times (3230 - 830)}{3400 \times 32000} \times 100 = 83.8\%$

36 밀폐 시스템에서 압력(P)이 아래와 같이 체적(V)에 따라 변한다고 할 때 체적이 0.1m³에서 0.3m³로 변하는 동안 이 시스템이 한 일은 약 몇 J인가? (단, P의 단위는 kPa, V의 단위는 m³이다.)

$$P = 5 - 15 \times V$$

① 200
② 400
③ 800
④ 1600

Solution $_1W_2 = \int_1^2 P\,dV = \int_1^2 (5 - 15V)\,dV = \left(5V - \dfrac{15}{2}V^2\right)_1^2$

$_1W_2 = 5 \times (0.3 - 0.1) - \dfrac{15}{2} \times (0.3^2 - 0.1^2) = 0.4\,\mathrm{kJ} = 400\,\mathrm{J}$

Answer ■ 33. ④ 34. ① 35. ④ 36. ②

37 출력 10000kW의 터빈 플랜트의 시간당 연료소비량이 5000kg/h이다. 이 플랜트의 열효율은 약 몇 % 인가? (단, 연료의 발열량은 33440kJ/kg이다.)
① 25.4%　　② 21.5%
③ 10.9%　　④ 40.8%

Solution $\eta = \dfrac{10000 \times 3600}{5000 \times 33440} \times 100 = 21.53\%$

38 이상적인 증기 압축 냉동 사이클의 과정은?
① 정적방열과정 → 등엔트로피 압축과정 → 정적증발과정 → 등엔탈피 팽창과정
② 정압방열과정 → 등엔트로피 압축과정 → 정적증발과정 → 등엔탈피 팽창과정
③ 정적증발과정 → 등엔트로피 압축과정 → 정적방열과정 → 등엔탈피 팽창과정
④ 정압증발과정 → 등엔트로피 압축과정 → 정압방열과정 → 등엔탈피 팽창과정

Solution 증기압축냉동사이클
증발기(정압흡열) → 압축기(가역단열) → 응축기(정압방열) → 팽창밸브(등엔탈피)

39 열교환기를 흐름 배열(flow arrangement)에 따라 분류할 때 그림과 같은 형식은?

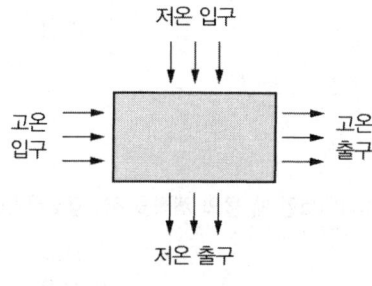

① 평행류　　② 대향류
③ 병행류　　④ 직교류

Solution 고온과 저온의 흐름이 서로 직각으로 교차하는 배열은 직교류이다.

40 -15℃와 75℃의 열원 사이에서 작동하는 카르노 사이클 열펌프의 난방 성능계수는 얼마인가?
① 2.87　　② 3.87
③ 6.16　　④ 7.16

Solution $\epsilon_r = \dfrac{75 + 273}{75 - (-15)} = 3.87$

37. ② 　38. ④ 　39. ④ 　40. ② ■ Answer

3과목 기계유체역학

41 다음 중 무차원수가 되는 것은? (단, ρ : 밀도, μ : 점성계수, F : 힘, Q : 부피유량, V : 속도, P : 동력, D : 지름, L : 길이이다.)

① $\dfrac{\rho V^2 D^2}{\mu}$ ② $\dfrac{P}{\rho V^3 D^5}$

③ $\dfrac{Q}{VD^3}$ ④ $\dfrac{F}{\mu VL}$

Solution
① $\dfrac{\rho V^2 D^2}{\mu} = [L^2 T^{-1}]$
② $\dfrac{P}{\rho V^3 D^5} = [L^{-6} T]$
③ $\dfrac{Q}{VD^3} = [L^{-1}]$
④ $\dfrac{F}{\mu VL} = [M^0 L^0 T^0]$

42 지름 20cm인 구의 주위에 물이 2m/s의 속도로 흐르고 있다. 이때 구의 항력계수가 0.2라고 할 때 구에 작용하는 항력은 약 몇 N인가?

① 12.6 ② 204
③ 0.21 ④ 25.1

Solution $D = 0.2 \times \dfrac{\pi \times 0.2^2}{4} \times \dfrac{1000 \times 2^2}{2} = 12.57\,\text{N}$

43 물의 체적 탄성계수가 2×10^9Pa일 때 물의 체적을 4% 감소시키려면 약 몇 MPa의 압력을 가해야 하는가?

① 40 ② 80
③ 60 ④ 120

Solution $\Delta P = 2 \times 10^9 \times 0.04 \times 10^{-6} = 80\,\text{MPa}$

44 손실계수(K_L)가 15인 밸브가 파이프에 설치되어 있다. 이 파이프에 물이 3m/s의 속도로 흐르고 있다면, 밸브에 의한 손실수두는 약 몇 m인가?

① 67.8 ② 22.3
③ 6.89 ④ 11.26

Solution $h_l = 15 \times \dfrac{3^2}{2 \times 9.8} = 6.89\,\text{m}$

Answer ■ 41. ④ 42. ① 43. ② 44. ③

45 공기가 게이지 압력 2.06bar의 상태로 지름이 0.15m인 관속을 흐르고 있다. 이때 대기압은 1.03bar이고 공기 유속이 4m/s라면 질량유량(mass flow rate)은 약 몇 kg/s인가? (단, 공기의 온도는 37℃이고, 기체상수는 287.1J/(kg·K)이다.)

① 0.245
② 2.17
③ 0.026
④ 32.4

Solution $\rho = \dfrac{(1.03 \times 10^5 + 2.06 \times 10^5)}{287.1 \times (37 + 273)} = 3.47 \text{kg/m}^3$

$\dot{m} = \rho A V = 3.47 \times \dfrac{\pi \times 0.15^2}{4} \times 4 = 0.245 \text{kg/sec}$

46 남극 바다에 비중이 0.917인 해빙이 떠 있다. 해빙의 수면 위로 나와 있는 체적이 40m³일 때 해빙의 전체 중량은 약 몇 kN인가? (단, 바닷물의 비중은 1.025이다.)

① 2487
② 2769
③ 3138
④ 3414

Solution $F_B = W$, $1.025 \gamma_H \cdot V_{잠} = 0.917 \gamma_H V$
$V_{잠} = 0.89463 V = V - 40$, $V = 379.61469 \text{m}^3$
$W = 0.917 \times 9800 \times 379.61469 \times 10^{-3} = 3411.45 \text{kN}$

47 그림과 같은 시차액주계에서 A, B점의 압력차 $P_A - P_B$는? (단, γ_1, γ_2, γ_3는 각 액체의 비중량이다.)

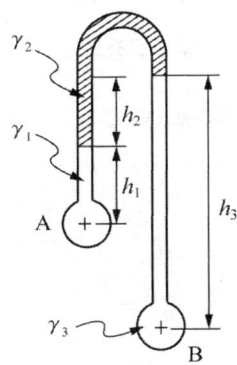

① $\gamma_3 h_3 - \gamma_1 h_1 + \gamma_2 h_2$
② $\gamma_1 h_1 + \gamma_2 h_2 - \gamma_3 h_3$
③ $\gamma_1 h_1 - \gamma_2 h_2 + \gamma_3 h_3$
④ $\gamma_3 h_3 - \gamma_1 h_1 - \gamma_2 h_2$

Solution $P_A - \gamma_1 h_1 - \gamma_2 h_2 = P_B - \gamma_3 h_3$
$P_A - P_B = \gamma_1 h_1 + \gamma_2 h_2 - \gamma_3 h_3$

45. ① 46. ④ 47. ② ■ Answer

48 넓은 평판과 나란한 방향으로 흐르는 유체의 속도 u[m/s]는 평판 밖으로부터의 수직거리 y[m] 만의 함수로 아래와 같이 주어진다. 유체의 점성계수가 1.8×10^{-5}kg/(m·s)이라면 벽면에서의 전단응력은 약 몇 N/m^2 인가?

$$u(y) = 4 + 200 \times y$$

① 1.8×10^{-5} ② 3.6×10^{-5}
③ 1.8×10^{-3} ④ 3.6×10^{-3}

Solution $\tau = \mu\left(\dfrac{du}{dy}\right)_{y=0} = 200\mu = 3.6\times10^{-3}$N/m^2

49 길이가 50m인 배가 8m/s의 속도로 진행하는 경우에 대해 모형 배를 이용하여 조파저항에 관한 실험을 하고자 한다. 모형 배의 길이가 2m이면 모형 배의 속도는 약 몇 m/s로 하여야 하는가?

① 1.60 ② 1.82
③ 2.14 ④ 2.30

Solution $F_r = \left(\dfrac{V^2}{Lg}\right)_m = \left(\dfrac{V^2}{Lg}\right)_p$, $\dfrac{V_m^2}{2} = \dfrac{8^2}{50}$, $V_m = 1.6$m/sec

50 파이프 내의 유동에서 속도함수 V가 파이프 중심에서 반지름방향으로의 거리 r에 대한 함수로 다음과 같이 나타날 때 이에 대한 운동에너지 계수(또는 운동에너지 수정계수, kinetic energy coefficient) α는 약 얼마인가? (단, V_0는 파이프 중심에서의 속도, V_m은 파이프 내의 평균 속도, A는 유동 단면, R은 파이프 안쪽 반지름이고, 유속방정식과 운동에너지 계수 관련 식은 아래와 같다.)

유속 방정식 $\dfrac{V}{V_0} = \left(1 - \dfrac{r}{R}\right)^{1/6}$

운동에너지 계수 $\alpha = \dfrac{1}{A}\int\left(\dfrac{V}{V_m}\right)^3 dA$

① 1.01 ② 1.03
③ 1.08 ④ 1.12

Solution $dQ = V(r)dA = 2\pi r V_0\left(1-\dfrac{r}{R}\right)^{\frac{1}{6}}dr$

$Q = 2\pi V_0 \int_0^R r\left(1-\dfrac{r}{R}\right)^{\frac{1}{6}}dr = \pi R^2 V_m$

$V_m = \dfrac{2V_0}{R^2}\int_0^R r\left(1-\dfrac{r}{R}\right)^{\frac{1}{6}}dr$, 치환적분으로 정리 $1-\dfrac{r}{R}=t$, $dr = -Rdt$

$V_m = -2V_0\left(-\dfrac{6}{7}+\dfrac{6}{13}\right) = 0.79V_0$

$\alpha = \dfrac{1}{A}\int\left(\dfrac{V}{V_m}\right)^3 dA = \dfrac{1}{\pi R^2}\int_0^R\left(\dfrac{V}{0.79V_0}\right)^3\cdot(2\pi r dr) = \dfrac{4.056}{R^2}\int_0^R r\left(1-\dfrac{r}{R}\right)^{\frac{1}{2}}dr$

정리하면 $\alpha = -4.056\times\left(-\dfrac{2}{3}+\dfrac{2}{5}\right) = 1.0816$

Answer ■ 48. ④ 49. ① 50. ③

51 다음 중 점성계수(viscosity)의 차원을 옳게 나타낸 것은? (단, M은 질량, L은 길이, T는 시간이다.)

① MLT
② $ML^{-1}T^{-1}$
③ MLT^{-2}
④ $ML^{-2}T^{-2}$

Solution $\mu = [N\,sec/m^2] = [kg/m\,sec]\,[ML^{-1}T^{-1}]$

52 자동차의 브레이크 시스템의 유압장치에 설치된 피스톤과 실린더 사이의 환형 틈새 사이를 통한 누설운동은 두 개의 무한 평판 사이의 비압축성, 뉴턴유체의 층류유동으로 가정할 수 있다. 실린더 내 피스톤의 고압측과 저압측의 압력차를 2배로 늘렸을 때, 작동유체의 누설유량은 몇 배가 될 것인가?

① 2배
② 4배
③ 8배
④ 16배

Solution 평행평판 사이의 층류 흐름으로 가정

$Q = \dfrac{\Delta P b \delta^3}{12 \mu L}$, $Q \propto \Delta P$ 유량과 압력강하량은 비례관계에 있으므로 누설유량도 2배로 증가

53 그림과 같이 폭이 3m인 수문 AB가 받는 수평성분 F_H와 수직성분 F_V는 각각 약 몇 N인가?

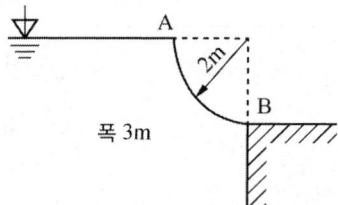

① $F_H = 24400$, $F_V = 46181$
② $F_H = 58800$, $F_V = 46181$
③ $F_H = 58800$, $F_V = 92362$
④ $F_H = 24400$, $F_V = 92362$

Solution $F_H = 9800 \times 1.0 \times (2 \times 3) = 58800\,N$

$F_V = 9800 \times \dfrac{\pi \times 2^2}{4} \times 3 = 92362.82\,N$

51. ② 52. ① 53. ③ ■ Answer

54 그림과 같이 속도 V인 유체가 곡면에 부딪혀 θ의 각도로 유동방향이 바뀌어 같은 속도로 분출된다. 이때 유체가 곡면에 가하는 힘의 크기를 θ에 대한 함수로 옳게 나타낸 것은? (단, 유동단면적은 일정하고, θ의 각도는 $0° \leq \theta \leq 180°$ 이내에 있다고 가정한다. 또한 Q는 체적 유량, ρ는 유체밀도이다.)

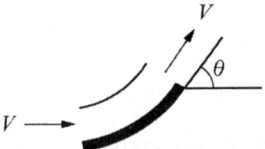

① $F = \dfrac{1}{2}\rho QV\sqrt{1-\cos\theta}$ ② $F = \dfrac{1}{2}\rho QV\sqrt{2(1-\cos\theta)}$

③ $F = \rho QV\sqrt{1-\cos\theta}$ ④ $F = \rho QV\sqrt{2(1-\cos\theta)}$

Solution $F_x = \rho QV(1-\cos\theta)$, $F_y = \rho QV\sin\theta$

$F = \sqrt{F_x^2 + F_y^2} = \rho QV\sqrt{(1-\cos\theta)^2 + \sin\theta^2} = \rho QV\sqrt{2(1-\cos\theta)}$

55 극좌표계(r, θ)로 표현되는 2차원 포텐셜유동에서 속도포텐셜(velocity potential, ϕ)이 다음과 같을 때 유동함수(stream function, Ψ)로 가장 적절한 것은? (단, A, B, C는 상수이다.)

$$\phi = A\ln r + Br\cos\theta$$

① $\Psi = \dfrac{A}{r}\cos\theta + Br\sin\theta + C$ ② $\Psi = \dfrac{A}{r}\sin\theta - Br\cos\theta + C$

③ $\Psi = A\theta + Br\sin\theta + C$ ④ $\Psi = A\theta - Br\cos\theta + C$

Solution $V_r = \dfrac{\partial \phi}{\partial r} = \dfrac{A}{r} + B\cos\theta = \dfrac{1}{r}\dfrac{\partial \psi}{\partial \theta}$

$\dfrac{\partial \psi}{\partial \theta} = A + Br\cos\theta$

$\psi = A\theta + Br\sin\theta + C$

Answer ■ 54. ④ 55. ③

56 그림과 같은 피토관의 액주계 눈금이 $h = 150\text{mm}$이고 관속의 물이 6.09m/s로 흐르고 있다면 액주계 액체의 비중은 얼마인가?

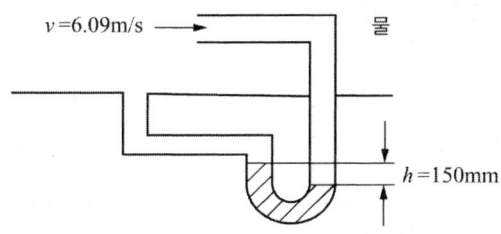

① 8.6
② 10.8
③ 12.1
④ 13.6

Solution $V = \sqrt{2gh\left(\dfrac{\gamma_s}{\gamma} - 1\right)}$

$6.09^2 = 2 \times 9.8 \times 0.15 \times \left(\dfrac{\gamma_s}{9800} - 1\right)$, $S = \dfrac{\gamma_s}{9800} = 13.61$

57 원관 내의 완전층류유동에 관한 설명으로 옳지 않은 것은?
① 관 마찰계수는 Reynolds수에 반비례한다.
② 마찰계수는 벽면의 상대조도에 무관한다.
③ 유속은 관 중심을 기준으로 포물선 분포를 보인다.
④ 관 중심에서의 유속은 전체 평균 유속의 $\sqrt{2}$ 배이다.

Solution $U_{\max} = 2U_{mean}$

58 정지된 물속의 작은 모래알이 낙하하는 경우 Stokes Flow(스토크스 유동)가 나타날 수 있는데. 이 유동의 특징은 무엇인가?
① 압축성 유동
② 저속 유동
③ 비점성 유동
④ 고속 유동

Solution $Re \ll 1.0$ 흐름

59 정상 2차원 속도장 $\vec{V} = 2x\vec{i} - 2y\vec{j}$ 내의 한 점(2, 3)에서 유선의 기울기 $\dfrac{dy}{dx}$ 는?

① $-\dfrac{3}{2}$
② $-\dfrac{2}{3}$
③ $\dfrac{2}{3}$
④ $\dfrac{3}{2}$

Solution $\dfrac{dx}{u} = \dfrac{dy}{v}$, $\dfrac{dy}{dx} = \dfrac{v}{u} = -\dfrac{y}{x} = -\dfrac{3}{2}$

56. ④ 57. ④ 58. ② 59. ① ■ **Answer**

60 그림과 같이 큰 탱크의 수면으로부터 h(m) 아래에 파이프를 연결하여 액체를 배출하고자 한다. 마찰손실을 무시한다고 가정할 때 파이프를 통해서 분출되는 물의 속도(가)를 v라고 할 경우, 같은 조건에서의 오일(비중 0.9) 탱크에서 분출되는 속도(나)는?

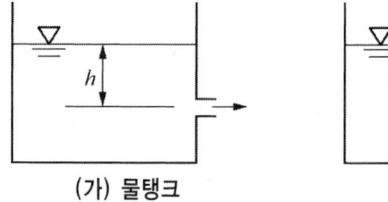
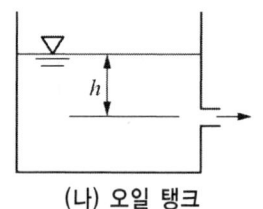

(가) 물탱크　　　　　　　(나) 오일 탱크

① $0.81v$　　　　　　② $0.9v$
③ v　　　　　　　　④ $1.1v$

Solution $V = \sqrt{2gh}$ 로 일정

4과목 기계재료 및 유압기기

61 피로 한도에 대한 설명 중 틀린 것은?
① 지름이 크면 피로 한도는 작아진다.
② 노치가 있는 시험편의 피로 한도는 작다.
③ 표면이 거친 것이 고운 것보다 피로 한도가 높아진다.
④ 노치가 없을 때와 있을 때의 피로 한도비를 노치계수라 한다.

Solution 피로한도란 재료가 영구히 파괴되지 않는 한계응력이며 한계응력 이하에서는 반복횟수에 관계없이 파괴가 일어나지 않는다. 피로한도에 영향을 주는 요소로는 노치, 두께(스케일), 거칠기, 잔류응력 등 두께가 두꺼울수록 피로한도는 작아진다.

62 알루미늄 합금 중 개량처리(modification)한 Al-Si 합금은?
① 라우탈　　　　　　② 실루민
③ 두랄루민　　　　　④ 하이드로날륨

Solution 라우탈 : Al-Si-Cu, 하이드로날륨 : Al-Mg, 듀랄루민 : Al-Cu 4.0%-Mg 0.5%-Mn 0.5%

Answer ■ 60. ③　61. ③　62. ②

63 서브제로(sub-zero)처리에 관한 설명으로 틀린 것은?

① 내마모성 및 내피로성이 감소한다.
② 잔류오스테나이트를 마텐자이트화한다.
③ 담금질을 한 강의 조직이 안정화된다.
④ 시효변화가 적으며 부품의 치수 및 형상이 안정된다.

Solution 심냉처리(Sub zero treatment) : 담금질 처리 후 잔류 오스테나이트를 마텐자이트화하는 열처리, 경도 증가로 조직이 미세화 되어 내마모성, 내마멸성, 내피로성 등이 증가 한다.

64 플라스틱의 성형 가동성을 좋게 하는 방법이 아닌 것은?

① 가공온도를 높여준다.
② 폴리머의 중합도를 내린다.
③ 성형기의 표면 미끄럼 정도를 좋게 한다.
④ 폴리머의 극성을 높게 하여 분자간 응집력을 크게 한다.

Solution 플라스틱은 가공온도를 높이면 성형가공성이 좋아지며 폴리머 분자간의 응집력이 증가하게 되며 성형 가공성이 떨어진다. 폴리머란 한 종류 또는 수 종류의 구성단위가 서로에게 많은 수의 화학 결합으로 중합되어 연결된 분자로 되어 있는 화합물이라 할 수 있다.

65 5~20%의 Zn의 황동을 말하며, 강도는 낮으나 전연성이 좋고 색깔이 금색에 가까우므로, 모조금이나 판 및 선 등에 사용되는 구리합금은?

① 톰백
② 문쯔메탈
③ 네이벌황동
④ 애드미럴티 메탈

Solution 문쯔메탈 : 6-4황동, 네이벌황동 : 6-4황동 + 1% Sn, 애드미럴티메탈 : 7-3황동 + 1% Sn

66 고망간(Mn)강에 관한 설명으로 틀린 것은?

① 오스테나이트 조직을 갖는다.
② 광석·암석의 파쇄기 부품 등에 사용된다.
③ 열처리에 수인법(water toughening)이 이용된다.
④ 열전도성이 좋고 팽창계수가 작아 열변형을 일으키지 않는다.

Solution 고망간강 : C 1.2%, Mn 13%, Si 0.1% 미만을 표준으로 하는 하드필드(수인)강이다. 내마멸성이 양호하고 경도가 높아 광산기계, 기차레일, 불도저 등에 사용된다.

63. ① 64. ④ 65. ① 66. ④ ■ Answer

67 강의 표면경화처리에서 침탄법과 비교하였을 때 질화법의 특징으로 틀린 것은?

① 침탄 한 것보다 경도가 높다.
② 질화 후에 열처리가 필요없다.
③ 침탄법보다 경화에 의한 변형이 적다.
④ 침탄법보다 단시간 내에 같은 경화 깊이를 얻을 수 있다.

> Solution 질화법은 침탄법보다 오래 걸리며 경화깊이는 침탄법보다 깊지 않다.

68 아공정주철의 탄소함유량은 약 몇 %인가?

① 약 0.025~0.80%C
② 약 0.80~2.0%C
③ 약 2.0~4.3%C
④ 약 4.3~6.67%C

> Solution 아공정주철 : 2.0~4.3%C, 공정주철 : 4.3%C, 과공정주철 : 4.3~6.67%C

69 순철(α-Fe)의 자기변태 온도는 약 몇 ℃인가?

① 210℃
② 768℃
③ 910℃
④ 1410℃

> Solution
> • 순철의 A_2변태점 : 768℃ - 자기변태점
> • 순철의 A_3변태점 : 910℃ - 동소변태점
> • 순철의 A_4변태점 : 1400℃ - 동소변태점

70 고속도공구강에 대한 설명으로 틀린 것은?

① 2차 경화 현상을 나타낸다.
② 500~600℃까지 가열하여도 뜨임에 의해 연화되지 않는다.
③ SKH 2는 Mo가 함유되어 있는 Mo계 고속도공구강 강재이다.
④ 내마모성 및 인성을 가지므로 바이트, 드릴 등의 절삭공구에 사용된다.

> Solution SKH2 : 텅스텐계, C 0.73~0.83, W 17.0~19.0, Cr 3.8~4.5, V 0.8~1.2 함유, 일반절삭용, 기타 각종 공구재료로 사용

Answer ■ 67. ④ 68. ③ 69. ② 70. ③

71 다음 기호에 대한 설명으로 틀린 것은?

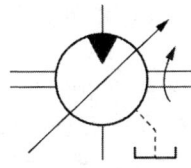

① 유압 모터이다.
② 4방향 유동이다.
③ 가변 용량형이다.
④ 외부 드레인이 있다.

Solution 가변용량형 유압모터 기호이다.

72 아래 파일럿 전환 밸브의 포트수, 위치수로 옳은 것은?

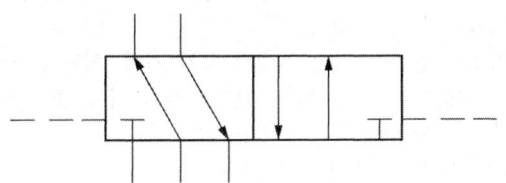

① 2포트 4위치
② 2포트 5위치
③ 5포트 2위치
④ 6포트 2위치

Solution 5포트 2위치 방향전환밸브이다.

73 두 개의 유입 관로의 압력에 관계없이 정해진 출구 유량이 유지되도록 합류하는 밸브는?

① 집류 밸브
② 셔틀 밸브
③ 적층 밸브
④ 프리필 밸브

Solution
• 셔틀밸브 : 2개 이상의 입구와 한 개의 출구를 갖고 있는 밸브로 출구가 최고 압력의 입구를 선택하는 기능을 가지고 있다.
• 적층밸브 : 유압 분야에서 사용되는 솔레노이드 방향전환밸브라 할 수 있다.
• 프리필밸브 : 대형 프레스 등에서 급속전진행정 시 탱크로부터 유압실린더의 흐름을 허용, 가압공정에서는 유압실린더로부터 탱크로 역류되는 것을 방지, 귀환 행정에서는 자유로운 흐름을 허용하는 밸브라 할 수 있다.

74 속도 제어 회로의 종류가 아닌 것은?

① 미터 인 회로
② 미터 아웃 회로
③ 블리드 오프 회로
④ 로크(로킹) 회로

Solution
• 속도제어회로 : 미터인회로, 미터아웃회로, 블리드오프회로, 차동회로 등이 있다.
• 방향제어회로 : 로킹회로(로크회로)가 대표적이다.

71. ② 72. ③ 73. ① 74. ④ ■ Answer

75 스트레이너에 대한 설명으로 적절하지 않은 것은?

① 스트레이너의 연결부는 오일 탱크의 작동유를 방출하지 않아도 분리가 가능하도록 하여야 한다.
② 스트레이너의 여과 능력은 펌프 흡입량의 1.2배 이하의 용적을 가져야 한다.
③ 스트레이너가 막히면 펌프가 규정 유량을 토출하지 못하거나 소음을 발생시킬 수 있다.
④ 스트레이너의 보수는 오일을 교환할 때마다 완전히 청소하고 주기적으로 여과재를 분리하여 손질하는 것이 좋다.

Solution 스트레이너 : 보통 펌프 송출량의 두 배 이상인 여과량의 것을 사용

76 일반적인 유압 장치에 대한 설명과 특징으로 가장 적절하지 않은 것은?

① 유압 장치 자체의 자동 제어에 제약이 있을 수 있으나 전기, 전자 부품과 조합하여 사용하면 그 효과를 증대 시킬 수 있다.
② 힘의 증폭 방법이 같은 크기의 기계적 장치(기어, 체인 등)에 비해 간단하여 크게 증폭시킬 수 있으며 그 예로 소형 유압잭, 거대한 건설 기계 등이 있다.
③ 인화의 위험과 이물질에 의한 고장 우려가 있다.
④ 점도의 변화에 따른 출력 변화가 없다.

Solution 펌프의 열화로 인해 점도의 변화가 있을 수 있고 그에 따른 출력의 변화가 발생할 수 있다.

77 유압·공기압 도면 기호(KS B 0054)에 따른 기호에서 필터, 드레인 관로를 나타내는 선의 명칭으로 옳은 것은?

① 파선
② 실선
③ 1점 이중 쇄선
④ 복선

Solution 파선 : 파일럿 조작 관로, 드레인 관로, 필터, 밸브의 과도 위치 등

78 일반적인 용적형 펌프의 종류가 아닌 것은?

① 기어 펌프
② 베인 펌프
③ 터빈 펌프
④ 피스톤(플런저) 펌프

Solution • 용적형 펌프 : 기어, 베인, 피스톤 등
• 비용적형 펌프 : 원심펌프, 축류펌프, 사류펌프 등

Answer ■ 75. ② 76. ④ 77. ① 78. ③

79 유압 작동유의 첨가제로 적절하지 않은 것은?

① 산화방지제
② 소포제 및 방청제
③ 점도지수 강하제
④ 유동점 강하제

Solution 유압유의 유동성 유지를 위해 점도지수 향상제를 사용한다.

80 다음 중 유압을 이용한 기기(기계)의 장점이 아닌 것은?

① 자동 제어가 가능하다.
② 유압 에너지원을 축적할 수 있다.
③ 힘과 속도를 무단으로 조절할 수 있다.
④ 온도 변화에 대해 안정적이고 고압에서 누유의 위험이 없다.

Solution 온도 변화에 따른 점성의 변화로 윤활 및 시일 등의 변화가 발생할 수 있다.

5과목 기계제작법 및 기계동력학

81 질량 m의 공이 h의 높이에서 자유 낙하하여 콘크리트 바닥과 충돌하였다. 공과 바닥사이의 반발계수를 e라고 할 때, 공이 첫 번째 튀어오른 높이는?

① $\sqrt{2}\,eh$
② eh
③ $2eh$
④ e^2/h

Solution 충돌하는 속도 V_1', 충돌 후 튕겨 올라가는 속도 V_2

$$e = \frac{V_2}{V_1'},\ V_2 = e V_1'$$

낙하할 때 $V_1' = \sqrt{2gh}$

튕겨 올라갈 때 $V_2 = \sqrt{2gh'} = e\sqrt{2gh}$, $h' = e^2 h$

82 조화진동 $x_1 = 4\cos\omega t$와 $x_2 = 5\sin\omega t$의 합성 진동 진폭은 약 얼마인가?

① 10.2
② 8.2
③ 6.4
④ 4.4

Solution $X = \sqrt{4^2 + 5^2} = 6.4$

79. ③ 80. ④ 81. ④ 82. ③ ■ Answer

83 지표면에서 공을 초기속도 v_0로 수직 상방으로 던졌다. 공이 제자리로 돌아올 때까지 걸린 시간(t)은? (단, g는 중력가속도이고, 공기저항은 무시한다.)

① $t = \dfrac{v_0}{g}$ ② $t = \dfrac{2v_0}{g}$
③ $t = \dfrac{3v_0}{g}$ ④ $t = \dfrac{4v_0}{g}$

Solution $V_0 = gt$, $t = \dfrac{V_0}{g}$
올라갔다 내려오면 $t' = 2t$

84 10kg의 상자가 경사면 방향으로 초기 속도가 15m/s인 상태로 올라갔다. 상자와 경사면 사이의 운동 마찰계수가 0.15일 때 상자가 올라갈 수 있는 최대거리 x는 약 몇 m인가?

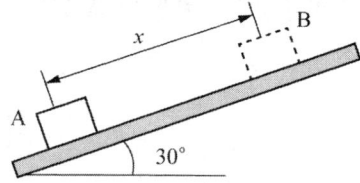

① 13.7 ② 15.7
③ 18.2 ④ 21.2

Solution $V_B = 0$일 때 X가 최대

$U_{A \to B} = \Delta T$, $-mgX\sin 30° - \mu mg\cos 30° \cdot X = \dfrac{1}{2}m(V_B^2 - V_A^2)$

$Xg(\sin 30° + \mu \cos 30°) = \dfrac{1}{2}V_A^2$

$X = \dfrac{15^2}{2 \times 9.8 \times (\sin 30 + 0.15 \times \cos 30)} = 18.22\text{m}$

Answer ■ 83. ② 84. ③

85 그림과 같이 스프링에 질량 m을 달고 상하로 진동시킬 때 주기와 질량(m)과의 관계는? (단, k는 스프링상수이다.)

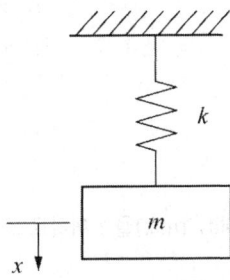

① 주기는 $\sqrt{m}$에 반비례한다. ② 주기는 $\sqrt{m}$에 비례한다.
③ 주기는 m^2에 반비례한다. ④ 주기는 m^2에 비례한다.

Solution $T = \dfrac{2\pi}{\omega} = 2\pi\sqrt{\dfrac{m}{k}}$, $T \propto \sqrt{m}$

86 길이가 1m이고 질량이 5kg인 균일한 막대가 그림과 같이 지지되어 있다. A점은 힌지로 되어 있어 B점에 연결된 줄이 갑자기 끊어졌을 때 막대는 자유로이 회전한다. 여기서 막대가 수직 위치에 도달한 순간 각속도는 약 몇 rad/s인가?

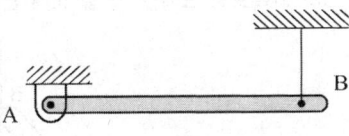

① 2.62 ② 3.43
③ 4.61 ④ 5.42

Solution $\Sigma M = J\alpha$, $mg\sin\theta \dfrac{l}{2} = \dfrac{1}{3}ml^2\alpha$, $\alpha = \dfrac{3g}{2l}\sin\theta = \dfrac{d\omega}{dt} = \omega\dfrac{d\omega}{d\theta}$

$\omega d\omega = \alpha d\theta$, $\displaystyle\int_0^\omega \omega d\omega = \int_0^{90} \dfrac{3g}{2l}\sin\theta d\theta$

$\dfrac{\omega^2}{2} = \dfrac{3g}{2l}$, $\omega = \sqrt{\dfrac{3g}{\ell}} = \sqrt{3 \times \dfrac{9.8}{1}} = 5.42\,\text{rad/sec}$

87 정지상태의 비행기가 100m의 직선 활주로를 달려서 이륙속도 360km/h에 도달하려고 한다. 가속도의 크기가 일정하다고 가정하면 비행기의 가속도는 약 몇 m/s² 인가?

① 10 ② 20
③ 50 ④ 100

Solution $V^2 - V_0^2 = 2aS$

$a = \dfrac{(360 \times 10^3/3600)^2}{2 \times 100} = 50\,\text{m/s}^2$

■ Answer 85. ② 86. ④ 87. ③

88 비감쇠자유진동수 ω_n와 감쇠자유진동수 ω_d 사이의 관계를 나타낸 식은? (단, ζ는 감쇠비를 나타낸다.)

① $\omega_d = \omega_n \sqrt{1-\zeta^2}$
② $\omega_n = \omega_d \sqrt{1-\zeta}$
③ $\omega_d = \omega_n (1-\zeta^2)$
④ $\omega_d = \omega_n (1-\zeta)$

Solution $\omega_d = \omega_n \sqrt{1-\zeta^2}$, $\zeta = \dfrac{C}{C_c}$

89 기계진동의 전달율(transmissibility ratio)을 1 이하로 조정하기 위해서는 진동수 비(ω/ω_n)를 얼마로 하면 되는가?

① $\sqrt{2}$ 이상으로 한다.
② $\sqrt{2}$ 이하로 한다.
③ 2 이상으로 한다.
④ 2 이하로 한다.

Solution $TR < 1.0$이려면 $\dfrac{\omega}{\omega_n} > \sqrt{2}$ 한다. $TR = \dfrac{\sqrt{1+\left(2\zeta\dfrac{\omega}{\omega_n}\right)^2}}{\sqrt{\left(1-\left(\dfrac{\omega}{\omega_n}\right)^2\right)^2 + \left(2\zeta\dfrac{\omega}{\omega_n}\right)^2}}$, $TR=1.0$이려면 $\dfrac{\omega}{\omega_n} = \sqrt{2}$ 이다.

90 그림과 같이 막대 AB가 양쪽 벽면을 따라 움직인다. A가 8m/s의 일정한 속도로 오른쪽으로 이동한다고 할 때 $x = 2m$인 위치에서 B의 가속도의 크기는 약 몇 m/s²인가?

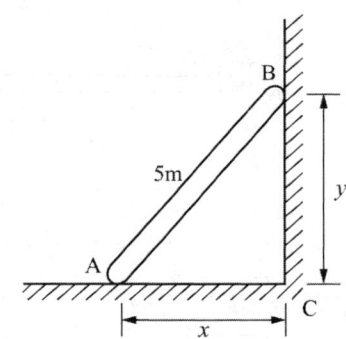

① 10.3m/s²
② 12.4m/s²
③ 14.7m/s²
④ 16.6m/s²

Solution $x = 2m$, $y = \sqrt{5^2 - 2^2} = 4.58 m$

AB막대의 순간중심을 기준으로 각속도를 구하면 $\omega = \dfrac{V_A}{y} = \dfrac{8}{4.58} = 1.75 \text{rad/sec}$

각 A를 θ로 놓고 $\theta = \cos^{-1}\left(\dfrac{2}{5}\right) = 66.42° = 1.16 \text{rad}$

각가속도 $\alpha = \dfrac{\omega^2}{2\theta} = \dfrac{1.75^2}{2 \times 1.16} = 1.32 \text{rad/sec}^2$

$\vec{a_B} = (\vec{a_{B/A}})_t + (\vec{a_{B/A}})_n = (r\alpha)_t + (r\omega^2)_n = (5 \times 1.32)_t + (5 \times 1.75^2)_n = 6.6\vec{e_t} + 15.3\vec{e_n}$

$a_B = \sqrt{6.6^2 + 15.3^2} = 16.6 \text{m/sec}^2$

Answer ■ 88. ① 89. ① 90. ④

91 주철과 같이 메진 재료를 저속으로 절삭할 때 일반적인 칩의 모양은?

① 경작형　　　　　　　　　② 균열형
③ 유동형　　　　　　　　　④ 전단형

> Solution　칩의 종류 : 유동형, 전단형, 경작형, 균열형 등이 있다. 균열형은 취성이 큰 주철과 같은 재료 가공시 발생, 절삭유는 사용하지 않는 특징도 있다.

92 펀치와 다이를 프레스에 설치하여 판금재료로부터 목적하는 형상의 제품을 뽑아내는 전단 가공은?

① 스웨이징　　　　　　　　② 엠보싱
③ 블랭킹　　　　　　　　　④ 브로칭

> Solution　블랭킹과 브로우칭은 프레스 전단가공으로 분류되고 스웨이징과 엠보싱은 프레스의 압축가공으로 분류된다.

93 래핑 다듬질에 대한 특징 중 틀린 것은?

① 게이지류나 광학렌즈의 표면 다듬질에 사용된다.
② 가공면에 랩제가 잔류하여 표면의 부식과 마모 촉진을 막아준다.
③ 평면도, 진원도, 직선도 등의 이상적인 기하학적 형상을 얻을 수 있다.
④ 가공면의 윤활성 및 내마모성이 좋아진다.

> Solution　래핑은 가장 정밀한 입자가공에 해당된다.

94 밀링가공에서 지름이 50mm인 밀링커터를 사용하여 60m/min의 절삭속도로 절삭하는 경우 밀링커터의 회전수는 약 몇 rpm인가?

① 284　　　　　　　　　　② 382
③ 468　　　　　　　　　　④ 681

> Solution　$V = \dfrac{\pi DN}{1000} = \dfrac{\pi \times 50 \times N}{1000} = 60, \ N = 382\text{rpm}$

95 다이에 아연, 납, 주석 등의 연질금속을 넣고 제품 형상의 펀치로 타격을 가하여 길이가 짧은 치약튜브, 약품튜브 등을 제작하는 압출방법은?

① 간접 압출　　　　　　　　② 열간 압출
③ 직접 압출　　　　　　　　④ 충격 압출

> Solution　압출가공의 종류 : 전방압출, 후방압출, 충격압출 등, 전방압출은 직접압출, 후방압출은 간접압출이라 한다.

91. ②　92. ③　93. ②　94. ②　95. ④　■ Answer

96 300mm×500mm인 주철 주물을 만들 때, 필요한 주입 추는 약 몇 kg인가? (단, 쇳물 아궁이 높이가 120mm, 주물 밀도는 7200kg/m³이다.)

① 129.6
② 149.6
③ 169.6
④ 189.6

Solution $P = 7200 \times 9.8 \times 0.12 \times (0.3 \times 0.5) = 1270.08N = 129.6 \text{kg}_f$

97 초음파 가공에 대한 설명으로 틀린 것은?

① 가공물 표면에서의 증발 현상을 이용한다.
② 전기 에너지를 기계적 진동 에너지로 변화시켜 가공한다.
③ 혼의 재료는 황동, 연강 등을 사용한다.
④ 입자는 가공물에 연속적인 해머 작용으로 가공한다.

Solution 초음파가공은 연삭입자+가공액 속에 일감을 넣고 공구를 초음파로 진동시킨 메진재료를 가공하는 방법이다.

98 다음 중 나사의 주요 측정 요소가 아닌 것은?

① 피치
② 유효지름
③ 나사의 길이
④ 나사산의 각도

Solution 나사의 중요 측정 부위 : 유효지름, 피치, 나사산의 각도 등

99 전기저항용접과 관계되는 법칙은?

① 줄(Joule)의 법칙
② 뉴턴의 법칙
③ 암페어의 법칙
④ 플레밍의 법칙

Solution 줄의 법칙 : 열에너지=전류의 제곱×도체의 저항, 발열에 의해 발생된 열에너지를 구할 수 있다.

100 강재의 표면에 Si를 침투시키는 방법으로 내식성, 내열성 등을 향상시키는 방법은?

① 브로나이징
② 칼로라이징
③ 크로마이징
④ 실리코나이징

Solution B-브로나이징, Cr-크로마이징, Al-칼로라이징

Answer ■ 96. ① 97. ① 98. ③ 99. ① 100. ④

일반기계기사 과년도 문제해설

2008년 3월 25일 초 판 인쇄
2008년 4월 1일 초 판 발행
2020년 1월 10일 개정12판 1쇄 발행
2021년 2월 10일 개정12판 2쇄 발행
2022년 1월 10일 개정13판 발행
2023년 1월 5일 개정14판 발행

저　　자 ‖ 김영기
발 행 자 ‖ 조규백
발 행 처 ‖ 도서출판 구 민 사
신고번호 ‖ 제2012-000055호 (1980년 2월 4일)

I S B N ‖ 979-11-6875-080-7　　13500
가　　격 ‖ 36,000원

인 지

TEL (02) 701-7421, 2　　FAX (02) 3273-9642　　http://www.kuhminsa.co.kr
(07293) 서울특별시 영등포구 문래북로 116 604호(문래동3가, 트리플렉스)

▶낙장 및 파본은 구입하신 서점에서 바꿔드립니다.
▶본 서를 허락없이 부분 또는 전부를 무단복제, 게재행위는 저작권법에 저촉됩니다.